U0928541

钢与混凝土组合结构理论与实践

主　编　刘维亚
编　著　钟善桐　姜维山　刘维亚
　　　　朱聘儒　白力更　邵永健

中国建筑工业出版社

图书在版编目（CIP）数据

钢与混凝土组合结构理论与实践/刘维亚主编. —北京：中国建筑工业出版社，2008
ISBN 978-7-112-09785-2

Ⅰ. 钢… Ⅱ. 刘… Ⅲ. 钢筋混凝土结构：组合结构
Ⅳ. TU375

中国版本图书馆CIP数据核字(2007)第189960号

本书主要介绍钢管混凝土、型钢混凝土、钢与混凝土组合梁及压型钢板-混凝土组合楼板四大类组合结构的理论研究的成果、工程实例及相关设计、计算方法和施工要点。既有系统的理论和应用的介绍，又有大量详细的实际工程设计资料。

本书可供土建专业的科研、教学、设计、施工等广大工程技术人员使用。

* * *

责任编辑：郭洪兰
责任设计：郑秋菊
责任校对：王雪竹 安 东

钢与混凝土组合结构理论与实践
主 编 刘维亚
编 著 钟善桐 姜维山 刘维亚
朱聘儒 白力更 邵永健

*

中国建筑工业出版社出版、发行（北京西郊百万庄）
各地新华书店、建筑书店经销
北京千辰公司制版
北京中科印刷有限公司印刷

*

开本：787×1092毫米 1/16 印张：35¼ 字数：880千字
2008年6月第一版 2008年6月第一次印刷
印数：1—3000册 定价：**85.00**元
ISBN 978-7-112-09785-2
(16449)

版权所有 翻印必究
如有印装质量问题，可寄本社退换
（邮政编码 100037）

前　言

随着我国经济的发展，一座座崭新的建筑拔地而起，这不仅仅满足了人们工作、生活的需要，更促进了建筑技术的迅猛发展，尤其是钢与混凝土组合结构的发展。从中国建筑学会结构分会高层专业委员会2004年对我国已建150米以上高层建筑的统计来看，钢-混凝土组（混）合结构所占的比例从1998年的18%上升至23%，200米以上的32栋建筑中，钢-混凝土组（混）合结构有15栋，接近50%。需要注意的是，这里所统计的主要是高层建筑的主体结构体系，如果按各建筑中所采用的钢-混凝土组合梁、板等来计算，组合结构所占的比例还会更高。在建的世界最高建筑之一的环球金融中心，从主体结构体系到楼盖系统都是采用钢-混凝土组合结构。正在建设的432米高的广州西塔和正在设计的439米高的深圳京基金融中心等超高层建筑也都是采用钢-混凝土组合结构。因此，可以说钢与混凝土组合结构的发展已经进入到工程建设不可缺少的阶段。这种迅猛的发展也促进了钢与混凝土组合结构的理论研究和工程实践。

本书正是为了满足钢与混凝土组合结构的发展需要，以近年来钢与混凝土组合结构的研究成果为基础，对钢管混凝土、型钢混凝土、钢与混凝土组合梁及压型钢板-混凝土组合楼板四大类组合结构的试验研究和理论分析进行了较为详细的探讨；提出了钢-混凝土组合结构构件设计计算方法，并结合工程需要编写了大量的设计计算实例，从而方便了广大读者对相关理论的理解和应用。本书还分别对不同的组合结构提出了相应的施工技术要求，提供了大量的实际工程设计资料。

本书由刘维亚负责主编、姜维山教授对全书进行了审稿。全书共分为五章，各章主要内容及作者分别为：

第一章　绪论及结构材料　刘维亚

第二章　钢管混凝土结构　钟善桐

第三章　型钢混凝土组合结构　刘维亚（第一、三、四、八、九、十节）、姜维山（第二、五、六、七节）

第四章　压型钢板-混凝土组合楼板设计　白力更

第五章　钢与混凝土组合梁　朱聘儒　邵永健

参加本书工作的还有：王玉良、金雪峰、巴桂江、吴真一、项兵、张建辉、林超伟、刘超、刘细林、曾锋等人，在此一并感谢。

在本书编写过程中，于庆荣教授、史庆轩教授、任庆英总工程师、王启文总工程师、王兴法总工程师、周定总工程师、张同亿副总工程师等有关专家和学者给予了热情的帮助和支持，在此表示衷心的感谢。

本书还得到了中国建筑设计研究院、深圳华森建筑设计与工程顾问有限公司同仁们的关心和支持，在此也表示衷心的感谢。

鉴于编写工作受时间等因素的影响，加之水平有限，难免有错误或不妥之处，恳请广大读者批评指正。部分观点和见解是作者对相关问题的理解，也欢迎广大读者共同探讨，以促进我国钢与混凝土组合结构的发展。

作者

二〇〇八年岁初于深圳华侨城

目　录

第一章　绪论及结构材料

第一节　绪　　论

一、概述

钢-混凝土组合结构是一种新型的结构形式，它充分发挥了钢与混凝土两种材料的优良特性——钢材具有良好的抗拉强度和延性，而混凝土材料则具有优良的抗压强度和较大的刚度，并且混凝土的存在提高了钢材的整体屈曲和局部屈曲性能，由两种材料结合而成的组合结构在地震作用下具有良好的强度、刚度、延性以及较好的耗能能力。随着对该类结构研究的逐步深入，钢-混凝土组合结构逐渐被应用于各类工业与民用建筑和桥梁、码头等土木工程中，成为多层和高层建筑优先选用的结构形式之一，特别在抗震设防等级较高的地区比常用的钢筋混凝土结构和钢结构更具优势。随着建筑高度的增加、跨度的增大、建筑体形的多种变化，带来建筑的超限和不规则问题，为解决这些问题，常采用钢-混凝土组合结构或混合结构来实现建筑师的意图。

目前国内外常用的组合结构有：钢管混凝土结构、型钢混凝土结构、钢与混凝土组合梁、压型钢板与混凝土组合板四大类结构。另外，随着对钢筋混凝土柱-钢梁的组合节点研究的不断深入，组合节点的应用也日益广泛。为使广大工程技术人员对各种组合结构受力的基本性能及其破坏形式、设计中应注意的问题及有关构造要求有更清楚的认识和了解，本书以下各章根据目前国内外最新研究成果和组合结构应用的实际情况，对各种组合结构的工作原理、设计要求进行了较为详细的介绍。

本书钢管、型钢、钢板及钢构件连接要求、钢筋与混凝土等部分设计指标均遵守现行有关规范、规程的相关要求，但随着对结构研究的深入，各类组合结构的计算、构造等也存在着和目前现行规范、规程有局部不一致之处，这是组合结构发展的标志，同时，这些不一致的部分需要广大科技工作者及工程技术人员共同探讨和研究。

二、基本设计原则

组合结构和其他各类结构一样，应遵守《建筑结构可靠度设计统一标准》GB 50068—2001 的要求。组合结构在规定的设计使用年限内应满足下列功能要求：

（1）在正常施工和正常使用时，能承受可能出现的各种作用；

（2）在正常使用时具有良好的工作性能；

（3）在正常维护下具有足够的耐久性能；

（4）在设计规定的偶然事件发生时及发生后，仍能保持必需的整体稳定性。

上述（1）、（4）两项是结构安全性的要求。在偶然事件（如地震、爆炸、车辆撞击等非正常事件）发生时，结构仍应保持必要的完整性。也就是说，可以出现某些局部的严重破坏，但不致引起建筑物的连续倒塌。美国纽约的世界贸易中心，在“9·11”事件后出现的整体倒塌，就是由于没有满足上述第（4）项要求而引发的。

第（2）项是结构适用性的要求。如应具有适当的刚度，以避免变形过大或在振动时出现共振等；又如，对高层建筑特别是高度超过150m的高层建筑，《高层建筑混凝土结构技术规程》JGJ 3—2002对其使用的舒适度有明确的要求等。

所谓“耐久性”是指建筑结构在正常维护条件下，应能完好地使用到规定的年限，不会因材料在长时间内出现的性质变化或外界侵蚀而发生损坏。

以上各项功能总称为建筑结构的可靠性。因此，可以概括地说，结构的可靠性是指结构在正常设计、正常施工和正常使用条件下，在预定的使用年限内（一般按50年考虑），完成预期的安全性、适用性和耐久性功能的能力。

在设计中，为了判断结构是否具备以上三方面的功能，《建筑结构可靠度设计统一标准》GB 50068—2001以概率理论为基础，取各项功能的“极限状态”作为判别条件。能够完成预定功能的概率称为可靠度或可靠概率（p_s），而结构不能完成预定功能的概率称为失效概率（p_f），一般采用p_f或其对应的可靠度指标（β）来度量。

我国现行《建筑结构可靠度设计统一标准》根据超过不同的极限状态后所带来的后果的严重程度将其分成承载能力极限状态和正常使用极限状态两大类。

（一）承载能力极限状态

这种极限状态对应于结构或结构构件达到最大承载能力或不适于继续承载的变形。当结构或结构构件出现下列状态之一时，应认为超过了承载能力极限状态：

（1）整个结构或结构的一部分作为刚体失去平衡（如倾覆等）；

（2）结构构件或连接因超过材料强度而破坏（包括疲劳破坏），或因过度变形而不适于继续承载；

（3）结构转变为机动体系；

（4）结构或结构构件丧失稳定（如压屈等）；

（5）地基丧失承载能力而破坏（如失稳等）。

结构设计时，应根据结构破坏可能产生的后果（危及人的生命、造成经济损失、产生社会影响等）的严重程度，采用不同的安全等级，安全等级划分为三级，其对应的可靠指标见表1-1-1所列。

建筑结构的安全等级与可靠指标　　**表1-1-1**

安全等级	破坏后果	建筑物类型	可靠指标	
			脆性破坏	延性破坏
一级	超严重	重要建筑	4.2	3.7
二级	严重	一般建筑	3.7	3.2
三级	不严重	次要建筑	3.2	2.7

结构在荷载或荷载效应作用下（所谓荷载效应是泛指由荷载产生的弯矩、剪力、轴力和扭矩等内力的组合设计值），其极限状态设计表达式为：

$$\gamma_0(\gamma_G S_{Gk} + \gamma_{Q_1} S_{Q1k} + \sum_{i=2}^{n} \gamma_{Q_i} \psi_{ci} S_{Qik}) \leqslant R(\gamma_R, f_k, a_k, \cdots) \quad (1\text{-}1\text{-}1)$$

式中　γ_0——结构重要性系数，对安全等级一级或设计使用年限为100年、二级或设计使用年限为50年、三级或设计使用年限为5年的结构构件分别取1.1、1.0、0.9，但抗震设计中不考虑此系数；

γ_G——永久荷载分项系数，可根据永久荷载对结构构件的承载力有利和不利情况分别取1.0、1.2或1.35的不同值，一般情况下取1.2；

γ_{Q_1}、γ_{Q_i}——第1个和第i个可变荷载分项系数，一般取1.4，对楼面结构，当可变荷载标准值大于4kN/m^{2}时，取1.3；

S_{Gk}——按永久荷载标准值G_k计算的荷载效应值；

S_{Qik}——按可变荷载标准值Q_{ik}计算的荷载效应值；其中S_{Q1k}为诸可变荷载效应中起控制作用者；

ψ_{ci}——可变荷载Q_i的组合值系数，当有风荷载时取0.6；无风荷载时取1.0；

R（·）——结构构件抗力函数；

γ_R——结构构件抗力或材料分项系数；

f_k——材料强度的标准值；

a_k——几何尺寸的标准值。

（二）正常使用极限状态

结构或结构构件出现下列状态之一时，应认为超过了正常使用极限状态：

（1）影响正常使用或外观的变形；

（2）影响正常使用或耐久性能的局部损坏（包括裂缝）；

（3）影响正常使用的振动；

（4）影响正常使用的其他特定状态。

为了保证结构或结构构件达到正常使用和耐久性的要求，应根据不同的设计目的，分别采用荷载效应的标准组合、频遇组合和准永久组合进行设计，使变形、裂缝等荷载效应的设计值符合式（1-1-2）的要求。

$$S_d \leqslant C \quad (1\text{-}1\text{-}2)$$

式中　S_d——变形、裂缝等荷载效应的设计值；

C——设计对变形、裂缝等规定的相应限值。

变形、裂缝等荷载效应的设计值S_d应符合下列规定：

标准组合
$$S_d = S_{G_k} + S_{Q_{1k}} + \sum_{i=2}^{n} \psi_{ci} S_{Q_{ik}} \quad (1\text{-}1\text{-}3)$$

频遇组合
$$S_d = S_{G_k} + \psi_{f1} S_{Q_{1k}} + \sum_{i=2}^{n} \psi_{qi} S_{Q_{ik}} \quad (1\text{-}1\text{-}4)$$

准永久组合
$$S_d = S_{G_k} + \sum_{i=1}^{n} \psi_{qi} S_{Q_{ik}} \quad (1\text{-}1\text{-}5)$$

第二节　结构材料

一、结构钢

1. 通用要求

为保证承重结构的承载能力及防止在一定条件下出现脆性破坏，应根据结构的重要性、荷载特征、结构形式、应力状态、连接方法、钢材厚度和工作环境等因素综合考虑，选用合适的钢材牌号和材性，并应保证抗拉强度、伸长率、屈服点、冷弯试验、冲击韧性合格和硫、磷含量符合限值。

2. 焊接结构附加要求

（1）含碳量

1）钢材的含碳量不应超过焊接性能所规定的限值。

2）Q235D 级钢，含碳量小于 0.17%，硫、磷含量小于 0.035%，可焊性较好。

（2）断面收缩率

1）厚度较大的钢板，在轧制过程中存在着各向异性。由于在杆件的板件连接处常形成较强的约束，焊接时容易引起钢板的层状撕裂，因此要求钢板的断面收缩率不小于某一规定值。《建筑钢结构焊接技术规程》JGJ 81—2002 规定，板件厚度 $t \geqslant 40$mm 时应采用厚度方向性能钢板。

2）采用焊缝连接的梁-柱节点和支撑节点，节点的约束较强。当钢板厚度 $t \geqslant 40$mm，并承受沿板厚方向的拉力作用时（包括强约束节点因焊缝收缩引起的拉应力），为防止钢材的层状撕裂，而采用 Z 向钢时，应附加“受拉试件板厚方向断面收缩率”不小于 Z15 级规定的要求。

3）Z 向性能级别为 Z15 级的钢板性能应符合国家标准《厚度方向性能钢板》GB/T 5313—1985 的规定。

（3）钢材的冷弯性能

钢材的冷弯性能必须符合要求。

3. 抗震结构钢材的附加要求

（1）钢材应具有能保持足够延性的良好可焊性。

（2）钢材的“强屈比”应不小于 1.2，抗震设防烈度为 8 度和 8 度以上时，则不应小于 1.5，以确保结构具有足够的安全储备。强屈比是指钢材的极限抗拉强度实测值 f_u 与屈服强度实测值 f_{ay} 的比值。

（3）钢材的拉伸试验应具有明显的屈服台阶。

（4）钢材的伸长率应大于 20%（标距 50mm），以保证构件具有足够的塑性变形能力。

（5）抗震类别为甲类或乙类的高层建筑钢结构，钢材的屈服强度平均值不宜超过其标准值的 30%，以避免构件的塑性铰位置发生不符合“强柱弱梁”等设计要求的转移。

（6）钢材的冲击韧性必须得到保证。

（7）抗震设防高层建筑中仅承受重力荷载的钢构件，上述各项要求可适当放宽。

（8）《建筑抗震设计规范》GB 50011—2001 规定，板件厚度 $t \geqslant 40$mm 时应采用厚度方向性能钢板。

4. 特殊构件附加要求

（1）对处于外露环境、且对大气腐蚀有特殊要求的或在腐蚀性气态和固态介质作用下的承重结构，宜采用耐候钢，其质量要求应符合现行国家标准《焊接结构用耐候钢》GB/T 4172 的规定。

（2）处于低温环境下的承重和承力钢构件，其钢材性能尚应符合避免低温冷脆的要求。

（3）重要的受拉或受弯的焊接结构以及需要验算疲劳的焊接结构，其钢材的低温性能应符合表 1-2-1 的要求。这是因为脆断主要发生在受拉区，危险性较大，所以，对受拉或受弯的焊接构件所使用的钢材的质量要求，比对受压构件的质量要求更高。

重要焊接结构钢材的低温性能　　**表 1-2-1**

钢材牌号 \ 室外气温	－20～－10℃	低于－20℃
Q235	0℃冲击韧性合格保证	－20℃冲击韧性合格保证
Q345、Q390、Q420	－20℃冲击韧性合格保证	－40℃冲击韧性合格保证

二、国产钢材

（一）钢材牌号

1. 选用原则

高层建筑钢结构，应根据其构件的重要性和焊接要求，选用不同等级的钢材。Q235 钢的质量标准，应符合我国现行国家标准《碳素结构钢》GB/T 700—2006 的规定。Q345 钢、Q390 钢和 Q420 钢的质量标准，应符合现行国家标准《低合金高强度结构钢》GB/T 1591—1994 的规定。

2. 适用钢材

（1）高层建筑钢结构的钢材，宜采用 Q235C、D、E 等级的碳素结构钢以及 Q345C、D、E 等级的低合金高强度结构钢。

（2）重要的焊接构件宜采用碳、硫、磷含量较低的 C、D、E 级碳素结构钢和 D、E 级低合金结构钢。

（3）屈服强度超过 350N/mm^2 的高强度钢材，需经过充分研究，证明其性能符合要求后，方可在抗震设防的高层建筑钢结构中应用。若用于型钢混凝土构件中，为使型钢芯柱的屈服应变小于混凝土压碎时的应变，钢材的强度设计值不应超过 350N/mm^2。

3. 不适用钢材

（1）Q235A 级钢和 Q345A 级钢，因为不能保证冷弯性能、冲击韧性和焊接需要的低含碳量，所以不能用于高层建筑中的主要承重和承力构件。Q390 钢及桥梁钢，伸长率小于 20%，不宜用于高层建筑钢结构。

（2）下列情况的承重结构和构件，不应采用 Q235 沸腾钢。

1）焊接结构：

①直接承受动力荷载或振动荷载且需要验算疲劳的结构。

②工作温度低于－20℃时的直接承受动力荷载或振动荷载但可不验算疲劳的结构以及承受静力荷载的受弯及受拉的重要承重结构。

③工作温度不高于－30℃的所有承重结构。

2）非焊接结构：工作温度不高于－20℃的直接承受动力荷载且需要验算疲劳的结构。

（二）钢材强度

（1）国产钢材的强度设计值应根据钢材厚度或直径按表1-2-2的规定采用。

国产钢材的强度设计值（N/mm²） **表1-2-2**

钢材牌号	钢材厚度（mm）	强度设计值		
		抗拉、抗压、抗弯 f、f'	抗剪 f_v	端面承压（刨平顶紧）f_{ce}
Q235	≤16	215	125	325
	16～40	205	120	
	40～60	200	115	
	60～100	190	110	
Q345	≤16	310	180	400
	16～35	295	170	
	35～50	265	155	
	50～100	250	145	
Q390	≤16	350	205	415
	16～35	335	190	
	35～50	315	180	
	50～100	295	170	
Q420	≤16	380	220	440
	16～35	360	210	
	35～50	340	195	
	50～100	325	185	

注：表中厚度系指计算点的钢材厚度，对轴心受拉和轴心受压构件系指截面中较厚板件的厚度。

（2）钢铸件的强度设计值应按表1-2-3的规定采用。

钢铸件的强度设计值（N/mm²） **表1-2-3**

钢材牌号	抗拉、抗压、抗弯 f、f'	抗剪 f_v	端面承压（刨平顶紧）f_{ce}
ZG200～400	155	90	260
ZG230～450	180	105	290
ZG270～500	210	120	325
ZG310～570	240	140	370

（3）调质低合金高强度结构钢的力学性能和工艺性能，见表 1-2-4 所列。

调质低合金高强度结构钢的力学性能和工艺性能　　　　**表 1-2-4**

牌号	质量等级	屈服强度 f_y(N/mm²) 厚度（mm）		抗拉强度 σ_b(N/mm²)	伸长率 δ_5(%)	冲击功 A_{kv}（J）			180°冷弯试验 d = 弯心直径 a = 试样厚度
		≤50	>50～100			0℃	-20℃	-40℃	
Q420	C D E	420	400	520～670	18	40	40	27	$d=3a$
Q460	C D E	460	440	550～710	17	40	40	27	$d=3a$
Q500	D E	500	480	610～770	16	—	40	27	$d=3a$
Q550	D E	550	530	670～830	16	—	40	27	$d=3a$
Q620	D E	620	600	720～890	15	—	40	27	$d=3a$
Q690	D E	690	670	770～940	14	—	40	27	$d=3a$

注：1. 进行拉伸和冷弯试验时，应取横向试件；进行冲击试验时，应取纵向试件。
2. 冲击试验结果，冲击功按一组三个试样算术平均值计算，允许其中一个试样单值低于表中规定值，但不得低于规定值的 70%。
3. 当采用 5mm×10mm×55mm 小尺寸试样做冲击试验时，其试验结果不应小于规定值的 50%。
4. 进行冷弯试验不得有裂纹，如生产方能保证弯曲试验合格，可不做试验。

（三）钢材物理性能

钢材物理性能，见表 1-2-5 所列。

钢材和钢铸件的物理性能指标　　　　**表 1-2-5**

弹性模量 E(N/mm²)	剪变模量 G(N/mm²)	线膨胀系数 α(/℃)	质量密度 ρ(kg/m³)
2.06×10^5	79×10^3	12×10^{-6}	7850

（四）钢材化学成分

1. 碳素结构钢

根据国家标准《碳素结构钢》GB/T 700—2006 的规定，碳素结构钢的牌号及其对应的化学成分，应符合表 1-2-6 的要求。

碳素结构钢的化学成分要求　　　　**表 1-2-6**

牌　号	等　级	化学成分（%）					脱氧方法
		C	Mn	Si	S	P	
				不大于			
Q235	A	0.14～0.22	0.30～0.65	0.30	0.050	0.045	F、b、Z
	B	0.12～0.20	0.30～0.70		0.045		
	C	≤0.18	0.35～0.80		0.040	0.040	Z
	D	≤0.17			0.035	0.035	TZ

2. 低合金高强度结构钢

根据国家标准《低合金高强度结构钢》GB/T 1591—1994 的规定，低合金高强度结构钢的牌号和化学成分应符合表 1-2-7 的要求。

低合金高强度结构钢的化学成分要求 **表 1-2-7**

牌号	质量等级	化学成分（%）								
		C≤	Mn	Si≤	P≤	S≤	V	Nb	Ti	Al≥
≥Q345	A	0.20	1.00～1.60	0.55	0.045	0.045	0.02～0.15	0.015～0.060	0.02～0.20	—
	B	0.20			0.040	0.040				—
	C	0.20			0.035	0.035				0.015
	D	0.18			0.030	0.030				0.015
	E	0.18			0.025	0.025				0.015

注：表中的 Al 为全铝含量，如化验酸溶铝时，其含量不应小于 0.01%。

3. 调质低合金高强度结构钢

根据国家标准《高强度结构钢热处理和控轧钢板、钢带》GB/T 16270—1996 的规定，调质低合金高强度结构钢的化学成分应符合表 1-2-8 的要求。

调质低合金高强度结构钢的化学成分要求 **表 1-2-8**

牌号	质量等级	化学成分（%）											
		C≤	Mn	Si≤	P≤	S≤	V≤	Nb≤	Ti≤	Cr≤	Ni≤	Mo≤	B≤
Q420	C D E	0.20 0.18 0.18	1.00～1.60	0.55	0.035 0.030 0.025	0.035 0.030 0.025	0.10	0.06	0.20	0.30	0.70	0.20	—
Q460	C D E	0.20 0.18 0.18	1.00～1.60	0.55	0.035 0.030 0.025	0.035 0.030 0.025	0.10	0.06	0.20	0.30	0.70	0.20	—
Q500	D E	0.18	1.00～1.60	0.55	0.030 0.025	0.030 0.025	0.10	0.06	0.20	0.60	1.00	0.40	0.003
Q550	D E	0.18	1.00～1.60	0.55	0.030 0.025	0.030 0.025	0.10	0.06	0.20	0.60	1.00	0.40	0.003
Q620	D E	0.18	1.00～1.60	0.55	0.030 0.025	0.030 0.025	0.10	0.06	0.20	0.80	1.20	0.60	0.003
Q690	D E	0.18	1.00～1.60	0.55	0.030 0.025	0.030 0.025	0.10	0.06	0.20	1.20	1.50	0.60	0.003

注：1. 在保证钢材力学性能符合《高强度结构钢热处理和控轧钢板、钢带》GB/T 16270—1996 规定情况下，锰含量下限不作为交货条件。
2. 表中 V、Nb、Ti 等细化晶粒元素至少加一种或加 Al，而且最低含量应为 0.015%。
3. 为改善钢的性能，各牌号钢可以加入 RE 元素，其加入量按 0.02%～0.20% 计算。
4. 表中的 Cr、Ni、Mo、B 等合金元素，生产厂可根据钢板厚度和具体条件，有选择地加入一种或几种，但必须提供钢的合金含量。
5. 对于不进行调质处理的 Q460、Q550 的 Ni 含量上限可分别到 1.00%、1.20%，Q500、Q550 的 Mo 含量上限可以到 0.60%。
6. 经供需双方协商，钢中可以加入 N 元素，其熔炼分析含量不得大于 0.020%。
7. 钢中 Cu 残余含量不得大于 0.30%，如果 Cu 作为合金元素不得大于 1.50%。

4．高层建筑结构用钢板

（1）《高层建筑结构用钢板》YB 4104—2000 规定了高层建筑结构用钢板的尺寸、外形、质量、技术要求、试验方法、检验规则等，适用于制造高层建筑结构和其他重要建筑结构厚度为6～100mm 的钢板。钢带可参照执行。钢的牌号及化学成分应符合表1-2-9的规定。

高层建筑结构用钢板的化学成分要求 **表1-2-9**

牌号	质量等级	厚度（mm）	化学成分（%）								
			C≤	Si≤	Mn	P≤	S≤	V	Nb	Ti	Al≥
Q235GJ	C	6～100	0.2	0.35	0.6～1.2	0.025	0.015	—	—	—	0.015
	D E		0.18								
Q345GJ	C	6～100	0.2	0.55	≤1.6	0.025	0.015	0.02～0.15	0.015～0.060	0.01～0.10	0.015
	D F		0.18								
Q235GJZ	C	>16～100	0.2	0.35	0.6～1.2	0.020	—	—	—	—	0.015
	D F		0.18								
Q345GJZ	C	>16～100	0.2	0.55	≤1.6	0.020	—	0.02～0.15	0.015～0.060	0.01～0.10	0.015
	D E		0.18								

注：Z为厚度方向性能级别Z15、Z25、Z35的缩写，具体在牌号中注明。

（2）各牌号所有质量等级钢板的碳当量或焊接裂纹敏感性指数应符合表1-2-10的规定。

高层建筑结构用钢板的碳当量和焊接裂纹敏感性指数 **表1-2-10**

牌　号	交货状态	碳当量 C_{eq}（%）		焊接裂纹敏感性指数 P_{cm}（%）	
		≤50mm	>50～100mm	≤50mm	>50～100mm
Q235GJ Q235GJZ	热轧或正火	≤0.36	≤0.36	≤0.26	
Q345GJ	热轧或正火	≤0.42	≤0.44	≤0.29	
Q345GJZ	TMCP	0.38	≤0.40	≤0.24	0.26

注：Z为厚度方向性能级别Z15、Z25、Z35的缩写，具体在牌号中注明。

（3）高层建筑结构用厚度方向性能钢板的硫含量应符合表1-2-11的规定。

厚度方向性能钢板的硫含量 **表1-2-11**

厚度方向性能级别	Z15	Z25	Z35
含硫量不大于（%）	0.01	0.007	0.005

（五）钢材试验要求

1．碳素结构钢

根据国家标准《碳素结构钢》GB/T 700—2006的规定，钢材的拉伸和冲击试验，应符合表 1-2-12 的要求；钢材的冷弯试验应符合表 1-2-13 的要求。

碳素钢的拉伸和冲击试验要求 **表 1-2-12**

牌号	等级	拉伸试验													冲击试验	
		屈服点 σ_s（N/mm²）						抗拉强度 σ_b（MPa）	伸长率 δ_5（%）						温度（℃）	V 型冲击功(纵向)(J)
		≤16	>16 ~40	>40 ~60	>60 ~100	>100 ~150	>150		≤16	>16 ~40	>40 ~60	>60 ~100	>100 ~150	>150		
		不小于							不小于							不小于
Q235	A	235	225	215	205	195	185	375 ~ 500	26	25	24	23	22	21	—	—
	B														20	27
	C														0	
	D														−20	

碳素钢的冷弯试验要求 **表 1-2-13**

牌号	试样方向	冷弯试验 $B=2d$，180°		
		钢材厚度（直径）(mm)		
		60	>60 ~100	>100 ~200
		弯心直径 d		
Q235	纵	a	$2a$	$2.5a$
	横	$1.5a$	$2.5a$	$3a$

注：B 为试样宽度，a 为钢材厚度（直径）。

2. 低合金结构钢

根据国家标准《低合金高强度结构钢》GB/T 1591—1994 的规定，钢材的拉伸、冲击和弯曲试验结果应符合表 1-2-14 的要求。

低合金钢的拉伸、冲击和弯曲试验要求 **表 1-2-14**

牌号	质量等级	屈服点 σ_s(MPa)				抗拉强度 σ_b (MPa)	伸长率 δ_5（%）	冲击功 A_{kv}（纵向）				180°弯曲试验 d=弯心直径；a=试样厚度（直径）	
		厚度（直径，边长）(mm)						+20（℃）	0（℃）	−20（℃）	−40（℃）	钢材厚度（直径）(mm)	
		≤16	>16 ~35	>35 ~50	>50 ~100								
		不小于					不小于					≤16	>16 ~100
Q345	A	345	325	295	275	470 ~ 630	21					$d=2a$	$d=3a$
	B						21	34				$d=2a$	$d=3a$
	C						22		34			$d=2a$	$d=3a$
	D						22			31		$d=2a$	$d=3a$
	E						22				27	$d=2a$	$d=3a$

注：厚度大于 35mm 的钢板，其伸长率值可降低 1%（绝对值）。

3. 高层建筑结构用钢板

钢板的拉伸、冲击和弯曲试验结果应符合表1-2-15的规定。

高层建筑结构用钢板的拉伸、冲击和弯曲试验要求　　表1-2-15

牌　号	质量等级	屈服点（下限值和上限值）σ_s（MPa）				抗拉强度σ_b（MPa）	伸长率δ_5（%）	冲击功A_{kv}（纵向）		180°弯曲试验		屈强比σ_s/σ_b
		钢板厚度（mm）								钢板厚度（mm）		
		6～16	>6～35	>35～50	>50～100		≥	温度（℃）	J≥	≤16	>16～100	≤
Q235GJ	C	≥235	235～345	225～335	215～325	400～510	23	0	34	2*a*	3*a*	0.80
	D							-20				
	E							-40				
Q345GJ	C	≥345	345～455	335～445	325～435	490～610	22	0	34	2*a*	3*a*	0.80
	D							-20				
	E							-40				
Q235GJZ	C	—	235～345	225～335	215～325	400～510	23	0	34	2*a*	3*a*	0.80
	D							-20				
	E							-40				
Q345GJZ	C	—	345～455	335～445	325～435	490～610	22	0	34	2*a*	3*a*	0.80
	D							-20				
	E							-40				

注：1. Z为厚度方向性能级别Z15、Z25、Z35的缩写，具体在牌号中注明。
2. 夏比（V形缺口）冲击功值按一组3个试件算术平均值计算，允许其中一个试样值低于表1-2-15的规定，但不得低于规定值的70%。

表1-2-15中各厚度方向（Z向）性能级别钢板的断面收缩率应符合表1-2-16的规定。

厚度方向性能钢板的断面收缩率　　表1-2-16

厚度方向性能级别	断面收缩率ψ（%）	
	三个试件平均值不小于	单个试件值不小于
Z15	15	10
Z25	25	15
Z35	35	25

三、国外钢材的使用

建筑工程中采用国外钢材时，钢材的力学性能、强屈比、化学成分含量及可焊性等，均应符合我国相关钢材标准的规定。

外国采用设计指标的原则与我国不同。国外钢材应用于我国工程时，设计人员应详细了解该国钢材的性能及其指标，再根据我国的设计标准，参考国外相关规范，合理取值，以确保结构的安全。表1-2-17、表1-2-18中列出了中外钢材牌号的近似对照以供参照。

普通碳素结构钢牌号近似对照 表 1-2-17

中国 GB/T 700	中国台湾 CNS 2473	国际标准 ISO 630	俄罗斯 ГОСТ 380	日本 JIS G3101	韩国 KS D3503	德国 DIN EN 10025	美国 ASTM/A36M
Q195	SS330	E185	Ст1ср ×	SS330	SS330	S185	1010
Q215A	SS330	E235A	Ст2ср ×	SS330	SS330	S235JR	1017
Q215B	SS330	E235B	Ст2ср ×	SS330	SS330	S235JR	1017
Q235A	SS400	E235A	Ст3ср ×	SS400	SS400	S235JR	1020
Q235B	SS400	E235B	Ст3ср ×	SS400	SS400	S235JRG1	1020
Q235C	SS400	E235C	Ст3ср ×	SS400	SS400	S235J0	1021
Q235D	SS400	E235D	Ст3ср ×	SS400	SS400	S235J2G3	1021
Q255A	SS490	E275A	Ст4ср ×	SS490	SS490	S275J0	1025
Q255B	SS490	E275B	Ст4ср ×	SS490	SS490	S275J0	1025
Q275	SS540	E275B	Ст5ср ×	SS540	SS540	S275JR	1030

注：1. 中国台湾 CNS 2473 为《普通结构用碳素钢》CNS 2473—1993。
2. 国际标准 ISO 630 为《普通结构用钢》ISO 630—1995。
3. 俄罗斯 ГОСТ 380 为《普通碳素钢牌号及一般技术要求》ГОСТ 380—1994。
4. 日本 JIS G3101 为《一般结构用碳素钢》JIS G3101—1995。
5. 韩国 KS D3503 为《普通结构用碳素钢》KS D3503—1993。
6. 德国 DIN EN 10025 为《非合金结构钢制热轧产品交货技术条件》DIN EN 10025—1998。
7. 美国 ASTM/A36M 为《结构钢》ASTM/A36M—1996。

低合金高强度结构钢牌号近似对照 表 1-2-18

中国 GB/1591	中国台湾 CNS11107	国际标准 ISO 4950/2	俄罗斯 ГОСТ 19281	日本 非标准	韩国 KS D3610	德国 DIN EN 10028	美国 ASTM/A588 等
Q295A	SEV245	—	16ГС	HTP-52W	SEV245	P315NH	Cr. D
Q295B	SEV245	—	16ГС	HTP-52W	SEV245	P315NH	Cr. F
Q345A	SEV245	E355DD	17Г1С	YAW-TEN50	SEV245	S355N	Cr. E
Q345B	SEV245	E355DD	17Г1С	YAW-TEN50	SEV245	S355N	Cr. E
Q345C	SEV245	E355DD	14Г2АФ	YAW-TEN50	SEV245	P355NH	—
Q345D	SEV245	E355DD	14Г2АФ	YAW-TEN50	SEV245	P355NL	Type7
Q345E	SEV245	E355E	14Г2АФ	YAW-TEN50	SEV245	P355NL2	Type7
Q390A	SEV295	HS390C	15Г2СФ	HI-YAW-TEN	SEV295	S380N	Cr. E
Q390B	SEV295	HS390C	15Г2СФ	HI-YAW-TEN	SEV295	S380N	Cr. E
Q390C	SEV295	HS390C	15Г2СФ	HI-YAW-TEN	SEV295	P380NH	Cr. E
Q390D	SEV295	HS390D	15Г2СФ	HI-YAW-TEN	SEV295	S380NL	Cr. E
Q390E	SEV295	HS390D	15Г2СФ	HI-YAW-TEN	SEV295	S380NL1	Cr. E

续表

中国 GB/1591	中国台湾 CNS11107	国际标准 ISO 4950/2	俄罗斯 ГОСТ 19281	日本 非标准	韩国 KS D3610	德国 DIN EN 10028	美国 ASTM/A588 等
Q420A	SEV345	E460CC	16Г2АФ	CUP-TEN60	SEV345	S420NL	60
Q420B	SEV345	E460CC	16Г2АФ	CUP-TEN60	SEV345	S420NL	60
Q420C	SEV345	E460DD	16Г2АФ	CUP-TEN60	SEV345	P420NH	60
Q420D	SEV345	E460DD	16Г2АФ	CUP-TEN60	SEV345	P420NH	60
Q420E	SEV345	E460E	16Г2АФ	CUP-TEN60	SEV345	S420NL1	60
Q460C	—	E460CC	16Г2АФ	YAW-TEN60	—	S460N	65
Q460D	—	E460DD	16Г2АФ	YAW-TEN60	—	S460NL	65
Q460E	—	E460E	16Г2АФ	YAW-TEN60	—	P460NL	65

注：1. 中国台湾 CNS 11107 为《普通结构用碳素钢》CNS 2473—1993。
2. 国际标准 ISO 4950/2 为《低合金高强度结构钢（正火或控轧状态）》ISO 630—1995。
3. 俄罗斯 ГОСТ 19281 为《低合金钢》ГОСТ 19281—1989。
4. 德国 DIN EN 10028 为《细晶粒低合金结构钢》DIN EN 10028-5—1997。
5. 美国 ASTM/A588 为《结构用高强度低合金结构钢》ASTM/A588M—1987。

第三节　组合结构中常用钢材

一、型钢混凝土中型钢

型钢可采用焊接型钢和轧制型钢。型钢钢材应根据结构的特点选择其牌号和材质，并应保证抗拉强度、伸长率、屈服点、冷弯试验、冲击韧性合格和硫、磷、碳含量符合使用要求。型钢的焊缝和坡口尺寸应符合现行行业标准《建筑钢结构焊接技术规程》JGJ 81—2002 的有关规定。在钢板交接处，梁柱节点和柱脚处的焊缝局部应力集中，焊接过程中容易形成撕裂，同时，厚钢板存在各向异性，Z 轴向性能指标较差，因此，当焊接型钢的钢板厚度大于或等于 50mm，并承受沿板厚方向的拉力作用时，应按现行国家标准《厚度方向性能钢板》GB/T 5313 的规定。考虑地震作用的结构用钢，其强屈比不应小于 1.2，应有明显的屈服台阶和良好的可焊性。

二、钢管混凝土中钢管

圆钢管可采用螺旋缝焊接钢管、直缝焊接钢管或无缝钢管。矩形钢管可采用冷成形的直焊缝或螺旋缝焊接管或热轧管，也可以采用冷弯型钢或热轧钢板、型钢焊接成形的矩形管。

（1）一般情况宜采用螺旋缝焊接钢管，因为它容易达到与母材等强度的要求。

（2）当螺旋焊接管的常用规格不能满足要求，或管壁较厚，可采用钢板卷成的直缝焊接钢管，且应采用对接坡口焊缝，不允许采用钢板搭接的角焊缝。

（3）无缝钢管的价格较高，且管壁相对较厚，仅当必要时方可采用。

焊接钢管必须采用双面或单面V形坡口全熔透对接焊缝，并达到与母材等强度的要求；直缝、环缝和螺旋形缝的焊缝质量均应符合《钢结构工程施工质量验收标准》GB 50205—2001一级焊缝的要求。现场安装分段接头处的受压环焊缝，应符合二级焊缝的标准。

钢管的钢材应采用屈强比$f_y/f_u \leqslant 0.8$的Q235或Q345号钢，钢管壁厚不宜大于25mm，以保证沿厚度方向的良好性能。用于加工制作钢管的钢板，尚应具有冷弯180°的合格保证。

三、压型钢板

压型钢板一般采用现行国家标准《碳素结构钢》GB/T 700中规定的Q215、Q235牌号，其规格和截面特征见表1-3-1和图1-3-1，国外产压型钢板的板型如图1-3-2所示。

国产压型钢板规格与参数　　**表1-3-1**

板　型	板厚（mm）	重量（kg/m）		断面性能（1m宽）			
				全截面		有效宽度	
		未镀锌	镀锌Z27	惯性矩 I(cm^4/m)	截面模量 W(cm^3/m)	惯性矩 I(cm^4/m)	截面模量 W(cm^3/m)
YX-75-230-690（Ⅰ）	0.8	9.96	10.6	117	29.3	82	18.8
	1.0	12.4	13.0	145	36.3	110	26.2
	1.2	14.9	15.5	173	43.2	140	34.5
	1.6	19.7	20.3	226	56.4	204	54.1
	2.3	28.1	28.7	216	79.1	316	79.1
YX-75-230-690（Ⅱ）	0.8	9.96	10.6	117	29.3	82	18.8
	1.0	12.4	13.0	146	36.5	110	26.2
	1.2	14.8	15.4	174	43.4	140	34.5
	1.6	19.7	20.3	228	57.0	204	54.1
	2.3	28.0	28.6	318	79.5	318	79.5
YX-75-200-690（Ⅰ）	1.2	15.7	16.3	168	38.4	137	35.9
	1.6	20.8	21.3	220	50.2	200	48.9
	2.3	29.5	30.2	306	70.1	306	70.1
YX-75-200-690（Ⅱ）	1.2	15.6	16.3	168	38.7	137	35.9
	1.6	20.7	21.3	220	50.7	200	48.9
	2.3	29.5	30.2	309	70.6	309	70.6
YX-70-200-600	0.8	10.5	11.1	110	26.6	76.8	20.5
	1.0	13.1	13.6	137	33.3	96	25.7
	1.2	15.7	16.2	164	40.0	115	30.6
	1.6	20.9	21.5	219	53.3	153	40.8

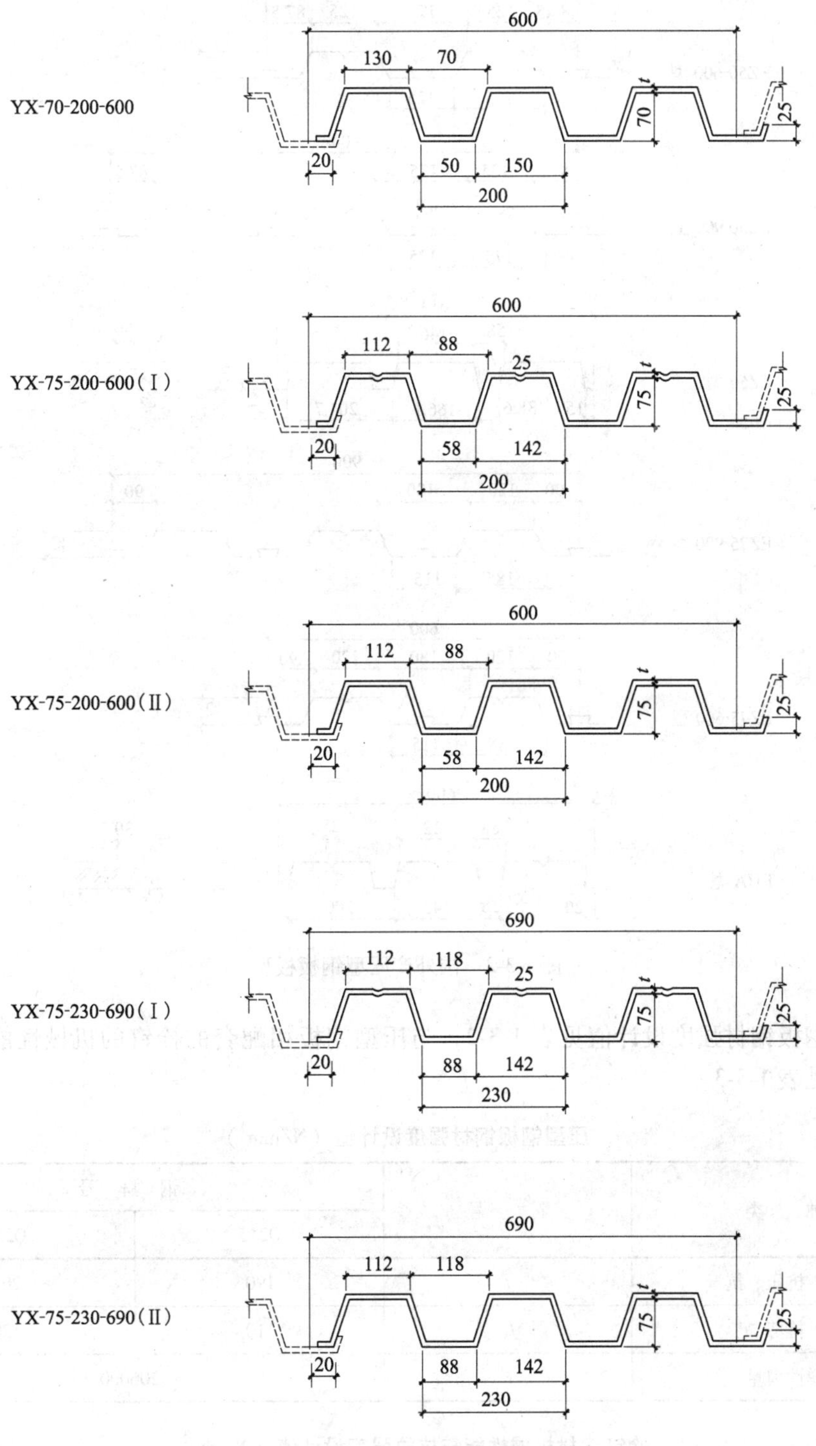

图 1-3-1　国产压型钢板板型

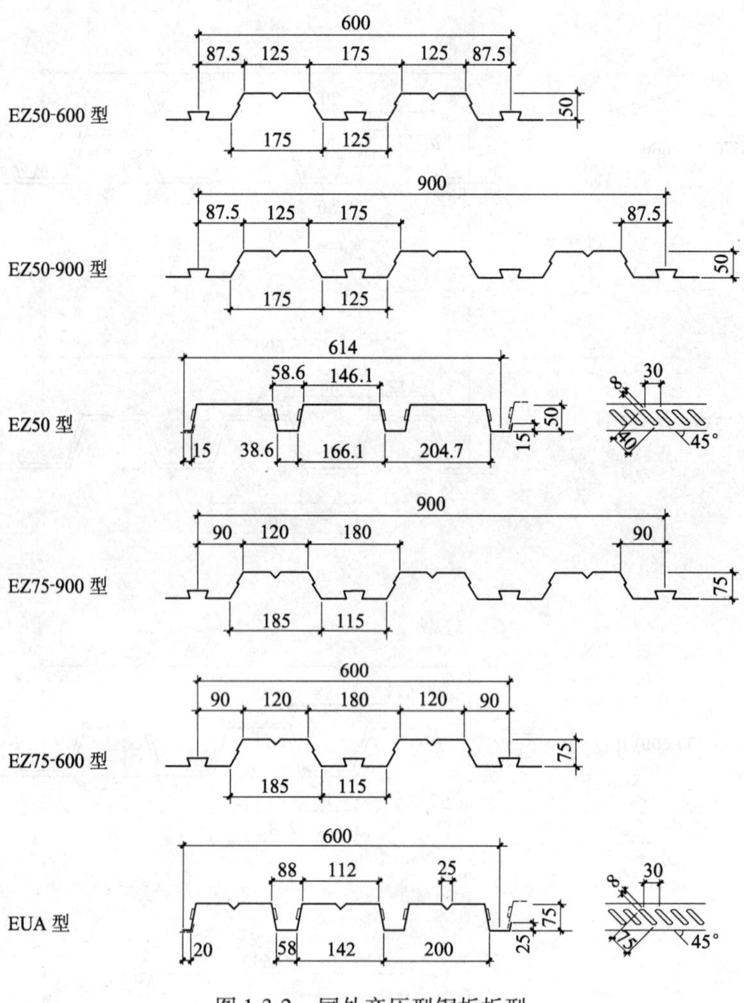

图 1-3-2　国外产压型钢板板型

压型钢板钢材强度设计值见表 1-3-2，与压型钢板相配套的栓钉的机械性能和抗拉强度设计值见表 1-3-3。

压型钢板钢材强度设计值（N/mm^2）　　**表 1-3-2**

种　类	符　号	钢　牌　号	
		Q215	Q235
抗拉、抗压、抗弯	f	190	205
抗剪	f_v	110	120
弹性模量	E	206000	

栓钉钢材机械性能与抗拉强度设计值（N/mm^2）　　**表 1-3-3**

屈　服　强　度	抗　拉　强　度	抗拉强度设计值 f_s
235～345	402～549	200

模板用压型钢板的基板厚度 t 不应小于0.5mm。组合板用压型钢板的基板厚度（不包括镀锌保护层）不应小于0.75mm，一般宜大于1mm，但不大于1.6mm；否则，栓钉穿透焊有困难。

为了浇筑混凝土方便，压型钢板的最小槽宽不应小于50mm。若在槽内设置栓钉时，压型钢板总高度不应超过80mm。在使用压型钢板时，还应符合表1-3-4的要求。

压型钢板的使用要求　　表1-3-4

波高和波距		波高不大于75mm，波高允许偏差为±1.0mm。 波高大于75mm，波高允许偏差为±2.0mm。 以上二者波距允许偏差为±2.0mm
覆盖宽度	当覆盖宽度不大于75m时	允许偏差为±5.0mm
板长	当 l<10m时 当 l≥10m时	允许偏差：+5mm，-0mm 允许偏差：+8mm，-0mm
侧向弯曲 （任意测量10m长压型钢板）	波高不大于80m时 当 l<8m时 当8m<l<10m时	其侧向弯曲允许值为10mm 测量部位：离端部0.5m 其侧向弯曲允许值为8mm 其侧向弯曲允许值取表中值
翘曲（任意测量5m长）	波高不大于80m时 若测量长度 在4m以下时 在4~5m时	允许值5mm 测量部位：离端部0.5m 允许值为4mm 允许值取表中值
扭曲 （任意测量10m长）		两端扭转角应小于10°，若波数大于2时，可任取一波测量
垂直度		端部相对最外棱边的不垂直度在压型钢板宽度上，不应超过5mm

组合板所用压型钢板应保证抗拉强度、伸长率、屈服点、冷弯试验合格以及硫、磷、碳含量符合使用要求。

压型钢板应采用镀锌卷板，镀锌层两面总计275g/mm^2，基板厚度为0.5~2.0mm。

与压型钢板同时使用的连接件有栓钉、螺钉和铆钉等。其连接件的有关性能和要求，详见《钢-混凝土组合楼盖结构设计与施工规程》YB 9238—1992中的有关规定。

压型钢板具有自重轻、强度高、刚度大、施工方便、易于更新、便于工业化生产的优点。在组合结构中，常用于组合楼板的永久性模板或与混凝土组合作用代替或部分代替钢筋混凝土楼板内的钢筋等。

压型钢板不宜用于会受到强烈侵蚀性作用的建筑物，在某些非用不可的地方，应进行有针对性的防腐处理，如表面涂耐酸或耐碱的涂料等。

第四节 钢材连接件

一、焊接材料

（一）焊接材料应符合的要求

选用的焊条型号应与主体金属强度相适应。手工焊接用焊条应符合现行国家规范《碳钢焊条》GB 5117—1995 或《低合金钢焊条》GB 5118—1995 的规定。

自动焊接或半自动焊接采用的焊丝和焊剂，应与主体金属强度相适应，焊丝应符合现行国家标准《熔化焊用钢丝》GB/T 14957 的规定。

（二）焊条的符号及分类

焊条的型号根据熔敷金属的力学性能、药皮类型、焊接位置和使用电流种类划分。其型号表示方法如下：

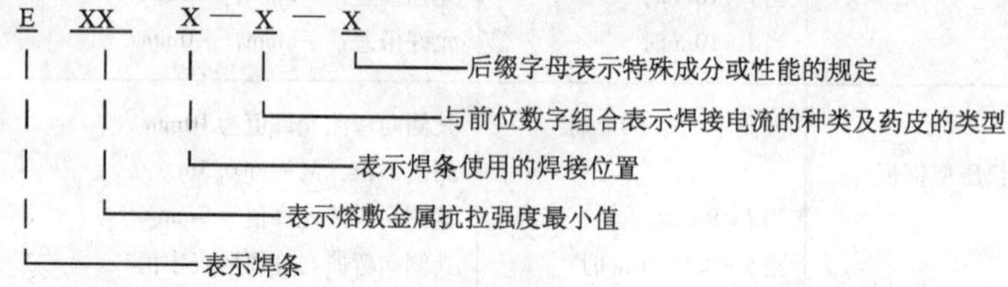

（三）焊条的选用原则

当采用碳素钢和低合金高强度钢时，一般按下列原则选用焊条：

（1）熔缝金属的力学性能，包括抗拉强度、塑性和冲击韧性达到母材金属标准规定的性能指标的下限值。

（2）对于重要性结构工程，构件板厚或截面尺寸较大，连接节点较复杂，刚性较大时，应选用低氢型焊条，以提高接头抗冷裂性能。

（3）当接头采用两种不同强度的钢材时，应按强度较低的钢材选用焊条。

（四）焊缝强度设计值

按照《钢结构设计规范》GB 50017—2003 和《高层民用建筑钢结构技术规程》JGJ 99—1998 的规定，焊缝的强度设计值应按表 1-4-1 采用。

各型焊条（焊丝）熔敷金属的强度均高于被连接钢材的强度，对接焊缝的极限抗拉强度是根据钢材的极限抗拉强度最小值 f_u 确定的。

焊缝强度设计值（N/mm^2） 表 1-4-1

焊接方法焊条型号	钢材牌号	钢板厚度	对接焊缝强度设计值				角焊缝强度设计值
			抗压 f_c^w	抗拉、抗弯 f_t^w		抗剪 f_v^w	
				一级、二级	三级		
自动焊、半自动焊和 E43 型焊条的手工焊	Q235	≤16	215	215	185	125	160
		>16～40	205	205	175	120	
		>40～60	200	200	170	115	
		>60～100	190	190	160	110	

续表

焊接方法 焊条型号	钢材牌号	钢板厚度	对接焊缝强度设计值				角焊缝强度设计值
			抗压f_c^w	抗拉、抗弯f_t^w		抗剪f_v^w	
				一级、二级	三级		
自动焊、半自动焊和E50型焊条的手工焊	Q345	≤16	310	310	265	180	200
		>16~35	295	295	250	170	
		>35~50	265	265	225	155	
		>50~100	250	250	210	145	
自动焊、半自动焊和E55型焊条的手工焊	Q390	≤16	350	350	300	205	220
		>16~35	335	335	285	190	
		>35~50	315	315	270	180	
		>50~100	295	295	250	170	
自动焊、半自动焊和E55型焊条的手工焊	Q420	≤16	380	380	320	220	220
		>16~35	360	360	305	210	
		>35~50	340	340	290	195	
		>50~100	325	325	275	185	

注：1. 自动焊和半自动焊所采用的焊丝和焊剂，应保证其熔敷金属的力学性能不低于现行国家标准《埋弧焊用碳钢焊丝和焊剂》GB/T 5293和《低合金钢埋弧焊用焊剂》GB/T 12470中相关的规定。
2. 焊缝质量等级应符合现行国家标准《钢结构工程施工质量验收规范》GB 50205—2001的规定。其中小于8mm钢材的对接焊缝，不应采用超声波探伤确定焊缝质量等级。
3. 对接焊缝在受压区的抗弯强度设计值取f_c^w，在受拉区的抗弯强度设计值取f_t^w。
4. 表中厚度系指计算点的钢材厚度，对轴心受拉和轴心受压构件系指截面中较厚板件的厚度。

二、栓钉、螺栓及锚栓

（一）螺栓及锚栓的要求

组合结构中使用的螺栓、锚栓应符合下列要求：

（1）普通螺栓应符合现行国家标准《六角头螺栓—A和B级》GB 5782—86和《六角头螺栓—C级》GB 5780—2000；

（2）锚栓可采用现行国家标准《碳素结构钢》GB/T 700—2006规定的Q235钢或《低合金高强度结构钢》GB/T 1591—1994规定的Q345钢制成；

（3）高强度螺栓应符合现行国家标准《钢结构用高强度大六角头螺栓、大六角螺母、垫圈与技术条件》GB/T 1228—1231或《钢结构用扭剪型高强度螺栓连接副》GB/T 3632—1995、《钢结构用扭剪型高强度螺栓连接副技术条件》GB/T 3633—1995的规定；

（4）螺栓连接的强度设计值、高强度螺栓的设计预拉力值以及高强度螺栓连接的钢材摩擦面抗滑移系数值，应按现行的国家标准《钢结构设计规范》GB 50017—2003的规定采用。

（二）圆柱头栓钉

圆柱头栓钉是一个带圆头的实心钢杆，在钉头埋嵌焊丝，起到拉弧作用。它需采用专用焊机焊接，并配置焊接瓷环。

（1）规格：国家标准《圆柱头焊钉》GB 10433—89 规定了公称直径为 6~22mm 共七种规格的圆柱头栓钉。

高层建筑钢结构及组合楼盖中常用的栓钉规格有三种，其直径为 16mm、19mm 和 22mm。行业标准《钢骨混凝土结构设计规程》YB 9082—97 规定：宜选用直径为 19mm 和 22mm 的栓钉，其长度不应小于 4 倍直径。

（2）用途：圆柱头栓钉适用于各类钢结构的抗剪件、埋设件和锚固件。圆柱头栓钉与钢梁焊接时，应在所焊的母材上设置焊接瓷环，以保证焊接质量。

（3）材料质量：栓钉通常采用相当于 Q235 的碳素镇静钢制作。栓钉的力学性能应符合表 1-4-2 的要求。

栓钉的力学性能 **表 1-4-2**

钢　号	屈服强度 f_y（N/mm²）	极限抗拉强度 f_u（N/mm²）	伸长率 δ_5（%）
Q235	≥240	410~520	≥20

（三）螺栓的材性及规格

1. 螺栓的材性

在型钢混凝土组合结构中，常采用普通螺栓连接作为型钢结构的安装连接形式，高强度螺栓作为型钢结构的连接形式。

普通螺栓按照性能等级分 3.6、4.6、4.8、5.6、5.8、6.8、8.8、9.8、10.9、12.9 十个等级，其中 8.8 级以上螺栓材质为低合金钢或中碳钢并经热处理（淬火、回火），通称为高强度螺栓，8.8 级以下（不含 8.8 级）通称为普通螺栓。

螺栓性能等级标号由两部分数字组成，分别表示螺栓的公称抗拉强度和材质的屈强比。例如性能等级 4.6 级的螺栓其含义为：第一部分数字 4 为螺栓材质公称抗拉强度（N/mm²）的 1/100；第二部分数字 6 为螺栓材质屈强比的 10 倍；两部分数字的乘积（4×6=24）为螺栓材质公称屈服点（N/mm²）的 1/10。

普通螺栓各性能等级材性见表 1-4-3。

普通螺栓各性能等级材性表 **表 1-4-3**

性能等级		3.6	4.6	4.8	5.6	5.8	6.8
材料		低碳钢	低碳钢或中碳钢	低碳钢或中碳钢	低碳钢或中碳钢	低碳钢或中碳钢	低碳钢或中碳钢
化学成分	C	≤0.2	≤0.55	≤0.55	≤0.55	≤0.55	≤0.55
	P	≤0.05	≤0.05	≤0.05	≤0.05	≤0.05	≤0.05
	S	≤0.06	≤0.06	≤0.06	≤0.06	≤0.06	≤0.06
抗拉强度（N/mm²）	公称	300	400	400	500	500	600
	min	330	400	420	500	520	600
维氏硬度（HV30）	min	95	115	121	148	151	178
	min	206	206	206	206	206	227

2. 普通螺栓的规格

普通螺栓按照形式可分为六角头螺栓、双头螺栓、沉头螺栓；按制作精度可分为 A、B、C 级三个等级，A、B 级为精制螺栓，C 级为粗制螺栓。在型钢混凝土结构中，型钢的连接除特殊注明外，一般为普通粗制螺栓。

普通粗制螺栓技术规格遵守《六角头螺栓—C 级》GB 5780—2000 和《六角头螺栓—全螺纹—C 级》GB 5781 等有关标准规定。

3. 高强度螺栓

高强度螺栓连接具有受力性能好、耐疲劳、抗震性能好、连接刚度高、施工简便等优点，被广泛地应用在建筑钢结构中。

高强度螺栓连接按其受力状况，可分为摩擦型连接、摩擦-承压型连接、承压型连接和张拉型连接等几种类型，其中摩擦型连接是目前广泛采用的基本连接形式。

（1）高强度螺栓的种类

高强度螺栓从外形上可分为大六角头和扭剪型两种，按性能等级可分为 8.8 级、10.9 级、12.9 级等。目前我国使用的大六角头高强度螺栓有 8.8 级和 10.9 级两种，扭剪型高强度螺栓只有 10.9 级一种。

高强度螺栓应符合现行国家标准《钢结构用高强度大六角头螺栓、大六角螺母、垫圈与技术条件》GB/T 1228～1231—2006 或《钢结构用扭剪型高强度螺栓连接副》GB 3632—1995、《钢结构用扭剪型高强度螺栓连接副技术条件》GB 3633—1995 的规定。

（2）高强度螺栓及其连接副的选用

表 1-4-4 列出了钢结构用大六角头高强度螺栓连接副匹配组合，表 1-4-5 给出了大六角头高强度螺栓连接副匹配推荐材料。

大六角头高强度螺栓连接副匹配组合表　　**表 1-4-4**

螺　栓	螺　母	垫　圈
8.8 级	8H	HRC35—45
10.9 级	10H	HRC35—45

大六角头高强度螺栓连接副匹配推荐材料表　　**表 1-4-5**

类　别	性能等级	推荐材料	材料标准号	适用规格
螺栓	10.9S	20MnTiB	GB 3077—82	小于 M24
		40B	GB 3077—82	小于 M24
		35VB		小于 M30
	8.5S	45	GB 699—65	小于 M22
		35	GB 699—65	小于 M16
螺母	10H	45、35	GB 699—65	
		15MnVB	GB 3077—82	
垫圈	8H	35	GB 699—65	
	HRC35、45	45、35	GB 699—65	

4. 螺栓连接强度设计值

普通螺栓及高强度螺栓连接的强度设计值见表 1-4-6 所列。

普通螺栓及高强度螺栓连接的强度设计值　　**表 1-4-6**

螺栓的性能等级、锚栓和构件钢材的牌号		普通螺栓						锚栓	承压型连接高强度螺栓		
		C 级螺栓			A 级、B 级螺栓						
		抗拉	抗剪	承压	抗拉	抗剪	承压	抗拉	抗拉	抗剪	承压
		f_t^b	f_v^b	f_c^b	f_t^b	f_v^b	f_c^b	f_t^a	f_t^b	f_v^b	f_c^b
普通螺栓	4.6 级、4.8 级	170	140	—	—	—	—	—	—	—	—
	5.6 级	—	—	—	210	190	—	—	—	—	—
	8.8 级	—	—	—	400	320	—	—	—	—	—
锚栓	Q235 钢	—	—	—	—	—	—	140	—	—	—
	Q345 钢	—	—	—	—	—	—	180	—	—	—
承压型连接高强度螺栓	8.8 级	—	—	—	—	—	—	—	400	250	—
	10.9 级	—	—	—	—	—	—	—	500	310	—
构件	Q235 钢	—	—	305	—	—	405	—	—	—	470
	Q345 钢	—	—	385	—	—	510	—	—	—	590
	Q390 钢	—	—	400	—	—	530	—	—	—	615
	Q420 钢	—	—	425	—	—	560	—	—	—	655

注：1. A 级螺栓用于 $d \leqslant 24$mm 和 $l \leqslant 10d$ 或 $l \leqslant 150$mm（按较小值）的螺栓；B 级螺栓用于 $d > 24$mm 或 $l > 10d$ 或 $l > 150$mm（按较小值）的螺栓。d 为公称直径，l 为螺杆公称长度。

2. A、B 级螺栓孔的精度和孔壁表面粗糙度，C 级螺栓孔的允许偏差和孔壁表面粗糙度，均应符合现行国家标准《钢结构工程施工质量验收规范》GB 50205—2001 的要求。

第五节　钢筋混凝土材料

一、钢筋

组合结构（型钢混凝土结构、组合楼板、组合节点等）中应优先采用具有较好延性、韧性和可焊性的钢筋。纵向钢筋宜采用 HRB335 级、HRB400 级热轧钢筋，箍筋可采用 HPB235 级、HRB335 级热轧钢筋，对型钢混凝土柱及约束钢筋混凝土柱，其箍筋宜采取热处理钢筋和冷加工钢筋。钢筋抗拉强度设计值 f_y 及抗压强度设计值 f'_y 应按表 1-5-1 的规定采用。钢筋弹性模量 E_s 应按表 1-5-2 的规定采用。

钢筋强度设计值（N/mm^2）　　**表 1-5-1**

种类		符号	f_y	f'_y
热轧钢筋	HPB235 级	Φ	210	210
	HRB335 级	Φ	300	300
	HRB400 级	Φ	360	360

续表

种类		符号	f_{Py}	f'_{Py}
热处理钢筋	40Si2Mn	ϕ^{HT}	1040	400
	48Si2Mn	ϕ^{HT}	1040	400
	45Si2Cr	ϕ^{HT}	1040	400

钢筋弹性模量（N/mm^2）　　表 1-5-2

种类	E_s
HPB235 级钢筋	2.1×10^5
HRB335 级、HRB400 级、RRB400 级、热处理钢筋	2.0×10^5

二、混凝土

（1）组合结构构件中所采用的混凝土，其强度等级不宜低于 C30。

（2）混凝土强度等级应按表 1-5-3、表 1-5-4 的规定采用。

混凝土强度标准值（N/mm^2）　　表 1-5-3

	混凝土强度												
强度等级	C20	C25	C30	C35	C40	C45	C50	C55	C60	C65	C70	C75	C80
轴心抗压 f_{ck}	13.4	16.7	20.1	23.4	26.8	29.6	32.4	35.5	38.5	41.5	44.5	47.5	50.2
轴心抗拉 f_{tk}	1.54	1.78	2.01	2.20	2.39	2.51	2.64	2.74	2.85	2.93	2.99	3.05	3.11

混凝土强度设计值（N/mm^2）　　表 1-5-4

	混凝土强度												
强度等级	C20	C25	C30	C35	C40	C45	C50	C55	C60	C65	C70	C75	C80
轴心抗压 f_c	9.6	11.9	14.3	16.7	19.1	21.1	23.1	25.3	27.5	29.7	31.8	33.8	35.9
轴心抗拉 f_t	1.10	1.27	1.43	1.57	1.71	1.80	1.89	1.96	2.04	2.09	2.14	2.18	2.22

注：计算现浇型钢混凝土轴心受压及偏心受压构件时，如截面的长边或直径小于 300mm，则表中混凝土的强度设计值应乘以系数 0.8；当构件质量（如混凝土成形、截面和轴线尺寸等）确有保证时，可不受此限制。

（3）混凝土弹性模量 E_c 应按表 1-5-5 的规定采用。

混凝土弹性模量 E_c（$10^4N/mm^2$）　　表 1-5-5

强度等级	C20	C25	C30	C35	C40	C45	C50	C55	C60	C65	C70	C75	C80
弹性模量 E_c	2.20	2.55	3.00	3.15	3.25	3.35	3.45	3.55	3.60	3.65	3.70	3.75	3.80

注：下列情况，表中数值应进行修正。

①对于重要工程，高强混凝土（≥C50）的弹性模量 E_c，应按实测平均值的 0.95 倍取用；

②对于采用引气剂和有较高砂率的泵送混凝土，当无实测数据时，表中 E_c 值应乘以折减系数 0.90～0.95；

③表中数值不适用于自密实混凝土和砂率大于 0.44 的混凝土。

（4）混凝土的剪变模量 G_c，可按表 1-5-5 中的弹性模量 E_c 规定值的 0.4 倍采用。

第二章　钢管混凝土结构

第一节　概　　述

钢管混凝土结构是指由钢管中充填混凝土的构件组成的结构，它是在钢管结构的基础上发展起来的一种新结构，它的出现和应用迄今也已有近百年的历史。

在欧美等一些发达国家，20 世纪 50 年代前，曾出现过一些采用钢管混凝土的工程，但为数不多。而到了 20 世纪的六七十年代，除前苏联外，其他国家在工程中已很少采用钢管混凝土了。究其原因，主要是在现场采用人工浇灌管内混凝土，劳动强度大，造价高，缺少竞争力。但到了 20 世纪 80 年代，由于泵送混凝土技术的出现和应用，上述情况发生了变化，促使这种具有突出优点的新结构重新又受到很多国家的重视，从此步入了一个新的发展时期。如美国、前苏联、澳大利亚和日本，都建造了一些采用钢管混凝土柱的高层建筑。

1991 年，在澳大利亚墨尔本建成了 46 层的联邦中心大厦，是澳大利亚采用钢管混凝土结构的第一个高层建筑。随后，在悉尼市先后建造了几幢 20 ~ 30 层采用钢管混凝土柱的高层住宅楼。

美国在 20 世纪 80 年代末至 90 年代初，在西雅图先后建造了 58 层、高 220m 的联合广场大厦和 44 层的太平洋第一中心大厦。两座建筑均采用钢管混凝土柱。

日本从 20 世纪 80 年代起，在很多 10 层左右的多层建筑中采用了钢管混凝土柱，并用泵送技术浇灌管内混凝土。在经受地震灾害的严峻考验后，证明了钢管混凝土柱具有十分优越的抗震性能，因而为这种结构的发展和应用展现了光辉的前景。在 20 世纪的最后 10 年中，先后大约建造了 200 多座采用钢管混凝土柱的多层建筑，并向高层建筑发展。1998 年 3 月竣工的日本琦玉县雄狮广场 55 层 185.8m 高的住宅楼，是日本建造的第一座采用钢管混凝土柱的最高建筑。图 2-1-1 所示为雄狮广场高层住宅楼的立面图和标准层平面图。

从 20 世纪 60 年代中期钢管混凝土开始引入我国，迄今已历经半个世纪。它在我国的应用和发展经历了两个阶段：从 60 年代中期到 80 年代中期为应用推广阶段，从 80 年代中期至今为提高发展阶段。

一、应用推广阶段（20 世纪 60 年代中期至 80 年代中期）

第一个采用钢管混凝土柱的工业厂房是辽宁省鞍山市第三冶金建设工业公司自行设计、加工和施工的预制构件厂的制管车间。1968 年底建成，1969 年投入使用，迄今已 37 年，仍在安全使用中，如图 2-1-2 所示。随后应用钢管混凝土的工程有山西恒曲十八河尾矿输送流槽桥、山西临汾钢厂洗轧车间等。

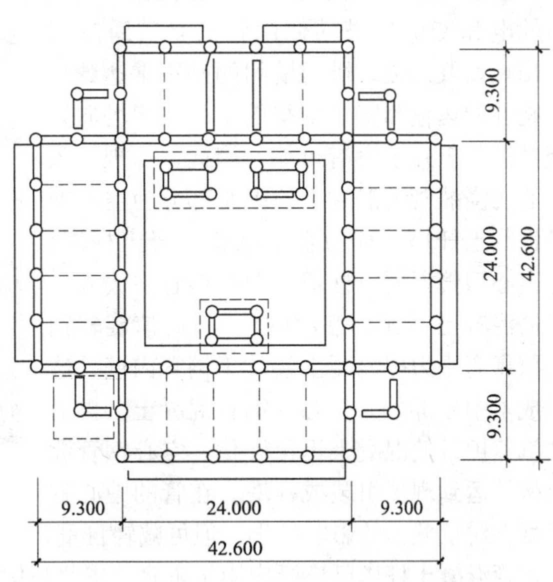

图 2-1-1 雄狮广场高层住宅楼（图中尺寸标注以米为单位）

首都地铁 1 号线建于 20 世纪 60 年代末，在北京站和前门站两个站台工程中，初次采用了钢管混凝土柱，柱子截面大大减小，节约了大量混凝土，增加了有效使用空间，不用支模和拆模，简化了施工工序，缩短了工期，取得的经济效益十分显著。因此，在建造地铁 2 号线和 3 号线时，所有的站台柱全部采用了钢管混凝土柱。随后在各条地铁线路建设中，大量采用了钢管混凝土站台柱。

图 2-1-2 鞍山三冶预制厂制管车间

上述工程中采用钢管混凝土柱的成功案例，大大激发了工程界的浓厚兴趣，从此促进了钢管混凝土在各种工程中的推广应用。

1978 年，钢管混凝土结构列入了国家科学发展规划，由原哈尔滨建筑工程学院负责主持。每两年组织一次钢管混凝土结构科研、设计和施工技术经验交流会，至 1985 年止先后举行了五次全国性的技术经验交流会，对这一结构在我国的推广应用起到了很好的促进作用。

1986 年，在中国钢结构协会的支持下，组建成立了钢-混凝土组合结构协会，挂靠于原哈尔滨建筑工程学院（现哈尔滨工业大学）。从此每两年举行一次的全国性学术讨论会的内容扩大为组合结构，进一步激发了广大科技工程人员的积极性，促进了钢-混凝土组合结构在我国的迅速发展。据不完全统计，从 20 世纪 70 年代中期到 80 年代中期，在全国建成的采用钢管混凝土结构的工程已超过 200 个，遍布全国各地。使用范围包括：单层工业厂房、多层工业厂房、高炉构架和锅炉构架、输电和变电杆塔和微波塔等。

图 2-1-3 所示为吉林省松蛟线路上第一个采用钢管混凝土的 220kV 输电塔，1981 年建成。输电和变电杆塔的使用特点是需跨越田野、山岭以及河流，塔与塔间的档距常达数百米，构件的运输和安装都很困难，在现场向管内浇灌混凝土几乎没有可能。因此，出现了采用离心法浇灌管内混凝土的中心部分为空心的钢管混凝土杆塔，称为空心钢管混凝土杆塔，或称离心钢管混凝土杆塔。即在钢管中放入一定量的混凝土（比满灌时的少），高速旋转钢管，依靠离心力把混凝土紧贴于钢管内壁，这就形成了中心部分为空心的钢管混凝土。再通过蒸汽养护，使混凝土迅速硬化。空心钢管混凝土构件运到现场组装成杆塔。在管的中心省去混凝土对承载力的影响较小，但可减轻自重，节约混凝土，取得较好的经济效益。这种空心钢管混凝土杆塔已广泛应用于东北、华北和华东地区的输电和变电线路及站所中。

图 2-1-3　吉林松蛟线终端塔

总之，通过推广和应用，取得了经验，提高了广大工程技术人员的认识，为进入提高发展阶段奠定了基础。

二、提高和发展阶段（20 世纪 80 年代中期至今）

自 1978 年改革开放以来，钢结构高层建筑首先在北京、广州和上海等地出现。1996 年我国的钢产量达 1 亿吨，随后连续 8 年超亿吨，至 2006 年已超过 4 亿吨。生产快速发展，成为钢铁大国，大大促进了钢结构在我国的应用与发展。国家对钢结构在建筑中采用的政策也由“严格限制采用”改为“综合考虑，合理采用”，随后又转变为“鼓励采用”。同时制定了“十五”计划和 2010 年建筑钢结构用材分别达到钢材产量的 3% 和 6% 的目标。此外，建设部确定“十五”期间以推广住宅钢结构为发展的重点。显然，钢结构在我国进入了第二个春天，应用范围不断扩大，发展迅速。

不过，根据我国当前的国情，钢结构的工程造价比钢筋混凝土结构的工程造价高很多，这是制约采用钢结构的主要因素。为了降低高层钢结构的工程造价，以钢管混凝土柱代替钢柱的高层建筑应运而生。在十几年的时间里，广州、深圳、北京和天津等地建成的采用钢管混凝土的高层与超高层建筑已达 60 多幢。不但数量多，而且还建成了世界上最高的钢管混凝土超高层建筑。

从 20 世纪 80 年代中期起，在高层建筑中采用钢管混凝土结构的过程经历了三个阶段。第一阶段，单纯从钢管混凝土柱的承载力高、柱子截面小、可增加有效使用空间和施工简便出发，局部柱子采用了钢管混凝土柱。第一个采用钢管混凝土柱的高层建筑是福建泉州市邮电局大楼，如图 2-1-4 和图 2-1-5 所示。

随着泉州邮电局大楼的建成，接着出现了不少局部柱子采用钢管混凝土柱的高层建筑。如福州环球广场（1997 年）、广州好世界广场（1995 年）、北京四川大厦（1995 年）和福州福建省政府屏山政府综合楼二区工程（1997 年）等。

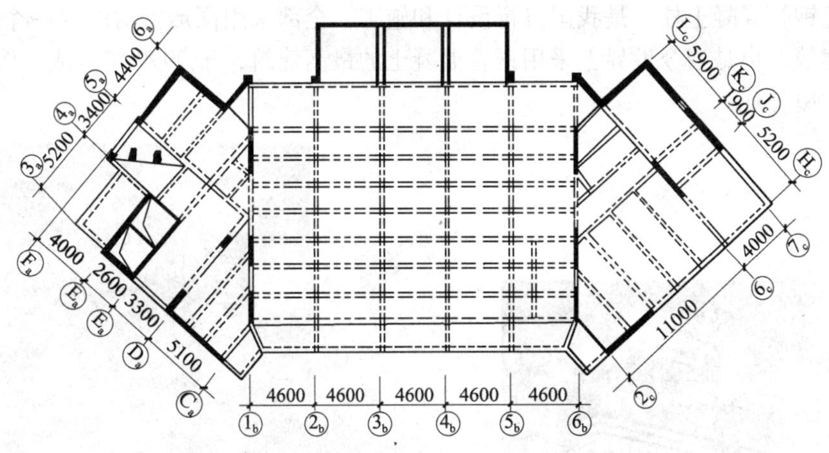

图 2-1-4　泉州邮电大楼 2 层平面图（圆圈所示为钢管混凝土柱）

图 2-1-5　泉州邮电大楼立面和进厅

第二阶段是大部分柱子采用钢管混凝土柱。第一个工程是厦门的阜康大厦。采用了钢管混凝土框架柱的框筒结构体系。地下 2 层，地上 25 层，高 86.5m。地下 2 层到地上 12 层采用了钢管混凝土柱。柱子的最大截面为 $\phi1000 \times 10$，钢材 Q235，混凝土 C35，于 1994 年建成。图 2-1-6 所示为建成后的立面图。随后，大部分柱子采用钢管混凝土柱的工程有北京国贸大厦一期、广州新中国大厦、天津工商银行办公大楼、福州侨益大厦和天津立兴广场等。

发展的第三阶段是全部柱子采用钢管混凝土柱。第一个工程是厦门金源大厦，于 1997 年建成。图 2-1-7 所示为建成后的立面图。此外，全部柱子采用钢管混凝土柱的工程有天津今晚报大厦、深圳邮电信息枢纽中心、哈尔滨联通电信枢纽楼等不下三四十幢。其中最高的是深圳赛格广场大厦（该工程将在本章第九节二（五）中作详细介绍）。地下 4 层，地上 72 层，高 291.6m，裙房 10 层，总建筑面积 17.5 万 m^2。全部柱子包括内

图 2-1-6　厦门阜康大厦

筒都采用了钢管混凝土柱。是我国自行设计和施工，全部采用国产钢材的第一个钢管混凝土超高层建筑，也是当今世界上采用钢管混凝土的最高建筑，于1999年建成。图2-1-8所示为赛格大厦外观。

图2-1-7　厦门金源大厦

图2-1-8　赛格大厦竣工照片

在此阶段，在建设部的支持和推动下，住宅钢结构在我国步入了发展阶段。在北京、天津、马鞍山、上海和本溪等地相继建成了一批钢结构多层和高层住宅。其中有很大一批住宅采用了钢管混凝土柱，工程造价比全钢结构低，接近和低于采用混凝土结构的建筑。

比较典型的工程有上海中福城，地下1层，地上17层，采用框架-剪力墙结构体系，采用了耐火耐候钢，综合造价概算为1895元/m^2，于2001年建成。新疆库尔勒市金丰城市信用社住宅楼，地下1层，地上8层，采用了钢管混凝土框架结构，综合造价1100元/m^2，已于2000年建成。

除多层和高层建筑外，在此阶段采用钢管混凝土的工业厂房和构架等仍继续在发展。如2000年建成投产的鞍山钢铁公司新轧炼钢连铸连轧主厂房，1999年竣工的上海电机厂600t桥吊露天车间等。

在这一期间，关于钢管混凝土结构的理论研究也取得了很多成果。如圆形、方形和多边形钢管混凝土受压构件工作性能的研究、钢管混凝土构件和框架体系抗震性能的研究、各种梁柱连接新形式的研究等，并创建了钢管混凝土统一理论，使钢管混凝土结构成为一个完整的新学科。

目前，在钢管混凝土设计方面我国先后制定了三本规程。即：国家建筑材料工业局标准《钢管混凝土结构设计与施工规程》JCJ 01—89；中国工程建设标准化协会标准《钢管混凝土结构设计与施工规程》CECS 28:90 和中华人民共和国电力行业标准《钢-混凝土组合结构设计规程》DL/T 5085—1999。三本规程的设计方法是根据不同的理论基础制定的。其中电力行业标准全部采用了统一理论的设计公式。

第二节 钢管混凝土构件的基本性能

一、钢管混凝土轴心受压

在圆形、方形和多边形等钢管混凝土中，性能最好应用也最多的是圆形，因而对钢管混凝土轴心受压的研究也以圆形钢管混凝土为基础，然后再研究其他形状的钢管混凝土与它的关系。

（一）轴心受压短试件的试验结果

通过大量的试验和分析，进行轴心受压试验的短试件，应符合下列条件：

（1）试件的长径比 $3<L/D\leqslant 3.5$；

（2）试验时两端可采用平板铰，应严格对中；

（3）受轴心压力作用直至破坏，破坏表现为鼓曲或剪切，无整体弯曲变形；

（4）试验在室温（+20℃左右）条件下进行。

轴心受压试验得到的轴心压力 N 和纵向应变 ε 的典型关系曲线如图 2-2-1 所示。关系曲线形状与标准套箍系数 $\xi=\dfrac{A_s f_y}{A_c f_{ck}}=\alpha f_y/f_{ck}$ 有很大关系（A_s 和 A_c 分别是钢管和混凝土的面积，$\alpha=A_s/A_c$ 是含钢率，f_y 和 f_{ck} 分别是钢材的屈服点和混凝土的标准抗压强度）。当 $\xi>1$ 时，曲线有上升段；$\xi\approx 1$ 时，曲线有塑性段；$\xi<1$ 时，曲线有下降段。$\xi<1$ 的试件，ξ 越小，塑性段就越短；当 $\xi\approx 0.4$ 时，无塑性段。为了防止发生脆性破坏，套箍系数不应小于 0.5；为了不致管壁过厚不经济，套箍系数不宜超过 2。工程中常用的是 $\xi\geqslant 1$ 的情况。在这种情况下，钢管混凝土短试件轴心受压时，N-ε 关系曲线历经三个阶段。Oa 的弹性工作阶段，a 点大致相当于钢管纵向应力达到比例极限时的状态。在此阶段，钢管与核心混凝土间无相互作用力，二者皆为纵向受压的单向应力状态。过 a 点后，由于混凝土的泊松比 μ_c 开始大于钢材的泊松比（$\mu_s=0.283$），二者之间产生了相互作用的径向压力 P（紧箍力），使二者都处于三向应力状态：钢管纵向和径向受压，而环向受拉，混凝土则为三向受压，如图 2-2-2 所示，图中 σ_1 为环向应力，σ_2 为径向应力，σ_3 为纵向应力。ab 段为弹塑性工作阶段，钢管的应力至 b' 点达到屈服强度 f_y，至 b 点时已发展部分塑性，钢管进入塑性工作阶段后，钢材达到了强化阶段，屈服应力再增大，直到进入二次塑流。核心混凝土在过 a 点后，由于紧箍力的不断增大，抗压强度和弹性模量都不断提高。如忽略很小的径向压应力 σ_2，钢管在纵向压应力 σ_3 和环向拉应力 σ_1 的作用下，应力 σ_i 和应变 ε_i 的关系服从 Von Mises 屈服椭

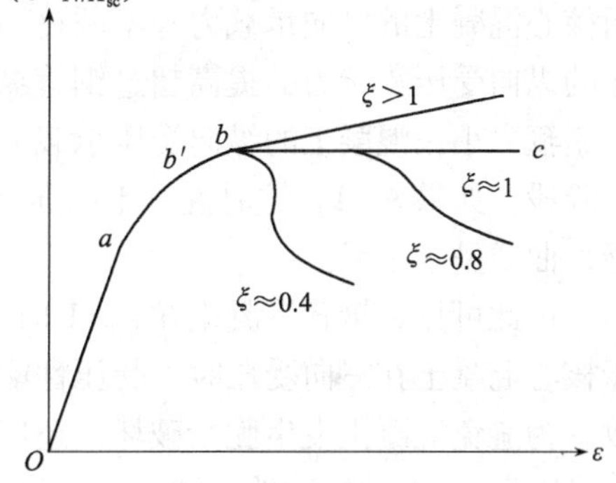

图 2-2-1 轴压短试件 N-ε 典型关系曲线

圆中第四象限的规律，如图 2-2-3 所示。进入塑性工作阶段后，随着钢管的环向应力 σ_1 的不断增大，纵向应力 σ_3 就逐渐减小。但钢管进入屈服阶段的塑性变形能力是有限的，建筑钢材一般是 2% ~3%，因而到了 c' 点后就进入了钢材的强化阶段，屈服应力在增大，一直到 d 点，应力 σ_i 达到了抗拉强度 f_u，进入二次塑流。

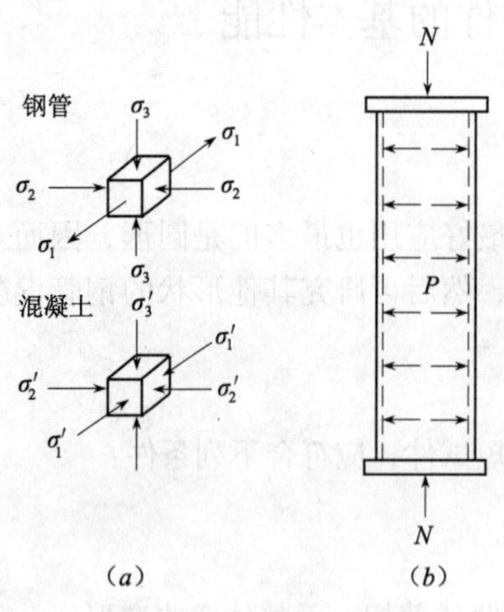

图 2-2-2 三向受力状态

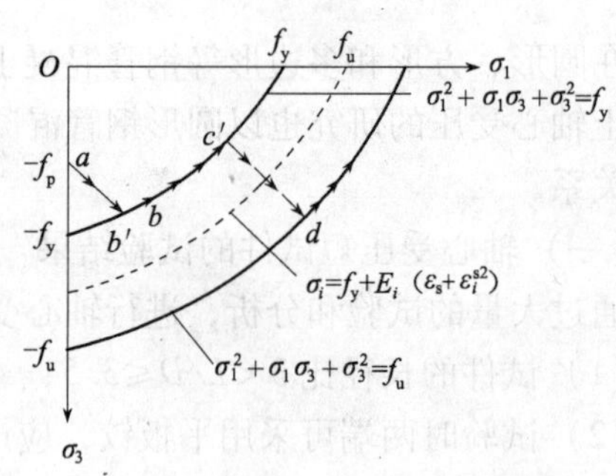

图 2-2-3 VonMises 屈服椭圆的第四象限

综上所述，当短试件在轴心压力作用下而到达 b 点后，钢管的纵向承载力不断减小，而核心混凝土的纵向承载力却不断提高。如果试件的套箍系数 $\xi>1$，表示紧箍力大，混凝土的纵向受压承载力的提高超过钢管纵向承载力的降低，曲线具有上升段。如果 $\xi<1$，表示紧箍力小，混凝土的纵向受压承载力的提高弥补不了钢管纵向承载力的降低，曲线具有下降段。如果 $\xi\approx1$，这时混凝土纵向受压承载力的提高基本上补偿了钢管纵向承载力的下降，曲线呈水平线。

由此可见，钢管混凝土在 $\xi\geqslant1$ 时，具有很大的受压承载力和塑性变形能力。这是由于核心混凝土在三向受压时，受压性能起了质的变化，同时钢材本身又具有良好塑性的缘故。为避免混凝土发生脆性破坏，还应要求套箍系数 $\xi>0.5$。

对于 $\xi\geqslant1$ 的短试件，轴心受压到破坏时的形状为鼓曲或剪切破坏，如图 2-2-4 所示。

图 2-2-4 轴压短试件的破坏状况

国内很多研究单位以及日本和美国的一些研究者，进行圆钢管混凝土短试件轴心受压试验时，都采用了 $L/D\approx3.5$ 的试验，所得到的试验曲线和破坏形状都与上述情况相同。也有个别人采用了 $L/D=4$ 的试件进行了轴心受压试验，得到的 N-ε 曲线具有下降段，试件破坏后都具有整体弯曲。实际上，这属于塑性阶段的整体屈曲的破坏，不能反映钢管混凝土轴心受压时的强度性质。

（二）轴心受压时的理论分析结果

由于计算机技术的产生和发展，我们有可能采用数值分析法求解复杂的力学问题。只要能得到钢材和混凝土在复杂应力状态下的本构关系，就可用有限元法求得钢管混凝土的荷载与变形的全过程关系曲线。

图 2-2-5 所示为钢材在复杂应力状态下，应力 σ_i 与应变 ε_i 的关系。工作分五个阶段：Oa 段为弹性工作阶段，ab 段为弹塑性工作阶段，bc 段为塑性阶段，cd 段为强化阶段，近似地为直线关系，即弹性关系，de 段为二次塑性阶段。达强度极限 d 点后，试验曲线虽下降，但截面也相应缩小，故可认为 $\sigma=f_u$，发生二次塑流。

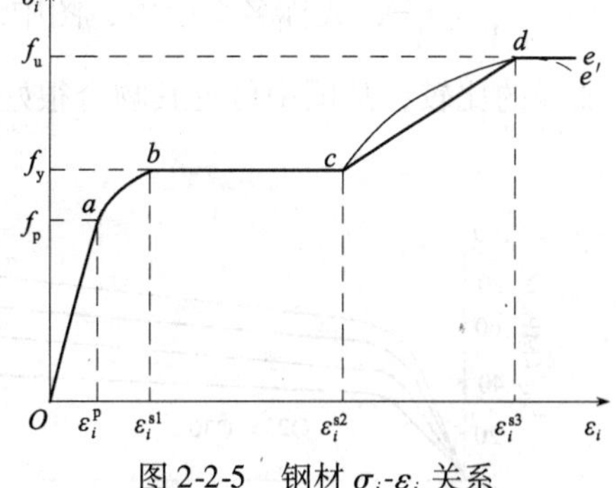

图 2-2-5　钢材 σ_i-ε_i 关系

弹性阶段采用弹性理论，弹塑性和塑流阶段都采用增量理论，应力和应变关系可表述如下：

$$\mathrm{d}\{\sigma_s\}=[D]\mathrm{d}\{\varepsilon_s\} \tag{2-2-1}$$

式中　$[D]$——刚度矩阵，弹性阶段为弹性刚度矩阵，弹塑性阶段为弹塑性刚度矩阵，详细内容参见参考文献[1]和[2]。

核心混凝土三向受压时的本构关系是根据 50 多根钢管混凝土短试件轴心受压时的试验曲线，采用分解法得到的应力-应变关系，经分析和试算，并考虑各个参变量的影响，其本构关系表达如下：

$$\varepsilon\leqslant\varepsilon_0,\sigma_c=\sigma_u\left[A\frac{\varepsilon}{\varepsilon_0}-B\left(\frac{\varepsilon}{\varepsilon_0}\right)^2\right] \tag{2-2-2}$$

$$\varepsilon>\varepsilon_0,\sigma_c=\sigma_u(1-q)+\sigma_u q\left(\frac{\varepsilon}{\varepsilon_0}\right)^{(0.2+\alpha)} \tag{2-2-3}$$

$$\sigma_u=f_{ck}\left[1+\left(\frac{30}{f_{cu}}\right)^{0.4}(-0.0626\xi^2+0.04848\xi)\right] \tag{2-2-4}$$

$$\varepsilon_0=\varepsilon_c+3600\sqrt{\alpha}(\mu\varepsilon);\varepsilon_c=1300+10f_{cu} \tag{2-2-5}$$

$$A=2-K \tag{2-2-6}$$

$$B=1-K \tag{2-2-7}$$

$$K=(-5\alpha^2+3\alpha)\left(\frac{50-f_{cu}}{50}\right)+(-2\alpha^2+2.15\alpha)\left(\frac{f_{cu}-30}{50}\right) \tag{2-2-8}$$

$$q=\frac{K}{0.2+\alpha} \tag{2-2-9}$$

$$f_{ck}=0.8f_{cu} \tag{2-2-10}$$

$$\xi=\alpha f_y/f_{ck} \tag{2-2-11}$$

$$\alpha = A_s / A_c \qquad (2\text{-}2\text{-}12)$$

式中　f_{cu}——混凝土的立方体抗压强度；

A_s 和 A_c——钢管和核心混凝土的面积。

有了钢管和核心混凝土的本构关系，根据内外力平衡条件和变形协调条件，就可求解应力和应变的全过程曲线。这是在同一应变条件下，把钢管和混凝土二者的承载力合成为钢管混凝土整体的应力和应变关系，属于数值分析法，需迭代进行。详细内容参见参考文献[2]。

图 2-2-6 所示为计算得到的全过程关系曲线。把轴心压力除以全截面即得平均压应力 $\bar{\sigma} = \dfrac{N}{A_s + A_c} = \dfrac{N}{A_{sc}}$，或称名义应力，图中纵坐标为平均应力 $\bar{\sigma}$。图 2-2-7 所示为计算曲线和试验曲线的比较，从图中可见其吻合很好。

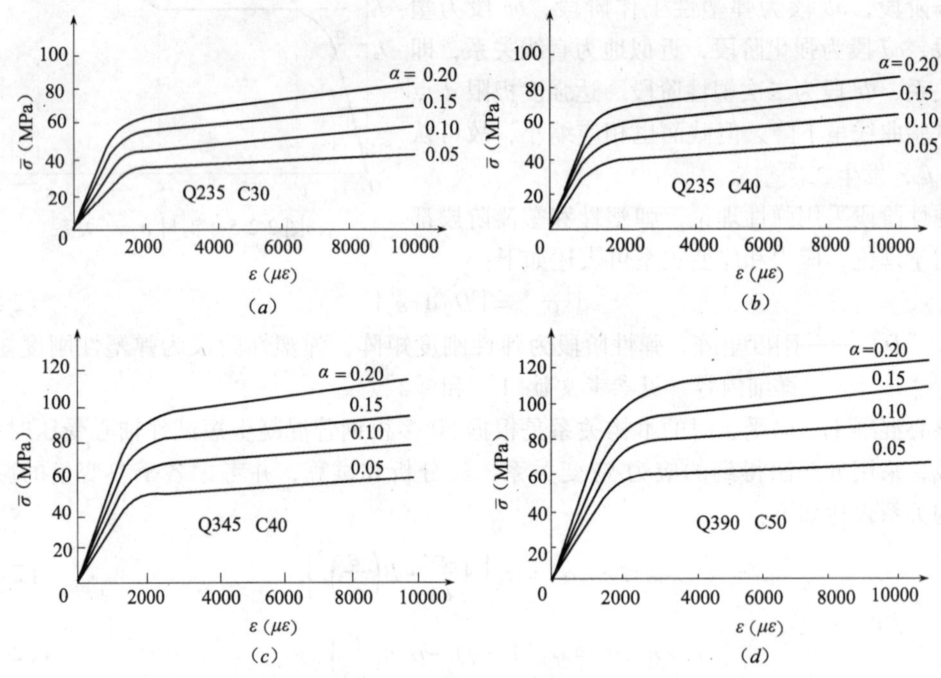

图 2-2-6　轴心受压钢管混凝土 $\bar{\sigma}$-ε 全过程曲线

（三）轴心受压时的设计指标

图 2-2-8 所示为 $\xi \geqslant 1$ 轴心受压时的 $\bar{\sigma}$-ε 典型曲线。可见属于塑性破坏，应以由弹塑性阶段进入强化阶段（或塑性阶段）的 b 点为强度设计标准。根据如下：①钢管已进入塑性阶段而塑性发展不多，这时核心混凝土正好进入强度包络线和不稳定的裂缝扩展阶段；②从整体看，b 点是弹塑性阶段的终点，强化或塑性阶段的起点，塑性发展不大；③虽有强化阶段，但强化程度不高，且 b 点又无其他特征点。按照《建筑结构可靠度设计统一标准》GB 50068—2001 中 3.0.2 条之 1，承载能力极限状态的规定，这种极限状态对应于结构或结构构件达到最大承载能力或不适于继续承载的变形。

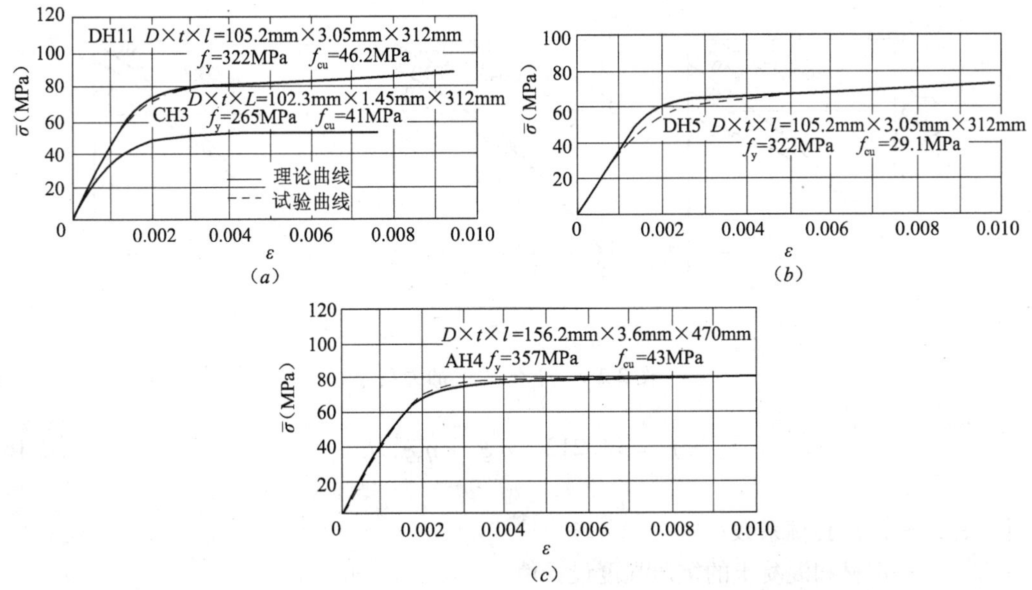

图 2-2-7　轴压钢管混凝土 $\bar{\sigma}$-ε 计算曲线与试验曲线比较

显然，结构构件的承载能力包含两种准则，即达到最大承载能力和不适合于继续承载的变形。由图 2-2-8 钢管混凝土轴心受压时的 $\bar{\sigma}$-ε 曲线可见，过 b 点后，当 $\xi\approx1.0$ 时，为极大的塑性变形，当 $\xi>1.0$ 时，虽有强化，但斜率不大。这种性能与具有屈服台阶的建筑钢材的性能类似。

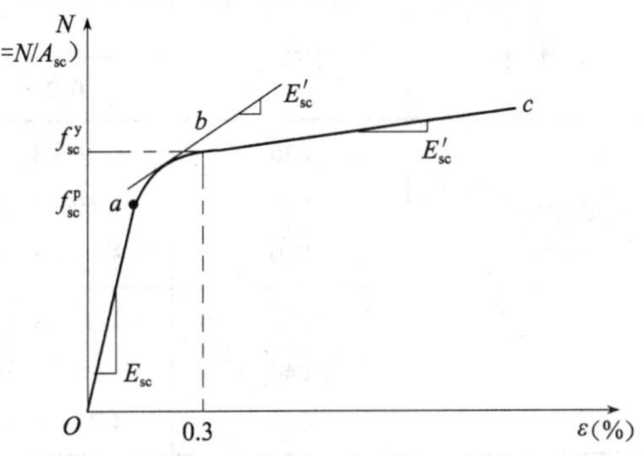

图 2-2-8　$\xi\geqslant1$ 轴心受压时的 $\bar{\sigma}$-ε 典型曲线

由此，作者确定以 $\bar{\sigma}$-ε 曲线上弹塑性阶段与强化或塑性阶段的分界点 b 点对应的平均应力为钢管混凝土轴心受压强度承载力标准。对不同钢材、混凝土强度等级和含钢率 $\alpha=0.04\sim0.2$，计算 b 点的平均应力十分繁琐，经计算和分析发现，各种情况下 b 点的纵向应变 ε 都在 $3000\mu\varepsilon$ 左右。为了设计应用及试验时确定强度承载力的方便，规定纵向应变 $\varepsilon=3000\mu\varepsilon$ 对应的平均应力为钢管混凝土轴心受压时的强度标准值 f_{sc}^y（MPa），可称为组合屈服点。

通过大量计算得到 f_{sc}^y/f_{ck}，和标准套箍系数 $\xi=\alpha f_y/f_{ck}$ 呈二次函数关系，如图 2-2-9 所示。由此可得式(2-2-13)～式(2-2-15)。

$$f_{sc}^y=(1.212+\eta_s\xi+\eta_c\xi^2)f_{ck} \tag{2-2-13}$$

$$\eta_s=0.1759f_y/235+0.974 \tag{2-2-14}$$

$$\eta_c=-0.1038f_{ck}/20.1+0.0309 \tag{2-2-15}$$

按 $\varepsilon=3000\mu\varepsilon$ 确定的 f_{sc}^y 值基本上都在 b 点附近，误差在 2% 以内。引入钢材和混凝土的分项系数后，得组合强度设计值 f_{sc}（MPa）：

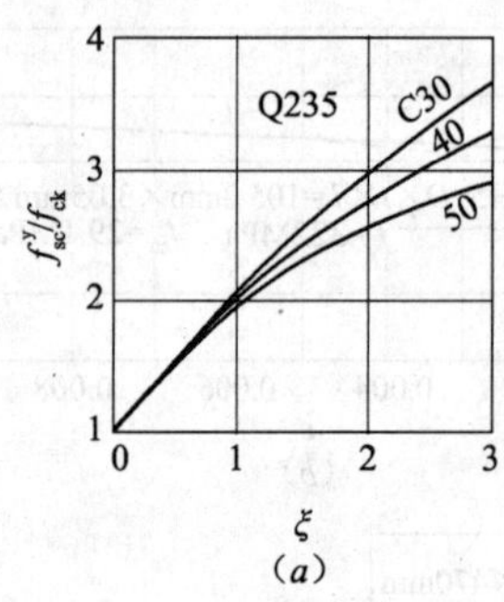

(a)

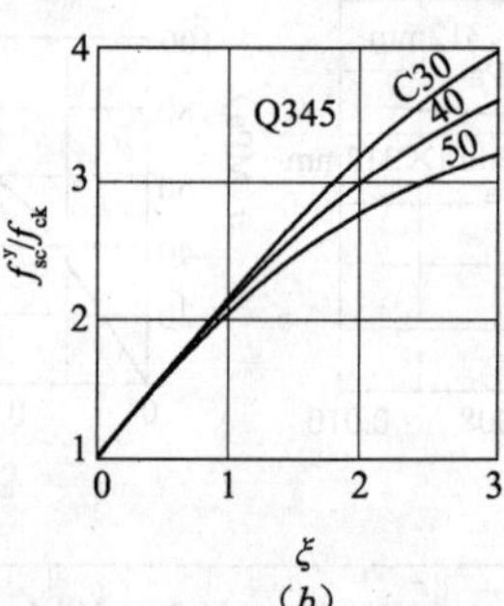

(b)

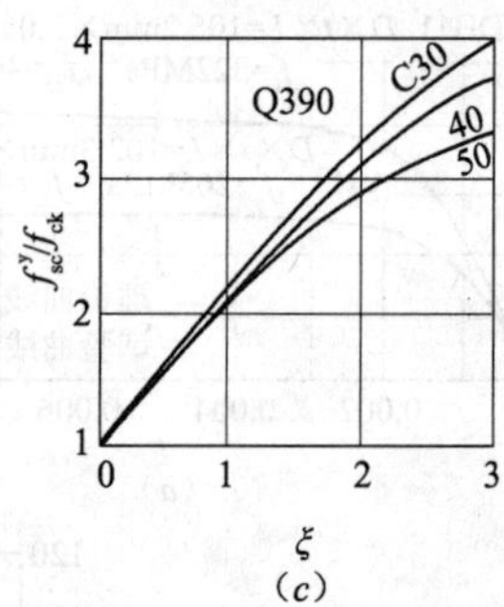

(c)

图 2-2-9　f^y_{sc}/f_{ck}和ξ的关系

$$f_{sc}=(1.212+\eta_s\xi_0+\eta_c\xi_0^2)f_c \tag{2-2-16}$$

$$\xi_0=\alpha f/f_c \tag{2-2-17}$$

式中　ξ_0——设计套箍系数；

f和f_c——钢材和混凝土的抗压强度设计值。

对式（2-2-16）组合强度设计值进行了可靠度分析，得到采用 Q235 和 Q345 钢材，C30～C50 混凝土，$\alpha=0.04\sim0.20$，永久荷载和活荷载比值$\rho=0.25\sim2$范围内，按f_{sc}值确定的钢管混凝土构件的可靠度指标β值，见表 2-2-1 所列。

各种情况β的平均值（$\alpha=0.04\sim0.20$）　**表 2-2-1**

钢　材	混凝土	ρ			
		0.25	0.5	1	2
Q235	C30	3.20～3.14	3.51～3.37	3.53～3.39	3.43～3.23
	C40	3.60～3.43	3.80～3.63	3.76～3.60	3.61～3.40
	C50	3.95～3.58	4.10～3.75	3.94～3.71	3.78～3.41
Q345	C30	3.31～3.17	3.53～3.39	3.53～3.40	3.41～3.17
	C40	3.59～3.48	3.79～3.67	3.73～3.64	3.57～3.36
	C50	4.12～3.64	4.13～3.80	3.95～3.68	3.78～3.42

由表 2-2-1 中所得的可靠度指标β值，除 C30 混凝土且$\rho=0.25$外，都大于对钢结构的要求$\beta=3.2+0.25$。同时，f^y_{sc}的确定是对应于$\varepsilon=3000\mu\varepsilon$的变形。对钢结构而言，钢材达标准屈服点$f_y$后，轴向应变可达 2%～3%；而$f^y_{sc}$却限定为$3000\mu\varepsilon$，这说明按式（2-2-13）、式（2-2-16）确定的钢管混凝土抗压强度有较大的可靠度，超过了可靠度指标的规定。文献［3］根据获得的可靠度指标β值，计算出钢管混凝土轴心受压时的分项系数γ_{sc}，由$f_{sc}=f^y_{sc}/\gamma_{sc}$所得的强度设计值$f_{sc}$要比式（2-2-16）所得的结果大。由此可见，按公式（2-2-16）确定的f_{sc}设计圆钢管混凝土构件时，是十分安全可靠的。

图 2-2-8 中标出了组合比例极限f^p_{sc}(MPa)。经分析f^p_{sc}/f^y_{sc}和组合比例应变ε^p_{sc}基本上只与钢材的屈服点f_y有关，与混凝土强度等级及含钢率几乎无关，原因是，这时钢管和混凝土都为单向受压，尚未产生相互作用的紧箍力。经分析简化后，得：

$$f_{sc}^{p} = (0.192 f_y / 235 + 0.488) f_{sc}^{y} \tag{2-2-18}$$

$$\varepsilon_{sc}^{p} = 0.67 f_y / E_s \tag{2-2-19}$$

式中 E_s——钢材的弹性模量。

由此得组合弹性模量：

$$E_{sc} = f_{sc}^{p} / \varepsilon_{sc}^{p} \tag{2-2-20}$$

在弹塑性阶段，设切线模量按二次抛物线变化，得：

$$E_{sc}^{tt} = \frac{(A_1 f_{sc}^{y} - B_1 \bar{\sigma})\bar{\sigma}}{(f_{sc}^{y} - f_{sc}^{p}) f_{sc}^{p}} \cdot E_{sc} \tag{2-2-21}$$

$$A_1 = 1 - \frac{E'_{sc}}{E_{sc}}\left(\frac{f_{sc}^{p}}{f_{sc}^{y}}\right)^2 ; B_1 = 1 - \frac{E'_{sc}}{E_{sc}}\left(\frac{f_{sc}^{p}}{f_{sc}^{y}}\right) \tag{2-2-22}$$

上式满足图 2-2-8 中 a 点 $E_{sc}^{t} | a = E_{sc}$ 和 b 点 $E_{sc}^{t} | b = E'_{sc}$ 的边界条件，$\bar{\sigma}$ 是平均应力。在强化阶段基本为线性变化，组合强化模量应区别两种情况：

（1）当 $\xi \geqslant 0.96$ 时，无下降段，组合强化模量（MPa）

$$E'_{sc} = 5000\alpha + 550 \tag{2-2-23}$$

（2）当 $\xi < 0.96$ 时，有下降段，组合强化模量（MPa）

$$E'_{sc} = 400\xi - 150 \tag{2-2-24}$$

图 2-2-10 为 Q345 钢材，C40 ~ C80 混凝土在不同的 ξ 值时的 σ_{sc}-ε 的关系。不同 ξ 值时，E_{sc} 和 f_{sc}^{y} 都不同，强化阶段也不同。图中共 8 条曲线，曲线（1）~（4）为 $\alpha = 0.085$，对应的混凝土分别为 C80、C70、C60 和 C50；曲线（5）~（8）为 $\alpha = 0.112$，对应的混凝土分别为 C70、C60、C50 和 C40。

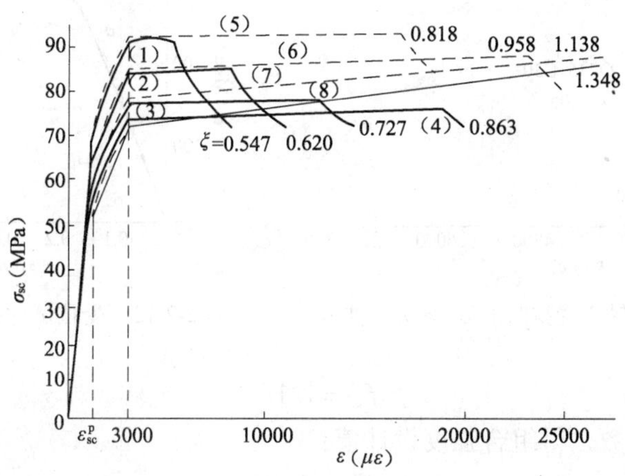

图 2-2-10 Q345，C40 ~ C80 时，不同 ξ 值时的 σ_{sc}-ε 全过程

二、钢管混凝土轴心受拉

钢管混凝土轴心受拉时，由于混凝土的抗拉强度很低、很快就开裂，因而不能承受纵向拉力。钢管在纵向受拉时，径向将缩小，但受到内部混凝土的阻碍，处于纵向和环向受拉而径向受压的三向应力状态。忽略相对很小的径向压应力，则为纵向和环向双向受拉的应力状态。图 2-2-11 所示为 Mises 屈服椭圆的第一象限。钢管的工作特点是：开始

受拉就产生紧箍力，a 点相当于钢材应力达比例极限。b 点对应于应力达屈服点，然后沿着屈服椭圆发生塑性变形。到 c 点后，进入强化阶段。如继续加载，到达 d 点后为二次塑流。由图 2-2-11 可见，钢材双向受拉时应力达屈服点时，此时屈服点将高于单向受拉时的屈服点，最大可提高 15%。

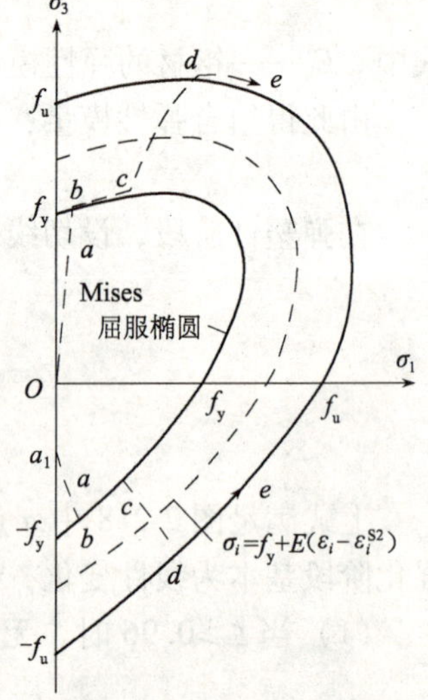

图 2-2-11　Mises 屈服椭圆的第一象限

至于核心混凝土从开始受拉就处于径向和环向均受压的双向受压应力状态。经分析，径向压力（紧箍力）相对很小，故可采用混凝土单向受压时的本构关系。有了钢管的双向应力状态和混凝土的单向应力状态的本构关系，同理可用平衡条件和径向变形协调条件，反复迭代求得钢管混凝土轴心受拉时的 σ_3-ε 关系曲线，如图 2-2-12 所示。详细推导参见参考文献[1]第 70～71 页和第 106～107 页及参考文献[2]第 65～67 页。图 2-2-13 所示为 1983 年进行的 22 个受拉试验的部分 σ_3-ε 曲线，与计算曲线吻合很好，且基本反映钢材的性能（实线为计算曲线，虚线为试验曲线）。

由于钢管混凝土轴心受拉时，只由钢管承受拉力，为了设计方便，可只按钢管受拉计算，但应计入钢材屈服点的提高。为安全起见，考虑提高 10%，则抗拉组合强度标准值为：

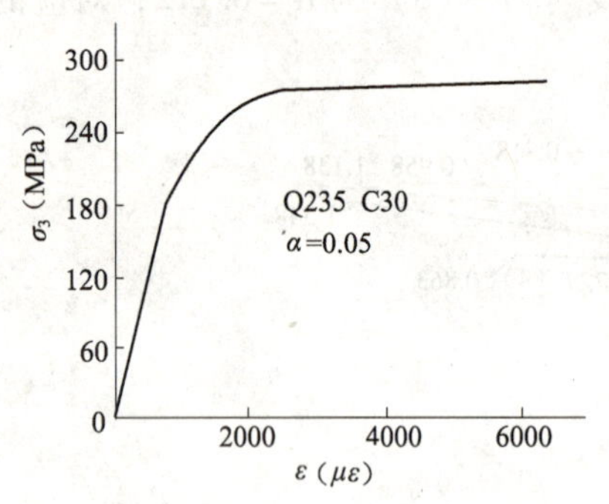

图 2-2-12　钢管混凝土轴心受拉时的 σ_3-ε 关系曲线

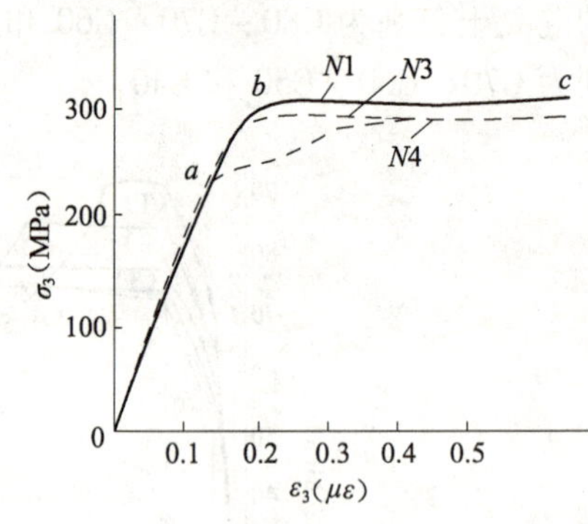

图 2-2-13　受拉试件的 σ_3-ε 关系曲线

$$f_{sc}^{yt}=1.1f_y \tag{2-2-25}$$

计入钢材分项系数，得组合强度设计值：

$$f_{sc}^{t}=1.1f \tag{2-2-26}$$

组合比例极限和比例应变分别为：

$$f_{sc}^{pt}=0.75f_{sc}^{yt}=0.825f_y \tag{2-2-27}$$

$$\varepsilon_{sc}^{pt}=0.825f_y/E_s \tag{2-2-28}$$

弹性模量

$$E_{sc}^{t}=f_{sc}^{pt}/\varepsilon_{sc}^{pt}=E_s \tag{2-2-29}$$

切线模量

$$E_{sc}^{tt}=\frac{(f_{sc}^{yt}-\overline{\sigma})\overline{\sigma}}{(f_{sc}^{yt}-f_{sc}^{pt})f_{sc}^{pt}}\cdot E_s \tag{2-2-30}$$

三、钢管混凝土受纯剪

钢管混凝土在扭矩作用下，截面受纯剪的工作性能，采用前面已得到的钢材的应力和应变的本构关系，混凝土则采用内时理论，用有限元法计算出扭矩 T 和扭转角 θ 的全过程曲线，详细推导见参考文献[1]和[2]。

推导中采用了下列基本假定：

（1）钢管和混凝土变形协调，总扭转角相等；

（2）扭转过程中不发生翘曲，截面保持平面不变。

图 2-2-14 所示，为 $\phi133\times4.5$，$L=450\text{mm}$，$f_y=324.34\text{MPa}$，$f_{ck}=22.3\text{MPa}$ 的构件，按有限元法计算的 T-θ 关系曲线。全截面的抗扭截面模量 W_{sc}^{T}，最大剪应力为$\overline{\tau}=T/W_{sc}^{T}$，由截面扭转角 θ 可计算出对应的最大纤维剪应变 $\gamma(\mu\varepsilon)$，因而图 2-2-14 也表示剪应力与剪应变的全过程关系曲线。

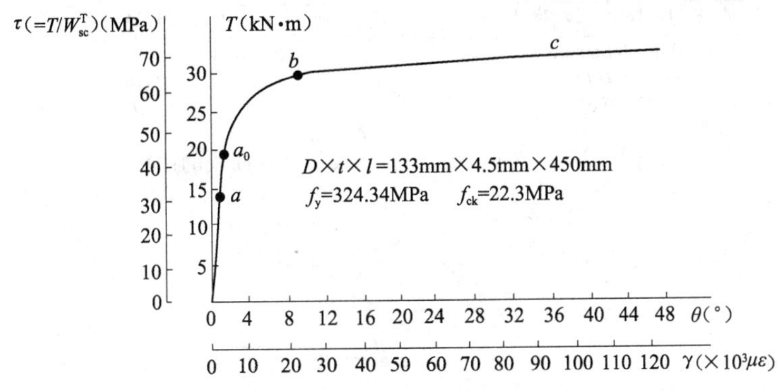

图 2-2-14　T-$\theta(\overline{\tau}$-$\gamma)$全过程关系曲线

为了验证理论分析正确与否，进行了 4 个纯扭试验，图 2-2-15 所示为试验曲线与计算曲线的比较，吻合良好（实线为计算曲线，虚线为试验曲线）。

图 2-2-16 所示，为$\overline{\tau}$-γ 的典型全过程曲线。工作分三个阶段。

（1）弹性阶段（OA）。这一阶段无紧箍力产生，钢管和混凝土皆单独受剪。A 点对应于钢管进入弹塑性阶段的起点。

（2）弹塑性阶段（AB）。随着应力的增加，钢材先进入弹塑性阶段。a_0 点对应于核心混凝土开始发展微裂缝，产生了紧箍力，钢管与混凝土都处于双向剪应力状态。B 点则对应于钢材屈服。

（3）塑性强化阶段（BC）。钢管屈服后，核心混凝土已发展了微裂缝，但仍约束着钢管不发生局部屈曲，因而抗扭承载力继续增长，表现出良好的塑性性能，且还稍带有强化。

由上述分析，定义 a_0 点为钢管混凝土的组合标准抗剪屈服点f_{sc}^{yv}，根据如下：

（1）在$\overline{\tau}$-γ 关系曲线上，剪应变 γ 已表现出明显的非线性性质；

（2）a_0 点以前，扭矩增加较快，而剪应变增加较慢，a_0 点后则相反；

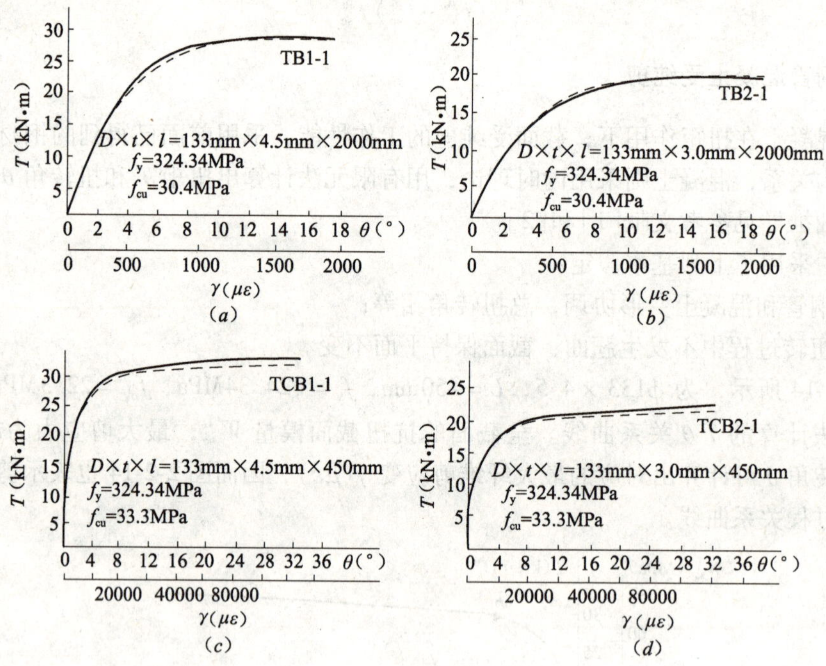

图 2-2-15 T-θ($\bar{\tau}$-γ)试验曲线与计算曲线的比较

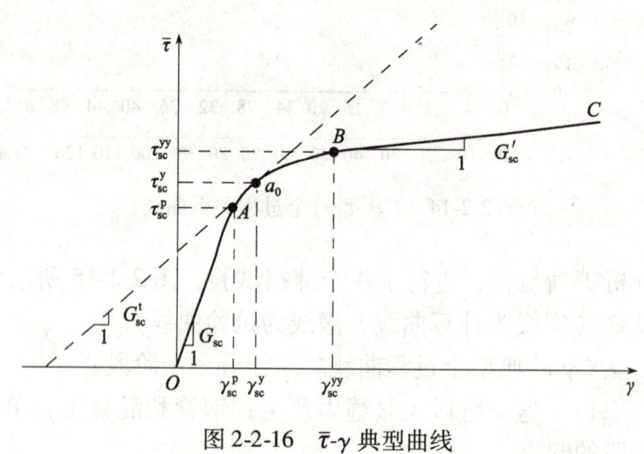

图 2-2-16 $\bar{\tau}$-γ 典型曲线

（3）钢管在接近 a_0 点时，最大纤维应变接近屈服应变，这时核心混凝土也已开始发展微裂缝。

经大量计算，各种情况时 a_0 点对应的纤维剪应变 γ 在 $3500\mu\varepsilon$ 左右。因而确定以 $\gamma=3500\mu\varepsilon$ 时对应的剪应力为钢管混凝土的组合剪切屈服点 f_{sc}^{yv}：

$$f_{sc}^{yv}=(0.385+0.25\alpha^{1.5})\xi^{0.125}f_{sc}^{y} \tag{2-2-31}$$

引入材料分项系数，得组合抗剪强度设计值：

$$f_{sc}^{v}=(0.385+0.25\alpha^{1.5})\xi_0^{0.125}f_{sc} \tag{2-2-32}$$

经回归分析，得剪切比例极限和比例应变：

$$f_{sc}^{pv}=\{(0.149f_y/235+0.322)-[0.842(f_y/235)^2-1.775(f_y/235+0.933)]\alpha^{0.933}\}(20.1/f_{ck})^{0.032}f_{sc}^{yv} \quad (2\text{-}2\text{-}33)$$

$$\gamma^{p}=0.595f_y/E_s+0.07(f_{ck}-20.1)/E_s \quad (2\text{-}2\text{-}34)$$

式中　E_s——钢材的弹性模量。

由此，得组合剪变模量

$$G_{sc}=f_{sc}^{pv}/\gamma^{p} \quad (2\text{-}2\text{-}35)$$

弹塑性阶段，剪变模量按抛物线变化

$$G_{sc}^{t}=\frac{(A_1f_{sc}^{yy}-B_1\bar{\tau})\bar{\tau}}{(f_{sc}^{yy}-f_{sc}^{pv})f_{sc}^{pv}}G_{sc} \quad (2\text{-}2\text{-}36)$$

$$A_1=1-\frac{G'_{sc}}{G_{sc}}\left(\frac{f_{sc}^{pv}}{f_{sc}^{yy}}\right)^2 \quad (2\text{-}2\text{-}37)$$

$$B_1=1-\frac{G'_{sc}}{G_{sc}}\left(\frac{f_{sc}^{pv}}{f_{sc}^{yy}}\right) \quad (2\text{-}2\text{-}38)$$

强化极限

$$f_{sc}^{yy}=(-0.5265\xi+2.137\sqrt{\xi})f_{sc}^{yv} \quad (2\text{-}2\text{-}39)$$

对应的应变

$$\gamma_{sc}^{yy}=8000+2100\xi^{0.283} \quad (2\text{-}2\text{-}40)$$

强化阶段模量与轴压模量相同，分两种情况：

当 $\xi\geqslant0.96$ 时，　$G'_{sc}=2210\alpha+375$　(2-2-41)

当 $\xi<0.96$ 时，　$G'_{sc}=150\xi-60$　(2-2-42)

组合剪变模量 G_{sc} 随钢号、混凝土强度等级及含钢率的不同而不同，变化范围为（0.16～0.34）E_{sc}，并随钢号的提高而下降，随含钢率的提高而提高，而混凝土强度的影响不大。

四、钢管混凝土的统一理论和设计指标的合理性

（一）钢管混凝土统一理论

1978 年，钟善桐教授提出把钢管混凝土视为统一体来研究它的组合性能和组合设计指标。因而前面介绍了按钢管混凝土的全截面计算平均应力的方法，并经分析研究获得了组合性能设计指标，如组合抗压强度（f_{sc}^{y}和f_{sc}）、组合抗拉强度（f_{sc}^{yt}和f_{sc}^{t}）、组合抗剪强度（f_{sc}^{yv}和f_{sc}^{v}）和组合轴压弹性模量（E_{sc}）及组合剪变模量（G_{sc}）等。经过 15 年的努力探索，于 1993 年完成并提出了“钢管混凝土统一理论”。

研究钢管混凝土工作性能的具体方法是：

（1）研究钢材和混凝土在多轴应力状态下的本构关系，导出全过程的数学表达式；

（2）用有限元法（或合成法）计算得到钢管混凝土在轴心压力、轴心拉力、扭矩和剪力作用下的荷载-变形全过程关系曲线；

（3）根据各种力作用下的荷载-变形全过程曲线，确定承载力极限准则，定出承载力设计指标，用构件的整体几何特性，如全截面面积 A_{sc}、全截面惯性矩 I_{sc}和全截面模量 W_{sc}等，来计算构件的承载力。计算中不再区分钢管和混凝土。

由于材料的本构关系中已包含钢管和混凝土相互作用的紧箍效应，因而确定的组合设计指标中也包括了这种紧箍效应。

显然，这是一种针对钢管混凝土的新的研究方法和新的设计方法，它改变了国内外长期以来采用的传统研究方法和设计方法。同时，这种新方法已使这一新结构成为系统而完整的新学科。

钢管混凝土统一理论的内容是：把钢管视为统一体，它是钢管和混凝土组成的一种组合材料。它的工作性能随着材料的物理参数、统一体的几何参数和截面形式以及应力状态的改变而变化，这种变化是连续的、相关的，计算方法是统一的。概括而言，钢管混凝土的性能具有统一性、连续性和相关性。

1. 统一性

钢管混凝土性能的统一性反映在统一体的组合工作性能和组合性能指标中，可按统一的设计公式进行设计。

2. 连续性

钢管混凝土性能的连续性表现在：在钢材和混凝土强度、含钢率、截面形式等变化时，钢管混凝土组合性能呈系列化变化，而不同的应力状态时，组合性能也发生系列化变化，而且所有的性能变化都是连续的。

3. 相关性

钢管混凝土性能的相关性表现在两种及两种以上不同荷载作用下，这些荷载引起的内力在组成钢管混凝土的极限承载力中是相互关联的，它们共同组成钢管混凝土承载力的极限状态。请参阅第四节。

（二）组合设计指标的合理性

1. 组合抗压强度标准值f_{sc}^{y}（组合屈服点）和组合抗压强度设计值f_{sc}

表 2-2-2 列出了多种钢材、不同混凝土强度和含钢率 $\alpha = 0.04 \sim 0.20$ 时，钢管混凝土组合抗压强度标准值f_{sc}^{y}，或称为组合屈服点。

组合抗压强度标准值f_{sc}^{y}（第一组钢材）（MPa）　　**表 2-2-2**

钢　材	混凝土	α									
		0.04	0.05	0.08	0.10	0.12	0.14	0.15	0.16	0.18	0.20
Q235	C30	34.7	37.2	44.6	49.2	53.8	58.1	60.2	62.3	66.4	70.2
	C40	43.2	45.7	52.9	57.5	61.9	66.2	68.2	70.2	74.1	77.8
	C50	49.2	51.7	58.9	63.5	67.9	71.9	74.1	76.0	79.9	83.5
	C60	56.5	59.0	66.1	70.7	75.0	78.8	81.2	83.1	86.9	90.4
	C70	63.4	66.8	74.0	78.5	82.8	86.9	88.9	90.8	94.5	98.0
	C80	69.8	74.1	81.2	85.7	90.0	94.1	96.1	98.0	101.7	106.5
Q345	C30	40.6	44.4	55.5	62.4	69.0	75.3	78.2	81.2	86.7	91.9
	C40	49.0	52.8	63.7	70.4	76.8	82.8	85.7	88.4	93.6	98.5
	C50	55.0	58.8	69.6	76.3	82.6	88.4	91.2	93.9	99.0	103.7
	C60	62.2	66.0	76.7	83.4	89.0	95.4	98.1	100.7	105.7	110.2
	C70	70.1	73.9	84.5	91.1	67.2	103.0	105.7	108.3	113.1	117.6
	C80	77.3	81.1	91.7	98.3	104.4	110.0	112.7	115.3	120.1	124.4

续表

钢　材	混凝土	α									
		0.04	0.05	0.08	0.10	0.12	0.14	0.15	0.16	0.18	0.20
Q390	C30	43.1	47.5	60.2	68.1	75.5	82.5	85.8	89.0	95.1	100.8
	C40	51.5	55.9	68.3	75.9	83.1	89.8	92.9	96.0	101.7	106.9
	C50	57.5	61.9	74.2	81.7	88.8	95.3	98.4	101.3	106.8	111.8
	C60	64.7	69.1	81.1	88.8	95.7	102.1	105.1	108.0	113.4	118.2
	C70	72.6	76.9	89.1	96.5	103.3	109.7	112.6	115.4	120.6	125.3
	C80	79.8	84.1	96.2	103.6	110.4	116.7	119.6	122.4	127.5	132.1

注：表中数值皆系按第一组钢材计算所得。

由表 2-2-2 可见，钢管混凝土组合抗压强度标准值f_{sc}^{y}在 34.7 ~ 132.1MPa 之间变化，并随钢材屈服点f_y、混凝土抗压强度标准值f_{ck}及含钢率 α 的增大而增大。组合抗压强度标准值与钢材屈服点之比 $A=f_{sc}^{y}/f_y=0.158\sim0.360$，而组合抗压强度标准值与混凝土的抗压强度标准值之比 $B=f_{sc}^{y}/f_{ck}=1.61\sim3.65$ 之间。说明钢管混凝土的组合抗压强度标准值远高于混凝土强度，却大大低于钢材的屈服点。这是由于钢管与混凝土间产生了相互作用的紧箍力，使混凝土三向受压，大大提高了抗压强度。而对钢管来说，因异号应力场使屈服点下降，比值 A 和 B 都随含钢率 α 的增大而增大，这是因为含钢率大，钢材占整个截面的比例提高，而紧箍力也增大。比值 A 随混凝土强度的提高而增大，比值 B 则随混凝土强度的提高而降低，这是因为混凝土强度的提高，将使紧箍效应下降，而紧箍效应的下降，使混凝土因三向受压的强度提高率减小，也使钢管因异号应力场的强度下降率也减小。

这充分说明了钢管混凝土的组合抗压强度标准值f_{sc}^{y}是合理的。表 2-2-2 中f_{sc}^{y}的值是第一组钢材的，对于第二、三组钢材应按表列值乘系数 K_1。Q235 和 Q345 钢时，$K_1=0.96$；Q390 和 Q420 钢材时，$K_1=0.94$。对f_{sc}和 E_{sc}也同样需乘系数 K_1。

表 2-2-3 是钢管混凝土组合抗压强度设计值f_{sc}（第一组钢材）。

钢管混凝土组合抗压强度设计值（第一组钢材）f_{sc}（MPa）　　**表 2-2-3**

钢材	混凝土	α																
		0.04	0.05	0.06	0.07	0.08	0.09	0.10	0.11	0.12	0.13	0.14	0.15	0.16	0.17	0.18	0.19	0.20
Q235	C30	27.7	30.0	32.2	34.4	36.5	38.6	40.7	42.7	44.6	46.5	48.4	50.2	52.0	53.7	55.4	57.0	58.6
	C40	33.1	35.4	37.5	39.7	41.8	43.8	45.8	47.7	49.6	51.4	53.2	54.9	56.6	58.3	59.8	61.3	62.8
	C50	37.9	40.2	42.4	44.5	46.6	48.6	50.5	52.5	54.3	56.1	57.9	59.6	61.2	62.8	64.4	65.9	67.3
	C60	43.4	45.6	47.8	49.9	52.0	54.0	55.9	57.8	59.6	61.4	63.2	64.8	66.5	68.0	69.5	71.0	72.4
Q345	C30	32.9	36.4	39.7	43.0	46.1	49.2	52.2	55.0	57.8	60.5	63.1	65.6	67.9	70.2	72.4	74.5	76.5
	C40	38.3	41.7	44.9	48.1	51.2	54.1	56.9	59.7	62.3	64.8	67.2	69.5	71.6	73.7	75.7	77.5	79.2
	C50	43.1	46.5	49.7	52.9	55.9	58.8	61.6	64.3	66.8	69.3	71.6	73.9	76.0	78.0	79.9	81.6	83.3
	C60	48.5	51.9	55.1	58.2	61.2	64.1	66.9	69.5	72.0	74.4	76.7	78.9	81.0	82.9	84.7	86.4	88.0

续表

钢材	混凝土	α																
		0.04	0.05	0.06	0.07	0.08	0.09	0.10	0.11	0.12	0.13	0.14	0.15	0.16	0.17	0.18	0.19	0.20
Q390	C30	35.0	38.8	42.6	46.3	49.8	53.2	56.5	59.7	62.8	65.7	68.5	71.2	73.8	76.3	78.6	80.9	83.0
	C40	40.3	44.1	47.8	51.3	54.7	58.0	61.1	64.1	67.0	69.7	72.3	74.8	77.1	79.3	81.4	83.3	85.1
	C50	45.1	48.9	52.5	56.0	59.4	62.7	65.7	68.7	71.5	74.2	76.7	79.1	81.3	83.4	85.4	87.2	88.9
	C60	50.5	54.3	57.9	61.4	64.7	67.9	71.0	73.9	76.6	79.2	81.7	84.0	86.2	88.2	90.1	91.9	93.4

注：表内中间值可采用插入法求得，表中数值皆按第一组钢材计算所得。

由表2-2-2和表2-2-3可以计算组合强度分项系数，$\gamma_{sc}=f_{sc}^{y}/f_{sc}$，列入表2-2-4中。

组合强度分项系数 $\gamma_{sc}=f_{sc}^{y}/f_{sc}$ **表2-2-4**

α	Q235				Q345				Q390			
	C30	C40	C50	C60	C30	C40	C50	C60	C30	C40	C50	C60
0.04	1.25	1.31	1.30	1.30	1.23	1.28	1.28	1.28	1.23	1.28	1.27	1.28
0.10	1.21	1.26	1.26	1.26	1.20	1.24	1.24	1.25	1.21	1.24	1.24	1.25
0.15	1.20	1.24	1.24	1.25	1.19	1.23	1.23	1.24	1.21	1.24	1.24	1.25
0.20	1.20	1.24	1.24	1.25	1.20	1.24	1.24	1.25	1.21	1.26	1.26	1.27

由表2-2-4可以得知，组合强度分项系数γ_{sc}在1.19~1.31之间，高于钢材的分项系数，却低于混凝土的分项系数，且随着混凝土的强度提高，组合分项系数也增大。

根据试验结果和大量的数据计算分析，前面所确定的组合抗压强度标准值f_{sc}^{y}（组合屈服点）和组合抗压强度设计值f_{sc}是比较合理的。同时，为了使设计更为合理化，还应积累生产和使用经验，进一步完善可靠度分析，根据可靠度指标来确定钢管混凝土组合强度设计值。

2. 组合轴压弹性模量E_{sc}和组合轴压刚度（$E_{sc}A_{sc}$）

表2-2-5列出了E_{sc}值（第一组钢材），从表中可以得知，E_{sc}值和钢材屈服点f_y、弹性模量E_s及组合强度标准值f_{sc}^{y}等有关。

E_{sc}值（第一组钢材）(MPa) **表2-2-5**

钢材		Q235				Q345				Q390			
混凝土		C30	C40	C50	C60	C30	C40	C50	C60	C30	C40	C50	C60
α_s	0.04	30896	38197	43790	50248	27822	33426	37725	42695	27409	32590	36568	41169
	0.05	33139	40423	46007	52458	30471	36046	40331	45290	30232	35378	39340	43928
	0.06	35346	42609	48183	54626	33060	38600	42869	47813	32983	39088	42031	46602
	0.07	37517	44755	50317	56750	35590	41088	45337	50265	35665	40720	44639	49191
	0.08	39653	46862	52410	58832	38061	43510	47736	52646	38275	43274	47166	51696
	0.09	41753	48929	54461	60871	40471	45867	50067	54955	40816	45750	49611	54116
	0.10	43816	50956	56471	62866	42822	48157	52328	57193	43285	48147	51974	56451
	0.11	45845	52944	58440	64819	45114	50381	54520	59359	45685	50467	54256	58700

续表

钢 材		Q235				Q345				Q390			
混凝土		C30	C40	C50	C60	C30	C40	C50	C60	C30	C40	C50	C60
α_s	0.12	47837	54892	60366	66728	47346	52540	56644	61454	48013	52708	56455	60867
	0.13	49793	56800	62252	68595	49519	54633	58698	63477	50272	54872	58573	62949
	0.14	51714	58669	64095	70418	51632	56659	60683	65429	52459	56957	60610	64945
	0.15	53599	60498	65898	72199	53686	58620	62600	67309	54577	58964	62565	66857
	0.16	55448	62287	67658	73936	55680	60515	64447	69118	56623	60894	64438	68684
	0.17	57261	64036	69378	75631	57614	62344	66226	70855	58599	62745	66229	70427
	0.18	59038	65746	71055	77282	59489	64106	67935	72521	60505	64518	67938	72085
	0.19	60780	67417	72691	78891	61305	65803	69575	74115	62340	66212	69566	73658
	0.20	62485	69047	74286	80456	63060	67435	71147	75638	64105	67829	71112	75147

因为钢材的弹性模量是定值，混凝土的弹性模量则随强度等级的提高而增大。因此，组合轴压弹性模量的变化规律是：随着含钢率的增加而增大，随着混凝土强度等级的提高而增大，而钢材强度提高的影响不大。原因是钢管和混凝土间的紧箍力作用，在紧箍力作用下，钢材的弹性模量无变化，而三向受压混凝土的弹性模量却提高，这一关系充分反映在组合轴压弹性模量中。

迄今为止，关于钢管混凝土的轴压刚度，国内外很多规范和文献都采用了换算刚度。

$$(EA)_{sc}=E_sA_s+E_cA_c \tag{2-2-43}$$

这里没有考虑混凝土处于三向受压状态，弹性模量 E_c 的提高。只有混凝土强度较低，含钢率又不高时，由于受压时产生了相反的紧箍力，使核心混凝土处于环向和径向受拉而纵向受压的异号应力场时，才使 E_c 有所降低。钢材强度越高时，这种影响也越大。

由式（2-2-43）的换算刚度 $(EA)_{sc}$ 和组合轴压刚度 $E_{sc}A_{sc}$ 之比：

$$\zeta=\frac{E_{sc}A_{sc}}{E_sA_s+E_cA_c} \tag{2-2-44}$$

式中，$A_{sc}=\pi r_0^2$，$E_sA_s+E_cA_c=(1+1/n\alpha)E_sA_s$，$A_s=\pi(2r_0t-t^2)$，$n=E_s/E_c$，$\alpha\approx 2t/r_0$，$r_0$ 是钢管的外半径，t 是钢管壁厚。

代入式（2-2-44），并忽略 α^3 和 α^4 项，得

$$\zeta=\frac{(0.192f_y/235+0.488)f_{sc}^y}{0.67f_y(1+1/n\alpha)(\alpha-0.25\alpha^2)} \tag{2-2-45}$$

令 $A=(1+1/n\alpha)(\alpha-0.25\alpha^2)$，得下列各式

Q235 钢材 $$\zeta=\frac{0.004319}{A}f_{sc}^y \tag{2-2-46}$$

Q345 钢材 $$\zeta=\frac{0.003331}{A}f_{sc}^y \tag{2-2-47}$$

Q390 钢材 $$\zeta=\frac{0.003087}{A}f_{sc}^y \tag{2-2-48}$$

图 2-2-17 所示，为 Q235 和 Q345 的几种情况的 ζ 与 α 的关系。可见，采用 Q235 钢材，C60 混凝土及以上时，组合轴压刚度比换算刚度高 10% 以上。采用 Q345 钢材，C70 混凝土及以上时，相差也在 10% 以上。不过钢材强度越高，相差就越小。详细分析见参考文献[4]。

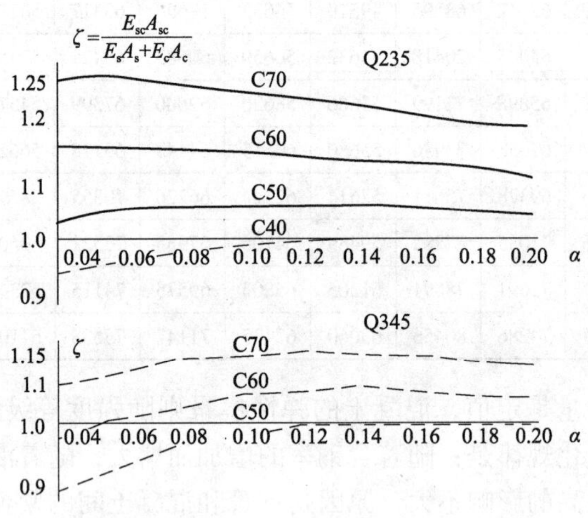

图 2-2-17　Q235 和 Q345 的几种情况的 ζ 值

（三）组合抗剪强度标准值 f_{sc}^{yv} 和设计值 f_{sc}^{v}

表 2-2-6 列出了组合抗剪强度标准值 f_{sc}^{yv}、设计值 f_{sc}^{v} 和抗剪强度分项系数 $\gamma^{v}=f_{sc}^{yv}/f_{sc}^{v}$。

f_{sc}^{yv}、f_{sc}^{v} 和 γ^{v} 值　　**表 2-2-6**

钢　材	混 凝 土	指　标	α			
			0.05	0.10	0.15	0.20
Q235	C30	f_{sc}^{yv}	13.5	19.6	25.8	31.8
		f_{sc}^{v}	11.2	16.7	22.1	27.2
		γ^{v}	1.21	1.17	1.17	1.17
	C40	f_{sc}^{yv}	16.0	22.2	28.2	34.0
		f_{sc}^{v}	12.7	18.2	23.4	28.2
		γ^{v}	1.26	1.22	1.21	1.21
	C50	f_{sc}^{yv}	17.7	24.0	30.0	35.7
		f_{sc}^{v}	14.1	19.6	24.8	29.6
		γ^{v}	1.26	1.22	1.21	1.21
	C60	f_{sc}^{yv}	19.8	26.2	32.1	37.8
		f_{sc}^{v}	15.7	21.3	26.4	31.1
		γ^{v}	1.26	1.23	1.22	1.22
	C70	f_{sc}^{yv}	21.9	28.5	34.5	40.2
		f_{sc}^{v}	17.6	23.1	28.2	32.9
		γ^{v}	1.24	1.23	1.22	1.22

续表

钢　材	混 凝 土	指　标	α			
			0.05	0.10	0.15	0.20
Q235	C80	f_{sc}^{yv}	23.9	30.6	36.7	42.4
		f_{sc}^{v}	18.9	24.9	29.8	34.6
		γ^{v}	1.26	1.23	1.23	1.23
Q345	C30	f_{sc}^{yv}	16.9	26.2	35.2	43.7
		f_{sc}^{v}	14.2	22.5	30.2	37.3
		γ^{v}	1.19	1.16	1.17	1.17
	C40	f_{sc}^{yv}	19.4	28.5	37.1	45.1
		f_{sc}^{v}	15.7	23.8	31.0	37.4
		γ^{v}	1.24	1.20	1.20	1.21
	C50	f_{sc}^{yv}	21.1	30.3	38.7	46.5
		f_{sc}^{v}	17.1	25.1	32.2	38.4
		γ^{v}	1.23	1.21	1.20	1.21
	C60	f_{sc}^{yv}	23.2	32.4	41.0	48.4
		f_{sc}^{v}	18.7	26.7	33.7	39.7
		γ^{v}	1.24	1.21	1.22	1.22
	C70	f_{sc}^{yv}	25.5	34.7	43.0	50.6
		f_{sc}^{v}	20.7	28.4	35.4	41.3
		γ^{v}	1.23	1.22	1.21	1.23
	C80	f_{sc}^{yv}	27.5	36.8	45.2	52.7
		f_{sc}^{v}	22.3	30.0	37.0	42.9
		γ^{v}	1.23	1.23	1.22	1.23
Q390	C30	f_{sc}^{yv}	18.4	29.1	39.2	48.7
		f_{sc}^{v}	15.4	24.7	33.3	41.0
		γ^{v}	1.19	1.18	1.18	1.19
	C40	f_{sc}^{yv}	20.8	31.0	40.9	49.3
		f_{sc}^{v}	16.9	25.8	33.8	40.7
		γ^{v}	1.23	1.20	1.21	1.21
	C50	f_{sc}^{yv}	22.6	32.9	42.4	50.9
		f_{sc}^{v}	18.3	27.1	34.9	41.5
		γ^{v}	1.23	1.21	1.21	1.23
	C60	f_{sc}^{yv}	24.7	35.0	44.3	52.7
		f_{sc}^{v}	19.8	28.7	36.3	42.7
		γ^{v}	1.25	1.22	1.22	1.23
	C70	f_{sc}^{yv}	26.9	37.3	46.5	54.8
		f_{sc}^{v}	21.9	30.4	38.0	44.3
		γ^{v}	1.23	1.23	1.22	1.24

续表

钢　材	混　凝　土	指　标	α			
			0.05	0.10	0.15	0.20
Q390	C80	f_{sc}^{yv}	29.0	39.4	48.7	56.8
		f_{sc}^{v}	23.5	32.0	39.6	45.7
		γ^{v}	1.23	1.23	1.23	1.24

由表2-2-6可见，钢管混凝土的抗剪强度随钢材强度的提高而提高，随含钢率的增大而增大，也随混凝土强度的提高而提高。

（四）组合剪变模量

组合剪变模量 G_{sc} 与组合轴压弹性模量 E_{sc} 间的比值 $D=G_{sc}/E_{sc}$，随含钢率的提高而增大，而随混凝土强度的提高稍有降低。

五、混凝土徐变和收缩及环境温度与焊接

钢管混凝土是由钢材和混凝土两种材料组成的，混凝土存在着徐变和收缩，结构建成后，使用环境和条件可能发生变化，如露天结构受冬季和夏季气温变化的影响，以及在一些热车间中，钢管混凝土柱受到高温的辐射作用，此外，建成后要在钢管混凝土构件上加焊一些零部件也是不可避免的，所有上述因素对钢管混凝土的工作性能会产生什么影响，应该进行研究。

（一）混凝土徐变的影响[5][6]

混凝土在恒荷载作用下，随着持荷时间的延长而逐渐发展的变形称为徐变。

影响混凝土产生徐变的因素很复杂，如混凝土的组成成分、水泥品种、骨料种类和粒径、水灰比、密实度、试件尺寸、环境温度和湿度、龄期、持荷应力大小及持荷时间等，总之，影响因素多而又复杂。

1978年，我们针对工程中常用的水灰比为0.4～0.45的普通混凝土，进行了试验和研究。试验在特别装置中进行，在恒载持荷条件下测定管内混凝土的徐变变形，到达规定持荷时间后不卸荷而直接加压破坏，测得混凝土的徐变量和徐变对构件承载力的影响。1983～1984年，又进行了第二次徐变试验，包括轴心受压和偏心受压构件，测定了徐变对承载力的影响，得到了下列结论：

（1）核心混凝土的徐变早期发展很快，5个月后曲线的斜率不大，一年后徐变几乎停止。徐变量比单向受压混凝土小得多。当 $\alpha=0.05\sim0.20$ 时，管内核心混凝土的徐变量约为单向受压混凝土徐变量的74%（图2-2-18）。

（2）徐变过程中测得的纵向和环向应变，如图2-2-19所示。可见环向徐变也随时间而增长，通过计算也证明徐变过程中紧箍力不但未降低，反而略有增加。这是因为混凝土徐变的横向效应的缘故。因此在考虑核心混凝土的徐变时，可忽略紧箍力变化的影响。

（3）随含钢率的提高，核心混凝土的徐变量减小（图2-2-20）。当钢管进入弹塑性工作阶段后，含钢率的影响减小。α 由0.05～0.20时，徐变量减小19%～44%。

（4）徐变量随持荷大小的增减而增减，如图2-2-21所示。

（5）徐变对钢管混凝土的轴压强度无影响，也与持荷大小无关。

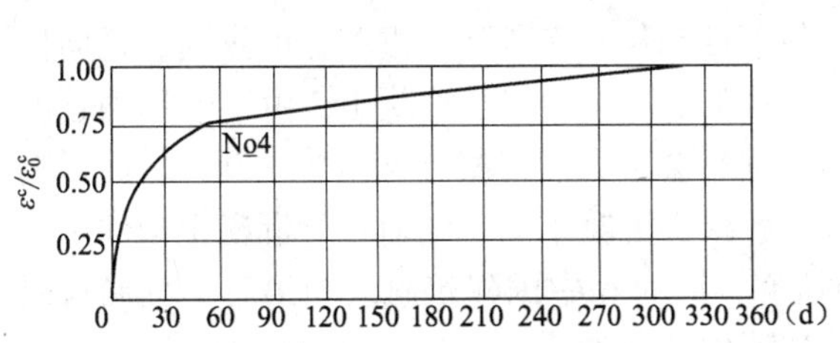

图 2-2-18　管内混凝土徐变的发展

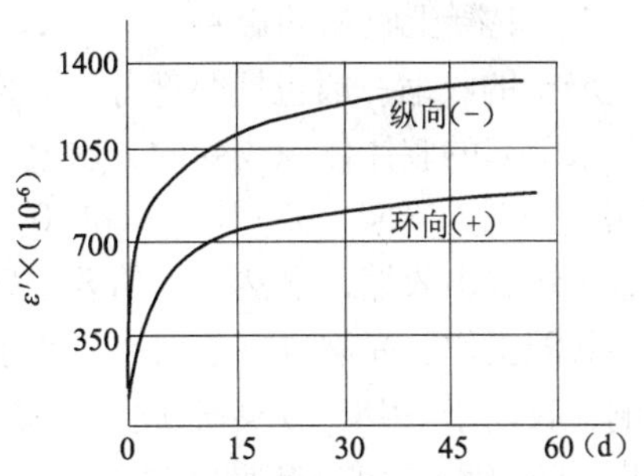

图 2-2-19　纵向和环向徐变的变化

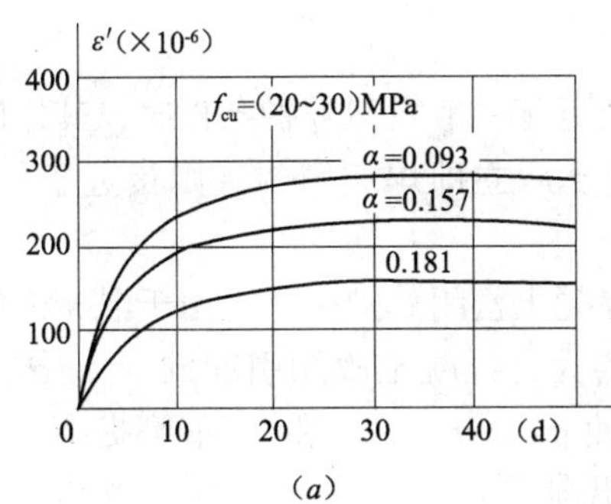

(a)

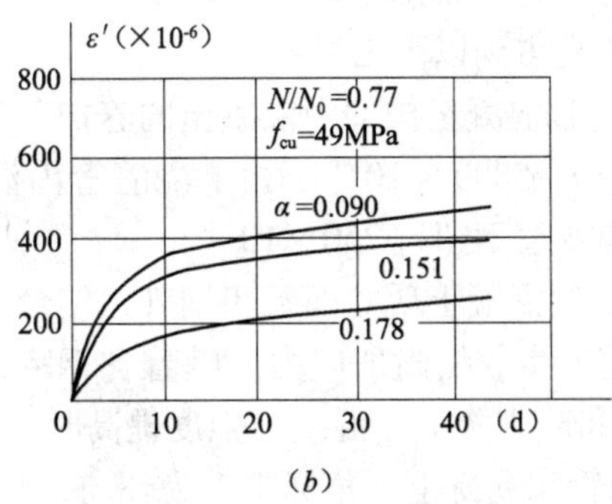

(b)

图 2-2-20　徐变与含钢率的关系

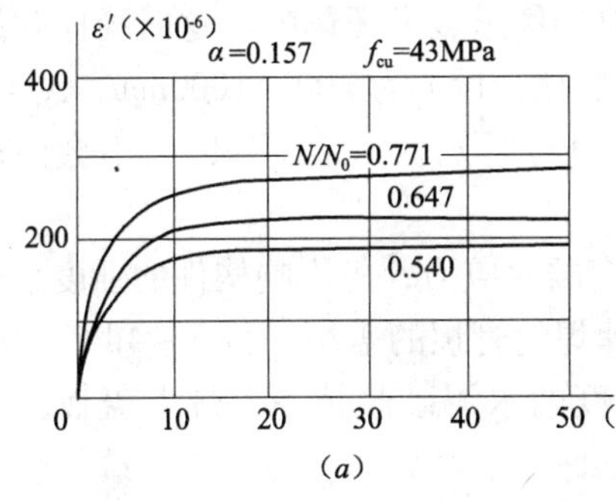

(a)

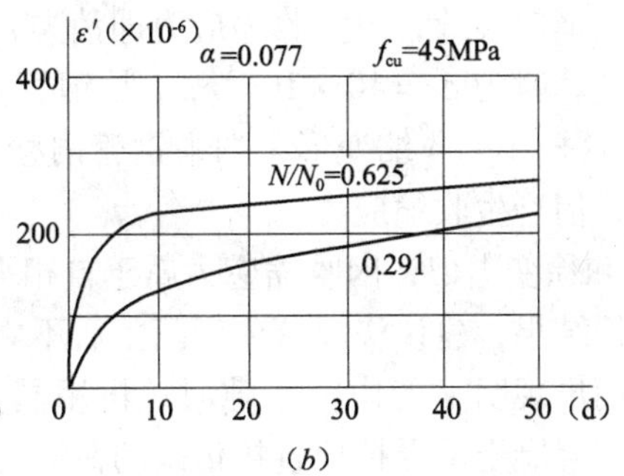

(b)

图 2-2-21　徐变和持荷大小的关系

（6）轴心受压构件和 $e/r_0 \leqslant 0.3$ 的偏心受压构件，在构件长细比 $\lambda \leqslant 50$ 和 $\lambda \geqslant 120$ 时，可不考虑核心混凝土徐变对构件稳定承载力的影响。其他情况的影响应引入徐变影响系数 K_c，将构件承载力乘以系数 K_c。K_c 值见表 2-2-7 所列。

徐变影响系数 K_c　　**表 2-2-7**

λ ＼ 恒载占设计荷载的比例	30%	50%	70%
$50<\lambda\leqslant70$	0.90	0.85	0.80
$70<\lambda\leqslant120$	0.85	0.80	0.75

（二）混凝土收缩的影响

混凝土的收缩一般包括两部分。一部分是水泥水化后体积缩小引起的化学收缩，另一部分是失水引起的胶体体积改变的失水收缩。一般条件和保水条件下，混凝土的纵向和径向极限收缩值分别为（50～55）$\times10^{-5}$和10×10^{-5}。但在钢管内的核心混凝土，由于受到钢管的制约，不能自由收缩，显然收缩值要小些。但收缩后会不会使混凝土和钢管脱开，从而影响二者的共同工作，尚需进一步研究。为了深入了解核心混凝土的收缩对钢管混凝土构件工作的影响，我们于1978年开始对此进行了试验研究，同时和中国建筑总公司第三工程局科研所合作，于1985～1986年期间进行了一个直径为$\phi723\times10$，长1.6m，采用Q235钢材的钢管混凝土构件的收缩试验，混凝土采用当时常用的配合比：0.48:1:2.18:2.88（水:水泥:砂:粗骨料），掺FDN减水剂0.3%。

试验研究得到以下结果：

（1）钢管混凝土构件中混凝土的养护条件接近于一般自然养护条件时，其极限收缩应变值为（550～580）$\times10^{-6}$。如果浇灌管内混凝土后立即焊接密封，则接近于保水条件，极限收缩应变值不超过250×10^{-6}。

（2）浇灌混凝土后立即封闭钢管，使管内混凝土密闭养护，这时由于混凝土的纵向和径向收缩将产生收缩附加应力。随着含钢率的增大，混凝土收缩引起的σ_{1s}、σ_{3c}和σ_{1c}值皆增加，而σ_{3s}则降低。混凝土强度提高时，将使σ_{3s}、σ_{1s}、σ_{3c}和σ_{1c}值都提高。角标s和c分别指钢管和混凝土，角标中1为环向，3为纵向。

（3）浇灌混凝土后不封闭钢管，这种情况接近自然养护。这种情况在常用的含钢率和混凝土强度等级条件下，收缩引起混凝土的纵向拉伸应变，其值都超过混凝土的极限拉伸应变，产生横向裂缝，纵向收缩应力即消失，对构件承载力无影响。这时径向收缩按自由收缩条件计算时为$\Delta_r=10\times10^{-5}r$，$r$是钢管内半径，设$r$为200～1000mm，$\Delta_r=0.002$～0.01mm。这样小的收缩变形，如果钢管内壁干净与混凝土粘结良好时，不会使混凝土和钢管脱离，但产生收缩应力。

（4）和徐变类似，因收缩应力属于自相平衡的内应力，不影响构件的强度承载力。根据以上所得结果，建议浇灌管内混凝土后不立即焊封管顶的盖板，待3～4d后混凝土产生纵向收缩而出现明显的内凹空隙时，再用同强度的水泥砂浆抹平，焊上盖板。这样处理后，钢管和混凝土承受柱顶直接传来的荷载时，保证了全截面受力。当荷载从管柱外侧通过焊缝传入时，由于管内混凝土的径向收缩很小，不可能与钢管脱离，荷载可由混凝土与钢管的粘结力内传。同时因为钢管混凝土柱整体处于纵向荷载作用下，核心混凝土与钢管间存在着紧箍力，使混凝土与钢管之间不仅有粘结力，而且还有紧箍力。焊缝经管壁内传的力将由粘结力加摩擦力共同传入，工作是可靠的。

近年来，工程中已较普通地开始采用高性能混凝土，且在不断扩大应用中。高性能混凝土的水灰比在0.3以下，恰好满足水泥水化的需要，几乎没有多余的自由水。这样的混凝土的徐变和收缩量肯定小于普通混凝土。因此，今后应开展水灰比0.3的高性能混凝土的徐变和收缩的研究，不能直接搬用上面介绍的对徐变和收缩的研究成果。

（三）环境温度的影响

当钢管混凝土用于室外工程或热车间如炼钢车间、钢锭模车间和初轧车间等，而又未加隔热保护时，钢管混凝土柱将受到环境温度变化的影响。

表 2-2-8 为温度对钢材和混凝土性能的影响。

温度对材料性能的影响　　表 2-2-8

温　度（℃）	钢　　材			混　凝　土		
	E_s^t （E_s）	$f_y^t(f_y)$	α_s （10^{-6}）	E_c^t （E_c）	$f_{ck}^t(f_{ck})$	α_c （10^{-6}）
20	1.0	1.0	11.4	1.0	1.0	10
60	1.0	1.0	11.6	0.85	0.90	10
100	1.0	1.0	12.0	0.75	0.85	10
150	0.97	0.9	12.4	0.65	0.80	10
200	0.95	0.85	12.8	0.55	0.70	10

由表 2-2-8 列值可见，温度对混凝土性能的影响较大，随着温度的升高，抗压强度和弹性模量皆下降。温度对钢材性能的影响较小，只有当超过 100℃后，屈服点和弹性模量才下降，且下降率比混凝土小。

1983～1984 年间，我们进行了一批温度影响试验。把试件置于特制的烘箱内，用电阻丝均匀加热，采用热电偶测定钢管外表和核心混凝土截面的温度场，用高温电阻片测定试件中截面外表的纵向和环向应变，然后在规定的均匀温度作用下将试件加压破坏，测定在规定温度下的承载力。加热分四级：60℃、80℃、100℃和 150℃。由于混凝土的比热容远大于钢材的比热容，且导热系数又低。因此，钢管升温时，核心混凝土的升温产生滞后现象。

当环境温度上升时，钢管与核心混凝土产生了温度应力，并使二者间的紧箍力下降，因而影响了构件的组合强度。温差越大，影响也越大。定温后，温差逐渐减小，最后达到温度一致。这时温度应力虽然最小（只有因钢材和混凝土的线膨胀系数的不同而产生的应力），但由于混凝土的抗压强度下降，也影响构件的组合强度。

图 2-2-22 是分析得到升温 100℃时的钢管温度 t_s、混凝土温度 t_c、紧箍力 P_t 及构件组合承载力 N_t 和升温时间的关系。图中 t_s 和 t_c 的变化反映了混凝土的温度滞后现象，紧箍力 P_t 是升温过程中钢管与混凝土间产生的反向紧箍力，随升温时间的增加，反向紧箍力 P_t 也增大，到 T_1 时间（约 42min）达最大值 P_t^{max}。此反向紧箍力是抵消原有的紧箍力的，因而构件的承载力在下降。随后，钢管与混凝土间的温差逐渐减小，P_t 也减小。当温差为零时，截面为均热，P_t 很小，只有因钢材的线膨胀系数 α_s 大于混凝土的线膨胀系数 α_c 产生的反向紧箍力。组合承载力 N_t 的变化一直下降，到 T_2 时间为最小值（N_t^{min}），随后又稍有回升，这是由于 P_t 和材料强度同时变化的结果。一直加热到 60min 达到均热。升温 150℃的情况与图 2-2-22 类似，只是达到均温的时间约长十几分钟。

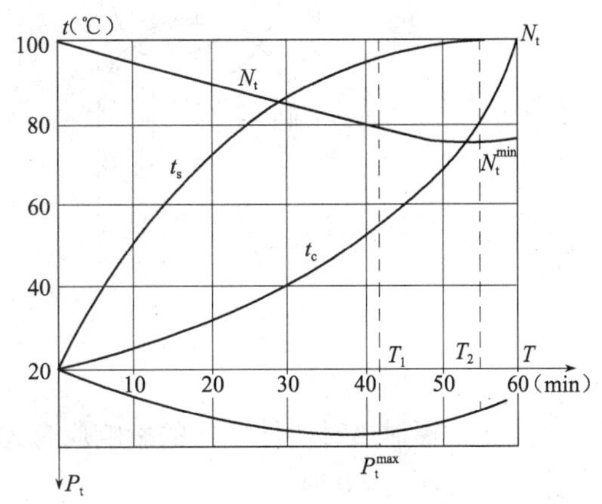

图 2-2-22　t_s、t_c、P_t 及 N_t 和升温时间的关系

均匀升温时钢管混凝土的组合强度可按最后均热状态计算。进行了 21 个分别升温到 60℃、80℃、100℃和 150℃时加压破坏的试验及 7 个不升温加压破坏的对比试验。试验和

计算结果如下：

（1）钢管混凝土在 $T \leqslant 150℃$ 的均匀温度作用下，N-ε 关系和破坏状态与常温下的情况完全类似，只是承载力下降了。

（2）在60℃均温下，承载力下降9%；80℃时，下降13%；100℃时，下降18%；150℃时，下降26%～30%；与含钢率及混凝土的强度等级无关。

（3）破坏荷载和计算承载力吻合较好。平均值1.053，均方差0.047，而变异系数0.045。

当环境温度由20℃下降时，构件的承载力将有所提高，设计时可不考虑，但钢管应选用保证低温下的冲击性能的C级，如Q235C和Q345C。如使用时环境温度低于－20℃，则应选用Q235D或Q345D钢材。1997年建成的黑龙江依兰县牡丹江大桥，采用三管格构式钢管混凝土拱肋，跨度100m，冬季最低气温为－40℃左右，迄今使用已7年，安然无恙。

当构件遭受辐射热或单侧受热时，构件截面的温度场为非均匀升温，如图2-2-23所示。由于温度分布不均匀，使构件凸向热源方向挠曲。随着加温时间的增加，温度由不均匀到均匀，构件的挠度 e_t 则由0迅速增至最大值，随后逐渐减小，当温度趋于均匀时，e_t 又恢复到0（图2-2-24）。

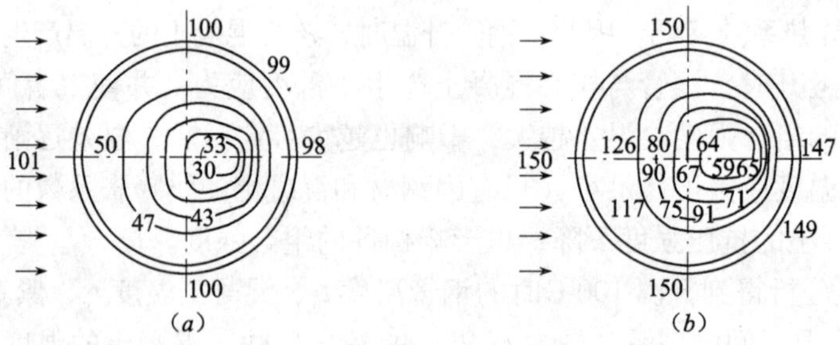

图2-2-23　单侧受热时截面的温度场

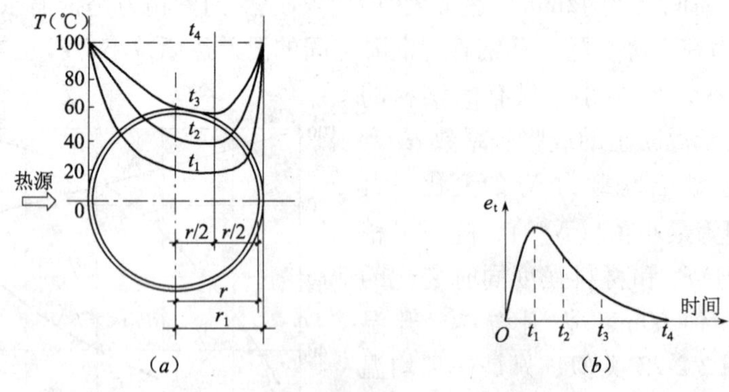

图2-2-24　温度场与时间的关系

因此，辐射热对构件工作的影响应考虑两种情况：即温度非均布而 e_t 为最大值时及温度达到均布而 $e_t=0$ 时。

升温过程中，e_t 达最大值常起控制作用。挠度 e_t 值按下式计算：

$$e_t = \int_0^L \overline{M}\left[\frac{M}{E_{scm}I_{sc}}\right]dx = \int_0^L \overline{M}Kdx = \frac{1}{8}KL \tag{2-2-49}$$

$$K = \frac{\alpha_c[4.3 + 91r^3a + br^3]}{n(r_0^4 - r^4) + r^4} \tag{2-2-50}$$

$$a = 29.25 - 0.0045(150 - T_s)^{1.8} \tag{2-2-51}$$

$$b = 38.5 - 0.0241(150 - T_s)^{1.5} \tag{2-2-52}$$

$$n = E_s^t / E_c^t \tag{2-2-53}$$

式中　K——温度产生的曲率；

r——钢管内半径；

r_0——钢管外半径；

T_s——钢管表面的温度；

α_c——混凝土的线膨胀系数；

E_s^t 和 E_c^t——钢材和混凝土在温度 t 时的弹性模量；

E_{scm}和 I_{sc}——钢管混凝土的抗弯弹性模量和截面惯性矩。

求得 K 值后，就可算出 e_t 值。

轴心受压构件应按具有 e_t 的偏心受压构件验算承载力，具有偏心距 e_0 的偏心受压构件则应按 $e_0 + e_t$ 的偏心受压构件验算承载力。

为了验证上述计算是否正确，进行了一批轴压长柱试验，计 12 个试件加上 6 个常温下的对比试验，共 18 个试验。加温分 100℃ 和 150℃ 两种情况，算得 e_t 为（0.062～0.4）r_0。计算承载力与试验值吻合较好。

由此得下列结果：

（1）均匀升温时，以 100℃ 为限，达 60℃ 以上，组合强度设计值应乘以折减系数 k_t，达 100℃ 以上时，应采取隔热保护措施；

（2）非均匀升温时，应考虑温度产生的附加挠度 e_t，构件变成了偏心受压构件，应按 $e_0 + e_t$ 的偏心验算偏心受压构件的承载力。

（四）焊接的影响

采用钢管混凝土的工程建成后，由于使用或生产的需要，难免要在管柱上加焊一些零部件，对施焊时产生的高温对钢管混凝土性能的影响必须有明确的认识。

施焊时，焊接高温将使焊缝附近的钢材处于热塑性状态，对钢材性能产生影响。不过影响区局限于焊缝二侧各 5mm 的热影响区，提高了钢材的强度和硬度，韧性也发生了变化。但对于只承受静力荷载的钢管混凝土柱来说，这些影响不大，可以忽略。

焊接后由于焊缝的纵向收缩产生残余应力。管径越大，残余拉应力也越大，可达屈服应力；管径较小时，残余应力显著下降。残余应力属于自相平衡的内应力，对构件强度承载力没有影响。

施焊时，由于管内存在混凝土，将吸收大量的热量，使钢管表面的温度梯度变化很大，减少了钢材的热变形和热影响区范围。冷却时，混凝土吸收的热量向钢管散发，起了回火作用，对热影响区钢材的性能与组织有一定好处。

施焊时，焊接热使混凝土中的游离水加热，且向内部迁移，有利于水泥的进一步水化作用。但温度很高时，将破坏水泥石组织，同时使水泥石与骨料间产生裂缝，强度降低。不过，由于钢管的保护，水分不会散失，裂缝也受到约束。此外，焊接时间短，混凝土的物理、化学反应难以充分实现。

为了充分了解焊接对钢管混凝土性能和承载力的影响，进行了一系列的施焊试验。包括：焊接对核心混凝土性能影响的试验、焊接时温度场的测定、焊接时构件挠度的变化和焊接时对钢管混凝土受压柱极限承载力的影响等。

试验结果：

（1）焊接对核心混凝土的强度有一定影响，但不大。剥去钢管后，焊缝位置的混凝土表面有烧伤痕迹。对混凝土强度的影响随焊接量的增大而增大。

（2）焊接时杆中产生的挠度不大，可忽略焊接时产生挠曲对承载力的影响。

（3）在设计荷载 N 作用下，和边焊边加荷到设计荷载 N 相比，构件的承载力并不降低。

（4）当管径大于 165mm 时，所得结论也适用。因管径越大时，局部施焊的影响会越小。

当然，在工程中对钢管混凝土柱的局部进行施焊时，应采用有利的施焊顺序和对称施焊，同时尽可能采用小焊条和低电流强度。当焊缝较长时，应间隙施焊。

六、圆形、多边形和方形钢管混凝土性能的系列化

在工程实际中，也有采用方形或矩形钢管混凝土的，尤其是在多层和高层建筑中。关于方钢管混凝土构件的承载力计算大都采用叠加法，有的考虑钢管与核心混凝土间的紧箍效应，有的忽略紧箍效应的影响。

按照统一理论的推断："钢管混凝土工作性能的变化是随着截面形状的变化而变化的，变化是连续的，设计方法是统一的。"

根据这一推断，我们研究了圆形、八边形、正方形和矩形截面轴压短柱的工作性能，导出了它们的平均应力和纵向应变全过程曲线，与试验曲线吻合很好。由此得到了各种截面轴心受压构件的组合强度设计指标与组合模量，它们是连续的、统一的，形成了系列化。

解决这一问题的关键是要有正确的三向受压混凝土的本构关系，才能用有限元法求得轴心受压时的平均应力与纵向应变的全过程关系曲线。

（一）材料的本构关系

钢材在三向应力状态下的本构关系，已在本节之一（二）中介绍了，如公式（2-2-1）。

混凝土三向受压的本构关系采用了塑性断裂理论来描述，表达式为：

$$\{d\sigma\} = [D]\{d\varepsilon\} \tag{2-2-54}$$

详细推导参见参考文献[2]。

用有限元法计算了一批圆形、方形和八边形、正方形和矩形钢管混凝土轴压短试件的 $\bar{\sigma}$-ε 关系曲线，与试验比较，吻合良好。试验曲线来源包括日本、前苏联、美国和我们自己的试验结果。由此证明选定的混凝土本构关系是合适的，可用来计算各种截面的钢管混凝土的轴压短试件 $\bar{\sigma}$-ε 全过程关系曲线。

（二）各种截面轴心受压时的工作性能

有了钢管和混凝土的本构关系，采用有限元法即可解得各种截面钢管混凝土轴压短试件的平均应力和纵向应变的全过程关系曲线，建立三维有限元模型，同时考虑了材料非线

性和几何非线性。

研究分析了圆形、八边形、正方形和矩形钢管混凝土在轴心压力作用下工作性能的变化。为了使各种截面的工作性能具有可比性，各种截面采用相同的钢管和混凝土面积 A_s 和 A_c，即含钢率 $\alpha = A_s/A_c$ 及标准套箍系数 $\xi = \alpha f_y/f_{ck}$ 都相同。这样的截面称为等效截面。

分析了 12 组构件，每组 4 个。A1 ~ A11 组每组包括圆形、八边形、正方形和矩形各 1 个，它们都是等效截面，A12 组是 4 个矩形截面，它们的高宽比（D/d）分别为 1.47、2.4、1.94 和 1.0，它们也都是等效截面，$D/d = 1$ 即正方形截面。图 2-2-25 是截面形式和研究区域（因对称关系，取部分截面）。

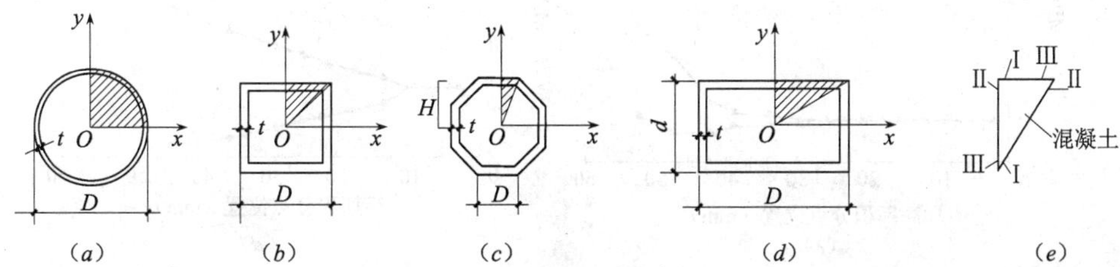

图 2-2-25　截面形式和研究区域

由 A1 ~ A11 组各截面的 I—I、II—II 和 III—III 剖面上的应力分布可见，非圆形截面的紧箍效应很不均匀。角点处的紧箍力大，边长中心处紧箍力小，由角点向截面中心迅速衰减。各边中点处的约束作用最小，其次是截面中心。正方形截面最明显，矩形截面与正方形截面接近，八边形要好一些。图 2-2-26 列出 A3 组八边形、正方形和矩形截面沿 I—I、II—II 和 III—III 剖面的高斯点应力分布图。

对于正方形截面，套箍系数 ξ 越大，角点的紧箍力也越大，沿各边的角点向中心减少得也越多。

图 2-2-27 所示，为 A1 ~ A11 组各等效构件中的 $\bar{\sigma}$-ε 关系曲线。每组 4 种等效截面的关系曲线画在同一图上。

由图 2-2-27 可见：

（1）不同套箍系数的构件，套箍系数对轴压短柱性能的影响很大。套箍系数大时，$\bar{\sigma}$-ε 有强化段；较小时，有塑性段；很小时则有下降段。对圆形截面，当套箍系数 $\xi > 1.0$ 时，有强化段；但对方形截面，$\xi > 2.18$ 也无强化段。经分析，$\xi \geqslant 3.2$ 的方钢管混凝土，才有强化段。

（2）钢材的强度越高，$\bar{\sigma}$-ε 曲线表现出的塑性越好，且各种截面工作性能的差别也越小。

（3）混凝土的强度越低，工作性能却越好，且不同截面的工作性能差别也越小。

（4）八边形、正方形和矩形截面的工作性能和边长 D 的大小无关，故以上结果适用于任何大小的截面。

图 2-2-28 所示，为 A12 组的平均应力-应变（$\bar{\sigma}$-ε）的关系。计三个矩形截面和一个正方形截面，矩形截面的边长比 D/d 为 1.47、1.94 和 2.40，但它们的 $\bar{\sigma}$-ε 关系曲线和正方形截面基本重合。由此可见，矩形截面可近似地等效为正方形截面（暂限于 $D/d \leqslant 2.4$ 的情况）。

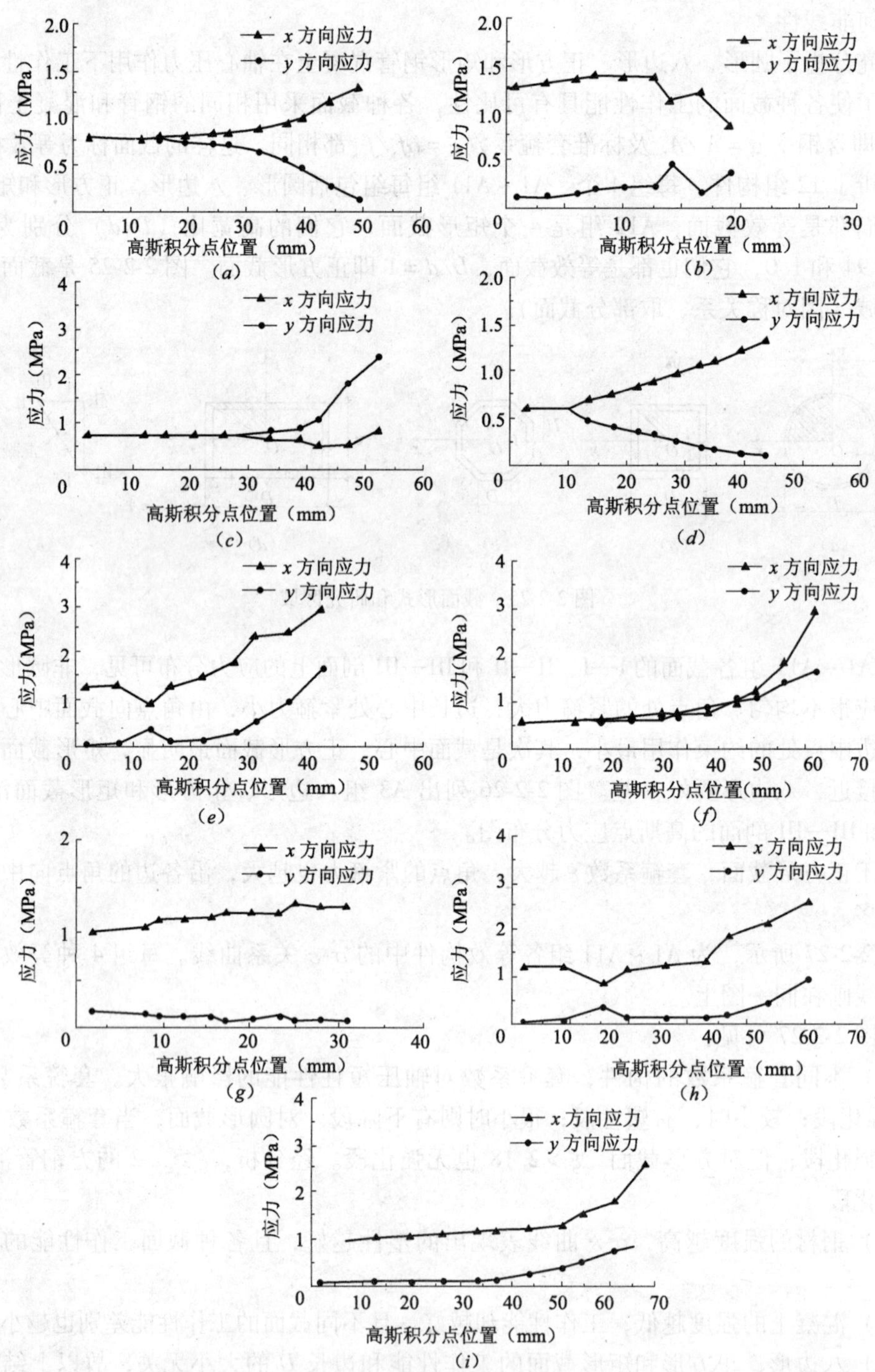

图 2-2-26　A3 组高斯点应力分布

(a)八边形钢管混凝土Ⅰ—Ⅰ剖面高斯点应力分布图(A3)；(b)八边形钢管混凝土Ⅱ—Ⅱ剖面高斯点应力分布图(A3)；(c)八边形钢管混凝土Ⅲ—Ⅲ剖面高斯点应力分布图(A3)；(d)正方形钢管混凝土Ⅰ—Ⅰ剖面高斯点应力分布图(A3)；(e)正方形钢管混凝土Ⅱ—Ⅱ剖面高斯点应力分布图(A3)；(f)正方形钢管混凝土Ⅲ—Ⅲ剖面高斯点应力分布图(A3)；(g)矩形钢管混凝土Ⅰ—Ⅰ剖面高斯点应力分布图(A3)；(h)矩形钢管混凝土Ⅱ—Ⅱ剖面高斯点应力分布图(A3)；(i)矩形钢管混凝土Ⅲ—Ⅲ剖面高斯点应力分布图(A3)

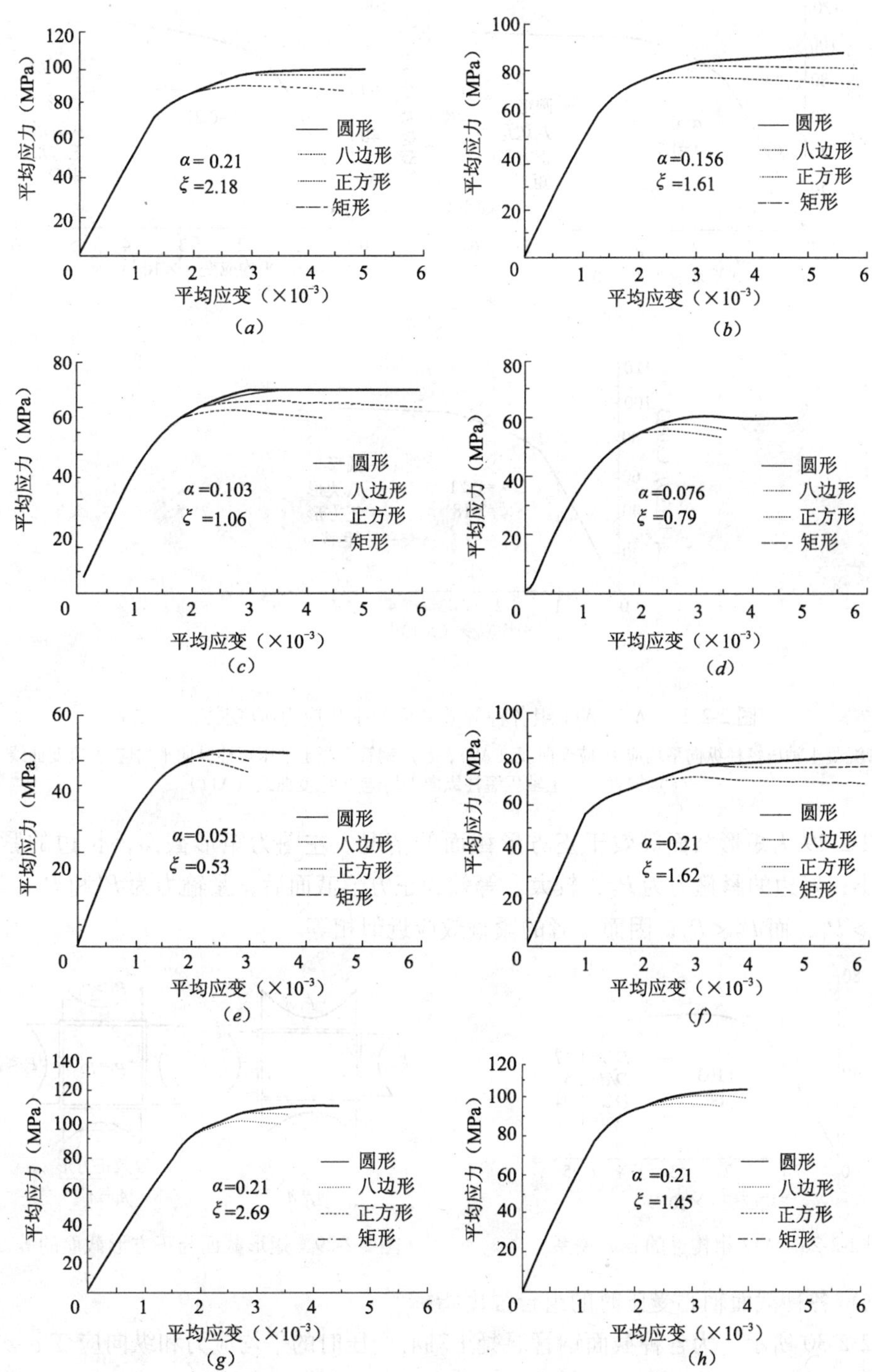

图 2-2-27　A1～A11 组各种等效截面的平均应力-应变关系（一）

(*a*) 钢管混凝土轴压短柱纵向平均应力-应变曲线（A1）；(*b*) 钢管混凝土轴压短柱纵向平均应力-应变曲线（A2）；(*c*) 钢管混凝土轴压短柱纵向平均应力-应变曲线（A3）；(*d*) 钢管混凝土轴压短柱纵向平均应力-应变曲线（A4）；(*e*) 钢管混凝土轴压短柱纵向平均应力-应变曲线（A5）；(*f*) 钢管混凝土轴压短柱纵向平均应力-应变曲线（A6）；(*g*) 钢管混凝土轴压短柱纵向平均应力-应变曲线（A7）；(*h*) 钢管混凝土轴压短柱纵向平均应力-应变曲线（A8）

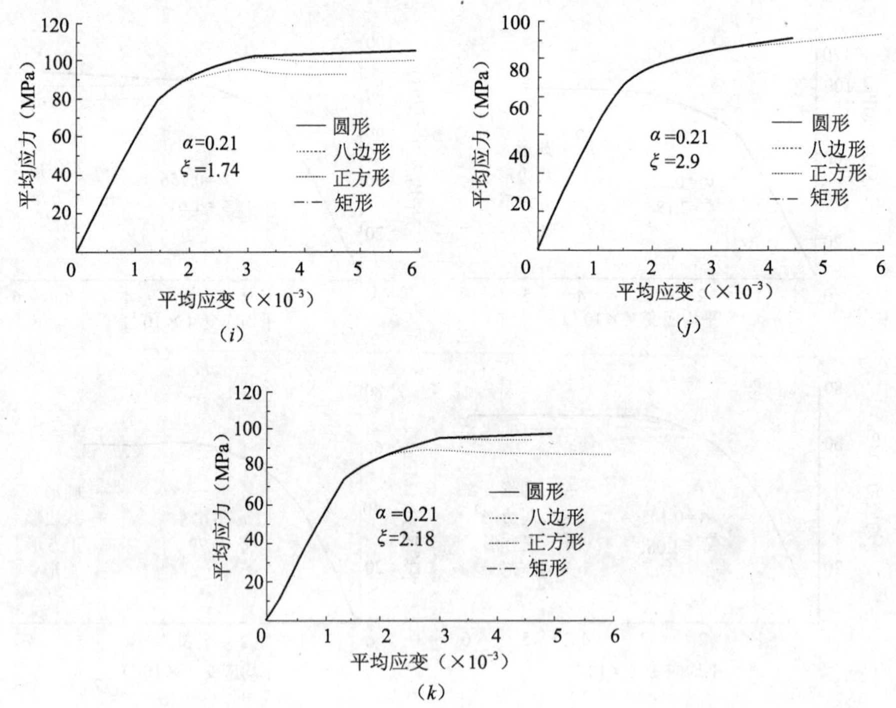

图 2-2-27　A1 ~ A11 组各种等效截面的平均应力-应变关系（二）

（i）钢管混凝土轴压短柱纵向平均应力-应变曲线（A9）；（j）钢管混凝土轴压短柱纵向平均应力-应变曲线（A10）；（k）钢管混凝土轴压短柱纵向平均应力-应变曲线（A11）

图 2-2-29 为矩形截面等效于正方形截面的情况。左图为矩形截面，长边的紧箍力为 P_1，较小；短边的紧箍力为 P_2，较大。等效为正方形截面后，紧箍力为 P_1' 和 P_2'，$P_1'=P_2'$，这时 $P_1'>P_1$，而 $P_2'<P_2$，因而二者的紧箍效应近似相等。

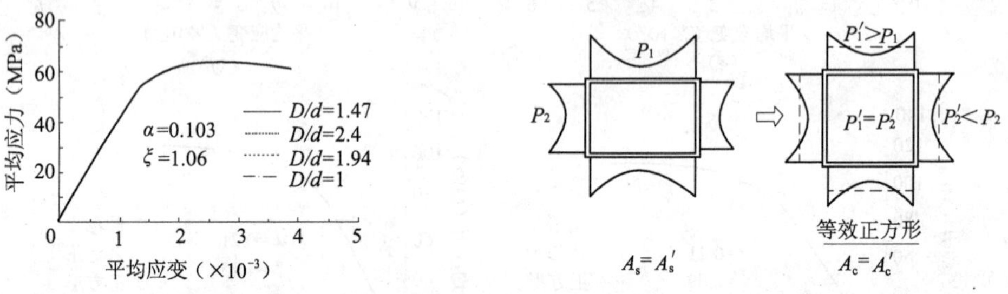

图 2-2-28　A12 组构件的 $\bar{\sigma}$-ε 关系　　图 2-2-29　矩形截面与正方形截面的等效

（三）各种截面轴心受压时的组合强度指标

图 2-2-30 所示，为各种截面钢管混凝土轴心受压时的平均应力和纵向应变 $\bar{\sigma}$-ε 的典型关系曲线。当套箍系数 ξ 由大到小时，曲线分别有强化段、塑性段和下降段。对圆形和八边形截面，当 $\xi>1.0$ 时，有强化段；当 $\xi<1.0$ 时，出现下降段。但对方形截面，当 $\xi\geqslant3.2$ 时，才有强化段；$\xi<3.2$ 时，就出现下降段。因此，在通常情况下，正方形和矩形截面常有下降段。这是因为在截面各边的中点处，钢管对核心混凝土的约束作用很小，该处的混凝土非三向受压，抗压强度不高，将首先软化，随着轴心压力的增大，软化范围逐渐

向内部扩展，最终破坏。因而从整体来看，承载力下降而出现下降段。

1. 组合抗压强度标准值

和圆形截面一样，根据《建筑结构可靠度设计统一标准》GB 50068—2001 对结构或结构构件承载力极限状态的准则，定义 B 点为标准组合强度。为了设计方便，取对应于纵向应变 $3000\mu\varepsilon$ 的平均应力为组合抗压强度标准值，适用于圆形、八边形和正方形各种截面。同时限制采用的非圆形截面的 ξ 值，以防止非圆形截面构件无塑性阶段而发生脆性破坏。

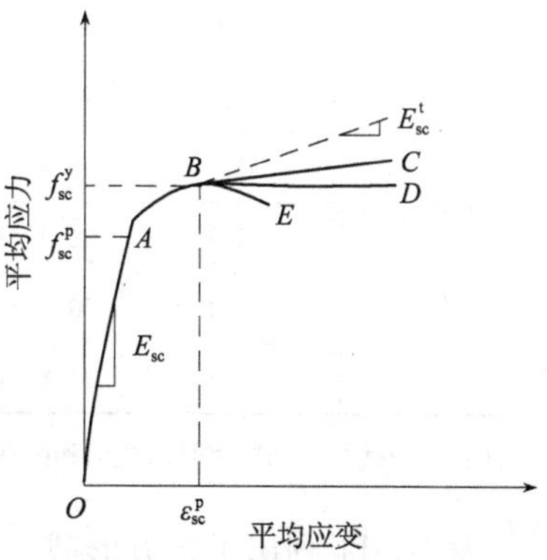

通过 B 点的平均应力和套箍系数 ξ 关系的分析，获得组合抗压强度标准值的统一公式：

$$f_{sc}^{y}=(1.212+\eta_{s}\xi+\eta_{c}\xi^{2})f_{ck} \qquad (2\text{-}2\text{-}13)$$

$$\xi=A_{s}f_{y}/A_{c}f_{ck}=\alpha f_{y}/f_{ck} \qquad (2\text{-}2\text{-}11)$$

图 2-2-30　各种截面 $\bar{\sigma}$-ε 典型关系曲线

系数 η_s 和 η_c 对不同截面取值不同，列入表 2-2-9。

η_s 和 η_c 值　　　　**表 2-2-9**

截　　面	η_s	η_c
圆　　形	$0.1759f_y/235+0.974$	$-0.1038f_{ck}/20.1+0.0390$
八　边　形	$0.1401f_y/235+0.7783$	$-0.07f_{ck}/20.1+0.0262$
正方形和矩形	$0.131f_y/235+0.723$	$-0.07f_{ck}/20.1+0.0262$

表 2-2-10 列出八边形截面的 f_{sco}^{y} 值。

八边形截面 f_{sco}^{y} 值（第一组钢材）　　　　**表 2-2-10**

钢　材	混凝土	α				
		0.04	0.05	0.10	0.15	0.20
Q235	C30	32.7（0.94）	34.7（0.93）	44.6（0.91）	53.9（0.90）	62.6（0.89）
	C40	41.4（0.95）	43.2（0.95）	52.9（0.92）	61.9（0.91）	70.3（0.90）
	C50	47.2（0.96）	49.2（0.95）	58.9（0.93）	67.8（0.91）	76.0（0.91）
	C60	54.4（0.96）	56.5（0.96）	66.1（0.93）	74.9（0.92）	83.0（0.92）
	C70	62.3（0.97）	64.3（0.96）	73.9（0.94）	82.7（0.93）	90.7（0.93）
	C80	69.6（0.97）	71.6（0.97）	81.1（0.95）	89.9（0.94）	97.8（0.93）
Q345	C30	37.4（0.92）	40.6（0.91）	55.6（0.89）	69.3（0.89）	81.7（0.89）
	C40	45.8（0.93）	48.9（0.93）	63.7（0.90）	76.9（0.90）	88.6（0.90）
	C50	59.1（0.94）	55.0（0.94）	69.5（0.91）	82.5（0.90）	93.9（0.91）
	C60	54.4（0.95）	62.2（0.94）	76.7（0.92）	89.5（0.91）	100.6（0.91）
	C70	67.0（0.96）	70.0（0.95）	84.4（0.93）	97.1（0.92）	108.0（0.92）
	C80	74.2（0.96）	77.3（0.95）	91.6（0.93）	104.1（0.92）	114.9（0.92）

续表

钢材	混凝土	α				
		0.04	0.05	0.10	0.15	0.20
Q390	C30	41.0 (0.95)	45.0 (0.95)	64.1 (0.94)	81.6 (0.95)	97.3 (0.97)
	C40	49.4 (0.96)	53.4 (0.96)	72.1 (0.95)	88.9 (0.96)	103.8 (0.97)
	C50	55.4 (0.96)	59.4 (0.96)	77.9 (0.95)	94.4 (0.96)	108.9 (0.97)
	C60	62.7 (0.97)	66.6 (0.97)	85.0 (0.96)	101.3 (0.96)	115.4 (0.98)
	C70	70.5 (0.97)	71.4 (0.97)	92.7 (0.96)	108.8 (0.97)	122.6 (0.98)
	C80	77.8 (0.97)	81.7 (0.97)	99.9 (0.96)	115.8 (0.97)	129.5 (0.98)

注：表中括号内的数字是八边形和圆形截面的组合抗压强度标准值之比（f^y_{sco}/f^y_{sc}）。

表2-2-11列出了正方形截面和矩形截面的f^y_{scs}值。

正方形和矩形截面f^y_{scs}值（第一组钢材） **表2-2-11**

钢材	混凝土	α				
		0.04	0.05	0.10	0.15	0.20
Q235	C30	32.1 (0.93)	34.0 (0.91)	43.1 (0.88)	51.6 (0.86)	59.5 (0.85)
	C40	40.5 (0.94)	42.4 (0.92)	51.4 (0.89)	59.7 (0.88)	67.3 (0.87)
	C50	46.6 (0.95)	48.4 (0.94)	57.4 (0.90)	65.6 (0.89)	73.0 (0.87)
	C60	53.8 (0.95)	55.7 (0.94)	64.6 (0.91)	72.7 (0.90)	80.0 (0.88)
	C70	61.7 (0.96)	63.6 (0.95)	72.4 (0.92)	80.4 (0.90)	87.6 (0.89)
	C80	69.0 (0.96)	70.8 (0.96)	79.6 (0.93)	87.6 (0.91)	94.8 (0.90)
Q345	C30	36.5 (0.90)	39.4 (0.89)	53.2 (0.85)	65.7 (0.84)	77.0 (0.84)
	C40	44.9 (0.92)	47.8 (0.91)	61.3 (0.87)	73.3 (0.86)	83.8 (0.85)
	C50	50.9 (0.93)	53.8 (0.91)	67.2 (0.88)	79.0 (0.87)	89.2 (0.86)
	C60	58.2 (0.94)	61.0 (0.92)	74.3 (0.89)	85.9 (0.88)	95.8 (0.87)
	C70	66.0 (0.94)	68.9 (0.93)	82.0 (0.90)	93.5 (0.88)	103.2 (0.88)
	C80	73.3 (0.95)	76.1 (0.94)	89.2 (0.91)	100.6 (0.89)	110.2 (0.89)
Q390	C30	38.4 (0.89)	41.7 (0.88)	57.6 (0.85)	71.8 (0.84)	84.3 (0.84)
	C40	46.8 (0.91)	50.1 (0.90)	65.6 (0.86)	79.1 (0.85)	90.7 (0.85)
	C50	52.8 (0.92)	56.1 (0.91)	71.4 (0.87)	84.6 (0.86)	95.8 (0.86)
	C60	60.0 (0.93)	63.3 (0.92)	78.5 (0.88)	91.5 (0.87)	102.3 (0.87)
	C70	67.9 (0.94)	71.2 (0.93)	86.2 (0.89)	99.0 (0.88)	109.6 (0.87)
	C80	75.2 (0.94)	78.1 (0.92)	93.3 (0.90)	106.0 (0.89)	116.4 (0.88)

注：表中括号内的数字是正方形和矩形截面与圆形截面的组合抗压强度标准值之比（f^y_{scs}/f^y_{sc}）。

八边形和圆形截面的组合抗压强度标准值计算结果显示，八边形截面的f_{sco}^{y}比圆形截面的f_{sc}^{y}低2%～11%，混凝土强度等级越低，其降低也越多，随着含钢率的增大，降低也越多，但和钢材强度的关系不大。同样，计算结果也显示，正方形（矩形）截面的组合抗压强度标准值f_{scs}^{y}，比圆形截面的组合抗压强度标准值f_{sc}^{y}低4%～16%，与材料强度及含钢率的关系同八边形截面。

2. 组合抗压强度设计值

引入材料分项系数，得组合抗压强度设计值：

$$f_{sc}=(1.212+\eta_s\xi_0+\eta_c\xi_0^2)f_c \tag{2-2-16}$$

$$f_{sco}=(1.212+\eta_s\xi_0+\eta_c\xi_0^2)f_c \tag{2-2-55}$$

$$f_{scs}=(1.212+\eta_s\xi_0+\eta_c\xi_0^2)f_c \tag{2-2-56}$$

$$\xi_0=\alpha f/f_c \tag{2-2-17}$$

表2-2-12、表2-2-13分别列出了八边形截面组合抗压强度设计值f_{sco}、正方形和矩形截面组合抗压强度设计值的f_{scs}值。

八边形截面组合抗压强度设计值f_{sco}值（第一组钢材）　　**表2-2-12**

钢　材	混凝土	α				
		0.04	0.05	0.10	0.15	0.20
Q235	C30	25.9（0.94）	27.7（0.92）	36.6（0.90）	44.8（0.89）	52.3（0.89）
	C40	31.3（0.95）	33.1（0.94）	41.8（0.91）	49.6（0.90）	56.6（0.90）
	C50	36.1（0.95）	37.9（0.95）	46.5（0.92）	54.3（0.91）	61.2（0.91）
	C60	41.5（0.96）	43.4（0.95）	51.9（0.93）	59.6（0.92）	66.4（0.92）
	C70	47.6（0.98）	49.4（0.95）	57.9（0.94）	65.5（0.93）	72.2（0.93）
	C80	53.0（0.98）	54.9（0.96）	63.3（0.94）	70.9（0.93）	77.5（0.93）
Q345	C30	30.1（0.91）	32.9（0.90）	46.3（0.89）	58.1（0.89）	68.6（0.90）
	C40	35.5（0.93）	38.3（0.92）	51.1（0.90）	62.3（0.90）	71.7（0.91）
	C50	40.3（0.94）	43.1（0.93）	55.8（0.91）	66.8（0.90）	76.0（0.91）
	C60	45.7（0.94）	48.5（0.93）	61.1（0.91）	71.9（0.91）	80.8（0.92）
	C70	51.8（0.94）	54.5（0.93）	67.1（0.92）	77.9（0.92）	86.4（0.92）
	C80	57.2（0.95）	59.9（0.94）	72.5（0.93）	83.0（0.92）	91.5（0.93）
Q390	C30	33.1（0.95）	36.7（0.95）	53.4（0.95）	68.3（0.96）	81.4（0.98）
	C40	38.5（0.96）	42.0（0.95）	58.1（0.95）	72.2（0.97）	84.0（0.99）
	C50	43.3（0.96）	46.8（0.96）	62.8（0.96）	76.6（0.97）	88.2（0.99）
	C60	48.7（0.96）	52.2（0.96）	68.0（0.96）	81.6（0.97）	92.8（0.99）
	C70	54.7（0.96）	58.2（0.96）	74.0（0.96）	87.3（0.98）	98.3（0.99）
	C80	60.2（0.96）	63.6（0.96）	79.3（0.96）	92.6（0.98）	103.3（0.99）

注：表中括号内的数字是八边形和圆形截面的组合抗压强度设计值之比（f_{sco}/f_{sc}）。

正方形和矩形截面组合抗压强度设计值 f_{scs} 值（第一组钢材） **表 2-2-13**

钢 材	混凝土	α				
		0.04	0.05	0.10	0.15	0.20
Q235	C30	25.3 (0.91)	27.0 (0.90)	32.5 (0.86)	42.7 (0.85)	49.5 (0.84)
	C40	30.7 (0.93)	32.4 (0.92)	40.4 (0.88)	47.5 (0.87)	53.9 (0.86)
	C50	35.6 (0.94)	37.2 (0.93)	45.2 (0.90)	52.2 (0.88)	58.3 (0.87)
	C60	41.0 (0.94)	42.7 (0.94)	50.5 (0.90)	57.5 (0.89)	63.4 (0.88)
	C70	47.0 (0.95)	48.7 (0.94)	56.5 (0.91)	63.5 (0.90)	69.5 (0.89)
	C80	52.5 (0.95)	54.2 (0.95)	62.0 (0.91)	68.8 (0.90)	74.7 (0.89)
Q345	C30	29.2 (0.89)	31.9 (0.88)	44.1 (0.85)	54.9 (0.84)	64.3 (0.84)
	C40	34.6 (0.90)	37.2 (0.89)	49.0 (0.86)	59.1 (0.85)	67.4 (0.85)
	C50	39.4 (0.91)	42.0 (0.90)	53.7 (0.87)	63.6 (0.86)	71.7 (0.86)
	C60	44.9 (0.93)	47.4 (0.91)	59.0 (0.88)	68.7 (0.87)	76.5 (0.87)
	C70	50.9 (0.93)	53.4 (0.92)	64.9 (0.89)	74.5 (0.88)	82.1 (0.88)
	C80	56.4 (0.94)	58.9 (0.92)	70.3 (0.90)	79.7 (0.89)	87.2 (0.88)
Q390	C30	30.8 (0.88)	33.7 (0.87)	47.5 (0.84)	59.5 (0.84)	69.7 (0.84)
	C40	36.1 (0.90)	39.0 (0.88)	52.3 (0.86)	63.4 (0.85)	72.3 (0.85)
	C50	40.9 (0.91)	43.8 (0.90)	56.9 (0.87)	67.8 (0.86)	76.4 (0.86)
	C60	46.4 (0.92)	49.2 (0.91)	62.2 (0.88)	72.8 (0.87)	81.0 (0.87)
	C70	52.4 (0.92)	55.3 (0.91)	68.0 (0.89)	78.5 (0.88)	86.6 (0.88)
	C80	57.8 (0.93)	60.7 (0.91)	73.4 (0.89)	83.8 (0.88)	91.6 (0.88)

注：表中括号内的数字是正方形和矩形的组合抗压强度设计值与圆形截面的组合抗压强度设计值之比（f_{scs}/f_{sc}）。

对圆形截面、八边形截面和正方形（矩形）截面进行计算的结果显示，与圆形截面相比，八边形截面的强度设计值下降率为1%～12%，正方形（矩形）截面的下降率为5%～16%。混凝土的强度等级越低时，下降越多，含钢率越高时，下降也越多。

3. 不同截面的紧箍效应

八边形和方形截面的紧箍力分布不均匀。可假设八边形和方形截面的等效圆截面受某一均匀紧箍力的作用，其轴压强度标准值和设计值等于八边形和方形截面的轴压强度标准值和设计值，即用此平均均匀紧箍力按等效圆截面计算，也可得到八边形和方形截面的轴压强度标准值和设计值。

设八边形的等效圆截面的标准套箍系数为 ξ_0'，则其组合抗压强度标准值为 f_{sc}^y，令它等于八边形截面的 f_{sco}^y：

$$f_{sc}^y=(1.212+\eta_s\xi_0'+\eta_c\xi_0'^2)f_{ck}=f_{sco}^y \tag{2-2-57}$$

可解得：

$$\xi_0'=-\frac{\eta_s}{2\eta_c}+\frac{1}{2\eta_c}\sqrt{\eta_s^2-4\eta_c\left(1.212-\frac{f_{sco}^y}{f_{ck}}\right)} \tag{2-2-58}$$

得到 ξ_0'/ξ 的值如下：Q235 和 Q345，$\xi_0'/\xi=0.8$。Q390 则和含钢率有关，$\alpha=0.05$ 时，

$\xi_0'/\xi=0.89$；$\alpha=0.1$ 时，$\xi_0'/\xi=0.9$；$\alpha=0.15$ 时，$\xi_0'/\xi=0.92$；$\alpha=0.2$ 时，$\xi_0'/\xi=0.94$。都和混凝土强度无关。

同理，可求得八边形的等效圆截面的平均设计套箍系数为 ξ_0''：

$$\xi_0''=-\frac{\eta_s}{2\eta_c}+\frac{1}{2\eta_c}\sqrt{\eta_s^2-4\eta_c\left(1.212-\frac{f_{sco}}{f_c}\right)} \tag{2-2-59}$$

得到八边形截面的有效平均设计套箍系数 ξ_0''与圆形截面的设计套箍系数 ξ_0 之比。此比值如下：对 Q235 和 Q345，$\xi_0''/\xi_0=0.8$。对 Q390，$\alpha=0.05$ 时，$\xi_0''/\xi_0=0.89$；$\alpha=0.1$ 时，$\xi_0''/\xi_0=0.9$；$\alpha=0.15$ 时，$\xi_0''/\xi_0=0.93$；$\alpha=0.2$ 时，$\xi_0''/\xi_0=0.98$。与混凝土强度基本无关。

同理，正方形截面的轴压强度标准值 f_{scs}^y 可按等效圆截面的等效平均标准套箍系数 ξ_0' 计算得到；而轴压强度设计值 f_{scs}，可按等效圆截面的等效平均设计套箍系数 ξ_0'' 计算得到。对矩形截面则等效为正方形，再按上述方法进行。

各种截面按等效圆截面计算轴压强度标准值和设计值时，采用的等效平均套箍系数可写成下列关系：

$$\xi_0'=k_1\xi;\xi_0''=k_2\xi_0 \tag{2-2-60}$$

系数 k_1 和 k_2 列入表 2-2-14。

系数 k_1 和 k_2 值　　**表 2-2-14**

截　面		Q235，Q345				Q390			
	α	0.05	0.1	0.15	0.2	0.05	0.1	0.15	0.2
八边形	k_1	0.8				0.89	0.9	0.92	0.94
	k_2	0.8				0.89	0.9	0.93	0.98
方形	k_1	0.74	0.73	0.72	0.71	0.74	0.73	0.72	0.70
	k_2	0.73	0.73	0.72	0.70	0.73	0.72	0.71	0.69

八边形和方形截面换算成等效圆截面，再用 ξ_0' 和 ξ_0'' 按等效圆截面公式（2-2-13）和公式（2-2-16）计算组合抗压强度标准值和设计值。

4. 组合轴压模量

在弹性工作阶段，钢管和核心混凝土皆系单向受力，未产生紧箍力，因而各种截面形式的组合轴压弹性模量 E_{sc} 的计算公式相同。

$$E_{sc}=f_{sc}^p/\varepsilon_{sc}^p \tag{2-2-20}$$

$$f_{sc}^p=(0.192f_y/235+0.488)f_{sc}^y \tag{2-2-18}$$

$$\varepsilon_{sc}^p=0.67f_y/E_s \tag{2-2-19}$$

在弹塑性阶段，组合轴压切线模量：

$$E_{sc}^{tt}=\frac{(A_1f_{sc}^y-B_1\overline{\sigma})\overline{\sigma}}{(f_{sc}^y-f_{sc}^p)f_{sc}^p}\cdot E_{sc} \tag{2-2-21}$$

$$A_1=1-\frac{E_{sc}'}{E_{sc}}\left(\frac{f_{sc}^p}{f_{sc}^y}\right)^2;B_1=1-\frac{E_{sc}'}{E_{sc}}\left(\frac{f_{sc}^p}{f_{sc}^y}\right) \tag{2-2-22}$$

式中强化模量（MPa）：

无下降段时，
$$E'_{sc}=5000\alpha+550 \tag{2-2-23}$$

下降段时，
$$E'_{sc}=400\xi-150 \tag{2-2-24}$$

计算公式虽相同，但不同截面形式的f_{sc}^{y}不同，因而组合轴压模量值并不相同。对圆形截面、八边形截面和正方形（矩形）截面的组合轴压弹性模量计算结果显示：八边形截面的组合轴压弹性模量和圆形截面的相比，Q235 下降了 3% ~11%；Q345 下降了 4% ~13%；Q390 下降了 3% ~7%。下降率随混凝土强度的下降而增加，但随含钢率的增大而增大。正方形（包括矩形）截面的组合轴压弹性模量和圆形截面的相比，Q235 下降了 4% ~15%；Q345 下降了 6% ~16%；Q390 下降了 6% ~16%。下降率也是随混凝土强度的下降而增加，随含钢率的增大而增大。

（四）各种截面的抗拉强度

各种截面抗拉组合强度标准值和设计值按下式计算。

$$f_{sc}^{yt}=k_t f_y \tag{2-2-61}$$

$$f_{sc}^{t}=k_t f \tag{2-2-62}$$

本章第二节之二已介绍了圆钢管混凝土轴心受拉时的工作性能，圆形钢管混凝土轴心受拉时，$k_t=1.1$（式 2-2-25、式 2-2-26）。

八边形钢管混凝土轴心受拉时，其紧箍效应比圆形构件低，因而取强度提高系数 $k_t=1.05$。正方形和矩形截面，紧箍效应更差，钢材强度不考虑提高。

七、空心和实心钢管混凝土性能的系列化

在本章第一节中已经提到，钢管混凝土在我国已经应用于送变电杆塔结构中，但现场浇灌混凝土十分困难，必须在工厂预制，为了便于运输和现场组装，应把中心混凝土抽去，减轻自重，这就产生了空心钢管混凝土。在预制厂以钢管为模具，用离心法浇灌管内混凝土，形成截面如图 2-2-31 所示，r_{co}和 r_{ci}分别表示混凝土的外半径和内半径，D 和 r_0 分别为钢管外直径和外半径，t 是钢管壁厚。核心混凝土的内外半径平方之比，称为空心率，即$\psi=r_{ci}^2/r_{co}^2$。当$\psi=0$时，就是实心的钢管混凝土；$0<\psi<1$时，为空心钢管混凝土；$\psi=1$ 时，即为空钢管。

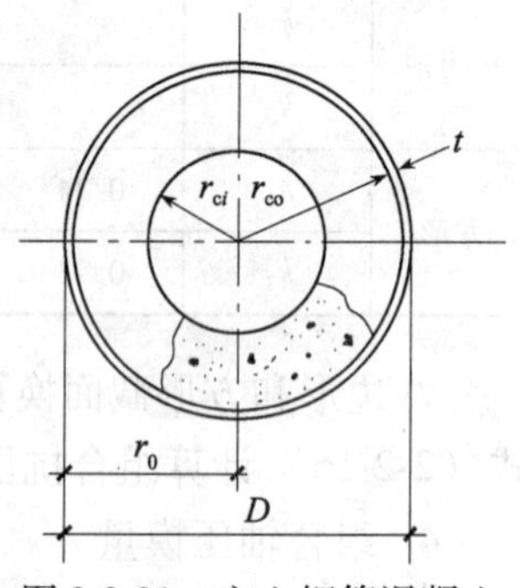

图 2-2-31 空心钢管混凝土

与实心钢管混凝土相同，国内外从事空心钢管混凝土工作性能研究的工作者，大都采用了钢管和混凝土承载力的叠加法。有的人为地把空心钢管混凝土按空心率的大小划分为重型（$\psi\leqslant0.5$）和轻型（$\psi>0.5$）两种，重型的考虑紧箍效应，轻型的不考虑。

根据钢管混凝土统一理论的概念，钢管混凝土的工作性能随着截面形式的变化而变化，由圆形到多边形到正方形，由圆形实心到圆形空心变化都是连续的，计算是统一的。1990 年开始，我们对此进行了研究，采用了双重非线性有限元法分析空心钢管混凝土在轴心压力作用下，荷载和变形关系的全过程。

（一）空心钢管混凝土轴心受压时的工作性能

空心钢管混凝土在轴心压力作用下，和实心一样，开始无紧箍力，随后产生了紧箍力，钢管的应力状态与实心钢管混凝土相同，但核心混凝土的应力状态却大不一样。无论是纵向应力（σ_3'）、环向应力（σ_1'）还是径向应力（σ_2'），皆为非均匀分布，如图 2-2-32 所示。混凝土外壁处（r_{co}）的纵向应力 σ_3'最大，向混凝土内壁（r_{ci}）逐渐减小；环向应力（σ_1'）却相反，在混凝土外壁处较小，而向内壁逐渐增至最大值；径向应力 σ_2'则由外壁处的较大值向内壁逐渐减至零。因此核心混凝土的应力状态由混凝土外壁的三向受压到混凝土内壁变为双向受压。显然，当钢管进入塑性阶段或强化阶段后，在双向压力和较大的紧箍力作用下，混凝土处于双向受压（σ_1'和 σ_3'）的内壁将首先软化而被压碎。该层混凝土破坏后，如果剩余混凝土在紧箍力作用下强度的增长尚能承受纵向荷载的增长时，构件承载力仍能继续上升。随后，内壁混凝土软化区不断向混凝土内发展，剩余混凝土面积不断缩小，其强度增长值平衡不了荷载的增值时，整个应力变形关系曲线就下降，试件破坏。当空心率 $\psi=0$ 时，为实心钢管混凝土，$0<\psi<1$ 属于空心钢管混凝土，它们的轴心受压性能变化是连续的，形成系列化。

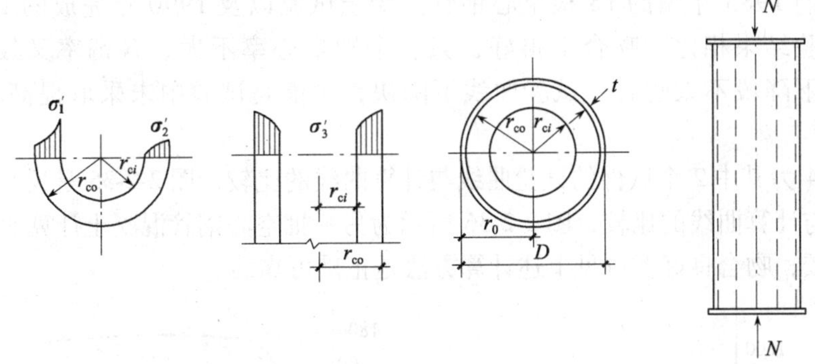

图 2-2-32　空心钢管混凝土轴心受压时的应力分布

因此，空心钢管混凝土轴心受压时，应具有钢管三向应力状态的本构关系和混凝土的三向受压和双向受压的本构关系。钢材的应力和应变 $\sigma_i-\varepsilon_i$ 关系，已在本节一中介绍过，不再赘述。混凝土的本构关系则采用塑性断裂理论来表述。采用有限元法导得轴心压力 N 与纵向应变的全过程关系曲线，详细推导见参考文献[1]。

图 2-2-33 为空心钢管混凝土短试件轴心受压的 N-ε 全过程曲线。我们把它视为统一体，则纵坐标也表示平均应力 $\bar{\sigma}=N/A_{sc}$，成为 $\bar{\sigma}$-ε 全过程曲线。式中 $\psi=0$ 为实心钢管混凝土，$\psi=1$ 为空钢管。由图 2-2-33 可见，N-ε 的变化随 ψ 值的变化而变化，变化是连续的。

分析计算表明，同一系列的全曲线，组合比例极限对应的纵向应变 ε_{cp}相同，且进入强塑性阶段不久就产生紧箍力。B 点为弹塑性阶段终了进入强化阶段的点，对应的纵向应变 ε_{sc}^{y}也相同。但各条曲线达峰值时对应的纵向应变却与空心率成反比，空心率越大，峰值出现越早；反之，空心率小，峰值出现晚；$\psi=0$ 为实心钢管混凝土，则无峰值。图 2-2-33 是针对具体构件的计算结果，$f_y=248.7$MPa，$f_{cu}=34.8$MPa，$r_{co}=78.35$mm，$t=4.4$mm 时，$\alpha=0.123$；$t=2$mm 时，$\alpha=0.053$，只计算到 $\varepsilon=15000\mu\varepsilon$ 左右。

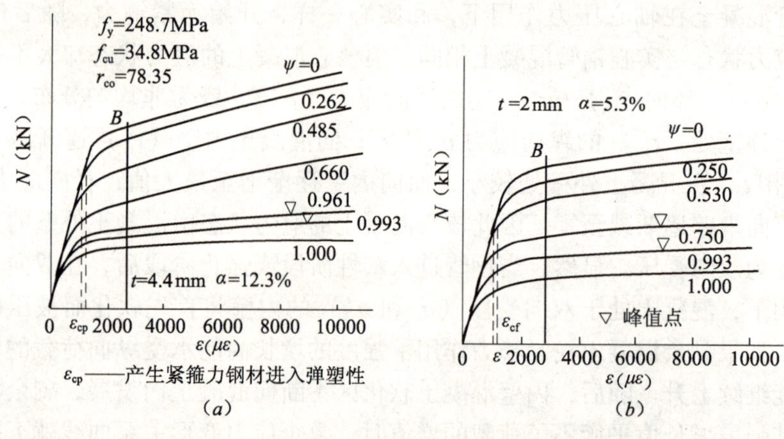

图 2-2-33　轴压构件系列曲线

计算所得的系列全曲线与国内外一些实心和空心钢管混凝土轴压试验的实测曲线相比、与我们 1985 年做的 18 根空心钢管混凝土试验以及 1990 年完成的 18 根空心钢管混凝土试验结果相比，吻合都很好，只有个别空心率不大、含钢率又较小的试件，实测曲线在下降段不太吻合，试验曲线下降快，可能是试验中未采取提高试验机刚度的缘故。

图 2-2-34 为其中 2 个试件的试验曲线与计算曲线的比较，图 2-2-35 是反复加载和卸载时试验曲线与计算曲线的比较，图 2-2-36 所示为另一批空心钢管混凝土计算曲线与试验实测曲线的比较，吻合良好。可见上述计算方法是正确可靠的。

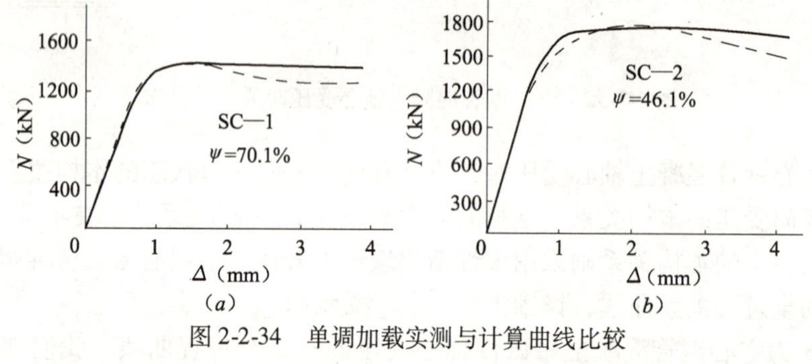

图 2-2-34　单调加载实测与计算曲线比较

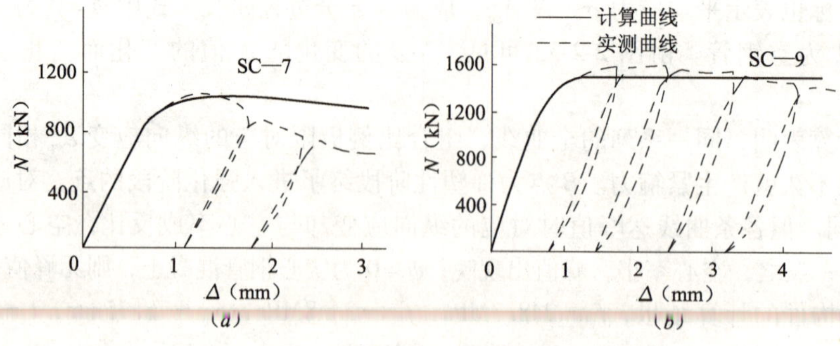

图 2-2-35　反复加载实测与计算曲线比较

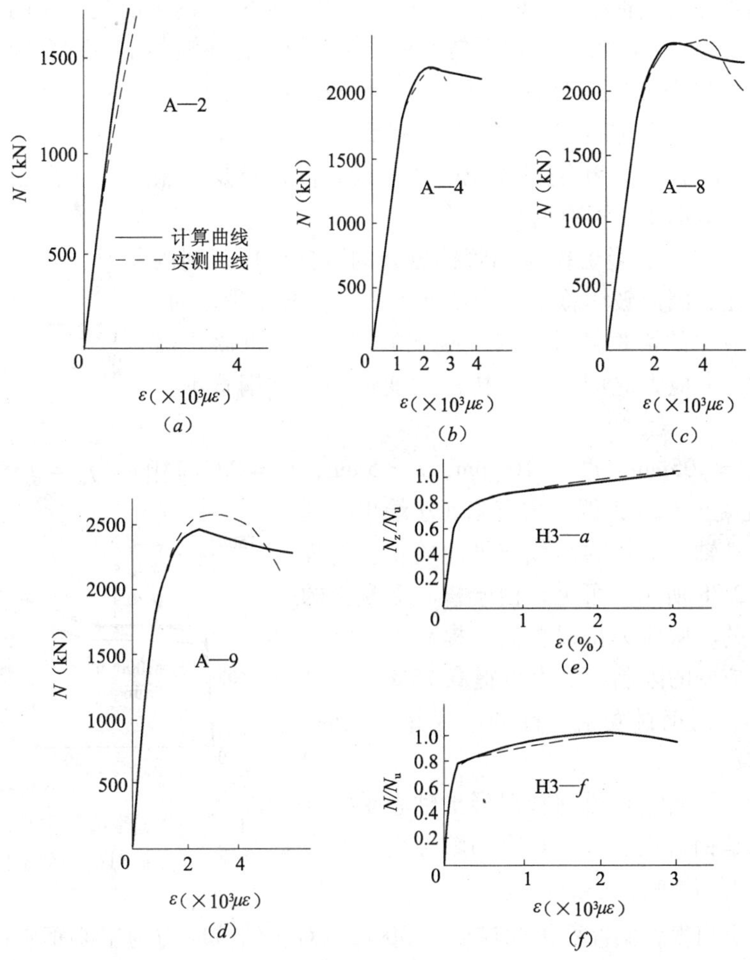

图 2-2-36　空心钢管混凝土计算与试验实测曲线比较

取平均应力与纵向应变 $\overline{\sigma}$-ε 上对应于 $3000\mu\varepsilon$ 的平均应力为组合强度标准值 $f_{\mathrm{sco}}^{\mathrm{y}}$：

$$f_{\mathrm{sco}}^{\mathrm{y}}=f_{\mathrm{sc}}^{\mathrm{y}}-0.17\xi\psi f_{\mathrm{ck}} \tag{2-2-63}$$

引入材料分项系数后，得组合强度设计值

$$f_{\mathrm{sco}}=f_{\mathrm{sc}}-0.17\xi_0\psi f_{\mathrm{c}} \tag{2-2-64}$$

$$\xi=\alpha_0 f_{\mathrm{y}}/f_{\mathrm{ck}}$$

$$\xi_0=\alpha_0 f/f_{\mathrm{c}}$$

$$\alpha_0=\frac{2t}{r_{\mathrm{co}}(1-\psi)} \tag{2-2-65}$$

式中　$f_{\mathrm{sc}}^{\mathrm{y}}$、$f_{\mathrm{sc}}$——实心钢管混凝土的组合强度标准值、设计值；

ξ、ξ_0——空心时套箍系数标准值、设计值；

α_0——空心钢管混凝土的含钢率；

r_{co}——混凝土的外半径。

（二）空心钢管混凝土轴心受拉时的工作性能

空心圆钢管混凝土轴心受拉时，钢管的应力状态和实心钢管混凝土相同，纵向和环向受拉，而径向受压，核心混凝土因开裂不承受纵向拉力，在混凝土与钢管接触处为径向环向双向受压，到内壁处成为环向单向受压。同理，由已获得的钢和混凝土的本构关系进行有限元分析，得到应力-应变全过程曲线，如图2-2-37所示，和钢材受拉时的曲线相同，只是屈服点和抗拉强度因双向受拉而有所提高。

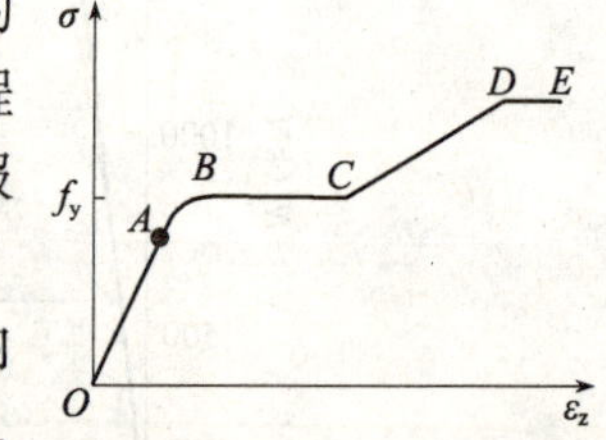

图2-2-37　空心钢管混凝土轴心受拉时的全过程曲线

受拉构件的核心混凝土在与钢管接触处的双向受压，到内壁变为单向受压，因而破坏总是从内壁开始。当混凝土很薄时，由于钢管环向应力的增长导致内衬混凝土的破坏，而混凝土破坏后，钢管的环向应力立即消失，构件的变形则呈空钢管本身的工作性能。

以试件 r_0 = 105mm，r_{co} = 100mm，t = 5mm，f_y = 235.2MPa，f_p = 138.2MPa，f_u = 376.3MPa，混凝土C25为例。用有限元法绘出不同空心率时，构件轴心受拉的荷载与纵向应变全过程曲线，如图2-2-38所示。可见，由于核心混凝土的存在，使钢材的屈服应力得以提高。提高率受空心率和钢材塑性应变的限制，最大可提高15%，不过当空心率很小，而钢材发生塑性的应变相当大时，才能提高到5%。

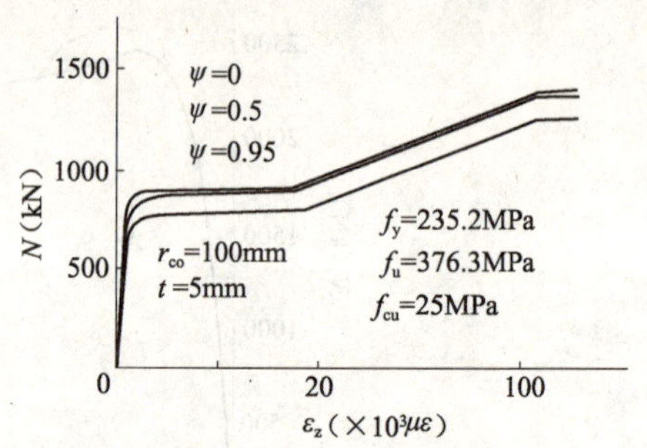

图2-2-38　空心圆钢管混凝土轴心受拉时的系列全曲线

研究表明，影响空心圆钢管混凝土轴心受拉性能的主要因素是钢材强度、空心率和塑性变形的大小，混凝土强度的影响很小。

从实用观点出发，同样取纵向应变为3000$\mu\varepsilon$对应的拉应力为空心钢管混凝土轴心受拉时的组合强度标准值，并直接按钢管受拉计算。

$$f_{sco}^{yt} = kf_y \tag{2-2-66}$$

组合强度设计值

$$f_{sco}^{t} = kf \tag{2-2-67}$$

$$k = 1.1 + 0.04\psi - 0.14\psi^2\text{，且 } k \leqslant 1.1 \tag{2-2-68}$$

式中　f_y 和 f——钢材的屈服点和抗拉强度设计值；

k——抗拉强度提高系数。

第三节　钢管混凝土轴心受压构件的稳定

一、单管圆钢管混凝土轴心受压构件的稳定

（一）单管圆形实心钢管混凝土构件

单管圆形实心钢管混凝土属于双轴对称截面，在轴心压力作用下，只可能产生弯曲屈

曲，因失稳而破坏。图2-3-1为一两端铰接的轴心受压杆。当轴心压力达临界力 N_{cr} 时，杆件发生微微弯曲，但仍保持曲杆稳定。

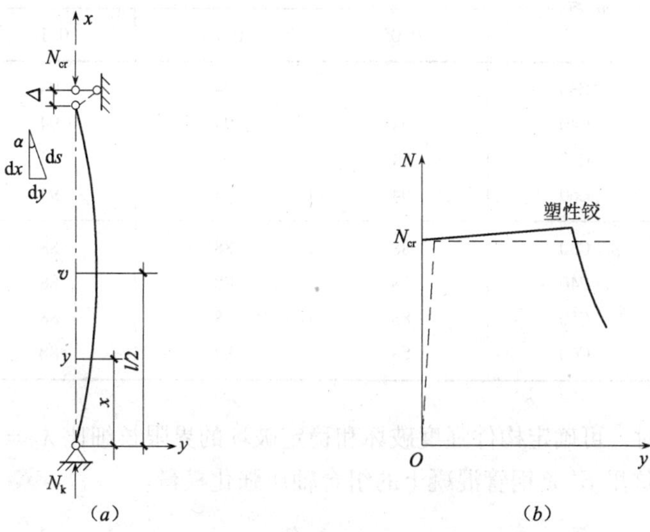

图2-3-1 两端铰接轴压杆的临界状态

根据弹性稳定理论，临界力为：$$N_{cr}=\frac{\pi^2}{l^2}E_{sc}I_{sc} \tag{2-3-1}$$

如在弹塑性阶段屈曲：$$N_{cr}=\frac{\pi^2}{l^2}E_{sc}^{tt}I_{sc} \tag{2-3-2}$$

式中 E_{sc}、E_{sc}^{tt}——钢管混凝土的组合轴压弹性模量和组合轴压切线模量；

I_{sc}——钢管混凝土构件的截面惯性矩；

l——构件的计算长度。

写成临界应力时：

$$\sigma_{cr}=\frac{N_{cr}}{A_{sc}}=\frac{\pi^2E_{sc}\tau}{\lambda^2} \tag{2-3-3}$$

式中，$\tau=E_{sc}^{tt}/E_{sc}$，弹性阶段 $\tau=1$，弹塑性阶段 $\tau<1$。构件的长细比 $\lambda=4l/d$，l 是构件的计算长度，d 是管柱的外直径。

当 $\sigma_{cr}=f_{sc}^{p}$ 时，可确定弹性屈曲和弹塑性屈曲的界限长细比 $\lambda_p=\sqrt{E_{sc}/f_{sc}^{p}}\pi$，数值见表2-3-1所列。

λ_p 值 **表2-3-1**

钢 材	混凝土	含钢率 α			
		0.05	0.10	0.15	0.20
Q235	C30	114	114	114	114
	C40	113	113	113	113
	C50	114	114	114	114
	C60	114	114	114	114

续表

钢　材	混凝土	含　钢　率　α			
		0.05	0.10	0.15	0.20
Q345	C30	94	94	94	94
	C40	94	94	94	94
	C50	94	94	94	94
	C60	94	94	94	94
Q390	C30	88	88	88	88
	C40	88	88	88	88
	C50	88	88	88	88
	C60	88	88	88	88

当 $\sigma_{cr}=f_{sc}^{y}$时，可确定构件强度破坏和稳定破坏的界限长细比 $\lambda_0=\sqrt{E'_{sc}/f_{sc}^{y}}\pi$，数值见表 2-3-2 所列。这里 E'_{sc}是钢管混凝土的组合轴压强化模量。

λ_0 值　　**表 2-3-2**

钢　材	混凝土	含钢率 α			
		0.05	0.10	0.15	0.20
Q235	C30	15	14	15	15
	C40	13	13	13	13
	C50	11	11	11	12
	C60	10	10	10	10
Q315	C30	14	14	14	15
	C40	13	12	12	13
	C50	11	11	11	12
	C60	10	10	10	10
Q390	C30	14	14	14	15
	C40	12	12	13	13
	C50	11	11	11	12
	C60	10	10	10	11

众所周知，实际工程中真正的轴心受压构件是不存在的，都存在着初始弯曲和荷载初始偏心。因此，轴心受压构件的临界应力是按照具有 $l/1000$ 初始偏心距的小偏心受压构件确定的（σ_{cr}^{0}）。计算结果与大量的试验结果吻合良好。

$$\sigma_{cr}^{0}=\varphi f_{sc}^{y} \tag{2-3-4}$$

稳定系数经回归分析按下列公式计算：

$$\varphi=\begin{cases}1.0 & (\lambda\leqslant\lambda_0)\\ a\lambda^2+b\lambda+c & (\lambda_0<\lambda\leqslant\lambda_p)\\ d/\lambda^2 & (\lambda>\lambda_p)\end{cases} \tag{2-3-5}$$

系数 $a=d/e$；$b=-2(d/e)\lambda_0$；$c=1+(d/e)\lambda_0^2$；$d=5000+2500(235/f_y)$；$e=(\lambda_p-\lambda_0)^2\lambda_p^2$。

钢管混凝土轴心受压稳定系数列入表 2-3-3。其和构件的长细比及钢材强度有关，和含钢率及混凝土强度无关。

稳定系数 φ　　**表 2-3-3**

$\lambda=4l/D$		10	20	30	40	50	60	70	80
钢材	Q235	1.000	0.998	0.989	0.972	0.946	0.912	0.860	0.819
	Q345	1.000	0.998	0.987	0.966	0.935	0.895	0.844	0.783
	Q390	1.000	0.998	0.987	0.966	0.934	0.892	0.840	0.778
$\lambda=4l/D$		90	100	110	120	130	140	150	
钢材	Q235	0.760	0.692	0.617	0.521	0.444	0.383	0.333	
	Q345	0.712	0.632	0.541	0.455	0.387	0.334	0.291	
	Q390	0.705	0.622	0.529	0.444	0.379	0.327	0.284	

（二）单管圆形空心钢管混凝土构件

单管圆形空心钢管混凝土构件轴心受压时的稳定系数 φ_l，采用参考文献[16]中建议的值。

$$\varphi_l=\frac{1-0.011\sqrt{(l/D)-8}}{1+0.00135[(l/D)-8]^2} \tag{2-3-6}$$

空心圆形钢管混凝土轴心受压构件的长细比可近似地按下式计算：

$$\lambda=3l_0/D \tag{2-3-7}$$

式中　D——构件的外直径；

　　l_0——构件的计算长度。

二、格构式钢管混凝土轴压构件的稳定

对轴心受压构件的长度较大或荷载偏心较大的压弯构件，为了能充分发挥钢管混凝土抗压性能好、承载力高的特点，同时，为节约材料，应采用格构式截面，把弯矩转化为轴向力。图 2-3-2 所示，为常用的格构式截面，有双肢、三肢和四肢等几种。

格构式构件由柱肢和缀材组成。穿过柱肢的轴称实轴，穿过缀材平面的轴称虚轴。图 2-3-2 中只有双肢柱截面的 x 轴为实轴，其他皆为虚轴。柱肢用缀材连接，缀材分缀板和缀条，又称平腹杆式和斜腹杆式。缀材常用空钢管。

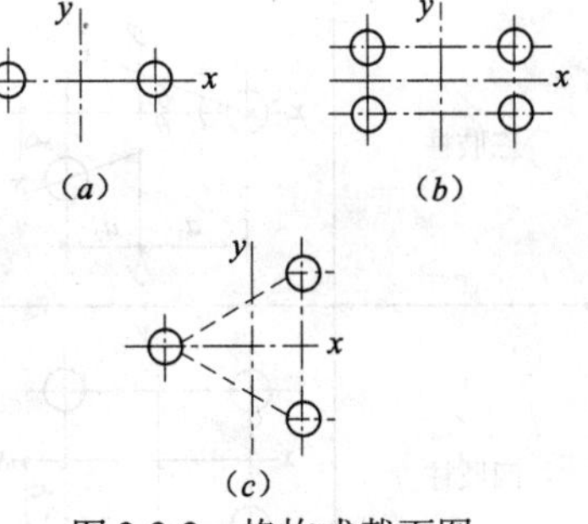

图 2-3-2　格构式截面图

采用平腹杆体系时，平腹杆应与柱肢刚接，组成多层框架体系，各杆的零弯矩点都在杆件中点。采用斜腹杆体系时，认为腹杆与柱肢铰接，组成桁架体系，如图 2-3-3 所示。

众所周知，在求解格构式轴心受压构件对虚轴的临界力时，应计入缀材变形的影响。由弹性稳定理论知，临界力为：

$$N_{cr}=\frac{\pi^2(EI)_{sc}}{l_y^2\left[1+\gamma_1\dfrac{\pi^2(EI)_{sc}}{l_y^2}\right]}=\frac{\pi^2(EI)_{sc}}{(\mu l_y)^2} \tag{2-3-8}$$

临界应力为：

$$\sigma_{cr}=\frac{N_{cr}}{A_{sc}}=\frac{\pi^2E_{sc}}{\mu\lambda_y^2}=\frac{\pi^2E_{sc}}{\lambda_{0y}^2} \tag{2-3-9}$$

$$\lambda_{0y}=\mu\lambda_y \tag{2-3-10}$$

$$\mu=\sqrt{1+\gamma_1\frac{\pi^2(EI)_{sc}}{l_y^2}} \tag{2-3-11}$$

式中 λ_{0y}——换算长细比；

λ_y——虚轴的长细比；

γ_1——格构式体系的单位剪切角；

$(EI)_{sc}$——格构式钢管混凝土截面的总抗弯刚度。

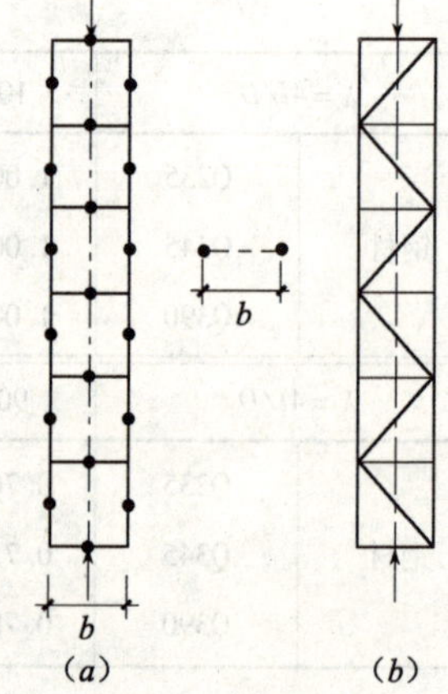

图 2-3-3 缀材体系

(a) 平腹杆（缀板）；(b) 斜腹杆（缀条）

由此可见，格构式柱对虚轴的临界应力取决于换算长细比，而换算长细比取决于体系的单位剪切角 γ_1。

对双肢、三肢和四肢绕虚轴的换算长细比 λ_{0x} 或（和）λ_{0y}。在求得单位剪力作用下的单位剪切角后，由式（2-3-11）和式（2-3-10）即可求得换算长细比。根据换算长细比查得轴压稳定系数 φ 就可计算构件的受压承载力。各种截面的换算长细比计算公式列入表 2-3-4 中，推导过程参见参考文献［1］或［2］。

换算长细比公式 **表 2-3-4**

项　目	截面形式	腹杆类别	计算公式	符号意义
双肢柱	x, y, h	平腹杆 斜腹杆	$\lambda_{0y}=\sqrt{\lambda_y^2+17\lambda_1^2}$ $\lambda_{0y}=\sqrt{\lambda_y^2+67.5A_s/A_w}$	λ_y 和 λ_x 是整个构件对 $y-y$ 和 $x-x$ 轴的长细比 λ_1 是单肢一个节间的长细比 A_s 是一根柱肢的钢管面积 A_w 是一根腹杆空钢管的截面积
三肢柱	x, y, θ, b, a_1, a_2	斜腹杆	$\lambda_{0y}=\sqrt{\lambda_y^2+200A_s/A_w}$	
四肢柱	x, y, b, a_1, a_2	斜腹杆	$\lambda_{0y}=\sqrt{\lambda_y^2+135A_s/A_w}$ $\lambda_{0x}=\sqrt{\lambda_x^2+135A_s/A_w}$	

需要注意，对平腹杆双肢柱应满足下列条件：

（1）平腹杆间距 l_1 不大于二柱肢间距的 4 倍，即 $l_1<4b$；

（2）平腹杆空钢管的面积不小于柱肢钢管面积的 1/4；

（3）腹杆的长细比不得大于单个柱肢长细比的1/2，即 $\lambda_0 \leqslant 0.5\lambda_1$。

有时柱的内外柱肢采用不同的截面时，应按下列公式计算换算长细比：

（1）当四肢斜腹杆柱内外柱肢截面不同时：

$$\lambda_{0x} = \sqrt{\lambda_x^2 + 13.5\frac{2.5\sum_1^4 A_{si}}{2A_1}} \tag{2-3-12}$$

$$\lambda_{0y} = \sqrt{\lambda_y^2 + 13.5\frac{2.5\sum_1^4 A_{si}}{2A_1}} \tag{2-3-13}$$

（2）当双肢斜腹杆柱内外柱肢截面不同时：

$$\lambda_{0y} = \sqrt{\lambda_y^2 + 13.5\frac{2.5\sum_1^2 A_{si}}{A_1}} \tag{2-3-14}$$

（3）当三肢柱内外柱肢截面不同时：

$$\lambda_{0y} = \sqrt{\lambda_y^2 + 27\frac{2.5\sum_1^3 A_{si}}{2A_1}} \tag{2-3-15}$$

$$\lambda_x = \frac{l_{0x}}{\sqrt{I_x/\sum A_{si}}} \tag{2-3-16}$$

$$\lambda_y = \frac{l_{0y}}{\sqrt{I_y/\sum A_{si}}} \tag{2-3-17}$$

$$\lambda_1 = \frac{l_1}{\sqrt{I_{sc}/A_{sc}}} \tag{2-3-18}$$

$$I_x = \sum_1^m (I_{sc} + b^2 A_{sc}) \tag{2-3-19}$$

$$I_y = \sum_1^m (I_{sc} + a^2 A_{sc}) \tag{2-3-20}$$

式中　A_{si}——各柱肢的钢管的面积，$i=1，2，3，4$；

A_{sc}——一根钢管混凝土柱肢的截面面积，$A_{sc}=\pi r_0^2$；

I_{sc}——一根钢管混凝土柱肢的截面惯性矩，$I_{sc}=\pi r_0^4/4$；

l_1——柱肢的节间距离；

m——柱肢数；

a 和 b——参见表2-3-4中的图。

根据换算长细比查得轴压稳定系数 φ，可计算格构式钢管混凝土轴心受压构件的临界力值。

三、方钢管混凝土轴压构件的稳定

《战时军港抢修早强型组合结构技术规程》GJB 4142—2000 中提供了方钢管混凝土轴压构件的稳定系数 φ_s 值[7]，见表2-3-5所列（表中 α_s 为含钢率）。

方钢管混凝土轴压构件稳定系数　　表 2-3-5

钢材	混凝土	α_s	λ=10	20	30	40	50	60	70	80	90	100	110	120	130	140	150	160	170	180	190	200
Q235	C30	0.05	1.000	0.965	0.900	0.839	0.782	0.728	0.678	0.631	0.588	0.549	0.513	0.446	0.394	0.350	0.313	0.282	0.255	0.232	0.212	0.194
		0.10	1.000	0.968	0.912	0.858	0.807	0.758	0.711	0.667	0.625	0.586	0.549	0.478	0.422	0.375	0.336	0.302	0.273	0.249	0.227	0.208
		0.15	1.000	0.971	1.920	0.871	0.823	0.777	0.733	0.690	0.649	0.609	0.571	0.498	0.440	0.391	0.350	0.315	0.285	0.259	0.236	0.217
		0.20	1.000	0.974	0.926	0.880	0.835	0.791	0.749	0.707	0.666	0.627	0.588	0.513	0.452	0.402	0.360	0.324	0.293	0.266	0.243	0.223
	C40	0.05	1.000	0.948	0.876	0.809	0.747	0.690	0.637	0.588	0.545	0.506	0.471	0.414	0.366	0.325	0.291	0.262	0.237	0.215	0.197	0.180
		0.10	1.000	0.952	0.888	0.828	0.771	0.718	0.668	0.622	0.579	0.540	0.504	0.444	0.392	0.348	0.312	0.281	0.254	0.231	0.211	1.193
		0.15	1.000	0.956	0.896	0.840	0.786	0.736	0.688	0.643	0.601	0.562	0.525	0.463	0.408	0.363	0.325	0.292	0.264	0.240	0.220	0.201
		0.20	1.000	0.959	0.903	0.849	0.798	0.749	0.703	0.659	0.617	0.578	0.541	0.476	0.420	0.374	0.334	0.301	0.272	0.247	0.226	0.207
	C50	0.05	1.000	0.936	0.861	0.729	0.727	0.668	0.613	0.564	0.520	0.482	0.448	0.397	0.350	0.311	0.279	0.251	0.227	0.206	0.188	0.173
		0.10	1.000	0.941	0.873	0.810	0.750	0.695	0.643	0.594	0.553	0.514	0.480	0.425	0.375	0.334	0.299	0.269	0.243	0.221	0.202	0.185
		0.15	1.000	0.945	0.882	0.821	0.765	0.712	0.662	0.616	0.574	0.535	0.499	0.443	0.391	0.347	0.311	0.280	0.253	0.230	0.210	0.193
		0.20	1.000	0.948	0.888	0.831	0.776	0.725	0.677	0.631	0.589	0.550	0.514	0.514	0.402	0.358	0.320	0.288	0.261	0.237	0.216	0.198
Q345	C30	0.05	1.000	0.961	0.894	0.831	0.772	0.716	0.664	0.616	0.571	0.488	0.423	0.370	0.327	0.291	0.260	0.234	0.212	0.193	0.176	0.161
		0.10	1.000	0.966	0.911	0.857	0.804	0.753	0.704	0.657	0.610	0.523	0.454	0.393	0.350	0.311	0.279	0.251	0.227	0.206	0.188	0.173
		0.15	1.000	0.971	0.922	0.874	0.825	0.777	0.730	0.683	0.636	0.545	0.472	0.413	0.365	0.324	0.290	0.261	0.236	0.215	0.196	0.180
		0.20	1.000	0.975	0.931	0.887	0.842	0.796	0.750	0.703	0.655	0.561	0.486	0.426	0.376	0.334	0.299	0.269	0.243	0.221	0.202	0.185
	C40	0.05	1.000	0.924	0.866	0.795	0.730	0.671	0.616	0.568	0.524	0.453	0.393	0.344	0.304	0.270	0.241	0.217	0.197	0.179	0.163	0.150
		0.10	1.000	0.949	0.882	0.820	0.761	0.705	0.654	0.605	0.561	0.486	0.421	0.369	0.325	0.289	0.259	0.233	0.211	0.192	0.175	0.160
		0.15	1.000	0.954	0.894	0.836	0.781	0.728	0.677	0.630	0.584	0.506	0.439	0.384	0.339	0.301	0.270	0.243	0.219	0.200	0.182	0.167
		0.20	1.000	0.959	0.903	0.849	0.796	0.745	0.696	0.648	0.602	0.521	0.452	0.395	0.349	0.310	0.277	0.250	0.226	0.205	0.188	0.172
	C50	0.05	1.000	0.929	0.848	0.774	0.706	0.645	0.590	0.541	0.498	0.434	0.376	0.329	0.291	0.258	0.231	0.208	0.188	0.171	0.156	0.143
		0.10	1.000	0.936	0.865	0.789	0.736	0.678	0.625	0.577	0.533	0.465	0.403	0.353	0.311	0.277	0.248	0.223	0.202	0.183	0.168	0.154
		0.15	1.000	0.942	0.876	0.819	0.755	0.699	0.648	0.600	0.555	0.485	0.420	0.368	0.324	0.288	0.258	0.232	0.210	0.191	0.174	0.160
		0.20	1.000	0.947	0.885	0.826	0.769	0.716	0.665	0.617	0.572	0.499	0.432	0.378	0.334	0.297	0.266	0.239	0.216	0.197	0.180	0.165
Q390	C30	0.05	1.000	0.960	0.894	0.832	0.772	0.716	0.663	0.614	0.541	0.464	0.402	0.352	0.310	0.276	0.247	0.222	0.201	0.183	0.167	0.153
		0.10	1.000	0.967	0.913	0.860	0.807	0.756	0.705	0.656	0.580	0.497	0.431	0.377	0.333	0.296	0.265	0.238	0.216	0.196	0.179	0.164
		0.15	1.000	0.972	0.926	0.878	0.830	0.782	0.733	0.683	0.604	0.518	0.449	0.393	0.346	0.308	0.276	0.248	0.224	0.204	0.186	0.171
		0.20	1.000	0.977	0.936	0.893	0.848	0.802	0.754	0.704	0.621	0.533	0.462	0.404	0.357	0.317	0.284	0.255	0.231	0.210	0.192	0.176
	C40	0.05	1.000	0.941	0.864	0.793	0.728	0.668	0.614	0.564	0.502	0.431	0.373	0.327	0.288	0.256	0.229	0.205	0.187	0.170	0.155	0.142
		0.10	1.000	0.948	0.883	0.820	0.761	0.700	0.652	0.603	0.538	0.461	0.400	0.350	0.309	0.275	0.246	0.221	0.200	0.182	0.166	0.152
		0.15	1.000	0.955	0.895	0.838	0.782	0.729	0.678	0.628	0.561	0.481	0.417	0.365	0.322	0.286	0.256	0.230	0.208	0.189	0.173	0.159
		0.20	1.000	0.960	0.906	0.852	0.799	0.748	0.697	0.648	0.577	0.495	0.429	0.375	0.331	0.294	0.263	0.237	0.214	0.195	0.178	0.163
	C50	0.05	1.000	0.927	0.846	0.771	0.703	0.641	0.585	0.537	0.481	0.412	0.357	0.313	0.276	0.245	0.220	0.198	0.179	0.163	0.148	0.136
		0.10	1.000	0.935	0.864	0.797	0.734	0.676	0.623	0.574	0.515	0.442	0.383	0.335	0.296	0.263	0.235	0.212	0.192	0.174	0.159	0.146
		0.15	1.000	0.942	0.876	0.814	0.755	0.699	0.646	0.597	0.537	0.460	0.399	0.349	0.308	0.274	0.245	0.221	0.200	0.181	0.166	0.152
		0.20	1.000	0.948	0.886	0.827	0.771	0.717	0.665	0.615	0.552	0.474	0.410	0.359	0.317	0.282	0.252	0.227	0.205	0.187	0.170	0.156

注：表内中间值可采用插入法求得。

$$\sigma_{crs} = \varphi_s f_{scs}^y \tag{2-3-21}$$

式中　f_{scs}^y——方钢管混凝土的轴压组合强度标准值。

对于矩形钢管混凝土轴压构件的稳定系数，可采用下列近似公式，相关内容见参考文献[17]。

$$\bar{\lambda} \leqslant 0.215 \quad \varphi_s = 1 - 0.65\bar{\lambda}^2 \tag{2-3-22a}$$

$$\bar{\lambda} > 0.215 \quad \varphi_s = \frac{1}{2\bar{\lambda}^2}\left[(0.965 + 0.3\bar{\lambda} + \bar{\lambda}^2) - \sqrt{(0.965 + 0.3\bar{\lambda} - \bar{\lambda}^2)}\right] \tag{2-3-22b}$$

相对长细比：

$$\bar{\lambda} = \frac{\lambda}{\pi}\sqrt{f_y / E_s} \tag{2-3-23}$$

第四节　钢管混凝土构件设计

一、各国设计规范的设计方法

对钢管混凝土构件的承载力计算，除日本仍采用容许应力法外，其他国家大都采用极限状态设计法。对构件刚度的计算，全都采用换算刚度法。设计公式无论强度和刚度计算，大都采用叠加法。

（一）欧洲规范 EC4（1994 年）[8]

方钢管混凝土轴压强度承载力：

$$N \leqslant N_{pl} = A_a f_y / \gamma_{ma} + A_c f_{ck} / \gamma_c + A_s f_{sy} / \gamma_s \tag{2-4-1}$$

圆钢管混凝土轴压强度承载力：

$$N \leqslant N_{\rho l} = \eta_2 A_a f_y / \gamma_{ma} + (1 + \eta_1) t/d (f_y / f_{ck}) A_c f_{ck} / \gamma_c + A_s f_{sy} / \gamma_s \tag{2-4-2}$$

式中　A_a、A_c 和 A_s——钢管、混凝土和钢筋的截面面积；

f_y 和 f_{sy}——钢管和钢筋的抗压强度标准值；

f_{ck}——混凝土圆柱体抗压强度标准值；

γ_{ma}、γ_c 和 γ_s——钢管、混凝土和钢筋的材料分项系数；

t 和 d——钢管的厚度和外直径；

η_1 和 η_2——考虑紧箍效应的系数，$\eta_1 \geqslant 0$，$\eta_2 \leqslant 1$。

轴压构件稳定承载力：

$$N \leqslant \chi N_{\rho l} \tag{2-4-3}$$

式中　χ——稳定系数。

$$\chi = 1/(\varphi + \sqrt{\varphi^2 - \bar{\lambda}^2}) \tag{2-4-4}$$

$$\varphi = 0.5[1 + 0.21(\bar{\lambda} - 0.2) + \bar{\lambda}^2] \tag{2-4-5}$$

$$\bar{\lambda} = \sqrt{N_{\rho lR} / N_{cr}} \tag{2-4-6}$$

$$N_{cr} = \pi^2 (EI)_c / l^2 \tag{2-4-7}$$

$$(EI)_c = E_a I_a + 0.6 E_{cm} I_c + E_s I_s \tag{2-4-8}$$

式中　$N_{\rho lR}$——式（2-4-1）或式（2-4-2）中材料分项系数皆取为 1.0 的计算结果；

E_{cm}——混凝土对应于应力为 $0.4f_{ck}$ 时的割线模量，$E_{cm}=9.5(f_{ck}+8)^{1/3}$，$kN\cdot mm^{-2}$，$f_{ck}$的单位是 $N\cdot mm^{-2}$；

0.6——考虑混凝土徐变影响的折减系数。

压弯构件：

$$N\leqslant\chi N_{pl} \tag{2-4-9}$$

$$kM\leqslant 0.9\mu M_{pl} \tag{2-4-10}$$

$$k=\beta/[1-(N/N_{cr})]\geqslant 1.0 \tag{2-4-11}$$

$$\beta=0.66+0.44\gamma,\text{但}\beta\geqslant 0.44 \tag{2-4-12}$$

$$\gamma=M_{min}/M_{max},-1\leqslant\gamma\leqslant 1 \tag{2-4-13}$$

系数 $\mu=M/M_{pl}$，M_{pl}是纯弯曲时的极限承载力。

横向剪力计算：

$$V\leqslant V_{pl}=A_v f/\sqrt{3} \tag{2-4-14}$$

式中 A_v——钢材受剪截面面积；

f——钢材的抗拉强度设计值。

当 $V>0.5V_{pl}$时，应考虑对受弯承载力的影响。为了防止钢管的局部屈曲：

圆管 $$d/t\leqslant 90(235/f_y) \tag{2-4-15}$$

方管 $$b/t\leqslant 52\sqrt{235/f_y} \tag{2-4-16}$$

（二）德国 DIN18806 第一部分（1984 年）

现已修订为 DIN18806 第五部分[9]。

大部分设计公式和 EC4 相同，但认为轴心受压时紧箍力很小，因此不考虑。

轴心受压柱的稳定承载力：

$$N\leqslant\chi N_{pl} \tag{2-4-17}$$

稳定系数直接采用 EC4 中的曲线 a。

考虑混凝土徐变影响时，混凝土的割线模量按下式计算：

$$E'_{cm}=E_{cm}(1-0.5N_{恒}/N) \tag{2-4-18}$$

式中 N——全部作用荷载引起的轴力；

$N_{恒}$——持久荷载引起的轴力。

（三）澳大利亚[10]

澳大利亚组合结构设计规范主要引用 EC4（1992）中的规定。如轴压构件承载力的计算公式，包括方管和圆管，对压弯构件也是根据 N-M 相关曲线进行承载力设计。

为保证钢管的局部稳定，要求：

圆管 $$d/t\leqslant 82\frac{250}{f_y} \tag{2-4-19}$$

方管 $$b/t\leqslant\lambda_{ey}\sqrt{250/f_y} \tag{2-4-20}$$

式中 λ_{ey}——临界应力达屈服点时的长细比极限；具有很大残余应力的焊接管取 55.3，无残余应力时取 71.1。

（四）白俄罗斯[11]

轴心受压构件的强度承载力（$L/d\leqslant 5$）：

$$N \leqslant f_s A_s + (f_c + 4P) A_c \tag{2-4-21}$$

钢材的强度设计值：

$$f_s = f - \frac{r_0}{t} P \tag{2-4-22}$$

式中 r_0——钢管外半径；

t——钢管壁厚；

P——钢管与混凝土之间的紧箍力；

A_s 和 A_c——钢管和混凝土的截面面积。

轴心受压构件的稳定（$L/d > 5$）：

$$N \leqslant \varphi [f_s A_s + (f_c + 4P) A_c] \tag{2-4-23}$$

式中 φ——轴压稳定系数，与长细比 λ 有关。

偏心受压构件强度（$L/d \leqslant 5$）：

$$N = \frac{d}{d + 4e} [f_s A_s + (f_c + 4P) A_c] \tag{2-4-24}$$

偏心受压构件的稳定（$L/d > 5$）：

$$N \leqslant \varphi_e [f_s A_s + (f_c + 4P) A_c] \tag{2-4-25}$$

式中 φ_e——偏心受压构件的稳定系数；

e——荷载作用偏心距。

按照 $L/d = 5$ 的试件确定轴压强度的标准值显然存在问题。这时，试件的破坏是属于整体屈曲，并非真正的轴压强度。

（五）日本 AIJ（1980）[12]

采用容许应力设计法。

对圆钢管壁厚的要求：

$$D/t \leqslant 1.5 \frac{240}{f_y} \tag{2-4-26}$$

f_y 的单位是 t/cm^2。

长径比的容许值：轴压构件 $L/D \leqslant 50$，压弯构件 $L/D \leqslant 30$。

1. 轴压构件

（1）$L/D \leqslant 12$

按容许应力设计 $$N \leqslant A_c f_c + A_s f_s \tag{2-4-27}$$

按最大强度设计 $$N \leqslant 0.85 f_{圆} A_c + A_s f_y \tag{2-4-28}$$

式中 f_c——混凝土的容许应力；短期荷载 $f_c = 2f_{圆}/3$，长期荷载 $f_c = f_{圆}/3$；

$f_{圆}$——混凝土圆柱体抗压容许应力；

f_s——钢材的抗压容许应力。

（2）$L/D > 12$

按容许应力设计 $$N \leqslant A_c f_c + A_s f_s \tag{2-4-29}$$

钢管的容许压应力按以下的规定：

$\lambda \leqslant \lambda_o$ 时 $$f_s = \frac{[1 - 0.4(\lambda/\lambda_o)^2] f_y}{\nu_s}; \nu_s = \frac{3}{2} + \frac{2}{3}\left(\frac{\lambda}{\lambda_o}\right)^2 \tag{2-4-30}$$

$\lambda > \lambda_o$ 时 $$f_s = \frac{0.6f_y}{(\lambda/\lambda_o)^2 \nu_s};\nu_s = 13/6 \quad (2\text{-}4\text{-}31)$$

$$\lambda_o = \pi\sqrt{E_s/0.6f_y};\lambda = L/\sqrt{I_s/A_s}$$

按最大强度设计 $$N \leqslant 0.85f_{圆}A_c + {}_sN_{cr} \quad (2\text{-}4\text{-}32)$$

$\bar{\lambda} \leqslant 0.3$ 时 $$ {}_sN_{cr} = A_sf_y \quad (2\text{-}4\text{-}33)$$

$0.3 < \bar{\lambda} \leqslant 1.3$ 时 $$ {}_sN_{cr} = [1 - 0.545(\bar{\lambda} - 0.3)]A_sf_y \quad (2\text{-}4\text{-}34)$$

$\bar{\lambda} > 1.3$ 时 $$ {}_sN_{cr} = A_sf_y/(1.3\bar{\lambda}^2) \quad (2\text{-}4\text{-}35)$$

$$\bar{\lambda} = \frac{\lambda}{\pi}\sqrt{f_y/E_s} \quad (2\text{-}4\text{-}36)$$

2. 压弯构件

（1）短柱（$L/D \leqslant 12$）

简单叠加强度：

$0 \leqslant N \leqslant {}_cN_c$ 或 $M \geqslant {}_sM_o$ 时

$$N = {}_cN;M \leqslant {}_sM_o + {}_cM \quad (2\text{-}4\text{-}37)$$

$N > {}_cN_c$ 或 $M < {}_sM_o$ 时

$$N \leqslant {}_cN_c + {}_sN;M = {}_sM \quad (2\text{-}4\text{-}38)$$

$N < 0$ 时

$$N \geqslant {}_sN;M = {}_sM \quad (2\text{-}4\text{-}39)$$

总的叠加强度：

$$N = {}_sN + {}_cN;M = {}_sM + {}_cM \quad (2\text{-}4\text{-}40)$$

式中　${}_cN_c$——核心混凝土单独受压时的容许抗压强度；

${}_sM_o$——钢管单独受弯时的容许抗弯强度；

${}_cN$——核心混凝土部分的容许抗压强度；

${}_cM$——核心混凝土部分的容许抗弯强度；

${}_sN$——钢管部分的容许抗压强度；

${}_sM$——钢管部分的容许抗弯强度。

最大强度设计也包括简单叠加强度和总的叠加强度，从略。

（2）长柱（$L/D > 12$）

按容许应力设计

$0 \leqslant N \leqslant {}_cN_c$ 或 $M \geqslant {}_sM_o(1 - {}_c\nu_cN_c/N_k)$ 时

$$N = {}_cN;M \leqslant {}_sM_o(1 - {}_c\nu_cN_c/N_k) + {}_cM \quad (2\text{-}4\text{-}41)$$

$N > {}_cN_c$ 或 $M < {}_sM_o(1 - {}_c\nu_cN_c/N_k)$ 时

$$N \leqslant {}_cN_c + {}_sN;M = {}_sM(1 - {}_c\nu_cN_c/N_k) \quad (2\text{-}4\text{-}42)$$

$$N_k = \pi^2({}_cE_cI/5 + {}_sE_sI)/L^2$$

式中　${}_cE$ 和 ${}_sE$——混凝土和钢材的弹性模量；

${}_cI$ 和 ${}_sI$——混凝土和钢管部分的惯性矩；

${}_c\nu$——混凝土的密度。

按最大强度设计

当 $0 \leqslant N \leqslant {}_{c}N_u$ 或 $M \geqslant {}_{s}M_{uo}(1 - {}_{c}N_{cu}/N_k)$ 时

$$N_u = {}_{c}N_u; M_u \leqslant {}_{s}M_{uo}(1 - {}_{c}N_u/N_k) + {}_{c}M_u \tag{2-4-43}$$

$N > {}_{c}N_{cu}$ 或 $M_u < {}_{s}M_{uo}(1 - {}_{c}N_{cu}/N_k)$ 时

$$N_u \leqslant {}_{c}N_{cu} + {}_{s}N_u; M_u = {}_{s}M_u(1 - {}_{c}N_{cu}/N_k) \tag{2-4-44}$$

式中　M_u——最大抗弯强度；

N_u——最大抗压强度；

${}_{c}N_{cu}$——混凝土部分单独受压时的最大抗压强度；

${}_{s}M_{uo}$——钢管部分单独受弯时的最大抗弯强度；

${}_{c}M_u$——核心混凝土部分的最大抗弯强度；

${}_{c}N_u$——核心混凝土部分的最大抗压强度；

${}_{s}M_u$——钢管部分的最大抗弯强度；

${}_{s}N_u$——钢管部分的最大抗压强度。

此外，还有双向受弯的设计公式。

（六）美国[13]

AISC1994 年推荐了设计规程 LRFD，包括钢管混凝土和型钢混凝土的设计公式。

对钢管混凝土柱有下列限制：

（1）钢管面积占总面积（即含钢率）不小于4%；

（2）混凝土的圆柱体强度不低于 20.7MPa，对普通混凝土不高于 55.2MPa，对轻混凝土不低于 27.6MPa；

（3）钢管屈服点不得超过 379MPa；

（4）钢管最大壁厚：方管为 $b\sqrt{F_y/(3E_s)}$，圆管为 $D\sqrt{F_y/(8E_s)}$，F_y 是钢材的屈服强度，b 是方管的边长，D 是圆管直径。

轴心受压柱的承载力：

$$N \leqslant \varphi_c P_n = 0.85 A_s F_{cr} \tag{2-4-45}$$

式中　A_s——钢管的截面面积；

F_{cr}——临界应力。

$\lambda_c \leqslant 1.5$ 时
$$F_{cr} = (0.658\lambda_c^2) F_{my} \tag{2-4-46}$$

$\lambda_c > 1.5$ 时
$$F_{cr} = (0.877/\lambda_c^2) F_{my} \tag{2-4-47}$$

$$\lambda_c = \frac{L_0}{r_m \pi}\sqrt{F_{my}/E_m} \tag{2-4-48}$$

$$F_{my} = F_y + 0.85 f'_c (A_c/A_s) \tag{2-4-49}$$

$$E_m = E_s + 0.4 E_c (A_c/A_s) \tag{2-4-50}$$

式中　E_c、E_s——混凝土和钢材的弹性模量；

A_c——混凝土的截面面积；

f'_c——混凝土的圆柱体强度；

F_y——钢材的屈服强度；

L_0——构件的计算长度；

r_m——钢管的回转半径。

压弯构件：

$\frac{P_u}{\varphi_c P_n} \geqslant 0.2$ 时
$$\frac{P_u}{\varphi_c P_n} + \frac{8}{9}\left(\frac{M_u}{\varphi_b M_n}\right) \leqslant 1 \tag{2-4-51}$$

$\frac{P_u}{\varphi_c P_n} < 0.2$ 时
$$\frac{1}{2}\left(\frac{P_u}{\varphi_c P_n}\right) + \frac{M_u}{\varphi_b M_n} \leqslant 1 \tag{2-4-52}$$

φ_c 取 0.85，φ_b 取 0.9，P_n 是名义轴向抗压强度，见式（2-4-45），名义抗弯强度 M_n 按下式决定：

$$M_n = M_p = ZF_y \tag{2-4-53}$$

式中　Z——钢管截面的截面模量；

P_u 和 M_u——要求的轴压强度和抗弯强度的极限。

（七）我国《钢管混凝土结构设计与施工规程》[14] CECS28：90

受压构件承载力：

$$N \leqslant \varphi_l \varphi_e N_o \tag{2-4-54}$$

$$N_0 = (1 + \sqrt{\theta} + \theta) f_c A_c \tag{2-4-55}$$

套箍系数：

$$\theta = f_a A_a / f_c A_c \tag{2-4-56}$$

式中　f_a 和 f_c——钢材和混凝土的抗压强度设计值；

A_a 和 A_c——钢管和混凝土的截面面积；

φ_l——考虑长细比影响的承载力折减系数；

φ_e——考虑偏心影响的承载力折减系数。

轴向刚度　$$EA = E_a A_a + E_c A_c \tag{2-4-57}$$

抗弯刚度　$$EI = E_a I_a + E_c I_c \tag{2-4-58}$$

式中　E_a 和 E_c——钢材和混凝土的弹性模量；

I_a 和 I_c——钢管和混凝土的截面惯性矩。

轴心受压钢管混凝土的强度承载力 N_0 是采用了 $l/D=4$ 的试件轴心受压得到的 $N\text{-}\varepsilon$ 关系曲线，曲线有最大值和下降段，但试件破坏后都有整体弯曲，和 $l/D=3\sim3.5$ 的轴压试件破坏后的鼓曲或剪切状态不同（图 2-2-4）。说明采用 $l/D=4$ 的试件所得到的 $N\text{-}\varepsilon$ 关系的极限是构件的整体屈曲的结果，不代表钢管混凝土的轴压强度。而且达到 N_{max} 时的纵向变形，在所做的 32 个试件中，有 13 个试件的最大应变达 5% 及以上，$\varepsilon_{max} \leqslant 3\%$ 的只有 19 个，其中还有可能包括焊缝和钢管破裂的情况。当构件进入弹塑性阶段后，由于钢材和混凝土都处于三向应力状态，钢材和混凝土的纵向抗压强度都是紧箍力的函数，尤其是钢材超过屈服阶段而进入强化阶段后，其纵向抗压强度也超越了屈服应力的范围。但在求极限承载力而取导数时，却都假设这些参数和紧箍力无关，按常数处理，才得到了式（2-4-55）的结果。由此可见，用式（2-4-55）计算圆钢管混凝土的轴压强度并不恰当，其计算结果比图 2-2-8 中弹塑性阶段和强化阶段分界处的 b 点对应的组合抗压强度设计值普遍高 22% 左右。

对于偏心受压构件，采用了两个系数的乘积 $\varphi_l\varphi_e$，当偏心率一定时，φ_e 即确定，说明偏心对不同长细比构件稳定的影响皆相同，这也和稳定原理不符。

根据上述对各国有关规范（规程）的介绍，可归纳出下列几点：（1）大都采用叠加法，钢管承载力加上混凝土的承载力就是构件的承载力；（2）除日本和德国外，大都考虑钢管对混凝土的紧箍效应，但紧箍效应确定的根据不清楚；（3）刚度计算也都采用叠加法。

以下介绍按“钢管混凝土统一理论”的原理对构件的设计方法。此方法已由电力行业标准《钢-混凝土组合结构设计规程》DL/T 5085—1999 全部采用。

二、钢管混凝土轴心受压构件

钢管混凝土轴心受压构件的承载力包括强度和稳定。稳定承载力除构件的整体稳定外，尚有钢管的局部稳定。

（一）实心圆钢管混凝土轴压构件

钢管的局部稳定由限定钢管的壁厚来保证。要求壁厚 t 不得小于直径的 1%，即：

$$D/t \leqslant 100 \tag{2-4-59}$$

这是由空钢管受轴心压力的情况导得的，对于内填混凝土的钢管来说，是很保守的。这和美国规范一致，比日本规范要严得多，而比欧洲规范要宽一些。管壁的最小厚度不宜小于 4mm。

此外，还有正常使用极限状态。钢管混凝土用作框架柱时，用容许长细比来保证，应为：

$$[\lambda] = 80 \tag{2-4-60}$$

用作平台柱时，放宽到 100；用作桁架的压杆时，为 120。

1. 强度设计

由组合抗压强度标准值决定强度承载力

$$N \leqslant A_{sc} f_{sc}^{y} \tag{2-4-61}$$

写成设计公式（承载力设计值）

$$N_0 \leqslant A_{sc} f_{sc} \tag{2-4-62}$$

$$A_{sc} = \pi r_0^2 \tag{2-4-63}$$

式中 f_{sc}——组合抗压强度设计值，见表 2-2-3 所列。

A_{sc}——组合截面面积；

r_0——钢管外半径。

2. 稳定设计

$$N_0 \leqslant \varphi A_{sc} f_{sc} \tag{2-4-64}$$

式中 φ——轴压稳定系数，由表 2-3-3 查得。

（二）空心圆钢管混凝土轴压构件

空心钢管混凝土构件中的混凝土是采用离心法浇灌的，因离心工艺的限制，管径不能太小，最小管径不宜小于 168mm。管壁都采用热镀锌或喷涂锌以防腐，同时考虑经济性，其最小厚度不宜小于 3mm。因此，D/t 不应大于 $135\sqrt{235/f_y}$。

混凝土厚度：$D \leqslant 200$mm 时，$t_c \geqslant 20$mm；$200 < D \leqslant 350$mm 时，$t_c \geqslant 25$mm；$350 < D \leqslant 650$mm 时，$t_c \geqslant 30$mm；$650 < D \leqslant 1000$mm 时，$t_c \geqslant 35$mm。

1. 强度设计

$$N \leqslant A_{sco} f_{sco}^{y} \tag{2-4-65}$$

写成设计公式：

$$N \leqslant A_{sco} f_{sco} \tag{2-4-66}$$

$$f_{sco} = f_{sc} - 0.17\xi_0 \varphi f'_c \tag{2-4-67}$$

$$A_{sco} = \pi(r_0^2 - r_{ci}^2) \tag{2-4-68}$$

2. 稳定设计

$$N \leqslant \varphi_l A_{sco} f_{sco} \tag{2-4-69}$$

式中　φ_l——空心钢管混凝土的轴压稳定系数，由式（2-3-6）计算。

应注意，公式（2-4-67）中，f'_c是混凝土的抗压强度设计值。对于离心法浇灌的混凝土，并用蒸汽养护时，应乘1.2（强度提高20%），$f'_c = 1.2 f_c$。套箍系数ξ_0为：

$$\xi_0 = \alpha_0 f / f'_c \tag{2-4-70}$$

式中　空心钢管混凝土的含钢率　$\alpha_0 = \dfrac{2t}{r_{co}(1-\psi)}$　(2-4-71)

式（2-4-67）中的f_{sc}是按实心构件计算的组合强度设计值：

$$f_{sc} = (1.212 + \eta^s \xi'_0 + \eta_c \xi'^2_0) f'_c \tag{2-4-72}$$

这里的　$\xi'_0 = \alpha f / f'_c$　(2-4-73)

式（2-4-70）、式（2-4-72）和式（2-4-73）中的f'_c都应为$1.2f_c$。式（2-4-73）中的α是按实心计算时的含钢率。

空心钢管混凝土构件都用于送电和变电工程中的构架和杆塔，因而容许长细比较大，见表2-4-1所列。

送电杆塔和变电构架中构件的容许长细比［λ］　**表2-4-1**

构　　件		［λ］
单根独立柱	送电线路直线塔	220
	送电线路承力塔	180
	屋外变电构架	180
格构式柱	主管柱肢	120
	缀　材	200
	辅助杆件	250
	受拉肢	400

注：长细比的近似式为$\lambda = 3L/D$。

（三）格构式圆形轴压构件

前面已经介绍了格构式轴压构件应考虑临界状态时缀材的变形，承载力公式为：

$$N \leqslant \varphi_l A_{sc} f_{sc} \tag{2-4-74}$$

式中，稳定系数φ_l值应根据换算长细比查表2-3-3。双肢、三肢和四肢格构式截面的换算长细比见表2-3-4所列。如系空心钢管混凝土构件组成格构式，则按换算长细比由公式（2-3-6）计算稳定系数φ_l。注意式（2-3-6）中的L/D应换算成长细比（$L/D = \lambda/3$）。

$$N \leqslant \varphi_l A_{sco} f_{sco} \tag{2-4-75}$$

格构式钢管混凝土轴心受压构件除按换算长细比验算整体稳定承载力外，通常不必进行单肢稳定验算，但应满足下列条件：

平腹杆构件：$\lambda_1 \leqslant 40$，且 $\lambda_1 \leqslant 0.5\lambda_{max}$；

斜腹杆构件：$\lambda_1 \leqslant 0.7\lambda_{max}$。

λ_{max}是构件整体在 x 和 y 轴方向的长细比（或换算长细比）的较大值；λ_1 是单肢长细比。

通常三肢柱在 x 平面内采用斜腹杆体系，而在内双肢平面内则采用平腹杆体系（参看表2-3-4）。除验算 x 平面内的整体稳定承载力外，尚应验算内双肢在 y 方向的稳定。四肢柱也类似，x 平面内采用斜腹杆体系，y 平面内采用平腹杆体系，也应验算 y 方向的双肢稳定。

格构式构件（柱）的腹杆承受剪力，按照临界状态时产生的剪力计算：

$$V = \frac{\sum_{1}^{i} A_{sci} f_{sc}}{85} \tag{2-4-76}$$

式中　$\sum_{1}^{i} A_{sci}$——柱肢的组合总面积，i 是柱肢数。

同时，认为此剪力沿构件全长不变。

采用斜腹杆时，斜腹杆在剪力 V_1 作用下，产生杆力。

$$N_d = V_1/\sin\alpha \tag{2-4-77}$$

双肢柱 $V_1 = V$，四肢柱 $V_1 = V/2$，三肢柱 $V_1 = \dfrac{\frac{V}{2}}{\cos\theta}$，如图2-4-1所示。

剪力方向可向左，也可向右，因而斜腹杆可能受拉，也可能受压，应按压杆设计。常采用空钢管。

平腹杆体系属多层框架体系。当构件达临界状态而微微挠曲时，多层框架的弯矩分布如图2-4-2所示。零弯矩点在柱肢节间和平腹杆的中点，取出自由体如图2-4-2所示。在轴力和剪力作用下平衡。l_1 是二平腹杆的间距，b 是二柱肢的轴线距离。

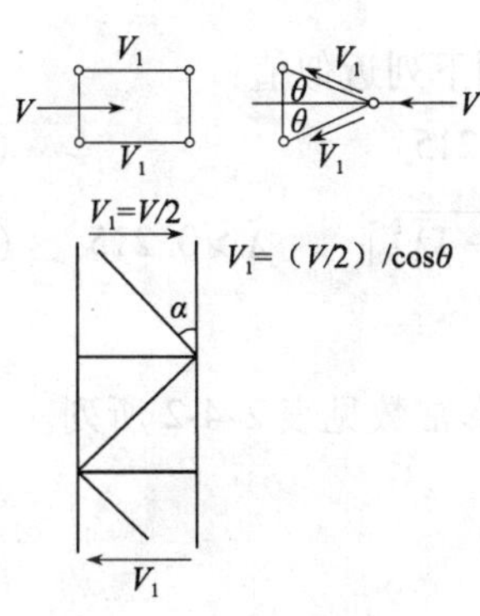

图2-4-1　斜腹杆受剪力作用

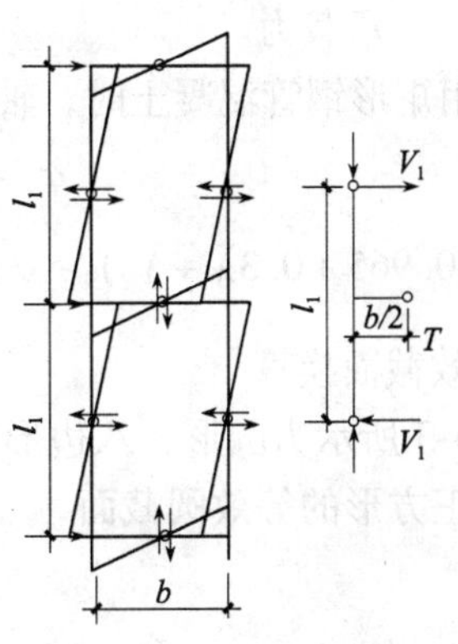

图2-4-2　平腹杆受剪力作用

$$Tb/2 = V_1 l_1$$

$$T = \frac{2l_1}{b} V_1 \tag{2-4-78}$$

双肢柱时，$V_1 = V/2$。四肢和三肢柱时，平腹杆位于侧边的双肢柱处，因而计算剪力 V 和 T 时与双肢柱相同，但式（2-4-76）中 $\sum_1^i A_{sci}$ 只是两个柱肢的总面积。

（四）八边形和方形截面轴压构件

1. 八边形截面

强度承载力

$$N \leqslant \varphi_0 A_{sco} f_{sco} \tag{2-4-79}$$

$$f_{sco} = (1.212 + \eta_s \xi_0 + \eta_c \xi_0^2) f_c \tag{2-4-80}$$

$$\eta_s = 0.1401 f_y / 235 + 0.7783 \tag{2-4-81}$$

$$\eta_c = -0.07 f_{ck} / 20 + 0.0262 \tag{2-4-82}$$

$$\xi_0 = \alpha_0 f / f_c \tag{2-4-83}$$

式中　f_{sco}——八边形截面组合抗压强度设计值，见表 2-2-12 所列，也可按第二节六之（三）中导出的等效套箍系数按等效圆截面计算 f_{sco} 值；

A_{sco}——八边形截面的总面积；

φ_0——八边形截面的轴压稳定系数，可按等效圆截面的稳定系数采用，当 $\varphi_0 = 1$ 时，即为强度承载力。

2. 方形截面

$$N \leqslant \varphi_s A_{scs} f_{scs} \tag{2-4-84}$$

$$f_{scs} = (1.212 + \eta_s \xi_0 + \eta_c \xi_0^2) f_c \tag{2-4-85}$$

$$\eta_s = 0.131 f_y / 235 + 0.723 \tag{2-4-86}$$

$$\eta_c = -0.07 f_{ck} / 20 + 0.262 \tag{2-4-87}$$

$$\xi_0 = \alpha_s f / f_c \tag{2-4-88}$$

式中　f_{scs}——方形截面组合抗压强度设计值，见表 2-2-13 所列。也可按第二节导出的等效套箍系数按等效圆截面计算 f_{scs} 值；

A_{scs}——方形钢管混凝土轴压构件的稳定系数，见表 2-3-5。当 $\varphi_s = 1$ 时，即为强度承载力。

如采用矩形钢管混凝土时，轴压稳定系数 φ_s 可采用下列近似值：

$$\varphi_s = 1 - 0.65\bar{\lambda}^2 \qquad \bar{\lambda} \leqslant 0.215 \tag{2-4-89a}$$

$$\varphi_s = \frac{1}{2\bar{\lambda}^2}\left[(0.965 + 0.3\bar{\lambda} + \bar{\lambda}^2) - \sqrt{(0.965 + 0.3\bar{\lambda} - \bar{\lambda}^2)^2 - 4\bar{\lambda}^2}\right] \qquad \bar{\lambda} > 0.215 \tag{2-4-89b}$$

3. 等效截面换算

图 2-4-3 所示为圆形、八边形和方形截面，它们的形常数见表 2-4-2 所列。

（1）正方形的等效圆截面

$$D = 2B/\sqrt{\pi} = 1.1284B \tag{2-4-90}$$

$$t = \frac{D}{2} - (B - 2t_s)/\sqrt{\pi} = 0.5D - 0.5642(B - 2t_s) \tag{2-4-91}$$

式中　D 和 t——等效圆截面的直径和厚度；

B 和 t_s——方管的边长和壁厚。

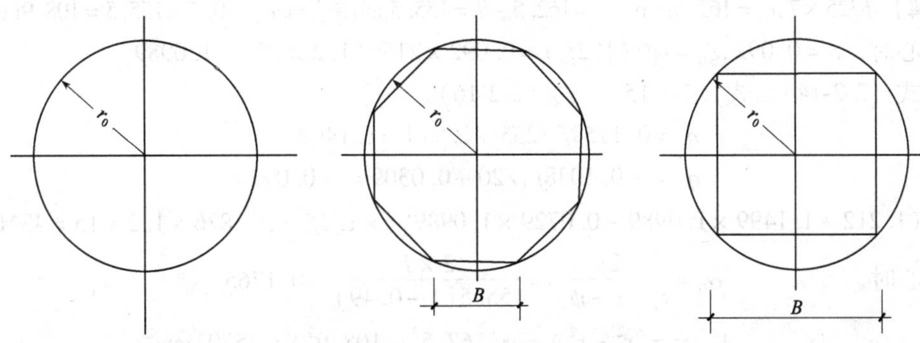

图 2-4-3　各种截面外接圆

各种截面的形常数　　表 2-4-2

名　　称	圆	八　边　形	方　　形
截面面积	$A_{sc}=\pi r_0^2$	$A_{sco}=2.8286r_0^2$	$A_{scs}=2r_0^2$
惯性矩	$I_{sc}=\frac{\pi}{4}r_0^4=0.7854r_0^4$	$I_{sco}=0.6472r_0^4$	$I_{scs}=0.3333r_0^4$
截面模量	$W_{sc}=\frac{\pi}{4}r_0^3=0.7854r_0^3$	$W_{sco}=0.7010r_0^3$	$W_{scs}=0.4714r_0^3$
回转半径	$i_{sc}=0.5r_0$	$i_{sco}=0.4785r_0$	$i_{scs}=0.4082r_0$
长细比	$\lambda_{sc}=l_0/(0.5r_0)$	$\lambda_{sco}=l_0/(0.4785r_0)$	$\lambda_{scs}=l_0/(0.4082r_0)$
边径关系	—	$r_0=1.3066B$	$r_0=0.7071B$

（2）八边形的等效圆截面

$$D=2.4796B \tag{2-4-92}$$

$$t=\frac{1}{2}(D-\sqrt{D^2-10.186Bt_s}) \tag{2-4-93}$$

式中　B 和 t_s——八边形管的边长和壁厚。

（五）计算实例

【例 2-4-1】 有一单管圆钢管混凝土（实心）轴心受压柱，已知轴心压力 $N=2600$kN，两端铰接，柱长 6m，采用 Q235 钢材，混凝土 C30，试设计截面。

【解】 假设 $\lambda=80$，查得 $\varphi=0.819$，$\lambda=4l/D$，

$$D=4l/\lambda=\frac{4\times6000}{80}=300\text{mm}\quad A_{sc}=\pi\times150^2=70686\text{mm}^2$$

由式（2-4-64），$f_{sc}=N/(\varphi A_{sc})=2600\times10^3/(0.819\times70686)=44.9$MPa，查表 2-2-3 得要求的含钢率 $\alpha=0.12$。

选用，$\phi325\times7$，$\alpha=0.092$，$A_{sc}=82950\text{mm}^2$，

验算：$\lambda=4\times6000/325=74$，由表 2-3-3，查得 $\varphi=0.844$，

由表 2-2-3，查得 $f_{sc}=39$MPa，

$\varphi A_{sc}f_{sc}=0.844\times82950\times39\times10^{-3}=2730.4\text{kN}>2600\text{kN}$，相差 5%，满足要求。

【例 2-4-2】用【例 2-4-1】的 $\phi325\times7$ 钢管，若空心率 $\psi=0.49$，试计算能承受多少轴压力？

【解】$\phi325\times7, r_0=162.5\text{mm}, r_{co}=162.5-7=155.5\text{mm}, r_{ci}=\psi r_{co}=0.7\times155.5=108.9\text{mm}$

实心时，$\alpha=0.092, \xi_0=\alpha f/(1.2f_c)=0.092\times215/(1.2\times15)=1.0989$

由式（2-2-14）、式（2-2-15）、式（2-2-16），

$$\eta_s=0.1759f_y/235+0.974=1.1499$$

$$\eta_c=-0.1038f_{ck}/20+0.0309=-0.0729$$

$$f_{sc}=(1.212+1.1499\times1.0989-0.0729\times1.0989^2)\times1.2f_c=2.3876\times1.2\times15=43\text{MPa}$$

空心时，

$$\alpha_0=\frac{2t}{r_{co}(1-\psi)}=\frac{2\times7}{155.5(1-0.49)}=0.1765$$

$$A_{sco}=\pi(r_0^2-r_{ci}^2)=\pi(162.5^2-108.9^2)=45701\text{mm}^2$$

$$\xi_0=\alpha_0 f/1.2f_c=0.1765\times215/(1.2\times15)=2.1082$$

$$f_{sco}=f_{sc}-0.17\xi_0\psi(1.2f_c)=43-0.17\times2.1082\times0.49\times1.2\times15=43-3.2=39.8\text{MPa}$$

$$l/D=6000/325=18.46$$

$$\varphi_l=\frac{1-0.011\sqrt{l/D-8}}{1+0.00135(l/D-8)^2}=\frac{0.9644}{1.1477}=0.84$$

$$N=\varphi_l A_{sco}f_{sco}=0.84\times45701\times39.8\times10^{-3}=1528\text{kN}$$

和采用实心圆钢管混凝土柱的比较列入表 2-4-3。

【例 2-4-2】中空心圆钢管混凝土柱与【例 2-4-1】中实心圆钢管混凝土柱的比较　表 2-4-3

截　面	钢　材	混凝土	承载力	构件重量
实心 $\phi325\times7$	$54.9\times6=329.4$kg	0.4558m^3	2730.4kN	1468.8kg
空心 $\phi325\times7$	329.4kg	0.2322m^3	1528kN	909.9kg
空心/实心	1	0.51	0.56	0.62

由表 2-4-3 可见：采用 $\psi=0.49$ 的空心圆钢管混凝土柱后，耗钢量相同，节约混凝土 49%，减轻自重 38%，但承载力降低 46%，对于送变电杆塔来说是合适的。稳定系数由实心时的 0.844 变为空心时的 0.84，说明节省了截面中心的部分混凝土并不影响其稳定性。

【例 2-4-3】已知四肢及三肢格构式轴心受压柱，计算长度 $l_{0y}=36\text{m}$，$l_{0x}=18\text{m}$。采用 Q235 钢材，C30 混凝土，截面组合如图 2-4-4 所示。试分别求出两种柱的承载力。

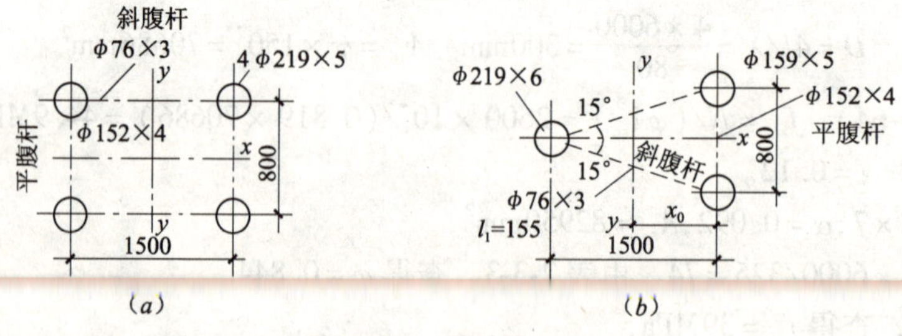

图 2-4-4　【例 2-4-3】图

【解】

1. 四肢柱

（1）整体稳定

$$\phi219\times5, A_{sc}=376.7\text{cm}^2, I_{sc}=11291.4\text{cm}^4,$$

$$\alpha=0.098, A_s=33.6\text{cm}^2,$$

$$I_x=4(I_{sc}+40^2A_{sc})=4\times(11291.4+40^2\times376.7)=2456045\text{cm}^4$$

$$I_y=4(I_{sc}+75^2A_{sc})=4\times(11291.4+75^2\times376.7)=8520915.6\text{cm}^4$$

$$\lambda_x=\frac{l_{0x}}{\sqrt{I_x/\sum A_{sc}}}=\frac{1800}{\sqrt{2456045/(4\times376.7)}}=45$$

$$\lambda_y=\frac{l_{0y}}{\sqrt{I_y/\sum A_{sc}}}=\frac{3600}{\sqrt{8520915.6/(4\times376.7)}}=48$$

换算长细比　　$\lambda_{0x}=\sqrt{\lambda_x^2+17\lambda_1^2}$　平腹杆体系；

$\lambda_{0y}=\sqrt{\lambda_y^2+135A_s/A_1}$　斜腹杆体系。

A_s 是一根柱肢的钢管的面积，$A_s=33.6\text{cm}^2$，斜腹杆为 $\phi76\times3$，$A_1=6.88\text{cm}^2$，$l_1=150\text{cm}^2$，平腹杆取 $\phi152\times4, A_1=18.6\text{cm}^2$，$l_1=75\text{cm}$，$\lambda_1=75/\sqrt{11291.4/376.7}=14$

$$\lambda_{0x}=\sqrt{45^2+17\times14^2}=73$$

$$\lambda_{0y}=\sqrt{48^2+135\times33.6/6.88}=54$$

整体稳定是绕 y 轴的承载力，属四肢斜腹杆体系，由 $\lambda_{0y}=54$，查得 $\varphi=0.932$，$f_{sc}=40.3\text{N/mm}^2$，承载力为

$$N_0=\varphi f_{sc}\sum A_{sc}=0.932\times40.3\times4\times37670\times10^{-3}=5659.5\text{kN}$$

（2）对 x 轴的平面外双肢平腹杆体系的稳定计算

$$\lambda_{0x}=73, \varphi=0.848, f_{sc}\text{仍为 }40.3\text{N/mm}^2,$$

$$N=\varphi A_{sc}f_{sc}=0.848\times2\times37670\times40.3\times10^{-3}=2574.7\text{kN}$$

共两个双肢，故承载力为 $N_0=2N=5149.4\text{kN}$，

因而承载力决定于平面外稳定，为 5149.4kN。

（3）单肢稳定

平面外平腹杆体系的单肢

$\phi219\times5$：$I_x=11291.4\text{cm}^4, A_{sc}=376.7\text{cm}^2, l_1=75\text{cm}$，

$$i_{sc}=\sqrt{I_{sc}/A_{sc}}=\sqrt{11291.4/376.7}=5.475\text{cm}$$

$$\lambda_1=l_1/i_{sc}=75/5.475=14<40$$

$$\lambda_1<0.5\lambda_{max}=0.5\times73=36.5$$

单肢稳定能保证，可不验算。

$$l_1=75\text{cm}<4b=4\times80=320\text{cm}$$

$$A_1=18.6\text{cm}^2>\frac{1}{4}A_s=33.6/4=8.4\text{cm}^2$$

平腹杆 $\phi152\times4$：$I=510\text{cm}^4$，$A=18.6\text{cm}^2$，$i=5.24\text{cm}$，

$l_1=80-21.9=58.1\text{cm}$

$\lambda_0 = 0.5 \times 581/52.4 = 5.5 < \frac{1}{2}\lambda_1 = 14/2 = 7$（平腹杆两端固定，故 $l_0 = l_1/2$）

满足构件要求。

（4）腹杆承载力验算

1）斜腹杆验算（$\phi 76 \times 3$）(图 2-4-5)

$A_1 = 6.88\text{cm}^2$，$I_1 = 45.91\text{cm}^4$，$i_1 = 2.58\text{cm}$，

剪力 $V = \sum A_{sc} f_{sc}/85 = 4 \times 37670 \times 40.3/85 = 71440\text{N}$

斜腹杆长 $l_1 = \sqrt{1.5^2 + 1.5^2} = 2.12\text{m}$

$$\lambda_0 = l_1/i_1 = 212/2.58 = 82$$

由于是空钢管，查钢结构规范，$\varphi_d = 0.77$，

斜腹杆承载力

$N_d = \varphi_d f A_1 = 0.77 \times 215 \times 688 \times 10^{-3} = 113.9\text{kN}$

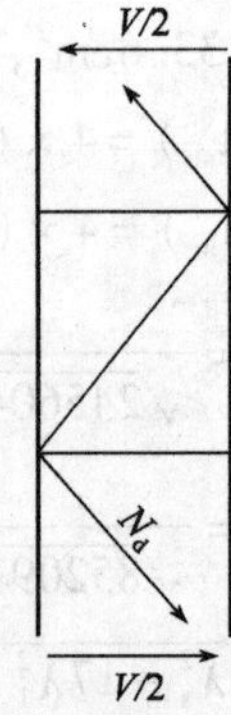

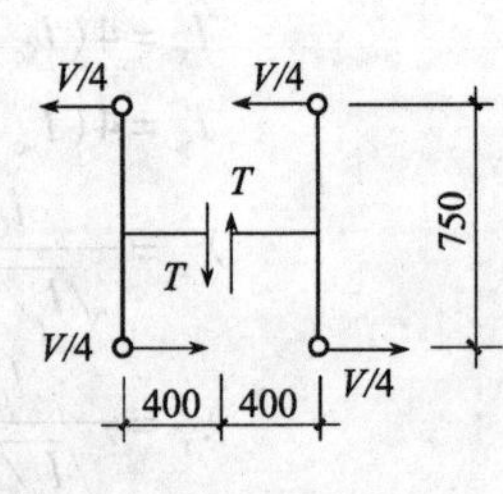

图 2-4-5 缀材计算

实际受到的轴心力为

$N' = \frac{V}{2}/\cos45° = \frac{71.44}{2} \times \frac{1}{0.7071} = 50.5\text{kN}$，满足要求。

2）平腹杆验算（$\phi 152 \times 4$）（图 2-4-5）

$$A_1 = 18.6\text{cm}^2, I_1 = 5095915\text{mm}^4,$$

$$i_1 = 52.4\text{mm}, l_1 = 750\text{mm},$$

$$W_1 = I_1/76 = 5095915/76 = 67051.5\text{mm}^3$$

$$T = \frac{2l_1}{b}V_1 = \frac{2 \times 75}{80} \times \frac{V}{4} = 1.875 \times 71440/4 = 33488\text{N}$$

$$M_1 = \frac{b}{2}T = 0.4 \times 33.5 = 13.4\text{kN} \cdot \text{m}$$

$$\sigma = M_1/W_1 = 13.4 \times 10^6/67051.5 = 200\text{N/mm}^2 < f = 215\text{N/mm}^2$$

$$\tau = T/A_1 = 33488/1860 = 18\text{N/mm}^2 < f_v = 125\text{N/mm}^2$$，满足要求。

2. 三肢柱

（1）整体稳定

$\phi 219 \times 6$：　$A_{sc} = 376.7\text{cm}^2, I_{sc} = 11291.4\text{cm}^4, \alpha = 0.119,$

$A_{si} = 40.1\text{cm}^2, A_c = 336.5\text{cm}^2, E_{sc} = 47436\text{N/mm}^2$

$\phi 159 \times 5$：　$A_{sc} = 198.6\text{cm}^2, I_{sc} = 3137.3\text{cm}^4, \alpha = 0.139,$

$A_{si} = 24.2\text{cm}^2, A_c = 174.4\text{cm}^2, E_{sc} = 51129\text{N/mm}^2$

确定重心位置：

$$x_0 = \frac{\sum E_{sc} A_{sc} x}{\sum E_{sc} A_{sc}} = \frac{2 \times 51129 \times 19860 \times 1500}{2 \times 51129 \times 19860 + 47436 \times 37670} = 798\text{mm}$$

$$I_x = 11291.4 + 2 \times (3137.3 + 198.6 \times 40^2) = 653086\text{cm}^4$$

$$I_y = 11291.4 + 376.7 \times 70.2^2 + 2 \times (3137.3 + 198.6 \times 79.8^2) = 4403345\text{cm}^4$$

$$\lambda_x = \frac{l_{0x}}{\sqrt{\frac{I_x}{\sum A_{sc}}}} = \frac{1800}{\sqrt{653086/(376.7 + 2 \times 198.6)}} = 62 < [\lambda]$$

$$\lambda_y=\frac{l_{0y}}{\sqrt{\frac{I_y}{\sum A_{sc}}}}=\frac{3600}{\sqrt{4403345/(376.7+2\times198.6)}}=48$$

三肢截面不同，由式（2-3-15），

$$\lambda_{0y}=\sqrt{\lambda_y^2+27\frac{2.5\sum A_{si}}{2A_1}}=\sqrt{48^2+27\times2.5(40.1+2\times24.2)/(2\times6.88)}=52<[\lambda]$$

查得：$\varphi=0.939$，整体含钢率 $\alpha=\frac{40.1+2\times24.2}{336.5+2\times174.4}=0.129$

查得：$f_{sc}=46.3\text{MPa}$

承载力 $N_0=\varphi f_{sc}\sum A_{sc}=0.939\times46.3\times（37670+2\times19860）\times10^{-3}=3364.6\text{kN}$

（2）内双肢平腹杆体系绕 x 轴稳定的验算

三肢柱常用作边柱，外单肢应与围护墙体可靠相连，以确保平面外的稳定，因而只需验算内双肢对 x 轴的稳定。通常采用平腹杆体系。

$$I_x=2(I_{sc}+40^2A_{sc})=2(3137.3+40^2\times198.6)=641795\text{cm}^4$$

$$\lambda_x=\frac{l_{0x}}{\sqrt{\frac{I_x}{\sum A_{sc}}}}=\frac{1800}{\sqrt{641795/(2\times198.6)}}=45$$

平腹杆采用 $\phi152\times4$，柱肢 $\phi159\times5$，$i_{sc}=\sqrt{3137.3/198.6}=3.97\text{cm}$，$l_1=77.5\text{cm}$，这是考虑平腹杆两个节间是斜腹杆体系的一个节间；$\lambda_1=77.5/3.97=20$（单肢长细比）。

换算长细比

$$\lambda_{0x}=\sqrt{\lambda_x^2+17\lambda_1^2}=\sqrt{45^2+17\times20^2}=94<[\lambda]$$

因为 $\lambda_1=20<40$，且 $\lambda_1<0.5\lambda_{0x}=47$，故不必验算单肢稳定。

由 $\lambda_{0x}=94$，查得 $\varphi=0.733$，$f_{sc}=46.3\text{N/mm}^2$（按 $\alpha=0.129$ 查得），

承载力

$$N_0=\varphi f_{sc}\sum A_{sc}=0.733\times46.3\times2\times19860\times10^{-3}=1348\text{kN}$$

$$N=N_0+\frac{376.7}{2\times198.6}N_0=2626\text{kN}$$

柱子承载力决定于平面外稳定承载力2626kN。

（3）缀材计算

$V=\sum A_{sc}f_{sc}/85=（37670+2\times19860）\times46.3/85=42155\text{N}$，斜腹杆 $\phi76\times3$，

杆长 $l_d=\sqrt{1.5^2+1.6^2}=2.19\text{m}$，$i_1=2.58\text{cm}$，

$A_1=6.88\text{cm}^2$，$\lambda_d=l_d/i_1=219/2.58=85$，查钢结构设计规范，$\varphi_d=0.655$，

承受剪力

$$V_1=\frac{V}{2}/\cos15°=\frac{42155}{2}/0.9659=21822\text{N}$$

$$N_d=V_1/\sin43°=21822/0.682=32\text{kN}$$

$$N_1=\varphi_d fA_1=0.655\times215\times688\times10^{-3}=96.9\text{kN}>N_d$$

内双肢的平腹杆计算

$$\phi 152\times 4, A_1=18.6\text{cm}^2, l_1=77.5\text{cm},$$

$$I_1=5095915\text{mm}^4, i=52.34\text{mm}, W_1=67052\text{mm}^3,$$

对内双肢的剪力

$$V=\sum A_{sc}f_{sc}/85=2\times 19860\times 46.3\times 10^{-3}/85=21.64\text{kN}$$

$$T=\frac{2l_1}{b}V=\frac{2\times 77.5}{80}\times 21.64=41.9\text{kN}$$

$$M_1=\frac{b}{2}T=0.4\times 41.9=16.76\text{kN}\cdot\text{m}$$

$$\sigma=M_1/W_1=16.76\times 10^6/67052=250\text{N/mm}^2>f=215\text{N/mm}^2$$

$$\tau=T/A_1=41900/1860=22.5\text{N/mm}^2<f_v=125\text{N/mm}^2$$

正应力不满足，改用 $\phi 219\times 4$，$W_1=142620\text{mm}^3$，

$$\sigma=16.76\times 10^6/142620=118\text{N/mm}^2<215\text{N/mm}^2$$

$$l_1=775\text{mm}<4b=3200\text{mm}$$

$$A_1=27.02\text{cm}^2>\frac{A_s}{4}=\frac{24.2}{4}=6\text{cm}^2$$

$$\lambda_d=800/76=10.5\approx\lambda_1/2=10$$

平腹杆构造满足要求。

【例 2-4-4】 有一圆钢管混凝土轴压构件 $\phi 750\times 9$，计算长度 $l_0=4\text{m}$，采用 Q345 钢材和 C50 混凝土，求承载力并和等效方钢管混凝土比较。

【解】

（1）圆钢管混凝土 $\phi 750\times 9$

$$A_{sc}=4417.9\text{cm}^2,\ \alpha=0.05,\ f_{sc}=46.5\text{MPa},$$

$$I_{sc}=1553155.5\text{cm}^4,\ i_{sc}=\sqrt{I_{sc}/A_{sc}}=18.75\text{cm},$$

$$\lambda=l_0/i_0=400/18.75=21$$

$$\varphi=0.998$$

$$N=\varphi A_{sc}f_{sc}=0.998\times 441790\times 46.5\times 10^{-3}=20502\text{kN}$$

（2）等效方钢管混凝土构件

$$B=D/1.1284=664.7\text{mm}$$

$$t=0.5D-0.5642\ (B-t_s)$$

$$9=0.5\times 750-0.5642\times(664.7-t_s)$$

解得：$t_s=8\text{mm}$

等效方钢管为 664.7×8。

外接圆半径 $r_0=0.7071B=470\text{mm}$

$$A_{scs}=2r_0^2=4417.9\text{cm}^2,\ i_{scs}=0.4082,\ \gamma_0=191.8\text{mm},$$

由表 2-2-13 查得，$f_{scs}=42\text{MPa}$，

$\lambda_s=4000/191.8=21$，由表 2-3-5，查得 $\varphi_s=0.921$

$$N_s=\varphi A_{scs}f_{scs}=0.921\times 441790\times 42\times 10^{-3}=17089\text{kN}$$

（3）方钢管混凝土构件与圆钢管混凝土构件相比，承载力下降率为：

$$(20502-17089)/20502\times100\%=16.6\%$$

【例 2-4-5】 同 **【例 2-4-4】** 长度分别为 8m 和 12m，试计算圆钢管和方钢管混凝土的承载力，并进行比较。

【解】

（1）$l_0=8\text{m}$

圆管钢管混凝土 $\lambda=4l_0/D=4\times800/75=43$，$\varphi=0.9567$，

$$N=\varphi A_{sc}f_{sc}=0.9567\times441790\times46.5\times10^{-3}=19653.7\text{kN}$$

方钢管混凝土 $\lambda_s=8000/191.8=42$，$\varphi_s=0.7604$，

$$N_s=\varphi A_{scs}f_{scs}=0.7604\times441790\times42\times10^{-3}=14109.4\text{kN}$$

承载力下降率

$$(19653.7-14109.4)/19653.7\times100\%=28.2\%$$

（2）$l_0=12\text{m}$

圆钢管混凝土 $\lambda=4l_0/D=4\times1200/75=64$，$\varphi=0.875$，

$$N=0.875\times441790\times46.5\times10^{-3}=17975\text{kN}$$

方钢管混凝土 $\lambda=12000/191.8=63$，$\varphi_s=0.629$，

$N_s=0.629\times441790\times42\times10^{-3}=11671.1\text{kN}$

承载力下降率

$$(17975-11671.1)/17975\times100\%=35\%$$

在不同长度（长细比）情况下，圆钢管混凝土和方钢管混凝土构件的承载力差异见表 2-4-4 所列。

不同长细比下圆钢管混凝土与方钢管混凝土构件的承载力差异　　表 2-4-4

截面形式	截　面	承　载　力（kN）		
		$l_0=4\text{m}$	$l_0=8\text{m}$	$l_0=12\text{m}$
圆钢管混凝土	$\phi750\times9$	20502	19653.7	17975
方钢管混凝土	664.7×8	17089	14109.4	11671.1
承载力下降率（%）		16.6	28.2	35

由表 2-4-4 列值可见，方钢管混凝土轴压构件的承载力远低于圆钢管混凝土轴压构件的承载力，构件越长，下降率越大。

三、钢管混凝土轴心受拉构件

（一）轴心受拉计算

钢管混凝土轴心受拉构件的承载力只有强度问题，由组合抗拉强度决定。为了计算方便，可直接按钢管受拉计算。

$$N_t=A_sf_{sc}^t=A_sk_tf \tag{2-4-94}$$

式中　f——钢材的抗拉强度设计值；

A_s——钢管的截面面积；

k_t——抗拉强度提高系数。

k_t 按下列规定采用：

实心圆形钢管混凝土受拉构件　　$k_t = 1.1$　　(2-4-95)

空心圆形钢管混凝土受拉构件　　$k_t = 1.1 + 0.04\psi - 0.14\psi^2$，且不大于1.1　　(2-4-96)

八边形钢管混凝土受拉构件　　$k_t = 1.05$　　(2-4-97)

方形和矩形钢管混凝土受拉构件　　$k_t = 1.0$　　(2-4-98)

（二）钢管混凝土受拉构件的容许长细比

各种截面的实心钢管混凝土构件一律按《钢-混凝土组合结构设计规程》DL/T 5085—1999 的规定：

$$[\lambda] = 200 \tag{2-4-99}$$

空心钢管混凝土构件按《薄壁离心钢管混凝土结构技术规程》DL/T 5030—1996 的规定：

$$[\lambda] = 400 \tag{2-4-100}$$

（三）计算实例

【例 2-4-6】 有一 A 形变电构架柱，采用钢管混凝土，如图 2-4-6 所示。在横向风荷载作用下，受拉肢承受的最大拉力 $N = 2110\text{kN}$。假设所采用的钢材为 Q235，混凝土为 C30，柱计算长度 $l_0 = 18\text{m}$。试设计此构件。

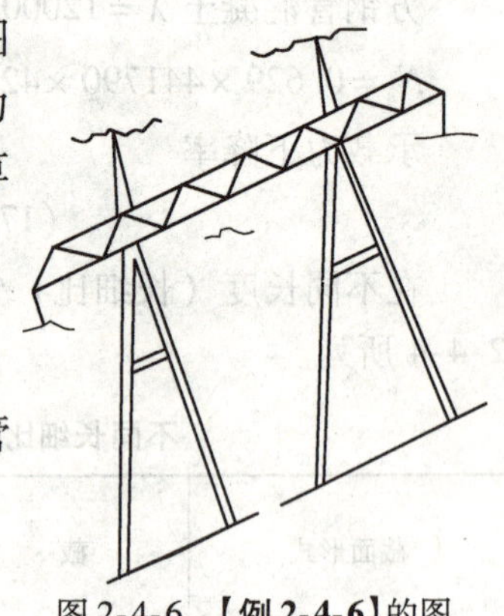

图 2-4-6 【例 2-4-6】的图

【解】

已知：$f = 215\text{MPa}$，

采用实心圆钢管混凝土柱时，由式（2-4-94），需要的钢管截面面积：

$$A_s = N/(k_t f) = 2110 \times 10^3/(1.1 \times 215) = 8921\text{mm}^2$$

选择 $\phi478 \times 6, A_s = 89\text{cm}^2$

验算：

$$N_t = A_s k_t f = 8900 \times 1.1 \times 215 \times 10^{-3} = 2104.9\text{kN}$$

$$\lambda = 4l_0/D = 4 \times 1800/47.8 = 151 < [\lambda] = 200$$

采用空心圆钢管混凝土时，空心率取 $\psi = 0.75$

$$k_t = 1.1 + 0.04 \times 0.75 - 0.14 \times 0.75^2 = 1.05$$

当采用相同截面 $\phi478 \times 6$ 时，$A_s = 89\text{cm}^2$

$$N_t = A_s k_t f = 8900 \times 1.05 \times 215 \times 10^{-3} = 2009.2\text{kN}$$

和 $N = 2110\text{kN}$ 相差（2110 − 2009.2）/2110 = 0.048，即相差 4.8%，是允许的。

长细比

$\lambda = 3l_0/D = 3 \times 1800/47.8 = 113 < [\lambda] = 400$，也满足要求。

四、钢管混凝土受扭和受剪构件

（一）受扭构件

第二节之三已采用有限元法得到了实心圆钢管混凝土在纯扭矩作用下的扭矩-扭转角(T-θ)和剪应力-剪应变（$\bar{\tau}$-γ）的全过程关系曲线，参见图 2-2-14 和图 2-2-16。并经分析，确定对应于剪应变 $\gamma = 3500\mu\varepsilon$ 的平均剪应力为（圆实心）钢管混凝土的抗剪强度标准值。

$$f_{sc}^{yv} = (0.385 + 0.25\alpha^{1.5})\xi^{0.125} f_{sc}^{y} \tag{2-2-31}$$

抗剪强度设计值为：

$$f_{sc}^{v} = (0.385 + 0.25\alpha^{1.5})\xi_0^{0.125} f_{sc} \tag{2-2-32}$$

同时获得组合剪变模量：

$$G_{sc} = f_{sc}^{pv}/\gamma^{p} \tag{2-2-35}$$

组合剪切比例极限 f_{sc}^{pv} 和对应的比例应变 γ^{p} 见本章第二节之三。

构件的受扭承载力标准值为：

$$T_0' = \gamma_T W_{sc}^{T} f_{sc}^{yv} \tag{2-4-101}$$

构件的受扭承载力设计值为：

$$T_0 = \gamma_T W_{sc}^{T} f_{sc}^{v} \tag{2-4-102}$$

式中　W_{sc}^{T}——构件截面的抗扭模量，$W_{sc}^{T} = \pi r_0^3/2$；

γ_T——截面的塑性发展系数。

$$\gamma_T = -0.4701\xi + 1.8913\sqrt{\xi} \tag{2-4-103}$$

按照上述公式的计算承载力和 8 个试件的试验结果比较，吻合良好。

（二）受剪构件

构件的受剪承载力标准值为：

$$V_0' = \gamma_v A_{sc} f_{sc}^{yv} \tag{2-4-104}$$

受剪承载力设计值：

$$V_0 = \gamma_v A_{sc} f_{sc}^{v} \tag{2-4-105}$$

塑性发展系数：

$$\gamma_v = 0.2953\xi + 1.2981\sqrt{\xi} \tag{2-4-106}$$

受剪构件的剪应力沿截面的分布和受扭构件不同，因此塑性发展系数也不同。经分析，在通常情况下，可近似地采用塑性发展系数如下：

当 $\xi < 0.85$ 时，$\gamma_v = 1.0$；当 $\xi \geqslant 0.85$ 时，$\gamma_v = 0.85$。

对于圆形截面，剪应力的分布是不均匀的，在截面中心处的剪应力最大。式（2-4-104）和式（2-4-105）对受剪承载力的计算是按均布计算的，认为全截面皆达到剪切屈服点，显然估计过大，因此取小于 1 的塑性发展系数。

构件受扭矩作用时，最大剪应力在外圆周上，考虑塑性的发展，因而塑性发展系数 $\gamma_T > 1.0$。

（三）计算实例

【例 2-4-7】 试求**【例 2-4-6】**中 A 形变电构架柱的受扭和受剪承载力。

【解】

已知 A 形变电构架柱采用 $\phi478\times6$，Q235 钢材和 C30 混凝土。

$\alpha=0.055$，$A_{sc}=1794.5\text{cm}^2$（实心构件），由表 2-2-6 查得 $f_{sc}^{v}=11.75\text{MPa}$，

$$\xi=\alpha f_y/f_{ck}=0.055\times235/20.1=0.6463$$

$$\gamma_T=-0.4701\xi+1.8913\sqrt{\xi}=1.2166$$

$$\gamma_v=-0.2953\xi+1.2981\sqrt{\xi}=0.8527$$

$$W_{sc}^{T}=\pi r_0^3/2=\pi\times239^3/2=21444384\text{mm}^3$$

按照式（2-4-102）和式（2-4-105）求得

$T_0=\gamma_T W_{sc}^{T} f_{sc}^{v}=1.2166\times21444384\times11.75\times10^{-6}=306.55\text{kN}\cdot\text{m}$

$V_0=\gamma_v A_{sc} f_{sc}^{v}=0.8527\times179450\times11.75\times10^{-3}=1798\text{kN}$

由此可见，钢管混凝土抗扭和抗剪能力很强，且塑性也很好。

五、钢管混凝土受弯构件

（一）受弯承载力计算

钢管混凝土最适宜用作轴心受压构件和小偏心受压构件，当偏心较大时，应采用格构式构件，把弯矩转变为轴向力。把钢管混凝土直接用作受弯构件并无优越性，但钢管混凝土构件受弯矩作用的情况并不少见。如多层和高层建筑中的框架柱，常采用单管柱，因而也受弯矩作用，甚至同时处于压、弯、扭、剪的复杂受力状态；又如把钢管混凝土单管用作基础桩，也常受到压弯的共同作用。由此可见，在实际工程中，钢管混凝土构件承受弯矩作用还是很普遍的，只是不把它单独用作受弯构件而已。因此，钢管混凝土虽然并不用作单独的抗弯构件，但研究其抗弯性能仍很必要。

众所周知，对于圆形截面，任一通过圆心的轴都是主轴，用作受弯构件时，在各方向的抗弯能力皆相同。因此，圆钢管混凝土受弯构件不存在整体稳定问题，只需研究抗弯强度问题。

钢管混凝土受弯构件的特点是：中和轴不在形心位置，受弯时，截面分为受压和受拉区。受压区钢管与混凝土皆受压，在发展塑性变形后还产生相互作用的紧箍力，不过此紧箍力沿受压区高度的分布不均匀，在最大受压纤维处紧箍力最大。而受拉区的混凝土开裂，只由钢管抗拉，内部混凝土只对钢管提供横向约束。分析钢管混凝土受弯工作时，应充分考虑到这一特点。

与分析轴压、轴拉及受扭和受剪的工作性能类似，根据钢材和混凝土在三向应力作用下的本构关系，可用合成法，也可用有限元法对受弯构件的荷载-变形关系进行全过程分析。得到荷载-变形全过程关系曲线后，可定出极限准则和受弯极限承载力。

图 2-4-7 所示为采用合成法得到的一些圆钢管混凝土受弯构件的应力-曲率全过程曲线，图 2-4-8 所示为一些试验结果与计算曲线（应力和跨中挠度 M-δ 关系曲线），可见吻合很好。

采用有限元法计算得到的圆钢管混凝土受弯构件最大纤维应力与应变 σ（M/W_{sc}）$-\varepsilon_{max}$ 全过程关系曲线如图 2-4-9 所示，图 2-4-10 为受纯弯构件的计算全过程曲线与试验曲线的比较，可见吻合也很好。采用合成法和有限元法的推导过程见参考文献[1] 和［2］。

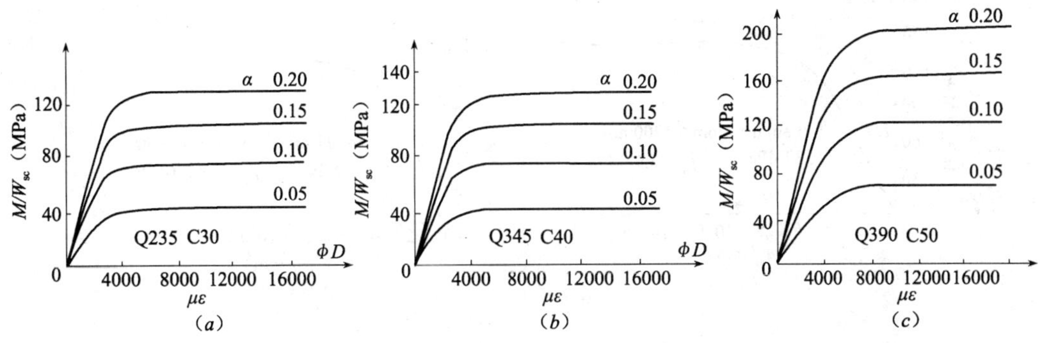

图 2-4-7 应力-曲率全过程曲线

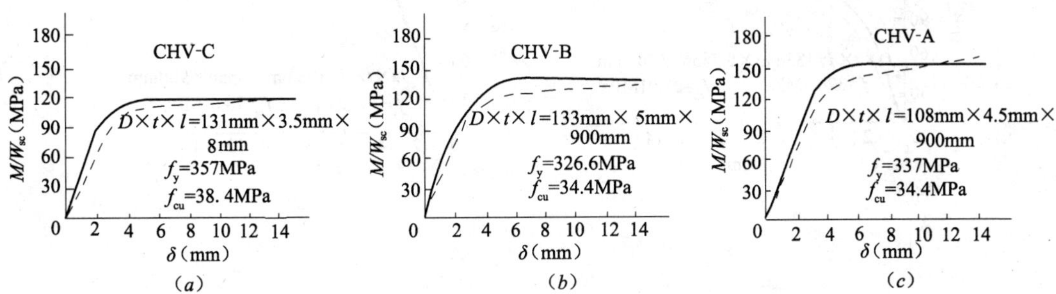

图 2-4-8 σ-δ 计算曲线和试验曲线比较

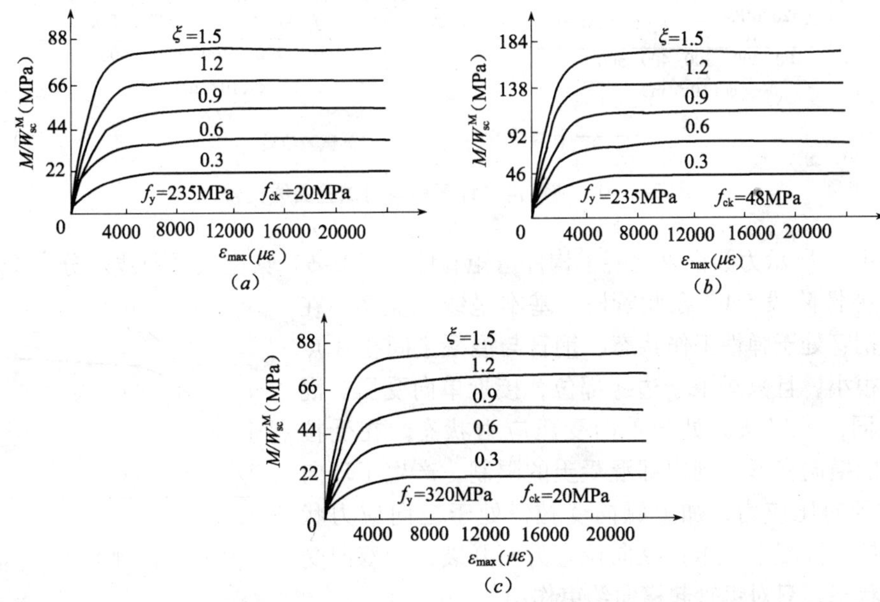

图 2-4-9 $\sigma(M/W_{sc})$-ε_{max} 全过程关系曲线

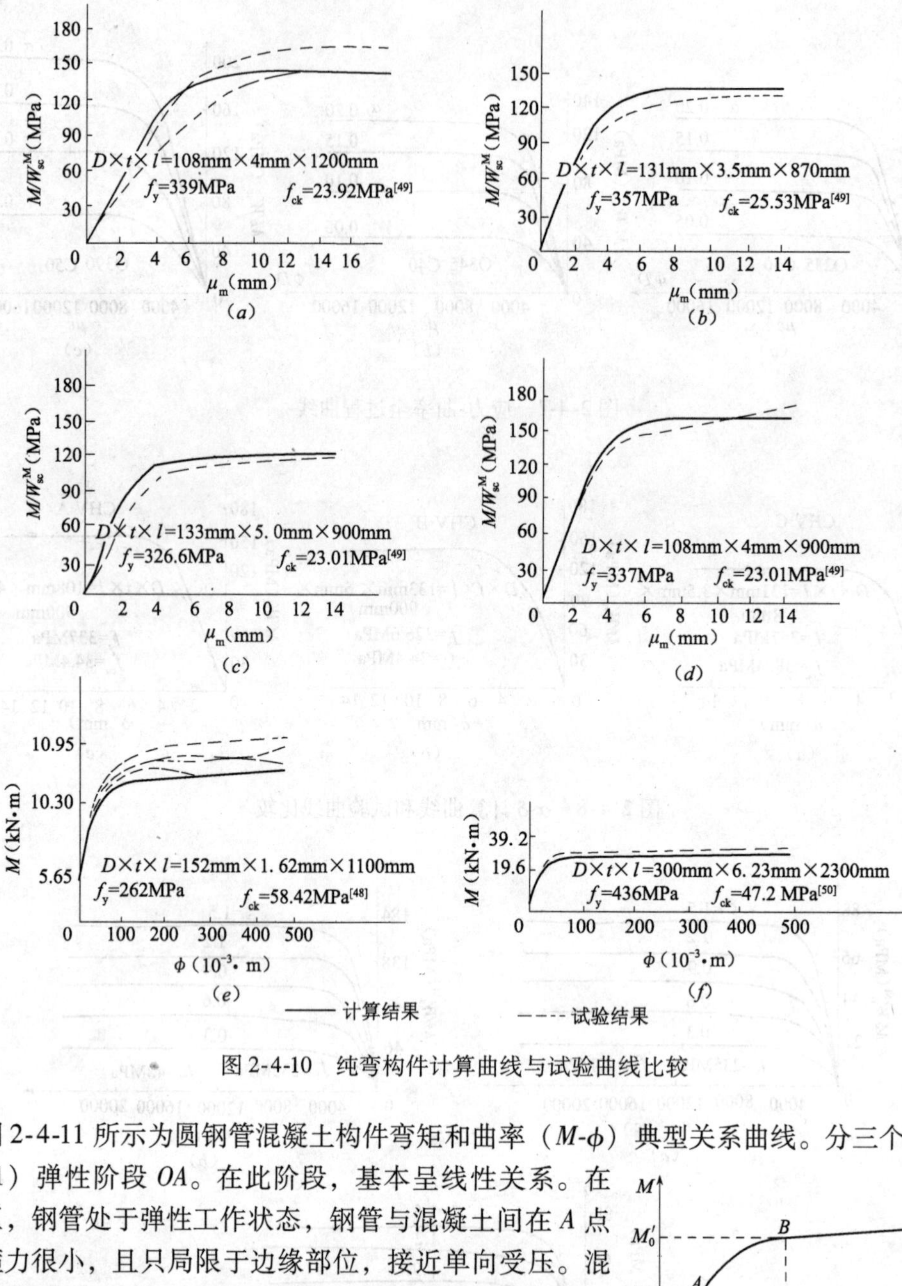

图 2-4-10　纯弯构件计算曲线与试验曲线比较

图 2-4-11 所示为圆钢管混凝土构件弯矩和曲率（M-ϕ）典型关系曲线。分三个阶段：

（1）弹性阶段 OA。在此阶段，基本呈线性关系。在受压区，钢管处于弹性工作状态，钢管与混凝土间在 A 点时紧箍力很小，且只局限于边缘部位，接近单向受压。混凝土也相同，可以认为处于单向受压应力状态。在受拉区，钢管的横向变形受到内部混凝土的限制，产生了环向拉应力和径向压应力，加上纵向受拉，处于三向应力状态。这时拉区混凝土不承担纵向拉应力而开裂，为双向受压的应力状态，只对钢管起横向约束作用。

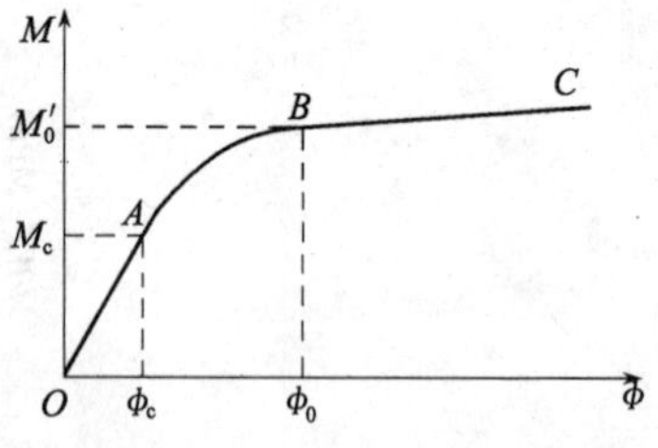

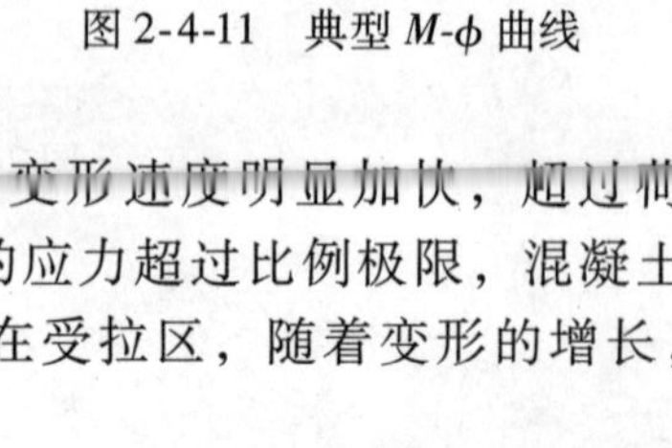

图 2-4-11　典型 M-ϕ 曲线

（2）弹塑性阶段 AB。过 A 点后，随着荷载的增加，变形速度明显加快，超过荷载的增长速度，曲线偏向变形轴。在受压区，部分钢管的应力超过比例极限，混凝土的纵向压应力继续增加，达 B 点时，压区产生紧箍力。在受拉区，随着变形的增长，钢管应力超过比例极限的范围大幅度增加，达 B 点时，拉区钢管边缘屈服，紧箍力也逐渐增大。

（3）强化阶段 BC。在此阶段，随着变形的增加，弯矩缓慢增加，近似为一根与变形轴成不大角度的斜线。在受压区，钢管的最大纤维应力达屈服点，并逐渐地向内部发展塑性，混凝土在纵向压力作用下，横向变形不断增加，紧箍力也逐渐增大。在受拉区，钢管边缘应力达屈服点后，塑性变形不断向内发展。

根据以上分析，受弯构件过 B 点后，进入斜率不大的强化阶段，但受压区的紧箍力很小。进入强化阶段后，压区紧箍力虽有增加，但也不大，且局限于最大受压纤维区。因此，确定圆钢管混凝土构件的极限承载力时，应允许截面发展一定的塑性，即取最大纤维应变为 $10000\mu\varepsilon$ 所对应的弯矩为极限弯矩，同时考虑塑性发展系数 γ_m。

由此得极限弯矩标准值为：

$$M_0' = \gamma_m W_{sc} f_{sc}^y \tag{2-4-107}$$

极限弯矩设计值为：

$$M_0 = \gamma_m W_{sc} f_{sc} \tag{2-4-108}$$

塑性发展系数为：

$$\gamma_m = -0.4832\xi + 1.9264\sqrt{\xi} \tag{2-4-109}$$

式中　W_{sc}——组合截面模量，$W_{sc} = \frac{\pi}{4}r_0^3$（实心圆钢管混凝土）。

在通常情况下，塑性发展系数可近似取：$\xi \geqslant 0.85$ 时，$\gamma_m = 1.4$；$\xi < 0.85$ 时，$\gamma_m = 1.2$。

（二）抗弯刚度计算

为了计算和应用方便，可由抗弯模量和抗压模量的比例关系导出圆钢管混凝土的抗弯模量。

轴压刚度：$E_{sc}A_{sc} = E_sA_s + E_cA_c$

抗弯刚度：$E_{scm}I_{sc} = E_sI_s + E_cI_c$

二者之比：$\dfrac{E_{scm}}{E_{sc}} = \dfrac{E_sI_s + E_cI_c}{E_sA_s + E_cA_c} \cdot \dfrac{A_{sc}}{I_{sc}}$

因 $A_{sc} = A_s + A_c$，$I_{sc} = I_s + I_c$，取 $n = E_s/E_c$，$\beta = I_s/I_c$，$\alpha = A_s/A_c$，代入上式整理后，得

$$E_{scm} = \frac{1 + n\beta}{1 + \alpha n} \cdot \frac{1 + \alpha}{1 + \beta} E_{sc} = k_2 E_{sc} \tag{2-4-110}$$

系数 $k_2 = \dfrac{1 + n\beta}{1 + \alpha n} \cdot \dfrac{1 + \alpha}{1 + \beta}$，其值列入表 2-4-5 中。

系数 k_2 值　　**表 2-4-5**

混凝土 / α	C30	C40	C50	C60
0.04	1.187	1.173	1.163	1.156
0.05	1.223	1.207	1.195	1.187
0.06	1.255	1.238	1.225	1.216
0.07	1.285	1.266	1.252	1.243
0.08	1.312	1.292	1.277	1.267
0.09	1.337	1.316	1.301	1.290

续表

混凝土 / α	C30	C40	C50	C60
0.10	1.360	1.338	1.322	1.311
0.11	1.381	1.359	1.342	1.331
0.12	1.401	1.378	1.361	1.349
0.13	1.419	1.396	1.378	1.366
0.14	1.436	1.412	1.394	1.382
0.15	1.451	1.427	1.410	1.397
0.16	1.466	1.442	1.424	1.411
0.17	1.479	1.455	1.437	1.424
0.18	1.492	1.467	1.449	1.436
0.19	1.503	1.479	1.461	1.447
0.20	1.514	1.490	1.471	1.458

注：表内中间值可采用插值法求得。

钢管混凝土构件受弯时，受拉区混凝土开裂，使整体抗弯刚度减少，含钢率越小，或混凝土强度越高时，刚度减少就越多。组合抗弯刚度应按下式计算：

$$E_{scm}I_{sc}^{0}=E_{scm}(0.6625+0.9375\alpha)I_{sc} \quad (2\text{-}4\text{-}111)$$

应注意，对于小偏心受压构件，截面无受拉区的情况，抗弯刚度不需折减，应取$E_{scm}I_{sc}$。

和换算抗弯刚度$E_sI_s+E_cI_c$相比，如图2-4-12所示，是$\eta=\dfrac{E_{sc}I_{sc}}{E_sI_s+E_cI_c}$和含钢率的关系，可见混凝土强度越高，差别也越大。例如Q235，C50混凝土，当含钢率$\alpha=0.1$时，组合抗弯刚度比换算抗弯刚度高约15%；而对Q235，C60混凝土，$\alpha=0.1$时，高约23%。

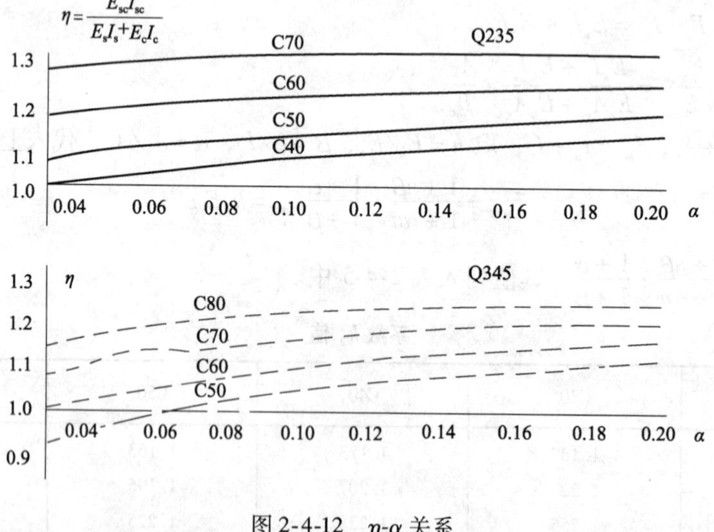

图2-4-12 η-α关系

众所周知，框架柱的内力（轴心压力和弯矩）、位移和柱的抗弯刚度有直接关系。采用换算刚度求解框架柱的内力时，轴心压力的计算结果将偏小10%左右，偏于不安全，而层间位移计算结果将偏大10%左右。

此外，框架柱的计算长度取决于两端的横梁与柱子本身线刚度之比。柱子采用换算刚度时，横梁与柱子的线刚度比偏大，即柱子两端所受的约束效应估计偏大，由此，得到的柱子的计算长度将偏小，这是偏于不安全的。经分析计算，对有侧移框架中柱的计算长度，当采用C60混凝土，此影响约为5%，对底层柱的影响约3%。

（三）计算实例

【例2-4-8】 有两个圆钢管混凝土受弯构件，分别采用$\phi219\times6$和$\phi273\times6$，$\phi235$钢材，C40混凝土。当跨度分别为5.5m和8.5m时，求最大能承受的均布荷载各是多少?

【解】

已知$\phi219\times6$：　$I_{sc}=11291.4\text{cm}^4$，$\alpha=0.119$，$f_{sc}=50.3\text{MPa}$

$\phi273\times6$：　$I_{sc}=27265.9\text{cm}^4$，$\alpha=0.094$，$f_{sc}=45\text{MPa}$

（1）$\phi219\times6$构件

$$W_{sc}=I_{sc}/r_0=11291.4/10.95=1031\text{cm}^3$$

$$\xi=\alpha f_y/f_{ck}=0.119\times235/27=1.0357$$

塑性发展系数：$\gamma_m=-0.4832\times1.0357+1.9264\sqrt{1.0357}=1.46$

承载力：$M_0=\gamma_m W_{sc}f_{sc}=1.46\times1031\times10^3\times50.3\times10^{-6}=75.7\text{kN}\cdot\text{m}$

最大均布荷载：$q_{max}=8M_0/l^2=8\times75.7/5.5^2=20\text{kN/m}$

（2）$\phi273\times6$构件

$$W_{sc}=I_{sc}/r_0=27265.9/13.65=1998\text{cm}^3$$

$$\xi=\alpha f_y/f_{ck}=0.094\times235/27=0.8181$$

塑性发展系数：$\gamma_m=-0.4832\times0.8181+1.9264\sqrt{0.8181}=1.35$,

承载力：$M_0=\gamma_m W_{sc}f_{sc}=1.35\times1998\times10^3\times45\times10^{-6}=121.4\text{kN}\cdot\text{m}$

最大均布荷载：$q_{max}=8M_0/l^2=8\times121.4/8.5^2=13.4\text{kN/m}$

（3）塑性发展系数γ_m随套箍系数而变，如按γ_m近似值计算最大均布荷载

$\phi219\times6$，$M_0=72.6\text{kN}\cdot\text{m}$，$q_{max}=19.2\text{kN/m}$，偏安全4%；

$\phi273\times6$，$M_0=107.9\text{kN}\cdot\text{m}$，$q_{max}=11.9\text{kN/m}$，偏安全13%。

六、钢管混凝土构件在复杂应力状态下的设计

从圆钢管混凝土构件开始，应用本章第二节已得到的钢材的本构关系和根据内时理论的混凝土本构关系，采用有限元法导得同时承受轴力、弯矩、扭矩和剪力的构件的相关关系，详细推导参见参考文献[1]和[2]。

（一）轴力、弯、扭、剪共同作用下的相关公式

轴力、弯、扭和剪力共同作用是最复杂的受力状态，是地震作用下高层建筑框架柱和一些桥梁支柱等的实际受力状态。根据统一理论的推断，这些荷载作用引起钢管混凝土构件的各种内力是相关的。用有限元法导得了这些内力的相关关系，得到了统一的设计公式。

（1）构件的强度承载力设计公式

1）当$N/A_{sc}<0.2\sqrt{1-(T/T_0)^2-(V/V_0)^2}f_{sc}$时

$$\left(\frac{N}{1.4N_0}+\frac{M}{M_0}\right)^{1.4}+\left(\frac{T}{T_0}\right)^2+\left(\frac{V}{V_0}\right)^2\leqslant 1 \tag{2-4-112}$$

2）当 $N/A_{sc}\geqslant 0.2\sqrt{1-(T/T_0)^2-(V/V_0)^2}\,f_{sc}$ 时

$$\left(\frac{N}{N_0}+\frac{M}{1.071M_0}\right)^{1.4}+\left(\frac{T}{T_0}\right)^2+\left(\frac{V}{V_0}\right)^2\leqslant 1 \tag{2-4-113}$$

3）当轴心力为拉力时

$$\left(\frac{N}{N_t}+\frac{M}{M_0}\right)^{1.4}+\left(\frac{T}{T_0}\right)^2+\left(\frac{V}{V_0}\right)^2\leqslant 1 \tag{2-4-114}$$

（2）构件的稳定承载力设计公式

1）当 $N/A_{sc}<0.2\sqrt{1-(T/T_0)^2-(V/V_0)^2}\,\varphi f_{sc}$ 时

$$\left(\frac{N}{1.4\varphi N_0}+\frac{\beta_m M}{(1-0.4N/N_E)M_0}\right)^{1.4}+\left(\frac{T}{T_0}\right)^2+\left(\frac{V}{V_0}\right)^2\leqslant 1 \tag{2-4-115}$$

2）当 $N/A_{sc}\geqslant 0.2\sqrt{1-(T/T_0)^2-(V/V_0)^2}\,\varphi f_{sc}$ 时

$$\left(\frac{N}{\varphi N_0}+\frac{\beta_m M}{1.071(1-0.4N/N_E)M_0}\right)^{1.4}+\left(\frac{T}{T_0}\right)^2+\left(\frac{V}{V_0}\right)^2\leqslant 1 \tag{2-4-116}$$

式中 N、M、T、V——荷载引起的构件中的轴向力、弯矩、扭矩和剪力；

N_0（N_t）、M_0、T_0、V_0——构件内力设计值；

$1-0.4N/N_E$——考虑构件挠度对弯矩的附加影响；

β_m——弯矩沿构件长度变化时的等效弯矩系数，按《钢结构设计规范》的规定取值；

N_E——欧拉临界力。

$$N_E=\pi^2E_{scm}A_{sc}/\lambda^2 \tag{2-4-117}$$

式中 E_{scm}——钢管混凝土构件的弹性抗弯模量；

λ——钢管混凝土构件的长细比。

构件内力设计值分别按前述各式：

$$N_0=A_{sc}f_{sc} \tag{2-4-62}$$

$$N_t=A_sf^t_{sc}=A_sk_tf \tag{2-4-94}$$

$$M_0=\gamma_mW_{sc}f_{sc} \tag{2-4-108}$$

$$T_0=\gamma_TW^T_{sc}f^v_{sc} \tag{2-4-102}$$

$$V_0=\gamma_vA_{sc}f^v_{sc} \tag{2-4-105}$$

式中各参数见前述，不再重复。

式（2-4-112）~式(2-4-116）是一个四维空间曲面。当公式左侧的计算结果等于1时，表示构件在四种内力的共同作用下，达到极限状态；小于1时，位于曲面内侧，构件处于安全状态；大于1时，位于曲面外侧，构件超出极限状态而破坏。

（二）轴力、弯、剪共同作用下的相关公式

工程中较常遇到的情况是轴力、弯、剪共同作用，即 $T=0$，相关公式变成下列各式。

（1）构件的强度承载力设计公式

1）当 $N/A_{sc}<0.2\sqrt{1-(V/V_0)^2}\,f_{sc}$ 时

$$\left(\frac{N}{1.4N_0}+\frac{M}{M_0}\right)^{1.4}+\left(\frac{V}{V_0}\right)^2\leqslant 1 \tag{2-4-118}$$

2）当 $N/A_{sc}\geqslant 0.2\sqrt{1-(V/V_0)^2}f_{sc}$ 时

$$\left(\frac{N}{N_0}+\frac{M}{1.071M_0}\right)^{1.4}+\left(\frac{V}{V_0}\right)^2\leqslant 1 \tag{2-4-119}$$

3）当轴心力为拉力时

$$\left(\frac{N}{N_t}+\frac{M}{M_0}\right)^{1.4}+\left(\frac{V}{V_0}\right)^2\leqslant 1 \tag{2-4-120}$$

（2）构件的稳定承载力设计公式

1）当 $N/A_{sc}<0.2\sqrt{1-(V/V_0)^2}\varphi f_{sc}$ 时

$$\left(\frac{N}{1.4\varphi N_0}+\frac{\beta_m M}{(1-0.4N/N_E)M_0}\right)^{1.4}+\left(\frac{V}{V_0}\right)^2\leqslant 1 \tag{2-4-121}$$

2）当 $N/A_{sc}\geqslant 0.2\sqrt{1-(V/V_0)^2}\varphi f_{sc}$ 时

$$\left(\frac{N}{\varphi N_0}+\frac{\beta_m M}{1.071(1-0.4N/N_E)M_0}\right)^{1.4}+\left(\frac{V}{V_0}\right)^2\leqslant 1 \tag{2-4-122}$$

图2-4-13所示为一具体构件的强度极限相关曲面，图2-4-14则为稳定极限的相关曲面。随着构件长细比的增大，构件的稳定极限承载力曲面逐渐内缩，即稳定极限承载力逐渐在减小。

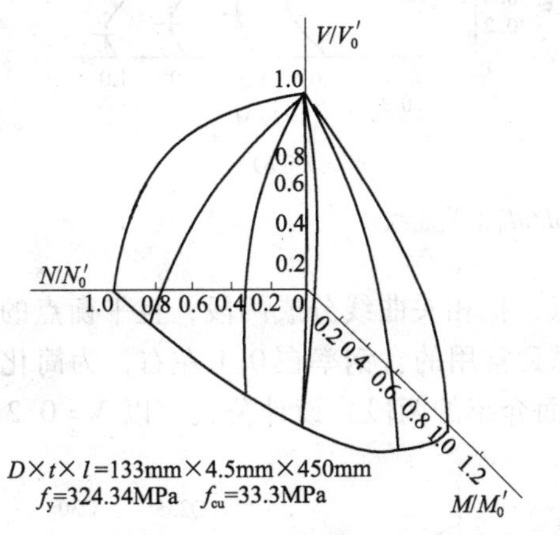

图2-4-13　强度极限相关曲面

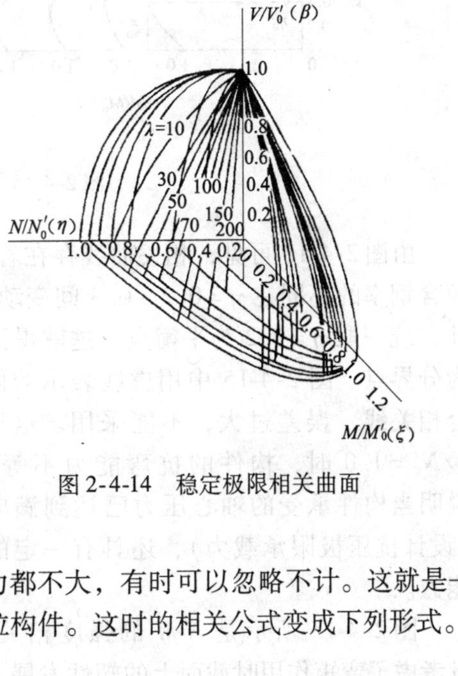

图2-4-14　稳定极限相关曲面

（三）轴向力和弯矩共同作用下的相关公式

在高层和超高层结构中，框架柱所承受的剪力都不大，有时可以忽略不计。这就是一般的压弯和拉弯构件，也称为偏心受压和偏心受拉构件。这时的相关公式变成下列形式。

（1）构件的强度承载力设计公式

1）当 $N/A_{sc}<0.2f_{sc}$ 时

$$\frac{N}{1.4N_0}+\frac{M}{M_0}\leqslant 1 \tag{2-4-123}$$

2）当 $N/A_{sc}\geqslant 0.2f_{sc}$ 时

$$\frac{N}{N_0}+\frac{M}{1.071M_0}\leqslant 1 \tag{2-4-124}$$

3）当轴向力为拉力时

$$\frac{N}{N_t}+\frac{M}{M_0}\leqslant 1 \tag{2-4-125}$$

（2）构件的稳定承载力设计公式

1）当 $N/A_{sc}<0.2\varphi f_{sc}$ 时

$$\frac{N}{1.4\varphi N_0}+\frac{\beta_m M}{(1-0.4N/N_E)M_0}\leqslant 1 \tag{2-4-126}$$

2）当 $N/A_{sc}\geqslant 0.2\varphi f_{sc}$ 时

$$\frac{N}{\varphi N_0}+\frac{\beta_m M}{1.071(1-0.4N/N_E)M_0}\leqslant 1 \tag{2-4-127}$$

图2-4-15所示为Q235、C30和Q345、C40的轴心压力 $\eta=N/N_0'$ 与弯矩 $\xi=M/M_0'$ 的相关曲线。这里 $N_0'=A_{sc}f_{sc}^y$ 是轴心受压构件强度承载力标准值，$M_0'=\gamma_m W_{sc}f_{sc}^y$ 是构件的抗弯强度承载力标准值。

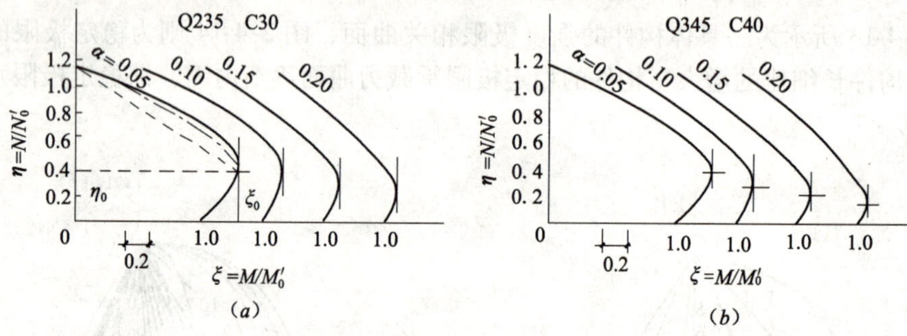

图2-4-15　N/N_0'-M/M_0' 相关曲线

由图2-4-15可见，相关曲线存在着平衡点，把相关曲线分成两段，且平衡点的位置随含钢率的不同在 $\eta=0.2\sim0.4$ 间变动。考虑到常用的含钢率在0.1左右，为简化计算计，统一取 $\eta=0.2$ 为平衡点，这就得到了上面介绍的两段式设计公式，以 $N=0.2A_{sc}f_{sc}$ 为分界点。图2-4-15中用虚线表示的两段拟合相关线，误差过大，不能采用。这里，当 $N/N_0'=1.0$ 时，构件的抗弯能力不等于零，说明当构件承受的轴心压力已达到满应力时（设计抗压极限承载力），还具有一定的抗弯能力。

图2-4-15所示是 N-M 的强度相关曲线，且考虑了弯矩作用时截面上的塑性发展。图2-4-16所示为不同长细比 λ 时，N/N_0'-M/M_0' 的相关曲线。从图中可知，随着长细比 λ 的增大，抗压承载力下降；随着弯矩和偏心力的增大，

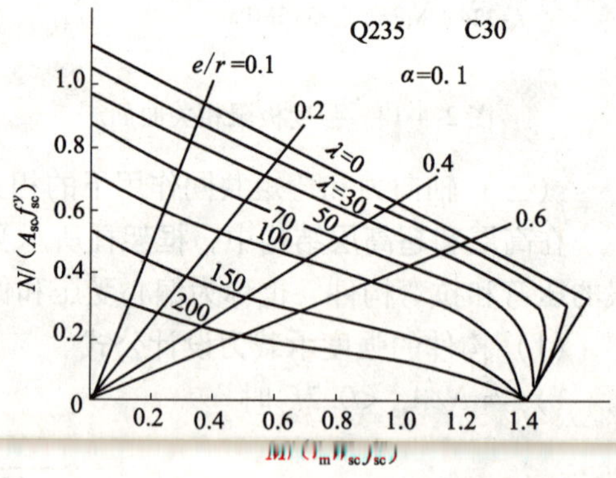

图2-4-16　不同 λ 时的 N/N_0'-M/M_0' 相关曲线

抗压承载力减小。$N=0$ 时的相关曲线即强度相关曲线。

本节上述介绍的公式与轴心受压、轴心受拉、受弯以及偏压和偏拉等公式都互相衔接，如图 2-4-17 所示。

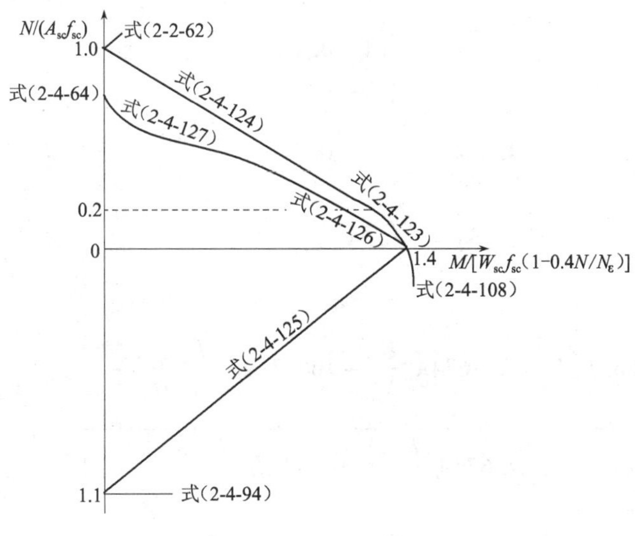

图 2-4-17　计算公式的衔接

（四）格构式压弯构件的相关计算公式

以上是单（圆）管钢管混凝土构件在复杂应力状态下的设计方法。公式（2-4-112）~公式(2-4-127）可用于实心和空心钢管混凝土构件的设计，也可用于对一个主轴受弯的正方形构件的设计。

由于是单管构件，在弯矩作用下允许截面发展塑性，因而 $M_0=\gamma_m W_{sc} f_{sc}$。

对于格构式构件，在偏心压力作用下是不允许发展塑性变形的，其极限状态承载力应以最大受压边缘纤维屈服为标准，由此导出在弯矩作用平面内验算整体稳定承载力的相关公式如下。

$$\left(\frac{N}{\varphi A_{sc} f_{sc}}+\frac{\beta_m M}{1-\varphi N/N_E W_{sc} f_{sc}}\right)^{1.4}+\left(\frac{V}{V_0}\right)^2\leqslant 1 \tag{2-4-128}$$

式中　φ——按换算长细比查得的验算平面内的轴心受压构件稳定系数；

A_{sc} 和 W_{sc}——格构式截面的总面积和总截面模量。

当 $V=0$ 时

$$\frac{N}{\varphi A_{sc} f_{sc}}+\frac{\beta_m M}{1-\varphi N/N_E W_{sc} f_{sc}}\leqslant 1 \tag{2-4-129}$$

（五）压弯构件的整体稳定系数 φ_p

以上对压弯构件整体稳定承载力的计算采用了相关公式。相关公式只能是对已知的 N 和 M 进行验算，无法在已知某一具体构件偏心距的情况下，确定出其能够承受多大偏心压力。

用单项式计算偏压构件的稳定承载力时，可按下式确定偏心压力 N 的大小。

$$N=\varphi_p A_{sc} f_{sc} \tag{2-4-130}$$

相关公式和单项式可以相互转化，由相关公式可以导得偏心受压稳定系数。

（1）当 $N/A_{sc}<0.2\varphi f_{sc}$ 时

由式（2-4-126）

$$\frac{N}{1.4\varphi N_0}+\frac{\beta_m M}{(1-0.4N/N_E)M_0}\leqslant 1$$

可得 N 的二次函数：

$$N^2-\left(1.4286\varphi f_{sc}^y A_{sc}+24.674A_{sc}\frac{E_{sc}}{\lambda_{sc}^2}+100.71\varphi\beta_m\frac{E_{sc}}{\lambda_{sc}^2}\frac{e}{r_0}\right)N+35.2486\frac{\varphi A_{sc}^2 f_{sc}^y E_{sc}}{\lambda_{sc}^2}=0$$

这里，已代入 $W_{sc}=\frac{r_0}{4}A_{sc}$，$N_E=\frac{\pi^2 E_{sc}}{\lambda_{sc}^2}A_{sc}$，

由上式解得临界力，

$$N=\frac{1}{2}\left[\left(1.4286\varphi f_{sc}^y A_{sc}+24.674A_{sc}\frac{E_{sc}}{\lambda_{sc}^2}+100.71\varphi\beta_m\frac{E_{sc}}{\lambda_{sc}^2}\frac{e}{r_0}\right)-\sqrt{\left(1.4286\varphi f_{sc}^y A_{sc}+24.674A_{sc}\frac{E_{sc}}{\lambda_{sc}^2}+100.71\varphi\beta_m\frac{E_{sc}}{\lambda_{sc}^2}\frac{e}{r_0}\right)^2-141\frac{\varphi A_{sc}^2 f_{sc}^y E_{sc}}{\lambda_{sc}^2}}\right]$$

$$\varphi_p=\frac{N}{A_{sc}f_{sc}^y}$$

$$\because\quad E_{sc}=f_{sc}^p/\varepsilon_{sc}^p=\left(\frac{0.192f_y}{235}+0.488\right)f_{sc}^y\bigg/\left(\frac{0.67f_y}{E_s}\right)=\left(12.19\times10^{-4}+\frac{0.7284}{f_y}\right)f_{sc}^y E_s$$

$=(251.1+150\times10^3/f_y)f_{sc}^y$，代入上式，设

$$x=1.4286+\frac{6195.64}{\lambda_{sc}^2\varphi}+\frac{3701.1\times10^3}{\lambda_{sc}^2\varphi f_y}+\frac{25288.3\beta_m}{\lambda_{sc}^2}\frac{e}{r_0}+\frac{15106.5\times10^3\beta_m}{\lambda_{sc}^2 f_y}\frac{e}{r_0}$$

得

$$\varphi_p=\frac{\varphi}{2}\left[x-\sqrt{x^2-\frac{141}{\lambda_{sc}^2\varphi}\left(251.1+\frac{150\times10^3}{f_y}\right)}\right]\tag{2-4-131}$$

已知构件的长细比 λ_{sc}、钢材屈服强度 f_y 及偏心率 e/r_0，即可求得偏心受压构件的整体稳定系数 φ_p。

（2）当 $N/A_{sc}\geqslant0.2\varphi f_{sc}$ 时

由式（2-4-127），按同样步骤可导得 φ_p，

$$\varphi_p=\frac{\varphi}{2}\left[y-\sqrt{y^2-\frac{98.696}{\lambda_{sc}^2\varphi}\left(251.1+\frac{150\times10^3}{f_y}\right)}\right]\tag{2-4-132}$$

其中，$y=1+\frac{6195.64}{\lambda_{sc}^2\varphi}+\frac{3701.1\times10^3}{\lambda_{sc}^2\varphi f_y}+\frac{16371\beta_m}{\lambda_{sc}^2}\frac{e}{r_0}+\frac{9779.61\times10^3\beta_m}{\lambda_{sc}^2 f_y}\frac{e}{r_0}$

（六）计算实例

【例 2-4-9】有一圆形压弯构件，采用 $\phi529\times7$ 钢管，Q235 钢材，C30 混凝土，两端偏心距皆为 317.1mm，计算长度 $l=11.5$m，已知计算压力 $N=1350$kN。试验算整体稳定。

【解】

钢管 $\phi529\times7$：　$A_{sc}=2197.9\text{cm}^2, W_{sc}=14533.3\text{cm}^3, \alpha=0.055$，

$$\lambda_{sc}=4l/D=4\times1150/52.9=87\text{，查得 }\varphi=0.737\text{，}$$
$$f_{sc}=31.15\text{MPa},E_{sc}=340325\text{MPa}$$

此处，未采用抗弯弹性模量，对稳定计算影响极小，且偏于安全。

$$N/A_{sc}=\frac{1350\times10^3}{219790}=6.14\text{MPa}>0.2\varphi f_{sc}=4.59\text{MPa}$$
$$\xi=\alpha f_y/f_{ck}=0.055\times235/20.1=0.65<0.85;\gamma_m=1.2$$

按式（2-4-127）

$$\frac{N}{\varphi A_{sc}}+\frac{\beta_m M}{1.071\times1.2W_{sc}(1-0.4N/N_E)}\leqslant f_{sc}$$

这里，$\beta_m=1,N_E=\frac{\pi^2E_{sc}A_{sc}}{\lambda_{sc}^2}=\frac{\pi^2\times340325\times219790}{87^2}=97535.6\text{kN}$ 代入上式，

$$\frac{1350\times10^3}{0.737\times219790}+\frac{1350\times10^3\times317.4}{1.071\times1.2\times14533.3\times10^3(1-0.4\times1350/97535.6)}$$
$$=8.33+22.82=31.15\text{MPa}=f_{sc}$$

故，满足要求。

【例 2-4-10】 如果材料、构件尺寸等均同**【例 2-4-9】**，当其轴心受压时，求构件的最大承载力。

【解】 轴心受压时，构件的最大承载力为：

$$N=\varphi A_{sc}f_{sc}=0.737\times219790\times31.15\times10^{-3}=5045.8\text{kN}$$ [1]

【例 2-4-11】 在**【例 2-4-3】**中的四肢柱，设偏心压力 $N=3500$kN，对 y 轴的偏心距 $e=400$mm，试验算整体稳定承载力。

【解】 由**【例 2-4-3】**知，对 y 轴的换算长细比 $\lambda_{0y}=54$，查得 $\varphi=0.932$，

$$f_{sc}=40.3\text{MPa},\alpha=0.098,$$
$$W_{sc}=I_{sc}/(750+10.95)=111977339\text{mm}^3$$
$$A_{sc}=4\times376.7=1506.8\text{cm}^2$$
$$\beta_m=1$$
$$E_{scm}=K_2E_{sc}=1.355\times47403=58812\text{MPa}$$
$$N_E=\pi^2E_{scm}A_{sc}/\lambda_{oy}^2$$
$$N_E=\pi^2\times58812\times150680\times10^{-3}/54^2=29994\text{kN}$$

代入式（2-4-129）

$$\frac{N}{\varphi A_{sc}f_{sc}}+\frac{\beta_m M}{(1-\varphi N/N_E)W_{sc}f_{sc}}$$
$$=\frac{3500\times10^3}{0.932\times150680\times40.3}+\frac{3500\times400\times10^3}{\left(1-0.932\times\frac{3500}{29994}\right)\times111977339\times40.3}$$
$$=0.62+0.35=0.97<1.0$$

[1] 在**【例 2-4-9】**中，偏心距 $e=317.4\text{mm}=1.2r_0$，属大偏心受压构件，从两题的计算结果可知，构件在大偏心时，承载力下降了 70%。

故，满足要求。[1]

【例 2-4-12】试求【例 2-4-9】中压弯构件的最大压力 N。

【解】

求构件能承受的最大偏心力，应先求出偏压稳定系数 φ_p。

因 $N/A_{sc}>0.2\varphi f_{sc}$，已知 $\beta_m=1, f_y=235\text{MPa}, \lambda_{sc}=87, \varphi_{sc}=0.737, e/r_0=317.4/264.5=1.2$

按式（2-4-132）求得，$\varphi_p=0.2101$

承载力 $N=\varphi_p A_{sc} f_{sc}=0.2101\times219790\times31.15\times10^{-3}=1438.4\text{kN}$

截面应力 $\sigma=N/A_{sc}\varphi_p=1438.4\times10^3/(219790\times0.2101)=31.15\text{MPa}$

结果和【例 2-4-9】相同。

第五节　钢管混凝土构件的节点设计

众所周知，在工程结构设计中，节点设计占很重要的位置。构件虽强，能够承受很大的内力，但如节点设计不正确，发生了节点先于构件的破坏，则整个结构也必然发生倒塌。因而设计准则是：强柱、弱梁、节点更强。

由于节点中的内力分布十分复杂，且内力分布直接和构造有关，因而必须注意使节点构造合理。节点设计时应遵循下列原则：

（1）必须满足强柱、弱梁、节点更强的设计原则，要求节点具有比柱子更大的刚度和更强的整体性。

（2）梁柱节点构造必须符合计算中采用的力学模型，刚接必须保证梁和柱轴线间的夹角基本不变，才能可靠地传递梁端的弯矩、轴力和剪力，而铰接只传递梁对支座的压力。

（3）梁和柱在节点处传力明确、简捷。

（4）节点构造简单，制作方便。

很多工程事故都是由于构造不当而造成节点破坏，并导致整个结构损坏，应引以为戒。

一、单钢管混凝土柱的节点

在工业与民用建筑中，尤其是多、高层建筑中，常采用单管钢管混凝土柱。单管钢管混凝土柱常用作框架柱，因而与梁的连接最常采用刚接，也有采用铰接的。除梁柱节点外，柱节点还有柱头、柱脚以及柱本身在长度方向的连接等，分别介绍如下。

（一）梁柱刚接节点

在高层建筑中，钢管混凝土柱与楼盖梁的刚接节点，常用的有加强环式、钢筋贯通式、锚定式、十字板式等。

1. 加强环式刚接节点

这是研究最成熟、应用也最多的一种刚接节点，又分外加强环和内加强环两种。内加

[1]【例 2-4-3】是轴心受压，承载力为 5149.4kN，当压力偏心距 $e=400\text{mm}=0.533b$ 时（b 是截面宽度的一半），承载力下降为 3500kN，下降了 32%。

强环只用于钢管直径不小于0.8m或方管边长不小于0.8m的管柱。钢管较小时，不但加工制作困难，且也不利于管内混凝土的浇灌。

钢管混凝土柱在梁的上下翼缘位置设上下加强环，与梁的翼缘用熔透焊缝连接后，传递梁端弯矩，同时在上下环间焊一竖板，与梁腹板相连，传递梁端剪力。图2-5-1是钢梁与管柱的刚接节点，其中，图（*a*）为外加强环，图（*b*）是内加强环。目前，我国在采用钢管混凝土框架柱的高层建筑中，为了降低工程造价，框架梁常采用钢筋混凝土梁，图2-5-2所示为钢筋混凝土梁与管柱的刚接连接。

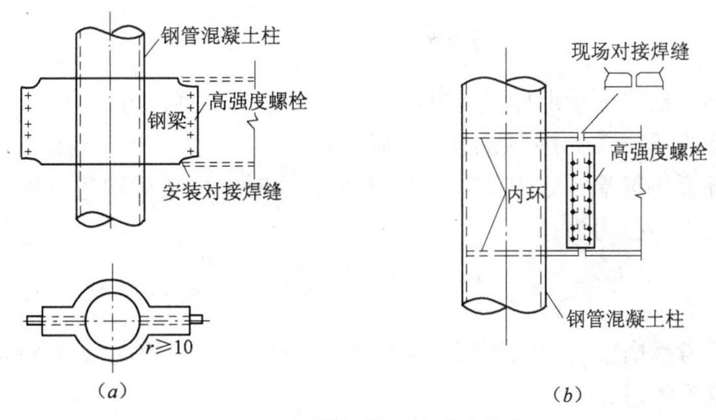

图2-5-1　钢梁与管柱的刚接节点

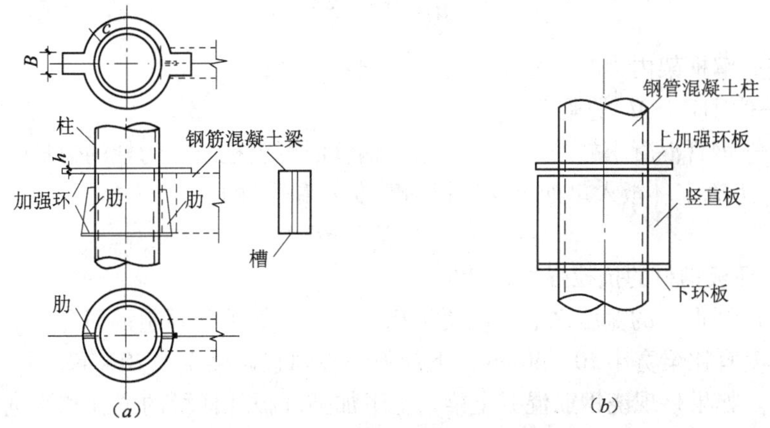

图2-5-2　钢筋混凝土梁与管柱的刚接节点

混凝土梁的连接，在预制梁端预留一槽口，可把梁插入焊在管柱上的肋和下加强环板组成的环托处，以传递梁端剪力，上下加强环和预制梁端的预埋件焊接，以传递梁端弯矩。图2-5-2（*b*）的节点可与现浇梁相连，梁内钢筋与上下环焊接，传递弯矩，梁内斜筋和竖直钢板焊接，以传递剪力。

加强环有4种形式，如图2-5-3所示。

形式Ⅰ是同心圆环板，内力分布较均匀，应力集中较小，是应用最普遍的一种，但加工较为困难，也费钢材。形式Ⅱ加工较方便，但应力集中较严重。形式Ⅲ是形式Ⅱ的改进型，对应力集中现象有所改善。形式Ⅳ是形式Ⅰ的改进型，大大改善了应力集中。

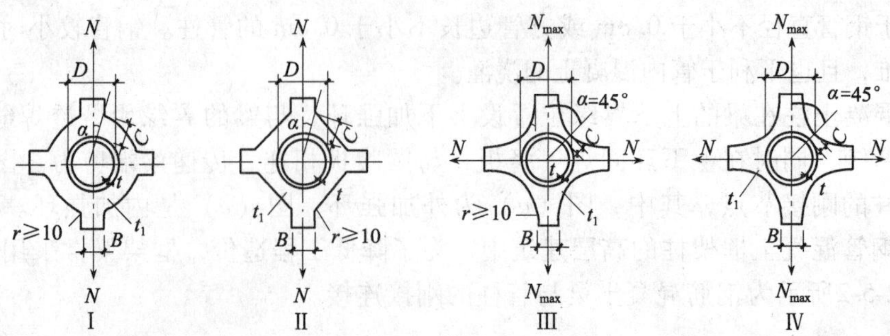

图 2-5-3　加强环板的形式

加强环板不一定像图示那样做成整块，这样做很费钢材，可以分成 2～3 块拼焊而成，但必须采用熔透焊缝拼接，达到焊缝与环板等强度。

上下加强环板将梁端弯矩 M 转化为水平力，同时，框架梁中还有轴向拉力 N_b，则加强环板承受的最大总拉力为：

$$N_t = \frac{M}{h} + \frac{N_b}{2} \tag{2-5-1}$$

式中　N_t——只考虑横梁对加强环板产生的拉力作用，如梁的内力对加强环板为压力时，则不考虑；

h——梁的截面高度。

$$M = M_z - \frac{1}{3}VD \tag{2-5-2}$$

式中　M_z——解框架内力时，柱轴线处的梁端弯矩值；

V——对应于 M_z 的梁端剪力；

D——钢管混凝土柱的直径，采用方钢管混凝土柱时，为柱的边长。

根据 N_t 力确定环板入口处的受拉板的宽度 B 和厚度 t_1：

$$t_1 \geqslant N_t/(Bf) \tag{2-5-3}$$

式中　f——环板钢材的抗拉强度设计值。

宽度 B 应根据梁的宽度来取，以便于相互连接。如果是预制钢筋混凝土梁，上加强环板外伸段宽度宜比梁宽小 20～40mm；下加强环板则宜比梁宽大 20～40mm，以便和梁的预埋钢板焊接。如果是现浇钢筋混凝土梁，上下加强环板外伸段的宽度和梁宽相同，其长度取决于与钢筋焊接的焊缝长度，以便和梁的钢筋焊接。这时，加强环板外伸段入口处的截面面积应和梁内钢筋等强度，即满足下式：

$$t_1 \geqslant \frac{A_s f_s}{Bf} \tag{2-5-4}$$

式中　A_s——受拉钢筋的截面总面积；

f_s——受拉钢筋的抗拉强度设计值。

如果是钢梁，加强环板的宽度和厚度皆应和钢梁相同。

加强环板外伸段和环板相接部位必须做成 $r \geqslant 10$mm 的圆弧过渡，以减小应力集中，如图 2-5-3 所示。

N_t 力作用于环板后，经由环形板传递。当单侧受力时（边柱），此拉力经加强环板传给管柱；双侧或双向受力（中柱）时，两侧或双向拉力在环板内平衡；如一侧力大于另一侧力时，其差值传给管柱。加强环与管柱的连接焊缝可采用单面坡口的熔透焊缝。加强环板受拉力时，管柱还有部分管壁参加受力，因此，加强环板的工作很复杂，既与所受的拉力有关，还和管柱的管壁有关。

对加强环板的宽度 C 按下列公式计算。

（1）Ⅰ、Ⅱ型加强环板

$$C \geqslant F_1(\alpha)\frac{N}{t_1 f_1} - F_2(\alpha) b_e \frac{tf}{t_1 f_1} \tag{2-5-5}$$

$$F_1(\alpha) = \frac{0.93}{\sqrt{2\sin^2\alpha + 1}} \tag{2-5-6}$$

$$F_2(\alpha) = \frac{1.74\sin\alpha}{\sqrt{2\sin^2\alpha + 1}} \tag{2-5-7}$$

$$b_e = \left(0.63 + 0.88\frac{B}{D}\right)\sqrt{Dt} + t_1 \tag{2-5-8}$$

式中　α——拉力 N_t 作用方向与计算截面的夹角；

b_e——管柱管壁参加加强环工作的有效宽度，如图 2-5-4 所示；

D、t——管柱的直径和厚度；

f_1、f——环板和钢管钢材的强度设计值。

（2）Ⅲ、Ⅳ型加强环板

$$C \geqslant (1.44 + \beta)\frac{0.392 N_{x,\max}}{t_1 f_1} - 0.864 b_e \frac{tf}{t_1 f_1} \tag{2-5-9}$$

$$\beta = \frac{N_y}{N_{x,\max}} \leqslant 1 \tag{2-5-10}$$

式中　β——加强环同时受垂直的双向拉力的比值，当加强环为单向受拉时，$\beta = 0$；

$N_{x,\max}$——x 方向由最不利效应组合产生的最大拉力；

N_y——y 方向与 $N_{x,\max}$ 同时作用的拉力。

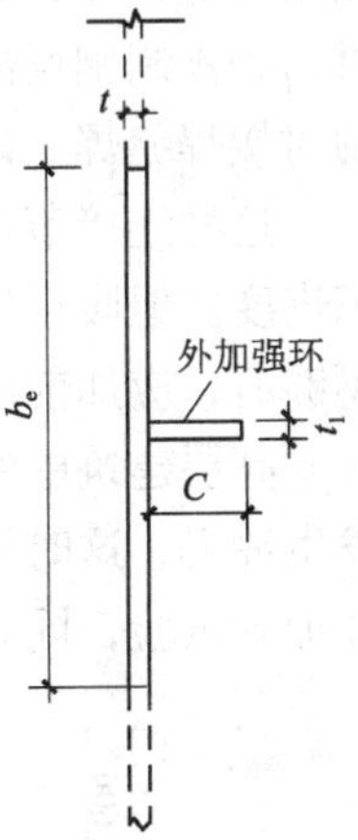

图 2-5-4　加强环的计算截面

加强环板控制截面的宽度 C 应符合下列构造要求：$0.1 \leqslant C/D \leqslant 0.35$，$C/t_1 \leqslant 10$。加强环板的宽度：$0.25 \leqslant B/D \leqslant 0.75$。

上下加强环板间的竖直钢板，是把梁端的剪力传给钢管之用。当系钢梁时，竖直钢板应占满上下翼缘板之间，如图 2-5-1 所示。当采用钢筋混凝土梁时，竖直钢板宜离开上加强环板一段距离，对现浇混凝土有利。竖直钢板的宽度视钢筋混凝土梁中抗剪钢筋搭接焊接的需要而定。

由竖直钢板经焊缝传给管壁的剪应力按下式计算（图 2-5-5）：

$$\tau = \frac{0.6 V_{\max}}{l_f t}\lg\frac{2r_c}{b_j} \leqslant f_v \tag{2-5-11}$$

$$b_j = t_1 + 1.5 h_f \tag{2-5-12}$$

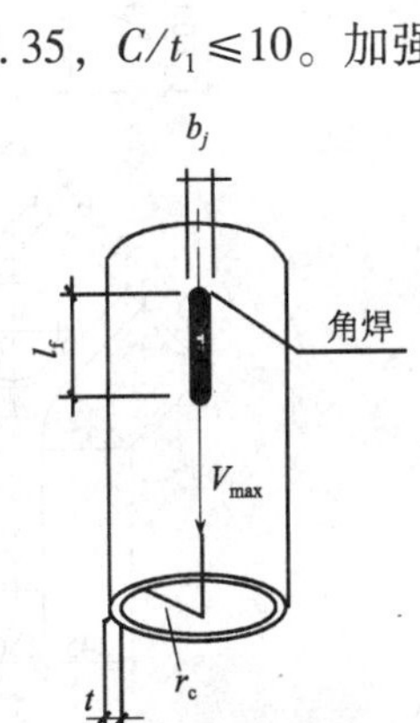

图 2-5-5　管壁剪力计算图

竖直钢板与管壁的角焊缝按下式验算强度：

$$\tau_{\mathrm{f}}=\frac{1.5V_{\max}}{1.4h_{\mathrm{f}}\sum l_{\mathrm{w}}}\leqslant f_{\mathrm{f}}^{\mathrm{w}} \tag{2-5-13}$$

式中　$V_{\max}$——梁端的最大剪力；

l_f——角焊缝长度；

t——管壁厚度；

r_{c}——钢管内半径；

t_1——竖直板厚度；

b_j——角焊缝包入的宽度；

f_{v}——管柱钢材的抗剪强度设计值；

$f_{\mathrm{f}}^{\mathrm{w}}$——角焊缝的抗剪强度设计值；

$\sum l_{\mathrm{w}}$——角焊缝计算总长度，每根焊缝的实际长度减去$2h_{\mathrm{f}}$；

h_{f}——角焊缝的焊脚尺寸。

图2-5-1是钢管混凝土柱和钢梁的刚接节点。加强环带一段钢梁，其腹板与管柱用双侧角焊缝相连，腹板悬伸端比翼缘板稍长，上有螺栓孔，预制钢梁的腹板也带孔。安装时，将预制钢梁的腹板靠上节点上伸出的腹板上，用高强度螺栓连接，再把上下翼缘板上的对接焊缝焊上即可。

这种连接节点由于梁的腹板采用了搭接连接，大大简化了现场的安装工作，加快了施工进度。但腹板搭接连接时，高强度螺栓为单剪传力，当剪力很大，螺栓单剪传力的强度不够时，应加前后两块盖板的对接方式，使螺栓双剪传力，如图2-5-1（*b*）所示。

高层建筑中的边柱和角柱，当和梁刚接连接而采用加强环时，加强环可能和围护结构发生冲突，这时可采用半环式，如图2-5-6所示。对半环式刚接节点进行了单调加载和循环加载试验，同时对整环式刚接节点做了对比试验，得到下列结论：

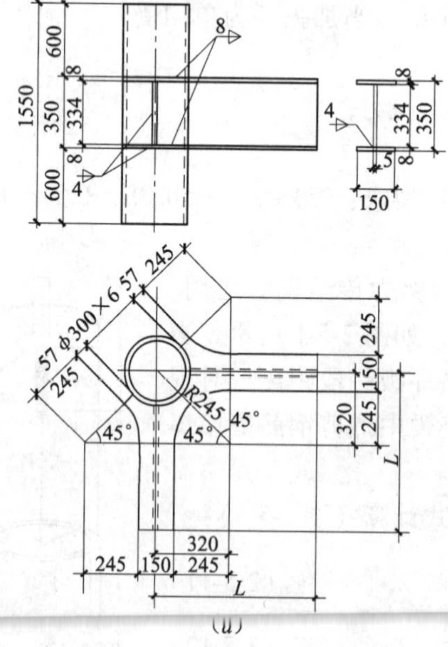

(*a*)

(*b*)

图2-5-6　半环式节点试验

（1）整环式节点无论是承载力还是刚度以及抗震性能都比半环式节点好，但半环式节点的刚度也很大，承载力虽稍低，但也完全满足要求。整环式节点的安全系数为1.77～1.93，半环式的为1.6～1.72。

（2）柱子的轴力大小对节点工作无影响。

（3）根据半环式节点的破坏情况，环板应超过180°，取约210°即可保证管壁不被拉坏。

（4）在梁的翼缘板进入环板处，以及环板受力最大处，应做成圆弧平滑过渡，不允许有任何刻痕和缺口。

当管柱的直径不小于0.8m时，边柱和角柱可采用内加强环，以避免影响围护结构。图2-5-7所示为内加强环的节点构造。这时，钢梁的翼缘板和腹板直接焊在管柱上，但内环必须和梁的翼缘板在同一平面内。图中（*b*）和（*c*）分别为外加强环板和内加强环板的计算截面，中和轴都贴近管壁。当加强环板受拉时，对计算截面将产生弯矩 M，在此弯矩作用下，外环的外缘受较大的拉力，而管壁环向受压，减小了这部分管柱的紧箍作用。采用内环时，内环的内缘受压，管壁环向受拉，增加了钢管的紧箍作用。因而从受力状态看，内环优于外环，而且又较省钢，缺点主要是对浇灌管内混凝土不利。因而，只在管径较大及外环对室内装修有妨碍时才采用。

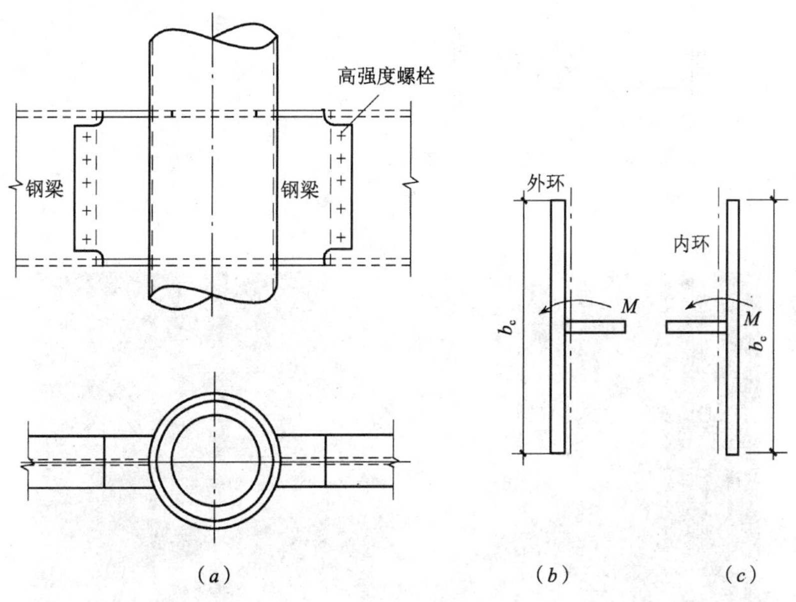

图2-5-7　内环式刚接节点

2. 钢筋贯通式刚接节点

框架梁采用现浇钢筋混凝土梁时，可采用把梁内的纵向钢筋贯通管柱的节点，如图2-5-8所示。这种节点要在管上开孔，现场穿过钢筋。管内有了上下两层 x 和 y 方向的双向钢筋后，对管内浇灌混凝土有很大影响，大大延缓了施工进度。但作为刚接节点，这种节点是十分可靠的。

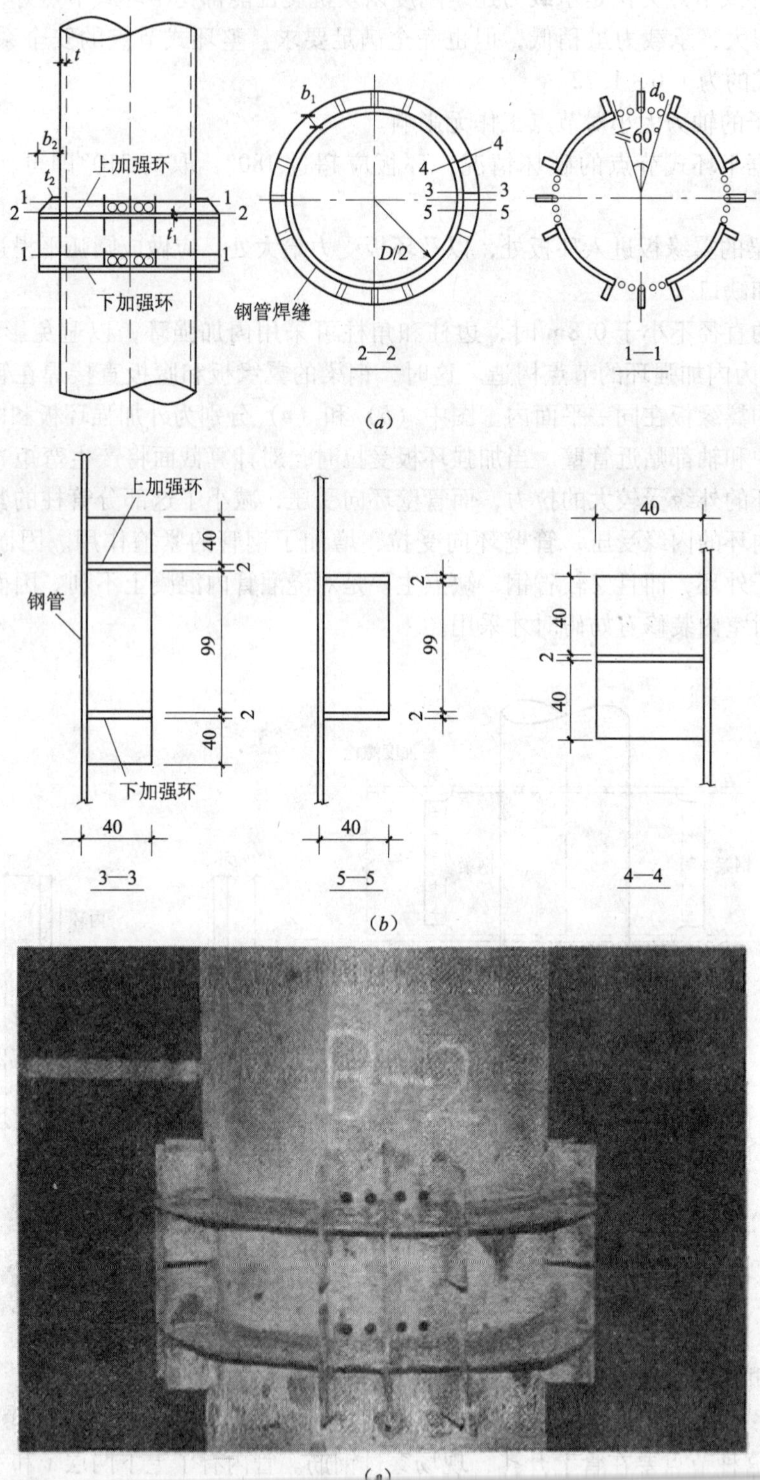

图 2-5-8　钢筋贯通式刚接节点

为了方便施工，在管柱上可开长孔，如图 2-5-9 所示。由于节点处的管柱开了孔，削弱了管柱，应在孔侧加设短加劲肋以补强。同时还应设置上下加强环，以保证节点的整体性，也可作为穿钢筋时搁置钢筋之用。图 2-5-9（*a*）所示为长孔在环板之上，而图 2-5-9（*b*）为长孔在二环板之间，前者有利于施工时搁置钢筋之用，后者则可减少加劲肋。试验证明，允许开长孔，且应开在加强环之上。这里的加强环并不受力。

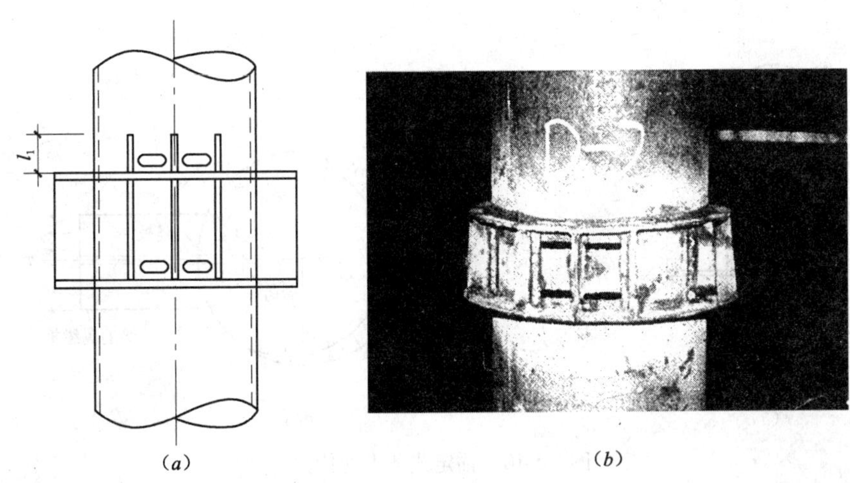

图 2-5-9　开长孔时的节点构造

在上加强环之上方开长孔后，应在孔的左中右侧三处加短加劲肋，以补强钢管的削弱。

根据试验结果分析，对钢筋贯通式刚接节点应满足下列构造要求：

（1）开孔要求

1）允许在梁轴方向对应圆心角 60°范围内开孔，最大不超出 60°范围，各孔直径之和不得超过管柱周长的 25%，允许开孔（圆孔），但节点范围宜加三道箍筋。

2）孔径取 1.2*d*，*d* 是钢筋直径；外侧可开 1.5*d* 的孔，必要时最大允许 2*d*；开长孔时，孔宽 1.2*d*；不得在现场用气割扩孔，避免刻槽产生严重的应力集中。

3）贯穿的钢筋中至中的间距不小于 3*d*。

（2）加强环

在开孔下方 1～2cm 处设外加强环，以弥补钢管因开孔造成的环向削弱，保证钢管截面不变形，对管中混凝土提供横向约束，保证节点刚度和节点更强。加强环的宽度 $b_1 \geqslant 0.15D$，D 为管柱直径，厚度 $t_1 \geqslant t/2$，t 是钢管厚度，同时要求 $b_1 t_1 \geqslant d_0 t$，d_0 是开孔直径。

（3）短加劲肋

在孔群两侧和中心，加强环上下各设短加劲肋，以弥补开孔对管柱截面的削弱，并传递柱子的部分内力。短肋高度应超出开孔上缘 2cm，肋宽 $b_2 = b_1$，肋厚 $t_2 \geqslant b_2/15$，同时应满足以下条件：$12t_2 b_2 \approx \sum d_0 t$，不满足时，可适当加大 t_2。

位于上下加强环间在梁轴线位置处的加劲肋，可与传递梁端剪力的竖向肋结合，不再另设加劲肋。

深圳市邮电枢纽工程中就采用了这种刚接节点，为了增加节点的刚度，还在上下加强环之间加了三道箍筋。试验证明，这种节点的刚度很大，十分安全可靠（参阅参考文献[18]第229~243页）。

3. 锚定式刚接节点

钢管混凝土柱和钢梁连接时，可在正对钢梁的上下翼缘位置，在管柱内焊一个T形锚板，埋于管内的混凝土中，以承受梁翼缘传递来的拉力，如图2-5-10所示，这种节点称为锚定式节点。

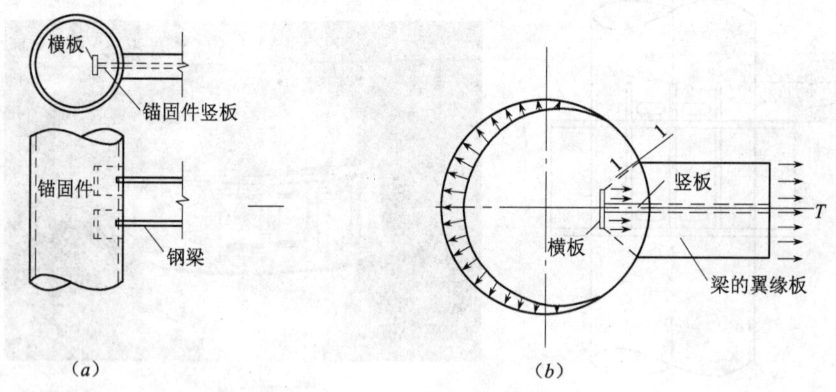

图2-5-10　锚定式节点的传力

T形锚固件由竖板和横板组成，它和梁的翼缘板垂直。梁翼缘的拉力经焊缝传给钢管，又经管内同一位置的坡口熔透焊缝传给锚固件的竖板，再经坡口熔透焊缝传给锚固件的横板，横板又挤压混凝土，此压力通过混凝土自内向梁的翼缘方向向外作用于部分钢管壁上，由于这部分钢管受力向着梁的方向变形，使锚固件后方的钢管又受到内部混凝土的压力，如图2-5-11（*b*）所示。

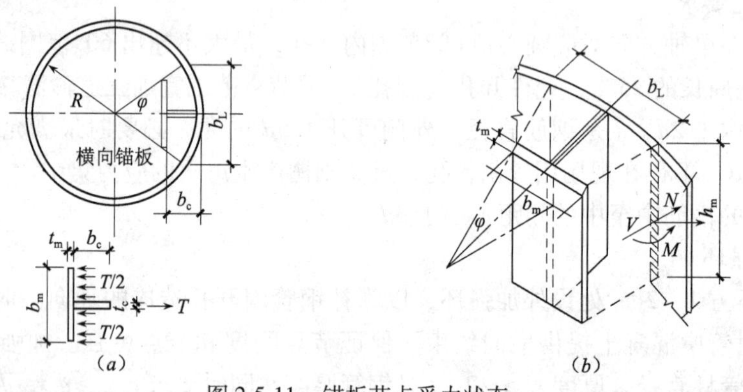

图2-5-11　锚板节点受力状态

传力过程如下：

钢管壁截面I-I（图2-5-11*b*中的阴影线截面）受横板经混凝土传来的力，工作分三个阶段。

第一阶段：钢管截面I-I在纵向受压、环向受拉和截面受剪的共同作用下达屈服强度。

第二阶段：钢管截面I-I屈服后，随着梁翼缘拉力的增大，横板前的混凝土发生冲切破坏，冲切破坏面如图2-5-11所示，破坏面是由锚固件的横板端到梁翼缘端部的连线。

第三阶段：钢管壁的截面 I-I 在纵向压力、环向拉力和横向剪切的共同作用下达极限状态。

I-I 截面的承载力决定于第三阶段。

图 2-5-11 中，b_L 是梁的翼缘宽度，h_m 是锚固件竖板的高度。

做了 11 个锚固件的拔出试验，证明导得的承载力计算公式是正确的。屈服荷载的试验值与计算值之比为 0.97～1.07，极限荷载的试验值与计算值之比为 0.97～1.16。计算公式和试验结果可参见参考文献[18]第 202～225 页。

图 2-5-12 所示为拔出试验的破坏情况，图中（*b*）是试验后剥去钢板，可明显地看到内部混凝土沿锥体破坏的情况。

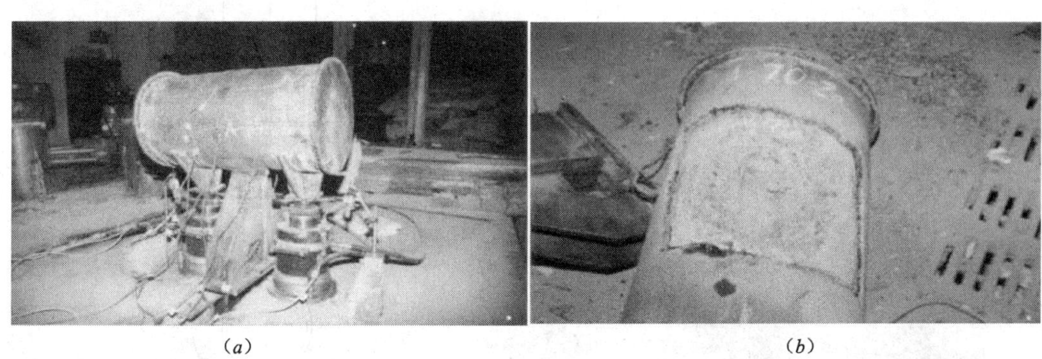

（*a*）　　（*b*）

图 2-5-12　锚固件试验破坏情况

锚定式节点的刚度比加强环式的小，但也能满足刚接节点要求。它比加强环节点省钢材，但在管内焊接不方便，只能用于管径较大而拉力又较小的情况。

4. 十字板式刚接节点

图 2-5-13 所示为十字板式刚接节点。这种节点的刚度大，但较费钢材，且对浇灌管内混凝土也起着阻碍作用。

图 2-5-14 所示为几种刚接节点的弯矩-转角关系曲线，表示各种节点的抗弯刚度。以内加强环节点的刚度最大，十字板节点和内加强环节点接近，T 形锚板的刚度较小，T 形锚板再加外加强环后，刚度有增加。

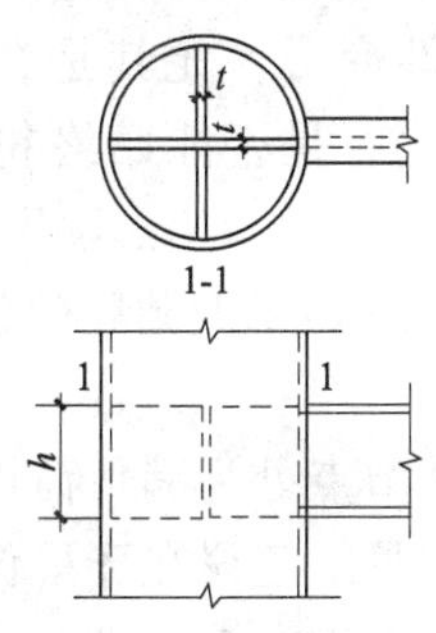

图 2-5-13　十字板式刚接节点

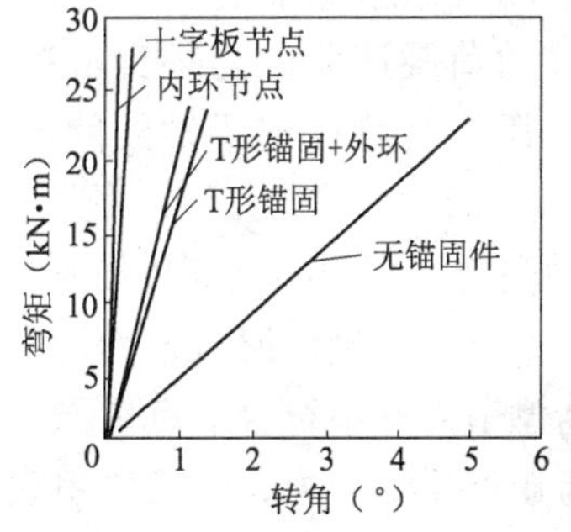

图 2-5-14　不同节点的弯矩-转角关系

5. 新的节点形式

近年来，工程中不断出现一些新的单管钢管混凝土框架柱的梁柱刚接节点形式。图2-5-15所示为钢管混凝土柱和型钢混凝土梁的刚接节点，也是采用上下加强环的形式。

这是天津建工集团首次采用的。主梁为焊接小工字钢，加上钢筋和箍筋等，浇灌混凝土组成型钢混凝土梁。施工时，工字钢的腹板用板相连，然后焊上下翼缘的对接焊缝，构造如图 2-5-1（a）所示。

从图 2-5-15 中可以看到，工字钢梁的下翼缘已包上混凝土，这是为了在浇灌主次梁和密肋楼板时，便于设置特制的模壳。

为了方便节点部分混凝土的浇灌，在上加强环上开几个圆孔，如图 2-5-16 所示。

图 2-5-15　梁柱刚接节点

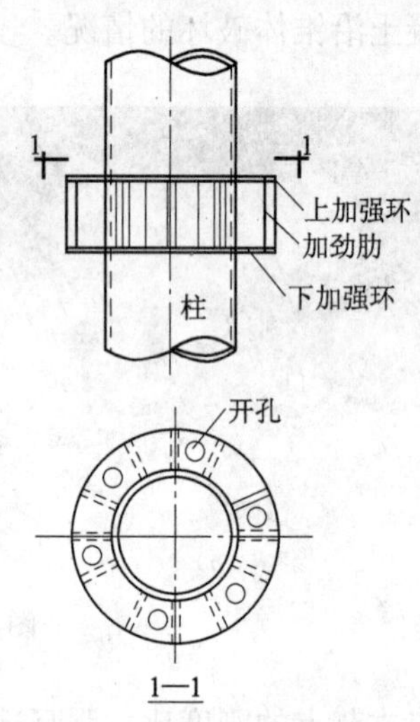

图 2-5-16　上环板开孔

此外，华南理工大学设计院提出了一种新节点形式。用一个钢筋混凝土圆环沿管柱节点部位现浇包住钢管混凝土柱，框架梁内的钢筋伸入环梁中锚固，梁端弯矩依靠钢筋混凝土环梁箍住管柱传给柱，同时在梁高中部和靠近下部处的管柱上各焊一圈螺纹钢筋以传递梁端的剪力[19]。

这种节点因无任何连接件，因而节省钢材，已在广州几个高层建筑中采用并进行过一些试验和分析。作者认为还存在下列问题：

（1）梁端弯矩依靠前后（或左右）钢筋混凝土环梁对管柱的压力传递，只做了弹性分析和静力荷载试验。当环梁混凝土挤压管柱而发展塑性变形，尤其是在地震作用的反复力作用下，管柱与梁轴线间的夹角将会产生多大变化？是否能始终符合刚接的假定？

（2）梁端剪力靠两圈钢筋传给管柱，也做了静力推出试验，但未做循环荷载试验，在地震作用下，是否能确保混凝土不发生局部挤压破坏？

这一新型节点并不符合节点更强的设计原则。如果管柱在节点处为满负荷设计，则增加了梁端弯矩产生的剪力，将发生超载现象。为了设计安全起见，建议在环梁偏下部位置加设一圈加强环和一些小肋板，作为抗剪的二道防线，加强环宽度有 5cm 即可。同时，整个节点应视作半刚性连接。

(二) 梁柱铰接节点

钢管混凝土柱和梁组成的排架中，梁柱连接为铰接节点。这时，管柱是连续的，梁从柱侧面铰接支承于柱的牛腿上。铰接节点只把梁端的剪力传给柱，故只需要在管柱上设计一个能承受和传递梁端支反力的牛腿即可。

这类连接节点有两种，一种是梁为铰接简支梁，另一种是梁为铰接连续梁。

1. 简支梁的梁柱铰接节点

最简单的铰接节点是在管柱上设一牛腿，如图 2-5-17 所示，因牛腿位于梁的下部，暴露在室内，称明牛腿（图 2-5-17a 和 b）。

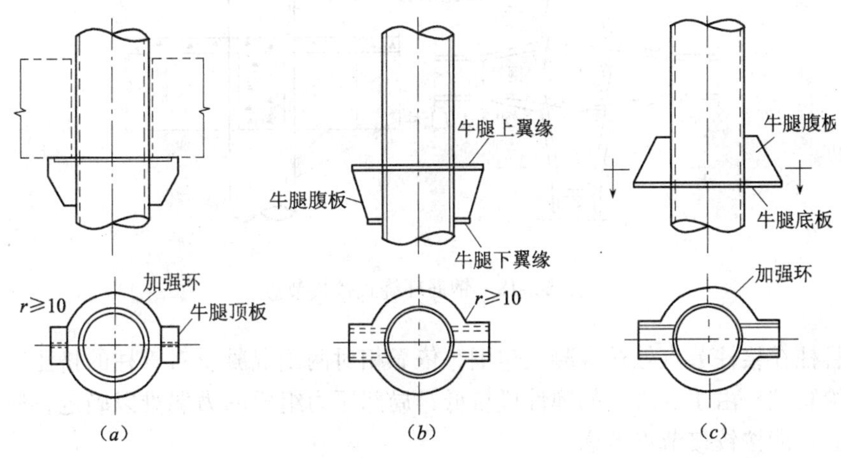

图 2-5-17 牛腿铰接节点

梁端支反力不大时，牛腿用一块顶板和一块腹板组成 T 形。顶板用坡口熔透焊缝与管壁焊接，视梁端支反力大小而定。牛腿按悬臂梁设计，牛腿的强度计算、顶板和腹板宽厚比的要求以及焊缝强度的计算均同钢结构。当梁端支反力较大时，可用两块腹板组成 Π 形牛腿，甚至可组成带下翼缘板的 I 或 Ⅱ 形截面，如图 2-5-17（b）所示。这种铰接节点不论是钢梁还是混凝土梁都可采用。

牛腿的顶板应和加强环结合起来，加强环起着保证管柱圆形不变、增大节点刚度及把同一楼层的几个牛腿连成整体的重要作用。当牛腿承受的梁端支反力较大且偏心也较大时，牛腿下翼缘也应设加强环，如左右梁的牛腿不等高，可采用半环式下加强环，加强环和牛腿顶板和下翼缘板连接处应设 r 不小于 10mm 的圆弧过渡。

设加强环后，没有必要再把牛腿腹板穿过管柱。把牛腿的腹板穿过管柱而不设加强环是不合适的。

图 2-5-17（c）是把牛腿的腹板放在翼缘板上，形成“⫫”形。预制钢筋混凝土梁正好安放在二腹板之间。如只采用一块腹板，组成“⊥”形，则需要把预制梁端留有槽口，插入牛腿腹板而简支于牛腿的翼缘板上。这种节点是反向牛腿，室内看不到牛腿，有利于室内空间的利用和装修，称为暗牛腿。

2. 连续梁的梁柱铰接节点

图 2-5-18 所示为现浇钢筋混凝土梁与钢管混凝土柱的一种铰接方式。把左右梁上部的受拉主筋环绕管柱连续通过，这时钢筋混凝土梁为连续梁，只有梁对管柱的支座反力通过

牛腿传给管柱。这种节点用于梁宽与管柱直径相近的情况，但应注意梁内钢筋转折处应加设箍筋，以承受弯折筋的横向分力。当楼板混凝土浇筑后，自然形成整体。

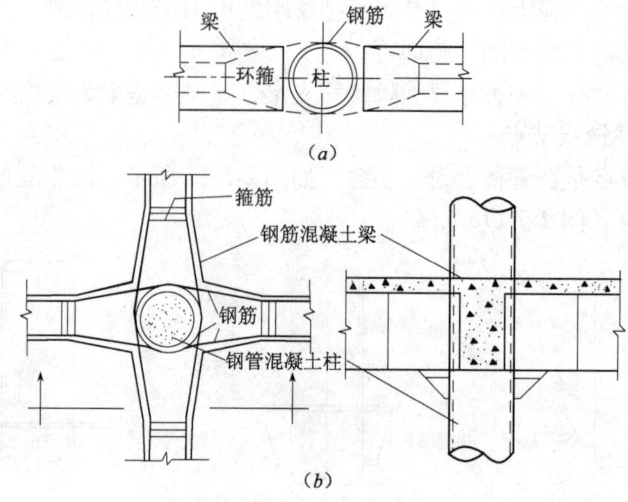

图 2-5-18　钢筋环绕式铰接节点

由于管柱在梁柱节点处被混凝土包围，依靠相对两侧混凝土对管柱的挤压，也能传递一些弯矩给管柱。由于混凝土的弹性模量低，局部压力组成的力偶难以确定，属于半刚性节点，因此只能按铰接节点考虑。

图 2-5-19 是广州某工程中采用的钢筋混凝土双梁和钢管混凝土柱的节点。双梁紧靠管柱，与管柱接触处在管柱上设钢牛腿（为避免牛腿占室内空间，也可把牛腿设在梁腹内），梁柱间四角空隙处也灌满了混凝土。

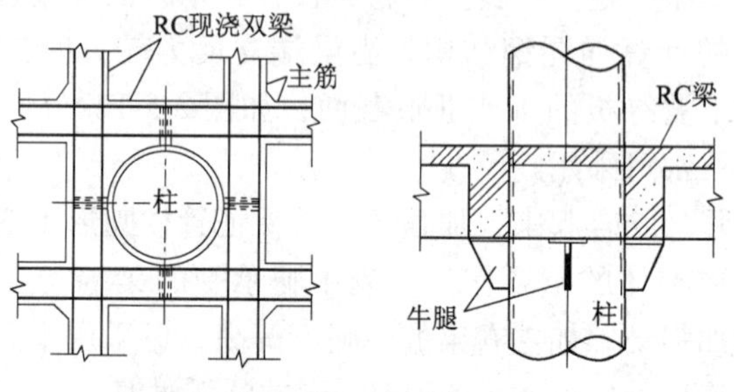

图 2-5-19　双梁节点

这样的节点，因梁中受力筋是连续的，且只搁置在牛腿上，牛腿也只能把梁的支座压力传给管柱，不能传递弯矩。工程中又在 45°角方向增加了四个小牛腿，这些牛腿也只能传递支反力，而且 8 个牛腿易产生受力不均，反而使传力不明确，如图 2-5-20 所示。

由于梁柱之间灌满了混凝土，管柱在节点处完全被混凝土包裹，犹如管柱插入混凝土基础中，当双梁在管柱节点处产生弯矩时，管柱前后的上部和下部分别产生局部反向压力，形成力偶，如图 2-5-21 所示。这种受力状况在管柱插入基础段确实存在，但在双梁的梁柱节点中不可能存在。因双梁的钢筋是直通的，梁内弯矩将由钢筋直接传递，不可能由弹性模量低很多的混凝土承压来传递。因此，对这种双梁管柱节点只能认为属于铰接。

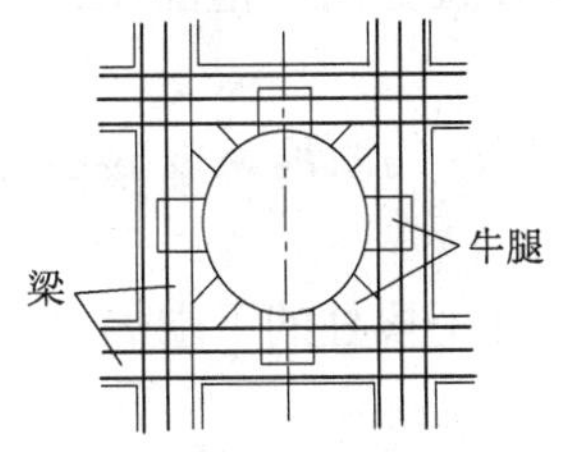

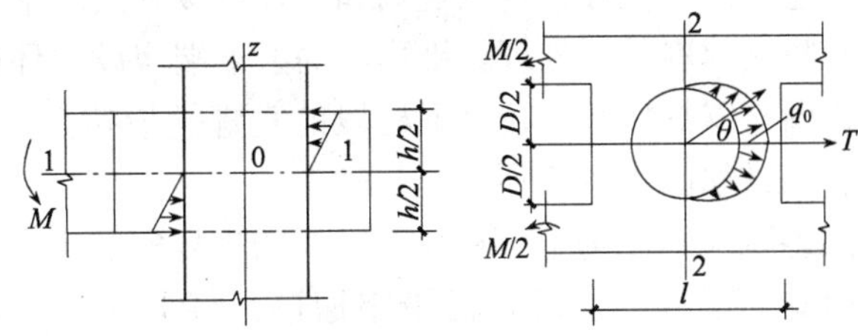

图 2-5-20　8 个牛腿节点　　　图 2-5-21　管柱承受局部压力组成的力偶作用

不过，如果在双梁上下钢筋位置的管柱上设整体的上下加强环（图 2-5-22 中的托板），并把连续梁中的受力主筋与托板焊接，则双梁中的弯矩差值能够传给管柱，这时，加强环板组成的牛腿将受到扭矩作用，计算十分复杂，受力也不够明确。

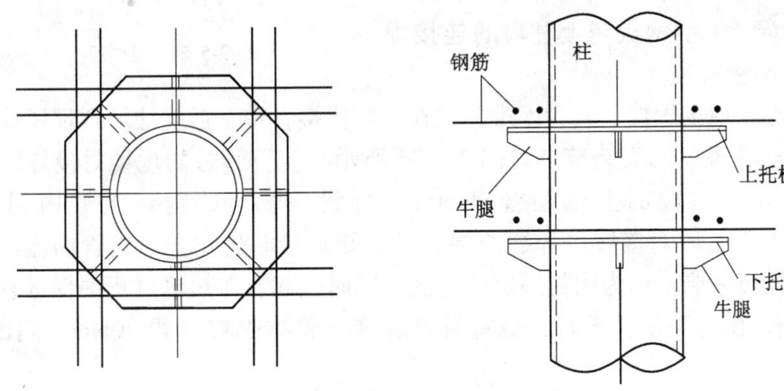

图 2-5-22　双梁焊接节点

（三）其他节点的构造与设计

单管钢管混凝土柱的其他节点包括：长柱的对接节点、转换层的梁柱节点和柱脚节点。

1. 长柱的对接节点

在高层和超高层建筑中，钢管混凝土柱长达几十米甚至几百米，必须进行钢管对接。根据钢管制作、运输和吊装设备条件，常以 2 ~ 4 层的楼层柱段作为一个安装段，在现场吊装校正后进行对接。

为了制作和建筑构造上的方便，直接和围护结构相连的外圈柱，宜不变直径，只变钢管厚度和内填混凝土的强度等级，内部柱子和带外伸悬臂结构的外圈柱，则可在楼盖处改变直径。因此，管柱沿长度的对接节点有两种，即不变直径的和变直径的对接节点。按施工条件则分为工厂接头和现场接头节点，如图 2-5-23 所示，这类对接节点，可用于工厂接头，也可用于现场接头。

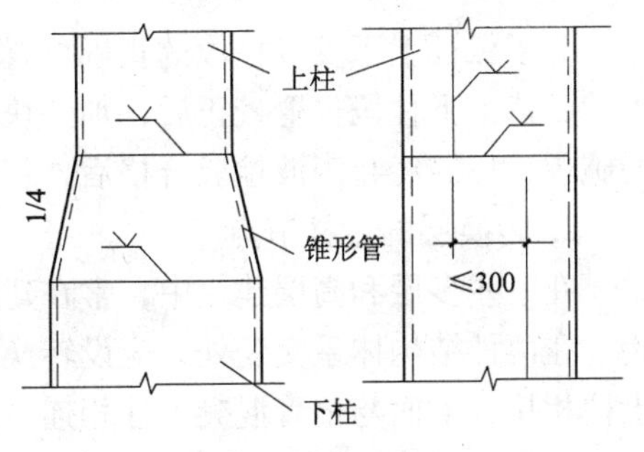

图 2-5-23　对接接头

当变直径的上下柱的直径差在 100mm 左右时，可用不大于 1/4 的锥形斜坡进行连接。如用作现场安装节点时，锥形过渡段宜和下段连在一起。锥形段上端连一段上段柱，再在现场和上柱对接焊接。锥形段应设在楼盖高度范围内，也可用装修和防火材料进行处理。锥形段的上下端应设内环或外环。

采用直缝焊接管时，上下柱段的直焊缝应错开不大于300mm的距离，以减小焊接应力的影响，如图2-5-23所示。

图2-5-24所示为上下柱变直径时的现场安装十字板节点。在上段柱的下端焊上十字钢板，而在下段柱的上端预留十字槽口，将上柱段的十字钢板插入槽口并校正正确位置后，用角焊缝把十字钢板与下柱段钢管焊接即可。十字钢板的截面面积应等于上柱段钢管的截面面积，其长度决定于角焊缝的需要长度，要求八根角焊缝的抗剪力等于上柱段钢管的抗压强度承载力。应注意，十字钢板与上柱段的连接焊缝必须是坡口熔透焊缝。

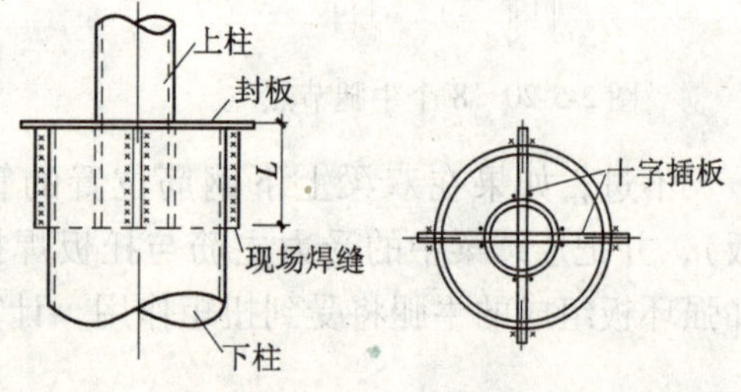

图2-5-24　十字对接接头

十字板节点在现场焊接，较为困难，宜在工厂拼接，带一截上柱段到现场进行对接。

等直径管柱在现场的安装节点如图2-5-25所示。上下管柱的现场对接焊缝为熔透的坡口焊缝，应在下柱段的上端距管口50mm处设一内环，内环上放内衬圈，高约100mm，作为上下柱段对接坡口焊缝的挡板，防止焊接时熔化金属向管内流淌，保证坡口焊缝焊透。内环主要是作为内衬圈定位之用，同时也起着在运输过程中保证柱段上端的圆形不变形的作用，可采用环下面的间断角焊缝与管柱焊接（焊50mm，间断150mm，h_f取4～6mm）。

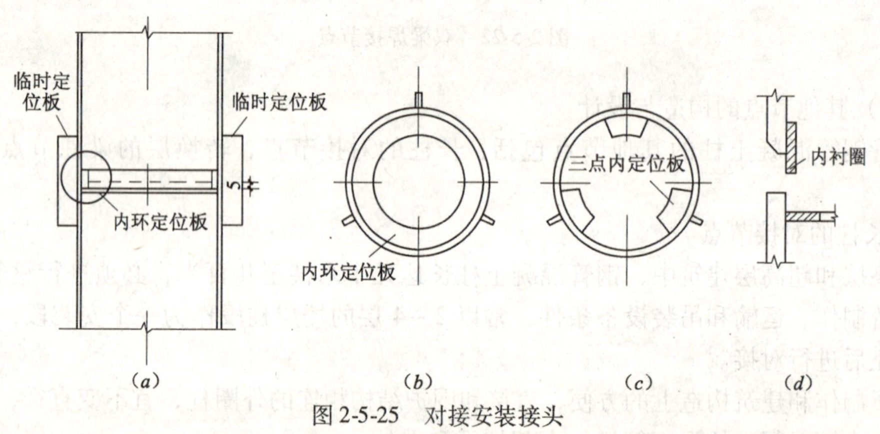

图2-5-25　对接安装接头

为了保证上下安装柱段的正确位置，在上下柱段端口各焊3或4块临时定位板，带螺栓孔，待上下柱段位置校正后，加一块连接板用螺栓固定，然后进行上下柱段间对接焊缝的施焊，焊缝经超声波检验合格后，将临时定位板割去。

2. 转换层的梁柱节点

在一些多层和高层建筑中，常在建筑底部采用钢管混凝土柱，上部改用钢筋混凝土结构，在两种结构体系交变处，应设转换层。转换层采用钢筋混凝土大梁，上面和钢筋混凝土柱相接，下面与钢管混凝土柱相连。图2-5-26所示为这类节点的构造。

在钢管混凝土柱上端焊一环形顶板，$t=14\sim20$mm，顶板面积决定于大梁采用的混凝土的抗压强度，环形顶板的外径为 $D+(30\sim50)\mathrm{mm}$，中部开圆孔，孔径为 $D=20\sim50\mathrm{mm}$，如外挑过多，尚应在环板下加一些加劲肋，D 是管柱的直径。

环形顶板的面积按下式决定：

$$A_1=A_s f/f_c \tag{2-5-14}$$

式中　A_s——管柱的钢管截面面积；

f——钢管的钢材抗压强度设计值；

f_c——转换大梁混凝土的抗压强度设计值。

在管中设一些插筋，插筋面积可按下式计算：

$$A_2=A_c f_c/f_a \tag{2-5-15}$$

式中　A_c——管柱内混凝土的截面面积；

f_c——管柱内混凝土的抗压强度设计值；

f_a——插入钢筋的抗压强度设计值。

这些插筋向上也插入上部钢筋混凝土柱内。插筋在管中混凝土内的插入深度可取钢管直径的 1～2 倍：$D\leqslant600\mathrm{mm}$ 时，取 $2D$；$600\mathrm{mm}<D\leqslant1500\mathrm{mm}$ 时，取 $1.5D$；$D>1000\mathrm{mm}$ 时，取 $1D$。插筋在钢筋混凝土柱内的锚固长度按钢筋混凝土设计时的要求确定。

也有一些建筑下部几层采用钢筋混凝土结构，以上则采用钢管混凝土柱，这时也必须在两种结构之间设转换大梁（转换层）。这种情况时，在转换大梁上预留杯口，钢管混凝土柱的下端与柱脚构造相同，插入杯口，二次灌浆固定即可。同时必须在管柱与下部钢筋混凝土柱中加插筋（图 2-5-27）。

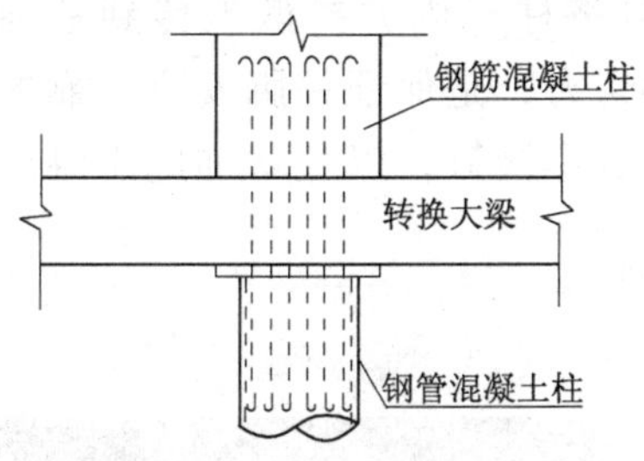

图 2-5-26　柱头和转换梁节点

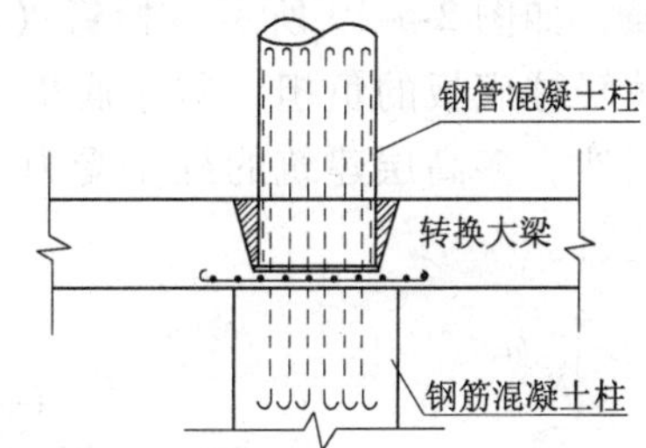

图 2-5-27　管柱与大梁连接节点

通常情况，上部的钢管混凝土管柱都比下部的钢筋混凝土柱的截面小，因而不必验算管柱下混凝土的冲切。

插筋需要的截面积应按下式计算：

$$A_3=A_s f/f_a \tag{2-5-16}$$

式中　A_s——钢管混凝土柱的钢管截面面积；

f——钢管钢材的抗压强度设计值；

f_a——插筋的抗压强度设计值。

插筋在上下柱中的插入长度要求同前所述。

钢管混凝土柱在大梁中的埋入深度可按在基础中的埋深要求考虑。如埋深大大超过大梁高度时，可将管柱的钢管插入下面的钢筋混凝土柱中，插入总深度满足柱脚基础的埋深即可。

当钢管混凝土柱与转换大梁铰接，且正对管柱下方又无钢筋混凝土柱时，可在大梁中预埋锚栓和柱脚底板相连。柱脚下的大梁内应设钢筋网，并验算冲切强度。

3. 钢管混凝土柱的柱脚节点

一般情况下，多、高层和超高层建筑中的钢管混凝土柱都和基础相连。最常采用的是埋入式柱脚，如图 2-5-28 所示。

将柱脚直接插入基础的预留杯口内，二次灌浆即成。柱脚端部焊一带孔底板，底板外直径取 $D+(30\sim50)$mm，D 是钢管柱的直径。向外悬伸过大时，应沿圆周加一些短加劲肋，以提高底板悬臂部分的抗弯强度。底板中部开孔，孔直径比 D 小 30～50mm，底板厚度取 $t+2$mm，t 是钢管厚度。插入深度按下列规定取：

钢管直径 $D\leqslant400$mm 时，h 取 $(2\sim3)D$；

$D>1000$mm 时，h 取 $(1\sim2)D$；

$400\text{mm}<D<1000$mm 时，h 取中间值。

钢管混凝土柱的内力常以轴心压力为主，柱脚底板中开孔，管内混凝土与基础混凝土直接相连，将部分压力直接传入基础，埋入基础的管柱段和基础混凝土间的粘结力也传递柱子的部分内力，因而柱子底板不必验算。

基础抗冲切、受弯及配筋等按常规方法设计。

基础杯口四壁，特别是杯口处，在柱脚的弯矩作用下承受较大的压力，应局部加配筋。

对于超高层建筑中受力特别大的柱子，可在柱脚部分加焊栓钉，也可焊一些钢筋头以加强，如图 2-5-29 所示。栓钉（或钢筋头）可将柱子内力扩散地传到基础混凝土中，减轻柱底板的负担，减小底板下混凝土的冲切力，是保证柱脚安全可靠的补充措施。当然，多高层建筑的柱子受力不太大的，不必焊栓钉，以免增加施工难度和提高工程造价。

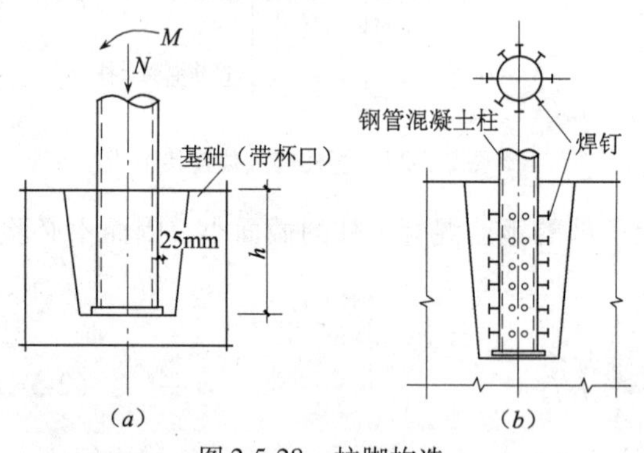

图 2-5-28　柱脚构造

图 2-5-29　某工程加焊栓钉柱脚

当钢管混凝土出现上拔拉力 N_t 时，应按下式验算基础混凝土的抗剪强度：

$$N_t\leqslant\pi dhf_t \tag{2-5-17}$$

式中　f_t——混凝土抗拉强度设计值；

d——柱脚底板的外直径；

h——管柱插入杯口的高度。

二、格构式钢管混凝土柱的节点

在工业厂房中，由于荷载大、偏心受力，而且柱子也长，应采用格构式钢管混凝土柱。轻工业厂房采用双肢柱，荷载较大的重工业厂房则需采用三肢和四肢组合钢管混凝土柱。为了满足设置桥式吊车梁的需要，常采用阶形柱或在柱上设牛腿。图 2-5-30 所示为厂房采用的单阶柱的形式。因而格构式钢管混凝土柱的节点有：柱头、变截面处和柱脚等。

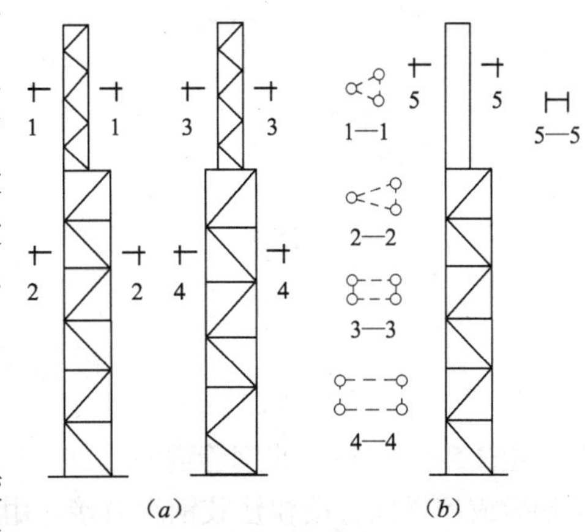

图 2-5-30　单阶柱的形式

(一) 柱头节点

工业建筑中，屋架和柱的连接点有刚接和铰接。采用刚接时，屋架和上柱侧面相连。如上柱系格构式柱，应在和屋架连接的节点范围内，在柱的截面内设腹板，局部变成实腹式，以增大刚度，如图 2-5-31 (*b*) 所示。上柱一般不长，不如把整个上柱换成实腹式截面，如图 2-5-31 (*c*) 所示，构造将更为方便。这时，如系边柱，要把下柱的外肢伸到上柱顶，再设置 T 形板以组成实腹式截面。

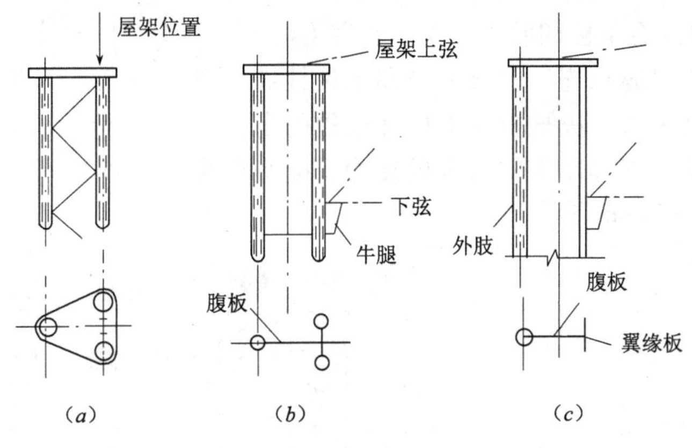

图 2-5-31　上柱构造

当屋架和柱铰接时，直接把屋架放在柱顶上，这时柱顶加一块较厚的顶钢板（$t>14$mm），其上焊两根锚栓以固定屋架。图 2-5-31 (*a*) 和图 2-5-32 (*a*) 所示为屋架对柱子的压力作用于柱子的内肢，对柱子产生偏心力，为了不使柱子受偏心弯矩的作用，可把屋架外移，使作用于柱顶上的压力正对柱子轴线，应在柱子顶板下加设一块隔板和加劲助，以承受和传递支座压力，如图 2-5-32 (*b*) 所示。

屋架与柱刚接时，把屋架的上弦杆和下弦杆分别和柱侧面相连，如图 2-5-31 (*b*) 和 (*c*) 所示。屋架的上下弦杆节点应采用螺栓与柱的内肢相连，以传递压力和拉力，牛腿只承受屋架对支座的压力。上下弦杆和柱的节点以及柱上的牛腿设计完全和钢结构设计一样。

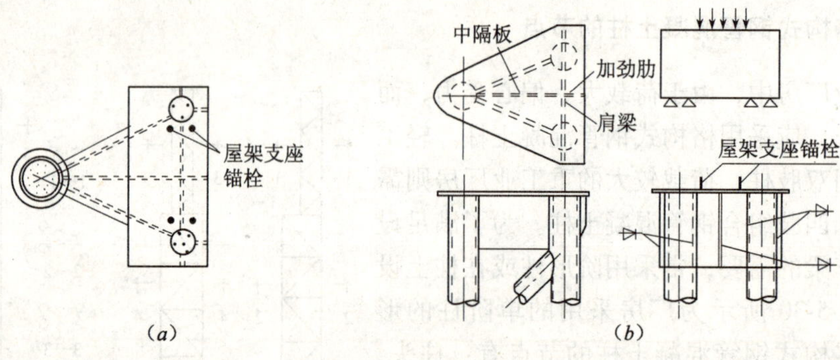

图 2-5-32 柱端铰接节点

图 2-5-33 是格构式钢管混凝土柱采用缀条时，缀条节点的构造。图（*a*）中是把斜缀条端做成相贯面直接和柱肢钢管对接，用角焊缝和坡口焊缝混合连接，管柱的肢管不能开孔，应保持完整性，缀条用空钢管。图（*b*）中采用节点板的节点构造，这时应把缀条在端部加焊钢板给予封闭，防止潮气入内使管内腐蚀。

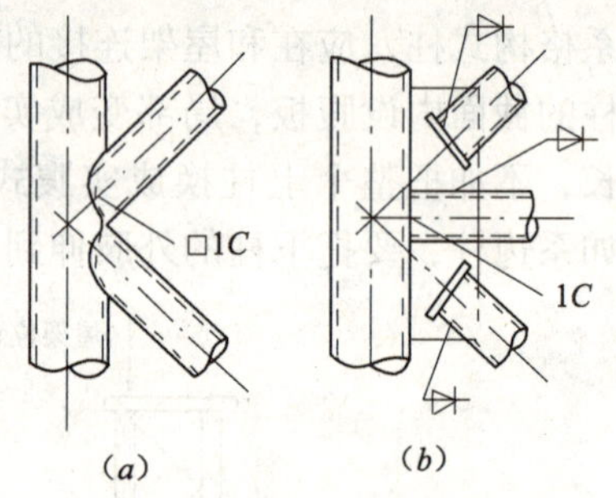

图 2-5-33 缀条和柱肢的节点构造

（二）上下柱变截面节点

图 2-5-34 所示为中列柱的连接构造。上下柱皆为四肢柱，采用双肩梁。在下柱四肢之间连两块肩梁板 1，它们和下柱钢管用角焊缝相连。肩梁上缘和下柱柱肢钢管顶面等高，肩梁上缘加一块平板和下柱柱肢顶的平台板相齐。因下肢承受吊车梁传来的较大的压力，故平台板应较厚，其厚度 $t\approx20$mm。

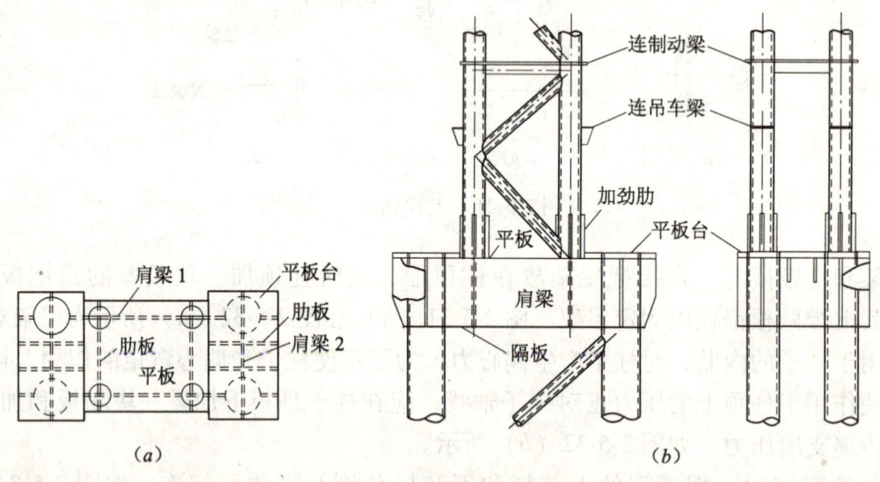

图 2-5-34 中柱上下柱节点

上柱柱肢的下端用加劲肋和端焊缝与下柱平板相连，上柱柱肢的内力经这些端焊缝传给下柱平板，经平板焊缝传给肩梁，经肩梁和下柱柱肢的焊缝再传给下柱钢管。为了加强节点刚度和传力的可靠性，下柱平板下面应设置必要的肋板，如图 2-5-34 所示。

下柱柱肢顶部设一块穿过肢管的肩梁 2，用 8 根角焊缝和钢管壁相连，肩梁 2 上面是平台板，侧面是前后对称的肋板，吊车梁传来的集中力通过平台板传给肋板，由肋板经焊缝传给肩梁 2，再由肩梁经焊缝传给下柱柱肢。所有这些构造、传力过程和计算都与一般厂房钢柱类似，肋板按悬臂梁设计。

当肩梁穿过钢管时，为安全计忽略肩梁与混凝土的粘结力及肩梁下面对混凝土的挤压传力，只计算 8 根角焊缝传力，按下式计算：

$$\tau_f = \frac{N}{8 \times 0.7 h_f l_f} \leqslant f_f^w \tag{2-5-18}$$

式中　N——吊车梁的支座压力（两根吊车梁的总压力）；

h_f——角焊缝的焊脚尺寸；

l_f——角焊缝的计算长度，$l_f = h - 2h_f$，mm；

h——肩梁 2 的高度。

肩梁穿过柱肢钢管能增加柱端的刚度，但对浇灌管内混凝土很不利。应采用肩梁不通过管柱的构造方法，使外力经肩梁再通过肩梁与钢管的两根角焊缝传给钢管，如图 2-5-35 所示。

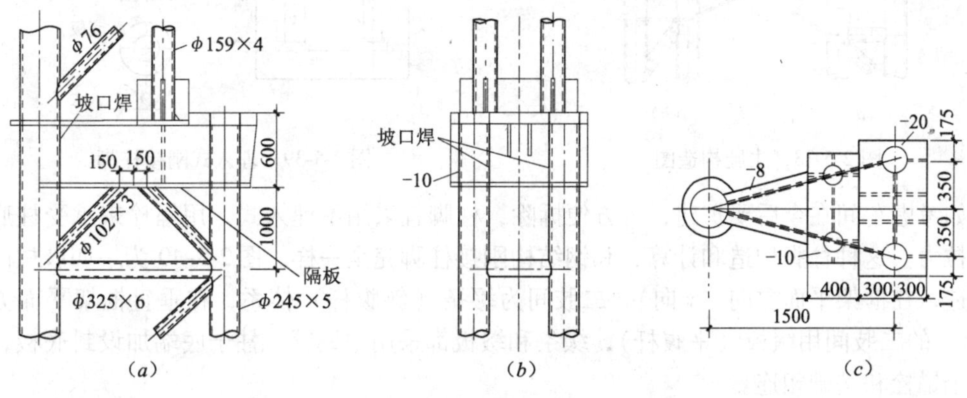

图 2-5-35　肩梁不通过管柱的构造

当所传力较大时，肩梁与钢管的连接应采用坡口熔透对接焊缝（等强度连接）。同时，在肩梁下加一块隔板，以提高节点的刚度。图 2-5-35 是三肢边柱节点，中柱构造也类似。

计算肩梁时，可计入上下加强板（平台板和隔板），按工字形截面简支梁计算，如图 2-5-36 所示。肩梁翼缘板的宽度 b 除应满足局部稳定的要求外，通常取梁截面高度的 1/5～1/2.5。

图 2-5-36　肩梁截面

为了简化构造和节省材料，在荷载不太大的上下柱节点中，可采用单壁式肩梁，如图 2-5-37 所示。曾对图 2-5-35 的变截面节点和图 2-5-37 的单壁式肩梁节点进行过试验，证明节点有很大的承载力，安全而可靠。

当吊车起重量不大时，不必采用变截面柱，可在吊车梁位置设牛腿，如图 2-5-38 所示。

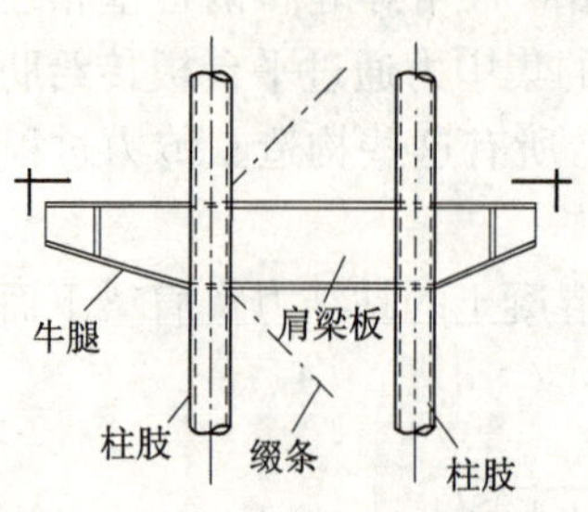

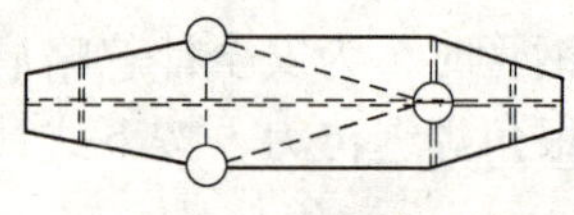

图 2-5-37　单壁式肩梁

（三）柱脚

单层工业建筑的柱脚最常采用刚接节点，有埋入式和非埋入式两种。

图 2-5-39 为埋入式刚接柱脚，构造和计算与单管钢管混凝土柱的埋入式柱脚相同。

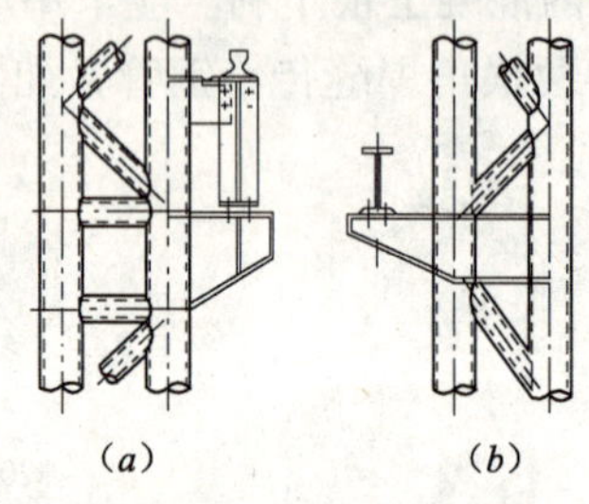

图 2-5-38　牛腿构造图

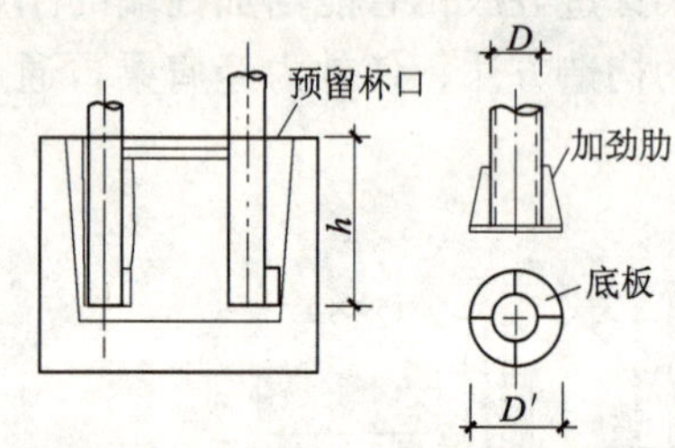

图 2-5-39　埋入式刚接柱脚

如考虑车间在今后要扩建，为方便拆除，柱脚宜采用不埋入式，用锚栓来承受柱底产生的拉力。这种柱脚构造和计算，和钢结构刚接柱脚完全一样。图 2-5-40 为一四肢柱的柱脚构造，在框架平面方向（x 向），二肢间为缀条（斜腹杆）体系，在垂直框架平面方向（y 向）的二肢间用缀板（平腹杆），缀条和缀板都采用空钢管，柱子底端加设封底板，另设四个锚栓和基础相连。

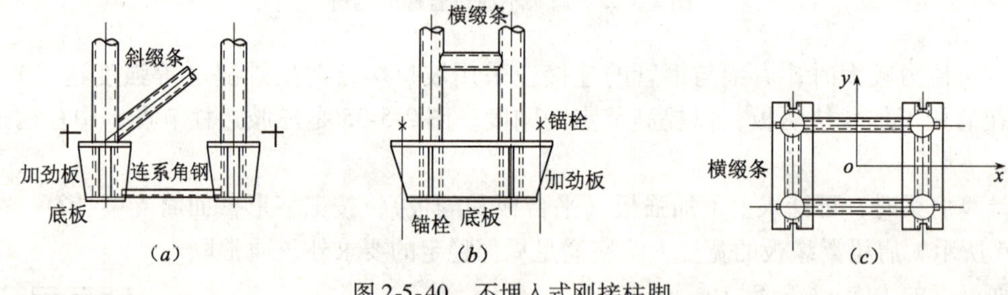

图 2-5-40　不埋入式刚接柱脚

（四）隔板

为了保证三肢和四肢柱在运输和安装过程中不变形，沿柱长每间隔 8m 或柱截面较大宽度的 9 倍距离，应设置横隔。图 2-5-41（a）是三肢柱的隔板，图 2-5-41（b）是四肢柱的隔板。如果柱的截面较大，也可采用格构式的隔板，用几根小角钢构成，以节省钢材。

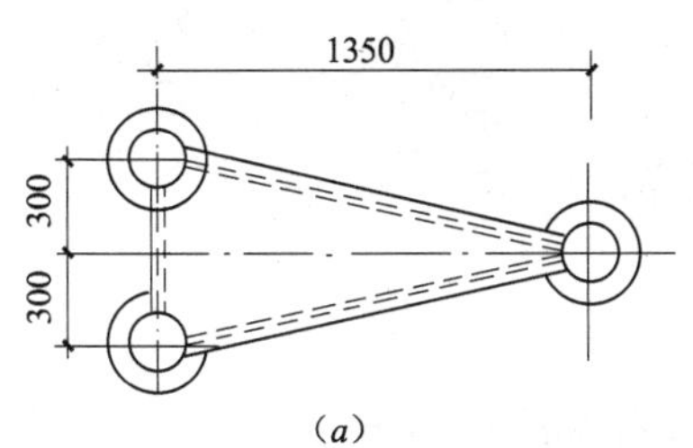

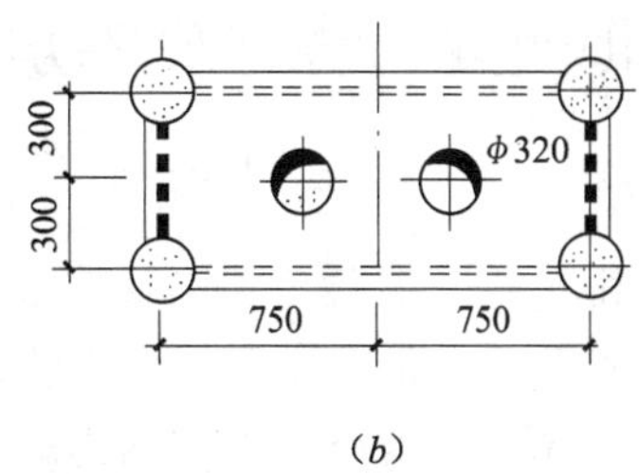

图 2-5-41　隔板构造

三、钢管混凝土柱节点的设计

（一）钢管与混凝土的共同工作

采用钢管混凝土柱时，很多人担心钢管和管内混凝土是否能共同工作。

关于这一问题，首先应明确，用作受压构件的钢管混凝土柱和用作受弯构件的组合梁是完全不同的。组合梁由钢梁和混凝土板组成，梁和板有各自的中和轴，只有紧密地组合成一体，才有一个共同的中和轴，才能成为一体共同工作。钢管混凝土是由钢管和核心混凝土组成，它们是同心圆，因而无论钢管、混凝土和二者的整体都只有同一根中和轴。

在第二节之五中，已经介绍过管内混凝土的径向收缩率对一般混凝土来说约为 90×10^{-6}，不会引起混凝土因收缩而脱离钢管。纵向收缩率虽不大，约为 250×10^{-6}，但因管柱长达几米甚至十几米，因而总收缩量会使管内混凝土明显下凹。为此，建议在浇灌管内混凝土后 2～3d，用同强度等级的水泥砂浆把管内混凝土找平，盖上柱顶板加以封闭。

同心圆的核心混凝土和钢管组成的构件即使因混凝土收缩与混凝土间产生出缝隙，对截面大小（A_{sc}）、轴压刚度（$E_{sc}A_{sc}$）以及抗弯刚度（$E_{sc}I_{sc}$）也不会有影响。由此可见，由同心圆的混凝土和钢管组成的钢管混凝土构件，在轴心压力作用下必定是变形协调、共同工作的。如果受纯弯，受拉区混凝土开裂造成钢管与混凝土滑移，受压区仍是共同工作的，因管的两端封闭，混凝土和钢管必然绕共同中和轴而抗弯。再说钢管混凝土构件并不用作受弯构件，只用作不产生拉区的小偏压和轴压构件，因此，对共同工作的担心是不必要的。有人在管内加栓钉，更有人提出要采用内壁带有刻槽的钢管，这些做法作者个人认为是多余的。当然，应该强调的是，管内壁在浇灌混凝土前应该清除干净，不允许存在油污（参见参考文献[2]第 96～98 页）。

（二）剪力经钢管向管内混凝土的传递

上面介绍的梁柱节点，梁的支座反力一般都通过竖向钢板和管柱的连接焊缝传给钢管，再由钢管内壁与管内混凝土之间的粘结力，传给核心混凝土。

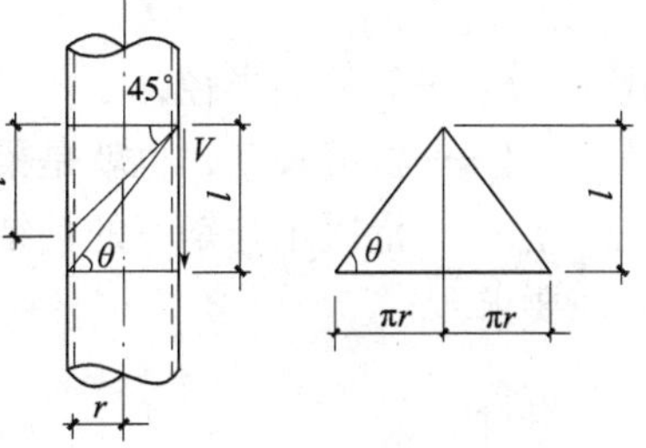

图 2-5-42　剪力 V 的传递

图 2-5-42 所示为梁端剪力 V 向管内的传递。

假设有 m 根梁（m=1、2、3 或 4）在同一个节点和管柱相连，各梁的支座压力常不相等，偏安全计，按其中支座压力最大的 V_{max} 计算。此剪力传给管柱后转变为轴向压力，由钢管和混凝土共同承受，其中混凝土应承担的部分为：

$$V=\frac{A_cE_c}{A_sE_s+A_cE_c}V_{max}=\frac{1}{1+\alpha_n}V_{max}=CV_{max} \tag{2-5-19}$$

式中　A_c 和 A_s——混凝土和钢管的截面面积；

E_c 和 E_s——混凝土和钢管的弹性模量；

C——混凝土承担内力的分配系数，列入表 2-5-1 中。

混凝土承担内力的比值 C　　　**表 2-5-1**

钢　材	混凝土	α			
		0.05	0.10	0.15	0.20
Q235	C30	0.744	0.593	0.492	0.421
	C40	0.759	0.612	0.513	0.441
	C50	0.770	0.626	0.528	0.456
	C60	0.778	0.636	0.538	0.466
Q345	C30	0.744	0.593	0.492	0.421
	C40	0.759	0.612	0.513	0.441
	C50	0.770	0.626	0.528	0.456
	C60	0.778	0.636	0.538	0.466
	C70	0.785	0.646	0.548	0.477
	C80	0.791	0.654	0.558	0.486
Q390	C50	0.770	0.626	0.528	0.456
	C60	0.778	0.636	0.538	0.466
	C70	0.785	0.646	0.548	0.477
	C80	0.791	0.654	0.558	0.486

剪力 V 经长度为 l 的焊缝传给管壁，然后经管壁粘结力传给混凝土，传递剪力的粘结面积应为：

$$A=\frac{1}{K}2\pi rl \tag{2-5-20}$$

式中　K——系数，偏安全地取 $K=m+1$。

经每根梁在节点范围内分配到的传递剪力的粘结面积 A 传入混凝土的剪力应为：

$$N_c=Af_{ce}=\frac{1}{K}2\pi rlf_{ce} \tag{2-5-21}$$

式中　r——管柱的半径；

l——焊缝长度，也就是梁腹板的高度；

f_{ce}——混凝土与钢管的粘结强度设计值。

要求

$$N_c=V \tag{2-5-22}$$

可得

$$l=\frac{K}{2\pi rf_{ce}}CV_{max} \tag{2-5-23}$$

设钢材 Q235，混凝土 C40，含钢率 $\alpha=0.1$，有 4 根梁和管柱相连接，$m=4$，由表

2-5-1查得 $C=0.612$，f_{ce}取2MPa（因混凝土与管壁间有紧箍力，不但存在粘结力，而且有摩擦力，提高混凝土的抗拉强度设计值）代入式（2-5-23）得：

$$l=\frac{5}{2\pi r\times 2}\times 0.612V_{max}=0.487\frac{V_{max}}{D} \tag{2-5-24}$$

式中 D——钢管直径。

如 l 值小于梁腹板高度，说明梁端剪力在梁高范围内全部传入管柱。如 l 值大于梁腹板高度，说明焊缝下端点处的柱中混凝土尚未全部参加工作，该处钢管处于超应力状态。试验证明，这种情况将使焊缝下端点处的钢管发展塑性，但不会发生破坏，可在该处设加强环，就可保证节点的安全可靠。当然，焊缝长度不宜超出钢管直径 D 太多。

（三）节点承载力验算

钢管混凝土单管柱与框架梁的刚接节点，应验算节点部分的强度。这时，管柱的节点部分除轴心压力 N、弯矩 M 和剪力 V_1 作用外，增加了梁端弯矩产生的横向剪力 $V_2=M_0'/h$，这里 M_0'是梁端弯矩，h 是梁的高度。验算公式同第四节之五中介绍过的。

（1）当 $N/A_{sc}<0.2\sqrt{1-(V/V_0)^2}f_{sc}$时

$$\left(\frac{N}{1.4N_0}+\frac{M}{M_0}\right)^{1.4}+\left(\frac{V}{V_0}\right)^2\leqslant 1 \tag{2-5-25}$$

（2）当 $N/A_{sc}\geqslant 0.2\sqrt{1-(V/V_0)^2}f_{sc}$时

$$\left(\frac{N}{N_0}+\frac{M}{1.071M_0}\right)^{1.4}+\left(\frac{V}{V_0}\right)^2\leqslant 1 \tag{2-5-26}$$

式中 N、M——同时作用于节点的管柱轴心压力和弯矩；

V——同时作用于节点的管柱剪力和梁端弯矩转变为横向剪力之和，$V=V_1+V_2$；

N_0、M_0 和 V_0——节点部位钢管混凝土管柱的轴心受压、纯弯和纯剪时的承载力。

$$N_0=A_{sc}f_{sc} \tag{2-5-27}$$

$$M_0=\gamma_m W_{sc}f_{sc} \tag{2-5-28}$$

$$V_0=\gamma_v A_{sc}f_{sc} \tag{2-5-29}$$

式中 A_{sc}——钢管混凝土柱的截面面积；

W_{sc}——钢管混凝土柱的截面模量；

f_{sc}——钢管混凝土的组合抗压强度设计值，MPa；

γ_m——构件截面抗弯塑性发展系数；

γ_v——构件截面抗剪塑性发展系数。

式（2-5-25）和式（2-5-26）同时适用于实心和空心圆钢管混凝土构件，也可用于对一个主轴受弯的方钢管混凝土构件。

（四）计算实例

【例 2-5-1】 假设钢管混凝土框架柱为 $\phi800\times16$，采用 Q345 钢材和 C40 混凝土，柱和框架钢梁刚接。已知节点处柱的内力为 $N=23000$kN，$M=450$kN·m，$V_1=120$kN，梁端弯矩 $M_0'=500$kN·m，梁高 700mm。试验算节点强度。

【解】

已知 $\phi800\times16, A_{sc}=5026.6cm^2, W_{sc}=50265.6cm^3, \alpha=0.085$，查得 $f_{sc}=52.6MPa$

套箍系数：$\xi=\alpha f_y/f_{ck}=0.85\times345/27=1.0861>0.85$

$$\gamma_m=1.4, \gamma_v=0.85$$

$$N_0=A_{sc}f_{sc}=5026.6\times10^2\times52.6\times10^{-3}=26440kN$$

$$M_0=\gamma_m W_{sc}f_{sc}=1.4\times50265.6\times52.6\times10^{-3}=3701.56kN\cdot m$$

$$V_0=\gamma_v A_{sc}f_{sc}=0.85\times5026.6\times10^2\times52.6\times10^{-3}=22474kN$$

$$V=V_1+M_0'/h=120+500/0.7=120+714.3=834.3kN$$

$N/A_{sc}=23000\times10^3/502660=45.76MPa>0.2\sqrt{1-(V/V_0)^2}f_{sc}=10.5MPa$，由公式(2-5-25)

$$\left(\frac{N}{N_0}+\frac{M}{1.071M_0}\right)^{1.4}+\left(\frac{V}{V_0}\right)^2=\left(\frac{23000}{26440}+\frac{450}{1.071\times3701.56}\right)^{1.4}+\left(\frac{834.3}{22474}\right)^2$$

$$=(0.8699+0.1135)^{1.4}+0.0371^2=0.9671+0.0014=0.9685<1$$

故，能保证节点强度。

第六节　钢管混凝土构件的抗震性能

一、钢管混凝土构件在循环荷载作用下的弯矩-曲率关系

钢管混凝土用于地震区的建筑物时，需进行抗震设计规范中规定的结构弹塑性地震反应分析。因而，应对钢管混凝土构件的动力性能进行研究。

到目前为止，国内外对这方面的研究，主要是进行了压弯构件在水平荷载作用下，水平力和位移（P-Δ）间的滞回性能的试验研究，对试验结果通过回归分析，提出延性系数的经验公式。由于对压弯构件的弯矩-曲率关系研究很少，因而远不能满足抗震设计的要求。

20 世纪 80 ~ 90 年代，我们开始对钢管混凝土构件的动力性能进行理论研究，取得了一些成果，为这一结构在地震区使用并进行正确的抗震设计创造了条件。

（一）材料的本构关系

针对钢管混凝土承受反复循环荷载作用的特点，对钢材在三向应力状态下的应力和应变的关系采用双线型模型，如图 2-6-1 所示，以近似地模拟钢材的弹塑性阶段，而把塑性阶段和强化阶段简化为一条斜直线，图中点划线为钢材的实际关系曲线。钢材的双线型模型具有下列关系：

（1）应力 σ_i 在到达屈服应力 f_y 前为弹性关系。

（2）应力超过 f_y 后，材料进入塑性强化阶段。

（3）当应力超过屈服应力 f_y 后的某一应力 f_0 而卸载时，应力增量与应变增量间仍为弹性关系。

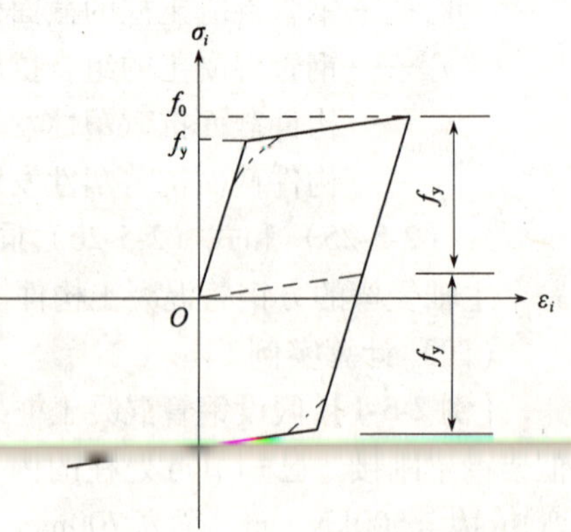

图 2-6-1　钢材双线型本构模型

（4）在卸荷后的某一应力重新加载时，应力增量和应变增量间仍为弹性关系变化，这时的屈服应力称为当前的屈服应力。

（5）从卸载转入反向加载，应力增量与应变增量继续为弹性关系，一直到反向屈服。但反向屈服应力不等于正向屈服应力。这是因为钢材在反复荷载作用下产生了鲍兴格效应，即正向屈服应力的提高会促使反向屈服应力的降低。

总之，当应力在屈服面以前，钢材的应力增量和应变增量（正向和反向）按弹性关系变化，当应力到达屈服面时，钢材的应力-应变关系按强化规律变化。数学表达式如下：

$$\{d\sigma\} = [D]\{d\varepsilon\} \tag{2-6-1}$$

式中　$[D]$——弹性阶段为弹性刚度矩阵；塑性强化阶段，因需考虑鲍兴格效应，采用随动强化模型，这时为塑性强化阶段的刚度矩阵$[D_{ep}] = [D] - [D_p]$，$[D_p]$是塑性刚度矩阵。

判别钢材处于弹性阶段或强化阶段的标准是当前应力是小于屈服强度f_y，还是大于f_y。

混凝土在循环荷载作用下的本构关系采用了边界面模型。边界面模型认为在荷载作用下，混凝土经历的是一个不断损伤的过程。该模型在应力空间采用了一个与材料损伤有关的边界，所有可能的应力点都包括在此边界面内，边界面的大小随着材料损伤的增加而不断减小。混凝土在某一应力状态下的特性，如强度和模量等都与这一边界面有关，应力达到此边界面即达到了材料的强度极限。某一应力状态下材料的模量与从该点沿应力偏量方向到边界面的距离有关，材料的模量随该距离的减小而逐渐减小。图 2-6-2（a）是边界面，图 2-6-2（b）是在 π 平面上的投影。

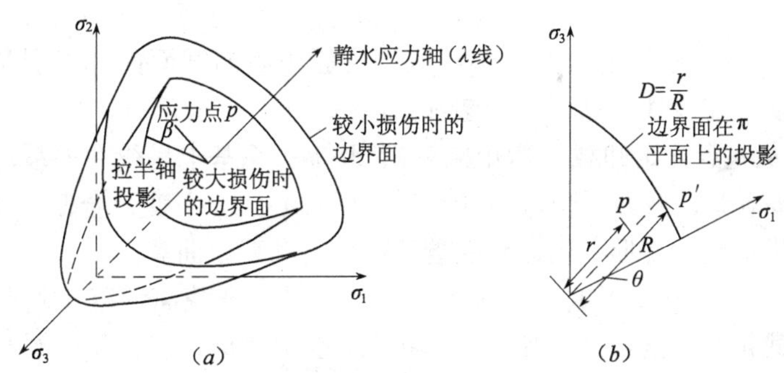

图 2-6-2　混凝土的边界面模型

适用于核心混凝土的边界面模型表达的本构关系为：

$$\{d\varepsilon\} = [c]\{d\sigma\} \tag{2-6-2}$$

式中　$[c]$——材料的切线刚度矩阵。

边界面方程为：

$$F(\sigma_e, K_{max}) = 0 \tag{2-6-3}$$

式中　K_{max}——损伤参数的最大值；当$K_{max} \leqslant 1$时，为上升段；$K_{max} > 1$时，为下降段。

使用此边界面模型对混凝土在各种荷载作用下的荷载-应变关系作了计算比较，与试验结果吻合良好。只要给出混凝土的轴压强度f_c和峰值点处的应变ε_0，模型中的参数就可完全确定。

（二）钢管混凝土压弯构件 M-ϕ 曲线

有了钢材和核心混凝土的本构模型后，用有限元方法来计算构件的弯矩-曲率（M-ϕ）关系曲线。有限元方法计算请参阅参考文献[1] 和 [2]。

图 2-6-3 是钢管混凝土构件在一定的轴心压力作用下，受反复弯矩作用的 M-ϕ 滞回曲线。

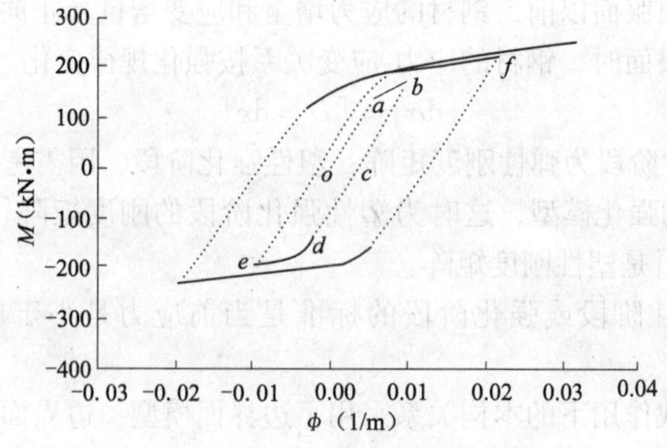

图 2-6-3　压弯构件 M-ϕ 滞回曲线

工作分下列几个阶段：

（1）oa 段。因有轴心压力作用，上下截面皆受压。下半截面为卸载，但混凝土参加受力，上半截面为加载状态，混凝土因受紧箍力作用，强度有所提高。钢管全截面处于弹性工作，M-ϕ 基本为线性关系。到达 a 点时，上部压区钢管开始纤维屈服，而下部混凝土则开始受拉。

（2）ab 段。随着弯矩的增大，上部压区钢管屈服后向截面内部发展塑性，截面刚度就不断下降，M-ϕ 呈非线性关系，为弹塑性阶段。

（3）bc 段。从 b 点开始卸载（弯矩减少），M-ϕ 关系基本呈线性关系，卸载刚度同 oa 加载阶段。到达 c 点时，截面所受弯矩降到零，但轴心压力不变，全截面受压。同时，由于加载时截面发生过塑性变形，因而存在着残余应变和残余曲率。

（4）cd 段。开始反向加弯矩，M 基本为直线关系。全截面混凝土均受压，但上部拉区混凝土处于卸载状态，钢管处于弹性工作状态。到 d 点时，上部钢管受拉纤维屈服。

（5）de 段。截面处于弹塑性阶段，M-ϕ 呈非线性关系。随着反向弯矩的增大，受压区钢管屈服后塑性不断向截面内部发展，因而截面刚度下降。

（6）ef 段。从 e 点开始又反向加弯矩，工作情况和 $bcde$ 类似。只是在弹塑性阶段后，如继续加弯矩，则出现强化阶段，这时 M-ϕ 近似为线性关系，但斜率不大。

图 2-6-4 是钢管混凝土压弯构件在反复荷载作用下 M-ϕ 的典型骨架曲线，特点是无下降段，转角位移延性很好，与不发生局部失稳的钢构件的性能相同。从这一点看，钢管混凝土柱的抗震性能胜过钢柱。钢柱尽管采用很厚的钢板组成截面，但这些厚板在截面进入较大塑性变形状态后，板仍将出现局部屈曲。钢管混凝土构件中的混凝土被包在钢管内，钢管对它有约束作用，构件的含钢率无论高或低，轴压比无论大或小，都不会发生由于混凝土被压碎而引起构件破坏的情况。同时，核心混凝土对钢管起支撑作用，保证了钢管不发生局部屈曲。图 2-6-5 是 M-ϕ 的典型滞回曲线，滞回性能稳定，基本无刚度退化和强度衰减现

象，曲线图形很饱满，吸能性能好。这些都说明了钢管混凝土构件具有良好的抗震性能。

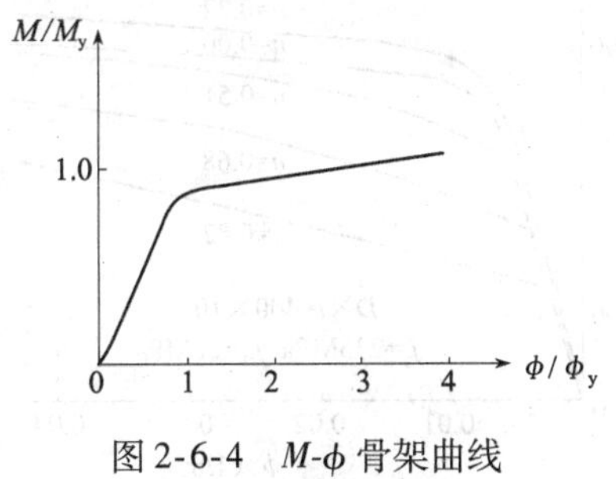

图 2-6-4　M-ϕ 骨架曲线

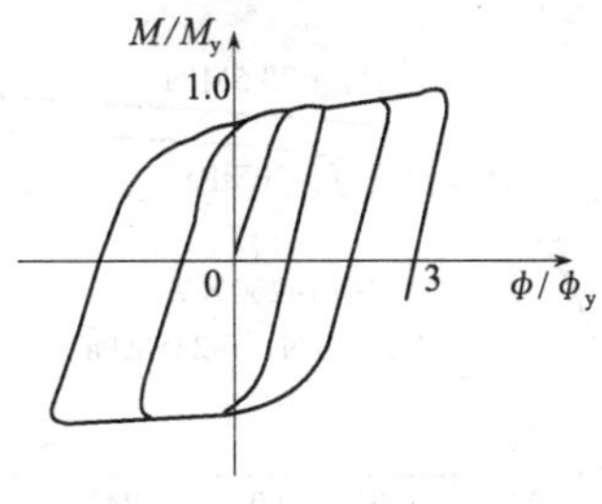

图 2-6-5　M-ϕ 滞回曲线

影响钢管混凝土压弯构件 M-ϕ 曲线的因素有：含钢率、钢材和混凝土强度、轴压比和构件的长细比。

（1）含钢率。随着含钢率 α 的提高，M-ϕ 关系曲线的弹性阶段和强化阶段的刚度也随之增大，如图 2-6-6 所示。

（2）钢材强度。图 2-6-7 是两个构件的钢管含钢率、轴心压力和混凝土抗压强度均相同，只有钢材强度不同时的 M-ϕ 曲线，可见钢材强度只影响屈服弯矩的大小，对刚度无影响。

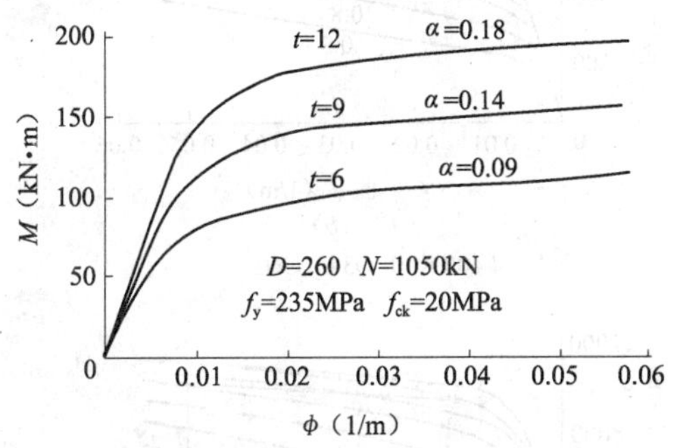

图 2-6-6　含钢率对 M-ϕ 曲线的影响

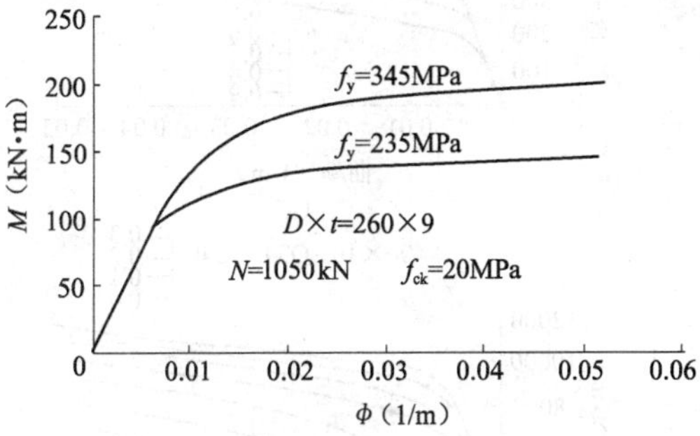

图 2-6-7　钢材强度对 M-ϕ 曲线的影响

（3）混凝土强度。当其他条件相同，只是混凝土的抗压强度不同时，M-ϕ 曲线如图 2-6-8 所示。可以看到混凝土强度虽然提高了约 50%，但构件的屈服弯矩提高不多，只是弹性阶段和强化阶段的刚度略有提高（图 2-6-8）。

（4）轴压比。图 2-6-9 所示为轴压比 n 对 M-ϕ 骨架曲线的影响。轴压比对弹性阶段刚度的影响不大。因为虽然随着轴压比的增大，混凝土的受压面积不断扩大，使截面的抗弯刚度有所提高，但这一影响并不大。一是由于随着轴压比的增加，混凝土的初始压力也增大，这就使混凝土的弹性模量有一定程度的下降，另一原因是常用的含钢率范围内，核心混凝土对构件抗弯刚度的贡献只占整个抗弯刚度的一小部分，所以混凝土受压面积增大一些对抗弯刚度的影响并不显著。

轴压比对极限弯矩的影响是：当轴压比较小时，随着轴压比的增加，屈服弯矩将提高；但轴压比较大时，随着轴压比的增加，屈服弯矩将不断减小。轴压比对强化阶段刚度的影响是：随着轴压比增加，强化阶段的刚度不断提高。

（5）构件的长细比。由于曲率与构件的长度无关，所以构件的长细比对 M-ϕ 曲线无影响。

200
150
100
50
0
M（kN·m）
f_{ck}=29.5MPa
f_{ck}=20MPa
D×t=260×9
N=1050kN　f=235MPa
0.01
0.02
0.03
0.04
0.05
0.06
φ（1/m）

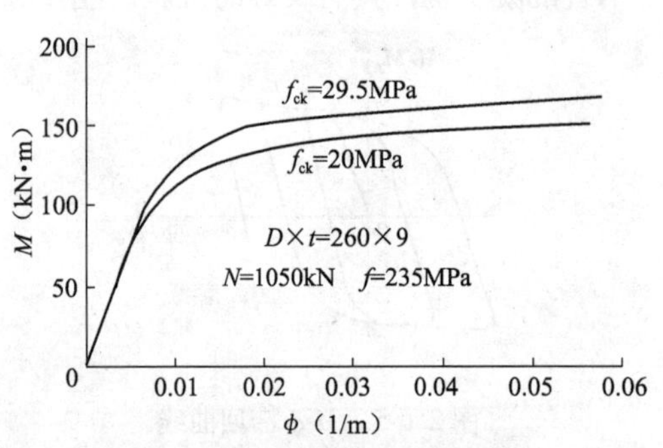

图 2-6-8　混凝土强度对 M-ϕ 曲线的影响

500
400
300
200
100
0
M（kN·m）
n=0.22
n=0.00
n=0.51
n=0.68
n=0.82
D×t=400×10
f_y=235MPa　f_{ck}=20MPa
0.01
0.02
0.03
0.04
0.05
φ（1/m）

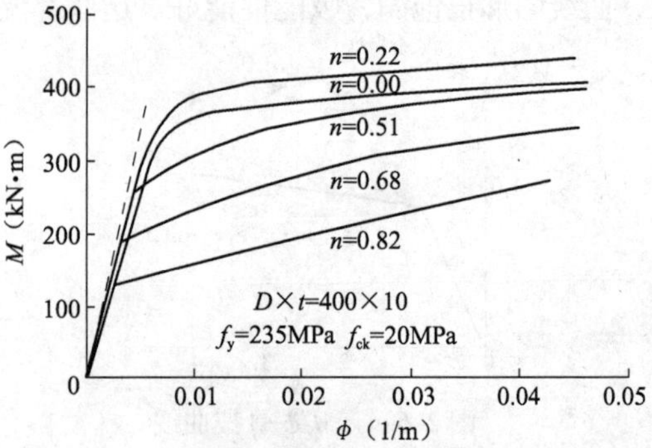

图 2-6-9　轴压比对 M-ϕ 曲线的影响

以上诸因素只对 M-ϕ 曲线的一些数值产生影响，不影响曲线的形状。即在各种情况下，钢管混凝土压弯构件的 M-ϕ 关系曲线都无下降段。图 2-6-10 所示为不同轴压比时，钢管混凝土压弯构件 M-ϕ 的系列关系曲线。

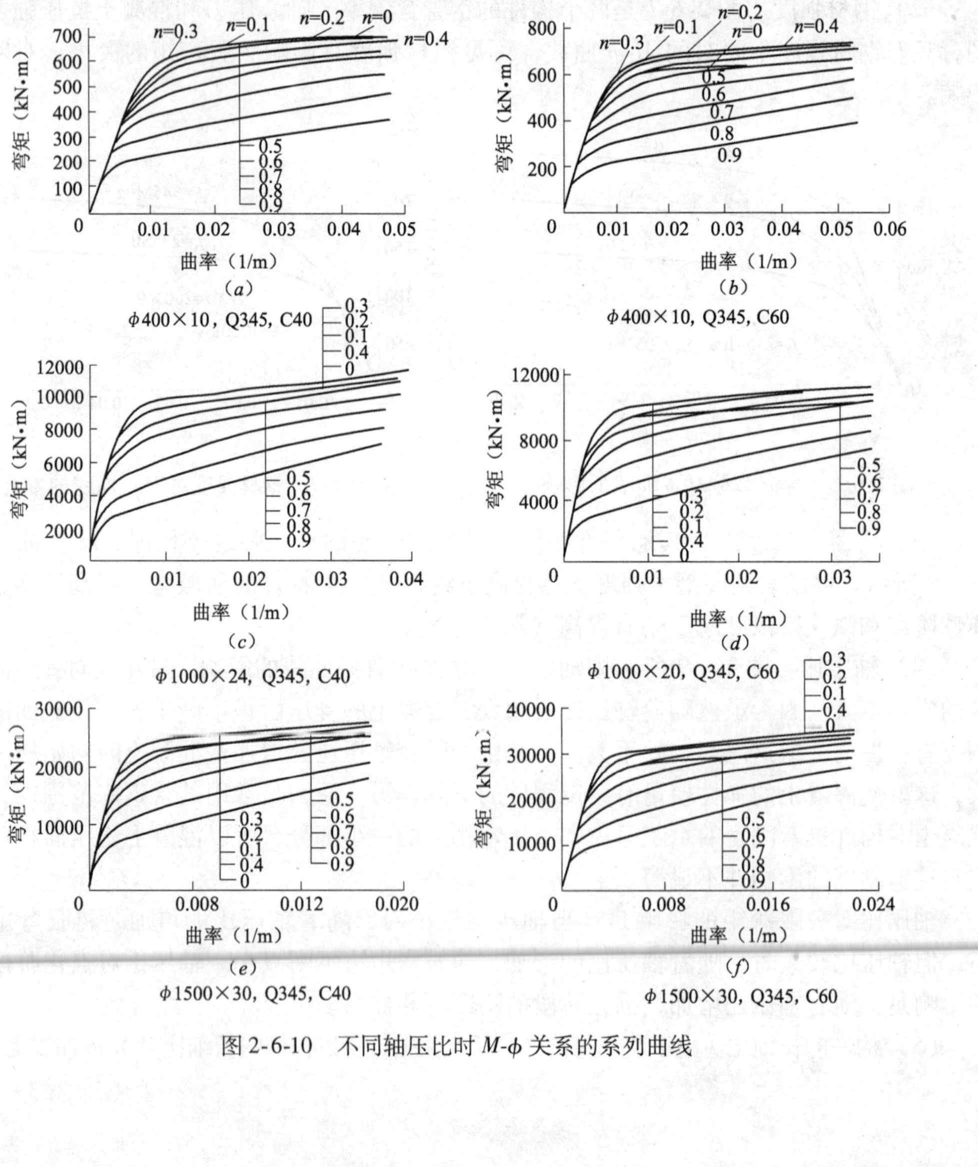

弯矩（kN·m）
曲率（1/m）
n=0.3
n=0.1
n=0.2
n=0
n=0.4
0.5
0.6
0.7
0.8
0.9
(a)
φ400×10, Q345, C40
(b)
φ400×10, Q345, C60
(c)
φ1000×24, Q345, C40
(d)
φ1000×20, Q345, C60
(e)
φ1500×30, Q345, C40
(f)
φ1500×30, Q345, C60

图 2-6-10　不同轴压比时 M-ϕ 关系的系列曲线

（三）M-ϕ 滞回曲线模型

为了便于在结构的非线性地震反应分析中应用，应将钢管混凝土压弯构件的 M-ϕ 滞回曲线模型化。根据以上介绍的计算机分析结果，采用了双线型模型。这是一个平行四边形，如图 2-6-11 所示。此模型有三个参数，即弹性阶段的刚度 K_e、屈服弯矩 M_y 和强化阶段的刚度 K_p。

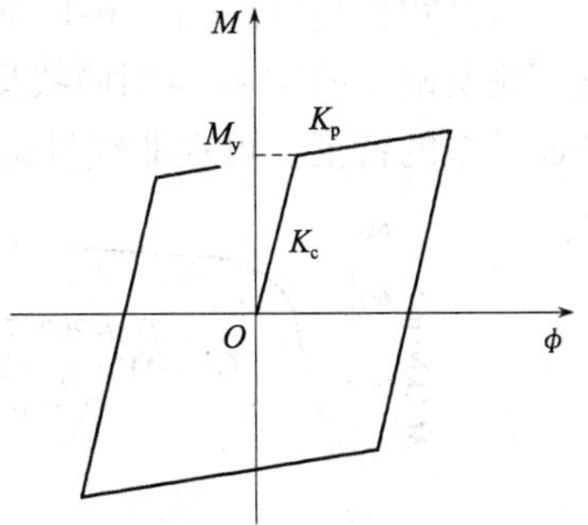

图 2-6-11　M-ϕ 关系双线型恢复力模型

1. 弹性阶段的刚度

由材料力学

$$M = K_e \phi \quad (2\text{-}6\text{-}4)$$

$$K_e = E_{scm} I_{sc}^0 \quad (2\text{-}6\text{-}5)$$

式中　E_{scm}、I_{sc}^0——钢管混凝土的抗弯弹性模量与构件截面的有效惯性矩。

因构件受弯时，截面受拉区混凝土将开裂，因而取有效惯性矩 $I_{sc}^0 = (0.6625 + 0.9375\alpha) I_{sc}$。$I_{sc} = \pi r_0^4 / 4$，是毛截面惯性矩。

2. 屈服弯矩 M_y

屈服弯矩的定义是：在 M-ϕ 关系曲线中，弹性段延线与强化段延线交点处的弯矩值，如图 2-6-12 所示，它比对应于 10000$\mu\varepsilon$ 纤维应变的极限弯矩值小，可按下式计算：

$$M_y = 0.89 \gamma'_m M_0 \quad (2\text{-}6\text{-}6)$$

塑性发展系数

$$\gamma'_m = -0.4832\xi + 1.9264\sqrt{\xi} \quad (2\text{-}6\text{-}7)$$

及

$$M_0 = W_{sc} f_{sc}^y \quad (2\text{-}6\text{-}8)$$

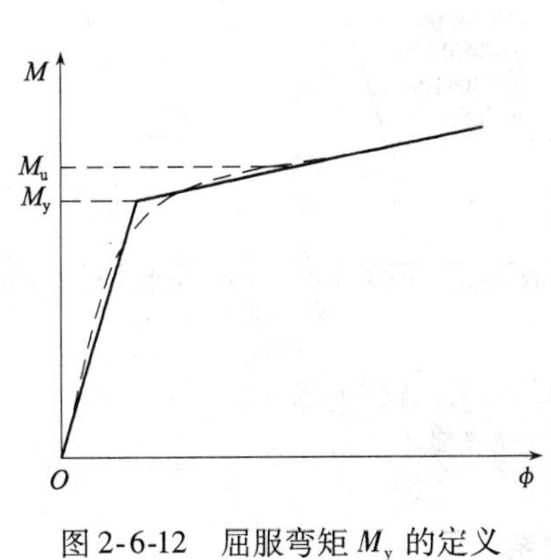

图 2-6-12　屈服弯矩 M_y 的定义

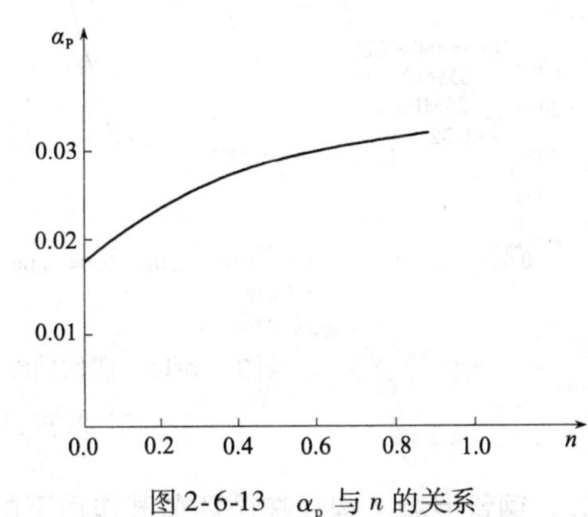

图 2-6-13　α_p 与 n 的关系

3. 强化阶段刚度 K_P

$$K_p = \alpha_p K_e \quad (2\text{-}6\text{-}9)$$

理论计算表明，系数 α_p 值主要取决于轴压比 n，α_p 与 n 的关系如图 2-6-13 所示。经回归分析得：

$$\alpha_p = 0.018 + 0.026 - 0.012n^2 \quad (2\text{-}6\text{-}10)$$

以上参数 K_e、M_y 和 K_p 只适用于含钢率为 7% ~20% 的范围。

图 2-6-14 所示为按恢复力模型计算结果和按有限元方法计算结果进行对比的 M-ϕ 曲线，可见吻合良好。图 2-6-15 所示为以上两种计算结果的滞回曲线，吻合程度也令人满意。说明确定的 M-ϕ 滞回曲线模型能较好地反映钢管混凝土构件在周期反复荷载作用下，M-ϕ 关系的特征，可在非线性地震反应分析中采用。

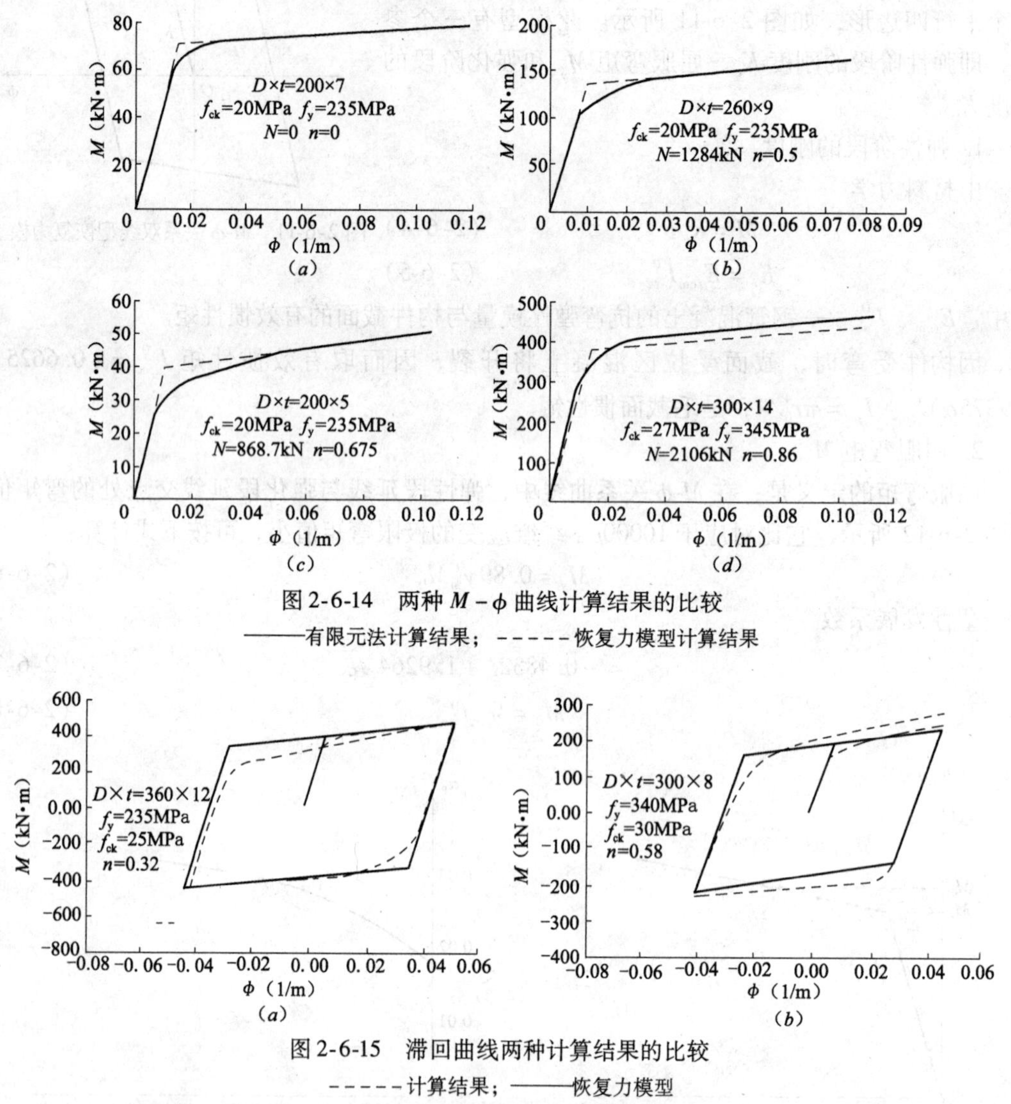

图 2-6-14　两种 $M-\phi$ 曲线计算结果的比较

——有限元法计算结果；- - - - - 恢复力模型计算结果

图 2-6-15　滞回曲线两种计算结果的比较

- - - - - 计算结果；——恢复力模型

二、钢管混凝土构件在循环荷载作用下的 P-Δ 关系

在抗震设计中，当采用层间剪切模型进行结构弹塑性地震反应分析时，必须有构件的荷载-位移（P-Δ）滞回曲线模型。

（一）P-Δ 关系曲线

采用数值分析法计算钢管混凝土压弯构件在循环荷载作用下的荷载-位移骨架曲线。

把构件沿长度分成 m 小段，有 $m+1$ 个节点，假设每一小段内各截面处的曲率是线性变化的，根据节点处截面所受的内力，由前面得到的 M-ϕ 曲线查出各节点处截面的曲率，这样就把曲率沿构件长度的分布简化为折线形分布，用图乘法可求出构件任一截面处的侧向位移。构件分段数越多，所得结果就越精确。

压弯构件各截面处的弯矩由侧向荷载和轴向荷载共同引起，故曲率应由两种荷载引起的总弯矩求得。由于轴向压力引起的附加弯矩将影响曲率，而曲率又影响侧移，侧移再影响附加弯矩。因此，对于每一增量，要多次迭代才能得到挠度曲线的真实值。

计算过程采用了分级加曲率法，即以构件嵌固端截面处的曲率为控制参数，通过逐级增加曲率的方法得到荷载-位移（P-Δ）曲线。

侧向力 P 可由平衡条件计算：

$$P=\frac{M_{\max}-N\delta_1}{l} \tag{2-6-11}$$

式中　l——悬臂柱的高度；

$M_{\max}$——柱子固端弯矩；

δ_1——悬臂端的位移（图 2-6-16）。

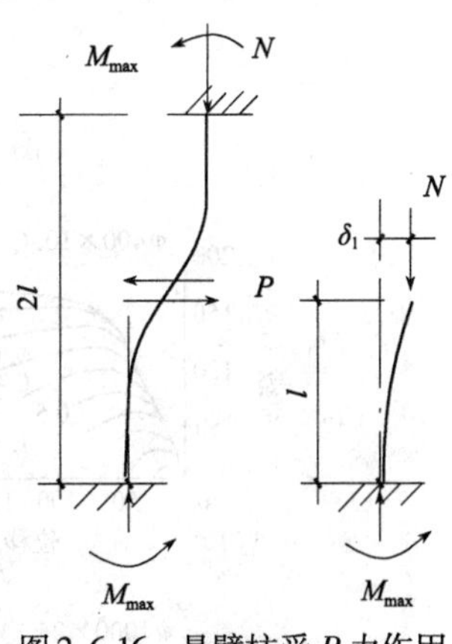

图 2-6-16　悬臂柱受 P 力作用

图 2-6-16 所示为两端嵌固的框架柱产生侧移的情况，从反弯点（即柱子的中点）截开，取出半根柱作代表来研究柱子在不变轴压力 N 的作用下，不断增加侧向荷载时，侧向荷载与位移的关系。由此获得钢管混凝土压弯构件的 P-Δ 骨架曲线和滞回曲线。

图 2-6-17 和图 2-6-18 分别是 $\lambda=20$ 和 $\lambda=40$ 时，轴压比 n 对 P-Δ 骨架曲线的影响。图中还标出了不同情况的位移延性系数 μ 值。

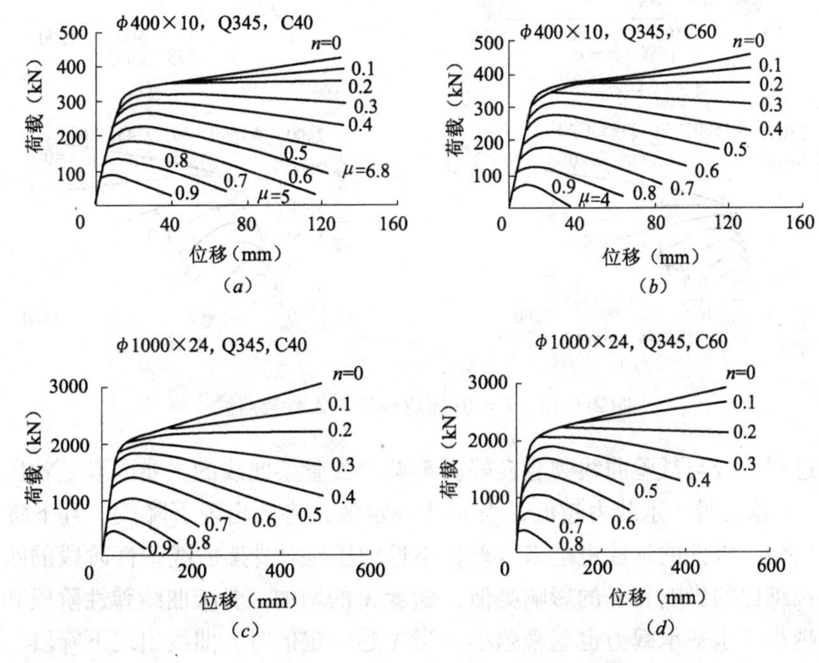

图 2-6-17　$\lambda=20$ 压弯构件 P-Δ 骨架曲线（一）

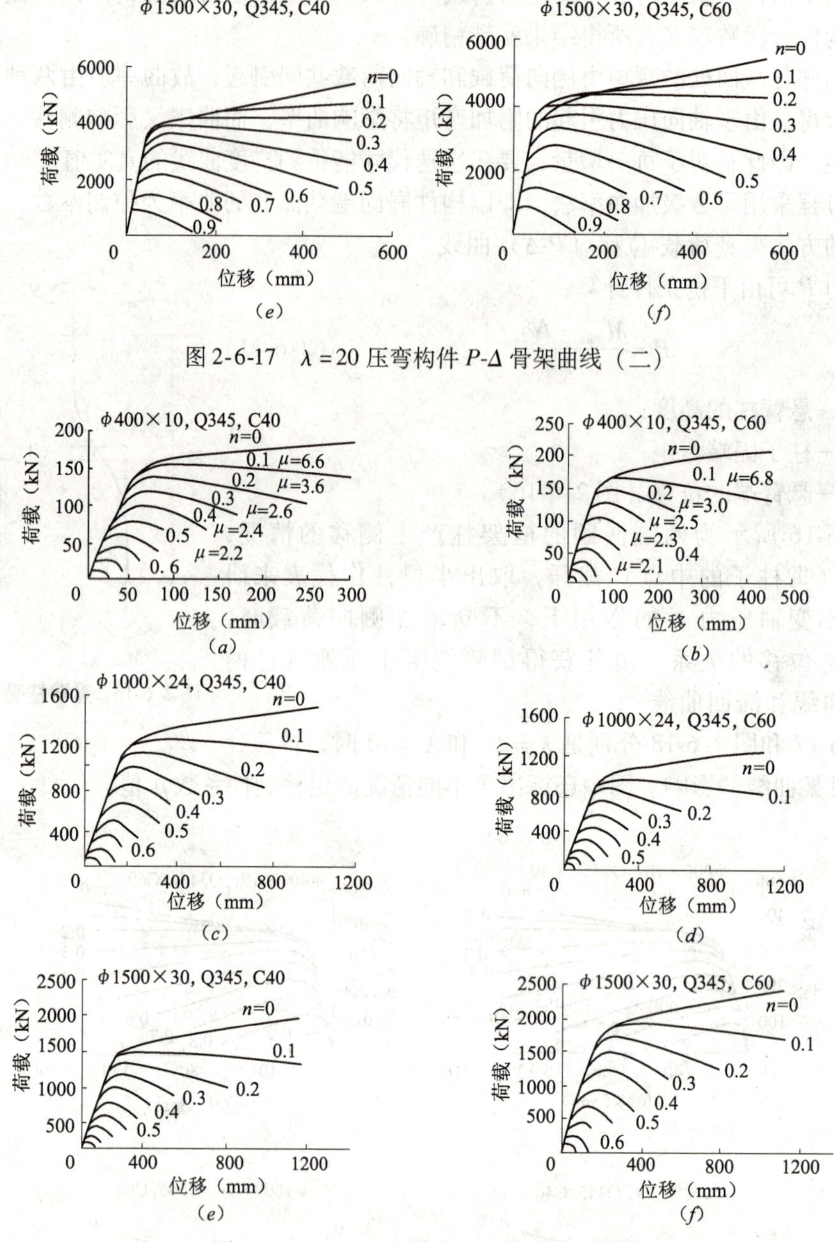

图 2-6-17　$\lambda=20$ 压弯构件 P-Δ 骨架曲线（二）

图 2-6-18　$\lambda=40$ 压弯构件 P-Δ 骨架曲线

计算全过程曲线与试验曲线吻合良好。影响 P-Δ 骨架曲线的主要因素是轴压比 n 和构件长细比 λ。n 越大时，承载力越低，当 n 达一定值，将会出现下降段，且下降段随 n 的增大，越来越陡，构件的延性也越来越差，不过轴压比对骨架曲线弹性阶段的刚度几乎无影响。构件长细比的影响和 n 的影响类似，随着 λ 的增加，骨架曲线弹性阶段和强化阶段的刚度越来越小，水平承载力也越来越小，当 λ 达一定值时，曲线出现下降段，且随 λ 的增大，下降段的陡度也越来越大，因而构件的延性也越来越小。含钢率主要影响承载力，对骨架曲线形状的影响不大。材料强度的影响也都不大。

压弯构件尚存在剪力，经分析，忽略剪切变形对计算结果影响很小。

为了验证上述计算 P-Δ 关系曲线（包括骨架曲线和滞回曲线）是否正确，除对一些收集到的试验曲线进行验算外，1994 年进行了 6 根构件的试验。试验用日本建研式四连杆加载装置进行，用 X-Y 仪自动测定并绘出 P-Δ 滞回曲线。

试件为 $\phi108\times5$，$l=1.1\text{m}$，钢材屈服点 $f_y=327.8\text{MPa}$，混凝土立方体强度 $f_{cu}=33.8\text{MPa}$，$\lambda=44$，含钢率 $\alpha=0.177$，轴压比 $n=0.029$、0.385 和 0.742。先施加竖向力 N 至预定值，分别为 20kN、270kN 和 520kN，再施加反复的水平力。

图 2-6-19 ~ 图 2-6-21 为理论计算曲线和实测曲线的比较，可见吻合良好。

由这些 P-Δ 关系曲线可见，曲线很饱满，说明延性和耗能性能都很好。不过，也可看到，构件的位移（P-Δ）延性和曲率（M-ϕ）延性有很大的不同，M-ϕ 曲线不产生下降段，而 P-Δ 曲线随轴压比和构件长细比的不同分无下降段和有下降段两种情况。

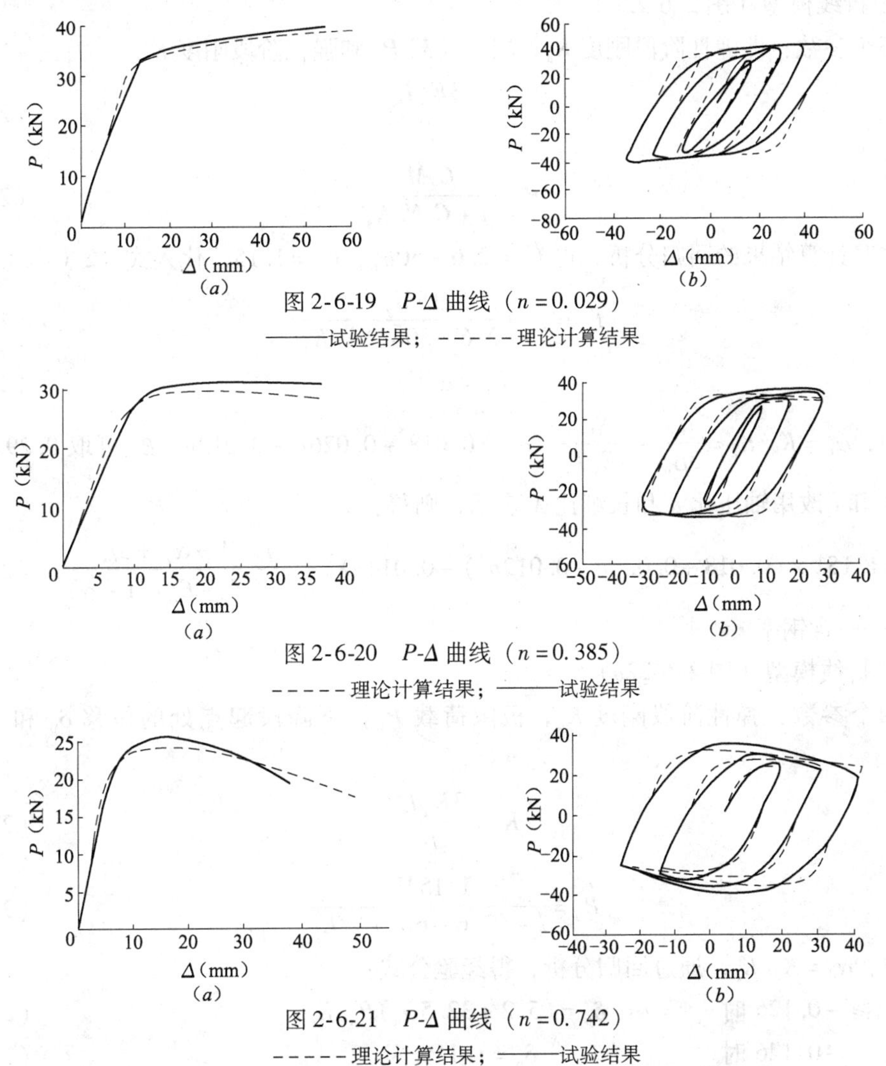

图 2-6-19　P-Δ 曲线（$n=0.029$）

——试验结果；- - - - - 理论计算结果

图 2-6-20　P-Δ 曲线（$n=0.385$）

- - - - - 理论计算结果；——试验结果

图 2-6-21　P-Δ 曲线（$n=0.742$）

- - - - - 理论计算结果；——试验结果

（二）P-Δ 滞回曲线的计算模型

根据上面的分析和试验结果，钢管混凝土压弯构件的 P-Δ 滞回曲线和骨架曲线有两种可能情况，即无下降段和有下降段。因此，采用两种计算模型，用二折线模型模拟无下降段的骨架曲线，而用三折线模型模拟有下降段的骨架曲线，如图 2-6-22 所示。

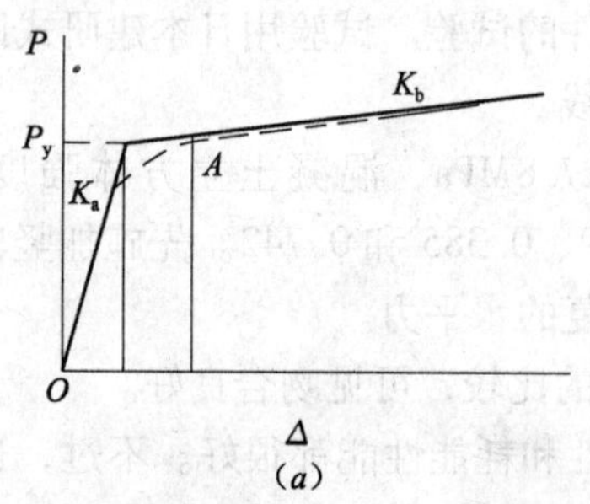

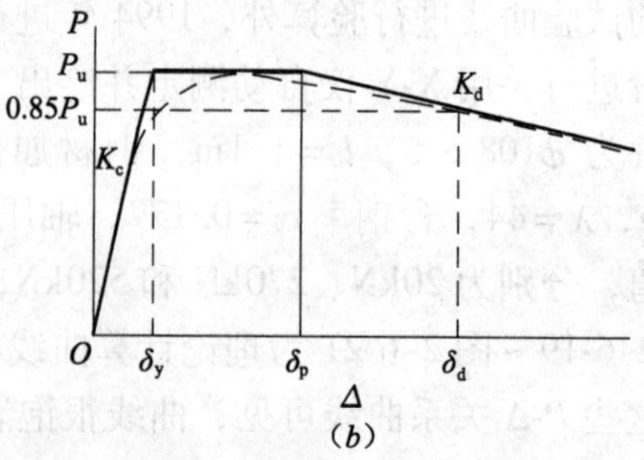

图 2-6-22　P-Δ 骨架曲线计算模型

1. 二折线模型（图 2-6-22a）

有三个参数：即弹性阶段刚度 K_a、屈服荷载 P_y 和强化阶段刚度 K_b。

$$K_a=\frac{3E_{sc}I_{sc}}{l^3} \tag{2-6-12}$$

$$P_y=\frac{C_2M_y}{l+C_1N/K_a} \tag{2-6-13}$$

通过对计算结果的回归分析，得 $C_1=2.6-50\alpha_b$，$C_2=1.15$，代入式（2-6-13）：

$$P_y=\frac{1.15M_y}{l+(2.6-50\alpha_b)N/K_a} \tag{2-6-14}$$

$$K_b=\alpha_bK_a \tag{2-6-15}$$

式中，$\alpha_b=K_b/K_a=\frac{\alpha_p}{3\beta_1}-\frac{Nl^2}{3E_{sc}I_{sc}}$，$\alpha_p=0.018+0.026n-0.012n$，$\beta_1$ 可取 0.29，并将式中的 N 和 l 改用轴压比 n 和长细比 λ 表示，则得：

$$\alpha_b=1.151\times(0.018+0.026n-0.012n^2)-0.014n\lambda^2\frac{f_{ck}(1-\alpha)+\alpha f_y}{E_s-(E_s-E_c)(1-\alpha)^2} \tag{2-6-16}$$

式中　α——含钢率。

2. 三折线模型（图 2-6-22b）

有四个参数：弹性阶段刚度 K_c，极限荷载 P_u，下降段起点处的位移 δ_p 和下降段刚度 K_d。

$$K_c=\frac{3E_{sc}I_{sc}}{l^3} \tag{2-6-17}$$

$$P_u=\frac{1.15M_y}{l+(2.6-6\alpha_d)N/K_c} \tag{2-6-18}$$

式中，$\alpha_d=K_d/K_c$，通过回归分析，得经验公式：

当 $\alpha_d\geqslant-0.126$ 时　　$\delta_p=(5.2+32.5\alpha_d)P_u/K_c$　　(2-6-19)

当 $\alpha_d<-0.126$ 时　　$\delta_p=1.1P_u/K_c$　　(2-6-20)

$$K_d=\frac{\alpha_pE_{sc}I_{sc}-0.29l^2N}{0.29l^3} \tag{2-6-21}$$

$$\alpha_{\rm d}=\frac{K_{\rm d}}{K_{\rm c}}=\frac{\alpha_{\rm p}}{0.87}-\frac{Nl^2}{3E_{\rm sc}I_{\rm sc}}=\alpha_{\rm b} \tag{2-6-22}$$

同理，把式中的 N 和 l 改用 n 和 λ 表示，则得：

$$\alpha_{\rm d}=1.151\times(0.018+0.026n-0.012n^2)-0.104n\lambda^2\frac{f_{\rm ck}(1-\alpha)+\alpha f_{\rm y}}{E_{\rm s}-(E_{\rm s}-E_{\rm c})(1-\alpha)^2} \tag{2-6-23}$$

经分析，二折线模型和三折线模型的判别式为：

$$n\lambda^2\leqslant 11.04\times(0.018+0.026n-0.012n^2)\frac{E_{\rm s}-(E_{\rm s}-E_{\rm c})(1-\alpha)^2}{f_{\rm ck}(1-\alpha)+\alpha f_{\rm y}} \tag{2-6-24}$$

这时，属于二折线模型，P-Δ 曲线无下降段。

当 $$n\lambda^2>11.04\times(0.018+0.026n-0.012n^2)\frac{E_{\rm s}-(E_{\rm s}-E_{\rm c})(1-\alpha)^2}{f_{\rm ck}(1-\alpha)+\alpha f_{\rm y}} \tag{2-6-25}$$

属于三折线模型，P-Δ 曲线有下降段。

无下降段时，延性很好，延性系数 μ 可认为无穷大。但当有下降段时，延性系数可按下列简化公式计算：

$\alpha_{\rm d}\geqslant -0.126$ 时
$$\mu=5.2+32.5\alpha_{\rm d}-\frac{0.15}{\alpha_{\rm d}} \tag{2-6-26}$$

$\alpha_{\rm d}<-0.126$ 时
$$\mu=1.1-\frac{0.15}{\alpha_{\rm d}} \tag{2-6-27}$$

延性系数是侧向力降到 $0.85P_{\rm u}$ 时的位移 $\delta_{\rm d}$ 与屈服位移 $\delta_{\rm y}$ 之比，$\mu=\delta_{\rm d}/\delta_{\rm y}$，如图 2-6-22 所示。

由式（2-6-26）和式（2-6-27）可得构件的长细比 λ、含钢率 α、轴压比 n、钢材屈服点 $f_{\rm y}$ 和混凝土抗压强度 $f_{\rm ck}$ 对延性系数 μ 的影响，如图 2-6-23 ~ 图 2-6-26 所示。

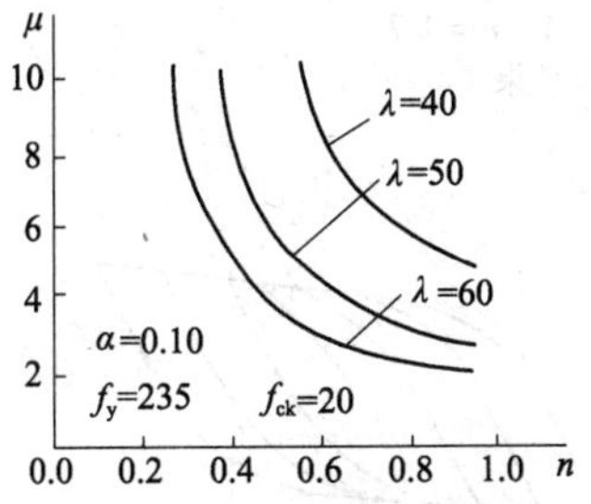

图 2-6-23　n 和 λ 对 μ 值的影响

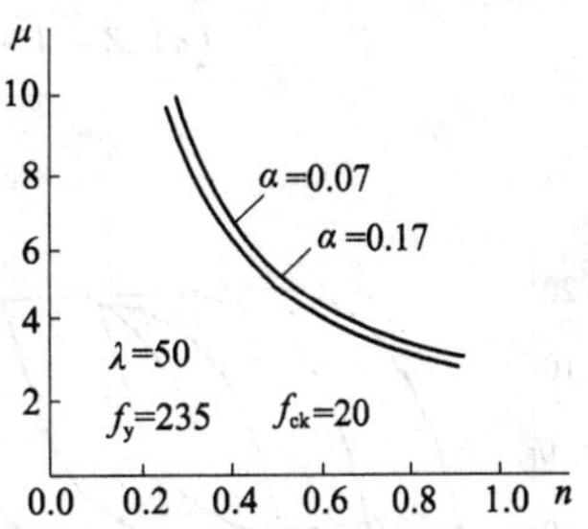

图 2-6-24　α 对 μ 值的影响

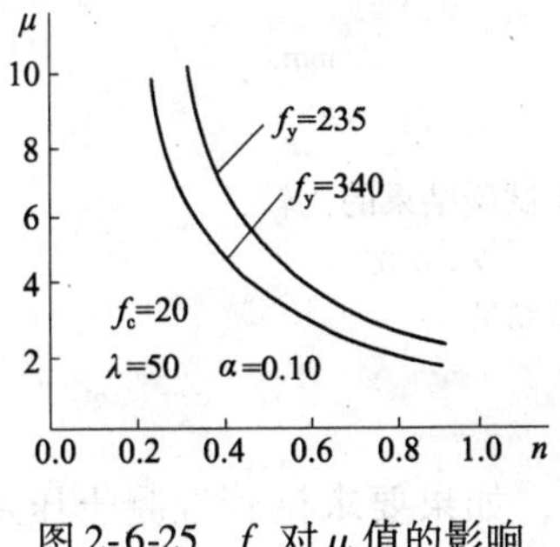

图 2-6-25　$f_{\rm y}$ 对 μ 值的影响

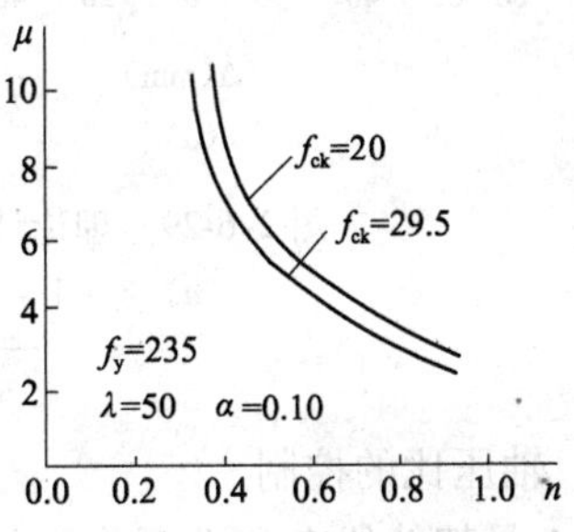

图 2-6-26　$f_{\rm ck}$ 对 μ 值的影响

由上列各图可见，对延性系数μ影响最大的是构件的长细比λ和轴压比n，轴压比越大，延性系数就越小；长细比越大，延性系数也越小。含钢率的影响很小。材料强度提高，延性系数将减小，而钢材强度对延性系数的影响比混凝土强度的影响要大些。

图2-6-27为骨架曲线按恢复力模型的计算结果与试验结果的比较，吻合良好。

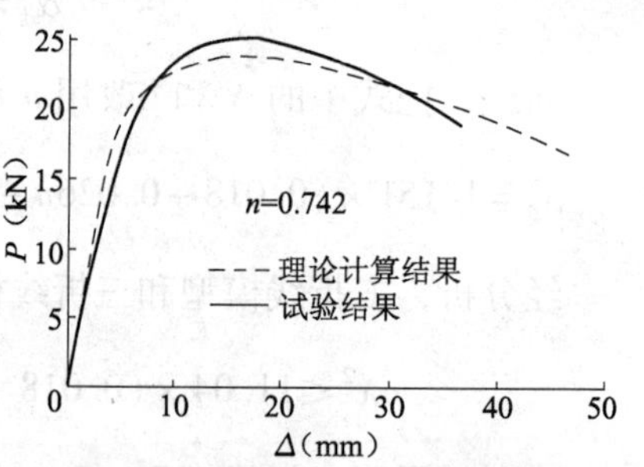

图2-6-27　骨架曲线按恢复力模型计算与试验曲线的比较

图2-6-28和图2-6-29是1987年的试验结果与理论计算滞回曲线的比较，试件的轴压比n分别为0.05、0.4和0.7，图2-6-30是1988年的试验结果与理论计算滞回曲线的比较，轴压比为0.35、0.5和0.7，可见吻合都很好。

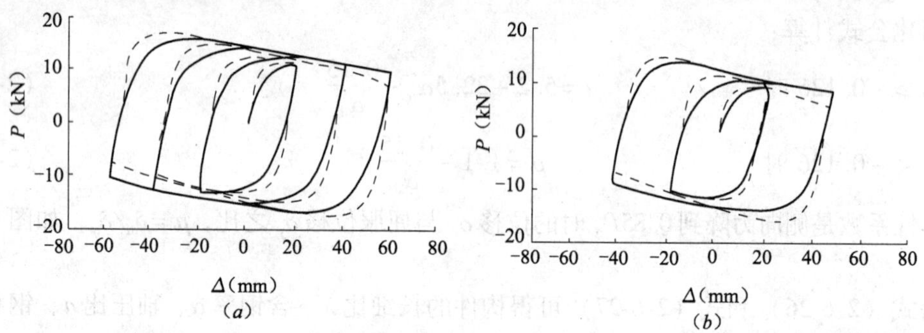

图2-6-28　理论计算滞回曲线与1987年试验结果的比较

(a) Z－Ⅰ－1，$n=0.7$；(b) Z－Ⅱ－1，$n=0.7$

——试验结果；－－－－－计算结果

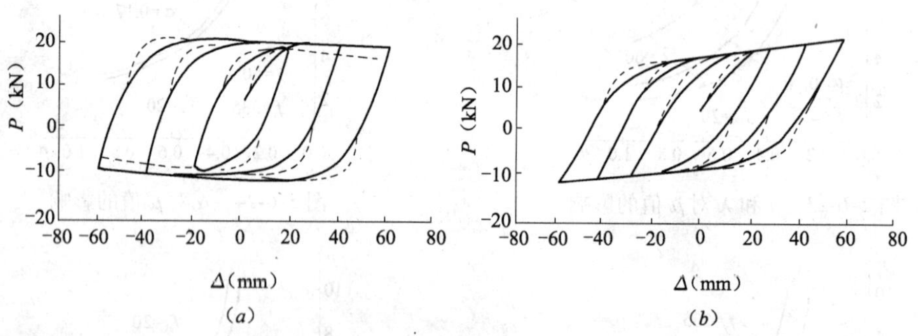

图2-6-29　理论计算滞回曲线与1987年试验结果的比较

(a) Z－Ⅰ－2，$n=0.4$；(b) Z－Ⅱ－2，$n=0.05$

——试验结果；－－－－－计算结果

（三）轴压比的控制

由P-Δ骨架曲线有和无下降段的判别式（2-6-24），如果要求钢管混凝土压弯构件在侧向反复循环荷载作用下无下降段，应满足以下要求：

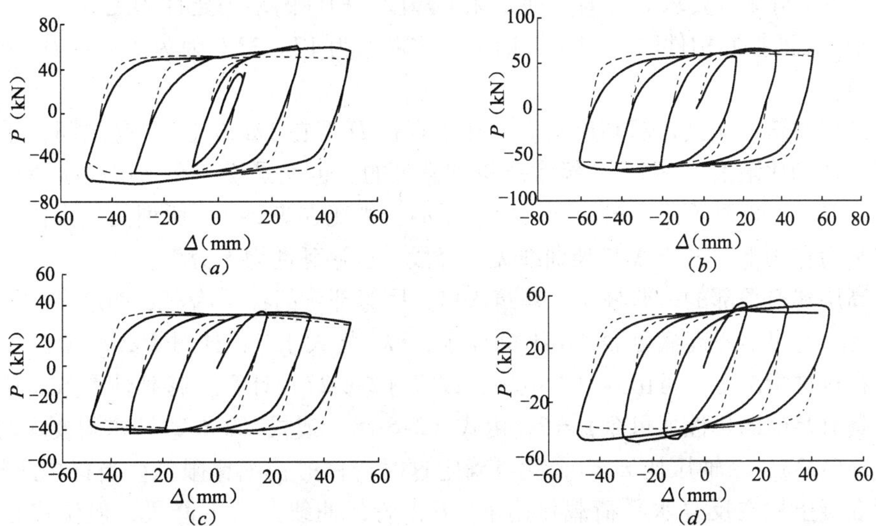

图 2-6-30　理论计算滞回曲线与 1988 年试验结果的比较

(*a*) *Z*-7, *n*=0.5; (*b*) *Z*-8, *n*=0.5; (*c*) *Z*-6, *n*=0.7; (*d*) *Z*-9, *n*=0.35

$$n\lambda^2 \leqslant A \tag{2-6-28}$$

$$A = 11.04 \times (0.018 + 0.026n - 0.012n^2)\frac{E_s - (E_s - E_c)(1-\alpha)^2}{f_{ck}(1-\alpha) + \alpha f_y} \tag{2-6-29}$$

令 $n\lambda^2 = A$、$n=1$，可得长细比 λ 的最大值，列入表 2-6-1 中。

P-Δ 曲线无下降段，n=1 时，λ 的限值　　　　表 2-6-1

钢　材	混凝土	α								
		0.04	0.05	0.08	0.10	0.12	0.14	0.16	0.18	0.20
Q235	C30	23	23	23	23	23	23	23	23	23
	C40	21	22	22	22	22	22	22	22	22
	C50	21	21	21	21	21	22	22	22	22
	C60	19	20	20	20	21	21	21	21	21
	C70	19	19	19	20	20	20	20	20	20
	C80	18	18	19	19	19	20	20	20	20
Q345	C30	21	21	21	21	20	20	20	20	20
	C40	20	20	20	20	20	20	19	19	19
	C50	20	19	19	19	19	19	19	19	19
	C60	19	19	19	19	19	19	19	19	19
	C70	18	18	18	18	18	18	18	18	18
	C80	17	17	18	18	18	18	18	18	18
Q390	C30	21	21	20	20	20	19	19	19	19
	C40	20	20	19	19	19	19	19	18	18
	C50	19	19	19	19	19	18	18	18	18
	C60	18	18	18	18	18	18	18	18	18
	C70	18	18	18	18	18	18	18	18	17
	C80	17	17	17	17	17	17	17	17	17

由表2-6-1可见，要求P-Δ骨架曲线无下降段，构件的动力延性为无穷大，不限制轴压比（$n=1$），而控制构件的长细比λ时，λ的限值为17~23。因为$\lambda=4l/D$，则$l/D=4.25\sim5.75$。

对于高层建筑，尤其是超高层建筑，柱子直径D都在1m以上，l是层间柱子的计算长度，因而长细比限值17~23是经常能得到满足的。也就是说，在高层建筑中采用圆钢管混凝土柱时，可做到不限制轴压比，令柱子的长细比在表2-6-1所列的范围内，则柱子在反复水平力作用下，其P-Δ骨架曲线无下降段，位移延性为无穷大。

但在高层建筑顶部的一些柱子、建筑入口大厅等部分的柱子为三、四层高时、或者工业厂房柱等，有可能不能满足表2-6-1的要求，$n\lambda^2$将大于A，这时P-Δ骨架曲线将出现下降段。在这种情况下，可由式（2-6-26）或式（2-6-27）计算位移延性系数μ值。为了保证柱子具有足够的延性，可令$\mu=5$，由式（2-6-26）或式（2-6-27）求得要求的α_d值，再由式（2-6-23），令轴压比$n=1$，就可确定这时构件的长细比限值。当符合此限值时，说明钢管混凝土柱在反复水平荷载作用下，P-Δ骨架曲线虽有下降段，但位移延性系数$\mu\geqslant5$，可以满足要求。

即由式（2-6-26），$\mu=5.2+32.5\alpha_d-0.15/\alpha_d=5$，可解得：$\alpha_d=0.071>-0.126$

然后由式（2-6-23），令$n=1$，得：

$$\alpha_d=0.036832-0.104\lambda^2\frac{f_{ck}(1-\alpha)+\alpha f_y}{E_s-(E_s-E_c)(1-\alpha)^2}$$

由此可求出构件的长细比限值，列入表2-6-2中。

P-Δ有下降段，$n=1$，$\mu=5$时，λ的限值　　表2-6-2

钢材	混凝土	α								
		0.04	0.05	0.08	0.10	0.12	0.14	0.16	0.18	0.20
Q235	C30	40	40	40	40	40	40	40	39	39
	C40	37	37	38	38	38	38	38	38	38
	C50	35	36	36	36	37	37	37	37	37
	C60	33	34	35	35	35	36	36	36	36
	C70	32	32	33	34	34	34	35	35	35
	C80	31	31	32	33	33	33	34	34	34
Q345	C30	37	37	36	35	35	35	34	34	34
	C40	35	35	34	34	34	34	33	33	33
	C50	33	33	33	33	33	33	33	33	32
	C60	32	32	32	32	32	32	32	32	32
	C70	31	31	31	31	31	31	31	31	31
	C80	29	30	30	30	30	31	31	31	31
Q390	C30	36	36	35	34	34	33	33	32	32
	C40	34	34	33	33	32	32	32	32	31
	C50	33	33	32	32	32	32	31	31	31
	C60	31	31	31	31	31	31	31	31	31
	C70	30	30	30	30	30	30	30	30	30
	C80	29	29	29	29	29	29	29	29	29

由表2-6-2列值可见，这时λ的限值为29~40，对应的$l/D=7.25\sim10$，在很多情况下，也是不难满足的。如实在不能满足，则应适当限制轴压比。所谓不能满足，即柱子的

长细比 $\lambda>29\sim40$，这时柱子的实际承载力比强度极限承载力低一个 φ 值（柱子的轴压稳定系数），实际上的轴压比 $n=\varphi$，可据此以计算延性系数 μ 值。

以上引入的轴压比 n 是理论计算值，即：

$$n=N/(A_{sc}f_{sc}^{y}) \tag{2-6-30}$$

设计中采用的轴压比为：

$$n_0=N/(A_{sc}f_{sc}) \tag{2-6-31}$$

二者之比：

$$\beta=n/n_0=f_{sc}/f_{sc}^{y} \tag{2-6-32}$$

比值 $\beta<1$，即设计轴压比大于理论计算轴压比，β 值列入表 2-6-3 中。

$\beta=f_{sc}/f_{sc}^{y}$ 值　　表 2-6-3

钢 材	混凝土	α									
		0.04	0.05	0.08	0.10	0.12	0.14	0.15	0.16	0.18	0.20
Q235	C30	0.798	0.806	0.818	0.827	0.829	0.833	0.834	0.835	0.834	0.835
	C40	0.786	0.775	0.790	0.797	0.801	0.804	0.805	0.806	0.807	0.807
	C50	0.770	0.775	0.794	0.795	0.800	0.805	0.804	0.805	0.806	0.806
	C60	0.768	0.773	0.787	0.791	0.795	0.798	0.798	0.800	0.795	0.801
	C70	0.768	0.772	0.784	0.789	0.792	0.795	0.796	0.797	0.798	0.799
	C80	0.767	0.771	0.781	0.786	0.789	0.792	0.792	0.793	0.794	0.794
Q345	C30	0.810	0.820	0.831	0.837	0.838	0.838	0.839	0.836	0.835	0.832
	C40	0.782	0.790	0.804	0.808	0.811	0.812	0.811	0.810	0.809	0.804
	C50	0.781	0.791	0.803	0.807	0.809	0.810	0.810	0.809	0.807	0.803
	C60	0.780	0.786	0.798	0.802	0.804	0.804	0.804	0.804	0.801	0.799
	C70	0.778	0.784	0.795	0.799	0.801	0.801	0.801	0.801	0.799	0.796
	C80	0.776	0.781	0.792	0.795	0.797	0.798	0.798	0.797	0.795	0.793
Q390	C30	0.812	0.817	0.827	0.830	0.832	0.830	0.830	0.829	0.826	0.823
	C40	0.783	0.789	0.802	0.805	0.806	0.805	0.805	0.803	0.800	0.796
	C50	0.782	0.790	0.801	0.804	0.805	0.805	0.804	0.803	0.800	0.790
	C60	0.781	0.786	0.796	0.800	0.800	0.800	0.799	0.798	0.795	0.790
	C70	0.779	0.784	0.793	0.797	0.799	0.798	0.797	0.796	0.794	0.789
	C80	0.776	0.781	0.791	0.793	0.794	0.794	0.793	0.792	0.790	0.787

按照设计轴压比 n_0 分析时，求 P-Δ 关系曲线无下降段的长细比限值，只要把式（2-6-28）中的 n 用 βn_0 代替，并令 $n_0=1$，即可求得 P-Δ 骨架曲线无下降段而设计轴压比 $n_0=1$ 时的构件长细比限值，列入表 2-6-4 中。这时 λ 限值为 19～26，对应的长细比 $l/D=4.75\sim6.5$。

P-Δ 无下降段，$n_0=1$ 时，λ 的限值　　表 2-6-4

钢 材	混凝土	α								
		0.04	0.05	0.08	0.10	0.12	0.14	0.16	0.18	0.20
Q235	C30	26	26	25	25	25	25	25	25	25
	C40	24	24	24	24	24	24	24	24	24
	C50	23	23	23	24	24	24	24	24	24
	C60	22	22	22	23	23	23	23	23	23
	C70	21	22	22	22	22	22	22	23	23
	C80	20	20	21	21	21	22	22	22	22

续表

钢材	混凝土	α								
		0.04	0.05	0.08	0.10	0.12	0.14	0.16	0.18	0.20
Q345	C30	24	23	23	22	22	22	22	22	21
	C40	23	22	22	22	22	21	21	21	21
	C50	22	22	21	21	21	21	21	21	21
	C60	21	21	21	21	21	21	21	21	21
	C70	20	20	20	20	20	20	20	20	20
	C80	19	19	19	20	20	20	20	20	20
Q390	C30	23	23	22	22	22	21	21	21	20
	C40	22	22	21	21	21	21	21	20	20
	C50	21	21	21	21	20	20	20	20	20
	C60	20	20	20	20	20	20	20	19	19
	C70	20	20	19	19	19	19	19	19	19
	C80	19	19	19	19	19	19	19	19	19

当不满足此要求时，可由式（2-6-26）和式（2-6-23），按 P-Δ 骨架曲线有下降段，令 $n_0=1$，要求位移延性系数 $\mu=5$，算出各种情况时构件的长细比限值，列入表2-6-5中。这时 λ 的限值为33～34，对应的 l/D 为8.25～11。这时构件的稳定承载力 $\varphi f_{sc}A_{sc}$，φ 值约为0.95，则构件的实际轴压比为0.95，应按 $n_0=0.95$ 来计算 α_d 和 μ 值，得到的延性系数 μ 将大于5。例如Q345钢材，C30混凝土，构件的 $\alpha=0.05$ 时，$\mu=5.12$；$\alpha=0.1$ 时，$\mu=5.17$；$\alpha=0.15$ 时，$\mu=5.23$；$\alpha=0.2$ 时，$\mu=5.28$。Q345和C60的构件，$\alpha=0.05$ 时，$\mu=5.28$；$\alpha=0.15$ 时，$\mu=5.29$。

P-Δ 有下降段，$n_0=1$，$\mu=5$ 时，λ 的限值 　　**表2-6-5**

钢材	混凝土	α								
		0.04	0.05	0.08	0.10	0.12	0.14	0.16	0.18	0.20
Q235	C30	44	44	44	44	43	43	43	43	43
	C40	42	42	42	42	42	42	42	42	42
	C50	40	40	41	41	41	41	41	41	41
	C60	38	38	39	39	39	40	40	40	40
	C70	38	38	38	38	38	38	39	39	40
	C80	36	36	37	37	37	37	37	38	38
Q345	C30	41	40	39	39	38	38	37	37	37
	C40	39	39	38	38	37	37	37	37	37
	C50	38	37	37	37	37	36	36	36	36
	C60	36	36	36	36	36	36	36	35	35
	C70	35	35	35	35	35	35	35	35	35
	C80	34	34	34	34	34	34	34	35	35
Q390	C30	40	39	38	37	37	36	36	36	35
	C40	38	37	37	36	36	36	35	35	35
	C50	37	37	36	35	35	35	35	35	34
	C60	35	35	35	34	34	34	34	34	34
	C70	34	34	34	34	34	34	34	34	34
	C80	34	34	34	33	33	33	33	33	33

为了进一步证实上面导得的公式的正确性，进行了侧向力反复循环荷载试验，试件情况列入表2-6-6，钢材的 f_y 皆为348MPa，采用设计轴压比 $n_0=1$，表中 N 是施加的轴向压力，$N=N_0=A_{sc}f_{sc}$。

$n_0 = 1.0$ 的试验结果　　表 2-6-6

试　件	尺　寸	f_{cu} (MPa)	λ	$N_0 = A_{sc}f_{sc}$ (kN)	N (kN)	$n\lambda^2$	A	μ_{test}	$n_0 = N/N_0$
1-1a	ϕ104×2	23	23	365.3	366.8	529	464	9.2	1.0
1-1b	ϕ104×2	23	23	365.3	366.8	529	464	26	1.0
2-1a	ϕ104×2	32	22	405.21	406.6	484	425	10.44	1.0
2-1b	ϕ104×2	32	22	405.21	406.6	484	425	14.29	1.0
1-2a	ϕ106×3	23	23	492.42	494.0	529	433	39.25	1.0
1-2b	ϕ106×3	23	23	492.42	494.0	529	433	15.45	1.0
2-2a	ϕ106×3	32	22	527.72	529.3	484	406	—	1.0
2-2b	ϕ106×3	32	22	527.72	529.3	484	406	23.3	1.0

所有试件 $n\lambda^2 > A$，属于有下降段。取 $n_0 = 1$，测得延性系数 $\mu_{test} > 9$。证明只要控制长细比为一定值时，可以做到不限制构件的轴压比。图 2-6-31 为试验曲线。

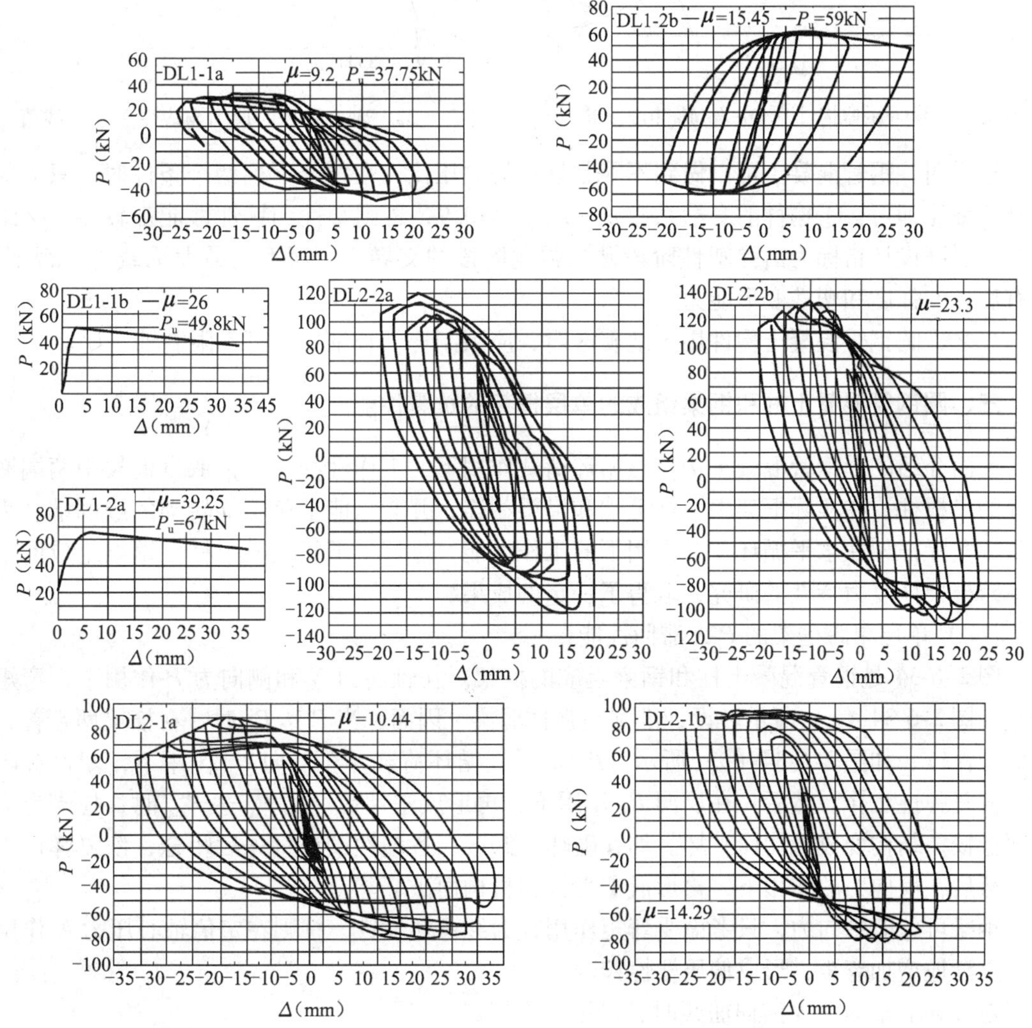

图 2-6-31　试验曲线

图2-6-32是钢管混凝土压弯构件N/N_0-M/M_0的相关关系曲线，虚线为理论计算曲线，设计公式采用了实线关系。由图可见，当轴心压力$N=N_0$时，构件尚有一定的受弯承载能力，如图水平线所示。设计中采用的轴压比按$N_0=A_{sc}f_{sc}$计算，在图中$N/N_0=1$之下，因而构件具有的抗震能力将更大一些。

图2-6-33为钢管混凝土轴心受压时的平均应力与纵向应变的典型关系曲线。组合轴压强度标准值f_{sc}^{y}是取对应于纵向应变为3000$\mu\varepsilon$时的平均应力值，在此以后，仍有不低于$\varepsilon=10\%$的应变能力。

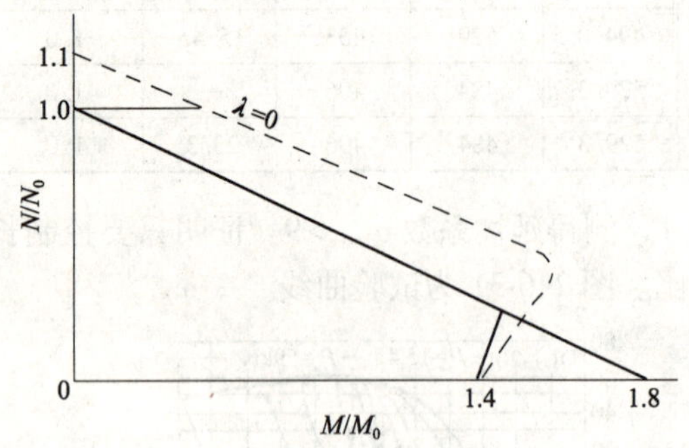

图2-6-32　压弯构件N/N_0-M/M_0相关曲线

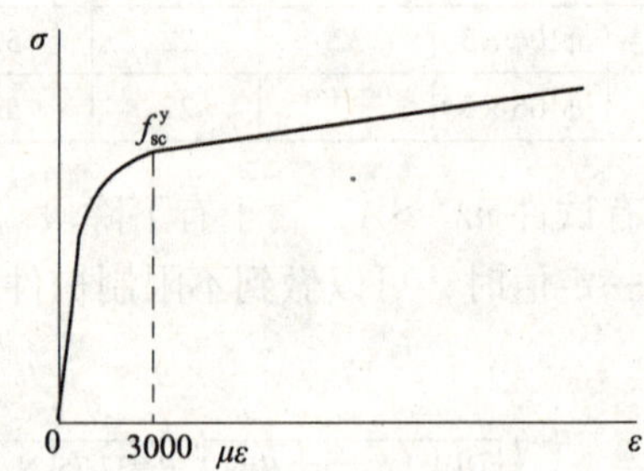

图2-6-33　轴心受压时应力与应变关系曲线值

这说明，钢管混凝土可以做到不限制柱子的轴压比，在符合下列两个条件时，只需要控制长细比即可：①构件的套箍系数$\xi=\alpha f_y/f_{ck}\geqslant0.9$，否则塑性和韧性性能都较差；②组合抗压强度设计指标为由弹塑性阶段进入强化阶段的交界点，而不是最大承载力，否则，没有后备的强度和塑性变形能力。

总之，圆钢管混凝土构件用于地震区时，应限制构件长细比而可不限制轴压比。

三、圆钢管混凝土柱和钢梁组成的单层框架的抗震性能

前面介绍的圆钢管混凝土构件在循环荷载作用下的工作性能，构件取自框架中两端嵌固柱的半根柱。在实际框架中，柱上端和横梁相连，并非只能平移不能转动的嵌固端。为了掌握实际框架在水平循环荷载作用下的工作性能，进行了钢管混凝土柱和钢梁组成的单层单跨框架恢复力特性的研究，取得了一定的成果。

（一）单层单跨框架的P-Δ滞回性能

图2-6-34是钢管混凝土柱和钢梁组成的框架。在轴向力N和侧向力P作用下，弯矩分布如图2-6-34（a）所示。设计准则是强柱弱梁，因而，当P达P_1时，在横梁两端首先形成塑性铰，如图2-6-34（b）所示。P_1是反复循环荷载，在反向P_1作用下，塑性铰闭合，恢复弹性工作。然后，在反向P_1作用下，再形成塑性铰。当P_1达P_{max}时，柱脚也形成塑性铰，结构变成机构而破坏。如在破坏前卸载，各塑性铰都将先后闭合，恢复弹性工作，然后在反向力的作用下，再形成塑性铰和机构而破坏。

钢梁可忽略轴向力，只考虑受弯矩作用，为纯弯塑性铰。柱则在定值轴心压力N作用下，逐渐地增加弯矩，形成偏压塑性铰。

在推导框架的P-Δ滞回曲线时，采用下列假定：

（1）构件截面的应变符合平截面假设；

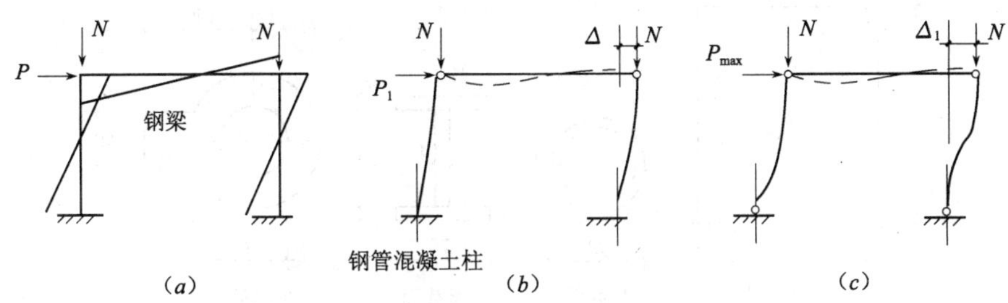

图 2-6-34　单层框架在侧向力作用下的受力过程

(2) 柱中核心混凝土与钢管变形协调;

(3) 剪切变形很小，忽略不计;

(4) 框架只有平面内的荷载和变形;

(5) 钢管不发生局部屈曲。

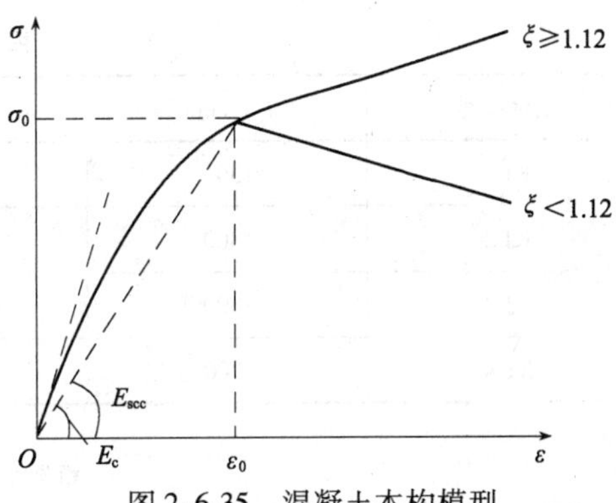

图 2-6-35　混凝土本构模型

钢材采用双折线本构模型（本章第六节之一），管内混凝土的本构模型如图 2-6-35 所示，其数学表达式从略，参见参考文献[2]第 203 页。它的适用范围包括普通混凝土和 C60 ~ C90 高强混凝土。

有了钢材和管内混凝土的本构关系后，采用有限元法分析和计算框架体系的侧向力-位移骨架曲线和滞回曲线。

沿截面划分单元（图 2-6-36），假定每一单元的应力为均匀分布，再沿杆件长度划分单元，以考虑塑性沿杆长的变化。通过单元分析，建立刚度矩阵，给出有关矩阵和节点内力向量的表达式。同时考虑了框架大变形引起的二阶效应和节点刚域的影响，采用位移增量法求解非线性的增量方程，即得外力与位移的全过程曲线。详细内容参见参考文献[2]第 203 ~210 页。

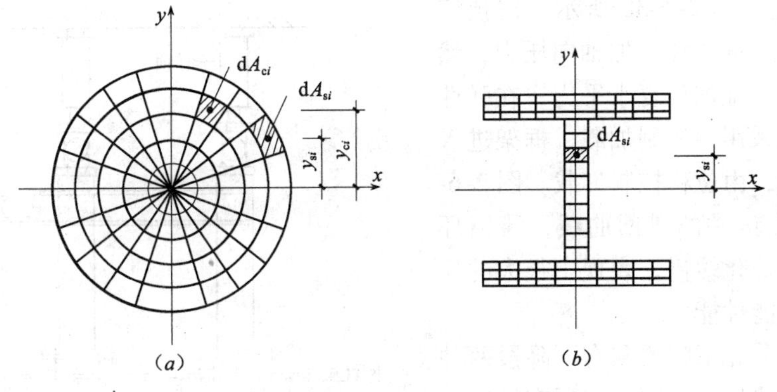

图 2-6-36　截面划分单元

(a) 钢管混凝土截面划分; (b) 钢梁截面划分

为了验证上述计算是否正确，1997 年进行了 4 个钢管混凝土柱和钢梁的单跨框架的试验。图 2-6-37 和表 2-6-7 为试件尺寸和截面形式，表 2-6-8 为框架材料的基本性能。

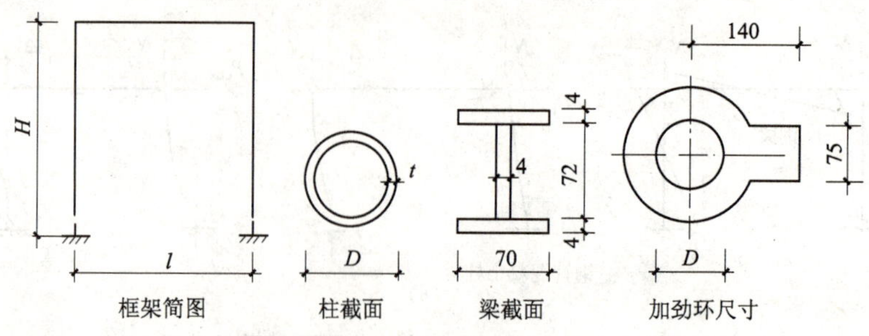

图 2-6-37 试件截面和尺寸

框架构件尺寸 **表 2-6-7**

试件编号	l（mm）	H（mm）	D（mm）	t（mm）
KJ-1	1300	885	130	2.5
KJ-2	1300	885	130	2.5
KJ-3	1300	885	135	5
KJ-4	1300	1545	135	5

框架材料的基本性能 **表 2-6-8**

试件编号	梁钢材 f_y（MPa）	梁钢材 E_s（MPa）	柱钢材 f_y（MPa）	柱钢材 E_s（MPa）	混凝土 f_{cu}（MPa）	理论轴压比
KJ-1	225	1.806×10^5	265	2.14×10^5	16.7	0.47
KJ-2	225	1.806×10^5	265	2.14×10^5	16.7	0.56
KJ-3	225	1.806×10^5	265	2.14×10^5	16.7	0.24
KJ-4	225	1.806×10^5	265	2.14×10^5	16.7	0.35

试验装置如图 2-6-38 所示。按预定轴心压力首先对框架柱施加轴向压力，然后由拉压千斤顶施加反复水平力，在弹性工作范围内，采用力控制加载，框架进入弹塑性阶段后，由位移控制加载。图 2-6-39 所示为四个试件的滞回曲线，滞回环很饱满，刚度退化缓慢，表现出很大的延性和很好的吸能性能。

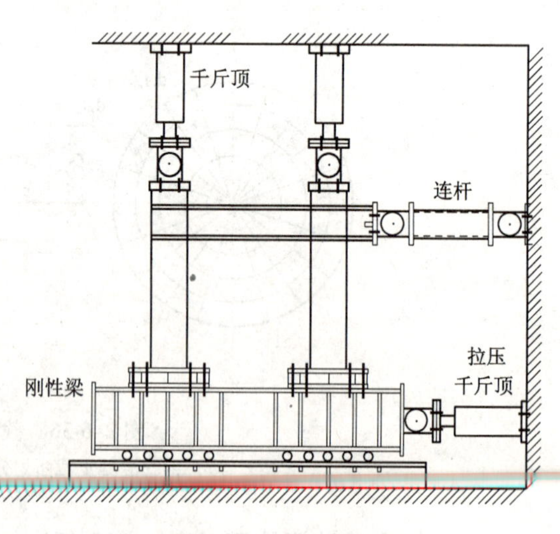

图 2-6-38 试验装置图

滞回曲线分无下降段和有下降段两种情况。影响曲线形状的因素主要有轴压比 n_0、柱的长细比 λ、梁柱线刚度比 K 和梁柱的钢材屈服弯矩比 K_m。图 2-6-40 所示为柱子不同轴压比 n_0 时，框架的骨架曲线。n_0 越大，水平承载力越小，刚度（上升段和下降段）也都越小。只当轴压比很小时，曲线无下降段。与两端固定无转角的框架柱的区别是轴压比对弹性阶段的刚度有影响，随轴压比的增大，上升段的刚度也减小。

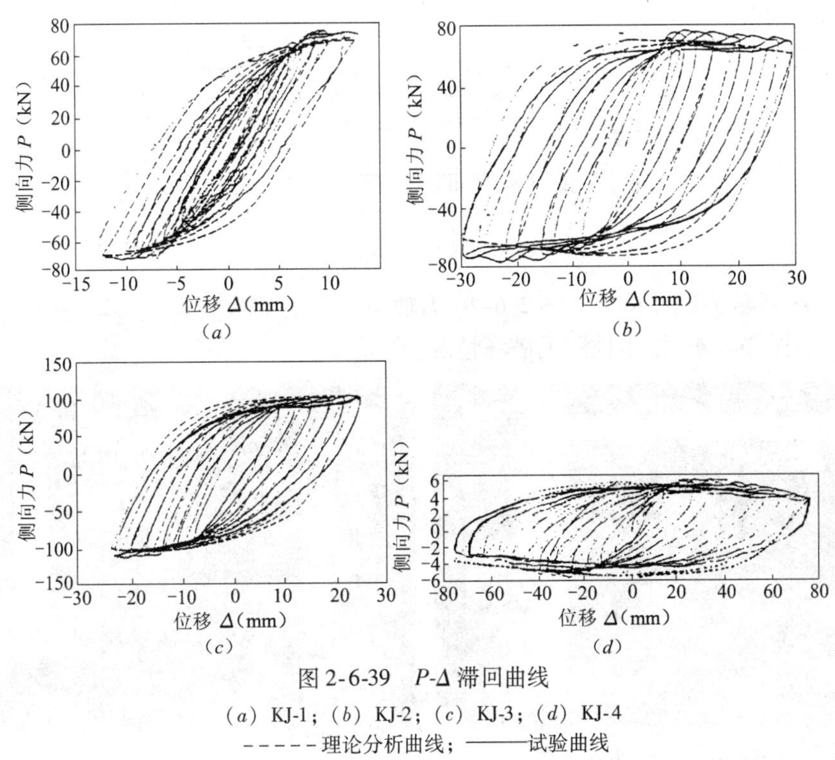

图 2-6-39 P-Δ 滞回曲线

(a) KJ-1；(b) KJ-2；(c) KJ-3；(d) KJ-4

------ 理论分析曲线；———试验曲线

图 2-6-41 所示为柱子长细比 λ 的影响。它的影响和轴压比的影响相同，随着 λ 的增大，既影响了承载力，使承载力下降，也使上升和下降段的刚度降低。

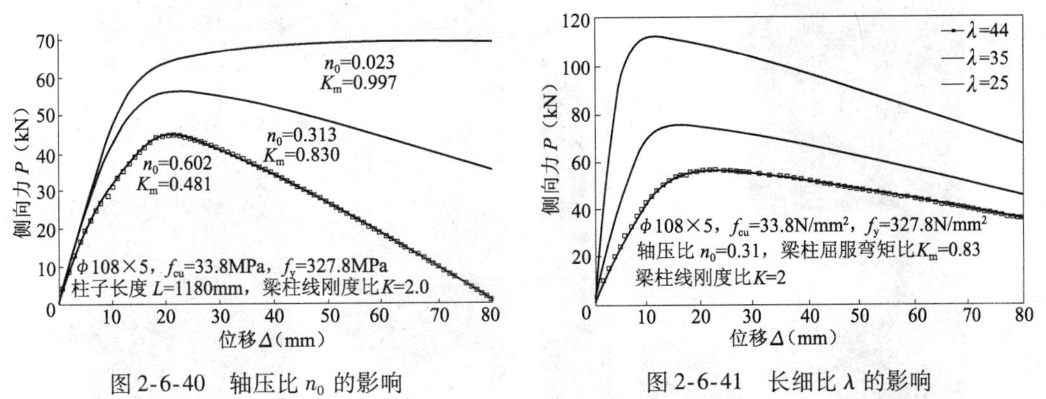

图 2-6-40 轴压比 n_0 的影响　　　　图 2-6-41 长细比 λ 的影响

梁柱线刚度比反映了横梁对柱的约束程度，图 2-6-42 所示为不同 K 值的影响。当 $K \to \infty$ 时，相当于两端固定无侧移的框架柱。梁柱线刚度比影响了承载力和上升段的刚度，而对下降段的影响很小，对承载力的影响远比对上升段刚度的影响小。当 K 在 2 和 ∞ 之间变化时，水平承载力只提高了 4.1%。

梁柱屈服弯矩比 K_m 的影响与轴压比的影响类似，参见图 2-6-40。

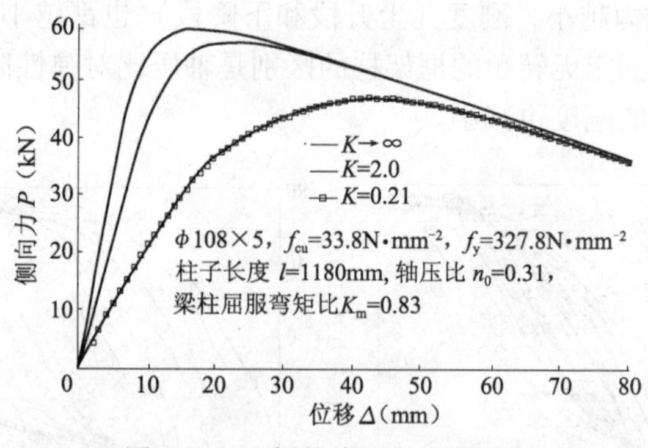

图 2-6-42 梁柱线刚度比的影响

图 2-6-43 所示为试件情况，图 2-6-44 为轴向力 N 的加载装置，图 2-6-45 为横梁翼缘破坏情况，而图 2-6-46 则为柱脚的破坏情况。

图 2-6-43 试件情况

图 2-6-44 轴向力 N 加载装置

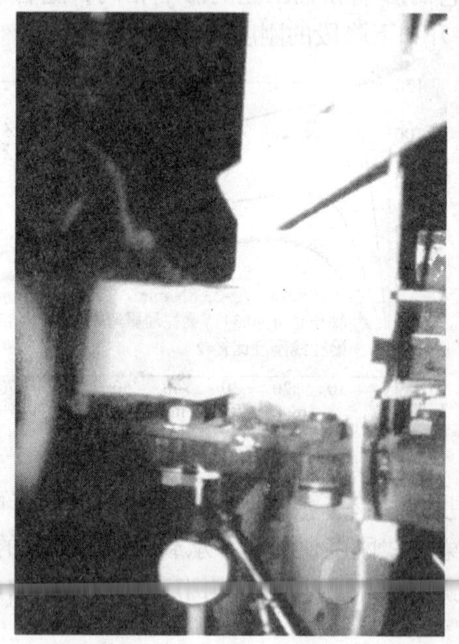

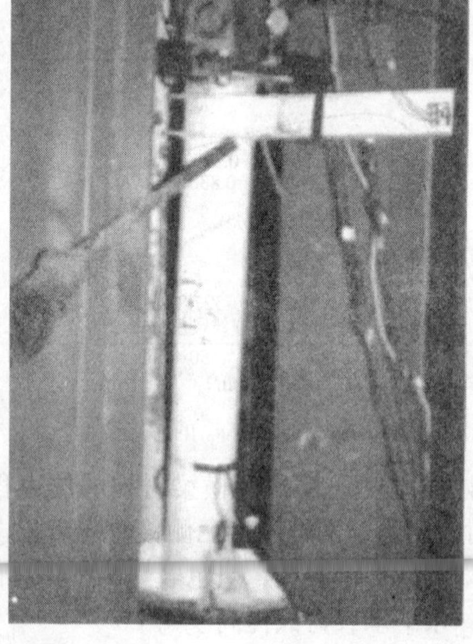

图 2-6-45 横梁翼缘破坏情况

图 2-6-46　柱脚破坏情况

（二）单层单跨框架恢复力模型

根据以上的分析和试验，分别采用双线型和三线型模型代表无下降段和有下降段的情况。在确定模型参数的简化计算公式时，先按二阶分析法确定参数公式，再根据精确的非线性分析结果对参数作了修正。

1. 双线型模型（图 2-6-47a）

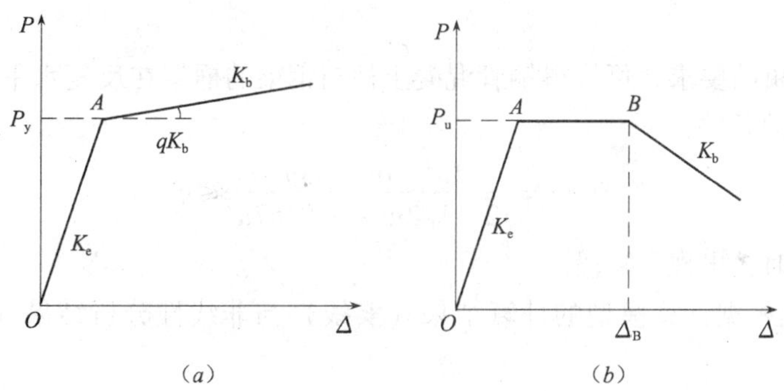

图 2-6-47　恢复力模型

弹性阶段刚度 K_e：

$$K_e = \phi_1(u,k)\frac{3E_{sc}I_{sc}}{l^3} \tag{2-6-33}$$

$$\phi_1(u,k) = \frac{12 - 5.2u^2 + 0.15u^4 + k(36 - 3.6u^2)}{12 + 9K - 0.4u^2} \tag{2-6-34}$$

$$u = l\sqrt{\frac{N}{E_{sc}I_{sc}}} \tag{2-6-35}$$

式中　l——框架柱的长度；

K——梁与柱的线刚度比；

u——轴向荷载参数。

强化阶段刚度 K_b：

$$K_b = \phi_2(u,q)\frac{3E_{sc}I_{sc}}{l^3} \tag{2-6-36}$$

$$\phi_2(u,q) = \frac{q(12-5.2u^2+0.0167u^4)-0.1333u^2(30-u^2)}{12-0.4u^2} \tag{2-6-37}$$

$$q = 0.02+0.03n_0-0.012n_0^2 \tag{2-6-38}$$

式中　q——强化系数。

屈服荷载 P_y：

$\lambda>35$ 或 $n_0>n_p$ 时（n_0 是轴压比）

$$P_y = P_u\left(1-\frac{2N}{K_e l+N}\right) \tag{2-6-39}$$

其他情况

$$P_y = P_u \tag{2-6-40}$$

$$n_p = 0.9-0.02\lambda \tag{2-6-41}$$

$$P_u = \frac{2\times 2M_y}{l} \tag{2-6-42}$$

式中　P_u——按一阶刚-塑性理论确定的框架水平极限承载力。

2. 三线型模型（图 2-6-47*b*）

弹性阶段刚度 K_e 和下降段刚度 K_b 同上，P_u 也同前，下降段起点位移 Δ_B 为：

$$\Delta_B = \frac{2P_y}{K_e+N/l} \tag{2-6-43}$$

3. 判别式

根据刚度非负的要求，可导得钢管混凝土柱与钢梁的框架在反复水平荷载作用下，骨架曲线无下降段的条件：

$$f(u) = \frac{4u^2-0.1333u^4}{12-1.2u^2+0.0167u^4} \leqslant q \tag{2-6-44}$$

当 $f(u)>q$ 时，出现下降段。

图 2-6-48 是根据计算模型的计算结果（实线）与非线性分析结果（虚线）的比较，吻合较好。

（三）框架柱的轴压比

要求框架在水平荷载作用下 P-Δ 骨架曲线无下降段，由式（2-6-44），令 $f(u)=q$，要求 $n=1$ 时，求出 u 值。由式（2-6-35）：

$$u = l\sqrt{\frac{N}{E_{sc}I_{sc}}} = l\sqrt{\frac{N}{E_{sc}A_{sc}i_{sc}^2}} = \lambda\sqrt{\frac{\sigma_{sc}}{E_{sc}}}$$

得

$$\lambda = \sqrt{\frac{E_{sc}}{\sigma_{sc}}}\cdot u \tag{2-6-45}$$

考虑到标准轴压比和设计轴压比的关系，令设计轴压比等于 1，同样可导得钢管混凝土框架柱的长细比限值。这里考虑了计算位移时应按标准荷载计算的差别，式（2-6-45）中 σ_{sc} 取 $0.8f_{sc}$，长细比限值列入表 2-6-9 中。

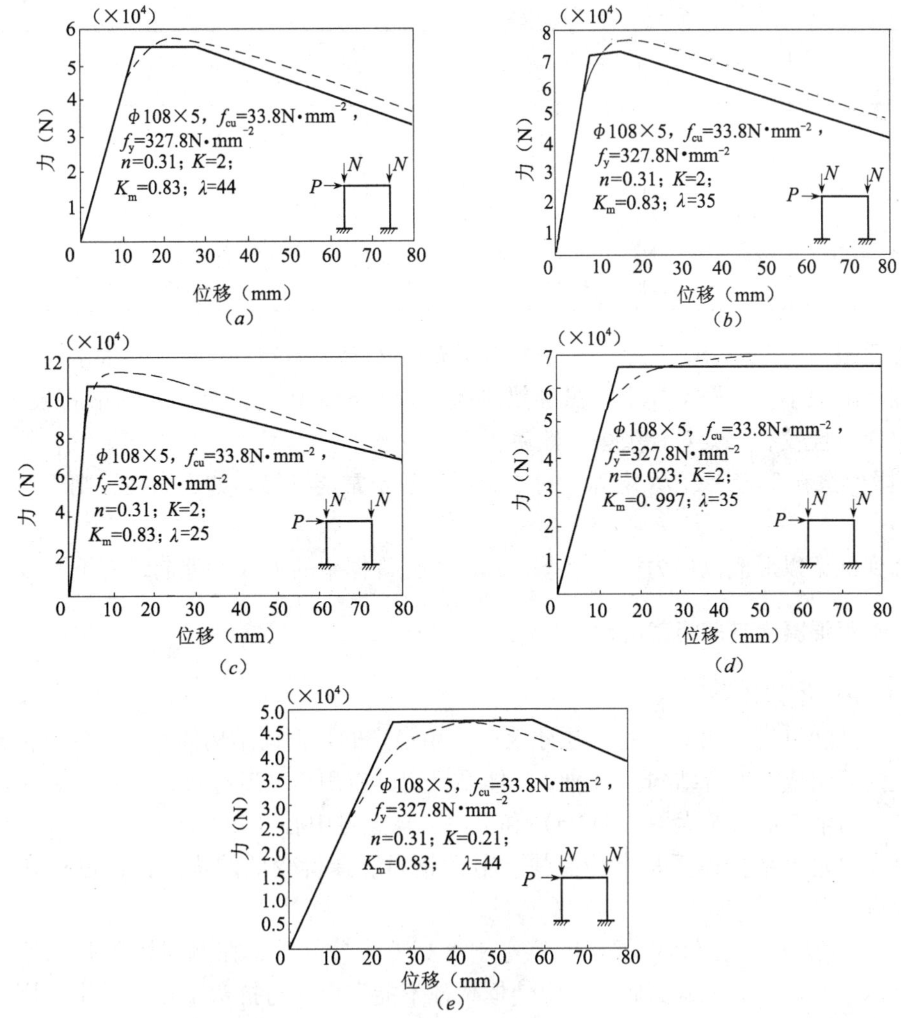

图 2-6-48　计算结果与非线性分析结果比较

P-Δ 无下降段，框架柱的长细比限值　　　　**表 2-6-9**

钢　材	混凝土	α								
		0.04	0.05	0.08	0.10	0.12	0.14	0.16	0.18	0.20
Q235	C30	13	13	14	14	14	14	14	14	15
	C40	13	13	14	14	14	14	14	15	15
	C50	13	13	14	14	14	14	14	14	14
	C60	13	13	14	14	14	14	14	14	14
	C70	13	13	14	14	14	14	14	14	14
	C80	13	13	13	14	14	14	14	14	14
Q345	C30	11	12	12	12	12	12	13	13	13
	C40	11	12	12	12	12	12	13	13	13
	C50	11	12	12	12	12	12	12	13	13
	C60	11	12	12	12	12	12	12	13	13
	C70	11	12	12	12	12	12	12	13	13
	C80	11	11	12	12	12	12	12	13	13

续表

钢　材	混凝土	α								
		0.04	0.05	0.08	0.10	0.12	0.14	0.16	0.18	0.20
Q390	C30	11	11	11	12	12	12	12	12	12
	C40	11	11	11	12	12	12	12	12	12
	C50	11	11	11	12	12	12	12	12	12
	C60	11	11	11	12	12	12	12	12	12
	C70	11	11	11	12	12	12	12	12	12
	C80	11	11	11	12	12	12	12	12	12

长细比限值为11～15，则柱子的长径比l/D为2.75～3.75，比柱上端固端不产生转角时的长细比限值小。因框架柱上端虽和梁刚接，但当框架产生侧移时，柱端将发生转角，待梁端出现塑性铰后，梁对柱失去了约束。

l/D限值虽在2.75～3.75之间，对于高层建筑也常能满足。如不满足，则应适当控制轴压比。

考虑到框架以形成机构为极限状态，因而不允许框架的P-Δ骨架曲线有下降段。

四、钢管混凝土空间桁架的动力性能

（一）空间桁架体系

20世纪七八十年代开始，在高层建筑中采用最广的是框筒结构体系——由钢框架和钢筋混凝土内筒组成的混合结构。这种结构体系目前已应用于高度超过三四百米的超高层建筑中，如上海浦东的金茂大厦（383m）和上海环球金融中心（492m）。

这种高层建筑结构体系具有施工快、节约钢材、造价较低的优点，但也存在一些问题。主要有：

（1）钢筋混凝土内筒和钢框架的抗弯刚度相差十分悬殊，在侧向风荷载和地震作用下，整个体系满足不了平截面假设，致使框架柱不能完全参与抗弯工作。为了提高框架柱参与整体抗侧向荷载的作用，必须沿高度设置多个刚度很大的伸臂刚架。这样，既多费了钢材，又增加了结构的复杂性，增加了施工的困难。

（2）在强大的侧向荷载作用下，钢筋混凝土内筒受拉区必将开裂，刚度将迅速下降，这种情况对整个结构体系工作的影响尚未进行足够的研究。

（3）钢筋混凝土内筒必须从基础开始在现场浇灌混凝土，自下而上，常成为高层建筑施工进度的滞后环节，影响建造速度，对地下各层更不能采用全逆作法施工。

（4）钢筋混凝土内筒自重很大，增加基础负担，也增加了基础构造的复杂性，提高了基础造价。

克服上述缺点，可采用钢框架加剪力墙的结构体系或钢框架加钢支撑的结构体系。但对于超高层建筑，框剪体系的抗侧移刚度很难满足要求。较好的方法是采用钢管混凝土空间桁架式内筒，这种内筒由密排钢管混凝土柱组成空间桁架。在1999年竣工的深圳赛格广场大厦72层建筑中已经采用，由于内筒刚度仍感不足，在筒内再加了一些钢筋混凝土剪力墙，后者可以随后浇筑，不影响整个施工进度。

（二）空间桁架的构造及模型试验

某31层大酒店为双筒连体结构，高86m，图2-6-49为结构平面图。中心为8根钢管混凝土柱组成的空间桁架体系内筒，外部是由两圈钢管混凝土柱与钢梁组成的框架。内筒的构造是每两根钢管混凝土柱加横杆组成平腹或多层框架，共4片框架，再用人字形斜腹杆将4片多层框架相连，组成八边形空间体系。实际上是一个混合结构体系，由框架加桁架组成，如图2-6-50所示。该工程因资金问题，最后未能完成，但设计阶段对内筒进行了静力和伪动力试验。

试验模型采用了1∶6.2比例。模型高13.95m，八根柱$\phi 114\times 4.5$，管内混凝土C19.5，框架部分的平腹杆为∟45×5，桁架部分的斜腹杆为∟25×4，横杆也用∟25×4。钢管钢材的屈服点$f_y=402$MPa，角钢∟45×5的屈服点$f_y=303$MPa，角钢∟25×4的屈服点$f_y=339$MPa。

1. 试验内容和方法

垂直荷载通过6根7$(t)\phi 5$的钢绞线用JM锚具，放在试件顶部截面中心处，下端固定在台座上，上端固定在试件顶端横梁上，从顶端张拉锚定，对试件施加预应力以代替垂直荷载，水平荷载采用拉压作动器分别在第15层和第30层施加，图2-6-51所示为试验情况。

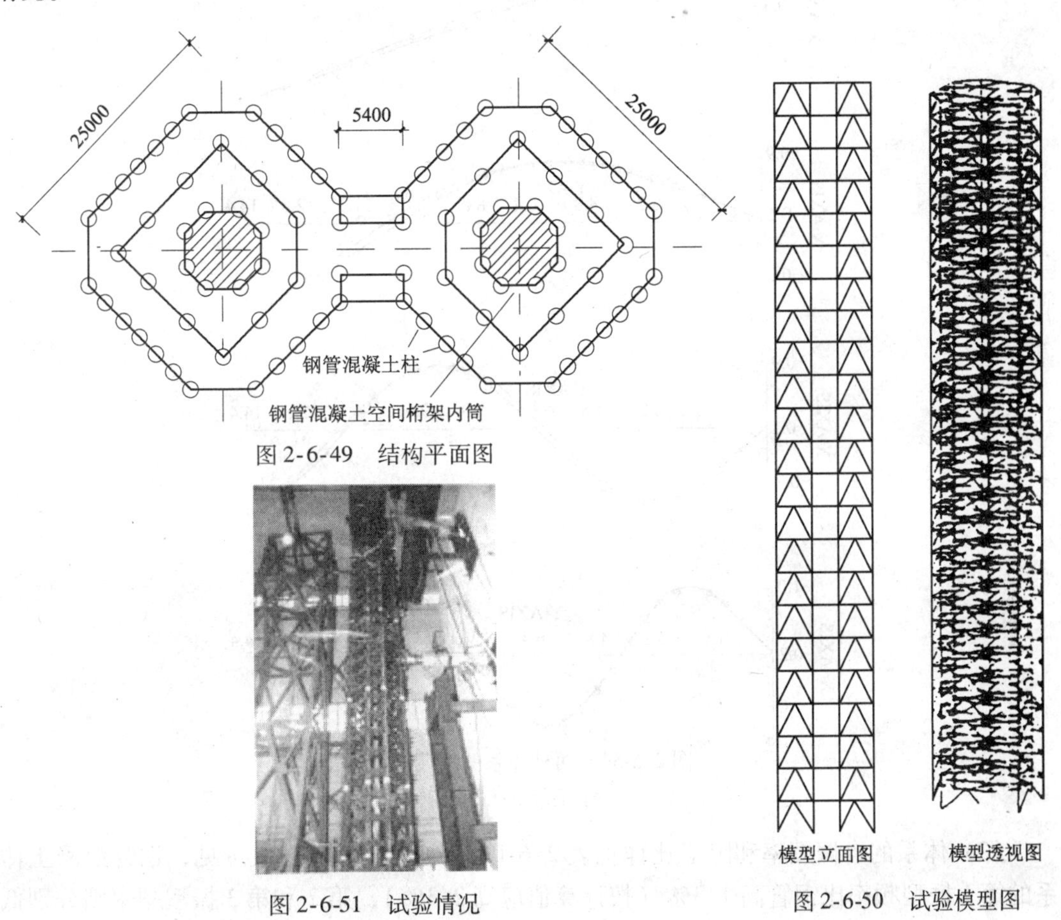

图2-6-49　结构平面图

图2-6-51　试验情况

图2-6-50　试验模型图

试验分两阶段进行。首先对空钢管体系加载，进行试验，然后浇灌管内混凝土，再进行钢管混凝土体系的试验。

试验包括两部分内容：

（1）测定体系的动力特性，振型、频率和阻尼；

（2）伪动力试验，测定地震作用下的位移和 P-Δ 滞回性能。

为了利用一个试件进行空钢管体系和钢管混凝土体系两种试验，动力试验先做空钢管体系试验，灌混凝土后再做钢管混凝土体系试验。只对钢管混凝土体系进行了地震波作用下的 P-Δ 反复加载试验，直至破坏。

用电阻应变片测定主要杆件的轴向应变，用电阻位移计测定沿高度的位移，同时用X-Y函数仪直接绘出试件顶点的 P-Δ 滞回曲线。

2. 试验结果

（1）振型实测值与计算值吻合很好，钢管混凝土体系和空钢管体系的振型极为相似，图 2-6-52 所示为第 1 ~ 第 4 振型。

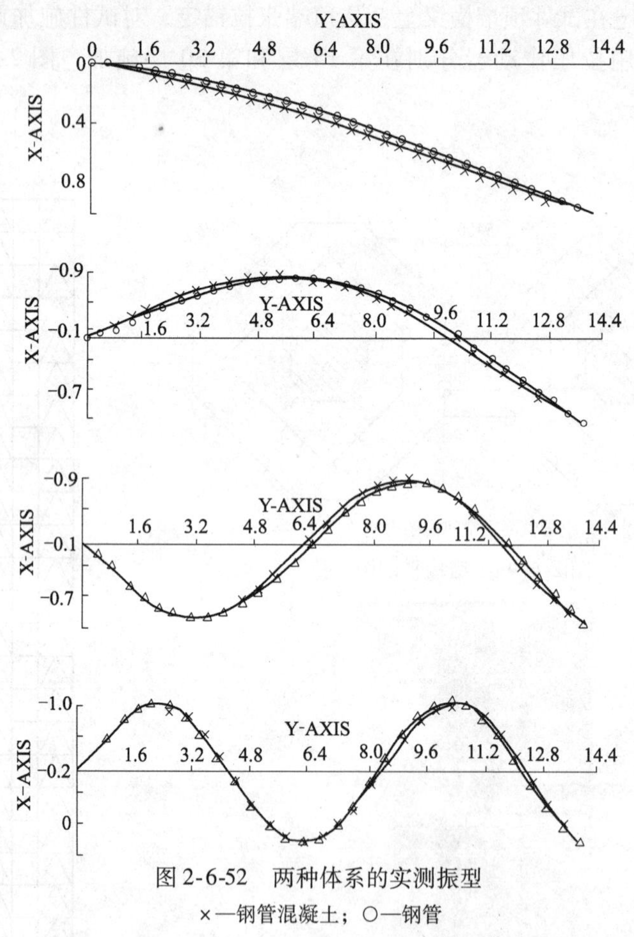

图 2-6-52　两种体系的实测振型

×—钢管混凝土；○—钢管

（2）体系的自振频率和阻尼比详见表 2-6-10 所列。由表列数值可见，钢管混凝土体系的第 1 振型频率比钢管高 1.3%（按计算值应高 2.3%），第 2 和第 3 振型频率则分别低 12.5% 和 26.5%。钢管混凝土体系的阻尼比比钢管体系大 1.5 倍。在第 1 振型中，钢管混凝土体系的位移略大于钢管体系，第 2、3、4 振型中，二者相差都很小。

自振频率和阻尼比测定值 表 2-6-10

结构	自振频率（Hz）			阻尼比
	f_1	f_2	f_3	
钢管混凝土	3.85	14.0	28.4	0.05
钢管体系	3.80	16.0	34.0	0.02

钢管混凝土体系的阻尼比是钢管体系的2.5倍，这说明钢管混凝土结构在相同的条件下，质量虽比钢管结构增大70%，而地震反应却小于钢管结构。

（3）进行了伪动力试验，测定了两种体系在地震波作用下的弹性地震反应。采用了El-Centro地震波，由计算机控制加载和地震反应分析。地震波步长取$\Delta_t=0.03s$，从$t=1s$开始，到5.68s，共156步。位移测定值列于表2-6-11中。

两种体系的位移地震反应 表 2-6-11

结构	第15层位移（mm）	第30层位移（mm）	最大层间位移（mm）
钢管混凝土	23.07	54.48	2.08
钢管体系	29.95	82.07	3.45
差别	-23%	-33.6%	-39.7%

钢管混凝土体系的最大位移反应比钢管体系要晚，最大位移值也小。可见管中灌了混凝土后，有效地降低了地震作用下的位移反应，由此也就减小了体系中的内力反应。

还观察到下列情况：钢管混凝土体系的最大位移反应沿结构高度基本为线性变化，而钢管体系则呈非线性变化；钢管混凝土体系第30层和第15层的最大位移在同一时刻出现，而钢管体系的第15层最大位移的出现比第30层的推迟了0.5s。

（4）最后，对钢管混凝土体系进行了水平荷载反复加载试验，荷载作用于第15层处，采用变位移加载，绘出顶端处P-Δ滞回曲线，如图2-6-53所示（滞回曲线的不对称是因为拉压作动器零点未调中所致）。试验结果得位移延性比$\mu=3.77$。这时，8根柱皆无破坏迹象，靠近中心线的4根柱肢还处于弹性工作阶段。

体系在反复循环荷载作用下，刚度有些退化，如图2-6-54所示，但刚度退化率比钢筋混凝土结构要小得多，且退化也缓慢，这说明抗震性能远优于钢筋混凝土结构。图中刚度退化比K是在同一次加荷过程中，推拉两个方向的荷载绝对值之和与位移绝对值之和的比值。

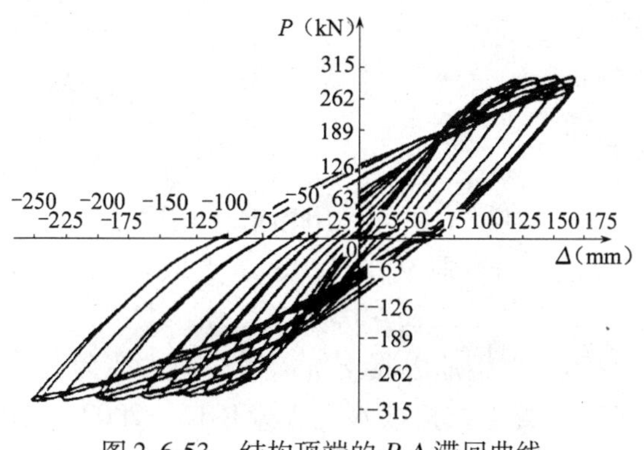

图2-6-53 结构顶端的P-Δ滞回曲线

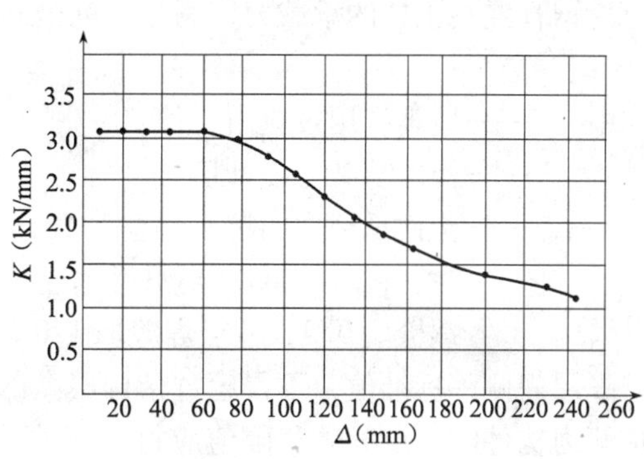

图2-6-54 刚度退化曲线

（5）破坏情况。当水平荷载达198kN时，15层以下（水平荷载作用于第15层）的部分受压斜腹杆发生斜向屈曲，即单角钢斜向丧失稳定，但这时结构整体仍处于弹性工作。随着荷载的反复作用，第15层以下的斜腹杆斜向交替失稳，且随着水平荷载的增加，受拉斜腹杆也开始屈服。这时斜腹杆所受的剪力传给了柱子承担，出现内力重分布，使柱肢成为压弯构件和拉弯构件，结构整体仍为弹性工作。最后 $P_{max}=289.8\text{kN}$ 时，底层柱肢无论是拉肢还是压肢，钢管都屈服。

由破坏过程可见，这是一个桁架和框架组成的混合空间体系，其特点是：首先是属于静定体系的桁架中的人字腹杆，或压屈、或屈服而退出工作，但剩下的框架体系，由于平腹杆和柱肢具有抗弯和抗剪能力，故仍能承受增加的荷载，一直到钢管混凝土柱肢受力最大截面（柱脚处）屈服而形成塑性铰，整个体系才丧失承载力而破坏。

根据以上的试验结果，可得下列结论：

（1）钢管混凝土空间桁架，虽然因灌入混凝土而增大了质量，但阻尼比增加很多，因而地震反应反而比空钢管体系低。

（2）P-Δ 滞回曲线饱满，反映出具有良好的延性和吸能能力。

（3）P-Δ 滞回曲线稳定性好，无明显的刚度退化现象。

（4）即使体系中的桁架腹杆大批地压屈和屈服而退出工作，剩下的框架体系仍能继续承受几乎增加一倍的水平荷载。

由此可见，采用上述钢管混凝土空间桁架作抗侧力内筒，具有良好的抗震性能，远比现浇钢筋混凝土内筒优越，也比钢结构内筒优越。如果抗弯刚度不够，可在筒内和其他适当位置加设一些剪力墙。

五、钢管混凝土柱的抗震验算

在抗震设防区采用的钢管混凝土构件，应按照《建筑抗震设计规范》GB 50011—2001和《高层民用建筑钢结构技术规程》JGJ 99—98（该规范正在修订）中的有关规定进行地震作用效应的验算。一般采用两阶段设计法。第一阶段为多遇地震作用下的弹性分析，验算构件的承载力和稳定以及结构的层间侧移；第二阶段为罕遇地震下的弹塑性分析，采用时程分析法计算结构的弹塑性地震反应。以下介绍多遇地震作用下，钢管混凝土柱及连接考虑地震作用组合时的验算。

1. 多高层建筑中钢管混凝土柱的抗震验算

钢管混凝土柱的承载力应满足下列公式要求：

$$S \leqslant R/\gamma_{RE} \tag{2-6-46}$$

式中 S——地震作用效应组合值；

R——构件承载力设计值；

γ_{RE}——构件承载力的抗震调整系数，对于钢管混凝土柱可采用和钢柱相同的调整系数，$\gamma_{RE}=0.85$；当只考虑竖向效应组合时，取 $\gamma_{RE}=1.0$，节点取0.9，节点螺栓取0.9，节点焊缝取1.0。

层间侧移标准值，不得超过结构层高的1/250。以钢筋混凝土抗震筒或剪力墙为主要抗侧力构件时，层间侧移限值应符合《高层建筑混凝土结构技术规程》JGJ 3—2002的有关规定，见表2-6-12所列，结构的顶点位移和总高度之比 u/H 不宜超过表2-6-13的限值。

层间位移限值 $\Delta u/h$　　　　表 2-6-12

结构类型		风荷载作用下	地震作用下
框架-剪力墙	一般装修标准	1/750	1/650
框架-筒体	较高装修标准	1/900	1/800
筒中筒	一般装修标准	1/800	1/700
	较高装修标准	1/950	1/850
剪力墙	一般装修标准	1/900	1/800
	较高装修标准	1/1100	1/1000

在保证主体结构不开裂和装修材料不出现较大破坏的情况下，可适当放宽。

结构顶点位移限值 $\Delta u/H$　　　　表 2-6-13

结构类型		风荷载作用下	地震作用下
框架-剪力墙	一般装修标准	1/800	1/700
框架-筒体	较高装修标准	1/950	1/850
筒中筒	一般装修标准	1/900	1/800
	较高装修标准	1/1050	1/950
剪力墙	一般装修标准	1/1000	1/900
	较高装修标准	1/1200	1/1100

在罕遇地震作用下抗震验算按《高层民用建筑钢结构技术规程》和《高层建筑混凝土结构技术规程》的有关规定进行。

2. 单层厂房中钢管混凝土柱

采用钢管混凝土柱的单层厂房的抗震要求应符合《建筑抗震设计规范》GB 50011—2001 中的有关规定。

钢管混凝土柱的承载力验算就按公式（2-6-46）进行。

柱的最大长细比不应超过表 2-6-14 的规定。

柱的最大长细比　　　　表 2-6-14

钢号	$n<0.2$	$n>0.2$
$Q235$	120	$150\ (1-n)$
$Q345$	100	$120\ (1-n)$

注：n 为轴压比，$n=N/(A_{sc}f_{sc}^{y})$。

3. 钢管混凝土柱的抗震验算公式

考虑地震作用效应组合值时，钢管混凝土柱各种应力状态下的承载力验算公式汇总如下：

（1）轴心受压构件

$$N_0 \leqslant \varphi A_{sc} f_{sc} / \gamma_{RE} \tag{2-6-47}$$

（2）轴心受拉构件

$$N_t \leqslant A_s k_t f / \gamma_{RE} \tag{2-6-48}$$

（3）受扭构件

$$I_0 \leqslant \gamma_T W_{sc}^{T} f_{sc}^{v} / \gamma_{RE} \tag{2-6-49}$$

（4）受剪构件

$$V_0 \leqslant \gamma_v A_{sc} f_{sc}^{v} / \gamma_{RE} \tag{2-6-50}$$

（5）受弯构件

$$M_0 \leqslant \gamma_m W_{sc} f_{sc} / \gamma_{RE} \tag{2-6-51}$$

复杂应力状态时，公式中的 N_0、N_t、T_0、V_0 和 M_0 一律按以上公式采用。关于节点和焊缝的计算，取各自的 γ_{RE} 值。

第七节 钢管混凝土构件的抗火设计

一、钢管混凝土构件抗火性能研究的重要性

钢材虽为非燃烧材料，但不耐火。当温度为400℃时，钢材的屈服强度将下降一半，达600℃时，基本丧失全部强度和刚度。因此，钢结构如不采取防火措施，一旦发生火灾，将遭到破坏。

钢管混凝土构件由于管内存在混凝土而延长了耐火时间，但如不作防火保护，当火灾发生时，也将发生倒塌事故。

对钢管混凝土构件进行防火设计的内容是：设计构件的防火保护措施，在确定的荷载条件下，满足耐火时间的要求。

防火设计的意义是：

（1）减轻结构在火灾中受到的破坏，避免结构在火灾中局部倒塌造成灭火及人员疏散困难；

（2）避免结构在火灾中整体倒塌造成人员伤亡；

（3）减少火灾后结构的修复费用，缩短灾后结构功能恢复周期，减少间接经济损失。

过去，对钢结构的抗火设计只能通过试验的方法来确定防火保护。此法简单、直观且应用方便。目前，我国的《建筑设计防火规范》GBJ 16—87（2001年版）和《高层民用建筑设计防火规范》GB 50045—95中有关防火措施要求，都是根据燃烧试验结果制定的。

但近二三十年来，由于结构抗火计算与设计理论研究的不断深入，计算机技术的快速发展，可以采用有限元法对结构的抗火性能进行数值分析，使构件抗火设计逐渐趋于完善，可以减少繁重而费用高的防火试验。

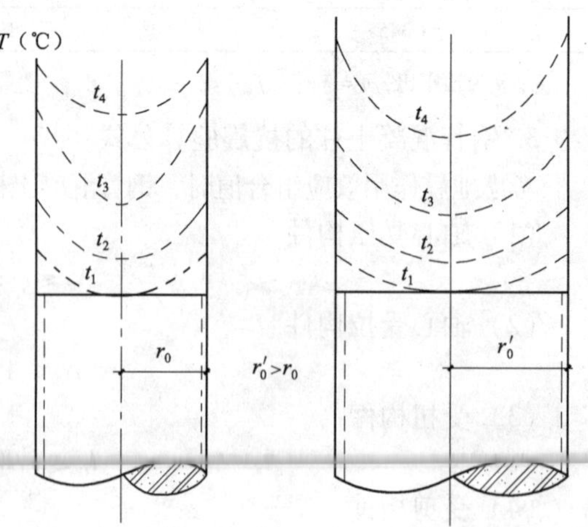

图2-7-1 火灾时钢管混凝土柱截面温度的分布

钢管混凝土抗火性较好的原因是管内存在大量混凝土。混凝土的比热容较钢材的比热容大很多，而钢材的导热系数却比混凝土大很多。钢材的密度虽是混凝土的3倍，但含钢率一般在8%左右，管内混凝土的体积将是钢管的11倍以上，所以发生火灾时，钢管虽升温较快，但管内混凝土升温滞后，且温度沿截面分布很不均匀，因而温度不高的混凝土部分仍具有承载力，使钢管混凝土的耐火时间延长，能经受较长的火灾延续时间而不破坏。图2-7-1为截

面温度分布随时间变化示意图。

用通俗的比喻来解释时，可以水壶烧水相比。薄钢板的水壶在高温下并不熔化，原因是壶内有能吸热的水，水壶钢板只起到传递热量的作用，直到全部水汽化后，水壶才会烧毁。管内混凝土是一巨大的热容库，直径越大，热容量也越大，耐火时间也越长。

钢管混凝土虽具有较好的抗火性能，但迄今从事这方面研究的工作人员并不多。国外从 20 世纪 80 年代开始才有人研究。研究工作较深入的是加拿大国家科学研究院 T. T. Liu 等，研究了不加保护的钢管混凝土柱的抗火性能，进行了 38 个圆形和 8 个方形钢管混凝土受压构件耐火极限的试验。圆形的直径 $D=104\sim106$mm，方形的边长为 152 ~ 305mm，构件的有效长度为 2 ~ 4m，混凝土 28d 的圆柱体抗压强度为 20 ~ 40MPa，钢材屈服强度为 350MPa。试验中所加的轴心压力不大，只考虑核心混凝土单独受压时的轴压承载力。研究结果表明，在火灾情况下，无防火保护的裸钢管混凝土构件，承载力损失较大，常不能满足要求的耐火极限。于是在核心混凝土中配置了一定数量的纵向钢筋或型钢，以提高耐火极限。实际上是多用钢材，降低构件的使用应力来换取耐火极限的提高。T. T. Liu 等还用有限差分法求解钢管混凝土构件的截面温度场分布，然后用数值分析方法计算钢管混凝土轴压构件的耐火极限。计算中，未考虑钢管和混凝土间的相互紧箍作用，计算得到的构件耐火极限与试验值相比，偏于保守。

其他如英国、德国和芬兰等国也都有人从事这方面的研究工作，但主要是研究加配钢筋或型钢以及采用钢纤维混凝土的钢管混凝土构件的抗火性能。

综上所述，国外对钢管混凝土防火性能的研究主要集中于未加保护的裸钢管混凝土构件，且只研究了轴压柱，对偏压柱尚未见有人研究，更无人研究确定防火保护层厚度的计算方法。同时在研究试验中，都采用了很小的轴心压力，实际在发生大火灾时，柱子所受的荷载要大得多，内力均为设计值的 70% ~ 80%，因此这些试验结果不能直接用于实际工程。此外在理论分析中，还忽略了紧箍效应，钢材和混凝土都按单向应力状态计算，计算结果大都偏于保守。

1996 年以前，国内尚无人从事这方面的研究工作，因此只能对新建高层中的钢管混凝土柱按钢结构要求涂以 5cm 厚的防火涂料或外包 5cm 厚的水泥砂浆来防火。这样做既无科学依据，又造成了浪费。

原哈尔滨建筑大学（现合并为哈尔滨工业大学土木工程学院）和公安部天津消防科学研究所合作，率先开展了这方面的科学研究工作，并得到了国家自然科学基金委员会的资助。1998 年完成了钢管混凝土柱在火灾时截面温度场的计算、任意时刻构件承载力的确定以及柱子承载力因升温而降低到极限承载力时的临界温度和临界时间（或称耐火时间）等的计算工作。最后根据耐火时间，按一级耐火等级为 3h 的要求，导出防火涂料厚度的实用计算方法。研究工作于 1998 年初完成并获 1999 年建设部科技成果三等奖。

二、钢管混凝土抗火性能的影响因素和模化处理

火灾发生时，建筑物中的结构构件在火温作用下，温度渐渐地升高，承载能力会逐渐下降。当构件的温度达到某值时，构件发生破坏，将引起建筑物的倒塌和毁损，这一温度称为构件的临界温度或耐火极限。

影响钢管混凝土柱抗火性能的因素很多，可概括为内因和外因两大类。内因有材料的

性能随温度的变化、材料的热工性能及构件的几何尺寸等。外因有火灾发生的条件、室内可燃物的多少和位置、空气流动的条件、火温升温的规律和温度分布的状况、传热方式以及火灾发生时构件所受的荷载大小等。

（一）材料的热工性能

与材料吸收热量而升温有关的热工性能有：比热容 c_s 和 c_c（也称热容），指温度升高1℃时，单位质量的物体所需吸收的热量，单位为 $kcal \cdot kg^{-1} \cdot ℃^{-1}$；导热系数 λ_s 和 λ_c，是单位温度梯度下，通过单位面积等温面的热流速度，单位为 $kcal \cdot mh^{-1} \cdot ℃^{-1}$；材料的密度 ρ_s 和 ρ_c，是单位体积物体的质量，单位为 $kg \cdot m^{-3}$。下角标 s 和 c 分别代表钢材和混凝土。各值如下：

$$c_s = 0.115 + 1.91 \times 10^{-7} T^2 \tag{2-7-1}$$

$$c_c = 900 + \frac{80}{120}T - 4\left(\frac{T}{120}\right)^2 \tag{2-7-2}$$

$$\lambda_s = -0.0283T + 47 \qquad T \leqslant 750℃ \tag{2-7-3}$$

$$\lambda_s = 25.775 \qquad T > 750℃ \tag{2-7-4}$$

$$\lambda_c = -0.00086T + 1.55 \qquad 20℃ \leqslant T \leqslant 1200℃ \tag{2-7-5}$$

$$\rho_s = 7850 \tag{2-7-6}$$

$$\rho_c = 2200 \tag{2-7-7}$$

此外，线膨胀系数（$m \cdot m^{-1} \cdot ℃^{-1}$）取：

$$\alpha_s = (0.004T + 12) \times 10^{-6} \qquad T < 1000℃ \tag{2-7-8}$$

$$\alpha_s = 16 \times 10^{-6} \qquad T \geqslant 1000℃ \tag{2-7-9}$$

$$\alpha_c = (0.008T + 6) \times 10^{-6} \tag{2-7-10}$$

式中 T——温度，℃。

（二）高温下材料的力学性能

图 2-7-2 所示为建筑钢材性能随温度的变化。

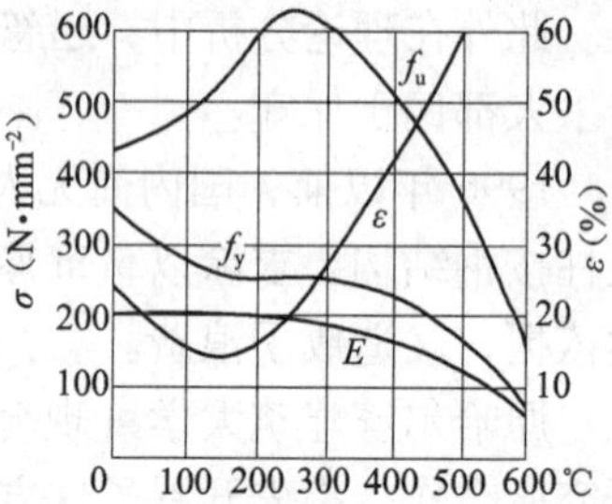

欧洲钢结构规范（ECCS）给出了高温下钢材的屈服强度 f_y 和弹性模量 E_s：

$$f_y(T) = \left(1 + \frac{T}{767\ln T/1750}\right) f_y \qquad 0 \leqslant T < 600℃ \tag{2-7-11}$$

$$f_y(T) = \frac{108(1 - T/1000)}{T - 440} f_y \qquad 600 \leqslant T \leqslant 1000℃ \tag{2-7-12}$$

图 2-7-2 温度对钢材性能的影响

$$E_s(T) = (1 - 17.8 \times 10^{-12} T^4 + 11.8 \times 10^{-9} T^3 - 34.5 \times 10^{-7} T^2 + 15.9 \times 10^{-5} T) E_s \qquad 0 \leqslant T \leqslant 600℃ \tag{2-7-13}$$

式中 f_y、E_s——钢材在常温下的屈服点和弹性模量。

高温下钢材的应力-应变关系曲线无明显的屈服点，ECCS 规范采用了应变为 0.5% 时的应力为屈服应力。

核心混凝土在高温作用下的应力-应变关系采用下列公式，考虑了钢管对核心混凝土的紧箍效应。

$$\sigma = \sigma_0 \left[A\frac{\varepsilon}{\varepsilon_0} - B\left(\frac{\varepsilon}{\varepsilon_0}\right)^2 \right] \qquad \varepsilon \leqslant \varepsilon_0 \tag{2-7-14}$$

$$\sigma=\sigma_0(1-q)+\sigma_0 q\left(\frac{\varepsilon}{\varepsilon_0}\right)^{0.1\xi}\qquad \xi\geqslant 1.12\quad \varepsilon>\varepsilon_0 \tag{2-7-15}$$

$$\sigma=\sigma_0\left(\frac{\varepsilon}{\varepsilon_0}\right)\frac{1}{\beta\left(\dfrac{\varepsilon}{\varepsilon_0}-1\right)^2+\left(\dfrac{\varepsilon}{\varepsilon_0}\right)}\qquad \xi<1.12\quad \varepsilon>\varepsilon_0 \tag{2-7-16}$$

其中，$\sigma_0=f_{ck}(T)[1.194+(1-T/1000)^{9.55}\times(13/f_{ck})^{0.45}(-0.07485\xi^2+0.5789\xi)]$

$$f_{ck}(T)=f_{ck}/[1+1.986(T-20)^{3.21}\times 10^{-9}]$$

$$\varepsilon_0=\varepsilon_{cc}(T)+\left[1400+800\left(\frac{f_{ck}-20}{20}\right)\right]\xi^{0.2}$$

$$\varepsilon_{cc}(T)=(1+0.0015T+5\times 10^{-6}T^2)(1300+14.93f_{ck})$$

$$A=2-K\quad B=1-K\quad K=0.1\xi^{0.745}$$

$$q=\frac{K}{0.2+0.1\xi}\qquad \beta=(2.36\times 10^{-5})^{[0.25+(\xi-0.5)^7]}\times 5{f_{ck}}^2\times 10^{-4}$$

式中　ξ——标准套箍系数，$\xi=\alpha f_y/f_{ck}$；

α——含钢率，$\alpha=A_s/A_c$；

f_{ck}——混凝土的抗压强度标准值，取 $f_{ck}=0.67f_{cu}$。

图 2-7-3 所示为混凝土的 σ-ε 关系曲线与温度的关系。

由钢材和混凝土的比热容和导热系数，可得二者之比（在 100～1000℃范围内）：

$$C_c=(8200\sim 11000)C_s$$

$$\lambda_s=(17\sim 27)\lambda_c$$

即钢的导热系数是混凝土的 17～27 倍，而混凝土的比热容却是钢材的 8 千多倍到 1 万 1 千倍。显然，火灾发生时，在很短的时间内，钢管的温度立即升高，而管内混凝土需经过一段较长的时间，吸收足够的热量后，才能升高温度。

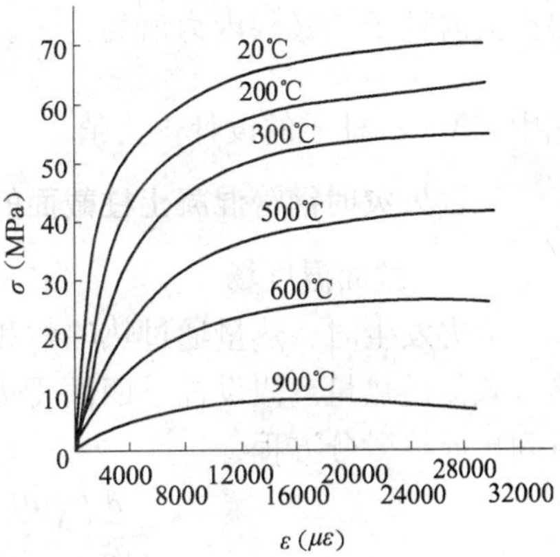

图 2-7-3　混凝土的 σ-ε 关系曲线与温度的关系

（三）火灾下温度变化的模化处理

火灾发生与发展的过程和热源、室内可燃物的多少与位置以及空气的流通条件等因素有关，影响因素多而复杂。为了能进行分析和相对比较以及可通过试验进行验证，必须作一些模化处理。因而，《建筑构件耐火试验方法》GB/T 9978—1999 对火灾过程中环境升温曲线规定采用了 ISO 834 的关系曲线：

$$T=3541g(8t+1)+T_0 \tag{2-7-17}$$

式中　T——对应于时间 t 的温度，℃；

T_0——初始温度，取 20℃；

t——时间，min。

T-t 关系如图 2-7-4 所示。假设火灾过

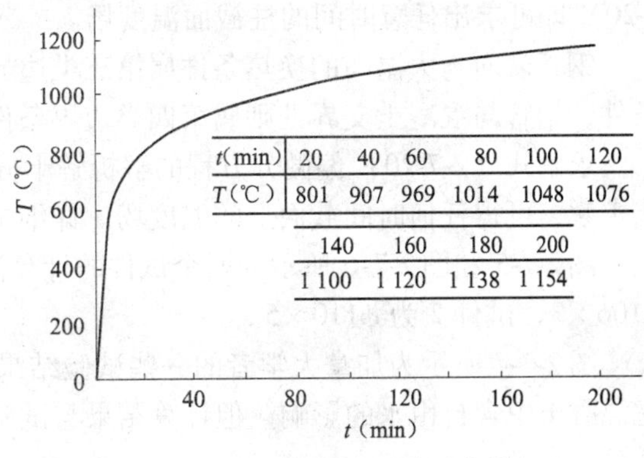

图 2-7-4　ISO 834T-t 关系曲线

程中，构件四面均匀受火，沿构件长度的环境温度相同。当然，模化处理的这一假设，不一定是最不利情况。例如构件单面受火时，将弯曲而凸向受火一侧，构件增加了所受的弯矩，对构件工作更为不利。

（四）火灾时钢管混凝土柱的内力取值

关于火灾时钢管混凝土柱的内力取值，尚无明确的规定。

《高层民用建筑钢结构技术规程》JGJ 99—98 的附录七，在计算钢构件防火保护层厚度时，由荷载等级查保护层厚度，荷载等级按下式计算：

$$C = \zeta S/R \tag{2-7-18}$$

式中　S——荷载作用效应，考虑各种荷载的荷载系数；

R——构件在室温下的最大承载力，对柱子应为室温下的临界屈曲荷载，取 $\varphi f_y A$；

ζ——欠载系数，对柱子规定为 0.85。

设计时 R 是按钢材强度设计值 $f = f_y/\gamma_R$ 计算的，相差一个材料分项系数 γ_R。由此可见，在进行构件抗火设计时，柱子的实际内力比设计内力低 $0.85/\gamma_R$。对 Q235 钢材，差值为 0.85/1.087 = 0.782，对 Q345 和 Q390 钢材，差值为 0.85/1.111 = 0.765。

由于火灾作用属于特殊荷载组合，应取一个特殊荷载组合系数来确定柱子内力。为方便计，可按荷载标准值计算，不计组合系数。这样对所有荷载近似取平均荷载系数 1.3，得火灾时柱子的极限内力值为：

$$N_k = N/1.3 = 0.77N \tag{2-7-19}$$

式中　N——柱子的设计内力值。

三、火灾时钢管混凝土柱截面的温度场和耐火极限

（一）截面温度场

火灾发生时，热量通过热幅射和对流传递给钢管混凝土柱的钢管，而柱内部主要以导热方式传递热量。假设柱子四面受火，火温沿柱子高度方向均匀分布，且柱内部无热源，可列出导热微分方程：

$$\frac{\partial}{\partial x}\left(\lambda \frac{\partial T}{\partial x}\right) + \frac{\partial}{\partial y}\left(\lambda \frac{\partial T}{\partial y}\right) = \frac{\partial}{\partial t}[\rho C(T)] \tag{2-7-20}$$

此式同时适用于钢管内部和混凝土内部的导热关系。

当柱子截面和材料的导热系数、比热容和密度皆为已知时，在按 ISO 834 标准曲线升温的条件下，由 $t=0$ 的初始时的初始温度 T_0 升温至任何时间，引入边界条件，由式（2-7-20）即可求出任意时间的柱截面温度场。

钢管表面与火温间的换热条件属第三类边界条件，混凝土内的绝热条件属第二类边界条件，钢管与混凝土交界处则属第四类边界条件。

求解式（2-7-20）偏微分方程的解析解十分困难，只能求数值解，因而采用了有限元法求解，可得任何时间截面上的温度场。详细求解请参见参考文献[2]第 366 ~ 370 页。

图 2-7-5 和图 2-7-6 所示为两个试件的计算温度场和实测温度场，吻合良好。试件 1 为 ϕ106 ×3，试件 2 为 ϕ110 ×5。

图 2-7-7 所示为加拿大学者的一些试验结果与上述方法计算结果的比较。计算中未考虑混凝土中含自由水的影响，但计算结果与试验结果吻合也很好，说明上面介绍的计算方法是可行的。

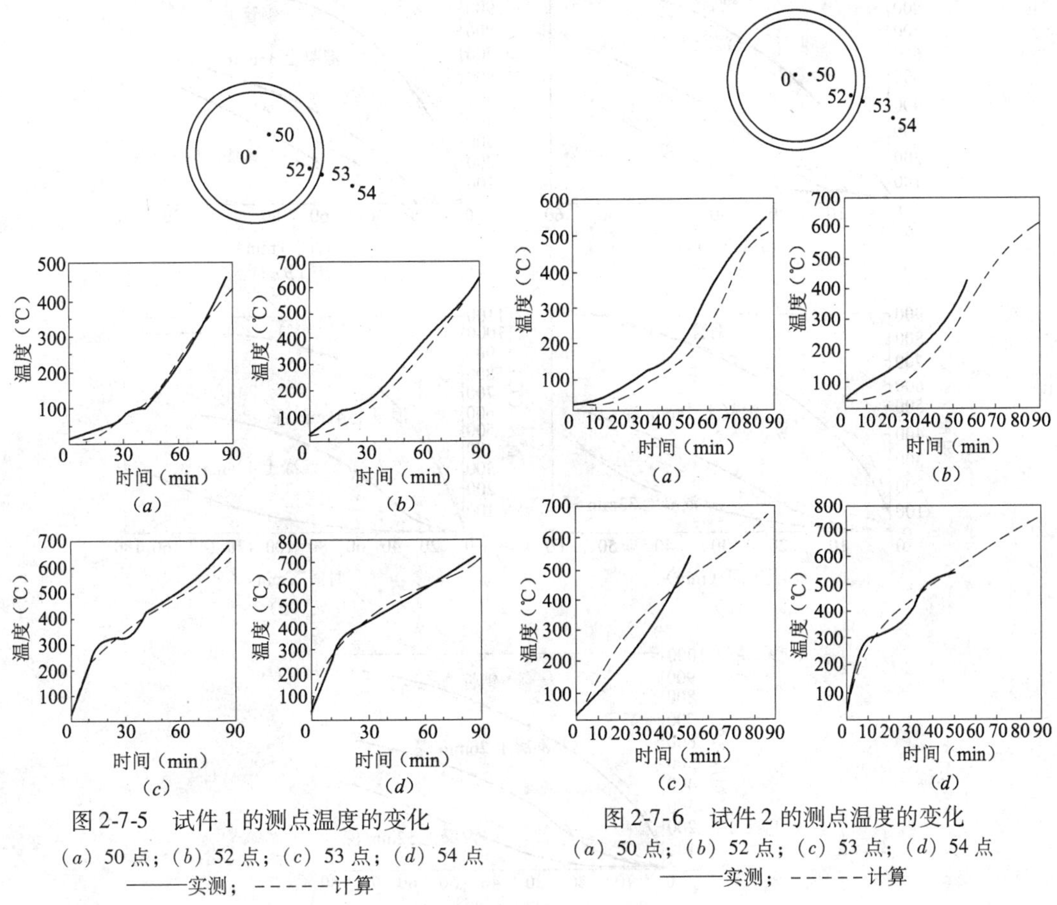

图 2-7-5　试件 1 的测点温度的变化
（a）50 点；（b）52 点；（c）53 点；（d）54 点
——实测；- - - - - 计算

图 2-7-6　试件 2 的测点温度的变化
（a）50 点；（b）52 点；（c）53 点；（d）54 点
——实测；- - - - - 计算

（二）钢管混凝土柱的耐火时间（临界温度）

钢管混凝土柱首先在常温下受正常使用状态下的荷载作用，当火灾发生后，在已受的荷载作用下升温，由于升温，使材料的强度随温度的逐渐上升而下降，令柱子的承载力不断下降，当温度达某值时，柱子的承载力下降到柱子的极限承载力 N_k 时，为柱子的极限状态。这时柱子的钢管外皮温度称为柱子的“临界温度”，即柱子能承受的最高温度，超过此温度时，柱子即将破坏。柱子由火灾发生时到临界温度所经历的升温时间称为此柱的“临界时间”，即能抗火的耐火时间，超过此时间后，柱子即将破坏。

分析从一定荷载作用下升温开始，计算每一时刻柱子截面的温度场。由钢材和混凝土在高温下的应力-应变关系求出每一时刻截面的总内力，此总内力随时间而下降，即随温度升高而下降。当总内力下降到火灾时柱子的极限承载力 N_k 时，柱子达临界状态，由此可求出柱子的耐火时间（临界时间）和临界温度。

进行抗火全过程分析时，采用了下列假设：

(1) 任一温度场的情况下，柱子截面皆保持平面。

(2) 采用前面介绍的高温下钢材和混凝土的本构关系。钢材是单向应力状态下的应力-应变关系，未考虑紧箍效应，因高温下钢管的内力不断下降，忽略紧箍效应对结果影响不大。混凝土是三向应力状态下的本构关系，但忽略了混凝土的热徐变的影响。

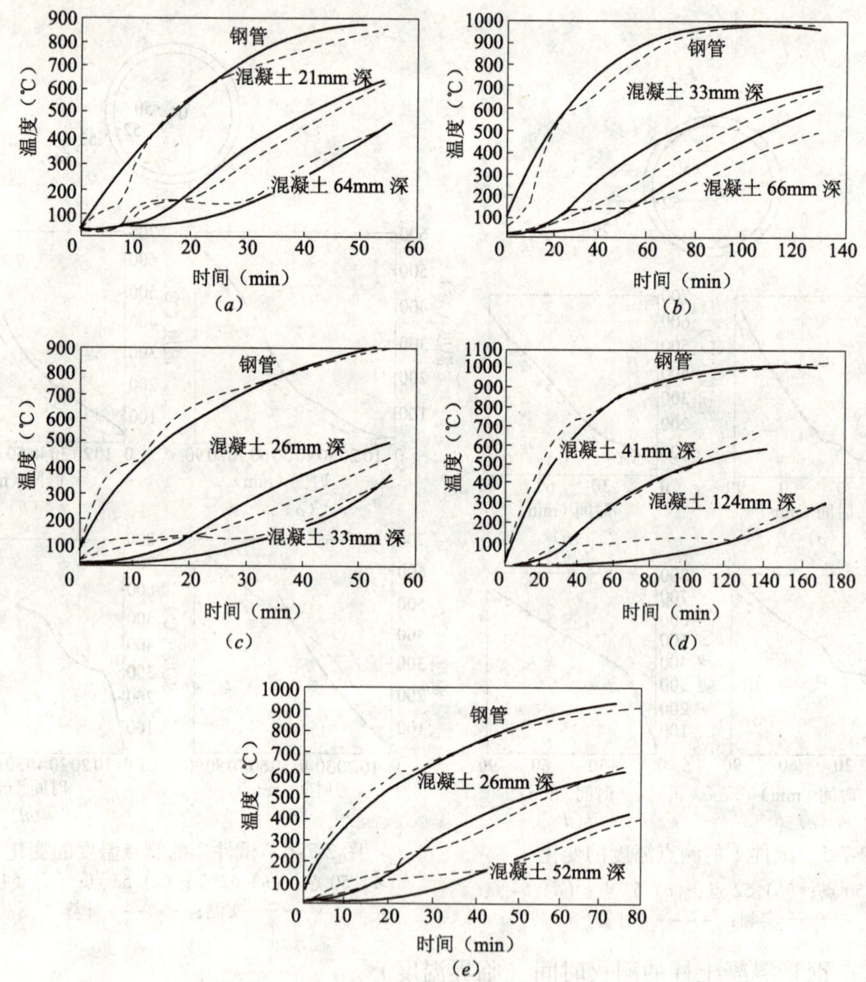

图 2-7-7　与加拿大试验结果的比较

(a) ϕ141.3×6.55 钢管混凝土柱计算与实测温度场；(b) ϕ273.1×5.56 钢管混凝土柱计算与实测温度场；(c) ϕ168.3×4.78 钢管混凝土柱计算与实测温度场；(d) ϕ355.6×12.7 钢管混凝土柱计算与实测温度场；(e) ϕ219.1×4.78 钢管混凝土柱计算与实测温度场

——实测；- - - - -计算

（3）钢管与混凝土间不产生滑移。

（4）忽略受拉区混凝土的抗拉作用。

（5）杆轴挠曲线为正弦半波曲线。

（6）钢管和混凝土单元中心的温度按温度场有限元程序计算。

单元划分如图 2-7-8 所示，因系轴对称，取一半截面。将圆周划分为 n 等分，半径划分为 $m+1$ 等分，其划分成 $(m+1)n$ 个单元，每个单元的对应圆心角为 θ，径向宽度为 l，则：

$$\theta=\pi/n, l=r/m \quad (2\text{-}7\text{-}21)$$

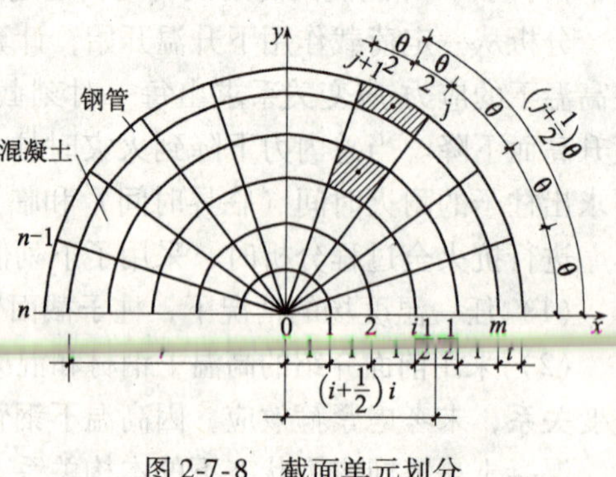

图 2-7-8　截面单元划分

截面应力-应变关系：

（1）火灾发生前，在荷载作用下柱子内力达 N_k 和 $M_k = N_k(e_0 + y_m)$ 时，截面产生的应变为：

$$\varepsilon_{ij} = \varepsilon_0 + \phi x_{ij} \tag{2-7-22}$$

$$\varepsilon_{aj} = \varepsilon_0 + \phi x_{aj} \tag{2-7-23}$$

式中　ε_0、ϕ——截面中心点处应变和曲率，如图 2-7-9 所示。

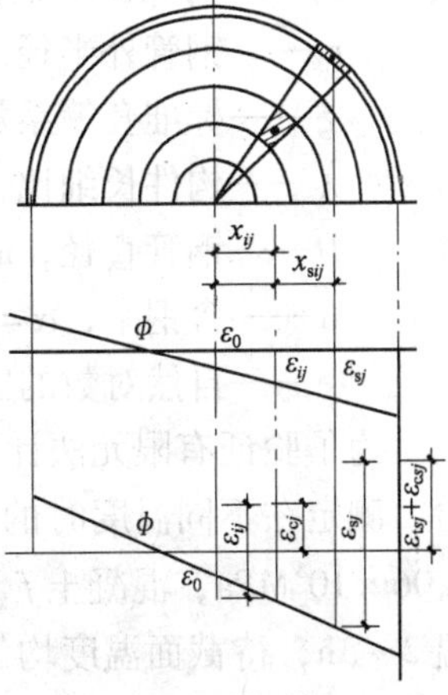

图 2-7-9　截面的应变分布图

（2）火灾发生后荷载保持定值不变，因受火温作用，截面的应变为：

$$\varepsilon_{ij} = \varepsilon_0 + \phi x_{ij} + \varepsilon_{tij} \tag{2-7-24}$$

$$\varepsilon_{aj} = \varepsilon_0 + \phi x_{aj} + \varepsilon_{taj} + \varepsilon_{caj} \tag{2-7-25}$$

$$\varepsilon_{tij} = \varepsilon_{ti} = \alpha_c \frac{1}{2}(T_i + T_{i+1}) \tag{2-7-26}$$

$$\varepsilon_{taj} = \alpha_s T_s \tag{2-7-27}$$

式中　ε_{tij}、ε_{taj}——混凝土和钢管的热膨胀应变；

ε_{caj}——钢管的蠕变。

T_i、T_{i+1}——混凝土第 i 层和第 $i+1$ 层的温度；

T_s——钢管厚度中点的温度；

α_c、α_s——混凝土和钢材的线膨胀系数。

把式（2-7-22）~式（2-7-25）代入钢材和混凝土在高温下的应力-应变关系，可得混凝土和钢管在常温下（火灾发生前）和恒载升温（火灾发生后）时的应力 σ_{cij} 和 σ_{sj}。将截面内各单元的应力叠加即得截面内力：

$$N_{in} = 2\left[\sum_{i=1}^{n}\sum_{i=1}^{m}(\sigma_{cij}A_i) + \sum_{j=1}^{n}(\sigma_{aj}A_s)\right] \tag{2-7-28}$$

$$M_{in} = 2\left[\sum_{j=1}^{n}\sum_{i=1}^{m}(\sigma_{cij}A_i x_{ij}) + \sum_{j=1}^{n}(\sigma_{aj}A_s x_{aj})\right] \tag{2-7-29}$$

当 $N_{in} = N_k$ 时，可得钢管混凝土柱的耐火时间。这里柱子的极限承载力为：

对轴心受压柱　$N_k = 0.77N = 0.77\phi A_{sc} f_{sc}$　(2-7-30)

对偏心受压柱　$N_k = 0.77\phi_p A_{sc} f_{sc}$　(2-7-31)

式中　ϕ_p——偏心受压构件的稳定系数，可由相关方程导得，参见第四节之六。

用有限元法计算耐火时间，由于计算复杂，设计人员难以掌握和应用。经大量计算和对计算结果进行回归，推荐下列计算耐火时间 t（h）的简化计算公式。

轴心受压柱：

$$t = \left(\frac{1.388}{\xi} + 1.542\right)\left(0.6 - \frac{\bar{\lambda}}{200}\right)(0.3D + 0.171) \tag{2-7-32}$$

偏心受压柱：

$e_0/r_0 \leqslant 0.6$ 时

$$t = \left(\frac{1.388}{\xi} + 1.542\right)\left(0.6 - \frac{\bar{\lambda}}{200}\right)(0.3D + 0.171) \tag{2-7-33}$$

$e_0/r_0>0.6$ 时

$$t=\left(\frac{1.388}{\xi}+1.542\right)\left(0.6-\frac{\bar{\lambda}}{200}\right)(0.3D+0.171)(0.73e^{-0.4e_0/r_0}+0.402) \tag{2-7-34}$$

式中　e_0——荷载偏心距；

r_0——钢管外半径；

ξ——标准套箍系数，$\xi=\alpha f_y/f_{ck}$；

$\bar{\lambda}$——构件长细比，在 20～50 范围内取值，大于 50 时取 50，小于 20 时取 20；

D——钢管直径，m；

α——含钢率，$\alpha=A_s/A_c$；

e——自然对数的底。

为了验证有限元法计算的结果，做了 6 个钢管混凝土标准试件（$l/D=3$）的加温试验，测定在不同温度时的荷载与变形的关系。试件 $\phi 133\times4.5$，钢材 $f_y=324$MPa，$E_s=2.06\times10^5$MPa，混凝土 $f_{ck}=40.8$MPa。先在高温炉内加热，当炉内温度达到设定值后，恒温 2～3h，待截面温度均匀后取出，置于珍珠岩保温套中，然后在 200t 压力机上加压，两端为平板铰。图 2-7-10 所示为计算曲线与实测曲线的比较，吻合良好。

试验结果表明，随着温度的升高，试件的承载力下降。$T\leqslant500$℃时，试件的破坏形态与常温下的情况基本相同，但当 $T>500$℃时，弹性工作阶段明显缩短，变形急剧增大，钢管表面形成皱褶。

图 2-7-11 是钢管混凝土轴压柱用公式（2-7-32）计算的耐火时间与有限元法计算结果的比较，图 2-7-12 是按公式（2-7-32）的耐火时间计算结果与有限元程序计算结果及实例结果的比较，吻合良好。

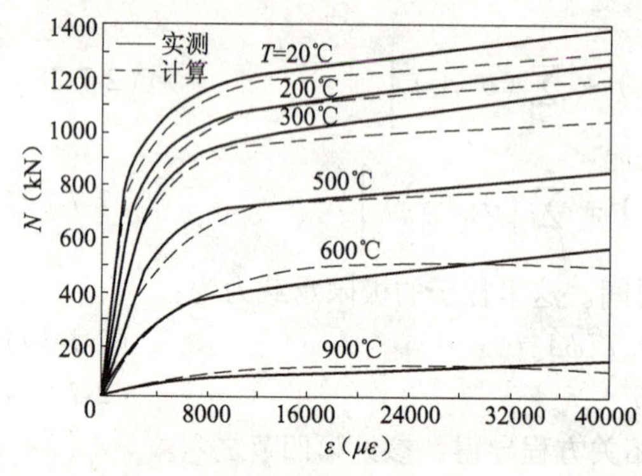

图 2-7-10　N-ε 实测曲线与计算曲线的比较

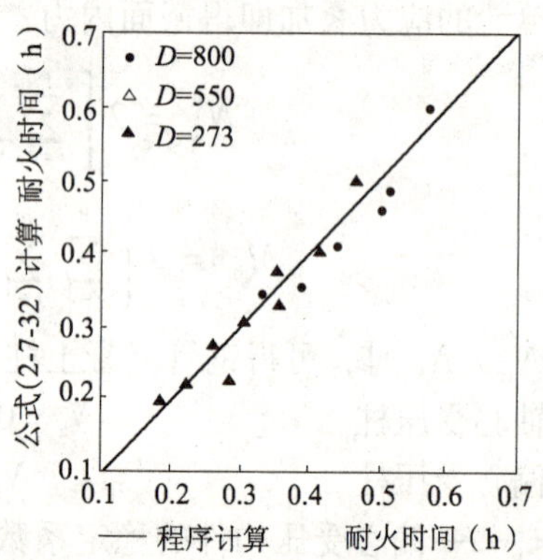

图 2-7-11　计算的耐火时间与有限元法计算结果比较

在火灾模式和极限承载力 N_k 确定的条件下，影响钢管混凝土柱耐火时间的因素主要是材料性能、材料强度、钢管直径、含钢率、偏心率、构件长细比及支承条件等。

随着钢管直径 D 的增大或混凝土强度的提高，耐火时间都将增加。随着含钢率 α 的增加或钢材强度的提高，耐火时间都将减少。总之，构件的耐火时间取决于混凝土承载力占构件总承载力的比例大小，混凝土部分的承载力占全部承载力的比例增加时，构件的耐火时间就增加，反之，则减少。构件的长细比越大时，构件的承载力就越低，也就反映在耐火时间的减少。图 2-7-13～图 2-7-17 是各种因素对轴心受压柱耐火时间的影响。

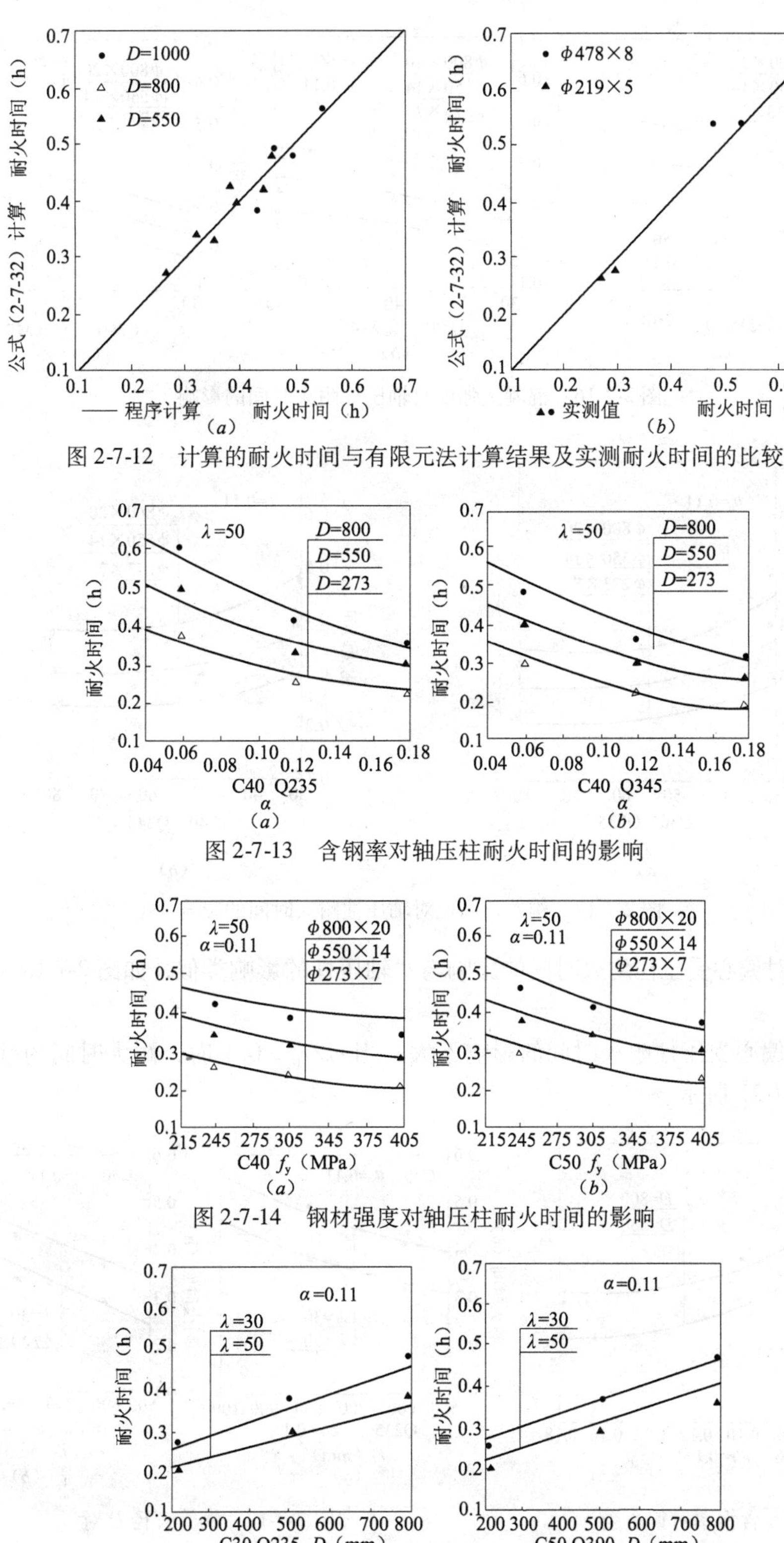

图 2-7-12 计算的耐火时间与有限元法计算结果及实测耐火时间的比较

图 2-7-13 含钢率对轴压柱耐火时间的影响

图 2-7-14 钢材强度对轴压柱耐火时间的影响

图 2-7-15 钢管直径对轴压柱耐火时间的影响

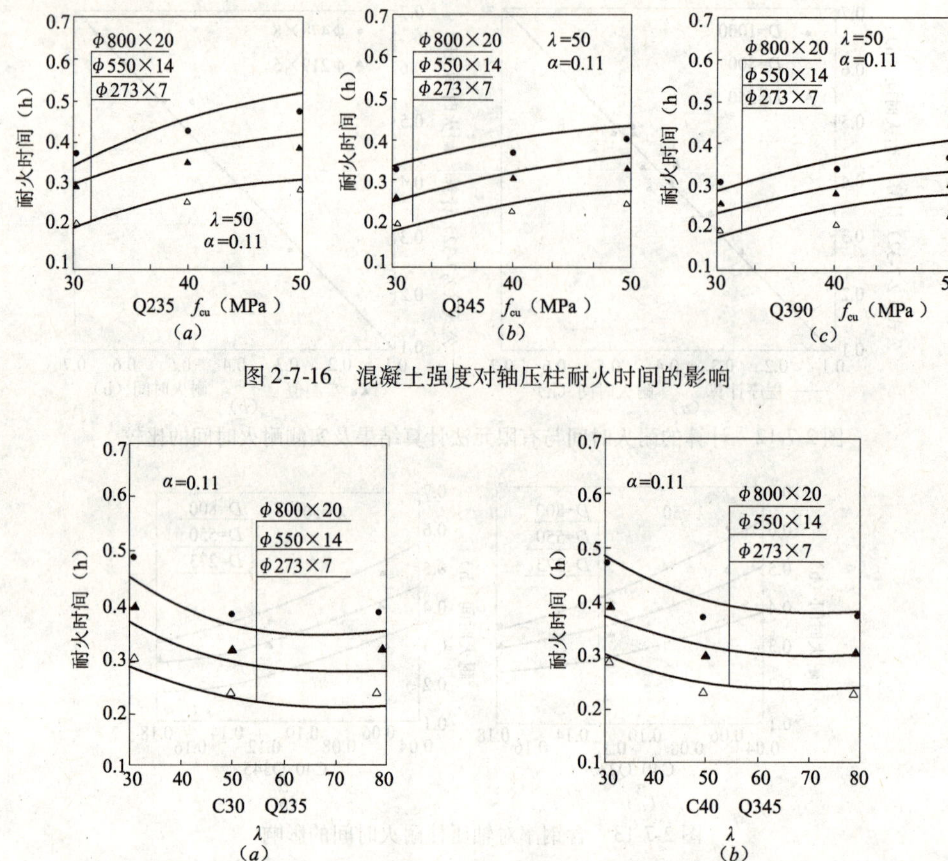

图 2-7-16 混凝土强度对轴压柱耐火时间的影响

图 2-7-17 构件长细比对轴压柱耐火时间的影响

各种因素对偏心受压柱耐火时间的影响与对轴压柱的影响类似，如图 2-7-18～图 2-7-21 所示。

偏心率对偏心受压柱耐火时间的影响不大，当 $e_0/r_0>0.1$ 时，耐火时间约减少 0.05h 左右，如图 2-7-21 所示。

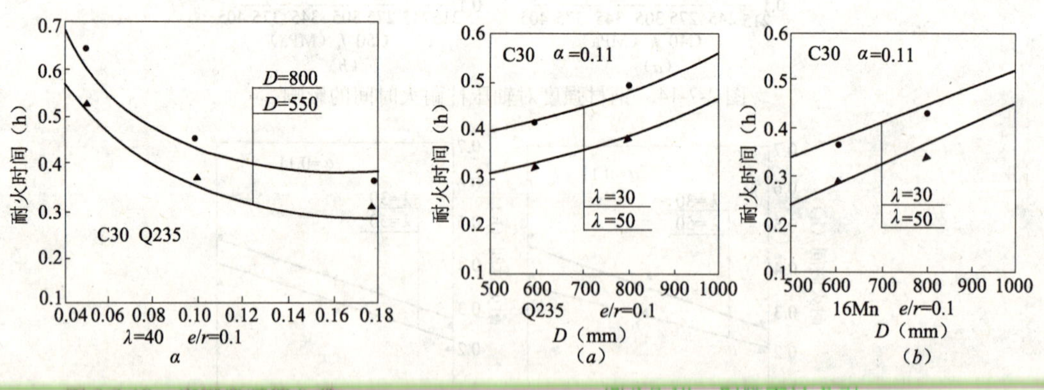

图 2-7-18 含钢率对偏心受压柱耐火时间的影响

图 2-7-19 钢管直径 D 对偏心受压柱耐火时间的影响

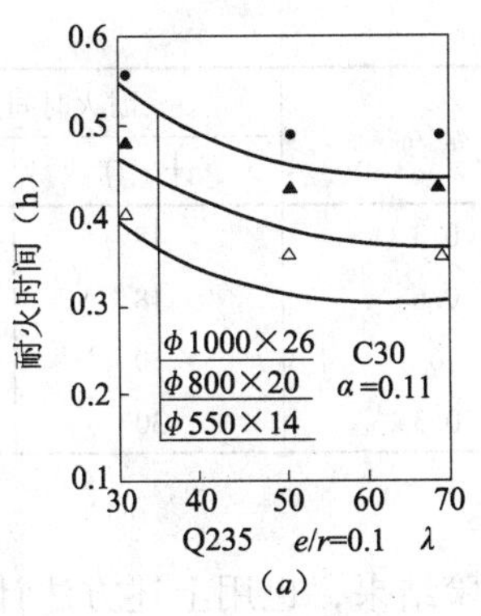

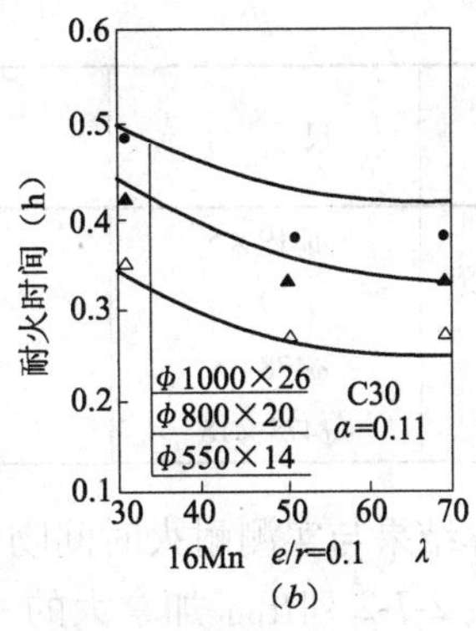

（*a*）　（*b*）

图 2-7-20　长细比对偏心受压柱耐火时间的影响

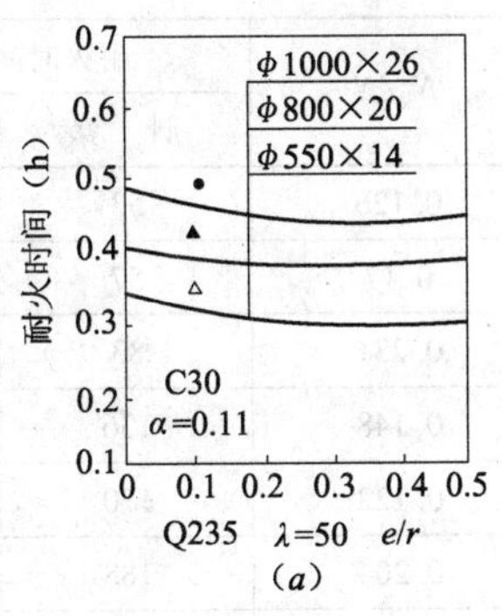

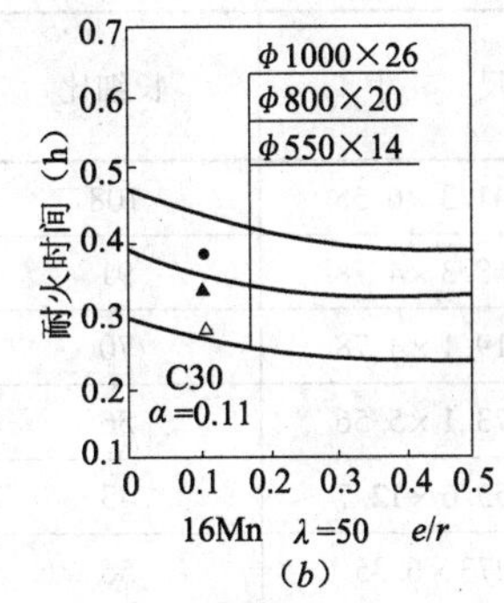

（*a*）　（*b*）

图 2-7-21　偏心率对偏心受压柱耐火时间的影响

图 2-7-22 所示为按式（2-7-33）计算得到的各种情况（$e_0/r_0=0$ 和 $e_0/r_0\leqslant0.6$）时钢管混凝土柱的耐火时间。

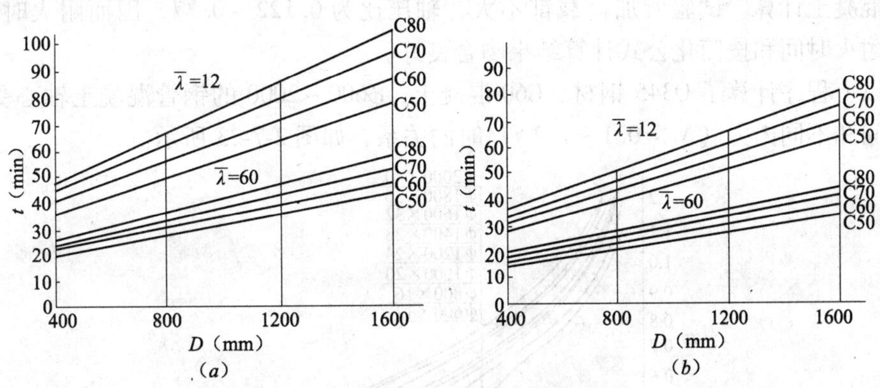

（*a*）　（*b*）

图 2-7-22　钢管混凝土柱的耐火时间

（*a*）Q235　$\alpha=0.07$　$e_0/r_0=0$ 及 $e_0/r_0\leqslant0.6$；（*b*）Q345　$\alpha=0.07$　$e_0/r_0=0$ 及 $e_0/r_0\leqslant0.6$

为了验证简化公式（2-7-32）计算的准确程度，1997 年在公安部天津消防研究所做了 4 根钢管混凝土柱的耐火试验。试件置于试验炉中，作用轴压或偏心压力 N_k，按 ISO 834 升温曲线加火燃烧，测定耐火时间（临界时间），结果列入表 2-7-1 中。

耐火时间试验 表 2-7-1

试 件	尺 寸	长细比	e_0/r_0	耐火时间（min）	
				计 算	实 例
L—1	ϕ219×5	69	0.3	18	17
L—2	ϕ219×5	69	0.6	18	18
L—3	ϕ478×8	32	0	30	29
L—4	ϕ478×18	32	0.3	30	32

可见计算结果与实测耐火时间吻合很好。

此外，表 2-7-2 列出了加拿大的一批轴压构件试验结果，也用上述方法计算了耐火时间，结果也吻合良好。

与加拿大试验结果比较表 表 2-7-2

试件	尺 寸	长细比	N_k(kN)	N_k/N	耐火时间（min）	
					计 算	实 例
1	ϕ141.3×6.55	108	110	0.126	53	55
2	ϕ168.3×4.78	91	218	0.17	57	56
3	ϕ219.1×4.78	70	492	0.231	83	80
4	ϕ273.1×5.56	56	525	0.148	136	133
5	ϕ355.6×12.7	43	1050	0.122	170	170
6	ϕ273×6.35	56	1050	0.204	188	188
7	ϕ273×6.35	56	1900	0.37	94	96

试件 6 和 7 都在混凝土中配有纵向受力钢筋。钢管 f_y = 350MPa，混凝土 f_{ck} = 20MPa（试件 1～5）和 25MPa（试件 6 和 7），钢筋 f_y = 400MPa。试件 6 和 7 的设计承载力 N 按配筋钢管混凝土计算。试验所加荷载都不大，轴压比为 0.122～0.37，因而耐火时间较长，但实测耐火时间和按简化公式计算结果吻合良好。

用以上程序计算了 Q345 钢材、C60 混凝土、ϕ600～2000 的钢管混凝土轴心受压柱的耐火时间和不同内力（N_k = 0.1～1.2N）时的关系，如图 2-7-23 所示。

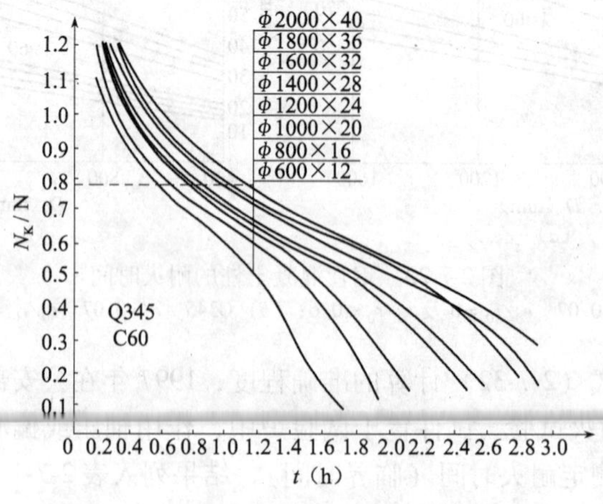

图 2-7-23 不同管径时 N_k/N 与耐火时间的关系

由此可见，当 $N_k/N=0.77$ 时，$\phi600\times12$ 的轴心受压圆钢管混凝土柱的耐火时间是 0.56h（34min），$\phi1000\times20$ 的柱只有 0.76h（46min），而 $\phi1400\times28$ 的柱为 0.85h（51min），$\phi2000\times40$ 的柱也为 1.15h（69min），因而必须用防火材料保护。

由图 2-7-23 也可以看到 $\phi600\times12$ 的轴压柱，如果把 N_k/N 降低到 0.3，则耐火时间将增加到 1.43h（86min）。

四、防火保护层厚度的计算

防火涂料分厚涂型和薄涂型两类。前者主要靠导热系数小起着保护和延缓构件升温时间的作用。后者为膨胀型，受热时发生化学变化而急剧膨胀，并产生大量气体对构件起保护作用，故不能应用导热微分方程求解其传热过程，而且其防火时间约为 1.5h，故对柱子不适用。下面介绍我国采用的最多的厚涂型防火涂料的设计。

在钢管混凝土柱外表面喷涂上一定厚度的厚涂型防火涂料，其目的是保护柱子，使其在按升温曲线升温时，延缓升温速度，燃烧 3h 后，钢管外表面才达到其临界温度，从而使柱子的耐火时间延长到 3h，满足抗火要求。

计算保护层时，采用下列假定：

（1）防火涂料外表面温度等于加热的环境温度；

（2）防火涂料内表面温度等于钢管内的平均温度；

（3）外部传输的热量，全部消耗于具有保护层的构件的升温，不计热量损失；

（4）经保护层导热使构件的升温规律和裸钢管混凝土温度场的升温规律相同。

根据假定（3），在此时间间隔内，由保护材料传入构件单位长度内的总热量 ΔQ 为：

$$\Delta Q=\Delta Q_1+\Delta Q_2+\Delta Q_3 \tag{2-7-35}$$

在 dt 时段内，炉温传给钢管外表面的热量为：

$$\Delta Q=qF\mathrm{d}t=\frac{\lambda}{d}(T-T_s)F\mathrm{d}t \tag{2-7-36}$$

式中　q——通过保护层传给构件的热流强度，$q=\frac{\lambda}{d}[T(t)-T_s(t)]$，$\mathrm{W\cdot m^{-2}}$；

$T(t)$——t 时刻保护层外表面的温度（即炉温）；

$T_s(t)$——t 时刻保护层内表面的温度（即钢管温度）；

d——保护层厚度；

F——保护层单位长度的内表面面积；

ΔQ_1、ΔQ_2、ΔQ_3——单位长度钢管、混凝土和保护材料吸收的热量。

$$\Delta Q_1=C_s\rho_sV_s\mathrm{d}T_s \tag{2-7-37}$$

$$\Delta Q_2=\sum_{i=1}^{n}C_{ci}\rho_{ci}V_{ci}\mathrm{d}T_{ci} \tag{2-7-38}$$

$$\Delta Q_3=\frac{\Delta T-\mathrm{d}T_s}{2}Fd\rho C \tag{2-7-39}$$

式中　V_s——单位长度钢管的体积；

V_{ci}——单位长度混凝土的体积。

将 ΔQ_1、ΔQ_2 和 ΔQ_3 代入式(2-7-35)，即得厚涂型防火涂料保护层的导热微分方程（忽

略涂料的吸热)：

$$\frac{\mathrm{d}T_s}{\mathrm{d}t}=\frac{\lambda/d}{C_s\rho_s}\cdot\frac{F}{V_s}(T-T_s)-\frac{\Delta Q_2}{C_s\rho_s V_s}\cdot\frac{1}{\mathrm{d}t} \tag{2-7-40}$$

式中 T_s——钢管的临界温度；

t——规定的耐火时间（柱子一级耐火要求为3h）；

Q_2——构件达临界极限状态时，混凝土吸收的热量。

由式（2-7-40）可求出所需的保护层厚度 d。

求解微分方程十分复杂困难，常用差分法求解，求解过程略。

经大量的分析计算证明柱子直径和含钢率对涂层厚度的影响很小，决定保护涂料层厚度 d 的主要因素是涂料的导热系数 λ 和构件的耐火时间 t。

为了方便工程设计人员的应用，对所有结果作了简化，推荐下列计算涂层厚度的公式：

$$d=300\lambda \mathrm{e}^{-(0.068-\frac{0.013}{33})(t-15)} \tag{2-7-41}$$

式中 e——自然对数的底数；

t——裸钢管混凝土柱的耐火时间，min。

不同耐火时间需要涂层厚度按式（2-7-41）的计算结果列入表2-7-3中。

不同耐火时间 t 需要的防火涂层厚度 d **表2-7-3**

t（min）	15	18	21	24	27	30	33	36	39	42	45	48	51	54	60
d（mm）	300λ	250λ	210λ	177λ	151λ	129λ	111λ	97λ	85λ	75λ	67λ	60λ	54λ	49λ	40λ

厚涂型防火涂料的导热系数 $\lambda=0.1\mathrm{W\cdot m^{-1}\cdot ℃^{-1}}$，设钢管混凝土柱的耐火时间为30min，由式（2-7-41）得需要的涂料层厚度为12.9mm，如耐火时间为1h时，只需4mm。

计算防火保护层厚度 d 的公式（2-7-41）也可用来计算水泥砂浆保护层和岩棉保护层等，只要把相应的导热系数 λ 值代入即可。

公式（2-7-41）简单、使用方便，但只能用于圆形钢管混凝土柱防火保护层厚度的计算。

近年来，国产的厚涂型防火涂料已有很多种，导热系数在0.1左右，最低的为0.075。

为了验证式（2-7-41）的正确性，在天津消防科学研究所做了3个试验，采用北京天宁牌厚涂型防火涂料，$\lambda=0.1\mathrm{W\cdot m^{-1}\cdot ℃^{-1}}$，试验结果见表2-7-4所列。

加保护层的圆钢管混凝土柱的耐火试验 **表2-7-4**

试件	尺寸	材料（MPa）	含钢率	长细比	实测裸柱耐火时间（min）	涂层厚度（mm）		实测耐火时间（min）
						按式（2-7-41）计算	实际	
T-1	$\phi219\times5$	$f_y=290$ $f_{ck}=34.6$	0.098	69	17	26	15	132
T-2	$\phi219\times5$		0.098	69	18	25	25	175
T-3	$\phi478\times8$		0.07	32	29	13	15	196

由试验结果可见，试件 T-2 要求耐火时间为 3h 时，涂层厚度应为 25mm，实际也涂了 25mm，耐火时间基本达到了 3h（实测 175min）。T-1 要求涂 26mm，只涂了 15mm，耐火时间为 132min。T-3 试件要求涂 13mm，实际涂了 15mm，耐火时间超过了 3h，达 196min。证明了式（2-7-41）是准确可用的。

式（2-7-41）同样适用于偏心受压钢管混凝土柱涂层厚度的计算。

图 2-7-24 为试件 T-3 的试验情况。图（a）是试验前的情况，图（b）是 $N=4700$kN、耐火时间为 196min 时，出现鼓曲和弯曲破坏的情况。

图 2-7-25 是 T-2 试件试验后经冷却至常温时的破坏情况。T-2 试件，$\phi219\times5$，$N=960$kN，涂层厚度 $d=25$mm，耐火时间 175min。试验过程中，涂层一直保持完整，只在破坏后冷却至常温时，涂层才开裂。

（a）　（b）

图 2-7-24　T-3 试件试验前后情况

图 2-7-25　T-2 试件破坏情况

五、防火材料的种类和性能

构件的防火保护措施很多，除上述防火涂料的喷涂或抹涂形成保护层外，还有用防火板包裹或用混凝土或水泥砂浆包覆等法，下面介绍几种目前常用的防火保护措施。

（一）混凝土或水泥砂浆保护法

图 2-7-26 所示为采用低强度等级混凝土或水泥砂浆把构件包起来以防火的方法。为了增强混凝土或水泥砂浆的黏附力，可在钢管外包一层钢丝网，用点焊与钢管焊连，再抹上混凝土或水泥砂浆。需要的包覆厚度可按式（2-7-41）计算，导热系数列入表 2-7-5 中。

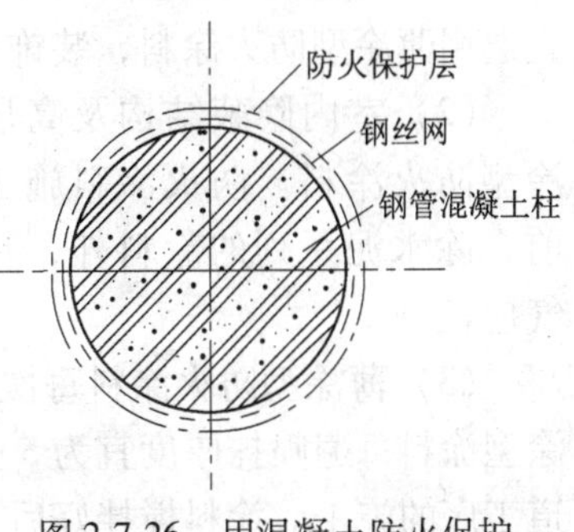

图 2-7-26　用混凝土防火保护

防火保护材料的导热系数　　表 2-7-5

材　料	密度 ρ（$kg\cdot m^{-3}$）	导热系数 λ（$W\cdot m^{-1}\cdot ℃^{-1}$）	比热容 C（$kJ\cdot kg^{-1}\cdot ℃^{-1}$）
厚涂型防火涂料	250～500	0.09～0.12	—
加气混凝土	400～800	0.20～0.40	1～1.2
轻骨料混凝土	800～1800	0.30～0.90	1～1.2
普通混凝土	2200～2400	1.30～1.70	1.2

用混凝土或水泥砂浆防火的优点是造价低，损坏时易于修补，但应选用轻质材料。这种防火材料导热系数大，厚度大，增加结构自重，而且还减少了室内的有效使用空间。

（二）防火涂料保护法

防火涂料的品种较多，分膨胀型和非膨胀型两大类，都属于轻型涂料类。

关于膨胀型防火涂料（又称薄涂型涂料）前面已经提到过，因抗火时间短，最多为1.5h，故对柱不适用，常用作钢屋架和网架的防火保护。它的优点是：涂层薄，重量轻，抗振动性好，装饰性也较好。缺点是：施工时气味大，易老化，吸入水分受潮后会失去膨胀性。英国Mullifire公司生产的超薄型膨胀涂料用于广东大亚湾核电站的厂房屋架，迄今已经十几年，尚完好无损。

国产LB型膨胀型防火涂料，最早用于北京亚运会各体育馆的钢屋架上。全国已经有几十家生产厂家，产品在厂房和体育馆等的钢结构上得到了广泛的应用。

非膨胀型防火涂料主要成分是无机绝热材料，遇火不膨胀，有良好的隔热性。涂层厚度7~50mm，被保护的构件的耐火时间可达0.5~3h以上。这类涂料又称厚涂型防火涂料，采用湿法喷涂。这种涂料又有两种：一种以珍珠岩为骨料，水玻璃为胶粘剂，属双组分包装；一种以膨胀蛭石及珍珠岩为骨料，水泥为胶粘剂，为单组分包装，加水拌匀即可使用，可喷涂也可抹涂。

防火涂料应能与底层防锈漆彼此相容，干燥后不应有刺激性气味，燃烧时不产生浓烟和对人体健康有害的气体。

用于室外结构的防火涂料尚应具有优良的抗冻融性。

选用防火涂料的原则如下：

（1）裸露结构及截面小、振动挠曲变化大的结构，当要求耐火时间在1.5h以内时，宜选用薄涂型防火涂料，装饰要求较高的宜首选超薄型防火涂料。

（2）室内隐蔽结构及高层永久性建筑，要求耐火时间在1.5h以上时，应选用厚涂型防火涂料。防火涂料施工时，对钢构件要求进行除锈和防锈处理。涂层干燥固化前，除水泥系列的涂料外，环境温度应保持在5~38℃，相对湿度不宜大于90%，空气应流通。

（3）薄涂型防火涂料每次喷涂厚度不应超过2.5mm，超薄型的不应超过0.5mm，厚涂型涂料每遍喷抹厚度宜为5~10mm。都必须在前一遍涂层干燥或固化后，方可进行后一道工序的施工。涂料搅拌好后，应及时用完，超过规定使用期限的不得使用。

（4）厚涂型涂料施工时一般不必加固，但在易受振动易受撞击部位，应加设加固焊钉或包扎镀锌钢丝网等用以加固，保证涂层能长期使用。

（三）防火板保护法

防火板材用不燃材料做成，种类也很多。表2-7-6列出了几种防火板的主要性能，其中TK板、FC板是用短纤维增强的水泥压力板，这些板材及纤维增强硅酸钙和纸面石膏板等产品质量稳定。无机玻璃钢板是20世纪90年代初出现的，成本低，易于加工，因而发展迅速。

各种防火板的主要技术性能　　表 2-7-6

名　称	长(mm)×宽(mm)×厚(mm)	密度(kg·m⁻¹)	标准构件试验耐火极限(h)	最高使用温度(℃)	导热系数(W·m⁻¹·℃)
纸面石膏板	(1800~3600)×1200×(9~12)	800	0.15(9mm) 0.25(12mm)	600	0.194
TK 板	(1200~3000)×(800~1200)×(4~8)	1700	<0.25(8mm)	600	0.35
FC 板	3000×1200×(4~6)	1800	<0.25(6mm)	600	0.35
纤维增强硅酸钙板	1800×900×(6~10)	1000	0.25(10mm)	600	0.28
无机玻璃钢板	1000×2000×(2~12)	1500~1700	—	600	0.24~0.45
蛭石板(英国 Vicuclad)	1000×610×(20~55)	430	1(20mm) 2(30mm) 3(50mm)	1000	0.113(250℃时)
超轻硅酸钙板(日本 KB 板)	1000×610×(25~50)	400	2(25mm) 3(35mm)	1000	0.06
超轻硅酸钙板(上海 XT 板)	600×300×(20~60)	400	3(40mm)	1000	0.05

图 2-7-27 所示为防火板用于圆柱时的构造示意图。

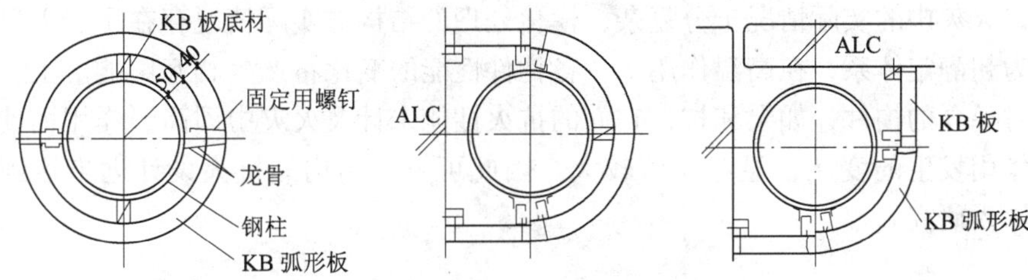

图 2-7-27　防火板用于圆柱时的构造示意图

用 KB 板时，板与构件间的空隙为 40mm，用石膏板时，空隙为 65mm，分别用龙骨或底材固定。

天津建工集团第二建筑工程公司在多层钢管混凝土住宅建筑中，用防火板把圆钢管混凝土柱（*D* 约 500mm 左右）包成方形，最小空隙 50mm，内填低强度等级混凝土。在天津消防科学研究所通过试验，耐火时间超过 3h。

为了提高建筑钢材的抗火性能，最早从事耐火钢研究的是法国 USINOR 钢厂，在 1976 年就有研究报导，但未得到实际应用。日本新日铁于 1988 年 7 月完成了 50kg 级耐火结构钢 SM490FR 的开发与生产，并已广泛应用于工程中。这种 FR 钢在温度达 600℃时，屈服强度仍保持 2/3 以上，和普通 SM490 钢材的比较如图 2-7-28 所示。图中

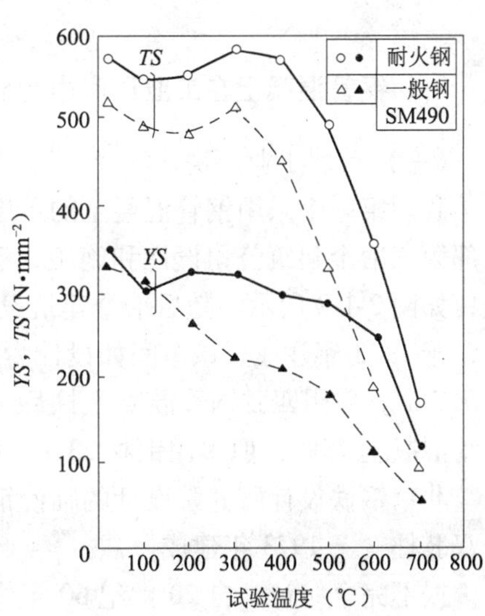

图 2-7-28　SM490 和 FR 钢的屈服强度和抗拉强度的比较

YS 是屈服强度，TS 是抗拉强度。采用了耐火钢后，设定耐火极限为600℃，这样可减少防火涂料的用量。

上海中福城住宅楼首次采用了耐火耐候钢，这是上海宝山钢铁公司生产的新产品。据报导，宝山钢铁公司和武汉钢铁公司都已经成功研制了耐火耐候新钢种，年产量已达到300 万 t。这种新钢种的抗锈蚀能力比普通钢提高了 2 ~ 8 倍，当升温至 600℃时，屈服强度下降约 1/3。表 2-7-7 列出了武汉钢铁公司生产的高性能耐火耐候建筑用钢 WGJ510CZ 的力学性能。这类钢材的强度相当于 Q345 钢，具有良好的可焊性，Z 向受拉时的收缩率 $\psi_z > 40\%$。规格有，①热轧卷板：宽度 850 ~ 1500mm，厚度 2 ~ 12mm；②中厚板：宽度 1600 ~ 2500mm，长度 6000 ~ 16000mm，厚度 10 ~ 60mm。

WGJ510CZ 钢的力学性能　　**表 2-7-7**

交货状态	板厚（mm）	屈服点 f_y（MPa）	抗拉强度 f_u（MPa）	伸长率 σ_5（%）	600℃f_{yt}（MPa）	冲击功 A_k（J）	冷弯 180°
热轧或正火加回火	≤16	≥325	≥510	≥19	≥217	≥47	$d = a$
	>16 ~ 36	≥315	≥490	≥19	≥210		$d = 3a$
	>36 ~ 60	≥305	≥470	≥19	≥204		$d = 3a$

以上介绍了钢管混凝土柱的抗火设计，这是当前国内外对建筑结构抗火设计的通用方法。然而，火灾中的实际情况十分复杂，模化处理的结构与实际情况存在不少差别，且实际结构都为超静定体系，在高温作用下，各构件性能的变化将产生相互影响。上述抗火设计只是针对孤立的构件，如梁和柱，它们的抗火性能未计及火灾中因高温作用而使得构件间的约束作用发生的变化，显然误差较大。因此可见，结构的抗火设计远未达到准确程度，还待深入研究。

第八节　钢管混凝土在工业建筑中的应用

一、钢管混凝土在工业厂房中的应用

（一）单层工业厂房

我国第一个采用钢管混凝土的单层工业厂房是辽宁鞍山预制件厂的制管车间，由原冶金部第三冶金建筑公司设计和施工，于 1969 年建成使用至今。采用的是三肢钢管混凝土柱，如图 2-1-2 所示。随后冶金建筑设计研究院设计了本溪钢铁公司二炼钢轧辊钢锭模车间，于 1972 年建成。该车间如设计为钢筋混凝土双肢柱，则每根柱计耗钢材 1.84t，混凝土 7.3m^3。采用四肢钢管混凝土柱后（$\phi219 \times 5$），每根柱耗钢材 2.27t，混凝土 1.84m^3。节约混凝土 75%，但多用钢材 23%（0.43t），自重减轻了 72%。

北京钢铁设计研究院设计的临汾钢铁厂洗煤车间的洗煤坑采用了 $\phi219 \times 4$ 的钢管混凝土双肢柱，于 1973 年建成。

据不完全统计，自 20 世纪 60 年代至今，采用钢管混凝土柱的已建单层工业厂房已超过 50 个工程，表 2-8-1 列出了部分工程。

已建成的单层工业厂房部分工程　　　表 2-8-1

序号	工　程　名　称	结构形式	耗钢量		混凝土用量		附　　注
			t	%	m^3	%	
1	哈尔滨船舶修造厂船体结构车间 （1977 年）	钢筋混凝土双肢柱 钢管混凝土三肢柱	2.6 2.6	100 100	10 2	100 20	单跨框架，柱高 19m， 造价低于 RC 柱
2	向阳机械厂船体中合拢车间 （1979 年）	钢筋混凝土双肢柱 钢管混凝土柱	2.9 3.1	100 107	11 2.5	100 23	双跨，柱高 19m 综合造价低于 RC 柱
3	太钢一轧二小型车间（1981 年）	钢管混凝土双肢柱					双跨，柱高 10.2m
4	安徽枞阳造船厂船体结构车间 （1980 年）	中柱钢管混凝土四肢柱， 边柱三肢柱					双跨
5	吉林市水稻种子加工厂（1981 年）	钢管混凝土三肢柱					单跨，柱高 10m
6	通化钢铁厂七道沟铁矿磁选矿厂 （1981 年）	RC 柱 钢管混凝土四肢柱	1.75 3.7	100 211.4	10.2 1.42	100 13.7	每根柱造价 2550 元 每根柱造价 2630 元
7	武昌造船厂船体车间 （1983 年）	钢柱 钢管混凝土四肢柱	4.5 2.1	100 46.7	0 7.55	0 100	全部柱节约钢材 552t 柱高 29.2m
8	吉林造纸厂电站除尘车间 （1983 年）	梯形钢屋架 钢管混凝土屋架（上弦）	2.66 2.32	100 87	 0.42		只上弦杆采用钢管 混凝土杆
9	江西湖口船厂江边船台车间 （1983 年）	RC 双肢柱 钢管混凝土柱	3.1 3.3	100 107	13 3.5	100 27	综合造价比 RC 柱低
10	吉化公司水泥厂联合贮库 （1984 年）	RC 柱 钢管混凝土三肢柱	1.26 2.74	100 217	12.7 7.7	100 60	20 根柱造价：RC12.165 万 元，钢管混凝土 11.48 万元
11	大连造船厂船体装焊车间 （1984 年）	钢柱 钢管混凝土柱	25 11	100 44	0 5	0 100	共节约钢材 600t 三跨，柱高 25.4m
12	芜湖造船厂车间（1984 年）	RC 双肢柱 钢管混凝土柱	3 3.3	100 110	12 2.5	100 21	钢管混凝土柱造价 低于 RC 柱
13	太钢立式连铸车间 （1985 年）	钢柱 RC 双肢柱 钢管混凝土三肢柱	32 7.1 12	100 22.2 37.5	0 30.9 8.7	0 100 28.8	单跨
14	中华造船厂沪南分厂船体装焊 车间（1985 年）	RC 双肢柱 钢管混凝土三肢四肢柱	3 3.2	100 107	12 3	100 25	双跨，柱高大于 20m 造价低于 RC 柱
15	吉林通化钢厂连铸造车间 （1985 年）	RC 柱 钢管混凝土三肢柱	0.93 1.76	100 189.2	4.64 1.15	100 25	每根柱造价：RC1400 元， 钢管混凝土柱 1400 元
16	长春钢厂电炉车间 （1986 年）	RC 柱 钢管混凝土三肢柱	1.13 2.4	100 212.3	5.5 1.3	100 24	造价 1650 元 造价 1780 元
17	镇江水泥制品厂压力管车间 （1987 年）	RC 柱 钢管混凝土柱	0.69 0.6	100 87	2.26 0.64	100 28	造价 212.3 元/m^2 造价 123.3 元/m^2
18	沪东造船厂柴油机总装试验车间 （1987 年）	钢柱 钢管混凝土柱	20 9.5	100 48	0 4.5	0 100	共节约钢材 260t
19	鞍钢第三烧结厂（1988 年）						
20	沈阳沈海热电厂（1990 年）	边柱 $3\phi478\times8$ $1\phi251\times7+2\phi219\times7$ 中柱 $2\phi850\times12\sim2$ $\phi750\times12$	中柱比钢柱省钢 35.5%，边柱比钢柱 省钢 45%				三跨、柱高 67.1m
21	首钢机械厂重型设备加工车间 （1990 年）	边柱三肢柱 中柱四肢三阶柱					四跨
22	哈尔滨建成机械厂大容器车间 （1992 年）	钢管混凝土三肢柱 $3\phi325\times$（7～12）					单跨，柱高约 26m $L=30$m，柱距 12m
23	哈尔滨建成机械厂容缶式汽车 车间（1992 年）	中柱 $4\phi273\times6$ 边柱 $3\phi273\times$（6～10）					双跨，柱高约 23m $L=2\times27$m，柱距 12m

此外还有鞍钢新轧钢公司一炼钢连铸连轧主厂房，为五跨单层厂房，$l = 14 + 27 + 2 \times 30 + 27 = 128$m，柱距 24m，全长 $7 \times 24 + 15 = 183$m，柱顶标高 23.59 ~ 42m，备有 100/50t 和 200/75t 硬钩重级工作制吊车。这是迄今为止在重工业厂房中采用钢管混凝土柱的最大工程。全部柱子都是采用钢管混凝土柱，边列柱采用了三肢柱，中列柱为四肢柱，皆为 $\phi450 \times 12$，钢材为 Q235B，混凝土为 C40，于 2000 年建成。

上海电机厂跨度为 33m 的露天车间，三个柱距为 24m + 16m + 24m，即全长 64m。柱子采用了四肢钢管混凝土柱［$4\phi500 \times 16(14)$］，柱子截面尺寸为 4600mm × 2200mm，Q235 钢材，C40 混凝土，备有 600t 桥式吊车。这是起重机最大的采用钢管混凝土柱的工业车间，于 1999 年建成。

在 20 世纪 90 年代建造的采用钢管混凝土柱的单层工业厂房，还有天津钢厂的无缝钢管厂、上海宝山钢铁公司的三期工程等很多工程。

总之，单层工业厂房中采用钢管混凝土柱具有很多优点，不但已经被重工业厂房采用，而且一些中型厂房也采用了，甚至一些轻工业厂房也有采用的。车间跨度 24 ~ 55m，柱距 6 ~ 24m，具有桥式吊车的吊车重量 30 ~ 200 ~ 600t，且有重级工作制或硬钩吊车。吊车梁轨顶标高 16 ~ 24m，柱高十几米至 60 多米。重工业厂房采用钢管混凝土柱是由于它的承载力高，塑性和韧性好，且节省钢材。轻工业厂房采用它主要是由于它施工快，可以缩短工期。

此外，在全国各地的很多造船厂，船体结构车间也都采用钢管混凝土柱，总数有十几个之多，其中较大的有沪东造船厂和大连造船厂。

（二）多层工业厂房

采用钢管混凝土柱的第一个多层工业厂房是上海第三十一棉纺厂的双跨三层综合车间。这是一个轻工业厂房，由于厂内空间狭窄，无预制钢筋混凝土构件的场地，不得不采用钢管混凝土柱，取得了很好的经济效益，于 1982 年建成。该工程采用钢筋混凝土柱时，每根柱耗钢材 450kg、混凝土 2.362m^3，木材 0.153m^3。采用钢管混凝土柱时，每根柱耗钢材 670kg，多费钢材 220kg，计多费钢材 46%，耗混凝土 1.42m^3，节省 60%，而且还节省了 100% 的木材，更重要的是提前了两个月完工。

图 2-8-1　上海特基科研楼

第二个工程是上海特种基础科研所的科研楼，2 跨 7 层，地下 2 层，地上 5 层。跨度为 6.4m + 7.2m，地上建筑高 19.3m，于 1985 年建成。图 2-8-1 所示为该工程在施工中的状况。经济指标列入表 2-8-2。

一根框架柱的经济比较　　**表 2-8-2**

结构形式	钢材（t,%）	混凝土（m^3,%）	木材（m^3,%）	造价（万元）
钢筋混凝土柱	1.93，100	9.9，100	1，100	0.29
钢管混凝土柱	2.15，115	4.2，43	0	0.32

从造价看已接近采用钢筋混凝土柱，但施工速度快得多。

图2-8-2是柳州水泥厂窑尾预热器塔架的平面图和剖面图。也是一个双跨多层框架结构，跨度9.6m+12.8m，高67.6m，1985年建成。原设计为全钢结构，底层改为钢筋混凝土，底层以上全改为钢管混凝土柱和钢梁的框架体系。采用钢柱时，每根柱耗钢209kg，改用ϕ900钢管混凝土柱后，每根柱耗钢145kg，节约钢材31%。

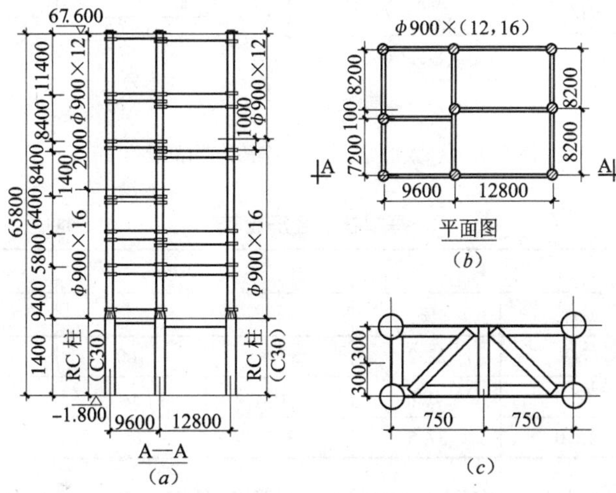

图2-8-2　柳州水泥厂窑尾预热器多层框架

图2-8-3所示为青海西宁铝厂生阳极车间，也是一个采用钢管混凝土柱的多层工业建筑。计4跨9层，跨度为4×6.5=26m，高41.5m，1986年竣工。与钢框架柱相比，节省钢材40%。

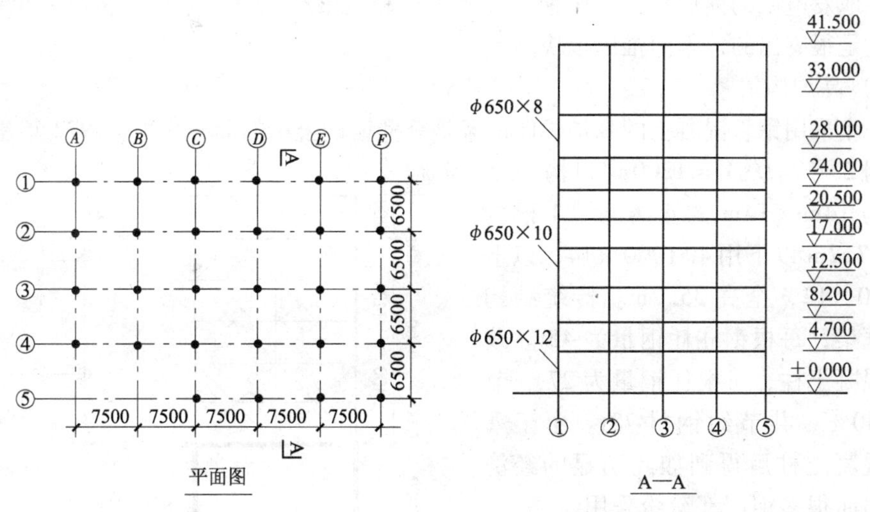

图2-8-3　青海西宁铝厂生阳极车间

1985年建成的太原钢厂立式连铸车间的浇筑跨，跨度34m（图2-8-4），连铸平台是一个5层框架，采用了钢管混凝土柱，框架柱也是钢管混凝土三肢柱，每根柱的经济比较见表2-8-3所列。

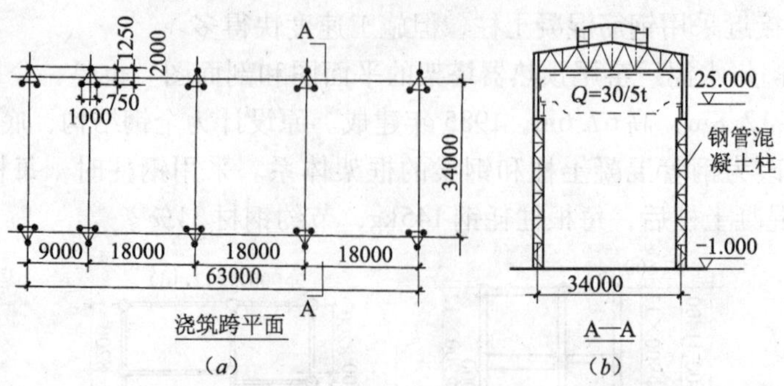

图 2-8-4 太原钢厂立式连铸车间的浇筑跨

每根柱的经济比较 **表 2-8-3**

结构形式	钢 材		混凝土		木 材	
	t	%	m^3	%	m^3	%
钢筋混凝土双肢柱	7.1	22.2	30.9	100	3.4	100
钢柱	32.0	100	0	0	0	0
钢管混凝土三肢柱	12.0	37.5	8.7	28.8	0	0

此外，还有一些水泥厂的窑尾加热车间，以及很多钢厂的立式连铸车间也都采用了钢管混凝土柱组成的多层框架。

二、钢管混凝土在设备构架中的应用

钢管混凝土在设备构架中的应用也是其使用最多的领域之一。主要是各钢厂中的高炉构架和各地发电厂的锅炉构架，用钢管混凝土柱和钢梁组成框架来代替传统的全钢结构，经济效益是很突出的，因而推广很快。

（一）高炉构架

第一座采用钢管混凝土的高炉炉体框架是首都钢铁公司的 2 号高炉，1972 年建成。

首钢 2 号高炉 $V=1200m^3$，构架平面尺寸为 14m×14m 的正方形，4 根构架柱在 17.7m 以下用 4ϕ1000×14，以上用 4ϕ700×12，全高 35.2m。传统结构为全钢框架，每根钢柱耗钢量为 45t。改用钢管混凝土柱，每根耗钢量为 27t，节省钢材 40%，共节约钢材 72t。由于采用钢管混凝土柱后得到如此明显的经济效益，因而很多钢厂都纷纷采用。

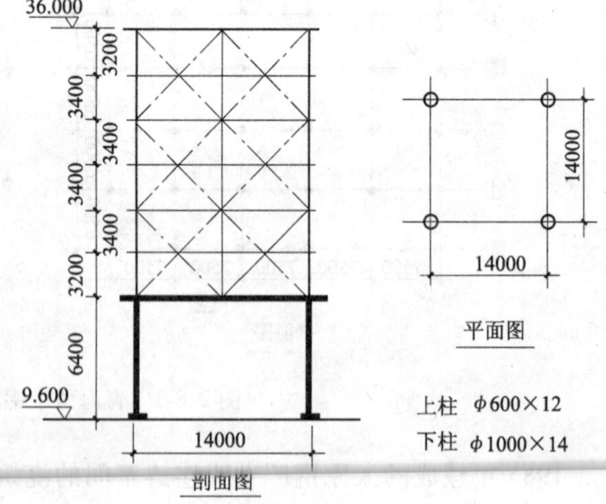

图 2-8-5 太原钢厂 3 号高炉构架

图 2-8-5 所示为太原钢厂 3 号高炉构架（$V=1053m^3$），建于 1973 年。上柱为 $\phi600\times12$，下部柱为 $\phi1000\times14$，全高 36m。

继 2 号高炉之后，首钢于 1979 年又建了 4 号高炉构架，$V=1327m^3$，上部柱 $\phi1000\times20$，下部柱 $\phi1100\times20$，高 40. 8m。与钢柱相比，每根柱省钢 31. 6t，计 66. 7%。

包头钢厂 1 号高炉构架，$V=1513m^3$，也采用了钢管混凝土柱，4 根柱为 $\phi1100\times25$，高 36. 5m，构架的平面尺寸为 16m×16m。

总之，全国各大钢厂在随后新建的高炉构架，大都采用了钢管混凝土柱。

（二）锅炉构架

第一个采用钢管混凝土的锅炉构架是辽宁省辽阳化纤总厂 8 号锅炉构架（HG-220/106-5 型锅炉），1976 年建成。构架平面尺寸为 7. 57m×9. 32m，高 31. 1m，如图 2-8-6 所示。原设计为钢柱，每根柱耗钢 42. 5t。改用钢管混凝土柱后，每根柱耗钢 20. 8t，节省钢材共 86. 8t，计 51%。每根钢柱的造价 6. 3 万元，而每根钢管混凝土柱的造价为 3. 5 万元，降低造价 44. 4%。

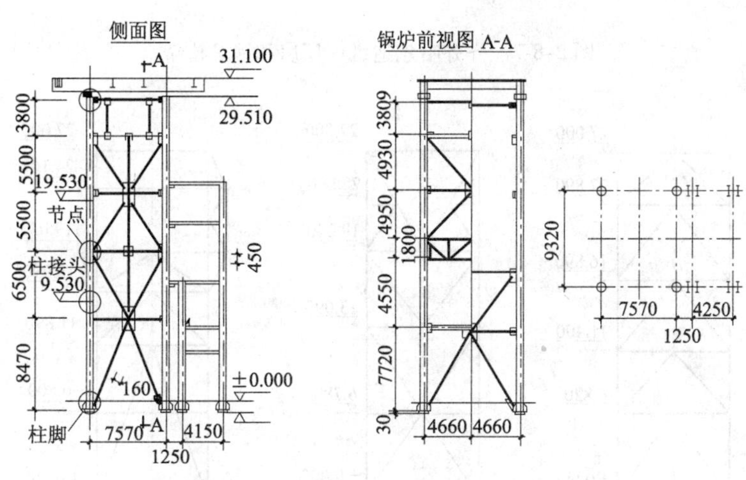

图 2-8-6　辽阳化纤总厂 8 号锅炉构架

随后，1976 年建成的有齐齐哈尔造纸厂锅炉构架（BG 65/39-M 型）1 台、山西铝厂锅炉构架（BG 130/39-M 型）2 台、福建厦门电厂锅炉构架（BG 130/39-M 型）1 台；1977 年建成的有浙江定海电厂锅炉构架（BG 65/39-M 型）2 台、河南许昌电厂锅炉构架（BG 65/39-M 型）1 台、河南周口地区电厂锅炉构架（BG 130/39-M 型）1 台；1978 年建成的有辽宁营口化纤厂锅炉构架（BG 65/39-M 型）2 台、吉林开山屯电厂锅炉构架（BG 65/39-M 型）2 台、河南商丘电厂锅炉构架（BG 65/39-M 型）1 台、河南周口地区电厂锅炉构架（BG 130/39-M 型）1 台、浙江温州东屿电厂锅炉构架（BG 130/39-M 型）1 台；1979 年建成的有河北唐山钢厂锅炉构架（BG 130/39-M 型）2 台、河南洛阳炼油厂锅炉构架（BG 130/39-M 型）1 台、内蒙古乌达电厂锅炉构架（BG 130/39-M 型）2 台等；1980 年建成的有哈尔滨化工热电厂锅炉构架（BG 130/39-M 型）3 台等。所有这些锅炉构架都采用了钢管混凝土柱。

图 2-8-7 所示为齐齐哈尔造纸厂厂房和锅炉构架，厂房的框架柱采用了三肢钢管混凝土柱，$\phi219\times7+2\phi127\times6$，锅炉构架的平面尺寸为 8. 2m×8. 55m，高 25. 1m。

图 2-8-8 所示为福建厦门电厂锅炉构架，平面尺寸为 9. 5m×9. 5m，高 27m，1976 年建成。

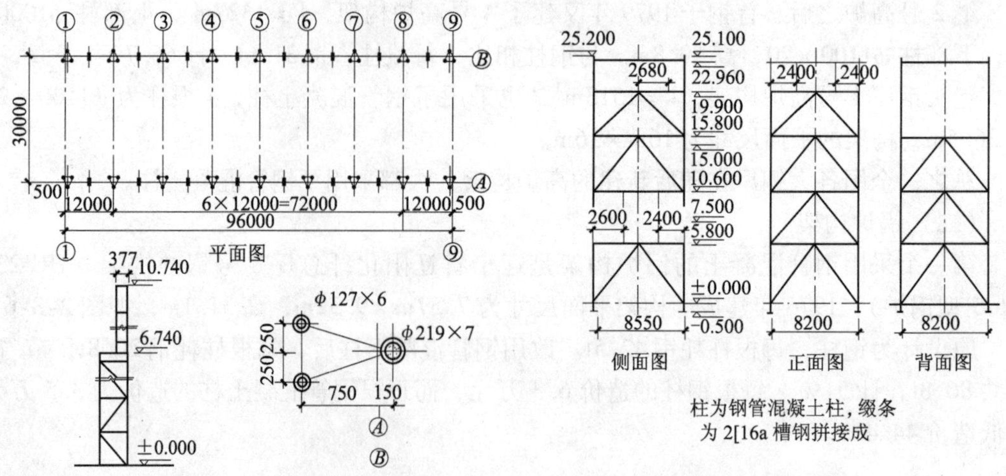

图 2-8-7　齐齐哈尔造纸厂厂房和锅炉构架

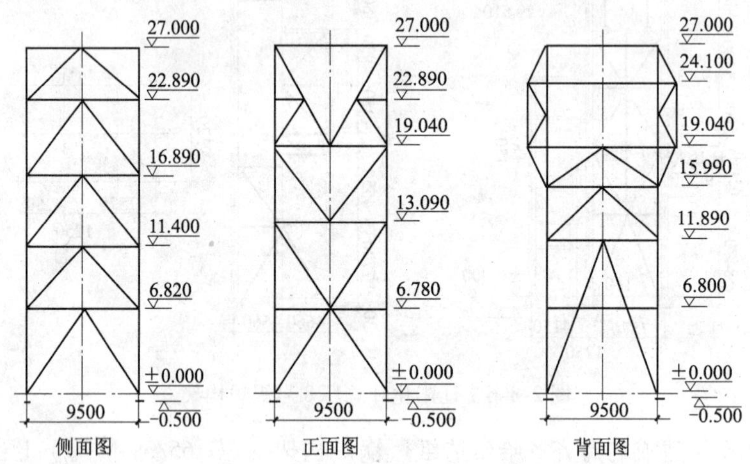

图 2-8-8　福建厦门电厂锅炉构架

湖北荆门市热电厂二期工程中，采用 2 台 HG670/140－8 型悬吊式锅炉，其锅炉构架高 49.9m，是迄今建成的采用钢管混凝土柱的最大的锅炉构架。

据不完全统计，全国采用钢管混凝土柱的锅炉构架已达五六十个之多，并在不断增加中。

由此可见，在我国，锅炉构架采用钢管混凝土柱是很普遍的。

除高炉和锅炉构架外，还有一些工业设备构架也采用了钢管混凝土作构架立柱。

图 2-8-9 所示为首钢 4 台 900 管除尘器的支架，由 16 根 $\phi377\times6$ 的钢管混凝土柱组成，1983 年建成。如果采用钢筋混凝土支架柱，计耗钢材 4.4t，混凝土 $24m^3$，木材 $2.1m^3$，造价 6000 元/m^2。采用钢管混凝土支架柱后，耗钢 5.4t，混凝土 $10.7m^3$，造价 9000 元/m^2。虽然造价高，但施工速度提高很多，并提前投产。

1983 年建成的江西德兴铜矿的一个储存矿石的圆形筒仓，筒仓内径 22m，高 42m，可储存矿石 1 万 t，加上结构自重共约重 1.6 万 t。筒仓支承在内外两个圆环和 16 根钢管混凝土柱上，柱所承受的垂直荷载最小的有 630t，最大的达 2000t。管柱采用了 $\phi650\times12$ ~

$\phi1060\times16$ 内灌 C40 混凝土。图 2-8-10 所示为筒仓简图，图 2-8-11 所示为钢管混凝土柱吊装情况。

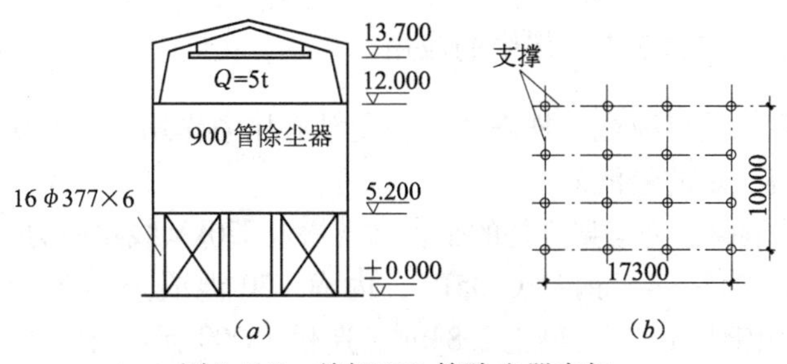

图 2-8-9　首钢 900 管除尘器支架

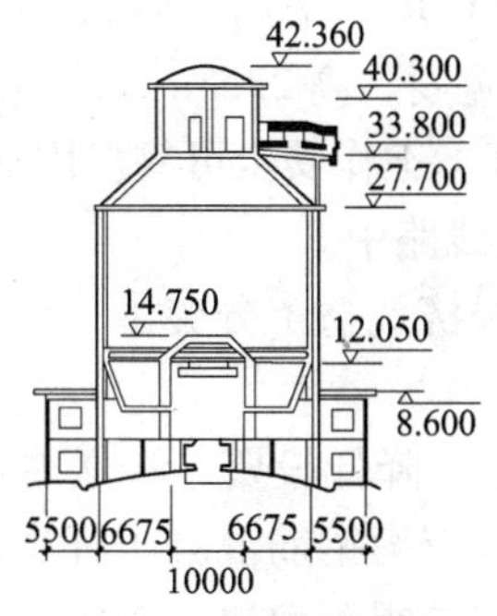

图 2-8-10　德兴铜矿筒仓

图 2-8-11　筒仓柱吊装

此外，全国很多 20 世纪七八十年代及以后建造的发电厂，其加热器平台都采用了钢管混凝土柱，很多钢厂中的热风炉构架也采用了钢管混凝土柱。

图 2-8-12 所示为首钢自备热电站的电除尘工程，有 3 台除尘器，支架也采用了钢管混凝土柱，共 19 根柱，中柱 5 根，$\phi650\times12$，边柱 14 根，$\phi530\times8$。平面尺寸 22.92m × 26.56m，支架高 12.25m。按 1 台电除尘器所用的支架柱计算，采用钢柱时，耗用钢材 42.5t，用钢管混凝土柱时用钢材 25.8t，省钢 39.3%，但多用了混凝土 $54m^3$，钢柱造价 6.4 万元，钢管混凝土柱的造价为 4.3 万元，节省了 2.1 万元，3 台除尘器共节约 6.3 万元，该工程于 1985 年建成。

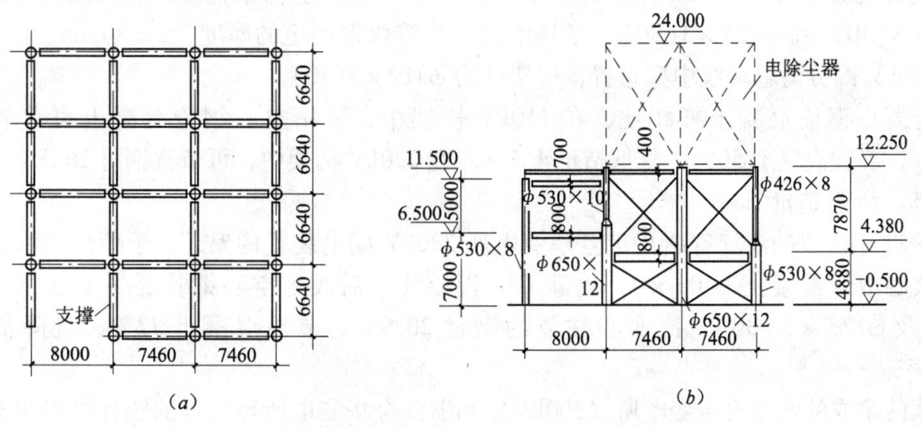

图 2-8-12　首钢自备热电站的电除尘工程

此外，1979 年太原钢厂在烧结厂铺底料工程中，全部通廊支架柱也都采用了钢管混凝土柱。

三、钢管混凝土柱在送变电杆塔中的应用

送变电杆塔主要承受风荷载，杆塔的立柱受轴心压力作用，因而采用钢管混凝土作立柱是合理的，可取得一定的经济效益。

第一个采用钢管混凝土为塔架立柱的是吉林省松蛟 220kV 线路中的一个终端塔，如图 2-1-3 所示。立柱采用 $\phi 245\times4$，钢材 Q235BF，内灌 C30 混凝土。立柱所受的轴心压力为 500kN，塔高 18m，用钢材 10t，混凝土 2.83m^3，造价 18200 元。与钢塔比，节约钢材 50%，节省投资 30%。施工时，在现场进行了试验，超载 50%，仍属弹性工作，证明安全可靠。

1979 年华东电力设计院设计了 500kV 线路的门式输电杆塔，采用了两根 A 形钢管混凝土柱，$2\phi 420\times6$，两根 A 形立柱距离 30m，即门式塔的宽度，高 27.5m，加避雷针共高 35m。通过了真形试验和原电力部组织的鉴定。经济效益好，工作安全可靠。因而从 20 世纪 80 年代开始，已广泛用于葛洲坝电站在华东地区的输电线路中。

在送变电工程中采用钢管混凝土为立柱的杆塔结构，经济效益十分突出，比起钢结构杆塔可节约大量钢材，从而降低了造价。

众所周知，从 20 世纪六七十年代开始，为了节约钢材，降低投资，在送变电线路中曾大量推广采用预应力钢筋混凝土，但不久在使用中发现预应力钢筋混凝土杆塔普遍产生纵向裂缝，影响使用寿命，虽经长期分析研究，但问题始终未得到解决。因此，采用离心法生产的空心钢管混凝土杆塔也就起而替代预应力钢筋混凝土杆塔，成为送变电工程中应用最普遍的新型杆塔结构。

辽宁省电力勘测设计研究院和浙江省电力勘测设计研究院率先从事这方面的研究、设计、制造和应用推广工作。从 20 世纪 90 年代起，空心钢管混凝土送变电杆塔，已在全国二十多个省（市、区）的 1000 多个输电线路工程和各类通信工程中得到了广泛的应用，特别是近年来发展更为迅速，前景十分广阔。介绍一些主要工程如下：

（一）变电构架支架

1992 年建成的杭州市萧山电厂 110kV 和 220kV 升压站的构架采用了离心法生产的空心钢管混凝土柱。110kV 部分为高型布置，钢管混凝土构架柱分别为 $\phi168\times3(30)$、$\phi219\times3(30)$ 和 $\phi325\times3(30)$，括号中数字指管内混凝土的厚度，$a=30$mm。

220kV 部分为管母线中型布置，构架柱为 $\phi219\times3(30)$。

与离心钢筋混凝土杆相比，在 110kV 构架中，采用空心钢管混凝土可节省钢材 28.3%，节省混凝土 50%，降低造价 4.7%。在 220kV 构架中，可节省钢材 26.5%，混凝土 61%，降低造价 7.4%。

1990 年建成的浙江省绍兴市兰亭变电所 220kV 配电装置构架，由于荷载较大，原设计为实心钢管混凝土 $\phi400\times4$，内灌 C30 混凝土，后改为空心钢管混凝土柱，$\phi273\times4(30)$ 及 $\phi273\times5(30)$，比实心柱节约钢材 20.9%，节约混凝土 72%，且降低了造价 32.5%。

从已建成的北京安定变电所（500kV）和浙江金华变电所等工程的统计结果可知，和钢结构相比，采用空心钢管混凝土时可节省钢材 40.7% ~49.3%，降低造价 35% ~40%。

（二）发电厂综合管道支架

浙江嘉兴电厂和江苏扬州电厂等大中型火力发电厂，把各种地下管道和电缆，与一些架空管道一起架设在由多层横梁组成的管道支架上，不但可节约投资，而且在运行中维修和检修十分方便。这种管道支架采用了空心钢管混凝土柱。这种结构正在向各大中型发电厂推广中。

（三）城网输配电线路杆塔

近年来，在城网中应用最为广泛的是 10～110kV 线路。由于城市用电量的迅速增长，城网日益发展，传统的混凝土电杆已不能满足承载力的要求。如使用钢结构塔，不但占地面积大，也影响城市景观；如采用地下电缆，造价又太高。因此，采用空心钢管混凝土杆就显示出其优越性。它比钢结构可降低造价 30%～50%，甚至更多。

湖南省岳阳市 220kV 双回路城网输电线路是我国第一条采用空心钢管混凝土杆塔的城网输电线路，1999 年建成并使用。运行情况良好。

（四）输电线路杆塔

自 1990 年以来，由于钢筋混凝土和预应力钢筋混凝土电杆普遍出现较严重的纵向裂缝问题，有的裂缝宽达 1mm，长达 1m 以上，严重危及线路的运行和安全。因此，在 330kV 和 220kV 的输电线路中，很少再采用混凝土电杆了，转而采用钢结构，甚至连 110kV 的输电线路也基本恢复了采用钢结构。

采用钢结构输电杆塔固然十分安全可靠，但钢材消耗多，造价很高。因而，自 20 世纪 90 年代开始，钢管混凝土的应用开始进入了这一领域。用钢管混凝土构件代替钢结构可以取得节约钢材、降低造价的效果，且抗压和抗扭性能都很好。但是众所周知，输电线路杆塔建造在郊外，甚至跨越山岭河流，既无道路可供运输构件和器材，又相距数百米矗立一个，十分分散，采用钢管混凝土时，现场浇灌混凝土又十分困难。因此，在输电线路中采用空心钢管混凝土构件也就成为必然的趋势。

110kV 单回路 Y 系列空心钢管混凝土杆塔，在运输和组装条件较好处，可采用单柱塔形，只要用吊车或扒杆就能整体立塔。一个工作日可安装 3～6 个基塔，占地面积只有 3～5m^2，比钢结构塔节省钢材 25%～35%，降低造价 27.5%～40%（包括征地费用），节约土地 90% 以上。在运输和组塔条件较差处，可采用三柱式组合塔，用法兰盘连接，构件重量限于每段不超过 500～800kg，以便于搬运和组立。

对于 110kV 的承力塔，因荷载较大，可采用双柱型、三柱型和四柱型空心钢管混凝土塔，经济效益良好。

空心钢管混凝土杆塔用于 220kV 以上的输电线路中，同样具有良好的技术经济效益。例如，220kV 线路上的终端塔，水平档距 400m，高 18m，主管采用 3ϕ325×4(35)，总计用钢量为 7025kg，C40 混凝土 2.38m^3。比钢结构塔节约钢材 48.5%，降低造价 36.7%。

1996 年建成运行的 330kV 靖永线路上的直线塔，采用了空心钢管混凝土，曾进行了加载试验，加荷达标准值的 2 倍，也未破坏。

（五）跨越塔

在大的跨越高塔中采用空心钢管混凝土，更有显著的优越性。

例如 1992 年建成运行的 220kV 双回路浙江温州瓯江大跨越塔，南江和北江有两个跨江段。南江跨江段档距 1300m，二基跨越塔全高 159m；北江跨越塔档距 1100m，二基跨越塔全高131.5m。塔型为双回路拉线塔，柱身4m×4m，由4根格构式空心钢管混凝土柱组成，腹杆为空钢管。南北江各二基塔与全钢管结构比，立柱部分省钢45.6%，整个工程的造价降低了22.5%。

此外，还有220kV双回路椒江大跨越塔，档距1400m，塔全高175m，采用了空心钢管混凝土为立柱的格构式自立塔。

（六）各类微波通信塔

北京广安门华北电管局大楼顶上的微波塔是我国建成的采用钢管混凝土构件的第一个微波通信塔，塔高80m，由20根ϕ273×3的钢管混凝土柱组成，外设20对（7ϕ4）预应力钢绞线，造型新颖美观，1987年建成，如图2-8-13所示。

图2-8-13　华北电管局微波塔施工中

此后，自2000年起，山西省移动通信有30多个站采用了空心钢管混凝土独立式和三柱组合式的移动通信塔。独立式塔高30～45m，三肢组合式塔高40～60m。一个高50m的移动通信塔，采用格构式角钢结构时，耗钢量为23.92t；采用钢管混凝土结构时，耗钢量为22.3t；而采用三柱式空心钢管混凝土时，耗钢量只有11.04t，增加了C40混凝土3.7m^3，总重20.29t，比钢结构还轻。一般情况下，采用空心钢管混凝土柱作通信塔时，与传统的钢结构相比，节省钢材30%～55%，降低造价20%～45%，而结构总重量可以做到不增加。

综上所述，空心钢管混凝土在送变电工程和微波通信工程中的应用日益广泛，并有着广阔的发展前景。

第九节　钢管混凝土在高层建筑中的应用

一、高层钢管混凝土结构的发展和特点

我国自从改革开放以来，社会生产快速增长，为了缓解城市面积的不断扩展带来的压力，全国各大城市逐渐出现了高层建筑，由20层向40～50层发展，又由40～50层向80～90层发展。如上海浦东已建成的金茂大厦，88层，高达420m，成为当前世界第三高建筑物。上海浦东的环球金融中心，达95层，高492m，目前主体已完工，为当今世界的最高建筑物之一。

在所建成的部分高层建筑中，有些采用钢结构或混合结构。但其中一些高层和超高层建筑是国外设计，采用进口钢材，有的还是由外国公司承包建造的，这也是高层建筑在我国必然经历的一个发展过程。在取得经验的基础上，我国的工程技术人员逐步提高了自己的水平。1998年在广东深圳建造的70层（地下4层）、高278.6m的赛格广场大厦和1998年在大连建造的51层、高201m的远洋大厦，都是我国自行设计、全部采用国产钢材、自己制造和施工的超高层建筑。这充分说明了我国在高层建筑方面无论设计或是施工技术，目前都已达到了国际水平。

众所周知，钢材属于轻质高强材料、匀质等向体、塑性和韧性好，用于高层建筑具有下列优点：

（1）结构重量轻。高层建筑采用钢结构时，结构自重约为 $1t/m^2$，而采用钢筋混凝土结构时为 $1.3 \sim 1.8t/m^2$。因而采用钢结构可节省运输和吊装费用，减轻基础受力，节省基础造价，同时还减小了地震反应，相当于设防烈度降低一度。

（2）构件尺寸小。由于钢柱截面小，可增加建筑物的有效使用面积3% ~6% 。

（3）大柱网和大空间。采用钢结构时，可采用大柱网，使建筑物内部为大空间，使用灵活而方便，符合设备现代化的要求。

（4）施工过程符合环保要求，且钢结构损坏或报废后，可以回收利用。

（5）施工速度快，施工周期短。一般30层左右的高层建筑，建筑面积为5万 ~6万 m^2，采用钢结构时的施工周期与采用现浇钢筋混凝土结构相比，可缩短工期半年以上。由于缩短了工期，工程可以提前投付使用，故其综合经济效益高。

高层建筑采用钢结构虽具有以上优点，但耗钢量大、造价高常成为在高层建筑中应用钢结构的主要障碍。

从20世纪80年代中期开始，由于钢管混凝土结构在我国的发展，广大土建工程技术人员开始认识到，在高层建筑中采用钢管混凝土柱是最佳的选择。在本章第一节中已经介绍了自20世纪80年代中期起，在高层建筑中采用钢管混凝土结构经历的三个阶段——局部柱子采用到大部分柱子采用，再到全部柱子采用，这一发展过程仅用了十几年的时间。由此可见，在高层建筑中采用钢管混凝土结构有着很大的竞争力和广阔的应用前景。

据不完全统计，在我国采用钢管混凝土柱的高层和超高层建筑已超过50幢之多，主要分布在广州、深圳、福州、厦门和天津等地。表2-9-1列出了采用钢管混凝土柱的部分高层建筑。

采用钢管混凝土柱的部分高层建筑　　**表2-9-1**

序号	地　点	建筑物名称	层数	高度（m）	柱截面（mm）	钢材	混凝土	采用情况	建成时间（年）
1	福建泉州	邮电局大楼	1+15	63.5	$\phi800\times10$	Q235	C30	局部	1992
2	福建南安	邮电大厦	2+28	99	$\phi720\times14$		C40	全部	1997
3	福　州	环球广场	3+32	121.7	$\phi1000\times12$		C60	局部	1997
4	广　州	广州好世界	3+33	116.3	$\phi1200\times20$		C60	局部	1995
5	北　京	四川大厦						局部	1995
6	福　州	省政府屏山综合楼二区	2+16		$\phi1000$			局部	1997
7	厦　门	阜康大厦	2+25	86.5	$\phi1000\times10$	Q235	C35	大部	1994
8	北　京	国贸大厦	3+33	156	$\phi1400\times25$	Q345	C50	大部	1998
9	广　州	新中国大厦	5+43	201.8	$\phi1250\times25$	Q345	C80	大部	1999
10	深　圳	邮电枢纽中心大厦	3+48	180	$\phi1400\times20$			全部	1998
11	天　津	天津工商银行大厦	2+36	125.5	$\phi1220\times15.4$	Q345	C50	大部	1996
12	福　州	侨益大厦	2+32	115.7				大部	1997
13	天　津	立兴广场		100				大部	1998
14	厦　门	金源大厦	2+28	96.1	$\phi900\times12$		C40	全部	1997

续表

序号	地　点	建筑物名称	层数	高度（m）	柱截面（mm）	钢材	混凝土	采用情况	建成时间（年）
15	重　庆	环球广场	2 +31	110.6	ϕ800 ×18		C45		1998
16	天　津	今晚报大厦	2 +38	137	ϕ1020 ×14	Q345	C60	全部	1995
17	深　圳	赛格广场大厦	4 +72	291.6	ϕ1600 ×28	Q345	C60	全部	1999
18	南　京	省电信局生产楼	2 +28	107.3	ϕ750 ~850	Q235		全部	2000
19	广　州	广东邮电通信枢纽综合楼	6 +62	243.2	ϕ1400 ×22		C60	大部	
20	广　州	中华广场	4 +65	236.4	ϕ1000 ×20	Q345	C70	大部	
21	广　州	京光广场	3 +57	220	ϕ1600 ×20	Q235	C60	全部	
22	广　州	合银广场	4 +56	213	ϕ1500 ×22	Q345	C80	全部	2002
23	广　州	江南中心	3 +55	207.7	ϕ1200 ×18	Q235	C60	局部	
24	广　州	南航大厦	3 +61	204.3	ϕ1200 ×18	Q345	C60	局部	
25	重　庆	民族广场	5 +41	159.5	ϕ1200 ×16	Q235	C60	局部	1999
26	广　州	亿安广场	4 +40	136	ϕ1200 ×18	Q235	C60	局部	
27	昆　明	邦克大厦	3 +36	126.1	ϕ800 ×14	Q235	C60	局部	1998
28	广　州	文昌花苑	4 +28	100	ϕ800 ×16	Q235	C60	局部	
29	广　州	新达城广场	3 +30	99.8	ϕ1000 ×14	Q235	C60	局部	
30	广　州	翠湖山庄	2 +32	98.4	ϕ1600 ×20	Q235	C60	局部	1998

注：表中柱截面指最大的柱截面。

高层和超高层建筑中采用钢管混凝土柱有以下优点：

（1）钢管混凝土的抗压、抗扭和抗剪性能特别好，承载力高。

（2）抗震性能优越，延性很好。在地震区，采用圆钢管混凝土柱时，可不限制柱子的轴压比，而只控制柱子的长细比。

（3）采用高强度混凝土时，可有效地防止混凝土的脆性破坏，充分发挥高强度混凝土的强度承载力。

（4）所用钢板厚度不会超过40 ~50mm，取材易，价格低，制作和安装都很方便，且易保证焊接质量。

（5）施工方便，地下层可采用逆作法施工，可缩短工期，并节省地下层施工时临时支护费用。

（6）耐火性能优于钢结构，节约防火保护材料。

由于上列优点之（1）和（2），可获得下列经济效益：

（1）减小了柱子截面尺寸，与钢筋混凝土柱相比，截面可减小60% ~70%。

（2）增加了有效使用面积，与钢筋混凝土柱相比，可增加使用面积3% ~6%。

（3）与钢柱相比，柱子截面的轮廓尺寸基本不加大。

（4）与钢筋混凝土柱相比，节约混凝土超过60%，节约钢材约5%；和钢柱相比，可节约钢材50%，降低造价约45%。

（5）与钢筋混凝土柱相比，减轻柱重约60%，由此减轻地基基础的负担，降低了基础造价，同时也减小了地震反应；和钢柱相比，自重大致相等。

（6）减少了构件的运输和安装费用。

同时，由于工期的缩短，建筑物可提前投入使用，提高了采用钢管混凝土柱的综合经济效益。

二、钢管混凝土高层建筑典型工程

第一节中已经介绍了，福建省泉州市邮电局大楼是部分柱子采用钢管混凝土柱的第一个工程，地下1层，地上15层，高87.5m。为了减小地下停车库和地上营业大厅中的柱子截面，地下1层和地上1层、2层的8根柱子采用了钢管混凝土柱，和原设计的钢筋混凝土柱相比，节约钢材10%、节约混凝土68%、减小柱子截面面积2/3，取得了显著的经济效益。

在第一节中也介绍了第一个大部分柱子采用钢管混凝土柱的工程——厦门阜康大厦，还介绍了第一个全部柱子采用钢管混凝土柱的工程——厦门金源大厦，地下2层，地上28层，高96.1m。

现介绍几个典型工程如下。

（一）天津今晚报大厦

于1997年建成的天津今晚报大厦是全部柱子采用钢管混凝土柱的一个典型超高层建筑。地下2层，地上38层，高137m，包括裙房总建筑面积为8.2万m^2。采用了钢管混凝土柱和现浇双向多肋形钢筋混凝土梁板楼盖组成的框架，建筑物中心为整浇的钢筋混凝土抗震筒，形成了框筒结构体系。

在高层和超高层建筑中，采用钢柱的框筒结构体系，较合理的是由钢梁和钢柱组成框架、加上压型钢板的组合楼板，不但受力更为合理，而且施工也特别简便快捷。如北京的京广中心、香格里拉饭店、京城大厦和上海的金茂大厦及深圳的发展中心大厦等，都采用了这种结构体系。但是，在我国现阶段，建筑物的一次性工程造价常起着控制作用。为了降低工程造价，一些采用钢结构的高层建筑中出现了钢管柱和钢筋混凝土梁板楼盖的混合结构体系。天津今晚报大厦就是一个成功的例子。该工程采用钢管混凝土柱和钢筋混凝土梁板楼盖组成混合框架结构体系，降低了工程造价，取得了显著的经济效益。从此，这种混合框架成为高层建筑中普遍采用的结构体系。

该建筑物的平面为$D=44m$的圆形，框架采用8.4m×8.4m的大柱网，按7度抗震设防和Ⅲ类场地土考虑。

结构设计中充分考虑了抗震要求，抗侧力构件采用了现浇钢筋混凝土内筒，基本布置在建筑物平面的中心位置，并按8度抗震设防的要求处理。采用塑性和抗震性能优越的钢管混凝土柱为框架柱，替代常规采用的钢柱和钢筋混凝土柱，加上现浇的钢筋混凝土楼盖，组成框架体系。这样处理，容易满足大震不倒，破坏后易于修复的要求。工程于1997年初竣工，图2-9-1所示为建成后的外貌。

该工程共16根钢管混凝土柱。钢管直径ϕ630~1020，厚度8~12mm，钢材Q345，混凝土C30~C60。底部柱的最大轴心压力为35000kN，柱最大截面ϕ1020×12，由下而上改变5次管径和厚度及混凝土强度等级。和钢筋混凝土柱相比，不但承载力高，而且塑性和抗震性远远优于钢筋混凝土，自重减轻很多，节约了混凝土，降低了地基基础造价，且施工也大为简便。与钢柱相比，构造较为简单，零件和焊缝少，便于制造、加工及运输和安装。设计中与采用钢筋混凝土柱作了比较，如采用钢筋混凝土柱，最大截面将为1.4m×1.4m，钢筋用量294kg/m。而钢管混凝土柱的耗钢量为289kg/m，二者基本相等，但却使柱子截面减小了58%，增加了室内的有效使用面积。在地下层车库中，柱子间距8.4m，采用钢筋混凝土柱时，柱间净距为7m，停放不下3辆汽车。采用了钢管混凝土柱后，净距达7.3m，可停放3辆汽车，显然提高了经济效益。

柱子的钢管首次采用了螺旋焊接管，施工方便，质量也较好。

结构的特点是楼盖首次采用了现浇双向多肋形钢筋混凝土楼盖。多肋形钢筋混凝土板沿柱子四周与柱连接，使支座压力分散，改变了框架体系中常规的梁柱刚性节点的做法，简化了节点构造，如图2-9-2所示。

图2-9-1　今晚报大楼厦

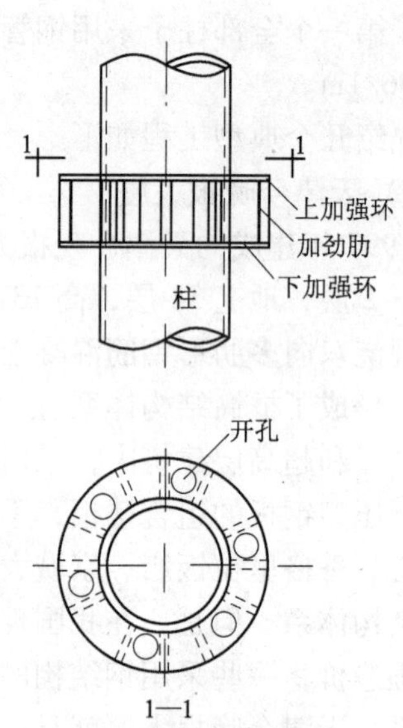

图2-9-2　梁柱刚性节点

这种楼盖结构和梁柱连接节点具有下列特点：

(1) 减小了楼盖结构的高度，楼盖总高430mm，为管道和通风设备等的布置留出了更多的空间。

(2) 楼盖荷载可均匀地从四周传给柱子，简化了梁柱节点。

(3) 管柱上设上下加强环，上下环之间设12根加劲肋，传递梁板传来的剪力。把楼盖中的受力钢筋可靠地焊在环板上，属于梁柱刚接节点。

(4) 上加强环上适当地开几个圆孔，便于节点处混凝土的浇灌密实。

(5) 加强环板不需进行强度计算，其宽度满足板内受力钢筋搭接或焊缝长度的要求即可。

(二) 广州新中国大厦

采用了钢管混凝土框架柱、现浇钢筋混凝土梁板楼盖和现浇钢筋混凝土内筒的框筒结构体系，于1999年建成，图2-9-3为外貌效果图。

图2-9-3　广州新中国大厦外貌效果图

该建筑为地下 5 层，地上 43 层，裙房 9 层，高约 200m，建筑面积约 15 万 m^2。由地下室向上到第 24 层采用了 24 根圆钢管混凝土柱，截面为 ϕ（900～1400）×（18～25），分 6 次变截面，Q345 钢材，C60～C80 混凝土，第 24 层以上转变为方形钢管混凝土柱，地下室共有钢管混凝土柱 94 根（包括裙房），为了配合地下各层采用半逆作法施工，在核心筒墙内设置钢管混凝土暗柱 27 根。核心筒的剪力墙厚度为 250～850mm，混凝土强度等级为 C40～C70。5 层地下室采用了半逆作法施工。

图 2-9-4 为首层商场平面图，图 2-9-5 是第 14～20 层公寓平面图，图 2-9-6 是第 33～36 层公寓平面图，图中可见柱子已改用了方钢管混凝土柱。

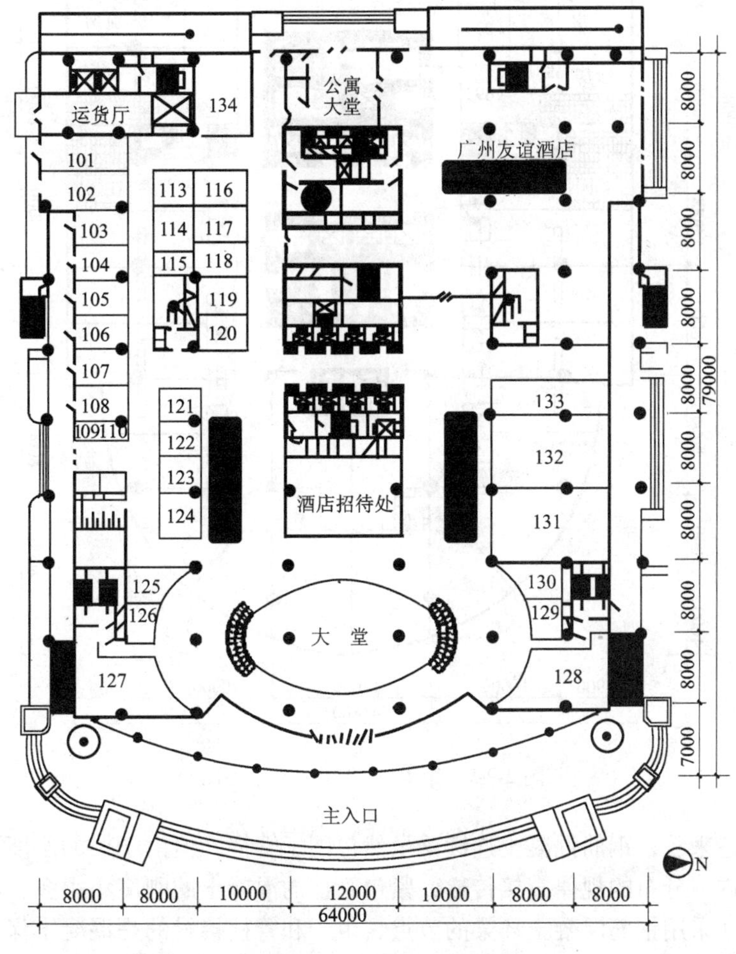

图 2-9-4 首层平面图

该工程的特点是采用了钢筋混凝土连续双梁、单梁和单双梁与钢管混凝土柱连接的节点形式，节点构造如图 2-9-7 所示。采用了暗牛腿传递梁对管柱的支座压力，牛腿包在钢筋混凝土梁的高度范围内。图 2-9-7（*a*）和图 2-9-7（*c*）的钢筋混凝土梁皆为连续梁，在四角设四个小牛腿与管柱相连，在梁和管柱间灌满了混凝土把管柱包成一体。图 2-9-7（*b*）在管柱周围加了一道钢筋混凝土环梁，四周的钢筋混凝土梁与环梁锚在一起，同时环梁从四周有钢板插入管柱。这三种梁柱节点在设计中都按梁柱刚接连接考虑。

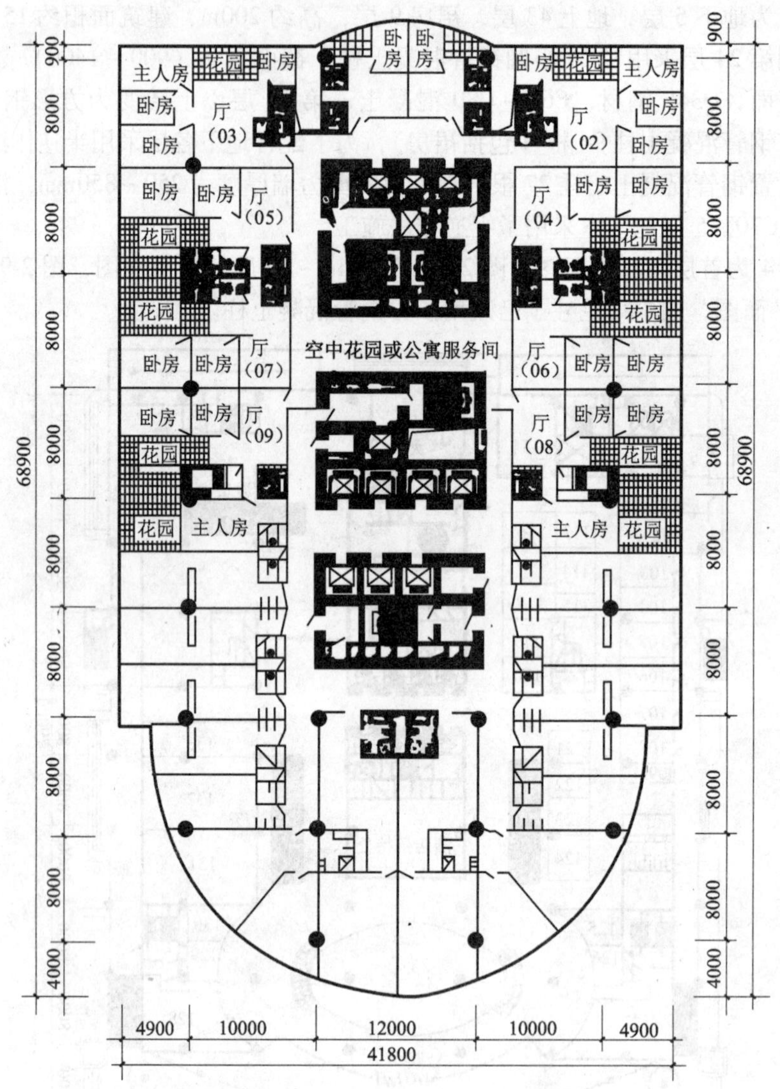

图 2-9-5　第 14～20 层公寓平面图

从上述构造来看，钢筋混凝土连续梁虽然包围了管柱，但由于梁的刚度很大，梁内弯矩将以连续梁内力分布的规律直接传递，紧包管柱的混凝土的刚度小很多，不可能把梁内弯矩传入管柱。采用钢筋混凝土环梁的节点，由于和管柱接触的是混凝土保护层，当梁端弯矩形成对环梁的拉力和压力时，通过环梁如何把这些拉、压力传入管柱也很难确定。

总之，这类梁柱刚接节点具有节省材料（没有加强环板等）、构造简单和施工方便的优点。但存在下列问题：

（1）梁柱节点是结构中的重要部位，设计原则是强柱、弱梁、节点更强，这种节点未达到节点更强的要求。

（2）能否保证节点属于刚接，符合计算模型，尚应进行试验研究。测定在荷载作用下，梁柱轴线间的夹角是否保持不变或变化在允许的范围内，应进行反复循环荷载试验和地震波作用下的试验。

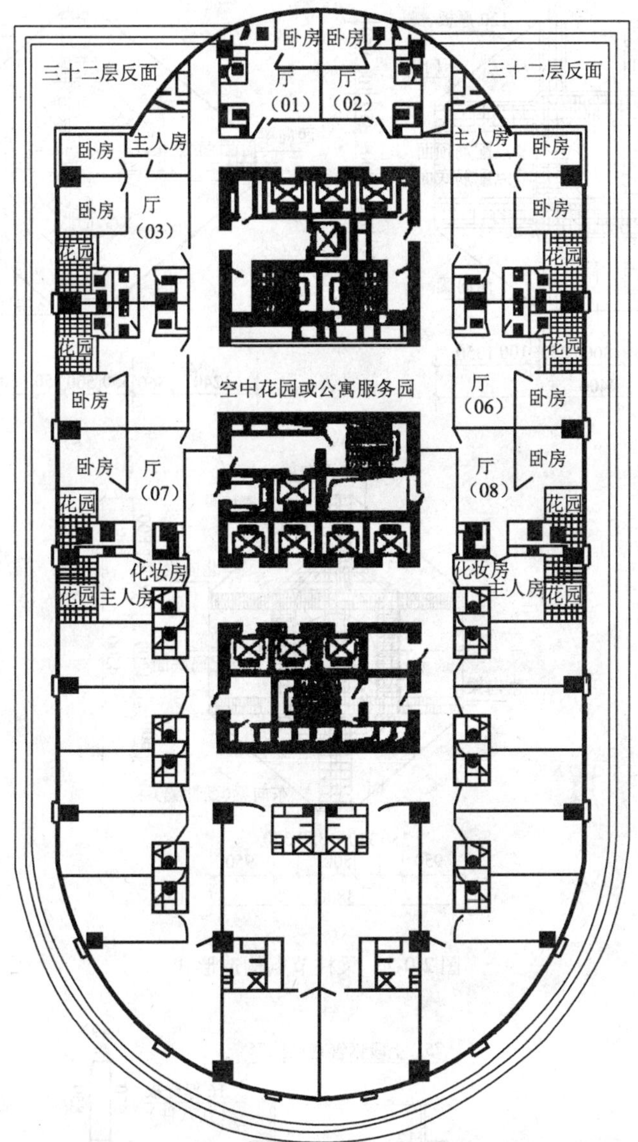

图 2-9-6　第 33～36 层公寓平面图

钢管混凝土柱变直径的现场对接接头采用了插入式的连接方式，如图 2-9-8 所示。沿着下部管柱的内壁，等间距共焊 8 块竖板，在下部柱端和 8 块竖板间加一些弧形板，并分别和竖板及钢管焊接，竖板都超出下部柱端 200mm，形成直径比上部柱的外径大 6mm 的圆形插口。安装时，把上部管柱顺着圆形插口插入再和露出的 8 块竖板焊接即成。为了使连接节点处的管内混凝土浇灌方便，在上部管柱的节点部位开一些长圆孔，如图 2-9-9 所示。

这种对接节点的缺点是上下柱端的加工精确度要求很高，也较费钢材。

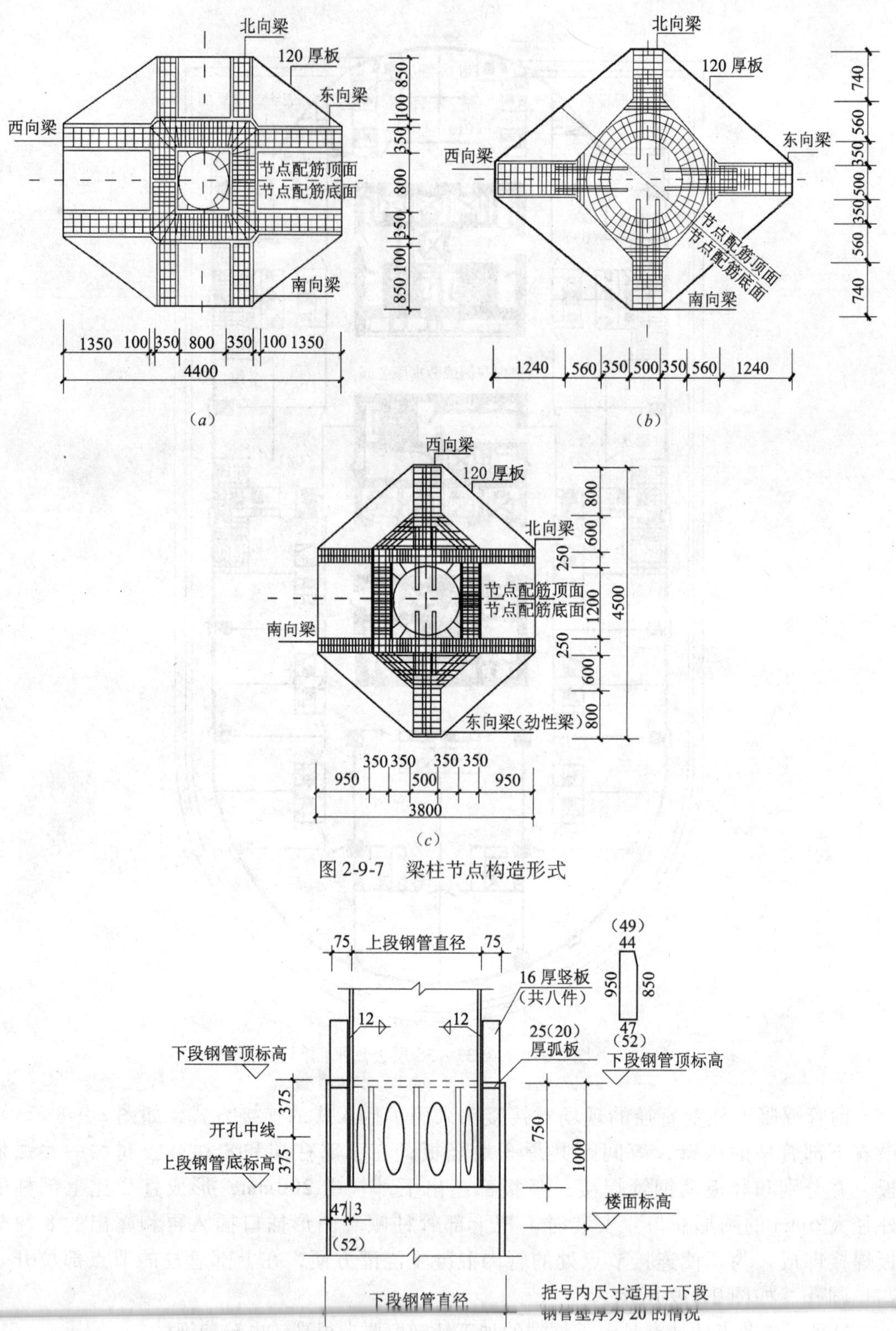

图 2-9-7　梁柱节点构造形式

图 2-9-8　变截面现场接头

（三）北京国贸大厦（一期工程）

北京国贸大厦地下 3 层，地上 33 层，高 156m。在塔楼部分有 8 根柱子，由地下 −14.00m到地上63.20m，全长77.2m，采用了钢管混凝土柱。柱子截面为 $\phi1400\times25$，Q345 钢材，柱子由下而上直径不变，只变钢管厚度。如采用钢筋混凝土柱时，截面将为 2.2m×2.2m。图 2-9-10 所示为国贸大厦在施工中的情况。

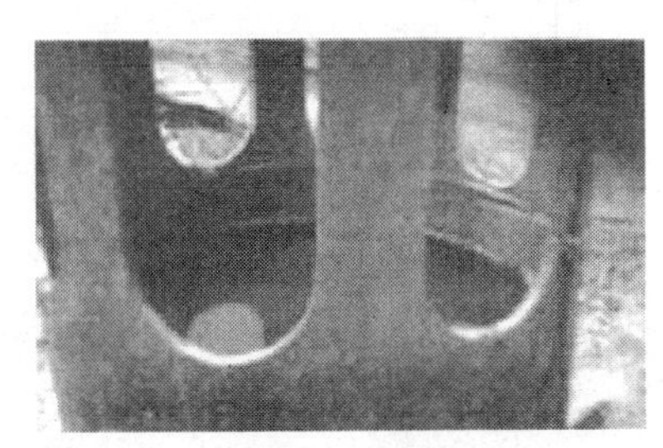

图 2-9-9　柱端开孔

图 2-9-10　北京国贸大厦施工中

这一工程的结构设计特点是大厅部分 4 根钢管混凝土柱由 −0.05 ~ +21.60m，由此 4 根柱子支承着一根十字形整浇钢筋混凝土梁，十字梁中点支承着一根柱子，通过该柱传来上面十几层的楼盖荷载，因而十字梁所受荷载很大。采用现浇钢筋混凝土梁，截面为 1.2m×3.75m，C40 混凝土。

由于十字梁的截面很高，又是和管柱单侧连接，不可能采用刚接连接——刚接节点产生的节点弯矩管柱无法承受，因而只能采用铰接连接。

采用铰接连接时，十字梁对支座的压力为 12000kN，在管柱上设计一个悬臂式牛腿。这样大的钢筋混凝土梁，牛腿悬伸长度至少也得 1m 长。若考虑到梁端支反力由于大梁挠曲而按三角形分布时，管柱壁将受到弯矩 $M=12000\times0.66=7920\text{kN}\cdot\text{m}$ 和剪力 $V=12000\text{kN}$ 的作用。这样大的弯矩和剪力，不但管壁难以承受，而且牛腿的构造也很困难。

最后采用了把十字钢筋混凝土梁在接近管柱处的梁端分成两支，环绕着管柱，而在管柱的两侧分别设两个牛腿，支承着钢筋混凝土梁。这样，对管柱来说，左右传来的支座压力引起的弯矩互相平衡；对牛腿来说，每个只承受 12000/2 =6000kN 的支座反力，压力减小一半，牛腿构造得到大大简化，如图 2-9-11 所示。

图 2-9-12 和图 2-9-13 所示为牛腿构造。考虑到钢筋混凝土大梁受荷载作用后将产生挠曲，作用于牛腿的支座压力为三角形分布。为了避免牛腿和管柱受扭，以简化构造，将梁端部按图 2-9-13（*a*）所示向上收 20mm，这样，三角形分布的支反力的合力 R 正好作用于牛腿的中心处，使牛腿和管柱避免了受扭矩的不利作用。

（四）深圳市邮电信息枢纽中心大厦

深圳市邮电信息枢纽中心大厦地下 3 层，主楼 48 层，高 180m，副楼 22 层，裙房 8 层，总建筑面积 18 万 m^2，于 1998 年建成，如图 2-9-14 所示。

该工程采用框筒结构体系。钢管混凝土柱和钢筋混凝土现浇梁板组成框架，内筒为现浇钢筋混凝土筒，最大管柱尺寸为 $\phi1400\times20$。

工程的特点是：在梁柱刚接节点中把梁内钢筋穿过管柱。

为了现场穿钢筋的方便，应在管柱上开圆孔，如图 2-9-15 所示，除在节点处设上下加强环外，在孔群中心和两侧设短加劲肋予以补强。

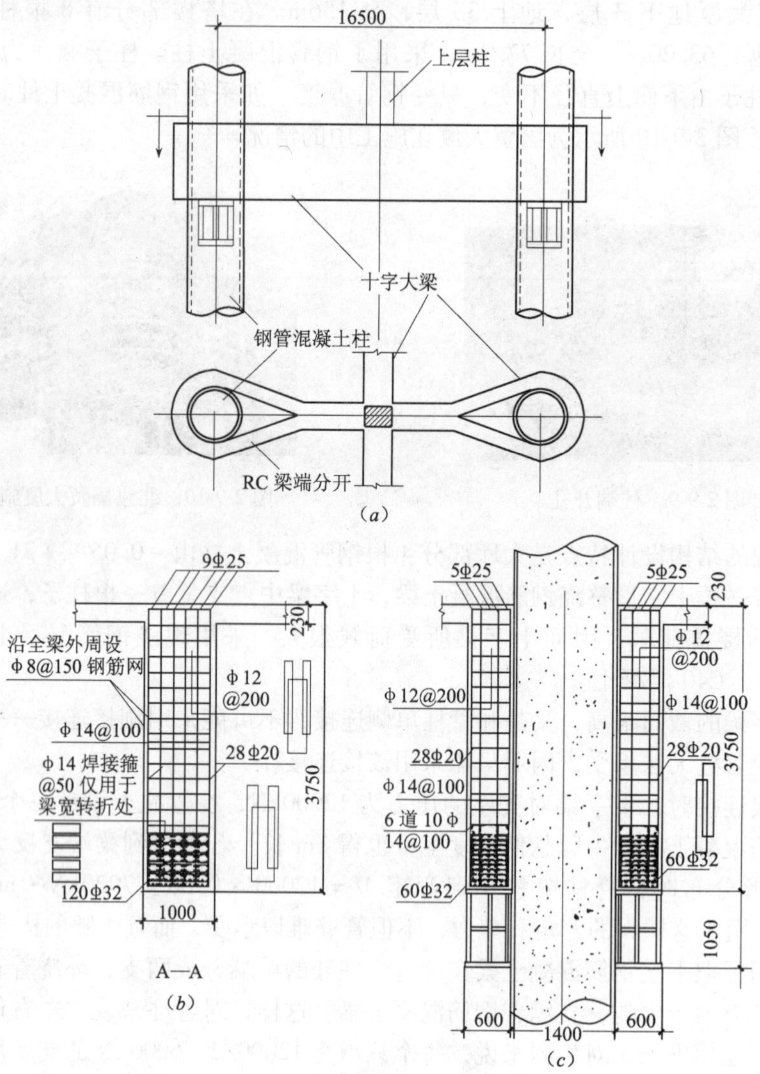

图 2-9-11　双支座铰接节点

图 2-9-12　国贸大厦节点牛腿构造之一

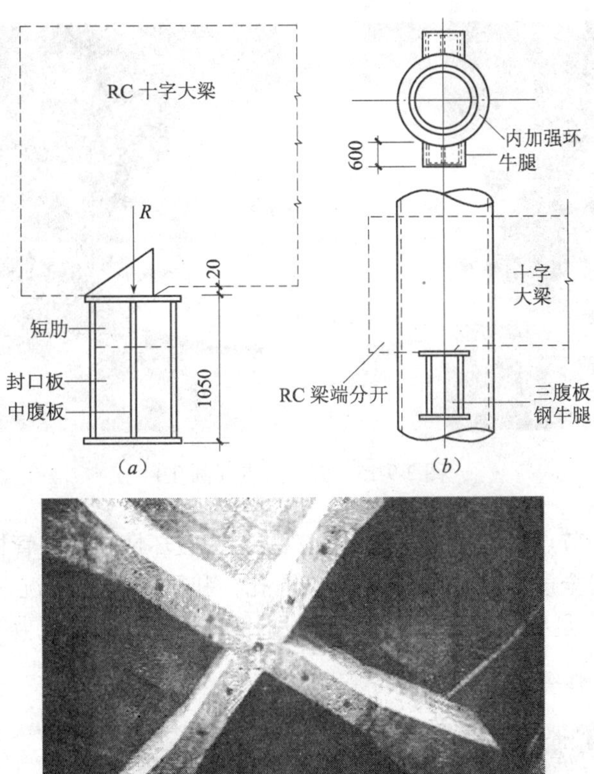

(c)

图 2-9-13 牛腿构造之二

图 2-9-14 深圳邮电信息枢纽中心

图 2-9-15 开孔节点（圆孔）

图 2-9-16 所示为节点试验情况，图 2-9-17 所示为破坏情况。系管柱破坏，节点部分未破坏，具有足够的安全度。试件中采用了长圆孔，和采用圆孔情况一样，参见图 2-5-9，节点安全可靠，且有足够的安全度，节点设计和详细试验情况从略，可参看参考文献［18］。

图 2-9-16 试验情况

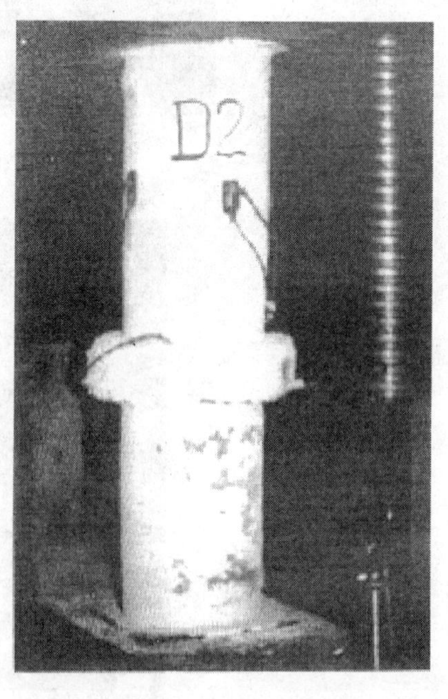

图 2-9-17 破坏情况

最后采用了开椭圆孔、设上下加强环，并在节点区内另加了 3 道钢箍的做法。加强环既增大了节点的整体性，又起到了施工时搁置钢筋控制其位置的作用。钢筋箍则起着增加节点整体性的作用。但根据试验结果，箍筋可以不用。

由于采用了上述一些节点构造措施，使钢筋贯穿法得以顺利施工，并保证了节点的安全可靠。当然，由于钢筋贯穿管柱，给浇灌管内混凝土带来了不便。

（五）深圳赛格广场大厦

深圳赛格广场大厦是我国自行设计和施工的、全部采用钢管混凝土柱的、目前最高的超高层建筑。1999 年建成。大厦地下 4 层，深 19.5m，地上 72 层，到屋顶直升机停机坪高 291.6m，到旗杆顶 340.8m。裙房 10 层，总建筑面积 175000m^2。这是一座以高科技电子配套市场为主，集办公、会展、商贸、金融、证券和娱乐为一体的现代化、多功能、智能性的超高层建筑。

1. 结构设计

地下平面尺寸为 84m×85.2m，地上 1～10 层平面为 72m×72m，11 层以上为塔楼部分，平面为 43m×43m，10 层顶除塔楼外为屋顶花园。塔楼中心为抗震筒，平面为 21.3m×21.3m。图 2-9-18（*a*）所示为塔楼平面图，图 2-9-18（*b*）所示为正在安装的第 11、第 12 层管柱。

地下层和裙房采用框架-剪力墙体系。钢管混凝土柱 ϕ900×14，Q345 钢材，C60 和 C50 混凝土。地下层采用型钢混凝土梁和钢筋混凝土楼板。裙房采用钢梁和压型钢板组合楼盖。

塔楼部分为八角形。中心的抗震筒，由四角 4 根 ϕ1100 和其他 24 根 ϕ800 的钢管混凝土柱组成，柱间距为 3m，外圈为 8 根 ϕ1600×28（26）、C60 混凝土的钢管混凝土柱和组合钢梁组成的框架。框架柱由地下 4 层到顶变 5 次截面，最小截面为 ϕ1300×20（18）、C50 混凝土。

钢梁用 Q345 钢材，Ⅰ700×260×12×10 和Ⅰ600×250×10×8，最大跨度超过 12m。钢梁上铺压型钢板，其上为现浇混凝土板，组成组合楼盖，板厚 160mm，如图 2-9-19 所示。

内筒各柱间浇灌 2 片厚 200mm 的钢筋混凝土墙板，2 片墙板间留有空隙 200mm，作为设备管线的通道。为了提高建筑物抗水平力作用的刚度，在内筒中增加了 x 和 y 方向的现浇钢筋混凝土剪力墙，形成井字形，如图 2-9-19 所示。

塔楼部分框架柱的最大轴心压力超过 95000kN，柱子最大尺寸为 ϕ1600×28，Q345 钢，C60 混凝土。如采用钢筋混凝土柱时，最大截面尺寸将为 2.4m×2.2m，采用钢管混凝土柱的截面比钢筋混凝土柱的截面小 62%。经计算，由于采用了钢管混凝土柱，整个建筑共增加了 3000m^2 使用面积。裙房部分为商场，按使用面积收取租金，增加的使用面积每年将带来可观的经济收益。

采用了大柱网，12m×12m，不仅有利于地下车库的使用，也增加了室内空间使用的灵活性，易于适应各种用途。

图 2-9-20 所示为内筒柱的构造情况，图 2-9-21 所示为框架和组合楼盖的构造，图 2-9-22 所示为梁和柱喷涂防火涂料后的情况。

为了使框架柱更有效地参与整体结构抗水平力的作用，减小建筑物顶端的位移，以满足刚度要求，分别在第 20、32、48、64 和 72 层设置了刚伸臂。刚伸臂由 16 榀钢桁架连接框架柱和内筒，并与内筒刚接连接，还在框架柱处设了周边桁架，使所在楼层整体形成一个刚性盘体，桁架杆件皆为箱形截面。图 2-9-23 所示为钢桁架和周边桁架的构造情况。

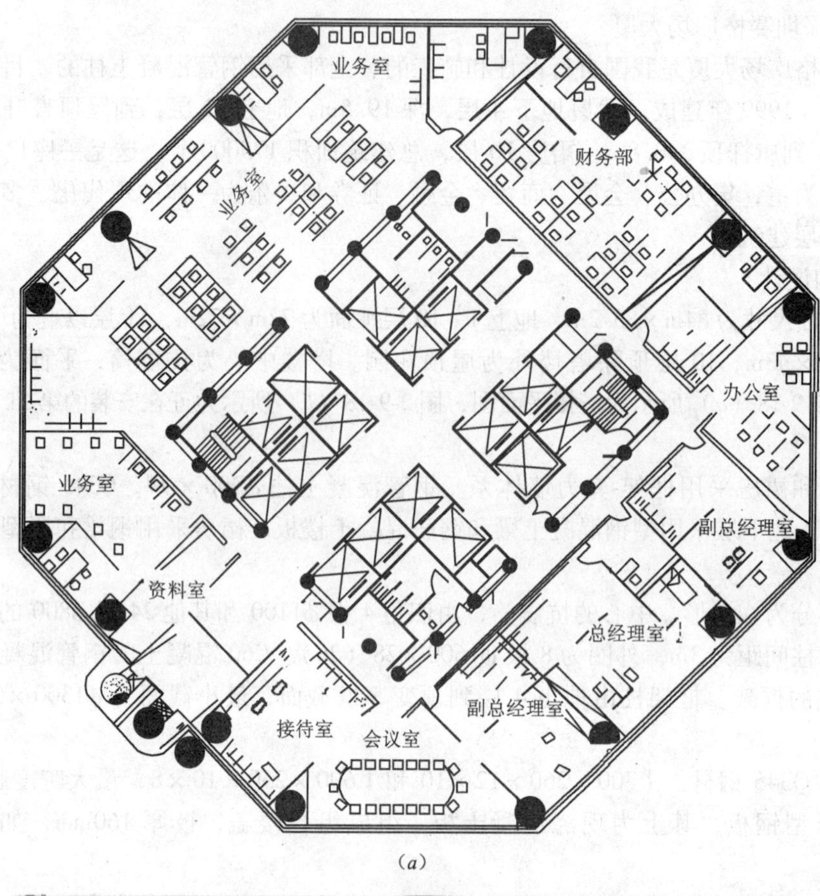

(a)

(b)

图 2-9-18 赛格塔楼平面和柱子吊装

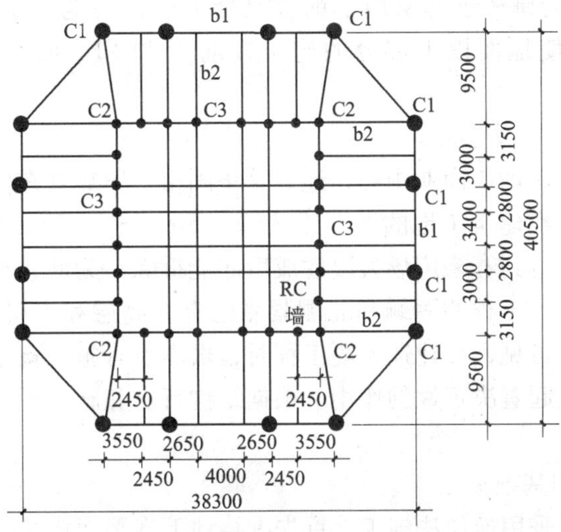

C1：ϕ1600×28　　b1：I700×260×12×10
C2：ϕ1100×14　　b2：I600×250×10×8
C3：ϕ800×12

图 2-9-19　塔楼结构平面图

图 2-9-20　赛格内筒柱吊装

图 2-9-21　赛格组合楼盖

图 2-9-22　梁和柱喷涂防火涂料

图 2-9-23　伸臂钢桁架

由于包括内筒的全部柱子都采用了钢管混凝土柱，为地下4层采用全逆作法施工创造了条件，同时也使地面以上部分的施工提前了110d，加快了施工速度，缩短了工期。

2. 工程施工

赛格广场大厦位于深圳市商业中心，地处繁华闹市。紧靠其东侧的深圳市电子配套市场的8层建筑物外墙，离建筑工地的地下连续墙1.5m。出于经济效益的考虑，电子配套市场必须照常营业，一直到赛格广场大厦建成后才能拆除。为此，在大厦施工期间必须保证配套市场的安全使用。工程的西侧和北侧紧靠已有的高层和多层建筑，相距10～20m。南侧是华强北路。由此可见，在建造大厦工程时，根本没有施工备用场地，这对施工组织和施工技术措施的确定起着决定性的作用。根据结构特点和施工现场情况，决定地下4层采用逆作法施工。

（1）地下连续墙和基础施工

为了实现地下4层采用逆作法施工，首先围绕地下室平面构筑一圈地下连续墙，成为地下4层的外墙，保证基础的施工。连续墙沿平面尺寸为84m×85.2m的周边构筑，深为-35～-31m，墙厚800mm，双面双向配筋为ϕ25@200mm。

连续墙施工完成后，进行人工挖孔桩的施工。设计为一柱一桩，计裙房86根，塔楼柱子44根。框架柱的桩基直径ϕ3800mm，裙房桩基挖到中风化层-40～-35m，塔楼桩基达到微风化层-43～-40m。塔楼核心筒采用群桩，直径ϕ5500mm，承台板厚3m。桩基挖孔完成后，放入钢筋笼，浇灌混凝土，做成承台并按设计要求预留柱子杯口。在挖孔过程中，做好排水和通风工作。

（2）逆作法施工

按设计图纸，将自基础至地面每根长24.2m的空钢管柱逐根插入基础的预留杯口中，校正后加以固定。再将地面处的楼盖钢梁与柱连接后，安装压型钢板，铺楼面板的钢筋，然后浇灌管柱内和楼盖梁板的混凝土，完成地面处楼盖的施工。图2-9-24所示为吊装和插入第一根空钢管的情况。图2-9-25（*a*）所示为±0.00标高处的楼盖梁已安装完毕，图2-9-25（*b*）所示为±0.00标高处的楼盖混凝土已浇筑完毕，随即可开始地下4层的逆作法施工。

图2-9-24 赛格吊第一根钢管柱

当±0.00标高处的楼盖施工完毕，就解决了施工备用场地的困难问题。

由于施工现场环境的限制，只能在白天挖土方和施工，夜间11时至凌晨5时，外运土方和运入构件。同时随着土方的下挖，地下连续墙受到外侧土压力，此土压力应传给周边的框架柱，因而必须随着施工进度的发展，及时将连续墙与周边的框架柱相连，以保持连续墙的稳定。当往下挖土挖到地下1层楼层时，立即安装梁，并进行楼盖混凝土的浇灌。如此连续下挖施工，直至要求的最后深度，然后浇筑底板和内筒剪力墙。

(a)

(b)

图 2-9-25　±0.00 标高处楼盖施工

进行地下 4 层逆作法施工的同时，将各个空钢管柱向上接长，依次进行地面以上楼层的施工。施工过程中，沿地下连续墙周边的适当位置，设置了沉降和水平位移观测点，定时观测。结果沉降很小，水平位移也符合深基坑支护规程的要求。

地下 4 层采用了全逆作法施工方法取得了很大的经济效益。

1）使地面以上结构的施工工期提前了 110d，缩短了整个工期。

2）在地面楼盖完工后，有 7430m^2 的范围，其中约 2/3 场地可用作临时场地和临时道路。

3）减少了深基坑支护费用，降低了工程成本。经测算，约可节省费用 200 万元以上。

（3）钢结构的安装

钢结构的安装方法和安装机具的选用是根据安装构件的尺寸、重量和现场条件确定的。

地下室钢管柱和地面楼层的钢梁，单件的最大尺寸为 ϕ1600mm，长 24.2m，重 27.6t。因而采用 1 台 110t 轮胎吊和 1 台 50t 履带吊，另 1 台 35t 汽车吊为辅助吊机。

地下各层的钢构件，采用卷扬机、滑轮组和捯链为主的机具来完成。

10 层裙房的单根钢构件最大重量为 14t，采用一台国产 H3/36B 型附着式塔吊和一台国产 C7022 型附着式塔吊。

塔楼部分单根构件最大重量为 16t，采用 1 台澳大利亚产的 M440D 型内爬式塔吊为主吊机，一台国产 C7022 型内爬式塔吊为辅助吊机。经验算，在塔吊临时固定处设置了工具式钢梁，还加固了牛腿。塔吊每次爬升 12m 左右，耗时 30min 左右。

钢结构安装工程历时 802d。总计安装钢结构 22591t，焊缝探伤一次合格率 98.85%，交验合格率 100%。

（4）管内混凝土的浇灌

主要采用自上而下泵送混凝土，为安全计，按设计单位要求，再加以振捣棒振捣。同时进行了高流态混凝土的研制工作，研制成功后在塔楼顶部 10 层范围内采用。

从赛格广场大厦的整个设计和施工过程来看，这一工程的特点是：包括内筒全部都采用了钢管混凝土柱，最大限度地在超高层建筑中发挥了钢管混凝土柱的优点，由此而提供了采用全逆作法施工的条件。

（六）哈尔滨联通公司电信枢纽楼

2003 年建成的哈尔滨联通公司电信枢纽楼地下 3 层，地上 35 层，高 149m，是哈尔滨乃至东北地区建成的第一个采用钢管混凝土柱的超高层建筑。

整个建筑物为双塔形，南塔楼为公寓楼，29 层，高 100m，北塔楼为黑龙江省联通公司哈尔滨分公司的电信枢纽楼，35 层，中部为 7 层裙房，将南北塔楼连成一体。建筑总面积 86000m^2。图 2-9-26 所示为该建筑竣工前的外景照片。

图 2-9-26　联通电信枢纽外景

北塔楼电信枢纽楼是一个切角的等腰三角形，其特点是电信设备多，荷载大，柱网尺寸大，达 9m×9m。采用了框筒结构体系，十根框架柱采用钢管混凝土柱，两侧为对称的由现浇钢筋混凝土剪力墙组成的抗侧力体系，楼盖采用现浇钢筋混凝土梁板结构，结构标准层平面如图 2-9-27 所示。

基础采用群桩和整浇厚板组成桩筏基础。

钢管混凝土柱的最大内力为 $N=37106\text{kN}$，$M=23\text{kN}\cdot\text{m}$，$V=14.2\text{kN}$。最大截面尺寸为 $\phi1000\times20$，Q345 钢材和 C60 混凝土，自上而下改变了 5 次截面。如设计为钢筋混凝土柱，最大截面将为 1450mm×1450mm，也沿高度改变 5 次截面，如图 2-9-28 所示。

两种柱子各 10 根，底层 10 根钢管混凝土柱按当地预算价格计算，造价为 64850 元，10 根钢筋混凝土柱的造价为 97848 元。显然，钢管混凝土柱节约资金 34%，即 32988 元，两种柱子的经济比较列入表 2-9-3 中。由于钢管混凝土柱的截面比钢筋混凝土柱小，因而增加了使用面积 12.45m^2（底层），按 6000 元/m^2 计，增益值为 74700 元。总之，底层 10 根柱由于采用了钢管混凝土，直接获利 107698 元。

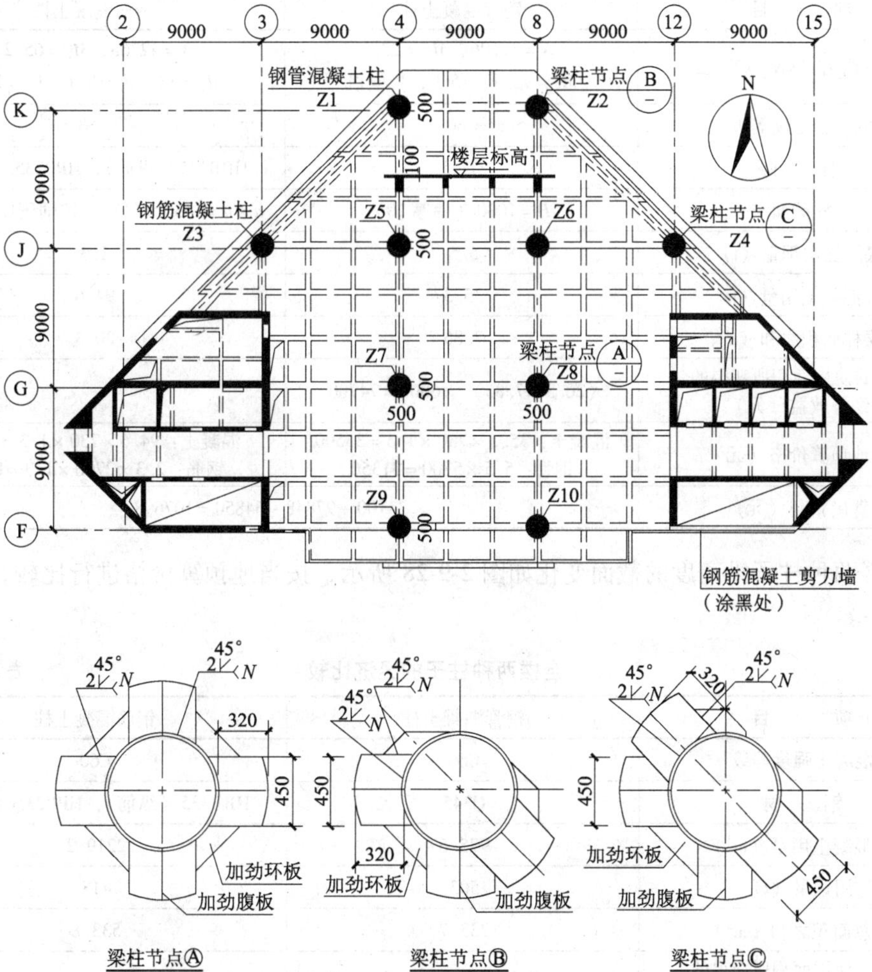

图 2-9-27　枢纽楼标准层平面和节点图

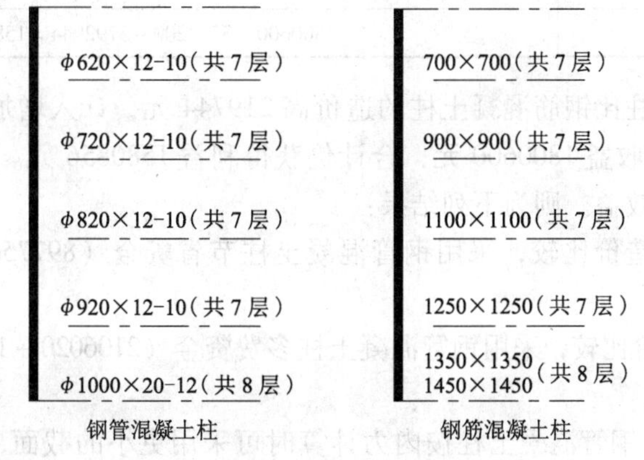

图 2-9-28　柱子变截面比较

底层两种柱子的经济比较　　**表 2-9-2**

项　　目	钢管混凝土柱	钢筋混凝土柱
底层柱内力（kN，kN·m）	$N=37106$，$M_x=23$，$M_y=9$，$V_x=5.9$，$V_y=14$	$N=42763$，$M_x=65.2$，$M_y=13$，$V_x=8.1$，$V_y=15.6$
混凝土强度等级	C60	C60
钢　　材	Q345	HRB335（纵筋），HPB235（箍筋）
柱截面	$D=1000$（壁厚 20）	$a\times b=1450\times1450$（按轴压比 0.8 计）
底层柱用钢量（t）	5.5	2.3
底层混凝土用量（m^3）	35.3	94.6
底层柱面积之和（m^2）	7.85	20.3
增加的使用面积所获得的经济效益（元）	（20.3－7.85）×6000＝74700	—
当地预算价格（元）	混凝土：35.3×730×1.3＝33500 钢管：5.5×5700＝31350	混凝土：94.6×730×1.3＝89775 钢筋：2.3×2700×1.3＝8073
直接获利（元）	74700＋97848－64850＝107698	

全楼两种柱子沿高度的截面变化如图 2-9-28 所示，按当地预算价格进行比较，结果列入表 2-9-3。

全楼两种柱子的经济比较　　**表 2-9-3**

项　　目	钢管混凝土柱	钢筋混凝土柱
混凝土强度等级	C60	C60
钢　　材	Q345	HRB335（纵筋），HPB235（箍筋）
总混凝土用量（m^3）	975.6	2219.2
用钢量（t）	503	418
柱总面积之和（m^2）	233.7	533.8
增加的使用面积所获得的经济效益（元）	（533.8－233.7）×6000＝1800600	—
当地预算价格（元）	混凝土：975.6×730×1.3＝925844 钢管：503×5700＝2867100	混凝土：2219.2×730×1.3＝2106020 钢筋：418×2700×1.3＝1467180
直接获利（元）	1800600＋3573200－3792944＝1580856	

可见钢管混凝土柱比钢筋混凝土柱的造价高 219744 元，计入增加使用面积 300.1m^2，按 6000 元/m^2 计算，收益 1800600 元，合计仍获得利益 1580856 元。如果只按柱子造价，不计增加使用面积的效益。则为下列结果：

最底层两种柱子造价比较，采用钢管混凝土柱节省资金（89775＋8073）－（33500＋31350）＝32998 元；

全楼两种柱子造价比较，采用钢管混凝土柱多费资金（2106020＋1467180）－（925844＋2867100＝219744 元。

原因是 24 层以上钢管混凝土柱按内力计算时可采用更小的截面，但因钢筋混凝土扁梁截面为 500mm×700mm，不得不加大了钢管混凝土柱的截面。当然，如计入增加使用面积的收益后，采用钢管混凝土柱的综合经济效益仍是很高的。

此外，由于钢管混凝土柱的自重小，和钢筋混凝土柱相比每根柱减轻 311t，由此而减小了基础造价 15 万元。同时还加快了施工速度。

梁柱连接采用刚接节点。3 或 4 个工字形钢牛腿直接焊在管柱上，各牛腿间用板条焊连而形成上下加强环。这种节点的整体性好，而且较为省钢，如图 2-9-27 所示。周边柱子，则采用非整环式，以避免和围护结构的冲突。

管柱变直径的对接节点采用了十字接头，如图 2-9-29 所示。但把十字接头设在楼盖高度范围内，在工厂内加工，确保了焊接质量。

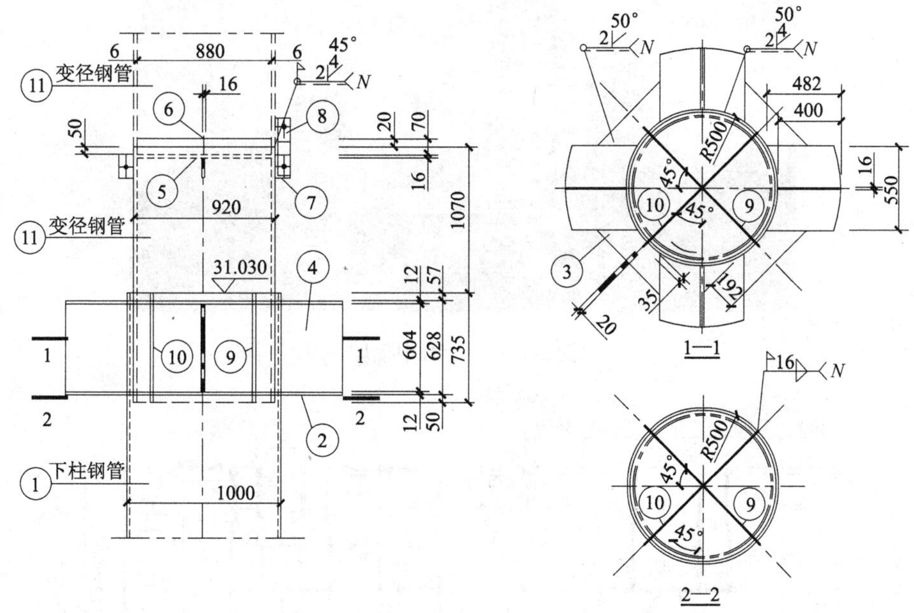

图 2-9-29　柱变直径处的节点构造

总之，在高层建筑中采用钢管混凝土柱具有很多优越性，可节约大量混凝土，减轻结构自重，有利于环保。在抗震设防烈度 7 度及以上地区使用时，经济效果将更为突出（哈尔滨属于 6 度设防）。

三、钢管混凝土柱在住宅建筑中的应用

随着改革开放大好形势的发展，我国目前已进入大力推广应用钢结构的时代。建设部在 2000 年确定在第十个五年计划期间以住宅钢结构为发展的重点，并在北京、天津、新疆、马鞍山和山东莱阳等地分别建造了试点工程。

在试点工程中有的采用了纯轻钢结构，有的则采用了钢管混凝土柱代替轻钢柱。结果表明：采用轻钢结构的工程造价比传统的混凝土结构住宅高，约高 20% 左右。而采用钢管混凝土柱替代钢柱后，造价有的和传统的混凝土结构住宅持平，有的还低于传统的混凝土结构住宅。由此可见，钢管混凝土柱用于住宅建筑也具有竞争力，符合国家发展住宅钢结构的要求，很有发展前途。以下介绍几个典型工程。

（一）上海中福城

位于上海市黄浦区汉口路浙江路口，属商业黄金地段。总建筑面积 60000m^2，住宅部

分约 33000m²。由 6 个高层住宅楼通过 3 层裙房连在一起。高层住宅地下部分 1 层，地上 17 层，檐口标高 59.70m。地下 1 层为车库和设备用房，地上 1 层为商业步行街，2～3 层为商场，4 层以上（层高 2.9m）为单元式住宅。图 2-9-30 所示为建筑物立面照片，图 2-9-31所示为标准单元的布置图。

图 2-9-30　上海中福城

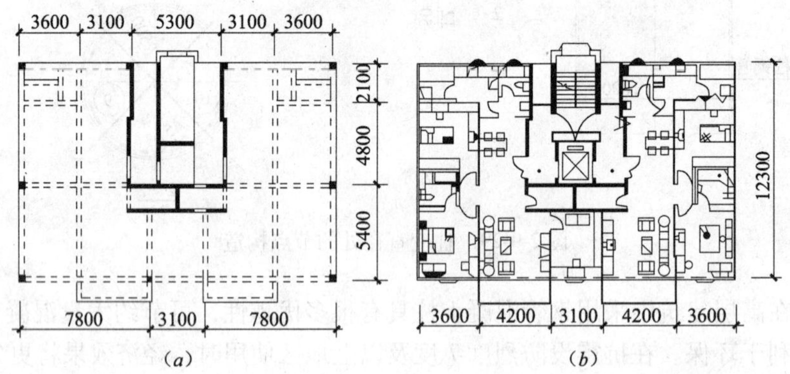

图 2-9-31　标准单元的布置图

（*a*）标准单元结构布置图；（*b*）标准单元建筑平面图

采用钢管混凝土框架柱和钢梁、剪力墙的框剪-结构体系。现浇钢筋混凝土剪力墙设在楼梯和电梯间，作为抗侧力体系。钢梁和钢管混凝土柱只在梁的腹板处用高强度螺栓相连，属于铰接，如图 2-9-32 所示。

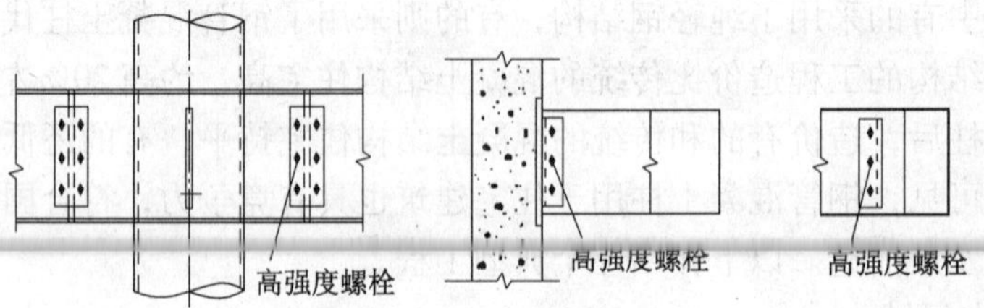

图 2-9-32　梁柱节点

住宅部分柱子为 ϕ350×(10～6) 钢管混凝土柱，商场部分用 ϕ400×10，地下室部分为 ϕ500×10。内外墙均为填充墙，厚度 150～200mm。住宅部分钢梁用高频焊接工字钢，楼板为压型钢板上浇混凝土的组合楼盖，混凝土板厚 110mm，耐火极限满足 1.5h 要求。压型钢板为 BD-40 闭合型截面，底面闭合，便于室内装修。

外墙用蒸压加气混凝土大型墙板，厚 200mm，板宽 600mm，板长 2900mm（1 个层高)，钩头螺栓直接挂在框架上。板的密度 650kg·m^{-3}，抗震性能好，安装方便，施工不受季节影响，可缩短工期。

全部钢结构首次采用了上海宝钢集团生产的建筑用耐火耐候钢，耐腐蚀性是普通钢的 2～8 倍，耐火性保证温度达 600℃时钢材的屈服强度下降不大于 1/3。由于采用了这种新钢种，节约防火涂料 1/3，省去了防锈漆，综合成本节约达 30%。

考虑地震作用下的最大位移 1/662，最大层间位移 1/553，满足要求。

主要钢结构用钢材见表 2-9-4 所列，混凝土用量列入表 2-9-5 中，综合用钢量见表 2-9-6 所列。

主要钢结构用钢材　　　**表 2-9-4**

构　件	部　位	钢材规格	钢　材	备　注
柱	地下室	ϕ500×10	Q345	耐火耐候钢 C60 混凝土
	1～3 层	ϕ400×10	Q345	
	4～6 层	ϕ350×10	Q345	
	7～12 层	ϕ350×8	Q345	
	13～17 层	ϕ350×6	Q345	
钢梁	地下室	H450×150×8×13	Q345	耐火耐候钢 高频焊
	1～3 层	H450×150×6×10	Q345	
	4～17 层	H400×150×6×10	Q345	

混凝土用量　　　**表 2-9-5**

部　位	混凝土折算厚度（m/m^2）
±0.00 以上	0.273
地下室	1.02
ϕ650 灌注桩	1.24
总折算厚度	0.50

综合用钢量　　　**表 2-9-6**

部　位	型钢（kg·m^{-2}）	压型钢板（kg·m^{-2}）	钢筋（kg·m^{-2}）	合计（kg·m^{-2}）
±0.00 以上	40	10	14.9	64.9
地下室	40	10	95.3	145.3
ϕ650 灌注桩	0	0	27.9	27.9
总折算厚度	40	8	30.1	78.6

概算包括全部土建、水暖、电气、煤气、电梯和道路绿化等，综合造价为 1895 元/m^2，

工程于2002年竣工。

（二）新疆库尔勒住宅楼

新疆库尔勒市金丰城市信用社住宅楼位于库尔勒市石化大道。建筑面积5850m²，地上8层，地下1层，是建设部轻钢结构住宅试点项目。2000年初设计，4～9月施工，10月竣工交付使用。

工程原设计为钢框架结构，因造价高达1600元/m²，故改为传统的混凝土结构，最后又设计为钢管混凝土柱、轻型H型钢梁的框架支撑结构体系。表2-9-7为以上三种方案的比较。

三种结构方案的比较 表2-9-7

结构形式	钢管混凝土柱 轻型H型钢梁框架钢支撑	轧制H型钢柱 钢框架体系	钢筋混凝土 框架体系
柱截面（mm）	ϕ300×6，C40	H500×500×12×22	450×450
框架梁（mm）	楼面梁H320×125×5×8 屋面梁H350×150×5×8	楼面梁H320×125×5×8 屋面梁H350×150×5×8	250×500
楼板（mm）	110	110	110
填充墙	外墙250mm厚加气混凝土砌块 内墙150mm厚加气混凝土砌块	外墙250mm厚加气混凝土砌块 内墙150mm厚加气混凝土砌块	外墙250mm厚加气混凝土砌块 内墙150mm厚加气混凝土砌块
结构自重（t·m^{-2}）	0.62	0.65	0.95
型钢用量（kg·m^{-2}）	30.6	63.4	0
钢筋用量（kg·m^{-2}）	21	21	55
综合用钢（kg·m^{-2}）	51.6	84.4	55
综合造价（元·m^{-2}）	1100	1450	1200

由表2-9-7可见，采用钢管混凝土柱、H型钢梁和钢支撑的框支体系最经济，造价为1100元/m²，比钢筋混凝土结构经济。图2-9-33所示为标准层结构布置图，图2-9-34所示为建成后的住宅楼外形。梁柱节点采用加强环的刚接节点，如图2-9-35所示。

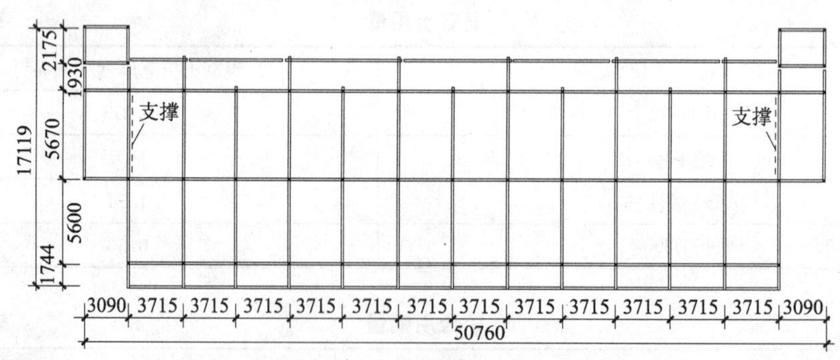

图2-9-33 标准层结构布置图

全部框架填充墙采用粉煤灰加气混凝土砌块，密度700kg·m^{-3}。钢梁和钢柱的防火采用50mm厚加气混凝土砌块包覆，造价低。

库尔勒市属7度抗震设防地区，Ⅱ类场地土。由于结构自重小，地震作用不起控制作用，结构位移由风荷载控制，顶点最大位移1/841，层间最大位移1/602，满足要求。

由这一工程可见，圆钢管混凝土柱用于抗震设防区的建筑中时，更能发挥其本身优点。即使是8层普通住宅，也能取得比混凝土结构造价低的经济效果。

图2-9-34　住宅楼外景

图2-9-35　住宅楼梁柱节点

（三）辽宁本溪“华夏花园”钢结构住宅

华夏花园住宅小区，住宅的建筑面积12.5万m^2，大部分是6层住宅，有少量别墅和4幢11层住宅楼。经选定1栋11层住宅楼采用钢管混凝土柱、钢梁的框-剪结构体系。建筑面积为5577m^2，地下1层，地上11层，高33.8m，层高2.9m，平面呈T字形。图2-9-36为平面图，图2-9-37为剖面图。

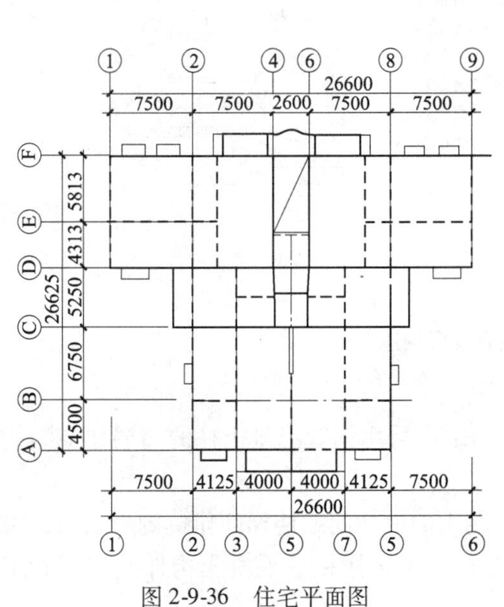

图2-9-36　住宅平面图

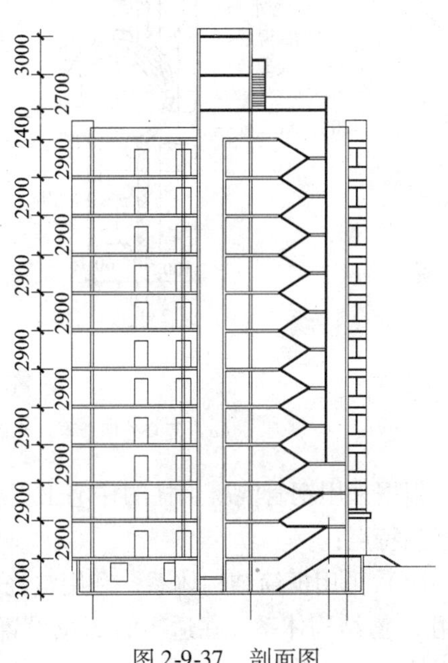

图2-9-37　剖面图

地下室采用钢筋混凝土结构，地上11层用钢管混凝土柱ϕ273，内灌C50混凝土，焊接工字形钢梁和现浇混凝土楼板，按7度抗震设防，场地土属Ⅱ类，钢筋混凝土剪力墙。

结构位移取决于地震作用，最大顶点位移x方向1/1039，y方向1/1682，最大层间位移x方向1/906，y方向1/1409，满足要求。

由于地下层是钢筋混凝土柱，而1层为钢管混凝土柱，二者的连接采用把钢管混凝土柱插入混凝土柱中的方法，插入段在钢管外加设4行20个栓钉，如图2-9-38（*a*）所示。图2-9-38（*b*）是梁柱的刚接节点，采用外加强环形式，对大多数只有负弯矩的节点，不设下加强环，有利于室内装修。

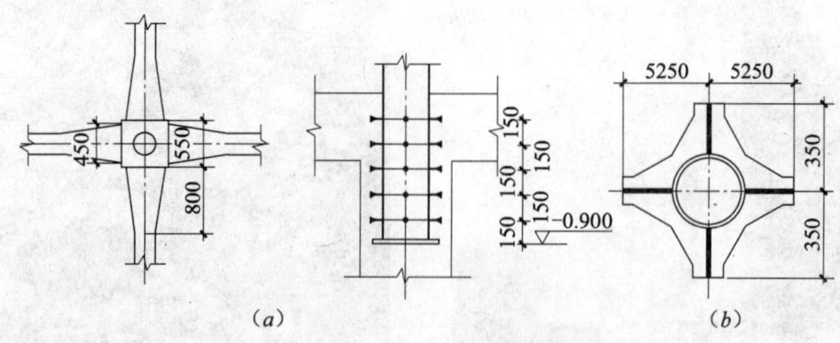

图2-9-38　节点构造

钢管混凝土柱和钢梁都采用防火石膏板保护，分别满足耐火极限大于2h和1.5h的要求。

图2-9-39为外墙构造，采用了复合墙体，总厚度为295mm。从外至内依次为：100mm厚ALC外墙板，30mm空气层，30mm挤压聚苯板，120mm轻钢龙骨内填岩棉及15mm厚的防火石膏板。把管柱包在墙内，室内不见圆弧。工程于2002年建成。

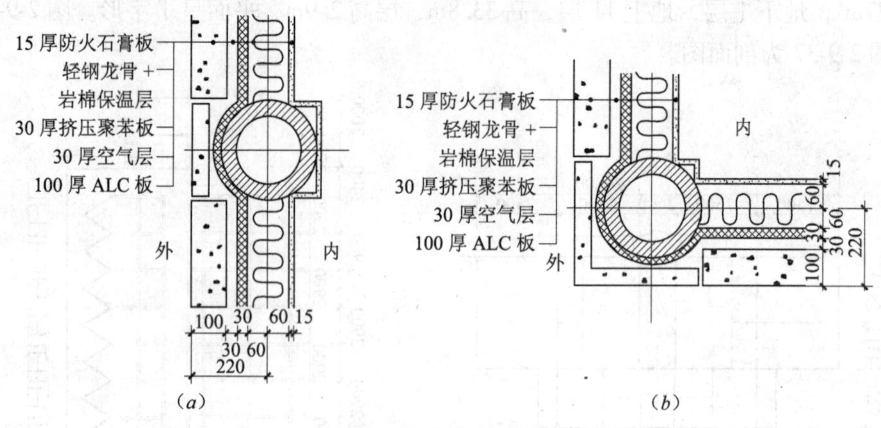

图2-9-39　复合外墙构造

（*a*）复合外墙节点（平面）①；（*b*）复合外墙节点（平面）②

根据采用钢管混凝土柱的住宅工程实践，归纳出采用钢管混凝土柱的高层住宅结构具有下列特点：

（1）采用框筒结构体系，利用整浇钢筋混凝土的电梯间或楼梯间作抗侧力结构；也可采用框-剪结构体系，在适当的部位设置剪力墙；也可采用钢管混凝土构件或空钢管组成的支撑。

（2）采用大柱网框架，柱距取2个或2个以上开间，目的是增加框架柱所受的荷载，充分发挥钢管混凝土柱的抗压承载力，因此，不能再按开间和进深设柱网。

（3）采用了大柱网框架体系，框架梁的跨度增大了，通常为7m及7m以上，因此框架梁也应采用钢梁，但应采用高频焊接工字钢。如系办公楼，可采用蜂窝梁，以便于管线设置（办公楼均需吊顶），也可采用钢骨混凝土梁。

（4）由于采用了大柱网，楼盖梁的跨度常在7～8m，有时可达10m甚至更大，因而楼盖结构可有以下几种：

1）钢梁加压型钢板，上浇混凝土板组成组合楼盖。如主梁间距过大，也可设次梁，以减小板的跨度。在不吊顶的住宅建筑中，压型钢板应采用闭合型截面（如BD-40型），底面平整，有利于装修，其上浇灌110mm混凝土后，耐火时间可达100min。

2）钢梁加预应力混凝土叠合板，叠合板上浇灌一层钢筋混凝土板。这种楼盖中，预制预应力叠合板也起模板的作用，和压型钢板起同样作用，降低了造价，但却增加了结构自重。

3）采用双向密肋形楼盖，主、次梁都采用轻钢桁架，由角钢和钢筋组成，梁和柱连接后可挂上模板，浇灌梁和板的混凝土，形成整浇楼盖。由于采用了定型化设计，施工又方便，因而造价不高。天津建工集团第二建筑公司开创了这种楼盖结构，模板采用了定型化硬塑模壳，经济效益很好，已在天津和长春多项工程中采用。

4）采用无粘结预应力钢筋混凝土梁板结构。这是整浇钢筋混凝土楼盖，主梁采用无粘结预应力梁，预应力钢筋需通过钢管混凝土柱时，在管柱中设通管。由于管柱开孔，截面受到削弱，应局部加固以补强。如系边柱，尚应设预应力钢筋的锚固装置。这种楼盖的整体性好，造价也较低，但施工较复杂。

（5）钢管混凝土柱的截面大小和钢柱的外廓尺寸接近，并不增加占用的空间。管柱中虽浇灌了混凝土，但含钢率不到10%，90%以上是混凝土，混凝土的密度只有钢材的1/3，因此钢管混凝土柱的自重不比钢柱多多少。所以，在低、高层住宅和办公楼中用钢管混凝土柱替代钢柱，经济合理性是肯定的。

除上述内容外，采用钢管混凝土柱的住宅还具有下列优点：

（1）与钢柱比，节约钢材和降低造价。表2-9-8列出了三项工程的比较。

三项工程的状况 **表2-9-8**

工程名称	结构体系	结构用材				
		构件		钢材	材质	备注
上海陆海城	地下1层和地上4层是RC框筒体系，地上5～25层是钢管混凝土柱、钢梁框筒体系	钢管混凝土柱	5～11层	$\phi300\times10$	Q345	内灌C60混凝土
			12～18层	$\phi300\times8$	Q345	内灌C60混凝土
			19～25层	$\phi300\times6$	Q345	内灌C60混凝土
		钢梁	5～25层	H320×150×5×8	Q235	高频焊工字钢
上海中福城	地下1层，地上17层，框架-剪力墙体系	钢管混凝土柱	地下层	$\phi500\times10$	Q345	钢材采用耐火耐候钢，内灌C60混凝土
			1～3层	$\phi400\times10$	Q345	
			4～6层	$\phi350\times10$	Q345	
			7～12层	$\phi350\times8$	Q345	
			13～17层	$\phi350\times6$	Q345	
		钢梁	地下室	H450×150×8×13	Q345	耐火耐候钢高频焊工字钢
			1～3层	H450×150×6×10	Q345	
			4～17层	H400×150×6×10	Q345	

续表

工程名称	结构体系	结构用材			
		构件	钢材	材质	备注
新疆库尔勒住宅楼	地下 1 层，地上 8 层，框支体系	钢管混凝土柱	$\phi 300 \times 6$	Q345	内灌 C40 混凝土
		钢梁	$H300 \times 125 \times 5 \times 8$		

注：表中上海陆海城因资金问题停工待建。

三项工程的耗钢量和土建部分的工程造价列入表 2-9-9 中，其中新疆库尔勒住宅楼进行了三个方案比较一并列入表中。

工程用钢量和土建造价 **表 2-9-9**

工程名称		用钢量指标（$kg \cdot m^{-2}$）			土建造价（元 · m^{-2}）	备注
		型钢	钢筋	综合用钢量		
上海陆海城 5 ~ 25 层住宅部分		35	24	59	1026	未含钻孔灌注桩及基坑维护措施费
上海中福城		48	30.6	78.6	1442	含钻孔灌注桩及基坑维护措施费
新疆库尔勒住宅楼	钢管混凝土柱钢梁框支体系	30.6	21	51.6	1100	
	钢柱钢梁框架体系	63.4	21	84.4	1450	
	钢筋混凝土框架体系	0	55	55	1200	

表 2-9-9 中新疆库尔勒住宅楼造价是工程结算，其他两项工程的土建造价是概算。表 2-9-10 列出了一些钢结构住宅试点工程的情况。

钢结构住宅试点工程 **表 2-9-10**

工程项目	结构体系	基本造价	设计单位
北京西三旗水利机械施工处职工住宅	6 层两单元 30 户，H 型钢框架，混凝土剪力墙，组合楼板	型钢 35kg · m^{-2}，钢筋 30kg · m^{-2}，1000 元（不含管理费和法定利润）	北京赛博思金属结构有限公司，已竣工
马鞍山钢铁公司试点工程	18 层住宅示范楼，钢框架混凝土筒体系	用钢量约 60kg · m^{-2}	马鞍山钢铁公司，已竣工
天津丽苑小区中高层住宅	钢管混凝土框架，钢管混凝土核心筒，预应力混凝土叠合板	约 1500 元 · m^{-2}	天津市建筑设计院，2002 年竣工
钢-混凝土组合结构住宅	钢结构（钢管混凝土柱）框架，双向轻钢密肋组合楼板	9 ~ 14 层，约 1100 ~ 1200 元 · m^{-2}	天津建工集团总公司，已竣工
多层和小高层住宅	钢管混凝土柱，H 型钢梁，组合楼板	多层约 708 元 · m^{-2} 小高层约 1020 元 · m^{-2}	莱芜钢铁公司，已竣工

由表 2-9-10 可见，采用钢管混凝土柱建造多层和小高层住宅，可以降低工程造价。

（2）抗震性能优越。第六节中介绍了圆钢管混凝土构件在反复循环荷载作用下，弯矩-曲率的滞回曲线很饱满，吸能性好，刚度基本不退化，且无下降段，延性很好，和钢柱局部不失稳的情况相同。在高层钢结构中，钢柱的组合钢板都很厚，达50~100mm，甚至有130mm的（深圳发展中心大厦）。除了柱子的内力大的原因外，主要是为了保证板件的局部稳定，但板件虽加厚，也难免在进入塑性阶段后失稳。对于钢管混凝土柱，限制$D/t \leqslant 100$，且管内又有混凝土，因而钢管不会发生局部屈曲，故$M-\phi$关系无下降段。从这一点看，可以说圆钢管混凝土柱的抗震性能还优于钢柱。

（3）防锈蚀和抗火性能也优于钢柱。钢管混凝土柱只是外表面需涂防锈漆，而钢柱全周边皆需涂防锈漆，显然，可节省防锈费用。钢管混凝土由于管内有混凝土，可吸收大量的热量，故耐火时间比钢柱长，所需防火保护层比钢柱少，造价也有所降低。

（4）钢管混凝土柱的抗扭和抗剪性能都很好，延性好，强度高。建筑物中的边柱和角柱在地震作用下，将同时承受轴心压力、弯矩、扭矩和剪力，钢管混凝土柱在复杂应力作用下的承载力很高，而且塑性和延性好，因而工作安全可靠。

第十节　钢管混凝土构件的制作与施工

一、钢管混凝土构件的施工特点

钢管混凝土结构的施工包括钢结构施工和混凝土施工两部分，且各有特殊性。前者是管柱的制作和安装，后者是混凝土的制作和向管内浇灌混凝土。

管柱的制作属于钢结构制作。工业厂房柱常用三肢或四肢组成的格构式柱，高层建筑中的柱子则只用单管柱。不论单管柱还是多管组合格构式柱，其制作和一般钢结构相同，都应在正规的钢结构制造厂中完成，现场安装则应由有资质的专业安装公司承包。对制作和安装必须严格要求，应符合有关规范对质量的要求。

混凝土浇灌，除离心法生产的空钢管混凝土构件外，都在现场进行，由土建单位承包。对免振捣混凝土和泵送浇灌混凝土必须做好配合比的试配工作。管内混凝土的浇灌属隐蔽工程，无法直接观察到浇灌质量和存在的缺陷，因此必须制定严格的施工工艺细则，加强浇灌工序的监督管理，浇灌后按规定对管内混凝土进行抽检，如超声波检测。

因此，钢管混凝土构件的施工具有其自身的特点，应根据工地安装条件、建设周期和季节要求等来确定合理的施工程序。

二、钢管柱的制作与安装

钢管柱的制作与安装应符合《钢结构工程施工质量验收规范》GB 50205—2001及《建筑钢结构焊接技术规程》JGJ 81—2002、J 218—2002中的有关规定。

（一）钢管的选用和制作

钢管有无缝管、螺旋焊接管和直缝焊接管三种。无缝钢管一般都较厚，价格高，不经济，故不宜采用。对于石油部门废弃无缝钢管则可以采用，属于废材利用，但使用时应彻底清除管内油污，以保证使用时混凝土与钢管的良好粘结。

本书附录A4、A5给出了各种钢管规格和截面特性。最常用的是螺旋焊接钢管，用热轧或冷轧带钢卷制，形成约45°的斜向螺旋熔透焊缝，采用高频自动焊接或埋弧自动焊接，边卷制边焊接形成圆管。

螺旋焊接钢管的熔透焊缝100%都经过超声波检测，保证质量，价格便宜，因此钢管混凝土柱应采用这种钢管。有很多钢管厂生产这种焊接管，可以订购。常用的定尺长度为8～12.5m，也可根据设计柱子的分段长度订货，工厂按要求的准确长度生产，准确度可达毫米量级。采用准确长度卷制的钢管，可免去切割端头的工序，还节约了钢材。

当无合适的螺旋焊接钢管时，可采用卷制直缝焊接管。但也必须采用熔透的对接焊缝，达到与母材等强，并通过超声波检测。

表2-10-1是辽宁省辽阳钢管股份有限公司生产的螺旋焊接钢管的部分产品规格，是根据《低压流体输送管道用螺旋缝埋弧焊钢管》SY/T 5037标准生产的，适用于普通流体输送管道，采用埋弧自动焊接，产品一律经静水加压试验。对Q235钢材，采用静水压力为：ϕ219.1～273，试验压力为10MPa；ϕ323.9～559，试验压力为5～8MPa；ϕ610～711，试验压力为4MPa；ϕ720～1620，试验压力3MPa；而ϕ1820以上的管，试验压力约为2MPa左右。对Q345钢材的钢管也类似，直径越小，试验压力越高，最高可达15MPa，大直径钢管的最小试验压力也有2MPa（ϕ2520mm）。这样的焊接钢管，焊缝经100%超声波检验，又经过静水压力试验，用作高层建筑中的钢管混凝土管柱，质量完全可以保证。

辽阳钢管公司螺旋焊接钢管规格（按照SY/T 5037—92标准生产）　表2-10-1

外径 D (mm)	厚度 t (mm)										
	5	6	7	8	9	10	12	14	16	18	20	22
	重量 (kg·m^{-1})											
219.1	26.39	31.52	36.60	41.63	46.61							
244.5	29.53	35.29	41.00	46.66	52.27							
273.0		39.51	45.92	52.28	58.59							
323.9		47.04	54.70	62.32	69.89							
355.6		51.73	60.18	68.57	76.92							
377.0		54.89	63.87	72.80	81.67							
406.4		59.24	68.94	78.60	88.20	97.75						
426.0		62.14	72.33	82.46	92.55	102.59						
457.0		66.73	77.68	88.58	99.43	110.23						
508.0		74.28	86.48	98.64	110.75	122.81						
529.0		77.38	90.11	102.78	115.41	127.99						
559.0		81.82	95.29	108.70	122.07	135.38						
610.0		89.37	104.09	118.76	133.39	147.96						

续表

外径 D（mm）	厚度 t（mm）											
	5	6	7	8	9	10	12	14	16	18	20	22
	重量（$kg \cdot m^{-1}$）											
630.0		92.33	107.54	122.71	137.82	152.89						
660.0		96.77	112.72	128.63	144.48	160.29						
711.0		104.31	121.52	138.69	155.80	172.87						
720.0		105.64	123.08	140.46	157.80	175.09						
762.0			130.33	148.75	167.12	185.44						
813.0			139.13	158.81	178.44	198.02						
820.0			140.34	160.19	179.99	199.75						
920.0				179.92	202.19	224.41	268.70					
1016.0				198.86	223.49	248.08	297.10					
1026.0				199.65	224.38	249.07	298.29					
1220.0						298.39	357.17	416.36	475.05			
1420.0						347.71	416.66	485.41	553.96			
1620.0							475.84	554.46	632.87	711.10		
1820.0							535.02	623.50	711.79	799.87		
2020.0								692.55	790.70	888.65	986.40	
2220.0								761.60	869.61	977.42	1085.04	
2420.0									948.52	1066.20	1183.68	1300.96
2520.0							742.17	865.17	987.98	1110.59	1233.00	1355.21

表2-10-2是该公司按照《石油天然气工业输送钢管交货技术条件第3部分：C级钢管》GB/T 9711.3—2005和《石油天然气工业输送钢管交货技术条件第2部分：B级钢管》GB/T 9711.2—1999中有关要求生产的UOE直缝焊接钢管，保证项目如下：

管端外径：+2.38mm，-0.79mm；

壁厚：$D<457.2$mm时，$+0.15t$，$-0.125t$；$D>508$mm时，$+0.195t$，$-0.08t$；

弯曲度：$<0.001L$（L是单管长度）；

椭圆度：$D>508$mm，$\pm0.01D$；

管端倒角：30°~35°，钝边1.59±0.79mm，切斜小于1.59mm；

无损检验：100% X射线或100%超声波加管端x射线检验；

重量偏差：单根管+10%，-3.5%；装车批量-1.75%。

管规格见表2-10-2所列。该公司生产的焊接钢管的质量指标按照石油天然气工业标准的规定执行。

UOE 直缝焊接钢管规格

表 2-10-2

外径 D (mm) ＼ 厚度 t(mm) 重量 (kg/m)	6. 4	7. 9	8. 7	9. 5	10. 3	11. 9	12. 7	14. 3	15. 9	17. 5	191. 1	20. 6	22. 2	25. 4	28. 6	31. 8	38. 1	39. 7
406. 4	63. 13	77. 63			100. 61	115. 77		138. 27		167. 83		195. 98		238. 64	266. 45	293. 76		
457. 0	71. 12	87. 49			113. 46	130. 62		156. 11		189. 67		221. 69		270. 34	302. 14	333. 44		
508. 0	79. 16	97. 43			126. 41	145. 58		174. 10		211. 68		247. 60		302. 28	338. 11	373. 43		
559. 0	87. 21	107. 36			139. 37	160. 55		192. 08		233. 68		273. 51		334. 23	374. 08	413. 42	489. 41	
610. 0	95. 26	117. 30			152. 32	175. 51		210. 07		255. 69		299. 41		366. 17	410. 05	453. 42		558. 32
660. 0	103. 15	127. 04		152. 39	165. 02	190. 19		227. 70		277. 27		324. 81	349. 16	397. 49				
711. 0	111. 20	136. 97		164. 34	177. 98	205. 15		245. 68		299. 28		350. 72	377. 08	429. 44				
762. 0	119. 25	146. 91			190. 93		234. 67		292. 54		349. 91		405. 00	461. 38	517. 25	572. 61		
813. 0	127. 30	156. 84			203. 88		250. 64		312. 54		373. 93		432. 93	493. 32	553. 22	612. 61		
864. 0	135. 35	166. 78			216. 84		226. 61		332. 53		397. 95		460. 85	525. 27	589. 19	652. 60		
914. 0	143. 24	176. 52			219. 54		282. 27		352. 14		421. 50		488. 22	556. 59	624. 45	691. 81		
965. 0		186. 46			242. 49	279. 69	298. 24		372. 14		445. 52		516. 14	588. 53	660. 42	731. 80		
1016. 0		196. 39			255. 45	294. 66	314. 22		392. 13		469. 55		544. 06	620. 48	696. 39	771. 80		
1067. 0			227. 05			268. 40	309. 62	330. 19		412. 13		493. 57		571. 98	652. 42	732. 36	811. 79	
1118. 0			237. 99			281. 35	324. 59	346. 16		432. 13		517. 59		599. 90	684. 37	768. 33	851. 79	
1168. 0			248. 72			294. 05	339. 26	361. 82		451. 73		541. 14		627. 27	715. 68	803. 59	890. 99	
1219. 0			259. 66			307. 01	354. 23	377. 79		471. 73		565. 16		655. 19	747. 63	839. 56	930. 99	
1321. 0				307. 25	332. 92	384. 16	409. 74		511. 72		613. 20		711. 03	811. 52	911. 50	1010. 98		
1422. 0				330. 91	358. 57	413. 80	441. 37		551. 32		660. 77		766. 32	874. 78	982. 73	1090. 18		
1524. 0				355. 69	348. 89	441. 15	473. 31		591. 32		708. 82		822. 16	938. 67	1054. 67	1170. 17		
1626. 0				378. 70	410. 38	473. 66	505. 26		631. 31		756. 86		878. 00	1002. 56	1126. 61	1250. 15		

除单管柱外，钢管混凝土柱的管柱制作特点是多肢组合的格构式柱。双肢、三肢或四肢都用空钢管作缀材，连接成格构式柱，缀材和柱肢的连接节点都采用直接对接连接，不用节点板，在缀材空钢管端用周边焊缝和柱肢钢管焊接，缀材端是一个相贯线的空间曲面，应采用自动数控相贯线切割专用机进行缀材管端的切割，以确保质量。

管柱加工包括节点、牛腿、柱头和柱脚的制作。主要是焊接工作，应严格按照设计图纸的要求进行加工。应制备专用的转动胎架，便于管柱各方向进行焊接，以保证焊接质量。

焊接有电弧焊和二氧化碳气体保护焊。电弧焊有手工和自动焊，连续长焊缝应采用埋弧自动焊，短焊缝则采用手工焊。电焊工应按规定要求经过考试取得合格证后方可从事焊接工作，合格证应注明施焊条件和有效期限。焊工停焊时间超过 6 个月的，应重新考核。焊条、焊丝和焊剂的选择和使用都应符合施工质量验收规范的规定和设计图纸的要求。焊缝质量分一、二和三级，具体要求见附表 B1。焊接管柱节点上的工字形牛腿的允许偏差和对焊接 H 形型钢的要求一致，见附表 B4。焊缝连接制作组装的允许偏差应符合附表 B5 的要求。钢管的构件外形尺寸的允许偏差应符合表 2-10-3 的要求。钢管柱的质量标准和检验方法见表 2-10-4 所列。

钢管构件外形尺寸的允许偏差（mm）　　**表 2-10-3**

项　　目	允 许 偏 差	检 验 方 法	图　　例
直径 d	$\pm d/500$ ±5.0	用钢尺检查	
构件长度 l	±3.0		
管口圆度	$d/500$ 且不应大于 5.0		
管面对管轴的垂直度	$d/500$ 且不应大于 3.0	用焊缝量规检查	
弯曲矢高	$l/1500$ 且不应大于 5.0	用拉线、吊线和钢尺检查	
对口错边	$t/10$ 且不应大于 3.0	用拉线和钢尺检查	

注：对方形矩形管，d 为长边尺寸。

钢管柱质量标准和检验方法　　**表 2-10-4**

序号	检 验 项 目	类别	单位	质 量 标 准		检验方法及器具
				合　格	优　良	
1	管材的品种、规格和质量	一类		必须符合设计要求和有关现行标准		检查出厂证件和试验报告
2	钢管表面质量	一类		无裂纹、结疤、分层、凹坑、较重划伤（>0.5mm），无片状老锈		观察检查
3	钢材焊接	一类		必须符合有关现行施工规程的规定		
4	纵向弯曲	三类	mm	$\leqslant l/1000$，且不大于 10		拉线和尺量检查
5	钢管椭圆度（附图一）	三类	mm	$\frac{\Delta}{D}\leqslant 3/1000$		尺量检查
6	端头倾斜度（附图二）	三类	mm	$\frac{\Delta}{D}\leqslant 1/1500$，且不大于 0.3		直角尺、水平尺检查

续表

序号	检验项目	类别	单位	质量标准		检验方法及器具
				合格	优良	
7	牛腿及环梁顶面位置偏差	三类	mm	≤2		尺量检查
8	钢管对口错位偏差	三类	mm	≤l/600 且不大于 1		直尺和塞尺检查
9	牛腿及环梁顶板面翘曲	三类	mm	≤2		水平尺和塞尺检查
10	每节柱长度偏差	三类	mm	≤3		尺量检查

注：l 为钢管柱的长度。

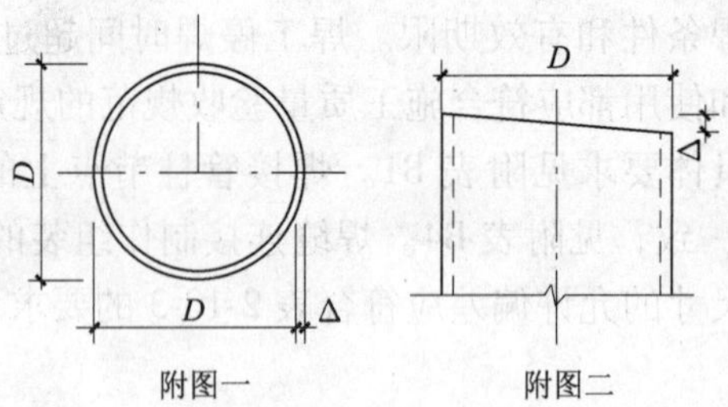

附图一　　附图二

管柱制作完成后，应在上下端距管端约 500～1000mm 处，正对着 x 和 y 轴线位置连续打 3 个洋冲眼，间隔 50mm，作为定位轴线的标记。

按合同规定或设计要求预拼装的构件，应在出厂前进行拼装。

在管柱制作质量检验合格后，应对管柱进行除锈和油漆。除锈要求与油漆遍数和厚度均应符合设计要求，如设计无要求时，宜涂装 4～5 遍。涂层干漆膜总厚度：室外构件应为 150μm，室内构件应为 125μm，允许偏差为 －25μm。管柱在安装时尚有零部件需进行焊接处不油漆，待现场焊接完成后再补偿。采用耐火耐候钢的构件可不油漆。

钢管柱制作完成后，应按施工图纸和《钢结构工程施工质量验收规范》GB 50205—2001 的规定进行验收。应提交下列资料和文件：

（1）产品合格证；

（2）施工图和设计变更文件；

（3）制作过程中对技术问题处理的协议文件；

（4）钢材、连接材料和涂装材料的质量证明书和试验报告；

（5）焊接工艺评定报告；

（6）高强度螺栓摩擦面抗滑移系数试验报告，焊缝无损检验报告及涂装层检测资料；

（7）主要构件验收记录；

（8）预拼装记录；

（9）构件发运和包装清单。

（二）钢管柱的安装

承包钢管混凝土柱安装工程的安装公司，应根据施工图做好施工组织设计，按组织设计的程序进行安装。安装程序必须保证结构的稳定性和不产生永久性的结构变形。

管柱运抵现场后，安装公司的技术负责人应按构件明细表和施工图纸，核对进场的管柱，查验产品合格证和技术文件，查验合格后才能进行安装工作。在整个安装工作进程中，应由监理公司的技术负责人进行监督，以确保安装质量。

1. 管柱与基础的连接

管柱与基础固定前，应对建筑物的定位轴线、标高以及地脚螺栓的位置等进行检查。当柱脚直接支承于基础面上时，基础的支承面和地脚螺栓（锚栓）的允许偏差见表 2-10-5 所列。

地脚螺栓的允许偏差（mm）　　表 2-10-5

项　目		允 许 偏 差
支 承 面	标　高	±3.0
	水 平 度	$L/1000$，L 是底层管柱长度
地 脚 螺 栓	螺栓中心偏移	5.0
	螺栓露出长度	+20.0；0
	螺纹长度	+20.0；0
预留孔中心偏移		10.0

当柱脚采用插入基础预留杯口时，杯口底面标高只允许负偏差 5 ~ 10mm。通常这种柱脚无地脚螺栓，应设临时支架以固定柱脚的垂直位置和准确位置。

2. 管柱安装

安装管柱时，每节柱的定位轴线应从地面控制轴线直接引上，不得从下层柱的轴线引上，楼盖标高可采用相对标高或设计标高进行控制，多层和高层钢结构中的构件安装的允许偏差应符合附表 B7 的规定，多层及高层钢结构主体结构总高度的允许偏差应符合附表 B8 的规定。

钢管混凝土柱每节柱的现场对接节点应采用单面坡口熔透焊缝。焊后要求 100% 超声波检验，必须满足要求。表 2-10-6 为焊缝收缩量的计算。

焊缝收缩量的计算　　表 2-10-6

结构类型	焊件特征和板厚	焊缝收缩量（mm）
钢板对接	各种板厚	长度方向每米焊缝 0.7 宽度方向每个接口 1.0
实腹结构及焊接 H 型钢	断面高不大于 1000mm 且板厚不大于 25mm	四条纵焊缝每米共缩 0.6，焊透梁高收缩 1.0； 每对加劲肋焊缝，梁的长度收缩 0.3
	断面高不大于 1000mm 且板厚大于 25mm	四条纵焊缝每米共缩 1.4，焊透梁高收缩 1.0； 每对加劲肋焊缝，梁的长度收缩 0.7
	断面高大于 1000mm 的各种厚板	四条纵焊缝每米共缩 0.2，焊透梁高收缩 1.0； 每对加劲肋焊缝，梁的长度收缩 0.5
格构式结构	屋架、托架、支架等轻型桁架	接头焊缝每个接口为 1.0； 搭接贴角焊缝每米 0.5
	实腹柱及重型桁架	搭接贴角焊缝每米 0.25
圆筒形结构	板厚不大于 16mm	直焊缝每个接口周长收缩 1.0； 环焊缝每个接口周长收缩 1.0
	板厚大于 16mm	直焊缝每个接口周长收缩 2.0； 环焊缝每个接口周长收缩 2.0

为了减少焊接引起的构件收缩，可采取一些固定措施，以限制焊接的自由收缩量。在焊接顺序上应采取先易后难的办法，焊接收缩小的先焊，利用焊接完成后的刚度来限制后续施焊焊缝的收缩。在具体工程中，应对结构因焊接引起的变形进行理论分析和计算，在工程实践取得经验后，总结出控制方法，以保证整体结构最终的各种误差满足《钢结构工程施工质量验收规范》的要求。

变形形成后，应采取措施进行调整，如用千斤顶进行强迫变形或用火攻法等。

3. 梁柱节点

钢梁与钢管混凝土柱连接时，都在柱上焊一个和钢梁截面相同的钢牛腿，牛腿腹板与梁腹板间加连接盖板，用高强度螺栓相连，然后再焊上下翼缘间的对接焊缝。

现浇钢筋混凝土梁与钢管混凝土柱连接时，梁中的受力筋用角焊缝焊在节点的牛腿翼缘板上（即加强环板上）。应充分考虑由于焊缝的纵向收缩，对梁两端柱子产生拉力，使柱子向内倾斜，从而改变了柱子间的距离。安装时，可使柱子稍向外倾，即预反变形，以消除焊接钢筋时产生的变形。

为了减少累积变形，梁的安装宜从建筑物的中部开始，逐圈向外进行，随着安装进度，应随时对偏差进行校正。

在高层建筑中，往往在安装完2层或更多的楼盖梁板后，才向管柱内浇灌混凝土，因而管柱的空钢管在形成钢管混凝土柱之前，已承受部分荷载，即空钢管已经具有初应力。此初应力将对形成钢管混凝土柱后的工作有影响，主要是影响柱子的稳定承载力。经分析和试验，为了防止钢管初应力对管柱承载力的影响，要求钢管的初应力最大值不得超过$0.6f_y$。

三、管内混凝土施工

管内混凝土的浇灌有三种方法，即人工浇灌和振捣、高位抛落不振捣和泵送顶升法。不论采取何种方法，对底层管柱，在浇灌混凝土前，应先灌入约100mm厚的同强度等级水泥砂浆，以便和基础混凝土更好地连接，也避免了浇灌混凝土时发生粗骨料的弹跳现象。采用分段浇灌管内混凝土且间隔时间超过混凝土终凝时间时，每段浇灌混凝土前，都应采取灌水泥砂浆的措施。

通过试验，管内混凝土的强度可按混凝土标准试块自然养护28d的抗压强度采用。也可按标准试块标准养护28d强度的0.9采用。

（一）人工浇灌法

通常采用干硬性混凝土，水灰比0.4～0.45，加一定的减水剂，以增加混凝土的和易性，使坍落度在180cm左右。也可加一些膨胀剂（水泥用量的5%），以消除混凝土收缩的影响。

采用分段浇灌和分段振捣法，管径$D\leqslant35$cm的管柱，采用管外附着式振捣器进行振捣。根据管内混凝土的浇灌情况随时将振捣器上提，外部振捣的有效工作范围，根据振捣器产生的横向振幅不小于0.3mm而定（用百分表直接测定），每次浇灌高度也取决于外部振捣器的影响范围。间接振捣，振捣时间应长些，一般不少于1min。$D>35$cm的管柱应进行管内振捣，每次浇灌混凝土高度一般不宜超过2～3m。振捣时间不宜过长，以免掺合剂析出而上升到表面形成浮浆。

浇灌工作每次沿管柱安装段宜连续进行，直至距管端 5 ~10cm。在即将吊装下段管柱安装段时，应检查管内混凝土表面，如有浮浆等应加以清除。吊装上一节管柱并对接完毕，应把管端用防水布包扎，以防雨水和异物落入管内。

（二）高位抛落不振捣法

又分普通混凝土和高流态混凝土两种。

采用普通混凝土高位抛落不振捣时，首先应进行混凝土配合比试验，要求在高空抛落后不离析，试验成功后方能使用，并限于抛落高度大于 4m。当抛落高度小于 4m 时，应加以振捣。

高流态混凝土是高性能混凝土的一种。日本 1986 年就开始研制，采用粉煤灰和矿渣粉掺合剂，加适量膨胀剂和高效减水剂（水泥量的 1% 左右），水灰比不大于 0.3，搅拌 2min。这种混凝土的流动性好，不需振捣就可浇制成密实的混凝土，用于钢管混凝土柱时，效果很好，是近十几年出现的混凝土新品种，在各大城市的很多工程中已被广泛采用。如第九节之二中已经提到的深圳赛格广场大厦已研制成功并开始使用。

高流态混凝土的性能指标如下：

（1）坍落度 $S_{1p} \geq 255$mm，坍落扩展度 $L_{sp} \geq$ 60.0mm；

（2）充填性 $\Delta h \leq 5$mm，用 U 型流动仪测定（图 2-10-1）；

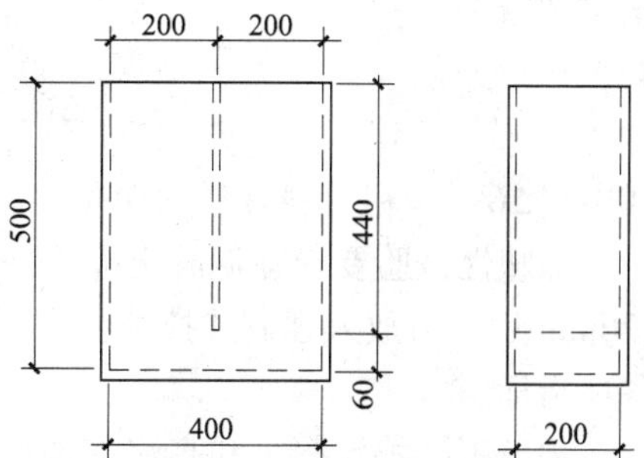

图 2-10-1　U 型流动仪

（3）流动性指标 $L_f \geq 700$mm，用 L 型流动仪测定（图 2-10-2）；

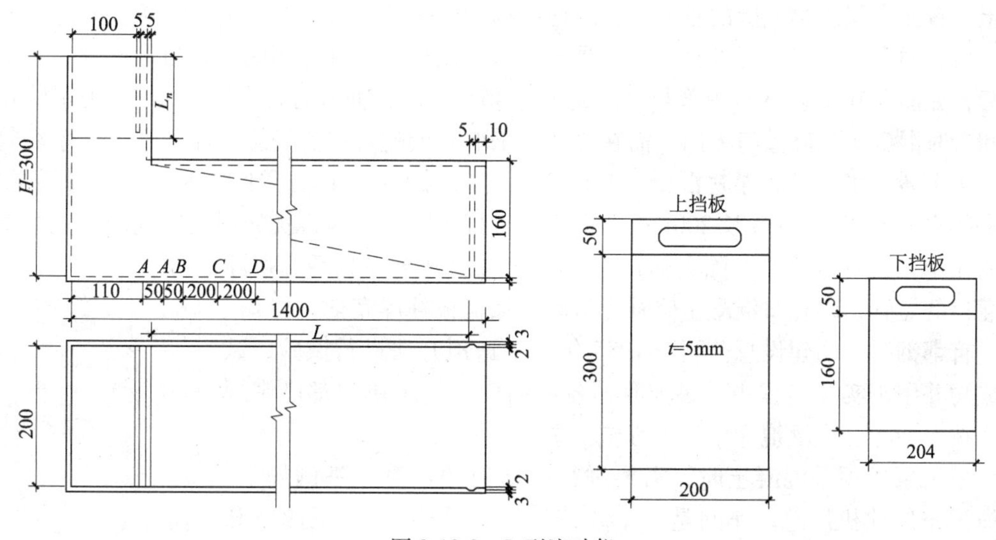

图 2-10-2　L 型流动仪

（4）抗离析性 $\Delta G \leq 7\%$，用 U 型仪试验后取两腔粗骨料含量来判别；

（5）保塑性，120min 后，同时满足以上各项要求。

坍落度试验要求用小铲向坍落度筒内加满 1/3 混凝土，隔 30s 加一次，1min 后加满，抹平，提起筒，测定坍落度高度 $S_{1p}\geqslant 255$mm，同时量测两个垂直方向的混凝土的长度，要求 $L_{sp}\geqslant 600$mm，两个方向扩展长度之差不应大于 10mm。

充填性试验是把混凝土灌满 U 型仪（中间有插板）的左腔，提起插板，左腔内的混凝土从 U 型仪下面自然流向右腔，2min 后测定 2 腔中混凝土表面的高差 Δh，要求不大于 5mm。

流动性试验是在 L 型流动仪中先插入上下插板（挡板），然后向左侧垂直腔内灌满混凝土，提起上下插板，混凝土流向水平腔内，2min 时测定流动的距离 L_f，要求超过 700mm。

抗离析性的试验是用 U 型仪测定 Δh 后，分别从左右腔中取出混凝土，称重量为 H_1 和 H_2，分别用 5mm 的筛筛去砂浆，洗净粗骨料并擦干，再称重量分别为 G_1 和 G_2，用下式计算：

$$\Delta G=\frac{G_1/H_1-G_2/H_2}{(G_1+G_2)/(H_1+H_2)} \tag{2-10-1}$$

式中 ΔG——粗骨料含量的误差比。

保塑性试验要求在混凝土搅拌好后，在温度 20±3℃，湿度不小于 90% 的环境下静止 120min 后，再放入强制式搅拌机中搅拌 60s，然后要求再做以上各项试验，要求满足以上各项指标。

关于不振捣混凝土和高流态混凝土的配合比可参见参考文献[2]第 347～349 页和第 438～440 页。

（三）泵送顶升混凝土

20 世纪 80 年代初，日本率先成功地采用了泵送顶升法浇灌钢管混凝土柱中的管内混凝土。首先在建筑物底层的管柱上，距地面约 1m 左右（视混凝土泵车的高度而定）开一浇灌口，插入一短管，短管直径和混凝土泵车的输送管的直径相同，并与输送管连接卡具配套，如图 2-10-3 所示。短管与管柱夹角为 45°～60°，伸入管柱 20～30mm。为了防止停泵卸管时混凝土从浇灌口流出，需在浇灌口采取有效的防回流措施：在短管上方紧靠管柱处开 4 个 $\phi 18$ 的小孔，泵送混凝土时用薄胶皮捆盖住小孔；当需停泵时，先不降低泵压，摘去胶皮盖，将 $\phi 16$mm 长 200mm 的钢筋垂直打入四个孔内，犹如栅栏起到防止混凝土回流的作用，这时可停泵，除去输送管；待管内混凝土终凝后，切除浇灌口的短管，将孔口混凝土修补光滑后，加盖板补焊完整。

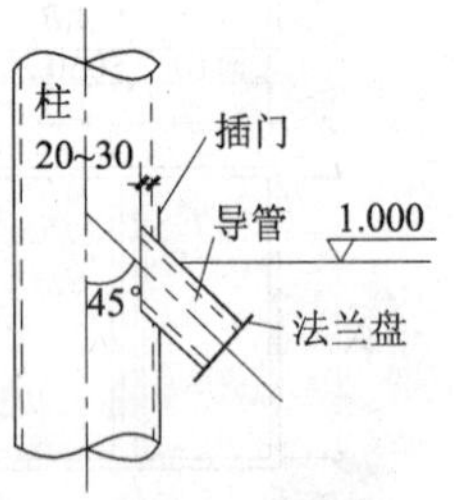

图 2-10-3 临时浇灌口

首都钢铁公司建设总公司于 1985 年对泵送顶升法进行试验，试验成功并用于实际工程中。目前我国各地的建筑施工单位都已掌握这一技术，并已广泛地应用于工程施工中。

采用泵送顶升混凝土时，需要进行泵压值的计算，举例如下。上海沪东柴油机厂总装车间是一个 3 跨厂房，采用了 47 根四肢和三肢钢管混凝土柱，管径 $\phi 400$mm，肢管最高为 28.8m，垂直和水平输送距离均按 30m 计算。考虑水平和垂直输送中的压力损失以及 90°弯管和止回阀口的压力损失共 10.22MPa，垂直顶升时的混凝土静压力按 $\phi 400$ 管顶升 30m 计算，为 $2400\pi\times 0.2^2\times 30\times 9.81=88714$N，压力为 $88714/\pi\ (0.125/2)^2=7.23$MPa，总计需要的泵送压力为 10.22+7.23=17.45MPa。再考虑一些其他因素，决定泵送压力不小于

20MPa。式中 $2400kg/m^3$ 是混凝土的密度，0. 125m 是混凝土输送管的直径。

应指出的是，在我国北方地区，当冬季气温在 0℃以下时，不得进行管内混凝土的浇灌。

四、管内混凝土的质量检验

管内混凝土浇灌属于隐蔽工程。为了确保混凝土质量，首先应制定相应的施工工艺和保证质量的措施，严格控制执行。浇灌完成后，可以抽样进行超声波检测，发现问题后，增加抽样检测次数，甚至 100% 进行超声波检测。

钢管混凝土柱是钢管和混凝土的组合，当超声波通过管柱的直径时，通过的声速、振幅和波形等参数的变化与管内混凝土的密实度、均匀性和局部缺陷的状况有关，因而可以用超声波仪来检测管内混凝土的强度和缺陷。超声波的频率宜选择在 40 ~ 100kHz 范围内，用弧形探头对圆弧形管柱进行测试。

超声波测定法采用的是对比的方法。通过测定超声波通过的不同强度、不同品种水泥及不同掺合剂的钢管混凝土管柱时的声速，同时平行地测定同材质、同工艺条件的立方体试块的抗压强度，用数理统计法建立管内混凝土强度与超声波声速间的关系，供测定相同条件下管内混凝土的强度之用。

式（2-10-2）是太原钢铁公司第一工程公司通过试验提出的公式：

$$f_{ck} = 3.859 \times 10^{-5} V^{4.704} \tag{2-10-2}$$

式中 f_{ck}——由超声波通过时的速度推算的管内混凝土抗压强度值；

V——超声波通过管内混凝土的声速，m/s。

测定混凝土内可能存在的缺陷，如空腔、收缩缝隙、与管壁粘结不好、孔洞、混凝土的离析分层和疏松不密实，也是采用对比法。分别制作一批带有各种缺陷的混凝土模拟试件，通过对不同龄期、各种缺陷的试件的测试，找出各种缺陷对超声波参数的影响作为实测结果的对照，由此确定混凝土内存在的缺陷。

符 号

1 材料性能

f_{cu}——混凝土的立方体抗压强度；

f_{ck}、f_c——混凝土轴心抗压强度标准值、设计值；

f_t——混凝土抗拉强度设计值；

f——钢材的抗拉、抗压和抗弯设计值；

f_y——钢材的屈服强度；

f_{sc}^{y}、f_{sc}——钢管混凝土轴心受压时的组合强度标准值、设计值；

f_{sc}^{p}、ε_{sc}^{p}——钢管与混凝土的组合比例极限应力、应变值；

f_{sc}^{yt}、f_{sc}^{t}——钢管混凝土的钢材抗拉组合强度标准值、设计值；

f_{sc}^{yv}、f_{sc}^{v}——钢管混凝土的组合剪切强度标准值、设计值；

f_{sc}^{pv}、γ^{p}——钢管混凝土组合剪切比例极限强度和对应的比例应变；
f_{sc}^{yy}、γ_{sc}^{yy}——钢管混凝土组合强化极限应力、应变标准值；
f_{f}^{w}——角焊缝的抗剪强度设计值；
f_{ce}——混凝土与钢管的粘结强度设计值；
f_{sco}^{y}、f_{sco}——八边形截面或空心钢管混凝土的组合抗压强度标准值、设计值；
f_{scs}^{y}、f_{scs}——正方形截面的组合抗压强度标准值、设计值；
f_{sco}^{yt}、f_{sco}^{t}——空心钢管混凝土轴心受拉时的组合强度标准值、设计值；
E_{s}、E_{c}——钢材和混凝土的弹性模量；
E_{s}^{t}、E_{c}^{t}——钢材和混凝土在温度 t 时的弹性模量；
E'_{sc}——组合强化模量；
E_{sc}、E_{sc}^{tt}——钢管混凝土的组合轴压弹性模量和组合轴压切线模量；
E_{sc}^{t}——钢管混凝土轴心受拉组合弹性模量；
E_{scm}——钢管混凝土的抗弯弹性模量；
$(EI)_{sc}$——格构式钢管混凝土截面的总抗弯刚度；
G_{sc}、G_{sc}^{t}——钢管混凝土弹性阶段、弹塑性阶段时的组合剪变模量；
K_{e}、K_{p}——弹性阶段、强化阶段的刚度；
ρ_{s} 和 ρ_{c}——钢材和混凝土的密度。

2 作用和作用效应设计值

S——地震作用效应组合值；
R——构件承载力设计值；
N、M、T、V——荷载引起的构件中的轴向力、弯矩、扭矩和剪力；
N_{0}、M_{0}、T_{0}、V_{0}——构件强度承载力设计值；
N_{cr}、σ_{cr}——轴心受压构件的临界力、临界应力；
$N_{x,max}$——x 方向由最不利效应组合产生的最大拉力；
N_{y}——y 方向与 $N_{x,max}$ 同时作用的拉力；
N_{E}——欧拉临界力；
P_{n}、M_{n}——名义轴向抗压强度、名义抗弯强度；
P_{u}、M_{u}——要求的轴压强度和抗弯强度的极限；
P——构件承受的侧向力；
P_{y}——构件的屈服荷载；
P_{u}——构件的极限荷载；
M'_{0}、M_{0}——极限弯矩标准值、设计值；
M_{y}——组合材料的屈服弯矩；
V'_{0}、V_{0}——构件的受剪承载力标准值、设计值；
T'_{n}、T_{n}——构件的受扭承载力标准值、设计值；
ε——混凝土的应变值；
ε_{0}、ϕ——截面中心点处应变、曲率；

ε_{tij}、ε_{taj}——混凝土、钢管的热膨胀应变；
ε_{caj}——钢管的蠕变；
ε_0——混凝土峰值点处的应变；
δ_d、δ_y——侧向力降到 $0.85P_u$ 时的位移、屈服位移；
δ_p——下降段起点处的位移。

3　几何参数

D、r_0 和 r——圆钢管外直径、外半径和内半径；
t——钢管壁厚；
r_{co}、r_{ci}——空心钢管混凝土中混凝土的外半径和内半径；
r_m——钢管的回转半径；
d'——柱脚底板的外直径；
B、t_s——多边形钢的边长和壁厚；
A_s、A_c——钢管和核心混凝土的面积；
A_{sc}——钢管混凝土柱的截面面积；
A_{sco}、A_{scs}——八边形、方形截面的总面积；
I_{sc}——钢管混凝土的截面惯性矩；
I_{sc}、I_{sc}^0——构件截面的毛截面惯性矩、有效惯性矩；
b_j——角焊缝包入的宽度；
b_e——管柱管壁参加加强环工作的有效宽度；
h_j、h_f——角焊缝长度、焊脚尺寸；
l_0——构件的计算长度；
l_1——柱肢的节间距离；
m——柱肢数；
l_f、$\sum l_w$——角焊缝计算长度、计算总长度；
W_{sc}^T、W_{sc}——构件截面的抗扭模量、抗弯模量；
Z——钢管截面的截面模量；
e_0——荷载偏心距；
V_s、V_c——单位长度钢管、混凝土的体积。

4　计算参数及其他

α——含钢率；
α_0——空心钢管混凝土的含钢率；
α_c 和 α_s——混凝土和钢材的线膨胀系数；
α_ρ——强化刚度同弹性刚度的比值；
α_d——下降段刚度同弹性刚度的比值；
β——加强环同时受垂直的双向拉力的比值；
β_m——弯矩沿构件长度变化时的等效弯矩系数；

C——混凝土承担内力的分配系数；
γ_{sc}——钢管混凝土轴心受压时的分项系数；
γ_{RE}——构件承载力的抗震调整系数；
ξ、ξ_0——标准套箍系数、设计套箍系数；
ξ_0'、ξ_0''——八边形的等效圆截面的标准套箍系数、平均设计套箍系数；
ψ——空心率，为核心混凝土的内外半径之比；
φ、φ_e——轴压、偏压时构件的稳定系数；
φ_s——方钢管混凝土轴压构件的稳定系数；
φ_l——空心钢管混凝土的轴压稳定系数；
φ_0——八边形截面的轴压稳定系数；
ψ_l、ψ_e——考虑长细比、偏心影响的承载力折减系数；
λ_1——单肢长细比；
λ_p——弹性屈曲和弹塑性屈曲的界限长细比；
λ_0——构件强度破坏和稳定破坏的界限长细比；
$\bar{\lambda}$——相对长细比；
λ_{max}——构件整体在 x 和 y 轴方向的长细比（或换算长细比）的较大值；
λ、λ_{0y}——空心圆形钢管混凝土轴心受压构件的长细比、换算长细比；
$[\lambda]$——钢管混凝土受拉构件的容许长细比；
λ_s、λ_c——钢材、混凝土的导热系数；
γ_T、γ_v、γ_m——构件截面的抗扭、抗剪、抗弯塑性发展系数；
$[D]$——弹性阶段的弹性刚度矩阵；
$[D_p]$——塑性刚度矩阵；
$[D_{ep}]$——塑性强化阶段的刚度矩阵；
$[c]$——材料的切线刚度矩阵；
k——抗拉强度提高系数；
K——温度产生的曲率；梁与柱的线刚度比；
K_{max}——损伤参数的最大值；
μ——延性系数；
u——轴向荷载参数；
n、n_0——理论计算的轴压比、设计轴压比；
q——强化系数；
c_s、c_c——钢材和混凝土的比热容（也称热容）；
ζ——欠载系数；
ΔQ——在 dt 时段内，炉温传给钢管外表的热量；
ΔQ_1、ΔQ_2 和 ΔQ_3——单位长度钢管、混凝土和保护材料吸收的热量；
Q_2——构件达临界极限状态时，混凝土吸收的热量；
t——耐火时间；
T_s——钢管表面的温度；
$T(t)$、$T_s(t)$——t 时刻保护层外表面、内表面的温度；

T_i、T_{i+1}——混凝土第 i 层、第 $i+1$ 层的温度；

T_s——钢管厚度中点的温度；

T_s——钢管的临界温度。

参考文献

[1] 钟善桐. 钢管混凝土结构. 修订版. 哈尔滨：黑龙江科学技术出版社，1995.

[2] 钟善桐. 钢管混凝土结构. 第3版. 北京：清华大学出版社，2003.

[3] 徐晓飞，钟善桐. 钢管混凝土轴压短柱、轴压长柱和压弯构件可靠度分析. 哈尔滨建筑工程学院学报，1993（5）.

[4] 钟善桐. 钢管混凝土的刚度分析. 哈尔滨建筑大学学报，1999（3）.

[5] 谭素杰，齐加连. 长期荷载对钢管混凝土受压构件强度影响的实验研究. 哈尔滨建筑工程学院学报，1987（2）.

[6] 钟善桐. 长期荷载对钢管混凝土受压构件临界力的影响. 哈尔滨建筑工程学院学报，1987（4）.

[7] 中华人民共和国国家军用标准战时军港抢修早强型组合结构技术规程 GJB 4142—2000.

[8] C. D. Goode, Design of concrete Filled Steel Tubes to EC4, In: Concrete Filled Steel Tubes, A comparison of international codes And practices, Seminar by ASCCS, Insbruck, Sep. 1997.

[9] Reinhard Bergmann, German Design Method for Composite Columns with Concrete Filled Sections, In the same proc, as Ref. 8.

[10] Russell Bridge, Martin O' shea, Australian Composite Code CFST, In the same Proc. as ref. 8.

[11] L. K. Luksha, S. V. Shevchenko, Project Belaras Code for CFST Columns, In the same Proc. as ref. 8.

[12] C. Matsui, I. Mitani, A. Kawano, K. Tauda, AIJ Design Method for CFST Stuctures, In the same Proc. as ref. 8.

[13] Yan Xiao, CFST Column Design Based on AISC LRFD Methodes, In the same Proc. as ref. 8.

[14] 中国工程建设标准化协会标准《钢管混凝土结构设计与施工规程》CECS 28：90.

[15] 中华人民共和国电力行业标准《钢-混凝土组合结构设计规程》DL/T 5085—1999.

[16] 中华人民共和国电力行业标准《薄壁离心钢管混凝土结构技术规程》DL/T 5030—1996.

[17] 中国工程建设标准化协会标准《矩形钢管混凝土结构技术规程》CECS 159：2004.

[18] 钟善桐. 高层钢管混凝土结构. 哈尔滨：黑龙江科学技术出版社，1999.

[19] 方小丹等. 新型钢管混凝土柱节点的试验研究. 建筑结构学报，1999. 20（5）.

[20] 李国强，蒋首超等. 钢结构抗火计算与设计. 北京：中国建筑工业出版社，1999.

[21] 赵恒忠等. 钢管混凝土高层建筑的经济比较及工程特点. 哈尔滨：哈尔滨建筑大学学报，2002（5）.

第三章　型钢混凝土组合结构

第一节　概　述

一、概况

钢结构外包钢筋混凝土结构称之为型钢混凝土组合结构。在我国曾经沿用前苏联的称呼“劲性钢筋混凝土结构”及日本的称呼“钢骨钢筋混凝土结构”，其是以型钢的刚度为劲性或型钢的骨性命名的，不同于钢结构、钢筋混凝土结构、木结构和砖石结构等是按所用的材料来命名。在中华人民共和国行业标准《型钢混凝土组合结构技术规程》JGJ 138—2001的编制过程中，曾专门组织有关专家进行命名专题讨论，最后确定采用“型钢混凝土组合结构”，简称为“型钢混凝土”或“SRC”。

自1856年发明了转炉和平炉炼钢法，钢结构以其材料强度高、重量轻被广泛用于土木和建筑结构中，特别是在其应用于高层及大跨度结构中后，钢结构得到了飞速的发展。而钢结构的耐火、耐久性差及刚度小、受压易失稳等问题促使着人们不断地研究，以期改善其性能。约20世纪初期，开始采用钢结构外包砖石及钢筋混凝土等，用以提高钢结构的耐火、耐久性，但当时尚不计算外围材料的承载效果。

1918年日本开始设计并修建SRC结构建筑。1923年日本关东大地震后发现，在房屋高度约为30m的建筑中，外包砖砌体钢结构、混凝土结构、砖石结构等受害较为严重，或坏而可修，唯有SRC结构可以照常使用。从此，SRC结构被认为抗震是安全的。之后，所建的6~9层的建筑几乎都是采用SRC结构。

SRC结构内型钢的截面形式可分为实腹式和空腹式两大类：实腹型钢构件可由型钢或钢板焊成，常见的截面形式有Ⅰ、H、ᒥ、ᒥ等，也有矩形及圆形钢管，如图3-1-1所示。

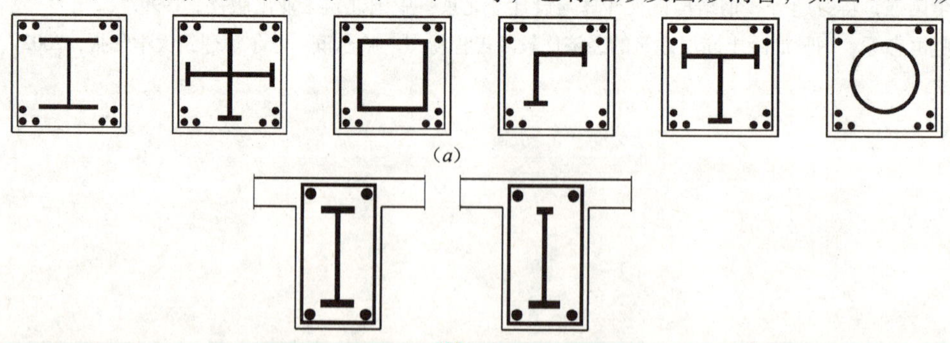

图3-1-1　实腹型钢混凝土柱、梁截面示意图
(a) 实腹型钢混凝土柱；(b) 实腹型钢混凝土梁

空腹式型钢构件一般是由缀板或缀条连接角钢或槽钢组成的钢桁架。钢桁架按腹杆不同又分为斜腹杆和平行腹杆两种，如图 3-1-2 所示。其截面可以为十字形、工字形及箱形等。图 3-1-3 为空腹型钢混凝土柱、梁截面示意图。

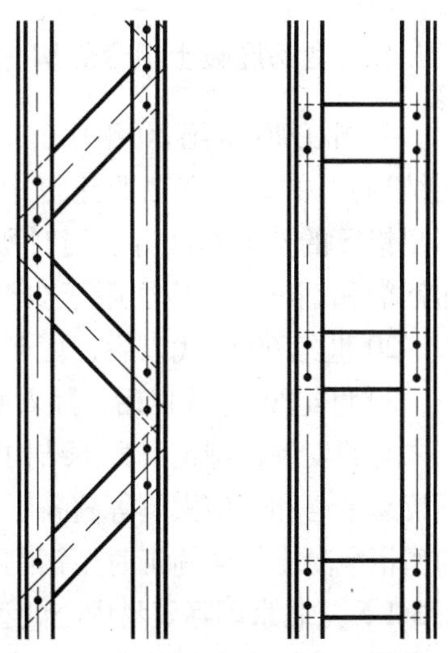

图 3-1-2　钢桁架腹杆布置图

在高层建筑中，SRC 结构与抗震墙或核心筒相结合组成抗侧力体系，柱截面内的型钢可为 T 形或工字形。

日本在 20 世纪 60 年代，对空腹桁架式 SRC 结构进行的试验研究结果表明，平行腹杆桁架式型钢混凝土结构的受剪能力与延性都偏低，从而改用斜腹杆桁架式型钢或实腹式型钢。1975 年修订 SRC 规范后，工程上已不再采用平行腹杆桁架，而斜腹杆桁架式型钢因加工费时费力也较少被采用。日本之所以放弃桁架式型钢混凝土结构，更主要的原因是，历次震害的结果表明，破坏较为严重的 SRC 结构，大多为桁架式型钢混凝土结构。

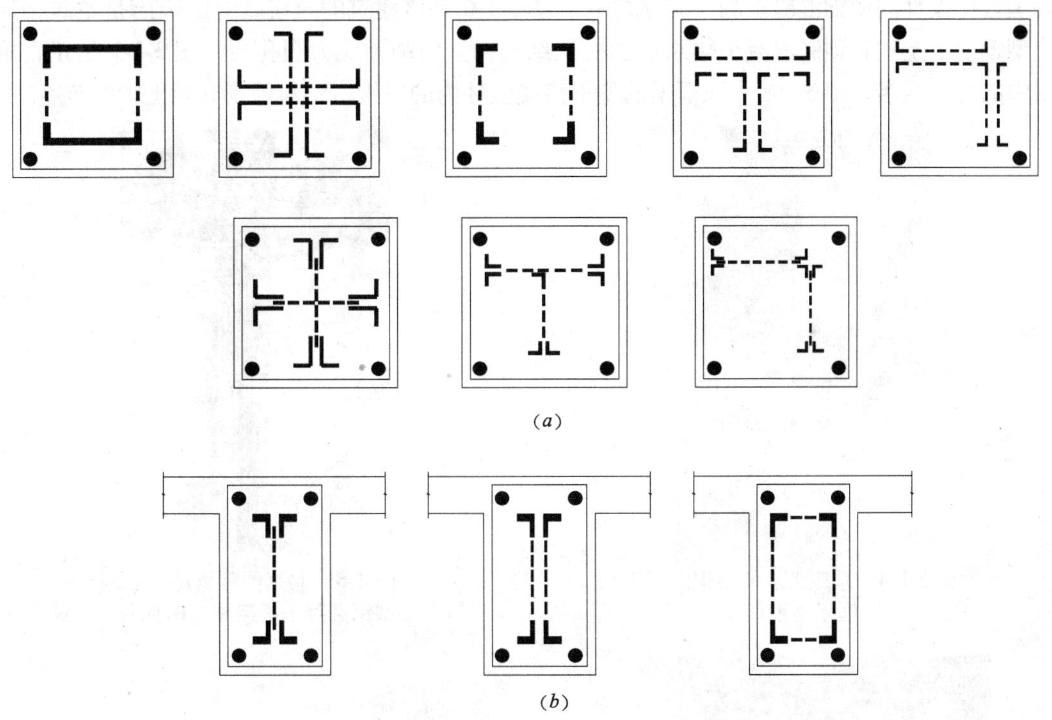

图 3-1-3　空腹型钢混凝土柱、梁截面示意图
(a) 空腹型钢混凝土柱；(b) 空腹型钢混凝土梁

目前，我国也多采用实腹式型钢混凝土结构，同时，由于我国存在着非地震设防区和低地震烈度地区，桁架式型钢混凝土结构也被采用。

二、型钢混凝土组合结构在国内的应用

我国在20世纪50年代就从前苏联引进了型钢混凝土组合结构（当时称劲性钢筋混凝土结构），并在一些工业建筑中使用。如包头钢厂主厂房、鞍山钢铁公司的混铁炉基础、郑州铝厂的蒸发车间等。当时所采用的结构形式均为角钢桁架式型钢混凝土结构，而且不加钢筋和钢箍，其应用限于少数工业厂房和特殊结构，没有推广到民用和公用建筑物中去。20世纪60年代以后，由于片面强调节约钢材，型钢混凝土结构就难于推广应用。

20世纪80年代以后，随着我国改革开放的不断深入和经济的腾飞，建筑业也出现了前所未有的发展，型钢混凝土结构又一次在我国兴起。80年代初期，日本为我国设计的北京国际贸易中心和京广大厦等超高层建筑的底部几层都是型钢混凝土结构。图3-1-4是京广大厦的型钢混凝土框架施工时型钢刚刚安好时的照片。其柱的型钢为十字形，梁为工字形型钢。图3-1-5是北京国际贸易中心的型钢混凝土框架在施工时型钢外纵筋绑扎好后的情况。这些工程都是我国在高层建筑中较早采用型钢混凝土结构的实例。这一阶段也是我国在高层建筑设计方面向国外学习的阶段。与此同时，我国的结构设计人员也开始了对型钢混凝土结构的设计和研究，由原冶金部建筑研究总院设计和湖北建筑总公司施工的江苏太仓弇山饭店等为我国自行设计的型钢混凝土高层建筑之一，图3-1-6是该建筑的全貌。弇山饭店是空腹桁架式型钢混凝土柱和预制混凝土梁组成的框架结构，上面铺预应力圆孔板，图3-1-7是正在施工中的弇山饭店，图3-1-8为该框架的型钢混凝土柱内的空腹型钢与预制混凝土梁的节点。

图3-1-4 京广大厦的型钢混凝土框架型钢截面

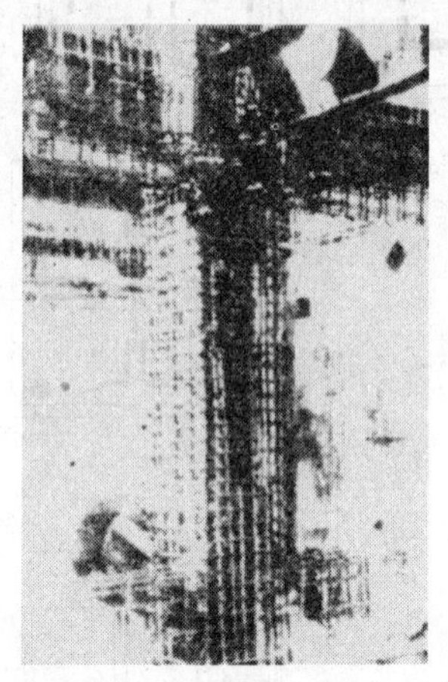

图3-1-5 北京国际贸易中心的型钢混凝土框架施工时照片

图3-1-6 太仓弇山饭店外景

图3-1-7 正在施工中的弇山饭店

此后，在北京、上海、广州、深圳等发展较快的城市相继也建成了许多型钢混凝土多高层或超高层建筑，这些建筑中，有些是全部采用型钢混凝土结构，有些是局部采用型钢混凝土结构构件。图 3-1-9 是坐落在上海浦东新区的金茂大厦，该楼主体结构采用钢筋混凝土核心筒，外框由布置在芯筒内墙轴线上的 8 根型钢混凝土巨型翼柱及位于楼面四角的 8 根型钢巨柱组成。图 3-1-10（a）、（b）为金茂大厦结构平面图。

图 3-1-8 空腹型钢与预制混凝土梁的节点

图 3-1-9 上海金茂大厦

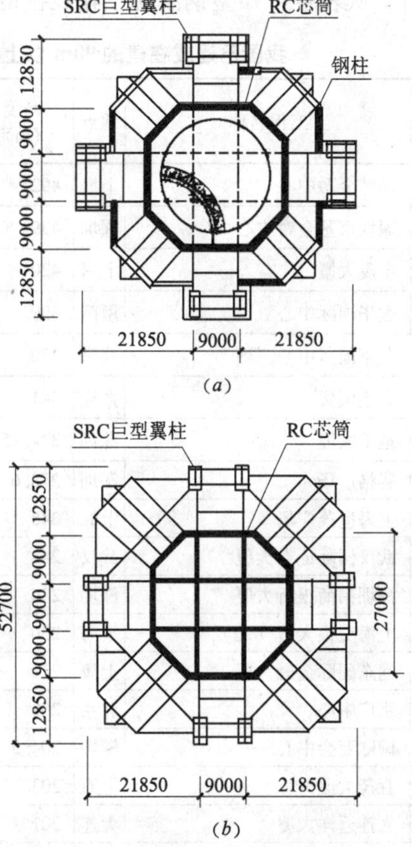

图 3-1-10 金茂大厦结构平面图

图 3-1-11 是深圳华侨城天鹅堡高层公寓楼的立面上“大洞”处的外景。为满足建筑立面上的“大洞”的要求，该建筑采用了型钢混凝土框支梁、柱，框支柱为“双十形”焊接型钢，框支梁采用焊接工字形型钢。

图 3-1-11 深圳华侨城天鹅堡高层公寓楼的“大洞”处外景

表 3-1-1 所列为迄今我国已建或在建的 90m 以上采用型钢混凝土结构的部分高层建筑项目。从表中可知型钢混凝土在我国的应用已经越来越多，而且较为普遍。

我国已建或在建的 90m 以上采用型钢混凝土结构的部分高层建筑一览表 表 3-1-1

序号	工程名称	地点	高度（m）	层数		建筑面积（$\times 10^4 m^2$）	总用钢量（t）	结构体系
				地下	地上			
1	环球金融中心	上海	492	3	101	25.3	26000	筒中筒
2	深圳京基金融中心	深圳	439	4	98	22.1		框架-筒体+钢支撑
3	金茂大厦	上海	420	3	88	17.7	14000	框架-筒体
4	远华国际中心	厦门	390	4	88	28.0		框架-筒体
5	北京国贸中心三期	北京	330	3	73	18.0	40000	框架-钢支撑
6	大连国贸	大连	341	5	78	32		框架-筒体
7	地王大厦	深圳	324.751	3	68	13.8	12000	框架-筒体
8	赛格广场	深圳	278.6	4	70	15.8	10000	框架-筒体
9	上海世茂广场	上海	248	3	60	14	10000	框架-筒体
10	武汉国际证券大厦	武汉	243	3	68	13.0	18000	框架-筒体
11	深圳招商银行大厦	深圳	234	3	54	11		框架-筒体
12	上海交银大厦（北）	上海	230	4	55			框架-剪力墙结构
13	浦东国际金融大厦	上海	230	2	53	11.4	11000	框架-筒体
14	京广中心	北京	208	3	57	13.7	19000	框架-剪力墙结构
15	国际商会中心	深圳	204.5	3	54	12		型钢混凝土框-筒结构
16	森茂大厦	上海	203	4	46	11.0	8000	框架-筒体
17	大连远洋大厦	大连	201	4	51	7.0	5000	框架-剪力墙结构
18	上海交银大厦（南）	上海	197	2	48			框架-剪力墙结构
19	陕西信息大厦	西安	189	3	52	7.5		型钢混凝土-筒中筒

续表

序号	工程名称	地点	高度(m)	层数		建筑面积($\times10^4m^2$)	总用钢量(t)	结构体系
				地下	地上			
20	京城大厦	北京	182	4	52	11.0	12000	钢框架-钢支撑
21	上海世界金融大厦	上海	174	3	43	8.44	3300	框架-剪力墙结构
22	海南财政金融中心信托大厦	海口	180	3	54	10.3		型钢混凝土-筒中筒
23	上海力保中心	上海	172	2	40			框架-筒体
24	新金桥大厦	上海	157	2	38	4.0	7000	框架-筒体
25	深圳发展中心	深圳	165	1	43			框架-剪力墙结构
26	期货大厦	上海	157	3	42			框架-筒体
27	国贸大厦二期	北京	156	3	39	8.6	12000	框架-剪力墙结构
28	上海银冠大厦	上海	156	3	38			框架-剪力墙结构
29	北京财富一期	北京	151.8	2	40	10	6100	框架-剪力墙结构
30	LG 大厦	北京	141	4	31	15.0	14000	框架-筒体
31	深圳华融大厦	深圳	134	3	32	7.35	9810	框架-筒体
32	城市天地广场	深圳	126	3	41	19		框支剪力墙结构
33	大连森茂大厦	大连	109	2	24	4.6	3530	框架-钢支撑
34	广州远洋公寓	广州	102	2	28	2.5	2000	钢框架-剪力墙结构
35	深圳华侨城天鹅堡 10~12 号	深圳	102		34	8.67	6762	型钢混凝土框支梁柱
36	北京城建大厦	北京	98.4	3	28	12	7000	框架-筒体

三、型钢混凝土组合结构的研究情况

20 世纪 50~70 年代，我国工业与民用建筑主要是采用砖混结构和钢筋混凝土结构。随着经济的发展，房屋建筑的不断增高，结构跨度越来越大，采用钢筋混凝土结构就出现了肥梁胖柱等现象，出现了结构笨重和建筑造型及功能要求不协调的矛盾，严重阻碍了建筑业的发展。同时，唐山地震等灾害表明，砖混结构及预制混凝土结构等的震害较为严重。这就促使着人们转向对新型结构的研究，钢与混凝土组合结构自然成为各大专院校、科研单位的研究人员及设计院所的结构工程师积极探索的对象。从 20 世纪 80 年代初开始，许多专家学者就自发地进行试验研究，国家计划委员会有关部门也将型钢混凝土结构性能及设计方法研究列为重点科研项目，下达各单位，有组织地进行试验研究。1987 年开始有 11 个单位参加，而后逐步扩大到 17 个单位参加。第一批试验的数量及研究的内容大致如图 3-1-12 所示。通过这些试验研究，掌握了型钢混凝土组合结构构件及框架的受力性能及抗震性能。

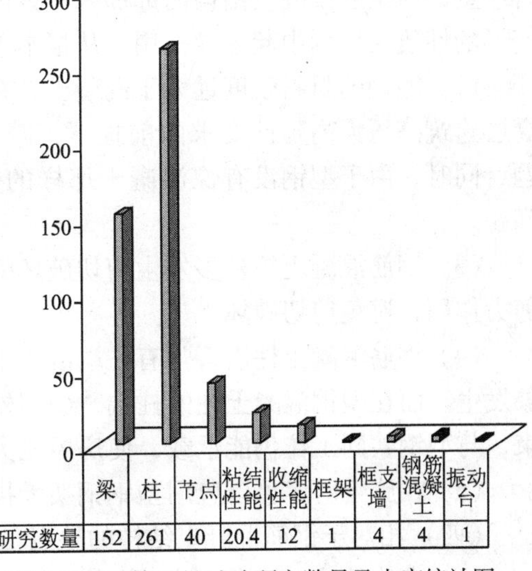

图 3-1-12 第一批试验研究数量及内容统计图

之后，对型钢混凝土组合结构的研究越来越多，据不完全统计，自1994～2006年十多年间，在国内各类杂志上发表的论文约238篇，其中以理论和试验研究为主的论文约为189篇，占论文总量的79.41%，以设计及施工等工程实际为主题的论文约为49篇，占论文总数的20.59%。这些足以说明型钢混凝土组合结构的研究在我国已受到前所未有的重视。

四、型钢混凝土组合结构的特点

以型钢和钢筋混凝土组成的型钢混凝土组合结构，对钢结构来说，钢筋混凝土为新的组成部分，对钢筋混凝土来说，型钢是新的组成部分。相对于钢结构和钢筋混凝土结构，型钢与混凝土组成的结构性能，既有量的改变也有质的改变，既发挥了两种结构各自的优点，又克服了各自的缺点，具有如下的特点：

（一）相对于钢结构的优点

（1）外包钢筋混凝土能够承受拉、压、弯、剪能力，并且能够约束型钢或钢板，提高型钢的抗屈曲能力，因而可以大大地节约钢材，降低造价。

（2）外包钢筋混凝土部分兼有防火、耐久的作用，省去了钢结构的防护层，这对建筑的安全起到至关重要的作用。

（3）钢结构的抗水平力作用（一般为风载及地震作用）的刚度较小，水平位移较大，不易满足建筑物稳定性和舒适度等要求，但型钢混凝土组合结构刚度大、容易满足水平变位限值的要求。

（二）相对于钢结构的缺点

（1）施工较复杂，工期长，设计稍繁。

（2）自重较钢结构大，基础费用稍高。

（三）相对于钢筋混凝土结构的优点

（1）钢筋混凝土结构中的混凝土是脆性材料，在受力以后容易产生裂缝、破碎、剥落等现象。钢筋混凝土结构构件的受剪、受压破坏都是脆性破坏，在地震时经常发生，且震害严重。当钢筋混凝土结构内部加入型钢以后，型钢改变了其脆性破坏的性质，钢的塑性变形的性质在结构中起主导作用，从根本上改善了构件的抗震性能。

（2）型钢的材料强度远大于混凝土，在钢筋混凝土截面中增加了型钢，既可以在满足高层建筑高压力高延性要求的前提下，减小构件的截面，克服钢筋混凝土结构的胖柱问题，同时，由于型钢没有像混凝土那样的受压徐变问题，因此减少了长期受压时的变形问题。

（3）钢筋混凝土短柱多发生剪切破坏的震害，而型钢混凝土中的型钢腹板有效地承担剪力作用，避免剪切破坏。

（4）钢筋混凝土柱震害常有柱端混凝土被压碎剥落，钢筋呈灯笼状，失去承载力的现象发生。而在型钢混凝土柱的柱端，型钢外部的混凝土破坏，型钢内部混凝土受型钢的约束，与型钢共同工作仍能承载，使房屋在大震时坏而不倒。

（5）在施工时，可以应用型钢钢架承担施工荷载，采用逆打法浇筑混凝土。

（四）相对于钢筋混凝土结构的缺点

（1）在构件中，型钢与钢筋并存，使结构构造复杂，节点布筋困难，浇筑混凝土不便。

(2) 型钢混凝土结构比钢筋混凝土结构用钢量要多些，一般平均用钢量约为 $120kg/m^2$（型钢一般约占总用钢量的 40%），同时型钢的造价要比钢筋高，增加了建筑的成本。

综上所述，型钢混凝土结构有其自身的长处，也有短处，但其良好的抗震性能、耐火、耐久性能足以证明其是一种性能接近完美的新型结构。当然，我们也要重视其自身的短处，在工程设计中尽量避免和解决这些缺点和不足。

五、型钢混凝土结构设计理论

中华人民共和国国家标准《建筑结构可靠度设计统一标准》GB 50068—2001 第三条明确规定建筑结构的设计应遵照极限状态设计原则。

型钢混凝土结构设计理论和其他结构体系一样有允许应力计算法、一般极限状态计算法和概率极限状态设计法。现行的《型钢混凝土组合结构技术规程》JGJ 138—2001 就是按照概率极限状态设计法的设计理论进行编制的。

概率理论为基础的极限状态设计法，是以可靠指标度量结构构件的可靠度。它是将一个结构构件的抵抗力 R 与它所承受的作用 S 之差 $(R-S)$ 作为一个随机变量来进行概率分析，因而能够对结构构件的可靠性在度量上给出比较科学的回答。

完全意义上的概率极限状态设计方法是对整个结构构件采用精确的概率分析，对各基本构件分别采用随机变量或随机过程的概率模型来描述，以求得的结构构件的失效概率 p_f 来度量其安全性。由于影响结构可靠性的因素很多又比较复杂，有些因素的研究不够深入，有些因素又属于主观不定性，很难用统计方法予以定量描述，所以准确地确定概率密度函数是困难的，目前在设计过程中很难直接应用。在通常状况下，对一阶矩和二阶矩即均值和方差是有把握得到的。目前各国多采用近似概率法，如一次二阶矩法，采用一种简化的数学模型，只用平均值和标准差作为统计参数。

如果取 $Z=R-S$ 作为个随机变量来进行概率分析，假设 R 和 S 两个独立的随机变量都是正态分布，则它们的差 $Z=R-S$ 也是正态分布，如图 3-1-13 所示。

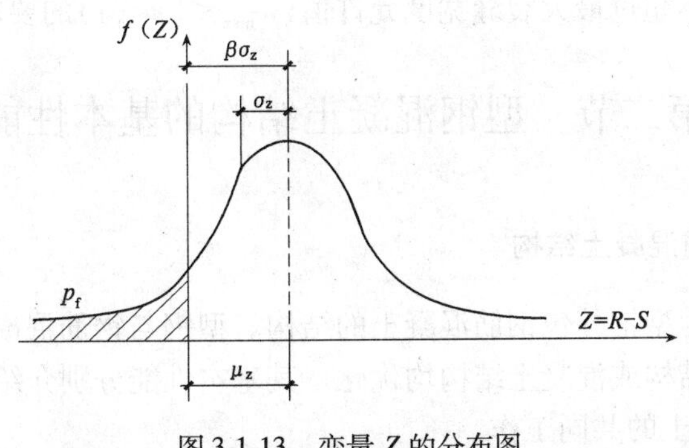

图 3-1-13 变量 Z 的分布图

若变量R的平均值为$\bar{R}$，标准差为σ_R，变量S的平均值为$\bar{S}$，标准差为σ_S，则变量Z的平均值$\bar{Z}=\bar{R}-\bar{S}$，标准差为$\sigma_Z=\sqrt{\sigma_R^2+\sigma_S^2}$。由图3-1-13可知，$Z=(R-S)<0$为失效，$Z$的失效概率：

$$p_f = P\{Z \leqslant 0\} = \int_{-\infty}^{0} f(Z)\mathrm{d}Z \tag{3-1-1}$$

即图中的阴影面积。

取$\bar{Z}=\beta\cdot\sigma_z$，则：

$$\beta = \frac{\bar{Z}}{\sigma_z} = \frac{\bar{R}-\bar{S}}{\sqrt{\sigma_R^2+\sigma_S^2}} \tag{3-1-2}$$

β值的大小决定结构构件的失效概率，同时也决定了可靠度。反之给定了失效概率，也可求得相应的β值，当$\{\beta\}=3.204\pm0.25$时，构件呈延性破坏，$\{\beta\}=37\pm0.25$时，构件则呈脆性破坏。

由于β值能概括各有关基本变量的统计特性，从而较全面地反映各种影响因素的变异性，同时β是从结构功能函数出发，综合地考虑了荷载和承载力变异性对结构可靠度的影响，它与一般极限状态计算仅部分和独立地考虑基本变量的变异性相比，有了明显的进步。

在进行结构设计时，为了简化和适应传统习惯，我们仍采用$S<R$的形式，只是通过优选系数将$S<R$转化为$S^*<R^*$，以满足$\beta\geqslant[\beta]$的要求。

概率极限状态计算的基本组合表达式为：

$$\gamma_0(\gamma_G S_{Gk}+\gamma_{Q1}S_{Q1k}+\Sigma\gamma_{Qi}\psi_{ci}S_{Qik})\leqslant R(\gamma_R, f_k, \alpha_k, \cdots) \tag{3-1-3}$$

其中荷载分项系数，计算模式不定性系数和结构重要性系数都是根据规定的可靠度指标β经过概率分析及优选处理确定的，荷载代表值、材料性能与几何参数的指标f_k、α_k原则上应根据各自的统计资料概率原则取定。具体型钢混凝土组合结构构件承载力有关公式将在下面几节介绍。

同时，为保证型钢混凝土结构在正常使用时期不出现影响正常使用的外观变形、耐久性降低、振动等状态，必须进行正常使用极限状态设计。对型钢混凝土结构主要是对变形、抗裂及裂缝宽度的控制。即应当在正常使用时期满足构件最大挠度不超过允许挠度值($f\leqslant[f]$)及裂缝宽度不超过最大裂缝宽度允许值($w_{max}\leqslant[w_{lim}]$)的要求。

第二节 型钢混凝土结构的基本性能

一、普通材料型钢混凝土结构

型钢混凝土结构为型钢外包钢筋混凝土的结构。型钢与钢筋混凝土相互协调工作，优势互补，较单一的钢结构或混凝土结构均优化。其基本性能分别介绍如下：

（一）型钢与混凝土的共同工作

研究型钢混凝土结构，首先要了解型钢与混凝土的共同工作性能。对于中心受压构件，只是型钢外包混凝土，在压力作用下，约在极限压力的6%～7%时，混凝土横向变形，出现四角的斜裂缝，型钢与混凝土间粘结破坏，型钢翼缘失稳，构件破坏，因而型钢之外还需要配置箍筋，由于箍筋约束混凝土，既可以保证其共同工作，也约束型钢翼缘不失稳。混凝土的轴压极限压应变为 $\varepsilon_c=0.002$，而型钢的屈服应变 $\varepsilon_a=f_a/E_a\approx310/(206\times10^3)=0.0015$，$\varepsilon_c>\varepsilon_a$ 说明混凝土达到极限应变前，型钢可以达到屈服应变，而后应力由钢筋混凝土部分承担，当型钢进入硬化段变形以后应力重分布，型钢再参与承载力。

对受弯及偏心受压构件，在受弯极限承载力时，可能发生型钢翼缘外表面与混凝土粘结破坏，必要时要设置栓钉等机械连接件或者是使用结构胶，避免其粘结破坏。

粘结破坏以后型钢与混凝土不能共同协调变形，对于正截面受弯承载力计算，在极限承载力状态，即偏离了平截面变形的假定，需要配封闭复合箍筋，有力的约束才可以得到改善。

对于剪力作用较大或低周反复循环作用剪力，型钢翼缘外部与混凝土很容易发生粘结破坏，应力发生重分布，出现沿型钢翼缘外部混凝土肉眼可见的通长裂缝。这种破坏已经不同于一般的剪切斜裂缝破坏，需专门验算。

混凝土与型钢的剥离主要有两种原因，一是混凝土纵向压缩后在横向变形剥离，一是混凝土与型钢界面受剪，剪切-粘结破坏剥离。

总之，型钢混凝土构件型钢与混凝土依内力（V、N、M）作用大小不同，有时能结合为一体，有时因粘结破坏而分离，应具体情况具体对待。

（二）粘结破坏

现有关于型钢混凝土试验及研究资料已经表明，型钢与混凝土之间存在着粘结-滑移问题，并且这种粘结-滑移现象对结构受力性能有一些影响，因此应当搞清楚型钢混凝土结构的粘结-滑移机理和主要影响因素，以及沿锚固长度粘结应力和滑移量的分布规律。

国内外研究表明，型钢与混凝土之间的粘结机理类似于光圆钢筋与混凝土之间的粘结，主要由三部分组成：混凝土中水泥胶体与型钢表面的化学胶结力、型钢与混凝土接触面上的摩擦阻力和型钢表面粗糙不平的机械咬合力。化学胶结力主要存在于型钢与混凝土表面发生相对粘结滑移前，当连接面上发生相对粘结-滑移后，水泥晶体被剪断或挤碎，化学胶结力大大降低，对于型钢混凝土而言，化学胶结力在总粘结力中的比重远远大于在光圆钢筋中的比重。当化学胶结力退出工作后，粘结力就主要依靠摩擦阻力和机械咬合力来维持，摩擦阻力主要取决于型钢与混凝土连接面上的正应力和摩擦系数，主要与型钢混凝土构件的受力、横向约束（混凝土凝固时的收缩、混凝土保护层厚度和横向配箍率等）及型钢的表面特性有关。机械咬合力主要取决于型钢表面的粗糙程度和表面状况，但其极限值受到混凝土强度的限制。总体来说，型钢与混凝土二者之间的粘结强度很小，在一定的锚固长度内，自然粘结应力约为0.5MPa。日本规范规定粘结强度取 $0.02f_c$（f_c 为混凝土抗压强度）且不大于0.45MPa。根据国内外试验结果，型钢与混凝土之间的粘结强度相当于光圆钢筋与混凝土之间粘结强度的30%～50%。

型钢混凝土结构的梁、柱、节点、柱脚以及剪力墙（内含钢板剪力墙）都可能发生混凝土与型钢的粘结破坏。关于型钢的粘结破坏，曾经做过许多型钢与混凝土的粘结强度试验研究，给出了粘结强度计算公式。试验表明，混凝土与型钢粘结强度小于混凝土的抗拉强度，这样对于型钢混凝土的承载力、刚度设计可以忽略不计。实际工程设计多采用栓钉连接保证混凝土与型钢的共同工作，近期又有在型钢与混凝土的接触面上使用特种结构胶来增加混凝土与型钢之间的黏着力的研究和应用，这样可能开辟型钢与混凝土共同工作的新途径。

1. 影响粘结强度的因素

(1) 混凝土强度等级

型钢与混凝土的粘结强度主要取决于其连接面上的化学胶结力，粘结破坏通常是由于连接面上混凝土的开裂加快粘结-滑移的发展，从而降低粘结应力并导致粘结-滑移沿型钢锚固长度的扩展而产生的，所以混凝土的强度对型钢与混凝土的粘结强度有较大的影响。

(2) 混凝土保护层厚度

试验研究结果表明，当混凝土保护层厚度较小时，保护层就容易开裂，从而引起粘结强度的降低，当混凝土保护层达到一定的厚度而不开裂时，粘结强度不会随着保护层厚度的增加而增加。因此，可以从混凝土保护层开裂与否这一角度确定一个混凝土临界保护层厚度 a_{cr}。试验研究结果表明，临界保护层厚度取 $a_{cr}=0.250\tau_{bf}b_f/f_t$，其中，$b_f$、$f_t$ 分别为翼缘的宽度和混凝土抗拉强度平均值，τ_{bf}为型钢混凝土的粘结强度。

(3) 型钢的表面状况

组成型钢与混凝土间粘结力的化学胶结力、摩擦阻力和机械咬合力三部分力都与型钢的表面状况密切相关。试验结果表明，随钢材锈蚀程度增加，平均胶结剪切强度和摩擦系数均增大，对型钢混凝土的粘结强度影响相当显著。涂料对粘结强度不利，磷酸盐外的沥青、煤焦油、铁丹、铅丹等以及其他金属喷涂都会使粘结强度降低，粘结强度下降率一般不小于50%。采用轧制带肋 H 型钢的型钢混凝土结构具有较好的粘结强度。

(4) 横向配箍率

在发生粘结-滑移之前，型钢与混凝土之间的粘结应力与横向配箍率的关系不大。但是在粘结-滑移发生之后，横向配箍率可以提高型钢与混凝土之间的摩擦阻力和机械咬合力，从而提高残余粘结强度。试验结果也证实了横向配箍率对最大粘结强度的影响不明显，但对滑移发生后的粘结强度有一定的提高。因此，在计算最大粘结强度和残余粘结强度时应对横向配箍率分别考虑，且在反复加载情况下需配置一定量的横向箍筋。

2. 型钢对粘结破坏的影响

(1) 粘结应力分布

型钢与混凝土之间的粘结应力状态较复杂，对于型钢混凝土梁、柱以及节点等构件，粘结应力状态一般为二维甚至三维问题。为了便于对粘结应力沿型钢锚固长度的分布规律进行分析，在拉拔和推出试验的单轴受力状态下，可以简化为一维问题进行考虑。

(2) 型钢翼缘对粘结破坏的影响

试验发现，当型钢混凝土柱的剪跨比 $1.5\leqslant\lambda\leqslant2.5$ 时，在压、弯、剪作用下发生粘结破坏，而从上面的机理分析可知，粘结破坏是由于型钢与混凝土之间的粘结力较小，不能抵抗其间的剪应力，使型钢混凝土柱沿型钢翼缘处发生粘结裂缝的结果。目前国内外所做试验中，b'/b 大约为2/3（b'为型钢翼缘宽度以外的混凝土宽度），属斜截面破坏和粘结破坏的分界点。在 b'/b 较小时，特别宽翼缘的情况下，因增加了型钢翼缘与混凝土的接触面，型钢混凝土柱更易发生粘结破坏。由于型钢翼缘宽度的增加，其混凝土部分的有效抗剪宽度减少，受剪承载力也随之减小。由此可见，型钢翼缘宽度的不同，对型钢混凝土柱的受剪承载力有影响。

（三）型钢的屈曲

型钢外包钢筋混凝土后，特别是有封闭箍筋的约束，型钢的屈曲性能得到改善，在混凝土保护层未剥离前，保护层亦对型钢起支撑作用。在保护层剥离以后，只有箍筋发生作用，翼缘的宽厚比可以比纯型钢的宽厚比放宽 1.5 倍。

H 型钢两翼缘和腹板间的混凝土对型钢向内弯曲有阻止作用。

工字钢翼缘悬挑部分宽厚比为 20 的型钢混凝土构件试验表明，构件的延性系数可以达到 6 ~7，且在大变形时其承载力下降很小，因此型钢混凝土构件型钢宽厚比的限值不同于纯钢结构中纯型钢的宽厚比限值。

（四）型钢混凝土结构构件的变形性质

型钢混凝土结构具有改变钢筋混凝土结构脆性破坏的性质，根本原因在于型钢的有利作用。众所周知，钢筋混凝土构件的 σ-ε 曲线是有下降段的曲线（图 3-2-1），而型钢构件的 σ-ε 曲线在屈服平台以后有上升段，如图 3-2-2 所示。型钢混凝土将二者相加，当型钢占有一定比重时（型钢承载力占整个型钢混凝土柱承载力的 50% 以上），最后的 σ-ε 曲线变成没有下降段的理想弹塑性变形曲线，如图 3-2-3 所示。但有关试验还表明，型钢混凝土梁当其型钢只配在受拉区时，其力和变形关系因压区没有型钢的约束，受压区混凝土容易压坏，塑性变形能力相对较差。

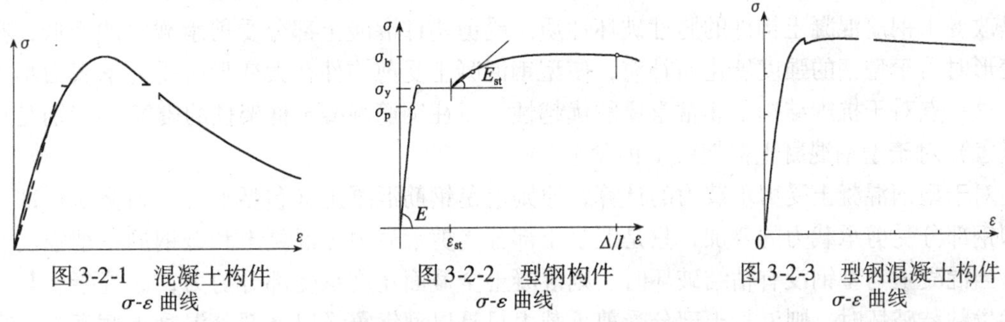

图 3-2-1 混凝土构件 σ-ε 曲线

图 3-2-2 型钢构件 σ-ε 曲线

图 3-2-3 型钢混凝土构件 σ-ε 曲线

（五）型钢混凝土构件的弯曲性能

型钢混凝土梁配箍除约束内部混凝土受压受剪等作用以外，还约束钢筋和型钢的受压屈曲，因为型钢翼缘难以均匀地配置复合箍筋，箍筋肢距大的部位，由型钢翼缘对混凝土进行约束。对于塑性铰区有必要加密箍筋来增加塑性铰的变形能力。经验得知采用螺旋箍比一般箍筋在大变形时对混凝土的约束效果更好，采用高强箍筋更有利于加大塑性铰的变形能力。

型钢混凝土梁与钢筋混凝土梁一样，压区混凝土保护层压碎剥离以后，致使受弯承载力略微下降，大变形后的曲率都没有保护层的参与工作，所以在分析梁的延性系数时梁的有效高度都扣除保护层。

图 3-2-4 为型钢混凝土受弯构件截面上应力-应变计算图示，对于型钢混凝土受弯构件，由于型钢提高了梁的弯曲刚度，在混凝土出现弯曲裂缝时，刚度变化远小于钢筋混凝土受弯构件。因此，型钢混凝土梁可以减小截面或适用于较大的梁跨，保证正常使用时的变形要求。

试验研究表明，采用高强型钢 Q420、Q460、Q500、Q550、Q620、Q690、Q800 等能

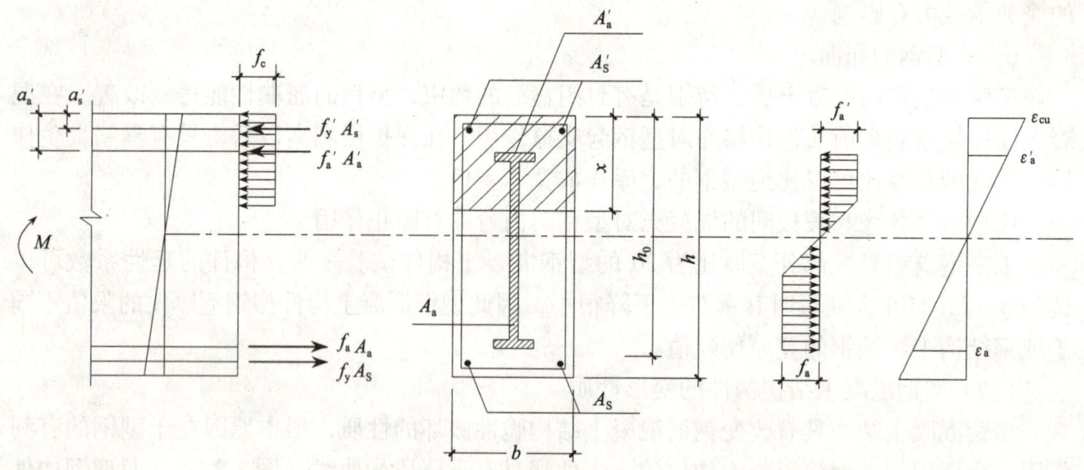

图 3-2-4　型钢混凝土受弯构件截面上的应力-应变计算图形

够更多地减小梁的截面或增大梁的跨度，配置高强型钢的型钢混凝土梁，同样能满足承载力极限状态和正常使用极限状态的要求。

（六）受剪性能

型钢混凝土的受剪性能表现在型钢增加了钢筋混凝土受剪构件的受剪承载力，更突出的是改变了钢筋混凝土构件的脆性破坏性质。受剪构件混凝土部分受剪承载力的降低，在大变形时由于型钢的强度硬化而补充，使型钢混凝土受剪构件在大变形时受剪承载力不下降，这一点对于抗震结构是非常重要的优越性，以往钢筋混凝土框架柱的震害（特别是短柱震害）对于型钢混凝土框架就不再发生。

对于型钢混凝土受剪承载力的计算，原则上是钢筋混凝土（包括混凝土和箍筋）部分与型钢部分受剪承载力的叠加，只是混凝土部分受剪承载力与混凝土和型钢的粘结强度有关。当混凝土与型钢没有粘结破坏时，则混凝土全截面宽度承受部分剪力，而混凝土与型钢发生粘结破坏时，则混凝土部分受剪承载力只是以型钢翼缘以外部分混凝土宽度为计算宽度，二者总的受剪承载力有差别，并不很大。

（七）型钢混凝土构件的压、弯、剪性能

型钢混凝土构件偏心受压时，正截面承载力和型钢混凝土受弯构件一样，可以利用极限状态时力的平衡及平截面假定以及变形协调，建立方程式进行计算。关键问题是轴向压力能够影响型钢混凝土构件的破坏性质，无论是弯曲破坏还是剪切破坏，轴压比较小时可以是钢材屈服控制变形的塑性破坏，而当轴压比较大时便改为混凝土破坏控制变形的脆性破坏。

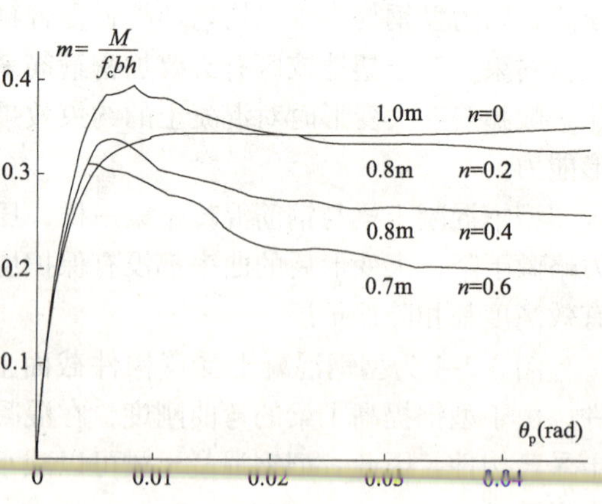

图 3-2-5　不同轴压比下的 $m-\theta_p$ 关系曲线

型钢混凝土压、弯、剪构件不同轴压比下的 m-θ_p 关系如图 3-2-5 所示。当轴压比 $n=0$ 时，m-θ_p 关系曲线是理想的弹塑性；当轴压比

n 增加时，因轴压比的增加提高了受弯承载力，但是在弯矩峰值以后，因混凝土的破坏，承载力略有下降，而 $n \leqslant 0.3$ 时，极限塑性位移角 1/50 时承载力能维持在 $0.85M_{\max}$；当轴压比 $n=0.4\sim0.6$ 时，峰值后承载力下降增大，超过 $0.85M_{\max}$；在 $n=0.6$ 时，受弯峰值亦下降，且峰值后下降斜率增大。

$m\text{-}\theta_{\mathrm{p}}$ 关系曲线可以利用混凝土与钢材各自的本构关系进行理论再现试验曲线。

比较型钢混凝土柱剪跨比 $\lambda=3$ 和 $\lambda=1.5$ 在反复循环剪力、弯矩作用下，并在 $n=0$、$n=0.3$、$n=0.6$ 的定值轴压比（n 为试验值）的滞回曲线外包环线如图 3-2-6、图 3-2-7 所示。

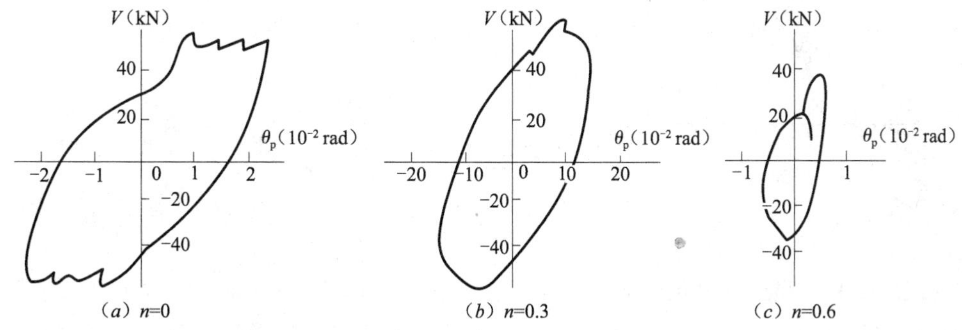

（a）n=0　（b）n=0.3　（c）n=0.6

图 3-2-6　$\lambda=3$ 时的外包环线

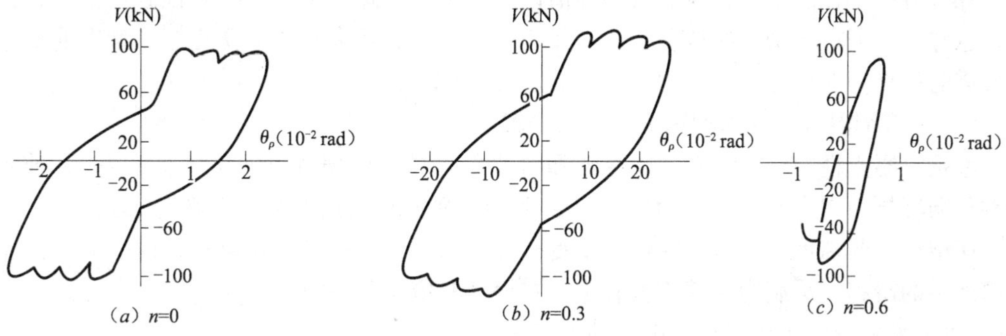

（a）n=0　（b）n=0.3　（c）n=0.6

图 3-2-7　$\lambda=1.5$ 时的外包环线

从图 3-2-6 和图 3-2-7 可以发现，无论是接近弯曲破坏为主的破坏（$\lambda=3$），还是以剪切破坏为主的（$\lambda=1.5$）破坏，都明显地表现出当轴压比 $n=0.3$ 时，滞回曲线外包环线呈梭形，比较饱满，尤其是 $\lambda=1.5$ 时两者的弹塑性转角均能达到 2.5%，大于 1/50，而承载剪力很少下降。当 $n>0.3$ 时，均呈脆性破坏。

值得注意的是：$\lambda=1.5$ 的短柱，当 $n=0.3$ 时，弹塑性转角达到 2.5% 时的承载力仍无下降，而且滞回环面积仍然饱满稳定。其原因在于短柱为剪切型破坏，而实腹式 H 型钢对受剪承载力和剪切变形能力影响较大，型钢起到主导作用。而当 $\lambda=3$ 时，柱为弯曲破坏，当轴压比 $n=3$时，接近小偏压破坏，型钢外部受压混凝土被破坏，应当加密箍筋，对混凝土进行约束。

当轴压比 $n=0.6$ 时，无论剪跨比大小都是不到两次循环（$\lambda=1.5$ 时接近两个循环）即发生脆性破坏。弯曲破坏（$\lambda=3$）柱由于轴压大，混凝土压区混凝土破碎，是容易理解的。$\lambda=1.5$ 的短柱为剪切破坏，在轴压比较大时型钢的抗剪强度（压剪复合应力）降低，而混凝土与型钢间容易发生粘结破坏，沿型钢翼缘端两侧，混凝土通长开裂，柱端斜裂缝亦发展，形成混凝土破坏。如前所述型钢与混凝土的粘结破坏，主要有两种原因，即粘结受剪及粘结受压。当短柱轴压加大时，剪、压均处于不利状态。

日本震害经验表明，实腹式型钢混凝土结构的抗震安全性比钢筋混凝土结构好，后者在十胜冲地震中，许多短柱发生震害。比较钢筋混凝土短柱与型钢混凝土短柱的低周反复循环荷载滞回曲线的外包环线可知，型钢能够改变短柱的脆性破坏性质，如图 3-2-8、图 3-2-9 所示。

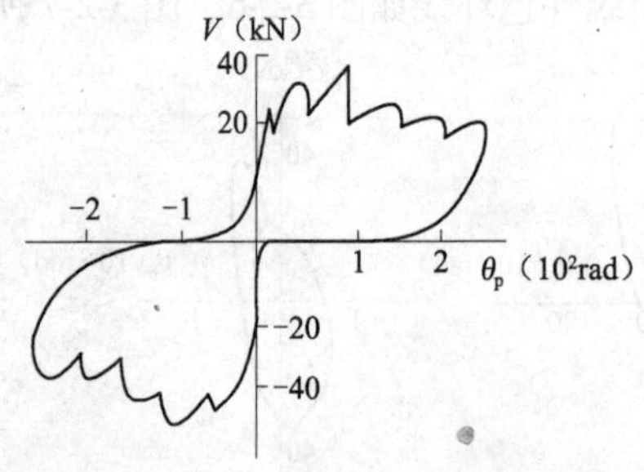

图 3-2-8 混凝土柱外包环线

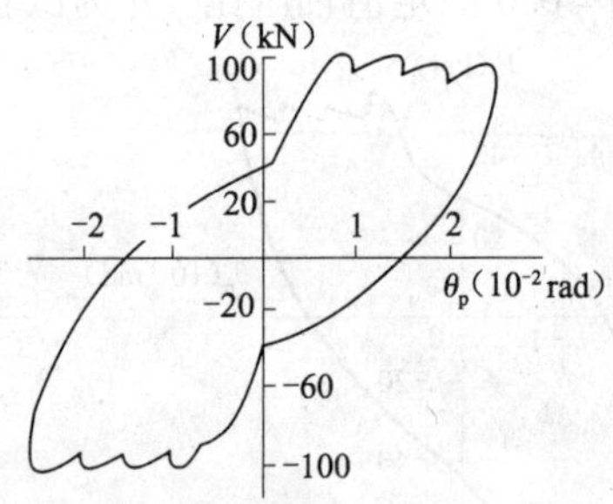

图 3-2-9 型钢混凝土柱外包环线

型钢混凝土短柱在轴压比 $n \leqslant 0.3$ 时，呈稳定的梭形滞回曲线，延性好，耗能多。特别是在高轴压比时，型钢亦能改善构件受剪变形能力。钢筋混凝土短柱滞回曲线呈严重捏缩，并有滑移，耗能很少，承载力在峰值以后，迅速下降，呈危险的脆性破坏。二者相差这样悬殊，原因在于型钢的抗剪与延性作用，以型钢之长来补混凝土之短，型钢混凝土结构抗震的优点即在于此。

（八）型钢混凝土柱内型钢的强轴与弱轴

型钢混凝土柱的型钢布置有十字形和 H 形等，外力作用有强轴与弱轴的区别，前者的强轴与弱轴抗力效果差不多，而后者 H 形型钢的强轴与弱轴承载力相差甚多。

H 型钢的弱轴承载力低，在低周反复循环作用下，易产生粘结破坏，因此滞回性能表现出严重的滑移，承载力下降率亦较多，在设计时应予以注意。

（九）型钢混凝土单层单跨框架的力和变形关系

框架的力学性能，取决于组成框架的梁、柱、节点，其破坏类型类似于发生破坏的构件的性能，如图 3-2-10、图 3-2-11 所示。

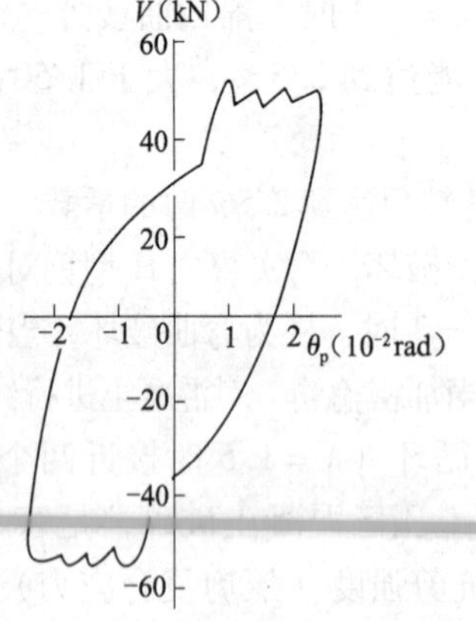

图 3-2-10 型钢混凝土柱力和变形关系图

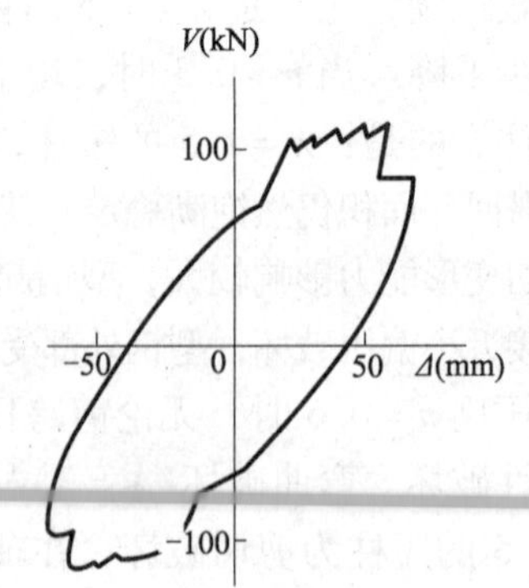

图 3-2-11 型钢混凝土框架力和变形关系图

轴压比对柱和框架的影响相类似。当柱的轴压比很小时，与变形的关系曲线在塑性变形阶段几乎没有下降段，呈理想的弹塑性变形曲线；当柱的轴压比增加，且随着塑性变形的增加，水平承载力下降；柱的轴压比越大，下降的坡度越大，也就是说下降得越快。框架在低周反复荷载作用下，其滞回曲线形态也和柱的轴压比有关，当轴压比很小时，滞回曲线为饱满的梭形，耗能多而稳定；当轴压比增加后，滞回曲线环线面积随轴压比的增加而减少，耗能减少，有时还发生疲劳破坏；当试验的轴压比大于3时，水平荷载循环次数减少，延性很差。

框架结构的变形包含柱的竖向压力变形和弯剪变形及框架水平向的弯曲变形、剪切变形。随框架结构房屋高宽比的变化，框架的主要变形分剪切变形和弯曲变形。当高宽比小于1时，框架变形属剪切变形，最上层的梁几乎与地面平行变位。当高宽比大于1时，随着框架层数的增高，框架总体弯矩增大，框架柱在框架轴线一侧受压而另一侧受拉，随着框架层数的增高，弯曲变形引起的水平变位增大，框架总体变形属弯曲变形。

纯框架柱在地震作用下，外柱的轴力较大且有较大的水平位移，地震水平剪力分配给外柱比内柱小。

框架的变形形态，根据柱与梁的相对刚度不同而不同，梁的刚度大，框架的水平变位为柱的剪切变形与弯曲变形之和；反之，如果梁的刚度相对较小，则框架的水平变位主要由梁的变形和柱根的弯曲变形决定。通常情况下，型钢混凝土梁轴向力很小，其变形能力几乎没有轴压比方面的影响，所以其延性较好。梁端按塑性铰设计，曲率延性很大，而且整个框架所有的梁端都可以出现塑性铰，形成梁铰抗震机构，能够做到抗震安全。应当注意的是，纯框架结构依靠延性抗震，产生不可恢复变形，房屋高地震作用大，框架柱强度有限，纯框架结构不宜用于很高的建筑。框架外加剪力墙或筒体，形成更适用于高层的框架-剪力墙或框架-筒体结构。框架-剪力墙结构与框-筒结构在地震作用下，剪力大部分分配给剪力墙或筒体，分配给框架的少，对框架部分的要求也较低。因此在抗震设计时，不同的框架结构的构造要求是有区别的。

二、型钢混凝土短柱的受力性能

型钢混凝土短柱较钢筋混凝土短柱具有良好的抗震性能，这也是型钢混凝土结构核心优点之一。

（一）型钢混凝土短柱的破坏形态

为研究型钢混凝土短柱的受力性能，西南交通大学、西安建筑科技大学、东南大学等一些高校进行了许多试验研究，结合日本川崎製鉄株式会社等有关研究资料，我们可以发现型钢混凝土短柱在反复荷载作用下，其破坏形态大致可分为：剪切-斜压破坏、剪切-粘结破坏及弯曲破坏。

剪切-斜压破坏。剪跨比 $\lambda<1.5$ 的构件，常发生剪切-斜压破坏，型钢能够阻止构件沿斜裂缝的剪切滑移。其破坏过程为：首先在构件表面出现许多条斜裂缝，斜裂缝的方向与构件对角线方向大致相同，随着荷载的增加与反复，斜裂缝进一步发展并将构件沿对角线方向分成若干斜压小柱体，最后这些斜压小柱体被压溃，混凝土剥落，导致构件破坏。如图3-2-12所示。

$\lambda<1.5$构件剪切-斜压破坏

图 3-2-12
剪切-斜压破坏

剪切-粘结破坏。剪跨比 $1.5<\lambda<2.5$ 的构件较易发生剪切-粘结破坏。图 3-2-13 所示为不同剪跨比的柱发生剪切-粘结破坏的状态。型钢两侧混凝土产生纵向劈裂，其破坏过程为：首先在型钢翼缘位置处的混凝土表面上出现一系列的纵向劈裂粘结裂缝，随着荷载的增加和反复，这些粘结裂缝很快贯通，导致混凝土剥落、主筋发生屈曲、箍筋拉断等现象出现，随着承载力下降直至破坏。实腹式型钢混凝土短柱的剪切-粘结破坏与混凝土短柱的剪切破坏有着明显的区别，即 RC 短柱出现斜裂缝后，数量较少且很快形成主斜裂缝，其破坏性质呈明显的脆性；而对于实腹式型钢混凝土短柱，由于型钢的存在，斜裂缝很难形成主裂缝，破坏过程也很缓慢，具有一定的延性。

弯曲破坏。对于轴压比较低的构件，当剪跨比 $\lambda>2.5$ 时较易发生弯曲破坏，其破坏状态与钢筋混凝土类似。

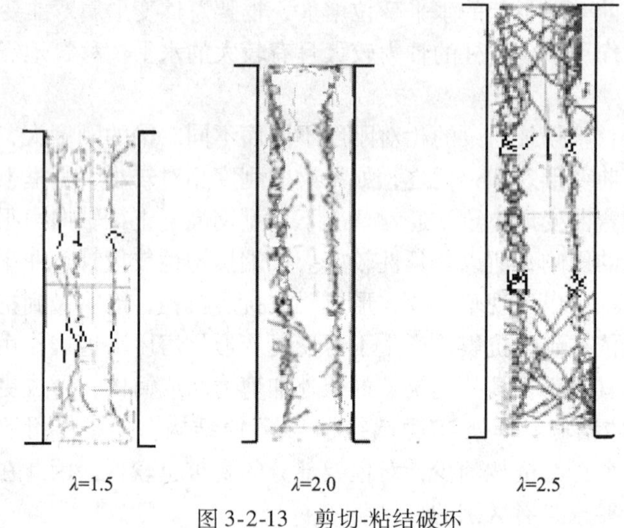

图 3-2-13 剪切-粘结破坏

（二）型钢混凝土短柱的变形能力

试验结果表明，对于型钢混凝土短柱，无论是剪跨比为 1.5 的试件还是剪跨比为 2.5 的试件，在达到最大荷载之后，尽管粘结裂缝以外的混凝土开始逐渐剥离，但由于型钢与纵筋、箍筋以及箍筋约束区内的混凝土能够形成良好的抗力机制，构件仍具有较大的变形能力。图 3-2-14 为试件的外包环线，可以看出非常饱满，呈梭形，剪跨比 $\lambda=2.5$ 时，转角可达到 4.0%，承载力下降也不明显。而对于钢筋混凝土柱，试验表明其变形能力很差，转角刚达到 0.2%时，承载力就开始下降，而且下降趋势非常明显。在加载初期其外包环线与型钢混凝土短柱相似，再继续加载，外包环线出现“捏缩”现象，最终呈反“S”形，如图 3-2-15 所示。

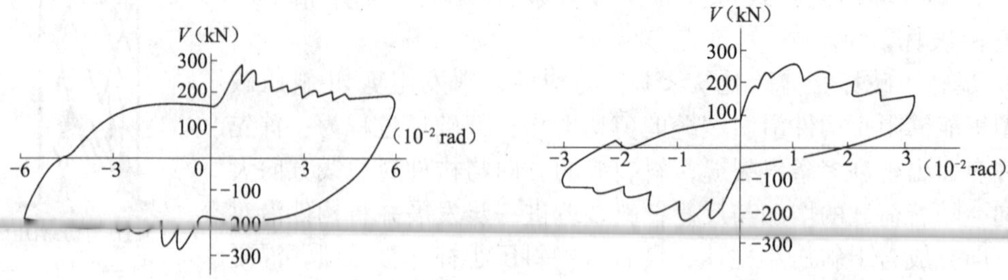

图 3-2-14 型钢混凝土柱外包环线

图 3-2-15 钢筋混凝土柱外包环线

与型钢混凝土短柱的变形能力有关的因素分析如下：

1. 混凝土强度对最大荷载后变形性能的影响

由图 3-2-16 可看出，随着混凝土强度等级的提高，在各变位角下，试件的受剪承载力增大，变形能力增强。试件的变位角从 $\theta_p = 1.0\%$ 增大到 $\theta_p = 2.5\%$ 时，混凝土强度从 $f_{ck} = 19.7\text{N/mm}^2$ 提高至 $f_{ck} = 26.0\text{N/mm}^2$，滞回曲线的外包线下降缓慢。变位角 $\theta_p = 2.5\%$ 以后，混凝土强度低的试件（$f_{ck} = 19.7\text{N/mm}^2$），其滞回环线外包线的下降比强度等级较高的其他试件下降更快。其主要原因是混凝土强度越低其抗拉能力就越低，当荷载增加到一定值时，混凝土的拉应力首先达到极限抗拉强度而出现裂缝并扩展，混凝土部分受剪承载力迅速下降。所以，混凝土强度较低的试件在变位角 $\theta_p = 2.5\%$ 以后，其滞回环线外包线的曲率迅速下降。

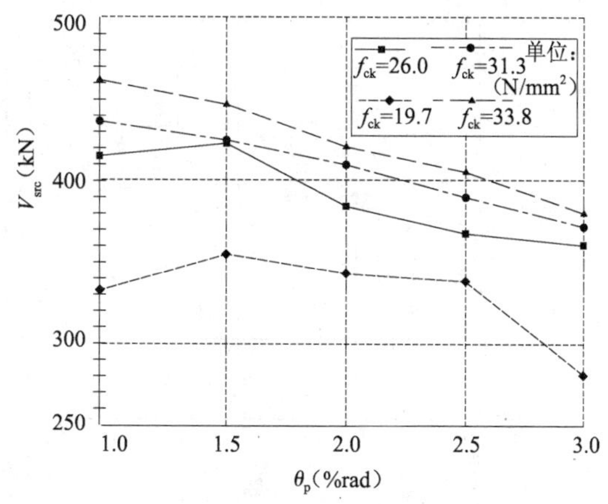

图 3-2-16　混凝土强度等级与最大荷载后变形能力的关系

另一方面，图中混凝土强度 $f_{ck} = 19.7\text{N/mm}^2$ 相当于 C30，其对应的试件大变形时下降迅速，这验证了规程规定的型钢混凝土组合结构的混凝土强度等级不宜小于 C30 是合理的。

2. 型钢腹板、翼缘对最大荷载后变形性能的影响

图 3-2-17（*a*）、（*b*）、（*c*）反映了在其他条件相同的情况下，改变腹板厚度对最大荷载后变形能力的影响。总体来说，在其他因素不变的情况下，腹板的厚度越大，滞回环线的形状越饱满。最大荷载后的承载力稍有下降，下降趋势近似为直线，且其直线的斜率近似相等。

从图 3-2-17（*c*）可看出，上述试件 $t_f = 16\text{mm}$，$t_w = 10\text{mm}$ 的变形能力很好，明显优于其他试件的。在最大承载力后，承载能力基本不下降，变化似呈一水平直线，其主要原因在于型钢的配钢率为 5.42%。

在其他条件相同的情况下，改变翼缘厚度对最大荷载后变形能力的影响类似于改变腹板厚度对最大荷载后变形能力的影响。

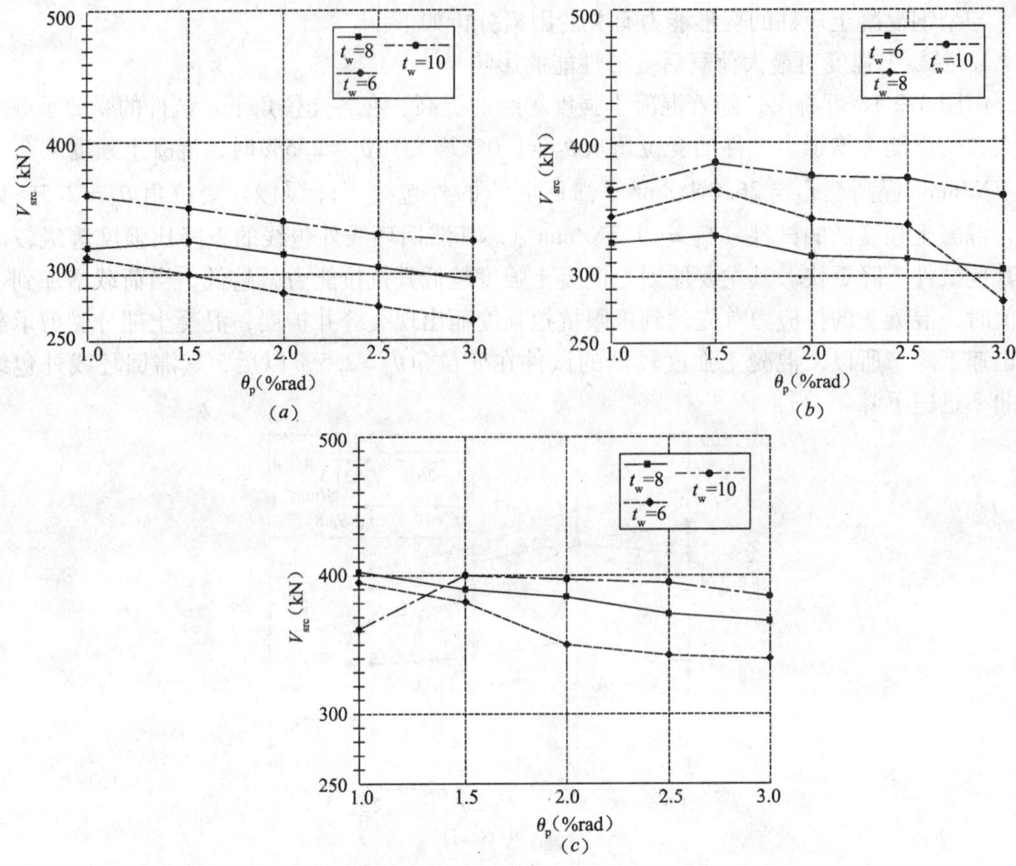

图 3-2-17　不同腹板厚度时，腹板与最大荷载后变形性能的关系

(a) t_f = 8mm 时；(b) t_f = 12mm 时；(c) t_f = 16mm 时

3. 含钢率对最大荷载后变形能力的影响

由图 3-2-18 可看出，提高含钢率 ρ_a 可增加构件最大荷载后的变形能力，尤其当含钢率 ρ_a 达到 5.42% 时，构件最大荷载后其承载力几乎不下降。

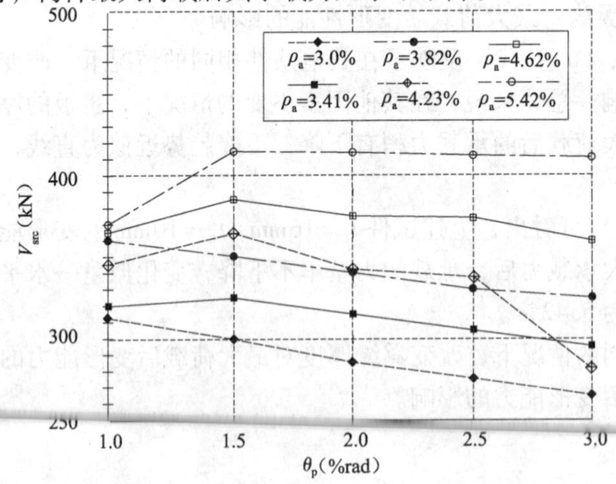

图 3-2-18　含钢率与最大荷载后变形性能的关系

4. 箍筋对最大荷载后变形能力的影响

由图 3-2-19 可看出，箍筋间距从 150mm 缩小为 100mm 时，配箍率对最大荷载后的变形能力的影响不大。但是，箍筋间距缩小为 50mm、25mm 时，滞回曲线却随着配箍率的增加而变得更为理想。研究表明在试件发生粘结-滑移之前，型钢混凝土间的粘结应力主要是化学胶结力。而化学胶结力与横向配箍率关系不大，其主要由混凝土的性能和型钢表面特性决定。但是在滑移发生之后，横向配箍率可以提高发生粘结-滑移后的摩擦阻力和机械咬合力，从而使残余粘结强度提高。Charles. W. Roeder 等的试验表明：横向配箍率对型钢混凝土的粘结强度影响不大，但滑移发生后增加配箍率对残余粘结强度有较大提高。同时，箍筋约束核心混凝土，使其处于三向受力状态下，强度和变形能力均有较大提高。

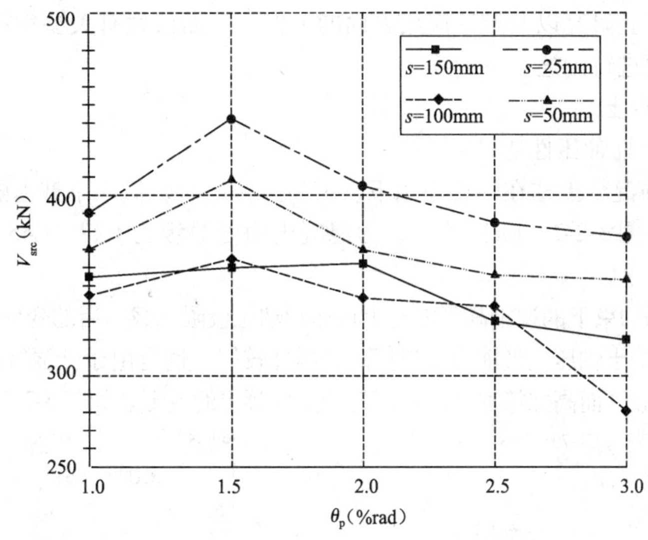

图 3-2-19　箍筋与最大荷载后变形性能的关系

试验表明，《型钢混凝土组合结构技术规程》第 6.2.1 条将框架柱箍筋加密区的箍筋最大间距规定为 100mm 是必要的。

5. 剪跨比、轴压比对最大荷载后变形能力的影响

从图 3-2-20 可看出剪跨比对最大荷载后变形能力的影响，一方面影响到构件的破坏形态，另一方面剪跨比越大，构件柔性越好，其滞回曲线越丰满，在位移达到一定值后，其荷载基本不下降。

改变轴压比的大小，对构件最大荷载后的变形能力略有影响。从图3-2-20可看出，对于剪跨比 $\lambda=1.5$ 和 $\lambda=2.5$ 的两种试件，当轴压比 n 从 0.14 增加到 0.43 时，构件最大荷载后的变形能力的变化没有明显的规律，但不论轴压比的大

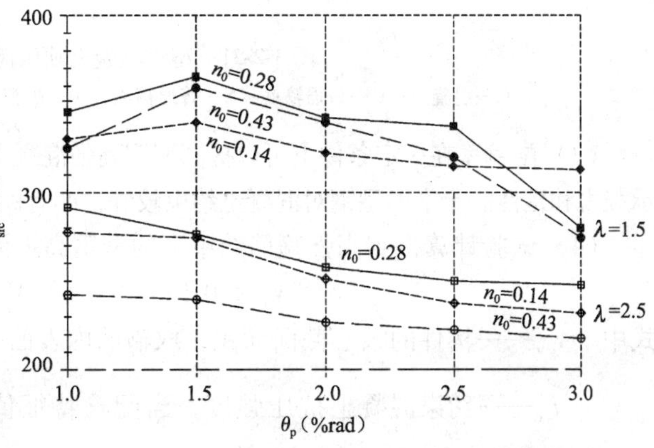

图 3-2-20　轴压比、剪跨比与最大荷载后的变形性能的关系

小，在位移达到一定值后，它们的滞回曲线最终都基本上收敛于工字钢本身的滞回曲线形状。

三、高强混凝土和高强型钢型钢混凝土结构

随着建筑结构的高层化、大跨度化，为了减轻结构自重、节约能源、降低造价，便于可持续发展，作为建筑材料的混凝土、钢筋及型钢也应该向高强度化发展。如混凝土由C40发展到C80或者更高，钢材由Q345发展到Q420、Q460、Q500、Q550、Q620、Q690、Q800，钢筋强度高达1300MPa。材料强度的提高，除了材料本身的性能发生了变化，钢材与混凝土共同工作性能、结构的抗震性能等都需要重新认识和研究。近年来，在国内外开展了许多相关的试验研究以及推广应用方面的工作，下面仅就有关型钢混凝土结构向高强化发展的几个方面进行阐述。

（一）高强混凝土

1. 型钢混凝土柱轴压性能

（1）型钢高强混凝土柱在轴压作用下，配高强箍筋时，极限承载力随混凝土强度增大而有显著的提高。图3-2-21（*a*）所示，为混凝土强度等级为C27、C45和C63的荷载-应变曲线的变化。

（2）高强箍筋约束下的型钢高强混凝土在达到轴压极限承载力后的变形能力比普通箍筋约束下的型钢高强混凝土轴压变形能力得以提高，延性较好。这是由于低强箍筋在混凝土横向变形过大时，早已屈服，而高强箍筋可以很好地约束混凝土的变形。如图3-2-21（*b*）所示。

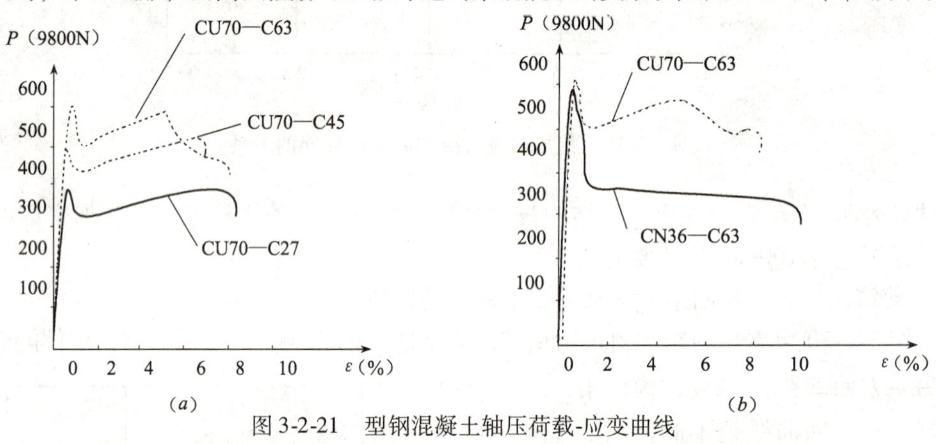

图3-2-21　型钢混凝土轴压荷载-应变曲线

C—混凝土；U—高强箍筋；N—普通箍筋；70—配箍率为0.70%；63—混凝土强度等级

（3）配箍率在一定条件下可以提高型钢高强混凝土轴压极限承载力，型钢形状也影响极限承载力和延性。十字形型钢对混凝土约束较好，亦有助于提高混凝土强度，延缓混凝土破坏。

（4）试验计算得到高强箍筋约束下的型钢高强混凝土柱轴压极限承载力计算公式：

$$N_u \leqslant 0.9(f'_c A_{cor} + f'_a A'_a + f'_y A'_s) \tag{3-2-1}$$

式中　A_{cor}——构件的核心截面面积，取箍筋内表面范围内的混凝土面积；

f'_c——约束混凝土抗压强度，当配箍特征值 $\lambda_v < 4.2$ 时，$f'_c = \left(1 + 0.77\rho_v \dfrac{f_{yv}}{f_c}\right) f_c$，

当配箍特征值 $\lambda_v > 4.2$ 时，取 $f'_c = 1.3 f_c$；

A'_s——纵向钢筋截面面积；

A'_a——型钢截面面积。

2. 型钢混凝土柱压、弯、剪性能（弯曲破坏）

（1）在其他条件相同时，随着混凝土强度增大，水平承载力显著提高。

（2）比较低强箍筋约束构件和高强箍筋约束构件，型钢高强混凝土水平承载力随箍筋强度的提高而提高。

（3）轴压比小的情况下型钢高强混凝土滞回曲线都很饱满，轴压比加大，最大水平荷载过后，强度和刚度急剧降低，变形能力差。但配以高强箍筋的型钢混凝土构件的骨架曲线下降缓慢，具有较好的延性。水平荷载达到最大之后，强度和刚度下降缓慢。图 3-2-22 所示，为不同轴压比下型钢高强混凝土（$f_{cu}=78\text{N/mm}^2$）的骨架曲线。

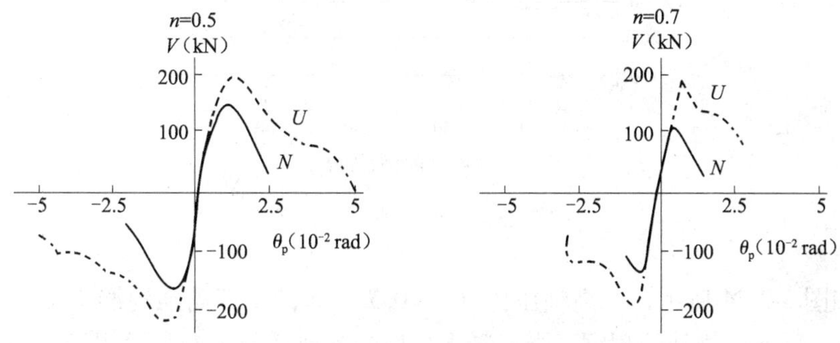

图 3-2-22　不同轴压比下型钢混凝土的骨架曲线

U—高强箍筋；*N*—普通箍筋；*n*—轴压比

（4）型钢混凝土构件的滞回曲线都没有发生明显的捏缩现象，证明高强混凝土与型钢和钢筋粘结较好，混凝土与钢筋、型钢之间没有发生明显的粘结-滑移现象，高强混凝土可以与型钢、钢筋很好地共同工作。

（5）试验得出：在高轴压比（$n=0.7$）下，配高强箍筋的型钢高强混凝土柱的延性系数（$\mu_\Delta=\Delta u/\Delta_y$，$\Delta u$ 取最大荷载下降 15% 时所对应的位移，Δ_y 用能量法确定）是配普通箍筋的型钢高强混凝土柱的延性系数的 1.5 倍左右，配高强箍筋柱的延性系数平均为 4.2。

3. 型钢混凝土柱剪切性能（剪切破坏）

（1）在低轴压比下，构件的荷载-位移角滞回曲线成纺锤形，丰满，稳定，有较大的耗能能力。水平剪力达到最大之后，强度和刚度衰减慢，反复循环次数多。

（2）在高轴压比下，构件的骨架曲线在水平剪力达到最大之后，强度和刚度急剧下降。

（3）配高强箍筋的型钢混凝土构件的骨架曲线下降缓慢，具有很好的延性。水平剪力达到最大之后，强度和刚度下降缓慢。

（4）型钢混凝土构件所有的滞回曲线都没有发生明显的捏缩现象，说明型钢起主导作用，并且高强混凝土与型钢和钢筋粘结较好，混凝土与钢筋、型钢之间没有发生明显的粘结-滑移现象，高强混凝土可以与型钢、钢筋很好地共同工作。从而受剪承载力提高，变形能力增强。图 3-2-23 描绘型钢混凝土剪切破坏的轴压比、配箍率、混凝土强度与受剪承载力的关系。

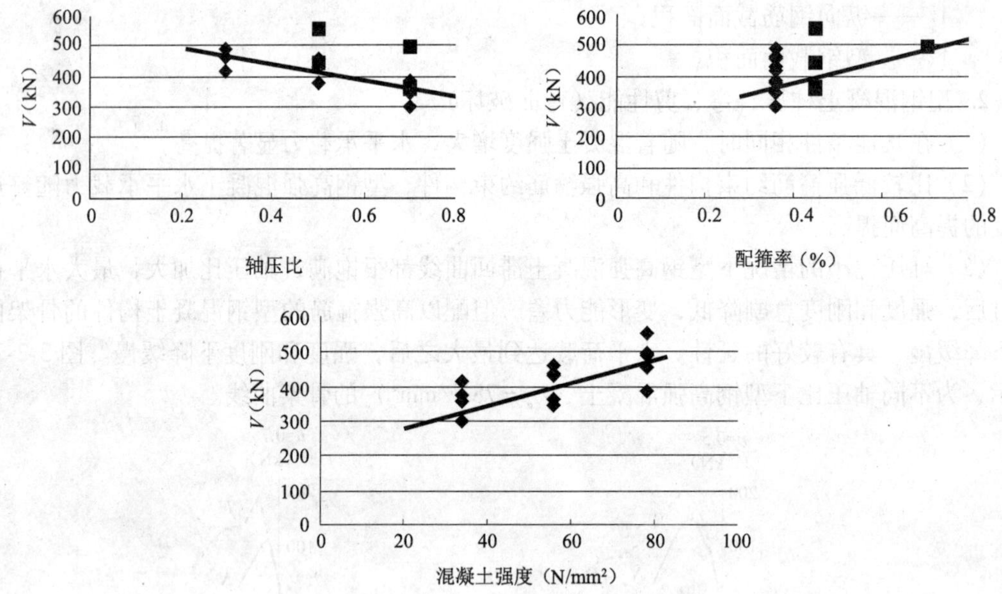

图 3-2-23 受剪承载力影响因素

（5）如图 3-2-24 所示，在高轴压比（$n=0.7$）下，型钢高强混凝土配以高强箍筋其受剪承载力比配普通箍筋的型钢高强混凝土构件的受剪承载力有显著提高。图中虚线为高强箍筋构件曲线。

（6）高强箍筋拉应变在柱极限承载力的时候为 $5000\mu\varepsilon$ 仍处于弹性阶段。

（7）从图 3-2-25 可以看出：配高强箍筋（虚线）的骨架曲线明显优于低强箍筋的骨架曲线。

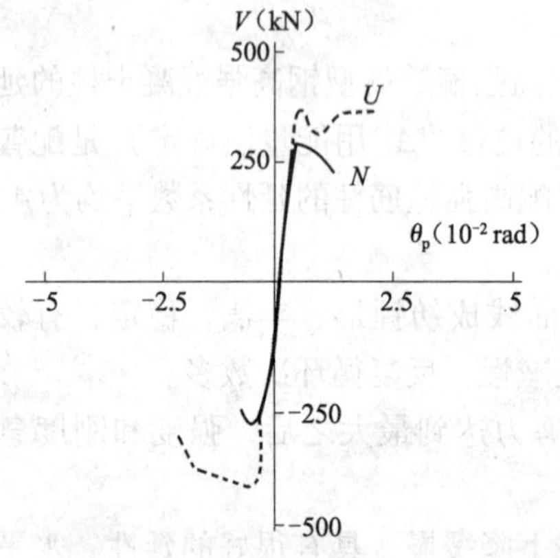

图 3-2-24 高轴压比下不同箍筋强度的骨架曲线

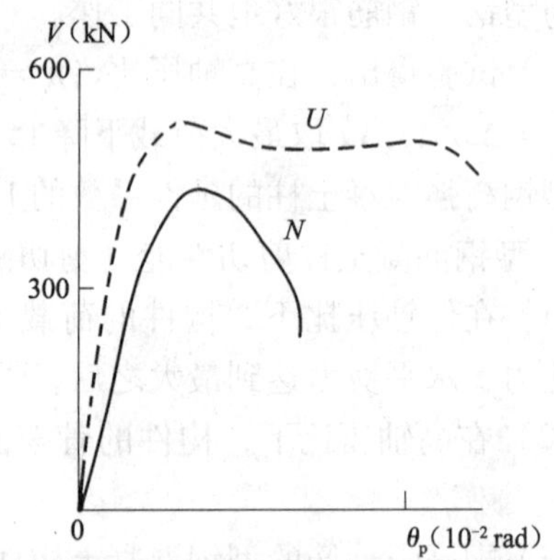

图 3-2-25 箍筋强度对 $V-\theta_p$ 曲线的影响

U—高强箍筋；N—普通箍筋

（8）在高轴压比（$n=0.5$）时，配高强箍筋的型钢高强混凝土柱的延性系数 μ_Δ 是配普通箍筋的型钢高强混凝土柱的延性系数的 3.0 倍左右。配高强箍筋的型钢高强混凝土柱的延性系数平均为 5 以上。

（9）受剪承载力计算。计算配高强箍筋型钢混凝土柱受剪承载力公式如下：

$$V_u = \frac{1.25}{\lambda + 1} b h_0 f_c + [4 + 0.3(\rho_w f_{yv} - 4.2)] b h_0 + \frac{0.58}{\lambda} f_a t_w h_w \tag{3-2-2}$$

$$V = \frac{1.25}{\lambda + 1} b h_0 f_c + \rho_{sv} f_{yv} b h_0 + \frac{0.58}{\lambda} f_a t_w h_w \tag{3-2-3}$$

式中　λ——剪跨比；

ρ_w——面积配箍率。

当 $\rho_{sv} f_{yv} \geqslant 4.2$ 时，斜截面承载力采用公式（3-2-2）；当 $\rho_{sv} f_{yv} < 4.2$ 时，斜截面承载力采用公式（3-2-3）。

4. 结论

从上述有关型钢混凝土结构采用高强混凝土时受力性能的介绍，我们可以得出如下结论：

（1）随着混凝土强度的提高，型钢混凝土柱的轴心受压承载力、偏压承载力和受剪承载力都有很大的提高。

（2）高强混凝土用在型钢混凝土结构中，配以高强箍筋可以得到很好的延性。特别是在高轴压比下，其承载力和延性都有显著的提高。

（二）高强型钢混凝土结构

高强型钢混凝土结构是在构件中采用低合金高强度钢，高强型钢的强度暂定义在Q400以上。

随着建设事业的发展，房屋层数加高，梁的跨度加大，但为了优化设计，柱、梁断面不宜再加大。为了减少建筑物的自重，扩大建筑的有效使用空间，许多建设单位和设计单位提出了采用高强度钢材来实现，而且我国的钢铁企业完全能够生产高强度钢材来满足这一需求，例如SM490B、AS72等优质钢材。

近年来国内外通过开展对高强型钢混凝土结构的试验研究，总结出其主要性能，简述如下：

1. 高强型钢与混凝土的共同工作性能

通过试验研究，高强型钢与混凝土的共同工作性能，在正截面弯曲及偏压应力状态下基本能整体粘结共同工作，只是高强型钢混凝土结构构件在压、剪应力较大时才有可能发生局部粘结破坏。根据800MPa以下高强型钢混凝土梁、柱试验得出，在最大承载力时，型钢能够达到屈服应变，可以符合极限状态下截面力的平衡方程以及平截面变形的假定。高强型钢混凝土梁、柱的正截面承载力按上述假定的计算值基本上符合于试验值。

对于压、剪应力较大，以至于可能使混凝土与型钢发生粘结破坏的情况，通过控制轴压比以及采用型钢和混凝土叠加进行剪切-粘结破坏承载力计算仍然是可行的。

型钢混凝土构件受剪容易发生粘结破坏，在极限状态时，型钢能够达到其剪切屈服强度，受剪承载力可以通过混凝土、箍筋、型钢各自的承载力叠加的方法求得。

非常有意义的是，型钢混凝土构件中使用高强型钢在提高构件的受剪承载力的前提下，其变形能力并没有降低，这可以由试验得出。图3-2-26为高强型钢型钢混凝土构件与普通强度型钢混凝土构件滞回曲线外包环线的比较，其极限弹塑性变形位移角、承载力在屈服后的稳定性、粘结-滑移性、捏缩效应等都比普通强度的型钢混凝土构件优越。

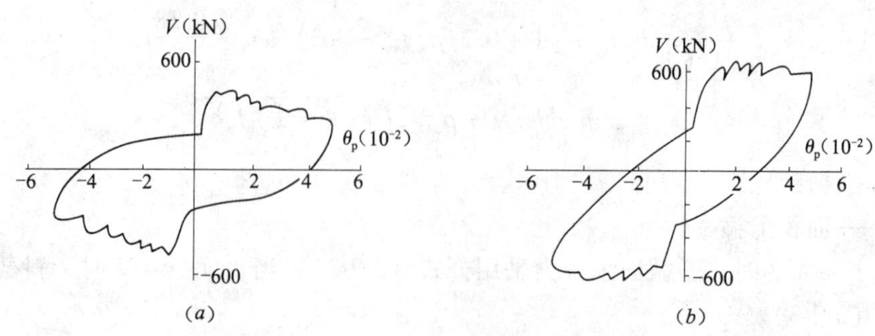

图 3-2-26　高轴压比下不同箍筋强度的骨架曲线

（a）普通强度型钢混凝土构件；（b）高强型钢混凝土构件

总的吸收能量的能力，高强型钢混凝土构件大于普通强度型钢混凝土构件，原因在于高强型钢混凝土构件承载力增大，但变形能力却与后者相近，造成其功比指数 $P\text{-}\Delta$ 明显增大。

2. 高强型钢与纯钢结构的比较

型钢截面相同、强度相同的构件，型钢外包的钢筋混凝土提高了构件的强度和刚度，吸收和耗散地震能量增多。

就承载力而言，因纯钢结构存在一个压杆稳定的问题，同样截面条件下，采用高强型钢与低强型钢承载力相差不多，也就是说在纯钢结构中使用高强型钢并没有获得太多的效益，而在高强型钢混凝土结构中，由于钢筋混凝土约束型钢，改善了型钢的稳定条件，得到了较大的效益。

由高强型钢混凝土梁、柱节点的试验得知，应用屈服强度为 600MPa 和 800MPa 级钢材是可行的。完全保持了低强度型钢混凝土梁、柱节点的优点，其受剪承载力混凝土项的系数 α 仍然可以取用 3、2 或 1［参见本章第 3 节式（3-5-16）］。

高强度纯型钢梁、柱焊接节点因焊缝处存在有过热脆变区，容易发生断裂，影响节点的变形能力。然而采用高强型钢的型钢混凝土梁、柱节点则有了改善，其梁端塑性铰区也比较长。

试验表明高强型钢混凝土梁、柱节点的破坏顺序不同有不同的耗能效果，节点核心区与梁端同时破坏，较之梁端先坏或者节点核心区先坏都具有更多的耗能能力。

第三节　型钢混凝土梁的极限状态及计算

本节主要讨论的是实腹式型钢混凝土梁的极限状态及计算，对空腹型钢混凝土梁仅作概念性的介绍。

一、型钢混凝土梁的正截面极限状态

为研究型钢混凝土梁的正截面受力性能，原冶金部建筑科学研究院、中国建筑科学研究院、西安建筑科技大学、郑州工学院、西南交通大学、华南理工大学及南京建筑工程学院等多个科研院所及大专院校进行了多项试验，基本上了解和掌握了型钢混凝土梁在弯曲情况下的性能，大致如下。

（一）型钢混凝土梁的破坏及型钢应力分布特征

1. 应力分布特征

试验表明，型钢混凝土简支梁破坏形态都是在型钢混凝土受拉纤维全部或部分屈服或断裂，变形加大，中和轴上移，导致压区混凝土压碎而后构件达到极限荷载的。根据型钢的受力特点，可将型钢混凝土梁内型钢应力分布分为三种情况：

（1）极限状态时，型钢全截面受拉，中和轴不通过型钢，此时型钢上翼缘已受拉屈服，或上翼缘及部分腹板受拉但未屈服（图 3-3-1）。

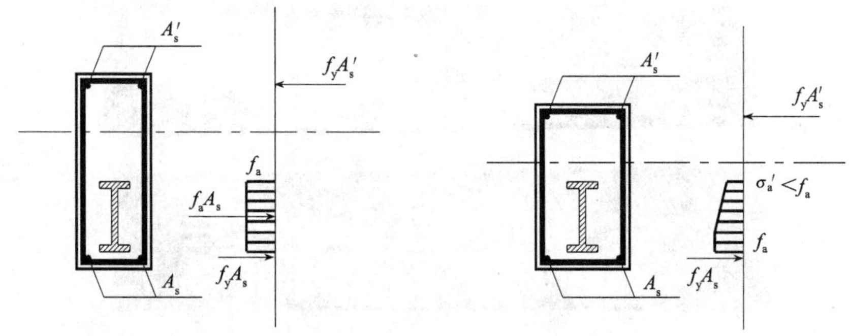

图 3-3-1　中和轴不经过型钢

（2）型钢上翼缘受压，下翼缘受拉，中和轴经过型钢腹板，此时下翼缘及部分腹板受拉屈服，上翼缘受压屈服或者仍在弹性范围内工作（图 3-3-2）。

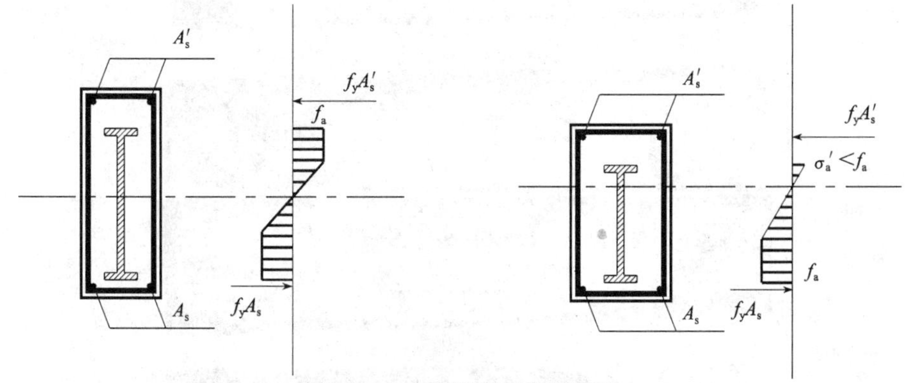

图 3-3-2　中和轴经过型钢腹板

（3）中和轴恰好通过型钢上翼缘，下翼缘及部分腹板已屈服，靠近上翼缘的腹板仍在弹性工作状态（图 3-3-3）。

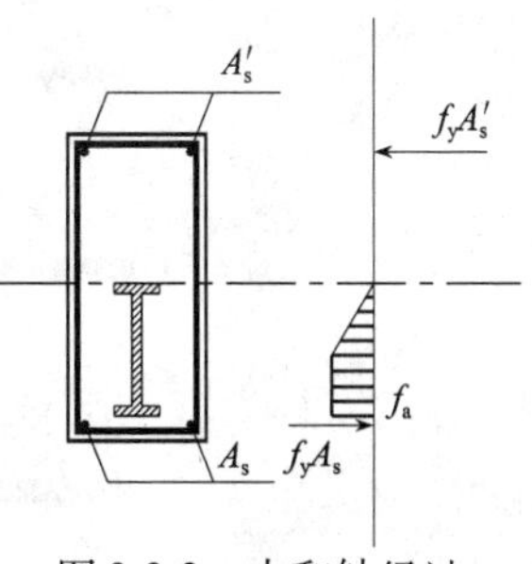

图 3-3-3　中和轴经过型钢上翼缘

2. 破坏特征

图 3-3-4 为西安建筑科技大学所做的型钢混凝土梁受弯试验时，梁试件的破坏特征及裂缝发展图，从这些试件的破坏过程，我们可以总结出型钢混凝土梁具有如下的破坏特征：

（1）所有构件最终破坏都是以压区混凝土的压碎或劈裂为特征的。从电测结果分析得知，破坏前型钢已部分屈服或全部屈服，型钢的屈服决定了截面的最大承载力。

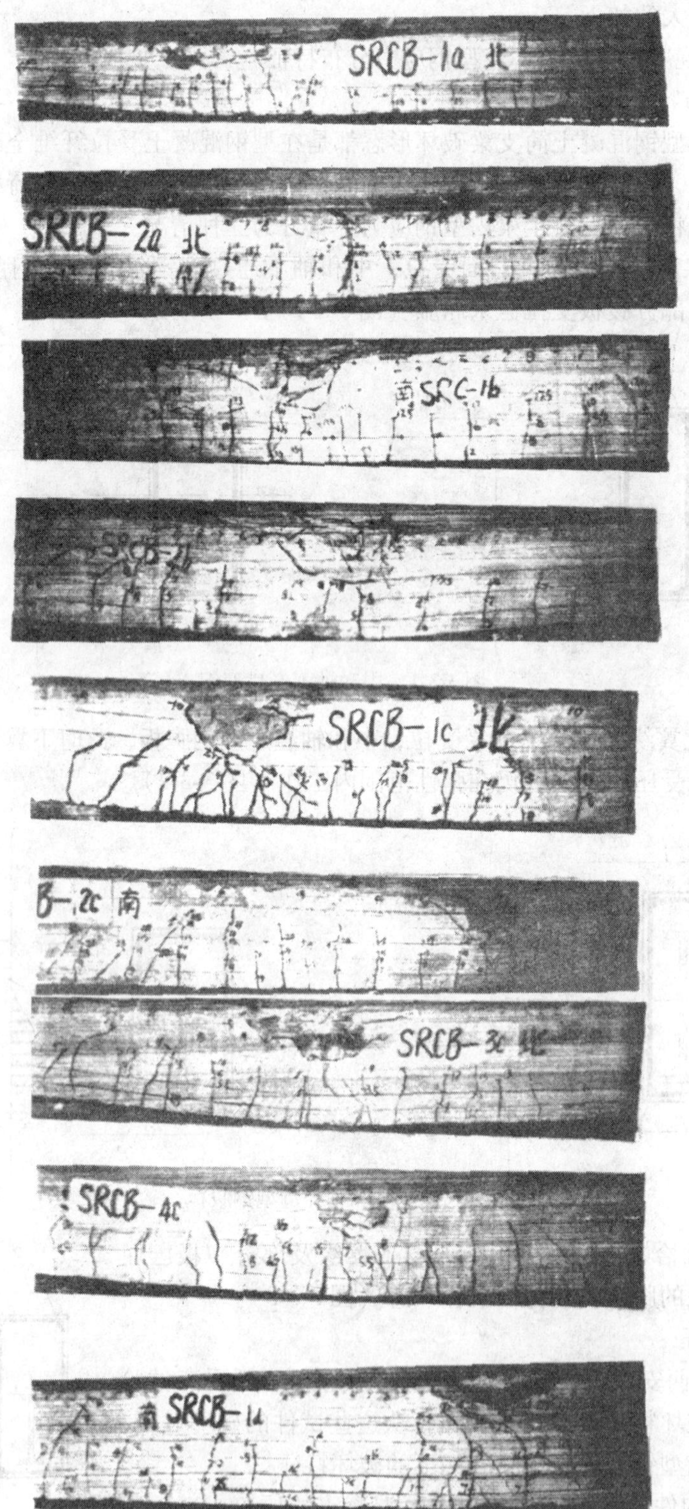

图 3-3-4 梁的破坏特征及裂缝发展图（一）

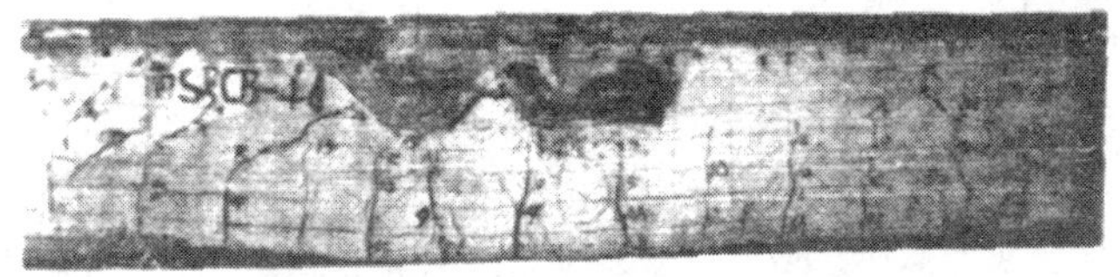

图 3-3-4　梁的破坏特征及裂缝发展图（二）

(2) 当接近极限荷载时，型钢上翼缘与混凝土交界处出现了水平裂纹，表明此时型钢与混凝土共同工作已难以保证。

(3) 型钢压区混凝土厚度较薄的型钢混凝土梁的破坏与普通混凝土梁具有显著的差别，即压区混凝土的劈裂非常突出，从而导致在压区混凝土劈裂时荷载下降，但由于腹板并未全部屈服，因此在构件达到最大承载力后并不表现为突出性的崩溃，而具有不同程度的塑性性能。若型钢全截面在受拉区，型钢全截面受拉，这种截面形状的型钢混凝土梁破坏情况与混凝土梁相似。

(4) 对型钢未加加劲肋的构件，试验发现，已破坏的梁，型钢并没有屈曲现象。说明型钢和混凝土的粘结力虽有不同程度的破坏，但仍对型钢提供可靠的侧向约束，较之钢结构，型钢混凝土中型钢强度能得到更充分的发挥。

(二) 型钢混凝土梁的裂缝特征

型钢混凝土梁从加载到破坏整个过程，其构件上裂缝的出现和发展呈如下特征：

(1) 裂缝一旦出现，就上升到一定的高度，这个高度约在型钢下翼缘附近。这是因为当梁底部受拉混凝土的拉应力达到其实际抗拉强度时，将在混凝土抗拉强度最低处截面产生第一批裂缝，由于此时拉区已呈微弱塑性，且由于断裂能的瞬时释放，致使裂缝一出现就上升到一定高度（h_{cro}）。当裂缝发展到型钢下翼缘附近时，型钢刚度较大，有效地约束了混凝土的应变，从而延缓了裂缝向上发展。

(2) 裂缝一般先在纯弯段出现，然后才出现在剪跨段。纯弯段加载到 50% 左右时，裂缝基本出齐，直到构件破坏时，均表现为一致的竖向裂缝。剪跨段一般先出现竖向裂缝，加载到一定阶段则逐渐发展为指向加载点的斜向裂缝，剪跨比愈小，这种现象就愈明显。

(3) 型钢混凝土梁的平均裂缝间距较混凝土梁大一些，但其裂缝宽度开展却较小。

(三) 型钢混凝土梁的变形特征

图 3-3-5 是梁试件试验实测跨中荷载-挠度的曲线图，图中“△”表示开裂时的荷载和变形。从图中可见，P-f 曲线不因受拉区混凝土开裂而出现明显的转折点，上升段几乎保持一致的线性关系，直到极限荷载的 80% 左右，受拉钢筋屈服，曲线出现明显的转折点，由弹性阶段进入平稳的塑性阶段，待型钢屈服，荷载增加，变形迅速发展，超过最大承载

力后，并不表现为荷载下降，而仍具有相当的承载力和很大的变形能力。因此，型钢混凝土梁具有良好的抗震性能。

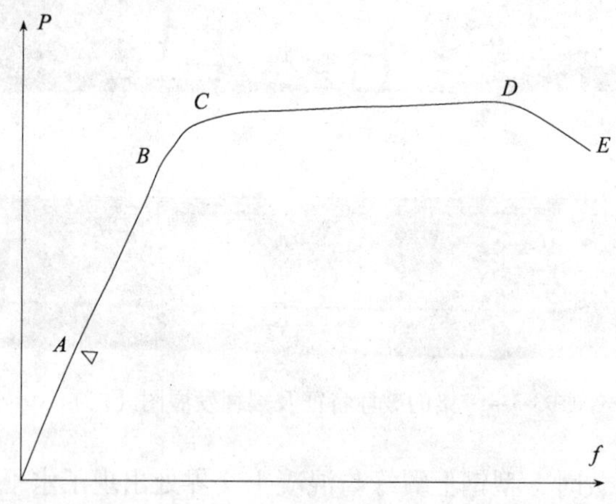

图 3-3-5　梁 P-f 试验曲线图

图 3-3-6 是荷载与钢筋、型钢应变及梁挠度变形图。纵坐标是弯矩 M 和极限弯矩 M_u 的比值，横坐标为钢筋、型钢下翼缘受拉应变和挠度变形，图中“▲”表示钢筋和型钢开始屈服点。从图中可以看出，当型钢下翼缘屈服后，型钢混凝土梁就进入塑性变形阶段，这也充分说明型钢在使用荷载阶段能有效地约束混凝土变形，提高型钢混凝土梁的受弯刚度。

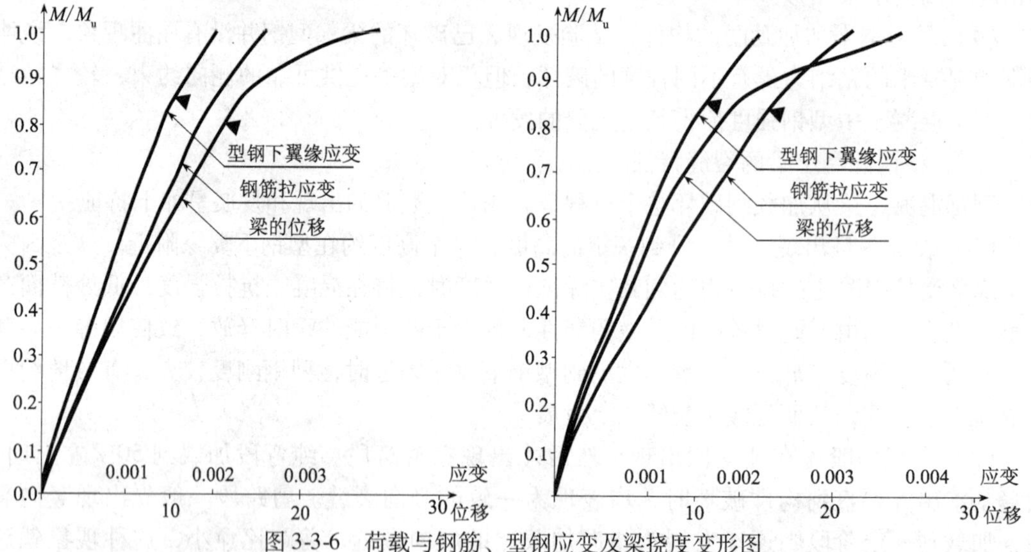

图 3-3-6　荷载与钢筋、型钢应变及梁挠度变形图

与螺旋箍筋约束混凝土相类似，型钢混凝土梁处在型钢翼缘间的混凝土受到型钢的约束作用，虽可能产生一些裂缝，但仅在表面展开，对梁总体刚度影响不大，型钢屈服后，构件变形才得以迅速发展。

（四）型钢混凝土梁的截面应变

图 3-3-7 是构件纯弯段的平面应变图，它是利用沿截面高度在混凝土表面贴长距电阻应变片的方法所测得的。从图中可以看出，型钢混凝土梁沿截面高度平均应变在加载初期

基本符合平截面假定，但到后期则不能很好地符合。主要表现在受压区边缘的应变滞后现象，这是由于混凝土对型钢粘结力较差，型钢和混凝土发生较大的相对滑移，从而内部材料发生内力重分布的缘故。

图3-3-8是沿型钢高度贴电阻片测得单个截面在各级荷载下的应变量。图中显示：在屈服前型钢的应变基本符合平截面假定。型钢下翼缘屈服后，由于腹板还未曾屈服，未屈服的腹板和上翼缘对已屈服的部分型钢有约束作用，故型钢在型钢混凝土梁中是逐步屈服的。屈服后的部分型钢由于受未屈服部分的约束，并不出现流塑变形。同时，在使用荷载下，混凝土受压区高度变化不大。

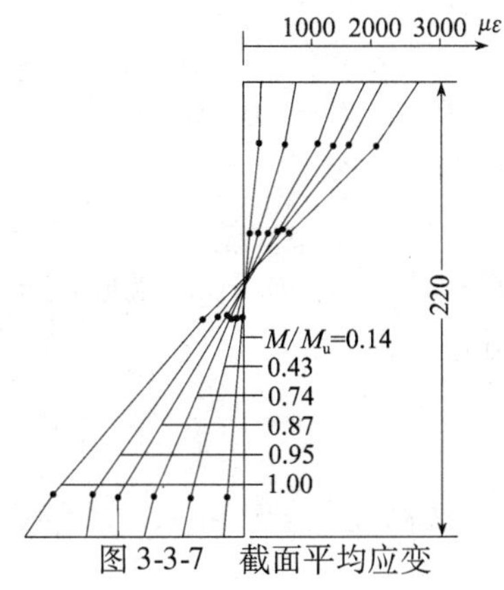

图3-3-7 截面平均应变

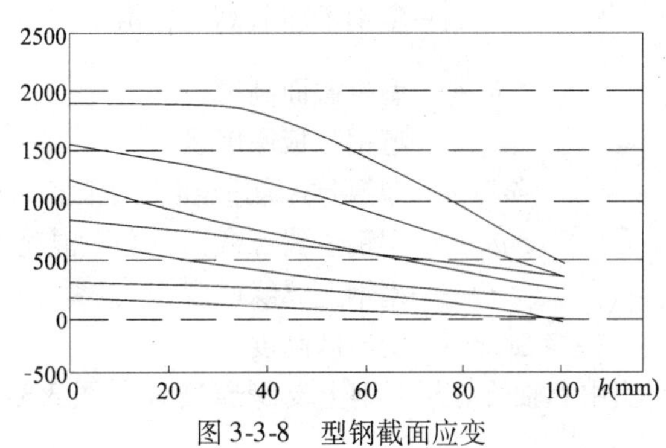

图3-3-8 型钢截面应变

二、型钢混凝土梁的正截面受弯承载力计算——公式法

计算基本假定及判别条件

（一）计算基本假定

根据上述有关型钢混凝土梁受力时应力-应变的变化规律及其破坏特征，为研究型钢混凝土梁的受弯承载力计算公式，需作如下的基本假定：

（1）梁变形后截面应变保持为平面，混凝土受压区边缘极限压应变 $\varepsilon_{cu}=0.003$；

（2）不考虑受拉区混凝土参加工作，即不考虑混凝土的抗拉强度；

（3）钢筋和型钢应力与应变关系按双线性；

$$\sigma_a=\begin{cases}E_a\varepsilon_{ia} & \varepsilon_{ia}\leqslant f_a/E_a\\ f_a & \varepsilon_{ia}>f_a/E_a\end{cases}$$

$$\sigma_s=\begin{cases}E_s\varepsilon_{is} & \varepsilon_{is}\leqslant f_y/E_s\\ f_y & \varepsilon_{is}>f_y/E_s\end{cases}$$

（4）压区混凝土应力图形简化为等效矩形应力图，其高度取按平截面假定所确定的中和轴高度乘以系数 $\beta=0.8$，矩形应力图的应力取为混凝土轴心抗压强度设计值 f_c；

（5）钢筋应力取等于钢筋应变与其弹性模量的乘积，但不大于其强度设计值，受拉钢筋和型钢受拉翼缘的极限拉应变 ε_{su}、ε_{au} 均取0.01。

上述假定与《混凝土结构设计规范》GB 50010—2002是一致的，应变值 $\varepsilon_{su}=\varepsilon_{au}=0.01$ 时视为是钢筋或型钢屈服临界值。

（二）判别条件

以中和轴通过型钢上翼缘为界限条件，将极限破坏分为中和轴通过型钢腹板和中和轴不通过型钢腹板两种情况加以考虑。由$\sum N=0$，求得按照等效矩形考虑的中和轴受压区高度：

$$x=\frac{f_{y}A_{s}+f_{a}A_{af}+f_{a}t_{w}\left(h_{a}-\frac{z}{2}\right)-f'_{y}A'_{s}}{f_{c}b} \tag{3-3-1}$$

式中 f_y、f'_y、f_a——受拉、受压钢筋和型钢的强度设计值；

A_s、A'_s——受拉、受压钢筋面积；

A_{af}——型钢下翼缘截面；

f_c——混凝土轴心抗压强度设计值；

z——型钢不屈服高度，由平截面假定：$z=\frac{xf_a}{0.8\varepsilon_{cu}E_a}=\frac{xf_a}{0.0024E_a}$；

h_a——型钢截面高度；

t_w——型钢腹板厚度；

a'_{a1}——型钢上翼缘边至混凝土截面近边的距离；$a'_a=a'_{a1}+t'_f/2$，一般取$a'_{a1}=a'_a$；

a'_a——型钢上翼缘截面重心至混凝土截面近边的距离；

t'_f——型钢上翼缘厚度；

x——受压区高度。

当中和轴恰好从型钢上翼缘通过时（图 3-3-9），受压区高度 $x=0.8a'_{a1}$，式（3-3-1）中，$z=\frac{a'_a f_a}{\varepsilon_{cu}E_a}$。

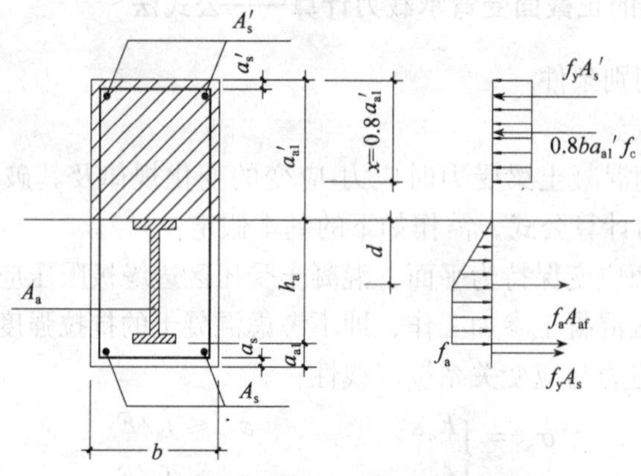

图 3-3-9　中和轴通过型钢上翼缘

（三）型钢混凝土梁受弯承载力计算

型钢混凝土梁的正截面受弯承载力计算可按中和轴通过型钢腹板和中和轴不通过型钢腹板两种情况分别进行，由于型钢上翼缘可能不屈服和腹板受力比较复杂，为简化计算，对梁截面的受力状态作以下的近似处理。

图 3-3-10 是梁极限破坏时腹板可能的应力状态图。如将型钢腹板应力图形化为矩形，则图 3-3-10 的（a）、（b）、（c）可化为图 3-3-11（a）、图 3-3-10 的（d）、（e）可化为图 3-3-11（b）的形式。根据图 3-3-11 的腹板应力图形和理论的混凝土压区高度 x，不难求出极限承载力公式。

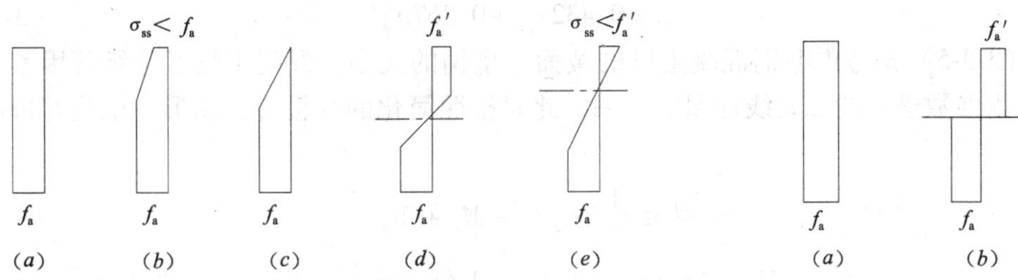

图 3-3-10　梁极限破坏时腹板应力状态图

图 3-3-11　型钢腹板简化应力图形

(a) 腹板受拉屈服；(b) 腹板受拉、受压屈服

1. 中和轴不通过型钢腹板（图 3-3-12）

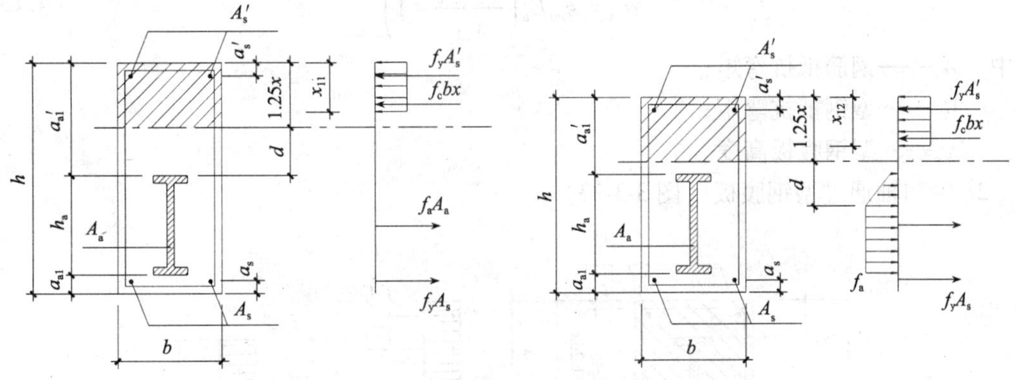

图 3-3-12　中和轴不通过型钢腹板

（1）按式（3-3-1）求得的 x，若 $x \leqslant 0.8a'_a$，即可认为中和轴不通过型钢腹板，型钢处于全截面受拉。

（2）按照型钢全部屈服求出等效受压区高度：

$$x_{11} = \frac{f_a A_a + f_y A_s - f'_y A'_s}{bf_c} \tag{3-3-2}$$

（3）根据等效受压区高度 x_{11} 值，分别按照下列三种情况计算型钢混凝土梁的极限承载力：

1）当 x_{11} 符合 $2a'_s \leqslant x_{11} \leqslant \dfrac{0.8a'_a}{\dfrac{f_a}{0.003E_a}+1}$ 时，极限承载力为：

$$M \leqslant \frac{1}{2}bf_c x_{11}^2 + f_y A_s(h - a_s - x_{11}) + f_a A_a\left(h - a_a - \frac{h_a}{2} - x_{11}\right) + f'_y A'_s(x_{11} - a'_s) \tag{3-3-3}$$

2）如果 $x_{11} \leqslant 2a'_s$，则极限承载力按式（3-3-4）计算：

$$M \leqslant \frac{1}{2}bf_c x_{11}^2 + f_y A_s(h - a_s - x_{11}) + f_a A_a\left(h - a_a - \frac{h_a}{2} - x_{11}\right) \tag{3-3-4}$$

3）如果按式（3-3-2）求得的 $x_{11} > \dfrac{0.8a'_a}{\dfrac{f_a}{0.8\varepsilon_{cu}E_a}+1}$，则截面等效受压区高度可按下式求得：

$$x_{12}=0.432x_{11}+0.267a'_{a} \tag{3-3-5}$$

式（3-3-5）是考虑型钢混凝土梁的截面、型钢的大小、混凝土强度等级等因素，以x_{11}和a'_{a}为参数进行的二元线性回归结果。此时按照简化的腹板应力图形，梁受弯极限承载力为：

$$M\leqslant\frac{1}{2}bx_{12}^{2}f_{c}+M_{s}+M_{a} \tag{3-3-6}$$

$$M_{s}=f'_{y}A'_{s}(x_{12}-a'_{s})+f_{y}A_{s}(h-a_{s}-x_{12}) \tag{3-3-7}$$

$$M_{a}=f_{a}A_{af}(h-a_{a}-x_{12})+\sigma'_{a}A'_{af}(a'_{a}-x_{12})+f_{a}t_{w}h_{w}\left(\frac{h_{w}}{2}+a'_{a}-x_{12}\right) \tag{3-3-8}$$

$$\sigma'_{a}=\varepsilon_{cu}E_{a}\left(\frac{0.8a'_{a}}{x_{12}}-1\right) \tag{3-3-9}$$

式中　M_{s}——钢筋抵抗弯矩；

M_{a}——型钢抵抗弯矩；

h_{w}——型钢腹板高度。

2. 中和轴通过型钢腹板（图 3-3-13）

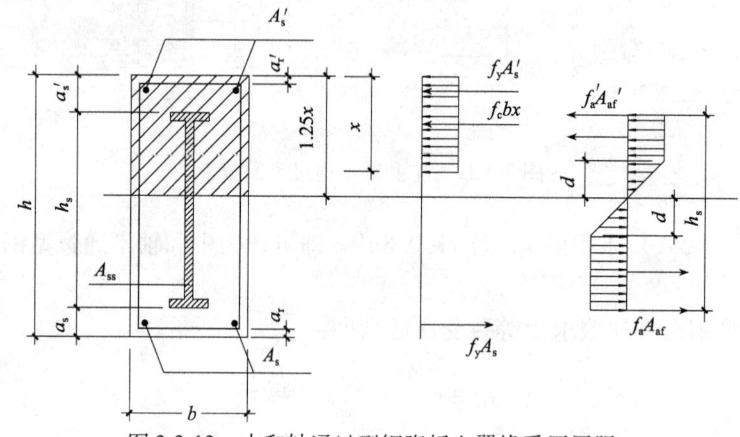

图 3-3-13　中和轴通过型钢腹板上翼缘受压屈服

（1）用式（3-3-1）求出x，如果$x>0.8a'_{a}$，即可认为型钢处于部分受拉、部分受压状态，此时认为属于中和轴通过型钢腹板的情况。

（2）假定型钢下翼缘受拉屈服，上翼缘受压屈服，则得混凝土受压区高度：

$$x_{21}=\frac{f_{a}t_{w}(2a'_{a}+h_{w})+f_{a}A_{af}+f_{y}A_{s}-f'_{a}A'_{af}-f'_{y}A'_{s}}{bf_{c}+2t_{w}f_{a}} \tag{3-3-10}$$

（3）根据等效受压区高度x_{21}值，分别按照下列两种情况计算型钢混凝土梁的极限承载力：

1）当$1.25x_{21}-a'_{a}\geqslant\frac{x_{21}f_{a}}{0.8\varepsilon_{cu}E_{a}}$时，梁内型钢上翼缘受压屈服，下翼缘受拉屈服，此时梁受弯极限承载力可按式（3-3-6）求得，但式中M_{s}和M_{a}分别按式（3-3-7）和式（3-3-11）计算。

$$M_{a}=f_{a}A'_{af}(x_{21}-a'_{a})+f_{a}A_{af}(h-a_{a}-x_{21})+\frac{1}{2}f_{a}t_{w}[(x_{21}-a'_{a})^{2}+(a'_{a}+h_{w}-x_{21})^{2}-0.125x_{21}^{2}] \tag{3-3-11}$$

2）当$1.25x_{21}-a'_a<\frac{x_{21}f_a}{0.8\varepsilon_{cu}E_a}$时，梁受弯极限承载力也可按式（3-3-6）求得，但式中M_s和M_a分别按式（3-3-7）和式（3-3-12）计算。

$$M_a=\sigma_a A'_{af}(x_{21}-a'_a)+f_a A_{af}(h-a_a-x_{21})+\frac{1}{2}f_a t_w[(x_{21}-a'_a)^2+(a'_a+h_w-x_{21})^2-0.125x_{21}^2] \quad (3\text{-}3\text{-}12)$$

$$\sigma_a=\varepsilon_{cu}E_a\left(1-\frac{0.8a'_a}{x_{21}}\right) \quad (3\text{-}3\text{-}13)$$

3. 计算结果和试验值对比

利用上述公式计算方法对西安建筑科技大学及中冶集团建筑研究院（原冶金部建筑研究总院）的有关试验的试件进行计算，并和试验结果相比较（表3-3-1），可以看出，其简化结果和试验结果基本一致。

公式计算结果与试验结果对比　　表3-3-1

试验单位	试件名称	截面尺寸	混凝土强度等级（N/mm^2）	f_c（N/mm^2）	f_y（N/mm^2）	f_a（N/mm^2）	试验值（kN·m）	公式解（kN·m）	试验值/公式解	备注
西安建筑科技大学	SRC-1a	200×200	30.1	22.9	401	365	47.18	46.90	1.01	
	SRC-2a	200×200	30.1	22.9	401	365	47.32	46.90	1.01	
	SRC-1b	200×250	30.1	22.9	401	365	63.35	66.35	0.95	
	SRC-2b	200×250	30.1	22.9	401	365	66.50	66.35	1.00	
	SRC-1c	200×300	30.1	22.9	401	365	96.66	94.34	1.02	
	SRC-2c	200×300	30.1	22.9	401	365	103.14	94.34	1.09	
	SRC-3c	200×300	30.1	22.9	401	365	75.78	70.88	1.07	
	SRC-4c	200×300	30.1	22.9	401	365	71.91	70.88	1.01	
	SRC-1d	200×350	30.1	22.9	401	365	119.88	127.02	0.94	
	SRC-2d	200×350	30.1	22.9	401	365	133.20	127.02	1.05	
	SRC-3d	200×350	30.1	22.9	401	365	93.78	98.87	0.95	
	SRC-4d	200×350	30.1	22.9	401	365	96.30	98.87	0.97	
	平均值								1.01	
中冶集团建筑研究院	$L_{I}-1a$	255×320	26.5	20.1	400	263	144.05	152.55	0.94	
	$L_{I}-1b$	250×325	27.5	21.2	400	263	150.5	153.80	0.98	
	$L_{II}-1a$	250×405	32.9	25.0	400	263	208.98	210.30	0.99	
	$L_{II}-1b$	250×400	34.5	26.2	400	263	196.20	209.43	0.94	
	$L_{II}-2a$	250×400	30.3	23.0	400	263	204.38	206.63	0.99	设剪力键
	$L_{II}-2b$	250×400	33.1	25.2	400	263	213.84	208.12	1.03	设剪力键
	$L_{III}-2b$	250×550	30.3	25.1	400	263	369.51	373.10	0.99	
	$L_{III}-2a$	250×550	30.6	23.3	400	263	373.78	376.89	0.99	设剪力键
	$L_{III}-2b$	250×550	30.6	23.3	400	263	400.78	376.41	1.06	设剪力键
	平均值								0.99	

（四）计算实例

【例 3-3-1】 已知型钢混凝土梁截面如图 3-3-14 所示，弯矩设计值 $M=200\text{kN}\cdot\text{m}$，混凝土强度等级为 C30，型钢为 Q235，钢筋为 HRB335，要求进行正截面承载力验算。

【解】 根据题可知

$f_y=f'_y=300\text{N/mm}^2$，$f_a=215\text{N/mm}^2$，$f_c=14.3\text{N/mm}^2$，$f_t=1.43\text{N/mm}^2$，$E_a=206000\text{N/mm}^2$，$h=500\text{mm}$，$b=250\text{mm}$

型钢 $h_a=200\text{mm}$，$h_w=177.2\text{mm}$，$t_f=11.4\text{mm}$，$t_w=7\text{mm}$，$a_a=50\text{mm}$，$a'_a=255.7\text{mm}$，$A_a=3555\text{mm}^2$，$A_{af}=A'_{af}=1140\text{mm}^2$

钢筋　$A_s=452\text{mm}^2$，$A'_s=226\text{mm}^2$，

$a_s=35\text{mm}$，$a'_s=35\text{mm}$

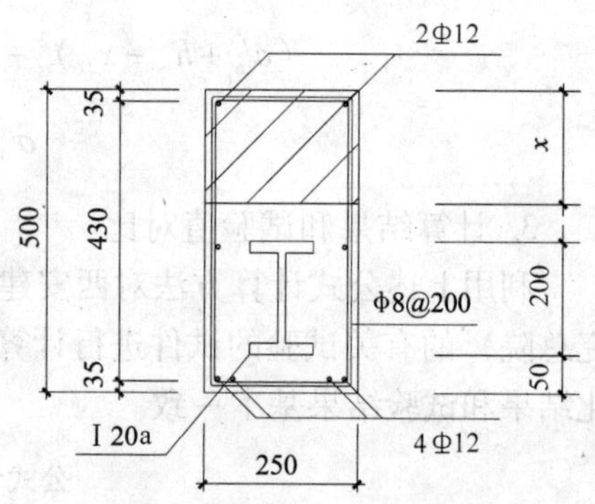

图 3-3-14　**【例 3-3-1】** 梁截面

1. 按照式（3-3-1）计算型钢混凝土截面受压区高度

$$x=\frac{f_yA_s+f_aA_{af}+f_at_w\left(h_w-\dfrac{z}{2}\right)-f'_yA'_s}{f_cb}$$

式中，$z=\dfrac{xf_a}{0.0024E_a}$，将 z 代入上式，得

$$x=\frac{f_yA_s+f_aA_{af}+f_at_wh_w-f'_yA'_s}{f_cb+\dfrac{f_a^2t_w}{0.0048E_a}}$$

$$=\frac{300\times452+215\times1140+215\times7\times177.2-300\times226}{14.3\times250+\dfrac{215^2\times7}{0.0048\times206000}}$$

$$=148.53\text{mm}$$

$$x=148.53\text{mm}\leqslant0.8a'_a=0.8\times255.7=204.56\text{mm}$$

∴ 中和轴不通过型钢腹板，型钢处于全截面受拉状态。

2. 按照式（3-3-2）计算型钢混凝土等效受压区高度

$$x_{11}=\frac{f_aA_a+f_yA_s-f'_yA'_s}{f_cb}$$

$$=\frac{215\times3555+300\times452-300\times226}{14.3\times250}$$

$$=232.76\text{mm}$$

3. 计算极限承载力

$$\frac{0.8a'_a}{\dfrac{f_a}{0.003E_a}+1}=\frac{0.8\times255.7}{\dfrac{215}{0.003\times206000}+1}=151.76\text{mm}$$

得 $x_{11}=232.76\text{mm}>\dfrac{0.8a'_a}{\dfrac{f_a}{0.003E_a}+1}=155.41\text{mm}$

则按式（3-3-5）求得截面等效受压区高度

$$x_{12}=0.432x_{11}+0.267a'_a=0.432\times232.72+0.267\times255.7=168.81\text{mm}$$

按照式（3-3-7）求得钢筋抵抗弯矩

$$\begin{aligned}M_s&=f'_yA'_s(x_{12}-a'_s)+f_yA_s(h-a_s-x_{12})\\&=300\times226\times(168.81-35)+300\times452\times(500-35-168.81)\\&=49.24\text{kN}\cdot\text{m}\end{aligned}$$

按照式（3-3-8）求得型钢抵抗弯矩

$$M_a=f_aA_{af}(h-a_a-x_{12})+\sigma'_aA'_{af}(a'_a-x_{12})+f_at_wh_w\left(\frac{h_w}{2}+a'_a-x_{12}\right)$$

$$\begin{aligned}\sigma'_a&=\varepsilon_{cu}E_a\left(\frac{0.8a'_a}{x_{12}}-1\right)\\&=0.003\times206000\times\left(\frac{0.8\times255.7}{168.81}-1\right)\\&=103.88\text{N/mm}^2\end{aligned}$$

$$\begin{aligned}\therefore M_a&=215\times1140\times(500-50-168.81)+143.97\times1140\times(255.7-168.81)+\\&\quad 215\times7\times177.2\times\left(\frac{177.2}{2}+255.7-168.81\right)\\&=126010187\text{N}\cdot\text{mm}=126.01\text{kN}\cdot\text{m}\end{aligned}$$

∴ 按照式（3-3-6）计算梁受弯极限承载力

$$\begin{aligned}M&=\frac{1}{2}bf_cx_{12}^2+M_s+M_a\\&=\frac{1}{2}\times250\times14.3\times168.81^2\times10^{-6}+49.24+126.01\\&=226.19\text{kN}\cdot\text{m}>200\text{kN}\cdot\text{m}\end{aligned}$$

故正截面承载力满足设计要求。

【例 3-3-2】 已知型钢混凝土梁截面如图 3-3-15 所示，如果混凝土强度等级为 C30，型钢为 Q235，钢筋为 HRB335，计算正截面承载力。

【解】 根据题可知

$f_y=f'_y=300\text{N/mm}^2$，$f_a=215\text{N/mm}^2$，$f_c=14.3\text{N/mm}^2$，$f_t=1.43\text{N/mm}^2$，$E_a=206000\text{N/mm}^2$，$h=500\text{mm}$，$b=300\text{mm}$

型钢 $h_a=100\text{mm}$，$h_w=84\text{mm}$，$t_f=8\text{mm}$，$t_w=6\text{mm}$，$a_a=100\text{mm}$，$a'_a=304\text{mm}$，$A_a=2190\text{mm}^2$，$A_{af}=A'_{af}=800\text{mm}^2$

钢筋 $A_s=402\text{mm}^2$，$A'_s=402\text{mm}^2$，

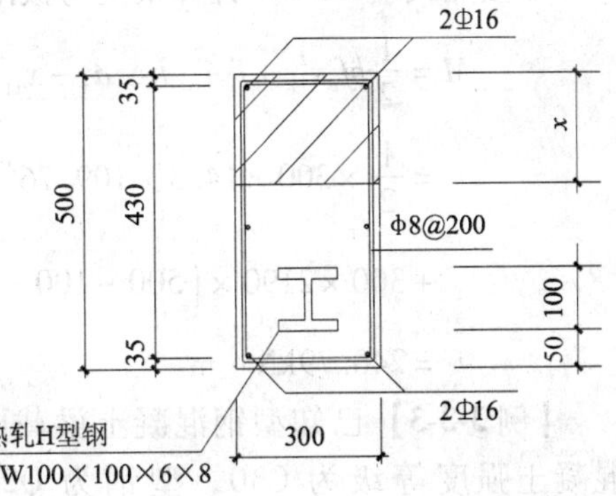

图 3-3-15　【例 3-3-2】梁截面

$a_s = 35\text{mm}^2$，$a'_s = 35\text{mm}$

1. 按照式（3-3-1）计算型钢混凝土截面受压区高度

$$x = \frac{f_y A_s + f_a A_{af} + f_a t_w \left(h_w - \frac{z}{2}\right) - f'_y A'_s}{f_c b}$$

式中 $z = \dfrac{x f_a}{0.0024 E_a}$，将 z 代入上式，得：

$$x = \frac{f_y A_s + f_a A_{af} + f_a t_w h_w - f'_y A'_s}{f_c b + \dfrac{f_a^2 t_w}{0.0048 E_a}}$$

$$= \frac{300 \times 402 + 215 \times 800 + 215 \times 6 \times 84 - 300 \times 402}{14.3 \times 300 + \dfrac{215^2 \times 6}{0.0048 \times 206000}}$$

$$= 61.34\text{mm}$$

$$x = 61.34\text{mm} \leqslant 0.8 a'_a = 0.8 \times 304 = 243.2\text{mm}$$

∴ 中和轴不通过型钢腹板，型钢处于全截面受拉状态。

2. 按照式（3-3-2）计算型钢混凝土等效受压区高度

$$x_{11} = \frac{f_a A_a + f_y A_s - f'_y A'_s}{f_c b}$$

$$= \frac{215 \times 2190 + 300 \times 402 - 300 \times 402}{14.3 \times 300}$$

$$= 109.76\text{mm}$$

3. 计算极限承载力

$$\frac{0.8 a'_a}{\dfrac{f_a}{0.003 E_a} + 1} = \frac{0.8 \times 304}{\dfrac{215}{0.003 \times 206000} + 1} = 180.43\text{mm}$$

$$2a'_s = 70\text{mm} < x_{11} = 109.76\text{mm} < \frac{0.8 a'_a}{\dfrac{f_a}{0.003 E_a} + 1} = 180.43\text{mm}$$

∴ 按照式（3-3-3）计算梁受弯极限承载力

$$M = \frac{1}{2} b f_c x_{11}^2 + f_y A_s (h - a_s - x_{11}) + f_a A_a \left(h - a_a - \frac{h_w}{2} - x_{11}\right) + f'_y A'_s (x_{11} - a'_s)$$

$$= \frac{1}{2} \times 300 \times 14.3 \times 109.76^2 + 300 \times 402 \times (500 - 35 - 109.76)$$

$$+ 300 \times 2190 \times \left(500 - 100 - \frac{84}{2} - 109.76\right) + 300 \times 402 \times (109.76 - 35)$$

$$= 240.79\text{kN} \cdot \text{m}$$

【例 3-3-3】 已知型钢混凝土梁截面如图 3-3-16 所示，弯矩设计值 $M = 170\text{kN} \cdot \text{m}$，混凝土强度等级为 C30，型钢为 Q235，钢筋为 HRB335，要求进行正截面承载力验算。

【解】 根据题可知

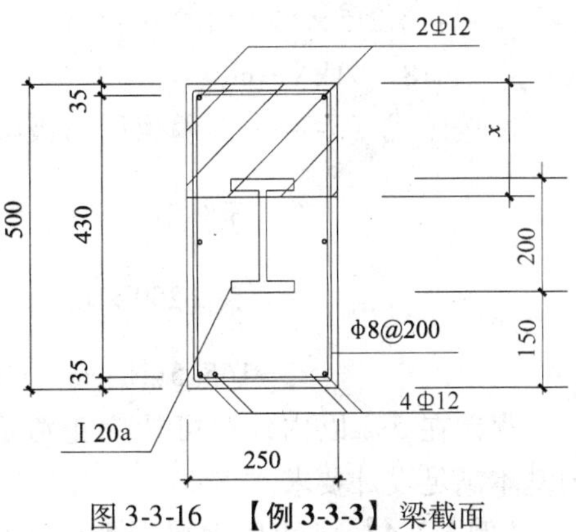

图 3-3-16　**【例 3-3-3】** 梁截面

型钢 $a_a = 150\text{mm}$，$a'_a = 155.7\text{mm}$，其他有关数据同 **【例 3-3-1】**。

1. 按照式（3-3-1）计算型钢混凝土截面受压区高度

$$x = \frac{f_y A_s + f_a A_{af} + f_a t_w\left(h_w - \dfrac{z}{2}\right) - f'_y A'_s}{f_c b}$$

式中 $z = \dfrac{x f_a}{0.0024 E_a}$，将 z 代入上式，得

$$x = \frac{f_y A_s + f_a A_{af} + f_a t_w h_w - f'_y A'_s}{f_c b + \dfrac{f_a^2 t_w}{0.0048 E_a}}$$

$$= \frac{300 \times 452 + 215 \times 1140 + 215 \times 7 \times 177.2 - 300 \times 226}{14.3 \times 250 + \dfrac{215^2 \times 7}{0.0048 \times 206000}}$$

$$= 149.53\text{mm}$$

$$x = 149.53\text{mm} > 0.8a'_a = 0.8 \times 155.7 = 124.56\text{mm}$$

∴ 中和轴通过型钢腹板，型钢处于部分受拉、部分受压状态。

2. 按照式（3-3-10）计算型钢混凝土等效受压区高度

$$x_{21} = \frac{f_a t_w(2a'_a + h_w) + f_a A_{af} + f_y A_s - f'_a A'_{af} - f'_y A'_s}{b f_c + 2.5 t_w f_a}$$

$$= \frac{215 \times 7 \times (2 \times 155.7 + 177.2) + 215 \times 1140 + 300 \times 452 - 215 \times 1140 - 300 \times 226}{250 \times 14.3 + 2.0 \times 7 \times 215}$$

$$= 122.00\text{mm}$$

3. 计算极限承载力

$$1.25x_{21} - a'_a = 1.25 \times 122.0 - 155.7 = -3.20 < \frac{x_{21} f_a}{0.8\varepsilon_{cu} E_a} = \frac{122.0 \times 215}{0.8 \times 0.003 \times 206000} = 53.05\text{mm}$$

∴ 按照式（3-3-6）计算梁受弯极限承载力。

其中，按照式（3-3-7）求得钢筋抵抗弯矩

$$M_s = f'_y A'_s(x_{21} - a'_s) + f_y A_s(h - a_s - x_{21})$$

$$= 300 \times 226 \times (122.0 - 35) + 300 \times 452 \times (500 - 35 - 122.00)$$

$$= 52.41\text{kN} \cdot \text{m}$$

按照式（3-3-12）求型钢抵抗弯矩

$$M_a = \sigma_a A'_{af}(x_{21} - a'_a) + f_a A_{af}(h - a_a - x_{21}) + \frac{1}{2} f_a t_w[(x_{21} - a'_a)^2 + (a'_a + h_w - x_{21})^2 - 0.25x_{21}^2]$$

式中　$\sigma_a = \varepsilon_{cu} E_a \left(1 - \dfrac{0.8a'_a}{x_{21}}\right)$

$$= 0.003 \times 206000 \times \left(1 - \frac{0.8 \times 155.7}{122.00}\right) = -12.97\text{N/mm}^2$$

$$\therefore M_a = -12.97 \times 1140 \times (122.0 - 155.7) + 215 \times 1140 \times (500 - 150 \times 122.0) + 0.5$$

$$\times 215\times 7\times[(122.0-155.7)^2+(155.7+177.2-122.0)^2-0.25\times 122.0^2]$$

$$=87.91\text{kN}\cdot\text{m}$$

∴ 按照式（3-3-6）计算梁受弯极限承载力

$$M=\frac{1}{2}bf_c x_{12}^2+M_s+M_a$$

$$=\frac{1}{2}\times 250\times 12.97\times 122.0^2\times 10^{-6}+53.41+87.96$$

$$=165.5\text{kN}\cdot\text{m}<170\text{kN}\cdot\text{m}$$

误差在 5% 以内，故可认为正截面承载力基本满足设计要求。

【例 3-3-4】已知型钢混凝土梁截面如图 3-3-17 所示，弯矩设计值 $M=560\text{kN}\cdot\text{m}$，混凝土强度等级为 C30，型钢为 Q235，钢筋为 HRB335，要求进行正截面承载力验算。

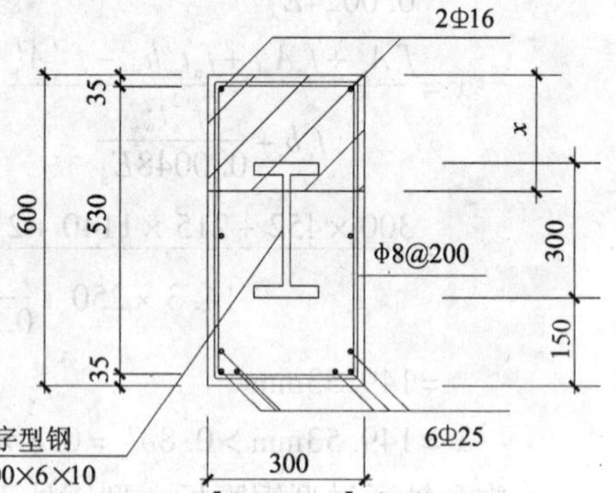

图 3-3-17　【例 3-3-4】梁截面

【解】根据题可知

$f_y=f'_y=300\text{N/mm}^2$，$f_a=215\text{N/mm}^2$，$f_c=14.3\text{N/mm}^2$，$f_t=1.43\text{N/mm}^2$，$E_a=206000\text{N/mm}^2$，$h=600\text{mm}$，$b=300\text{mm}$

型钢 $h_a=300\text{mm}$，$h_w=280\text{mm}$，$t_f=10\text{mm}$，$t_w=6\text{mm}$，$a_a=150\text{mm}$，$a'_a=155\text{mm}$，$A_a=5680\text{mm}^2$，$A_{af}=A'_{af}=2000\text{mm}^2$

钢筋 $A_s=2945\text{mm}^2$，$A'_s=402\text{mm}^2$，$a_s=35\text{mm}$，$a'_s=35\text{mm}$

1. 按照式（3-3-1）计算型钢混凝土截面受压区高度

$$x=\frac{f_yA_s+f_aA_{af}+f_at_w\left(h_w-\frac{z}{2}\right)-f'_yA'_s}{f_cb}$$

式中 $z=\frac{xf_a}{0.0024E_a}$，将 z 代入上式，得：

$$x=\frac{f_yA_s+f_aA_{af}+f_at_wh_w-f'_yA'_s}{f_cb+\frac{f_a^2t_w}{0.0048E_a}}$$

$$=\frac{300\times 2945+215\times 2000+215\times 6\times 280-300\times 402}{14.3\times 300+\frac{215^2\times 6}{0.0048\times 206000}}$$

$$=340.00\text{mm}$$

$$x=340.00\text{mm}>0.8a'_a=0.8\times 155=124\text{mm}$$

∴ 中和轴通过型钢腹板，型钢处于部分受拉、部分受压状态。

2. 按照式（3-3-10）计算型钢混凝土等效受压区高度

$$x_{21}=\frac{f_at_w(2a'_a+h_w)+f_aA_{af}+f_yA_s-f'_aA'_{af}-f'_yA'_s}{bf_c+2.5t_wf_a}$$

$$=\frac{215\times6\times(2\times155+280)+215\times2000+300\times2945-215\times2000-300\times402}{300\times14.3+2.0\times6\times215}$$

$=221.83\text{mm}$

3. 计算极限承载力

$$1.25x_{21}-a'_{a}=1.25\times221.83-155=122.29\text{mm}>\frac{x_{21}f_{a}}{0.8\varepsilon_{cu}E_{a}}=\frac{221.83\times215}{0.8\times0.003\times206000}=96.47\text{mm}$$

∴ 按照式（3-3-6）计算梁受弯极限承载力。

其中，按照式（3-3-7）求得钢筋抵抗弯矩

$$M_{s}=f'_{y}A'_{s}(x_{21}-a'_{s})+f_{y}A_{s}(h-a_{s}-x_{21})$$
$$=300\times402\times(221.83-35)+300\times2945\times(600-35-221.83)$$
$$=325.72\text{kN}\cdot\text{m}$$

按照式（3-3-11）求型钢抵抗弯矩

$$M_{a}=f_{a}A'_{af}(x_{21}-a'_{a})+f_{a}A_{af}(h-a_{a}-x_{21})+\frac{1}{2}f_{a}t_{w}[(x_{21}-a'_{a})^{2}+(a'_{a}+h_{w}-x_{21})^{2}-0.25x_{21}^{2}]$$

$$=215\times2000\times(221.83-155)+215\times2000\times(600-150-221.83)+0.5\times215\times$$
$$6\times[(221.83-155)^{2}+(155+280-221.83)^{2}-0.25\times221.83^{2}]$$

$=151.1\text{kN}\cdot\text{m}$

∴ 按照式（3-3-6）计算梁受弯极限承载力

$$M=\frac{1}{2}bf_{c}x_{12}^{2}+M_{s}+M_{a}$$

$$=\frac{1}{2}\times300\times14.3\times221.83^{2}\times10^{-3}+325.72+151.1$$

$$=582.37\text{kN}\cdot\text{m}>560\text{kN}\cdot\text{m}$$

故正截面承载力满足设计要求。

三、特征曲线法受弯承载力计算

由于型钢混凝土构件由三种材料组成，截面尺寸及型钢位置、构造都比较复杂，截面承载力计算时未知数均多于平衡方程（截面超静定），为使计算比较精确，根据相关曲线规律和截面平衡物理方程，其计算公式可按下式：

$$bxf_{c}+\sum A_{s}f_{s}+\sum A_{af}E_{a}\varepsilon_{afi}+\sum A_{aw}E_{a}\varepsilon_{awi}=0 \tag{3-3-14}$$

$$M\leqslant f_{c}bx\left(h_{0}-\frac{x}{2}\right)+\sum A_{afi}E_{a}\varepsilon_{afi}y_{i}+\sum A_{awi}E_{a}\varepsilon_{awi}y_{i} \tag{3-3-15}$$

按照梁的受力特性，我们知道：梁在外荷载作用下，对截面只产生弯矩作用，且正截面上正应力的总和为零。由于梁截面应变随中和轴变化而变化，为推导出 M 和 N 的关系式，现选择如图 3-3-18 中起控制作用的特征点进行研究。

（1）第一个特征点，梁受拉钢筋屈服，应变图如图 3-3-18（*a*）所示；

（2）第二个特征点，梁受压钢筋屈服，应变图如图 3-3-18（*b*）所示；

（3）第三个特征点，梁型钢下翼缘屈服，应变图如图 3-3-18（*c*）所示；

（4）第四个特征点，中和轴通过截面形心，应变图如图 3-3-18（*d*）所示；

（5）第五个特征点，梁型钢上翼缘屈服，应变图如图 3-3-18（*e*）所示；

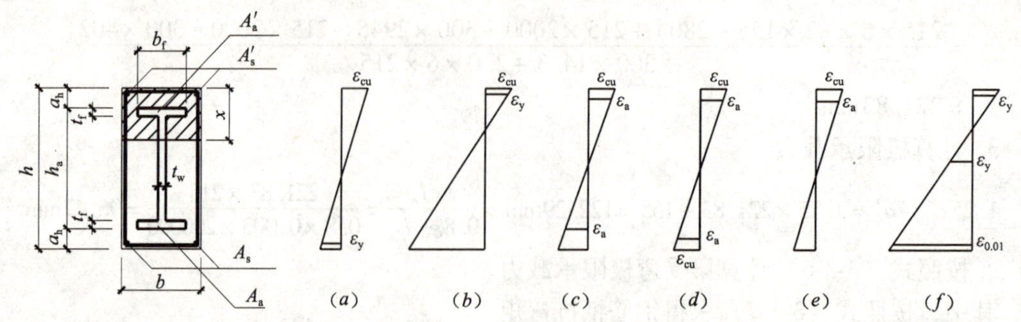

图 3-3-18　型钢混凝土梁及其各特征点的应变图

（6）第六个特征点，梁受拉钢筋的应变控制在 $\varepsilon_s = 0.01$，同时，受压钢筋屈服，应变图如图 3-3-18（f）所示。

根据以上六个特征点时型钢、钢筋和混凝土各种材料的应力-应变的关系，可以得出 M 的关系式：

$$M = C + AN - BN^2 \tag{3-3-16}$$

对梁来说，由于 $N = 0$，则可以得出：

$$M = C \tag{3-3-17}$$

式中 C 是和型钢混凝土梁截面、混凝土、钢筋及型钢强度、截面配筋、配钢率等有关的计算系数。因此，型钢混凝土梁的设计弯矩值 M 取决于梁的截面尺寸、型钢及钢筋配置。

该种方法计算结果对于对称配钢的梁截面较为精确，但手算较为困难，因此适用于计算机程序计算。有关该种方法及相关图表，可参见中国建筑工业出版社出版的《型钢混凝土组合结构构造与计算手册》。对于非对称配置型钢的梁截面，承载力计算尚在研究之中。

四、型钢混凝土梁斜截面极限状态

（一）梁斜截面破坏特征

通常的型钢混凝土梁受剪作用斜截面破坏表现在混凝土部分出现斜裂缝，混凝土剪压区受压破坏以及箍筋和型钢屈服。它和钢筋混凝土梁不同的是内含型钢，不仅是型钢的承剪力较大，而且由于型钢具有理想的弹塑性变形性能，改善了钢筋混凝土梁塑性铰转动的变形性能，使钢筋混凝土梁的剪切脆性破坏变为塑性破坏。

斜向剪切破坏的构件，其破坏图形如图 3-3-19 所示，在试验中，一般多发生于剪跨比较小的试件。作用在梁上的正应力 σ_x 不大而剪应力 τ 很高，所以斜裂缝是在梁腹中部首先出现。随着荷载的增加，初始斜裂缝向下延伸到支座，向上开展的荷载垫板，形成斜裂缝 a，并逐渐开展成临界斜裂缝。裂缝的宽度中间大，两端小。荷载增加到极限荷载时，出现几条与之平行的斜裂缝 b，此时梁的传力模型可认为是大致平行的斜裂缝，这一过程反应在图 3-3-20 的 P-f 曲线中。进入屈服后，承载能力仍有缓慢的增加，极限变形远大于普通混凝土构件，表现出较好的延性。

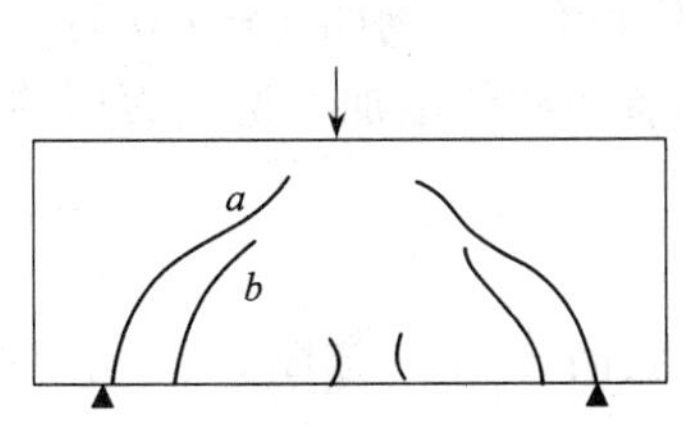

图 3-3-19　梁斜截面剪切破坏裂缝示意图

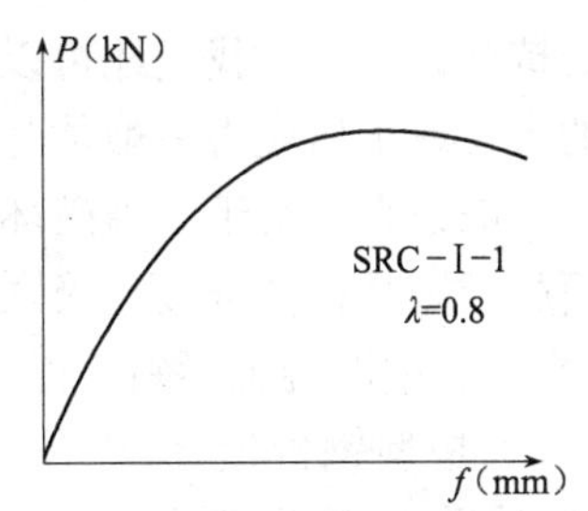

图 3-3-20　梁荷载-变形曲线示意图

弯剪破坏多发生在剪跨比较大的情况下，图 3-3-21 是裂缝开展图。由于剪跨比较大（$\lambda=2$），弯曲应力的影响增加，拉区混凝土最外边缘弯曲裂缝应力首先达到混凝土的抗拉强度使混凝土开裂，形成初始弯曲裂缝。这一系列弯曲裂缝发展到型钢下翼缘处，受到刚度较大的型钢约束，延缓了变形的发展。而此时剪力不断增加，梁腹部在剪应力和弯曲应力作用下主拉应力达到混凝土的抗拉强度，混凝土沿主拉应力垂直的方向开裂，由弯曲裂缝顶点指向加载点，形成斜裂逢。从试验所记录的荷载-位移曲线（图 3-3-22）可以看出其具有较好的延性。

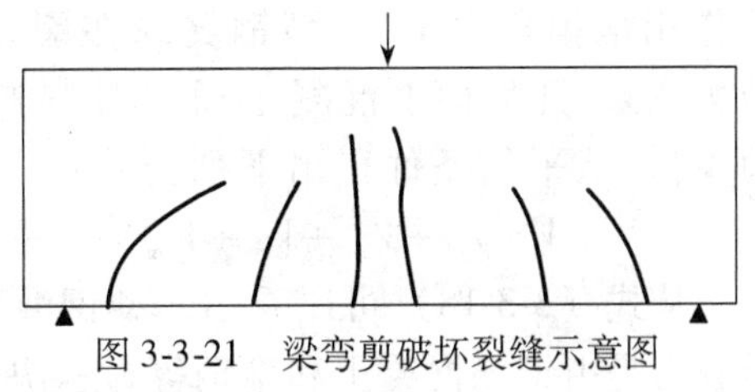
图 3-3-21　梁弯剪破坏裂缝示意图

弯剪构件的变形认为是弯曲变形和剪切变形的叠加。混凝土部分剪切变形相当于一附加转角，即构件绕斜裂缝顶点 A 转动产生转角（图 3-3-23）。因此，与裂缝相交的型钢、箍筋和主筋对剪切变形的发展起到有效的约束作用。当型钢进入塑流状态，荷载-位移曲线中出现明显的转折点，即屈服点。屈服点之后，承载力保持不变，并稍有增加，直到压区混凝土在剪应力和弯曲应力的作用下达到极限强度，整个构件丧失承载力。

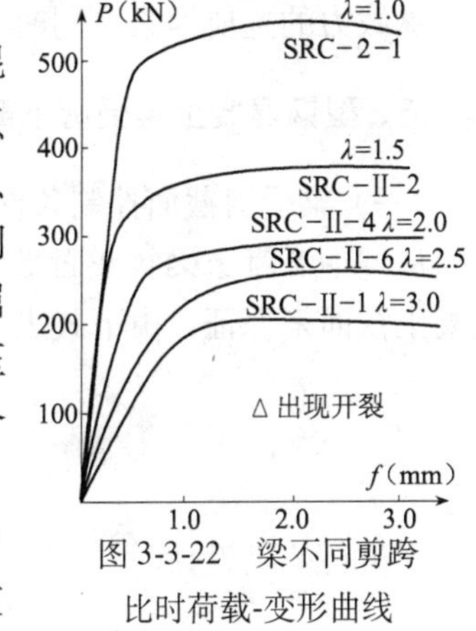

图 3-3-22　梁不同剪跨比时荷载-变形曲线

试验结果表明，剪跨比愈小，斜向剪切破坏承载力的特征愈明显。剪跨比增加，破坏形式逐渐转为弯剪破坏。含钢率增加，构件刚度增加，必然提高其弯曲开裂荷载，当弯曲开裂荷载大于剪切开裂荷载时，发生斜向剪切破坏，否则，则发生弯剪破坏。因此，剪跨比和含钢率的综合影响决定不同的破坏形式。

（二）梁箍筋的应力

试验发现，在斜裂缝出现之前，箍筋的应力很小，基本不起作用。当斜裂缝出现后，与斜裂缝相交箍筋的应变陡然增加，应力-应变曲线有明显的转折，对于型钢含量和配筋率适当的梁，剪压破坏时，通过斜裂缝的箍筋绝大多数可以达到屈服，只有靠近裂缝顶端的箍筋在破坏时有可能达不到屈服应变。

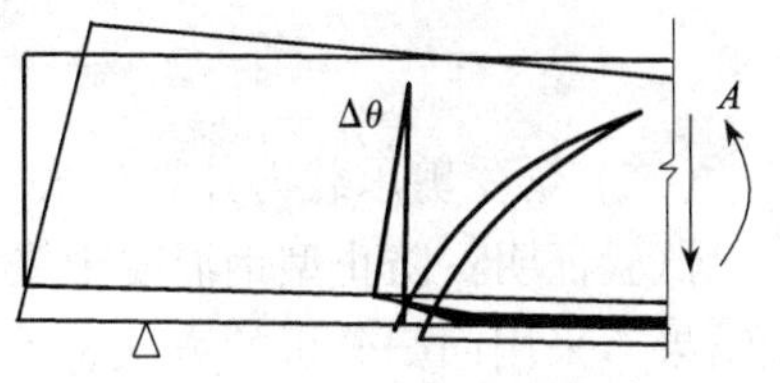

图 3-3-23　梁弯剪变形示意图

（三）型钢的抗剪作用

从梁的抗剪试验中，我们还可以发现，在梁达到受剪极限状态时，型钢混凝土梁中的型钢腹板的主拉或主压应力一般能达到屈服。但当剪跨比较大，例如 $\lambda=3.0$ 时，腹板不受剪屈服。一般说来，对于受剪破坏的型钢混凝土梁随着荷载的增加，型钢腹板的应力逐渐增大，而腹板则是在荷载接近极限值时才达到屈服应力。

（四）影响型钢混凝土梁斜截面受剪承载力的主要因素

图 3-3-24 是型钢混凝土梁斜裂缝上部的隔离体竖向力的示意图，从图中我们可以知道，与外剪力 V 平衡的内力分别是：裂缝上未开裂混凝土承担的剪力 V_{cl}，型钢腹板承担的剪力 V_{aw}，箍筋拉力 V_{sv}，与斜裂缝相交的主筋通过销栓作用承担剪力 V_{sm}，型钢翼缘在裂缝处具有销栓剪力 V_{af}，开裂面上混凝土通过骨料咬合力传递剪力 V_{co}，从平衡条件得出下列公式：

$$V=V_{cl}+V_{aw}+V_{sv}+V_{sm}+V_{af}+V_{co} \quad (3\text{-}3\text{-}18)$$

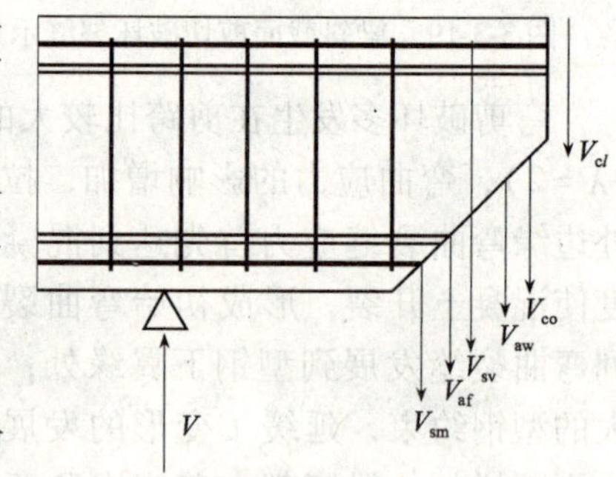

图 3-3-24　梁斜裂缝隔离体示意图

从式（3-3-18）可以看出，型钢混凝土梁的受剪承载力是由钢筋混凝土和型钢等材料决定的，因而作为影响普通钢筋混凝土梁受剪承载力的诸因素，如剪跨比 λ、配箍率 ρ_{sv} 和箍筋强度 f_{yv} 以及纵向钢筋配筋率 ρ 等同样是影响型钢混凝土梁斜截面受剪承载力的主要因素。同时，型钢混凝土受剪承载力还受到梁内型钢的显著影响。

五、型钢混凝土梁受剪承载力计算

（一）梁受剪截面控制条件

从型钢混凝土梁斜截面受力性能的研究可知，防止型钢混凝土构件斜压破坏应由控制混凝土截面来保证，由下式表示：

$$V_b \leqslant 0.45 f_c bh \quad (3\text{-}3\text{-}19)$$

$$\frac{f_a t_w h_w}{f_c b h_0} \geqslant 0.10 \quad (3\text{-}3\text{-}20)$$

当进行抗震设计时

$$V_b \leqslant \frac{1}{\gamma_{RE}}(0.36 f_c bh) \quad (3\text{-}3\text{-}21)$$

$$\frac{f_a t_w h_w}{f_c b h_0} \geqslant 0.10 \quad (3\text{-}3\text{-}22)$$

（二）梁受剪承载力计算公式

试验证明：防止型钢混凝土受剪破坏可由受剪承载力计算来保证。根据国内外有关试验结果，采用回归分析的方法，《型钢混凝土组合结构技术规程》JGJ 138—2001 给出了型钢混凝土梁受剪承载力计算公式。当型钢为充满型实腹型钢的型钢混凝土梁，承受均布荷载时，梁斜截面受剪承载力为：

$$V_b \leqslant 0.8 f_t b h_0 + f_{yv}\frac{A_{sv}}{s}h_0 + 0.58 f_a t_w h_w \quad (3\text{-}3\text{-}23)$$

集中荷载作用下的梁，其斜截面受剪承载力应按下式计算：

$$V_{\mathrm{b}}\leqslant\frac{2.0}{\lambda+1.5}f_{\mathrm{t}}bh_0+f_{\mathrm{yv}}\frac{A_{\mathrm{sv}}}{s}h_0+\frac{0.58}{\lambda}f_{\mathrm{a}}t_{\mathrm{w}}h_{\mathrm{w}} \tag{3-3-24}$$

式中　f_{yv}——箍筋强度设计值；

A_{sv}——配置在同一截面内箍筋各肢的全部截面面积；

s——沿构件长度方向上箍筋的间距；

λ——计算截面剪跨比；λ 可取 $\lambda=a/h_0$，a 为集中荷载作用点至支座截面或节点边缘的距离；当 $\lambda<1.4$ 时，取 $\lambda=1.4$；当 $\lambda>3$ 时，取 $\lambda=3$。

当考虑抗震设计时，

$$V_{\mathrm{b}}\leqslant\frac{1}{\gamma_{\mathrm{RE}}}\left(0.6f_{\mathrm{t}}bh_0+0.8f_{\mathrm{yv}}\frac{A_{\mathrm{sv}}}{s}h_0+0.58f_{\mathrm{a}}t_{\mathrm{w}}h_{\mathrm{w}}\right) \tag{3-3-25}$$

$$V_{\mathrm{b}}\leqslant\frac{1}{\gamma_{\mathrm{RE}}}\left(\frac{1.6}{\lambda+1.5}f_{\mathrm{t}}bh_0+0.8f_{\mathrm{yv}}\frac{A_{\mathrm{sv}}}{s}h_0+\frac{0.58}{\lambda}f_{\mathrm{a}}t_{\mathrm{w}}h_{\mathrm{w}}\right) \tag{3-3-26}$$

（三）计算实例

【例 3-3-5】 计算 **【例 3-3-1】** 所给出的型钢混凝土梁截面受剪承载力。当梁支座剪力为 $V=300\mathrm{kN}$ 时验算其是否能满足受剪承载力要求。

【解】 已知条件同 **【例 3-3-1】**，另 $f_{\mathrm{yv}}=210\mathrm{N/mm^2}$，$A_{\mathrm{sv}}=100.5\mathrm{mm^2}$

1. 梁受剪截面控制条件验算

$$V_{\mathrm{b}}=300\mathrm{kN}<0.45f_{\mathrm{c}}bh=0.45\times14.3\times250\times500=804375\mathrm{N}=804.38\mathrm{kN}$$

且
$$\frac{f_{\mathrm{a}}t_{\mathrm{w}}h_{\mathrm{w}}}{f_{\mathrm{c}}bh_0}=\frac{215\times7\times177.2}{14.3\times250\times460}=0.16>0.1$$

∴ 梁受剪截面满足控制条件。

2. 梁受剪承载力计算

$$\begin{aligned}[V_{\mathrm{b}}]&=0.8f_{\mathrm{t}}bh_0+f_{\mathrm{yv}}\frac{A_{\mathrm{sv}}}{s}h_0+0.58f_{\mathrm{a}}t_{\mathrm{w}}h_{\mathrm{w}}\\&=0.8\times1.43\times250\times460+210\times\frac{100.5}{200}\times460+0.58\times215\times7\times177.2\\&=334779\mathrm{N}=334.78\mathrm{kN}>V_{\mathrm{b}}=300\mathrm{kN}\end{aligned}$$

∴ 梁满足受剪承载力要求。

【例 3-3-6】 一框架梁，结构整体计算结果其端部最大剪力设计值为 $V=450\mathrm{kN}$，因空间高度的限制，梁截面拟取 300mm×500mm，梁内配筋和配钢如图 3-3-25 所示。假设混凝土强度等级为 C30，型钢为 Q235，箍筋为 HPB235，试验算梁的受剪承载力。

【解】 根据题可知

$f_{\mathrm{a}}=215\mathrm{N/mm^2}$，$f_{\mathrm{c}}=14.3\mathrm{N/mm^2}$，$f_{\mathrm{t}}=1.43\mathrm{N/mm^2}$，

$h=500\mathrm{mm}$，$b=300\mathrm{mm}$

型钢 $h_{\mathrm{w}}=152\mathrm{mm}$，$t_{\mathrm{w}}=14.5\mathrm{mm}$，$A_{\mathrm{a}}=11330\mathrm{mm^2}$，

箍筋 $f_{\mathrm{yv}}=210\mathrm{N/mm^2}$，$A_{\mathrm{sv}}=100.5\mathrm{mm^2}$

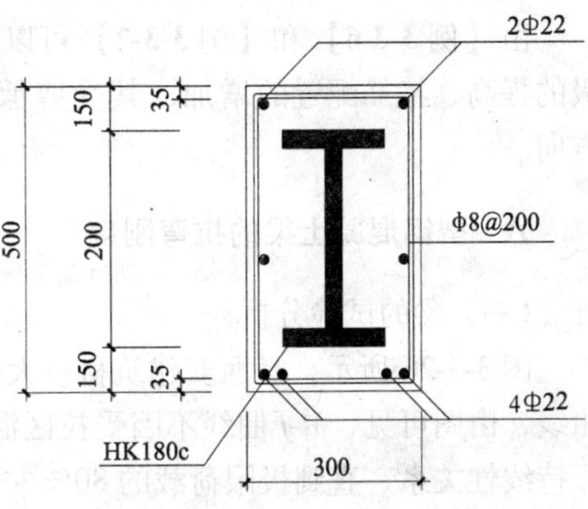

图 3-3-25 **【例 3-3-6】** 梁截面

1. 梁受剪截面控制条件验算

$$V_b = 450\text{kN} < 0.45f_c bh = 0.45 \times 14.3 \times 300 \times 500 = 965250\text{N} = 965.25\text{kN}$$

且
$$\frac{f_a t_w h_w}{f_c bh_0} = \frac{215 \times 14.5 \times 152}{14.3 \times 300 \times 415} = 0.27 > 0.1$$

∴ 梁受剪截面满足控制条件。

2. 梁受剪承载力计算

$$[V_b] = 0.8f_t bh_0 + f_{yv}\frac{A_{sv}}{s}h_0 + 0.58f_a t_w h_w$$

$$= 0.8 \times 1.43 \times 300 \times 415 + 210 \times \frac{100.5}{200} \times 415 + 0.58 \times 215 \times 14.5 \times 152$$

$$= 461060\text{N} = 461.06\text{kN} > V_b = 450\text{kN}$$

∴ 梁能满足受剪承载力要求。

【例 3-3-7】如果**【例 3-3-6】**中，梁的配钢配筋不变，但材料分别改为：混凝土强度等级为C40，型钢为 Q345，箍筋为 2 Φ 10@200，试计算梁的受剪承载力。

【解】根据题可知，

$f_a = 315\text{N/mm}^2$，$f_c = 19.1\text{N/mm}^2$，$f_t = 1.71\text{N/mm}^2$

箍筋 $f_{yv} = 300\text{N/mm}^2$，$A_{sv} = 157\text{mm}^2$，其他有关数据同［**例 3-3-6**］。

1. 梁受剪承载力计算

$$[V_b] = 0.8f_t bh_0 + f_{yv}\frac{A_{sv}}{s}h_0 + 0.58f_a t_w h_w$$

$$= 0.8 \times 1.71 \times 300 \times 415 + 300 \times \frac{157}{200} \times 415 + 0.58 \times 315 \times 14.5 \times 152$$

$$= 670719\text{N} = 670.72\text{kN}$$

2. 梁受剪截面验算

$$[V_b] = 670.72\text{kN} < 0.45f_c bh = 0.45 \times 14.3 \times 300 \times 500 = 965250\text{N} = 965.25\text{kN}$$

且
$$\frac{f_a t_w h_w}{f_c bh_0} = \frac{215 \times 14.5 \times 152}{14.3 \times 300 \times 415} = 0.27 > 0.1$$

∴ 梁受剪截面满足控制条件，故梁最大受剪承载力为 670.72kN。

由**【例 3-3-6】**和**【例 3-3-7】**可以发现，型钢混凝土梁随着混凝土强度等级、型钢等级的提高、箍筋配置的增加，其受剪承载力随之提高较大，使用较高强度的型钢是发展方向。

六、型钢混凝土梁的抗弯刚度

（一）梁的试验分析

图 3-3-26 所示，是西安建筑科技大学的抗弯刚度试验研究实测跨中挠度随 M/M_u 变化曲线，由图可见，M-f 曲线不因受拉区混凝土开裂而出现明显的转折点，上升段几乎一直保持线性关系，直到极限荷载的 80% 左右，才出现明显的转折点，而由弹性阶段进入弹塑性阶段，此时荷载增加变形迅速发展，超过最大承载力后，并不表现为迅速下降，而仍具有相当的承载力和变形能力，故型钢混凝土梁有良好的抗震性能。

在本节一（四）中，我们曾讨论过截面应变问题，从图3-3-7所示可以发现，型钢混凝土梁沿截面高度平均应变在使用荷载时近似符合平截面假定。

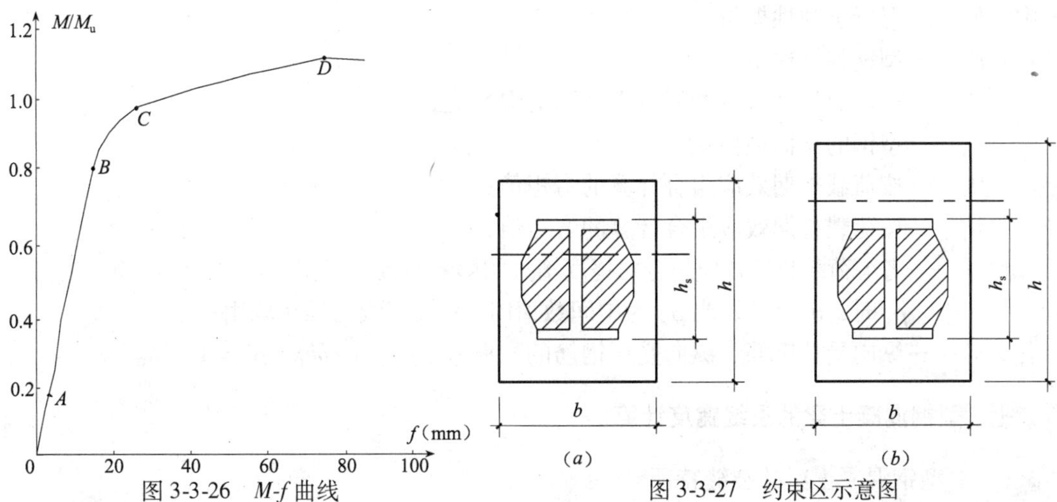

图3-3-26　M-f曲线

图3-3-27　约束区示意图

影响受弯构件抗弯刚度的因素除材料强度等级、截面尺寸等基本参数外，主要还有型钢、配钢率的影响，下面主要就这两项影响加以论述。

1. 型钢的影响

型钢混凝土梁的变形能力大于混凝土梁，这主要是由于型钢能有效地约束混凝土的变形，抑制内部裂缝的开展，从而使构件的抗弯刚度提高，腹板和上下翼缘对混凝土的约束作用可视为在受约束部分形成一个弹性核，如图3-3-27所示，由于M-ϕ曲线在构件屈服之前没有明显的拐点，故可以认为这种约束区在构件屈服之前，刚度保持一定值。

2. 配钢率的影响

由试验结果可见，当配钢率较大时，构件屈服前M-ϕ曲线具有钢结构梁的某些性质，即在构件屈服前近似为直线，主要是由于型钢的贡献大，屈服后承载力仍有缓慢增加，极限变形也较大。配钢率较小时，加载后期与钢筋混凝土结构性质相似，构件屈服后，承载力下降，构件变形能力较小，但承载力和变形能力都比钢筋混凝土结构好。

（二）抗弯刚度计算

通过以上的分析可见，型钢对核心混凝土有约束作用，可使其抗弯刚度提高，所以在刚度计算中，需要考虑这些因素的有利影响。同时，型钢混凝土梁在使用荷载时截面平均应变符合平截面假定，且型钢与混凝土截面变形的平均曲率相同，因此，截面抗弯刚度可以采用钢筋混凝土截面抗弯刚度和型钢截面抗弯刚度叠加的原则来处理：$B_s=B_{rc}+B_a$。型钢在使用阶段采用弹性刚度：$B_a=E_aI_a$。

混凝土截面的抗弯刚度，考虑型钢翼缘和腹板对其内部混凝土约束的有利作用，抵消拉区混凝土裂缝的不利作用，取梁混凝土全截面的惯性矩计算混凝土截面梁的刚度。通过对不同配筋率、混凝土强度等级、截面尺寸的型钢混凝土梁试验的数值线性回归，确定了如下型钢混凝土梁在短期效应和长期效应组合作用的短期刚度B_s和长期刚度B_l公式：

$$B_s=\left(0.22+3.75\frac{E_s}{E_c}\rho_s\right)E_cI_c+E_aI_a \tag{3-3-27}$$

$$B_l = \frac{M_s}{M_l(\theta - 1) + M_s} B_s \tag{3-3-28}$$

式中　E_c——混凝土弹性模量；

E_a——型钢弹性模量；

I_c——按截面尺寸计算的混凝土截面的惯性矩；

I_a——型钢的截面惯性矩；

M_s——按荷载短期效应组合计算的弯矩值；

M_l——按荷载长期效应组合计算的弯矩值；

θ——考虑荷载长期效应组合对挠度增大的影响系数；当 $\rho'_s=0$ 时，$\theta=2.0$；当 $\rho'_s=\rho_s$ 时，$\theta=1.6$；当 ρ'_s 为中间数值时，θ 按直线内插法取用；

ρ_s、ρ'_s——纵向受拉钢筋、纵向受压钢筋的配筋率，$\rho_s=A_s/bh_0$，$\rho'_s=A'_s/bh_0$。

七、型钢混凝土梁的裂缝宽度计算

（一）型钢混凝土梁的裂缝特征

1. 裂缝的出现和开展

当型钢混凝土受弯构件在薄弱截面中的拉应力超过了混凝土的抗拉强度时，型钢混凝土构件开始形成第一条（批）裂缝（图 3-3-28）。裂缝开展后，混凝土即开始回缩。沿截面宽度，混凝土的回缩是不均匀的，钢筋和型钢对靠近它表面的混凝土约束，故该处混凝土回缩小些，而外表混凝土较为自由，则回缩多些。继续加载时由于钢筋、型钢的不断伸长，又会在第一批裂缝之外形成新的裂缝。但是裂缝的间距只能减小到一个确定的最小间距 l_{min}，小于 l_{min}，则钢筋与型钢通过粘结力传给混凝土的拉力已经小于混凝土的抗拉强度，再不能形成裂缝。

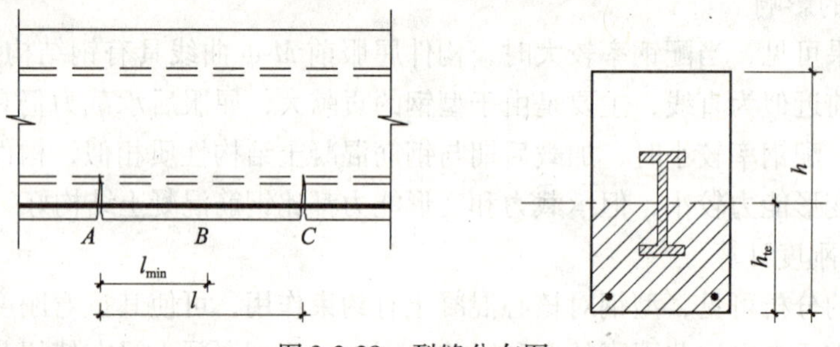

图 3-3-28　裂缝分布图

2. 裂缝特征

试验可知，裂缝一出现就上升到一定的高度，这个高度约在型钢下翼缘附近。这是因为当梁底部受拉混凝土的应力达到抗拉极限强度时，在受弯梁的一些局部削弱或原始产生的微裂缝部位出现第一条（批）裂缝，由于此时拉区已呈微弱塑性，且由于断裂能的瞬时释放，致使裂缝一出现就上升到一定的高度。当裂缝发展到型钢下翼缘附近时，由于具有较大刚度的型钢的存在，直接承担了比底部混凝土开裂前大的拉应力，且处于型钢翼缘之间的混凝土应变受到型钢的约束，从而抑制和延缓了裂缝向上发展。

从试验对梁整个裂缝出现和开裂过程的观察还发现，裂缝一般先出现在纯弯段，然后才出现在剪跨段。纯弯段加载到极限荷载的50%时，裂缝基本出齐，直到构件破坏时，表现为一致的竖向裂缝。剪跨段一般先出现竖向的短小裂缝，加载到一定阶段则逐渐发展为指向加载点的斜向裂缝，剪跨比愈小，这种现象就愈明显。

从型钢混凝土梁和混凝土梁的试验对比发现，型钢混凝土梁的平均裂缝间距较混凝土梁大一些，但其裂缝宽度开展却相对较小。其主要原因是由于型钢的存在，使得其周围一定范围内受拉的有效混凝土面积增加，在混凝土强度等级一定的条件下，就需要一定长度（l_{cr}）上的粘结应力来平衡有效混凝土面积上的拉应力，即 $l_{cr,min}=\dfrac{A_{te}f_t}{\tau_a S_a+\tau_s S_s}$。式中，$l_{cr,min}$为最小裂缝间距，$A_{te}$为混凝土的有效受拉面积，$f_t$ 为混凝土的抗拉强度，τ_a 和τ_s 分别为型钢和钢筋平均应力，S_a 和 S_s 分别为受拉部位型钢和钢筋的总周长。

从钢筋约束区的概念出发，则裂缝的开展是由于钢筋和型钢外围混凝土的回缩，而每根钢筋及型钢对混凝土回缩的约束作用有一定范围，即通过粘结应力把拉应力扩散到混凝土上去，能够有效地约束混凝土回缩的区域有一定范围。型钢混凝土构件中，由于型钢的加入，使钢筋和型钢的有效埋置区加大，就增大了有效约束混凝土的区域。因此，使得型钢混凝土构件裂缝宽度较混凝土构件小。如图3-3-29所示。

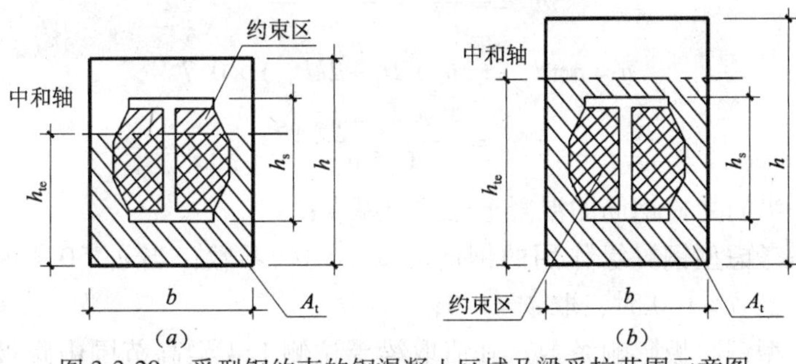

图3-3-29　受型钢约束的钢混凝土区域及梁受拉范围示意图

3. 裂缝区段内受拉钢筋和型钢的应力分布

图3-3-30是沿水平方向受拉钢筋和型钢的应变曲线。从图中可以看出，钢筋和型钢的应变是不均匀的。在裂缝截面，应变获得最大值。二者的变化规律是，在加载初期，钢筋和型钢的应变比值不大，继续加载后，则表现为钢筋的应变变化幅值较大，型钢下翼缘应变变化幅值较小。这可以从钢筋和型钢与混凝土的粘结机理得到解释。加载初期，钢材与混凝土的粘结力主要是由其表面的化学黏着力承担，此时，虽然型钢及钢筋与混凝土的接触方式不尽相同，由于化学黏着力较小，同一截面处，两者应变差值不大。继续加载，则由于钢材与混凝土的相对滑移增加，化学黏着力开始遭到破坏，型钢与混凝土的粘结力主要由其表面摩擦力组成，带肋钢筋与混凝土的粘结力则主要由表面的摩擦力和钢筋横肋与混凝土的机械咬合力组成。钢筋与混凝土的粘结力相对于型钢

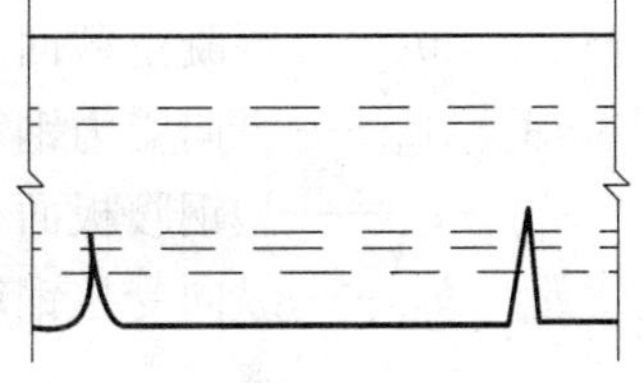

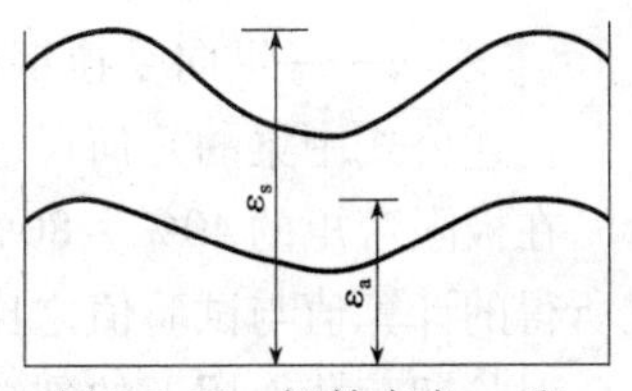

图3-3-30　钢筋应变 ε_s 和型钢应变 ε_a 曲线

与混凝土的粘结力大很多，因此，应变幅值大些。

（二）型钢混凝土梁裂缝宽度计算

由于混凝土材料是三种材料组成的，具有多级水平下的多相性和裂缝出现的伴随性，裂缝出现后，钢筋、型钢与混凝土相互作用区域发生的变形及应力状态的极其复杂性，使得对裂缝间距和裂缝宽度的严密理论计算非常困难。针对型钢混凝土梁裂缝宽度计算公式的建立，国内有关单位进行了大量的试验研究，也提出了基本思路较接近的计算方法。基于把型钢翼缘作为纵向受力钢筋，且考虑部分型钢腹板的影响，按国家标准《混凝土结构设计规范》GBJ 10—89 的有关裂缝宽度计算公式的形式，《型钢混凝土组合结构技术规程》JGJ 138—2001 编制组提出了型钢混凝土梁在短期效应组合作用下的最大裂缝宽度计算公式。

$$w_{\max}=2.1\psi\frac{\sigma_{sa}}{E_s}\left(1.9c+0.08\frac{d_e}{\rho_{te}}\right) \tag{3-3-29}$$

$$\psi=1.1(1-M_c/M_s) \tag{3-3-30}$$

$$M_c=0.235bh^2f_{tk} \tag{3-3-31}$$

$$\sigma_{sa}=\frac{M_s}{0.87(A_sh_{0s}+A_{af}h_{0f}+kA_{aw}h_{0w})} \tag{3-3-32}$$

$$d_e=\frac{4(A_s+A_{af}+kA_{aw})}{u} \tag{3-3-33}$$

$$u=n\pi d_s+(2b_f+2t_f+2kh_{aw})\times0.7 \tag{3-3-34}$$

$$\rho_{te}=\frac{A_s+A_{af}+kA_{aw}}{0.5bh} \tag{3-3-35}$$

式中　c——纵向受拉钢筋的混凝土保护层厚度；

ψ——考虑型钢翼缘作用的钢筋应变不均匀系数；当 $\psi<0.4$ 时，取 $\psi=0.4$；当 $\psi>1.0$ 时，取 $\psi=1.0$；

k——型钢腹板影响系数，其值取梁受拉侧 1/4 梁高范围中腹板高度与整个腹板高度的比值；

d_e、ρ_{te}——考虑型钢受拉翼缘与部分腹板及受拉钢筋的有效直径、有效配筋率；

σ_{sa}——考虑型钢受拉翼缘与部分腹板及受拉钢筋的钢筋应力值；

M_c——混凝土截面的抗裂弯矩；

A_s、A_{af}——纵向受力钢筋、型钢受拉翼缘面积；

A_{aw}、h_{aw}——型钢腹板面积、高度；

h_{0s}、h_{0f}、h_{0w}——纵向受拉钢筋、型钢受拉翼缘、kA_{aw} 截面重心至混凝土截面受压边缘的距离；

n——纵向受拉钢筋数量；

u——纵向受拉钢筋和型钢受拉翼缘与部分腹板周长之和。

上述公式中梁的几何尺寸及有关参数详见图 3-3-31。

在极限弯矩的 40% ~80% 的范围内所进行的 8 根试验梁的试验结果表明，上述计算公式所得的计算值与试验值之比的平均值为 1.011，均方差为 0.24。

对长期荷载作用下的裂缝宽度计算，即在短期荷载作用下的裂缝宽度计算公式基础上考虑长期影响的扩大系数 1.5。

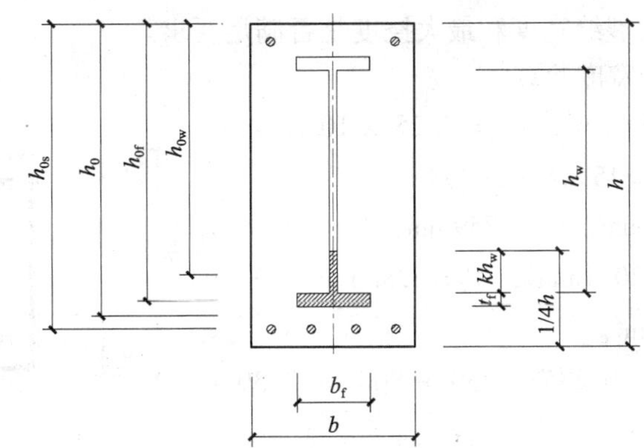

图 3-3-31 型钢混凝土梁最大裂缝宽度计算

八、型钢混凝土梁正常使用极限状态计算

（一）正常使用极限状态计算

按照《建筑结构可靠度设计统一标准》GB 50068—2001 有关正常使用极限状态的定义和要求，对型钢混凝土结构正常使用极限状态的计算主要是变形、抗裂及裂缝宽度的控制。即型钢混凝土梁的最大挠度按荷载的短期效应组合并考虑长期效应组合影响进行计算，其计算值不应大于表 3-3-2 规定的最大值。

型钢混凝土梁最大挠度 [f] **表 3-3-2**

计算跨度 l_0（m）	挠度允许值
$l_0<7$	$l_0/200(l_0/250)$
$7\leq l_0\leq 9$	$l_0/250(l_0/300)$
$l_0>9$	$l_0/300(l_0/400)$

注：1. 构件制作时预先起拱，且使用上也允许，验算挠度时，可将计算所得的挠度值减去起拱值；

2. 表中括号中的数值适用于使用上对挠度有较高要求的构件。

型钢混凝土组合结构构件最大裂缝宽度不应超过表 3-3-3 中最大裂缝宽度限值。

最大裂缝宽度限值[w_{max}]（mm） **表 3-3-3**

构 件 环 境	最大裂缝宽度限值
室内正常环境	≤0.30
露天或室内高温环境	≤0.20

本节六、七部分已分别介绍了型钢混凝土组合梁的抗弯刚度及裂缝宽度计算方法，按照上述有关公式就可以计算出型钢混凝土梁正常使用极限状态下的最大挠度和最大裂缝宽度值，并可判断出其是否满足上述限值的要求。

（二）计算实例

【例 3-3-8】已知型钢混凝土框架梁，截面尺寸如图 3-3-32 所示，该梁型钢采用 Q345，H－500×200×12×16，$E_a=2.06\times10^5\text{N/mm}^2$，混凝土为 C40，$f_{tk}=2.39\text{N/mm}^2$，$E_c=3.25\times10^4\text{N/mm}^2$，受拉纵筋为 4 Φ 22，受压纵筋为 2 Φ 20，梁纵筋及箍筋均为 HRB335 级，$E_s=2\times10^5\text{N/mm}^2$。已知 $M_s/M_l=1.5$，通过内力分析得跨中弯矩为 $M_s=459\text{kN}\cdot\text{m}$。

试验算此框架梁的最大裂缝宽度和最大挠度是否满足要求。

【解】1. 最大裂缝宽度验算

已知：$f_{tk}=2.39\text{N/mm}^2$，$E_c=3.25\times10^4\text{N/mm}^2$，$E_a=2\times10^5\text{N/mm}^2$，$M_s=459\text{kN}\cdot\text{m}$

计算得：$kh_{aw}=34\text{mm}$，$h_{0s}=759\text{mm}$，$h_{0f}=650\text{mm}$，$h_{0w}=617\text{mm}$，$A_s=1520.4\text{mm}^2$，$A'_s=628.3\text{mm}^2$，$A_{af}=3200\text{mm}^2$，$kA_{aw}=408\text{mm}^2$。

$M_c=0.235bh^2f_{tk}=0.235\times350\times800^2\times2.39\approx125.81\text{kN}\cdot\text{m}$

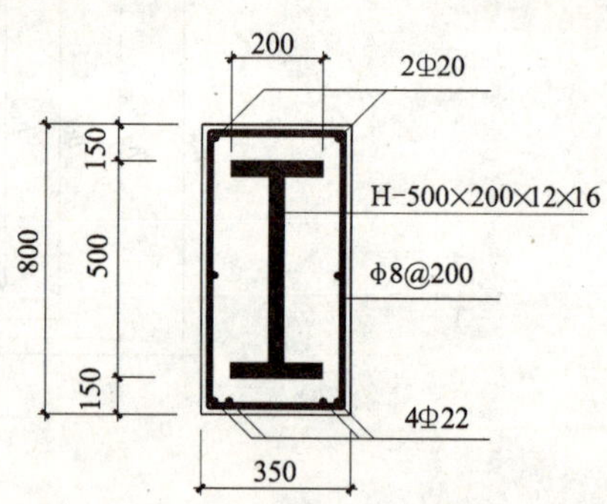

图 3-3-32　【例 3-3-8】梁截面

按式（3-3-30）求考虑型钢翼缘作用的钢筋应变不均匀系数 ψ

$$\psi=1.1\left(1-\frac{M_c}{M_s}\right)=1.1\times\left(1-\frac{125.81}{459}\right)=0.798$$

按式（3-3-34）求出纵向受拉钢筋和型钢受拉翼缘与部分腹板周长之和 u

$$u=n\pi d_s+(2b_f+2t_f+2kh_{aw})\times0.7$$
$$=4\times\pi\times22+(2\times200+2\times16+2\times34)\times0.7=626.46\text{mm}$$

再按式（3-3-33）和式（3-3-35）分别求出考虑型钢受拉翼缘与部分腹板及受拉钢筋的有效直径 d_e、有效配筋率 ρ_{te}

$$d_e=\frac{4(A_s+A_{af}+kA_{aw})}{u}=\frac{4\times(1520.4+3200+408)}{626.46}\approx32.75\text{mm}$$

$$\rho_{te}=\frac{A_s+A_{af}+kA_{aw}}{0.5bh}=\frac{1520.4+3200+408}{0.5\times350\times800}\approx0.0366$$

根据式（3-3-32）求出考虑型钢受拉翼缘与部分腹板及受拉钢筋的应力值 σ_{sa}

$$\sigma_{sa}=\frac{M_s}{0.87(A_s\cdot h_{0s}+A_{af}\cdot h_{0f}+kA_{aw}\cdot h_{0w})}$$
$$=\frac{459\times10^6}{0.87\times(1520.4\times760+3200\times650+408\times617)}\approx151.29\ \text{N/mm}^2$$

最后，按式（3-3-29）求出最大裂缝宽度 w_{max}

$$w_{max}=2.1\psi\frac{\sigma_{sa}}{E_s}\left(1.9c+0.08\frac{d_e}{\rho_{te}}\right)$$
$$=2.1\times0.798\times\frac{151.29}{2\times10^5}\left(1.9\times30+0.08\times\frac{32.75}{0.0366}\right)$$
$$\approx0.16<0.3$$

故该梁满足表 3-3-3 最大裂缝宽度限值要求。

2. 挠度验算

已知：$E_a=2.06\times10^5\text{N/mm}^2$，根据该梁截面及型钢尺寸，可以求得：

$$I_c=\frac{1}{12}bh^3=\frac{1}{12}\times350\times800^3=1.493\times10^{10}\text{mm}^4$$

$$I_a=\frac{1}{12}\times200\times500^3-\frac{1}{12}(200-12)(500-32)^3=4.774\times10^8\text{mm}^4$$

$$\rho_s = A_s/bh_0 = \frac{1520.4}{350 \times 760} \times 100\% = 0.5716\%$$

$$\rho'_s = A'_s/bh_0 = \frac{628.3}{350 \times 760} \times 100\% = 0.2362\%$$

$$\theta = 1.6 + (2.0 - 1.6) \times \frac{0.2362\%}{0.5716\%} = 1.765$$

所以根据式（3-3-27）可以求出该梁的短期刚度 B_s：

$$\begin{aligned} B_s &= \left(0.22 + 3.75\frac{E_s}{E_c}\rho_s\right)E_cI_c + E_aI_a \\ &= \left(0.22 + 3.75 \times \frac{2.0 \times 10^5}{3.25 \times 10^4} \times 0.5716\%\right) \times 3.25 \times 10^4 \times 1.493 \times 10^{10} \\ &\quad + 2.06 \times 10^5 \times 4.774 \times 10^8 \\ &\approx 2.6909 \times 10^{14}\,\text{N} \cdot \text{mm}^2 \end{aligned}$$

再按式（3-3-28）求出该梁的长期刚度 B_l：

$$\begin{aligned} B_l &= \frac{M_s}{M_l(\theta - 1) + M_s}B_s \\ &= \frac{M_s/M_l}{(\theta - 1) + M_s/M_l}B_s = \frac{1.5}{1.765 - 1 + 1.5} \times 2.6909 \times 10^{14} \approx 1.7821 \times 10^{14}\,\text{N} \cdot \text{mm}^2 \end{aligned}$$

从而可以求出梁的挠度

$$f = \frac{5M_sl_0^2}{48B_l} = \frac{5 \times 459 \times 10^6 \times 12000l_0}{48 \times 1.7821 \times 10^{14}} \approx \frac{l_0}{311} < \frac{l_0}{300}$$

故，该梁满足表3-3-2的挠度允许值要求。

第四节　型钢混凝土柱的极限状态及计算

本节主要讨论的是实腹式型钢混凝土柱的轴压及单向偏压极限状态及计算。

一、型钢混凝土偏心受压柱的极限状态

（一）偏心受压柱的力学性能

依据试验研究，对于 $e_0/h = 0.1$、$e_0/h = 0.3$、$e_0/h = 0.5$ 等柱的破坏试验表明：型钢混凝土偏心受压柱经历了混凝土初裂、裂缝展开、直至压区混凝土剥落、受压钢筋和型钢受压翼缘屈服、承载力达到峰值的过程。图3-4-1为典型的偏心受压柱荷载和位移角的关系曲线，由此可以看出，型钢混凝土偏心受压柱与钢筋混凝土柱相似，从表面上看，最终都是混凝土被压碎，所不同的是型钢混凝土柱在峰值过后，柱的承载力下降率较少，这是由于型钢的弹塑性变形的贡献。

（二）偏心受压柱的截面应力、应变特征

由试验结果分析可知，随着 e_0/h 的增大，柱破坏截面拉区配（钢）筋逐渐由受压转为受拉，这是由于柱偏心距产生的弯矩作用，使得柱截面拉区产生拉应变，柱截面应变可认为是轴向压应变与弯曲应变叠加的结果，当 e_0/h 增大时，截面应变中的弯曲应变增大，e_0/h 增大到一定程度后，拉区即由压应变状态转化为拉应变状态。同时，试验中对柱的混

凝土和型钢上的应变测量结果表明（图 3-4-3），在外荷载加至柱破坏荷载（N_{max}）的 0.6 倍之前，柱截面应变较好地符合平截面假定。图 3-4-2 为型钢混凝土柱正截面极限承载力状态下一个较为典型的临界截面平均应变随着外荷载增加而改变的情况。当外荷载超过 $0.6N_{max}$ 达到（0.8～0.9）N_{max} 时，柱截面应变还能基本上符合平截面假定。此后，由于裂缝及型钢与混凝土之间滑移的产生和发展，柱截面平均应变不再符合平截面假定。这种改变随着 e_0/h 的增大而加强。

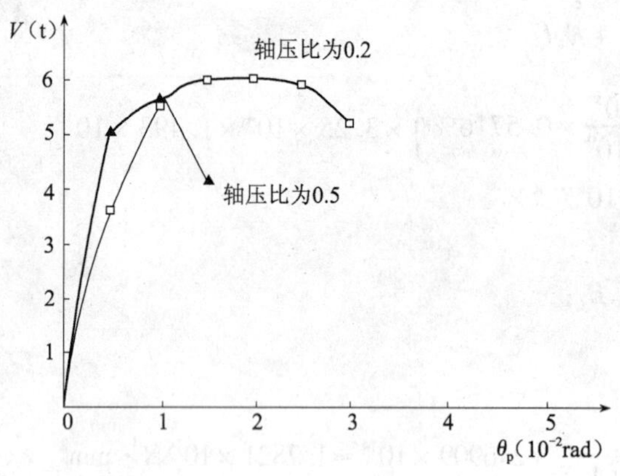

图 3-4-1　偏压柱荷载和位移角的关系曲线

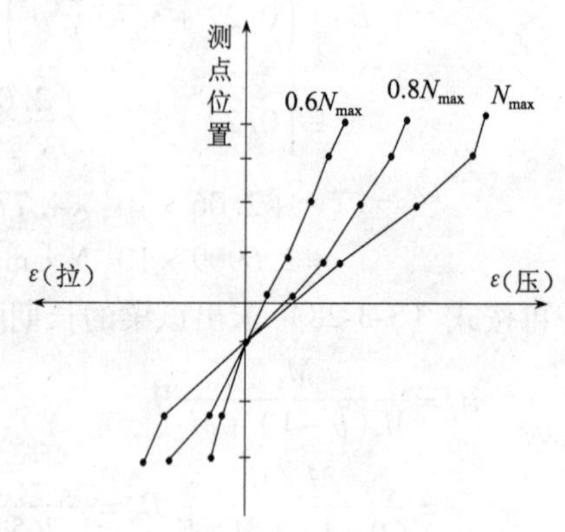

图 3-4-2　偏压柱平均应变图

（三）纵向弯曲对偏心受压柱承载力的影响

纵向弯曲作用将使柱承载力下降。其影响因素除与截面特征量有关外，主要还与长细比 l_0/h 和相对偏心距 e_0/h 有关。随着 l_0/h 的增大，柱纵向弯曲作用增强；随着 l_0/h 的减小，柱纵向弯曲作用减弱。试验实测和理论分析计算表明，当长细比 $l_0/h \leqslant 10$ 时，纵向弯曲作用对柱承载力影响较小，二阶弯矩可忽略不计；当 $l_0/h > 10$ 时，必须考虑这种影响。在一定的条件下，柱的承载力随 e_0/h 的增大而减小。

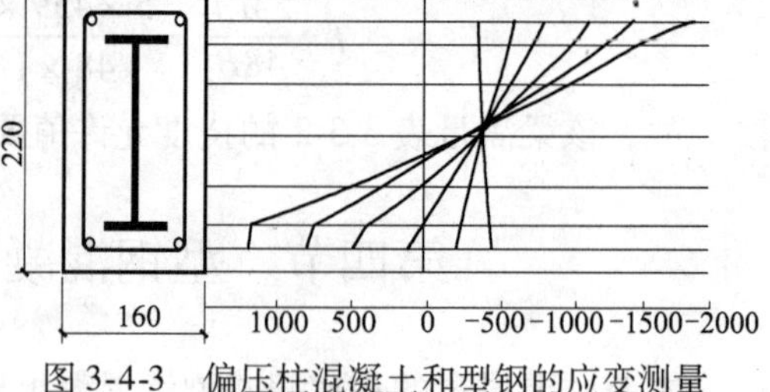

图 3-4-3　偏压柱混凝土和型钢的应变测量

（四）型钢混凝土偏压短柱的破坏形态

型钢混凝土偏压短柱的破坏形态可分为大偏心和小偏心两种，其特征分别为：

（1）小偏压构件　受拉钢筋没有屈服，破坏前拉区横向裂缝出现较晚或不出现，破坏时沿柱长方向在中间截面附近的保护突然压碎，呈碎片剥落，并整体向外弹凸，纵向裂缝迅速向上下两端开展，继而压区混凝土被压碎，承载力陡然下降，压碎及纵裂区域较大，如图 3-4-4（a）所示。

（2）大偏压构件　受拉钢筋及型钢翼缘屈服后，变形发展虽然加快，但还能增加荷载，直到拉区一部分型钢腹板也屈服才开始破坏。拉区横向裂缝出现较早，此后，横向裂缝不断开展，伸向构件中部。偏心距越大，破坏过程越缓慢、平稳，横向裂缝开展越大，如图 3-4-4（b）所示。

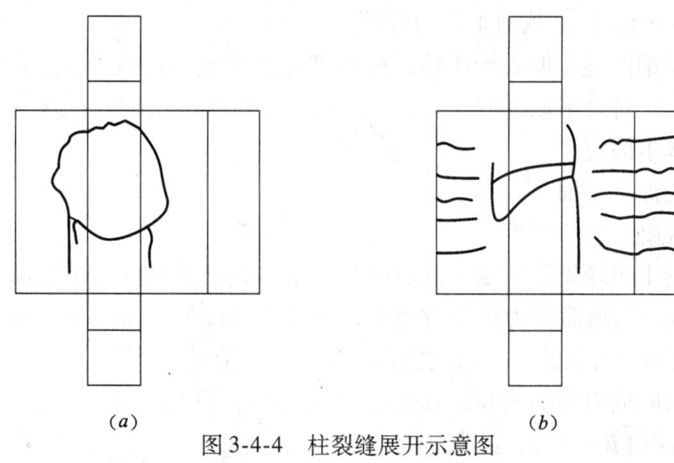

图 3-4-4　柱裂缝展开示意图

(a) 小偏压柱；(b) 大偏压柱

二、型钢混凝土柱正截面承载力计算

(一) 型钢混凝土轴心受压柱正截面承载力计算

前面已经介绍了型钢混凝土柱在轴向压力作用下（有箍筋约束的混凝土状态），柱内型钢和混凝土的变形基本保持一致，直至构件破坏。因此可以认为型钢与混凝土是能够共同工作的，能够采用叠加原理来计算柱的正截面承载力。同时由于当 l_0/h 较大时，柱会发生纵向弯曲破坏等现象，在柱正截面承载力计算时，要考虑柱的高度、截面大小等因素，因此，轴心受压柱正截面承载力可按式（3-4-1）计算。

$$N \leqslant 0.9\varphi(A_c f_c + A_s f_y + A_a f_a) \tag{3-4-1}$$

式中　N——外荷载产生的轴力设计值；

A_c、f_c——柱中混凝土计算截面面积和轴心抗压强度设计值；当配钢率大于 3% 时，$A_c = A - A_a - A_s$，否则 A_c 近似取构件截面面积；

A_s、f_y——柱中纵向钢筋截面面积和抗压强度设计值；

A_a、f_a——柱中型钢截面面积和抗压强度设计值；

φ——型钢混凝土柱稳定系数。

根据试验结果及有关资料，按照 ECCS 曲线中"b"曲线可以确定 φ 值，即当 $l_0/i < 28$ 时，$\varphi = 1$；当 $28 \leqslant l_0/i < 120$ 时，$\varphi = 1.15 - 0.005 l_0/i$；当 $l_0/i \geqslant 120$ 时，$\varphi = 1.03 - 0.004 l_0/i$。

在型钢混凝土柱稳定系数计算公式中，l_0 为构件长度，i 为柱换算最小回转半径，可按式（3-4-2）计算：

$$i = \sqrt{I_{src}/A_{src}} \tag{3-4-2}$$

式中　A_{src}、I_{src}——柱的换算截面面积和换算截面惯性矩。

$$A_{src} = A_c + \alpha_{ac} A_a + \alpha_{sc} A_s$$

$$I_{src} = I_c + \alpha_{ac} I_a + \alpha_{sc} I_s$$

$$\alpha_{ac} = \frac{E_a}{E_c} \quad \alpha_{sc} = \frac{E_s}{E_c}$$

(二) 型钢混凝土偏心受压柱正截面承载力计算

1. 公式法偏心受压柱正截面承载力计算

如前面介绍型钢混凝土偏心受压柱，外荷载加至柱破坏荷载（N_{max}）的0.9倍时，柱截面应变还能基本上符合平截面假定，因此，研究型钢混凝土偏心受压柱正截面承载力计算应首先作如下基本假定：

（1）截面应变保持平面。

（2）不考虑混凝土抗拉强度。

（3）受压混凝土边缘极限应变 ε_{cu} 取0.003，相应的最大压应力取混凝土轴心抗压强度设计值 f_c，受压应力图形简化为矩形应力图，其高度取按平截面假定所确定的中和轴高度乘以系数0.8，矩形应力图的应力取为混凝土轴心抗压强度设计值。

（4）型钢腹板的应力图形为拉、压梯形应力图形，且与钢材的屈服应变 ε_y 和混凝土极限压应变 ε_{cu} 的比值 $\beta=\varepsilon_y/\varepsilon_c$ 有关。

型钢混凝土偏心受压柱的正截面承载力的计算可归纳为二部分，一部分由混凝土、纵向钢筋、型钢翼缘承受的内力和内力矩组成；另一部分由型钢腹板承受的内力和内力矩组成。柱型钢截面为工字形型钢时，正截面偏心受压承载力的计算简图如图3-4-5所示，采取截面极限平衡理论，可以得出下列偏心受压构件正截面受压承载力计算公式：

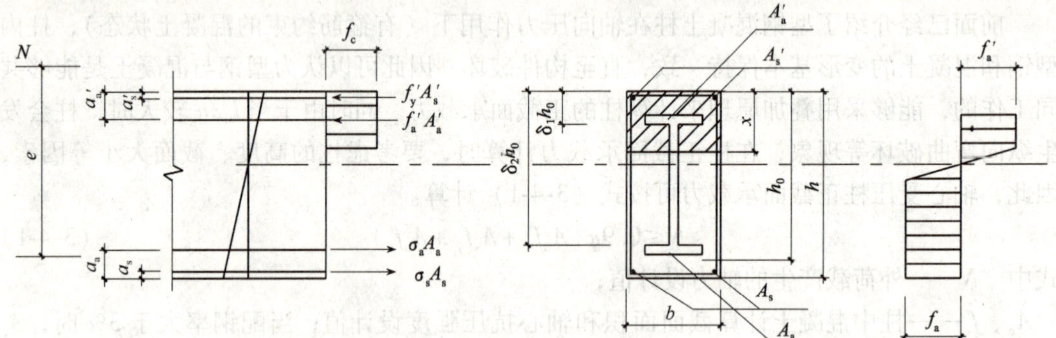

图3-4-5　偏心受压承载力的计算

$$N\leqslant f_c bx+f'_yA'_s+f'_aA'_{af}-\sigma_sA_s-\sigma_aA_{af}+N_{aw} \tag{3-4-3}$$

$$Ne\leqslant f_c bx(h_0-x/2)+f'_yA'_s(h_0-a'_s)+f'_aA'_{af}(h_0-a'_a)+M_{aw} \tag{3-4-4}$$

$$e=\eta e_i+\frac{h}{2}-a \tag{3-4-5}$$

$$e_i=e_0+e_a \tag{3-4-6}$$

当 $\delta_1h_0<1.25x,\delta_2h_0>1.25x$ 时：

$$N_{aw}=[2.5\xi-(\delta_1+\delta_2)]t_wh_0f_a \tag{3-4-7}$$

$$M_{aw}=\left[\frac{1}{2}(\delta_1^2+\delta_2^2)-(\delta_1+\delta_2)+2.5\xi-(1.25\xi)^2\right]t_wh_0^2f_a \tag{3-4-8}$$

当 $\delta_1h_0<1.25x,\delta_2h_0<1.25x$ 时：

$$N_{aw}=(\delta_2-\delta_1)t_wh_0f_a \tag{3-4-9}$$

$$M_{aw}=\left[\frac{1}{2}(\delta_1^2-\delta_2^2)+(\delta_2-\delta_1)\right]t_wh_0^2f_a \tag{3-4-10}$$

受拉边或受压较小边的钢筋应力 σ_s 和型钢翼缘应力 σ_a 可按下列条件计算：

当 $x\leqslant\xi_bh_0$ 时，为大偏心受压构件，取 $\sigma_s=f_y$，$\sigma_a=f_a$。

当 $x>\xi_b h_0$ 时，为小偏心受压构件，σ_s、σ_a 应按下式计算：

$$\sigma_s=\frac{f_y}{\xi_b-0.8}\left(\frac{x}{h_0}-0.8\right) \tag{3-4-11}$$

$$\sigma_a=\frac{f_a}{\xi_b-0.8}\left(\frac{x}{h_0}-0.8\right) \tag{3-4-12}$$

$$\xi_b=\frac{0.8}{1+\dfrac{f_y+f_a}{2\times0.003E_a}} \tag{3-4-13}$$

式中　e——轴向力作用点至纵向受拉钢筋和型钢受拉翼缘的合力点之间的距离；

e_0——轴向力对截面重心的偏心距，取 $e_0=M/N$；

e_a——考虑荷载位置不定性、材料不均匀、施工偏差等引起的附加偏心距，在偏心受压构件的正截面承载力计算中，应考虑轴向压力在偏心方向存在的附加偏心距 e_a，其值取 20mm 和偏心方向截面尺寸的 1/30 两者中的较大值；

η——偏心受压构件考虑挠曲影响的轴力偏心距增大系数，按式（3-4-14）计算，当长细比 l_0/h（或 l_0/d）不大于 8 时，可取 $\eta=1.0$。

型钢混凝土偏心受压柱正截面承载力计算时，应考虑构件在弯矩作用平面内挠曲对轴向力偏心距的影响，应将轴向力对截面重心的偏心距 e_i 乘以偏心增大系数 η，其值按下式计算：

$$\eta=1+\frac{1}{1400e_i/h_0}\left(\frac{l_0}{h}\right)^2\zeta_1\zeta_2 \tag{3-4-14}$$

$$\zeta_1=\frac{0.5f_cA}{N} \tag{3-4-15}$$

$$\zeta_2=1.15-0.01\frac{l_0}{h} \tag{3-4-16}$$

式中　l_0——构件计算长度；

ζ_1—— 偏心受压构件的截面曲率修正系数，当 $\zeta_1>1$ 时，取 $\zeta_1=1$；

ζ_2——考虑构件长细比对截面曲率的影响，当 $l_0/h<15$ 时，取 $\zeta_2=1$。

当考虑抗震设计时，式（3-4-3）、式（3-4-4）引入构件承载力抗震调整系数 γ_{RE} 变为式（3-4-17）及式（3-4-18）：

$$N\leqslant\frac{1}{\gamma_{RE}}[f_cbx+f'_yA'_s+f'_aA'_{af}-\sigma_sA_s-\sigma_aA_{af}+N_{aw}] \tag{3-4-17}$$

$$Ne\leqslant\frac{1}{\gamma_{RE}}[f_cbx(h_0-x/2)+f'_yA'_s(h_0-a'_s)+f'_aA'_{af}(h_0-a'_a)+M_{aw}] \tag{3-4-18}$$

在应用上述公式时，由于其是按照内置工字形柱进行推导和试验研究的，因此，对内置十字形型钢的正截面承载力可按照如下相关曲线法计算，对内置其他形式的型钢柱的承载力计算，有待于进一步研究。

2. 特征曲线法偏心受压柱正截面承载力计算

为使计算比较精确，相关曲线规律的计算方法兼用传统的截面平衡方程。其计算公式为：

$$N\leqslant bxf_c+\sum A_sf_s+\sum A_{af}E_a\varepsilon_{afi}+\sum A_{aw}E_a\varepsilon_{awi} \tag{3-4-19}$$

$$M \leqslant f_c bx\left(h_0 - \frac{x}{2}\right) + \sum A_{afi} E_a \varepsilon_{afi} y_i + \sum A_{awi} E_a \varepsilon_{awi} y_i \qquad (3\text{-}4\text{-}20)$$

根据柱的受力特性，我们知道：对偏压柱，柱截面上既有弯矩又有轴力作用，正应力的总和不为零，且组成的力矩与外力矩相平衡，正应力的总和与轴力相等（$N = \sum \sigma_i A_i$）。当 $N=0$ 时，仅有弯矩作用，则截面上正应力的总和必为零，且正应力（有正有负）组成的力矩与外弯矩相平衡（$M = \sum \sigma_i A_i y_i$）。相关曲线就是在偏压柱中，从 $e_0=0$ 时（e_0 为偏心距），即轴压开始（此时 $M=0$），到 $N=0$ 为止全过程中，随着 e_0 变化所得的 M 和 N 的变化规律，以曲线表示它们之间的关系。由于型钢混凝土组合结构构件的组成较为复杂，因此有诸多因素影响着曲线的变化。

图 3-4-6 所示是配置田字形型钢的型钢混凝土柱截面，为推导出 M 和 N 的关系式（亦称相关公式），选择在 e_0 变化过程中起控制作用的六个特征点进行研究：

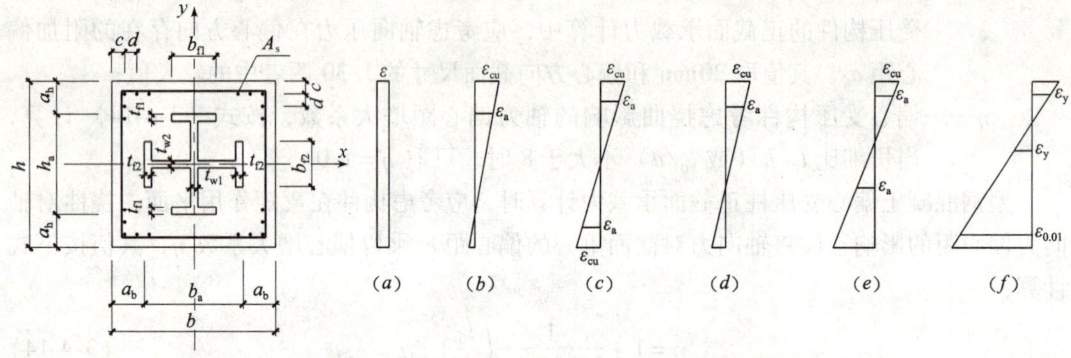

图 3-4-6　田字形型钢的型钢混凝土柱截面及其各特征点的应变图

（1）第一个特征点，柱上弯矩值 $M=0$，即全截面均匀受压，应变图如图 3-4-6（a）所示；

（2）第二个特征点，即中和轴在型钢受拉翼缘边缘上，压边混凝土的 ε_{cu} 控制构件的破坏，应变图如图 3-4-6（b）所示；

（3）第三个特征点，即中和轴通过截面形心，应变图如图 3-4-6（c）所示；

（4）第四个特征点，即中和轴在横向型钢翼缘下端，应变图如图 3-4-6（d）所示；

（5）第五个特征点，即中和轴在横向型钢翼缘上端，应变图如图 3-4-6（e）所示；

（6）第六个特征点，$\varepsilon_{s1}=0.01$，$\varepsilon'_{s1}=\varepsilon_g$，即拉边第一排钢筋应变控制在 0.01，同时，压边第一排钢筋屈服，应变图如图 3-4-6（f）所示。

根据以上六个特征点时型钢、钢筋和混凝土各种材料的应力-应变的关系，分别可以推出各种情况下的截面弯矩值 M 和轴力 N 的关系式，即利用二次回归的方法可求出如下 M 和 N 的关系式。

$$M = C + AN - BN^2 \qquad (3\text{-}4\text{-}21)$$

式中　M——弯矩设计值，设计时应考虑偏心距增大系数；

N——轴向压力设计值；

A、B、C——计算系数。

最后，根据上述公式，即可确定出柱正截面受压构件承载力 M 和 N 的关系曲线。对于某一确定截面尺寸、型钢及钢筋配置的柱来说，就可以通过该 M 和 N 的关系曲线，求

出与不同轴力值 N 对应的弯矩值 M。

从式（3-4-21）可以知道，当 $N=0$ 时，$M=C$，也就是说在 M-N 关系曲线图中，C 就是该曲线在 M 轴上的起始值。同时，从式（3-4-21）还可以看出，在 A、B 不变的情况下，M-N 关系曲线是随 C 值的变化曲线族，这就显示出曲线的成族性。但构件截面几何尺寸、材料特性等任一参数变化，A、B、C 即发生变化，就是说不存在 A、B 不变只有 C 变的情况，所以无成族的一定。

式（3-4-21）中，A、B 的变化影响着 M-N 关系曲线的曲率，C 的变化决定着曲线的起点，对其进行微分计算将得到柱大小偏心的分界点。

特征曲线法在使用过程中，应注意如下问题：

（1）从上述特征曲线法的介绍可以知道，该方法未考虑柱长细比的影响，设计时，应考虑内力乘以偏心距增大系数 η。

（2）特征曲线法适用于内置工字形、十字形、T 形和圆形等各类不同形状型钢的型钢混凝土组合柱，目前由于许多原因，仅工字形、十字形柱研究较多，其他形式的型钢混凝土柱尚待推导和研究。

（3）特征曲线法由于公式较复杂，不同构件截面、型钢材料及配筋所回归的 A、B、C 值不同，因此其仅适用于计算机计算。

3. 偏心受压柱正截面承载力简化计算

上述所介绍的截面平衡法和特征曲线法计算型钢混凝土偏心受压柱承载力比较合理，但计算都比较复杂。特别是特征曲线法，用人工计算十分繁琐，必须通过计算机程序计算，基于偏压柱基本性质的分析取：

$$N=f\left(A_c, A_a, A_s, f_c, f_a, f_s, \frac{e_0}{h}\right) \tag{3-4-22}$$

依据试验结果建立如下简化计算公式。

（1）实腹式型钢混凝土柱强轴受弯承载力计算公式

$$N=\frac{A_c f_c+A_a f_a+A_s f_s}{1+3\left(\frac{\eta e_i}{h}\right)+6\left(\frac{\eta e_i}{h}\right)^2} \tag{3-4-23}$$

（2）实腹式型钢混凝土柱弱轴偏心受压承载力计算公式

1）$e_0/h<0.3$ 时

$$N=\frac{A_c f_c+A_a f_a+A_s f_s}{1+5\left(\frac{\eta e_i}{h}\right)} \tag{3-4-24}$$

2）$e_0/h\geqslant 0.3$ 时

$$N=\frac{A_c f_c+A_{a1} f_a+A_s f_s}{1+3\left(\frac{\eta e_i}{h}\right)+6\left(\frac{\eta e_i}{h}\right)^2} \tag{3-4-25}$$

式中　η——偏心距增大系数。

大偏心受压计算时垂直于偏心方向的型钢面积只用翼缘面积 A_{a1}。这是由于大偏心受压时，型钢腹板可能处在中和轴附近，承载力很小，故忽略不计。

（3）η 的计算方法

偏心距增大系数 η 暂可用下式计算（计算结果略有误差）：

$$\eta = 1 + \frac{1}{1400 e_i / h}\left(\frac{l_0}{h}\right)^2 \zeta_1 \zeta_2 \tag{3-4-26}$$

$$\zeta_1 = 2.5\frac{e_i}{h} \leqslant 1 \tag{3-4-27}$$

$$\zeta_2 = 1.10 - 0.015\frac{l_0}{h} \tag{3-4-28}$$

式中　η——偏心距增大系数；

e_i——计算偏心距，$e_i = e_0 + e_a$；

ζ_1——偏心受压构件的截面曲率修正系数；

ζ_2——考虑构件长细比对截面曲率的影响，当 $l_0/h < 6.66$ 时，取 $\zeta_2 = 1$；

l_0——构件计算长度。

在偏心受压构件正截面承载力计算中，应考虑轴向压力作用下存在的初始偏心距 e_0，其取值为 20mm 和偏心方向截面尺寸的 1/30，两者较大值。

所要说明的是，由于试验数据的限制，上述简化计算公式适用于具备如下三个条件的偏心受压构件正截面承载力计算①$f_a \leqslant 600\text{N/mm}^2$；②型钢翼缘（单侧）面积与柱混凝土面积比值在 0.035 ~ 0.06 范围之内；③型钢截面高度 h_a 与柱截面高度 h_c 的比值：$h_a/h_c = 0.6 \sim 0.7$。

（三）计算实例

【例 3-4-1】型钢混凝土柱如图 3-4-7 所示，混凝土强度等级为 C30，型钢采用 Q235，钢筋为 HRB335，柱计算长度 $l_0 = 3500\text{mm}$，试求柱轴心受压正截面承载力设计值。

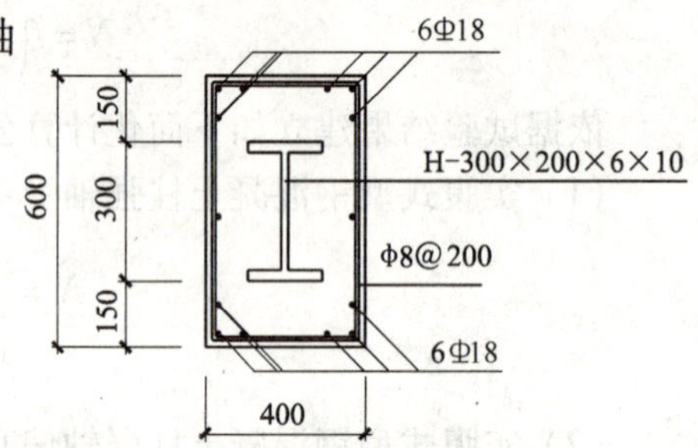

图 3-4-7　**【例 3-4-1】**柱截面

【解】根据题可知，

$f_c = 14.3\text{N/mm}^2$，$f_a = 215\text{N/mm}^2$，

$f_y = 300\text{N/mm}^2$，

$l_0 = 3500\text{mm}$，$A_c = 231268\text{mm}^2$，

$A_a = 5680\text{mm}^2$，

$A_s = 3052\text{mm}^2$，$I_c = 7.2 \times 10^9\text{mm}^4$，

对 x-x 轴，

$I_a = 9.51 \times 10^7\text{mm}^4$，$I_s = 1.03 \times 10^8\text{mm}^4$，

$E_a = 2.06 \times 10^5\text{N/mm}^2$，$E_s = 2.0 \times 10^5\text{N/mm}^2$，$E_c = 3.0 \times 10^4\text{N/mm}^2$

$$\alpha_{ac} = \frac{E_a}{E_c} = \frac{2.06 \times 10^5}{3.0 \times 10^4} = 6.87,\quad \alpha_{sc} = \frac{E_s}{e_c} = \frac{2.0 \times 10^5}{3.0 \times 10^4} = 6.67$$

柱的换算截面面积

$$\begin{aligned} A_{src} &= A_c + \alpha_{ac} A_a + \alpha_{sc} A_s \\ &= 231268 + 6.87 \times 5680 + 6.67 \times 3052 \\ &= 290646.44\text{mm}^2 \end{aligned}$$

柱的换算截面惯性矩

$$I_{src}=I_c+\alpha_{ac}I_a+\alpha_{sc}I_s$$
$$=7.2\times10^9+6.87\times9.51\times10^7+6.67\times1.03\times10^8$$
$$=8.54\times10^9\text{mm}^4$$

柱换算最小回转半径 $i=\sqrt{I_{src}/A_{src}}=\sqrt{\dfrac{8.54\times10^9}{290646.44}}=171.4\text{mm}$

$$l_0/i=3500/171.4=20.42<28$$

∴ 型钢混凝土柱稳定系数取 $\varphi=1$。

按照式（3-4-1）计算型钢混凝土柱正截面承载力

$$N_x=0.9\varphi(A_cf_c+A_sf_y+A_af_a)$$
$$=0.9\times(231268\times14.3+3052\times300+5680\times215)$$
$$=4899.5\text{kN}$$

对 y-y 轴，

$$I_{cy}=3.2\times10^9\text{mm}^4,I_{ay}=1.33\times10^7\text{mm}^4,I_s=4.71\times10^8\text{mm}^4$$
$$I_{srcy}=I_{cy}+\alpha_{ac}I_{ay}+\alpha_{sc}I_{sy}$$
$$=3.2\times10^9+6.87\times1.33\times10^7+6.67\times4.71\times10^8$$
$$=6.43\times10^9\text{mm}^4$$

柱换算最小回转半径 $i=\sqrt{I_{src}/A_{src}}=\sqrt{\dfrac{6.43\times10^9}{290646.44}}=148.7\text{mm}$

$l_0/i=3500/148.7=23.5<28$

∴ 型钢混凝土柱稳定系数取 $\varphi=1$。

y 向的轴力应为：

$$N_y=0.9\varphi(A_cf_c+A_sf_y+A_af_a)$$
$$=0.9\times1.0\times(231268\times14.3+3052\times300+5680\times215)$$
$$=4899.5\text{kN}$$

因此，柱轴心受压正截面承载力设计值为4899.5kN。

【例3-4-2】型钢混凝土柱如图3-4-8所示，混凝土强度等级为C30，型钢采用Q235，钢筋为HRB335，柱计算长度 $l_0=5000\text{mm}$，试求柱轴心受压正截面承载力设计值。

【解】根据题可知，

$f_c=14.3\text{N/mm}^2$，$f_a=215\text{N/mm}^2$，$f_y=300\text{N/mm}^2$，$l_0=5000\text{mm}$，$A_c=238372\text{mm}^2$，$A_a=8576\text{mm}^2$，$A_s=3052\text{mm}^2$，

$I_c=5.16\times10^9\text{mm}^4$，$I_a=4.66\times10^7\text{mm}^4$，$I_s=1.35\times10^8\text{mm}^4$，$E_a=2.06\times10^5\text{N/mm}^2$，$E_s=2.0\times10^5\text{N/mm}^2$，$E_c=3.0\times10^4\text{N/mm}^2$

$$\alpha_{ac}=\frac{E_a}{E_c}=\frac{2.06\times10^5}{3.0\times10^4}=6.87,\quad\alpha_{sc}=\frac{E_s}{E_c}=\frac{2.0\times10^5}{3.0\times10^4}=6.67$$

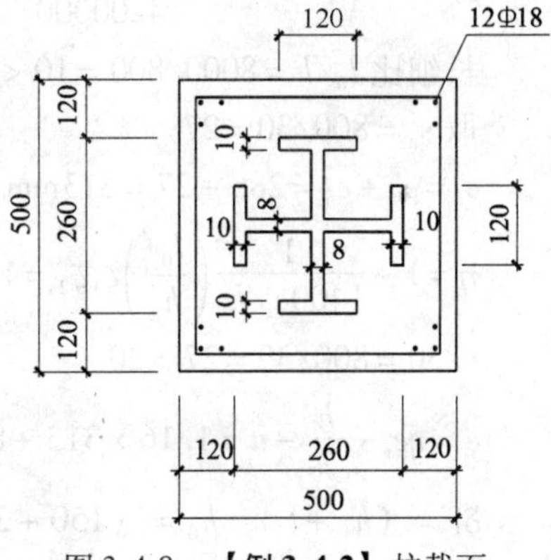

图3-4-8　【例3-4-2】柱截面

柱的换算截面面积

$$A_{src}=A_c+\alpha_{ac}A_a+\alpha_{sc}A_s$$
$$=238372+6.87\times8576+6.67\times3052$$
$$=317645.96\text{mm}^2$$

柱的换算截面惯性矩

$$I_{src}=I_c+\alpha_{ac}I_a+\alpha_{sc}I_s$$
$$=5.16\times10^9+6.87\times4.66\times10^7+6.67\times1.35\times10^8$$
$$=6.38\times10^9\text{mm}^4$$

柱换算最小回转半径 $i=\sqrt{I_{src}/A_{src}}=\sqrt{\dfrac{6.38\times10^9}{317645.96}}=141.7\text{mm}$

$$l_0/i=5000/141.7=35.28$$
$$28<l_0/i<120$$

∴ 型钢混凝土柱稳定系数 $\varphi=1.15-0.005l_0/i=1.15-0.005\times35.28=0.974$

按照式（3-4-1）计算型钢混凝土柱正截面承载力

$$N=0.9\varphi(A_cf_c+A_sf_y+A_af_a)$$
$$=0.9\times0.974\times(238372\times14.3+3052\times300+8576\times215)$$
$$=5407.0\text{kN}$$

因此，柱轴心受压正截面承载力设计值为5407.0kN。

【例3-4-3】型钢混凝土柱如图3-4-9所示，混凝土强度等级为C40，型钢均为Q235，纵向钢筋采用HRB335。在全部外荷载作用下的设计轴向力及弯矩分别为：$N=4200\text{kN}$ 和 $M=1200\text{kN}\cdot\text{m}$，柱的计算长度 $l_0=8000\text{mm}$，试验算柱截面承载力。

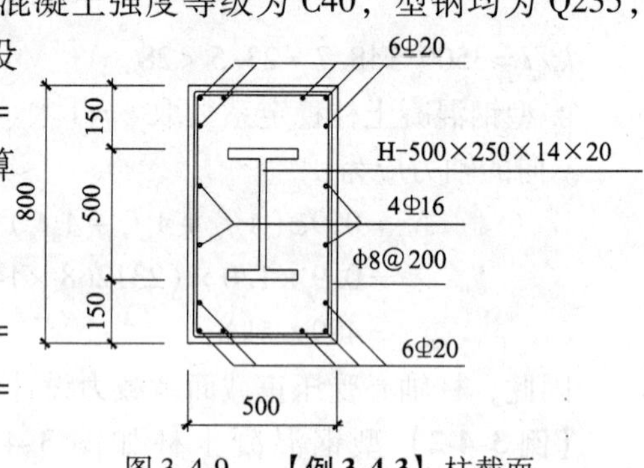

图3-4-9　**【例3-4-3】**柱截面

【解】根据题可知，

$f_c=19.1\text{N/mm}^2$，$f_a=215\text{N/mm}^2$，$f_y=300\text{N/mm}^2$，$l_0=8000\text{mm}$，$A_c=381676\text{mm}^2$，$A_{af}=A'_{af}=5000\text{mm}^2$，$A_s=A'_s=1884\text{mm}^2$，$h_0=750\text{mm}$

$$e_0=M/N=1200\times1000/4200=286\text{mm}$$

$$\zeta_1=\frac{0.5f_cA_c}{N}=\frac{0.5\times19.1\times381676}{4200000}=0.87$$

长细比 $l_0/h=8000/800=10<15$，取 $\zeta_2=1$

取 $e_a=800/30=27$

$$e_i=e_0+e_a=286+27=313\text{mm}$$

$$\eta=1+\frac{1}{1400e_i/h_0}\left(\frac{l_0}{h}\right)^2\zeta_1\zeta_2=1+\frac{1}{1400\times313/750}\left(\frac{8000}{800}\right)^2\times0.87\times1=1.15$$

$$h/30=800/30=27>20$$

$$e=\eta e_i+\frac{h}{2}-a=1.16\times313+800/2-40=723\text{mm}$$

$$\delta_1=(h_1+t_f)/h_0=(150+20)/750=0.227$$

$$\delta_2=(h_1+t_f+h_w)/h_0=(150+20+500)/750=0.84$$

$$\xi_b=\frac{0.8}{1+\dfrac{f_y+f_a}{2\times0.003E_a}}=\frac{0.8}{1+\dfrac{300+215}{2\times0.003\times200000}}=0.56$$

假设 $\delta_1 h_0<1.25x$，$\delta_2 h_0>1.25x$，$x\leqslant\xi_b h_0$，取 $\sigma_s=f_y$，$\sigma_a=f_a$，

将式（3-4-7）$N_{aw}=[2.5\xi-(\delta_1+\delta_2)]t_w h_0 f_a$

代入式(3-4-3) $N=f_c bx+f'_yA'_s+f'_aA'_{af}-\sigma_sA_s-\sigma_aA_{af}+N_{aw}$ 中进行试算

$$x=\{N-f'_yA'_s-f'_aA'_{af}+\sigma_sA_s+\sigma_aA_{af}-[2.5\xi-(\delta_1+\delta_2)]t_wh_0f_a\}f_cb$$

$$=\{4200000-300\times1884-215\times5000+300\times1884+215\times5000$$
$$-[2.5x/750-(0.227+0.84)]\times14\times750\times215\}/(19.1\times500)$$

得 $x=387\text{mm}$

将 $x=387\text{mm}$ 回代，可得出 x 满足 $\delta_1h_0<1.25x$，$\delta_2h_0>1.25x$，$x\leqslant\xi_bh_0$ 的假设，因此，按照式（3-4-7）计算 N_{aw}，得

$$N_{aw}=[2.5\xi-(\delta_1+\delta_2)]t_wh_0f_a$$
$$=\left[2.5\times\frac{387}{750}-(0.84+0.227)\right]\times14\times750\times215$$
$$=2.5\times10^6\text{N}$$

按照式（3-4-8）计算 M_{aw}，得

$$M_{aw}=\left[\frac{1}{2}(\delta_1^2+\delta_2^2)-(\delta_1+\delta_2)+2.5\xi-(1.25\xi)^2\right]t_wh_0^2f_a$$
$$=\left[\frac{1}{2}(0.227^2+0.84^2)-(0.227+0.84)+2.5\times\frac{397}{750}-\left(1.25\times\frac{387}{750}\right)^2\right]\times14\times750^2\times215$$
$$=0.314\times10^9\text{N}\cdot\text{mm}$$

由于 $x=387\text{mm}<\xi_bh_0=420\text{mm}$，故此为大偏心受压构件，取 $\sigma_s=f_y$，$\sigma_a=f_a$，

按照式（3-4-3）计算其右侧部分为：

$$f_cbx+f'_yA'_s+f'_aA'_{af}-\sigma_sA_s-\sigma_aA_{af}+N_{aw}$$
$$=19.1\times500\times387+0.50\times10^6=4.196\times10^3\text{N}=4196\text{kN}\approx N=4200\text{kN}$$

故满足式（3-4-3）的要求。

再按照式（3-4-4）计算其右侧部分为

$$f_cbx(h_0-x/2)+f'_yA'_s(h_0-a'_s)+f'_aA'_{af}(h_0-a'_a)+M_{aw}$$
$$=19.1\times500\times387\times(750-387/2)+300\times1884\times(750-40)$$
$$+215\times5000\times(750-160)+0.314\times10^9$$
$$=3406\text{kN}\cdot\text{m}$$

$Ne=4200\times0.723=3036.6\text{kN}\cdot\text{m}<3406\text{kN}\cdot\text{m}$

故其满足式（3-4-4）的要求，所以该柱截面承载力满足要求。

【例 3-4-4】 一 7 度抗震设防区型钢混凝土框架柱如图 3-4-10 所示，混凝土强度等级为 C40，型钢为 Q345，纵向钢筋采用 HRB335，在全部外荷载作用下的设计轴向力及弯矩分别为：$N=6000\text{kN}$ 和 $M=2000\text{kN}\cdot\text{m}$，柱的计算长度 $l_0=8000\text{mm}$，试验算柱截面承载力。

【解】根据题可知，

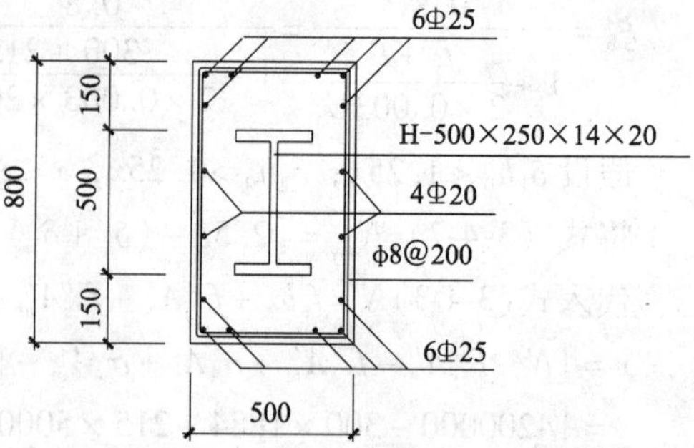

图 3-4-10 【例 3-4-4】框架柱截面及配钢配筋

$f_c = 19.1\text{N/mm}^2, f_a = 310\text{N/mm}^2, f_y = 300\text{N/mm}^2$，$l_0 = 8000\text{mm}$

$A_c = 400000\text{mm}^2, A_{af} = A'_{af} = 50000\text{mm}^2$，

$A_s = A'_s = 2945\text{mm}^2, h_0 = 750\text{mm}$

$e_0 = M/N = 2000/6000 \times 1000 = 333\text{mm}$

$$\zeta_1 = \frac{0.5 f_c A_c}{N} = \frac{0.5 \times 19.1 \times 400000}{6000000} = 0.637$$

长细比 $l_0/h = 8000/800 = 10 < 15$，取 $\zeta_2 = 1$

$h/30 = 800/30 = 27 > 20$

取 $e_a = 800/30 = 27$

$e_i = e_0 + e_a = 333 + 27 = 360\text{mm}$

$$\eta = 1 + \frac{1}{1400 e_i/h_0}\left(\frac{l_0}{h}\right)^2 \zeta_1 \zeta_2 = 1 + \frac{1}{1400 \times 360/750}\left(\frac{8000}{800}\right)^2 \times 0.637 \times 1 = 1.10$$

$$e = \eta e_i + \frac{h}{2} - a = 1.1 \times 360 + 800/2 - 50 = 746\text{mm}$$

$\delta_1 = (h_1 + t_f)/h_0 = (150 + 20)/750 = 0.227$

$\delta_2 = (h_1 + t_f + h_w)/h_0 = (150 + 20 + 500)/750 = 0.84$

$$\xi_b = \frac{0.8}{1 + \dfrac{f_y + f_a}{2 \times 0.003 E_a}} = \frac{0.8}{1 + \dfrac{300 + 310}{2 \times 0.003 \times 200000}} = 0.53$$

假设 $\delta_1 h_0 < 1.25x, \delta_2 h_0 > 1.25x, x \leqslant \xi_b h_0$，

将式（3-4-7）$N_{aw} = [2.5\xi - (\delta_1 + \delta_2)] t_w h_0 f_a$ 代入式（3-4-17）

$N = (f_c bx + f'_y A'_s + f'_a A'_{af} - \sigma_s A_s - \sigma_a A_{af} + N_{aw})/\gamma_{RE}$ 中进行试算得

$$\begin{aligned} x &= \{\gamma_{RE} N - f'_y A'_s - f'_a A'_{af} + \sigma_s A_s + \sigma_a A_{af} - [2.5\xi - (\delta_1 + \delta_2)] t_w h_0 f_a\}/f_c b \\ &= \{6000000 \times 0.8 - 300 \times 2954 - 310 \times 50000 + 300 \times 2954 + 310 \times 50000 - \\ &\quad [2.5x/750 - (0.227 + 0.84)] \times 14 \times 750 \times 310\}/(19.1 \times 500) \end{aligned}$$

得 $x = 406\text{mm}$，则满足假设 $\delta_1 h_0 < 1.25x$，$\delta_2 h_0 > 1.25x$，而不满足 $x \leqslant \xi_b h_0$，所以再次假设 $\delta_1 h_0 < 1.25x$，$\delta_2 h_0 > 1.25x$，$x > \xi_b h_0$ 进行试算，其中 σ_s、σ_a 应按式（3-4-11）、式（3-4-12）计算，即 $\sigma_s = \dfrac{f_y}{\xi_b - 0.8}\left(\dfrac{x}{h_0} - 0.8\right)$，$\sigma_a = \dfrac{f_a}{\xi_b - 0.8}\left(\dfrac{x}{h_0} - 0.8\right)$

得出 $x = 403\text{mm}$

将 $x = 403\text{mm}$ 回代，可得出 x 满足 $\delta_1 h_0 < 1.25x$，$\delta_2 h_0 > 1.25x$，$x > \xi_b h_0$ 的假设，因此，按照式（3-4-8）计算 M_{aw}，其中 $\xi = x/750 = 0.537$，得

$$\begin{aligned} M_{aw} &= \left[\frac{1}{2}(\delta_1^2 + \delta_2^2) - (\delta_1 + \delta_2) + 2.5\xi - (1.25\xi)^2\right] t_w h_0^2 f_a \\ &= \left[\frac{1}{2} \times (0.227^2 + 0.84^2) - (0.227 + 0.84) + 2.5 \times 0.537 \right. \\ &\quad \left. - (1.25 \times 0.537)^2\right] \times 14 \times 750^2 \times 310 \end{aligned}$$

$$=4.97\times10^{8}\text{N}\cdot\text{mm}$$

按照式（3-4-18）计算容许弯矩［M］，得

$$[M]=[f_c bx(h_0-x/2)+f'_y A'_s(h_0-a'_s)+f'_a A'_{af}(h_0-a'_a)+M_{aw}]/\gamma_{RE}$$
$$=[19.1\times500\times403\times(750-403/2)+300\times2954\times(750-40)$$
$$+310\times5000\times(750-160)+4.97\times10^{8}]/0.8$$
$$=5.190\times10^{9}\text{N}\cdot\text{mm}=5190\text{kN}\cdot\text{m}$$
$$\therefore Ne=6000\times0.746=4476\text{kN}\cdot\text{m}<[M]$$

柱截面强度满足要求。

【例 3-4-5】一型钢混凝土柱如图 3-4-11 所示，混凝土截面为：800mm×800mm，在全部外荷载作用下的设计轴向力及弯矩分别为：$N=2730\text{kN}$ 和 $M=1200\text{kN}\cdot\text{m}$，柱的计算长度 $l_0=16\text{m}$，钢筋取用 12 Φ 25，型钢 2H—492×198×8×12，$f_y=300\text{N/mm}^2$，$f_a=335\text{N/mm}^2$，$f_c=21.1\text{N/mm}^2$。试采用简化公式验算柱截面强度。

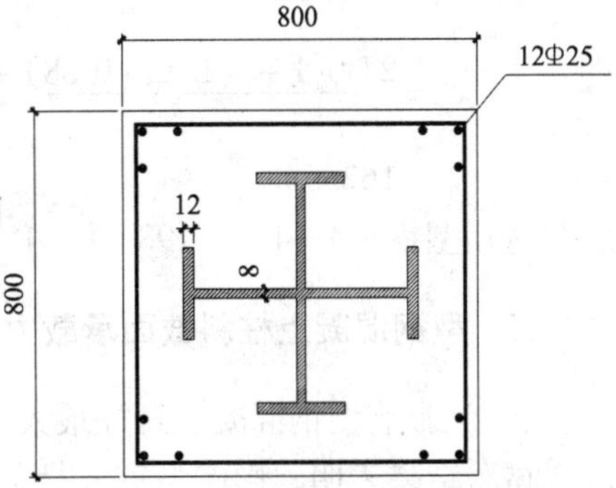

图 3-4-11　**【例 3-4-5】**柱截面

【解】根据题可知

$e_0=M/N=1200/2730=0.439\text{m}=439\text{mm}$

取附加偏心距 $e_a=800/30=27\text{mm}$，则

$e_i=e_0+e_a=439+27=466\text{mm}$

$e_0/h=439/800=0.574>0.3$，属大偏心。

求偏心距增大系数

$$\zeta_1=2.5\frac{e_i}{h}=2.5\frac{466}{800}=1.45>1，取\zeta_1=1$$

$$\zeta_2=1.15-0.015\frac{l_0}{h}=1.15-0.015\frac{16000}{800}=0.85$$

$$\eta=1+\frac{1}{1400\times0.58}\left(\frac{16000}{800}\right)^2\times0.85=1.42$$

由简化计算公式（3-4-23）可得：

$$N=\frac{A_c f_c+A_a f_a+A_s f_s}{1+3\left(\frac{\eta e_i}{h}\right)+6\left(\frac{\eta e_i}{h}\right)^2}=\frac{616498\times21.1+12\times491\times300+17610\times335}{1+3\times1.42\times0.58+6\times(1.42\times0.58)^2}$$

$$=\frac{20675057.8}{7.54}=2742050\text{N}=2742\text{kN}>2730\text{kN}$$

$$M=2742\times0.439=1204\text{kN}\cdot\text{m}>1200\text{kN}\cdot\text{m}$$

∴ 柱截面承载力满足要求。

【例 3-4-6】除钢筋面积外，已知条件同**【例 3-4-5】**，试计算该型钢混凝土柱需配多少钢筋。

【解】已知型钢面积 $A_a=17610\text{mm}^2$，各计算参数同前例。

由简化计算公式（3-4-23）可得

$$\sum A_s=\frac{N[1+3(\eta e_i/h)+6(\eta e_i/h)^2]-A_c f_c-A_a f_a}{f_s}$$

$$=\frac{2730[1+3(1.42\times0.58)+6\times(1.42\times0.58)^2]\times10^3-622390\times21.1-17610\times335}{300}$$

$$=5181\text{mm}^2$$

选用 12 Φ 25，$A_s=5892\text{mm}^2>5181\text{mm}^2$

【例 3-4-7】 除型钢尺寸外，已知条件同 **【例 3-4-5】**，试计算该型钢混凝土柱需配型钢面积。

【解】 已知钢筋面积 $A_s=5892\text{mm}^2$，各计算参数同前例。

由简化计算公式（3-4-23）可得

$$\sum A_a=\frac{N[1+3(\eta e_i/h)+6(\eta e_i/h)^2]-A_c f_c-A_s f_s}{f_a}$$

$$=\frac{2730[1+3(1.42\times0.58)+6\times(1.42\times0.58)^2]\times10^3-634108\times21.1-5892\times300}{335}$$

$$=16235\text{mm}^2$$

选用型钢 2H—492×198×8×12，面积 $A_a=17610\text{mm}^2>16235\text{mm}^2$。

三、型钢混凝土柱斜截面承载力计算

（一）影响型钢混凝土短柱最大受剪承载力的因素

试验结果表明，影响型钢混凝土短柱最大受剪承载力的有如下各因素：

1. 剪跨比 λ 对最大受剪承载力的影响

对于型钢混凝土柱，剪跨比 $\lambda=H/2h$，其中 H 为柱的净高，h 为柱截面的高度。剪跨比对柱剪切性能的影响和梁相似，影响到柱的破坏形态。当 $1.5<\lambda<2.5$ 时，构件多发生剪切-粘结破坏，构件的抗剪强度较高。随着剪跨比 λ 的增大，由于弯剪复合作用，抗剪强度降低，构件发生带有弯曲破坏特征的剪切-粘结破坏。

2. 混凝土强度等级对最大受剪承载力的影响

在其他条件相同的情况下，提高混凝土强度等级，最大受剪承载力也随着增大。这主要是因为，型钢混凝土构件剪切-粘结破坏开始于混凝土与型钢翼缘外表面的粘结破坏，而后作用剪力分布到型钢翼缘两端以外的混凝土来承担。随着混凝土抗压强度的提高，混凝土的抗拉强度也增大，当所施加的荷载使混凝土强度等级低的试件发生破坏时，对于混凝土强度等级高的试件，混凝土的应力还没达到极限强度，再继续加大荷载，混凝土的应力达到最大强度，构件才发生破坏。即提高混凝土的强度等级，可以加大构件的最大受剪承载力。

3. 型钢腹板对最大受剪承载力的影响

试验表明，随着型钢腹板厚度的增加，其最大受剪承载力也相应提高。因为，在腹板的屈服强度和高度一定的情况下，型钢的抗剪能力和腹板厚度基本成正比。

4. 箍筋对最大受剪承载力的影响

型钢混凝土柱和钢筋混凝土柱一样，箍筋要参与试件的抗剪，从图 3-4-12 可以看出，缩小箍筋的间距可提高试件的最大承载力。主要原因：一方面箍筋本身参与抗剪，另一方面高配箍率可以更有效约束核心混凝土，

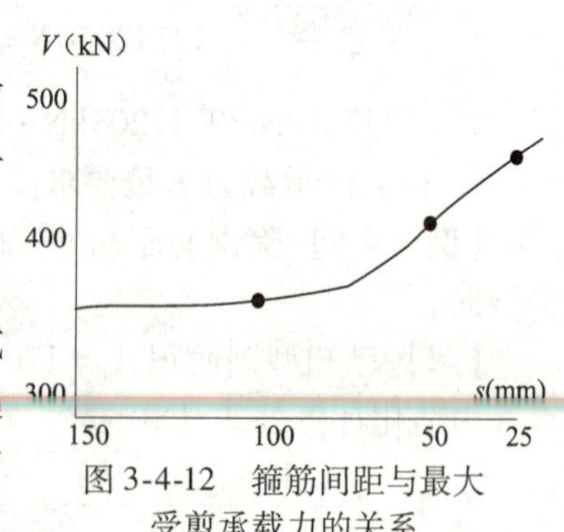

图 3-4-12 箍筋间距与最大受剪承载力的关系

使其处于三向受力状态从而使构件的最大承载力有明显的提高。从图 3-4-21 中还可以看出：箍筋间距从 100mm 减小到 25mm 时，最大承载力有大幅度的提高；间距为 150mm 、100mm 两处的最大承载力相差不大，说明箍筋间距大时，箍筋已失去约束混凝土的作用。

5. 轴压比对最大受剪承载力的影响

试验表明，对剪切-斜压破坏的型钢混凝土试件，在压、弯、剪荷载作用下，增加轴力可以抑制斜裂缝的形成与开展，使混凝土的抗剪强度加大，从而提高构件的最大承载力。对剪切-粘结破坏的试件却没有这样的效果。型钢混凝土柱的剪跨比 λ 增大时，其弯曲作用也增大，试件混凝土受压区除弯曲受压外，再增加轴压，混凝土容易压坏，使混凝土截面受剪承载力减小，因此，其受剪承载力下降。

（二）型钢混凝土框架柱受剪截面控制条件

型钢混凝土框架柱受剪截面控制条件和梁基本一致，应符合下列条件：

1. 非抗震设计

$$V_c \leqslant 0.45 f_c b h_0 \tag{3-4-29}$$

$$\frac{f_a t_w h_w}{f_c b h_0} \geqslant 0.10 \tag{3-4-30}$$

2. 抗震设计

$$V_c \leqslant \frac{1}{\gamma_{RE}} 0.36 f_c b h \tag{3-4-31}$$

$$\frac{f_a t_w h_w}{f_c b h_0} \geqslant 0.10 \tag{3-4-32}$$

（三）型钢混凝土柱斜截面受剪承载力计算

型钢混凝土柱斜截面受剪承载力应按下列公式计算：

非抗震设计

$$V_c \leqslant \frac{0.2}{\lambda + 1.5} f_c b h_0 + f_{yv} \frac{A_{sv}}{s} h_0 + \frac{0.58}{\lambda} f_a t_w h_w + 0.07N \tag{3-4-33}$$

抗震设计

$$V_c \leqslant \frac{1}{\gamma_{RE}} \left[\frac{0.16}{\lambda + 1.5} f_c b h_0 + 0.8 f_{yv} \frac{A_{sv}}{s} h_0 + \frac{0.58}{\lambda} f_a t_w h_w + 0.056N \right] \tag{3-4-34}$$

式中 λ——型钢混凝土柱的计算剪跨比，当 λ 小于 1 时，取 1；当 λ 大于 3 时，取 3；

N——考虑地委作用组合的型钢混凝土柱的轴向压力设计值；当 $N > 0.3 f_c A_c$ 时，取 $N = 0.3 f_c A_c$。

（四）型钢混凝土柱粘结破坏受剪承载力计算

前面已经根据试验结果分析了柱的剪跨比、型钢、箍筋、混凝土等对最大承载力的影响。结合这些试验资料，通过理论分析，我们得出影响型钢混凝土柱斜截面受剪承载力的各部分计算公式。

型钢部分受剪承载力为 $V_a = \dfrac{0.58 f_a t_w h_w}{\lambda - 0.2}$，箍筋的受剪承载力为 $V_r = \rho_{sv} f_{yv} b h_0$，混凝土受剪承载力为 $V_c = \beta f_c b h$，最后通过回归混凝土部分的受剪承载力及考虑压力对受剪承载力的有利影响，建立了型钢混凝土柱受剪承载力计算公式（3-4-35），

$$V_{src} \leqslant \frac{0.42}{\lambda + 1.4} f_c b' h_0 + \rho_{sv} f_{yv} b h_0 + \frac{0.58 f_a t_w h_w}{\lambda - 0.2} + 0.07N \tag{3-4-35}$$

考虑抗震设计时

$$V_c \leqslant \frac{1}{\gamma_{RE}}\left[\frac{0.42}{\lambda+1.4}f_c b' h_0 + \rho_{sv} f_{yv} b h_0 + \frac{0.58 f_a t_w h_w}{\lambda - 0.2} + 0.056N\right] \tag{3-4-36}$$

式中　λ——框架柱的计算剪跨比，取上、下端较大弯矩设计值 M 与对应的剪力设计值 V 和柱截面有效高度 h_0 的比值，即 M/Vh_0；当框架结构中的框架柱的反弯点在柱层高范围内时，柱剪跨比也可采用 1/2 柱净高与柱截面有效高度 h_0 的比值；当 λ 小于 1 时，取 1；当 λ 大于 3 时，取 3；

b'——抗剪切滑移的有效宽度，即翼缘外侧混凝土截面的宽度，取 $b'=b-b_f$；

ρ_{sv}——框架柱配箍率，$\rho_{sv}=\frac{A_{sv}}{sb}$；

f_a——柱中型钢抗压强度设计值；

t_w——柱中型钢腹板厚度；

h_w——柱中型钢腹板高度；

N——考虑地震作用组合的框架柱的轴向力设计值；当 $N>0.3f_cA_c$ 时，取 $N=0.3f_cA_c$。

（五）计算实例

【例 3-4-8】 试计算 **【例 3-4-1】** 型钢混凝土柱斜截面粘结破坏受剪承载力设计值。

【解】 已知条件同 **【例 3-4-1】**

另 $f_{yv}=210\text{N/mm}^2$，$\rho_{sv}=\frac{A_{sv}}{sb}=\frac{100.5}{200\times400}=0.125\%$，$f_c=14.3\text{N/mm}^2$，

$b'=400-200=200\text{mm}$

$\lambda=l_0/(2h_0)=3.18>3$，取 $\lambda=3$

1. 柱受剪承载力计算

按式（3-4-35），

$$\begin{aligned}V_c &= \frac{0.42}{\lambda+1.4}f_c b' h_0 + \rho_{sv} f_{yv} b h_0 + \frac{0.58 f_a t_w h_w}{\lambda-0.2} + 0.07N \\ &= \frac{0.42}{3.0+1.4}\times14.3\times200\times550 + 0.125\%\times210\times550\times400 \\ &\quad + \frac{0.58}{3.0-0.2}\times215\times6\times280 + 0.07\times0.3\times14.3\times231268 \\ &= 150150+57750+74820+69450 \\ &= 352170\text{N} = 352\text{kN}\end{aligned}$$

2. 柱受剪截面验算

$0.45f_cbh_0=0.45\times14.3\times400\times550=1415700\text{N}=1415.7\text{kN}>352\text{kN}$

满足式（3-4-29）的要求，

且 $\frac{f_a t_w h_w}{f_c b h_0}=\frac{215\times6\times280}{14.3\times400\times550}=0.11>0.1$

∴ 柱受剪截面满足控制条件。

【例 3-4-9】【例 3-4-3】 中型钢混凝土柱若其上作用的剪力值为 $V=210\text{kN}$，试验算其斜截面受剪承载力是否满足要求。

【**解**】已知条件同【**例 3-4-3**】，

$f_c = 19.1\text{N/mm}^2, f_a = 215\text{N/mm}^2, l_0 = 8000\text{mm}$,

$A_c = 381676\text{mm}^2, h_0 = 750\text{mm}$,

$b' = 500 - 250 = 250\text{mm}$

$$f_{yv} = 210\text{N/mm}^2, \rho_{sv} = \frac{A_{sv}}{sb} = \frac{100.5}{200 \times 400} = 0.125\%$$

$\lambda = l_0/(2h_0) = 8000/(2 \times 750) = 5.33 > 3$，取 $\lambda = 3$

1. 柱受剪截面验算

$V_c = 210\text{kN} < 0.45 f_c bh = 0.45 \times 19.1 \times 500 \times 800 = 3438000\text{N} = 3438\text{kN}$

且$\dfrac{f_a t_w h_w}{f_c b h_0} = \dfrac{215 \times 14 \times 460}{19.1 \times 500 \times 750} = 0.19 > 0.1$

∴ 柱受剪截面满足控制条件。

2. 柱受剪承载力计算

$$\begin{aligned} N &= 210\text{kN} < 0.3 f_c bh \\ &= 0.3 \times 19.1 \times 500 \times 800 \\ &= 2292000\text{N} = 2292\text{kN} \end{aligned}$$

$$\begin{aligned} V_c &= \frac{0.42}{\lambda + 1.4} f_c b' h_0 + \rho_{sv} f_{yv} b h_0 + \frac{0.58 f_a t_w h_w}{\lambda - 0.2} + 0.07N \\ &= \frac{0.42}{3.00 + 1.4} \times 19.1 \times 250 \times 750 + 0.125\% \times 210 \times 750 \\ &\quad \times 400 + \frac{0.58}{3.00 - 0.2} \times 215 \times 14 \times 460 + 0.07 \times 210000 \\ &= 341847 + 79144 + 286810 + 14700 \\ &= 722501\text{N} \approx 722.5\text{kN} \end{aligned}$$

$V_c = 210\text{kN} < 722.5\text{kN}$

因此，柱粘结坡坏受剪承载力满足要求。

第五节　型钢混凝土梁柱节点

一、型钢混凝土梁柱节点的工作条件

梁柱节点处于梁和柱的交点，是框架的重要部位，它承受并传递梁、柱内力。梁柱节点构造不同，直接影响到框架的受力性质。节点的破坏意味着梁、柱以至框架的破坏。节点破坏后，不易补强加固，所以对节点可靠度的要求比对梁和柱的都高，这就是所说的"强柱弱梁，更强节点"。另外，在对框架进行内力分析时，假定节点为刚性，因此必须保证它近似为刚性的条件。型钢混凝土梁柱节点内含有型钢和钢筋混凝土，其中型钢对节点的强度和刚度的贡献很大，在钢筋混凝土部分承载力下降后，型钢部分承载力的提高量能补充该下降量，从而使整个节点的强度和刚度不会降低太多，所以对节点强度和刚度的要求比较容易满足，如图 3-5-1 所示。

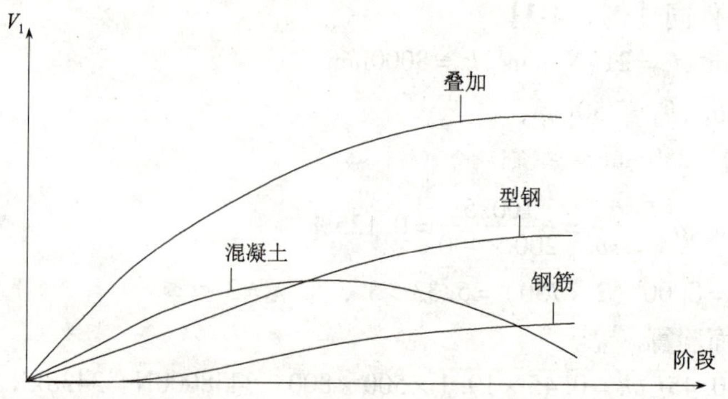

图 3-5-1　型钢混凝土节点的强度和刚度

二、型钢混凝土梁柱节点的破坏过程

（一）裂缝的出现

从型钢混凝土梁柱节点（平面框架、单向工字形配钢）的试验来了解节点裂缝出现的过程。在节点受荷后，节点核心区全截面产生复合应力，当主拉应力超过混凝土的抗拉强度时，核心区表面出现肉眼可见的斜裂缝。节点开裂前的剪切变形很小，初裂荷载大约是屈服荷载的30% ~50%，节点箍筋和型钢腹板应变约为60$\mu\varepsilon$左右。节点开裂前处于弹性工作阶段，型钢、箍筋及混凝土的应变协调一致，节点全截面共同工作，按箍筋与型钢的应变分析，箍筋与型钢负担的剪力较小，大约是混凝土承担剪力的1/6。

（二）裂缝的发展

型钢混凝土节点在裂缝出现后、正负反复循环荷载作用下，裂缝将出现多条交叉斜裂缝，如图 3-5-2 所示。这些斜裂缝逐渐将节点核心区外围混凝土分割成许多菱形块，这时节点各组成部分的应力产生重分布，外围混凝土强度因裂缝而退化，内部混凝土因型钢的内部约束作用而有较高的强度，约束混凝土如图 3-5-3 所示。在节点试验破坏后，打去外围已经开裂的混凝土后，可见型钢内部混凝土仍然完好。

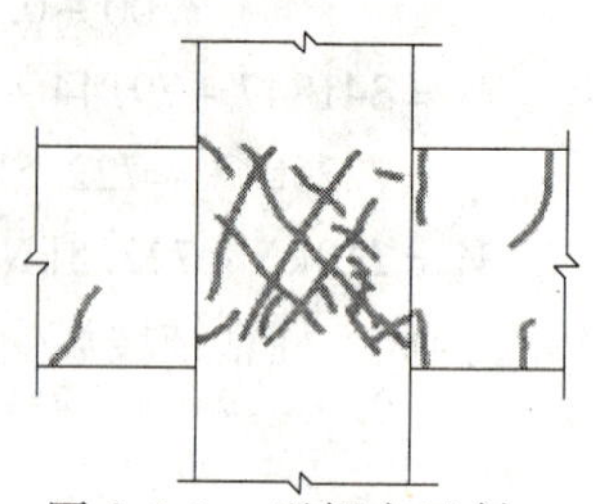

图 3-5-2　型钢交叉斜裂缝混凝土节点

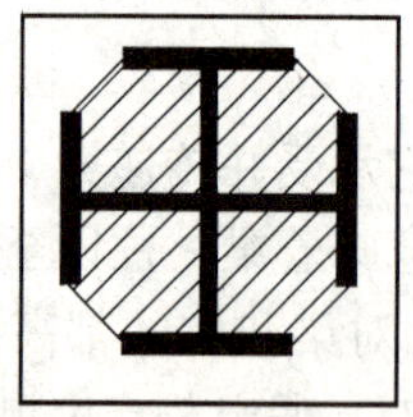

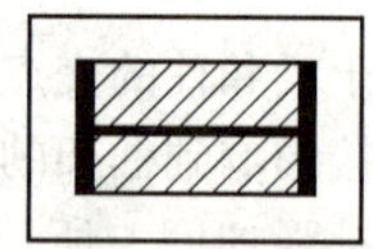

图 3-5-3　型钢对混凝土的约束

试验表明，外围混凝土裂成块体后，节点承载力并不下降。节点核心区除内部约束之外，还有外部约束问题。型钢混凝土节点的外部梁对节点也有约束作用。当两个方向都有梁时，则直交方向的梁对核心区部分混凝土形成约束，推迟混凝土裂缝的出现，提高节点强度（图3-5-4b）。当梁宽与柱宽之比值增大时，则核心区外部约束增大（图3-5-4b），被约束混凝土的强度较高。无约束混凝土首先出现裂缝，强度软化，如图3-5-2所示，外部混凝土交叉开裂，形成破碎的菱形块体时，其强度是逐渐下降的。在计算节点受剪承载力时，考虑梁端力向节点核心区传递的不均匀性以及混凝土裂缝后的软化，一般以混凝土有效计算截面来考虑，如核心区计算宽度取$(b_c+b_b)/2$。图3-5-4（b）所示节点内部为十形配钢，则内部及外部约束较大，软化区较小，内部补充外部的软化，节点计算宽度可以取等于柱宽。因为直交梁约束作用影响到节点的受剪承载力（图3-5-4b），通常乘以直交梁影响系数。但存在不同的看法是，在抗震设计时，理想的框架破坏机构是梁端塑性铰机构，这时梁与柱界面处往往出现有通裂，已失去约束作用，因此建议在强震时不宜考虑直交梁的约束作用。但节点计算宽度可以取$b_j=b_c$。

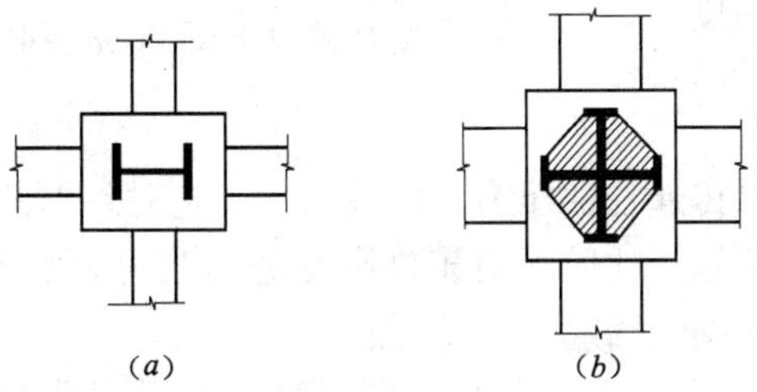

图3-5-4　节点外部梁对节点的约束

（三）中间节点、边节点、角节点、顶节点

试验所得结果表明，在型钢混凝土框架内不同部位的节点，其核心区受剪承载力不同。这是因为各核心区的外部作用力不同、内部应力的变化及周边的约束条件不同所致，试验比较如图3-5-5所示。

顶节点与边节点相似，在顶节点的柱相当于边节点的梁，而梁视为柱。如图3-5-6所示。

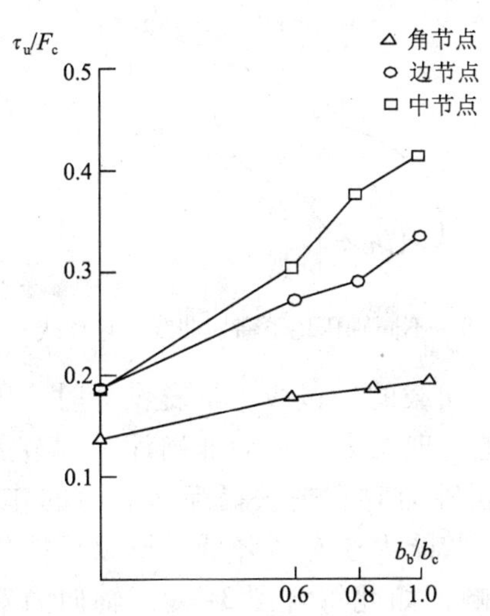

图3-5-5　中节点、边节点和角节点核心区受剪承载力的比较

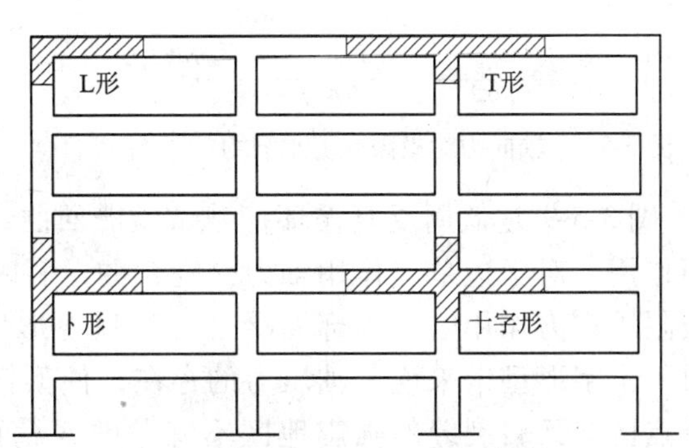

图3-5-6　建筑结构中不同部位的节点

（四）偏心节点、深梁节点

当梁端与柱面交接的中心线不重合时即为偏心节点。偏心节点多见于外排框架，节点核心区既受剪切作用，又受扭矩作用，节点内部应力分布有所改变。其外部及内部对核心混凝土的约束条件亦不同，对节点的变形与强度都趋于不利，偏心越大，偏心一边的混凝土越容易破坏，因而其受剪承载力显著降低。日本阪神地震中，外排框架偏心节点多发生震害。偏心节点使梁钢筋接近于柱边，不仅施工有困难，而且钢筋容易发生粘结破坏而产生滑移。当梁、柱的中线不重合且偏心距 e 不大于柱宽的 1/4 时，节点宽度 b_j 可取 $\min\left(b_b+\frac{1}{2}h_c, b_c, \frac{b_b+b_c}{2}+\frac{1}{4}h_c-e\right)$。

深梁节点应力分布有集中现象，破坏偏于上部，其有效面积较一般梁柱节点小，受剪承载力下降。当$\frac{梁截面高度}{柱截面高度}=2$时，其受剪承载力下降 30% ~40%。

（五）轴向力的影响

型钢混凝土梁柱节点传递柱的压力，即轴向力。它对裂缝的出现有一定的影响，能够推迟裂缝的出现，在一般轴压比阶段对于极限受剪承载力影响不大，如图 3-5-7 所示，当轴压比为 0.1 ~0.3 时，受剪承载力未见增加。

图 3-5-8 是节点在不同轴压比下低周反复循环荷载滞回曲线外包环线，二者轴压比不同，但受剪承载力十分相近。

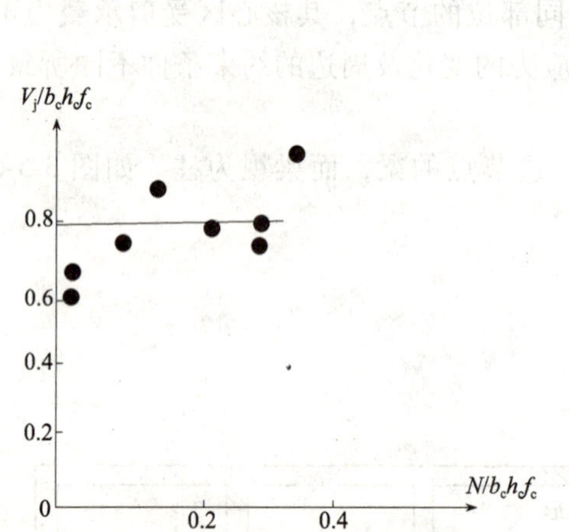

图 3-5-7 轴向力对极限受剪承载力的影响

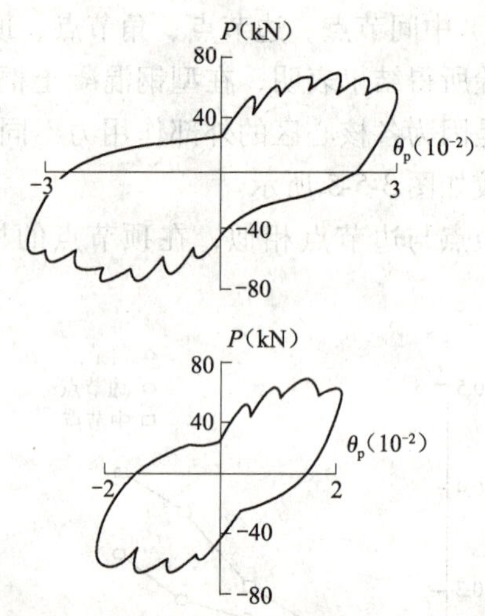

图 3-5-8 不同轴压比下滞回曲线外包环线

图 3-5-9 是低周反复循环荷载试验滞回曲线正向加载的外包线。抗震设计时，因弯矩作用，对于边节点作用轴力是变化的，有时可能出现拉力，不能准确计算。节点受极限承载力作用时，外部混凝土已经呈菱形块体，轴力对它失去提高承载力的作用。对于工字形型钢来说，轴压力的存在，使型钢的抗剪能力还有所降低。所以可能发生节点区交叉斜裂缝的强震地区不宜考虑 N 值的影响，如此符合图 3-5-9，轴向力对受剪承载力影响并不大。

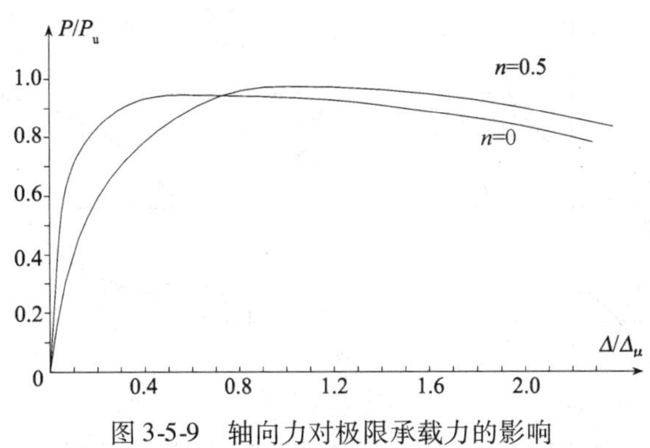

图 3-5-9　轴向力对极限承载力的影响

三、型钢混凝土梁柱节点构造原理

型钢混凝土梁柱节点的滞回曲线外包环线由于型钢的贡献，滞回环呈饱满的梭形，而且稳定，如图 3-5-10（*a*）所示，它在达到最大承载力以后的大变形循环作用下，承载力几乎不下降，有很大的变形能力。即使是未配箍的中间节点，弹塑性变形角也能够达到 0.02～0.03rad。之所以有如此好的抗震性能，主要原因在于型钢的作用。当型钢的用量达到一定程度时，节点的变形性质即由型钢决定，型钢梁柱节点的滞回曲线是更加饱满的梭形，如图 3-5-10（*a*）所示。图 3-5-10（*a*）、（*c*）两种滞回曲线外包环线，型钢混凝土节点由于混凝土的裂缝稍微出现了反 S 形，但不会发生较大的捏缩；而钢筋混凝土节点，混凝土出现裂缝后，强度发生软化，滞回曲线外包环线在峰值以后不久即行下降，塑性变形能力较差，交叉斜裂缝张开闭合使滞回环有明显的捏缩现象，耗能能力较差，如图 3-5-10（*c*）所示。

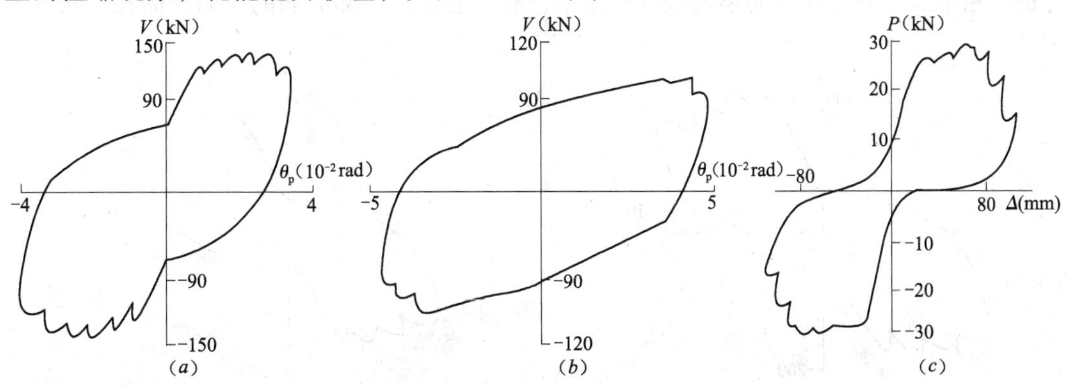

图 3-5-10　型钢混凝土、钢、混凝土梁柱节点滞回曲线外包环线

（*a*）型钢混凝土梁柱节点；（*b*）钢框架梁柱节点；（*c*）钢筋混凝土梁柱节点

型钢混凝土节点滞回环与钢框架节点的单个滞回环比较，如图 3-5-11 所示，可以看出，两者的残余变形相近，型钢混凝土节点的刚度稍有增加，图 3-5-11（*a*）滞回环的上部三角部分表现出外围混凝土的影响，当外围混凝土的裂缝闭合以后，刚度明显增加。型钢混凝土节点的混凝土部分在提高抗剪强度、总的耗能量方面，优于钢框架节点。

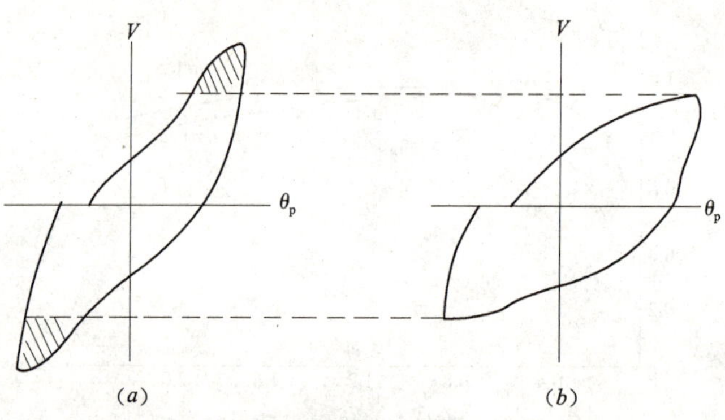

图 3-5-11　型钢混凝土节点与钢节点滞回环比较

(a) 型钢混凝土节点；(b) 钢节点

对型钢混凝土梁柱节点滞回曲线进行理论分析时，可以先对型钢腹板、翼缘框、型钢内部的约束混凝土和型钢外部的钢筋混凝土各自的恢复力模型进行分析，而后叠加，其分析结果，就可基本再现试验的滞回曲线。

箍筋对型钢混凝土节点性能也有较大的影响。型钢混凝土梁柱节点核心区配箍，箍筋需要穿过梁型钢腹板，在梁型钢上穿孔，施工非常麻烦，梁腹板钻孔也损失了梁型钢的强度和塑性变形能力。是否可以少设置箍筋或者不设箍筋？通过试验研究，结论是可以的。图3-5-12（a）为焊接配箍的中间节点（核心区内十字形配钢），在低周反复循环荷载作用下，塑性变形能力很好，最大变形达到了0.05rad。对比试验，图3-5-12（b）除不配箍筋外，其他条件均相同，其滞回曲线外包环线与配箍的十分相似，达到最大承载力之后，很少下降，大变形时环线是稳定的。其原因是十字形型钢、双向直交梁本身对混凝土都有很好的约束能力。只是在纵向钢筋处缺少约束，有可能发生角部纵筋的屈曲，需在四角配U形筋。

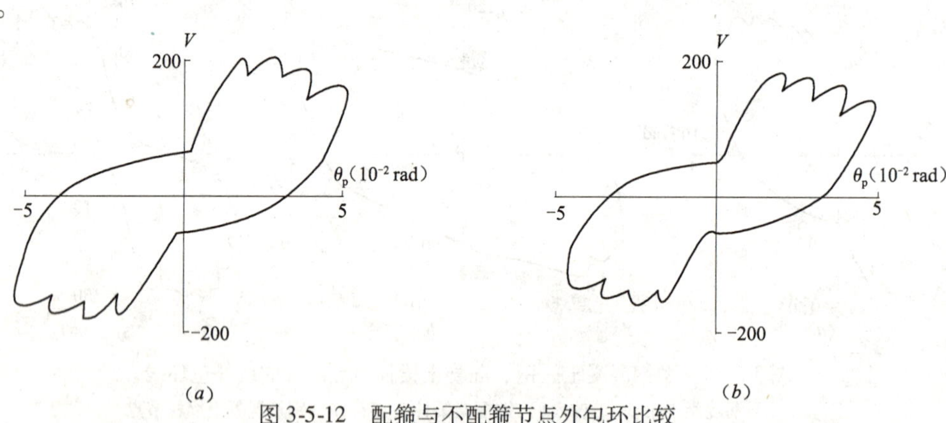

图 3-5-12　配箍与不配箍节点外包环比较

(a) 配箍节点；(b) 不配箍节点

当节点剪力较大，型钢与混凝土抗剪不足时，可以在节点核心区型钢腹板上加焊钢板，取代箍筋的抗剪作用。

型钢混凝土框架梁和柱内型钢部分的承载力宜相互协调。如果柱内型钢截面积很小，型钢部分承担弯矩就小，梁内型钢的弯矩不能直接传递给柱内型钢，必然传递给混凝土部分，将引起混凝土部分压应力和剪应力增大，因而引起柱内混凝土的破坏。有可能引起梁内钢筋在节点核心区发生粘结破坏，产生滑移。极端状态，如柱内未布置型钢（即钢筋混凝土柱），而梁为型钢混凝土梁时$\left(\frac{M_{sc}}{M_{sb}}=0\right)$，边节点试验实例的滞回曲线外包环线（图 3-5-13a），呈严重的捏缩现象，承载力达到峰值以后即下降，还呈明显滑移的反 S 形。当柱内布置型钢，柱内型钢弯矩承载力为梁内型钢承载力的 35% 时$\left(\frac{M_{sc}}{M_{sb}}=0.35\right)$，试验滞回曲线外包环线如图 3-5-13（$b$）所示，由于梁内型钢弯矩大部分分配给柱内型钢，减少了柱内混凝土的负担，从而克服了混凝土的脆性、强度退化、粘结破坏等不利影响，其滞回曲线倾向于钢框架节点滞回曲线的性质。上述性质系一般的型钢混凝土梁柱构造的属性。

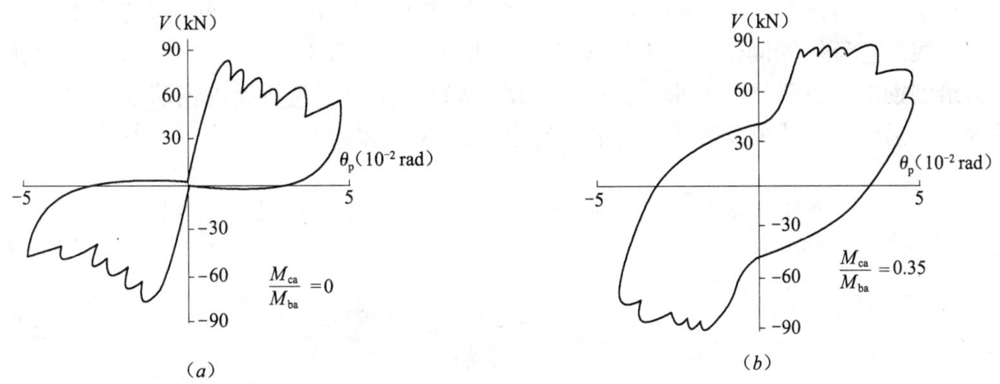

图 3-5-13　梁柱内含型钢量对节点变形能力的影响

M_{ca}为柱型钢受弯承载力，M_{ba}为梁型钢受弯承载力

柱型钢部分的弯矩与梁型钢部分弯矩的比值 M_{sc}/M_{sb} 增大，则节点承载力增加，而环线呈梭形，承载力在峰值后不下降，更加接近理想状态。

随着 M_{sc}/M_{sb} 比值的增大，节点阻尼系数的增加，滞回曲线表现等价阻尼系数，如图 3-5-14 所示。从以上的分析可知，设计时宜满足条件 $M_{sc}/M_{sb}\geqslant 0.4$。

如果 $M_{sc}/M_{sb}=1$，说明梁内型钢弯矩全部传递给柱内型钢，而梁内钢筋混凝土部分弯矩传递给柱钢筋混凝土部分承担，柱内型钢与钢筋混凝土都能充分发挥作用。相反柱内型钢抗弯能力大于梁内型钢的抗弯能力，则梁内型钢部分弯矩除传给柱型钢以外，梁内钢筋混凝土部分弯矩再间接传给柱型钢。极端情况，型钢混凝土柱与钢筋混凝土梁节点在极限状态时，钢筋混凝土部分弯矩不能直接有效地传递给型钢，节点型钢腹板达不到屈服状态。试验表明当 $M_{sc}/M_{sb}=2.5$ 时，可以实现梁内钢筋混凝土部分剪力有效地传给柱型钢，从而使节点型钢达到屈服应力。

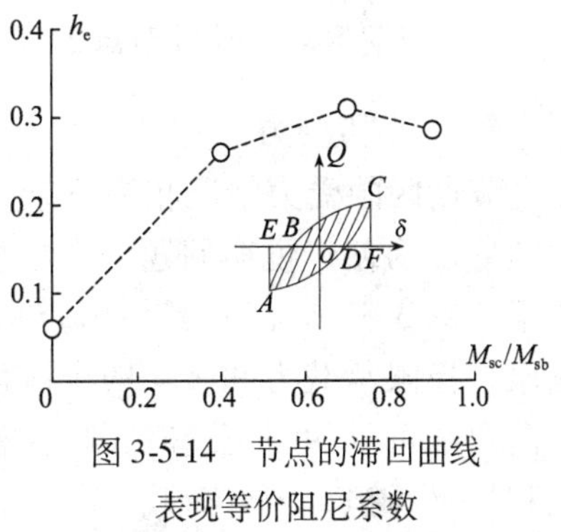

图 3-5-14　节点的滞回曲线表现等价阻尼系数

如节点设计不满足 $M_{sc}/M_{sb}\geqslant 2.5$ 的条件，则节点受剪承载力的型钢项不能按剪切屈服强度计算。而钢筋混凝土梁型钢混凝土柱节点的传力应满足：

$$\frac{\sum M_{cu}^{rc}}{\sum M_{bu}} \geqslant 0.4 \tag{3-5-1}$$

式中　M_{cu}^{rc}——柱内钢筋混凝土部分受弯承载力；

M_{bu}——钢筋混凝土梁的受弯承载力。

即不能满足此条件时，节点受剪承载力公式中节点型钢不能使用剪切屈服强度。

对于钢筋混凝土柱钢梁的框架梁柱节点，采取新的构造措施，如在节点中采用钢板箍约束节点核心区及柱端混凝土，则不需要满足公式（3-5-1）的条件。

试验表明，梁钢筋焊接在型钢上直接传力给型钢，与梁钢筋锚固在节点混凝土内间接传力于型钢，二者的滞回曲线外包环线不同，如图3-5-15所示。梁钢筋直接传力给柱型钢的滞回曲线外包环线饱满，环线近似梭形，承载力高，如图3-5-15（*a*）所示。梁钢筋间接传力给型钢的节点略呈反S形，如图3-5-15（*b*）所示。但是将梁内钢筋垂直焊于柱型钢翼缘上，由于焊接质量及焊接应力的不确定性，不推荐使用。

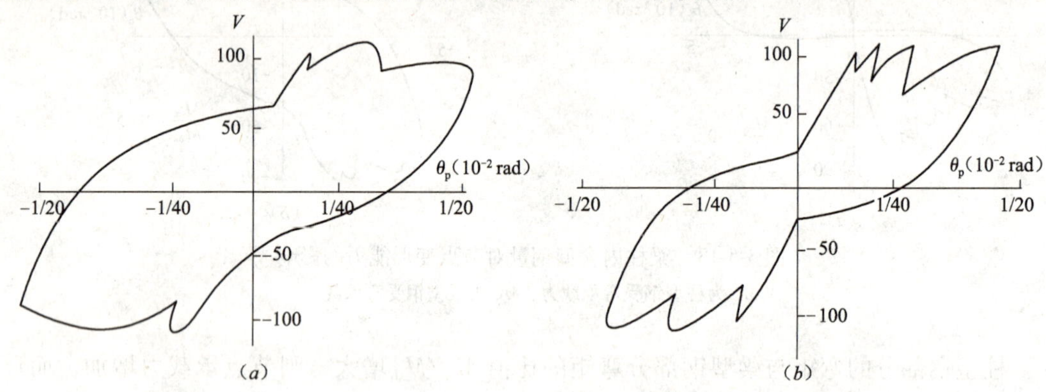

图3-5-15　梁钢筋与柱型钢间传力不同时节点滞回曲线外包环的比较

（*a*）梁钢筋直接传力于柱型钢；（*b*）梁钢筋间接传力于柱型钢

四、型钢混凝土梁柱节点的受力机理及受剪承载力计算

（一）节点受力

节点区的受力情况相当复杂，因梁柱有轴力、剪力和弯矩作用，都将在节点区产生效应。为便于说明问题，自梁柱反弯点处取一框架结构中部节点，如图3-5-16（*a*）所示。图3-5-16（*b*）是该节点核心区受力图。其受力过程可分为：初裂、型钢腹板屈服、极限承载力和破坏四个阶段。节点受力后，当在其核心区出现第一条沿对角线方向肉眼可见的斜裂缝时，称为初裂。初裂前节点基本上处于弹性阶段，剪力由混凝土和型钢承担。随着荷载的增大，核心区裂缝增多并加宽，当核心区形成一条沿对角线基本贯通的裂缝时，核心区呈“通裂”状态，型钢腹板开始达到屈服应变，标志着节点的屈服。此时型钢承担着较大的节点剪力，即将由屈服进入强化阶段，部分箍筋尚未屈服，对节点核心区仍有较强的约束作用，翼缘框的应变也很小，故核心区的承载力还可继续增加5%～20%，达到极限值。之后，型钢腹板和箍筋皆屈服，节点刚

度下降，核心区剪切变形明显增大，核心区混凝土压碎剥落，节点宣告破坏。

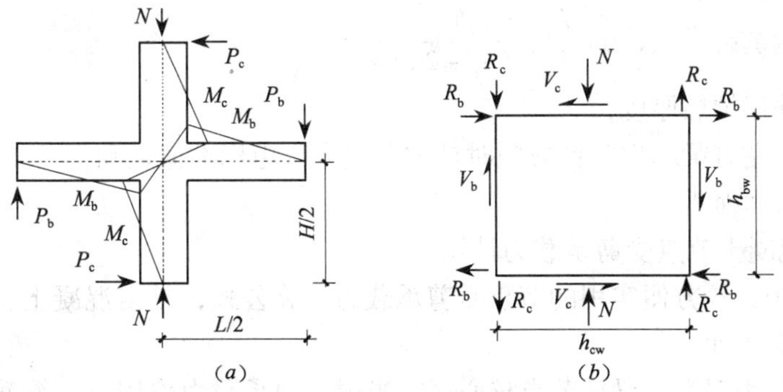

图 3-5-16　型钢混凝土梁柱节点的受力

(a) 型钢混凝土梁柱节点；(b) 节点核心区受力图

（二）节点受力机理

节点构造比较复杂，从前提出的型钢混凝土节点受力机理有斜压杆机理、桁架机理、剪摩擦机理、组合块体抗剪机理以及混凝土、箍筋和型钢受剪承载力叠加机理等。斜压杆机理更适用于节点核心区未出现交叉斜裂缝之前，桁架机理最好能和斜压杆机理组合应用，组合块体抗剪机理原来指交叉斜裂缝，其实型钢内部混凝土并无明显交叉裂缝。

（三）型钢混凝土梁柱节点剪力设计值

一、二级的型钢混凝土框架梁柱节点核心区组合的剪力设计值按下列公式确定：

$$V_j=\frac{\eta_{jb}\sum M_b}{Z}\left(1-\frac{Z}{H_c-h_b}\right)\tag{3-5-2}$$

设防烈度为 9 度及抗震等级为特一级的型钢混凝土框架梁柱节点剪力设计值按下列公式确定：

$$V_j=\frac{1.15\sum M_{bua}}{Z}\left(1-\frac{Z}{H_c-h_b}\right)\tag{3-5-3}$$

式中　Z——近似取 $Z=h-a'_{a1}-a_{a1}$；

H_c——柱的计算高度，可采用节点上柱和下柱反弯点之间的距离；

h_b——梁截面高度，当节点两侧梁高不相同时，梁截面高度 h_b 可取其平均值；

η_{jb}——节点剪力增大系数，特一级、一级、二级分别取 1.45、1.35、1.20；

$\sum M_b$——节点左右梁端逆时针或顺时针方向组合弯矩设计值之和，特一级、一级时左右梁端均为负弯矩的，绝对值较小的弯矩应取为零；

$\sum M_{bua}$——节点左右梁端逆时针或顺时针方向，采用实配型钢和钢筋、材料标准值，且考虑承载力抗震调整系数的正截面抗震受弯承载力所对应的弯矩值之和；

a_{a1}——型钢翼缘保护层厚度。

（四）型钢混凝土梁柱节点抗裂计算

型钢混凝土节点在正常使用阶段不允许出现裂缝，抗裂计算公式为：

$$\frac{\sum M_{bk}}{Z}\left(1-\frac{Z}{H_c-h_b}\right)\leqslant A_c f_t(1+\beta)+0.05N\tag{3-5-4}$$

式中　N——考虑主要荷载组合的轴压力 N 的标准值；

β——型钢抗裂系数，$\beta = \frac{E_a}{E_c} \frac{t_w h_w}{b_c(h_b - 2a)}$；

a——钢筋保护层厚度；

$\sum M_{bk}$——节点左右梁端逆时针或顺时针方向组合弯矩标准值之和；

A_c——柱截面面积。

（五）型钢混凝土节点受剪承载力计算

在工程设计中比较方便实用的节点受剪承载力计算公式，是由混凝土、箍筋及型钢三要素受剪承载力叠加而成的。

根据试验，型钢混凝土梁柱节点核心区在极限受剪承载力作用时，箍筋及型钢腹板由点屈服达到截面屈服状态。型钢翼缘部分的贡献较小，仅占全部受剪承载力的5%，可以将它的贡献归入混凝土受剪承载力分项。型钢混凝土节点核心区型钢腹板达到剪切屈服，可以作为节点屈服的标志。

节点受剪承载力为型钢、箍筋、混凝土三部分之和。

$$V = V_a + V_s + V_c \tag{3-5-5}$$

V_a 为型钢部分承载力，可以用型钢腹板极限受剪承载力的下限值。依据试验，型钢屈服力计算公式：

$$V_a = \frac{f_a}{\sqrt{3}} A_a \tag{3-5-6}$$

式中　A_a、f_a——型钢腹板面积及屈服强度。

依据试验，箍筋所承担部分承载力 V_s 也按屈服强度计算：

$$V_s = f_{yv} \frac{A_{sv}}{s} (h_0 - a'_s) \tag{3-5-7}$$

式中　A_{sv}——配置在同一截面内箍筋各肢的全部截面面积；

s——沿柱长度方向的箍筋间距；

f_{yv}——箍筋强度设计值。

混凝土部分受剪承载力 V_c 可按下式计算：

$$V_c = A_c \tau_u = \alpha A_c f_t \tag{3-5-8}$$

式中　τ_u——受剪承载力极限状态时，节点的平均剪应力。

根据型钢混凝土中间节点（十字平面）试验，平均极限剪应力 τ_u 与混凝土强度 f_t 的比值关系，取其下限为 $3f_t$，如图 3-5-17（a）所示。系数用 $\alpha = \tau / f_t$ 表示。

于是中间节点混凝土部分的受剪承载力

$$V_c = 3 b_j h_j f_t \tag{3-5-9}$$

边节点、角节点混凝土部分受剪承载力如图 3-5-17（b）所示。

边节点

$$V_c = 2 b_j h_j f_t \tag{3-5-10}$$

角节点

$$V_c = b_j h_j f_t \tag{3-5-11}$$

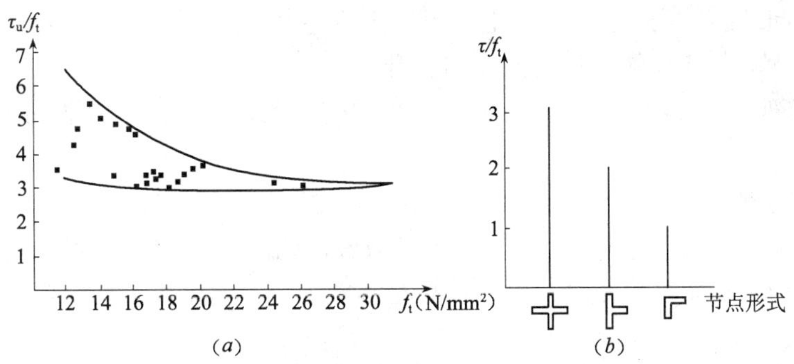

图 3-5-17　节点的平均剪应力与混凝土强度的关系

式中　b_j——节点计算宽度；节点型钢为十字形截面有直交梁节点，$b_j=b_c$，节点型钢为工字形截面，$b_j=\frac{b_c+b_b}{2}$，型钢混凝土柱钢梁节点 $b_j=\frac{b_c}{2}$，偏心节点取下述三者的较小者，$b_j=\min\left[\left(b_b+\frac{1}{2}h_c\right),\ (b_c),\ \left(\frac{b_b+b_c}{2}+\frac{1}{4}h_c-e\right)\right]$；

h_j——节点截面高度，一般取 $h_j=h_c$；

b_c、h_c——柱截面的宽、高度；

e——梁柱偏心距。

叠加混凝土、型钢、箍筋三部分受剪承载力，即为型钢混凝土框架节点受剪承载力，并考虑抗震调整系数，即：

$$V_j=\frac{1}{\gamma_{RE}}\left(\alpha b_j h_j f_t+\frac{1}{\sqrt{3}}f_a t_w h_w+f_{yv}\frac{A_{sv}}{s}Z\right) \tag{3-5-12}$$

设防烈度为9度及抗震等级为特一级型钢混凝土框架梁柱节点受剪承载力考虑混凝土部分承载力退化较多，按下式计算：

$$V_j=\frac{1}{\gamma_{RE}}\left(0.8\alpha b_j h_j f_t+\frac{1}{\sqrt{3}}f_a t_w h_w+f_{yv}\frac{A_{sv}}{s}Z\right) \tag{3-5-13}$$

式中　α——对中间节点为3，边节点为2，角节点为1。

（六）型钢混凝土柱混凝土梁节点的受剪承载力计算

对于梁筋直接锚固在节点混凝土内的节点受剪承载力，当不满足 $M_{cu}^{rc}/M_{bu}\geqslant 0.4$ 时，应当按下式计算节点受剪承载力：

$$V_j=\frac{1}{\gamma_{RE}}\left(\alpha b_j h_j f_t+\beta t_w h_w f_y+f_{yv}\frac{A_{sv}}{s}Z\right) \tag{3-5-14}$$

式中　α——混凝土项受剪承载力系数，中间节点 $\alpha=1.5$，边节点 $\alpha=1.0$，顶层边节点 $\alpha=0.6$；

β——型钢项受剪承载力系数，取 $\beta=0.2$。

上式计算值远小于试验值，其安全储备系数是考虑到改善梁主筋在反复荷载作用下产生梁端内力，不能很好地向柱内型钢传力的影响。

（七）双向受剪承载力计算

地震作用在房屋上是任意方向的，其分析方法有：

（1）斜方向地震作用按静定非线性分析，达到极限变形角时算出围绕节点的弯矩和剪力，适当考虑梁端塑性铰硬化阶段强度的上升。

（2）不按静定非线性分析，而是按梁端出现塑性铰，两方向同时达到弯曲屈服强度的斜方向剪力进行计算。

（3）简化方法，比如不考虑直交梁对受剪承载力的提高，也不计算斜方向地震作用的加强，完全按 x、y 两个方向单独计算。研究结果，此法对于中间节点是可行的。应当指出的是，对于外节点无梁的侧面，平面计算是不安全的，应该按二轴受剪计算，即：

$$\left(\frac{V_{jx}}{V_{jux}}\right)^2+\left(\frac{V_{jy}}{V_{juy}}\right)^2=1 \tag{3-5-15}$$

式中　V_{jx}、V_{jy}——x 方向、y 方向剪力设计值；

V_{jux}、V_{juy}——x 方向、y 方向各自单轴极限受剪承载力。

节点 x、y 两个方向加荷试验，梁端弯曲屈服后节点受剪承载力（不考虑直交梁的约束系数）按公式（3-5-15）计算是偏于安全的。而按公式（3-5-15）计算未考虑钢材在大变形时的硬化强度，节点受剪承载力可靠度降低，如果对 V_{ju} 均考虑乘以 1.1 的系数，则可以确保安全。

（八）型钢混凝土柱钢梁节点受剪承载力计算

型钢混凝土柱钢梁节点的设计，取节点计算宽度 b_j 为 $0.5b_c$，则节点的受剪承载力为：

$$V_j=\frac{1}{\gamma_{RE}}\left(0.5\alpha b_c h_j f_t+\frac{1}{\sqrt{3}}f_a t_w h_w+f_{yv}\frac{A_{sv}}{s}Z\right) \tag{3-5-16}$$

式中　α——混凝土项受剪承载力系数，按中间节点、边节点、角节点分别取 3、2、1。

（九）节点计算算例

【例 3-5-1】 已知框架抗震等级为一级，柱截面 $b_c\times h_c=800\text{mm}\times800\text{mm}$，柱内型钢为：╬-500×200×10×16，梁截面为 $b_b\times h_b=550\text{mm}\times850\text{mm}$，梁内型钢为 H-600×200×11×17，箍筋为 ϕ14@125，梁柱材料强度分别为：$f_c=1.91\text{N/mm}^2$，$f_a=295\text{N/mm}^2$，$f_s=210\text{N/mm}^2$。节点左、右梁端截面的弯矩设计值分别为：$M_b^l=1200\text{kN}\cdot\text{m}$，$M_b^r=800\text{kN}\cdot\text{m}$，柱的计算高度 $H_c=4\text{m}$。试对中间梁柱节点进行截面受剪验算。

【解】 抗震等级为一级，取 $\gamma_{RE}=1.0$

$$Z=600+2\times17=634\text{mm}$$

节点剪力设计值：

$$V_j=\frac{\eta_{jb}(M_b^l+M_b^r)}{Z}\left(1-\frac{Z}{H_c-h_b}\right)=1.35\times\frac{1200+800}{634}\times\left(1-\frac{634}{4000-850}\right)\times10^3=3401.5\text{kN}$$

节点计算宽度：$b_j=b_c=800\text{mm}$

节点截面高度：$h_j=h_c=800\text{mm}$

对中间节点：$\alpha=3$

根据公式（3-5-12）可得节点截面受剪承载力为：

$$[V_j]=\frac{1}{\gamma_{RE}}\left(\alpha b_j h_j f_t+\frac{1}{\sqrt{3}}f_a t_w h_w+f_{yv}\frac{A_{sv}}{s}Z\right)$$

$$=3\times800\times800\times1.91+\frac{1}{\sqrt{3}}\times295\times10\times490+210\times\frac{153.9}{125}\times634$$

$$=3667200+834560+163922$$

$$=4665682\text{N}=4665.7\text{kN}>V_j=3401.5\text{kN}$$

可知节点截面受剪承载力满足要求。

【例 3-5-2】 柱内型钢为：工-500×200×10×16，其余条件同**【例 3-5-1】**。试对有直交梁约束的中间梁柱节点进行截面受剪验算。

【解】 抗震等级为一级，取 $\gamma_{\text{RE}}=1.0$

$$Z=600+2\times17=634\text{mm}$$

节点剪力设计值：

$$V_j=\frac{\eta_{jb}(M_b^l+M_b^r)}{Z}\left(1-\frac{Z}{H_c-h_b}\right)=1.35\times\frac{1200+800}{634}\times\left(1-\frac{634}{4000-850}\right)\times10^3=3401.5\text{kN}$$

节点计算宽度：$b_j=\dfrac{b_c+b_b}{2}=675\text{mm}$

节点截面高度：$h_j=h_c=800\text{mm}$

对中间节点：$\alpha=3$

根据公式（3-5-12）可得节点截面受剪承载力为：

$$[V_j]=\frac{1}{\gamma_{\text{RE}}}\left(\alpha b_j h_j f_t+\frac{1}{\sqrt{3}}f_a t_w h_w+f_{yv}\frac{A_{sv}}{s}Z\right)$$

$$=3\times675\times800\times1.91+\frac{1}{\sqrt{3}}\times295\times10\times490+210\times\frac{153.9}{125}\times634$$

$$=3094200+834560+163922$$

$$=4092682\text{N}=4092.7\text{kN}>V_j=3401.5\text{kN}$$

可知节点截面受剪承载力满足要求。

【例 3-5-3】 柱内型钢为：工-500×200×10×16，节点左梁端截面的弯矩设计值为 $M_b^l=1200\text{kN}\cdot\text{m}$，其余条件同**【例 3-5-1】**。试对以下情况梁柱节点进行截面受剪验算。

（1）节点型钢为工字形截面的边节点；

（2）节点型钢为工字形截面的角节点。

【解】 抗震等级为一级，取 $\gamma_{\text{RE}}=1.0$

$Z=600+2\times17=634\text{mm}$

（1）节点剪力设计值：

$$V_j=\frac{\eta_{jb}(M_b^l+M_b^r)}{Z}\left(1-\frac{Z}{H_c-h_b}\right)=1.35\times\frac{1200}{634}\times\left(1-\frac{634}{4000-850}\right)\times10^3=2040.9\text{kN}$$

节点计算宽度：$b_j=\dfrac{b_c+b_b}{2}=675\text{mm}$

节点截面高度：$h_j=h_c=800\text{mm}$

对边节点：$\alpha=2$

根据公式（3-5-12）可得节点截面受剪承载力为：

$$[V_j]=\frac{1}{\gamma_{\text{RE}}}\left(\alpha b_j h_j f_t+\frac{1}{\sqrt{3}}f_a t_w h_w+f_{yv}\frac{A_{sv}}{s}Z\right)$$

$$=2\times675\times800\times1.91+\frac{1}{\sqrt{3}}\times295\times10\times490+210\times\frac{153.9}{125}\times634$$

$$=2062800+834560+163922$$

$$=3061282\text{N}=3061.3\text{kN}>V_j=2040.9\text{kN}$$

可知节点截面受剪承载力满足要求。

（2）节点剪力设计值：$V_j=2040.9\text{kN}$

节点计算宽度：$b_j=\dfrac{b_c+b_b}{2}=675\text{mm}$

节点截面高度：$h_j=h_c=800\text{mm}$

对角节点：$\alpha=1$

根据公式（3-5-12）可得节点截面受剪承载力为：

$$[V_j]=\frac{1}{\gamma_{RE}}\left(\alpha b_j h_j f_t+\frac{1}{\sqrt{3}}f_a t_w h_w+f_{yv}\frac{A_{sv}}{s}Z\right)$$

$$=1\times675\times800\times1.91+\frac{1}{\sqrt{3}}\times295\times10\times490+210\times\frac{153.9}{125}\times634$$

$$=1031400+834560+163922$$

$$=2029882\text{N}=2029.9\text{kN}\approx V_j=2040.9\text{kN}$$

节点截面受剪承载力基本能满足要求。

【例 3-5-4】 框架梁为钢筋混凝土梁，截面为 $b_b\times h_b=550\text{mm}\times850\text{mm}$，其余条件同**【例 3-5-1】**，设 $M_{cu}^{rc}/M_{bu}\geqslant0.4$，节点型钢为工字形截面，试对此情况下中间梁柱节点进行截面受剪验算。

【解】 $Z=850-2\times30=790\text{mm}$

节点剪力设计值：

$$V_j=\frac{\eta_{jb}(M_b^l+M_b^r)}{Z}\left(1-\frac{Z}{H_c-h_b}\right)=1.35\times\frac{1200+800}{790}\times\left(1-\frac{790}{4000-850}\right)\times10^3=2560.6\text{kN}$$

节点计算宽度：$b_j=800\text{mm}$

节点截面高度：$h_j=h_c=800\text{mm}$

根据公式（3-5-14）可得节点截面受剪承载力为：

$$[V_j]=\frac{1}{\gamma_{RE}}\left(\alpha b_j h_j f_t+\beta t_w h_w f_y+f_{yv}\frac{A_{sv}}{s}Z\right)$$

$$=1.5\times800\times800\times1.91+0.2\times295\times10\times490+210\times\frac{153.9}{125}\times790$$

$$=1833600+289100+204256$$

$$=2326956\text{N}=2327\text{kN}<V_j=2560.6\text{kN}$$

节点截面受剪承载力不能满足要求，需要采用如图 3-5-20 或图 3-5-21 梁纵筋直接传力于柱型钢的措施。

【例 3-5-5】 某框架中间节点，框架梁为型钢梁，型钢为 H-500×200×10×16，节点左、右梁端截面的弯矩设计值分别为 $M_b^l=800\text{kN}\cdot\text{m}$，$M_b^r=400\text{kN}\cdot\text{m}$，其余条件同**【例 3-5-1】**。试对此情况下节点进行截面受剪验算。

【解】抗震等级为一级，取 $\gamma_{RE}=1.0$

$$Z=484\text{mm}$$

剪力设计值：

$$V_j=\frac{\eta_{jb}(M_b^l+M_b^r)}{Z}\left(1-\frac{Z}{H_c-h_b}\right)=1.35\times\frac{800+400}{484}\times\left(1-\frac{484}{4000-850}\right)\times10^3=2832.8\text{kN}$$

$$b_c=800\text{mm}$$

节点截面高度：$h_j=h_c=800\text{mm}$

根据公式（3-5-16）可得节点截面受剪承载力为：

$$[V_j]=\frac{1}{\gamma_{RE}}\left(0.5\alpha b_c h_j f_t+\frac{1}{\sqrt{3}}f_a t_w h_w+f_{yv}\frac{A_{sv}}{s}Z\right)$$

$$=0.5\times3\times800\times800\times1.91+\frac{1}{\sqrt{3}}\times295\times10\times490+210\times\frac{153.9}{125}\times484$$

$$=1833600+834560+125139$$

$$=2793299\text{N}=2793.3\text{kN}<V_j=2832.8\text{kN}$$

节点截面受剪承载力不能满足要求，需在型钢腹板两侧加焊8mm厚钢板。

$$V_j=1833600+\frac{1}{\sqrt{3}}\times295\times26\times490+125139=2879522=2879.5\text{kN}>2832.8\text{kN}$$

节点截面受剪承载力满足要求。

如不加厚型钢腹板，亦可采用如图3-5-19（*b*）所示，在节点区加设钢板箍的方法，满足设计要求。

五、型钢混凝土结构节点构造

（一）型钢混凝土梁柱节点

内含工字形型钢混凝土梁柱节点中，柱型钢或梁型钢的传力宜简捷，且需要将型钢连续贯通，而梁柱型钢是正交的，不能二者都贯通。即当柱型钢连续贯通节点核心区时，梁内型钢需要断开，当梁型钢连续贯通节点核心区时，柱型钢就需要断开。虽然被断开的型钢可以通过焊接间接连通，但是带来的副作用是焊缝处变脆。从梁、柱在框架中的安全考虑，宜选用柱连续贯通。

梁型钢断开后，一般采用梁型钢焊接于柱型钢翼缘，而在柱型钢翼缘的内部焊接水平加劲板来保证梁型钢内力传递的流畅（图3-5-18*a*）。但是，在水平加劲板下部，混凝土与加劲板难以密接，影响混凝土浇筑的质量。为解决浇筑混凝土质量，采用三角形加劲板（图3-5-18*b*），三角形加劲板将梁型钢翼缘拉力通过柱型钢翼缘传给柱型钢腹板，这种传力机构符合型钢混凝土梁柱的实际力的传递。即或是上述水平加劲板（图3-5-18*a*），梁型钢翼缘力也是部分传递给柱型钢腹板，水平加劲板中部应力已减少。采用三角形加劲板，改善了浇筑混凝土的困难，只是要对柱型钢腹板是否能承担梁翼缘的拉力进行验算。

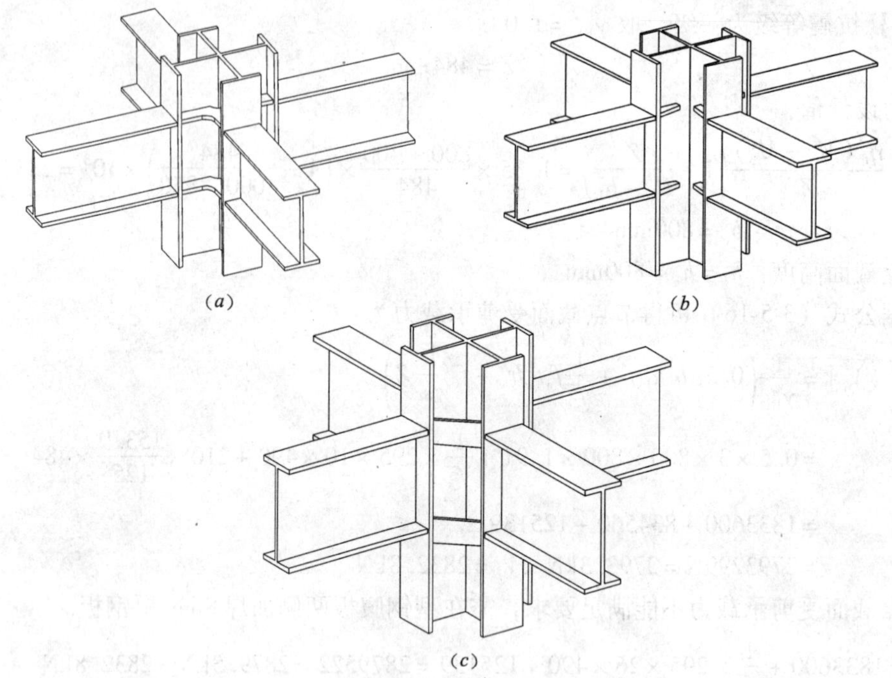

图 3-5-18　型钢混凝土梁柱节点构造

(*a*) 水平加劲板式；(*b*) 水平三角加劲板式；(*c*) 垂直加劲板式

三角形加劲板的面积计算公式为：

$$A_a f_a = A_{bf} f_a - t_{cw}(t_{bf} + 5d_f) f'_a \tag{3-5-17}$$

式中　A_a——三角形加劲板传力面积（扣除开孔面积）；

A_{bf}——梁翼缘面积；

t_{bf}——梁翼缘板厚度；

t_{cw}——柱腹板厚度；

d_f——从柱型钢表面至腹板弧端的距离，当焊接工字形型钢时，则为柱型钢翼缘厚度；

f_a——钢材强度设计值；

f'_a——三角形加劲板前端抗压强度设计值。

为解决型钢混凝土梁柱节点浇筑混凝土的困难，也可以采用在柱型钢翼缘上焊接竖向隔板的构造措施，如图 3-5-18（*c*）所示。显然，这种节点若是纯钢结构是不能通过竖向钢板完全传递梁型钢翼缘的拉力或压力的，而型钢混凝土节点内有混凝土和箍筋的辅助，是可行的，只是柱型钢翼缘厚度及竖向钢板厚度、高度需要计算来确定。

（二）型钢混凝土柱钢梁节点构造

型钢混凝土梁的施工比较麻烦，施工效率低，采用钢梁或者型钢与混凝土板组合梁，这种情况可以得到改善。为解决钢梁在柱节点下的局部压力破坏，最好在节点型钢的上、下部采用钢板箍条（图 3-5-19*a*），钢板箍的尺寸应当满足下列要求：

$$t_w / h_b \geqslant 1/30 \tag{3-5-18}$$

$$h_w/h_b \geqslant 1/5 \qquad (3\text{-}5\text{-}19)$$

$$t_w/b_c \geqslant 1/30 \qquad (3\text{-}5\text{-}20)$$

式中　t_w——钢板箍厚度；

h_w——钢板箍高度；

h_b——钢梁梁高；

b_c——柱截面宽度。

若采用如图3-5-19（a）所示型钢混凝土节点核心区布置箍筋的方法有困难，可以采用焊接钢板箍代替箍筋，如图3-5-19（b）所示。

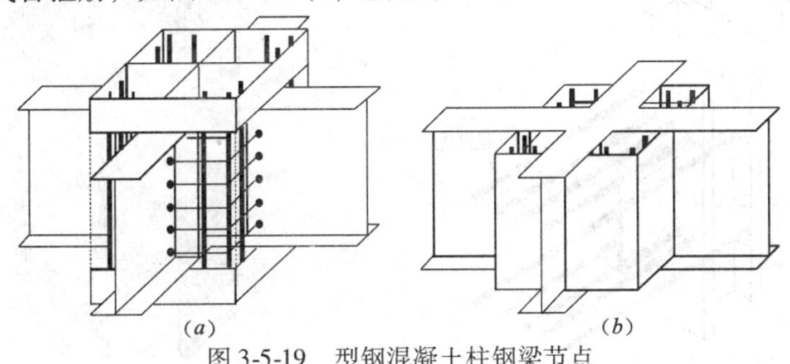

图3-5-19　型钢混凝土柱钢梁节点

（三）型钢混凝土柱混凝土梁节点构造

当框架梁的跨度较小，设计时考虑采用钢筋混凝土梁、型钢混凝土柱以降低造价，简化梁的施工。

型钢混凝土柱混凝土梁节点，在节点核心区内的构造通常有如下几种：

（1）梁纵筋较少，直接锚固在节点的钢筋混凝土中。

（2）梁部分主筋位于垂直的翼缘时，直接和型钢柱上的连接套筒连接，如图3-5-20所示。此节点一般在非抗震框架和框架抗震等级为四级时采用，在框架抗震等级为一、二、三级时，应谨慎采用。

（3）与型钢混凝土柱连接的梁端设置一段钢梁与梁主筋搭接，如图3-5-21所示。

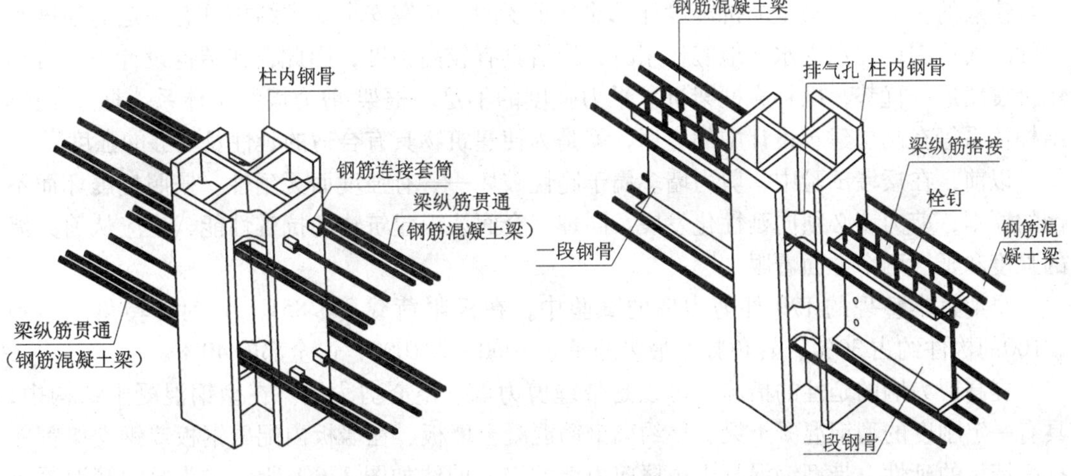

图3-5-20　梁纵筋直接连接于钢柱的连接套筒　　图3-5-21　梁端设置钢梁与柱连接

（4）梁内部分主筋焊在型钢牛腿上，如图 3-5-22 所示。

（5）梁主筋穿过型钢翼缘或腹板时，将钢筋在工厂加工时，采取塞焊的方法将钢筋焊在型钢上，在工地将预焊钢筋段的一端用连接套筒和梁主筋连接，如图 3-5-23 所示。

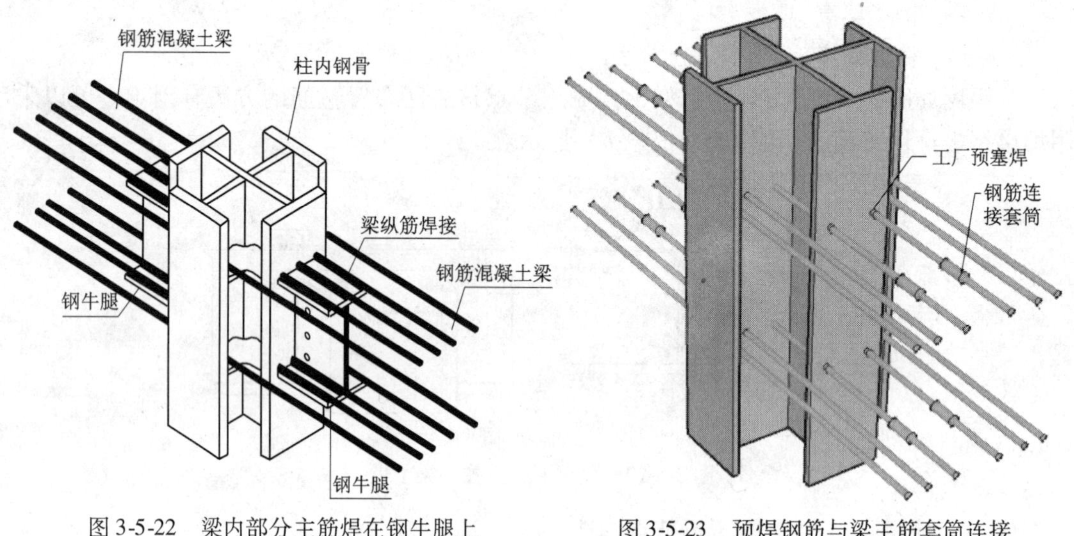

图 3-5-22　梁内部分主筋焊在钢牛腿上　　图 3-5-23　预焊钢筋与梁主筋套筒连接

第六节　型钢混凝土剪力墙

一、概述

我国是一个多地震的国家，抗震安全是建筑安全的重要因素。静载作用状态下，建筑结构的安全容易保证，但是在地震作用下，尤其是强烈地震作用下，建筑结构的安全就很难保证。在历史上就有许多严重的地震灾害（如：唐山地震中有 24 万人死于震害），教训是很惨痛的，为此，安全的抗震设计是非常重要的。抗震安全要求结构具有一定的强度和延性，而抗震墙在承受水平地震作用时，恰恰具有较高强度，因此，在结构设计中，常利用抗震墙这一优势，以补充框架抗水平力强度的不足。框架-剪力墙结构体系、框架-筒体结构体系等在高层建筑设计中的应用，就是为使建筑物具有合适的延性及足够的强度。

以前，在矮墙试验中，剪力墙多属于脆性破坏——有强度而无延性。按照抗震坏而不倒的原则，剪力墙必须向延性化发展。同理，全面认识建筑物的抗震性能，也应从剪力墙的强度和延性两个方面着眼。

早期日本整理的 179 件剪力墙的试验中，在极限荷载（$0.85V_{max}$）时，转角能达到 1/100的构件约占 30%，转角频率最多的是 3/1000～7/1000，占全部的 40%。

提高剪力墙的延性的措施，可以是带缝剪力墙、空心剪力墙。在型钢混凝土结构中，具有一定刚度的型钢混凝土梁、柱约束钢筋混凝土墙板、在墙板内配置钢板或钢支撑都能提高墙板的延性。带型钢混凝土边框剪力墙的滞回曲线如图 3-6-1 所示，普通钢筋混凝土剪力墙与带型钢混凝土边框剪力墙的骨架曲线如图 3-6-2 所示。

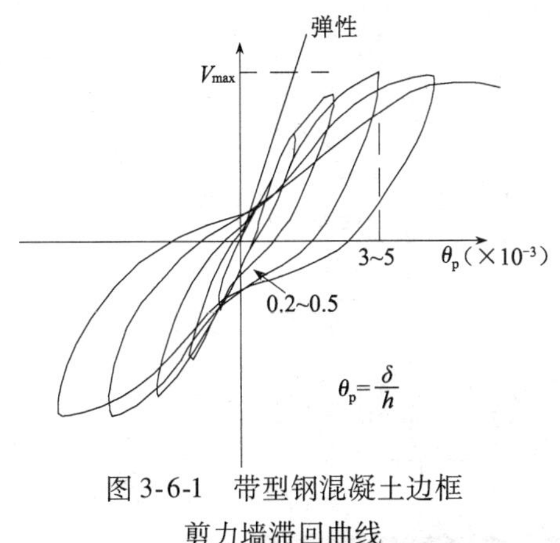

图 3-6-1　带型钢混凝土边框剪力墙滞回曲线

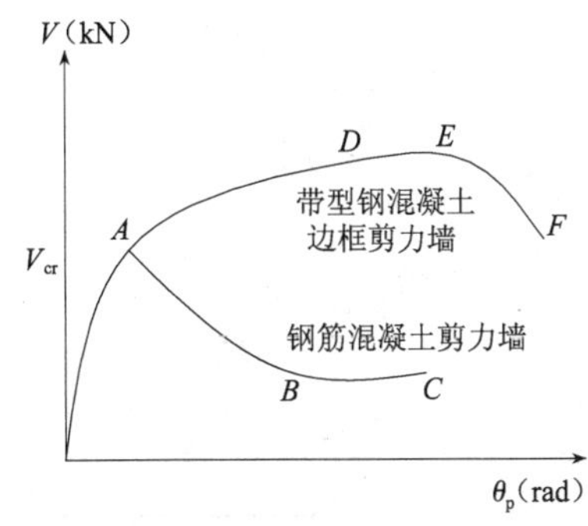

图 3-6-2　混凝土剪力墙和带型钢混凝土边框剪力墙骨架曲线对比

通过整理试验资料，得到如下改善脆性破坏的条件：

（1）控制剪压比，取

$$\frac{V_w}{b_w h_w f_c}\leqslant 0.2 \tag{3-6-1}$$

（2）足够的剪切配筋量，宜提高剪力墙的剪力设计值进行设计，即按弯曲屈服并乘以硬化系数后的剪力设计值配筋。

（3）设计有约束能力的边框（包括型钢混凝土梁、柱）以及在钢筋混凝土墙内设钢板或斜撑。

二、型钢混凝土剪力墙的破坏形态

型钢混凝土剪力墙承受压、弯、剪作用，随主导的外作用（剪力、弯矩、剪跨比、剪压比等）的变化和墙体本身条件的不同（混凝土截面及形状、配钢率、周边构件的约束、配置钢板和钢支撑等），有多种破坏形式。

其主要的破坏形式可归纳为：弯曲屈服后的各种破坏和弯曲屈服前的各种破坏。

（一）弯曲屈服后破坏形式（强剪弱弯）

（1）弯曲-受拉破坏。弯矩起主导作用，条件是：剪跨比较大时，应当使弯曲受拉钢筋首先屈服，而后受压混凝土压碎，如图 3-6-3 所示。

图 3-6-3　弯曲-受拉破坏

（2）弯剪破坏。弯矩、剪力共同主导，纵向配筋及横向配筋都不超量，剪跨比不大，先出现水平裂缝或由水平裂缝后向斜向发展而后压区破坏，如图 3-6-4 所示。

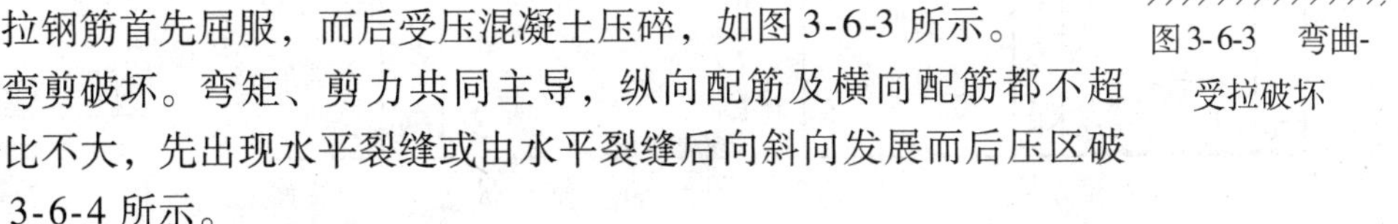
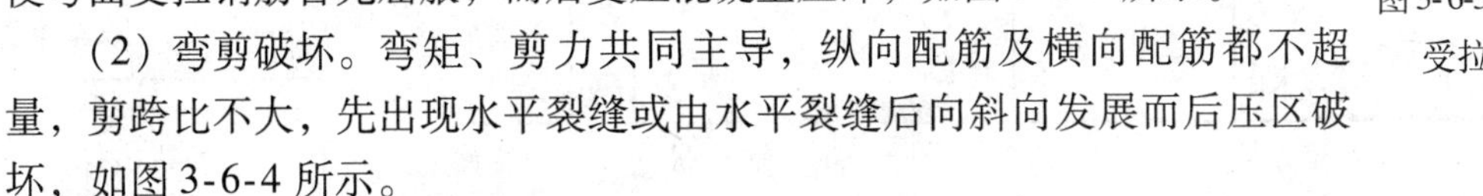

（3）弯曲-滑移破坏。弯曲受拉钢材屈服后，水平裂缝伸长，弯曲受压截面积缩小，压区不足以承担水平剪力时出现滑移破坏，当墙板厚度较薄或处于施工缝时，出现此种破坏，如图 3-6-5 所示。

（二）弯曲屈服前破坏形式（强弯弱剪）

（1）斜拉破坏。当剪力作用为主导，抗剪配筋较少时，混凝土受剪弯后，主拉应力达到混凝土抗拉强度后，应力分布给钢筋，而配筋不足以承载此剪力，呈斜拉破坏。裂缝上部混凝土沿斜裂缝滑移，是严重的脆性破坏。如图 3-6-6 所示。

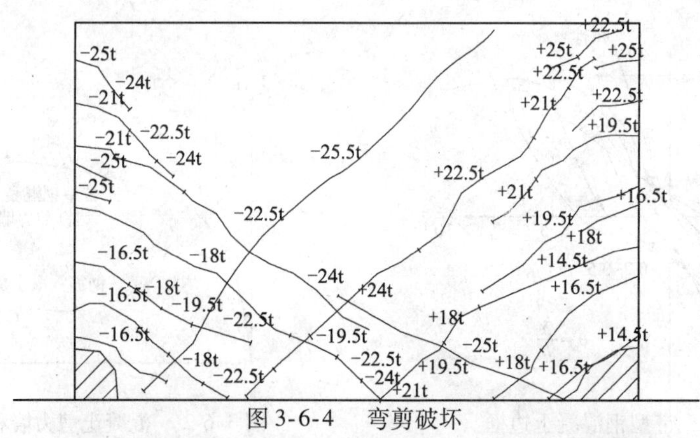

图 3-6-4　弯剪破坏

图 3-6-5　弯曲-滑移破坏

（2）斜压破坏。当板内适量配筋，水平剪力作用下出现多条斜裂缝，剪力通过斜压杆传力，在最大剪压应力处（如图 3-6-7 墙脚角部），混凝土被压坏而滑移。如图 3-6-7 所示。

（3）剪弯破坏。破坏图形类似弯剪破坏，只是剪切破坏时，弯曲尚未屈服，属于脆性破坏。如图 3-6-8 所示。

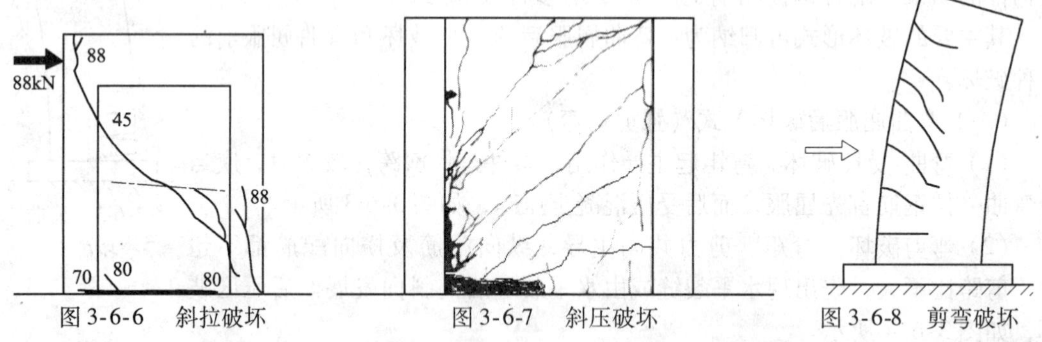

图 3-6-6　斜拉破坏　　图 3-6-7　斜压破坏　　图 3-6-8　剪弯破坏

（4）剪切-滑移破坏。剪切斜裂缝贯穿全截面。

上述几个主要破坏形式的强度、变形能力以及滞回曲线性质都不同。以弯矩为主导的弯曲屈服后的剪切破坏的变形能力较好，抗震性能较好。以混凝土破坏为主导的变形能力较差，一般难以满足位移角的抗震要求。

在实际工程中不允许发生任何一种破坏形态，在设计时都应当保证其安全，或者用计算保证，或者用构造规定解决，具体如下：

（1）斜拉破坏起因在于墙内配筋不足，在设计时给以最小配筋率，如《混凝土结构设计规范》第 11.7.11 条规定：一、二、三级抗震等级的剪力墙的水平和竖向分布钢筋配筋率不应小于 0.25% 等，特一级抗震等级分布钢筋配筋率则不应小于 0.35%。

（2）控制剪力墙的剪压比避免剪压破坏，将在下面专题叙述。

（3）保证弯曲屈服先行，用提高剪力设计值来配置墙内分布钢筋，保证强剪弱弯。

（4）剪切-滑移破坏，用剪切-滑移公式进行计算。

三、型钢混凝土剪力墙承载力计算

（一）型钢混凝土剪力墙正截面偏心受压承载力计算

1. 偏心受压承载力计算原理

剪力墙截面中，除在受压边缘和受拉边缘集中配钢以外，在沿截面腹部还配置了等直径、等间距的纵向受力钢筋。正截面承载力的分析比一般梁、柱的正截面受弯承载力复杂些，目前国内外有叠加法和极限平衡法两种。我国基于概率极限状态设计理论，应用极限平衡法，从理论上讲，基于平截面变形条件可以求出任意位置上的钢材应力 σ_{ai}，列出力的平衡方程式，对均匀配筋构件的承载力进行计算，但计算中需反复迭代，计算工作繁重，不便实际应用。

《型钢混凝土组合结构技术规程》JGJ 138—2001 给出了较精确的计算公式。计算公式中，将分散的单独钢筋 A_{sw} 换算为连续的钢片，如图 3-6-9 所示。

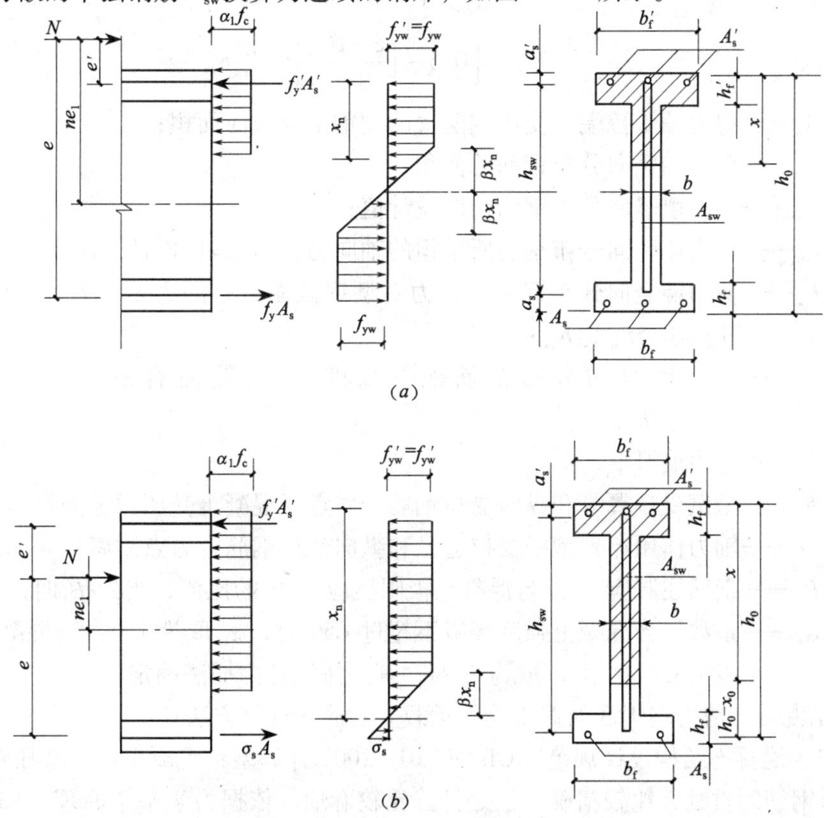

图 3-6-9　偏心受压构件正截面承载力计算

（a）大偏心受压；（b）小偏心受压

钢片单位长度上的截面积为 A_{sw}/h_{sw}，h_{sw} 为截面均匀配置纵向钢筋区段的高度，可取 $h_{sw}=h_0-a_s$。

2. 型钢混凝土剪力墙正截面偏心受压承载力计算

两端配有型钢的型钢混凝土剪力墙，其正截面偏心受压承载力计算公式如下。

（1）非抗震设计

$$N\leqslant\alpha_1 f_c\xi b_w h_0+\alpha_1(b_f'-b)h_f' f_c+f_a' A_a'+f_s' A_s'-\sigma_a A_a-\sigma_s A_s+N_{sw} \tag{3-6-2}$$

$$Ne\leqslant\alpha_1 f_c\xi(1-0.5\xi)b_w h_0^2+\alpha_1(b_f'-b)h_f'\left(h_0-\frac{h_f'}{2}\right)f_c+f_s' A_s'(h_0-a_s')+f_a' A_a'(h_0-a_a')+M_{sw} \tag{3-6-3}$$

（2）抗震设计

$$N\leqslant\frac{1}{\gamma_{RE}}[\alpha_1 f_c\xi b_w h_0+\alpha_1(b_f'-b)h_f' f_c+f_a' A_a'+f_s' A_s'-\sigma_a A_a-\sigma_s A_s+N_{sw}] \tag{3-6-4}$$

$$Ne\leqslant\frac{1}{\gamma_{RE}}\Big[\alpha_1 f_c\xi\ (1-0.5\xi)\ b_w h_0^2+\alpha_1\ (b_f'-b)\ h_f'\left(h_0-\frac{h_f'}{2}\right)f_c+f_s' A_s'(h_0-a_s')\ +f_a' A_a'(h_0-a_a')\ +M_{sw}\Big] \tag{3-6-5}$$

$$N_{sw}=\left(1+\frac{\xi-\beta_1}{0.5\omega}\right)f_{yw}A_{sw} \tag{3-6-6}$$

$$M_{sw}=\left[0.5-\left(\frac{\xi-\beta_1}{\beta_1\omega}\right)\right]f_{yw}A_{sw}h_{sw} \tag{3-6-7}$$

式中 A_a、A_a'——剪力墙受拉端、受压端配置的型钢全部截面面积；

A_{sw}——剪力墙竖向分布钢筋总面积；

f_{yw}——剪力墙竖向分布钢筋强度设计值；

N_{sw}——剪力墙竖向分布钢筋所承担的轴向力，当 $\xi>0.8$ 时，取 $N_{sw}=f_{yw}A_{sw}$；

M_{sw}——剪力墙竖向分布钢筋的合力对型钢截面重心的力矩，当 $\xi>0.8$ 时，取 $M_{sw}=0.5f_{yw}A_{sw}h_{sw}$；

ω——剪力墙竖向分布钢筋配置高度 h_{sw} 与截面有效高度 h_0 的比值，$\omega=h_{sw}/h_0$；

b_w——剪力墙厚度；

h_0——型钢受拉翼缘和纵向受拉钢筋合力点至混凝土受压边缘的距离；

e——轴力作用点到型钢受拉边缘和纵向受拉钢筋合力点距离；

β_1——钢筋屈服应变 ξ_y 与混凝土极限压应变 ξ_{cu} 的比值，当 $\xi>\beta_1$ 时，取 $\xi=\beta_1$；

α_1——系数，当混凝土强度等级不超过 C50 时，α_1 取为 1.0，当混凝土强度等级为 C80 时，α_1 取为 0.94，其间按线性内插法确定。

3. 型钢混凝土剪力墙正截面偏心受压承载力的简化计算方法

上述按《混凝土结构设计规范》GB 50010—2002 计算型钢混凝土剪力墙压弯承载力，考虑了分布钢筋的贡献，比较精确，但是计算比较麻烦。依据力学基本原理，偏压构件承载力主要参数为混凝土和钢筋截面积及相应的强度，再者就是弯矩与轴力的比值（偏心距 e_0），考虑这些主要参数的受弯承载力计算公式可简化如下：

$$M=\frac{N_0e_0}{1+1.2\left(\frac{e_0}{h}\right)+4.5\left(\frac{e_0}{h}\right)^2} \tag{3-6-8}$$

式中　h——墙截面高度；

N_0——型钢混凝土剪力墙轴心受压承载力；

e_0——偏心距，$e_0=M/N$。

本计算公式适用条件为$\frac{e_0}{h_0}\leqslant 0.6$的墙体正截面受弯承载力计算。

（二）受剪承载力计算

1. 剪切计算原理

钢筋混凝土剪力墙的受剪承载力是一个极为复杂的问题，其原因在于影响受剪承载力的因素太多。通过观察260件剪力墙试件的试验，平均剪应力在很大的范围内分布（图3-6-10）。除了剪力墙混凝土截面积和混凝土的强度因素以外，墙身和边框（柱和梁）的配筋率、剪跨比、连跨、连层开洞和轴压大小都影响墙的抗剪强度。型钢混凝土剪力墙则更复杂，日本型钢混凝土结构计算规范考虑诸多影响因素，计算时分七种状态，其计算结果仍是留有较大的安全储备，其特点是考虑了型钢混凝土边框（梁和柱）、连层和连跨等对所计算的墙板的约束作用，接近于实际，获得了一些效果。

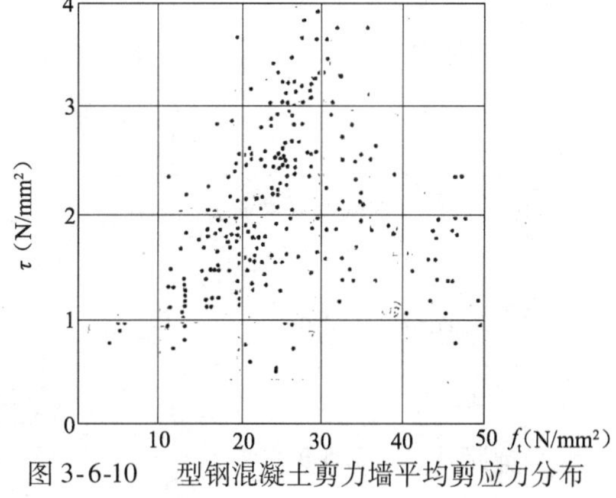

图3-6-10　型钢混凝土剪力墙平均剪应力分布

计算剪力墙受剪承载力，过去和现在多是依据一定范围的试验数据统计分析给出计算公式。

日本在“钢筋混凝土结构的韧性保证型抗震设计指针（案）”中，对剪力墙按桁架和拱复合模型计算剪力墙。型钢混凝土剪力墙结构中亦可以采用桁架和拱复合的模型，其计算并不复杂。

我国有关型钢混凝土结构设计规程的受剪承载力计算是依据试验数据建立的经验公式，其结果是偏于安全的。

剪切破坏形式不同，其受剪承载力不同，斜拉破坏的受剪承载力最小，斜压破坏最大，弯曲破坏与弯剪破坏的受剪承载力居于斜拉与斜压之间，其设计计算的原理及方法分别记述如下：

（1）斜压破坏

剪力墙是力学的平面问题，剪切作用和弯压作用使墙面产生主拉应力和主压应力。混凝土的抗拉强度是很小的，当主拉应力大于混凝土抗拉强度时，混凝土产生斜裂缝（或由弯裂到斜裂），产生斜裂缝以后，主拉应力由钢筋承担。如果剪力墙配筋较多，继而相继出现多条斜裂缝，形成桁架与斜压杆的传力模型，最终钢筋屈服，斜压杆薄弱面或应力集中处出现混凝土压碎现象（图3-6-11），依据墙体试验，这种斜压破坏时的剪拉比τ/f_t如图3-6-12所示，其下限值接近为2。

斜压破坏的变形能力虽然比斜拉破坏好，但终究其破坏由混凝土控制，塑性变形能力较差，仍属于脆性破坏，设计时应加厚剪力墙混凝土的厚度，即设计时用下式：

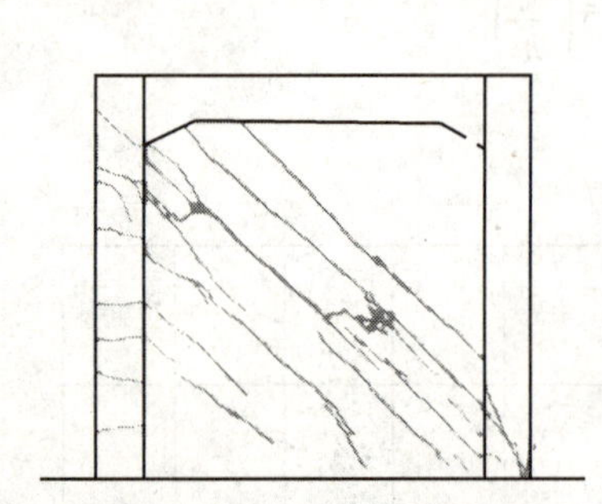

图 3-6-11 型钢混凝土剪力墙斜压破坏

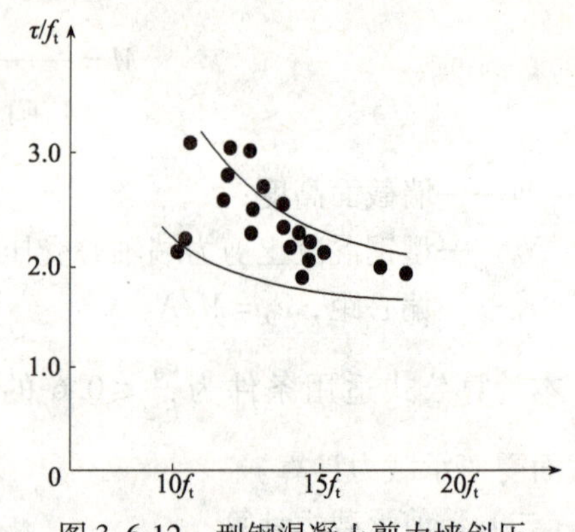

图 3-6-12 型钢混凝土剪力墙斜压破坏时的剪拉比 τ/f_t

当剪跨比 $\lambda>2.5$ 时

$$V_w \leqslant \frac{1}{\gamma_{RE}}(2\beta_c r f_t b_w h_0) \tag{3-6-9}$$

当剪跨比 $\lambda \leqslant 2.5$ 时

$$V_w \leqslant \frac{1}{\gamma_{RE}}(1.5\beta_c r f_t b_w h_0) \tag{3-6-10}$$

式中 β_c——混凝土强度影响系数；当混凝土强度等级不超过 C50 时，取 $\beta_c=1.0$；当混凝土强度等级为 C80 时，取 $\beta_c=0.8$；其间按线性内插法确定。

（2）斜拉的控制

按不同情况分别规定最小配筋率 0.25% ~0.4%。

2. 剪力墙受剪承载力的影响因素

影响型钢混凝土剪力墙受剪承载力的因素有很多，主要的是钢筋、周边约束、轴压力、墙内配钢、混凝土截面强度等。并且型钢混凝土剪力墙墙板的受剪承载力随剪力墙的破坏形式的不同而不同。

（1）钢筋对受剪承载力的影响

钢筋的基本贡献是直接参与抗剪，约束钢板或钢板撑，防止钢板或钢板撑的屈曲。依据试验，墙板内钢筋在墙体极限承载力时，接近达到屈服应变，在大变形时，斜裂缝扩展，钢筋应力全部达到屈服应变。其条件配筋率必须小于 1.2%，配筋率大于 1.2% 的试件发生钢筋未屈服时混凝土被压坏现象。

（2）周边型钢混凝土构件墙板的约束的贡献

有足够刚度的周边梁、柱的型钢混凝土与墙板结合共同承担剪力，使剪力墙受剪承载力为 $V=V_w+V_{cb}$（V_{cb}为型钢混凝土柱或型钢混凝土梁的受剪承载力）。墙板内混凝土斜裂缝是通过梁和柱边框中的较弱者，即取梁柱受剪承载力 V 值的较小值。

型钢混凝土梁、柱除直接受剪外，如果它的刚度与强度足够大，它又能约束墙板中混凝土，使混凝土抗剪强度提高。

另外，有周边墙连续（多跨连续墙的中间墙），多层连续的迹层墙，周边墙对所计算的墙具有可靠的约束作用，它保证了墙周边梁或柱的刚度与强度，墙混凝土部分受剪承载力可以提高。在这种情况下，可以放心地将梁或柱的受剪承载力计算在内。

（3）轴压力对受剪承载力的影响

剪力墙为压、弯、剪受力构件，轴力 N 的作用对剪力墙的受弯承载力及受剪承载力都有影响，对于受弯承载力的影响较大。轴压比小于0.3时轴压力受剪承载力增加大约为 $V_N=0.1N$。由压力增加对受弯及受剪影响的大小不同，亦即因剪切承载力与弯曲屈服时剪力的比值 V_v/V_m 的减少，影响到剪力墙的延性，达不到强剪弱弯，其变形能力很难达到1/100的要求，为此必须要规定剪力墙的轴压比限值。

在地震作用时，建筑物内剪力墙作用轴力难以准确定值。在受剪承载力计算中的 V_N 项压力属于有利作用。由于 N 值的不确定性，为安全计，对于强震区不宜考虑。

（4）墙、板内布置钢板或型钢

型钢混凝土剪力墙一般是型钢混凝土框架内布置钢筋混凝土剪力墙。对高层或大剪力作用时，有必要考虑在钢筋混凝土板内布置钢板或钢板支撑、型钢撑（图3-6-13），剪力墙内设钢板或钢板支撑以后，既可以增加剪力墙的受剪承载力，也可以增加墙的变形能力（图3-6-14）。需要注意的是，必须用构造措施，避免出现钢板或钢板支撑的平面外失稳问题。

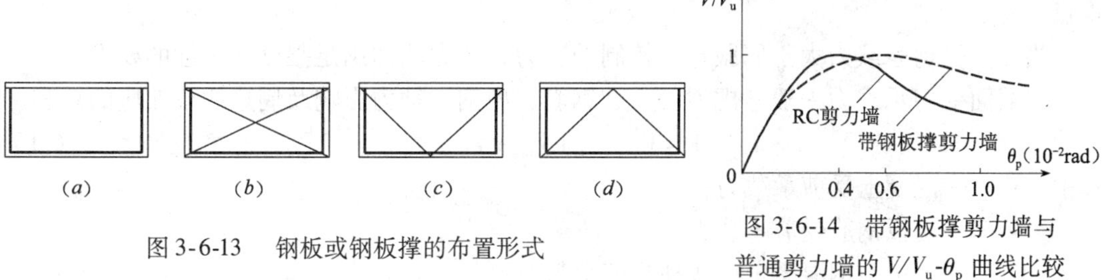

图3-6-13　钢板或钢板撑的布置形式

图3-6-14　带钢板撑剪力墙与普通剪力墙的 V/V_u-θ_p 曲线比较

剪力墙中配置有型钢，一般是采用工字形型钢，它可以延缓像布置钢板那样发生屈曲，其墙厚应在250mm以上（在型钢外仍然需要布置纵横向钢筋）。

剪力墙中布置钢板，应使混凝土在主拉应力作用下发生粘结破坏前，可以约束钢板，使其不屈曲，为加强钢板与混凝土的粘结，可以在钢板上适当设置栓钉或使用粘胶。

钢板撑剪力墙试验滞回曲线外包环线如图3-6-15所示，其承载力未见下降段，环线由捏缩转向梭形，可见钢板撑在大变形阶段的良好性能。要求受剪承载力大和延性高的剪力墙可在剪力墙内两面配置钢板中间浇筑混凝土，并将两面钢板用螺栓或短筋连接。

钢板撑剪力墙滞回曲线之所以捏缩，是由于混凝土和钢板撑相交边缘出现裂缝。

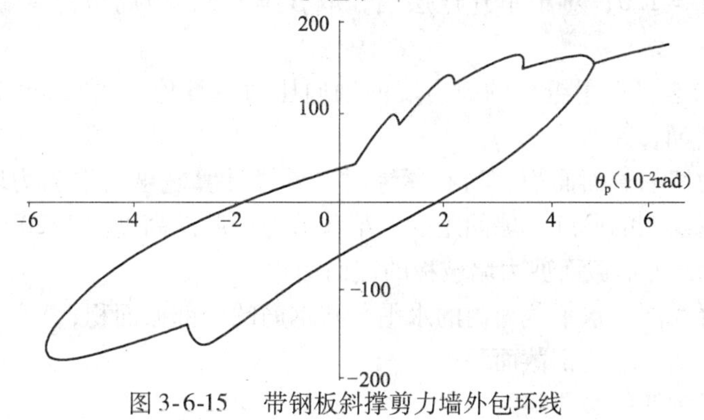

图3-6-15　带钢板斜撑剪力墙外包环线

（5）混凝土对受剪承载力的影响

剪力墙中混凝土部分受剪承载力占型钢混凝土剪力墙的主要部分，混凝土部分受剪承载力随混凝土强度的增高而增大。墙周边的约束影响也很大，特别是周边受连续墙的约束可以使墙的抗剪强度大约提高到$\tau=2.5f_t$。

对于无约束的剪力墙的混凝土平均剪应力依据试验取下限值：

$$V_c=0.4f_tb_wh_w \tag{3-6-11}$$

考虑剪跨比的影响

$$V_c=\frac{1}{\lambda-0.5}(0.4f_tb_wh_w) \tag{3-6-12}$$

式中　b_w、h_w——剪力墙厚度及高度；

f_t——混凝土抗拉强度；

λ——剪跨比，$\lambda<1.5$时，取$\lambda=1.5$。

3. 剪力墙受剪承载力计算

弯曲屈服后并考虑弯曲钢筋强化时的剪力是理想的强剪弱弯状态，是剪切计算的重点。

当截面受剪承载力大于屈服弯矩控制的剪力，剪力墙即满足强度和延性的要求。

墙截面受剪承载力一般考虑混凝土、钢筋、型钢、轴力影响及周边约束效应的总和：

$$V=V_c+V_s+V_{bc}+V_N+V_a \tag{3-6-13}$$

式中　V_c——混凝土受剪承载力；

V_s——墙板钢筋受剪承载力；

V_{bc}——周边型钢混凝土梁或柱受剪承载力；

V_a——型钢腹板、外加钢板及斜撑受剪承载力；

V_N——轴力增加的受剪承载力。

即 $$V=\frac{1}{\lambda-0.5}\left(0.4\beta_r f_tb_wh_0+0.1N\frac{A_w}{A}\right)+0.8f_{yv}\frac{A_{sh}}{s}h_0+\frac{0.32}{\lambda}f_aA_a \tag{3-6-14}$$

式中　λ——计算截面处的剪跨比，$\lambda=M/(Vh_0)$；当$\lambda<1.5$时，取$\lambda=1.5$；当$\lambda>2.2$时，取$\lambda=2.2$；

b_w、h_0——墙厚及墙截面的有效高度；

β_r——周边型钢混凝土柱对混凝土墙体的约束系数，当周边没有连层墙和连续墙时，取$\beta_r=1.0$；对于单片连层墙，取$\beta_r=1.5$；当周边都有墙连接时，取$\beta_r=2.0$；

N——考虑地震作用组合的剪力墙的轴向压力设计值，当$N>0.2f_cbh_0$时，取$N=0.2f_cbh_0$；

A——剪力墙的截面面积，当有翼缘时，翼缘计算宽度可取剪力墙厚度加两侧各6倍翼缘墙的厚度、墙间距的一半和剪力墙肢总高度的1/20中的最小值；

A_w——T形，工形截面剪力墙肢板的截面面积；

A_{sh}——配置在同一水平截面内的水平分布钢筋的全部截面积；

A_a——剪力墙一端型钢截面积；

s——水平钢筋的竖向间距。

4. 剪力设计值

弯曲屈服后剪力墙的受剪承载力在大变形时受拉纵筋越过屈服平台进入了强化段，为此剪力设计值为：

$$V=\frac{\alpha M_{wu}}{H} \tag{3-6-15}$$

式中　M_{wu}——剪力墙弯曲屈服时的弯矩，应用式（3-6-5）减去 $N\left(\frac{h_0}{2}-a\right)$；

α——考虑钢筋硬化强度及抗震调整系数的系数；

H——剪跨或层高。

剪力墙的“强剪弱弯”的原则是通过设计计算使墙体受剪承载力大于墙弯曲时的剪力，实际上墙屈服剪力应为按墙实配型钢与钢筋达到屈服计算，并考虑大变形时钢材硬化的受剪承载力。如式（3-6-15）中的 αM_{wu} 计算比较麻烦，为在工程设计时方便，《混凝土结构设计规范》GB 50010—2002 第 11.7.3 条对 9 度设防烈度以外情况进行了适当的简化，即：

（1）底部加强部位

1）9 度设防烈度（含特一级抗震等级）

$$V_w=1.1M_{wu}V/M \tag{3-6-16}$$

且不应小于按公式（3-6-17）求得的剪力设计值 V_w。

2）其他情况

一级抗震等级　$$V_w=1.6V \tag{3-6-17}$$

二级抗震等级　$$V_w=1.4V \tag{3-6-18}$$

三级抗震等级　$$V_w=1.2V \tag{3-6-19}$$

四级抗震等级取地震作用组合下的剪力设计值。

（2）其他部位

$$V_w=V \tag{3-6-20}$$

式中　M_{wu}——剪力墙底部截面按实配钢筋截面面积、材料强度标准值且考虑承载力抗震调整系数计算的正截面抗震受弯承载力所对应的弯矩值；有翼墙时应计入墙两侧各一倍翼墙厚度范围内的纵向钢筋；

M——考虑地震作用组合的剪力墙底部截面的弯矩设计值；

V——考虑地震作用组合的剪力墙的剪力设计值。

5. 小开洞剪力墙

剪力墙开洞口之后，受剪承载力及刚度都有下降，当洞口较小时，可以用降低系数来考虑。小开洞口的条件是：$\sqrt{h_1l_1/h_wl_w}\leqslant 0.4$，$h_1$、$l_1$ 分别为洞口的高度和宽度，h_w、l_w 为墙的高度和宽度。其降低系数取 r_1、r_2 中的较小值。

$$\min\left\{r_1=\frac{l_1}{l_w},r_2=1-\sqrt{h_1l_1/h_w\cdot l_w}\right\}$$

$\sqrt{h_1l_1/h_w\cdot l_w}>0.4$ 时，洞口属于大开洞口，其内力可按带刚域杆件分析，再分墙肢计算其承载力，开洞的角部有应力集中，其拉力应当配置钢筋来承担。

小开洞角部的斜拉力

$$T_{\rm d}=0.35\frac{h_1+l_1}{l_{\rm w}}V \tag{3-6-21}$$

小开洞口竖向及水平向拉力

$$T_{\rm v}=0.5\frac{h_1}{l_{\rm w}-l_1}V \tag{3-6-22}$$

$$T_{\rm v}=0.5\frac{h_1}{h_{\rm w}-h_1}\frac{h_{\rm w}}{l_{\rm w}}V \tag{3-6-23}$$

规范中采用如下构造措施解决洞角应力集中问题：

当剪力墙面开洞（其各边长度小于 800mm）且在整体计算中不考虑其影响时应将洞口被切断的分布钢筋的量分别配置在洞口上、下和左、右两边，且钢筋直径不应小于12mm。此措施比上述计算方法偏于不安全。

四、钢板钢筋混凝土组合剪力墙

（一）内含钢板斜撑剪力墙

1. 钢板斜撑剪力墙的受剪承载力

设钢板斜撑剪力墙的受剪承载力为：

$$V_{\rm src}=V_{\rm rc}+V_{\rm a1}+V_{\rm a2} \tag{3-6-24}$$

式中　$V_{\rm rc}$——钢筋混凝土部分受剪承载力；

$V_{\rm a1}$——边框型钢部分受剪承载力；

$V_{\rm a2}$——钢斜撑部分受剪承载力，$V_{\rm a2}=t_{\rm a2}b_2f_{\rm a2}\cos\theta$。

钢板撑混凝土剪力墙受剪承载力：

$$V_{\rm w}=\frac{1}{\lambda-0.5}\left(0.4\beta_{\rm r}f_{\rm t}t_{\rm w}h_0+0.1N\frac{A_{\rm w}}{A}\right)+0.8f_{\rm yv}\frac{A_{\rm sh}}{s}h_0+\frac{0.32}{\lambda}f_{\rm a1}A_{\rm a1}+t_{\rm a2}b_2f_{\rm a2}\cos\theta \tag{3-6-25}$$

式中　$V_{\rm w}$——钢板撑混凝土组合剪力墙受剪承载力；

$f_{\rm t}$——混凝土受拉强度设计值；

$t_{\rm w}$——墙厚；

h_0——墙截面有效高度；

$A_{\rm a1}$——边框型钢截面面积；

$f_{\rm a2}$——钢板撑受拉强度设计值。

2. 钢板斜撑设计相关内容

由于钢斜撑很薄，平面外容易发生屈曲，如果钢板撑外混凝土与钢筋给以足够的约束，则足以避免钢板撑的屈曲，其设计有以下三个内容：

（1）钢板撑厚度

$$t_{\rm a2}\leqslant 50\frac{t_{\rm w}^3}{l_2^2} \tag{3-6-26}$$

（2）约束钢板撑钢筋面积（受剪承载力需要的钢筋之外）

$$A_{\rm s2}=0.003t_{\rm a2}b_2\frac{f_{\rm a2}}{f_{\rm y}}\left(\frac{l_2}{t_{\rm w}}\right) \tag{3-6-27}$$

式中　$t_{\rm a2}$——钢板撑厚度；

b_2——钢板撑宽度；

l_2——钢板撑长度。

(3) 钢板撑端部局部加强

钢板撑混凝土组合剪力墙在钢板撑端部为应力集中部位，可能发生局部剪切错动（图3-6-16）、局部粘结破坏，需要验算栓钉加强。

1) 钢板撑端部剪切计算

假定钢板外推作用力为斜钢板撑局部屈服力的5%，该力冲切混凝土壁：

$$V_1 = 0.05A_{a2}f_a, \tag{3-6-28}$$

剪切计算公式

$$0.05A_{a2}f_{a2} \leqslant \frac{b_w b_2}{2\cos\theta}f_t \tag{3-6-29}$$

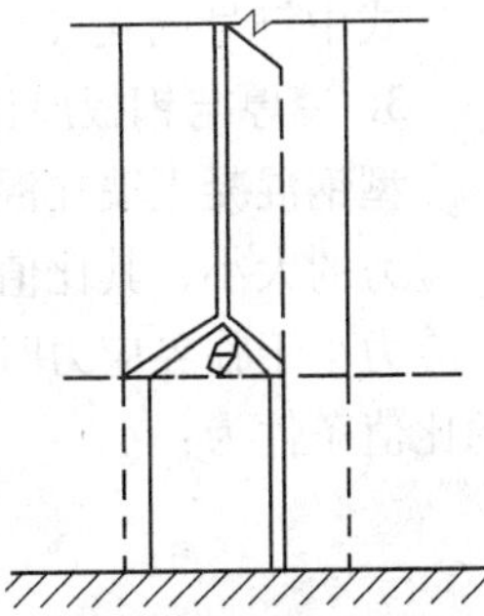

式中 A_{a2}——钢板撑的截面积；

f_a——钢板撑的屈服强度；

f_t——混凝土受拉强度；

A_{a2}——斜钢板撑截面积；

b_2——斜钢板宽度；

b_w——墙厚。

图3-6-16 钢板撑端部剪切破坏

2) 钢板端部栓钉计算

钢板与混凝土之间的粘结力很小，易发生粘结破坏，需要用栓钉连接，其所需栓钉的数量为：

$$n = \frac{A_0\ \tau_0}{q} \tag{3-6-30}$$

$$q = 0.18A_{a3}\sqrt{E_c f_c} \tag{3-6-31}$$

$$\tau_0 = \frac{0.075A_{a2}f_{a2}}{A_0} \tag{3-6-32}$$

式中 n——栓钉根数；

q——每根栓钉所承担的粘结力；

τ_0——平均粘结应力；

A_0——粘结破坏面积，取等于$b_2^2/2$；

A_{a3}——圆柱头栓钉杆截面积；

f_c——混凝土强度设计值；

E_c——混凝土弹性模量。

(二) 整片钢板与型钢混凝土组合剪力墙

1. 概述

薄钢板承受剪力，在剪应力很低时，也有可能发生剪切屈曲，钢板屈曲时的承载力，远低于钢材的极限承载力，没有适当补充刚度的纯钢板墙的设计是不经济的。

型钢混凝土剪力墙将钢板布置在钢筋混凝土墙的中间，设想剪力墙在剪力作用下，在墙内反应有主拉力和主压力，主拉力由钢板承担，而主压力由混凝土承担。一方面，钢板克服混凝土抗拉强度很低的弱点，另一方面，混凝土克服钢板受压屈服的弱点。

2．整片钢板与型钢混凝土组合剪力墙受剪承载力

整片钢板型钢混凝土剪力墙的受剪承载力按下式计算：

$$V_w=\frac{1}{\lambda-0.5}(0.4\beta f_t b_w h_0+0.05N)+0.8f_y\frac{A_{sh}}{s}h_0+\frac{0.32}{\lambda}(A_{a1}f_{a1}+A_{a2}f_{a2}) \quad (3\text{-}6\text{-}33)$$

式中符号同式（3-6-25），A_{a2}、f_{a2}为钢板面积和受拉强度设计值。

3．墙厚与钢板厚比值

型钢混凝土墙在混凝土与钢板共同工作的条件下，墙厚与钢板厚的比值关系到钢板的主应力的大小，其比值增大则混凝土墙分担应力较大，而钢板分担的应力较小，钢板分担的应力小于临界应力时，则钢板不致屈曲。经过力学分析，钢板不致屈曲的墙厚与钢板厚的比值条件为：

$$\frac{t_w}{t_a}\leqslant\frac{1}{0.48\sim0.6}\frac{f_a}{f_c} \quad (3\text{-}6\text{-}34)$$

混凝土斜压力达到极限状态时，对应于钢板屈曲剪应力τ_c

$$\tau_c=0.3f_c \quad (3\text{-}6\text{-}35)$$

薄钢板屈曲时的剪应力

$$\tau_a=0.5f_a \quad (3\text{-}6\text{-}36)$$

为此，避免钢板屈曲的条件是

$$0.5t_{a2}f_{a2}\leqslant0.3b_w f_c$$

由上式可得混凝土厚度与钢板厚度的比值

$$\frac{t_{a2}}{b_w}\leqslant0.6\frac{f_c}{f_{a2}} \quad (3\text{-}6\text{-}37)$$

式中　t_{a2}——钢板厚；

b_w——混凝土墙厚。

4．钢板与混凝土的粘结

钢板与混凝土的共同工作条件，一是二者间的粘结条件不破坏，二是粘结虽破坏，而采用贯通钢板及两侧钢筋网的短钢筋，或者是在钢板上焊接栓钉，或者是用特制的粘胶涂在钢板表面上，使混凝土与钢板的粘结强度大于3.0MPa，在界面上粘结强度大于混凝土本身的抗拉强度，即在界面上不会产生粘结破坏。

为确保钢板与混凝土的界面上不发生粘结破坏，连接钢筋或栓钉的计算如下：

一根栓钉或钢筋的粘结力

$$q=0.18A_{a3}\sqrt{E_c f_c} \quad (3\text{-}6\text{-}38)$$

一根钢筋所负担的面积

$$a=\frac{q}{\tau_{0\max}} \quad (3\text{-}6\text{-}39)$$

$$\tau_{0\max}=7\times10^{-6}E_c \quad (3\text{-}6\text{-}40)$$

$$A_{a3}=\frac{1.2s^2}{\sqrt{E_c f_c}} \quad (3\text{-}6\text{-}41)$$

式中　A_s——一根连接钢筋或栓钉的面积，mm^2；

s——分布钢筋间距，mm。

5. 钢板与型钢混凝土边框连接

型钢混凝土墙板与周边钢筋混凝土框架结合起来共同组成型钢混凝土剪力墙协同受力，因此墙板内钢板应当与型钢混凝土梁、柱内型钢焊接，而钢筋锚固在周边构件的钢筋混凝土内。钢板与周边型钢翼缘焊接，钢板与型钢腹板应当对齐，不焊接到一条线上，否则会产生局部应力，需另行计算。

（三）计算算例

1. 型钢混凝土剪力墙受弯、受剪承载力计算例题

【例 3-6-1】 单片剪力墙作用力 $M=19500\text{kN}\cdot\text{m}$，$N=8000\text{kN}$，$V=2000\text{kN}$。剪力墙高度为4500mm，宽度7500mm，墙厚200mm，内配 ϕ10@100 两层分布钢筋，型钢混凝土边柱截面 800mm×800mm，内配型钢╬ 2H500×200×10×16，纵向钢筋 4 Φ 25，$f_c=21\text{N/mm}^2$，边框型钢混凝土柱由于型钢与混凝土的粘结破坏、型钢占有混凝土的面积、施工质量等因素的影响取 $f'_c=15.8\text{N/mm}^2$，$f_a=235\text{N/mm}^2$，$f_y=300\text{N/mm}^2$，$f_{yv}=295\text{N/mm}^2$。如图 3-6-17 所示。

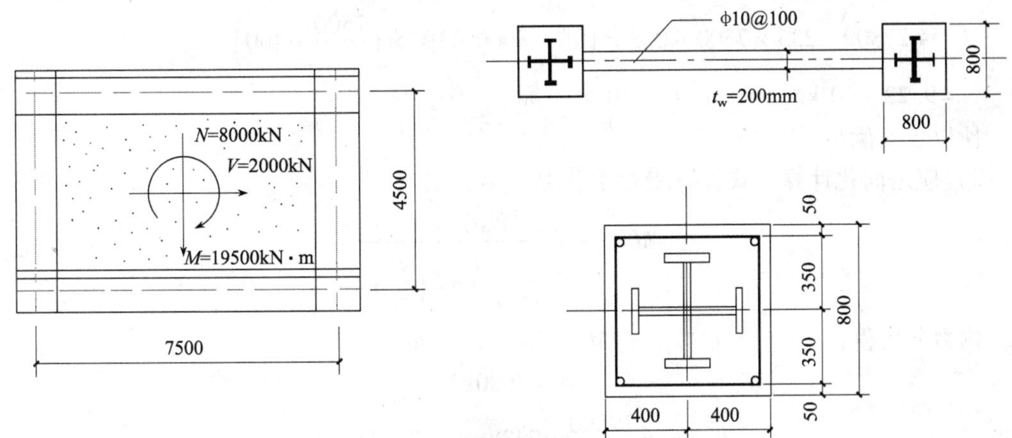

图 3-6-17　单片剪力墙及型钢混凝土边柱详图

【解】

（1）受弯承载力计算

1）应用《型钢混凝土组合结构技术规程》公式计算

分析判定受压区高度：

$$x=\frac{N+f_{yv}A_{sw}}{\alpha_1 f_c b}=\frac{8000\times10^3+9510\times295}{1.0\times15.8\times800}=854\text{mm}$$

按沿截面腹部均匀配筋的工字形截面计算：

假设：$a_s=a'_s=400\text{mm}$　　$h_{sw}=h_0-a'_s=7100-400=6700\text{mm}$

$$\omega=\frac{h_{sw}}{h_0}=\frac{6700}{7100}=0.944$$

当中和轴通过受压翼缘的边缘时，$\xi=\dfrac{854}{7100}=0.12$，$\beta_1=\dfrac{\varepsilon_y}{\varepsilon_{cu}}=\dfrac{0.0017}{0.0033}=0.515$

则，$N_{sw}=\left(1+\frac{\xi-\beta_1}{0.5\beta_1\omega}\right)f_{yv}A_{sw}=\left(1+\frac{0.12-0.515}{0.5\times0.515\times0.944}\right)\times295\times9510=-1.75\times10^6\text{N}$

$$M_{sw}=\left[0.5-\left(\frac{\xi-\beta_1}{\beta_1\omega}\right)^2\right]f_{yv}A_{sw}h_{sw}=\left[0.5-\left(\frac{0.12-0.515}{0.515\times0.944}\right)^2\right]\times295\times9510\times6700$$

$$=-0.3\times10^{10}\text{N}\cdot\text{mm}$$

承载力：

$$N=\alpha_1f_cbx+f_y'A_s'+f_a'A_a'-f_yA_s-f_aA_a+N_{sw}$$

$$=1.0\times15.8\times800\times854+1.0\times21\times54\times200+300\times1964-300\times1964+(-1.75)\times10^6$$

$$=9271\text{kN}>8000\text{kN}$$

$$M=\alpha_1f_c'bbh+\alpha_1f_ct_w\left(7100-\frac{854-800}{2}\right)+f_y'A_s'(h_0-a_s')+f_a'A_a'(h_0-a_f')+M_{sw}$$

$$-8000\times\left(\frac{7500}{2}-400\right)\times10^3$$

$$=1.0\times15.8\times800\times800\times7500+1.0\times21\times200\times54\times\left(7100-\frac{54}{2}\right)+345\times1964\times7500$$

$$+22800\times235\times7500-0.3\times10^{10}-8000\times10^3\times\left(\frac{7500}{2}-400\right)$$

$$=9.22\times10^4\text{kN}\cdot\text{m}>1.95\times10^4\text{kN}\cdot\text{m}$$

所以强度满足要求 。

2）应用简化计算公式计算受弯承载力

$$M=\frac{N_0e_0}{1+1.2\left(\frac{e_0}{h_0}\right)+5\left(\frac{e_0}{h_0}\right)^2}$$

内力分析得：

$$M=19500\ \text{kN}\cdot\text{m}$$

$$N=8000\text{kN}$$

$$e_0=\frac{19500}{8000}=2438\text{mm}=2.438\text{m}$$

$$\frac{e_0}{h_0}=\frac{2.44}{7.1}=0.343$$

混凝土面积：$200\times6700+2\times800\times800=2620000\text{mm}^2$

双层 φ10@100：$A_s=9510\text{mm}^2$，

型钢：$4\times(500-32)\times10+2\times200\times16=44320\text{mm}^2$

柱钢筋：8 Φ 25$A_s=490.9\times8=3927\text{mm}^2$

$$M=\frac{(2620000\times21+9514\times295+44320\times235+3927\times300)\times2.44}{1+1.2(0.343)+5(0.343)^2}$$

$$=\frac{1698158138}{2.0}=84692.3\text{kN}\cdot\text{m}>19510\text{kN}\cdot\text{m}$$

简化计算公式与精确计算法相近，因其简便易行，可用于初步设计和校核。

（2）受剪承载力计算

$$V_w=\frac{1}{\lambda-0.5}\left(0.4\beta f_cbh_0+0.1N\frac{A_w}{A}\right)+0.8f_{yv}\frac{A_{sh}}{s}h_0+\frac{0.32}{\lambda}A_af_a$$

$$\lambda=\frac{M}{V_h}=\frac{19500}{2000\times7.5}=1.3$$ ，取 $\lambda=1.5$

单独墙无周边墙约束 $\beta=1$

$$V=0.4\times1.8\times200\times7100+0.1\times8000$$

$$\frac{200\times6700}{200\times6700+2\times640000}+0.8\times295$$

$$\frac{9514}{6700}\times7100+\frac{0.32}{1.5}\times235\times11080$$

$$=1022400+409+2379392+555477$$

$$=3957638\text{N}\approx3958\text{kN}>2000\text{kN}$$

满足要求。

2. 内含钢板撑剪力墙剪力计算例题

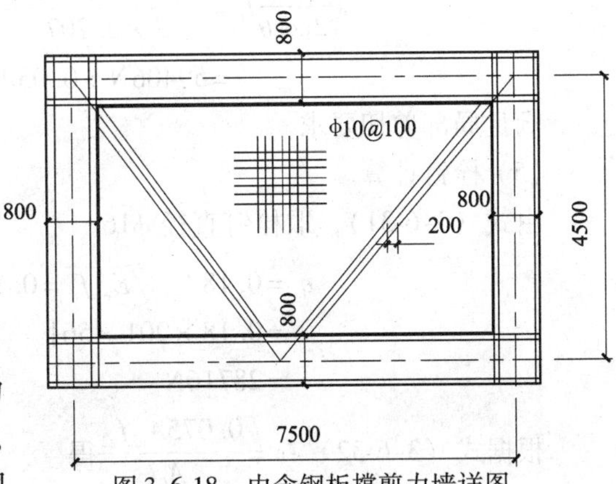

图 3-6-18　内含钢板撑剪力墙详图

【例 3-6-2】内含钢板撑剪力墙计算内力分析 $M=42900\text{kN}\cdot\text{m}, V=400\text{kN}, N=17600\text{kN}$，墙（包括边框）的尺寸如图 3-6-18 所示。钢板 16mm×200mm, $\cos\theta=0.64$，墙厚 200mm，$f_s=300\text{N/mm}^2$，$f_{a2}=240\text{N/mm}^2$，钢板撑长度 $l_2=4700\text{mm}$，$A_0=20000\text{mm}^2$，$E_c=30000\text{N/mm}^2$，$f_c=21N/\text{mm}^2$。

（1）受剪承载力计算

$$V_w=\frac{1}{\lambda-0.5}\left(0.4\beta f_c bh_0+0.1N\frac{A_w}{A}\right)+0.8f_{yv}\frac{A_{sh}}{s}h_0+\frac{0.32}{\lambda}A_a f_a+A_{a1}f_{a1}\cos\theta$$

$$=0.4\times1.8\times200\times7100+0.1\times8000\times\frac{200\times6700}{200\times6700+2\times640000}+0.8\times295\frac{9514}{6700}\times7100$$

$$+\frac{0.32}{1.5}\times235\times11080+16\times200\times240\times0.64=3958000+491520$$

$$=4449520\text{N}>4400\text{kN}$$

（2）钢板撑厚度计算

$$t_{a2}\leqslant50\left(\frac{t_w^3}{l_w^2}\right)=50\left(\frac{200^3}{4700^2}\right)=18\text{mm}$$，取钢板厚 16mm，合适。

（3）约束钢板撑钢筋面积

$$A_{s2}=0.003t_{a2}b_2\frac{f_{a2}}{f_s}\left(\frac{l_w}{t_w}\right)$$

$$=0.003\times16\times200\times\frac{240}{300}\times\left(\frac{470}{20}\right)=180\text{mm}^2$$

钢板宽 200mm，有效约束钢筋范围 200×5 = 1000mm

横向筋　　$A_{s2H}\cos^2\theta=76\text{mm}^2$

竖向筋　　$A_{s2V}\sin^2\theta=109\text{mm}^2$

约束钢板钢筋面积应加入受剪承载力钢筋之内，使剪力墙钢筋既满足受剪，又满足防止钢板屈曲的需要。

（4）钢板撑端部剪切计算

根据式（3-6-29），

$$0.05A_{a2}f_{a2}\leqslant\frac{b_w b_2}{2\cos\theta}f_t$$

$$\frac{b_w b_2}{2\cos\theta}f_t=\frac{200\times200\times2.1}{2\times0.707}$$

$$=59406\text{N}>0.05A_{a2}f_{a2}=0.05\times3200\times240=38400\text{N}$$

满足局部剪切要求。

（5）栓钉计算

由式（3-6-31），取栓钉直径 $\phi16$

$$q=0.18A_{a2}\sqrt{E_c f_c}=0.18\times201\times\sqrt{3\times10^4\times21}$$

$$=0.18\times201\times561$$

$$=28716\text{N}$$

根据式（3-6-32）$\tau_0=\dfrac{0.075A_{a2}f_{a2}}{A_0}$得

$$\tau_0=\frac{0.075\times16\times200\times240}{20000}=2.88\text{N/mm}^2$$

即可按照式（3-6-30）求出

栓钉根数 $n=\dfrac{20000\times2.88}{28716}=2.01$

结果，选用2根 $\phi16$ 栓钉。

3. 整片钢板与型钢混凝土组合剪力墙设计例题

【例3-6-3】已知整片钢板与型钢混凝土组合剪力墙，$f_c=21.1\text{N/mm}^2$，$E_c=3.35\times10^4\text{N/mm}^2$，$\dfrac{b_w}{l}=\dfrac{1}{20}$，$f_a=295\text{N/mm}^2$，钢筋混凝土剪力墙的厚度为 $t_w=200\text{mm}$，钢板厚 $t_{a2}=5\text{mm}$，分布栓钉间距300mm。试选择钢板和混凝土粘结所需栓钉。

【解】

（1）受剪承载力计算

$$V_w=\frac{1}{\lambda-0.5}(0.4\beta f_t b_w h_0+0.05N)+0.8f_y\frac{A_{sh}}{s}h_0+\frac{0.32}{\lambda}(A_{a1}f_{a1}+A_{a2}f_{a2})$$

$$=3958000+\frac{0.32}{1.3}(5\times6700\times295)=3958000+2432615$$

$$=6390615\text{N}\approx6391\text{kN}$$

（2）钢板厚度及栓钉面积计算

$\dfrac{5}{200}=0.025<0.6\times\dfrac{21.1}{295}=0.043$，满足式（3-6-37）要求。

栓钉截面积：

$$A_s=\frac{1.2S^2}{\sqrt{E_c f_c}}=\frac{1.2\times300^2}{\sqrt{3.35\times10^4\times21.1}}=129\text{mm}^2$$

故，选用 $\phi14$，$A_s=153.9\text{mm}^2>A_s=129\text{mm}^2$。

第七节 柱 脚

一、概述

型钢混凝土柱的柱脚分为埋入式柱脚和非埋入式柱脚两种形式。型钢不埋入基础内部，型钢柱下部有钢底板，采用地脚螺栓将钢板锚固在基础或基础梁顶（图3-7-1），称为非埋入式柱脚；将柱型钢伸入基础内部，称为埋入式柱脚（图3-7-2）。在抗震设防的结构中，当型钢混凝土柱脚做在刚度较大的地下室顶板以上时，宜优先采用埋入式柱脚。

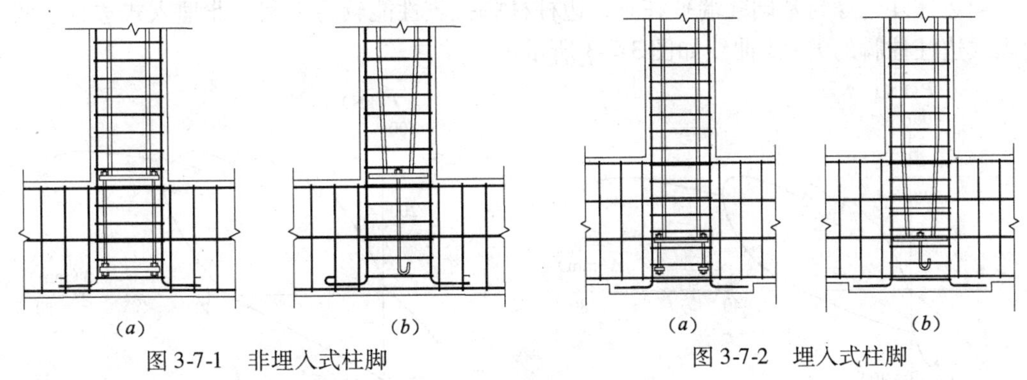

图3-7-1　非埋入式柱脚　　图3-7-2　埋入式柱脚

二、非埋入式柱脚与埋入式柱脚的力学特性和传力机制

（一）力学特性

非埋入式柱脚，设计时通常可以将型钢部分柱脚视为铰接，截面弯矩全部由周围的钢筋混凝土部分承担（图3-7-1*b*）。目前常用的计算方法是将型钢混凝土柱脚截面分为柱脚底板与锚栓组成的核心区和周围的钢筋混凝土两部分，柱脚的承载力是两者承载力的叠加。非埋入式柱脚的柱底剪力主要由柱脚底板与其下部混凝土之间的摩擦力或抗剪键，以及外围混凝土截面共同承担。地脚螺栓也具有一定的抗剪能力，但是一般不考虑这一部分作用。

埋入式柱脚，由于型钢侧面与混凝土之间存在侧压力，如果埋深足够，可以认为柱脚的受弯承载力与型钢混凝土柱相同。对于柱底剪力，埋深较浅的柱脚（图3-7-2*b*），是通过钢底板与下部混凝土之间的摩擦力或者抗剪键来抵抗；埋深较大的柱脚（图3-7-2*a*），除底板摩擦力抗剪外，部分侧压力可以平衡部分剪力，因而受剪承载力较大。

（二）传力机制

非埋入式柱脚通过底板及其螺栓将型钢的内力传至基础，钢筋混凝土部分的内力由钢筋伸入基础和基础内混凝土共同工作传入基础。钢筋应按《混凝土结构设计规范》锚固要求埋入基础。柱脚的型钢部分视为铰接，弯矩全部由钢筋混凝土部分承担。型钢部分的剪力大部分靠底板与混凝土之间的摩擦力传递，锚栓也可以负担一部分剪力，其余的剪力将作为压摩擦传递给基础钢筋混凝土。值得注意的是，虽然非埋入式柱脚的整体抗剪能力可以由型钢与钢筋混凝土两部分的受剪承载力叠加而成，但当型钢对周边混凝土的侧压力太大时，还需考虑型钢与混凝土的粘结破坏。非埋入式柱脚，在第一层柱的型钢翼缘上需设置栓钉抗剪件，将型钢承受的内力传给混凝土。

埋入式柱脚型钢深入基础部分需设置栓钉抗剪件。对于埋入式柱脚除基础底板和地脚螺栓的抗弯作用外，可考虑由侧压力参与抗弯作用，因此埋入部分的外包混凝土必须达到一定的厚度。当柱脚埋深较大时，剪力将转化为对柱脚侧面混凝土的压力，几乎不可能传至柱脚底板的位置。当柱脚埋深较浅时，单靠侧压力不能平衡剪力和弯矩，应在确定其受弯承载力的同时验算其受剪承载力。埋入式柱脚型钢深入基础部分需设置栓钉抗剪件，使型钢力很好地传给基础。

（三）抗震性能

当边柱外边缘与基础梁端平齐时，边柱柱脚抗震性能较为不利，非埋入式边柱柱脚和埋入式边柱柱脚的 $P-\Delta$ 曲线如图 3-7-3 所示。

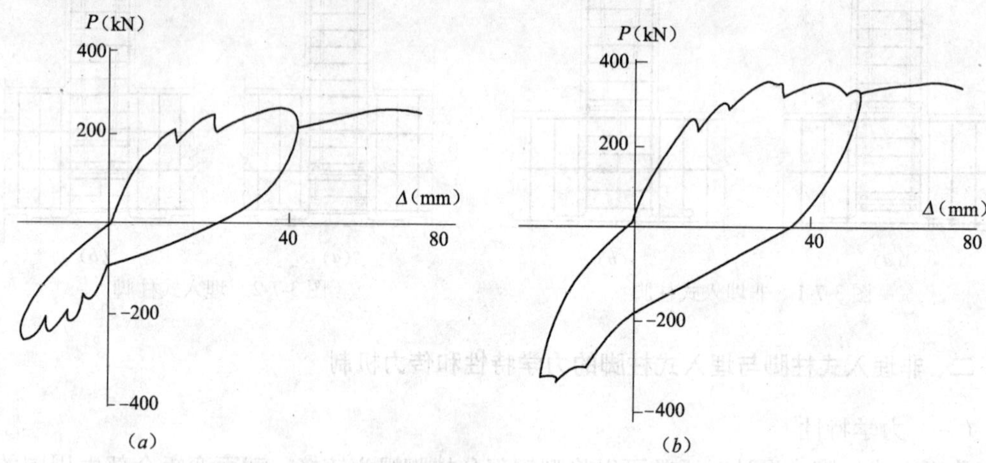

图 3-7-3　型钢混凝土边柱柱脚的外包环线

（a）非埋入式；（b）埋入式

由图 3-7-3 可以看出，边柱脚外边缘受拉时，柱脚的刚度与承载力显著增加，在反复荷载作用下，该方向柱脚受弯承载力可以达到型钢与混凝土两部分的受弯承载力之和，外包环线丰满。与非埋入式柱脚相比，埋入式柱脚的承载力较高，耗能能力较强。

非埋入式柱脚是地脚螺栓与底板相连，外包钢筋混凝土，型钢柱没有埋入基础内。虽然非埋入式柱脚在耗能方面与型钢混凝土柱相差不多，但是为了进一步改善结构的抗震性能，采用埋入式柱脚更为有利。日本曾有非埋入式柱脚在地震时破坏的实例，震后柱脚处的地脚螺栓脱开，混凝土破碎，钢筋弯曲。这种破坏形式曾多次发生。有一幢 11 层型钢混凝土结构，柱脚的 4 根地脚螺栓全部断开，柱脚水平移动 25cm，但建筑未倒塌。柱脚破坏的主要原因，可能是设计时未预料到地震时柱将产生相当大的拉力以及地震时存在的竖向振动。

震害表明，非埋入式柱脚，特别是在地面以上的非埋入式柱脚易产生破坏。所以对有抗震设防要求的结构，应优先采用埋入式柱脚。若在刚度较大的地下室范围内，并有可靠的措施时，可考虑采用非埋入式柱脚。

三、埋入式柱脚

（一）构造要求

1. 保护层厚度

（1）型钢混凝土埋入式柱脚，除型钢底板和地脚螺栓（锚栓）的抗弯作用外，需要柱脚侧面混凝土的侧压力参与抗弯，因此，柱脚埋入部分的外包混凝土必须达到一定厚度，否则，只能按非埋入式柱脚对待。

（2）柱脚型钢在基础内的混凝土保护层的最小厚度应符合下列规定：

1）对于中柱，混凝土保护层厚度不应小于180mm。

2）对于边柱和角柱，型钢外侧的混凝土保护层厚度不应小于250mm，型钢内侧的混凝土保护层厚度不应小于180mm。对于中间柱柱脚保护层厚度均不小于180mm。

（3）现浇型钢混凝土柱伸入基础梁的保护层厚度应符合图3-7-4所示的规定尺寸。

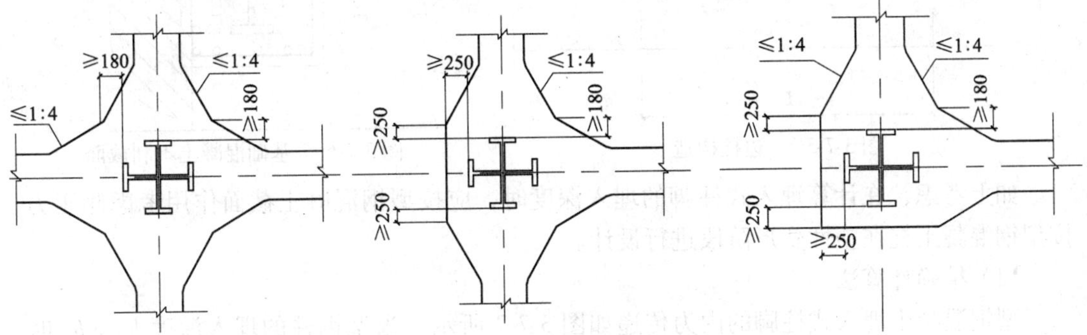

图3-7-4 埋入式柱脚的保护层厚度

2. 型钢加劲肋

（1）埋入式柱脚是伸埋于混凝土基础梁内的，其基础类似于杯形基础，柱内型钢应在基础表面位置处设置较强的水平加劲肋以承受混凝土传来的约束压力。

（2）水平加劲肋的形状应便于混凝土的浇筑。

3. 栓钉

（1）型钢混凝土柱的柱脚部位以及上一楼层范围内的型钢芯柱设置栓钉，以确保型钢与混凝土整体工作。

（2）栓钉的直径不应小于19mm，水平及竖向中心距不应大于200mm。

（3）栓钉至型钢翼缘板边缘的距离不应小于50mm，且不大于100mm。

4. 箍筋

埋入式柱脚埋入钢筋在基础梁内区段的箍筋宜符合框架柱箍筋加密要求。

5. 边柱构造

为防止在边柱与基础交接部分产生过大的应力集中，基础梁应伸出柱端0.25l（l为柱距），如图3-7-5所示。

（二）柱脚计算

1. 柱脚埋深的计算

型钢混凝土柱脚埋深较少试验研究，至今采用钢结构埋入式柱脚的计算方法。由于型钢混凝土柱不同于纯钢柱，因此并不符合型钢混凝土柱脚的特征。主要有如下几点：①实际上型钢混凝土柱中的纵向钢筋和箍筋都伸入或埋入到基础内部，均起了一定的作用。②埋入式柱脚的侧压力应该是型钢柱先将力传给箍筋内的混凝土，再部分传至纵筋和箍筋，最后传至基础混凝土。③如果柱脚部采用柱加密区配箍，由于箍筋对混凝土的约束作用，使箍筋约束范围内的混凝土强度有所提高，因此我们认为型钢混凝土柱的侧压基础的薄弱部位在纵筋和箍筋外的混凝土处（图 3-7-6）。④底层柱下端在地震时可以出现塑性铰，允许有大变形的转动，因此柱脚部的弯矩和剪力设计值，应按型钢混凝土柱全截面的受弯承载力和受剪承载力计算。

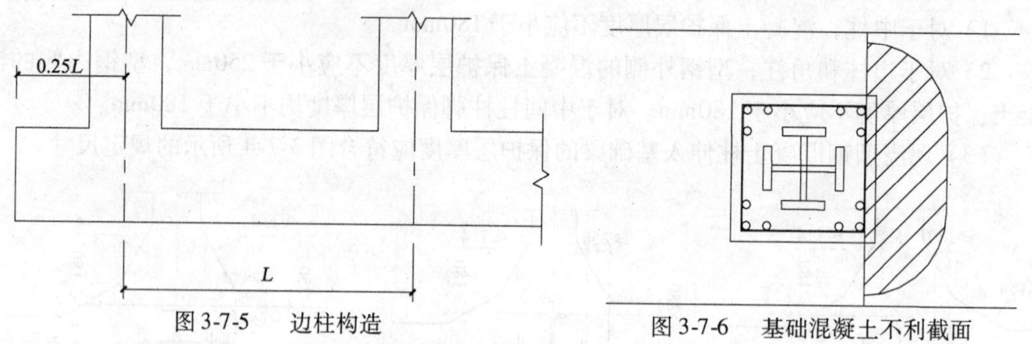

图 3-7-5 边柱构造

图 3-7-6 基础混凝土不利截面

如上考虑，在计算埋入式柱脚的埋入深度时，应按型钢混凝土截面作用考虑侧压力，按型钢混凝土柱在塑性变形阶段进行设计。

（1）精确计算法

型钢混凝土埋入式柱脚的内力传递如图 3-7-7 所示。当型钢柱的埋入深度 $h_B > h_v$ 时，根据水平力的平衡条件和力矩的平衡条件，分别得到以下两个方程：

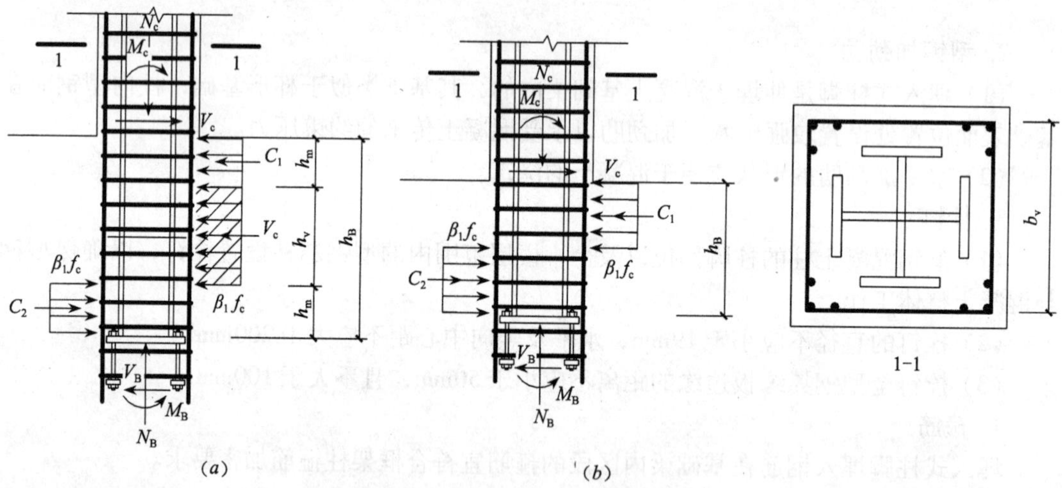

图 3-7-7 埋入式柱脚的内力传递

（a）型钢埋置较深时；（b）型钢埋置较浅时

$$V_c - b_v h_v \beta_l f_c = 0 \tag{3-7-1}$$

$$M_c - M_B + \frac{V_c h_B}{2} - b_v \frac{h_B - h_V}{2} \beta_l f_c \left[h_B - \frac{1}{2}(h_B - h_v) \right] = 0 \tag{3-7-2}$$

当作用于基础顶面的弯矩 M_c 等于型钢混凝土柱的受弯承载力 M_{c1}、且柱脚底板处的弯矩 M_B 为0时，将两个方程联立求解，可以得到型钢混凝土柱的最大埋置深度为

$$h_{B,max}=\frac{V_{src}}{b_v\beta_l f_c}+\sqrt{2\left(\frac{V_{src}}{b_v\beta_l f_c}\right)^2+\frac{4M_{src}}{b_v\beta_l f_c}} \tag{3-7-3}$$

式中　M_{src}——型钢混凝土柱的受弯承载力，按实际截面的屈服弯矩乘以增大系数1.25确定；

V_{src}——型钢混凝土柱的受剪承载力，设底层柱的反弯点位于柱的中点，则 $V_{src}=\frac{2M_{src}}{H_n}$；

H_n——柱的净高；

b_v——箍筋范围内混凝土截面的宽度；

f_c——混凝土轴心抗压强度设计值；

β_l——混凝土局部受压强度提高系数，$\beta_l=\sqrt{\frac{b_b}{b_v}}$；

b_b——混凝土局部受压宽度，按《混凝土结构设计规范》第7.8.2条确定。

当柱脚型钢的埋入深度大于 $h_{B,max}$ 时，柱脚的设计可不进行底板下剪力 V_B 的计算验算，当 $h_B<h_C$ 时，需要按力的平衡计算底板下的 V_B 和 M_B 承载力。

(2) 简化计算法

由于公式（3-7-3）中剪力 V_c 项量值比重较小，不超过总承载力的15%，为简化计算可将式（3-7-3）简化为：

$$h_B=\sqrt{\frac{5.5M_c}{b_v\beta_l f_c}} \tag{3-7-4}$$

2. 底板下部验算

(1) 底板下作用力的计算

柱脚型钢底板下的弯矩设计值 M_B、轴力设计值 N_B、剪力设计值 V_B 分别按下列公式计算：

1) 当 $h_B>h_v$ 时（图3-7-7*a*）

$$N_B=N_c \tag{3-7-5a}$$

$$V_B=0 \tag{3-7-5b}$$

$$M_B=M_c+\frac{V_c\cdot h_B}{2}-\frac{b_v\beta_l f_c}{4}\left(h_B{}^2-\frac{V_c}{b_v\beta_l f_c}\right) \tag{3-7-5c}$$

$$h_v=\frac{V_c}{b_v\beta_l f_c} \tag{3-7-5d}$$

2) 当 $h_B\leqslant h_v$ 时（图3-7-7*b*）

$$N_B=N_c \tag{3-7-6a}$$

$$V_B=V_c \tag{3-7-6b}$$

$$M_B=M_c+V_c h_B-\frac{b_v\beta_l f_c}{4}h_B{}^2 \tag{3-7-6c}$$

$$V_c=\eta_{vc}(M_c+M_c^t)/H_n \tag{3-7-6d}$$

式中　h_v——柱脚受剪时，其埋入基础部分的侧面承压高度，$h_v=V_c/b_v\beta_l f_c$；

N_c——型钢混凝土柱轴力设计值；

M_c——考虑地震作用组合的框架结构底层柱下端截面的弯矩设计值，对特一、一、二、三抗震等级，应按考虑地震作用组合的弯矩设计值分别乘以增大系数1.8、1.5、1.25和1.15确定；

V_c——考虑地震作用组合的框架结构底层柱剪力设计值；

M_c^t——考虑地震作用组合的框架结构底层柱上端截面的弯矩设计值，对一、二、三抗震等级，应按考虑地震作用组合的弯矩设计值分别乘以增大系数1.4、1.2和1.1确定；

η_{vc}——柱剪力增大系数，一、二、三级抗震分别取1.4、1.2、1.1。

（2）底板下混凝土强度验算

1）受压、受弯承载力

埋入式柱脚型钢底板下的混凝土部分，在按式（3-7-5）或式（3-7-6）确定的轴力N_B和弯矩M_B的作用下，应满足下列公式要求：

$$N_B\leqslant N_{Bu} \tag{3-7-7a}$$

$$M_B\leqslant M_{Bu} \tag{3-7-7b}$$

式中　N_{Bu}、M_{Bu}——型钢底板下混凝土部分的承载力设计值。计算时取型钢底板的混凝土截面，将锚栓作为受拉钢筋不考虑锚栓受压，按钢筋混凝土截面计算其承载力。

2）受剪承载力

对于型钢埋置深度较浅($h_B\leqslant h_v$)的埋入式柱脚（图3-7-7b），其型钢底板底面在水平剪力V_B作用下，应满足下式要求：

$$V_B\leqslant\mu N_B \tag{3-7-8}$$

式中　μ——柱型钢底板下的摩擦系数，无地震作用组合时，取$\mu=0.4$，有地震作用组合时，取$\mu=0.3$。

3. 基础梁端部混凝土强度验算

型钢混凝土柱埋入钢筋混凝土墙内或基础内时，除应按上述内容验算其受压、受剪和受弯承载力外，还应按下列方法验算墙或基础梁端部混凝土的受剪承载力。

（1）剪力设计值

根据图3-7-7所示的柱脚埋入部分对混凝土的侧压力分布，柱脚型钢作用于基础梁（墙）端部混凝土的剪力设计值$V_{B\tau}$，可按下列方法计算：

1）当$h_B>h_v$时（图3-7-7*a*）

$$V_{B\tau}=0.5\beta_l f_c b_v(h_B+h_v) \tag{3-7-9a}$$

2）当$h_B\leqslant h_v$时（图3-7-7*b*）

$$V_{B\tau}=0.5\beta_l f_c b_v h_B \tag{3-7-9b}$$

式中各符号的含义见式（3-7-3）相关说明。

（2）混凝土受剪面积

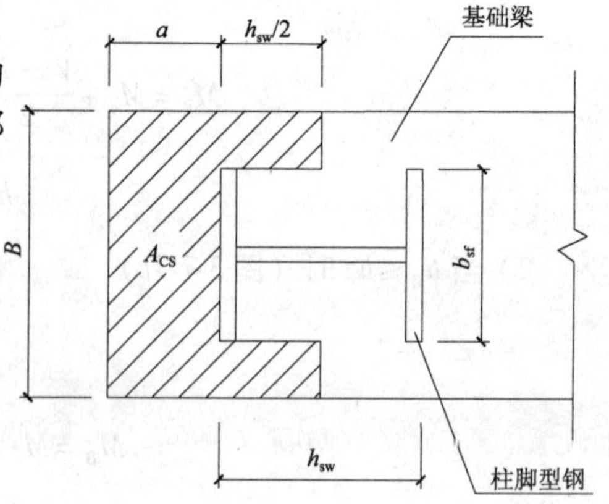

图3-7-8　基础梁端部混凝土的受剪面积

型钢混凝土边柱所埋入的基础梁（墙），其端部混凝土的受剪面积 A_{cs}（图 3-7-8），可按下式计算：

$$A_{cs}=B\left(a+\frac{1}{2}h_{sw}\right)-\frac{1}{2}b_{sf}h_{sw} \tag{3-7-10}$$

式中 h_{sw}、b_{sf}——型钢混凝土柱内型钢高度和翼缘宽度；

B——基础梁（墙）的宽度；

a——型钢表面至基础梁（墙）端部的距离。

（3）端部混凝土抗剪验算

当型钢混凝土柱埋入基础梁（墙）的端部时，为防止基础梁（墙）端部混凝土在柱脚埋入部分的侧压力作用下发生剪切破坏，基础梁（墙）端部混凝土的受剪承载力应满足下式要求：

$$V_{B\tau}\leqslant f_t A_{cs} \tag{3-7-11}$$

式中 $V_{B\tau}$——型钢混凝土边柱埋入部分作用于基础梁（墙）端部混凝土的剪力设计值，按式（3-7-9a）或式（3-7-9b）计算；

A_{cs}——基础梁（墙）端部的混凝土受剪面积，按式（3-7-10）计算；

f_t——基础梁（墙）端部混凝土的抗拉强度设计值。

四、非埋入式柱脚

（一）构造要求

1. 柱底锚固

（1）型钢混凝土柱的型钢底端，应采用底板和锚栓与基础连接（图 3-7-9）。

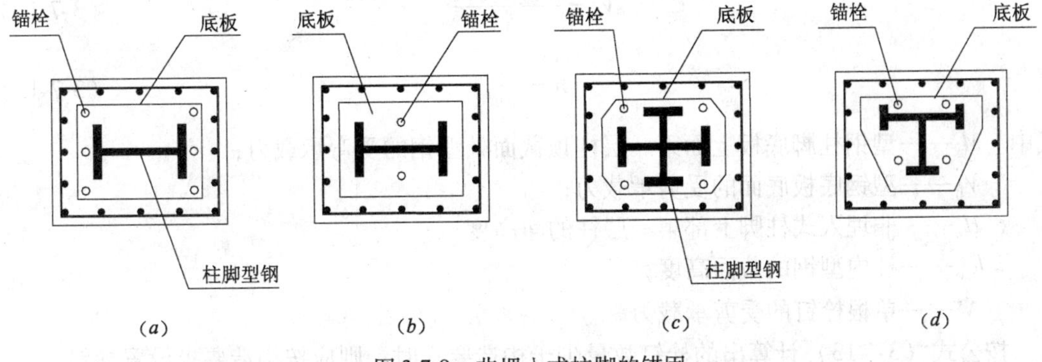

图 3-7-9 非埋入式柱脚的锚固

（2）型钢混凝土柱的外包钢筋混凝土部分，其竖向钢筋伸入基础内的长度，应符合受拉钢筋的锚固要求。

2. 栓钉

（1）非埋入式柱脚上面第一层，为将型钢所承受的内力传给混凝土直至基础，应沿楼层全高，于型钢混凝土柱的型钢翼缘上设置栓钉（图 3-7-10）。

（2）栓钉的直径不应小于 19mm，水平和竖向中心距不大于 200mm。

（3）栓钉至型钢板件边缘的距离不应大于 100mm。

（4）当有可靠依据时，栓钉数量也可按计算确定。

（二）柱脚的计算

1. 型钢翼缘栓钉的计算

（1）假定型钢底板与基础为铰接，水平剪力为 V_s，非埋入式柱脚底板上面第一层（图3-7-10）柱内型钢在楼层柱顶截面处达到屈服弯矩 M_s。

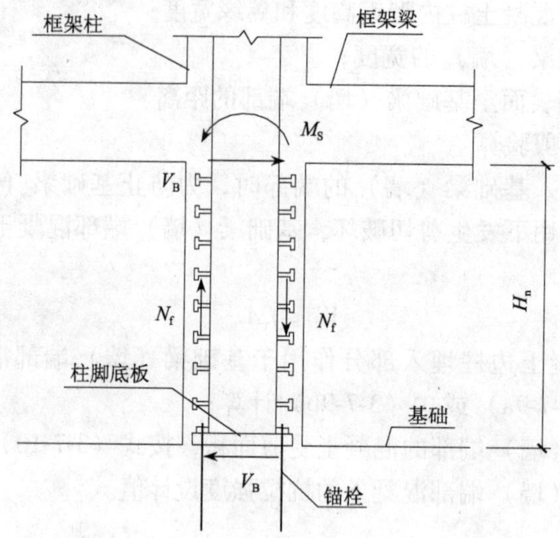

图3-7-10 非埋入式柱脚的栓钉布置和受力状态

（2）根据型钢的平衡条件，型钢一侧翼缘上的栓钉应承受的剪力设计值 V_v 以及型钢一侧翼缘上的栓钉数量 n 可按下列公式计算：

$$V_v = \frac{M_s - V_B H_n}{h_a} \tag{3-7-12}$$

$$n = \frac{V_v}{N_v^s} \tag{3-7-13}$$

式中 M_s——型钢柱脚底板上面第一层柱顶截面处型钢的受弯承载力；

V_B——型钢底板底面的受剪承载力；

H_n——非埋入式柱脚上部第一层柱的净高度；

h_{sw}——柱内型钢的截面高度；

N_v^s——单根栓钉的受剪承载力。

按公式（3-7-13）计算出的栓钉数量少于构造要求时，则应按构造要求设置栓钉。

2. 底板下部验算

（1）底板下部压弯承载力计算的假定

1）柱脚底板变形后仍保持平面。

2）基础混凝土受压区的应力-应变关系如图3-7-11（a）所示。

当 $0 \leqslant \varepsilon \leqslant \varepsilon_0$ 时

$$\sigma = f_c\left[\frac{2\varepsilon}{\varepsilon_0} - \left(\frac{\varepsilon}{\varepsilon_0}\right)^2\right] \tag{3-7-14}$$

当 $\varepsilon_0 \leqslant \varepsilon \leqslant \varepsilon_{cu}$ 时

$$\sigma = f_c \tag{3-7-15}$$

3）受拉锚栓的应力-应变关系如图3-7-11（b）所示。

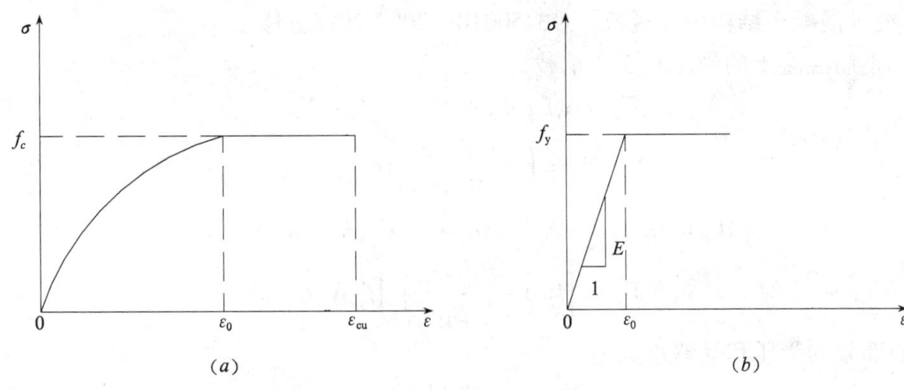

图 3-7-11 基础混凝土与锚栓的应力-应变关系

（a）混凝土的 σ-ε 曲线；（b）锚栓的 σ-ε 曲线

4）不考虑锚栓预拉力的影响。

（2）压弯承载力设计计算方法

非埋入式柱脚的受压和受弯承载力，由底板周围的钢筋混凝土的承载力和底板及锚栓组成的核心区的承载力两部分组成，如图 3-7-12 所示。在计算周围箱形钢筋混凝土的承载力时，可将箱形截面看作沿截面腹部均匀配筋的工字形截面，根据《混凝土结构设计规范》GB 50010—2002 第 7.3.6 条计算。底板和锚栓组成的核心部分，可将锚栓作为受拉钢筋（图 3-7-13c），与底板下的混凝土构成钢筋混凝土构件。

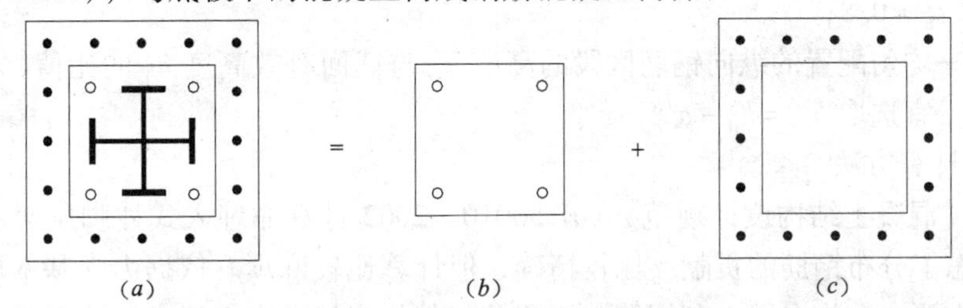

图 3-7-12 非埋入式柱脚底板部分与钢筋混凝土部分

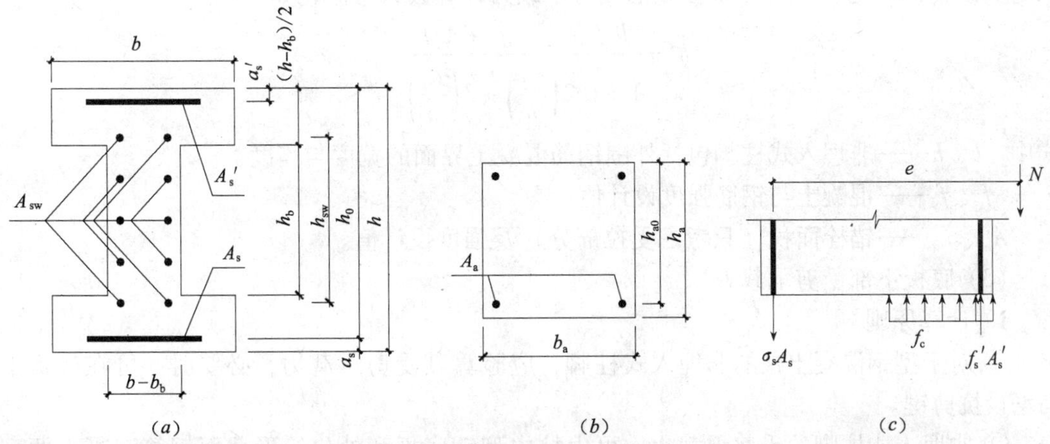

图 3-7-13 非埋入式柱脚钢筋混凝土部分计算假定

（a）沿腹部均匀配筋的工字形截面；（b）底板下混凝土与锚栓形成的核心区截面；

（c）工字形截面偏心受压正截面计算简图

1）按《混凝土结构设计规范》GB 50010—2002 计算方法

外围钢筋混凝土的受压和受弯承载力：

$$N_{rc}=\alpha_1 f_c \xi b h_0 + f_s' A_s' - \sigma_s A_s + N_{sw} \tag{3-7-16a}$$

$$N_{sw}=\left(1+\frac{\xi-\beta_1}{0.5\beta_1\omega}\right)f_{yw}A_{sw} \tag{3-7-16b}$$

$$M_{rc}=\alpha_1 f_c \xi(1-0.5\xi)bh_0^2+f'_s A'_s(h_0-a'_s)+M_{sw} \tag{3-7-17a}$$

$$M_{sw}=\left[0.5-\left(\frac{\xi-\beta_1}{\beta_1\omega}\right)^2\right]f_{yw}A_{sw}h_{sw} \tag{3-7-17b}$$

核心部分的受压和受弯承载力：

$$N_b=\alpha_1 f_c \xi b_b h b_0 - f_a A_a \tag{3-7-18}$$

$$M_b=\alpha_1 f_c \xi(1-0.5\xi)b_b h_{bo}^2 \tag{3-7-19}$$

柱脚的受压和受弯承载力应满足：

$$N\leqslant N_{rc}+N_b \tag{3-7-20}$$

$$M\leqslant M_{rc}+M_b \tag{3-7-21}$$

式中　A_{sw}——沿截面腹部均匀配置的全部纵向钢筋截面面积；

f_{yw}——沿截面腹部均匀配置的纵向钢筋强度设计值；

N_{sw}——沿截面腹部均匀配置的纵向钢筋承担的轴向压力，当 $\xi>0.8$ 时，取 $\xi=0.8$；

M_{sw}——沿截面腹部均匀配置的纵向钢筋的内力对 A_s 重心的力矩，当 $\xi>0.8$ 时，取 $\xi=0.8$；

ω——均匀配置的纵向钢筋区段的高度 h_{sw} 与截面有效高度 h_0 的比值，$\omega=h_{sw}/h_0$，宜选取 $h_{sw}=h_0-a_s'$。

2）简化计算方法

上述按《混凝土结构设计规范》GB 50010—2002 计算非埋入式柱脚压弯承载力的计算方法，考虑了分布钢筋的贡献，比较精确，但计算比较麻烦。依据力学基本原理，偏压构件承载力主要参数为混凝土和钢筋截面积及与其相应的强度，再者就是弯矩与 N 的比值（轴力偏心 e_0），考虑这些主要参数的受弯承载力计算公式可简化如下：

$$M=\frac{bhf_c+\sum A_s f_y+A_{at}f_{at}}{1+1.2\left(\frac{e_0}{h}\right)+3\left(\frac{e_0}{h}\right)^2}e_0 \tag{3-7-22}$$

式中　b、h——非埋入式柱脚包括外围钢筋混凝土界面的宽度与高度；

f_c、f_y——混凝土与钢筋强度设计值；

A_{at}、f_{at}——锚栓面积（只考虑受拉部分）及强度设计值。

(3) 底板下部受剪承载力

1）计算原则

① 对于型钢混凝土柱的非埋入式柱脚，应验算其受剪承载力，必要时，可在底板下面增设抗剪键。

② 非埋入式柱脚的受剪承载力，可由柱内型钢底板和外包箱形截面钢筋混凝土两部分（图 3-7-12b、c）的受剪承载力相加而得。

③ 型钢底板下的受剪承载力，考虑作用于型钢底板上的压力所产生的摩擦力和锚栓

的抗剪力，钢筋混凝土截面的受剪承载力。

2）计算公式

非埋入式柱脚的受剪承载力，应满足下式要求：

无地震作用组合 $$\gamma_0 V \leqslant V_b + V_{rc} \tag{3-7-23}$$

有地震作用组合 $$\gamma_{RE} V \leqslant V_b + V_{rc} \tag{3-7-24}$$

$$V_b = 0.4N_b + \Sigma A_a \cdot \tau_a \tag{3-7-25}$$

$$V_{rc} = 0.7f_t b_e h_0 + 1.25f_{yv}\frac{A_{sv}}{s}h_0 \tag{3-7-26}$$

式中 V_b——柱型钢底板摩擦力和锚栓的受剪承载力之和；

V_{rc}——周边钢筋混凝土的受剪承载力；

A_a——单根锚栓的净截面面积；

τ_a——锚栓在有拉力时的容许剪应力，按$\tau_a = \dfrac{1.25f_a - \sigma_a}{1.6}$，且$\tau_a \leqslant f_{av}$，$f_{av}$为锚栓钢材的抗剪强度设计值；

f_a——锚栓钢材的抗拉强度设计值；

σ_a——锚栓的拉应力；

b_e——周边箱形混凝土的有效受剪宽度，为两侧腹板宽度之和；

h_0——沿受力方向周边箱形混凝土截面的有效高度；

N_b——基础底面柱型钢部分承担的最小轴力设计值；

γ_0——结构重要性系数，安全等级为一级、二级的构件，分别取$\gamma_0 = 1.1$和1.0；

γ_{RE}——柱脚连接承载力的抗震调整系数，按《混凝土结构设计规范》规定取用。

（4）型钢底板承载力

1）验算型钢底板的承载力时，按图3-7-12（*b*）、（*c*）所示的矩形钢筋混凝土截面图形计算，锚栓仅作为受拉钢筋。

2）预先确定型钢底板的厚度和锚栓的数量和直径，则型钢底板和锚栓所能发挥的受弯承载力，可按钢结构柱脚的设计方法计算，并采取措施确保锚栓拉力和底板下面混凝土承压的可靠性。

3）当验算型钢底板下混凝土和柱脚锚栓所组成的钢筋混凝土截面的承载力时，应注意地脚螺栓对受压无效，不考虑其抗压强度。

（5）非埋入式柱脚受拉时的承载力计算

目前对于非埋入式柱脚在受拉状态下的承载力用下列方法计算。

非埋入式柱脚在受拉状态下主要靠锚栓和纵向钢筋来承载拉力，二者各自所承担的拉力可用式（3-7-27）计算：

$$N_a = \frac{A_a E_a}{A_s E_s + A_a E_a} N \tag{3-7-27a}$$

$$N_{rc} = \frac{A_s E_s}{A_s E_s + A_a E_a} N \tag{3-7-27b}$$

式中 A_s、A_a——纵向钢筋和锚栓的全部截面面积；

E_s、E_a——纵向钢筋和锚栓的弹性模量；

N——柱底剪力。

柱脚受拉时承载力仍由核心区（钢板面积内）和周围钢筋混凝土区两部分的承载力叠加得到，核心部分的受弯承载力按下式计算：

当 $-A_{at}f_a \leqslant N_a \leqslant 0$ 时，

$$M_b = -\frac{N_a(b_a - 2a_b)}{2} \tag{3-7-28}$$

当 $-A_af_a \leqslant N_a \leqslant -A_{at}f_a$ 时

$$M_b = \frac{(b_a - 2a_b)(A_af_a + N_a)}{2} \tag{3-7-29}$$

式中　A_{at}——受拉侧或受拉力较大侧锚栓的总截面面积；

A_a——全部锚栓的截面面积；

f_a——锚栓的受拉强度设计值；

b_a——核心部分的截面有效宽度，如图 3-7-13（b）所示；

a_b——核心部分锚栓重心到近侧底板边缘的距离。

周围钢筋混凝土部分的受弯承载力按下列公式计算：

当 $-A_{sw}f_y \leqslant N_{rc} \leqslant 0$ 时，

$$M_{rc} = (h_0 - a_s)A_sf_y \tag{3-7-30}$$

当 $-2A_sf_y - A_{sw}f_y \leqslant N_{rc} < -A_{sw}f_y$ 时，

$$M_{rc} = (h_0 - a_s)[A_sf_y + 0.5(N_{rc} + A_{sw}f_y)] \tag{3-7-31}$$

试验证明，当柱脚的受拉轴力比大于 0.6 时，柱脚在反复水平荷载作用下锚栓和纵向钢筋会断裂。考虑到锚栓和钢筋在断裂之前由于应变硬化的影响，强度会有所提高，因此当受拉轴力比大于 0.6 时，计算柱脚的承载力应采用锚栓和纵向钢筋的极限抗拉强度，建议取 $f_u = 1.25f_y$，$f_{ua} = 1.25f_a$。通过计算值与试验值的对比，采用极限抗拉强度得出的结果仍然偏于保守。

柱脚的受拉轴力比 n 按下式计算：

$$n = \frac{N}{N_{tu}} = \frac{N}{0.75A_af_a + A_sf_y} \tag{3-7-32}$$

(6) 非埋入式柱脚钢筋的锚固

型钢混凝土的外包钢筋混凝土部分，其竖向钢筋伸入基础内的长度，应符合受拉钢筋的锚固要求。从基础顶面算起，纵向钢筋伸入基础内的长度应满足《混凝土结构设计规范》GB 50010—2002 的钢筋锚固长度的规定。

五、柱脚设计例题

【例 3-7-1】 试设计如图 3-7-14 所示的柱脚。已知柱底内力分别为：$N = 5800\text{kN}$，$M = 3600\text{kN}\cdot\text{m}$，$V = 2000\text{kN}$。使用材料如下：

型钢：2H－800×300×14×26，型号为 Q345，$f_a = 300\text{N/mm}^2$

C30 混凝土；$f_c = 14.3\text{N/mm}^2$

钢筋：HRB335，$f_y = f'_y = 300\text{N/mm}^2$

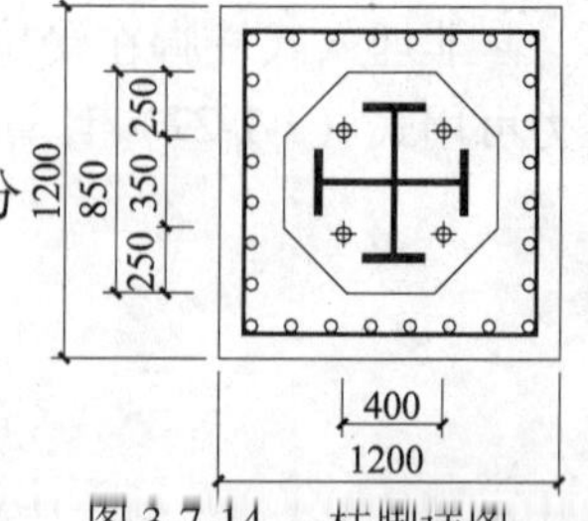

图 3-7-14　柱脚详图

箍筋：HPB235，$f_{yv}=210\text{N/mm}^2$

锚固螺栓：M24，$f_{at}=180\text{N/mm}^2$

底层柱净高：$H_n=4\text{m}$，截面尺寸如图3-7-14所示。

【**解**】（一）埋入式柱脚

1. 计算型钢混凝土柱的受弯承载力

钢筋采用28 Φ 25

受拉钢筋与受压钢筋：$A_s=A'_s=491\times8=3928\text{mm}^2$

腹部均匀配筋：$A_{sw}=491\times12=5892\text{mm}^2$

只考虑强轴方向工字钢对抗弯有贡献，假设中和轴通过型钢腹板

$$x=\frac{0.9f_at_wh+f_c(A'_s+A'_{af}-a'_at_w)}{f_c(b-t_w)+2.25f_at_w}$$

$$=\frac{0.9\times300\times14\times1200+14.3\times(3928+300\times26-200\times14)}{14.3\times(1200-14)+2.25\times300\times14}$$

$$=177\text{mm}<a'_a=200\text{mm}$$

按中和轴不通过型钢计算

$$x=\frac{0.9f_aA_a+f_yA_s-(f'_y-f_c)A'_s}{bf_c}$$

$$=\frac{0.9\times300\times(300\times26\times2+748\times14)+300\times3928-(300-14.3)\times3928}{1200\times14.3}$$

$$=413\text{mm}>a'_a=200\text{mm}$$

因此，认为中和轴通过受压翼缘的重心，取$x=213\text{mm}$

$$M=0.5f_cbx^2+(f'_y-f_c)A'_s(x-a'_s)+f_yA_s(h_0-x)+0.9f_aA_a(0.5h-x)+0.9f_{sw}A_{sw}(0.5h-x)$$

$$=0.5\times14.3\times1200\times213^2+(300-14.3)\times3928\times(213-50)+300\times3928\times(1150-213)$$

$$+0.9\times300\times26072\times(0.5\times1200-213)+0.9\times300\times5892\times(0.5\times1200-213)$$

$$=5016\text{kN}\cdot\text{m}$$

考虑弱轴受弯的工字钢对抗弯的贡献以及弯矩增大系数，型钢混凝土柱的受弯承载力为

$$M_1=M\times1.1\times1.25=5016\times1.1\times1.25=6897\text{kN}\cdot\text{m}$$

2. 求最大埋深

（1）精确计算法

$$V_1=\frac{2M_1}{H_n}=\frac{2\times6897}{4}=3448.5\text{kN}$$

混凝土局部受压强度提高系数：$\beta_l=\sqrt{\frac{b}{b_v}}==\sqrt{\frac{1200}{1100}}=1.04$

$$h_{B,\max}=\frac{V_1}{b_v\beta_lf_c}+\sqrt{2\left(\frac{V_1}{b_v\beta_lf_c}\right)^2+\frac{4M_1}{b_v\beta_lf_c}}$$

$$=\frac{3448.5\times10^3}{1100\times10.4\times14.3}+\sqrt{2\times\left(\frac{3448.5\times10^3}{1100\times1.04\times14.3}\right)^2+\frac{4\times6897\times10^6}{1100\times1.04\times14.3}}$$

$$=1526\text{mm}$$

(2)简化计算法

$$h_{B,\max}=\sqrt{\frac{5.5M_c}{b_v\beta_l f_c}}$$

应用简化计算公式（3-7-4）计算：

$$h_{B,\max}=\sqrt{\frac{5.5\times6897\times10^6}{1100\times1.04\times14.3}}=1523\text{mm}$$

故埋置深度取1550mm，型钢混凝土柱的弯矩和剪力全部由混凝土的侧压力平衡，不必验算柱脚底板下的弯矩和剪力。

（二）非埋入式柱脚

1. 压弯承载力的验算

（1）精确计算法

非埋入式柱脚的压弯承载力，由底板下的混凝土和锚栓组成的核心区和周围的钢筋混凝土两部分承担，如图3-7-15所示。

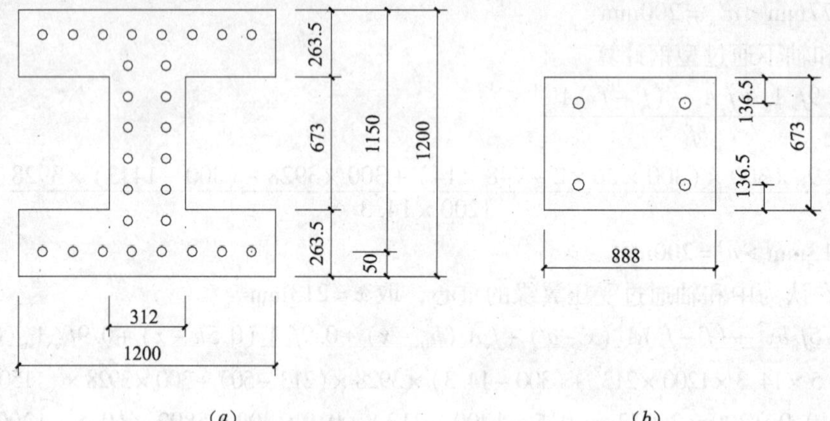

图3-7-15　非埋入式柱脚计算简图

将八角形底板等效换算成矩形

底板面积：$A_b=850^2-\frac{250^2}{2}\times4=5.975\times10^5\text{mm}^2$

截面抵抗矩：

$$W_b=\left\{\frac{850^4}{12}-\left[\frac{250^4}{36}+\frac{250^2}{2}\times\left(\frac{850}{2}-\frac{250}{3}\right)^2\right]\times4\right\}\Big/\left(\frac{850}{2}\right)=67.0\times10^6\text{mm}^3$$

所以，$h_b=6\times W_b/A_b=673\text{mm}, b_b=A_b/h_b=888\text{mm}$，

$$a=a'=\frac{673-400}{2}=136.5\text{mm}, h_{b0}=673-136.5=536.5\text{mm}$$

型钢面积：$A_a=300\times26\times4+(800\times2-26\times4-14)\times14=51950\text{mm}^2$

钢筋总面积：$A_s=491\times28=13748\text{mm}^2$

$$N_b=\frac{A_a\cdot E_a/E_c+(A_b-A_a)}{A_a\cdot E_a/E_c+A_s\cdot E_s/E_c+bh-A_a-A_s}N$$

$$=\frac{51950\times2.06\times10^5/3\times10^4+(5.975\times10^5-51950)}{51950\times2.06\times10^5/3\times10^4+13748\times2\times10^5/3\times10^4+1200^2-51950-13748}$$

$=2871\text{kN}$

$$x=\frac{N_b+A_{at}f_{at}}{\alpha_1 f_c b_b}=\frac{2871\times10^3+904\times180}{1.0\times14.3\times888}=239\text{mm}$$

$M_b=\alpha_1 f_c b_b x(h_{b0}-0.5x)=1.0\times14.3\times888\times239\times(536.5-0.5\times239)=1266\text{kN}\cdot\text{m}$

周围钢筋混凝土部分：

按沿截面腹部均匀配筋的工字形截面计算

$$h_{sw}=h_0-a_s'=1150-50=1100\text{mm},\omega=\frac{h_{sw}}{h_0}=\frac{1100}{1150}=0.957$$

$$N_{rc}=N-N_b=5800-2871=2929\text{kN}$$

当中和轴通过受压翼缘内边缘时，$\xi=\dfrac{263.5}{1150}=0.229$，

$$N_{sw}=\left(1+\frac{\xi-\beta_l}{0.5\beta_l\omega}\right)f_{yw}A_{sw}=\left(1+\frac{0.229-0.8}{0.5\times0.8\times0.957}\right)\times300\times5892=-869\text{kN}$$

$$x=\frac{N_{rc}-N_{sw}}{\alpha_1 f_c b}=\frac{(2929+869)\times10^3}{1.0\times14.3\times1200}=221\text{mm}<263.5\text{mm}$$

假设$\xi=0.2$，$x=\xi h_0=0.2\times1150=230\text{mm}$，

$$N_{sw}=\left(1+\frac{\xi-\beta_l}{0.5\beta_l\omega}\right)f_{yw}A_{sw}=\left(1+\frac{0.2-0.8}{0.5\times0.8\times0.957}\right)\times300\times5892=-1003\text{kN}$$

$x=\dfrac{N_{rc}-N_{sw}}{\alpha_1 f_c b}=\dfrac{(2929+1003)\times10^3}{1.0\times14.3\times1200}=229\text{mm}$，与假设基本一致。

$$M_{sw}=\left[0.5-\left(\frac{\xi-\beta_l}{\beta_l\omega}\right)^2\right]f_{yw}A_{sw}h_{sw}=\left[0.5-\left(\frac{0.2-0.8}{0.8\times0.957}\right)^2\right]\times300\times5892\times1100$$
$$=-222\text{kN}\cdot\text{m}$$

$$M_{rc}=\alpha_1 f_c\xi(1-0.5\xi)bh_0^2+f_y'A_s'(h_0-a_s')+M_{sw}$$
$$=1.0\times14.3\times0.2\times(1-0.5\times0.2)\times1200\times1150^2+300\times3928\times(1150-50)$$
$$-222\times10^6=5159\text{kN}\cdot\text{m}$$

$M_b+M_{rc}=1266+5159=6425\text{kN}\cdot\text{m}>M=3600\text{kN}\cdot\text{m}$

所以底板下混凝土的压弯承载力满足要求。

（2）简化计算法

$$M=\frac{1200\times1200\times14.3+13737\times300+904\times180}{1+1.2\times0.52+3\times0.52^2}\times0.62$$
$$=6237\text{kN}\cdot\text{m}>3600\text{kN}\cdot\text{m}$$

计算结果与精确计算方法接近。

2. 底板下受剪承载力的验算

核心混凝土的受剪承载力：

$$V_b=0.4N_b=0.4\times2871=1148.4\text{kN}$$

周围钢筋混凝土部分的受剪承载力应满足：

$$V_{rc}\geqslant V-V_b=2000-1148.4=851.6\text{kN}$$

箍筋采用2ϕ12，$A_{sv}=226\text{mm}^2$

箍筋间距：

$$s=\frac{1.25f_{yv}A_{sv}h_0}{V_{rc}-0.07f_cb_eh_0}=\frac{1.25\times210\times226\times1150}{851.6\times10^3-0.07\times14.3\times312\times1150}=139\text{mm}$$

箍筋采用 ϕ12@120，此时柱脚底板下的受剪承载力满足要求。

第八节　型钢混凝土构件的构造

一、型钢混凝土构件的设计原则

型钢混凝土构件的设计应遵循如下设计原则：实现预期的力学模型、充分发挥型钢混凝土结构的抗震性能和良好的耐久与耐火性，便于施工操作以确保混凝土质量，充分利用型钢和钢筋混凝土间互补性，对不同部位采用不同构造措施。

二、型钢混凝土构件的一般构造要求

（1）纵向受力钢筋的直径不宜小于16mm，纵筋与型钢的净间距不宜小于30mm，其纵向受力钢筋的最小锚固长度、搭接长度应符合国家标准《混凝土结构设计规范》GB 50010—2002 的要求。

（2）纵向受力钢筋可采用钢筋束，但作束的钢筋的直径不宜大于25mm。

（3）考虑地震作用组合的型钢混凝土组合结构构件，宜采用封闭箍筋，其末端应有135°弯钩，弯钩端头平直段长度不应小于10倍箍筋直径。

（4）型钢混凝土组合结构构件中纵向受力钢筋的混凝土保护层最小厚度应符合《混凝土结构设计规范》GB 50010—2002 的规定；型钢的混凝土保护层最小厚度，对梁不宜小于100mm，对柱不宜小于120mm（图 3-8-1）。

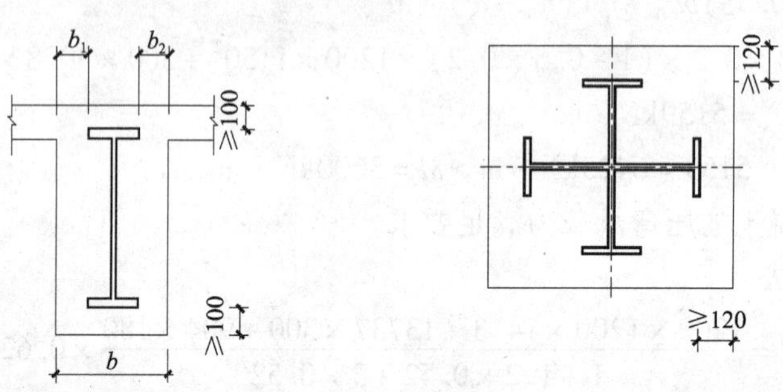

图 3-8-1　混凝土保护层最小厚度

（5）型钢混凝土组合结构构件中，型钢的含钢率 ρ 为 3.0% ~5.5%，抗震等级为特一级者取 $\rho=5.5\%$，而抗震等级为一级者 $\rho=4.5\%$，也不宜大于15%，钢板厚度不宜小于6mm，其钢板宽厚比应符合表 3-8-1 的规定（图 3-8-2），当满足宽厚比限值时，可不进行局部稳定验算。

型钢钢板宽厚比限值　　　　**表 3-8-1**

钢　号	梁		柱	
	b_{af}/t_f	h_w/t_w	b_{af}/t_f	h_w/t_w
Q235	<23	<107	<23	<96
Q345	<19	<91	<19	<81

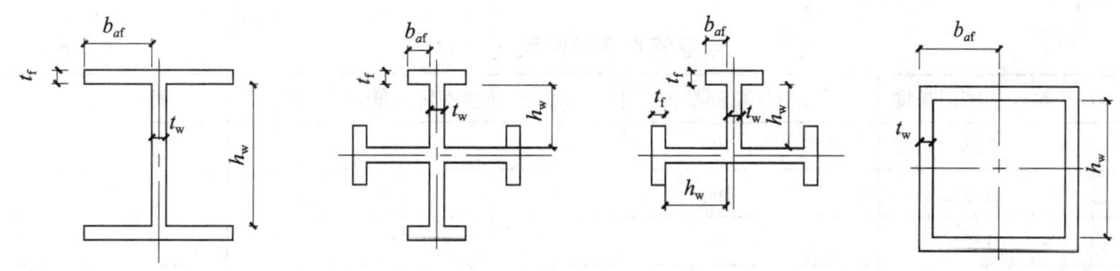

图 3-8-2　型钢钢板宽厚比

（6）型钢的焊接材料、焊缝要求均应符合现行规范、规程有关要求。

（7）一般型钢混凝土构件应采用强度等级较高的混凝土，但混凝土的脆性随着强度等级的提高而增大，为了确保抗震结构具有足够的延性，型钢混凝土构件的混凝土强度等级不宜超过 C80（6、7 度）、C70（8 度）或 C60（9 度）。当采用高强箍筋约束混凝土时，可突破此限。

（8）型钢混凝土构件的抗震等级及有关抗震要求详见《型钢混凝土组合结构技术规程》JGJ 138—2001 有关内容。

三、梁的设计及构造要求

（1）梁的材料要求：梁的混凝土强度等级不宜小于 C30，为确保混凝土的质量，要求混凝土粗骨料最大直径不宜大于 25mm；型钢宜采用 Q345 及 Q420 钢材。

（2）梁的截面要求：型钢混凝土框架梁的截面宽度不宜小于 300mm，截面的高度和宽度的比值不宜大于 4。

（3）梁中纵向钢筋要求：梁纵向钢筋配筋率宜大于 0.3%，直径宜取 16～25mm，净距不宜小于 30mm 和 1.5d（d 为钢筋的最大直径），纵向受拉钢筋不宜超过 2 排，且第二排只在最外侧设置。

（4）梁的腰筋要求：梁的截面高度不小于 500mm 时，在梁的两侧沿高度方向每隔 200mm，应设置 1 根纵向腰筋，且腰筋与型钢间宜配置拉结钢筋。

（5）梁纵向钢筋的连接和锚固：梁中纵向受力钢筋宜采用机械连接。如纵向钢筋需贯穿柱型钢腹板并以 90°弯折固定在柱截面内时，抗震设计的弯折前直段长度不应小于 $0.4l_{aE}$，弯折长度不应小于 15 倍纵向钢筋直径；非抗震设计的弯折前直段长度不应小于 $0.4l_a$，弯折长度不应小于 12 倍纵向钢筋直径；直段钢筋和弯折钢筋之和应满足锚固长度要求。

（6）梁上开洞要求：梁上开洞不宜大于梁截面高度的 0.4 倍，且不宜大于内含型钢高度的 0.7 倍，并应位于梁高及型钢高度的中间区域。当孔洞位于离支座 1/4 跨度以内，洞孔宜圆孔，圆孔的直径不宜大于 0.3 倍梁截面高度，且不宜大于型钢截面高度的 0.5 倍。

开洞处应对其截面进行验算。

（7）型钢混凝土悬臂梁自由端的纵向受力钢筋应设置专门的锚固件，型钢梁的自由端宜设置栓钉。

（8）梁箍筋设置要求：箍筋的最小面积配筋率应符合《高层建筑混凝土结构技术规程》JGJ 3—2002 第 6.3.4 条第 1 款和第 6.3.5 条第 4 款的规定，且不应小于 0.15%；箍筋的直径和间距应符合表 3-8-2 的要求。

梁箍筋直径和间距（mm）　　**表 3-8-2**

抗震等级	箍筋加密区长度	加密区箍筋最大间距	非加密区箍筋最大间距	箍筋最小直径
一　级	$2h$	100	200	12
二　级	$1.5h$	100	250	10
三　级	$1.5h$	150	250	10
四　级	$1.5h$	150	250	8

注：表中 h 为型钢混凝土梁的梁高。

四、柱的设计及构造要求

（1）柱的材料要求：柱的混凝土强度等级不宜小于 C30，为确保混凝土的质量，要求混凝土粗骨料最大直径宜小于型钢混凝土保护层厚度的 1/3，且不宜大于 25mm；型钢宜采用 Q345 及 Q420 钢材。

（2）柱的截面要求：型钢混凝土框架柱的截面边长不宜小于 400mm，且柱的长细比不宜大于 30，柱内型钢常为十字形型钢，对一些建筑物的边柱和角柱，型钢也可采用 T 字形、工字形截面和 L 形截面，当工程实际需要时，型钢也可为矩形或圆形。

（3）柱型钢含钢率要求：当轴压比大于 0.4 时，不宜小于 4.5%，当轴压比小于 0.4 时，不宜小于 3%。

（4）柱中纵向钢筋要求：全部纵向受力钢筋的配筋率不宜小于 0.8%；受压侧纵筋的配筋率不应小于 0.2%，且在四角布置一根不小于 14mm 的纵向钢筋；柱中纵向钢筋的净距不宜小于 60mm；纵向钢筋的间距也不宜大于 300mm，间距大于 300mm 时，宜设置附加的直径不小于 14mm 的纵向钢筋；柱纵筋与型钢的最小净距不应小于 25mm。

（5）柱的箍筋要求：柱箍筋的直径和间距应符合表 3-8-3 的要求；抗震设计时，柱端箍筋应加密，加密区范围取柱矩形截面长边尺寸（或圆形截面直径）、柱净高的 1/6 和 500mm 三者的最大值，加密区箍筋最小体积配箍率应符合表 3-8-4 的要求；抗震等级为二级且剪跨比不大于 2 的柱，加密区箍筋最小体积配箍率尚不宜小于 0.8%；框支柱、抗震等级为一级的角柱和剪跨比不大于 2 的柱，箍筋均应全高加密，箍筋间距均不应大于 100mm。

柱箍筋直径和间距（mm）　　**表 3-8-3**

抗震等级	箍筋最小直径	非加密区箍筋间距	加密区箍筋间距
一级	$\phi 10$	≤150	≤100
二级	$\phi 8$	≤200	≤100
三级	$\phi 8$	≤200	≤150

注：箍筋直径除应符合表中要求外，尚不应小于纵向钢筋直径的 1/4。

柱箍筋加密区的箍筋最小体积配筋百分率（%）　　表 3-8-4

抗震等级	箍筋形式	轴压比		
		<0.4	0.4~0.5	>0.5
一级	复合箍筋	0.8	1.0	1.2
二级	复合箍筋	0.6~0.8	0.8~1.0	1.0~1.2
三级	复合箍筋	0.4~0.6	0.6~0.8	0.8~1.0

注：当型钢柱配置螺旋箍筋时，表中数值可减少 0.2，但不应小于 0.4。

(6) 考虑地震作用组合的型钢混凝土框架柱，建议优先采用螺旋箍筋，箍筋直径 $d\geqslant$ 6mm，连续螺旋箍筋末端应有两圈是重叠的，最末端设 135°弯钩再加不小于 $12d$ 的直线段。连续螺旋箍筋可以分加密区与非加密区，非加密区的间距应不大于加密区的 1.5 倍。由于连续螺旋箍筋间距较小，优先采用流态混凝土，并且粗骨料粒径不大于 25mm。

(7) 位于底部加强部分、房屋顶层以及型钢混凝土与钢筋混凝土交接层的型钢混凝土柱宜设置栓钉，型钢截面为箱形的柱子也宜设置栓钉，竖向及水平栓钉间距不宜大于 250mm。

五、梁柱节点设计要求

(1) 梁柱纵向钢筋在框架节点区的锚固和搭接应符合国家标准《混凝土结构设计规范》GB 50010—2002 的有关规定。

(2) 梁柱节点箍筋设计要求：型钢混凝土框架节点核心区的箍筋最大间距、最小直径宜按本节表 3-8-3 采用。对一、二、三级抗震等级的框架节点核心区，其箍筋最小体积配筋率分别不宜小于 0.6%、0.5%、0.4%。一般情况下，箍筋必须是封闭箍筋，当施工确有困难时，可采用 U 形及 L 形箍筋现场焊接成封闭箍筋。配十形钢的型钢混凝土梁柱节点，抗震等级为二、三级时，可以在节点核心区不设箍筋而在型钢腹板上焊钢板，取代箍筋的抗剪能力，只是在纵向钢筋处缺少约束，可能发生角部纵向钢筋的屈曲，所以在四角应设置 U 形箍约束纵筋。

(3) 梁柱节点内型钢开孔及补救措施：梁、柱节点处，当钢筋必须穿过型钢时，穿孔位置应尽量避免在型钢的翼缘。在柱内型钢腹板上预留贯穿孔时，型钢腹板截面损失率宜小于腹板面积的 25%。当必须在柱内型钢翼缘上预留贯穿孔时，宜按柱端最不利组合的 M、N 验算预留截面的承载能力，当不满足承载力要求时，应进行补强。

当钢筋穿孔造成型钢截面损失而不能满足承载力要求时，应对型钢采取加固补强措施，最简单的补强措施是采取型钢截面局部加厚的办法。但要注意两个问题，一是型钢梁、柱的刚度不宜突变过大，二是确保不影响混凝土浇筑质量。

(4) 为便于施工，减少钢筋穿过型钢造成型钢截面损失，需要时可在梁柱节点处采用局部钢筋束，钢筋束宜集中布置在混凝土截面的角部，此时应满足如下要求：

1) 钢筋为Φ25 以下的带肋钢筋；

2) 钢筋束与其他钢筋间的净距不小于 $1.5d_e$（d_e 为钢筋束的公称直径）；

3) 作钢筋束的钢筋应直通节点，伸出梁、柱边延伸长度可按有关公式计算确定。

(5) 为保证混凝土的浇筑质量，在梁、柱节点处，柱的水平加劲板或隔板上应预留空气孔。对截面较大特别是箱形型钢柱隔板，应预留混凝土浇筑孔。

六、柱脚设计

（1）柱脚形式：型钢混凝土柱的柱脚分为埋入式柱脚和非埋入式柱脚。非埋入式柱脚的型钢不埋入基础内部，型钢柱下部有钢底板，采用地脚螺栓将钢板锚固在基础或基础梁顶，如图 3-8-3 所示，其构造与钢柱相同；埋入式柱脚如图 3-8-4 所示，是将柱型钢伸入基础内部，其最小埋置深度应按计算确定。在抗震设防的结构中，当型钢混凝土柱脚做在刚度较大的地下室顶板以上时，宜优先采用埋入式柱脚。

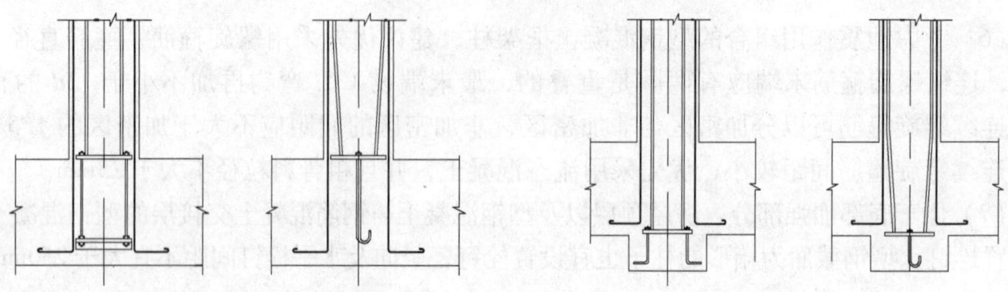

图 3-8-3　非埋入式柱脚示意图　　　　图 3-8-4　埋入式柱脚示意图

（2）柱脚的构造要求：一般情况下，型钢柱脚截面应和柱截面一致，当柱脚采用变截面时（图 3-8-5），要求变截面的坡度不大于 1/5，且在截面变化处要求设置加劲板以防止型钢柱翼缘屈曲。

（3）采用非埋入式柱脚时，型钢柱底端，应采用底板和锚栓与基础连接（图 3-8-6）。同时，型钢混凝土柱的外包钢筋混凝土部分，其竖向钢筋伸入基础内的长度，应符合受拉钢筋的锚固要求。

（4）采用埋入式柱脚时，其埋置深度可按本章第七节有关公式计算确定。当埋置深度不小于 3 倍型钢柱截面高度时，可不再计算型钢的埋置深度。柱脚型钢的混凝土最小保护层厚度应满足如下要求：中间柱 180mm，边柱、角柱 250mm。

（5）柱脚型钢的混凝土保护层：型钢混凝土埋入式柱脚除型钢底板和地脚螺栓（锚栓）的抗弯作用外，需要柱脚侧面混凝土的侧压力参与抗弯，因此，柱脚埋入部分的外包混凝土必须达到一定厚度，否则只能按非埋入式柱脚对待。

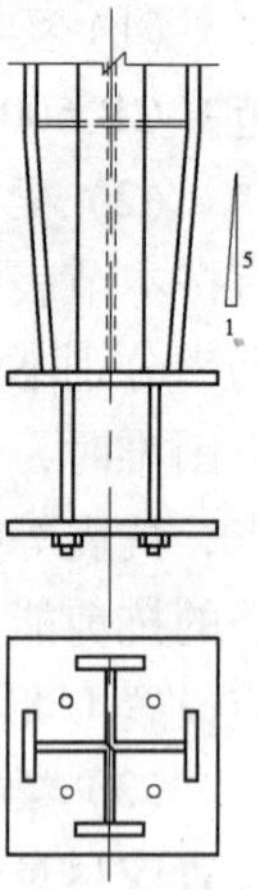

图 3-8-5　变截面柱脚示意图

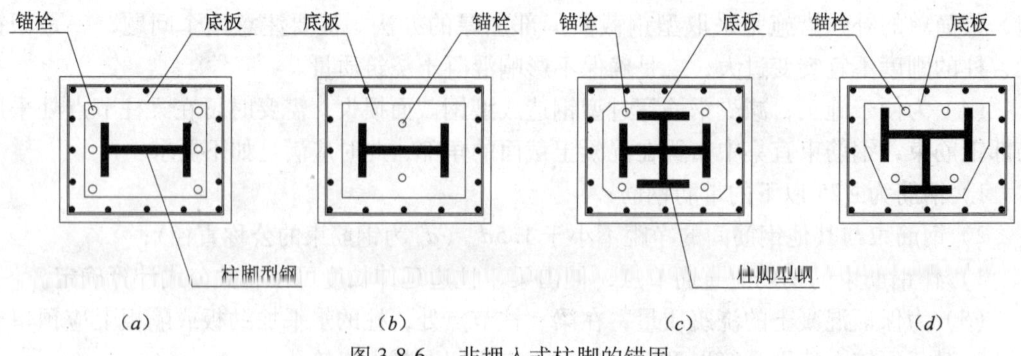

图 3-8-6　非埋入式柱脚的锚固

1）柱脚型钢在基础内的混凝土保护层的最小厚度应符合下列规定：

① 对于中柱，混凝土保护层厚度不应小于180mm。

② 对于边柱和角柱，型钢外侧的混凝土保护层厚度不应小于250mm，型钢内侧的混凝土保护层厚度不应小于180mm。

2）现浇型钢混凝土柱伸入基础梁的保护层厚度应符合图3-8-7所示的规定。

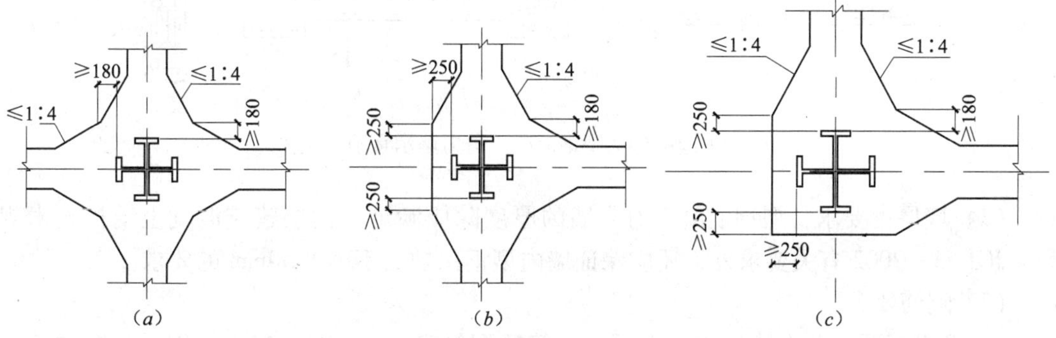

图3-8-7 埋入式柱脚的混凝土保护层厚度

（6）加劲肋。

1）埋入式柱脚深埋于混凝土基础梁内，其基础类似于杯形基础，柱内型钢应在基础表面位置处设置较强的水平加劲肋以承受混凝土传来的约束压力。

2）水平加劲肋的形状应便于混凝土的浇筑。

（7）栓钉。

1）型钢混凝土的柱脚部位以及上一楼层范围内的型钢芯柱设置栓钉，以确保型钢与混凝土整体工作。

2）栓钉的直径不应小于19mm，水平及竖向中心距不应大于200mm。

3）栓钉至型钢翼缘板边缘的距离不应小于50mm，且不应大于100mm。当有可靠依据时，栓钉数量也可按计算确定。

（8）箍筋。

埋入式柱脚埋入钢筋在基础梁内区段的箍筋宜符合框架柱箍筋加密要求。

（9）边柱构造。

为防止在边柱与基础交接部分产生过大的应力集中，基础梁应伸出柱端0.25l（l为柱距），如图3-8-8所示。

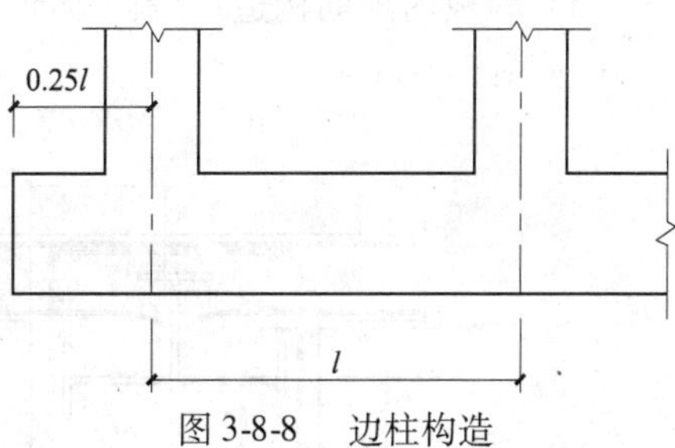

图3-8-8 边柱构造

七、型钢混凝土剪力墙设计

（1）型钢混凝土剪力墙的类型大致有三种：

1）两端配有型钢的型钢混凝土剪力墙（图3-8-9a）；

2）周边配有型钢混凝土梁、柱的型钢混凝土剪力墙（图3-8-9b）；

3）墙内配置实心钢板或钢板撑（图3-8-12）。

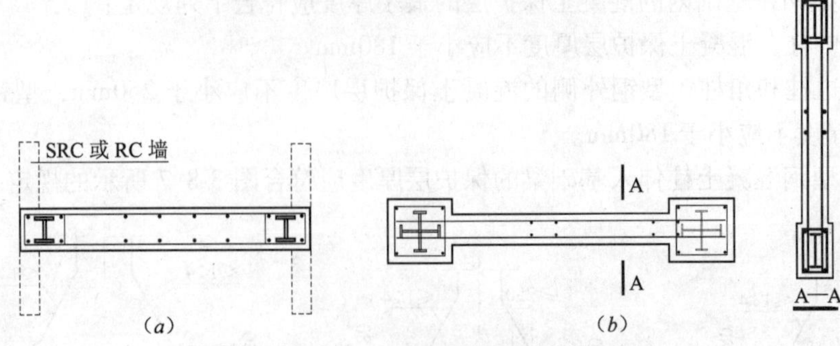

图 3-8-9　型钢混凝土剪力墙示意图

(2) 墙厚度要求：型钢混凝土剪力墙的厚度除应满足《高层建筑混凝土结构技术规程》JGJ 3—2002 有关要求外，还应保证墙内型钢保护层不小于 50mm 的要求。

(3) 配筋要求：

1) 型钢混凝土剪力墙竖向和水平分布筋的配筋率，一、二、三级抗震设计时均不应小于 0.25%，钢筋间距均不应大于 200mm，四级抗震设计和非抗震设计时均不应小于 0.2%，钢筋间距均不应大于 300mm。

2) 一、二、三级抗震设计时，在剪力墙底部高度为 1.0 倍层间高度的塑性铰区范围内，水平钢筋应加密。二、三级抗震设计时，加密范围内水平分布筋的间距不大于 150mm；一级抗震设计时，加密范围内水平分布筋的间距不大于 100mm。

3) 型钢混凝土剪力墙竖向和水平分布筋的直径不小于 $\phi 8$，且不宜大于墙肢截面厚度的 1/10。

(4) 墙内型钢要求：无边框型钢混凝土剪力墙端部型钢应采用工字形型钢或槽钢等截面形式，以保证型钢与混凝土的粘结，其惯性矩较大的形心轴（强轴）应与墙面平行，有边框型钢混凝土剪力墙边框柱中的型钢、型钢保护层及钢筋构造要求与型钢混凝土柱相同。

(5) 墙板内配筋构造：墙内分布钢筋应锚固于周边梁、柱内，钢筋的锚固构造可如图 3-8-10 及图 3-8-11 所示。

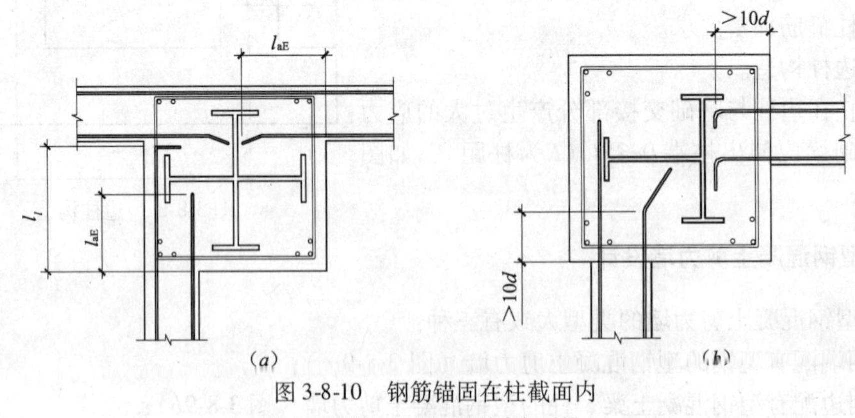

图 3-8-10　钢筋锚固在柱截面内

(a) 直筋锚入；(b) 钢筋弯折后锚入

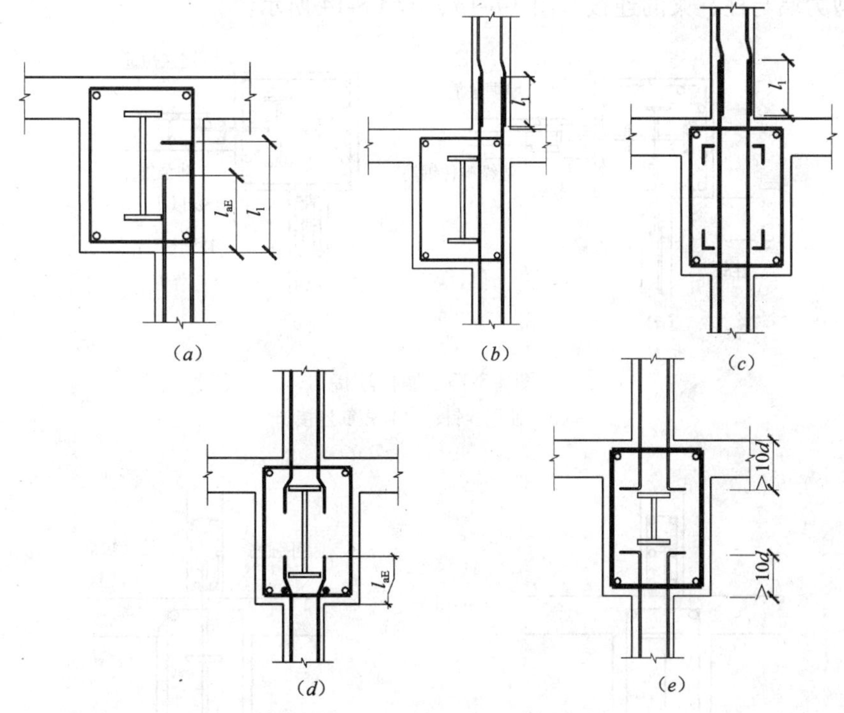

图 3-8-11　钢筋锚固在梁内

（a）直筋锚入式；（b）墙内钢筋接头式；（c）梁贯通式；（d）绕钢梁锚入式；（e）墙筋弯折 90°式

八、墙内配置钢板支撑的剪力墙的设计

（1）墙内配置钢板支撑的剪力墙的设计特点就是要考虑钢板在混凝土墙中整体屈曲。

（2）墙内配置钢板宜采用和梁、柱相同的钢材，钢板支撑的宽厚比以 15 为宜，钢板的厚度不应小于 16mm。

（3）墙板配筋率应不小于 0.3%。同时为防止发生粘结破坏，钢板上应设置不小于 ϕ14 的栓钉，栓钉的间距应不小于 300mm。

（4）钢板支撑端部应设加强钢筋网，加强钢筋网宜为Φ 14@100。同时，为防止钢板端部粘结破坏，应在该处焊接 6ϕ16 的栓钉，栓钉布置在距梁、柱边缘 150mm 范围内（图 3-8-12）。

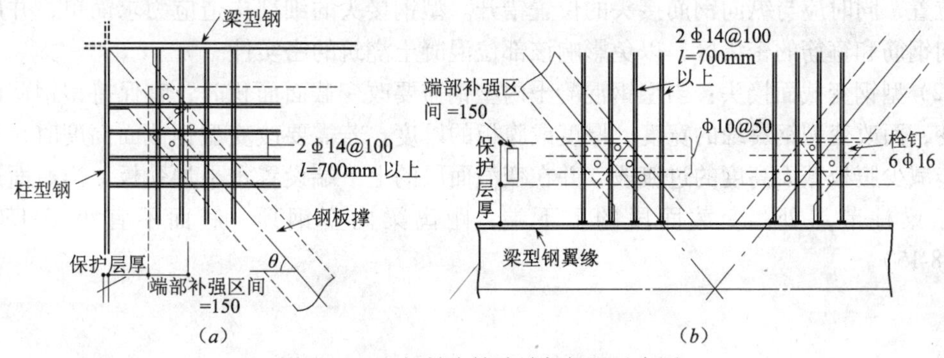

图 3-8-12　钢板支撑墙端部加强示意图

（a）柱侧；（b）梁侧

（5）剪力墙与柱、梁的连接如图 3-8-13、图 3-8-14 所示。

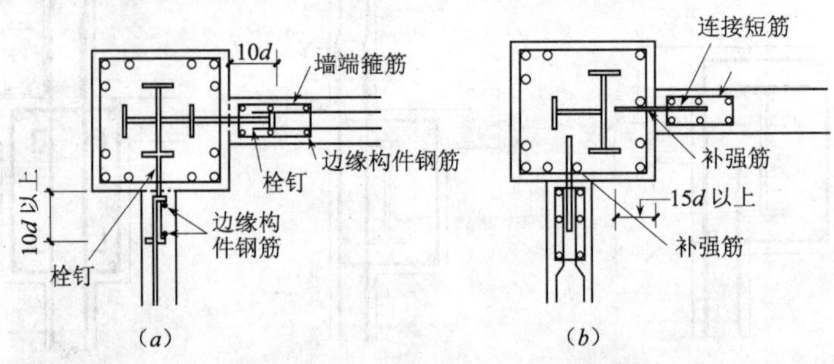

图 3-8-13　墙柱连接

（a）使用栓钉；（b）短筋连接

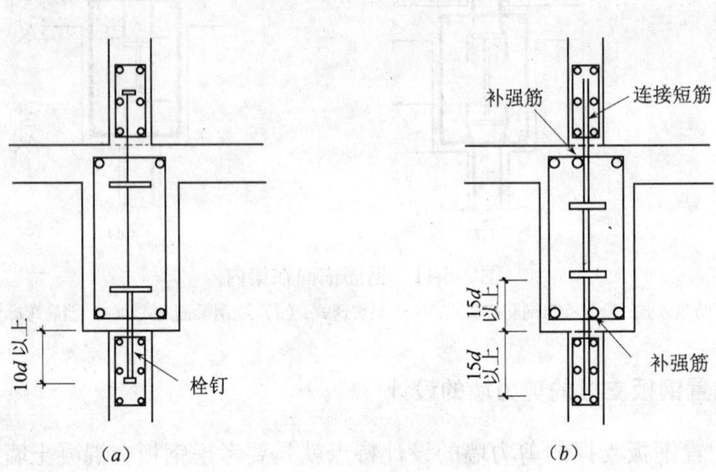

图 3-8-14　墙梁连接

（a）使用栓钉；（b）短筋连接

九、型钢混凝土构件内型钢的接头设计

（1）型钢拼接接头位置：型钢混凝土梁、柱内型钢接头，应尽量选择杆件内力较小的截面位置，同时应与纵向钢筋接头的位置错开。型钢接头的细部构造应力求简单，并应避开纵向钢筋和箍筋的密集区，以免影响该部位混凝土浇筑的密实性。

（2）型钢变截面接头：当型钢混凝土内型钢需要改变截面面积时，宜保持型钢截面高度不变，而改变型钢翼缘的宽度、厚度或腹板的厚度。若需要改变型钢截面高度时，宜采用逐步减少腹板截面高度的过渡段，并在变截面段的上下端设置水平加劲板。当截面过渡段位于梁柱节点处，变截面段的上下端，距离梁内型钢顶、底面不宜小于 150mm（图 3-8-15）。

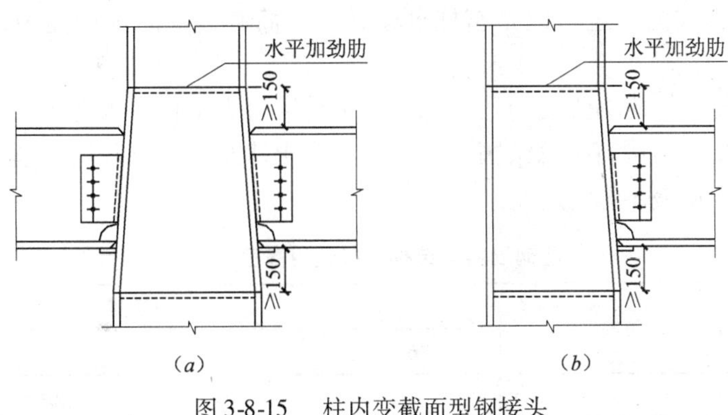

图 3-8-15　柱内变截面型钢接头
(a) 中柱；(b) 边柱

第九节　高层建筑型钢混凝土组合结构的设计

在本章第一节中已介绍了型钢混凝土组合结构在国内高层建筑中的应用情况，本节主要从结构的选型和布置等方面介绍高层建筑型钢混凝土组合结构的设计。

一、型钢混凝土结构体系

型钢混凝土结构体系有框架结构体系、剪力墙结构体系、框架-剪力墙结构体系、框架-筒体结构体系、筒体结构体系等。

建筑结构抗震的两大要素，即强度和延性，在不同的结构体系中，两个因素的主导作用不同。合理设计的框架结构，即梁铰转动的延性框架，则延性起主导作用，这种结构体系的塑性变形较大，靠塑性变形来吸收和耗散地震能量，因而地震作用较小。这种结构体系的问题在于，建筑物的变形过大，而且有不可恢复的变形，这对建筑物是不利的，所以纯框架结构房屋是不能很高的。

剪力墙结构房屋则与框架结构房屋相反，一般的钢筋混凝土剪力墙房屋或带有型钢混凝土边框的剪力墙房屋，抗水平力的能力是很高的，但是该结构的变形能力很小，其抗震性能是以强度为主导的。虽然其强度很高，但是该结构的抗水平承载力亦是有限的，并且它的破坏是脆性的，所以该结构体系也不能适用于高度很高的房屋。

比较优化的是框架-剪力墙结构体系，它既能满足一定的强度要求，又具有必要的延性。框架与剪力墙协同抗震。当地震水平作用时，剪力墙先以强度抵抗，当墙身出现裂缝后，刚度下降，结构的固有周期也随着加长，地震水平作用也就跟着下降，框架可以作为第二道防线，为此它适用于较高的房屋。

剪力墙承担水平力是有方向性的，在其长边与力的作用方向平行时，抗力较大，但是墙的短边相对较小，其承载力较弱。同时，地震的作用方向是任意的，结构设计时必须合理地布置剪力墙。实际情况下，限于房屋的使用要求，又难以做到完全合理，不如筒体结构适应房屋的各个地震作用方向，所以说框-筒结构显得优越，框-筒可以建设更高的房屋。进一步来说，一个内部筒体结构有很高的受剪承载力，但是高的房屋不仅要承受很大的剪力，还要承受很大的弯矩，一个内部筒体抗弯不足，为此，再发展成筒中筒。外筒可以是墙式的，也可以是密柱框架式，外筒有很好的抗弯能力，所以可以用在更高的房屋。

由于型钢混凝土结构的强度与延性都优于钢筋混凝土结构，因此型钢混凝土结构的适用高度较钢筋混凝土结构高。总结国内外型钢混凝土建筑的设计经验，建议型钢混凝土结构房屋适用高度，见表 3-9-1 所列。

型钢混凝土结构房屋适用高度（m）　　**表 3-9-1**

结构体系	非抗震设计	抗震设防烈度			
		6	7	8	9
框架	90	80	70	60	35
框架-剪力墙	240	180	165	135	60
框-筒	240	220	190	150	70
筒中筒	300	260	230	170	70
剪力墙	150	140	120	100	60
框支剪力墙	130	120	100	80	不宜采用

注：1. 房屋高度指室外地面标高至主要屋面高度，不包括突出屋面的水箱、电梯机房、构架等的高度；
2. 当房屋高度超过表中数值时，结构设计应有可靠的依据并采用进一步有效措施。

《高层建筑混凝土结构技术规程》JGJ 3—2002 给出了“混合结构”的定义，即由钢框架或型钢混凝土框架与钢筋混凝土筒体组成的共同承受竖向和水平作用的建筑结构体系常称为“混合结构”。它所涵盖的内容和范围包括上述型钢混凝土结构体系，但比上述结构体系更广，主要是采用型钢、钢管混凝土等混合框架柱与剪力墙组成的结构体系。目前一些较新颖的结构体系，如巨型框架结构、巨型桁架结构、悬挂结构和隔振减振结构也多采用或部分采用型钢混凝土组合结构。因此，本节介绍高层建筑型钢混凝土组合结构的设计也将包括这些混合结构的设计。

二、结构的选型和布置

结构的形式（体系）的优劣对建筑物的功能及其经济性能均有很大的影响，因此结构形式的选择和结构构件的布置应在建筑方案期间给予考虑。

（一）结构的选型

结构的选型要根据建筑物的使用功能、建筑高度及其高宽比、抗震设防类别、抗震设防烈度、场地类别、地基情况、结构材料和施工技术条件等因素，综合分析比较来选择确定。型钢混凝土组合结构因其具有较高的承载能力、良好的刚度和变形能力而成为高层特别是超高层建筑结构首选的结构形式之一。比如，当建筑高度高、层数多、柱距大时，由于柱内力较大，受轴压比限制而使柱截面过大，不仅加大结构自重和材料消耗，而且影响建筑功能，通常选择型钢混凝土柱来解决这一矛盾；当梁跨度较大且层高又受限制时，也常采用型钢混凝土梁来解决。因此，在进行结构选型时，要综合考虑上述诸因素。

目前，我国实行超限高层建筑工程抗震设防专项审查制度，对于一些超限建筑，常选择采用型钢混凝土组合结构作为抗震设防措施之一，但型钢混凝土组合结构房屋的适用最大高度宜符合表3-9-1的规定，其高宽比不宜大于表3-9-2的规定。当建筑超过表3-9-1和表3-9-2的规定时，特别是一些较高建筑多属于重要的、标志性的大型建筑，一般也需要经过论证、补充多方面的计算分析，进行相应的结构试验，采取专门的加强构造措施才能予以实施。

型钢混凝土结构房屋高宽比限值　　**表3-9-2**

结构体系	非抗震设计	抗震设防烈度		
		6，7	8	9
型钢混凝土框架-钢筋混凝土筒体	8	7	6	4

（二）结构的布置

高层建筑结构布置一般包括结构的平面和竖向布置，它属于结构工程师在初步设计阶段概念设计的范畴，在地震区，高层建筑结构设计还应符合抗震概念设计要求。因此，结构布置应符合如下原则：

（1）结构简单。在竖向或水平荷载作用下，各构件受力直接，传力途径明确，结构的计算模型、内力和位移分析以及限制薄弱部位出现都易于把握，对结构的抗震性能的估计比较可靠。

（2）平面和竖向布置规则。即在建筑平面内，结构布置宜均匀，使建筑物分布质量产生的水平惯性力能以比较短和直接的途径传递，并使质量分布与刚度分布协调，限制质量与刚度之间的偏心。同时，沿建筑物的竖向，建筑造型和结构布置也应比较均匀，避免刚度、承载力和传力途径的突变，以限制结构在竖向某一层或少数几层出现敏感的薄弱部位。

（3）良好的刚度和抗震能力。为使结构能够抵抗任意方向的风荷载和水平地震作用，结构布置应使结构沿平面上两个主轴方向具有足够的刚度和抗震能力，同时还要具有足够的抗扭刚度和抵抗扭转振动的能力。

（4）整体性好。在高层建筑结构中，楼盖对于结构的整体性起着非常重要的作用，它相当于水平隔板，不仅聚集和传递惯性力到各竖向抗侧力子构件，而且要使这些子构件能协同承受地震作用。

（三）高层建筑混合结构设计要求

由型钢混凝土框架与钢筋混凝土筒体组成的“混合结构”的设计除应符合上述结构布置原则外，还应符合如下设计和计算要求：

（1）在风荷载及地震作用下，按弹性方法计算的最大层间位移与层高的比值$\Delta u/h$不宜超过表3-9-3的规定。

$\Delta u/h$的限值　　**表3-9-3**

结构类型	$H \leqslant 150$m	$H \geqslant 250$m	150m < H < 250m
型钢混凝土框架-混凝土筒体	1/800	1/500	1/800～1/500线性插入

注：H指房屋高度。

（2）抗震设计时，型钢混凝土框架-钢筋混凝土筒体各层框架柱所承担的地震剪力应符合下列规定。

1）满足式（3-9-1）要求的楼层，其框架总剪力不必调整；不满足式（3-9-1）要求的楼层，其框架总剪力应按 $0.2V_0$ 和 $1.5V_{f,max}$ 二者的较小值采用。

$$V_f \geqslant 0.2V_0 \tag{3-9-1}$$

式中　V_0——对框架柱数量从下至上基本不变的规则建筑，应取对应于地震作用标准值的结构底部总剪力；对框架柱数量从下至上分段有规律变化的结构，应取每段最下一层结构对应于地震作用标准值的总剪力；

V_f——对于地震作用标准值且未经调整的各层（或某段内各层）框架承担的地震总剪力；

$V_{f,max}$——对框架柱数量从下至上基本不变的规则建筑，应取对应于地震作用标准值且未经调整的各层框架承担的总剪力中的最大值；对框架柱数量从下至上分段有规律变化的结构，应取每段中对应于地震作用标准值且未经调整的各层框架承担的地震总剪力中的最大值。

2）各层框架所承担的地震总剪力按1）条调整后，应按调整前、后总剪力的比值调整每根框架柱和与之相连框架梁的剪力及端部弯矩标准值，框架柱的轴力标准值可不予调整。

3）按振型分解反应谱法计算地震作用时，1）条所规定的调整可在振型组合之后进行。

（3）钢-混凝土混合结构的竖向布置宜符合下列原则：

1）沿竖向结构的刚度和抗侧移承载力宜均匀变化，构件截面由下至上逐渐减小，不突变；

2）钢-混凝土混合结构中，当框架柱的上部与下部的类型和材料不同时，应设置过渡层；

3）对于刚度突变的楼层，如：转换层、加强层、空旷的顶层、顶部突出部分、型钢混凝土与钢筋混凝土结构的交接层及邻近楼层应采取可靠的过渡加强措施。

（4）混合结构体系的高层建筑，7度抗震设防且房屋高度不大于130m时，宜在楼面钢梁或型钢混凝土梁与钢筋混凝土筒体交接处及筒体四角设置型钢柱；7度抗震设防且房屋高度大于130m及8、9度抗震设防时，应在楼面钢梁或型钢混凝土梁与钢筋混凝土筒体交接处及筒体四角设置型钢柱。

型钢柱的设置可放在楼面钢梁与核心筒的连接处，核心筒的四角及核心筒墙的大开口两侧。试验表明，钢梁与核心筒的交接处，由于存在一部分弯矩及轴力，而剪力墙的平面外刚度较小，很容易出现裂缝，因而一般剪力墙中以设置型钢柱为好，同时也能方便钢结构的安装。核心筒的四角因受力较大，设置型钢柱能使剪力墙开裂后的承载力下降不多，防止结构的迅速破坏。因为剪力墙的塑性较一般出现在高度的1/8范围内，所以在此范围内，剪力墙四角的型钢柱宜设置栓钉。

（5）钢-混凝土混合结构体系的高层建筑，应由混凝土筒体或混凝土剪力墙承受主要的水平力，并应采取有效措施，保证混凝土筒体的延性。

钢框架-混凝土核心筒结构体系中的核心筒一般均承担了85%以上的水平剪力，所以必须保证核心筒具有足够的延性。试验表明，型钢混凝土剪力墙的延性比可大于3，水平位移达1/50时，型钢剪力墙的承载力仅下降10%。由于设置了型钢，剪力墙在弯曲时，能避免发生平面外的错断，同时也能减少钢柱与混凝土核心筒竖向变形差异产生的不利影响。

保证筒体的延性可采取下列措施：①通过增加墙厚控制剪力墙的剪应力水平；②剪力墙配置多层钢筋；③剪力墙的端部设置型钢柱，四周配以纵向钢筋及箍筋形成暗柱；④连梁采用斜向配筋方式；⑤在连梁中设置水平缝；⑥保证核心筒角部的完整性；⑦核心筒的开洞位置尽量对称均匀。

（6）钢框架-混凝土剪力墙结构体系的高层建筑中，混凝土墙体可采用现浇剪力墙、墙内配有钢板撑的剪力墙或者带竖缝剪力墙，且宜优先采用墙内配有钢板撑的剪力墙。

墙内配有钢板撑的剪力墙能使墙板在钢框架产生一定变形时，发挥作用，通过钢板撑的变形来达到耗能的目的，而使剪力墙不至于在变形初期就发生脆性破坏。带竖缝剪力墙既具有较大的初始刚度，同时在水平变形较大时，又能将大墙肢的变形转换成各小墙肢的弯曲变形，而不致产生斜向裂缝，因而具有良好的延性。

（7）钢-混凝土混合结构中，钢框架平面内的梁柱宜采用刚性连接，楼面钢梁与混凝土核心筒的连接如核心筒中设置型钢时，宜采用楼面钢梁与核心筒刚接，当核心筒中无型钢时，可采用铰接。加强层楼面钢梁与混凝土核心筒的连接宜采用刚接。外框架采用梁柱刚接，能提高外框架的刚度及抵抗水平作用的能力。

（8）钢框架-混凝土核心筒结构体系中，当采用 H 形截面柱时，宜将强轴方向布置在框架平面内，角柱宜采用方形、十字形或圆形截面，并宜采用高强度钢材。

（9）钢-混凝土混合结构中，可采用外伸桁架加强层以减少结构的侧移，必要时可同时布置周边桁架。外伸桁架平面宜与抗侧力墙体的中心线重合，外伸桁架应与抗侧力墙体刚接且宜伸入并贯通抗侧力墙体，外伸桁架与外围框架柱的连接宜采用铰接或半刚接。当布置有外伸桁架加强层时，应采取有效措施，减少由于外柱与核心筒竖向变形差异引起的桁架杆件内力的变化。

采用外伸桁架主要是将剪力墙的弯曲变形转换成框架柱的轴向变形以减小水平荷载下结构的侧移，所以必须保证外伸桁架与抗侧力墙体刚接。外柱相对桁架杆件来说，截面尺寸较小，而轴向力又较大，故不宜承受很大的弯矩，因而外柱与桁架宜采用铰接。外柱承受的轴向力要传至基础，因而外柱必须上下连续，不得中断。由于外柱与混凝土内筒存在的轴向变形不一致，会使外挑桁架产生很大的附加内力，因而外伸桁架宜分段拼装，在主体结构完成后，再安装封闭，形成整体。

（10）对型钢混凝土构件，实际设计时，一般先估计构件所承担的内力，根据构件所承受的大致内力，确定构件截面、型钢尺寸及配筋，然后将所选择的型钢混凝土构件输入相关程序，进行整体计算，再根据整体计算结果，调整截面或配筋、配钢。整体计算分析时，型钢混凝土构件可采用刚度叠加的方法，同时也可采用将型钢折算成混凝土后进行计算，再按型钢混凝土构件进行配筋。目前国内常用的中国建筑科学研究院编制的 PKPM 系列的 SATWE 和 TAT 可以直接对型钢混凝土构件定义，程序可自动进行刚度折算。

钢-混凝土混合结构在进行弹性阶段的内力和位移计算时，对钢梁及钢柱可采用钢材的截面计算，对型钢混凝土构件的刚度可采用型钢部分刚度与钢筋混凝土部分的刚度之和。

$$EI = E_cI_c + E_aI_a \tag{3-9-2}$$

$$EA = E_cA_c + E_aA_a \tag{3-9-3}$$

$$GA = G_cA_c + G_aA_a \tag{3-9-4}$$

式中 E_cI_c、E_cA_c、G_cA_c——钢筋混凝土部分的截面抗弯刚度、轴向刚度及抗剪刚度；

E_aI_a、E_aA_a、G_aA_a——型钢部分的截面抗弯刚度、轴向刚度及抗剪刚度。

（11）钢框架-混凝土筒体结构及型钢混凝土框架-混凝土筒体结构的阻尼比均可取为0.04。

（12）钢-混凝土混合结构房屋抗震设计时，混凝土筒体及型钢混凝土框架的抗震等级应按表3-9-4确定，并符合相应的计算和构造措施。

钢-混凝土混合结构抗震等级 表3-9-4

结构类型		6		7		8		9
高度（m）		≤150	>150	≤130	>130	≤100	>100	≤70
型钢混凝土框架-钢筋混凝土筒体	钢筋混凝土筒体	二	二	二	一	一	特一	特一
	型钢混凝土框架	三	二	二	一	一	一	一

（13）型钢混凝土构件应验算在浇筑混凝土之前钢框架在施工荷载及可能的风载作用下的承载力、稳定及位移，并据此确定钢框架安装与浇筑混凝土楼层的间隔层数。

（14）对于建筑物楼面有较大开口或为转换楼层时，应采用现浇楼板。对楼板大开口部位宜设置刚性水平支撑，宜采用考虑楼板变形的程序进行内力和位移计算，或采取加强措施。

（15）钢-混凝土混合结构竖向荷载作用计算时，宜考虑柱、墙在施工过程中轴向变形差异的影响，并宜考虑在长期荷载作用下，由于核心筒混凝土的徐变收缩对钢梁及柱产生的内力不利影响。

（16）钢-混凝土混合结构内力和位移计算中，设置外伸桁架的楼层应考虑桁架上下弦杆的轴向变形。

三、设计实例

（一）型钢混凝土框架结构

1. 结构特征及受力特点

型钢混凝土框架结构体系是指采用型钢混凝土框架作为主要承重构件和抗侧力构件所组成的结构体系。其结构特征是柱网布置灵活，便于获得较大的使用空间且延性较好，横向侧移刚度较小，适用于需要大空间、层数不多、高度不是太高的建筑。在抗震区和非抗震区，型钢混凝土框架所适用的最大高度可从表3-9-1查得。

型钢混凝土框架结构的受力特点为：框架柱不仅承担其所属面积内的竖向荷载，还是整个结构的抗侧力构件，框架结构在水平力作用下侧向变形的特征为剪切型。

2. 结构的设计要点

进行框架结构设计时，应纵横双向布置，形成双向抗侧力体系。抗震设计的框架不宜采用单跨框架。主体结构除个别部位外，不应采用铰接。型钢混凝土框架常用于设计成具有较好抗震能力的延性框架，其不仅易于满足变形限值的要求，还有利于减少框架构件截面，增加使用空间。抗震设计时，框架梁、柱的截面设计应符合“强柱弱梁”的设计原则。同时，框架柱还应按双向受弯进行截面设计。

3. 工程实例

【工程实例一】广州新图书馆（本工程由广州市设计院和株式会社日建设计联合体设计）

（1）工程简介

广州新图书馆地上10层、地下2层（含B1夹层），建筑总高度约50m，建筑埋深约13.3m。地上主要设各种功能的图书阅览室，地下主要设停车库、藏书区及设备用房等。

大楼地上主要分南区和北区两部分，南北区在建筑外形上均呈平面圆弧、竖向倾斜，并以南区东侧更为显著，外墙面最多大约倾斜至19°。结构设计上利用南北区各自相对倾斜的特征，在8层设置南北区结构连接，以保证整体结构的稳定和安全。

南区和北区均采用纯框架结构形式。

在大楼地上部分的外周立面悬挂外贴石材的幕墙，并在东西侧的南区和北区之间设有玻璃幕墙。图3-9-1为该建筑的立面效果图。

图3-9-1　建筑的立面效果图

（2）结构体系及结构布置

广州新图书馆地上部分主要分南区和北区两部分。南北区在建筑外形上均呈平面圆弧、竖向倾斜。南北区相比，北区体量大、倾斜小、安全稳定性好。而南区虽体量小，但体量却逐渐由西向东变化增大，倾斜角也逐渐由西向东增大，外墙面最多大约倾斜至19°。图3-9-2为二、三、七、八层结构平面布置图，图3-9-3为该建筑典型剖面图。

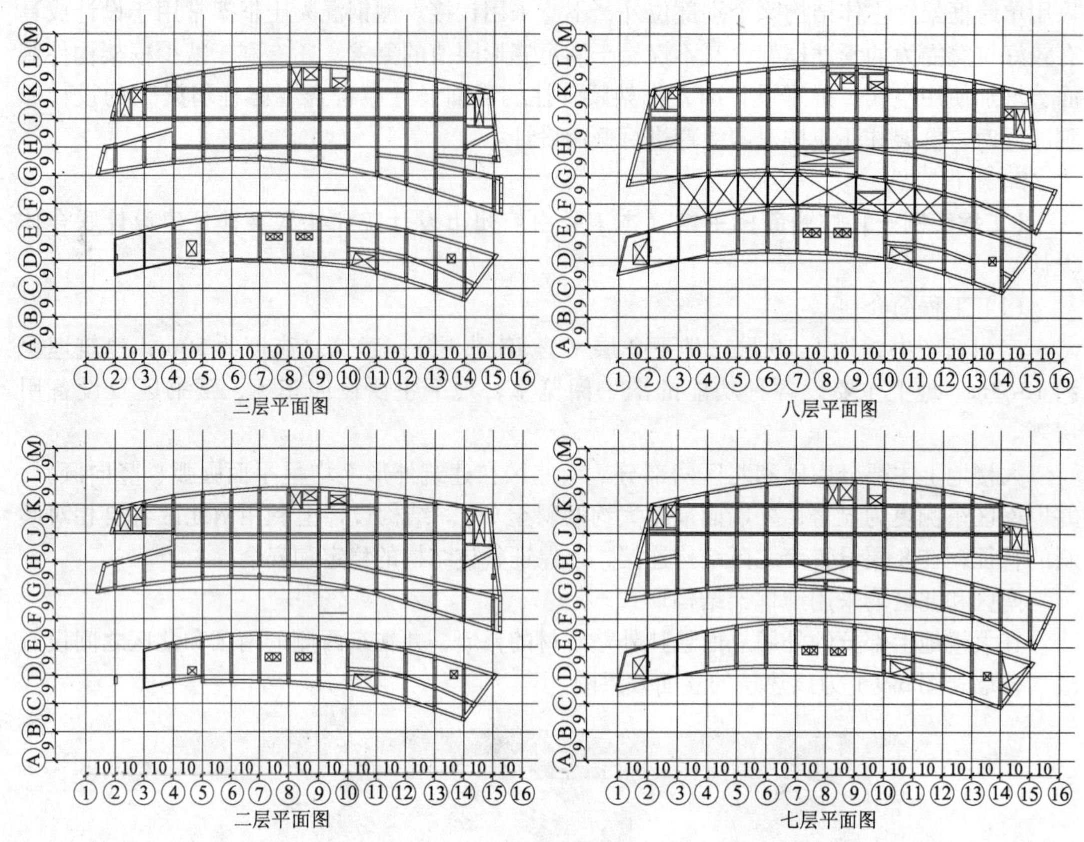

图 3-9-2　二、三、七、八层结构平面布置图（图中尺寸标注以米为单位）

结构设计上利用南北区各自相对倾斜的特征，在 8 层设置南北区结构连接，以保证整体结构的稳定和安全。南区和北区均采用纯框架结构形式。

1）南区④轴以东部分

南区④轴以东部分，④～⑨轴各南北框架仅为 1 跨，⑩轴以东各南北框架为 2 跨。根据南北框架的跨距及建筑倾斜程度，为达到大跨度和建筑倾斜对结构刚度和强度的要求，框架梁柱均采用型钢钢筋混凝土组合结构。该部分楼板采用现浇钢筋混凝土楼板，地上部分楼板厚度均为 150mm。次梁采用钢筋混凝土梁。

2）南区④轴以西部分

南区④轴以西部分，由于建筑上需要保证 1 层入口处的大空间使用功能，要求南区西端的①轴处仅可设置 1 根落地柱，即结构上只能设计为巨型单柱。于是，南区④轴以西部分便呈现了下述复杂情况：

① ①～④轴间，巨型单柱只能设在②轴跨中，南北方向梁板需从巨型单柱挑出。

② ①～②轴间，东西方向建筑立面弧形悬挑，最长挑出 9.6m，各层建筑重量全部由巨型单柱承担。

③ ②～④轴间，东西方向建筑跨度 9.6×2＝19.2m，各层建筑重量全部由巨型单柱和④轴的 2 根框架柱承担。

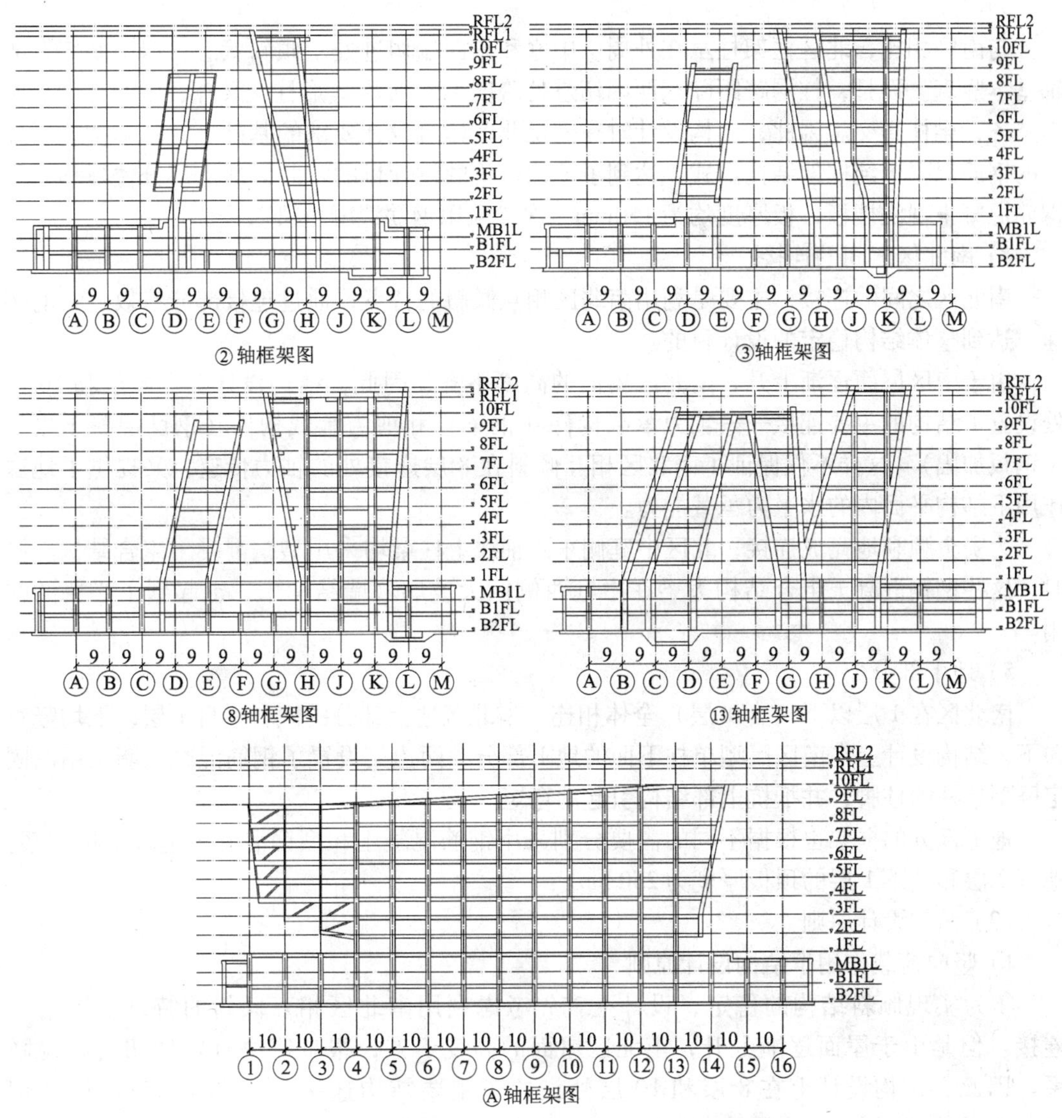

图 3-9-3 典型剖面图（图中尺寸标注以米为单位）

针对这些情况，结构设计上采用下述措施，有效解决了力的传递和刚度需要：

①巨型单柱

将巨型单柱设计成具备高强度和刚度的型钢混凝土柱，将南北方向从巨型单柱挑出部分设计成钢桁架，巨型单柱及两旁各层纯钢桁架，构成了大树干树形结构形式。

②南北方向拉杆斜撑

南北方向①～②轴建筑悬挑，建筑外墙为大理石装修幕墙，为控制悬挑端过大变形，在重量较大各层设置拉杆，因此，①～④轴间由巨型单柱、桁架、斜撑等构成的综合结构形式，在尽可能减小结构重力负担的同时，明确完成了重力传递，保证了结构强大的侧向刚度和强度，保证了南区西端结构的安全稳定性。该部分楼板均采用现浇钢筋混凝土楼板，地上部分厚度均为150mm（局部采用钢板加固）。次梁采用钢梁。

3）北区

与南区相比，北区框架柱虽在外周、中庭和东西端切进处呈倾斜状态，但中间⑤～⑩轴基本竖直。而且，柱网跨距除东西端切进处跨度不规则及Y形柱交叉外，中间部位也基本整齐，梁柱直交。因此，结构设计时在满足北区建筑设计要求的基础上，基本实现了经济的钢筋混凝土纯框架结构形式，达到了节约造价的设计目的。北区地上部分楼板均采用钢筋混凝土现浇楼板，板厚度均为150mm。次梁采用钢筋混凝土梁。

4）南北区之间的连接

南北区之间的连接，主要是利用南北区相互倾斜的特点，通过连接部分有效的力的传递，达到整体结构稳定的设计目的。

由于南区屋面逐渐上升，南北区屋面的高度不齐，因此，结构设计上在8层和10层处设置了结构的主要连接——轴力承载构件（钢梁）和剪力承载构件（钢筋混凝土楼板+钢板加固）。这样不仅保证了南北区相互倾斜在8层连接处的轴力传递，又提供了地震作用下结构平面内的水平力承载能力。

为安全顺利地完成连接，北区中庭侧东西轴线上柱梁均采用型钢混凝土组合结构。同时，这些型钢混凝土组合结构大梁在中庭西侧巨大玻璃幕墙结构中，也起到了必要的作用。

5）地下部分

南北区在1层以下（含1层）全体相连。南北区地上部分的倾斜柱自1层以下均竖直向下。结构设计上在南区巨型单柱下面的地下部分，两边又设置了钢筋混凝土墙，用以固定巨型单柱的柱脚，并抵抗上部结构引起的弯矩。

地下部分的框架也根据不同的需要分别采用钢筋混凝土和型钢混凝土组合结构框架。地下2层和地下1层的顶板厚度为250mm。

（3）结构设计原则

1）竖向荷载作用下结构设计原则

①为实现倾斜结构的稳定，设计上首先考虑利用南北区相互倾斜的特点设置南北连接。但是由于屋面逐渐上升，南北区屋面的高度不齐，很难解决有效确切的结构联系。因此，结构设计上在8层和10层处设置了主要结构连接——轴力承载构件（钢梁）和剪力承载构件（混凝土楼板+钢板加固）。这样，不仅将整个建筑联系成一个稳定的结构体，也使大幅倾斜的南区可以依靠北区体量保持稳定，实现了建筑上的外形视觉效果。

②由于结构上需要保证1层入口处的大空间使用功能，要求南区西端的②轴处仅可设置1根落地柱。结构设计上以①～④轴间由巨型单柱大树干结构、树形桁架等构成的综合结构体系，在尽量能减少结构重力负担的同时，明确完成了重力的传递，保证了结构强大的侧向刚度和强度，保证了南区西段结构的安全稳定性。

③综合考虑竖向荷载对倾斜结构的影响，根据南北区各自的建筑特点，分别采用不同的型钢混凝土结构、混凝土结构和钢结构，达到了结构设计的最有效、最经济的目的。

2）地震作用下结构设计原则

本工程地震作用下结构设计按多遇地震和罕遇地震两种情况进行，并分别采用弹性及弹塑性静力分析、弹性动力时程分析，确认结构在多遇和罕遇地震作用下的强度、刚度和变形性能。其设计原则为：

①根据《广州新图书馆工程场地地震安全性评价报告》及《建筑抗震设计规范》GB 50011—2001 进行地震作用计算。

②在地震作用下的变形控制为：多遇地震下，层间位移小于 1/550；罕遇地震下，层间位移小于 1/100。

③楼层的最大水平位移（或层间位移）小于该楼层平均水平位移（或层间位移）的 1.5 倍。

④按照基于性能设计的方法进行结构设计，对各个不同的构件设定不同的抗震目标，优化结构的抗震性能。具体见表 3-9-5 所列。

构件抗震设防目标　　**表 3-9-5**

结构构件		罕遇地震性能目标	备　注
一般部位	柱	不发生弯曲屈服、剪切屈服和轴向屈服	
	框架梁	梁两端可发生弯曲屈服，但原则上控制构件基本不发生剪切屈服先于弯曲屈服	
	斜撑	不发生轴向屈服	
南北区连接部位	轴力梁	轴向连接构件不发生轴向屈服	
	带楼板大梁	大梁两端不发生弯曲屈服	
	楼板	可发生剪切裂缝，但不超过楼板的抗剪强度	
巨型单柱部位		所有框架构件不发生弯曲屈服、剪切屈服和轴向屈服	

3）风荷载作用下的设计原则

通过对地震作用和风荷载的大小比较可以看出，无论风荷载在东西方向或南北方向作用，其对整个结构的作用远远小于地震对整个结构的作用。

但是，由于建筑南北区在 8 层以下分离的特性以及南区东西向长度与南北向宽度比例过大的特点，在仅考虑风荷载作用在南区的南侧幕墙上时，南区的风荷载几乎接近南区自身的地震作用。因此，南区设计时还是应该特别注意风荷载的影响。

风荷载下结构设计按以下原则进行：

①按《建筑结构荷载规范》GB 50009—2001 计算风荷载，基本风压按 100 年重现期取值，考虑到建筑外形呈曲面的特性，风压体型系数取 1.5；计算风荷载时还应考虑风压脉冲对结构发生的顺风向振动的影响。

②控制风荷载作用下的层间位移小于 1/550；楼层最大水平位移（或层间位移）小于该楼层平均水平位移（或层间位移）的 1.5 倍。

（4）建筑基础设计

根据该场地岩土工程勘察报告及地震安全性评估报告，该场地土属于中软场地土，建筑场地类别为Ⅱ类。基础采用人工挖孔桩。持力层设在$④_4$层微风化岩，桩端阻力特征值为 5000kPa。

（5）结构计算

该工程采用株式会社日建设计自行开发的空间结构分析软件 Building—3D 对结构进行弹性静力分析、弹性水平动输入时程分析、弹塑性静力分析、弹塑性水平动输入时程分析以及弹塑性上下动输入时程分析。同时，又采用了 ANSYS、ETABS 对结构进行弹性静力分析和弹性水平动输入时程分析，以及采用 MAIDAS 结构空间分析软件对结构弹性静力分析再度进行了核对。计算结果表明，各种程序计算结果基本一致，且均能满足我国有关规范的要求。

（二）型钢混凝土框架-钢筋混凝土筒体结构

1. 结构特征及受力特点

型钢混凝土框架-钢筋混凝土筒体结构适用于建筑平面比较规则而且采用核心式布置的高层建筑，其结构特征是将平面中心部位服务性竖井的周边设置成型钢混凝土或钢筋混凝土筒体，核心筒外布置一圈或两圈型钢混凝土框架。核心筒高宽比较大时，宜在顶层及每隔若干层的设备层或避难层，沿核心筒的纵横墙所在的平面，设置一层或两层高的外伸臂刚性桁架（刚臂），加强核心筒与外围柱的连接，使之形成整体抗弯构件，以提高整个结构体系的抗推刚度和抗倾覆承载力。

型钢混凝土框架-钢筋混凝土筒体结构的受力特点为：核心筒是整个结构体系中的主要抗侧力构件，框架柱则是主要承担其所属面积内竖向荷载的构件。因此，当建筑层数很多、核心筒高宽比较大时，或风荷载很大、或地震烈度较高时，宜采用型钢混凝土核心筒。即在核心筒转角、内外墙交接处及框架梁支撑处，在筒壁内设置型钢暗柱，以提高核心筒的抗弯能力。设计时，应尽量使核心筒承担较多的竖向荷载，加大筒壁的竖向压应力，以提高核心筒的受剪承载力和抗倾覆承载力。

2. 结构的设计要点

（1）核心筒应尽量贯通建筑全高，且要求具有较大的侧向刚度；核心筒的宽度不宜小于筒体总高的 1/12，当筒体结构设置角筒、剪力墙或采用型钢混凝土墙体时，核心筒的宽度可适当减小。

（2）核心筒应具有良好的整体性，墙肢宜均匀、对称布置；当外框柱为型钢混凝土柱或钢柱时，为增强框架柱与核心筒的连接、提高筒体的承载能力及变形能力、满足墙体轴压比限值，建议在筒体周边柱对应位置及筒体四角设置型钢暗柱或有型钢的扶壁柱。

（3）当框架柱由型钢混凝土柱过渡到钢柱或由混凝土柱过渡为钢柱时，应设置过渡层，过渡层内的钢柱宜设置必要的栓钉。

3. 工程实例

【工程实例二】深圳华融大厦（本工程由深圳华森建筑与工程设计顾问有限公司设计）

（1）工程简介

华融大厦为集银行、证券、保险、办公、宾馆等诸多功能于一身的综合性建筑，总建筑面积 7.35 万 m^2，主楼地上 32 层，高 134m，平面外轮廓最大尺寸为 39.27m × 40.7m，随着楼层的升高，平面三边不断内收，裙房 4 层，呈矩形，地下 3 层。建筑透视图及标准层平面图分别如图 3-9-4 及图 3-9-5 所示。

图 3-9-4　建筑透视图

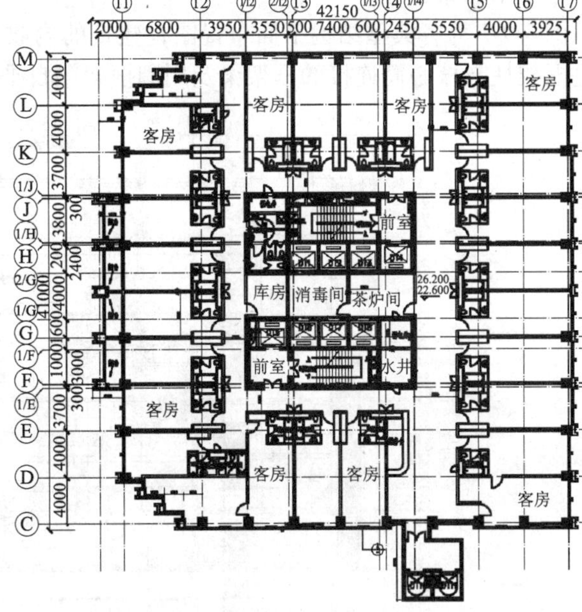

图 3-9-5　标准层建筑平面图

(2) 结构概况及结构体系

华融大厦为型钢混凝土框架-核心筒结构，核心筒为 14.45m × 16.4m，墙厚为 250 ~ 400mm。筒周圈设型钢混凝土暗柱。底层柱为 800mm × 1200mm，4 层转换桁架以上变为 700mm × 850mm，26 层（95.450m）以上，柱截面均改为 700mm × 700mm，柱内均设置大小不同的十字形型钢柱。由于建筑功能的要求，4 层以下在⑫ ~ ⑰轴间和⑪轴上Ⓖ ~ Ⓗ轴间柱距为 8m，并在此设置型钢混凝土转换桁架，支撑上层框架柱，如图 3-9-6 所示。

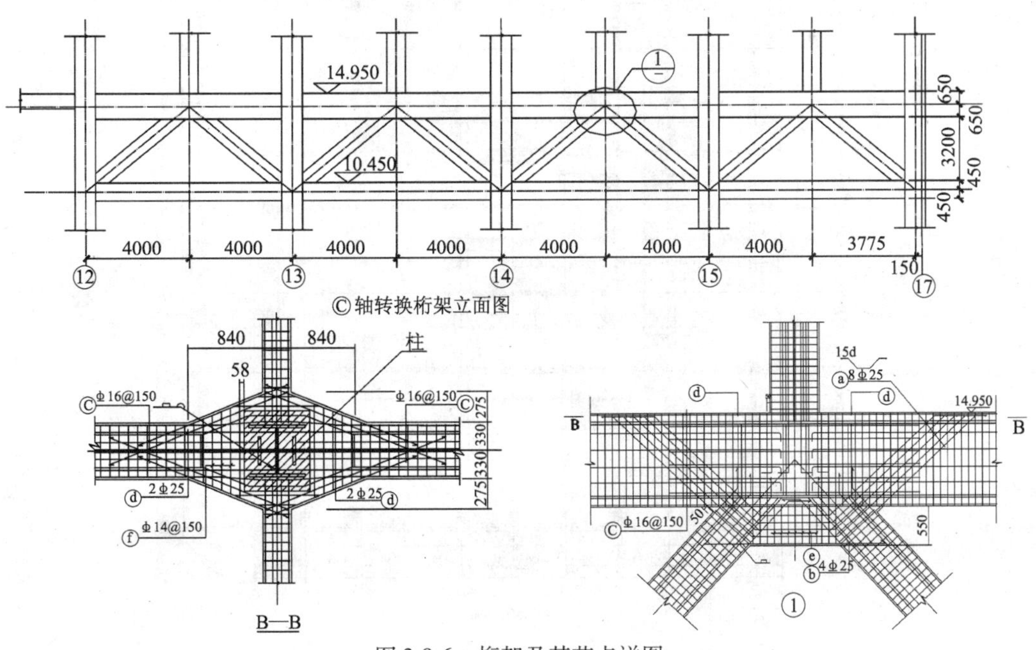

图 3-9-6　桁架及其节点详图

(3) 结构布置

图3-9-7为各典型结构平面布置图，建筑的内收是通过斜柱实现的，斜柱的水平分力通过框架柱与核心筒连接的框架梁及周圈框架梁自平衡。斜柱内收如图3-9-8所示。

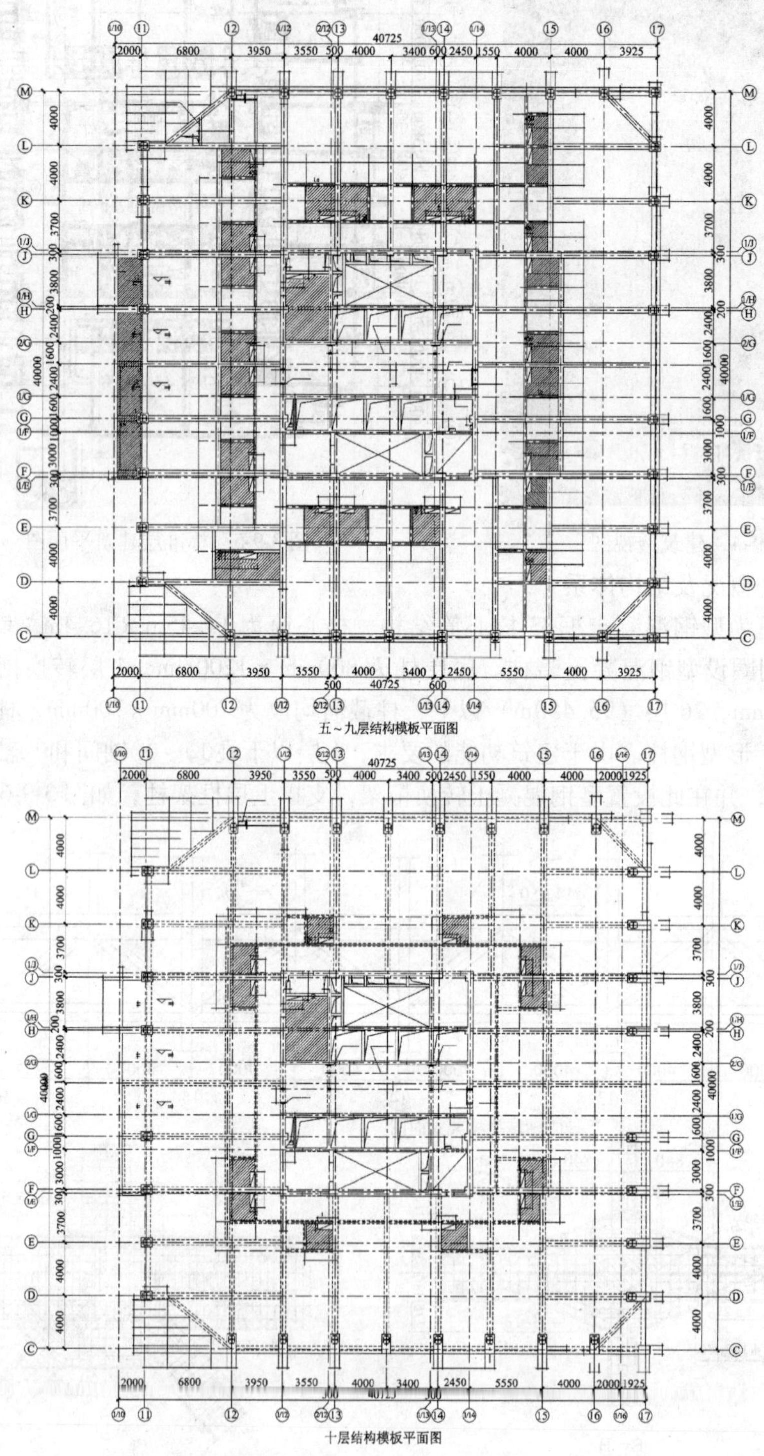

图3-9-7　各典型结构平面布置图（一）

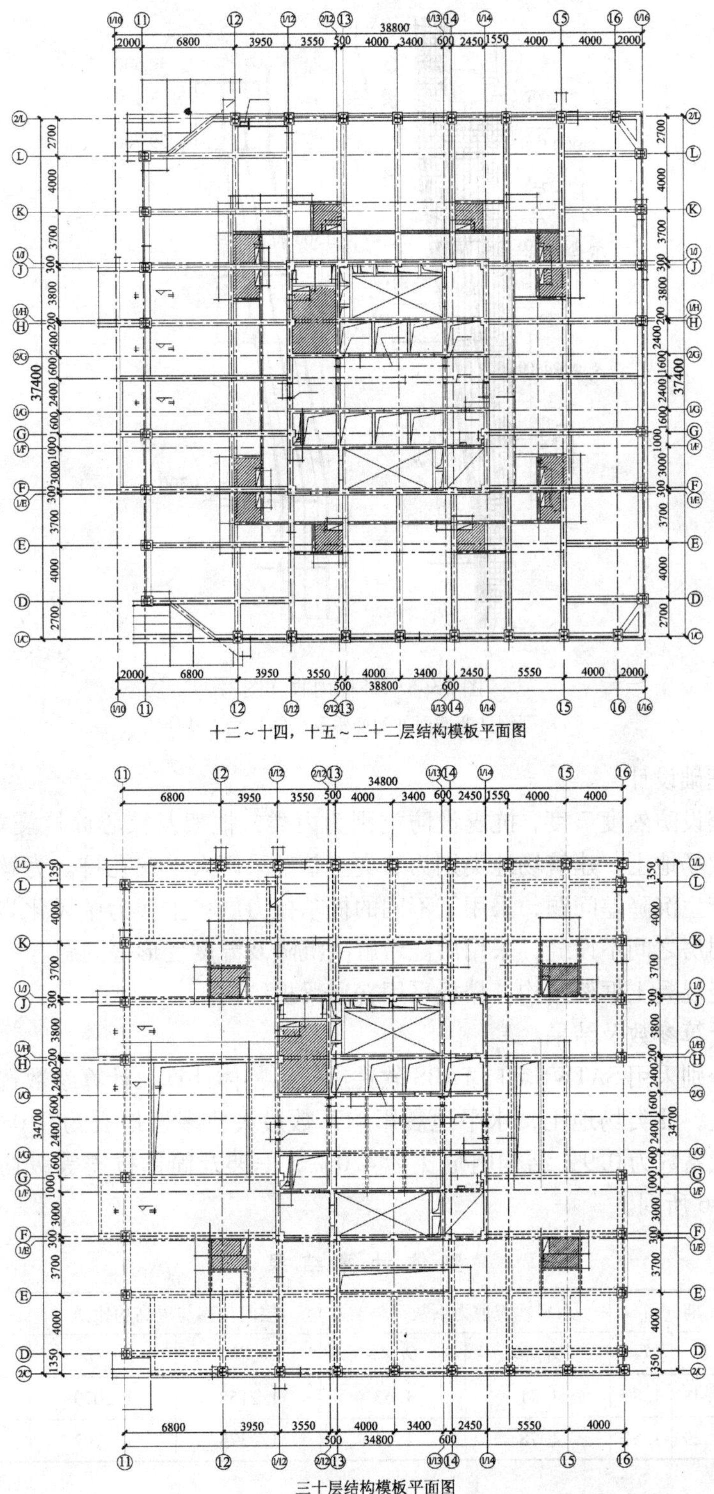

十二～十四，十五～二十二层结构模板平面图

三十层结构模板平面图

图 3-9-7　各典型结构平面布置图（二）

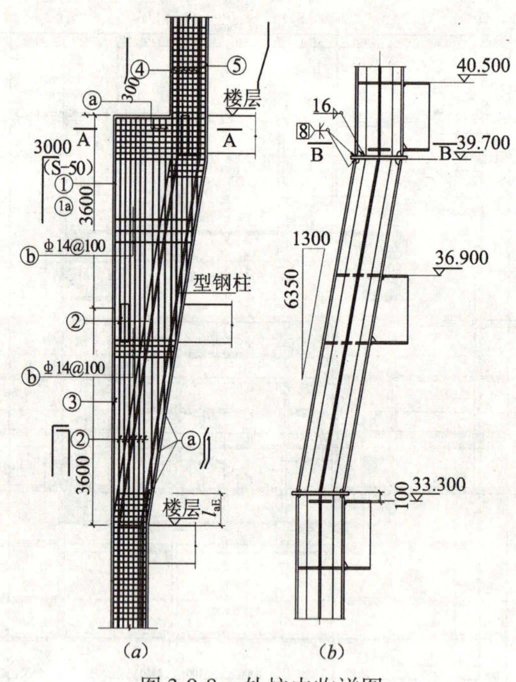

图 3-9-8　外柱内收详图

（a）型钢柱变截面处配筋示意；（b）型钢柱详图

（4）建筑基础设计

本工程抗震设防烈度 7 度，抗震设防类别为丙类，框架及核心筒抗震等级均为二级。场地土属于中软场地土，建筑场地类别为Ⅱ类。基础采用人工挖孔桩。为解决因主楼和裙房荷重不同而产生沉降差问题，采用了不同的桩基持力层：主楼为中风化岩，裙房为强风化岩。塔楼和裙房之间不设缝，采用后浇带解决沉降及温度变形等问题。

裙房为现浇混凝土框架结构，楼板采用普通梁板结构。

（5）有关计算参数及结果

华融大厦分别采用 SATWE 和 ETABS 软件进行了整体计算，计算参数选择如下：抗震设防烈度为 7 度，Ⅱ类场地土，水平地震影响系数最大值多遇地震为 0.08，罕遇地震为 0.50，周期折减系数为 0.9，结构阻尼比为 4.0%，框架及筒体抗震等级均为二级。其计算结果见表 3-9-6 所列。

整体计算结果　　　　**表 3-9-6**

计算程序	周期（s）			水平地震剪力系数（%）		层间位移与层高的比值		顶点位移（mm）	
	T_1	T_2	T_3	Q_{0x}/G	Q_{0y}/G	u_x/h	u_y/h	u_x	u_y
SATWE	2.62	2.48	1.80	1.71	1.63	1/2155	1/2079	41	40
ETABS	2.41	2.29	1.52	1.78	1.67	1/2375	1/2192	32	37

依据《建筑抗震设计规范》GB 50011—2001，该工程还进行了弹性时程分析计算。所采用的地震波为该场地土的人工合成波、兰州波 Lan2-2 等。其时程分析结果表明：位移曲线光滑、均匀，没有突变。即是说其结构布置合理，没有总刚度突变，每条波计算所

得的结构底部剪力均大于按振型分解反应谱计算结果的65%，三波计算所得的结构底部剪力的平均值均大于按振型分解反应谱计算结果的80%，满足了规范的有关要求。

【工程实例三】北京财富中心办公楼（该工程由中元国际工程设计有限公司设计）

（1）工程简介

北京财富中心办公楼（一期工程）为一座甲级智能化办公楼，建筑面积为10.7万m^2（图3-9-9），地下3层，地上40层，结构高度为151.8m，另有局部突出4层，结构最高点高度为165.9m，结构平面尺寸为42.0m×47.985m，高宽比为3.61。剖面图如图3-9-10所示。

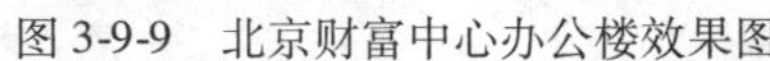

图3-9-9　北京财富中心办公楼效果图

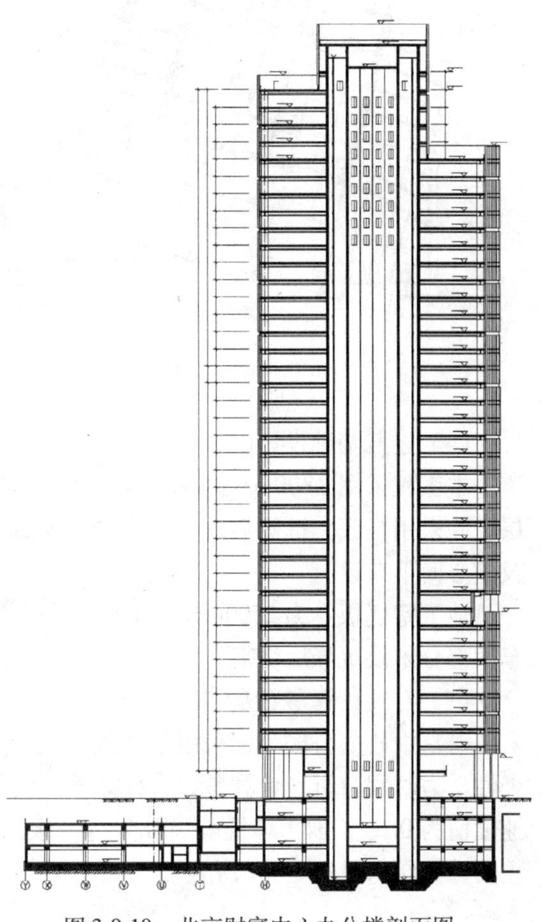

图3-9-10　北京财富中心办公楼剖面图

（2）结构概况及结构体系

该工程采用框架-核心筒结构。核心筒为钢筋混凝土，其厚度为300～800mm，核心筒外围墙体在四角及门洞暗柱处设型钢柱，并在各楼层处设钢梁相连，一方面改善核心筒的受力性能，另一方面解决楼面钢-混凝土组合梁与核心筒的连接。外框柱多采用圆形截面型钢混凝土柱，截面直径为ϕ750～1500mm，内置型钢为十字形型钢。

（3）结构布置

图3-9-11为二、三层结构平面布置图，设计中将外围框架梁与框架柱刚接，根据周边平面的不规则，三个角处的斜梁也设计成与框架柱刚接，除此之外，其余楼面梁均为两端铰接的钢-混凝土组合梁，楼盖结构为压型钢板上铺混凝土的组合楼盖。

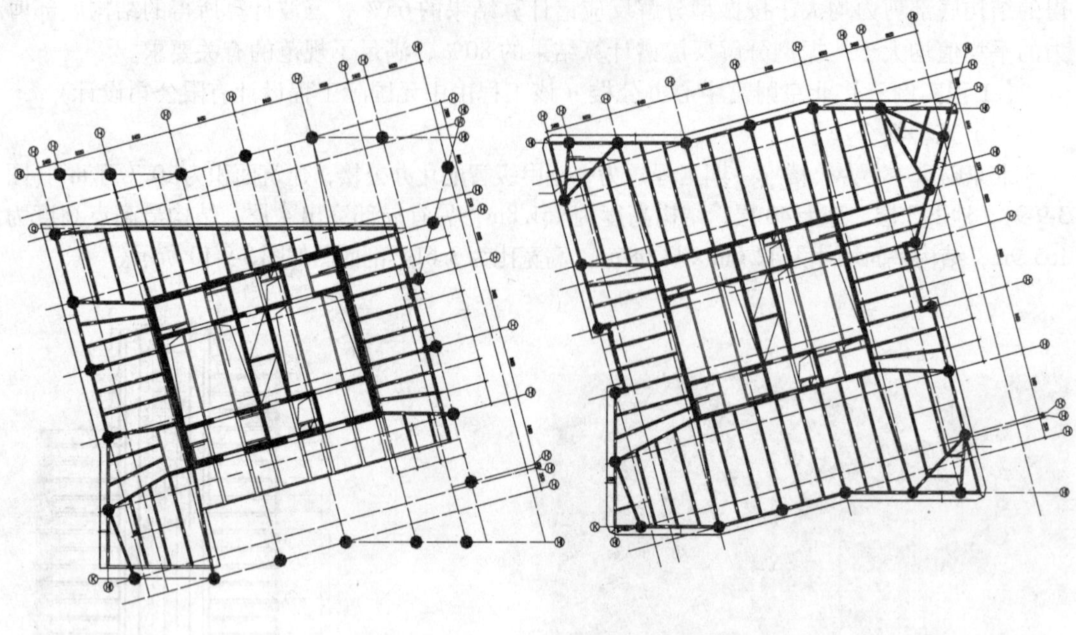

图 3-9-11　二、三层结构平面布置图

（4）建筑基础设计

本工程采用 ϕ800mm 的钻孔灌注桩，桩长约 25.0m，桩端持力层为⑨层卵石、圆砾层，并采用桩底、桩侧后压浆专利技术处理，单桩承载力设计值为 8000.0kN。桩在柱下及核心筒下布设。

地下室底板厚为 2500mm，试桩及锚桩均利用工程桩进行。主楼部分与裙楼及纯地下车库部分未设沉降后浇带，计算沉降量，中间部位控制为 34mm，周边控制为 22mm。

（5）有关计算参数及结果

财富中心办公楼分别采用了空间结构计算程序 SATWE、ETABS 进行计算，并进行了弹性动力时程分析，计算参数选择如下：抗震设防烈度为 8 度，Ⅱ类场地土，基本地震加速度值为 0.2g，剪力墙抗震等级为特一级，框架为一级，建筑结构的阻尼比取 0.04。其主要计算结果见表 3-9-7 所列。

整体计算结果　　表 3-9-7

项　目	计算软件					
	ETABS			SATWE		
周期（s）	T_1	T_2	T_3	T_1	T_2	T_3
	3.032	2.888	1.753	3.043	2.901	1.828
振　型	y 向	x 向	扭转	y 向	x 向	扭转
扭转周期与平动周期比值	0.58			0.6		
最大角部位移与质心位移比值	1.07（33 层）			1.25（2 层）		

续表

<table>
<tr><td colspan="3" rowspan="2">项　目</td><td colspan="8">计　算　软　件</td></tr>
<tr><td colspan="4">ETABS</td><td colspan="4">SATWE</td></tr>
<tr><td colspan="3">建筑重力荷载代表值（kN）</td><td colspan="4">1106046</td><td colspan="4">1104400</td></tr>
<tr><td colspan="3">振型参与系数</td><td colspan="4">x 向：99.8%，y 向：99.6%</td><td colspan="4">x 向：98.08%，y 向：97.45%</td></tr>
<tr><td rowspan="7">结构地震剪力以及最大层间位移角和位置</td><td colspan="2">地震波</td><td>Taft 波</td><td>El-Centro 波</td><td>人工波</td><td>反应谱</td><td>Taft 波</td><td>El-Centro 波</td><td>人工波</td><td>反应谱</td></tr>
<tr><td colspan="2">x 向（kN）</td><td>35799</td><td>34260</td><td>29169</td><td>35573</td><td>32883</td><td>35231</td><td>32506</td><td>35353</td></tr>
<tr><td colspan="2">y 向（kN）</td><td>33231</td><td>35279</td><td>28462</td><td>35710</td><td>36445</td><td>38941</td><td>34167</td><td>35403</td></tr>
<tr><td colspan="2">x 向</td><td>1/1166</td><td>1/1405</td><td>1/1397</td><td>1/986</td><td>1/1166</td><td>1/1092</td><td>1/1213</td><td>1/974</td></tr>
<tr><td colspan="2">y 向</td><td>1/1308</td><td>1/1147</td><td>1/1079</td><td>1/832</td><td>1/1115</td><td>1/989</td><td>1/942</td><td>1/937</td></tr>
<tr><td rowspan="2">位置</td><td>x 向</td><td>37</td><td>33</td><td>32</td><td>35</td><td>37</td><td>33</td><td>37</td><td>35</td></tr>
<tr><td>y 向</td><td>40</td><td>36</td><td>39</td><td>33</td><td>37、38</td><td>34</td><td>35</td><td>35</td></tr>
<tr><td colspan="2" rowspan="2">剪力系数（%）</td><td>x 向</td><td>3.24</td><td>3.1</td><td>2.64</td><td>3.22</td><td>2.97</td><td>3.19</td><td>2.94</td><td>3.2</td></tr>
<tr><td>y 向</td><td>3.0</td><td>3.19</td><td>2.57</td><td>3.23</td><td>3.30</td><td>3.12</td><td>3.09</td><td>4.2</td></tr>
</table>

【工程实例四】上海浦东国际金融大厦（该工程由上海建筑设计研究院与美国波特曼建筑事务所联合体设计）

（1）工程简介

上海浦东国际金融大厦，地上53层，裙楼2层，地下3层，结构高230m，建筑面积共11.4万m^2。地下设停车场、设备机房。地上低层部分设银行、商店、餐厅等商业设施，中层部分为办公用房，高层部分为单元办公用房。中层部分层高为3.9m，高层部分层高为3.6m。高层部分平面内收且主轴转角45°方向。建筑实景如图3-9-12所示，建筑标准平面如图3-9-13所示。

（2）结构概况及结构体系

金融大厦为钢-混凝土混合结构超高层建筑，是内筒外框结构。由于建筑立面沿高度变化较大，下段正方形，上段内收为梳子形，并且主轴转向45°角，使结构沿高度划分为几个部分，构件材料及结构布置也有不同。

低层和中层部分中央核心筒为钢筋混凝土剪力墙组成的筒体，外周边为型钢混凝土柱和钢梁组成的框架。

转换层部分中央核心筒采用型钢混凝土剪力墙组成的筒体，外围为斜钢柱钢梁组成的框架。

高层部分为钢筋混凝土剪力墙组成的中央核心筒体，外圈为钢柱钢梁组成的框架。

内筒外框之间用钢梁连接，楼板结构为钢梁压型钢板钢筋混凝土楼板。

地下层部分为钢筋混凝土结构。

（3）结构布置

中层部分的结构布置如图3-9-14所示，转换层部分的结构布置如图3-9-15所示，高层部分的结构布置如图3-9-16所示。转换层部分的结构形式是本工程的主要特点，通过斜柱逐层内收，斜柱的水平分力由楼层钢梁平衡，斜柱内收斜方向与中层主轴成45°角，如图3-9-17所示。

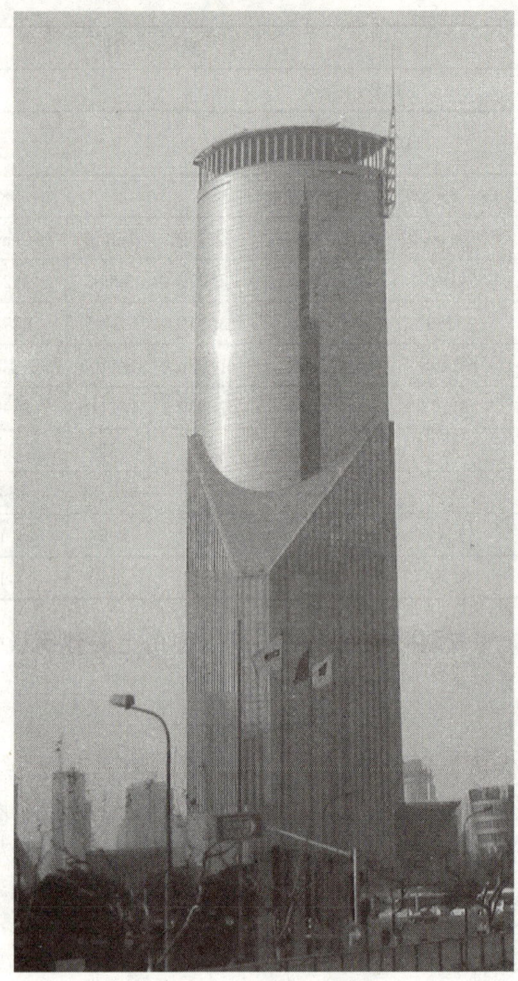

图 3-9-12　建筑实景图

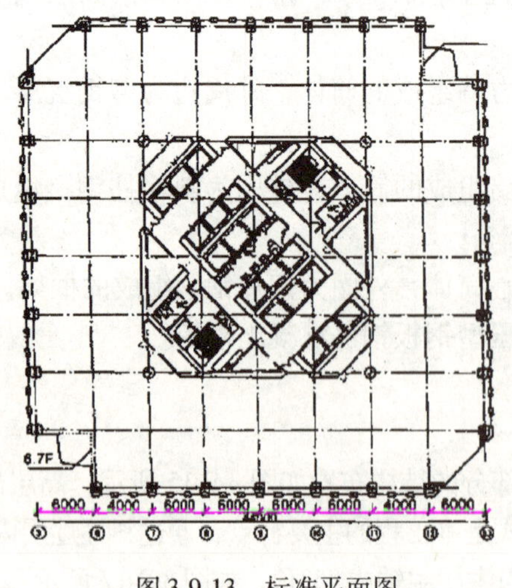

图 3-9-13　标准平面图

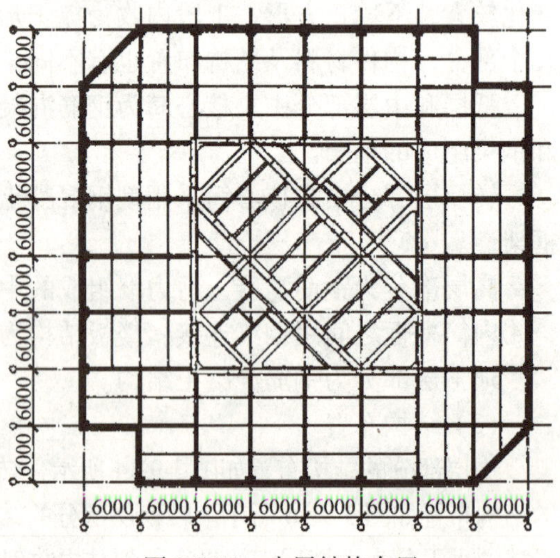

图 3-9-14　中层结构布置

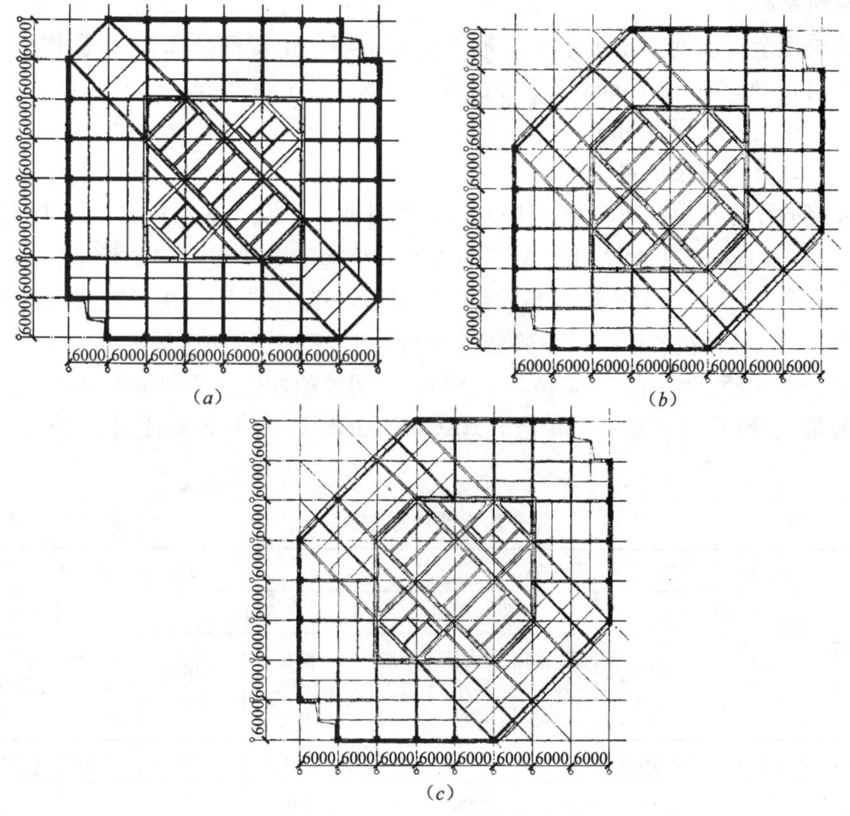

图 3-9-15　转换层部分的结构布置

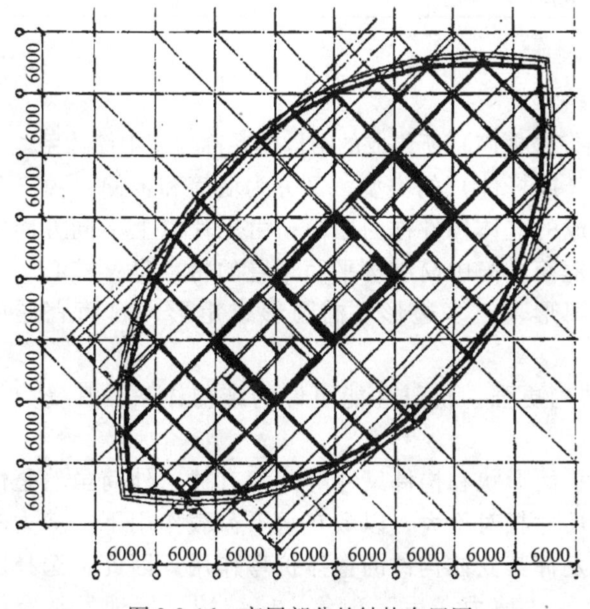

图 3-9-16　高层部分的结构布置图

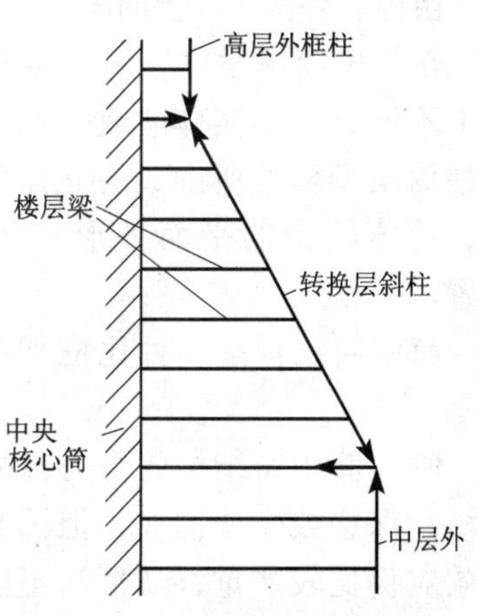

图 3-9-17　斜柱内收示意图

（4）建筑基础设计

该建筑采用全钢筋混凝土地下室，地下室底板厚：主楼部分3.2m，裙楼部分1.5m。主楼桩基采用ϕ609.6mm×14mm钢管桩，桩长30m，分上下两节。桩尖持力层为7-(2)层细粉砂土层，桩尖入土深度46m。

（5）有关计算参数及结果

金融大厦的计算参数：风荷载按100年重现期确定，设计基本风压$w_0=1.2\times0.55=0.66\text{kN/m}^2$。抗震设防烈度为7度，Ⅳ类场地土，结构沿对角线方向的长轴、短轴和扭转振动周期分别为3.16s、3.15s和1.1s。结构抗震第一阶段弹性分析，地震动峰值加速度取$a_g=0.35\text{m/s}^2$，结构抗震第一阶段弹塑性分析，地震动峰值加速度取$a_g=0.22\text{m/s}^2$，结构阻尼比取$\zeta=0.035$，层间位移限值为1/550，层间弹塑性位移角限值1/100。时程分析选用4条地震波为El-Centro波、Taft波、HACHENOHE波和上海人工波。计算结果见表3-9-8所列。

金融大厦计算结果　　**表3-9-8**

荷载作用方向	风荷载					地震作用				
	结构顶点		结构层间			结构顶点		结构层间		
	侧移 Δ（mm）	侧移角 Δ/H	最大侧移 δ（mm）	最大侧移角 δ/H	发生层	侧移 Δ（mm）	侧移角 Δ/H	最大侧移 δ（mm）	最大侧移角 δ/H	发生层
$u-u$	134	1/1649	4.8	1/1138	54	161	1/1373	4.0	1/899	49
$v-v$	225	1/982	6.5	1/553	47	184	1/1201	5.9	1/615	49
$x-x$	181	1/1222	4.7	1/759	47	174	1/1274	5.0	1/720	49
$y-y$	181	1/1222	4.7	1/759	47	174	1/1274	5.0	1/720	49

（三）型钢混凝土筒中筒结构

1. 结构特征及受力特点

由内、外两圈以上的同心筒体（墙筒或框筒）所组成的结构体系称为筒中筒体系。

在筒中筒体系中，筒体按其构件（或杆件）的类型，又分为墙筒和框筒：由三片以上不同方向的实体墙或带洞墙所围成的立体构件称为墙筒；由三片以上不同方向的密柱深梁型框架所围成的立体构件称框筒。筒中筒结构平面布置的特点是：核心式布置，筒体结构的平面外形一般选用圆形、正多边形、椭圆形或矩形，内筒宜居中布置。

筒中筒结构是一种比框架-筒体结构更强、抗震性能更好的结构体系，其受力特点是：

（1）筒中筒结构的受力性能与其平面形状和构件尺寸等因素有关，外筒虽然是由密柱、深梁或短墙构成，但因其截面尺寸相对不大，以致在水平荷载作用下，剪力滞后效应仍比较严重，使框筒不能充分发挥其立体构件的整体抗弯作用，因此，选择圆形、正多边形等平面，能减少外框筒的“剪力滞后”现象，使结构更好地发挥空间作用。

（2）在风或地震荷载作用下，外圈框筒是一个层间剪切侧移占有较大比重的剪弯型构件。

（3）内筒平面尺寸相对较小，宽高比值较大，尽管开有较多、较大洞口，水平荷载作用下，内筒仍是一个层间剪切变形较小的弯曲型构件。

（4）内墙筒与外框筒组成的筒中筒体系，正如框架-剪力墙体系一样，由于弯曲型构件与剪弯型构件侧向变形的相互协调，结构的顶点侧移及结构下段的最大层间侧移角均得以减小。

（5）筒中筒结构如果在楼房顶层以及沿楼房高度每隔若干层的设备层和避难层，沿内框筒的纵、横墙体设置向外伸出的伸臂钢桁架，加强内、外筒的连接，使外框筒翼缘框架中央各柱更充分地参与结构的整体抗弯作用，弥补因外框筒剪力滞后效应所带来的损失，将进一步增强整个结构体系的抗推能力。

（6）与框筒体系相比较，在筒中筒体系中，由于内部墙筒承担了很大一部分水平剪力，使外圈框筒柱所承担的剪力得以大幅度地减小，从而减少了框筒柱发生脆性剪切破坏的危险性。

2. 结构的设计要点

（1）平面外形要求规整，宜选择圆形、正多边形、椭圆形或矩形等平面。若平面为矩形，其长宽比不宜大于2，同时，还应满足《高层建筑混凝土结构技术规程》JGJ 3—2002有关高宽比的要求。

（2）内筒宜贯通建筑全高，其刚度沿竖向均匀变化，同时，为使筒中筒结构具有足够的侧向刚度，其边长可取筒体高度的1/15～1/12。需要采用型钢混凝土筒体时，宜在筒内配置钢板支撑或型钢暗柱，也可在筒体的角部设置型钢柱，以增加其侧向刚度，提高筒体的延性。

（3）外框筒应符合下列规定：①柱距不宜大于4m，框筒柱的长边应沿筒壁方向布置，需要时可采用T形截面，型钢混凝土框筒柱内型钢可采用十字形、T字形或H形型钢；②外框筒开洞面积不宜大于墙面积的60%，洞口高宽比宜与层高与柱距之比相近；③框筒角柱的刚度宜为边柱的1～2倍，采用型钢混凝土组合柱时，柱内型钢可采用十字形或矩形型钢，必要时，可采用钢与混凝土组合巨型柱。

（4）当内、外框梁采用钢筋混凝土结构时，其截面应满足《高层建筑混凝土结构技术规程》JGJ 3—2002有关要求，当外框梁为型钢混凝土结构时，梁内型钢一般为焊接工字钢，梁截面应符合本章第三节中式(3-3-19)～式（3-3-22）的要求。

（5）由于内外筒体间连接区受力较为复杂，建议内外筒体间连接的框架梁为型钢混凝土梁或混凝土梁。

3. 工程实例

【工程实例五】上海环球金融中心大厦［该工程结构设计由 Leslie E. Robertson Associates, R. L. L. P（LERA）和上海现代集团华东建筑设计研究院完成］

（1）工程简介

上海环球金融中心大厦位于陆家嘴金融贸易区。该建筑的设计主题是：创新颖建筑模式，并提供一流的商务办公环境。该建筑主要用途是办公用房，此外还设有商务、宾馆、美术馆、商铺及其他公共设施。主楼地下3层，地上101层，高492m。主楼建筑面积为25.3万m^2，裙房33.3万m^2，地下室6.3万m^2。塔楼下段采用正方形平面，中段和上段的建筑平面为六边形，即自第32层起，正方形平面的一组对角，自下而上按弧形曲线渐变地收进，至楼房顶部460m高度处，变成很窄的带状。另外，为了减轻风压作用，在顶部挖了一个梯形洞口。在该楼顶部梯形洞口中，设置美术展厅、咖啡厅等，提供了从400m高度处眺望上海市及其郊区美景的休憩场所。图3-9-18为环球金融中心大厦的外景。

图3-9-18　建设中的环球金融中心大厦

(2) 结构概况及结构体系

环球金融中心大厦主楼采用型钢混凝土结构筒中筒体系。抗侧力结构体系由如下三个部分组成：

1）由型钢混凝土巨型柱、巨型斜撑及环向钢桁架组成的外部巨型结构（图3-9-19）；

2）局部设置型钢斜撑的钢筋混凝土核心筒（图3-9-20）；

3）具有连接核心筒与巨型外部结构作用的3层高的刚性伸臂桁架（图3-9-19、图3-9-20）。

竖向荷载则通过核心筒内的转换桁架与外筒的环向钢桁架以每12层为一个单元传递竖向荷载至巨型柱及核心筒，从而构筑了具有良好的结构延性、在外围局部构件破坏时整体结构不受破坏的竖向荷载受力体系（图3-9-21）。

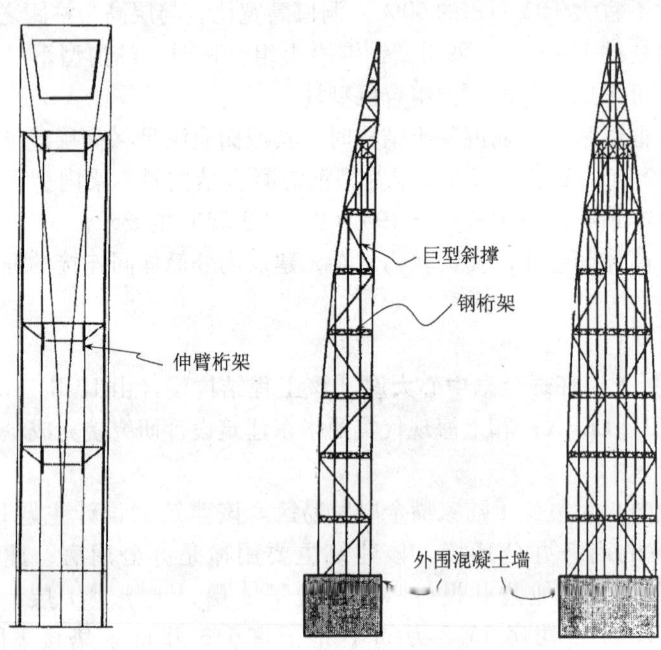

图3-9-19　外部巨型结构体系

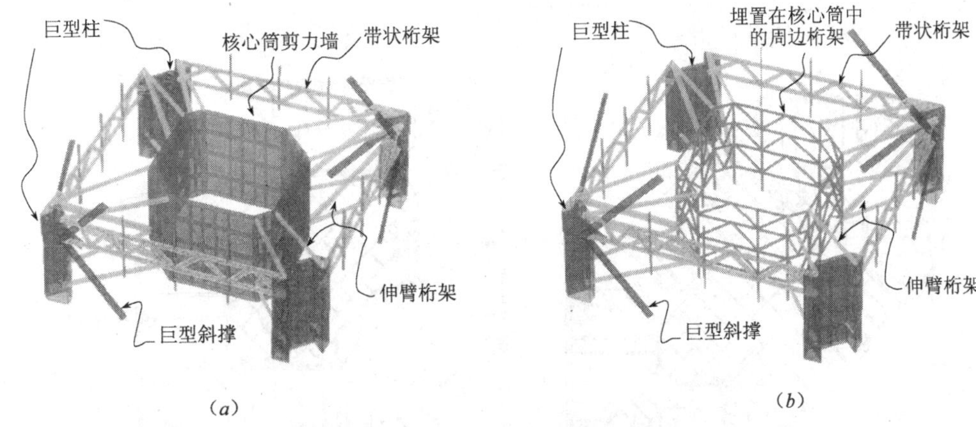

图 3-9-20　伸臂桁架结构示意图

（*a*）核心筒剪力墙；（*b*）埋置在核心筒剪力墙中的周边桁架

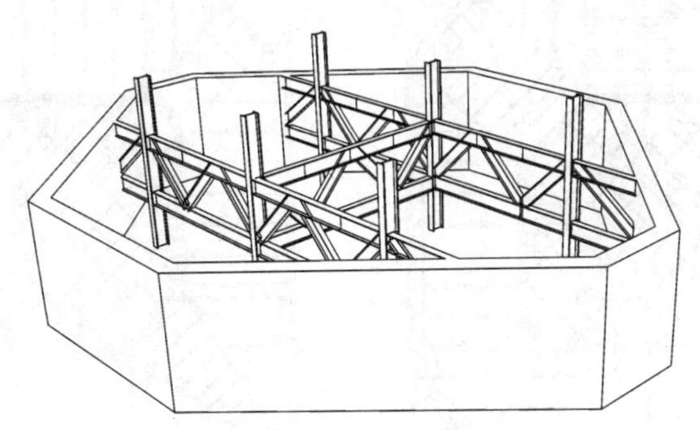

图 3-9-21　核心筒内的转换桁架

(3) 结构布置

内、外筒之间的楼盖，采用钢梁及压型钢板为底模的现浇混凝土组合楼板。大楼的上、中段结构平面图，如图 3-9-22 所示，体系示意图及结构剖面图，如图 3-9-23 所示。为了抑制内筒的过大弯曲变形，并使外筒翼缘框架中央各柱更充分地参与抵抗倾覆力矩，在大楼上、中段的各设备层或避难层设置纵、横向刚性伸臂桁架和沿外框筒周边的环向桁架，以加强内、外筒之间的连接。大楼顶部第 91 ~ 101 层为三维框架结构，既起到支撑观光缆车的作用，也连接周边巨型结构，起到压顶桁架的作用。

(4) 建筑基础设计

地质情况：该场地位于长江支流黄浦江的一个河湾附近。场地土为全新世（近代的）上更新世及中更新世冲积、三角洲沉积、海岸积土及浅海洋沉积土，花岗底岩位于本场地下约 27.5m 深处。

基础设计：本工程基础形式为桩筏基础。桩基采用直径为 700mm 的钢管桩，桩顶标高 -19.00m，桩长 40 ~ 59m。主楼采用厚度为 4.5m 的底板，支承于桩基之上。本工程采用了周边剪力墙、交叉剪力墙和翼墙组成的传力体系，将核心筒剪力墙承受的荷载传递到主楼的四角。裙房部分的筏板厚度为 2m，桩和筏基共同抵抗地下水浮力。图 3-9-23 为上部荷载传至基础示意图。

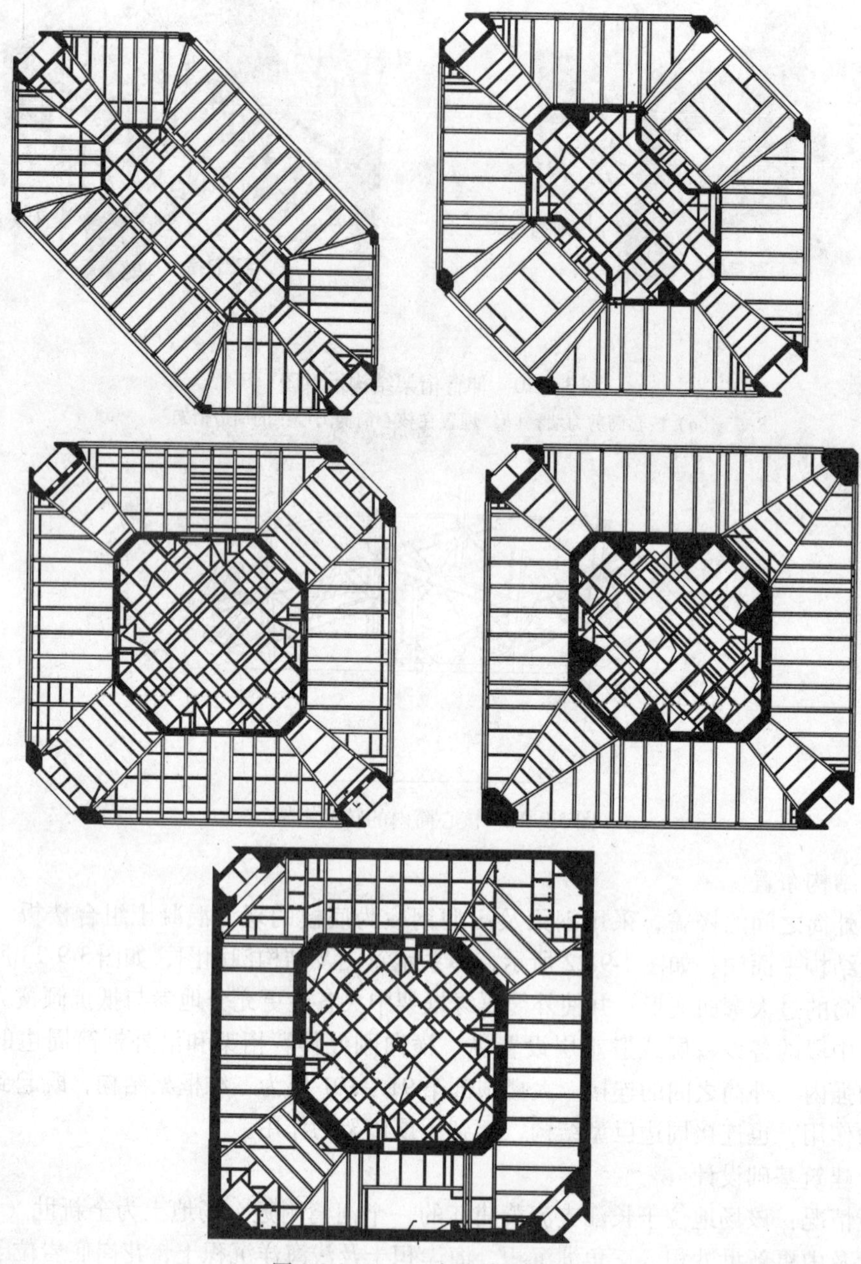

图 3-9-22　上、中段结构平面

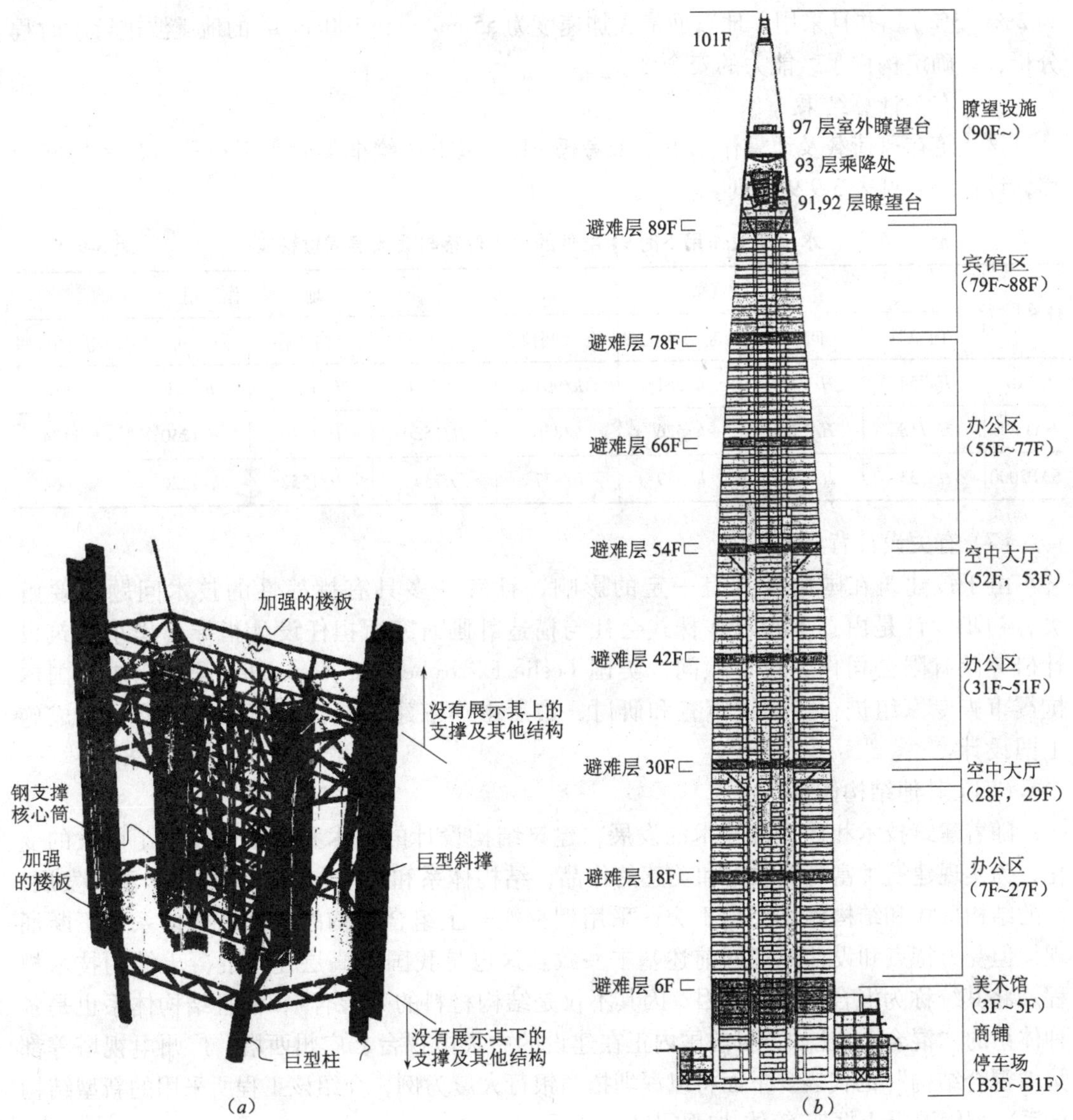

图 3-9-23　结构体系示意图及结构剖面图

(a) 楼层横隔板连接钢支撑核心筒和巨型结构支撑框架；(b) 结构剖面图

(5) 风荷载与地震作用的确定及计算

1) 风荷载：本工程为确定风荷载的取值进行了一系列的研究，风荷载按照未来建筑物环境的研究结果，在正常使用极限状态设计时，阻尼系数 2%，重现期 100 年的风速为 43.7m/s，在承载力极限状态设计时，阻尼系数 2.5%，重现期 200 年的风速为 46.3m/s。在设计时，采用了多种组合方式。为提高设计的安全性，在构件的强度设计时，风荷载乘以 1.1 的增大系数。

2) 地震作用：按照《建筑抗震设计规范》GB 50011—2001，本工程地震作用采用反应谱及时程分析法来确定。时程分析法计算时，地表面最大加速度为：多遇地震 $35cm/s^2$（重现期 50 年中的超越概率为 63%），罕遇地震为 $220cm/s^2$（重现期 50 年中的超越概率为2%～3%）。并且采用了地表面最大加速度为55cm/s² 和100cm/s² 的地震波进行了时程分析，以确定构件承载能力的安全度。

（6）有关计算结果

该建筑在风荷载及地震作用下，未考虑91层以上三维框架时水平位移与最大层间位移，计算结果见表3-9-9所列。

水平荷载作用下时91层处的水平位移与最大层间位移表　　**表3-9-9**

计算程序	风荷载				地震作用			
	x向位移	y向位移	x向层间位移	y向层间位移	x向位移	y向位移	x向层间位移	y向层间位移
ETABS	H/754	H/1279	h/581	h/901	H/754	H/1279	h/581	h/901
SATWE	H/718	H/1215	h/526	h/870	H/1520	H/1549	h/1250	h/1124
SAP2000	H/733	H/1248	h/559	h/877	H754	H/1552	h/1220	h/1064

（7）有关设计背景

由于该建筑在国内外具有一定的影响，且有许多具有挑战性的技术问题需要解决，初步设计是由日本森ビル株式会社与構造計画研究所担任设计指导，华东建筑设计研究院有限公司作为设计顾问，美国 Leslie E. Robertson Associates 设计完成。国内抗震审查专家组进行了多次审查和研讨，最后由华东建筑设计研究院有限公司完成施工图设计。

（四）其他结构体系

随着建筑技术和计算机技术的发展，建筑结构设计的技术和水平也发生了巨大的变化，为实现建筑师富有想象力和美感的作品，结构体系和结构布置也不断地丰富和发展。新的结构形式和结构体系层出不穷，采用型钢混凝土组合结构的各种结构体系也不断涌现，但受力特点和设计原理同前述基本一致。这也是我国《高层建筑混凝土结构技术规程》将其统称为混合结构的原因。因其不仅是结构材料的"混合"，而且结构体系也是各种体系的"混合"。比如，目前国内正在建设的中央电视台、广州西塔、广州电视塔等都是"混合结构"的代表。下面将以深圳招商银行大厦为例，介绍该工程所采用的新型结构体系：型钢混凝土框架-筒体-加强层结构体系。

【工程实例六】深圳招商银行大厦（原"世贸中心大厦"，本工程由深圳市建筑设计研究总院与美国李名仪/廷丘勒建筑师事务联合体设计）

（1）工程简介

深圳招商银行大厦（原名"世贸中心大厦"），位于深圳市福田区，是一座以金融、商业、办公为主的综合性超高层建筑，总建筑面积116056m²。塔楼地面以上总高度236.4m，54层。从第8层开始向上切角，塔楼平面由45m×45m的正四边形渐变至边长15m的正八边形。顶部3层采用了从下而上放大钻石形楼冠，楼冠下部为边长15m的正八边形，上部为45m×45m的正方形。裙楼地面以上5层，总高度25m。本大厦设3层地下室，地下室开挖深度达13.7m。图3-9-24为该工程实景图，图3-9-25为塔楼剖面图。

图 3-9-24　招商银行大楼工程实景图

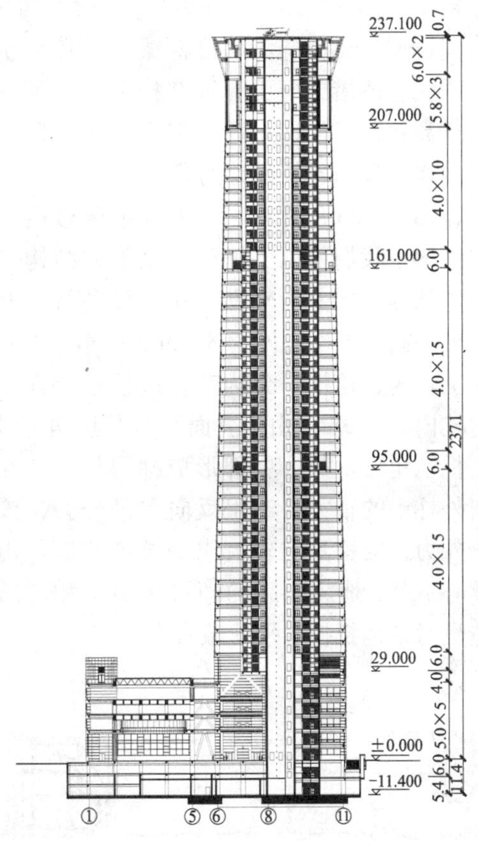

图 3-9-25　塔楼剖面图（图中尺寸标注以米为单位）

（2）结构体系及结构设计

该工程立面造型独特，内部大空间较多，对结构专业提出了挑战。结构设计采用了型钢混凝土框架-筒体-加强层结构体系，塔楼采用型钢混凝土柱和型钢混凝土核心筒，柱中型钢为箱形截面，剪力墙中型钢为 H 形型钢。在第 6 层，不落地的部分核心筒体通过 A 形型钢混凝土桁架进行转换（图 3-9-26、图 3-9-27）。加强层采用伸臂钢桁架及外周圈钢

图 3-9-26　A 形型钢混凝土桁架

腰桁架（图3-9-33、图3-9-34）。裙房四角设混凝土筒体，筒体间设型钢混凝土大跨度深梁。计算分析和试验研究的结果表明，上述措施既可保证结构的整体性和安全性，又能实现建筑高耸挺拔的造型和创造内部大空间。该建筑较好地体现了结构设计与建筑设计的统一。

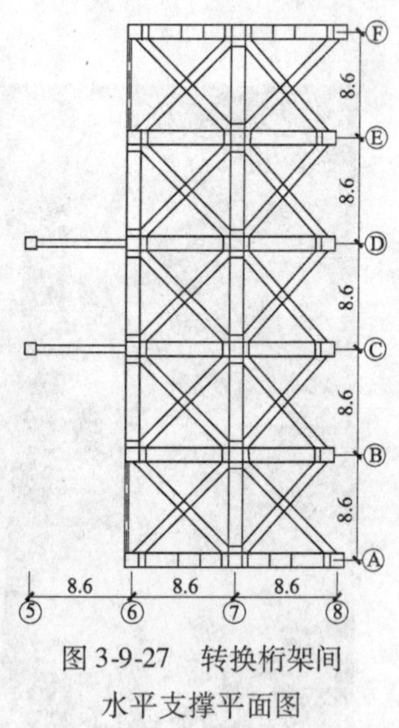

图3-9-27　转换桁架间水平支撑平面图（图中尺寸标注以米为单位）

图3-9-28～图3-9-32为各主要楼层结构平面布置图。从这些图中我们可以了解到，该工程结构平面布置利用建筑平面中部的电梯井、辅助用房、设备管道井及楼梯间，形成十字形井筒，外围柱网为8.6m×8.6m。主楼从第8层开始由下向上切角，角柱一分为二，边柱逐层向上向内倾斜，至顶部边柱内收4.3m。由于立面倾斜及切角，外侧梁柱在角部构成一榀三角形框架，中部形成梯形框架。在侧向力作用下，倾斜外柱中的轴力将产生反向水平分力，该水平分力可抵消部分外力，结构具有较大水平抗推刚度。由于立面倾斜，建筑重心下移，地震引起的倾覆力矩也相应减少，因而，该建筑造型对结构抵抗水平荷载有利。

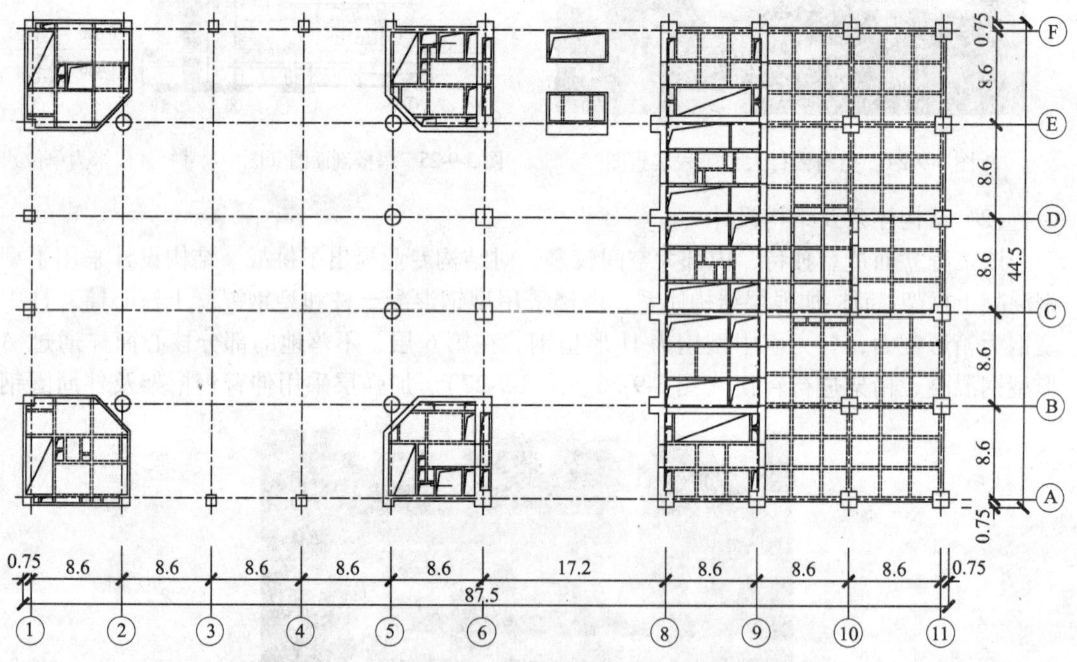

图3-9-28　二层结构平面布置图（图中尺寸标注以米为单位）

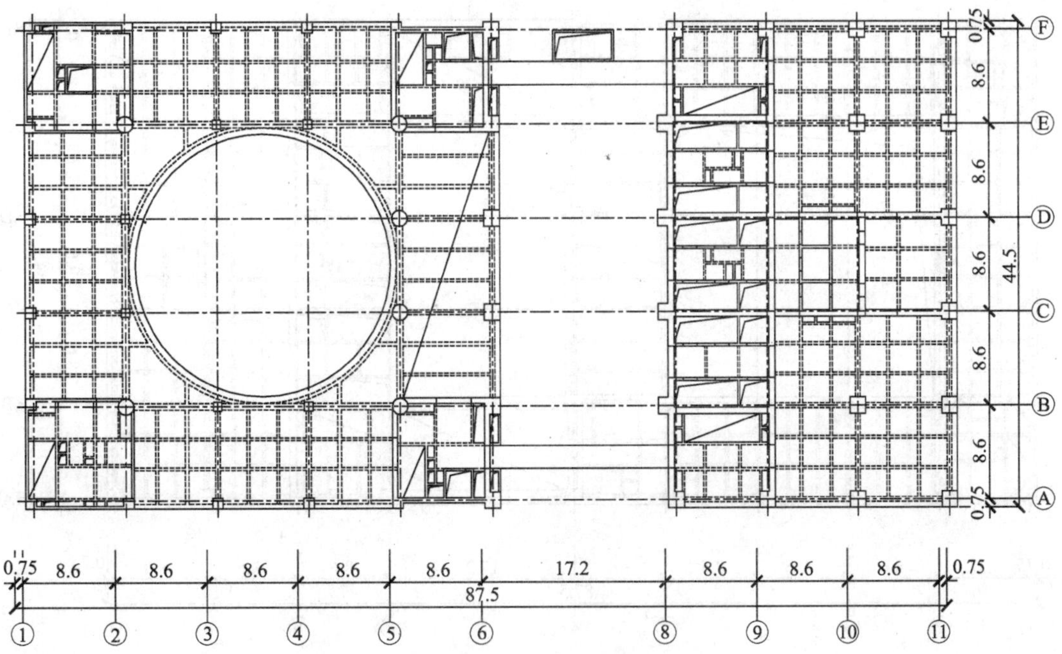

图 3-9-29　三层结构平面布置图（图中尺寸标注以米为单位）

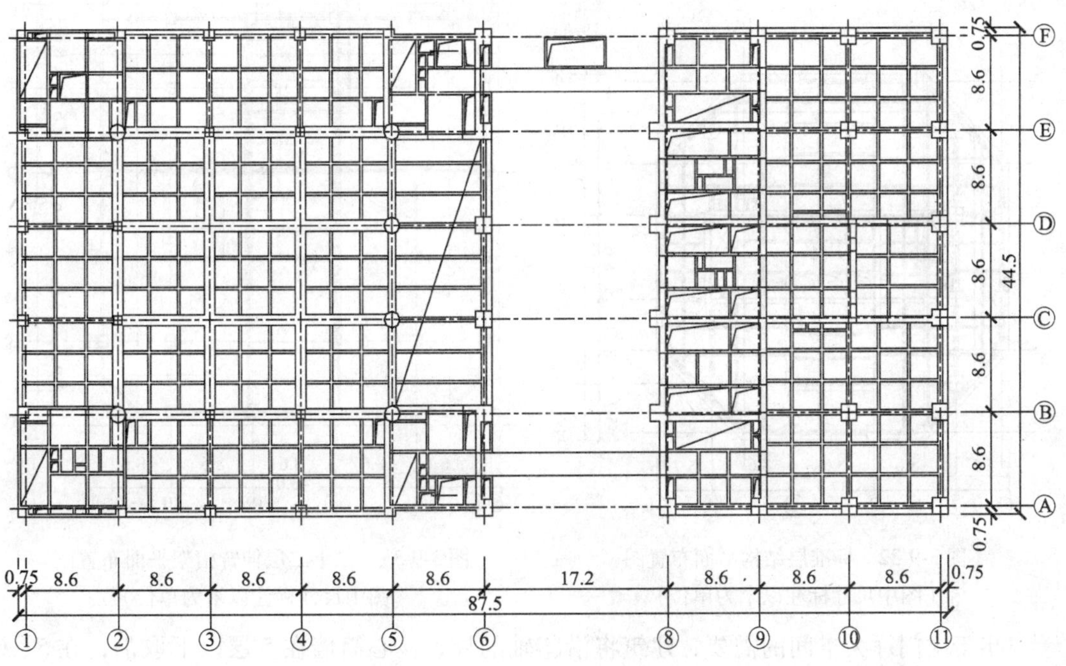

图 3-9-30　四、五层结构平面布置图（图中尺寸标注以米为单位）

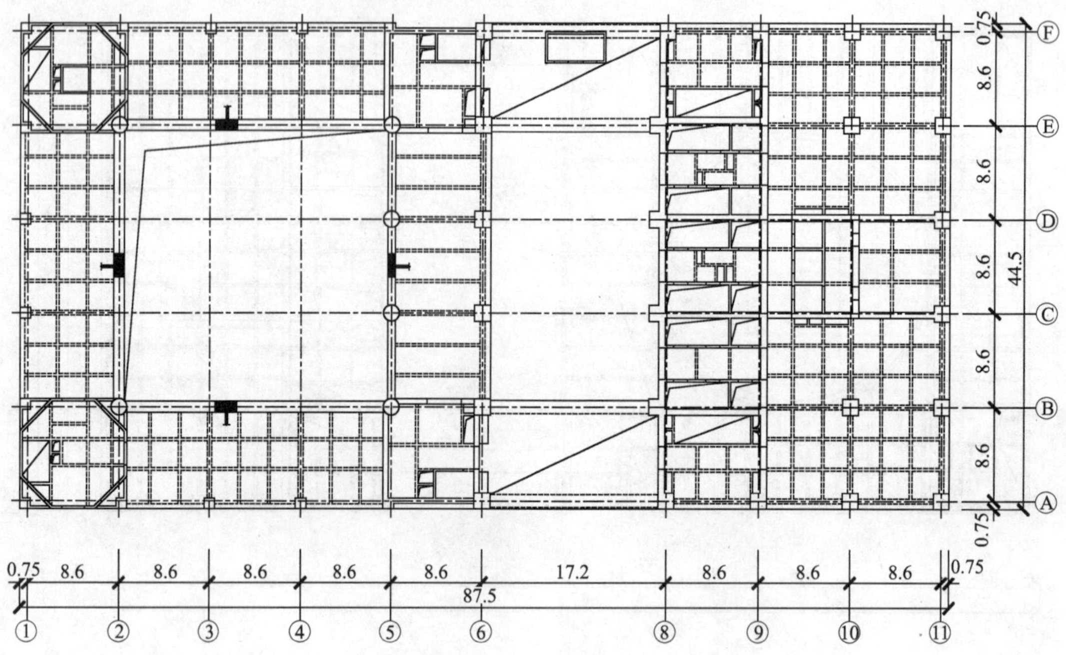

图 3-9-31　六层结构平面布置图（图中尺寸标注以米为单位）

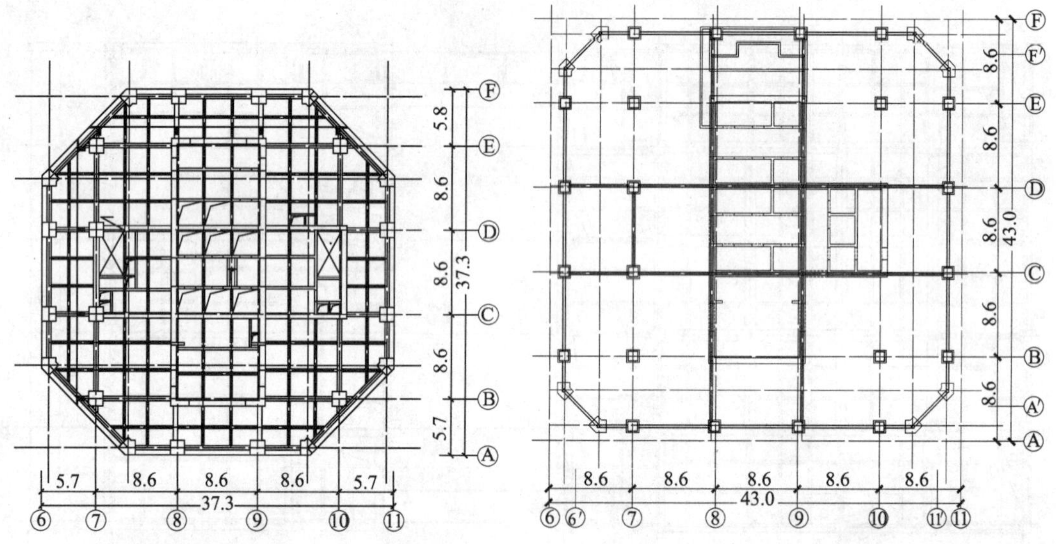

图 3-9-32　标准层结构平面布置图（图中尺寸标注以米为单位）

图 3-9-33　二十二层伸臂桁架平面布置图（图中尺寸标注以米为单位）

出于主门厅大空间的需要，建筑将沿⑦轴的柱、核心筒墙在 5 层以下取消，在 5、6 层间设两层高 A 形转换桁架，该桁架将⑦轴柱转换至⑥轴柱、⑧轴墙，⑥轴柱为主楼之边柱。为保证转换桁架下边柱的侧向刚度，本工程考虑将⑥轴柱与附楼角部井筒共同工作，并进行整体结构计算。同时，在附楼中，沿⑤轴的Ⓒ轴、Ⓓ轴处设两柱，在其与主楼边柱之间设 K 形钢支撑，并加厚与主楼相连的裙房楼板。

为了减少转换桁架上部荷载，在⑦轴6夹层以上设型钢混凝土框架柱加柱间钢支撑（图3-9-27），形成桁架，这样可以有效地减轻转换层以上结构自重，减少地震作用。同时，采用带斜撑桁架可减小核心筒刚度偏心，减小结构平面的扭转效应。另外，为了主楼门厅大堂采光需要，转换层楼板需开大洞，为保证转换层楼板平面内刚度，在楼板中设平面内X形交叉钢支撑，同时加厚转换桁架上下层楼板。

为减少结构侧移，增加结构水平抗侧移刚度，利用建筑22、38层的设备避难层设置结构的水平加强层。为了减少加强层刚度突变而导致的加强层上下楼层外框架层间剪力的突变，加强层伸臂桁架（图3-9-34）及外圈腰桁架均采用钢结构。

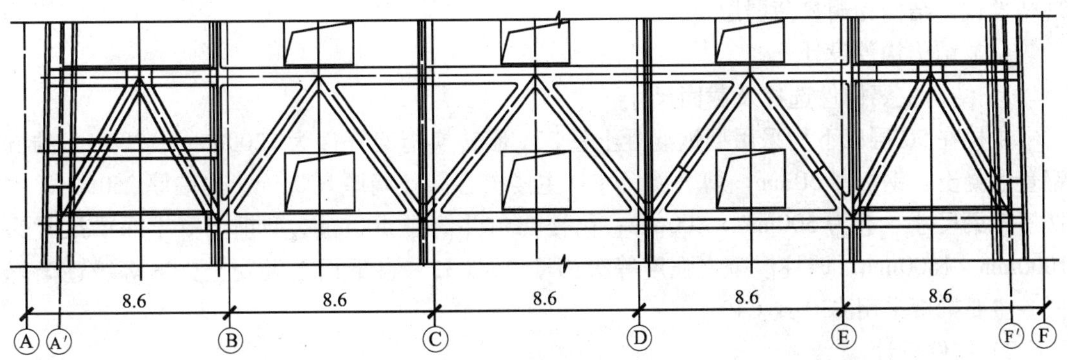

图3-9-34　二十二层⑧⑨轴伸臂桁架立面图（图中尺寸标注以米为单位）

裙楼为四角设有钢筋混凝土剪力墙筒体的框剪结构，与主楼间不设缝。在裙楼2层标高位置无楼板（图3-9-28），3层于楼面中央开大洞（图3-9-29），4、5层楼板完整（图3-9-30），大厅内②轴、⑤轴×Ⓑ轴、Ⓔ轴四根柱及其间的四根大梁为主要承重构件，均采用型钢混凝土柱梁。在裙楼⑤轴×Ⓒ轴、⑤轴×Ⓓ轴处，两根柱落至地下室，在⑤轴、⑥轴间沿Ⓒ轴、Ⓓ轴设置钢支撑，形成两榀竖向桁架，并以此作为主楼转换层桁架支柱的侧向支撑。裙楼中与主楼相邻的剪力墙筒体，亦作为主楼转换层桁架下支柱的侧向支撑结构。

（3）结构计算

在主楼与裙楼间，建筑不允许设缝，因此，将主塔楼和裙房进行整体计算。计算采用中国建筑科学研究院结构所SATWE及美国CSI公司的ETABS两个不同剪力墙模型程序。计算结果见表3-9-10所列。

结构整体计算结果　　**表3-9-10**

比较项目			框架-筒体-加强层	框架-筒体-加强层
计算软件			SATWE	ETABS
周期	T_1		3.64	3.56
	T_2		3.49	3.47
	T_3		2.28	1.86
风荷载作用下位移	最大层间位移角	x向	1/1184	1/1556
		y向	1/1221	1/1604
地震作用下位移	最大层间位移角	x向	1/2053	1/2090
		y向	1/1878	1/1960

由于不同的程序在模型简化上存在差异，各程序的计算结果有所不同。但从表 3-9-10 结果可知，结构在风荷载和地震作用下层间位移角满足规范的要求，基本周期等也符合相关要求。

此外，该工程还采用现场实测的地面加速度曲线，进行了小震下的弹性时程分析，分析结果表明：结构的位移和底部剪力均小于规范反应谱分析的结果。与此同时，还利用 Drain-2D 程序，对结构模型适当简化后，进行了大震下的弹塑性分析。分析结果表明：在人工波作用下，楼层最大层间位移角为 1/129，在 El-Centro 波作用下，最大层间位移角为 1/377。所有塑性铰均出现在梁或非转换层的桁架上，主要抗侧力构件（墙肢和柱）未出现塑性铰，结构无明显薄弱层。

（4）结构构件设计

1）结构主要构件选择及截面尺寸

主楼在 50 层以下均采用型钢混凝土柱，A 形转换桁架杆件为 1200mm × 1200mm 的方钢管混凝土，钢板厚 50mm。剪力墙尺寸：主楼核心筒外墙厚 600mm，内墙厚 250mm，主楼框架梁尺寸一般为 500mm × 800mm；裙楼四角井筒厚 400mm，型钢混凝土深梁尺寸为 1000mm × 1800mm。墙柱混凝土强度等级为 C60 ~ C35，自下而上混凝土强度等级逐渐降低，主要梁板采用 C30 或 C40。

2）构件设计

本工程构件设计时，依照概念设计的原则，进行基于性能抗震设计。比如，为了使该工程结构整体具有理想的延性，预设剪力墙连梁在大震下进入塑性阶段来吸收和耗散能量，同时，为确保本工程的安全，将 A 形转换桁架设定为在大震下仍保持在弹性工作状态。采取这种方法进行抗震设计使结构各构件的抗震性能水准定量化，提高了建筑物的安全度，同时，也起到了节约造价、降低建造成本的目的。

设计转换桁架时，为保证大震时钢桁架有足够的安全储备并处于弹性工作状态，将其斜杆设计轴力放大 1.5 倍。同时，为避免构件局部失稳，在斜杆的钢管内灌混凝土。主楼框架柱、框架梁及抗震墙均按一级抗震等级采取抗震措施。主楼框架柱从下至上 49 层，均采用型钢混凝土。在核心筒剪力墙竖向边缘构件中，埋设 H 形型钢，以增加超高层剪力墙的延性及变形能力。

本工程单柱最大轴力达 60000kN，由于柱子截面最大容许为 1500mm × 1500mm，为控制柱子轴压比，柱子截面中采用方形型钢。一方面，方形型钢能对柱截面核心混凝土产生一定约束，有利于提高柱子延性；另一方面，采用方形型钢，亦有利于在第 6 层与 A 形转换钢桁架的杆件进行整体连接。楼面梁采用普通钢筋混凝土，在梁柱节点处，柱中型钢开圆洞，控制截面开洞率不大于 20%，梁中上下钢筋穿过型钢。同时，在柱型钢的侧板上焊栓钉，以保证型钢与混凝土的结合。

（5）基础设计

由地质报告显示，本工程的主要受力层为粗粒花岗岩层。建筑场地除东北角局部地方基岩埋藏较深外，大部分地方微风化岩面都在地表以下 40m 左右。本工程设 3 层地下室，基坑开挖达 13.7m，因此，本工程采用人工挖孔桩基础，分别以微风化及中风化岩层为桩端持力层。

第十节 型钢混凝土的施工

一、型钢混凝土结构的施工顺序

型钢混凝土结构施工的一般顺序（主要指型钢混凝土框架结构）如下：

（1）型钢构件的加工、制作；

（2）型钢构件进场；

（3）柱钢筋的制作，并将箍筋套装在型钢柱上；

（4）型钢柱的安装，架设柱纵筋、箍筋等；

（5）型钢梁的安装；

（6）柱纵筋、箍筋的定位、绑扎及焊接；

（7）梁纵筋的绑扎、连接或焊接；

（8）梁箍筋的定位、绑扎和安装；

（9）梁、柱节点部位的梁纵筋、箍筋的绑扎；

（10）主次梁处钢筋的绑扎；

（11）柱（或墙体）模板的安装；

（12）梁模板的安装；

（13）板模板的铺设；

（14）板钢筋的绑扎；

（15）混凝土的浇筑。

在上述各施工步骤中，型钢的制作、安装、钢筋的绑扎、混凝土的浇筑是型钢混凝土结构施工的关键，其具体要求及有关注意事项将在本节以下各部分分别介绍。

二、型钢的制作与安装

（一）一般要求

（1）型钢混凝土结构中型钢的制作必须由有资质的钢结构制作和安装厂家承担，主要型钢构件应采用机械加工。制作者应根据设计和施工详图，编制制作工艺书。型钢的切割、焊接、运输、吊装、探伤检验应符合现行国家标准《钢结构工程施工质量验收规范》GB 50205—2001、现行国家标准《建筑钢结构焊接技术规程》JGJ 81—2002、现行国家标准《钢结构工程质量检验评定标准》GB 50221—95 的规定。

（2）在型钢制作过程中，如需修改设计图时，必须取得原设计单位同意并签署设计变更。

（3）在制作过程中，应严格按工序检验，合格后，方可进行下道工序的加工。

（4）钢材及连接材料（焊条、焊丝、焊剂、高强度螺栓、圆柱头焊钉、粗制螺栓、普通螺栓等）均应附有质量证明书，并符合设计文件的要求和国家标准的规定。如对钢材或连接材料有疑义时，应抽样检验，其结果符合国家标准的规定和设计文件的要求时方可采用。

（二）放样、号料和切割

型钢构件应根据批准的施工详图放出足尺节点大样下料。放样与号料时，应根据工艺要求预留制作与安装所需的焊接收缩量及切割、刨边和铣平等的加工余量。其值参见表3-10-1和表3-10-2所列。

型钢构件预留焊接收缩余量及切割、加工余量参考表　　表3-10-1

焊接结构中各种焊接缝的预留焊接收缩量		
结构种类	截面形式	焊接收缩量
实腹结构	截面高度在1000mm以内 钢板厚度在25mm以内	纵长焊缝——每米焊缝为0.5mm（每条焊缝） 接口焊缝——每一个接口为1mm 加劲板焊缝——每对加劲板为1mm
	截面高度在1000mm以上 钢板厚度在25mm以上 各种厚度的钢材，其断面高度在1000mm以上	纵长焊缝——每米焊缝为0.2mm（每条焊缝） 接口焊缝——每一个接口为1mm 加劲板焊缝——每对加劲板为1mm
格构式结构	桁架	接口焊缝——每一个接口为1mm 搭接接头——每条焊缝为0.5mm
	组合断面	纵长焊缝——每米焊缝为0.5mm（每条焊缝） 接口焊缝——每一个接口为1mm 焊接搭接头焊缝——每一个接头为0.5mm

切割及加工预留余量（mm）　　表3-10-2

切割方法 加工余量	锯切	剪切	手工切割	自动切割	精密切割
切割缝	10	1	4～5	3～4	2～3
边缘加工	2～3	2～3	3～4	2～3	2～3
铣　平	3～4	2～3	4～5	2～3	2～3

安装时需现场焊接的梁柱构件，应按以下因素增加构件长度：

（1）梁长度应增加梁与柱现场焊接产生的收缩变形值；

（2）柱长度应增加柱端现场焊接产生的收缩变形值和柱在经常荷载作用下产生的弹性压缩值。

型钢混凝土框架柱因承受巨大的竖向压力，产生压缩变形，同时型钢与混凝土结构的压缩变形差异较大，因此在确定柱长度的增加值时，尚应预放柱的弹性压缩量。柱的压缩量与分担荷载的面积有关，边柱的压缩量较小，中柱压缩量较大，当相邻柱因弹性压缩需增加的长度相差不超过5mm时，可以采用相同的增量。可以按此原则将柱分成若干组，从而减少增量值的种类。柱的弹性压缩量应有计算依据，由设计单位提出，制作、安装和设计单位协商确定。

（三）矫正弯曲和边缘加工

碳素结构钢和低合金结构钢允许冷加工和冷弯曲，但碳素结构钢工作地点温度低于－16℃时，低合金结构钢工作地点温度低于－12℃时，不得冷矫正和冷弯曲。构件冷矫正和冷弯曲的曲率、弯曲矢高应符合有关参数限值的要求。碳素结构钢和低合金钢，允许加热矫正，其加热温度严禁超过正火温度（900℃），加热后的低合金钢必须缓慢冷却。零件热加工时，加热温度为 1000 ~ 1100℃（钢材表面呈现淡黄色），碳素结构钢温度下降到 500 ~ 550℃之前（钢材表面呈现蓝色）和低合金结构钢温度下降到 800 ~ 850℃之前（钢材表面呈现红色）应结束加工，并应使加工件缓慢冷却。

钢材矫正后的偏差应在其允许的范围之内。

焊接坡口加工宜采用自动切割、半自动切割、坡口机、刨边等方法进行，其坡口角度和各部分尺寸应符合设计及国家标准的要求，其偏差应在允许的范围内。

型钢宜采用锯切，其切割质量较剪切和气割均好，应优先采用。

（四）组装

所有零部件，当有弯曲或扭曲时，均应在组装前进行矫平、矫直，其平、直度应不大于 1/1000，且无局部死弯。组装前，对零、部件的规格、尺寸及数量等应进行检查确认，合格后方可组装。高强度螺栓连接接触面及沿焊缝每边 30 ~ 50mm 范围内的铁锈、毛刺和油污等应清除干净。

型钢需要拼接时，要保证结构构件内力传递合理，避免在内力较大的部位将型钢分段或拼接。拼接时，应先拼接、对焊、检验、矫正合格后，再按零件尺寸划线、切割，其拼接部位、焊接方法、焊缝要求等由技术部门确定。一般情况可按下列规定执行：

（1）型钢拼接的最小长度应不小于 2 倍截面长边和直径，且不小于 600mm。

（2）焊接 H 形型钢及工字形梁的翼缘板只允许长度拼接，拼接长度应大于 2 倍板宽，不允许宽度拼接；拼接缝应与腹板拼接缝和加劲板相互错开 200mm 以上；腹板长度和宽度均允许拼接，拼接缝可为十字形或 T 字形，最小宽度应不小于 300mm，最小长度应不小于 600mm。

（3）箱形截面四周的钢板也是长度拼接，拼接长度应不小于 2 倍板宽，但当翼缘板宽度不小于 600mm 时，宽度方向亦可拼接，拼接板最小宽度应不小于 300mm；翼缘板拼接缝应与腹板拼接缝和加劲板相互错开 200mm 以上；腹板拼接与工字形梁相同；所有拼接焊缝均为全熔透对接焊缝，应按设计要求的焊缝质量等级进行超声波探伤检查；厚度不大于 6mm 时，可用其他方法（X 射线或钻孔等）检查。

编制组装工艺、组装顺序应根据结构形式、焊接方法和焊接顺序等因素确定，可以是一次组装，也可以分成多次组装，这样便于焊后对部件尺寸的修正调整。一般情况下，应先拼接后组装，先部件后构件，先内部后外部，先主体后副件，先中间后端部，同时应考虑焊接的可能性，焊接变形最小，且便于矫正。组装时应预留焊接收缩余量。

定位点焊的焊接材料与正式焊接的材料相同，点焊高度不宜超过焊缝高度的 2/3。

（五）焊接

施工中应保证现场型钢柱拼接和梁柱节点连接的焊接质量，其焊缝质量应满足一级焊缝质量等级要求。对一般部位的焊缝，应进行外观质量检查，并应达到二级焊缝质量等级要求。工字形和十字形型钢柱的腹板与翼缘、水平加劲肋与翼缘的焊接应采用坡口熔透焊缝，水平加劲肋与腹板连接可采用角焊缝。箱形柱隔板与柱的焊接宜采用坡口熔透焊缝。焊缝的坡口形式和尺寸，应符合现行国家标准《气焊、手工电弧焊及气体保护焊焊缝坡口的基本形式与尺寸》GB 985—88 和《埋弧焊焊缝坡口的基本形式和尺寸》GB986。

栓钉焊接前，应将构件焊接面的油、锈清除，焊接后检查栓钉高度的允许偏差应在 ±2mm以内，同时，按有关规定抽样检查其焊接质量。

（六）制孔

对钢筋必须穿过翼缘的构件，可优先考虑预先在工厂里采取塞焊的方法预焊钢筋段，在现场用锥形直螺纹套筒将其和相应的钢筋连接，这样一方面可以保证施工质量，另一方面，现场施工简单，连接方便。对于个别必须在型钢上预留孔洞穿钢筋的情况，一方面要求孔洞位置要准确，另一方面预留孔洞不宜过大，一般为 $d+(4\sim6)$mm。此时，钢结构制作单位应和土建单位密切合作，确保钢筋预留位置的准确性。当开洞后，型钢截面不满足强度要求时，应进行补强。补强的方法按照《钢结构设计规范》的有关规定执行。

型钢钢板制孔，应采用工厂车床制孔，严禁现场用氧气切割开孔。为保证构件的安装精度和穿孔率，宜优先采用模板制孔。孔周围的毛刺、飞边，应用砂轮等清除。孔径及孔间距离的偏差，应在允许的规定范围内。如成孔后经检验需要扩钻孔或焊补后重新钻孔，必须征得设计的同意，补孔应用与母材材质相同的焊条焊补，然后用砂轮打平。每组孔中焊补重新钻孔的数量不得超过20%，处理后均应作出记录。

（七）摩擦面的加工

采用高强度螺栓连接时，应对构件摩擦面进行加工处理，处理后的抗滑移系数应符合要求，经过处理的摩擦面应采取防油污和损伤的保护措施。

制作厂应在钢结构制作的同时进行抗滑移系数试验，并出具报告。出厂时必须附有同材质同处理方法的试件，以供复验摩擦系数。

（八）构件验收

构件制作完毕后，构件制作单位检查部门应会同设计、监理等有关方面，根据施工详图的要求和有关规范，对成品进行验收，成品的外形和几何尺寸的偏差应在允许的范围内。

构件出厂时，制造单位分别提交产品质量证明及下列技术文件：

（1）所有钢材、其他材料的质量证明书及必要的试验报告；

（2）制作中设计变更文件、钢结构施工图，并应在图中注明修改部位；

（3）高强度螺栓抗滑移系数的实测报告；

（4）发运构件的清单。

（九）安装与校正

钢结构安装前，应对建筑物的定位轴线、平面封闭角、底层柱的位置线、混凝土基础标高、地脚螺栓位置等进行复验，合格后方可开始安装工作。

运到现场的钢构件在安装前应进行全面检查，包括：对钢柱两个侧面的中轴线、标高基准线以及钢构件的外形尺寸、螺栓孔位置及直径、连接件数量及质量、焊缝、焊钉、摩擦面处理、防腐涂层、外观等进行检查，对构件的变形、缺陷及灰尘、泥砂、污物等不合格处，应在地面进行矫正、修整、处理，合格后方可安装。

设计要求顶紧的节点，包括上节柱与下节柱、梁端板与柱托板等，其接触面应有70%及以上的面积紧贴，用0.3mm厚塞尺检查，可插入的面积之和不得大于接触面顶紧总面积的30%，边缘最大间隙不应大于0.8mm。

多、高层型钢混凝土结构楼层标高可采用相对标高或设计标高进行控制。

（1）当按相对标高进行控制时，钢结构总高度的允许偏差是经计算确定的，计算时除应考虑荷载使钢柱产生的压缩变形值和各节钢柱间焊接的收缩余量外，尚应考虑逐节钢柱制作柱长的允许偏差值，如无特殊要求，一般都采用相对标高进行控制安装。

（2）当按设计标高进行控制时，每节钢柱的柱顶或梁的连接点标高，均以底层柱的标高基准点进行测量控制，同时也应考虑荷载使钢柱产生的压缩变形值和各节钢柱间焊接的收缩余量值。除设计要求外，一般不采用这种结构高度的控制方法。

（3）不论采用相对标高还是设计标高进行多层、高层型钢结构的安装，对同一层柱顶标高的差值均应控制在5mm以内，使柱顶高度偏差不致失控。

型钢混凝土结构的型钢柱、梁、支撑等主要构件安装就位后，应立即进行校正、固定。当天安装的钢构件应使其形成稳定的空间体系，否则应采取临时加固措施。

利用安装好的钢结构吊装其他构件和设备或安装使用的塔式起重机与主体结构相连时，应征得设计单位同意，并应对钢结构主体及连接装置进行验算，同时应根据施工荷载对主体结构的影响，采取相应的加固措施。

三、钢筋的绑扎

由于梁柱内型钢的存在，使梁柱纵筋和箍筋的绑扎变得更加困难，尤其是梁柱纵筋在节点处的弯折、锚固或穿过型钢翼缘或腹板、箍筋的套装等，要事先做好周密的施工计划及组织设计，这也是型钢混凝土组合结构施工较钢筋混凝土结构施工的困难之一。

钢筋绑扎施工流程：放线→预先套柱箍筋→安装钢柱→安装钢梁（梁外箍先套在梁内）→柱钢筋穿孔、绑扎→钢梁上梁筋绑扎，部分梁筋与钢柱焊接→钢梁下梁筋绑扎，部分梁筋与钢柱焊接→钢梁两侧腰筋绑扎→箍筋焊接。

绑扎钢筋时注意事项如下执行：

（1）吊装钢梁时应提前将外箍筋套于钢梁内，以免后套时箍筋变形或难以施工。

（2）应严格控制型钢混凝土梁的上下钢筋的标高，以确保主筋和型钢间的距离及型钢在该梁中位置的准确性。

（3）梁钢筋绑扎完毕，经验收后方可安装梁模板。

（4）梁柱节点的箍筋采用开口箍筋后焊接。

（5）型钢混凝土柱的纵向受力钢筋不应在中间各层节点中切断，型钢混凝土框架节点核心区的箍筋最大间距、最小直径应按《型钢混凝土组合结构技术规程》JGJ 138—2001的构造规定执行。

四、混凝土的浇筑

混凝土的浇筑质量是型钢混凝土结构质量好坏的关键。尤其是梁柱节点、主次梁交接处、梁内型钢凹角处等，由于型钢、钢筋和箍筋相互交错，会给混凝土的浇筑和振捣带来一定的困难，因此，施工时应特别注意确保混凝土的密实性。

型钢混凝土组合结构的混凝土浇筑时注意事项如下：

（1）混凝土强度等级为C30以上，宜用商品混凝土泵送浇捣，先浇捣柱后浇捣梁。混凝土最大骨料直径宜小于型钢外侧混凝土保护层厚度的1/3，且不宜大于25mm。

（2）在柱混凝土浇筑过程中，从型钢柱四周均匀下料，分层投料高度不超过50cm，每个柱采用4个振捣棒振捣至顶。

（3）在梁柱接头处和梁的型钢翼缘下部，由于浇筑混凝土时有部分空气不易排出，或因梁的型钢混凝土翼缘过宽影响混凝土浇筑，需在型钢翼缘的一些部位预留排气孔和混凝土浇筑孔。

（4）梁混凝土浇筑时，在工字钢梁下翼缘板以下从钢梁一侧下料，用振捣器在工字钢梁一侧振捣，将混凝土从钢梁底挤向另一侧，待混凝土高度超过钢梁下翼缘板100mm以上时，改为两侧两人同时对称下料，对称振捣，待浇至上翼缘板100mm时再从梁跨中开始下料浇筑，从梁的中部开始振捣，逐渐向两端延伸，至上翼缘板下的全部气泡从钢梁梁端及梁柱节点位置穿钢筋的孔中排出为止。

符　　号

1　材料性能

f_y、f'_y、f_a——受拉、受压钢筋和型钢的强度设计值；

f_c、f_t——混凝土抗压、抗拉强度设计值；

f_c——约束混凝土抗压强度；

f_{yv}——箍筋强度设计值；

f_{yw}——剪力墙分布钢筋强度设计值；

f_a、f_{av}——锚栓钢材的抗拉、抗剪强度设计值；

f——圆柱头栓钉抗拉强度设计值；

E_c、E_a、E_s——混凝土、型钢、钢筋的弹性模量。

2　作用和作用效应设计值

N——轴向压力设计值；

N_u——型钢混凝土柱轴压极限承载力；

N_{sw}——剪力墙分布钢筋所承担的轴向力；

N_v^s——单根栓钉的受剪承载力；

M——弯矩设计值；

M_a、M_s——型钢、钢筋的抵抗弯矩；

M_s——按荷载短期效应组合和长期效应组合计算的弯矩值；

M_c——混凝土截面的抗裂弯矩；

M_u——剪力墙屈服时的弯矩；

M_B——柱脚底板处的弯矩；

M_{c1}——型钢混凝土柱的受弯承载力；

V——型钢混凝土柱受剪承载力；

V_b——斜截面受剪承载力；

V_a、V_s、V_c——型钢、箍筋、混凝土部分的受剪承载力；

V_{src}——钢板斜撑剪力墙的受剪承载力；

V_{rc}、V_{a1}、V_{a2}——钢板斜撑剪力墙中钢筋混凝土、边框型钢、斜撑部分受剪承载力；

$V_{B\tau}$——型钢混凝土边柱埋入部分作用于基础梁（墙）端部混凝土的剪力设计值；

V_B——型钢底板底面的受剪承载力；

w_{max}——型钢混凝土梁在短期效应组合作用下的最大裂缝宽度；

τ_a——锚栓在有拉力时的容许剪应力；

σ_a——锚栓的拉应力。

3　几何参数

h_{0s}、h_{0f}、h_{0w}——纵向受拉钢筋、型钢受拉翼缘、型钢腹板截面面积重心至混凝土截面受压边缘的距离；

h_0——型钢受拉翼缘和纵向受拉钢筋合力点至混凝土受压边缘的距离；

h_a——型钢截面高度；

h_w——型钢腹板高度、钢板箍高度、剪力墙高度；

h——剪力墙截面高度；

H_n——柱的净高；

H——剪跨或层高；

H_c——柱的计算高度；

b'——抗剪切滑移的有效宽度，即翼缘外侧混凝土截面的宽度；

b_j——节点计算宽度；

h_j——节点截面高度；

b_c、h_c——柱截面的宽度、高度；

b_a——核心部分的截面有效高度；

b_f——型钢翼缘宽度；

b_2——钢板撑宽度；

b_w——剪力墙厚度；

b_v——箍筋范围内混凝土截面的宽度；

b_b——混凝土局部受压宽度；

b_e——周边箱形混凝土的有效受剪宽度，为两侧腹板宽度之和；

B——基础梁（墙）的宽度；

t_w——型钢腹板厚度、钢板箍厚度、剪力墙厚度；

t_{a2}——钢板撑厚度；

t'_f——型钢上翼缘厚度；

a——剪跨；

a'_{a1}——型钢上翼缘边至混凝土截面近边的距离；

a'_a——型钢上翼缘截面重心至混凝土截面近边的距离；

a_b——核心部分锚栓重心到近侧底板边缘的距离；

l_0——构件计算长度；

l_w——剪力墙水平长度；

z——型钢不屈服高度；

Z——梁端上部和下部钢筋合力点或梁上部钢筋加型钢上翼缘和梁下部钢筋加型钢下翼缘合力点，或型钢上、下翼缘合力点之间的距离；
A_{cor}——构件的核心截面面积，取箍筋内表面范围内的混凝土面积；
A_s、A_s'——受拉、受压钢筋面积；
A_{sv}——配置在同一截面内箍筋各肢的全部截面面积；
A_{af}——型钢受拉翼缘面积；
A_{at}——受拉侧或受拉力较大侧锚栓的总截面面积；
A_a——型钢截面面积、锚栓的截面面积；
A_{sw}——分布钢筋总面积；
A_{cs}——基础梁（墙）端部的混凝土受剪面积；
A_c——柱中混凝土净截面面积；
A_{src}、I_{src}——柱的换算截面面积和换算截面惯性矩；
A_{sh}——配置在同一水平截面内的分部钢筋的全部截面积；
A_1——抗冲切面积；
I_c、I_a——混凝土、型钢的截面惯性矩；
s——箍筋的间距；
e——轴力作用点到型钢受拉边缘和纵向受拉钢筋合力点距离；
e_0——轴向力对截面重心的偏心距，取 $e_0 = M/N$；
e_a——考虑荷载位置不定性、材料不均匀、施工偏差等引起的附加偏心距。

4　计算参数及其他

γ_0——结构重要性系数；
γ_{RE}——抗震调整系数；
ρ_v——体积配箍率；
ρ_w——面积配箍率；
ρ_{sv}——配箍率；
ρ_s、ρ_s'——纵向受拉钢筋、纵向受压钢筋的配筋率；
λ——剪跨比；
φ——型钢混凝土柱稳定系数；
η——偏心受压构件考虑挠曲影响的轴力偏心距增大系数；
η_{jb}——节点剪力增大系数；
η_{vc}——柱剪力增大系数；
β——型钢受剪承载力系数；
β_1——钢筋屈服应变 ξ_y 与混凝土极限压应变 ξ_{cu} 的比值；
β_l——混凝土局部受压强度提高系数；
β_c——混凝土强度影响系数；
β_r——周边型钢混凝土柱对混凝土墙体的约束系数；
ζ_1——偏心受压构件的截面曲率修正系数；

ζ_2——考虑构件长细比对截面曲率的影响；

μ——摩擦系数；

θ——考虑荷载长期效应组合对挠度增大的影响系数；

ψ——考虑型钢翼缘作用的钢筋应变不均匀系数；

k——型钢腹板影响系数；

n——纵向受拉钢筋数量；

ω——剪力墙竖向分布钢筋配置高度 h_{sw} 与截面有效高度 h_0 的比值；

α——考虑钢筋硬化强度及抗震调整系数的系数。

参 考 文 献

[1] 中华人民共和国建设部. 型钢混凝土组合结构技术规程 JGJ 138—2001. 北京：中国建筑工业出版社，2001.

[2] 中华人民共和国冶金工业部. 钢骨混凝土结构设计规程 YB 9082—97. 北京：中国建筑工业出版社，1998.

[3] 中华人民共和国建设部. 混凝土结构设计规范 GB 50010— 2002. 北京：中国建筑工业出版社，2002.

[4] 中华人民共和国建设部. 建筑抗震设计规范 GB 50011—2001. 北京：中国建筑工业出版社，2002.

[5] 中华人民共和国建设部. 钢结构设计规范 GB 50017—2003. 北京：中国建筑工业出版社，2003.

[6] 中华人民共和国建设部. 高层民用建筑钢结构技术规程 JGJ 99—98. 北京：中国建筑工业出版社，1998.

[7] 日本建筑学会. 钢骨混凝土结构计算标准及解说. 冯乃谦、叶列平等译. 北京：能源出版社，1998.

[8] 苏联国家建设委员会编制. 苏联劲性钢筋混凝土结构设计指南 CN3—78. 柳春圃译. 冶金工业部建设研究总院技术情报室汇编，1983.

[9] 日本建築学会. 鉄骨鉄筋コンクリート構造計算標準同解説. 日本建築学会，2001

[10] 周起敬，姜维山，潘泰华. 钢与混凝土组合结构设计施工手册. 北京：中国建筑工业出版社，1991.

[11] 刘维亚，张兴武，姜维山等. 型钢混凝土组合结构构造与计算手册. 北京：中国建筑工业出版社，2004.

[12] 王连广. 钢与混凝土组合结构理论与计算. 北京：科学出版社，2005.

[13] 张培信. 钢-混凝土组合结构设计. 上海：上海科技出版发行有限公司，2004.

[14] 林宗凡. 钢-混凝土组合结构. 上海：同济大学出版社，2004.

[15] 周学军，王敦强. 钢—混凝土组合结构设计与施工. 济南：山东科学技术出版社，2004.

[16] 池田尚治等著. 李先瑞等编译，钢-混凝土组合结构设计手册. 北京：地震出版社，1992.

[17] 赵世春. 型钢混凝土组合结构计算原理. 成都：西南交通大学出版社，2004.

[18] 白国良，秦福华. 型钢钢筋混凝土原理与设计. 上海：上海科学出版社，2001.

[19] 刘大海，杨翠如. 型钢、钢管混凝土高楼计算和构造. 北京：中国建筑工业出版社，2003.

[20] 西安冶金建筑学院. 劲性钢筋混凝土结构设计条文说明，1989.

[21] 受弯构件专题组. 劲性钢筋混凝土受变构件受力性能及计算方法. 混凝土结构研究报告选集（3）. 北京：中国建筑工业出版社，1994：470-488.

[22] 劲性钢筋混凝土受压构件专题组. 劲性钢筋混凝土受压构件的受力性能及设计方法研究. 1991.

[23] “劲性钢筋混凝土结构性能及工程应用”课题组报告.

[24] 孙学谟，许淑芳，姜维山，赵鸿铁. SRC柱双向偏心受压非线性全过程分析. 混凝土结构基本理论及工程应用第三届学术讨论会论文集，1993.
[25] 于澍，姜维山，赵鸿铁. 内含工字型钢混凝土柱偏心受压承载力及非线性受力全过程分析. 混凝土结构基本理论及工程应用第三届学术讨论会论文集，1993.
[26] 姜维山，赵鸿铁，牟星之. 劲性钢筋混凝土短柱抗震性能的试验研究. 西安建筑冶金学院学报.
[27] 赵鸿铁，姜维山，白国良，于彭. 型钢混凝土偏压柱正截面强度的研究. 西安建筑科技大学学报.
[28] 姜维山，赵世春，孙慧中等. 型钢混凝土结构构件的研究. 第五届中国建筑结构技术交流会，西安
[29] 于庆荣，姜维山，高永孚等. 型钢混凝土结构在我国的发展. 天津建设科技，2003，(5)，8-10.
[30] 安建利，姜维山，赵鸿铁等. 型钢混凝土梁抗弯承载力的研究. 第三届学术讨论会论文集，1993，32-39.
[31] 白国良，赵鸿铁，文双玲. 实腹式型钢混凝土（SRC）梁正截面承载力计算. 1999，14（46），22-25.
[32] 姜维山，马乐为，孙慧中. 钢筋混凝土框架轴压比设计. 建筑结构，2002，10.
[33] 白国良，姜维山，赵鸿铁. 型钢混凝土梁的裂缝宽度计算. 西安建筑科技大学学报，1995，27（3），320-328.
[34] 李灏. 高强型钢混凝土受弯构件的受力性能. 西安建筑科技大学硕士学位论文，2005.
[35] 王玉良. 连续复合螺旋箍约束混凝土柱抗震性能的研究. 青岛理工大学硕士学位论文，2004.
[36] 刘西林. SRC梁受力性能试验研究. 西安：西安冶金建筑学院，1991.
[37] 于澍. 型钢钢筋混凝土柱的正截面承载力研究. 西安冶金建筑学院硕士学位论文，1991.
[38] 冯永伟. 高强混凝土高强连续复合螺旋箍筋柱抗剪性能的研究. 西安建筑科技大学硕士学位论文，2002.
[39] 白国良等. 实腹式型钢混凝土偏压柱正截面承载力计算. 钢结构，1999，14（4）.
[40] 叶列平. 钢骨混凝土柱的设计方法. 建筑结构，1997，(5).
[41] 叶列平. 劲性钢筋混凝土偏心受压中长柱的试验研究. 建筑结构学报，1995，16（6）.
[42] 王国森，叶列平. 劲性混凝土构件正截面承载力计算. 南京建筑工程学院学报，1993，(2).
[43] 徐明，陈忠范等. 劲性混凝土柱的试验及应用研究. 东南大学学报，1998，28（2）.
[44] 贾金青，赵国藩，张树建. 钢骨钢筋高强混凝土构件正截面承载力. 大连理工大学学报，2001，41（6）.
[45] 沈蒲生，何益斌，唐昌辉. 劲性钢筋混凝土轴心受压构件承载力计算方法. 建筑结构，1997，(10).
[46] 陈宗梁，张誉，李向民. 钢骨高强混凝土柱合理用钢量的研究. 建筑结构，1997，(7).
[47] 唐九如，庞同和，丁建南. 劲性混凝土短柱试验及其受剪承载力分析. 东南大学学报，1991，21（4）.
[48] 关萍，王清湘，赵国藩. C80高强混凝土柱的延性的试验研究. 大连理工大学学报，1998，38（3）
[49] 贾金青，徐世烺. 钢骨高强混凝土短柱轴压力系数限值的试验研究. 建筑结构学报，2003，24（1）.
[50] 贾金青，关萍，王建胜. 低周反复荷载作用下SRHC短柱延性的试验研究. 工业建筑，2002，32（9）.
[51] 压弯剪构件抗震性能专题研究组. 钢筋混凝土压弯剪构件抗震性能试验研究. 建筑结构学报，1992，(2).
[52] 蒋东红，王连广，刘之洋. 钢骨高强混凝土框架柱开裂荷载的试验研究. 四川建筑科学研究，2002，

28（3）.
[53] 蒋东红，王连广，刘之洋. 高强钢骨混凝土框架柱的抗震性能. 东北大学学报，2002，23（1）.
[54] 蒋东红，王连广，刘之洋. 高强钢骨混凝土柱的受剪承载力计算. 东北大学学报，2001，22（5）.
[55] 赵世春，黄雄军. 劲性钢筋混凝土柱基本抗震行为的试验研究. 建筑结构学报，1996，17（3）.
[56] 李美华等. 钢骨混凝土大偏心受压柱承载力计算. 浙江工业大学学报，2004，32（4）.
[57] 李俊华等. 型钢高强混凝土柱延性的试验研究. 西安建筑科技大学学报，2004，36（4）.
[58] 岳清瑞. 实腹式劲性钢筋混凝土简支梁试验研究. 北京：冶金部建筑科学研究总院，1991.
[59] 邵永健，刘强，陈忠汉等. 不对称钢骨混凝土梁正截面承载力的试验研究. 建筑结构，2001，31（12），47-49.
[60] 徐麟，张仲先，阮成堂等. 钢骨混凝土受弯构件正截面承载力计算的一种新方法. 工业建筑，2003，33（2），65-67.
[61] 蒋东红，王连广，刘之洋. 高强钢骨混凝土框架柱的抗震性能，东北大学学报，2002，17（1），68.
[62] ECCS. Composite Structure. London and New York, The Construction Press, 1981.
[63] Shakir-khalil H. Composite Construction in Steel and Concrete. New York: Hamphire, 1987, 738-745.
[64] SRC 造への高張力鋼適用に関する調查研究委員会. 高張力鋼を用いたSRC 構造の開発研究. 1989.
[65] 永田輝久，福知保長，若松慎三. SRC 埋込型柱脚の曲げ耐力におげる鉄骨埋込深さと有効支圧幅に関する実験的研究. 日本建築学会大会学術講演梗概集，1999，9，1167-1168.
[66] 山口貴弘，福知保長，若松慎三. SRC 埋込型柱脚の曲げ耐力に関する実験的研究. 日本建築学会大会学術講演梗概集（九州），1998，9，1317-1318.
[67] 貞末和史，伊藤倫夫，大庭秀治等. 引張軸力下におけるSRC 構造非埋め込み形柱脚の耐震性能に関する実験的研究. 構造工学論文集. 2002，3，Vol. 488.
[68] 西村泰志等. 高強度コンクリートSRCの研究.
[69] 津田和征，益尾潔，南宏一. 高張カ鋼を用いたSRC 柱のせん断破壊性状に関す歹実験的研究. 日本建築学会近支部研究報告集.
[70] 称原良一，南宏一. 兵庫県南部地震におけるSRC 造建物の柱脚部の被害分析. 日本建築学会構造系論文集. 2000，11，第537号，135-140.
[71] 若林実，南宏一，西村泰志等. 鉄骨鉄筋コンクリート構造柱脚部の応力伝達機構に関する研究. 日本建築学会大会学術講演梗概集，昭和55年9月，1917-1918.
[72] 仲威雄，森四耕次，立花正彦. 鉄骨鉄筋コンクリート柱脚の曲げ破壊性状に関する実験的研究. コンクリート工学，1980，18（5）.
[73] 澤本佳和，福元敏之，称原良一等. SRC 構造非埋込み形柱脚の耐震性向上に関する研究の的動向. コンクリート工学，2003，41（10）.
[74] 増田貴志，九谷和秀，城户利仁. 鉄骨鉄筋コンクリート構造柱脚の力学性状に関する実験的研究. 日本建築学会大会学術講演梗概集（関東）. 1997，9.
[75] 貞末和史，中野建藏，伊藤倫夫等. SRC 構造非埋め込み形柱脚の終局耐力と変形性能. 日本コンクリート工学年次論文報告集. 1999，21（3）.
[76] 貞末和史，中野建藏，田中英宣等. 変動軸力を受けるSRC 構造非埋め込み形柱脚の弾塑性性状. 日本コンクリート工学年次論文報告集. 2000，22（3）.
[77] 大庭秀治，伊藤倫夫，田中英宣等. 引張軸力を受ける鉄骨鉄筋コンクリート非埋め込み形柱脚

の終局耐力と変形性能に関する実験的研究.（その7）～（その9），日本建築学会大会学術講演梗概集（関東）. 2001，9.

[78] 谷田部敏之，立花正彦. 引張軸力下におけるる非埋め込み型SRC柱脚の力学的特性に関する実験的研究. 日本コンクリート工学年次論文報告集，1999，21（3）.

[79] 称原良一，澤本佳和，今井和正等. 引張軸力を受けるSRC造非埋込み柱脚の耐力と変形性能について. 日本建築学会構造系論文集，2003，7，第569号.

[80] 山口貴弘，福知保長，若松慎三. SRC埋込型柱脚の曲げ耐力に関する実験的研究. 日本建築学会大会学術講演梗概集（九州），1998，9.

[81] SRC造ハの高张力钢适用に关する调査研究委员会. 高张力钢を用たいSRC构造の开发研究. 1989.

[82] 若林实. 防灾ッリーズ1，耐震构造－建物の耐震性能. 森北出版株式会社，1981.

第四章　压型钢板-混凝土组合楼板设计

第一节　概　　述

一、概况

压型钢板-混凝土组合楼板（图4-1-1～图4-1-4）是20世纪60年代兴起的一种新型结构形式，最初在欧美和日本等国应用，80年代初引入我国，在工业与民用建筑中得到了较广泛的应用。这种组合楼板既可用作楼面也可作为屋面，既可用于工业建筑，也可用于民用与公共建筑，尤其在高层建筑中大量使用。随着我国压型钢板产量的增大及品种的多样化，组合楼板越来越受到欢迎并得到更加广泛的应用。

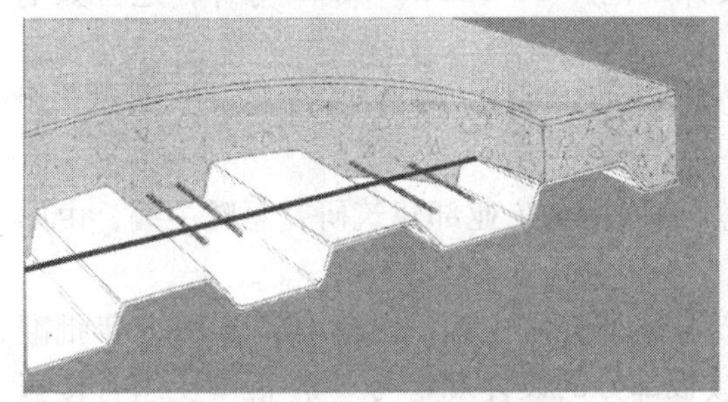

图4-1-1　开口式压型钢板组合楼板

图4-1-2　带压痕开口式压型钢板组合楼板

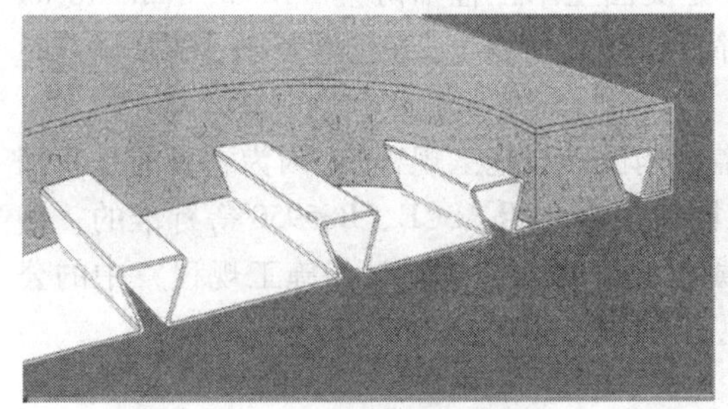

图4-1-3　缩口式压型钢板组合楼板

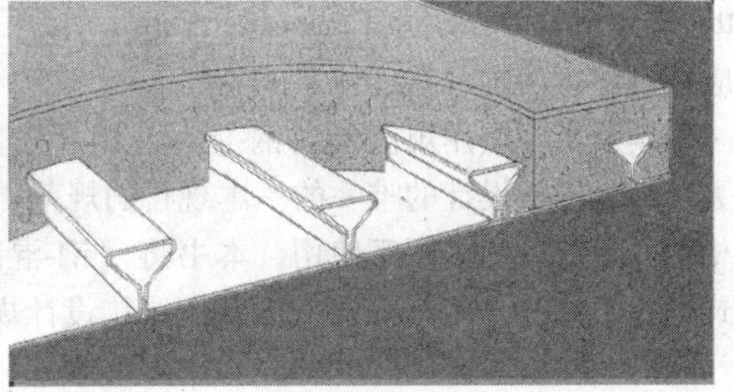

图4-1-4　闭口式压型钢板组合楼板

楼盖和屋盖采用压型钢板作铺板，施工阶段作为浇筑混凝土的模板，一般3～5层统一浇筑混凝土，这样可以充分发挥钢结构施工速度快的优势。而当混凝土硬结后，可增加板的刚度也可替代或部分替代混凝土配筋，在竖向荷载作用下，压型钢板与混凝土共同工作。

组合楼板按压型钢板在楼板中的作用可分为三类：

第一类，压型钢板承担全部荷载（包括混凝土自重），混凝土仅起分布楼板荷载、保温、隔热、防火、防噪声等作用，设计按普通压型钢板设计。

第二类，压型钢板不参与使用阶段的受力计算。施工时压型钢板承受混凝土湿重和施工荷载，使用阶段由混凝土板承受全部荷载，此时的混凝土楼板与普通钢筋混凝土楼板没有区别，设计按普通钢筋混凝土板设计，压型钢板作为永久模板留在结构中。

第三类，考虑混凝土与压型钢板的组合作用，施工时作为模板，使用阶段替代或部分替代混凝土中的受拉钢筋。

早期美国采用的组合楼板第一类较多，此时用混凝土多为轻质混凝土。而我国早期则采用第二类较多，压型钢板在楼板使用阶段仅为安全储备。近年来，考虑组合效应的楼板越来越多，本章提到的组合楼板均指第三类，即考虑组合效应的组合楼板。

组合楼板在使用阶段应具有足够抵抗各种可能的极限破坏模式和满足使用要求的能力。包括：正负截面受弯能力、斜截面受剪能力、受冲切能力、纵向受剪（剪切-粘结或粘结-滑移）等。

二、组合楼板设计规程规范

组合楼板的设计除应遵守《混凝土结构设计规范》GB 50010—2002 等外，还有如下规范可作为设计依据：

（1）《钢-混凝土组合楼盖结构设计与施工规程》YB 9238—92[1]

（2）《高层民用钢结构技术规程》JGJ 99—98[2]

《钢-混凝土组合楼盖结构设计与施工规程》由原冶金工业部建筑研究总院主编，由原冶金工业部于 1992 年批准实施。

《高层民用钢结构技术规程》由原中国建筑技术研究院主编，由建设部于 1998 年批准实施。《高层民用钢结构技术规程》关于组合楼板部分的设计规定与《钢-混凝土组合楼盖结构设计与施工规程》基本相同，只是在编排顺序上有所差别。

此外，设计人员经常参考的国外标准主要是美国土木工程师协会“ASCE Standard for the Structural Design of Composite Slabs”（以下简称 ASCE 标准），在参考美国 ASCE 规范时应特别注意两国可靠度体系的不同。

本章主要应用规范是《钢-混凝土组合楼盖结构设计与施工规程》，因为它目前是我国关于组合楼板设计的唯一的一本现行的规范。同时也会介绍 ASCE、BS5950 等标准的一些相关的规定。为了便于使用，本书将《钢-混凝土组合楼盖结构设计与施工规程》中的公式进行了修改，使其符合《混凝土结构设计规范》GB 50010—2002。

第二节　压型钢板及施工阶段设计

一、次梁间距（板跨）的确定

设计组合楼板时首先遇到的问题就是如何确定次梁间距。次梁间距可根据经验和建筑要求等确定，一般以 3.0m 左右为宜，设计次梁间距主要考虑以下要求：

施工浇灌混凝土时，有无增加临时支撑的条件。无支撑次梁间距一般由压型钢板供应厂商提供，当次梁间距大于无支撑次梁间距时，应进行施工阶段验算。

为了防止楼板颤动使人产生的不舒适感，ASCE 标准对板跨高比作出了限制，依据跨高比限制值，也可以初步确定次梁间距。

简支板 $l/h \leqslant 22$

双跨板 $l/h \leqslant 27$

三跨板 $l/h \leqslant 32$

设计实践中为了施工方便，我国设计人员经常将次梁间距取为无支撑最大间距。

二、压型钢板选择

（一）选择压型钢板的基本原则

1. 建筑要求

建筑做法，如是否吊顶等建筑要求。

2. 施工承载力要求

根据施工荷载尽可能选择施工时不使用临时支撑或少用临时支撑，施工荷载按实际可能的施工荷载计算。如无实测数据可按规范荷载取值。

3. 钢板厚度

组合楼板用压型钢板净厚度：组合楼板参与承载能力计算时，板厚不应小于 0.75mm，仅作模板使用时，板厚不应小于 0.5mm。

4. 经济性

压型钢板钢板的厚度、波高、强度与压型板承载能力、混凝土组合楼板承载能力成正比，同时也会增加造价。因此，应综合比较施工增加临时支撑和选择厚板、波高、高强度压型钢板的费用。同样也应综合考虑组合楼板配筋和不配筋条件下，不同压型钢板、楼板承载力和防火、防腐等经济指标。

设计经验表明，组合楼板多数情况下被变形和自振频率所控制，有时剪切-粘结也可能成为控制条件，一般正截面强度并不是设计控制条件。

（二）压型钢板材料

压型钢板用钢材应符合国家标准《碳素结构钢》GB/T 700—2006 以及《低合金高强度结构钢》GB/T 1591—94 的规定。组合楼板用压型钢板宜采用镀锌钢板，镀锌钢板分为合金化镀锌薄钢板和镀锌薄钢板两种，分别应符合国家标准《合金化镀锌薄钢板和钢带》和《连续热镀锌薄钢板和钢带》GBJ 2518—81 的要求。基于前述经济的原则，钢材牌号可选择为 Q215 或 Q235、Q345，其设计强度见表 4-2-1 所列。

压型钢板钢材强度设计值（N/mm^2） **表 4-2-1**

钢材牌号	抗拉、抗压、抗弯 f	抗剪 f_v
Q215	190	110
Q235	205	120
Q345	300	175

镀锌量是指钢板两面镀锌质量（g/m^2），根据需要，可向生产厂商提出镀锌量要求。市场上大量供应的是90～180g/m^2镀锌量的材料，为了使压型钢板与钢梁能用栓钉进行穿透焊，且使组合楼板更为经济，在防腐条件许可的情况下宜采用镀锌量较小的板材。

（三）压型钢板板型

现行国家标准《建筑用压型钢板》GB/T 12755—1991 给出了部分板型，但压型钢板发展非常快，不断出现新的板型，设计人员可根据工程经验和市场供应情况选择。附录C给出了部分压型钢板的型号和力学性能。图4-2-1～图4-2-3给出了三种类型的压型钢板。

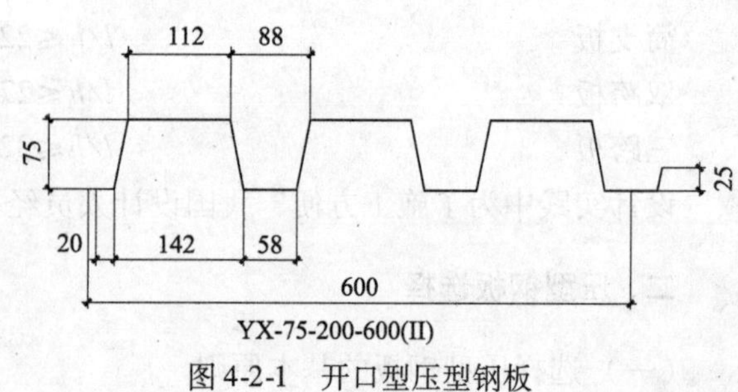

图4-2-1 开口型压型钢板

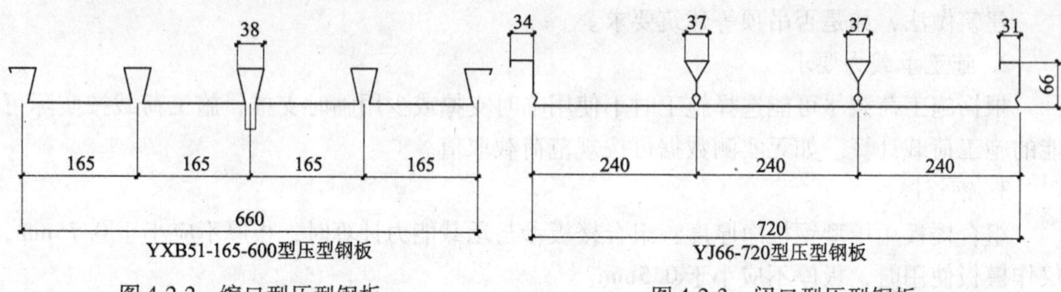

图4-2-2 缩口型压型钢板

图4-2-3 闭口型压型钢板

图4-2-1所示压型钢板习惯上称之为开口型压型钢板。其特点是截面比较高，惯性矩较大，市场上易采购，价格相对便宜。缺点是从下部看呈波浪形，一般需作装修处理，由于压型钢板高度较大，组合楼板板高度也较大，占据了建筑有效高度，此外由于开口式压型钢板没有被混凝土包裹的部分，因此防火要求、耐腐蚀要求也相对高一些。

图4-2-3所示压型钢板习惯上称之为闭口型压型钢板。其特点是下部平整，对装修要求不高的可不作装修处理，组合楼板板高较小，可增大建筑有效高度，但截面惯性矩较小，此外部分压型钢板被混凝土包裹，防火性能、耐腐蚀性能好一些。但此类压型钢板造价较高，此类压型钢板截面极不对称，正截面惯性矩远大于负截面惯性矩，组合阶段可提供强大的抗弯能力，但施工阶段次梁间距易受负弯矩控制（连续板）。

图4-2-2所示压型钢板习惯上称之为缩口型压型钢板，其各项指标在前两类之间。

三、压型钢板施工阶段设计

在施工阶段，压型钢板作为混凝土浇筑模板，应验算其强度和变形。计算受弯承载能力时，可采用弹性分析方法。其强边（顺肋）方向的正负弯矩和挠度按单向板计算，不考虑弱边（垂直肋）方向的正负弯矩。压型钢板截面性质计算应符合《冷弯薄壁型钢结构技术规范》GB 50018规定。

（一）施工阶段压型钢板承受的荷载

（1）永久荷载（静荷载）：压型钢板、钢筋自重以及混凝土湿重。

（2）可变荷载（活荷载）：施工荷载与附加荷载。施工荷载指工人和施工机具、设备，并考虑施工时可能产生的冲击与振动。此数据可按施工实际情况考虑，如无准确数据可按下述取值：

①均布活荷载标准值：1.0kN/m^2。

②集中线荷载标准值：2.2kN/m。

（二）荷载组合

荷载组合应符合国家标准《建筑结构荷载规范》GB 50009—2001 规定，并应分别验算实际工程中简支、双跨和多跨不同工况。强度设计时取荷载基本组合，挠度验算时取荷载标准组合。

（三）压型钢板计算

1. 抗弯强度计算

施工阶段压型钢板正截面抗弯强度验算可采用《冷弯薄壁型钢结构技术规范》GB 50018—2002取一个波宽数据进行计算的方法，也可采用计算单位宽压型钢板的计算方法，本书采用后者进行压型钢板施工阶段验算。由于压型钢板单位宽度惯性矩由生产厂家给出，这种方法相对简单，《钢-混凝土组合楼盖结构设计与施工规程》以及国际上大多数规范如美国 ASCE 标准均采用此方法。压型钢板应满足以下要求：

$$\gamma_0 M \leqslant f W_s \tag{4-2-1}$$

式中 M——单位宽度上压型钢板弯矩设计值，N·mm；

f——压型钢板抗拉强度设计值，N/mm^2；

W_s——压型钢板单位截面抵抗矩，正、负弯矩分别验算，对应有正截面 W_{st} 和负截面 W_{sc}，mm^3/m；

γ_0——结构重要性系数，可取0.9。

2. 压型钢板容许挠度

在施工荷载效应组合下：

简支板
$$\Delta_1 = \frac{5ql^4}{384E_sI_s} \leqslant [\Delta] \tag{4-2-2}$$

两跨板
$$\Delta_2 = 0.42\Delta_1 \leqslant [\Delta] \tag{4-2-3}$$

多跨板
$$\Delta_3 = 0.53\Delta_1 \leqslant [\Delta] \tag{4-2-4}$$

式中 Δ_1、Δ_2、Δ_3——简支板、两跨板、多跨板压型钢板的计算挠度，mm；

q——压型钢板单位板宽承受的施工荷载标准值，N/mm^2/m；

E_s——钢材弹性模量，N/mm^2；

I_s——压型钢板截面有效惯性矩，mm^4/m，一般由压型钢板厂家给出；

l——压型钢板计算跨度，mm；

$[\Delta]$——挠度容许值，mm；取 L/180 和 20mm 较小者。

当压型钢板挠度验算不满足要求时，考虑减小次梁间距或增设临时支撑，增设临时支撑后，可按连续板计算。

第三节　组合楼板计算要点

组合楼板使用阶段，设计除应遵守组合结构设计的一般原则外，还应遵守以下原则：

（1）楼板有局部集中荷载时，组合楼板的有效工作宽度不应超过按下列公式计算的 b_{em} 值（图 4-3-1）。

1）抗弯计算时：

简支板
$$b_{em} = b_m + 2l_p(1 - l_p/l) \tag{4-3-1}$$

连续板
$$b_{em} = b_m + 4l_p(1 - l_p/l)/3 \tag{4-3-2}$$

2）抗剪计算时：

简支板
$$b_{em} = b_m + l_p(1 - l_p/l)/3 \tag{4-3-3}$$

连续板
$$b_{em} = b_p + 2l_p(h_c + h_f) \tag{4-3-4}$$

式中　l——组合板跨度；

l_p——荷载作用点至组合楼板支座的较近距离；当跨内有多个集中荷载时，L_p 应取产生较小 b_m 值的相应荷载作用点至组合楼板支座的较近距离；

b_{em}——集中荷载在组合楼板中的有效工作宽度；

b_m——集中荷载在组合楼板中的工作宽度；

b_p——荷载宽度；

h_c——压型钢板肋顶上混凝土厚度；

h_f——地面饰面厚度。

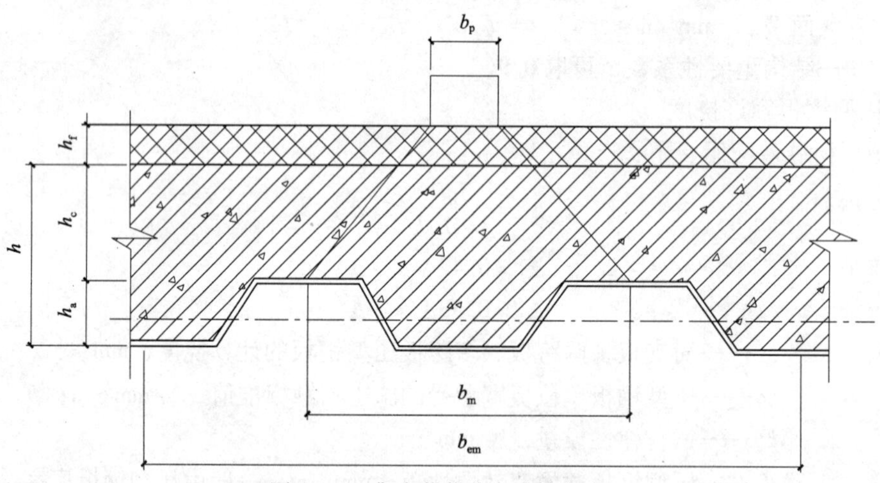

图 4-3-1　集中荷载分布有效宽度

（2）当压型钢板上浇混凝土 h_c =50～100mm 时，弱边（垂直肋）方向的惯性矩较小，所分配的荷载也较小，可认为板单向受力，此时应遵守下列规定：

1）组合楼板强边（顺肋）方向的正弯矩和挠度，均按全部荷载作用的简支板计算（不论实际支撑如何）；

2）强边方向的负弯矩按固端板考虑；

3）弱边（垂直肋）方向正负弯矩均不考虑。

（3）当压型钢板上混凝土厚 $h_c>100$mm 时，由于弱边方向的惯性矩增大，忽略弱边可能带来弱边的不安全，但此时板不再是各向同性，承载能力计算按下列规定（图 4-3-2）：

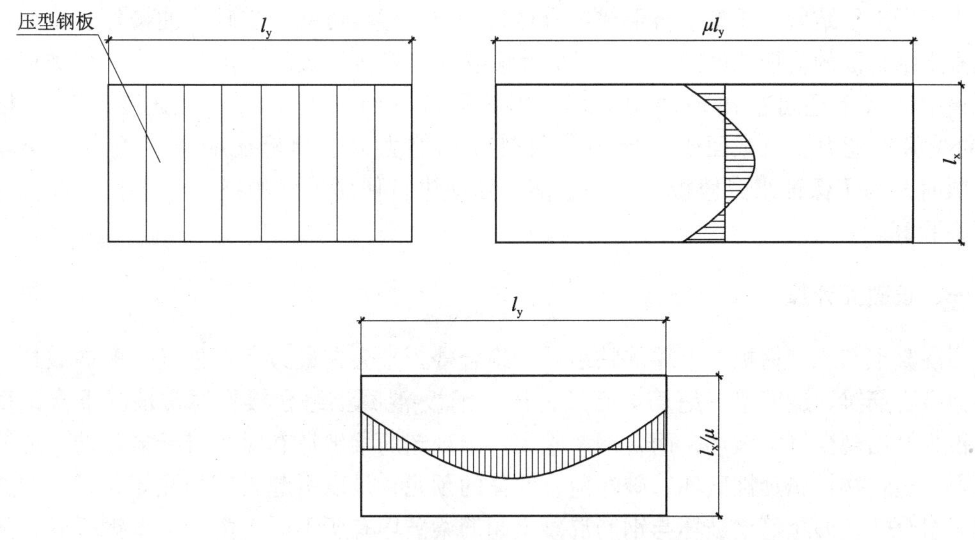

图 4-3-2　各向异性双向板的计算简图

当 $0.5<\lambda_e<2.0$ 时，按双向板计算。

当 $\lambda_e\leqslant0.5$ 或 $\lambda_e\geqslant2.0$ 时，按单向板计算。

$$\lambda_e=\mu l_x/l_y \tag{4-3-5}$$

$$\mu=(I_x/I_y)^{1/4} \tag{4-3-6}$$

式中　λ_e——有效边长比；

μ——板的各向异性系数；

l_x、l_y——组合板强边、弱边方向的跨度；

I_x、I_y——组合板强边、弱边方向的截面惯性矩（计算 I_y 时，只考虑压型钢板肋顶上混凝土厚度 h_c）。

1）对于各向异性双向板弯矩，将板形状按有效边长比 λ_e 进行修正后，视作各向同性板弯矩。

2）强边方向弯矩，取等于弱边方向跨度乘以系数 μ 后所得各向同性板在短边方向的弯矩。

3）弱边方向弯矩，取等于强边方向跨度除以系数 μ 后所得各向同性板在长边方向的弯矩。

4）双向板设计，强边方向按组合楼板设计，弱边方向仅考虑肋上混凝土 h_c。

5）挠度计算偏于安全的按强边简支单向板计算。

（4）组合板周边的支撑条件，可按下列情况确定：

1）当跨度大致相等，且相邻跨是连续的，楼板周边可视为固定边；

2）当组合楼板上浇混凝土板不连续或相邻跨度相差较大，应将楼板周边视为简支边。

第四节　使用阶段组合楼板设计

当混凝土硬结后与压型钢板形成组合楼板，组合楼板可能会出现弯曲破坏、压型钢板与混凝土结合面的剪切-粘结（或称粘结-滑移或纵向受剪）破坏、沿斜截面剪切破坏，在较大集中荷载下还可能出现冲切破坏，因此需验算组合楼板的抗弯强度、剪切-粘结（纵向受剪）能力、斜截面受剪能力以及受冲切能力，连续板还应验算负弯矩受弯能力。同时，为了保证组合楼板的使用性能，还应进行使用阶段的挠度验算和防颤动的自振频率验算。

一、正截面计算

当混凝土与压型钢板有可靠的粘结时，组合楼板则会在最大弯矩处发生弯曲破坏。一般梁会有少筋梁、适筋梁、超筋梁破坏，压型钢板-混凝土组合楼板通常情况下含钢率较大，很少会出现少筋梁破坏，而含钢率较大，出现超筋梁破坏有时是难于避免的。适筋梁情况下，组合楼板属延性破坏，破坏前有明显的预兆，足以引起人们的注意，是我们所希望的。组合楼板的超筋梁破坏与钢筋混凝土超筋梁破坏有所不同，由于压型钢板具有强大的抵抗能力，不会出现突然坍塌，虽然混凝土破坏会比较严重，但还是会表现出一定的延性。即便如此，在设计时仍应尽量避免超筋梁破坏。弯曲破坏的形态与混凝土受压区高度 x 有关，因此在含钢率不能选择（压型钢板选择受限）的条件下，可以通过选择钢板强度来实现适筋梁。

（一）适筋梁破坏受弯能力验算（计算简图如图 4-4-1 所示）

$$M \leqslant 0.8\alpha_1 f_c bx(h_0 - x/2) \tag{4-4-1}$$

$$\alpha_1 f_c bx = fA_s \tag{4-4-2}$$

$$x \leqslant \xi_b h_0 \tag{4-4-3}$$

$$\xi_b = \beta_1/(1 + 0.002/\varepsilon_{cu}) \tag{4-4-4}$$

$$\varepsilon_{cu} = 0.0033 - (f_{cu,k} - 50) \times 10^{-5} \tag{4-4-5}$$

式中　M——单位宽组合楼板弯矩设计值，N/mm；

α_1、β_1——系数，按《混凝土结构设计规范》取值；

b——组合楼板单位宽度，mm；

x——混凝土受压区高度，mm；

h_0——组合楼板有效高度，mm；

f_c——混凝土设计强度，N/mm^2；

f——钢材设计强度，N/mm^2；

A_s——单位宽度内受拉钢材面积，包括压型钢板和钢筋面积，mm^2；

ε_{cu}——非均匀受压时的混凝土极限压应变。

正截面计算时，《钢-混凝土组合楼盖结构设计与施工规程》将混凝土抗压强度和钢材强度设计值分别乘以折减系数 0.8，其原因是考虑到作为受拉钢筋的压型钢板没有混凝土保护层以及中和轴附近材料强度不能充分发挥等因素，对材料强度设计值给予折减。

（二）超筋梁破坏受弯能力验算（计算简图如图4-4-1所示）

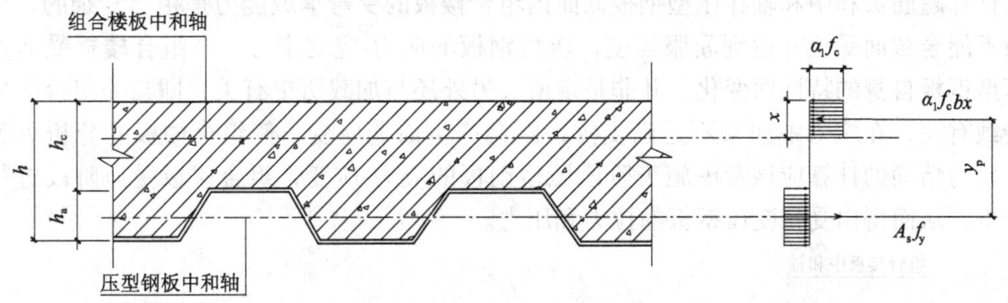

图4-4-1 中和轴在压型钢板顶面以上混凝土截面内组合楼板正截面受弯计算图

与普通钢筋混凝土板不同，因为压型钢板的选择主要取决于施工阶段，往往为了加大次梁间距而又不增设施工临时支撑，压型钢板的截面较大，因此组合楼板超筋梁破坏是不可避免的。

此时破坏条件是：

$$fA_s \geqslant \alpha_1 f_c bh_c \tag{4-4-6}$$

$$x \geqslant \xi_b h_0 \tag{4-4-7}$$

式中 h_c——压型钢板顶部混凝土高度。

这种条件下取 $x \geqslant \xi_b h_0$，正截面计算仍按式（4-4-1）计算。

（三）塑性中和轴在压型钢板截面内部（计算简图如图4-4-2所示）

当选用的压型钢板截面高度较大、钢板材料强度较高且混凝土板厚不大时，则可能会出现中和轴在压型钢板截面内部。

此时破坏条件是：

$$fA_s > \alpha_1 f_c bh_c \tag{4-4-8}$$

组合板正截面抗弯能力按下式计算：

$$M \leqslant 0.8(\alpha_1 f_c bh y_1 + fA_{sc} y_2) \tag{4-4-9}$$

$$A_{sc} = 0.5(A_s - \alpha_1 f_c h_c b/f) \tag{4-4-10}$$

式中 A_{sc}——中和轴以上组合楼板单位宽度内压型钢板面积；

y_1、y_2——压型钢板受拉区截面拉应力合力点分别至受拉区混凝土板截面和压型钢板截面压应力合力点的距离。

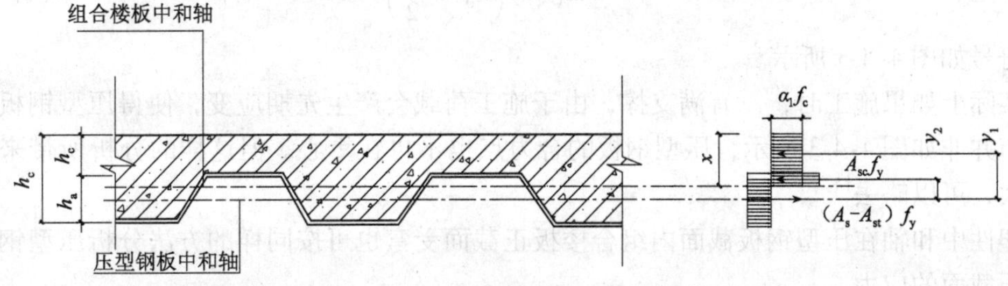

图4-4-2 塑性中和轴在压型钢板截面内组合楼板正截面受弯计算图

（四）关于超筋板计算（计算简图如图4-4-3所示）

计算超筋板和中和轴在压型钢板截面内组合楼板的受弯承载能力是相当复杂的。压型钢板不能全截面受拉并达到屈服强度，压型钢板的应力-应变中心，视组合楼板受力情况和压型钢板自身的特性而变化，并非是定值，另外还与加载历史有关，即与非组合阶段是否受载有关，在施工中如果不是满支撑，则会产生前期应变，使组合楼板的分析更为复杂。较为精确的计算应该考虑施工阶段压型钢板的应力-应变，组合楼板受力阶段进行应变分析，从而得出受拉受压钢板的拉力和压力。

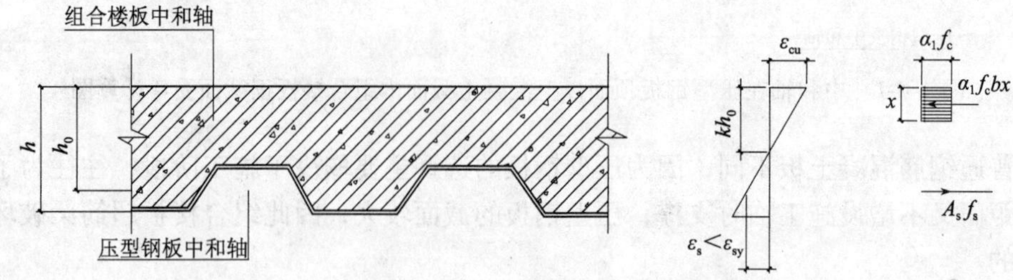

图4-4-3　超筋板计算简图

$$\varepsilon_{\mathrm{s}} = \varepsilon_{\mathrm{cu}} \frac{h_0 - kh_0}{kh} \tag{4-4-11}$$

$$f_{\mathrm{s}} = \varepsilon_{\mathrm{cu}} E_{\mathrm{s}} \frac{1-k}{k} \tag{4-4-12}$$

图4-4-3中$\sum x = 0$

$$\rho b h_0 \varepsilon_{\mathrm{cu}} E_{\mathrm{s}} \frac{1-k}{k} = \alpha_1 f_{\mathrm{c}} b \beta x_{\mathrm{n}} \tag{4-4-13}$$

令：

$$\zeta = \frac{\varepsilon_{\mathrm{cu}} E_{\mathrm{s}}}{\alpha_1 \beta f_{\mathrm{c}}} \tag{4-4-14}$$

$$k^2 + \rho\zeta k - \rho\zeta = 0 \tag{4-4-15}$$

$$k = \sqrt{\rho\zeta + \left(\frac{\rho\zeta}{2}\right)^2} - \frac{\rho\zeta}{2} \tag{4-4-16}$$

$$x_{\mathrm{n}} = kh_0 \tag{4-4-17}$$

$$x = \beta h_0 \tag{4-4-18}$$

于是，

$$M \leqslant \alpha_1 f_{\mathrm{c}} bx\left(h_0 - \frac{x}{2}\right) \tag{4-4-19}$$

符号如图4-4-3所示。

实际上如果施工时，没有满支撑，由于施工荷载会产生先期应变，使得压型钢板的应变分布并非如图4-4-3所示，压型钢板的合力点也不再在重心。但这样的分析所带来的误差不大，可以略去[4]。

塑性中和轴在压型钢板截面内组合楼板正截面受弯也可按同样的方法分析压型钢板受拉受压截面的应力。

式（4-4-9）即《钢-混凝土组合楼盖结构设计与施工规程》采用的计算方法，与欧洲规范Eurocode4 Part1.1[5]相同，而ASCE标准规定在此情况下需采用应变分析求得钢板的应力，并通过试验来确定其承载能力。

（五）正截面负弯矩验算

连续板还应验算正截面负弯矩，开口板可按倒T形混凝土梁计算，闭口板则可按矩形混凝土梁计算。此时压型钢板受压，由于受压板件会提前屈曲，因此各国规范在验算正截面负弯矩时，均不考虑压型钢板的作用，按普通钢筋混凝土板计算，这样是偏于安全的。

二、组合楼板的纵向受剪（剪切-粘结、粘结-滑移）计算

组合楼板受力破坏中，沿压型钢板和混凝土结合面发生剪切-粘结破坏是组合楼板最为主要的破坏模式（图4-4-4），这种破坏与普通钢筋混凝土粘结锚固破坏类似。这是由于压型钢板与混凝土之间的粘结力不足，混凝土与钢板结合面成为薄弱环节，在组合板达到极限弯矩之前，粘结力丧失，钢板与混凝土之间产生滑移，失去了组合作用。这种破坏的特征是，首先在集中荷载处混凝土出现斜裂缝，之后混凝土与压型钢板开始发生垂直分离，当压型钢板的应力超过压型钢板与混凝土粘结力时，粘结失效，随即产生较大的纵向滑移。

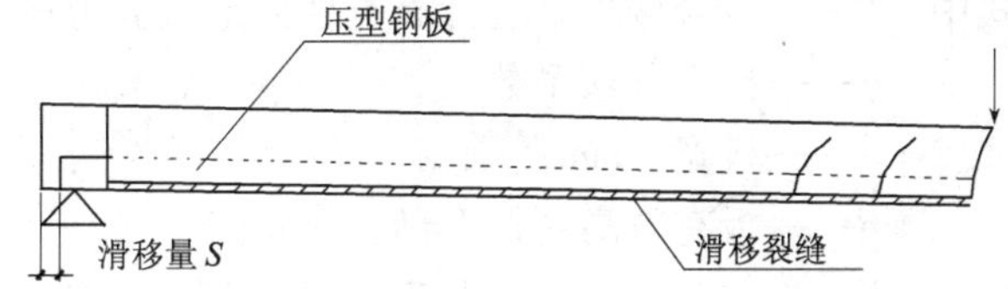

图4-4-4 组合楼板粘结-滑移破坏

此时压型钢板主要承受的是拉力和剪力，而混凝土截面则承受的是剪力，因此也称为剪切-粘结或粘结-滑移破坏。这种破坏虽然与普通钢筋混凝土粘结锚固破坏类似，表现出脆性破坏的特征，但由于压型钢板承载力较大，塑性性能比普通钢筋混凝土要好得多。

由于组合楼板板跨一般较小，受弯能力一般都高于纵向受剪能力，剪切-粘结破坏成为组合楼板的主要破坏形式。纵向受剪能力与荷载形式、板的含钢率、板高、混凝土强度等因素有关，而与钢材强度无关，随着高强度钢材的使用，出现抗弯能力高于纵向抗剪能力的可能性增大，从而增大了剪切-粘结破坏的可能性。因此各国研究人员对组合楼板承载力的研究，主要针对纵向受剪能力进行，各国规范也都对此作出相应的规定。

（一）《钢-混凝土组合楼盖结构设计与施工规程》YB 9238—92 的规定

$$V \leqslant \alpha_0 - \alpha_1 a + \alpha_2 W_r h_0 + \alpha_3 t \tag{4-4-20}$$

式中 a——组合楼板剪跨，mm；

W_r——压型钢板平均肋宽，mm；

t——钢板厚度，mm；

V——组合楼板剪力设计值，kN/m；

h_0——组合楼板的有效高度；

α_0、α_1、α_2、α_3——剪力-粘结系数（由试验确定）。

粘结-滑移破坏主要取决于压型钢板与混凝土之间的粘结力，而粘结力与混凝土强度、特别是与压型钢板与混凝土结合面的面积和压型钢板形状有关，因此不同的压型钢板有不同的剪切-粘结系数，不能给出一个统一的剪切-粘结系数，必须由试验来确定各不同板型的剪切-粘结系数。《钢-混凝土组合楼盖设计与施工规程》的条文说明中给出了原冶金工业部建筑研究总院（现中冶集团建筑研究总院）试验得出的部分板型的剪切-粘结系数：

$$\alpha_0 = 78.142, \alpha_1 = 0.098, \alpha_2 = 0.0036, \alpha_3 = 38.625$$

需要强调的是，上述剪切-粘结系数是根据附录 C 中给出的序号为 1 ~ 5 的压型钢板试验得到的[6]，因此也仅适用于这几种压型钢板。

（二）ASCE 标准的计算方法

国际上大多数国家计算剪切-粘结承载力均采用美国 ASCE 标准（m-k 系数）方法，公式中 m-k 系数采用 ASCE 的标准试验方法得到，也就是著名的 M. L. Porter 和 C. E. Ekgerg 计算方法[7]。并规定试验待定系数 m、k 由压型钢板厂商提供，公式的表达形式为：

$$V \leqslant \varphi\left[bd\left(\frac{M\rho d}{l'}+k\sqrt{f'_c}\right)+\frac{\gamma W_l l_f}{2}\right] \quad (4\text{-}4\text{-}21a)$$

或：

$$V \leqslant \varphi\left(m\frac{A_s d}{l'}+kbd\sqrt{f'_c}+\frac{\gamma W_l l_f}{2}\right) \quad (4\text{-}4\text{-}21b)$$

式中　V——组合楼板单位计算宽度内最大剪力设计值，N；

φ——抗力分项系数；

b——板宽，mm；

d——板有效高度，$d = h_0$，mm；

l'——剪跨，$l' = a$，均布荷载等其他更复杂荷载下取 $l' = l_f/4$，mm；

l_f——板跨，mm；

W_l——组合楼板单位板宽钢板和湿混凝土自重（标准值），$W_l = G_{ck}$，N/mm；

ρ—— 配筋率，$\rho = A_s/bd$；

A_s——钢板面积，mm^2；

γ——与施工时支撑有关的系数，见表 4-4-1 所列；

m、k——剪切-粘结系数。

支 撑 系 数　　**表 4-4-1**

支撑条件	满支撑	无支撑	中点支撑	三分点支撑
支撑系数 γ	1.0	0.0	0.625	0.733

ASCE 标准的剪切-粘结计算方法计算简单，只有两个试验待定系数，且公式形式与普通钢筋混凝土斜截面抗剪公式类似，而且 ASCE 规定了标准试验方法。在颁布《钢-混凝土组合楼盖结构设计与施工规程》YB 9238—92 时，由于我国压型钢板种类较少，YB 9238—92在其条文说明中给出了剪切-粘结系数，无疑方便了设计人员，但目前压型钢板发展很快，式（4-4-20）已不能满足压型钢板发展现状。

（三）m-k 系数法在我国的研究和应用

1. 剪切-粘结计算

剪切-粘结计算在我国没有得到足够的重视，原因是以往我国组合楼板设计一般都是把压型钢板作为永久模板使用，此外由于压型钢板发展很快，《钢-混凝土组合楼盖结构设计与施工规程》所提供的方法不能满足设计需要，更为重要的是《高层民用建筑钢结构技术规程》JGJ 99—98 未规定验算纵向受剪能力，因此设计人员基本上不验算纵向抗剪。

目前组合楼板设计考虑组合效应的越来越多，压型钢板板型也越来越多，在承载能力方面，纵向受剪往往起控制作用，因此纵向受剪能力验算必须得到重视。某些设计单位在承担由国外设计，我方进行深化设计的项目时，设计人员大多参考美国 ASCE 标准的计算公式。在采用 ASCE 的公式计算时，应特别注意，美国混凝土受剪使用了$\sqrt{f_c'}$作为混凝土强度的特征值，我国也有采用以$\sqrt{f_c}$为参数，对组合楼板纵向受剪能力进行的研究[8][9]，但我国没有$\sqrt{f_c'}$这一特征值，如果把我国规范中混凝土抗压强度特征值f_{cu}或f_c代入公式，可能会引起可靠度的差异，同时，$\sqrt{f_c'}$也没有物理意义。为了避免可靠度出现差异，并且使公式具有物理意义，我们建议采用f_t替代$\sqrt{f_c'}$。

对于简支板集中荷载：

$$V \leqslant m\frac{A_s h_0}{a} + kbh_0 f_t + \frac{\gamma G_{sck} l}{2} \tag{4-4-22}$$

均布荷载情况下：

$$a = l/4$$

式中　h_0——板的有效高度，$h_0 = d$，mm；

a——剪跨，mm；

f_t——混凝土抗拉设计强度，N/mm^2；

l——板跨，mm；

G_{sck}——压型钢板单位板宽钢板和混凝土自重，$G_{sck} = W_l$。

其他符号同前。

采用以f_t替代$\sqrt{f_c'}$计算剪切-粘结与《混凝土结构设计规范》GB 50010—2002 相协调，经中冶集团建筑研究总院和西安建筑科技大学的试验研究[10]，采用 ASCE 标准试验方法，以f_t替代$\sqrt{f_c'}$，与试验吻合较好，得到了较好的相关性。

2. 以f_t替代$\sqrt{f_c'}$的剪切-粘结试验

参考文献［10］中的试验采用了中冶集团建筑研究总院提供的 YJ 46-600 闭口型镀锌压型钢板，其截面几何形状如图 4-4-5 所示。

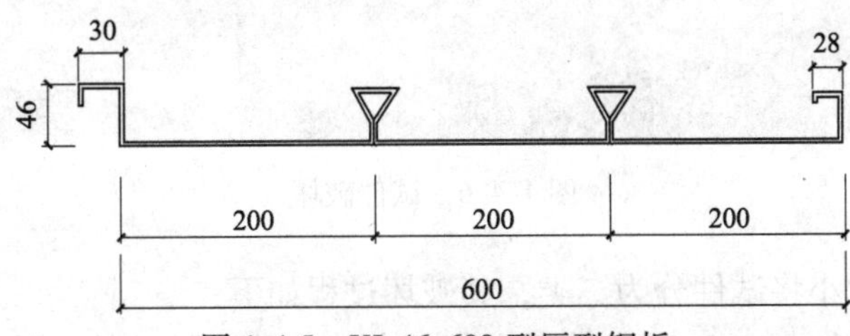

图 4-4-5　YJ 46-600 型压型钢板

（1）试件制备

在试件设计时，所考虑的影响剪切-粘结承载力的主要因素有：剪跨比、组合楼板高、压型钢板厚度、混凝土强度。参考 ASCE 标准中有关性能试验的说明以及国内相关的研究成果，共设计了 9 块试件，按两组进行编号（VBⅠ-1～5、VBⅡ-1～4），选用两种剪跨，即 450mm 和 900mm（这是在 ASCE 中对拟合回归线 A、B 区剪跨的两个限值）。所有试件中均未配置附加的受力钢筋，在组合楼板板顶的位置铺设 ϕ8@150 的双向构造钢筋，以模拟实际工程，同时对集中荷载作用点的集中力起到分散作用。试件见表 4-4-2 所列，试件破坏情况如图 4-4-6 所示。

YJ 46-600 试件设计一览表　　　　**表 4-4-2**

试件编号	净跨 l	板厚 h	钢板厚	板　宽	剪　跨	剪跨比	混凝土强度
VBⅠ-1	1800	152	0.747	910	450	3.212	33.8
VBⅠ-2	1800	150	0.957	925	450	3.259	44
VBⅠ-3	1800	130	0.957	910	450	3.810	33.8
VBⅠ-4	1800	150	0.957	907	450	3.259	33.8
VBⅠ-5	1800	152	0.957	910	450	3.212	33.8
VBⅡ-1	3200	150	0.957	910	900	6.517	37.3
VBⅡ-2	3200	150	0.957	910	900	6.517	43
VBⅡ-3	3200	132	0.747	912	900	7.494	33.8
VBⅡ-4	3200	150	0.747	910	900	6.517	37.3

（2）试验过程

实测结果表明，加荷初期组合截面处于弹性阶段近似为平截面，随荷载增加，两种材料的应变变化不同步，破坏时压型钢板基本上达到屈服，而混凝土除了在加载点处局部被压碎，其他部位的混凝土均未达到极限压应变。试验中大部分试件在破坏前都在板边50mm范围内，压型钢板肋顶的高度处形成贯通的水平裂缝，这是因为在试件制作时，为了能更好地观察裂缝的开展，我们去除了压型钢板边部肋，留有50mm的悬挑边，这部分混凝土相对薄弱。这条裂缝近似于钢筋混凝土构件的粘结锚固破坏，钢板与混凝土之间的纵向剪力将混凝土拉开，这说明该板型压型钢板上部三角部分与混凝土有较好的握裹力。破坏模式根据剪跨比的不同，基本上可呈现出三种，即：剪切斜压-粘结破坏、剪压-粘结破坏、弯剪-粘结破坏。无论何种剪切破坏形式，最终都是以出现滑移导致构件最终破坏。但由于压型钢板有较强的承载能力和较好的延性，任何破坏形态下，都不会出现突然坍塌。试件破坏如图4-4-6所示。

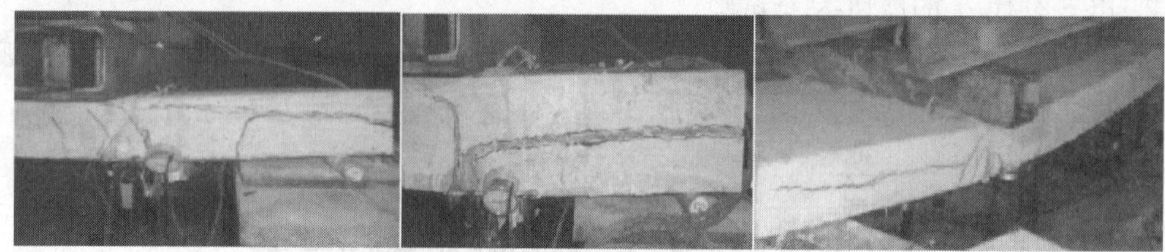

图4-4-6　试件破坏

根据剪跨比的大小将试件分为三类，其破坏过程如下：

1）小剪跨的试件（$\lambda<3.5$），其开裂荷载高于大剪跨的试件。荷载加到9t左右，能听见构件发出间断的响声。荷载加到9.5t左右，构件出现第一条初始竖向裂缝，位于加载点下方。随荷载进一步加大，斜裂缝沿类似于钢筋混凝土梁的主压应力迹线开展，并逐步发展成为临界裂缝，其附近开始出现次生裂缝。在跨中纯弯段竖向裂缝疏而少，开展不明显。13t左右，可听到连续的响声，压型钢板和混凝土之间开始发生局部的剥离，有部分混凝土表层脱落。在18t左右，板的一端的加载点处的百分表有连续变动，在板底交界面处出现水平裂缝。临界裂缝开展至板顶，周围的次生裂缝也有所发展。从外观上看，在加载点的位置试件被折起，在试件上的临界斜裂缝迅速变宽的同时，在板的侧面中部出现瞬间贯通的水平裂缝，并与斜裂缝连通，试件宣告破坏。板整体的折曲变形不大，在板的端

部出现压型钢板断面形状的洞。

2）中剪跨的试件（3.5 < λ <6），在构件开裂之前，其与同组中其他试件的情况相似，大概也是在9t以上。开裂后，荷载在11t左右，将陆续出现几条斜裂缝，有不同程度的开展，在几条斜裂缝中会形成一条主要的斜裂缝，即临界斜裂缝。13t左右，可听到连续的响声，压型钢板和混凝土之间开始发生局部的剥离，有部分混凝土表层脱落。在16t左右，板的一端的加载点处的百分表有连续变动，变化幅度较小。临界斜裂缝开展至板顶，并出现了从加载点到支座的斜向裂缝，其开展很迅速，也是在加载后期突然出现，板的折曲变形不大。

3）对于大剪跨试件（λ >6），荷载加到3.25t左右构件出现第一条初始竖向裂缝，位于纯弯段靠近加载点处，这条裂缝在加荷过程中开展缓慢，试件伴随有间断的响声。此后，按每级0.5t加载，荷载达到4t左右在剪跨段靠近加载点处出现始于板底的竖向裂缝，随荷载进一步加大，此裂缝沿类似的主压应力迹线开展，并最终发展为临界裂缝。同时，在跨中纯弯段处开始出现多条弯曲裂缝，并按一定的间距分布，较密且细微，并向板顶延伸。达到5t时，可听到连续的响声，陆续又有斜裂缝出现，在板底交界面处出现水平裂缝。加载后期，随临界斜裂缝宽度的进一步开展，在钢板肋顶的高度处逐渐形成贯通的水平裂缝，压型钢板与混凝土之间产生较大滑移，构件破坏。试件最终的极限荷载达到13t左右，此时试件的主裂缝宽度超过3mm，端部滑移达到4~6mm，板整体的折曲很大，但未发生突然的坍塌。

试验和分析表明，剪切-粘结破坏发生于中、小剪跨，大剪跨时则发生弯曲破坏，当 $V_u^T a \geq M_u$ 时，虽然组合楼板最终表现为滑移破坏，但其承载能力却由受弯承载能力控制，M_u 为按受弯承载力计算公式，将试验时材料的实测强度值代入公式计算所得组合楼板计算受弯能力，V_u^T 为组合楼板试验时施加的最大剪力。即，当剪跨 $a \geq M_u/V_u$，组合楼板将发生弯曲-滑移破坏，此处 V_u 为组合楼板计算最大纵向受剪承载力，设计时 $a \geq M_u/V_u$ 时，取 $a = M_u/V_u$。

（3）试验结果及分析

9个试件的荷载试验结果汇总于表4-4-3。

YJ 46-600 试件试验测试数据　　**表 4-4-3**

编号	$l \times b \times h$ (mm)	f_{ck} MPa	P_{cr} (kN)	P_h (kN)	P_u (kN)	粘结-滑移 s (mm)
VBⅠ-1	1952×910×152	22.61	95	177.26	219.16	9.2
VBⅠ-2	1950×925×150	29.43	97	177.79	232.45	6.0
VBⅠ-3	1957×910×130	22.61	75	149.05	208.84	7.0
VBⅠ-4	1952×907×150	22.61	75	153.44	164.51	10.0
VBⅠ-5	1955×910×152	22.61	90	207.19	306.57	4.0
VBⅡ-1	3360×910×150	24.95	32.5	62.73	112.76	4.3
VBⅡ-2	3357×910×150	28.76	35	82.58	133.13	6.5
VBⅡ-3	3355×912×132	22.61	32.5	53.37	99.26	4.8
VBⅡ-4	3355×910×150	24.95	32.5	60	131.41	5.1

注：1. $l \times b \times h$：实测尺寸，板长×板宽×板高，其中板长包括了板两端各伸出支座75mm；

2. f_{ck}为实测混凝土轴心抗压强度；P_{cr}为试件实测开裂荷载；P_h 为压型钢板和混凝土之间开始滑移时的荷载；P_u 为实测极限荷载；s 为试件端部的最大滑移量。

如前所述，计算剪切-粘结承载力国际上大多数国家均采用美国 ASCE 标准公式，公式的表达形式为：

$$V = m\frac{A_s d}{l'} + kbd\sqrt{f_c} \tag{4-4-23}$$

式中　b——板宽；

d——板有效高度，$d = h_0$；

l'——剪跨；

A_s——压型钢板面积；

m、k——剪切-粘结系数。

以 9 块试件的数据结果作为样本，建立以$\frac{V_u}{bd\sqrt{f_c}}$为纵坐标、$\frac{A_s}{bl'\sqrt{f_c}}$为横坐标的坐标系进行线性拟合获得了设计中所需要的 m、k 系数，如图 4-4-7 所示。对于 YJ 46-600 型压型钢板组合楼板用$\sqrt{f_c}$作为混凝土特征值，得到 m、k 系数分别为 $m = 229.1$、$k = 0.0272$，$R = 0.8399$。剪切-粘结承载力计算公式可表达为：

$$V = m\frac{A_s d}{l'} + kbd\sqrt{f_c} \tag{4-4-24}$$

同样如前所述，我国规范体系中没有$\sqrt{f_c}$这一特征值，为了与我国现行的《钢筋混凝土结构设计规范》GB 50010—2002 用混凝土抗拉特征值 f_t 表达混凝土构件抗剪计算公式相协调，我们采用 f_t 替代$\sqrt{f_c}$，建立以$\frac{V_u}{bh_0 f_t}$为纵坐标、$\frac{A_s}{baf_t}$为横坐标的坐标系，如图 4-4-8 所示。通过回归拟合求得，$m = 230.35$、$k = 0.0582$，$R = 0.8423$。计算公式可表示为：

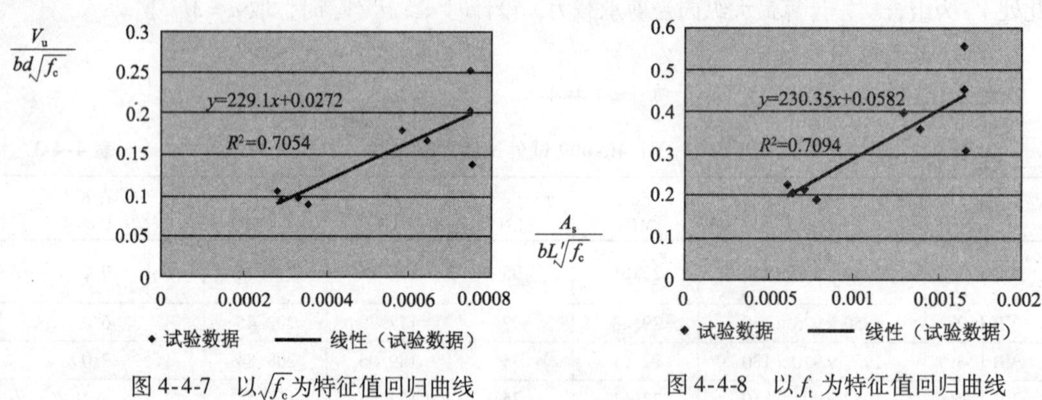

图 4-4-7　以$\sqrt{f_c}$为特征值回归曲线　　图 4-4-8　以 f_t 为特征值回归曲线

$$V = 230.35\frac{A_s h_0}{a} + 0.0582bh_0 f_t \tag{4-4-25}$$

由以上试验可以看出，采用 f_t 替代$\sqrt{f_c}$同样得到了较好的相关性，且与试验结果相比，计算结果较好。

按 ASCE 标准试验数据偏少（ASCE 规定最少为 4 个，本次试验设计了 9 个），且包含了不同破坏形态，因此 ASCE 规定，考虑到数据的离散性，在实际设计时应对由试验所得的 m、k 进行修正，降低 15%（试验数据分析方法见附录 E）。对于 YJ 46-600 型闭口式压型钢板进行设计时，剪切-粘结公式变为：

$$V \leqslant 195.80\frac{A_s h_0}{a} + 0.0499bh_0f_t + \frac{\gamma G_{sck}l}{2} \tag{4-4-26}$$

3. 剪力钉的作用

在上述试验中，组合楼板两端搭接在钢梁上，一般实际工程中绝大部分是采用剪力钉把压型钢板固定在钢梁（或预埋钢板）上，众多试验表明，在板两端增加剪力钉可以有效地提高剪切-粘结承载能力。中冶集团建筑研究总院和西安建筑科技大学对 YJ 66-720 闭口型压型钢板组合楼板进行了对比试验，试件见表 4-4-4 所列，测试数据见表 4-4-5所列。

YJ 66-720 试件设计一览表 **表 4-4-4**

参数 试件编号	净跨 l (mm)	板厚 h (mm)	钢板厚 (mm)	板宽 (mm)	剪跨 (mm)	剪跨比	混凝土强度 (N/mm^2)	说　明
VBⅠ-1	1840	149	0.862	1060	460	3.630	37.108	无栓钉
VBⅠ-2	1840	149	1.212	1060	460	3.632	37.108	无栓钉
VBⅠ-3	1840	132	0.862	1060	460	4.192	37.108	无栓钉
VBⅡ-1	3640	150	0.862	1060	910	7.125	36.845	无栓钉
VBⅡ-2	3640	151	1.212	1060	910	7.073	27.30	无栓钉
VBⅡ-3	3640	128	0.862	1060	910	8.608	36.845	无栓钉
VBⅢ-1	1840	132	0.862	1060	460	4.192	37.108	栓钉 D16
VBⅢ-2	1840	149	1.212	1060	460	3.632	37.108	栓钉 D16
VBⅢ-3	1840	131	1.212	1060	460	4.234	37.108	箍筋 φ6@150
VBⅢ-4	3640	128	0.862	1060	910	8.608	36.845	栓钉 D16
VBⅢ-5	3640	149	1.212	1060	910	7.185	37.845	栓钉 D16

YJ 66-720 试件试验测试数据 **表 4-4-5**

编号	$l \times b \times h$ (mm)	f_{ck} (MPa)	P_{cr} (kN)	P_h (kN)	P_u (kN)	板端粘结-滑移 s (mm)
VBⅠ-1	2000×1060×149	24.86	70	76.76	193.57	8.2
VBⅠ-2	2000×1060×149	24.86	87	97.23	267.83	12.9
VBⅠ-3	2000×1060×132	24.86	73	63.58	189.94	15.5
VBⅡ-1	3800×1060×150	24.69	40	43.76	126.08	4.2
VBⅡ-2	3800×1060×151	18.29	45	99.79	156.27	7.1
VBⅡ-3	3800×1060×128	24.69	32	31.63	94.13	7.2
VBⅢ-1	2000×1060×132	24.86	70.8	102.71	210.25	7.5
VBⅢ-2	2000×1060×149	24.86	104	138.69	316.78	10.2
VBⅢ-3	2000×1060×131	24.86	81.5	104.04	237.4	15.4
VBⅢ-4	3800×1060×128	24.69	25.8	54.16	99.86	1.9
VBⅢ-5	3800×1060×149	24.69	47.4	90.42	166.48	7.7

由试验可以看出，当剪跨较小时，栓钉作用非常明显，有栓钉的 VBⅢ-2 比无栓钉的 VBI-2 的承载能力提高 18%；反之，当剪跨较大时，则提高很少，这是因为剪跨较大时更接近于弯曲破坏。

同样经过数据分析，可以得到 YJ 66-720 压型钢板有无栓钉的剪切-粘结系数设计值(降低 15%)，并可应用于式（4-4-22）。

无栓钉时：$m=162.006$，$k=0.0259$。

有栓钉时：$m=189.765$，$k=-0.0099$。

三、组合楼板斜截面抗剪和集中荷载下抗冲切验算

组合楼板无论是斜截面抗剪还是抗冲切验算均忽略压型钢板的作用，仅考虑混凝土本身的抵抗能力。

（一）斜截面抗剪

组合楼板发生斜截面剪切破坏一般不会成为组合楼板的设计控制条件，但当高跨比很大、荷载很大，需验算时，应按《混凝土结构设计规范》进行：

$$V \leqslant 0.7 f_t b h_0 \tag{4-4-27}$$

（二）局部集中荷载抗冲切

当组合楼板上作用较大集中荷载时，为了防止发生冲切破坏，应按《混凝土结构设计规范》验算冲切能力。此时为了计算简单，偏于安全地仅考虑组合楼板肋上混凝土，将《混凝土结构设计规范》计算公式的 h_0 换成 h_c。

$$F_l \leqslant 0.7 \beta_h f_t \eta u_m h_c \tag{4-4-28}$$

式中，所有符号同《混凝土结构设计规范》GB 50010—2002 规定。

四、正常使用下极限状态验算

（一）组合楼板挠度计算

组合楼板挠度，分别按荷载短期效应与长期效应进行挠度验算。组合楼板不考虑两阶段挠度，认为使用阶段全部荷载一次加载到组合楼板上，这样是偏于不安全的，考虑到不安全因素，将允许挠度值限定为：$[\Delta]=L/360$。

荷载短期效应组合下的挠度：

简支板
$$\Delta_1 = \frac{5S_s l^4}{384B_s} \leqslant [\Delta] \tag{4-4-29}$$

两跨板
$$\Delta_2 = 0.42\Delta_1 \leqslant [\Delta] \tag{4-4-30}$$

多跨板
$$\Delta_3 = 0.53\Delta_1 \leqslant [\Delta] \tag{4-4-31}$$

简支集中荷载
$$\Delta = \frac{P_s l^3}{48B_s} \leqslant [\Delta] \tag{4-4-32}$$

荷载长期效应组合下的挠度：

简支板
$$\Delta_1 = \frac{5S_l l^4}{384B_l} \leqslant [\Delta] \tag{4-4-33}$$

两跨板
$$\Delta_2 = 0.42\Delta_1 \leqslant [\Delta] \tag{4-4-34}$$

多跨板 $$\Delta_3 = 0.53\Delta_1 \leqslant [\Delta] \tag{4-4-35}$$

简支集中荷载

$$\Delta = \frac{P_l l^3}{48B_l} \leqslant [\Delta] \tag{4-4-36}$$

式中　Δ、Δ_1、Δ_2、Δ_3——组合楼板的计算挠度，mm；

S_s、P_s、S_l、P_l——单位板宽承受的荷载标准组合值和准永久组合值，$N/mm^2/m$；

B_s——组合楼板的短期刚度，$N \cdot mm^2$；

B_l——考虑混凝土徐变组合楼板的长期刚度，$N \cdot mm^2$；

$[\Delta]$——挠度容许值，$[\Delta] = L/360mm$。

B_s、B_l 计算方法见附录 D。

（二）组合楼板自振频率验算

组合楼板由于压型钢板提供了强大的承载能力，设计中可能混凝土厚度较薄，由此会带来组合楼板颤动，给人以不舒适的感觉。为了保证人的舒适感觉，可通过限制其自振频率来实现。《钢-混凝土组合楼盖结构设计与施工规程》YB 9238—92 规定，组合楼板自振频率 f_G 可按下式计算，且 f_G 不得小于 15Hz：

$$f_G = \frac{1}{0.178\sqrt{\Delta_G}} \geqslant 15Hz \tag{4-4-37}$$

式中　Δ_G——永久荷载作用下组合板的最大挠度值，cm。

支撑条件系数 k 在《钢-混凝土组合楼盖结构设计与施工规程》中统一取值为 0.178，当支撑条件不同时，

两端简支：$k_1 = 0.178$

一端简支，一端固定：$k_1 = 0.177$

两端固定：$k_1 = 0.175$

如果支撑条件系数取平均值、Δ_G 用 mm 表示，式（4-4-37）表达为：

$$f_G = \frac{18}{\sqrt{\Delta_G}} \geqslant 15Hz \tag{4-4-38}$$

该计算方法源于日本，我国对此研究较少，由 $f_G = \dfrac{1}{0.178\sqrt{\Delta_G}} \geqslant 15Hz$，得：

$$\sqrt{\Delta_G} \leqslant \frac{1}{0.178 \times 15} = 0.3745$$

$$\Delta_G \leqslant 0.14cm = 1.4mm \tag{4-4-39}$$

按上述计算，组合楼板在永久荷载标准值作用下的挠度值，不大于 1.4mm 的限制是比较苛刻的，实际工程中很难做到。众所周知，只要楼板的自振频率躲开了人的活动振动频率，就不会感到较大的振动，从而也就不会有不舒适的感觉。参考文献［11］中研究表明，舞厅、餐厅钢-混凝土楼板典型振动频率只有 5Hz，健身房也只有 9Hz。

如前所述，美国 ASCE 标准是按不同的支撑类型，采用限制跨高比解决楼板振动问题的，而目前日本则统一将跨高比限定在 32 以内。

（三）组合楼板负弯矩区段最大裂缝宽度验算

组合楼板负弯矩区段最大裂缝宽度验算，忽略压型钢板作用，按《混凝土结构设计规

范》验算，并符合其规定。

（1）连续组合板的负弯矩区段，按荷载的短期效应组合并考虑长期效应组合的影响所计算的最大裂缝宽度 w_{max}，不应超过容许值；

（2）连续组合板负弯矩区段的最大裂缝宽度的容许值为 0.3mm（室内正常环境）或 0.2mm（室内高温环境）；

（3）考虑裂缝宽度分布的不均匀性和荷载长期效应组合的影响，组合板负弯矩区段的最大裂缝宽度 w_{max}（mm）可按下列公式计算：

$$w_{max} = 2.1\psi v(54 + 10d)\frac{\sigma_{ss}}{E_s} \tag{4-4-40}$$

$$\psi = 1.1 - 65\frac{f_{tk}}{\sigma_{ss}} \tag{4-4-41}$$

$$\sigma_{ss} = \frac{M_s}{0.87h'_0A_s} \tag{4-4-42}$$

式中，所有符号同《钢筋混凝土结构设计规范》GB 50010—2002 规定。

第五节　组合楼板的构造要求

一、压型钢板（图 4-5-1）

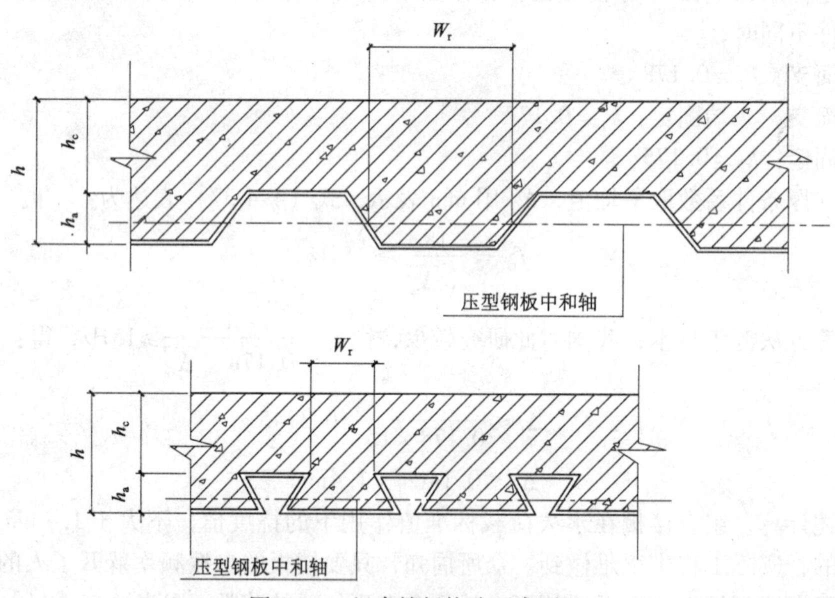

图 4-5-1　组合楼板构造要求图示

（1）组合楼板用压型钢板净厚度不应小于 0.75mm（不包括镀层），仅作模板使用时不小于 0.50mm。

（2）组合楼板用压型钢板，其浇混凝土平均槽宽 W_r 不小于 50mm；开口式压型钢板以板中和轴位置计，缩口板、闭口板以上槽口宽度计；当槽内放置栓钉时，压型钢板总高

h_a（包括压痕）不应超 80mm。

（3）组合楼板总厚度 h 不小于 90mm，压型钢板板肋顶部以上混凝土 h_c 不小于 50mm，混凝土强度等级不小于 C20。

二、配筋要求

（1）组合楼板下列情况下板底需配筋：

1）为组合楼板提供储备承载力，需要沿板的跨度方向设置附加的抗拉钢筋；

2）在连续板或悬臂板的负弯矩区段，应于板的上部沿板的跨度方向配置连续钢筋；

3）在集中荷载作用的部位，应配置横向钢筋；

4）沿板的洞口周边需配置附加钢筋；

5）当楼板的防火等级较高时，应于组合板的底部沿板跨方向配置附加受拉钢筋；

6）为提高混凝土和压型钢板的组合作用，将剪力连接筋焊于压型钢板上翼缘（剪力筋在剪跨区内设置，配置φ6 横向钢筋，间距 150～300mm）。

（2）连续板组合楼板按简支板设计时，抗裂钢筋不应小于混凝土截面的 0.2%；从支撑边缘算起，抗裂钢筋的长度不应小于跨度的 1/6，且必须与不少于 5 根的分布钢筋相交。

（3）顺肋方向布置的抗裂钢筋最小直径为 4mm，最大间距 150mm 顺肋方向抗裂钢筋保护层厚度为 20mm，与抗裂钢筋垂直的分布钢筋直径不应小于抗裂钢筋直径的 2/3，其间距不应大于抗裂钢筋间距的 1.5 倍。

（4）组合楼板在集中荷载处应设置横向钢筋，其面积不应小于肋上混凝土面积的 0.2%，其延伸宽度不小于集中荷载分布的有效宽度 b_m。

（5）因为混凝土底部在压型钢板肋垂直方向没有任何约束，因此需要时，可在压型钢板顶部配置温度钢筋，防止混凝土板长方向出现温度裂缝。

三、端部构造

（1）压型钢板在钢梁、混凝土剪力墙或混凝土梁上的支撑长度不小于 50mm（图 4-5-2），在砌体上的支撑长度则不小于 75mm。

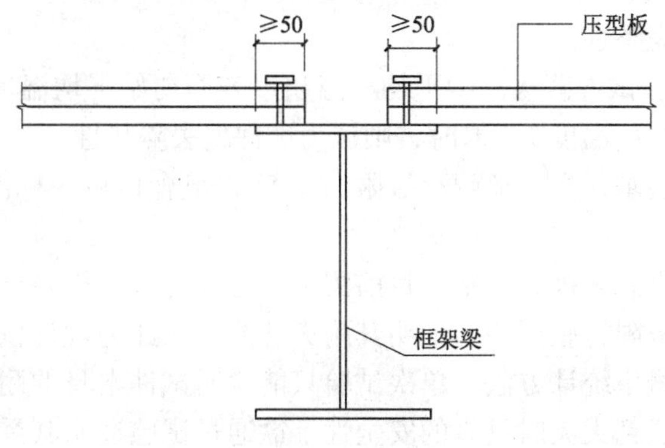

图 4-5-2　钢梁压型钢板构造

（2）组合楼板端部应设置栓钉锚固件，栓钉应设置在端支座的压型钢板凹肋处，穿透压型钢板并将栓钉、压型钢板均焊牢于钢梁（预埋钢板）上。栓钉直径可按表 4-5-1 采用。

不同跨度组合楼板采用的栓钉直径　　**表 4-5-1**

组合楼板跨度（m）	栓钉直径（mm）
<3	13～16
3～6	16～19
>6	19

（3）焊后栓钉高度应大于压型钢板波高加 30mm，栓钉钉面混凝土保护层厚度不小于 15mm。

第六节　耐火与耐久性

组合楼板在使用阶段，由于压型钢板底部不同程度地暴露在外（开口板完全暴露，缩口板、闭口板部分暴露），没有混凝土的保护，当压型钢板完全替代钢筋时，其耐火性能和防腐性能是设计人员十分关心的问题。

一、耐火性能

（一）建筑构件耐火失效

根据国家标准《建筑构件耐火试验方法》GB/T 9978—1999[12] 规定，当构件在标准受火条件下，出现下述情况即被认为达到受火极限：

（1）失去稳定性。在试验过程中试件发生垮塌，或板试件的最大挠度超过 $l/20$，则表明试件失去稳定。l 为试件计算跨度（mm）。

（2）失去完整性。当棉垫被点燃或背火面窜火达 10s 以上时，则认为试件失去完整性；当试件背火面出现贯通至炉内的裂缝，直径 6mm 的探棒可以穿过裂缝进入炉内且探棒可以沿裂缝长度方向移动不小于 150mm，或直径 25mm 的探棒可以穿过裂缝进入炉内时，则认为试件失去完整性。

（3）失去隔热性。试件背火面的平均升温超过表面初始平均温度 140℃或背火面任何一点的升温超过该点初始温度 180℃时，则认为试件失去隔热性。

根据防火规范的要求，楼板的耐火极限为 1.5h，组合楼板在标准受火条件下 1.5h 内不得出现上述情况。

由于组合楼板受火破坏极为复杂，目前国际上还没有受火极限能力计算方法。许多压型钢板供应商以耐火极限检验试验，证明其耐火性能，以此为设计依据是不可靠的。我国结构设计，依据的是概率统计方法，单次试验只能说明试件本身的耐火性能，而不能证明其在结构使用过程中遇到火灾时具有的安全性。欲通过试验证明其受火性能，则对构件的制作过程、试验过程、试件数量应有严格的规定，因此仅凭压型钢板供应商提供的耐火极限检验报告，不足以成为设计依据。

（二）《高层民用建筑钢结构技术规程》JGJ 99—98 关于组合楼板耐火的规定

《高层民用建筑钢结构技术规程》根据英国 BS 5950 Part8[13]的相应规定，在不配钢筋的情况下，给出了耐火极限为 1.5h 时压型钢板组合楼板混凝土最小厚度 h_1，如图 4-6-1 所示。

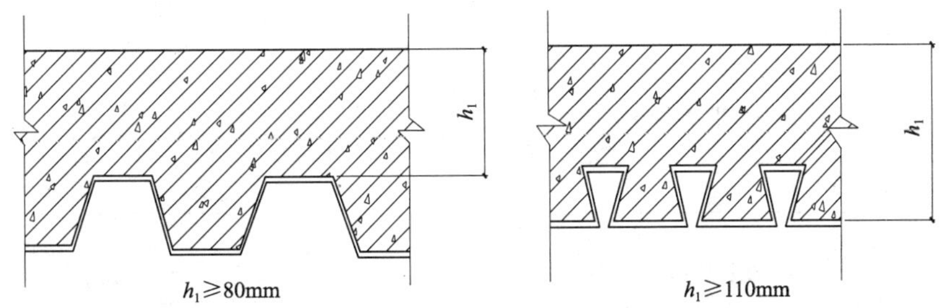

图 4-6-1　耐火极限为 1.5h 时压型钢板组合楼板的厚度

（三）组合楼板耐火性能的研究以及国外规范相应规定

1. 试验与研究

国内外对组合楼板都进行过大量的试验研究和理论分析[14]~[17]。众多的试验表明，组合楼板在满足一定的构造要求下，楼板底部不配置钢筋，亦能满足耐火要求，这是被世界各国所公认的。但因为耐火试验的过程有其自身的特点，试验过程的可观测性、测量性较差，因此至今没有一个明确的、被公认的破坏模式。参考文献［16］介绍了组合楼板耐火主要是以组合楼板上部分布钢筋呈现膜拉力保持楼板稳定性的破坏模式，认为楼板上部抗裂的双排双向钢筋网，在温度的作用下楼板双向变形很大（相对于正常温度下）时，形成膜拉力，这个膜拉力在承担垂直荷载方面发挥了很大的作用，通过试验并经计算机计算分析验证了这一观点。

参考文献［17］中记录了对 YJ46-600 压型钢板-组合楼板进行的耐火试验，试验记录了压型钢板不同部位的升温情况，见表 4-6-1 和图 4-6-2。试验完成后，如图 4-6-3 和图 4-6-4 所示。试验升温按国家标准《建筑构件耐火试验方法》GB/T 9978—1999 进行。试验开始后 10min，板表面开始有水汽溢出，30min 后水汽量略有增大，四周边梁外侧表面间隔产生横向微裂缝，60min 时水汽量较大，90min 板背火面局部出现微裂缝，120min 水汽量减少，122min 板背火面的微裂缝最大宽度为 1.5mm，试件隔热性、完整性均未破坏，试验停止。裂缝位置如图 4-6-3 所示。试验停止后，将试件吊起发现压型钢板在水蒸气的作用下，已形成一个个鼓包，如图 4-6-4 所示。

压型钢板不同部位升温记录　　**表 4-6-1**

时间（min）	平均炉温（℃）	热电偶①（℃）	热电偶②（℃）	热电偶③（℃）	热电偶④（℃）	热电偶⑤（℃）
0.5	186.1	3.7	63.9	15.8	39.1	1.8
30.0	815.4	145.5	534.9	254.4	469.5	132.9
44.0	887.3	250.7	656.9	410.5	619.7	269.3
60.0	934.5	392.7	756.2	556.9	—	446.0
90.0	989.5	583.3	855.8	712.1	—	641.8
120.0	1036.0	692.3	921.8	797.8	—	743.0
122.0	1040.3	698.2	927.0	804.3	—	746.5

注：表中热电偶布置详见 4-6-2 所示。

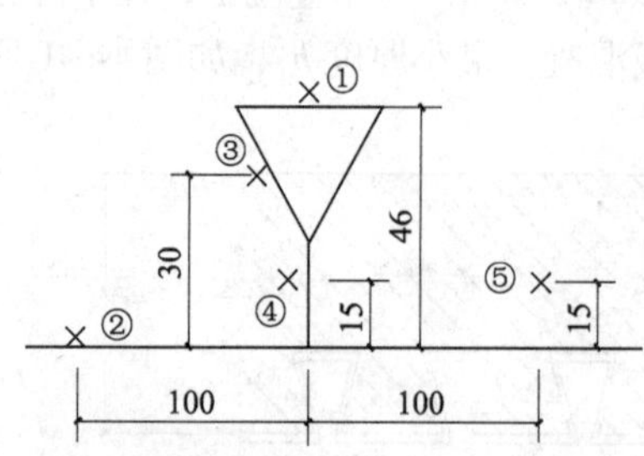

图 4-6-2　压型钢板上热电偶布置

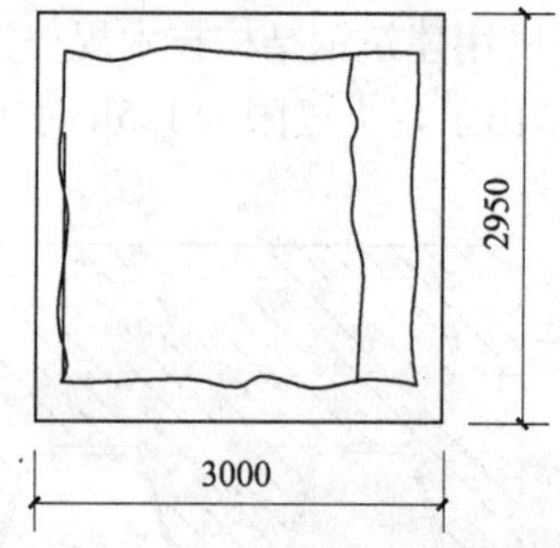

图 4-6-3　试件背火面裂缝位置示意图

试验表明：

（1）所有压型钢板的测点温度均低于平均炉温，说明混凝土吸收了部分热量，对压型钢板具有保护作用；

（2）图 4-6-2 中②点处于压型钢板底部，直接受火，升温速度最快；

（3）图 4-6-2 中④、⑤点在板高方向处于同位置，但④在压型钢板上，而⑤点则位于混凝土中，④点比⑤点升温速度快很多，说明压型钢板被混凝土包裹的部分板件的升温主要是热传导，不能以同位置混凝土温度代表钢材温度；

图 4-6-4　试验完成后压型钢板

（4）图 4-6-2 中①点处于压型钢板顶部，由于压型钢板为闭口型，该部分不直接受火，因此升温速度最慢；

（5）压型钢板顶部的①点温度远低于直接受火的②点温度，说明混凝土对包裹的部分板件保护性较好；

（6）混凝土存有未水化的自由水和结晶水，在热条件下形成水蒸气，试验后期压型钢板在水蒸气作用下，局部形成了鼓包，与混凝土分离。

从本次试验和以往试验可以看出，组合楼板在底部不配筋，而顶部按规程要求配有构造钢筋的情况下，只要满足一定的混凝土厚度，就可以保证结构在火灾条件下的安全。从本次试验测试结果看，当达到 122min 时，无论是直接受火还是包裹在混凝土里的钢板温度都已相当高，此时钢材的强度已经很低，但结构不但没有失去承载能力，而且变形也不很大（本试验 122min 时为 1/80，小于火灾失稳条件 1/20）。

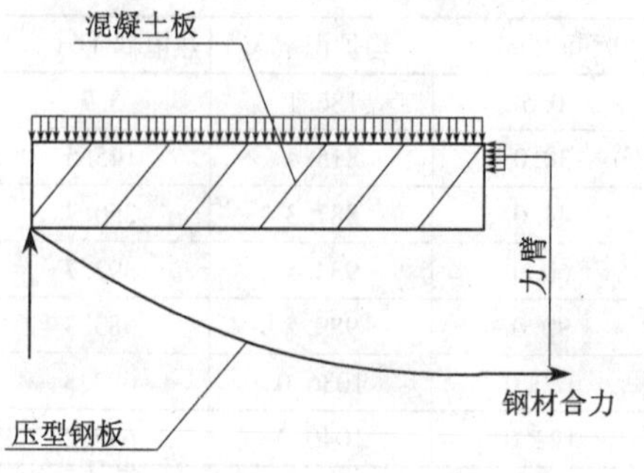

图 4-6-5　组合楼板受火后期受力状况

试件受火的前期，由于混凝土吸收了大量的热量，钢板的升温速度远低于炉温，此时钢板仍能像普通钢筋混凝土一样提供足够的拉力。随温度的升高和时间的延长，本次试验和文献［14］记载的试验都发现试验后期在水蒸气作用下，压型钢板局部形成了鼓包，与混凝土分离，这就形成如图 4-6-5 所示的受力隔离体。在高温作用下，钢板能够提供的强度很小，但力臂却增大很多，由于力臂的增大，为结构增大了抵抗弯矩。也就是说，只要混凝土未被火烧至破坏，钢板还存有少量的强度，组合楼板就有可能保持结构稳定性。如果混凝土过薄，高温下混凝土会出现爆裂而完全失去强度，不能形成抵抗力矩，因此一定厚度的混凝土是非常必要的。高温下钢材的变形（应变）极为复杂，其中有热状态下的受力变形、受热膨胀变形和水蒸气压力下的变形，由于多种应变叠加在一起，此时结构不再符合平截面假定。

从图4-6-3可以看到，试件背火面沿梁的长方向出现裂缝，表明由于正弯矩抵抗能力的降低，弯矩进行了重分配，负弯矩区承担了较大弯矩。

2. 国外相关规范规定

英国规范BS5950 Part8和欧洲规范EN4 Part1.2[18]的规定基本上是一致的，BS5950 Part8关于组合楼板防火规定如下：

对压型钢板不设防火涂层，且没有配置下部钢筋的组合楼板。

（1）简化计算方法

1）按简支形式考虑，可认为其具有至少30min的耐火能力。该板为连续性简支板，可考虑连续性对增强耐火性能的影响。

2）设有钢筋网的连续组合板的设计数据见参考文献［19］、［20］。

参考文献［19］、［20］的结论最终被总结到SCI的《Fire Resistant Design of Steel Structures-A Handbook to BS 5950：Part 8》。

简支板具有30min的耐火能力，连续板具有90min的耐火能力，但应满足表4-6-2和表4-6-3给出的板的最小厚度和钢筋网型号。表中各板施外加荷载可达到6.7kN/m²。

组合板耐火性能的简化标准 开口型压型钢板（板高小于60mm） **表4-6-2**

最大跨度（m）	耐火时间（h）	最少需要			
		钢板厚（mm）	楼板厚（mm）		钢筋网型号
			普通混凝土	轻质混凝土	
2.7	1	0.8	130	120	A142
3.0	1	0.9	130	120	A142
3.0	1.5	0.9	140	130	A142
3.6	1	1.0	130	120	A193
3.6	1.5	1.0	140	130	A193

组合板耐火性能的简化标准 锁口型压型钢板（板高小于50mm） **表4-6-3**

最大跨度（m）	耐火时间（h）	最少需要			
		钢板厚（mm）	楼板厚（mm）		钢筋网型号
			普通混凝土	轻质混凝土	
2.5	1	0.8	100	100	A142
2.5	1.5	0.8	110	105	A142
3.0	1	0.9	120	110	A142
3.0	1.5	0.9	130	120	A142
3.6	1	1.0	125	120	A193
3.6	1.5	1.0	135	125	A193

注：1. A142为φ6@200，A193为φ7@200。
2. 设计人员使用上述数据设计时，当压型钢板型号相同时，可以用差值法。

（2）分析计算设计方法

组合楼板的耐火性能可由以下几点规定决定：

1）混凝土板的内部温度参照 BS5950 Part8 表 12，也可采用考虑湿度影响修正后的试验结果。

2）板内任意钢筋在给定温度下的强度，可利用 BS5950 Part8 表 3 中的强度保持系数求得。

3）在耐火极限状态，压型钢板提供的受拉承载力相当于未加热前提供的受拉承载力的 5%，但在采用分析计算设计方法时，钢板的强度应该忽略。

4）在耐火极限状态，可考虑板基于混凝土和埋置钢筋的塑性抗弯能力。

5）如果板是按照 BS 5950 Part4 设计的，可假定在耐火极限状态下不存在剪切破坏。

6）考虑支座处板的连续性，并确保具有足够的延性，支座加强区的钢筋网或其他配筋的最小锚固长度应满足 BS 4482 与 DD ENV 10080 的规定。

7）在耐火极限状态，可假定弯矩无限制地重分配。

耐火极限状态下，可以认为负截面承载能力基本不变，而正截面承载能力则完全丧失，连续板端跨板的塑性破坏条件见下式：

$$M_p + 0.5M_n\left(1 - \frac{M_n}{8M_0}\right) \geqslant M_0 \qquad (4\text{-}6\text{-}1)$$

式中　M_p——正截面承载能力；

M_n——负截面承载能力；

M_0——耐火极限状态时，板上由荷载产生的简支梁弯矩。

式（4-6-1）左边第 2 项，近似等于 $0.45M_n$，对于内跨连续的组合楼板，式（4-6-1）简化为：

$$M_p + M_n \geqslant M_0 \qquad (4\text{-}6\text{-}2)$$

由英国规范可以看出，由试验确定耐火极限是对某类板型进行一组试验，并且是由独立的第三方进行，然后给出相关数据，供设计人员使用。

3. 绝热要求

（1）对开口型压型钢板，其钢板上的混凝土厚度不应小于表 4-6-4 中的数值。

开口型压型钢板中混凝土的最小厚度 h_1　　　　**表 4-6-4**

混凝土类型	不同耐火等级混凝土的最小厚度（mm）					
	30min	60min	90min	120min	180min	240min
普通混凝土	60	70	80	90	115	130
轻质混凝土	50	60	70	80	100	115

（2）对缩口型压型钢板（指拱开口不超过拱面积的 10%，并且凹口不超过 20mm），其总厚度不得小于表 4-6-5 中的数值。

缩口型压型钢板中混凝土的最小厚度 h_1　　　　**表 4-6-5**

混凝土类型	不同耐火等级混凝土的最小厚度（mm）					
	30min	60min	90min	120min	180min	240min
普通混凝土	90	90	110	125	150	170
轻质混凝土	90	90	105	115	135	150

总的来看我国关于结构防火设计还比较落后，我国目前仅上海有一本《建筑钢结构防火技术规程》DG/TJ 08—008—2000[21]地方标准，防火设计标准是我国亟待解决的问题。

此外，试验表明闭口板的耐火性能优于缩口板，但闭口板应用时间较短，试验数据较少，应遵循缩口板的要求，这样是偏于安全的。

二、防腐设计

钢铁的腐蚀是一门专门的学科，钢结构腐蚀主要是电化学腐蚀，对钢结构防腐有兴趣的读者可参阅参考文献［22］、［23］。结构工程师所关心的是如何防腐，作为组合楼板，工程师关心的是钢板镀层的防腐性能和耐久性。组合楼板防腐性能设计是在设计文件中规定压型钢板镀锌量，镀锌量的大小决定其耐腐蚀年限。

（一）各国规范规定

（1）我国规范《钢-混凝土组合楼盖结构设计与施工规程》YB 9238—92 在正文中并未作出规定，但在其条文说明中建议组合楼板用压型钢板应采用镀锌层两面总计 $275g/m^2$ 的镀锌卷板。

（2）美国 ASCE 标准同样也是在其条文说明中参考性地给出组合楼板用压型钢板，一般采用两面镀锌量为 $60 \sim 90oz/ft^2$，某些工程最大用到 $1.25oz/ft^2$。

（3）英国标准 BS 5950 Part4[24]，在正文中给出一般情况下组合楼板用压型钢板应采用两面镀锌量 $275g/m^2$ 的镀锌板材。

（二）相应的标准

欧洲人在钢材腐蚀方面做了大量的研究工作，并将他们的研究成果编制成相应的系列标准，钢铁的腐蚀与所处的环境有着密切的关系，参考文献［25］对环境的界定与分类、腐蚀试验与腐蚀的计算方法等标准进行了介绍。与镀锌钢材防腐关系较为密切的是 BS EN ISO 14713[26]，该标准已被我国等同采用标准号为 GB/T 19355—2003[27]，该标准对镀锌板在不同环境下的腐蚀规定见表 4-6-6 所列。

ISO 14713 环境种类、腐蚀风险和腐蚀速率　　表 4-6-6

代号	腐　蚀　种　类	腐蚀风险	腐蚀速度 每年损失的锌层厚度（μm/a）
C1	内部：干燥	很低	≤0.1
C2	内部：偶尔结露 外部：内陆农村	低	0.1～0.7
C3	内部：高湿度，一些空气污染 外部：内陆城市或温和的沿海地区	中等	0.7～2
C4	内部：游泳池，化工厂等 外部：内陆工业城市或沿海城市	高	2～4
C5	外部：高湿度工业区或高盐度沿海地区	很高	4～8
Im 2	温带海水	很高	10～20

注：1. 表中内部、外部指建筑物室内、室外。
2. 镀锌厚度 1μm 约为 $7g/m^2$。

由表4-6-6中可以看出，宾馆、酒店、写字楼、住宅等基本上处在C1环境下，少数室内没有空调，比较潮湿的地区办公或住宅用房屋处于C2条件。C1条件下锌的腐蚀几乎可以忽略不计，由于我们没有足够的试验数据和工程经验，参考国外设计标准宜采用两面镀锌量180～275g/m^2。值得注意的是并非镀锌量越大越好，压型钢板镀锌量越大防腐性能越好，但造价相应地提高很快，而且含锌量越高对栓钉焊接越困难，再有镀锌量过大会影响混凝土与压型钢板的粘结性能，从而降低纵向抗剪能力。因此在环境较好的条件下，镀锌量不宜过大，这样有利于降低造价，保证栓钉焊接质量，保证组合楼板剪切-粘结性能。在环境较差的条件下，比如仓库、工业厂房等，设计人员可给出压型钢板的防腐年限，也可采取其他防腐措施，如涂防腐涂料甚至配置受拉钢筋。

（三）镀锌钢板的选择

市场上大量供应的镀锌板材多为电镀锌和热侵镀锌板材，合金化镀锌因成本较高，很少使用。电镀锌由于仅在基材表面形成保护层，其防腐能力有限，一般只能在较短时间内对钢板起到保护作用。热侵镀锌可在钢板表面形成Fe-Zn合金，对钢铁起到保护作用的主要是Fe-Zn合金[23]，因此应选择热侵镀锌板材作为组合楼板用压型钢板。ISO 14713（表4-6-6）的数据即是热侵镀锌钢板的试验结果。

目前市场上还有镀铝锌钢板（镀层含铝5%和55%两种），在酸性条件下，防腐性能优于镀锌板，由于大气环境基本上处于酸性，因此一般认为镀铝锌钢板防腐性能优于镀锌钢板。但碱性条件下是个例外[23]，ISO 14713规定镀铝锌板直接与混凝土接触，应对接触面进行钝化处理，防止铝与混凝土发生化学反应，破坏混凝土与压型钢板的粘结性能。从国外的工程中也未见到镀铝锌板作为组合楼板使用的报道。在我国近几年虽有某些工程使用了镀铝锌（5% Al）板，但这种板材的工程实践较少，而且没有经过长时间的工程检验，参考国外规范，镀铝锌（5% Al）板不宜作为组合楼板用压型钢板。

第七节　组合楼板施工

一、压型钢板的质量要求

当压型钢板的总高不大于70mm时，其总高允许误差为±5mm；当总高大于70mm时，其总高允许误差为±2mm。波距允许偏差为±2mm。

当板宽不超过1m时，其宽度允许偏差为±5mm。

对波高小于80mm的压型钢板，任意测量10m，其侧弯不应超过10mm；当测量长度只能小于8m时，其侧弯不应超过8mm；8～10m之间侧弯偏差取插入值。

对波高小于80mm的压型钢板，任意测量5m，其翘曲值不应超过5mm；当测量长度只能小于4m时，其翘曲值不应超过4mm。

二、吊装及堆放

（1）压型钢板堆放场地应基本平整，堆叠不宜过高，以每堆不超过40张为宜。

（2）压型钢板运至现场，需妥善保护，不得有任何损害与污染，特别是油污。

（3）吊装前先核对压型钢板捆号及吊装位置是否准确，包装是否稳固。

（4）以由下往上楼层顺序吊料为宜，避免因先行吊放上层材料后阻碍下一层楼之吊放作业。

三、放样

（1）放样时需先检查钢构件尺寸，以避免因钢构件安装误差导致放样错误。

（2）压型钢板安装时，于楼承板两端部弹设基准线，距钢梁翼缘边至少50mm处。

（3）边模施工放样，按边模底板长度扣除悬挑尺寸后，要求与钢梁搭接不少于50mm。

四、铺设

（1）一般情况下，压型钢板的铺设应由下往上逐层施工。

（2）需确认钢结构已完成校正、焊接、检测后方可施工。

（3）梁柱接头处所需楼承板切口需于收尾施工前，以等离子机切割为宜。

（4）封口板、边模、边模补强收尾工程应在浇筑混凝土前及时完成。

五、钢梁上的固定

（1）压型钢板与钢结构需点焊的，应采用相匹配的焊条，且每个波谷至少点焊一处。

（2）压型钢板端部宜采取栓钉的形式和钢梁连接（焊穿压型钢板于钢梁上）。

（3）压型钢板及收边板侧向搭接于钢梁之上的点焊间距不宜大于400mm。

（4）压型钢板铺设末端不足一个板宽时，若宽度不大于300mm时，一般以收边板收头。

（5）压型钢板公母肋扣合处，应扣合后用自攻螺钉或拉铆钉固定，固定间距不宜大于500mm。

（6）收边板以对接方式点焊连接，点焊间距50mm。

（7）封口板于压型钢板波峰、波谷处点焊，与之固定。

六、混凝土浇筑

（1）混凝土浇筑前，必须把压型钢板上的杂物（含剪力钉上的磁套）及灰尘、油脂等其他有妨碍混凝土粘结的杂物清除干净。

（2）混凝土浇筑前，压型钢板面上人员、小车走动较频繁的区域，应铺设垫板，以免压型钢板受损及变形过大从而降低压型钢板的承载能力。

（3）浇筑混凝土时，应避免混凝土堆积过高，倾倒混凝土所造成的冲击，应保持均匀一致，以避免压型钢板局部出现过大的变形，倾倒混凝土时，应在钢梁处倾倒，并且迅速向四周摊开。

（4）混凝土浇筑完成后，除非压型钢板底部被充分地支撑，否则混凝土的强度未达到75%设计极限抗压强度前，不得在楼层面上附加任何其他荷载。

（5）若施工时跨中加临时支撑，混凝土达到75%设计极限抗压强度后，方可拆除中间支撑，如需在楼面上堆放材料时，应以垫板承载以避免集中载重，并应置放于主要承重构件上方。

七、现场切割

所有压型钢板开孔或切割，以采用等离子切割机（或砂轮切割机）为宜。

第八节　设计计算例题

【例 4-8-1】某实际工程，结构设计次梁间距为 2.8m，有简支、两跨和三跨三种情况。混凝土板厚 120mm，混凝土强度等级 C30，可变荷载 2.0kN/m²，除自重外，其他永久荷载取 1.0kN/m²。

【解】

1. 选择压型钢板

由附录 C 选 YJ 46-600 型压型钢板。钢板厚度 $t=1.0$mm，材质为镀锌量 275g/m² 的 Q345 板材，设计强度为 300N/mm²。截面性质如下：

截面面积 $A_s=1666.67\text{mm}^2$，

正截面惯性矩 $I_{st}=527500\text{mm}^4/\text{m}$，负截面惯性矩 $I_{sc}=308303\text{mm}^4/\text{m}$，

正截面模量 $W_{st}=16019\text{mm}^3/\text{m}$，负截面模量 $W_{sc}=13852\text{mm}^3/\text{m}$，

对下翼缘形心距 $y_0=13.07$mm，对上翼缘形心距 $y_c=22.26$mm

2. 施工阶段荷载

单位宽度上荷载：

（1）静荷载

钢板自重　　$G_{sk}=0.13\text{kN/m}^2$

混凝土自重　　$G_{ck}=2.88\text{kN/m}^2$

静荷载标准值　　$G_k=3.01\text{kN/m}^2$

静荷载设计值　　$G=3.61\text{kN/m}^2$

（2）活荷载

均布活荷载标准值　　$q_k=1.0\text{kN/m}^2$

集中线活荷载标准值　　$P_k=2.2\text{kN/m}$

均布活荷载设计值　　$q=1.4\text{kN/m}^2$

集中线活荷载设计值　　$P=3.08\text{kN/m}$

（3）各种荷载工况

各种荷载工况如图 4-8-1 ~ 图 4-8-3 所示。

3. 施工阶段强度验算

经计算单位板宽上的最不利组合弯矩：

简支板　　$M=5.70\text{kN}\cdot\text{m}$

两跨板　　$M=4.47\text{kN}\cdot\text{m}$　　$M=-4.96\text{kN}\cdot\text{m}$

多跨板　　$M=4.39\text{kN}\cdot\text{m}$　　$M=-4.60\text{kN}\cdot\text{m}$

正截面强度：

$$M_u=fW_{st}=300\times16019=4805700\text{N}\cdot\text{mm}=4.81\text{kN}\cdot\text{m}<0.9\times5.70=5.13\text{kN}\cdot\text{m}$$

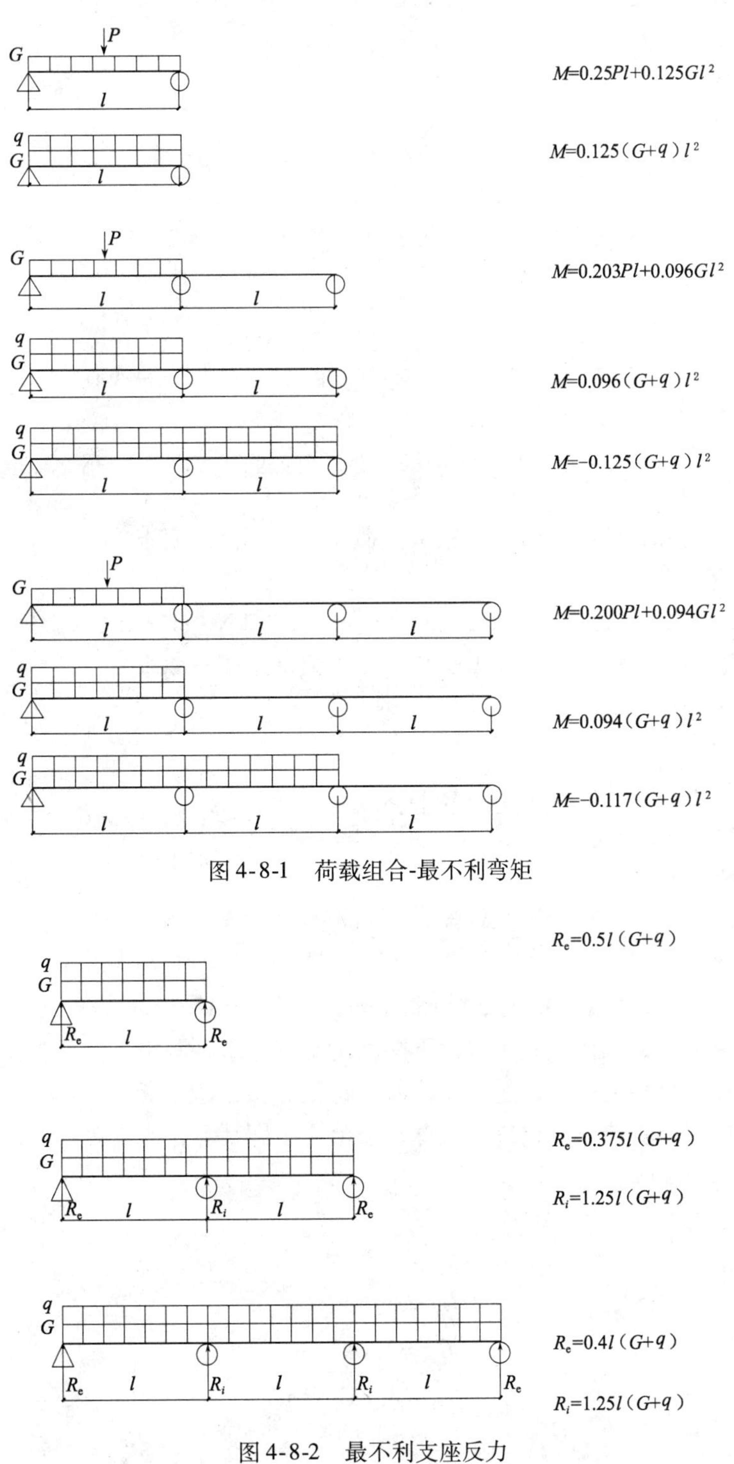

图 4-8-1　荷载组合-最不利弯矩

图 4-8-2　最不利支座反力

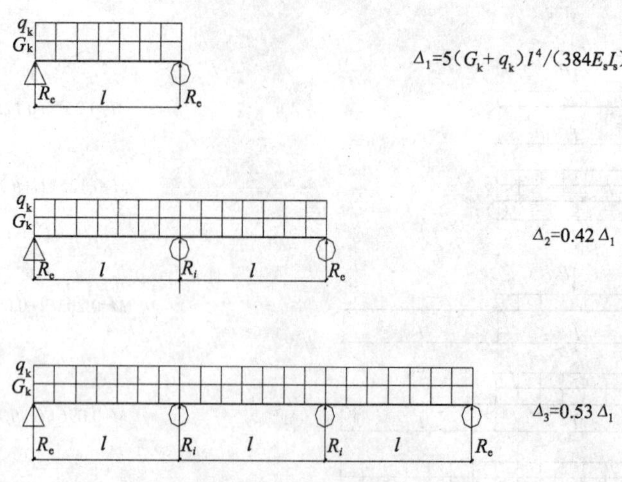

图 4-8-3　最不利挠度

由以上计算可知，施工阶段压型钢板正截面强度不满足要求。

负截面强度：

$M_u = fW_{sc} = 300 \times 13852 = 4155600\text{N}\cdot\text{mm} = 4.16\text{kN}\cdot\text{m} < 0.9 \times 4.96 = 4.46\text{kN}\cdot\text{m}$

由以上计算可知，施工阶段压型钢板负截面强度不满足要求。

4. 施工阶段挠度验算

（1）简支板

$$\Delta_1 = \frac{5(G_k+q_k)l^4}{384E_sI_{st}} = \frac{5\times(3.01+1.0)\times 2.8^4\times 10^{12}}{384\times 2.05\times 10^5\times 527500} = 29.68\text{mm} > L/180 = 15.6\text{mm}$$

（2）两跨板

$$\Delta_2 = 0.42\Delta_1 = 12.47\text{mm} < l/180 = 15.6\text{mm}$$

（3）多跨板

$$\Delta_3 = 0.53\Delta_1 = 15.73\text{mm} \approx l/180 = 15.6\text{mm}$$

经以上计算可知，简支板施工阶段不能满足挠度要求，两跨、三跨板挠度满足要求。

综合强度验算和挠度验算，选择 YJ 46-600 型压型钢板当板厚 $t = 1.0$mm 时，施工阶段均需增加临时支撑。增加一道临时支撑，按上述步骤计算，满足要求。计算过程略。

5. 使用阶段荷载

单位宽度上荷载：

（1）永久荷载

组合楼板自重　　$G_k = 3.01\text{kN/m}^2$

其他永久荷载　　$G_{k1} = 1.0\text{kN/m}^2$

静荷载标准值　　$G_{Gk} = 4.01\text{kN/m}^2$

（2）可变荷载

均布荷载　　$q_{sk} = 2.0\text{kN/m}^2$

（3）荷载组合

荷载设计值　$S = 1.2G_{Gk} + 1.4q_{sk} = 1.2\times 4.01 + 1.4\times 2.0 = 7.61\text{kN/m}$

荷载标准值　　　　$S_k = G_{Gk} + q_{sk} = 4.01 + 2.0 = 6.01\text{kN/m}$

荷载准永久值　　$S_q = G_{Gk} + \Psi_q q_{sk} = 4.01 + 0.4 \times 2.0 = 4.81\text{kN/m}$

(4) 单位板宽各种工况下组合最不利弯矩、剪力

简支板　　　　$M = 7.46\text{kN}\cdot\text{m}$，$V = 10.661\text{kN}$

两跨板　　　　$M = 5.73\text{kN}\cdot\text{m}$，$V = 26.65\text{kN}$

$M = -7.46\text{kN}\cdot\text{m}$

多跨板　　　　$M = 5.61\text{kN}\cdot\text{m}$，$V = 26.65\text{kN}$

$M = -6.98\text{kN}\cdot\text{m}$

6. 使用阶段正截面验算

混凝土强度等级 C30，$f_c = 14.3\text{N/mm}^2$，$f_t = 1.43\text{N/mm}^2$

$$E_c = 3.0 \times 10^4\text{N/mm}^2$$

$$h_0 = h - y_0 = 120 - 13.07 = 106.9\text{mm}$$

$$x = \frac{A_s f_y}{\alpha_1 b f_c} = \frac{1666.67 \times 300}{1.0 \times 1000 \times 14.3} = 35.0 < \xi_b h_0 = 0.51 \times 106.9 = 54.5\text{mm}$$

$$M_u = 0.8\alpha_1 f_c bx\left(h_0 - \frac{x}{2}\right) = 0.8 \times 1.0 \times 14.3 \times 1000 \times 35.0 \times \left(106.9 - \frac{35.0}{2}\right)$$

$$= 357957600\text{N}\cdot\text{mm} = 35.80\text{kN}\cdot\text{m}$$

$M_u \geqslant M$，可以满足要求。

7. 剪切-粘结验算

荷载为均布荷载，此时剪跨取 $a = \frac{1}{4}l = \frac{1}{4} \times 2800 = 700\text{mm}$

由施工阶段验算可知，浇筑混凝土需增加一道支撑，因此 $\gamma = 0.63$，按式（4-4-26）验算

$$V_u = 195.80\,\frac{1666.67 \times 106.9}{700} + 0.0499 \times 1000 \times 106.9 \times 1.43 + \frac{0.63 \times 3.01 \times 2800}{2}$$

$$= 60118.7\text{N} = 60.12\text{kN}$$

$V_u \geqslant V$，可以满足要求。

8. 负弯矩、斜截面验算

略。

9. 挠度验算

$$\alpha_E = \frac{E_s}{E_c} = \frac{205000}{30000} = 6.83, \rho = \frac{A_s}{bh_0} = \frac{1666.67}{1000 \times 106.9} = 0.0156$$

(1) 组合楼板刚度计算

开裂惯性矩：

$$y_{cc} = d\{[2\rho\alpha_E + (\rho\alpha_E)^2]^{\frac{1}{2}} - \rho\alpha_E\}$$

$$= 120\{[2 \times 0.0156 \times 6.83 + (0.0156 \times 6.83)^2]^{\frac{1}{2}} - 0.0156 \times 6.83\}$$

$$= 44.065\text{mm} < h_c = 120 - 46 = 74\text{mm}$$

$$I_c = \frac{b}{3}y_{cc}^3 + \alpha_E A_s y_{cs}^2 + \alpha_E I_s$$

$$y_{cs}=106.9-44.065=62.835\text{mm}$$

$$I_c=\frac{1000}{3}44.065^3+6.83\times1666.67\times62.835^2+6.83\times527500$$

$$=77067708.3\text{mm}^4$$

未开裂惯性矩：

$$d=h_0=106.9\text{mm},W_r=200\text{mm},d_d=h_s=46\text{mm},C_s=200\text{mm}$$

$$y_{cc}=\frac{0.5bh_c^2+\alpha_E A_s d+W_r d_d(h-0.5d_d)b/C_s}{bh_c+\alpha_E A_s+W_r d_d b/C_s}$$

$$=\frac{0.5\times1000\times74^2+6.83\times1666.67\times106.9+200\times46\times(120-0.5\times46)\times1000/200}{1000\times74+6.83\times1666.67+200\times46\times1000/200}$$

$$=64.06\text{mm}$$

$$y_{cs}=h_0-y_{cc}=106.9-64.06=42.84\text{mm}$$

$$I_u=\frac{bh_c^3}{12}+bh_c(y_{cc}-0.5h_c)^2+\alpha_E I_{sf}+\alpha_E A_s y_{cs}^2+\frac{W_r bd_d}{C_s}\left[\frac{d_d^2}{12}+(h-y_{cc}-0.5d_d)^2\right]$$

$$=\frac{1000\times74^3}{12}+1000\times74(64.06-0.5\times74)^2+6.83\times527500+6.83\times1666.67\times42.83^2$$

$$+\frac{200\times1000\times46}{200}\left[\frac{46^2}{12}+(120-64.06-0.5\times46)^2\right]$$

$$=175843597.6\text{mm}^4$$

$$I_d=\frac{I_c+I_u}{2}=\frac{77067708.3+175843597.6}{2}=126455652.95\text{mm}^4$$

（2）挠度验算

$$B_s=E_c I_d=30000\times126455652.95=3.7937\times10^{12}\text{N}\cdot\text{mm}^2=3793.7\text{kN}\cdot\text{m}^2$$

短期荷载作用下挠度：

$$\Delta=\frac{5S_k l^4}{384B_s}=\frac{5\times6.01\times2.8^4}{384\times3793.7}\times1000=1.27\text{mm}<[\Delta]=\frac{2800}{360}=7.8\text{mm}$$

可以满足要求。

考虑徐变时，$B_l=0.5B_s$

$$\Delta=\frac{5S_q l^4}{384B_l}=\frac{5\times4.81\times2.8^4}{384\times0.5\times3793.7}\times1000=2.03\text{mm}<[\Delta]=\frac{2800}{360}=7.8\text{mm}$$

可以满足要求。

10. 组合楼板自振频率

永久荷载下的挠度：

$$\Delta_G=\frac{5G_{Gk}l^4}{384B_s}=\frac{5\times4.01\times2.8^4}{384\times3793.7}\times1000=0.85\text{mm}<[w]=1.4\text{mm}$$

满足要求。

11. 负弯矩裂缝宽度验算

略。

符　号

1　材料性能

f_y、f'_y——受拉、受压钢筋强度设计值；

f——钢材强度设计值；

f_c、f_t——混凝土抗压、抗拉强度设计值；

E_c、E_s——混凝土、钢材的弹性模量。

2　作用和作用效应设计值

P_k、P——集中荷载标准值、设计值；

G_k、G——静荷载标准值、设计值；

G_{ck}——混凝土自重荷载标准值；

q_k、q——均布荷载标准值、设计值；

S——荷载组合值；

M——弯矩设计值；

V——剪力设计值；

w_{max}——组合楼板负弯矩区最大裂缝宽度。

3　几何参数

h——组合楼板截面高度；

h_a、h_c——压型钢板高度、压型钢板肋上混凝土高度；

h_0——压型钢板（包括纵向受拉钢筋）合力点至混凝土受压边缘的距离（组合楼板有效高度）；

h_f——地面饰面厚度；

l——组合楼板跨度；

l_x、l_y——组合板强边、弱边方向的跨度；

l_p——荷载作用点至组合楼板支座的较近距离；

b_{em}——集中荷载在组合楼板中的有效工作宽度；

b_m——集中荷载在组合楼板中的工作宽度；

b_p——荷载宽度；

b——单位组合楼板宽；

x——受压区混凝土高度；

y_1、y_2——压型钢板受拉区截面拉应力合力点分别至受拉区混凝土板截面和压型钢板截面压应力合力点的距离；

t——压型钢板厚度；

a——剪跨；

A_s——单位板宽压型钢板截面面积；

A_{sc}——中和轴以上组合楼板单位宽度内压型钢板面积；

W_s——压型钢板截面抵抗矩；

W_{st}、W_{sc}——压型钢板正、负截面抵抗矩；

I_x、I_y——组合板强边、弱边方向的截面惯性矩；

W_r——压型钢板平均肋宽。

4　计算参数及其他

γ_0——结构重要性系数；

Δ——挠度；

Δ_1、Δ_2、Δ_3——简支板、两跨板、三跨板挠度；

Δ_G——自重荷载下组合楼板挠度；

[Δ]——容许挠度；

f_G——组合楼板自振频率；

ρ——组合楼板纵向配筋率（含压型钢板和钢筋）；

ε_{cu}——非均匀受压时的混凝土极限压应变；

ε_s——压型钢板截面形心应变；

f_s——压型钢板截面形心应力；

ε_{sy}——压型钢板钢材屈服应变；

λ_e——有效边长比；

μ——板的各向异性系数；

γ——与施工时支撑有关的系数；

α_E——钢与混凝土弹性模量之比。

参 考 文 献

[1] 中华人民共和国行业标准. 钢-混凝土组合楼盖结构设计与施工规程 YB 9238—92. 北京：冶金工业出版社，1992.

[2] 中国建筑技术研究院. 高层民用建筑钢结构技术规程 JGJ 99—98. 北京：中国建筑工业出版社，1998.

[3] 美国土木工程师协会. ASCE Standard for Structural Design of Composite Slabs.

[4] （美）A. H. 尼尔逊等著. 混凝土结构设计. 过镇海等译. 北京：中国建筑工业出版社，1994.

[5] Eurocode 4. Design of composite steel and concrete structures —Part 1. 1: General rules and rules for buildings —

[6] 汪心洌. 压型钢板与混凝土组合楼板的组合效应. 工业建筑，1985，9.

[7] Porter, M. L and C. E. Ekgerg, Jr. Design Recommendations for Steel Deck Floor Slabs. Journal of Structural Division. Proceedings of ASCE, Vol. 102, No. ST 11 November 1976.

[8] 詹建敏，吴炎海. 压型钢板-混凝土组合楼板剪切-粘结承载力试验研究. 福建建筑，2002，3.

[9] 聂建国等. 闭口式压型钢板-混凝土组合楼板的纵向抗剪性能. 工业建筑，2003，12.

[10] 白力更，赵辉，史庆轩. 压型钢板-混凝土组合楼板剪切-粘结试验研究. 钢结构，2005，3.

[11] D. E. Allen, G. Pernica. Control of Floor Vibration, NRC-CNRC consitrction technology Update No. 22.

[12] 国家质量技术监督局．建筑构件耐火试验方法 GB/T 9978—1999. 北京：中国标准出版社，1999.

[13] BRITISHH STANDARD Structural use of steelwork in building—Part 8：Code of practice for fire resistant design BS 5950—8：2003.

[14] 陈一欧，程懋，刘季康．压型钢板组合楼板耐火性能的试验研究．建筑结构学报，1998，10.

[15] 李国强，殷颖智，蒋首超．火灾下组合楼板的温度场分析．工业建筑，1999，12.

[16] C. G. Bailey，White，D. B. Moore. The tensile membranes action of unrestrained composite slbs simulated under fire conditions，Engineering Strucyures 22（2000）.

[17] 白力更，马得志．压型钢板-组合楼板耐火试验和破坏模式的探讨．钢结构，2006，1.

[18] Eurocode 4. Design of Composite Steel and Concrete Structures，Part 1. 2：Structural Rules-Structural Fire Design.

[19] CONSTRUCTION INDUSTRY RESEARCH AND INFORMATION ASSOCIATION. Fire resistance of composite slabs with steel decking. CIRIA special publication 42.

[20] NEWMAN G. M. Fire resistance of composite floors with steel decking. Steel Construction Institute，1989.

[21] 上海市地方标准．建筑钢结构防火设计规程.

[22] 洪乃丰．钢铁腐蚀与钢结构防护系列问答．钢结构，2005，20，6.

[23]（英）D. A. 贝利斯，D. H. 迪肯著．钢结构的腐蚀控制．丁桦等译．北京：化学工业出版社，2005.

[24] BRITISHH STANDARD. Structural use of steelwork in building—Part 4：Code of practice for design of composite slabs with profiled steel sheeting（BS 5950—4：1994）.

[25] 白力更，马得志．压型钢板-组合楼板防腐设计．钢结构，2007，1.

[26] BS EN ISO 14713. Protection against corrosion of iron and steel in structures—Zinc and aluminium coatings—Guidelines.

[27] 中华人民共和国国家质量监督检验检疫总局．钢铁结构耐腐蚀防护锌和铝覆盖层指南 GB/T 19355—2003. 北京：中国标准出版社．

[28] 何文汇，马智刚．组合楼板自振频率的计算与试验研究．钢结构，2005，3.

第五章　钢与混凝土组合梁

第一节　概　述

一、钢与混凝土组合梁的一般情况

钢与混凝土组合梁（composite steel and concrete beam）是由混凝土翼板与钢梁通过抗剪连接件组合而成整体受力的梁，亦可简称为组合梁。它适用于桥梁结构、楼盖结构或平台结构。在房屋建筑中，它和主体钢结构的梁格体系关系密切，同时在学科理论上又和钢结构中的塑性设计有诸多沟通之处，故不少国家将它纳入钢结构设计规范范畴，我国亦然。它从成为专利至今已有近80年的历史，理论上、技术上都很成熟。实践表明，在楼盖次梁的型钢上通过连接件组合80~100mm厚的混凝土楼板之后，其受弯承载力比原来型钢提高了80%~90%，梁的挠度可以减少1/3~1/2，楼盖的整体性好，施工也便捷。

二、组合梁的截面组成

组合梁截面如图5-1-1所示，由以下四部分组成。

（一）混凝土翼板

在楼盖、平台或桥梁结构中，它就是楼板、平台或桥面板的本身，它除了可以提高构件的强度和刚度外，还可以防止梁的出平面失稳。翼板的形式除图5-1-1所示的现浇混凝土楼板外，常见的还有多种结构形式。

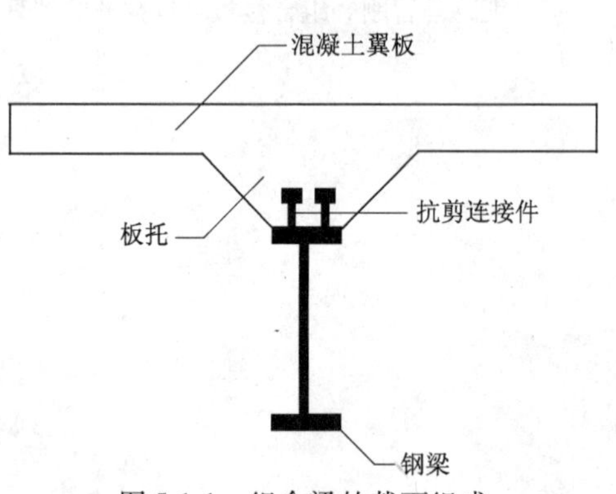

图5-1-1　组合梁的截面组成

1. 压型钢板的组合铺板（图5-1-2*a*、*b*）

这种楼板利用成形的压型钢板铺设在钢梁上，通过连接件和钢梁的上翼缘焊牢，然后在压型钢板上浇灌混凝土成形。压型钢板可以当作模板并承担施工荷载，有些压型钢板在混凝土硬化后还可以兼作配筋。这种楼板施工便捷，缺点是用钢量多了一点。它一般用于高层钢结构或某些工业厂房的楼盖。从压型钢板的铺设方向来看，它又可分为压型钢板肋平行于钢梁和垂直于钢梁两种。对于主次梁楼盖结构，压型钢板肋（强边方向）一定要垂直地搁置在次梁上，此时对主梁来说，压型钢板肋就是平行于主梁方向，如图5-1-2（*a*）所示。如果是独立的钢梁，压型钢板肋也是垂直地搁置在钢梁上，如图5-1-2（*b*）所示。

2. 混凝土叠合板（图 5-1-2c、d）

混凝土叠合翼板由混凝土预制板及现浇混凝土层组成，在混凝土预制板表面采取拉毛及设置抗剪钢筋等措施，以保证预制板和现浇混凝土层形成一个整体。混凝土预制板可以用来承受施工荷载，为后浇混凝土兼作模板，并且使现场的混凝土湿作业减少。从预制板的跨度走向来看，同样可以分为与钢梁平行及与钢梁垂直两种，如图 5-1-2（c）、（d）所示。对于预制板跨度方向与钢梁垂直的情况，为了保证混凝土叠合板能充分参与组合工作，应在板端伸出环筋以加强预制板、后浇混凝土及钢梁三者之间的联系，如图 5-1-3 所示。图中预制板的端头呈燕尾形，以容纳后浇混凝土和钢梁上的连接件，板端伸出的钢筋环套在连接件上，加强整体性。

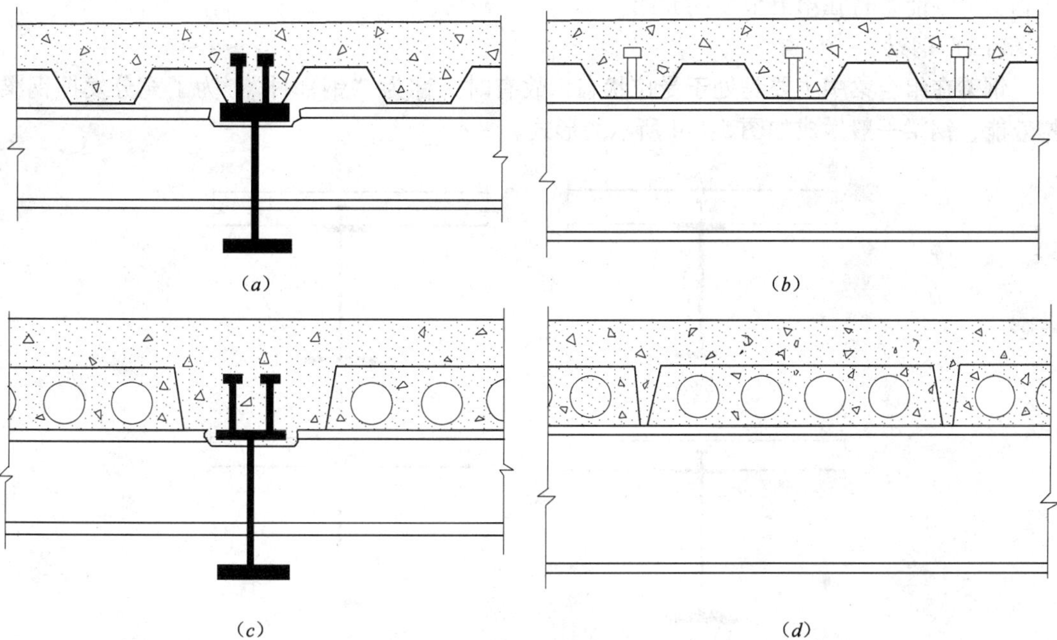

图 5-1-2 组合梁的翼板
（a）压型钢板的组合铺板，肋平行于钢梁；（b）同（a），但肋垂直于钢梁；
（c）混凝土叠合板，板跨平行于钢梁；（d）同（c），但板跨垂直于钢梁

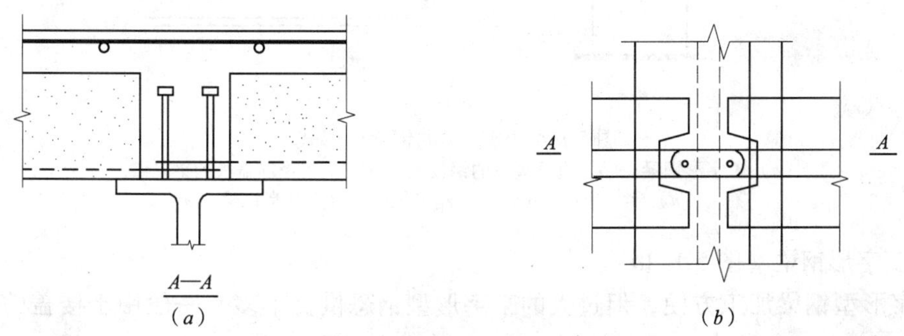

图 5-1-3 混凝土叠合板的连接构造
（a）剖面；（b）平面（未表示后浇混凝土）

（二）板托

板托是在混凝土翼板与钢梁上翼缘之间的混凝土局部加宽部分，如图 5-1-1 所示。板托有时是专门设置的，有时是客观上存在着某个空间而必须设置的，有时也可以不设。一般而言，不带板托的组合梁施工方便，带板托的组合梁材料较省，但板托构造复杂。高层钢结构中的组合梁大多不带板托。

（三）抗剪连接件

抗剪连接件是混凝土翼板与钢梁共同工作的基础。它是用来承受混凝土翼板与钢梁接触面之间的纵向剪力，抵抗二者之间的相对滑移。图 5-1-1 中所示的抗剪连接件为圆柱头焊钉，在组合梁中应用很广，并且有个专门名词叫“栓钉”（stud）。关于抗剪连接件的形式和受力性能，将在第五节专门介绍。

（四）钢梁

钢梁在组合梁中主要是处于受拉状态，故有时又称为“钢部件”。为了充分发挥钢梁的效能，钢梁一般做成如图 5-1-4 所示的形式。

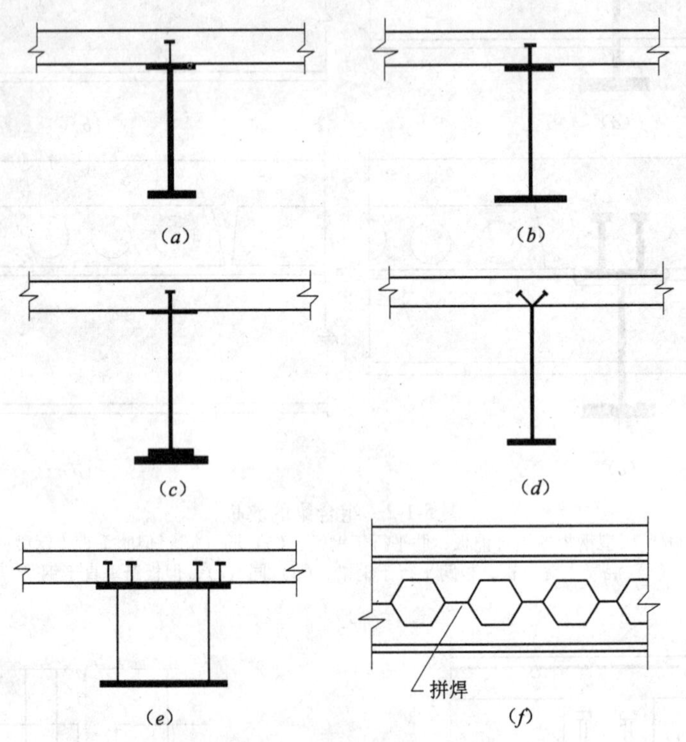

图 5-1-4　组合梁的钢部件形式

（*a*）工字形钢梁；（*b*）宽下翼缘的钢板梁；（*c*）下翼缘加盖板的钢板梁；（*d*）倒 T 形钢板梁；（*e*）箱形钢梁；（*f*）蜂窝钢梁

1. 工字形钢梁（图 5-1-4*a*）

工字形型钢梁加工方便，但过大的工字形型钢恐供货不多。一般用于楼盖的次梁组合梁。

2. 钢板梁（图 5-1-4*b*、*c*、*d*）

大型组合梁的钢部件一般用钢板拼焊而成，为了充分利用材料，一般可做成对横轴非对称的（图5-1-4b），或在下翼缘加焊盖板（图5-1-4c），个别也有设计成倒T形钢部件的（图5-1-4d），但不足为例。楼盖中的主梁、组合桥梁等大型组合梁大多用钢板梁作钢部件。

3. 箱形钢梁（图5-1-4e）

大型组合梁中的钢部件还可以设计成箱形钢梁，箱形钢梁的整体稳定性好，结构高度可做得小一些，承载力亦高。

4. 蜂窝钢梁（图5-1-4f）

蜂窝钢梁是用工字形型钢经过切割后再错位拼焊而成，其截面高度比原来的工字钢增加不少，具有刚度大、省钢和可穿行管线等优点，但略为费工。

三、高层钢结构中的组合楼盖

组合楼盖是高层钢结构的主要组成之一，它的楼板宜采用带压型钢板的现浇混凝土铺板，它整体刚度大，施工方便，是高层钢结构楼板的主要形式。整浇普通钢筋混凝土楼板也很普遍，它一般也是不带板托的，因为这样做施工简单方便，它与压型钢板混凝土铺板相比，耐火性好，只是施工时多了一道支模拆模工艺。预应力混凝土薄板加混凝土现浇层的叠合板在高层钢筋混凝土结构中应用较多，当能保证楼板与钢梁有可靠连接时，也可以考虑在高层钢结构中采用。如图5-1-2（c）、（d）所示的混凝土预制板，因为整体刚度较差，在高层钢结构中不宜采用。

当采用压型钢板混凝土铺板时，如果能保证压型钢板与混凝土可靠连接，可设计成组合板，否则设计成非组合板，此时压型钢板只是作为永久性模板。压型钢板混凝土铺板在设计上要作如下考虑：

（1）不论是组合板或是非组合板，压型钢板都要作施工阶段的受弯强度及挠度验算，必要时应设临时支撑。

（2）组合板在混凝土硬化后应进行受弯、斜截面受剪和纵向受剪等方面的验算，有时还包括局部荷载的冲切计算。

（3）非组合板不考虑压型钢板的存在直接按钢筋混凝土铺板计算，要求另配钢筋，可不用考虑板的防火问题。

（4）任何情况下，板肋内均应设置端部栓钉锚固件。

关于组合板的设计与施工请参阅本书第四章有关内容。

在高层钢结构中，次梁与主梁宜采用简支连接，将次梁腹板通过螺栓与主梁连接（图5-1-5a），各跨次梁都是“铰接地”支承在主梁上。当遇到次梁跨度较大，要求减小梁的挠度时，也可以用次梁与主梁刚性连接方案（图5-1-5b），次梁设计成多跨连续梁。组合次梁的钢部件可根据预估的弯矩设计值M按$W=\dfrac{M}{\alpha f}$估计其所需的截面模量W，式中α为组合截面的承载力增大系数，对于简支梁，α可取1.8～1.9；对于连续梁，α可取1.4～1.5。

从组合梁的受力特点考虑，也倾向于将次梁设计成多跨简支梁，因为简支梁只受到正弯矩作用，截面中的混凝土翼板能充分发挥其抗压性能，因而其承载力高，刚度也大。要是采用连续组合梁的话，在支座处有一段负弯矩区，该区段内混凝土翼板受拉开裂退出工作，下部钢梁成为受弯的主体，虽然在翼板内设置纵向钢筋也可辅助钢梁受力，但贡献不算太大。连续组合梁的支座截面弯矩大而受弯承载力却不如跨中截面，不尽合理。此外，在支座处弯矩最大剪力也最大，钢梁下翼缘塑性受压，还有稳定问题，节点构造也复杂，不利于施工。

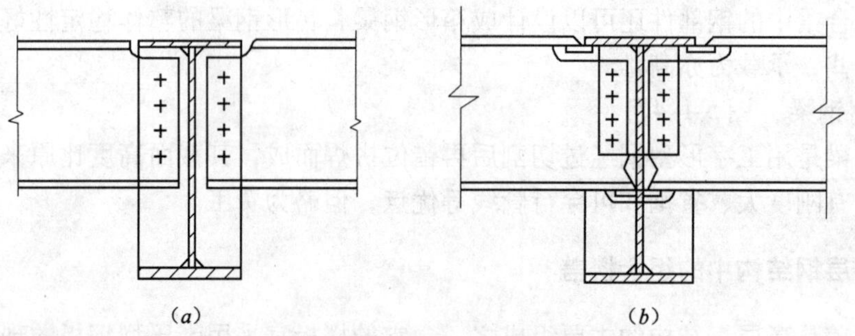

图 5-1-5　次梁与主梁的连接
(a) 简支连接；(b) 刚性连接

至于主梁，要是能实现它与柱铰接简支的话，可以设计成组合主梁（图 5-1-2a），否则以用纯钢梁作主梁（框架横梁）为妥。因为组合主梁的翼板只能与柱在柱翼缘宽度范围内连接，其中配置的钢筋对梁端受弯承载力的贡献也不会太大，当房屋受反复的水平荷载作用时，梁端受力也随之发生正负号变化，这一点贡献更是没有把握。此外，带组合横梁的钢框架在内力分析上和构造上经验不多，故建议以纯钢梁作主梁为宜，同时主梁的截面尺寸亦由钢结构框架设计决定。

第二节　一 般 规 定

本节主要介绍关于组合梁材料及截面特征的一些规定，它们都是在设计时必然会遇到的一些原则问题。

一、组合梁截面的混凝土翼板计算宽度

组合梁截面的混凝土翼板计算宽度 b_e（又叫有效宽度）和《混凝土结构设计规范》GB 50010—2002 的规定基本上是一致的。对组合内梁及边梁，可按以下公式分别计算，并各取其中的最小值（图 5-2-1）。

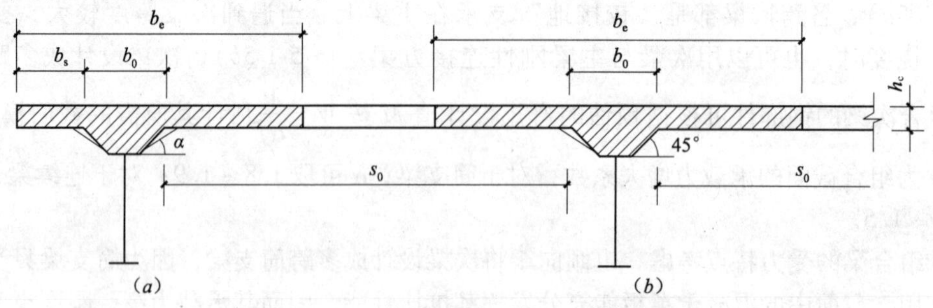

图 5-2-1　组合梁混凝土翼板的计算宽度
(a) 边梁；(b) 内梁

（1）对组合内梁

$$b_e = l/3 \tag{5-2-1a}$$

$$b_e = b_0 + 12h_c \tag{5-2-1b}$$

$$b_e = b_0 + s_0 \tag{5-2-1c}$$

（2）对组合边梁

$$b_e = b_s + l/6 \tag{5-2-2a}$$

$$b_e = b_s + b_0 + 6h_c \tag{5-2-2b}$$

$$b_e = b_s + b_0 + s_0/2 \tag{5-2-2c}$$

式中　l——梁的计算跨度；

b_0——板托顶部宽度，当板托倾角 $\alpha < 45°$时，按 $\alpha = 45°$计算；当无板托时，取等于钢梁上翼缘宽度；

b_s——组合边梁混凝土翼板的外伸长度，当 $b_s \geqslant 6h_c$ 时，取 $b_s = 6h_c$；当 $b_s \geqslant l/6$ 时，取 $b_s = l/6$；

s_0——钢梁上翼缘或板托间净距；

h_c——混凝土翼板的计算厚度，对普通钢筋混凝土翼板，取原厚度；对压型钢板混凝土组合板翼板，按《钢结构设计规范》GB 50017—2003 规定，取压型钢板混凝土组合板有肋处的总厚度。

二、组合梁的换算截面

为了弹性应力分析或梁的变形计算，需要将由两种材料（钢与混凝土）构成的组合梁截面转换成单质（钢）的换算截面，原则是将混凝土翼板的计算宽度 b_e 折算成钢质的等效换算宽度 b_{eq}，翼板的厚度保持不变，如图 5-2-2 所示。

（1）荷载的标准组合时

$$b_{eq} = \frac{b_e}{\alpha_E} \tag{5-2-3}$$

（2）荷载的准永久组合时

$$b_{eq} = \frac{b_e}{2\alpha_E} \tag{5-2-4}$$

式中　α_E——钢材弹性模量 E_s 对混凝土弹性模量 E_c 的比值，$\alpha_E = E_s/E_c$。

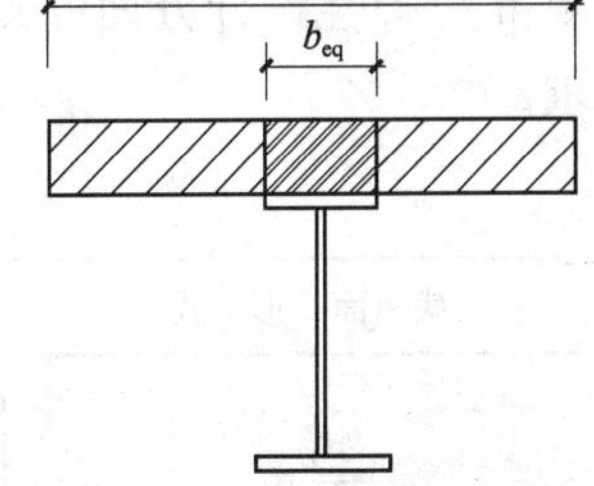

图 5-2-2　组合梁的换算截面

三、组合梁的材料选用

组合梁的材料包括钢材、钢筋、栓钉及混凝土四个方面。

关于结构钢，它的牌号很多，有的还是高强度结构钢，从组合梁设计考虑，不一定全都适用。因为组合梁是按“简单塑性理论”设计的，连续梁还允许作弯矩调幅实现内力重分布，要求钢材具有能充分发挥塑性变形的潜力。

众所周知，屈服强度 f_y、抗拉强度 f_u、伸长率 δ_5 是承重结构钢材必须有的三项合格保证，其中屈服强度是材料设计强度取值的依据，抗拉强度不仅是一般的强度指标，而且直接反映钢材内部组织的优劣，伸长率则属于衡量材料塑性的指标，所以首先应该从这三项保证上对钢材提出具体的要求。例如，《钢结构设计规范》GB 50017—2003 塑性设计一章中规定："按塑性设计时，钢材的力学性能应满足强屈比 $f_u/f_y \geqslant 1.2$，伸长率 $\delta_5 \geqslant 15\%$，相应于抗拉强度 f_u 的应变 ε_u 不小于 20 倍屈服点应变 ε_y。"《高层民用建筑钢结构技术规程》JGJ 99—98 也规定："抗震结构钢材的强屈比不应小于 1.2；应有明显屈服台阶；伸长率应大于 20%；应有良好的可焊性。" 如果用前两条规定评价，Q390 钢和 Q420 钢就通不过，主要是钢材伸长率达不到要求，也就是塑性差一点。所以组合梁也是以采用 Q345 等级 B、C、D、E 的低合金高强度结构钢为宜。A 级钢等级最低，它不要求任何冲击试验值，还不保证焊接要求的含碳量，故不用；反之，E 级钢等级最高，等级愈高，钢材中硫磷含量愈少，但价格也高，可根据需要选用。当然，采用 Q235 钢也是可以的。这些钢材的弹性模量 $E_s = 206 \times 10^3 \mathrm{N/mm^2}$，它们的强度见表 1-2-2 所列。

楼板及组合梁中常用的钢筋为 HPB235 及 HRB335。HPB235 主要用于分布钢筋及箍筋，HRB335 用于受力筋，它们的强度值见表 1-5-1 所列。

栓钉应按照国家标准《电弧螺柱焊用圆柱头焊钉》GB/T 10433—2002 的有关规定，其大致与 Q235 相当，屈服强度标准值为 $240\mathrm{N/mm^2}$，强屈比等于 1.67。

混凝土的强度等级主要取决于楼板设计要求。对于一般受弯构件，尤其是板类构件，没有必要用强度等级很高的混凝土，楼板及组合梁结构的混凝土强度等级宜采用 C20 ~ C30，不应低于 C15，混凝土的强度及弹性模量值见表 1-5-3 ~ 表 1-5-5 所列。

四、组合梁中钢梁的板件宽厚比

钢梁是由上下翼缘、腹板等板件构成的，愈宽愈薄的板件愈可能局部失稳，导致钢梁的承载力下降，即便是塑性性能良好的钢材此时其塑性优势也不能充分发挥，钢梁塑性铰转动能力也可能达不到要求，故对钢梁板件的宽厚比要严加控制。参照《钢结构设计规范》塑性设计方面的规定，钢梁翼缘及腹板的板件宽厚比应符合表 5-2-1 规定的要求。

梁翼缘及腹板的板件宽厚比　　**表 5-2-1**

截面形式	翼缘	腹板
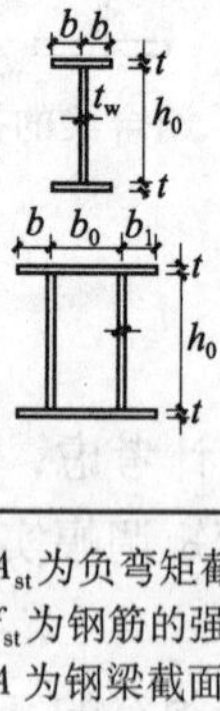 工字形截面（b，t，t_w，h_0）；箱形截面（b，b_0，b_1，t，h_0）	$\frac{b}{t} \leqslant 9\sqrt{\frac{235}{f_y}}$ $\frac{b_0}{t} \leqslant 30\sqrt{\frac{235}{f_y}}$	当 $\frac{A_{st}f_{st}}{Af} < 0.37$ 时 $\frac{h_0}{t_w} \leqslant \left(72 - 100\frac{A_{st}f_{st}}{Af}\right)\sqrt{\frac{235}{f_y}}$ $\frac{A_{st}f_{st}}{Af} \geqslant 0.37$ 时 $\frac{h_0}{t_w} \leqslant 35\sqrt{\frac{235}{f_y}}$

注：1. A_{st} 为负弯矩截面混凝土翼板有效宽度范围内的钢筋截面面积；
2. f_{st} 为钢筋的强度设计值；
3. A 为钢梁截面面积；
4. f 为钢梁钢材的强度设计值；
5. f_y 为钢梁钢材的屈服强度。

板件宽厚比满足塑性设计限制条件的钢截面称为“厚实截面”（compact section）。

在具体设计时，要注意以下几点基本概念：

（1）表5-2-1中关于板件宽厚比的限制条件，主要是针对连续组合梁的负弯矩截面；对于正弯矩截面，钢部件以受拉为主，基本上不存在局部失稳问题。

（2）在表5-2-1的限制条件公式中，$A_{st}f_{st}$为负弯矩截面混凝土翼板内配筋的拉力设计值，对同一截面中的下部钢部件而言，$N=A_{st}f_{st}$的反作用力就是作用在钢部件上的轴向压力，该轴向压力恶化了腹板局部失稳。所以$\frac{A_{st}f_{st}}{A_af_a}$值愈大，表5-2-1中对腹板宽厚比的限制要求愈严，详细解释见本章第四节之二。

（3）表5-2-1中的限制要求对钢板焊成的组合钢板梁有更多的实际意义，对普通热轧工字型钢，板件局部稳定问题基本上有保证，同时，还要说明的是组合梁中不宜采用轻型工字型钢。

第三节　连续组合梁的内力分析

一、连续组合梁的工作截面

以等截面杆件的五等跨连续梁为例，它在满布均布荷载下的弯矩图如图5-3-1所示，这种常见的计算分析结果将给组合梁设计带来不少困扰。

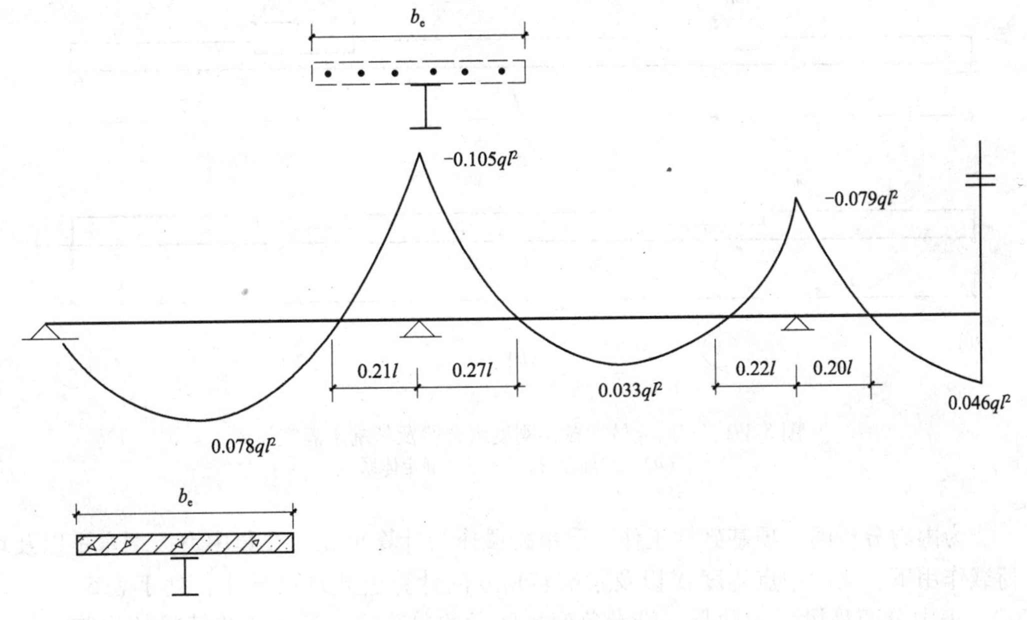

图5-3-1　五等跨连续梁的弯矩图及组合梁的工作截面

首先，在连续梁的正弯矩区段和负弯矩区段组合梁的工作截面是不同的，在正弯矩区段，混凝土翼板受压，是一种理想的由两种材料构成的组合工作截面，其受弯承载能力可比下面的钢梁（钢部件）提高80%～90%或更多；而在负弯矩区段，混凝土翼板受拉而退出工作，只得在其中配置钢筋来支援下面的钢梁，由于配筋量有所限制，配筋后的截面受弯承载力约比原来钢梁提高40%左右。

再看荷载效应，支座截面负弯矩绝对值最大，为 $0.105ql^2$，边跨跨中截面正弯矩为 $0.078ql^2$，截面抗力与荷载效应十分不协调，抗力大的截面所受的弯矩小，抗力小的截面受的弯矩大，甚至在某个跨中截面的荷载弯矩只有 $0.033ql^2$，钢梁能够独自承担，可以无求于混凝土翼板出力。

因此，为了真实地反映结构实际情况，同时也是为了缓解截面抗力与荷载效应之间的矛盾，连续组合梁应该采取更为科学的分析方法，将支座负弯矩减小，跨中正弯矩增大，实现工作截面抗力与荷载效应基本统一。

二、单跨变截面组合梁的位移计算公式

连续组合梁由于在正负弯矩区段内工作截面不同的缘故，它是变截面刚度的梁，如图5-3-2所示。对正弯矩区段的工作截面，截面刚度以换算截面的 EI_{eq} 计，E 为钢材弹性模量，I_{eq} 为换算截面惯性矩；而对于负弯矩区段的工作截面，截面刚度应按单质的配筋钢梁计算，后者比前者小，内力分析时其截面刚度以 EI_{eq}/α 表示，$\alpha>1$。至于图5-3-2（a）中的反映反弯点位置的系数 β，与荷载形式及作用点位置、梁的跨数和梁跨序号等因素有关，$\beta<1$。

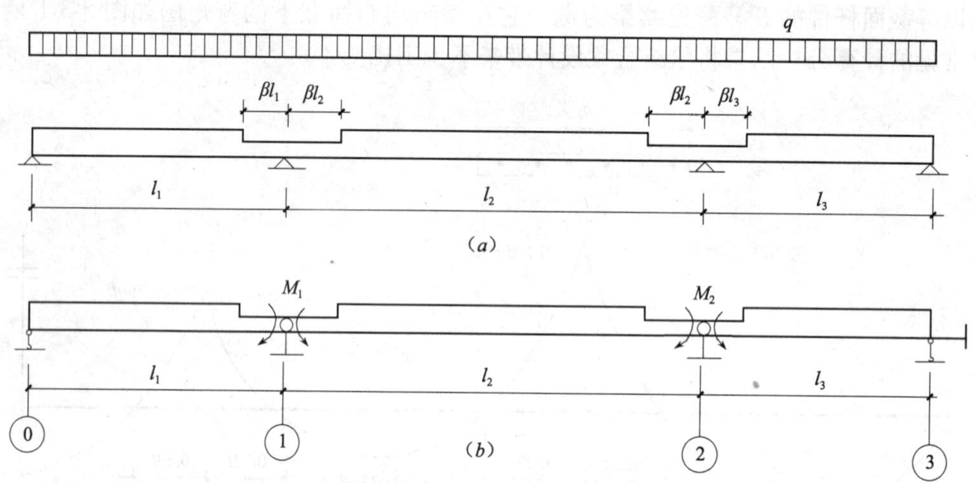

图5-3-2　三跨连续变截面刚度组合梁及其基本静定体系

（a）计算简图；（b）基本静定体系

作为内力分析的一项基础性工作，取单跨梁作为计算单元，在集中力、端弯矩以及均布荷载作用下，梁的中点挠度 Δ 以及梁端转角 θ 的计算公式现已导出，列于表5-3-1、表5-3-2。表中分两种梁，一种是一端有负弯矩区段的单跨梁，适用于连续梁的边跨，见表5-3-1所列，其中的公式为式（1-1）~式(1-7)；另一种是两端有负弯矩区段的单跨梁，适用于连续梁的内跨，见表5-3-2所列，其中公式为式（2-1）~式(2-10)；公式以 α 及 β 为参数；集中力作用时，作用点相对位置系数 ξ_a 及 ξ_b 也是变量，$\xi_a=a/l$，$\xi_b=b/l$，ξ_a 永远邻近"i"端。

位移计算公式　　**表 5-3-1**

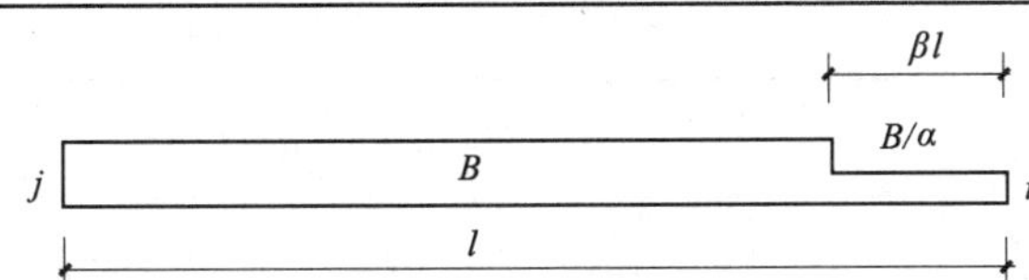

简图	位移公式	公式号
	$\Delta_p=\frac{Pl^3}{48B}[4\xi_a\xi_b^2(3-2\xi_b)-8\xi_b^2(3-3\xi_b+\xi_b^2)-\xi_a+8\alpha\xi_b-8(\alpha-1)\xi_b(1-\beta)(1+\beta+\beta^2)]$	1-1 $a\leqslant l/2$
	$\Delta_p=\frac{Pl^3}{48B}[8\xi_a\xi_b^3-4\xi_b^3(3-2\xi_b)-5\xi_b+8\alpha\xi_b-8(\alpha-1)\xi_b(1-\beta)(1+\beta+\beta^2)]$	1-2 $a>l/2$
	$\theta_{ip}=\frac{Pl^2}{6B}[\xi_b^3(2\xi_a+2\xi_b-3)+\alpha\xi_b-(\alpha-1)\xi_b(1-\beta)^2(1+2\beta)]$	1-3
	$\Delta_M=\frac{Ml^2}{48B}[3+4(\alpha-1)\beta^2(3-2\beta)]$	1-4
	$\theta_{iM}=\frac{Ml}{3B}[\alpha-(\alpha-1)(1-\beta)^3]$	1-5
	$\Delta_q=\frac{ql^4}{384B}[5+8(\alpha-1)\beta^3(4-3\beta)]$	1-6
	$\theta_{iq}=\frac{ql^3}{24B}[\alpha-(\alpha-1)(1-\beta)^3(1+3\beta)]$	1-7

位移计算公式　　**表 5-3-2**

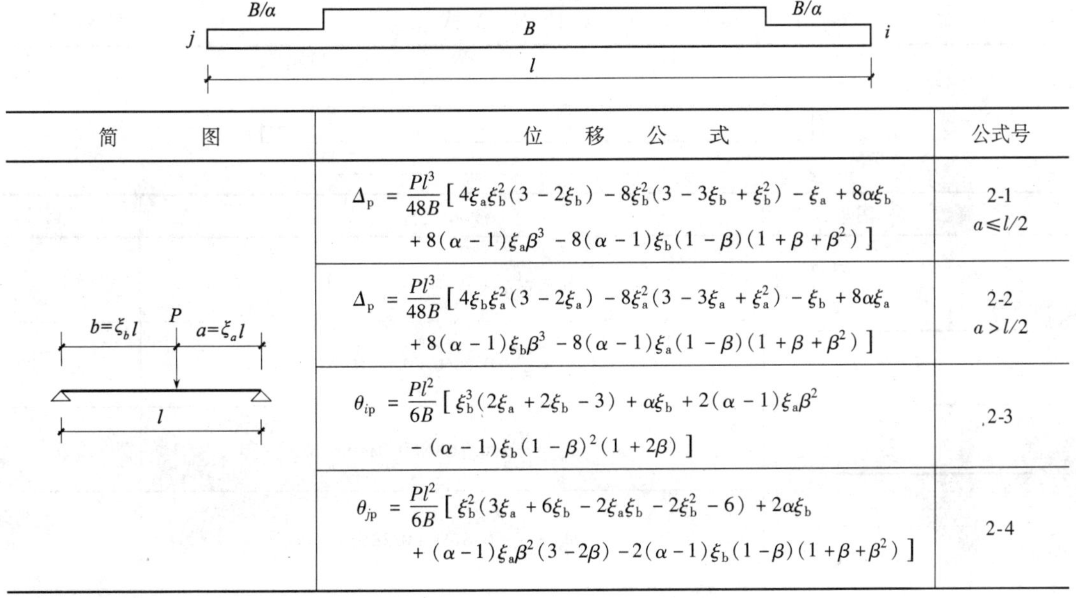

简图	位移公式	公式号
	$\Delta_p=\frac{Pl^3}{48B}[4\xi_a\xi_b^2(3-2\xi_b)-8\xi_b^2(3-3\xi_b+\xi_b^2)-\xi_a+8\alpha\xi_b+8(\alpha-1)\xi_a\beta^3-8(\alpha-1)\xi_b(1-\beta)(1+\beta+\beta^2)]$	2-1 $a\leqslant l/2$
	$\Delta_p=\frac{Pl^3}{48B}[4\xi_b\xi_a^2(3-2\xi_a)-8\xi_a^2(3-3\xi_a+\xi_a^2)-\xi_b+8\alpha\xi_a+8(\alpha-1)\xi_b\beta^3-8(\alpha-1)\xi_a(1-\beta)(1+\beta+\beta^2)]$	2-2 $a>l/2$
	$\theta_{ip}=\frac{Pl^2}{6B}[\xi_b^3(2\xi_a+2\xi_b-3)+\alpha\xi_b+2(\alpha-1)\xi_a\beta^2-(\alpha-1)\xi_b(1-\beta)^2(1+2\beta)]$	2-3
	$\theta_{jp}=\frac{Pl^2}{6B}[\xi_b^2(3\xi_a+6\xi_b-2\xi_a\xi_b-2\xi_b^2-6)+2\alpha\xi_b+(\alpha-1)\xi_a\beta^2(3-2\beta)-2(\alpha-1)\xi_b(1-\beta)(1+\beta+\beta^2)]$	2-4

续表

简　图	位　移　公　式	公式号
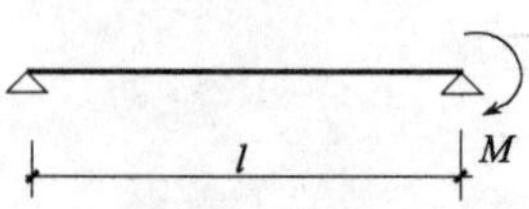	$\Delta_M=\dfrac{Ml^2}{48B}[3+12(\alpha-1)\beta^2]$	2-5
	$\theta_{iM}=\dfrac{Ml}{3B}[\alpha+(\alpha-1)\beta^3-(\alpha-1)(1-\beta)^3]$	2-6
	$\theta_{jM}=\dfrac{Ml}{6\beta}[\alpha+(\alpha-1)\beta^2(3-2\beta)-(\alpha-1)(1-\beta)^2(1+\beta)]$	2-7
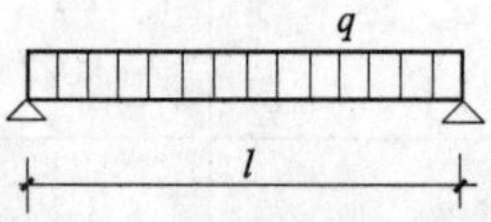	$\Delta_q=\dfrac{ql^4}{384B}[5+16(\alpha-1)\beta^3(4-3\beta)]$	2-8
	$\theta_{iq}=\dfrac{ql^3}{24B}[1+2(\alpha-1)\beta^2(3-2\beta)]$	2-9
	$\theta_{jq}=\theta_{iq}$	2-10

表5-3-1及表5-3-2中的位移计算公式十分繁琐，不便应用，如果将参数β取成一个定值，消除掉公式中一个参数，就可以把计算公式大大简化。由图5-3-1已知，第1、2、3跨的β值分别为0.21、0.27、0.22、0.20，由于今后连续组合梁要按变截面刚度分析，支座弯矩将有所减小，再加上对支座弯矩作调幅降低，β值必定在0.2以下，故欧洲钢结构协会ECCS《组合结构》规范规定，在距中间支座0.15l范围内确定梁截面刚度时，不应考虑混凝土翼板的存在，但翼板中有效宽度范围内的钢筋应计入，即承认$\beta=0.15$。

应该指出，对于均布荷载或是跨内均匀地作用多个集中荷载，取$\beta=0.15$是合适的。要是在跨内中点仅有一个集中荷载或者虽有两个集中荷载但都距支座太近，β值可能与0.15出入较大，前者$\beta>0.15$，后者$\beta<0.15$。不过这些情况终究是少数，要是其弯矩所占的比重不大，可以不考虑。

基于此，以表5-3-1及表5-3-2中的公式为依据，以$\beta=0.15$为前提，ξ_a及ξ_b也是用常用的位置系数，简化后的公式分别列于表5-3-3及表5-3-4，其中公式号分别为式（3-1）~式(3-6)及式(4-1)~式(4-9)。

位 移 计 算 公 式　　　　表5-3-3

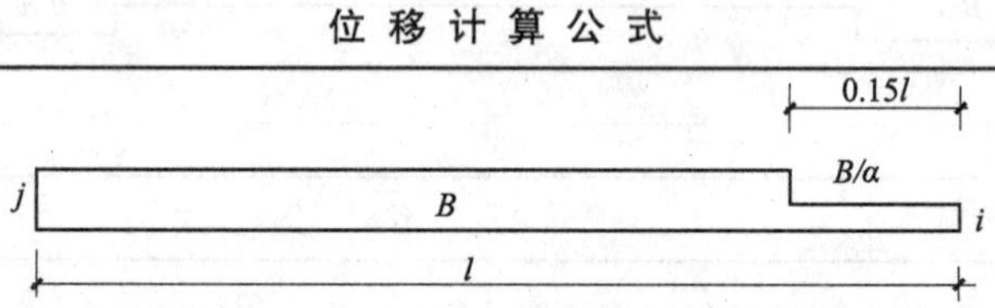

简　图	位　移　公　式	公式号
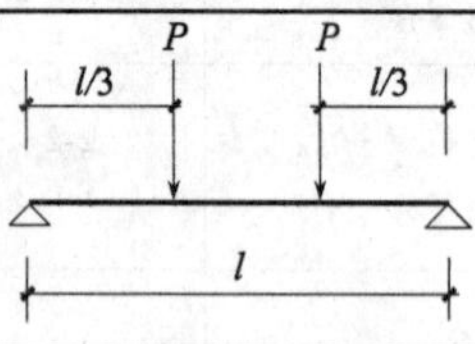	$\Delta_p=\dfrac{Pl^3}{48B}(1.6776+0.0270\alpha)$	3-1
	$\theta_{ip}=\dfrac{Pl^2}{6B}(0.6060+0.0607\alpha)$	3-2
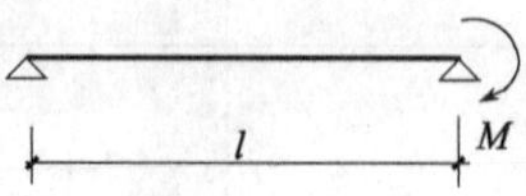	$\Delta_M=\dfrac{Ml^2}{16B}(0.9190+0.0810\alpha)$	3-3
	$\theta_{iM}=\dfrac{Ml}{3B}(0.6141+0.3859\alpha)$	3-4

续表

简　　图	位　移　公　式	公式号
q, l	$\Delta_q=\frac{ql^4}{384B}(4.9041+0.0959\alpha)$	3-5
	$\theta_{iq}=\frac{ql^3}{24B}(0.8905+0.1095\alpha)$	3-6

位 移 计 算 公 式　　　　**表 5-3-4**

(0.15l, 0.15l, B/α, B, B/α, j, i, l)

简　　图	位　移　公　式	公式号
P, P, l/3, l/3, l	$\Delta_p=\frac{Pl^3}{48B}(1.6496+0.0536\alpha)$	4-1
	$\theta_{ip}=\frac{Pl^2}{16B}(0.5610+0.1057\alpha)$	4-2
	$\theta_{jp}=\theta_{ip}$	4-3
M, l	$\Delta_M=\frac{Ml^2}{16B}(0.9100+0.0900\alpha)$	4-4
	$\theta_{iM}=\frac{Ml}{3B}(0.3893+0.6107\alpha)$	4-5
	$\theta_{jM}=\frac{Ml}{6B}(0.7701+0.2299\alpha)$	4-6
q, l	$\Delta_q=\frac{ql^4}{384B}(4.8083+0.1917\alpha)$	4-7
	$\theta_{iq}=\frac{ql^3}{24B}(0.8785+0.1215\alpha)$	4-8
	$\theta_{jq}=\theta_{iq}$	4-9

三、多跨连续组合梁的内力分析

多跨连续组合梁的内力分析拟用结构力学“力法”求解。

第一步　首先由表 5-3-3 中的式（3-4）及表 5-3-4 中的式（4-5）及式（4-6），设 EI_{eq}（或 B）=1，令 $M=1$ 求梁端的柔性系数。

对边跨梁，由式（3-4），有

$$\delta_{ii}=\frac{l}{3}(0.6141+0.3859\alpha) \tag{5-3-1}$$

对中跨梁，由式（4-5）及式（4-6），有

$$\delta_{ii}=\frac{l}{3}(0.3893+0.6107\alpha) \tag{5-3-2}$$

及

$$\delta_{ij}=\frac{l}{6}(0.7701+0.2299\alpha) \tag{5-3-3}$$

第二步　将超静定的变截面刚度连续梁化成基本静定体系，在切口处暴露出待定内力。现以满铺均布荷载 q 的三跨连续梁为例，如图 5-3-2 所示，待定的未知内力为 M_1 及 M_2。

第三步　根据变形协调原则建立关于未知量 M_1 及 M_2 的典型方程。

$$M_1\delta_{11}+M_2\delta_{12}+\theta_{1q}=0 \tag{5-3-4a}$$

$$M_1\delta_{21}+M_2\delta_{22}+\theta_{2q}=0 \tag{5-3-4b}$$

式中　δ_{11}及δ_{12}——分别在 $M_1=1$ 及 $M_2=1$ 作用下，在基本体系截面①处梁端相对转角；

δ_{21}及δ_{22}——分别在 $M_1=1$ 及 $M_2=1$ 作用下，在基本体系截面②处梁端相对转角；

θ_{1q}及θ_{2q}——在均布荷载 q 作用下，分别在基本体系截面①及截面②处梁端相对转角。

具体地可表示为：

$$\delta_{11}=\frac{l_1}{3}(0.3893+0.6107\alpha)+\frac{l_2}{3}(0.6141+0.3859\alpha) \tag{5-3-5}$$

$$\delta_{22}=\frac{l_2}{3}(0.6141+0.3859\alpha)+\frac{l_2}{3}(0.3893+0.6107\alpha) \tag{5-3-6}$$

$$\delta_{12}=\delta_{21}=\frac{l_2}{6}(0.7701+0.2299\alpha) \tag{5-3-7}$$

$$\theta_{1q}=-\left[\frac{ql_1^3}{24}(0.8905+0.1095\alpha)+\frac{ql_2^3}{24}(0.8785+0.1215\alpha)\right] \tag{5-3-8}$$

$$\theta_{2q}=-\left[\frac{ql_2^3}{24}(0.8785+0.1215\alpha)+\frac{ql_3^3}{24}(0.8905+0.1095\alpha)\right] \tag{5-3-9}$$

第四步　对每跨进行静定的内力分析，计算时将 M_1 及 M_2 也作为梁端弯矩作用考虑在内。

四、连续组合梁的塑性分析法

塑性分析法是极限平衡的分析方法，它只要求连续梁每跨在形成机构时内力合力与外力合力符合平衡条件，不考虑杆件是否变截面刚度和荷载作用的先后，方法很简单。通常具体的做法是，先按弹性理论对连续梁作内力分析，为了使配筋不遇到困难，同时也是从经济考虑，人为地将某些较大的支座截面弯矩作一定程度削减，然后通过支座截面塑性转动将削减的弯矩按照平衡条件转移到跨中截面，这就是所谓的“弯矩调幅”。正因为如此，为了保证支座截面能充分塑性转动进行内力重分布以实现极限平衡，钢梁的板件宽厚比必须符合表 5-2-1 的限制要求，换句话说，钢梁截面必须是“密实的”。

欧洲钢结构协会 ECCS 对梁的塑性分析法作了如下的限制规定：

（1）内力合力与不利的外荷载组合必须平衡。

（2）钢梁截面应该是密实的。

（3）相邻两跨的跨度相差不得超过短跨的 45%。

（4）边跨跨度不得小于邻跨的 70%，也不得大于邻跨的 115%。

（5）在每跨的1/5范围内，不得集中作用占该跨半数以上的集中荷载。

我国现行的《高层民用建筑钢结构技术规程》JGJ 99—98也有相同的规定。

但是，也应该看到，塑性铰的转动能力总是有限的，同时为了防止在使用阶段混凝土翼板裂缝过宽或是梁的挠度过大，弯矩调幅需要有个限度，《钢结构设计规范》规定调幅系数不宜超过15%；《高层民用建筑钢结构技术规程》则规定支座截面弯矩调幅不得超过25%，两者相差很大。作者认为，这是两本规范所取用的调幅前的弯矩基数不同所致，《钢结构设计规范》以变截面刚度连续梁的计算结果作为基数，而《高层民用建筑钢结构技术规程》则是用等截面刚度连续梁的计算结果作为基数，请看下面［例5-3-2］的分析内容。

五、计算算例

【例5-3-1】 某三等跨的楼盖连续组合梁，跨度 $l=9\text{m}$，梁距3m，板厚 $h_c=100\text{mm}$，混凝土强度等级C20，弹性模量 $E_c=25.5\times10^3\text{N/mm}^2$，钢梁为I32b工字钢，Q235，截面面积 $A_a=7352\text{mm}^2$，截面惯性矩 $I_x=116\times10^6\text{mm}^4$，弹性模量 $E_s=206\times10^3\text{N/mm}^2$，永久荷载设计值 $G=10.67\text{kN/m}$，可变荷载设计值 $P=18.90\text{kN/m}$。

求该梁的弯矩内力。

【解】

（一）求截面几何特征

由公式（5-2-1b）混凝土翼板计算宽度 $b_e=b_0+12h_c=132+12\times100=1332\text{mm}$，实际取用1330mm，其中 b_0 为钢梁的翼缘宽度，$b_0=132\text{mm}$。

1. 可变荷载作用时正弯矩区段梁的换算截面

钢材对混凝土的弹性模量比 $\alpha_E=E_s/E_c=206/25.5=8.08$

混凝土翼板的等效宽度，由式（5-2-3）

$$b_{eq}=\frac{b_e}{\alpha_E}=\frac{1330}{8.08}=165\text{mm}$$

换算截面如图5-3-3（a）所示。

截面形心轴距梁底的距离

$$y_{sc}=\frac{165\times100\times370+7352\times160}{165\times100+7352}=305\text{mm}$$

截面形心轴距混凝土翼板顶面的距离

$$420-305=115\text{mm}$$

截面惯性矩

$$I_{eq}=\frac{1}{12}\times165\times100^3+165\times100(115-50)^2+116\times10^6+7352(305-160)^2$$

$$=354.04\times10^6\text{mm}^4$$

（作者按：是钢梁截面惯性矩的3.05倍！）

2. 永久荷载作用时正弯矩区段梁的换算截面

混凝土翼板的等效宽度，由式（5-2-4）

$$b_{eq}=\frac{b_e}{2\alpha_E}=\frac{1330}{2\times 8.08}=82\text{mm}$$

换算截面如图 5-3-3（b）所示。

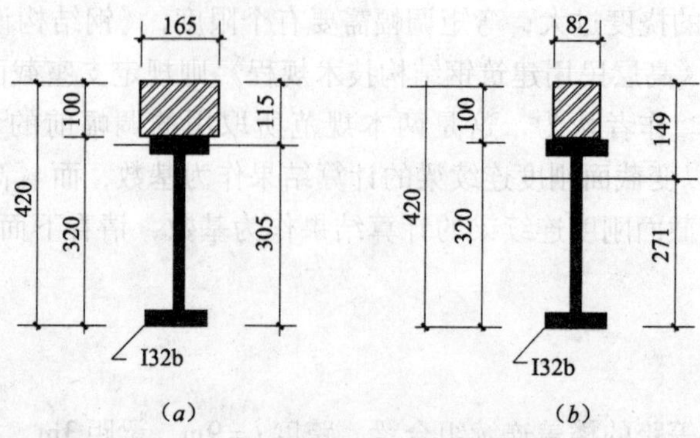

图 5-3-3　正弯矩区段梁的换算截面

（a）可变荷载作用时；（b）永久荷载作用时

截面形心轴距梁底的距离

$$y_{sc}=\frac{82\times 100\times 370+7352\times 160}{82\times 100+7352}=271\text{mm}$$

截面形心轴距混凝土翼板顶面的距离

$$420-271=149\text{mm}$$

截面惯性矩

$$I_{eq}=\frac{1}{12}\times 82\times 100^3+82\times 100\ (149-50)^2+116\times 10^6+7352\ (271-160)^2$$
$$=293.78\times 10^6\text{mm}^4$$

3. 负弯矩区段梁的单质截面

设混凝土翼板内配置钢筋截面面积 $A_{st}=0.2A=0.2\times 7352=1470.4\text{mm}^2$（$A_{st}$一般不宜超过 $0.3A$）。

钢筋截面形心距混凝土翼板顶面距离为 30mm。单质截面示意图如图 5-3-4 所示。截面形心轴距梁底的距离

$$y_{sc}=\frac{1470.4\times(420-30)+7352\times 160}{1470.4+7352}=198\text{mm}$$

截面形心轴距混凝土翼板顶面的距离

$$420-198=222\text{mm}$$

截面惯性矩

$$I_{eq}=1470.4\times(222-30)^2+116\times 10^6+7352\times(198-160)^2=180.82\times 10^6\text{mm}^4$$

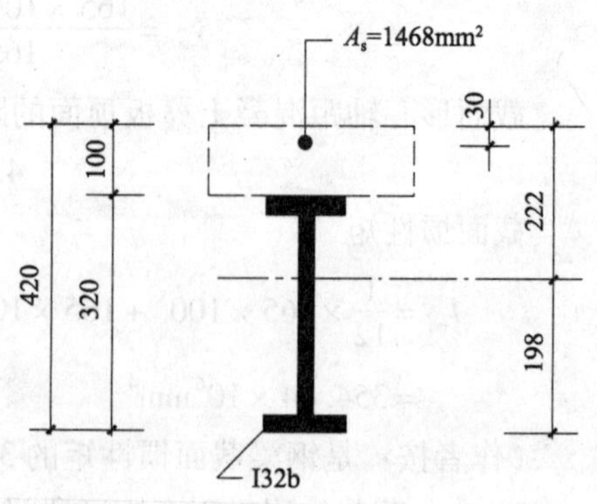

图 5-3-4　负弯矩区段梁的单质截面

（二）内力分析

1. 情况 A：永久荷载 G 作用在梁的第 1、2、3 跨时，$G=10.67\text{kN/m}$

$$\alpha=\frac{\text{跨中截面刚度}}{\text{支座截面刚度}}=\frac{293.63}{180.82}=1.62$$

设正弯矩区段截面刚度为“1”，则负弯矩区段相应的截面刚度为“1/1.62”，在内支座每侧负弯矩区长度 $=0.15l=0.15\times9=1.35\text{m}$。

梁的计算简图见图 5-3-5（*a*）。

由式（5-3-5）、式（5-3-6），令 $l_1=l_2=l_3=l=9\text{m}$，有

$$\delta_{11}=\delta_{22}=\frac{l_1}{3}(0.3893+0.6107\alpha)+\frac{l_2}{3}(0.6141+0.3859\alpha)$$

$$=\frac{l}{3}(1.0034+0.9966\alpha)=\frac{9}{3}(1.0034+0.9966\times1.62)=7.854$$

由式（5-3-7），令 $l_2=l=9\text{m}$，有

$$\delta_{12}=\delta_{21}=\frac{l}{6}(0.7701+0.2299\alpha)=\frac{9}{6}(0.7701+0.2299\times1.62)=1.714$$

由式（5-3-8），令 $l_1=l_2=l=9\text{m}$，将 q 改为 G，$G=10.67\text{kN/m}$，有

$$\theta_{1g}=-\left[\frac{Gl_1^3}{24}(0.8905+0.1095\alpha)+\frac{Gl_2^3}{24}(0.8785+0.1215\alpha)\right]$$

$$=-\frac{Gl^3}{24}(1.7690+0.2310\alpha)=\frac{10.67\times9^3}{24}(1.769+0.231\times1.62)$$

$$=-694.62$$

$$\theta_{2g}=\theta_{1g}=-694.62$$

由于荷载是对称的，式（5-3-4）中的 $M_1=M_2=M$，则

$$M(\delta_{11}+\delta_{12})+\theta_{1g}=0$$

即　$M(7.854+1.714)-694.62=0$

解得 $M=M_1=M_2=72.60\text{kN}\cdot\text{m}$。

如果按等截面杆件分析，$M=0.100Gl^2=86.43\text{kN}\cdot\text{m}$，现在减小了 16.0%。

梁的弯矩图如图 5-3-5（*b*）所示，单位 kN·m。

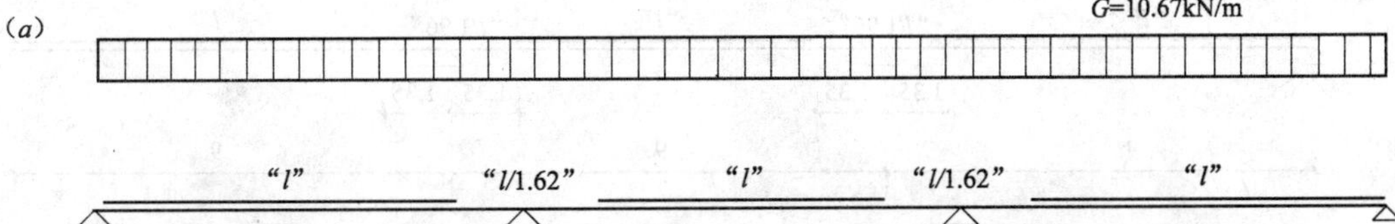

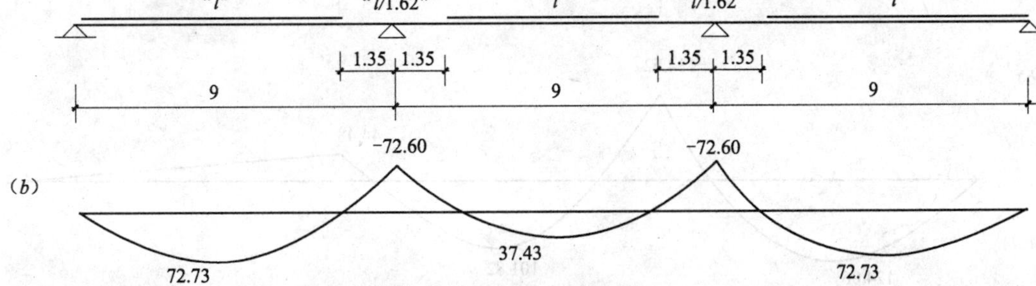

图 5-3-5　【例 5-3-1】情况 A

（*a*）计算简图；（*b*）弯矩图

2. 情况 B：可变荷载 P 作用在梁的第 1、2 跨时，$P=18.90\text{kN/m}$

$$\alpha=\frac{\text{跨中截面刚度}}{\text{支座截面刚度}}=\frac{355.78}{180.82}=1.96$$

梁的计算简图如图 5-3-6（a）所示。

$$\delta_{11}=\delta_{22}=\frac{l}{3}(1.0034+0.9966\alpha)=\frac{9}{3}(1.0034+0.9966\times1.96)=8.870$$

$$\delta_{12}=\delta_{21}=\frac{l}{6}(0.7701+0.2299\alpha)=\frac{9}{6}(0.7701+0.2299\times1.96)=1.831$$

由式(5-3-8)，令 $l_1=l_2=l=9\text{m}$，将 q 改为 P，$P=18.90\text{kN/m}$，有

$$\theta_{1\text{p}}=-\left[\frac{Pl^3}{24}(0.8905+0.1095\alpha)+\frac{Pl^3}{24}(0.8785+0.1215\alpha)\right]$$

$$=-\frac{Pl^3}{24}(1.7690+0.2310\alpha)=-\frac{18.9\times9^3}{24}(1.769+0.231\times1.96)$$

$$=-1275.485$$

由式（5-3-9），令 $l_2=l=9\text{m}$，将 q 改为 P，$P=18.90\text{kN/m}$，第 3 跨为空跨，有

$$\theta_{2\text{p}}=-\frac{Pl^3}{24}(0.8785+0.1215\alpha)=-\frac{18.9\times9^3}{24}(0.8785+0.1215\times1.96)=-641.049$$

典型方程为

$$8.870M_1+1.831M_2-1275.485=0$$

$$1.831M_1+8.870M_2-641.049=0$$

解得　$M_1=134.62\text{kN}\cdot\text{m}$，$M_2=44.48\text{kN}\cdot\text{m}$

如果按等截面杆件分析，$M=0.117Pl^2=179.12\text{kN}\cdot\text{m}$，现在减小了 24.84%。

梁的弯矩图如图 5-3-6（b）所示，单位 kN·m。

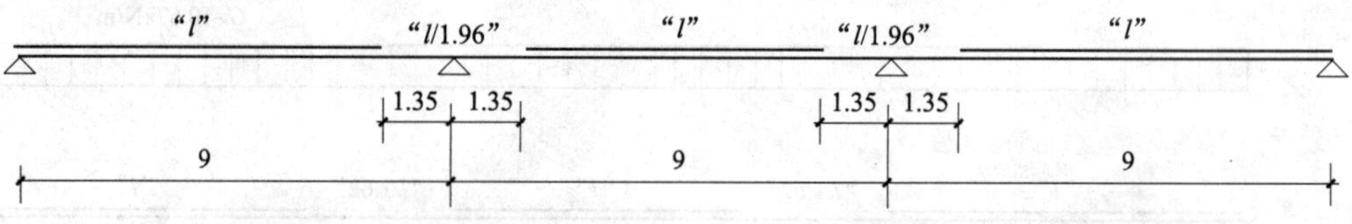

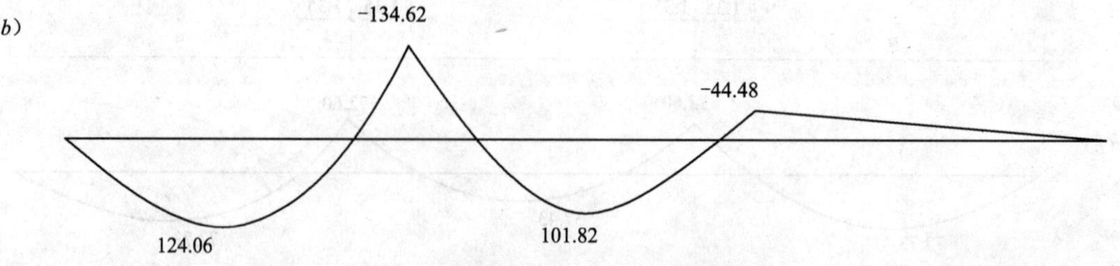

图 5-3-6 【例 5-3-1】情况 B

（a）计算简图；（b）弯矩图

3. 情况 C：可变荷载 P 作用在第 1、3 跨时，$P=18.90\text{kN/m}$

计算简图如图 5-3-7（a）所示。

$$\delta_{11}=\delta_{22}=8.87$$

$$\delta_{12}=\delta_{21}=1.831$$

由公式（5-3-8），令 $l_1=l=9\text{m}$，将 q 改为 P，$P=18.90\text{kN/m}$，考虑到第 2 跨为空跨，有

$$\theta_{1p}=-\frac{Pl^3}{24}(0.8905+0.1095\alpha)=-\frac{18.9\times9^3}{24}(0.8905+0.1095\times1.96)$$

$$=-634.436$$

$$\theta_{2p}=\theta_{1p}=-634.436$$

因为 $M_1=M_2=M$，典型方程为

$$M(\delta_{11}+\delta_{12})+\theta_{1p}=0$$

即 $$M(8.870+1.831)-634.436=0$$

解得 $$M=M_1=M_2=59.29\text{kN}\cdot\text{m}$$

如果按等截面杆分析，$M=0.050Pl^2=76.55\text{kN}\cdot\text{m}$，现在减小了 22.5%。

梁的弯矩图如图 5-3-7（b）所示，单位 kN·m。

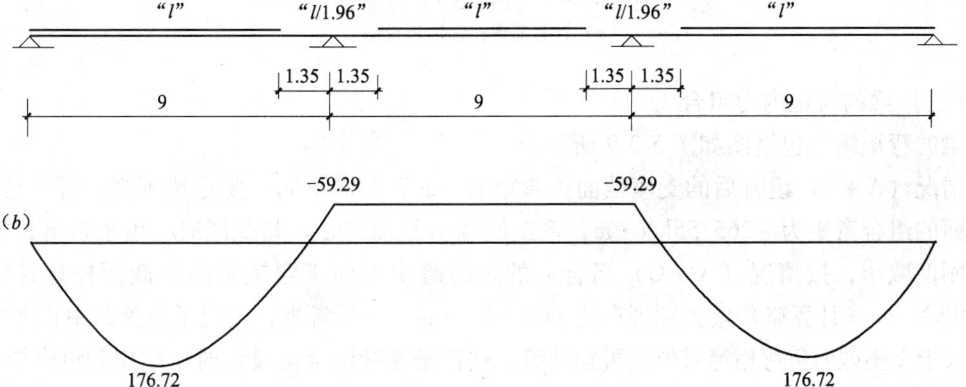

图 5-3-7 【例 5-3-1】情况 C

（a）计算简图；（b）弯矩图

4. 情况 D：可变荷载 P 作用在第 2 跨时，$P=18.90\text{kN/m}$。

计算简图如图 5-3-8（a）所示。

$$\delta_{11}=\delta_{22}=8.870$$

$$\delta_{12}=\delta_{21}=1.831$$

由公式（5-3-8），令 $l_2=l=9\text{m}$，将 q 改为 P，$P=18.90\text{kN/m}$，因为第 1、3 跨为空跨，有

$$\theta_{1p}=-\frac{Pl^3}{24}(0.8785+0.1215\alpha)=\frac{-18.9\times9^3}{24}(0.8785+0.1215\times1.96)$$

$$=-641.049$$

$$\theta_{2p}=\theta_{1p}=-641.049$$

因为 $M_1=M_2=M$，典型方程为

$$M(\delta_{11}+\delta_{12})+\theta_{1p}=0$$

即 $$M(8.870+1.831)-641.049=0$$

解得 $$M=M_1=M_2=59.91\text{kN}\cdot\text{m}$$

如果按等截面杆分析，$M=0.050Pl^2=76.55\text{kN}\cdot\text{m}$，现在减小了 21.7%。

梁的弯矩图如图 5-3-8（*b*）所示，单位 kN · m。

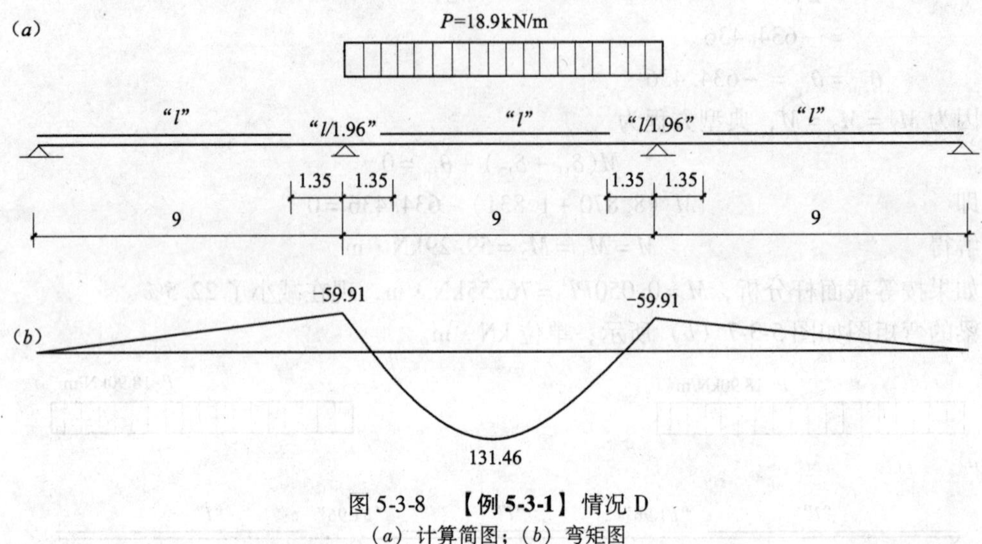

图 5-3-8　【例 5-3-1】情况 D
（*a*）计算简图；（*b*）弯矩图

（三）梁的弯矩内力组合

梁的弯矩组合包络图如图 5-3-9 所示。

情况（A+B）组合后的支座截面负弯矩为 −207.22kN · m，要是按等截面杆件计算，该截面的组合弯矩为 −265.55kN · m，弯矩值减小了 22.7%。与此同时，由于负弯矩区梁截面刚度减小，按情况（A+C）组合后的边跨跨中截面正弯矩则由等截面杆计算时的 218.48kN · m（计算略）增大到现在的 249.45kN · m。一反常规，出现了边跨跨中正弯矩绝对值大于支座截面负弯矩绝对值的可喜现象，这正是连续组合梁设计时所期望的组合结果。

【例 5-3-2】请依照图 5-3-8 所示的弯矩内力组合按《钢结构设计规范》规定对内支座截面弯矩调幅 15%，并结合《高层民用建筑钢结构技术规程》规定讨论对比。

【解】内支座截面弯矩是情况（A+B）的弯矩组合，其弯矩值为 −207.22kN · m，调幅 15% 后取值将是 −176.14kN · m，该值相当于该截面上按等截面杆件计算组合值 −265.55kN · m 的 65.7%，相当于调幅 33.6%。调幅之后，情况（A+B）的边跨跨中正弯矩由 196.79kN · m 增至 226.31kN · m，仍为属于情况（A+C）的边跨跨中不利正弯矩组合 249.45kN · m 所包络，如图 5-3-10 所示，合乎要求。

如果按照《高层民用建筑钢结构技术规程》规定，以等截面杆件的计算组合 −265.55kN · m为基准，调幅 25% 后取值将是 −199.16kN · m，相当于在 −207.22kN · m 的基础上仅后继下调 2.94%，远小于 15%；至于边跨跨中截面，仍为情况（A+C）所控制，也合乎要求。

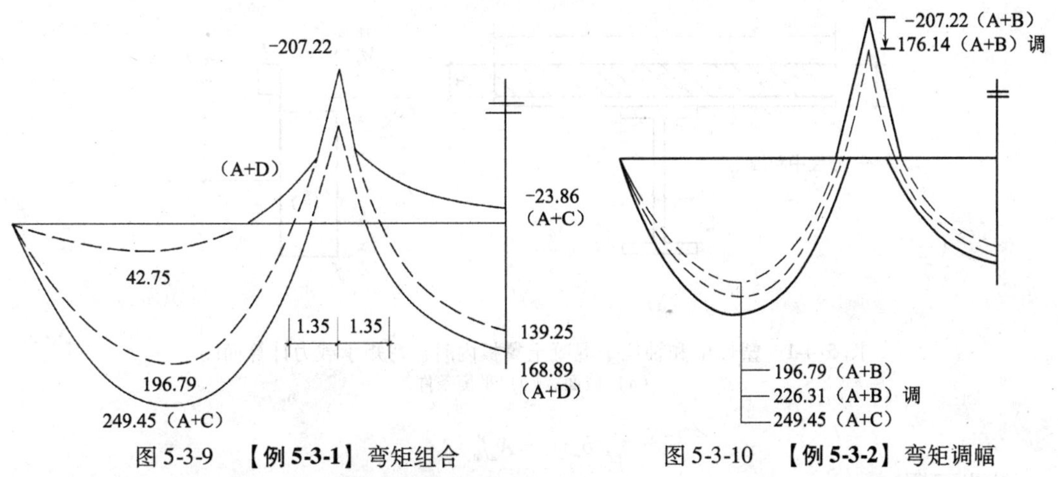

图 5-3-9　**【例 5-3-1】**弯矩组合　　　图 5-3-10　**【例 5-3-2】**弯矩调幅

对比之后，倾向于《高层民用建筑钢结构技术规程》规定，它的调幅系数限值名义上虽大，而真正的弯矩调幅不大，它的内力分析简便，体系的安全储备也大，正常使用极限状态验算也容易通过。

第四节　组合梁截面的塑性承载力计算

一、组合截面正弯矩承载力计算

（一）基本假定

在确定组合梁截面正弯矩受弯承载力时，采用以下几点基本假定：

（1）混凝土翼板与钢梁有可靠的交互连接（完全抗剪连接），能保证抗弯能力得到充分发挥；

（2）位于塑性中和轴一侧的受拉混凝土，因为开裂而不参加工作；

（3）在混凝土的受压区为均匀受压，并达到混凝土抗压强度设计值f_c；

（4）在钢梁的受压区为均匀受压，在钢梁的受拉区为均匀受拉，并分别达到钢材抗压、抗拉强度设计值f。

当不满足假定（1）而为部分抗剪连接时，组合梁的截面受弯承载力计算将在本章第五节之六部分中介绍。

（二）基本计算公式

组合梁截面正弯矩承载力总的设计要求是

$$M \leqslant M_u \tag{5-4-1}$$

式中　M——正弯矩设计值；

M_u——截面正弯矩受弯承载力设计值。

M_u 按以下两种情况确定：

1. 截面塑性中和轴位于混凝土翼板内，如图 5-4-1 所示，即 $A_a f_a \leqslant b_e h_c f_c$。

令混凝土受压区高度为 x，根据平衡条件 $\sum X = 0$，有

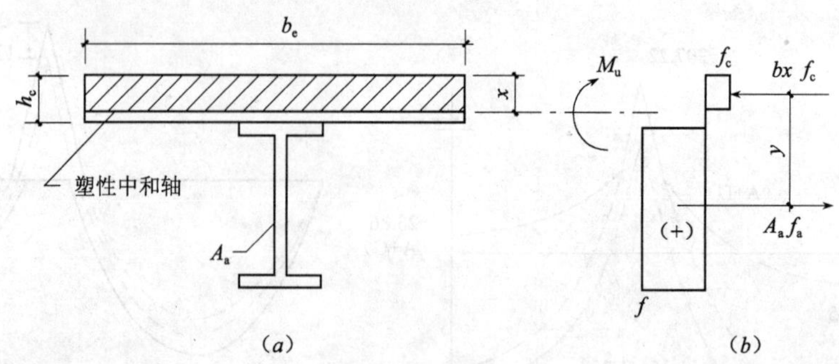

图 5-4-1　塑性中和轴位于混凝土翼板内时正弯矩承载力计算简图
(a) 截面；(b) 平衡条件

$$b_exf_c = A_af_a$$

由此可得

$$x = \frac{A_af_a}{b_ef_c} \tag{5-4-2}$$

再由平衡条件$\sum M = 0$，得

$$M_u = b_exf_cy \tag{5-4-3}$$

式中　A_a——钢梁截面面积；

b_e——混凝土翼板计算宽度；

x——混凝土翼板受压区高度；

f_a——钢材抗拉强度设计值；

f_c——混凝土抗压强度设计值；

y——钢梁截面形心至混凝土翼板受压区截面形心间的距离。

2. 截面塑性中和轴位于钢梁截面内，如图 5-4-2 所示，即 $A_af_a > b_eh_cf_c$。

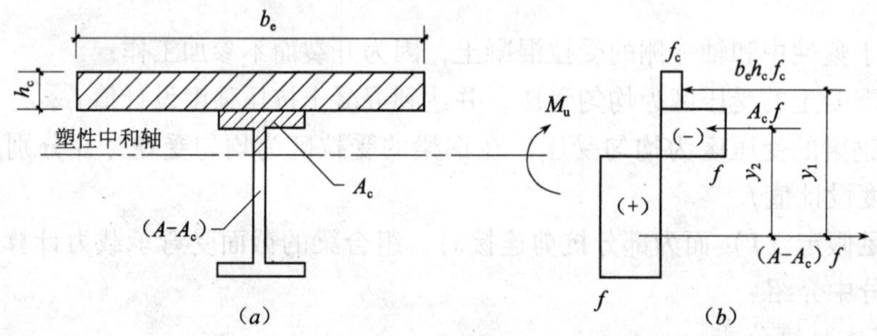

图 5-4-2　塑性中和轴位于钢梁截面内时正弯矩承载力计算简图
(a) 截面；(b) 平衡条件

令钢梁受压区截面面积为 A_{ac}，钢梁受拉区截面面积为 $(A_a - A_{ac})$，根据平衡条件 $\sum X = 0$，有

$$b_eh_cf_c + A_{ac}f_a = (A_a - A_{ac})f_a$$

由此可得

$$A_{ac}=\frac{A_a f_a - b_e h_c f_c}{2f_a} \tag{5-4-4}$$

再由平衡条件$\sum M=0$，得

$$M_u = b_e h_c f_c y_1 + A_{ac} f_a y_2 \tag{5-4-5}$$

式中　A_{ac}——钢梁受压区截面面积；

y_1——钢梁受拉区截面形心至混凝土翼板截面形心间的距离；

y_2——钢梁受拉区截面形心至钢梁受压区截面形心间的距离；

h_c——混凝土翼板的计算厚度，对普通钢筋混凝土翼板，取等于原厚度；对压型钢板混凝土组合板翼板，取等于组合板总厚度减去压型钢板肋高；

x——混凝土翼板受压区高度。

由以上两种情况可以看出，组合梁中的“钢梁”，实际上不是真正的梁，对于情况1，它是轴心受拉构件；对于情况2，它是以拉为主的拉弯构件。所以组合梁中的钢梁有时也称作“钢部件”。正因为情况1中的钢部件是纯拉构件，没有必要要求它的板件宽厚比一定要符合表5-2-1的要求。即使对情况2，钢部件受拉受弯、以拉为主，其受压翼缘的宽厚比一般也都能满足，何况它紧贴混凝土翼板，处于有利的局部稳定状态。

（三）计算算例

【例5-4-1】由**【例5-3-1】**已知，该三跨连续组合梁的钢部件为I32b，Q235，如图5-4-3所示，截面面积$A_a=7352\text{mm}^2$，混凝土翼板计算宽度$b_e=1330\text{mm}$，翼板计算厚度$h_c=100\text{mm}$，混凝土强度等级C20，边跨跨中不利正弯矩组合$M=249.45\text{kN}\cdot\text{m}$（图5-3-9）。要求作正弯矩受弯承载力计算。

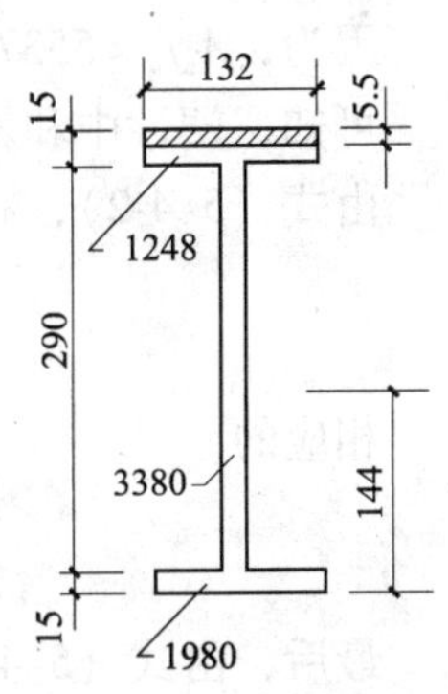

图5-4-3　**【例5-4-1】**中钢部件

【解】由表1-2-2已知，Q235钢材的强度设计值$f=215\text{N/mm}^2$，由表1-5-4已知，C20混凝土的抗压强度设计值$f_c=9.6\text{N/mm}^2$。

因为$A_a f_a=7352\times215=1580680\text{N}>b_e h_c f_c=1330\times100\times9.6=1276800\text{N}$，可知塑性中和轴在钢部件内。

由式（5-4-4），钢梁受压区截面面积

$$A_{ac}=\frac{A_a f_a - b_e h_c f_c}{2f_a}=\frac{1580680-1276800}{2\times215}=707\text{mm}^2$$

又已知I32b工字钢的翼缘宽度$b=132\text{mm}$，翼缘厚度$t=15\text{mm}$，

因为$A_{ac}=707\text{mm}^2<bt=132\times15=1980\text{mm}^2$，

塑性中和轴在钢梁翼缘内，自其顶面起算往下$707/132=5.4\text{mm}$。

钢梁受拉区截面面积

$$A_{at}=A_a-A_{ac}=7352-707=6645\text{mm}^2$$

其中：

钢梁下翼缘截面面积$=b\times t=1980\text{mm}^2$

腹板截面面积$=7352-2\times1980=3392\text{mm}^2$

钢梁上翼缘受拉区截面面积$=1980-707=1273\text{mm}^2$

钢梁受拉区截面形心距梁的底边距离a

$$a=\frac{1980\times\frac{15}{2}+3392\times\left(\frac{290}{2}+15\right)+1273\times\left(320-5.5-\frac{9.5}{2}\right)}{6608}=144\text{mm}$$

因而

$$y_1=320-144+\frac{100}{2}=226\text{mm}$$

$$y_2=320-144-\frac{5.5}{2}=173\text{mm}$$

最后，由式（5-4-5），得

$$\begin{aligned}M_u&=b_eh_cf_cy_1+A_{ac}f_ay_2\\&=1276800\times226+732\times215\times173\\&=315783540\text{kN}\cdot\text{m}\\&=315.8\text{kN}\cdot\text{m}>M=249.45\text{kN}\cdot\text{m}\end{aligned}$$

满足式（5-4-1）的设计要求，且富余颇多。

【例 5-4-2】如果将**【例 5-4-1】**中的钢部件改为 I28a，试验算其是否满足受弯承载力要求。

【解】已知 I28a 工字钢的截面面积 $A=5537\text{mm}^2$

因为，$A_af_a=5537\times215=1190455\text{N}<b_eh_cf_c=1330\times100\times9.6=1276800\text{N}$，

可知，塑性中和轴在混凝土翼板内。

由式（5-4-2），有

$$x=\frac{A_af_a}{b_ef_c}=\frac{1190455}{1330\times9.6}=93\text{mm}$$

相应的

$$y=\frac{280}{2}+100-\frac{93}{2}=193.5\text{mm}$$

最后，由式（5-4-3），得

$$\begin{aligned}M_u&=b_exf_cy=1330\times93\times9.6\times193.5\\&=229766544\text{N}\cdot\text{mm}\\&=229.77\text{kN}\cdot\text{m}<M=248.27\text{kN}\cdot\text{m}\end{aligned}$$

不满足式（5-4-1）受弯承载力设计要求，建议钢部件改用 I28b，进一步试算。

二、组合截面负弯矩承载力计算

（一）基本假定

在确定组合梁截面负弯矩受弯承载力时，采用以下几点基本假定：

（1）混凝土翼板开裂，不参与截面工作；

（2）在计算宽度的混凝土翼板内，所配的钢筋受拉并达到抗拉强度设计值 f_{st}；

（3）因为混凝土翼板内所配的钢筋截面面积 A_{st} 不会太大，不会超过钢部件的截面面积 A_a，组合截面的塑性中和轴通常都位于钢梁腹板内，或者至多位于钢梁上翼缘内，不会位于混凝土翼板内；

（4）钢梁截面上部受拉、下部受压，应力均匀分布，且都达到强度设计值 f_a；

(5) 钢部件截面必须是“厚实的”。

(二) 基本公式

组合梁截面负弯矩受弯承载力设计要求是

$$M \leqslant M_u \tag{5-4-6}$$

式中　M——负弯矩设计值；

M_u——截面负弯矩受弯承载力设计值。

基于前述基本假定，组合梁截面在负弯矩（M_u）作用下，截面应力图如图5-4-4所示。

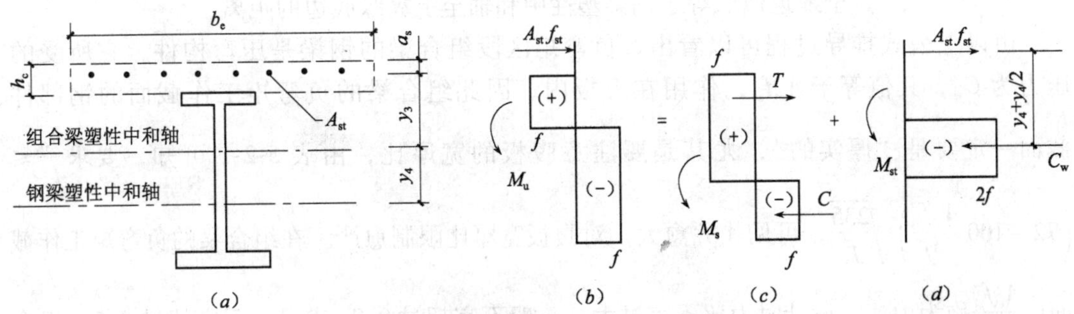

图5-4-4　组合截面负弯矩承载力计算简图

(a) 截面尺寸；(b)、(c)、(d) 应力状态的分解

在图5-4-4中，钢梁塑性中和轴就是等分钢梁截面面积的轴，该轴以上的钢梁截面面积等于其下的截面面积，这是可以事先确定的，钢筋的位置也是事先可以确定的，它距混凝土翼板顶面为a_s，a_s一般为30mm，而组合截面塑性中和轴则位于钢筋与钢梁塑性中和轴之间，令组合截面塑性中和轴距钢筋的距离为y_3，距钢梁塑性中和轴的距离为y_4，并以y_4为待定距离。

为了简化对y_4距离的推导，将图5-4-4中的基本应力图（b）分解为图（c）与图（d）两项叠加，其中图（c）对应于钢梁绕自身塑性中和轴所承担的弯矩M_s，图（d）对应于钢筋拉力$A_{st}f_{st}$与腹板中叠加压力C_w所承担的力偶弯矩M_{st}，腹板受压区高度为y_4，应力坐标等于$2f_a$。

根据平衡条件$\sum X=0$，有

$$T + A_{st}f_{st} = C + C_w \tag{5-4-7}$$

其中

$$C_w = 2f_a t_w y_4 \tag{5-4-8}$$

又因为$T=C$，将式（5-4-7）与式（5-4-8）合并后，有

$$A_{st}f_{st} = 2f_a t_w y_4 \tag{5-4-9}$$

得

$$y_4 = \frac{A_{st}f_{st}}{2f_a t_w} \tag{5-4-10}$$

再由平衡条件$\sum M=0$，得

$$M_u = M_s + M_{st} \tag{5-4-11}$$

$$M_s = (S_1 + S_2)f_a \tag{5-4-12}$$

$$M_{st} = A_{st}f_{st}\left(y_3 + \frac{y_4}{2}\right) \tag{5-4-13}$$

式中　S_1 和 S_2——钢梁塑性中和轴以上和以下截面对该轴的面积矩；

A_{st}——负弯矩区混凝土翼板计算宽度范围内的钢筋截面面积；

f_{st}——钢筋抗拉强度设计值；

y_3——纵向钢筋截面形心至组合梁塑性中和轴的距离；

y_4——组合梁塑性中和轴至钢梁塑性中和轴的距离，按式（5-4-10）确定，如果按该式求得的组合梁塑性中和轴位于钢梁上翼缘之内，y_4 偏于安全地近似取等于钢梁塑性中和轴至上翼缘底边的距离。

由以上公式推导过程可以看出，负弯矩区段组合梁的钢梁是压弯构件，它所受的压力为 C_w，其值等于 $A_{st}f_{st}$，作用在腹板内，因此组合梁的负弯矩工作截面的钢部件截面一定要是“厚实的”，尤其是要注意腹板的宽厚比，由表 5-2-1 可知，要求 $\frac{h_0}{t_w} \leqslant \left(72 - 100\frac{A_{st}f_{st}}{Af}\right)\sqrt{\frac{235}{f_y}}$，可见 $A_{st}f_{st}$ 愈大，对腹板宽厚比限制愈严。在组合梁的负弯矩工作截面中 $\frac{A_{st}f_{st}}{A_af_a}$ 称为力比，设计时力比不宜过大，一般不宜超过 0.2～0.3，不应超过 0.5。组合梁的型钢钢部件宜用厚腹工字钢。

（三）计算算例

【例 5-4-3】 已知条件同 **【例 5-3-1】**，支座截面负弯矩不利组合为 −207.22kN·m，钢梁为 I32b，截面面积为 $A_a = 7352\text{mm}^2$，Q235，$f_a = 215\text{N/mm}^2$，在混凝土翼板的计算宽度内配置 12 Φ 12，$A_{st} = 1357\text{mm}^2$，HRB335，$f_{st} = 300\text{N/mm}^2$。要求作负弯矩受弯承载力计算并讨论。

【解】 已知 I32b 工字钢的翼缘宽度 $b = 132\text{mm}$，翼缘厚度 $t = 15\text{mm}$，

腹板高度 $h_0 = 320 - 2 \times 15 = 290\text{mm}$，腹板厚度 $t_w = 11.5\text{mm}$，面积矩 $S_1 = S_2 = 428000\text{mm}^3$

截面的力比 $\frac{A_{st}f_{st}}{A_af_a} = \frac{1357 \times 300}{7352 \times 215} = 0.26$

翼缘宽厚比 $= \left(\frac{132}{2}\right)\Big/ 15 = 4.4 < 9$

腹板宽厚比 $= 290/11.5 = 25 < \left(72 - 100\frac{A_{st}f_{st}}{A_af_a}\right) = (72 - 100 \times 0.26) = 72 - 26 = 46$

均满足表 5-2-1 的限制要求，所以钢梁截面是厚实的。

由式（5-4-10），有

$$y_4 = \frac{A_{st}f_{st}}{2f_at_w} = \frac{1357 \times 300}{2 \times 215 \times 11.5} = 82\text{mm}$$

再由图 5-4-5，

$$y_3 = 160 - 82 + 100 - 30 = 148\text{mm}$$

由式（5-4-12），有

$$M_s=(S_1+S_2)f_a=(428000+428000)\times 215$$
$$=184.04\times 10^6 \text{N}\cdot\text{mm}=184.04\text{kN}\cdot\text{m}$$

由式（5-4-13），有

$$M_{st}=A_{st}f_{st}\left(y_3+\frac{y_4}{2}\right)=1357\times 300\times\left(148+\frac{82}{2}\right)$$
$$=76.94\times 10^6 \text{N}\cdot\text{mm}=76.94\text{kN}\cdot\text{m}$$

最后，由式（5-4-11），得

$$M_u=M_s+M_{st}=184.04+76.94$$
$$=260.98\text{kN}\cdot\text{m}>M=207.22\text{kN}\cdot\text{m}$$

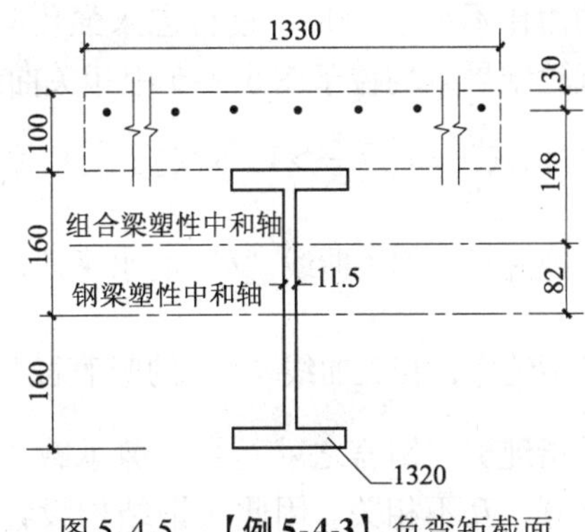

图 5-4-5　**【例 5-4-3】**负弯矩截面

满足式（5-4-6）的设计要求，且富余26.7%。

对以上计算结果，尚应提示以下两点：

（1）如果连续次梁与主梁为刚性平接（图5-1-5），在计算中尚应将腹板截面削弱考虑在内，富余将达不到26.7%。

（2）计算中所采用的负弯矩设计值（-207.22kN·m）是未调幅前的不利负弯矩组合，事实证明已能顺利通过 $M\leqslant M_u$ 的设计要求，如［**例 5-3-2**］所作进一步弯矩调幅实在没有必要，作更大的弯矩调幅，更没有必要。

三、组合截面竖向受剪承载力计算

（一）基本假定

组合梁的受剪承载力计算，采用以下几点基本假定：

（1）竖向剪力全部由钢梁腹板承担，截面上剪应力均匀分布，且达到钢材抗剪强度设计值 f_v；

（2）在一定条件下，不考虑弯、剪共同作用的相关影响。

（二）基本计算公式

组合梁的受剪承载力设计要求是

$$V\leqslant V_u \tag{5-4-14}$$

式中　V——剪力设计值；

V_u——截面受剪承载力设计值。

根据假定(1)，V_u 按下式计算

$$V_u=h_w t_w f_v \tag{5-4-15}$$

式中　h_w——腹板高度；

t_w——腹板厚度；

f_v——钢材抗剪强度设计值。

式（5-4-15）对简支梁支座截面来讲是没有疑义的，因为该截面所受的剪力最大而且是纯剪（$M=0$）。而对于多数场合，则是弯剪共存，以连续梁中间支座两侧截面而言，弯矩及剪力都是最大，如果是不配筋的钢梁，用 Von-Mises 强度理论分析，应该按图 5-4-6 中的相关曲线“a”验算，图中 M_0 及 V_0 为纯弯及纯剪时的截面承载力，M 及 V 则是弯剪共同作用时的截面受弯及受剪承载力，$\frac{M}{M_0}\leqslant 1$，$\frac{V}{V_0}\leqslant 1$。但是，试验表明，只要负弯矩截面的力比不小于0.15，钢材进入强化阶段工作，所有的试验结果点均位于图5-4-6中相关曲线“b”的右上角之外，$\frac{M}{M_0}>1$ 及 $\frac{V}{V_0}>1$，肯定了按相关曲线“b”是有充分把握的。相关曲线“b”的水平段的表达式为 $\frac{M}{M_0}=1$，是指纯弯；相关曲线“b”的竖直段的表达式为 $\frac{V}{V_0}=1$，是指纯剪，简言之就是弯、剪承载力可以互相独立地计算，互不相关。因此《钢结构设计规范》规定，对于正弯矩组合截面，或是力比不小于0.15的负弯矩组合截面，可不考虑弯矩作用与剪力作用的相互影响，组合截面的受剪承载力 V_u 仍旧按式（5-4-15）确定。

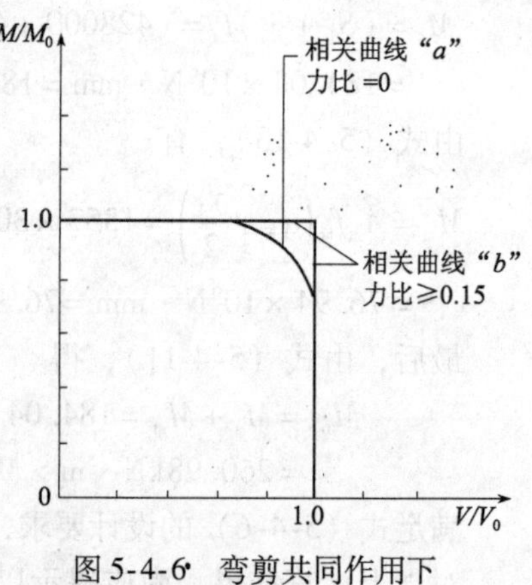

图5-4-6 弯剪共同作用下承载力相关曲线

四、负弯矩区段组合梁钢部件的稳定验算的探讨

（一）概述

如前述，负弯矩区段组合梁的钢部件是压弯构件，要作稳定验算考虑，但相关的文献资料不多，在此仅作如下探讨。

因为连续组合梁的内支座截面是出现塑性铰的截面，该处必须设置支撑，如果是连续次梁，它与主梁已经有可靠连接，这点是可以保证的。其次，照理为了保证负弯矩区段的钢部件稳定，在距支座约为0.15倍的跨长处还需要为钢梁设置侧向支撑，暂建议用固定在混凝土翼板下面的角隅支撑将钢部件的下翼缘加以固定，示意图如图5-4-7所示。

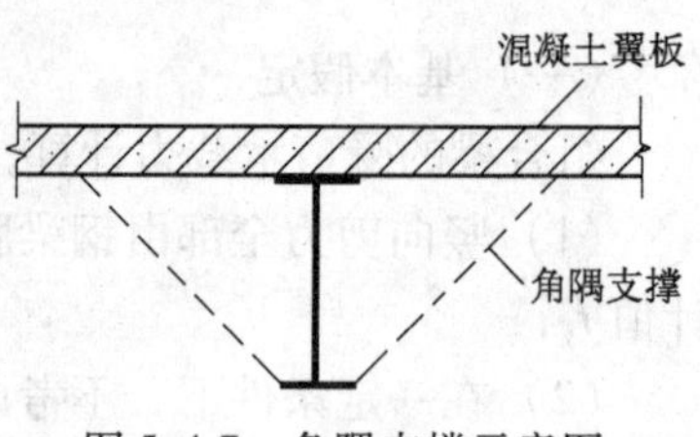

图5-4-7 角隅支撑示意图

（二）弯矩作用平面内钢部件的稳定性验算

负弯矩区段钢部件的压弯内力状态如图5-4-8所示。图中，在支座截面处内力最大，压力 N 最大值等于 $A_{st}f_{st}$；弯矩最大值 $M_x=M-A_{st}f_{st}\left(y_3+\frac{y_4}{2}\right)$；而在反弯点处，内力等于零。

参考《钢结构设计规范》塑性设计规定，在弯矩作用平面内钢部件的稳定性应符合下式要求：

$$\frac{A_{st}f_{st}}{\varphi_x A_a f_a}+\frac{\beta_{max}M_x}{W_{px}f_a\left(1-0.8\frac{A_{st}f_{st}}{N'_{Ex}}\right)}\leqslant 1 \tag{5-4-16}$$

式中 W_{px}——对 x 轴的塑性毛截面模量；

φ_x——弯矩作用平面内的轴心受压构件稳定系数，此时构件对主轴 x 的长细比 $\lambda_x=l_{0x}/i_x$，压杆的计算长度 $l_{0x}=0.56l$，l 为左右两反弯点间的距离；

β_{max}——等效弯矩系数，取 $\beta_{max}=1.0$；

N'_{Ex}——参数，$N'_{Ex}=\pi^2EA/（1.1\lambda_x^2）$。

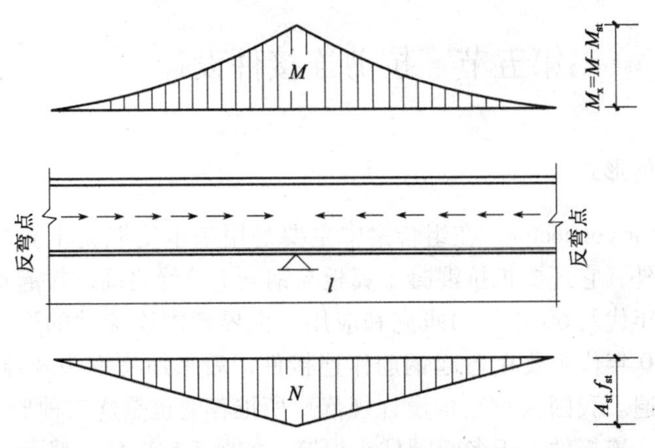

图 5-4-8　负弯矩区段钢部件的压弯内力状态

对此，需要作一些细节讨论。首先，取 $\beta_{max}=1$ 是偏于保守方面，但误差极小。其次，更主要的，负弯矩区段组合梁钢部件名义上虽是压弯构件，由于其截面力比 $\frac{A_{st}f_{st}}{A_a f_a}$ 较小，一般只有 0.2～0.3 左右，稳定问题将显得不十分突出。以【例 5-3-1】中三跨连续梁为例，压杆长度 $l=2\times0.15\times$跨度$=2\times0.15\times9=2.7\text{m}$，压杆计算长度 $l_{0x}=0.56l=0.56\times2.7=1.5\text{m}$，工字钢对 x 轴的回转半径 $i_x=126\text{mm}$，相应地 $\lambda_x=12$，$\varphi_x=0.993\approx1$，说明轴心受压的稳定性问题不大。再看式（5-4-16）分母中的 $\frac{A_{st}f_{st}}{N'_{Ex}}$ 比值，实算结果为 0.023，相应地 $\left(1-0.8\frac{A_{st}f_{st}}{N'_{Ex}}\right)$ 将等于 0.982，说明由于压力作用而产生的二阶弯矩影响很小。因此，只要在截面强度计算时稍微有一点富余，即使要作这方面的稳定性验算，相信也一定能顺利通过。

（三）弯矩作用平面外钢部件的稳定性验算

《钢结构设计规范》中的有关公式对组合梁来讲对应不上，主要是因为钢结构压弯构件的受拉边是自由的，而组合梁钢部件的受拉边（上翼缘）则是固定在混凝土翼板下面，如图 5-4-9（a）所示。当钢部件的下翼因受压失稳而侧向位移时，钢部件的腹板侧向受弯，立即对下翼缘施加一个弹性反力 R 加以约束，如图 5-4-9（b）所示，钢部件下翼缘侧向稳定的计算模型可归结为弹性地基上的压杆稳定，一些实例验算表明，杆件失稳时的临界应力极高，远高于其屈服强度，说明杆件在强度破坏之前绝不会失稳。

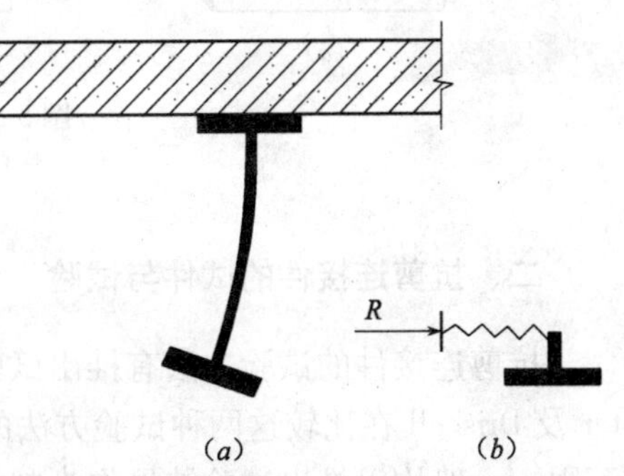

图 5-4-9　钢部件下翼缘的侧向约束
（a）真实模型；（b）弹性反力

综上所述，在负弯矩区段内，组合梁钢部件在弯矩作用平面内是“压力很小的短柱型的压弯构件”，在弯矩作用平面外下翼缘则是“弹性地基上的压杆”，相对于强度而言，稳定是次要问题，甚至在梁的反弯点处角隅支撑也不是非设不可，前提是，截面的力比不宜超过 0.2～0.3（不应大于 0.5），截面板件也应该是厚实的。

第五节　抗剪连接件设计

一、抗剪连接件的形式

抗剪连接件（shear connector）在组合梁中主要是用来承受混凝土翼板与钢梁上翼缘之间纵向剪力的。此外，它还要抵抗混凝土翼板与钢梁上翼缘之间的掀起作用。

经过20世纪50年代及60年代的研究和应用，世界各国连接件的形式有了很大的发展。我国在20世纪50年代主要用弯起钢筋作连接件，后来用槽钢头及栓钉代替，现在，栓钉连接件已极为普遍。我国《钢结构设计规范》所推荐的也是这三种形式。

（1）栓钉（stud）连接件　正名叫圆柱头焊钉，如图5-5-1（*a*）所示，这是世界各国广为采用的一种连接件。栓钉钉杆直径为12~25mm，常用的为16~19mm；所选用的钉杆直径不宜大于被焊钢梁翼缘厚度的2.5倍；栓钉高（长）对钉杆直径之比不应小于4；为了抵抗掀起作用，栓钉上端大头直径不小于钉杆直径的1.5倍。

（2）槽钢　如图5-5-1（*b*）所示，常用的槽钢规格有[80、[100、[120，槽钢的上肢（翼缘）有抗掀起功能。

（3）弯起钢筋　如图5-5-1（*c*）所示，弯起钢筋的常用直径为12~20mm，弯起钢筋的倾斜方向应顺向其受力方向。

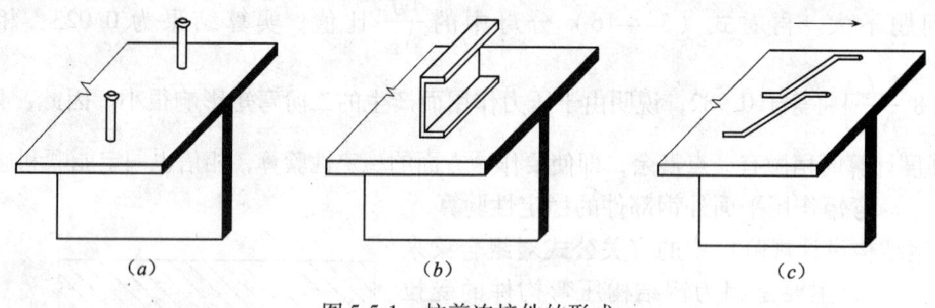

图5-5-1　抗剪连接件的形式
（*a*）栓钉；（*b*）槽钢；（*c*）弯起钢筋

二、抗剪连接件的试件与试验

抗剪连接件的试验方法有推出试验及梁式试验两种，推出试验的结果稍微偏低。Slutter及Driscoll在比较这两种试验方法的结果后认为，推出试验结果大约是梁式试验结果的下限。一般均以推出试验结果作为制定规范的依据。

欧洲钢结构协会ECSS《组合结构》规范推荐的推出受剪试件尺寸及配筋如图5-5-2所示。

根据ECSS建议，推出试验尚应遵守以下各点：

（1）钢梁翼面涂油以防止混凝土与钢梁间粘结。

（2）试验时的混凝土强度必须为所设计梁中混凝土强度等级的70%±10%。

（3）必须检验连接件材料的屈服点。

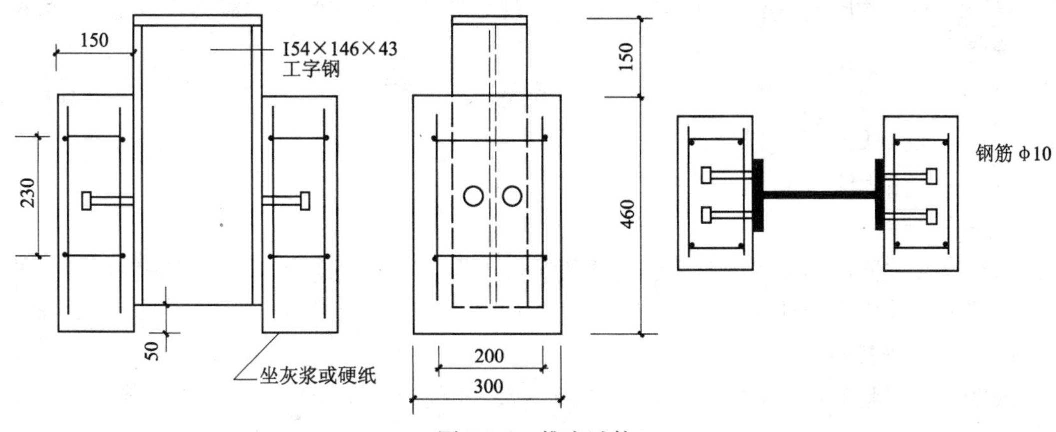

图 5-5-2 推出试件

(4) 加载速度必须均匀，使得达到破坏的时间不少于 15min。

关于试验结果的评价，ECSS 建议可用以下两种方法来确定连接件承载力的标准值。

方法 1

进行同样试件的试验不得少于 3 次。当任一个试验结果的偏差较全部试件所得的平均值不超过 10% 时，承载力标准值取试验的最低值。如果与平均值的偏差超过 10%，应至少再做 3 个同样的试验，承载力标准值取这 6 个试验中的最低值。

方法 2

当至少做 10 个试验时，取可能有 5% 的结果低于此值的荷载作为承载力标准值。

三、抗剪连接件的承载力设计值

(一) 抗剪连接件的承载力设计值

(1) 栓钉连接件

试验表明，栓钉在混凝土翼板中的抗剪工作类似于弹性地基上的梁，在栓钉根部混凝土受局部承压作用，因而影响受剪承载力的主要因素有栓钉截面面积 A_s、混凝土弹性模量 E_c 以及混凝土的抗压强度 f_c。而当混凝土强度比较高时，矛盾就转到栓钉自身，栓钉受剪拉破坏，与栓钉材料强度有关。各国的承载力表达式基本一致，我国亦然，规定栓钉连接件的受剪承载力设计值 N_v^c 可按下式确定：

$$N_v^c = 0.43A_s\sqrt{E_c f_c} \leqslant 0.7\gamma f \quad (5\text{-}5\text{-}1)$$

式中 E_c——混凝土弹性模量；

f_c——混凝土抗压强度设计值；

A_s——栓钉钉杆截面面积；

f——栓钉抗拉强度设计值，当栓钉材料性能等级为 4.6 级时，取 $f = 215\text{N/mm}^2$；

γ——栓钉材料抗拉强度最小值与屈服强度之比，当栓钉材料性能等级为 4.6 级时，取 $\gamma = 1.67$。

(2) 槽钢连接件

槽钢连接件的工作性能与栓钉相似，混凝土对其影响的因素亦同，只是槽钢连接件根部的混凝土局部承压区局限于槽钢下翼缘附近的下表面的范围内，各国规范采用的公式基本上是一致的，我国的试验结果也极为接近，规定槽钢连接件受剪承载力设计值 N_v^c 可按下式确定：

$$N_v^c = 0.26(t + 0.5t_w) l_c \sqrt{E_c f_c} \tag{5-5-2}$$

式中　t——槽钢翼缘平均厚度；

t_w——槽钢腹板厚度；

l_c——槽钢长度。

槽钢连接件通过其下翼缘肢尖肢背两条通长角焊缝与钢梁连接，角焊缝按该连接件的受剪承载力设计值进行计算。

（3）弯筋连接件

根据我国试验资料，当钢筋弯起角在35°~55°之间时，弯筋连接件受剪承载力设计值可按下式确定：

$$N_v^c = A_{st} f_{st} \tag{5-5-3}$$

式中　A_{st}——弯筋的截面面积；

f_{st}——弯筋的抗拉强度设计值。

（二）抗剪连接件在一些专门情况下的承载力修正

前述的连接件受剪承载力设计值的计算公式是建立在推出试验基础上的，如果遇有如下的一些情况，这些连接件的受剪承载力应该乘折减系数降低。

（1）当采用压型钢板混凝土组合板作组合梁的混凝土翼板时，其抗剪连接件一般用栓钉。由于栓钉需穿透压型钢板而焊在钢梁上，栓钉根部没有混凝土的约束，又由于压型钢板波纹形成的混凝土凸肋在一个方向是不连续的，凸肋混凝土的约束能力也差，所以算得的栓钉受剪承载力设计值 N_v^c 要乘以折减系数 β_v。

折减系数 β_v 与混凝土凸肋宽度 b_w 及凸肋高度 h_e 有关，如图5-5-3（*c*）所示。根据试验资料，折减系数可用以下公式表达。

当压型钢板肋平行于钢梁布置时，如图5-5-3（*a*）所示。

如果 $b_w/h_e \geqslant 1.5$，不折减，取 $\beta_v = 1$；

如果 $b_w/h_e < 1.5$，则折减系数 β_v 如下：

$$\beta_v = 0.6\frac{b_w}{h_e}\left(\frac{h_d - h_e}{h_e}\right) \leqslant 1 \tag{5-5-4}$$

式中　b_w——混凝土凸肋的平均宽度，当肋的上部宽度小于下部宽度［图5-5-3（*c*）］时，改用上部宽度；

h_e——混凝土凸肋高度；

h_d——栓钉高度。

当压型钢板肋垂直于钢梁布置时，如图5-5-3（*b*）所示。

$$\beta_v = \frac{0.85}{\sqrt{n_0}} \times \frac{b_w}{h_e}\left(\frac{h_d - h_e}{h_e}\right) \leqslant 1 \tag{5-5-5}$$

式中　n_0——在梁某截面处一个肋中布置的栓钉数，当多于3个时，按3个计算。

（2）当连接件位于负弯矩区段内时，混凝土翼板处于受拉开裂状态，连接件周围混凝土对其约束程度不如在正弯矩区段内高，算得的受剪承载力设计值 N_v^c 也应乘以折减系数

β_v。对中间支座：$\beta_v=0.9$；对悬臂梁：$\beta_v=0.8$。

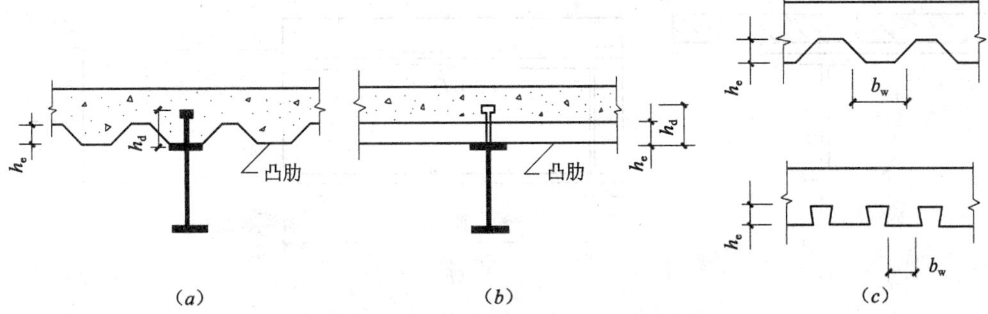

图 5-5-3　采用压型钢板混凝土组合板作翼板的组合梁

(a) 压型钢板肋平行于钢梁；(b) 压型钢板肋垂直于钢梁；(c) 折减系数与混凝土凸肋宽度及高度的关系示意图

四、组合梁抗剪连接件的塑性设计法

（一）概述

连接件的工作不是绝对刚性的，当加载到90%的破坏荷载以后，就会发生相当大的滑移变位，因而混凝土翼板与钢梁叠合面上各个连接件之间便产生内力重分配。在极限状态时，叠合面上各个连接件受力几乎相等，与连接件所在的位置无关。基于这样的原理，组合梁的连接件设计应按极限平衡的概念考虑，也就是塑性设计法。具体的设计步骤是：首先确定最大弯矩点与相邻零弯矩点之间在叠合面上总的纵向剪力 V_s，然后再根据 V_s 值确定该区段内所需的连接件总个数及其合理布置。

（二）组合梁最大弯矩点与相邻弯矩零点之间叠合面上总的纵向剪力 V_s 的确定

以多跨连续梁为例，在荷载作用下，最大弯矩点在跨中及内支座处，弯矩零点在边支座及反弯点处，连续梁可以在弯矩图上以这些临界点为界分成若干个剪跨区，如图 5-5-4 所示。在每个剪跨区内叠合面上的纵向剪力 V_s 可以按以下规定确定：

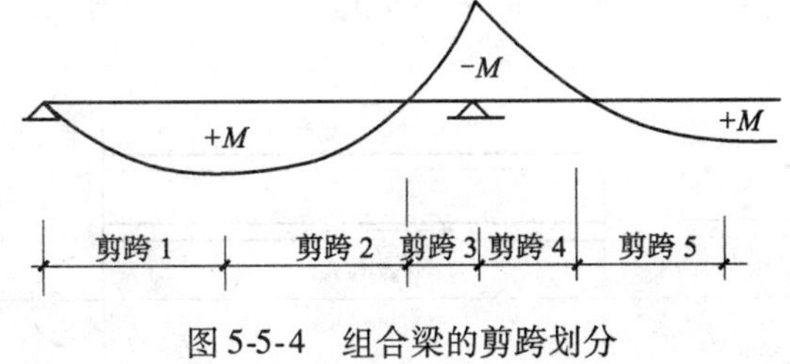

图 5-5-4　组合梁的剪跨划分

1. 正弯矩区段内的剪跨（以图 5-5-4 中的剪跨 1 为例）

当塑性中和轴位于混凝土翼板内时，如图 5-5-5 所示，塑性中和轴位于叠合面之上，如果以钢部件为脱离体，由平衡条件 $\sum X=0$，

$$V_s=A_af_a \tag{5-5-6}$$

当塑性中和轴位于钢梁之内时，如图 5-5-6 所示，塑性中和轴在叠合面之下，如果以混凝土翼板为脱离体，由平衡条件 $\sum X=0$，

$$V_s=b_eh_cf_c \tag{5-5-7}$$

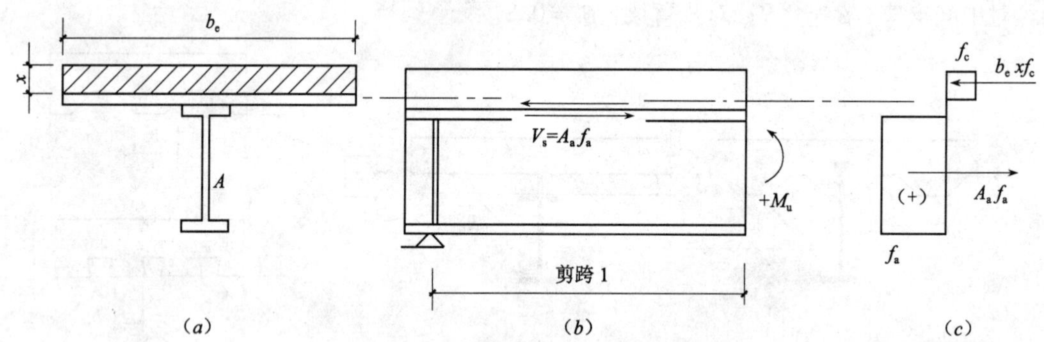

图 5-5-5　纵向剪力公式（5-5-6）的简图
（a）截面；（b）纵向剪力 V_s；（c）截面应力

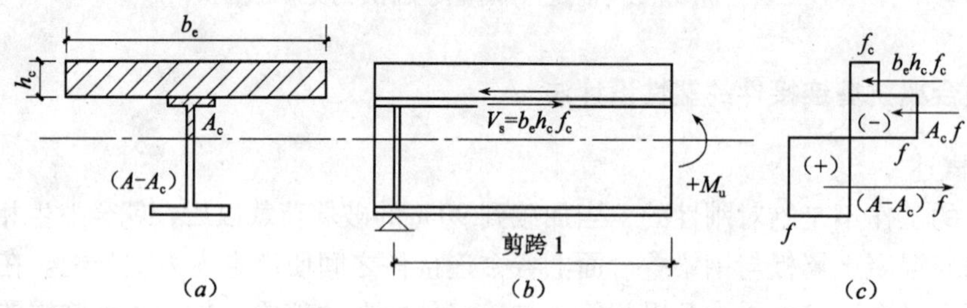

图 5-5-6　纵向剪力公式（5-5-7）的简图
（a）截面；（b）纵向剪力 V_s；（c）截面应力

在具体运作上，可以不必事先判定塑性中和轴位置，而是按 $V_s=A_af_a$ 及 $V_s=b_eh_cf_c$ 分别计算，其中的较小者就是真值，就作为设计取值。

2. 负弯矩区段内的剪跨（以图 5-5-4 中的剪跨 3 为例）

此时塑性中和轴恒在钢梁之内，如图 5-5-7 所示。如果以混凝土翼板为脱离体，由平衡条件 $\sum X=0$，

$$V_s=A_{st}f_{st} \tag{5-5-8}$$

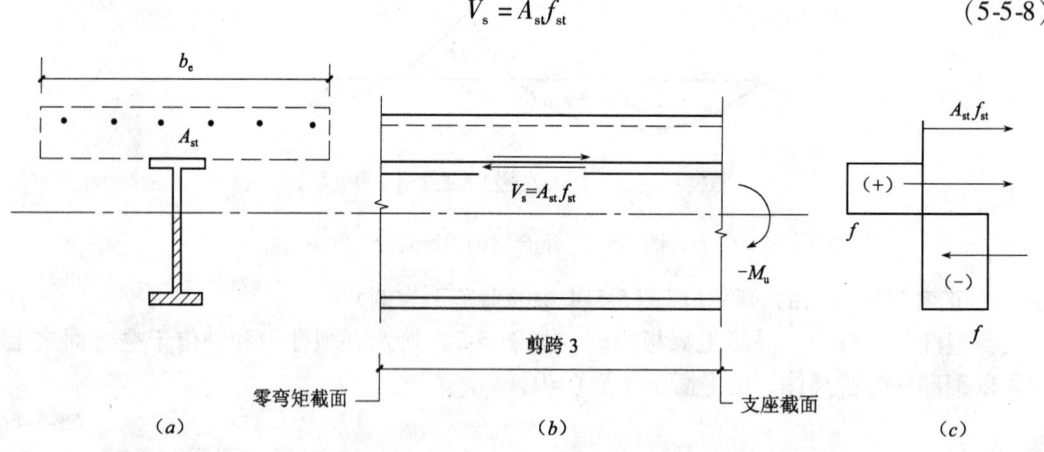

图 5-5-7　纵向剪力公式（5-5-8）的简图
（a）截面；（b）纵向剪力 V_s；（c）截面应力

（三）剪跨内叠合面上连接件个数的确定及初步布置

由于在极限状态时连接件塑性滑移内力重分布的结果，各个连接件受力基本相等，剪跨内叠合面上纵向剪力 V_s 可由其间的连接件平均承担。所以，该剪跨内所需的连接件总个数 n_f 由下式决定：

$$n_f = \frac{V_s}{N_v^c} \tag{5-5-9}$$

式中 N_v^c——一个连接件的受剪承载力设计值，由式（5-5-1）、式（5-5-2）或式（5-5-3）确定，有时还要考虑折减系数 β_v。

按上式求得的 n_f 个连接件可以均匀地布置在该剪跨内。当在该剪跨内有较大的集中力作用时，则将连接件总数按各段剪力图面积分配后再各自均匀布置，如图 5-5-8 所示。

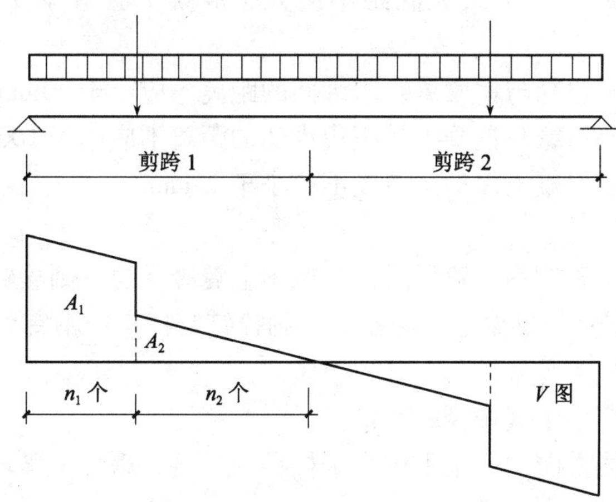

图 5-5-8 剪跨内有较大的集中力作用时的连接件布置

图 5-5-8 是有集中力作用的单跨简支梁的剪力图，一共有两个剪跨，以剪跨 1 为例，集中力作用点左右两侧的剪力图面积分别为 A_1 及 A_2，在集中力外侧，配 n_1 个连接件，$n_1 = \frac{A_1}{A_1 + A_2} n_f$；在集中力内侧配 n_2 个连接件，$n_2 = \frac{A_2}{A_1 + A_2} n_f$；$n_1 + n_2 = n_f$。

（四）计算算例

【例 5-5-1】 由【例 5-3-1】已知，该连续梁的 $b_e = 1330\text{mm}$，$h_c = 100\text{mm}$，$f_c = 9.6\text{N/mm}^2$，$A_a = 7352\text{mm}^2$，$f_a = 215\text{N/mm}^2$，要求为该连续梁边跨正弯矩区剪跨“1”设计抗剪连接件。

【解】

C20 混凝土的弹性模量 $E_c = 25500\text{N/mm}^2$，抗压强度 $f_c = 9.6\text{N/mm}^2$，

设栓钉直径为 18mm，$A_s = 255\text{mm}^2$

由式（5-5-1），连接件的受剪承载力设计值为

$$N_v^c = 0.43 A_s \sqrt{E_c f_c} = 0.43 \times 255 \times \sqrt{25500 \times 9.6} = 54251\text{N} = 54\text{kN}$$

由式（5-5-6）$V_s = Af = 7340 \times 215 = 1578100\text{N} = 1578\text{kN}$

由式（5-5-7）$V_s = b_e h_c f_c = 1330 \times 100 \times 9.6 = 1276800\text{N} = 1277\text{kN}$

选择其中较小者 $V_s = 1264\text{kN}$ 作为设计用值。

最后，由式（5-5-9），所需的连接件个数为 $n_f = \frac{V_s}{N_v^c} = \frac{1264}{54} = 23.4$ 个，取 24 个。

该剪跨的剪跨长度 $= 0.425l = 0.425 \times 9 = 3.825\text{m}$

栓钉沿梁轴线方向间距 $= \frac{3825}{24} = 159\text{mm}$，符合后面所讲的构造规定。

五、抗剪连接件的构造要求

（一）一般规定

（1）栓钉连接件钉头下表面或槽钢连接件上翼缘下表面高出混凝土翼板底部钢筋顶面不宜小于 30mm。

（2）连接件沿梁跨方向的最大间距不应大于混凝土翼板厚度的 4 倍，且不应大于 400mm。

（3）连接件的外侧边缘与钢梁翼缘边缘间的距离不应小于 20mm。

（4）连接件的外侧边缘与混凝土翼板边缘间的距离不应小于 100mm。

（5）连接件顶面的混凝土保护层厚度不应小于 15mm。

（二）栓钉连接件

（1）当栓钉位置不正对钢梁腹板时，如钢梁上翼缘受拉，则栓钉钉杆直径不宜大于钢梁上翼缘厚度的 1.5 倍；如钢梁上翼缘受压，则栓钉钉杆直径不宜大于钢梁上翼缘厚度的 2.5 倍。

（2）栓钉长度不应小于其杆径的 4 倍。

（3）栓钉沿梁轴线方向的间距不应小于杆径的 6 倍，垂直于梁轴线方向的间距不应小于杆径的 4 倍。

（4）用压型钢板混凝土组合板作翼板的组合梁，栓钉直径不宜大于 19mm，混凝土凸肋宽度不应小于栓钉杆径的 2.5 倍，栓钉高度 h_d 应符合 $h_e + 30 \leqslant h_d \leqslant h_e + 75$ 的要求，如图 5-5-3（*c*）所示。

六、部分抗剪连接组合梁的设计要点

（一）完全抗剪连接与部分抗剪连接

本章第四节建立组合梁截面塑性受弯承载力计算公式时，曾特别强调一点，要求混凝土翼板与钢梁之间有可靠的交互连接，能保证截面抗弯能力得到充分发挥。若通过前述的抗剪连接件设计就可以实现该项保证，这种抗剪连接就称为完全抗剪连接（full shear connection）。但是，也有这种情况，按照前述设计要求配置抗剪连接件有困难，例如在带压型钢板混凝土组合板翼板的组合梁中，连接件只能配在组合板的凸肋（即压型钢板的凹槽）中，栓钉直径及数量都受到限制，只能设计成部分抗剪连接（partial shear connection），实配的连接件数 n_r 少于完全抗剪连接时的个数 n_f。但是合理设计的部分抗剪连接组合梁不一定就是不安全的，只是在承载力及刚度方面稍逊一些，其应用场合也应有一定限制，如：

（1）限用于单跨简支梁、受静荷载作用的梁和集中荷载作用不大的梁。

（2）抗剪连接件的滑移变形性能是柔性的，应有充足的相对滑移变形性能，理想的恐怕只有栓钉一种，还要求栓钉钉杆直径不宜超过22mm，混凝土强度等级不宜高于C40。用其他形式的抗剪连接件时，其柔性要求有充分试验依据。

（3）因为梁的跨度愈大对连接件的柔性要求愈高，因此梁的跨度不宜超过20m。

（二）部分抗剪连接组合梁的截面塑性受弯承载力计算

1. 基本原理

部分抗剪连接组合梁在承载力极限状态时，不论其混凝土翼板抗压潜力有多大，混凝土翼板中压力 D 不会超过叠合面上抗剪连接件所能传递的剪力，应该在计算截面左右两个剪跨内，取连接件受剪承载力设计值之和 $n_r N_v^c$ 中的较小者作为混凝土翼板中的压力 D。正因为混凝土翼板中的压力 D 不是根据平截面假定变形协调演绎出来的，就要求连接件必须有充足的滑移变形为混凝土翼板及钢梁有各自的中和轴创造条件。部分抗剪连接组合梁受弯时不符合平截面假定，没有公共的塑性中和轴，混凝土翼板与钢梁分别有各自的塑性中和轴，详见图5-5-9所示。

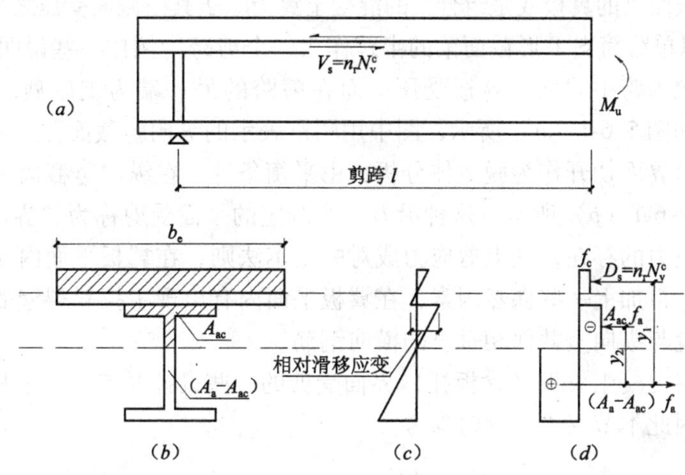

图5-5-9 部分抗剪连接组合梁的计算简图

（a）叠合面上的纵向剪力；（b）截面；（c）应变；（d）截面应力

2. 基本公式

公式的计算简图如图5-5-9所示。再强调一下，叠合面上的纵向剪力是定量的，等于 $n_r N_v^c$，如图5-5-9（a）所示，又由于相对滑移的影响［图5-5-9（c）］，截面应变图上混凝土翼板与钢梁有各自的中和轴，至于截面应力图5-5-9（d），则与图5-4-2（b）极为相似，只是混凝土翼板内的压力 D 的表达不同而已。

根据混凝土翼板脱离体的平衡条件，$\sum X=0$，混凝土翼板受压区高度 x 可由以下关系求出：

$$D = n_r N_v^c = b_e x f_c$$

即
$$x = \frac{n_r N_v^c}{b_e f_c} \tag{5-5-10}$$

再根据整个截面的平衡条件，$\sum X=0$，钢梁受压区截面面积 A_{ac} 可由下式确定：

$$A_{ac}=\frac{A_a f_a - n_r N_v^c}{2f_a}=0.5(A_a f_a - n_r N_v^c)/f_a \quad (5\text{-}5\text{-}11)$$

最后，根据整个截面的弯矩平衡条件，截面受弯承载力设计值可由下式求出：

$$M_u = Dy_1 + A_c f_a y_2 = n_r N_v^c y_1 + 0.5(A_a f_a - n_r N_v^c)y_2 \quad (5\text{-}5\text{-}12)$$

式中　n_r——部分抗剪连接时一个剪跨区内的受剪连接件个数；

N_v^c——一个抗剪连接件的纵向受剪承载力设计值；

y_1——钢梁受拉区截面形心至混凝土翼板受压区截面形心间的距离；

y_2——钢梁受拉区截面形心至钢梁受压区截面形心间的距离。

第六节　混凝土翼板的界面受剪

一、概述

混凝土T形截面梁的翼板或是组合梁的混凝土翼板除了其横截面受压之外，其纵向竖截面还要受剪。现以单跨简支T形截面梁的半跨作为一个剪跨为例作一些说明，如图5-6-1所示。在剪跨的一端为跨中截面，翼板受压；而在剪跨的另一端为支座截面，翼板为自由端，压力为零，如图5-6-1（*a*）所示，图中用阴影表示的纵向竖截面称为界面。如果进一步把挑出的翼板沿界面切开作为脱离体分析，由平衡条件，在纵向竖截面上必然要产生纵向剪应力，如图5-6-1（*b*）所示，这种沿着一个既定的平面受剪称为"界面受剪"。

由于界面剪应力的存在，加上剪应力成对的基本法则，在翼板平面内存在着主拉应力及主压应力轨迹，再加上一些偶然因素，在翼板平面内有出现主拉斜裂缝的可能，所以在设计上一定要配置与纵向竖截面相垂直的横向钢筋。

本节主要介绍混凝土翼板（含板托）界面受剪的一些设计要点，由于我国规范尚无与此相关的内容，因此本节仅供设计时参考。

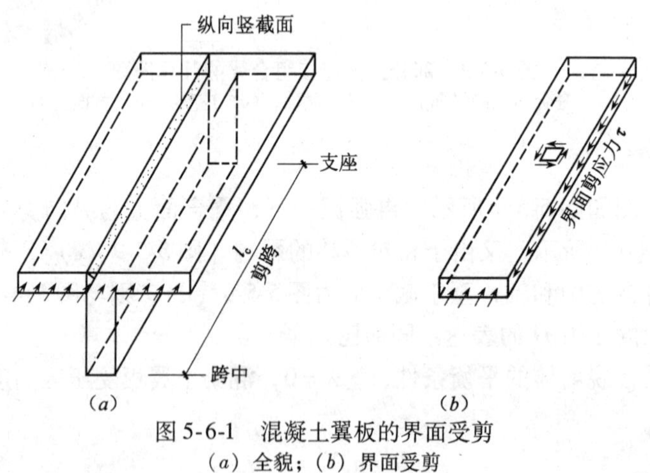

图5-6-1　混凝土翼板的界面受剪
（*a*）全貌；（*b*）界面受剪

二、混凝土的界面抗剪强度

（一）试验结果及基本公式

混凝土界面受剪可以用图 5-6-2 所示的试件进行试验，图 5-6-2（*a*）中 V_l 为界面剪力，其极限值为 $V_{u,l}$，*a-a* 为受剪界面，l 为界面长度，b_s 为界面宽度，试件中横向钢筋总截面面积为 A_{st}，其配筋率用 $\rho_v=\frac{A_{st}}{b_s l}$表示。试验表明，界面的破坏面不是平整的，而是沿其主拉应力、主压应力方向大致呈锯齿形，并且破坏面左右两半有相对分离趋势，这时横向钢筋可以为受剪界面提供一个夹紧力，起到了很强的约束作用，从而很有效地提高了界面受剪承载力，如图 5-6-2（*b*）所示。如果对试件直接施加一个夹紧压力 F，也可以起到同样的效果。试验还表明，横向钢筋受拉屈服是试件的极限状态，在试件的界面上有占很大成分的摩擦力存在。

如果定义 $V_{u,l}$为极限界面受剪承载力及 $f_{v,l}=V_{u,l}/(b_s l)$ 为界面抗剪强度，以 C20 混凝土为例的界面受剪试验结果如图 5-6-3 所示。图中纵坐标为 $f_{v,l}/f_c$，横坐标为变量 $\rho_v f_{st}/f_c$。

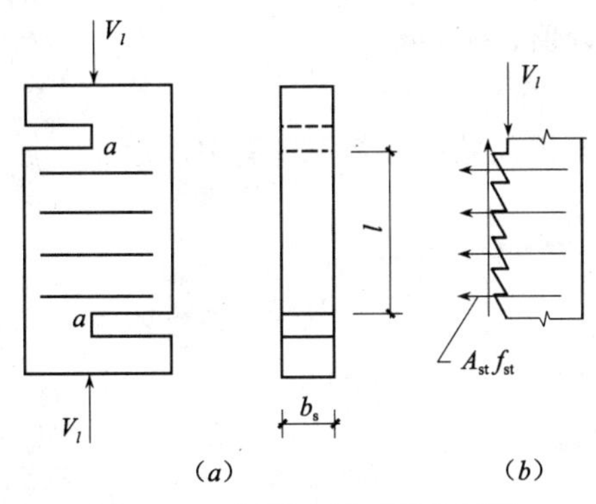

图 5-6-2 混凝土界面受剪试件

（*a*）试件全貌；（*b*）横向钢筋屈服

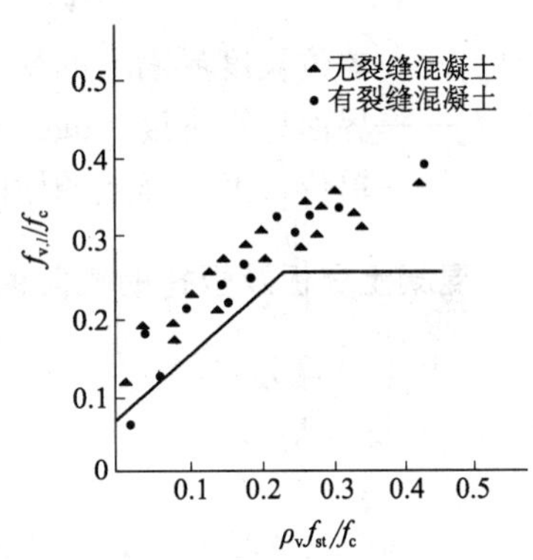

图 5-6-3 界面受剪试验结果及表达式

关于混凝土界面抗剪强度设计值的表达式各国大致相同，ECSS《组合结构》提出的表达式如下：

$$f_{v,l}=\alpha+0.8\left(\rho_v f_{st}+\frac{F}{A}\right)\leqslant\beta f_c \tag{5-6-1}$$

式中 $f_{v,l}$——混凝土界面抗剪强度设计值，N/mm^2；

α——以 N/mm^2 计的常量，对强度等级不小于 C20 的普通混凝土，$\alpha=0.9N/mm^2$；对强度等级不小于 C20 的轻骨料混凝土，$\alpha=0.7N/mm^2$；

ρ_v——横向钢筋配筋率，$\rho_v=A_{st}/(b_s l)$，其中 A_{st}为横向钢筋截面面积，b_s 为界面宽度，l 为界面长度；

f_{st}——横向钢筋抗拉强度设计值，N/mm^2；

f_c——混凝土抗压强度设计值，N/mm^2；

F——垂直于界面作用的法向力，以 N 计；当 F 为夹紧压力时，F 按最小取值并取正值；当 F 为分离拉力时，F 按最大取值并取负值；

β——系数，对普通混凝土，$\beta=0.285$；对轻骨料混凝土，$\beta=0.225$。

由公式（5-6-1）可以看出，混凝土界面抗剪强度与横向钢筋的 $\rho_v f_{st}$成正比，而公式右侧 βf_c 则是它的上限，是保证受剪界面中横向钢筋在混凝土啮合机构破坏前首先屈服的限制条件，也是横向钢筋最大配筋率的限制条件。如果将公式（5-6-1）的线性关系亦绘于图5-6-3，在与试验结果对比之后，发现除了一个有裂缝混凝土试件之外，所有的试验结果均位于计算式之上，因而可以认为公式（5-6-1）是有裂缝混凝土界面受剪试验结果的下限，公式是偏于安全的。

（二）界面受剪承载力设计表达式

按照一般设计习惯，界面受剪承载力宜用单位长度界面上的受剪承载力表示，记作 $V_{u,l}$，其值等于 $f_{u,l}\times b_s$，有

$$V_{u,1}=f_{u,l}\times b_s=\alpha b_s+0.8\left(\frac{A_{st}}{l}f_{st}+\frac{F}{l}\right)\leqslant b_s\beta f_c$$

$$=\alpha b_s+0.8(A_{st,1}f_{st}+F/l)\leqslant b_s\beta f_c \tag{5-6-2}$$

考虑到遇有法向力 F 作用的机会不多，如暂时不计，便得

$$V_{u,1}=\alpha b_s+0.8A_{st,1}f_{st}\leqslant b_s\beta f_c \tag{5-6-3}$$

式中　$V_{u,1}$——单位长度界面上的受剪承载力设计值，N/mm；

b_s——界面计算宽度，mm；

$A_{st,1}$——单位长度界面上的横向钢筋截面面积，见本节之三中有关规定。

三、混凝土翼板及板托的横向钢筋设计

（一）基本计算公式

总的设计要求是

$$V_{l,1}\leqslant b_s\beta f_c \tag{5-6-4}$$

及

$$V_{l,1}\leqslant V_{u,1}=\alpha b_s+0.8A_{st,1}f_{st} \tag{5-6-5}$$

式中　$V_{l,1}$——单位长度界面上的剪力作用设计值，N/mm；

$V_{u,1}$——单位长度界面上的受剪承载力设计值，N/mm；

f_{st}——界面的横向钢筋设计值，N/mm^2。

在公式（5-6-5）中，如果 f_{st} 已知，设计计算属于承载力验算，如果 f_{st} 待定，设计计算属于界面的横向钢筋设计。不管怎样，首要的任务都是先要把 $V_{l,1}$ 确定下来。

（二）单位长度界面上的剪力作用设计值

界面总剪力 V_l 与第五节抗剪连接件叠合面上的纵向剪力 V_s 都是以一个剪跨为计算单元的纵向剪力，只是作用面不同，V_l 的作用面为界面，V_s 的作用面为叠合面，但两者有一定的链接关系，故 $V_{l,1}$ 也一定可以通过 V_s 求得。

对包络连接件的纵向界面，如图5-6-4中的 c-c 界面及 d-d 界面：

$$V_{l,1}=\frac{V_s}{l_c} \tag{5-6-6}$$

式中　V_s——一个剪跨内叠合面上的纵向剪力设计值，在正弯矩区段，取 $V_s=A_af_a$ 及 $V_s=b_eh_cf_c$ 中的较小值；在负弯矩区段，取 $V_s=A_{st}f_{st}$（$A_{st}f_{st}$ 为负弯矩钢筋的拉力）；

l_c——剪跨长度。

对混凝土翼板纵向竖界面，如图5-6-4中的 a-a 界面及 b-b 界面：

$$V_{l,1}=\frac{V_s}{l_c}\times\frac{b_a}{b_e} \tag{5-6-7}$$

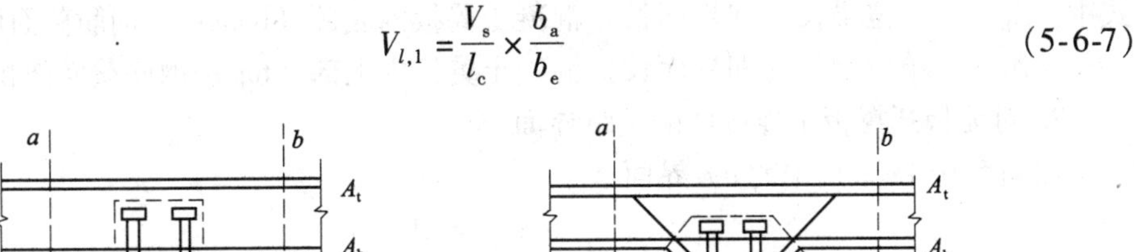

图 5-6-4　混凝土翼板的计算界面及相应的横向钢筋

(a) 无板托；(b) 带板托

或

$$V_{l,1}=\frac{V_s}{l_c}\times\frac{b_b}{b_e} \tag{5-6-8}$$

式中　b_e——混凝土翼板计算宽度，$b_a+b_b=b_e$；

b_a——a-a 界面一侧的混凝土翼板工作宽度；

b_b——b-b 界面一侧的混凝土翼板工作宽度。

作为另一种方法，如果抗剪连接件基本上是满应力工作的，则可以更方便一点，$V_{l,1}$直接由抗剪连接件的剪力作用确定。由图 5-6-5，令 n_i 为第 i 排连接件的个数，N_v^c 为一个连接件的受剪承载力设计值，则一排连接件的剪力作用为 $n_iN_v^c$，设该排连接件的纵向间距为 u_i，则有 $V_{l,1}=\frac{n_iN_v^c}{u_i}$。此时，公式（5-6-6）、公式（5-6-7）及公式（5-6-8）可对应地用下列公式表达：

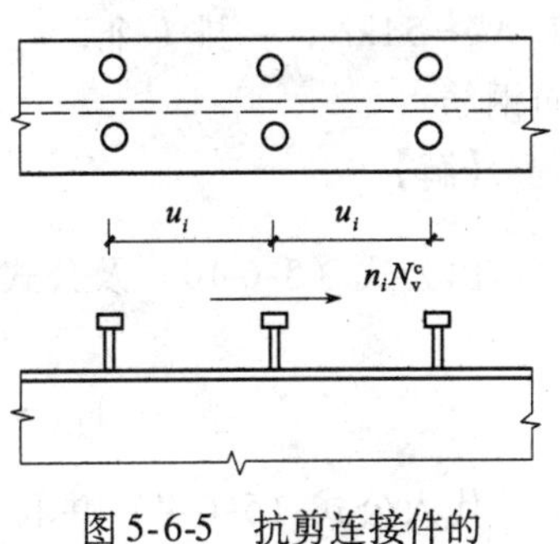

图 5-6-5　抗剪连接件的剪力作用

对包络连接件的纵向界面

$$V_{l,1}=\frac{n_iN_v^c}{u_i} \tag{5-6-9}$$

对混凝土翼板的纵向竖界面

$$V_{l,1}=\frac{n_iN_v^c}{u_i}\times\frac{b_a}{b_e} \tag{5-6-10}$$

或

$$V_{l,1}=\frac{n_iN_v^c}{u_i}\times\frac{b_b}{b_e} \tag{5-6-11}$$

（三）单位长度界面上横向钢筋截面面积 $A_{st,1}$ 的界定

在计算公式（5-6-5）中，尚有一个单位长度界面上横向钢筋截面面积 $A_{st,1}$ 的界定，如图 5-6-4 所示，有以下几种情况：

1. 对混凝土翼板的纵向竖界面

如图 5-6-4 中的 a-a 界面及 b-b 界面

$$A_{st,1}=A_b+A_t \tag{5-6-12}$$

式中　A_b——单位梁长（即界面长）混凝土翼板内底部（bottom）钢筋截面面积；

A_t——单位梁长（即界面长）混凝土翼板内上部（top）钢筋截面面积。

2. 对无板托翼板中连接件的包络界面

如图 5-6-4（*a*）中的 *c-c* 界面

$$A_{st,1}=2A_b \tag{5-6-13}$$

3. 对有板托翼板中连接件的包络界面

如图 5-6-4（*b*）中的 *d-d* 界面

如果连接件抗掀起端底面（如栓钉头底面）高出翼板底部钢筋距离 $e<30$mm，则

$$A_{st,1}=2A_h \tag{5-6-14}$$

式中　A_h——单位梁长混凝土板托内的横向钢筋截面面积。

如果连接件抗掀起端底面高出翼板底部钢筋距离 $e\geqslant30$mm，则

$$A_{st,1}=2(A_h+A_b) \tag{5-6-15}$$

（四）计算算例

【例 5-6-1】　针对【例 5-3-1】的多跨连续梁，由【例 5-5-1】已知，该梁混凝土翼板厚度 $h_c=100$mm，C20 混凝土，在边跨第 1 剪跨内设置的栓钉连接件的受剪承载力设计值 $N_v^c=54$kN，一排 1 个，$n_i=1$，排距 $u_i=135$mm。要求继续为该梁第 1 剪跨内设计横向钢筋。

【解】

由公式（5-6-10）及公式（5-6-11），考虑了 $\frac{b_a}{b_e}=\frac{b_b}{b_e}=\frac{1}{2}$，得

$$V_{l,1}=\frac{n_iN_v^c}{u_i}\times\frac{b_a}{b_e}=\frac{1\times54000}{135}\times\frac{1}{2}=200\text{N/mm}$$

代入公式（5-6-4）并取 $b_s=h_c=100$mm，有

$$V_{l,1}=200\leqslant b_s\beta f_c=100\times0.285\times9.6=274\text{N/mm}$$

符合要求。

再代入公式（5-6-5）后，有

$$V_{l,1}=200=V_{u,1}=\alpha b_s+0.8A_{st,1}f_{st}=0.9\times100+0.8A_{st,1}\times300$$

解得

$$A_{st,1}=0.645\text{mm}^2/\text{mm}=645\text{mm}^2/\text{m}$$

要求对混凝土翼板进行复核，确保实配的 A_b+A_t 满足大于 $645\text{mm}^2/\text{m}$ 的条件。

四、板托的构造

板托的构造要求可参见图 5-6-6。归纳起来有以下三点：

（1）为了保证板托中的抗剪连接件基本上能像在标准推出试件中一样地工作，板托的外形尺寸应注意两点。第一，板托边缘距连接件外侧的距离不得小于 40mm；第二，板托外形应在自连接件根部算起的 45°仰角之外。

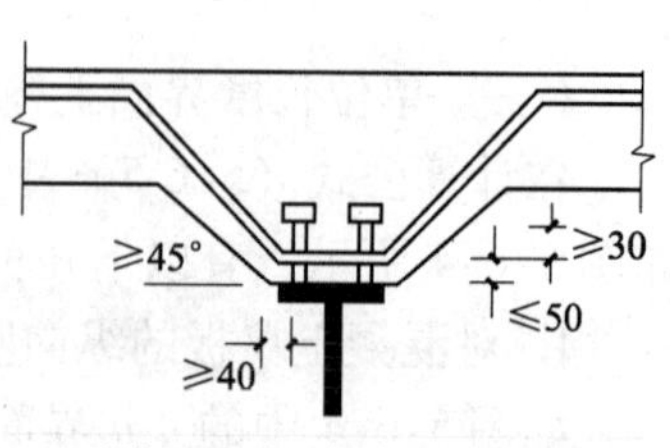

图 5-6-6　板托的构造

（2）因为在板托中邻近钢梁上翼缘的部分混凝土受连接件的局部承压作用，该处容易劈裂，需要配筋加强。板托

中横向钢筋的下部水平段应该设置在距钢梁上翼缘 50mm 的范围以内。

（3）为了保证抗剪连接件可靠地工作和有充分的抗掀起能力，连接件抗掀起端底面高出横向钢筋下部水平段的距离 e 不得小于 30mm，横向钢筋的间距不应大于 $4e$ 且不应大于 600mm。

在以上三项构造要求中，后两项同样可作为对混凝土翼板中横向钢筋的构造要求。

第七节　组合梁的挠度及裂缝宽度验算

一、一般规定

梁的挠度及裂缝宽度验算属于结构正常使用极限状态设计，其中裂缝宽度验算仅限于连续组合梁的负弯矩区。

在挠度验算时，考虑荷载效应的标准组合或准永久组合。在标准组合作用下，组合梁用弹性换算截面，混凝土翼板的换算宽度 $b_{eq}=\dfrac{b_e}{\alpha_E}$，$\alpha_E=E/E_c$；在准永久组合作用下，用考虑混凝土徐变影响的换算截面，混凝土翼板的换算宽度 $b_{eq}=\dfrac{b_e}{2\alpha_E}$。荷载效应的标准组合值比准永久组合值大而截面刚度也大，准永久组合值虽小而截面刚度也小，应分别按两种荷载效应组合值计算梁的挠度，并取其中较大者。如果在施工阶段钢梁下未设临时支撑，则组合梁自重引起的挠度应按钢梁计算。如果在制作时预留“起拱”，起拱值可以在算得的挠度中扣除。

至于裂缝宽度计算，因为《混凝土结构设计规范》GB 50010—2002 在建立其裂缝宽度计算公式时已将长期效应影响考虑在内，故在验算时只要取荷载效应的标准组合即可。

总的验算表达式如下：

对挠度（或其他位移）验算，要求

$$\Delta\leqslant[\Delta] \tag{5-7-1}$$

对裂缝宽度验算，要求

$$w_{max}\leqslant[w] \tag{5-7-2}$$

式中　Δ——荷载效应标准组合或准永久组合作用下梁的挠度计算值；

$[\Delta]$——挠度允许值，《钢结构设计规范》或《混凝土结构设计规范》均有专门规定；

w_{max}——荷载效应标准组合作用下混凝土翼板的最大裂缝宽度；

$[w]$——最大裂缝宽度允许值，《混凝土结构设计规范》有专门规定。

二、组合梁的截面刚度

组合梁挠度计算的核心是它的截面刚度计算。因为在力学手册中都有关于单跨简支梁在各种荷载作用下的挠度计算公式，对于多跨连续组合梁，有了位移计算公式表 5-3-1~表 5-3-4之后，挠度亦不难计算，关键问题是这些公式中的截面刚度应该如何确定。

组合梁截面刚度的基准表达式应该是 EI_{eq}，E 为钢材弹性模量，I_{eq}为换算截面惯性矩。

《钢结构设计规范》在论文“考虑滑移效应的钢-混凝土组合梁变形计算的折减刚度法”(《土木工程学报》1995，5）的背景基础上，规定了应采用考虑叠合面滑移的折减刚度，记作 B，并按下式确定：

$$B=\frac{1}{1+\zeta}EI_{eq} \tag{5-7-3}$$

式中 ζ 定义为刚度折减系数，按以下公式计算：

$$\zeta=\eta\left[0.4-\frac{3}{(jl)^2}\right] \tag{5-7-4}$$

$$\eta=\frac{36Ed_c pA_0}{n_s khl^2} \tag{5-7-5}$$

$$j=0.81\sqrt{\frac{n_s kA_1}{EI_0 p}} \tag{5-7-6}$$

$$A_0=\frac{A_{cf}A_a}{\alpha_E A_a+A_{cf}} \tag{5-7-7}$$

$$A_1=\frac{I_0+A_0 d_c^2}{A_0} \tag{5-7-8}$$

$$I_0=I+\frac{I_{cf}}{\alpha_E} \tag{5-7-9}$$

式中 A_{cf}——混凝土翼板截面面积；

A_a——钢梁截面面积；

I——钢梁截面惯性矩；

I_{cf}——混凝土翼板的截面惯性矩；

d_c——钢梁截面形心到混凝土翼板截面形心的距离；

h——组合梁截面高度；

l——组合梁跨度，mm；

k——抗剪连接件刚度系数，$k=N_v^c$，N/mm；

p——抗剪连接件的纵向平均间距，mm；

n_s——抗剪连接件在一根梁上列数；

α_E——钢材与混凝土弹性模量的比值。

对于压型钢板混凝土组合板翼板，其翼板截面面积、截面惯性矩以及其形心位置均按不计凸肋后的截面考虑，且不考虑压型钢板。如果按荷载效应的准永久组合进行计算，式(5-7-7）及式（5-7-9）中的 α_E 应乘以2。

三、部分抗剪连接组合梁的挠度近似计算

关于部分抗剪连接组合梁的挠度计算，尚未见到专门的理论公式，下面所介绍的是其近似计算。

令 n_r 为一个剪跨内实配的部分抗剪连接件个数、n_f 为同一剪跨内完全抗剪连接件个数，它们之间的比值称为抗剪连接程度，记作 r，$r=n_r/n_f$。当 $r=0$ 时，为钢梁；当 $r=1$ 时，为完全抗剪连接组合梁。

很显然，在同一荷载作用下，完全抗剪连接组合梁的挠度 Δ_f 最小，钢梁的挠度 Δ_s 最大，部分抗剪连接组合梁的挠度 Δ_r 则居于 Δ_f 与 Δ_s 之间而比 Δ_f 大。如果以抗剪连接程度 r 为横坐标，以相对的挠度差额 $(\Delta_r - \Delta_f)/(\Delta_s - \Delta_f)$ 为纵坐标，则它们之间的函数关系示意图将如图 5-7-1 中的曲线“a”所示。现在为了简化计算，假设在 $0.5 \leqslant r \leqslant 1$ 之间的函数呈线性关系，并且用图 5-7-1 中的直线“b”表示，该直线在横坐标轴上的截距为 1，经与在该段函数曲线的拟合对比，直线“b”的延长线在纵坐标轴上的截距为 0.5。则直线“b”可表达为

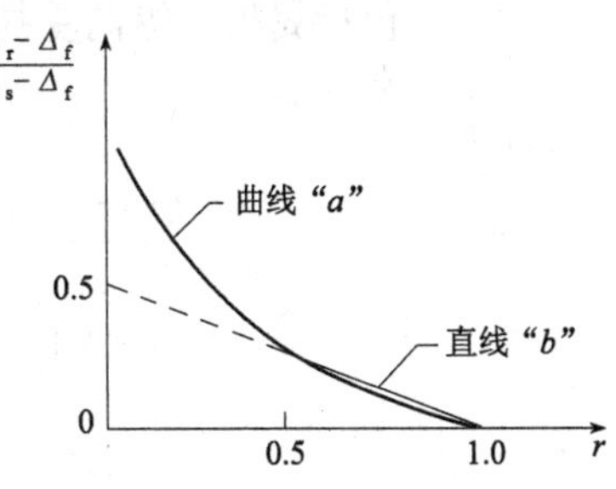

图 5-7-1 公式（5-7-10）的示意图

$$\frac{\Delta_r - \Delta_f}{\Delta_s - \Delta_f} = 0.5(1 - r)$$

移项后，便得部分抗剪连接组合梁的挠度计算公式如下：

$$\Delta_r = \Delta_f + 0.5(\Delta_s - \Delta_f)(1 - r) \tag{5-7-10}$$

式中 Δ_f——完全抗剪连接组合梁的挠度计算值，为已知值；

Δ_s——钢梁的挠度计算值，亦为已知值；

r——连接程度。

$r = n_r/n_f$，其中 n_r 为剪跨内实配的连接件个数，n_f 为完全抗剪连接时剪跨内的连接件个数。变量 r 的定义域为 0.5 ~ 1.0，亦即 $0.5 \leqslant r \leqslant 1.0$；如果遇到 $r < 0.5$ 的情况，按钢梁计算挠度。

四、连续组合梁负弯矩区混凝土翼板的最大裂缝宽度计算

组合梁负弯矩区混凝土翼板裂缝宽度计算，目前尚未见有系统的研究资料，但也很接近混凝土轴心受拉构件，参考《混凝土结构设计规范》GB 50010—2002，其最大裂缝宽度 w_{max} 可用以下公式计算：

$$w_{max} = 2.7\psi \frac{\sigma_{sk}}{E_s}\left(1.9c + 0.08\frac{d_{eq}}{\rho_{te}}\right) \tag{5-7-11}$$

$$\sigma_{sk} = \frac{M_k y_{st}}{I} \tag{5-7-12}$$

$$\psi = 1.1 - 0.65\frac{f_{tk}}{\rho_{te}\sigma_{sk}} \tag{5-7-13}$$

$$d_{eq} = \frac{\sum n_i d_i^2}{\sum n_i v_i d_i} \tag{5-7-14}$$

$$\rho_{te} = \frac{A_{st}}{b_e h_c} \tag{5-7-15}$$

式中 ψ——裂缝间纵向受拉钢筋应变不均匀系数；当 $\psi < 0.2$ 时，取 $\psi = 0.2$；当 $\psi > 1$ 时，取 $\psi = 1$；

σ_{sk}——按荷载效应标准组合计算的混凝土翼板内纵向受拉钢筋的应力；

M_k——按荷载效应标准组合计算的弯矩值；

I——包括翼板内纵向受拉钢筋截面面积 A_{st} 在内的单质钢截面（图 5-7-2）的截面惯性矩；

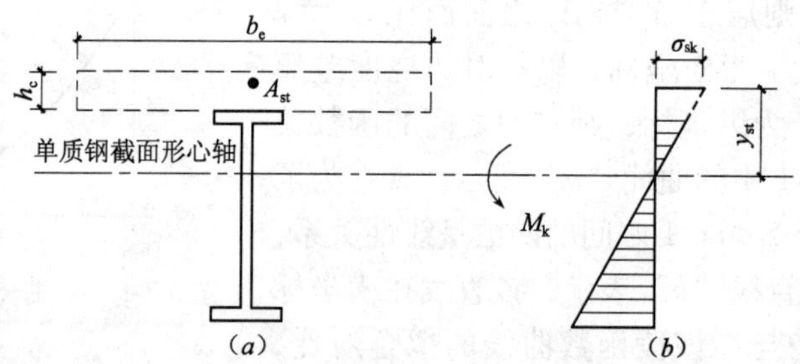

图 5-7-2　负弯矩区组合梁的单质钢截面及钢筋应力
（a）单质钢截面；（b）钢筋应力

y_{st}——钢筋截面形心至单质钢截面形心之间的距离；

E_s——钢筋弹性模量，按表 1-5-2 采用；

c——最外层纵向受拉钢筋外边缘至混凝土翼板顶面的保护层厚度，mm；当 $c<20$ 时，取 $c=20$；当 $c\geqslant 65$ 时，取 $c=65$；

ρ_{te}——按混凝土翼板有效截面面积 $b_e h_c$ 计算的纵向受拉钢筋配筋率；在最大裂缝宽度计算中，当 $\rho_{te}<0.01$ 时，取 $\rho_{te}=0.01$；

A_{st}——混凝土翼板有效宽度范围内的纵向受拉钢筋截面面积；

d_{eq}——受拉区纵向钢筋的等效直径，mm；

d_i——受拉区第 i 种纵向钢筋的公称直径，mm；

n_i——受拉区第 i 种纵向钢筋的根数；

υ_i——受拉区第 i 种纵向钢筋的相对粘结特征系数；对 HPB235 钢筋，$\upsilon=0.7$；对 HRB335 钢筋，$\upsilon=1.0$；

f_{tk}——混凝土抗拉强度标准值。

符　号

1　材料性能

f_a——钢梁钢材的强度设计值；

f_{st}——钢筋的强度设计值；

f_y——钢梁钢材的屈服强度；

f_v——钢材抗剪强度设计值；

f——栓钉抗拉强度设计值；

f_c——混凝土抗压强度设计值；

f_{tk}——混凝土抗拉强度标准值；

$f_{v,l}$——混凝土界面抗剪强度设计值；

E_s、E_c——钢材、混凝土的弹性模量。

2　作用和作用效应设计值

N_v^c——一个连接件的受剪承载力设计值；

M——弯矩设计值；

M_k——按荷载效应标准组合计算的弯矩值；

M_u——截面受弯承载力设计值；

σ_{sk}——按荷载效应标准组合计算的混凝土翼板内纵向受拉钢筋的应力；

Δ——荷载效应标准组合或准永久组合作用下梁的挠度计算值；

$[\Delta]$——挠度允许值；

Δ_f——完全抗剪连接组合梁的挠度计算值；

Δ_s——钢梁的挠度计算值；

w_{max}——荷载效应标准组合作用下混凝土翼板的最大裂缝宽度；

$[w]$——最大裂缝宽度允许值。

3　几何参数

a_s——钢筋到混凝土翼板顶面距离；

c——最外层纵向受拉钢筋外边缘至混凝土翼板顶面的保护层厚度；

l——梁的计算跨度；

b_0——板托顶部宽度；

b_s——组合边梁混凝土翼板的外伸长度；

b_e——混凝土翼板计算宽度；

b_{eq}——混凝土翼板的等效宽度；

b_w——混凝土凸肋的平均宽度；

s_0——钢梁上翼缘或板托间净距；

h——组合梁截面高度；

h_c——混凝土翼板的计算厚度；

h_w——钢梁腹板高度；

h_d——栓钉高度；

h_e——混凝土凸肋高度；

t_w——腹板厚度；

d_c——钢梁截面形心到混凝土翼板截面形心的距离；

d_{eq}——受拉区纵向钢筋的等效直径；

d_i——受拉区第 i 种纵向钢筋的公称直径；

x——混凝土翼板受压区高度；

y——钢梁截面形心至混凝土翼板受压区截面形心间的距离；

y_{sc}——截面形心轴距梁底的距离；

y_1——钢梁受拉区截面形心至混凝土翼板截面形心间的距离；

y_2——钢梁受拉区截面形心至钢梁受压区截面形心间的距离；

y_3——纵向钢筋截面形心至组合梁塑性中和轴的距离；
y_4——组合梁塑性中和轴至钢梁塑性中和轴的距离；
y_{st}——钢筋截面形心至单质钢截面形心之间的距离；
A_a——钢梁截面面积；
A_{ac}——钢梁受压区截面面积；
A_{st}——混凝土翼板有效宽度范围内的钢筋截面面积；
A_{cf}——混凝土翼板截面面积；
A_s——栓钉钉杆截面面积；
A_h——单位梁长混凝土板托内的横向钢筋截面面积；
I——钢梁截面惯性矩；
I_{cf}——混凝土翼板的截面惯性矩；
I_{eq}——混凝土翼板的等效截面惯性矩；
W_{px}——对 x 轴的塑性毛截面模量。

4　计算参数及其他

α_E——钢材弹性模量 E_s 对混凝土弹性模量 E_c 的比值，$\alpha_E = E_s/E_c$；
φ_x——弯矩作用平面内的轴心受压构件稳定系数；
ψ——裂缝间纵向受拉钢筋应变不均匀系数；
γ——栓钉材料抗拉强度最小值与屈服强度之比；
r——连接程度，$r = n_r/n_f$，其中 n_r 为剪跨内实配的连接件个数，n_f 为完全抗剪连接时剪跨内的连接件个数；
n_r——部分抗剪连接时一个剪跨区内的抗剪连接件个数；
n_s——抗剪连接件在一根梁上列数；
n_i——受拉区第 i 种纵向钢筋的根数；
υ_i——受拉区第 i 种纵向钢筋的相对粘结特征系数；
ρ_v——横向钢筋配筋率；
ρ_{te}——按混凝土翼板有效截面面积 $b_e h_c$ 计算的纵向受拉钢筋配筋率；
k——抗剪连接件刚度系数；
p——抗剪连接件的纵向平均间距。

参 考 文 献

[1] 中国建筑科学研究院. 建筑结构荷载规范 GB 50009—2001. 北京：中国建筑工业出版社，2006.
[2] 中华人民共和国建设部. 钢结构设计规范 GB 50017—2003. 北京：中国计划出版社，2003.
[3] 中国建筑科学研究院. 混凝土结构设计规范 GB 50010—2002. 北京：中国建筑工业出版社，2002.
[4] 中国建筑技术研究院. 高层民用建筑钢结构设计规程 JGJ 99—98. 北京：中国建筑工业出版社，1998.
[5] Eurocode 4. Design of Composite Steel and Concrete Structures. Part2. Composite Bridges, European Committee for Standardization. 1997.
[6] George Winter, Authur H. Nilson. Design of Concrete Structures. Ninth Edition, MeGrew-Hill Book Company,

New York.

[7] R. P. Johnson. Composite Structure of Steel and Concrete. Vol 1, second edition. London: Blackwell Scientific Publications, 1994.

[8] 聂建国，余志武．钢-混凝土组合梁在我国的研究和应用．土木工程学报，1999，32（2）：3-8.

[9] 朱聘儒，高向东．钢-混凝土连续组合梁塑性铰特性及内力重分配研究．建筑结构学报，1990，11（6）.

[10] 樊俊生，聂建国，叶清华，王挺．钢-压型钢板混凝土连续组合梁调幅系数的试验研究．建筑结构学报，2001，22（2）.

[11] 朱聘儒，国明超，朱起．钢-混凝土组合梁协同工作的分析及试验．建筑结构学报，1987，No. 5.

[12] Johnson R P., Willmington R. T. Vertical Shear in Continuous Composite Beams. Proceeding Institute of Civil Engineer, 1972.

[13] 张少云．钢-混凝土组合梁栓钉连接件受剪强度性能研究．郑州工学院土木系，1987.

[14] 聂建国，孙国良．钢-混凝土组合梁槽钢连接件基本性能和极限承载力研究．郑州工学院，1985.

[15] 朱聘儒，李铁强，陶懋治．钢与混凝土组合梁弯筋连接件的受剪性能．工业建筑，1985，（10）：17~22.

[16] J. G. Ollgaard, R. G. Slutter and John. W. Fisher. Shear Strength of Stud Connectors in Light-weight and Normal-weight Concrete. AISC Eng. Journal, 1971.

[17] J. B. Menzies. CP117 and Shear Connectors in Steel-Concrete Composite Beams Made with Normal-density or Light-weight Concrete. The Structural Eng., 1997.

[18] Hofbeck J. A., I. O. Ibrahin and A. H. Mattock. Shear Transfer in Reinfoced concrete. ACI Jounal, 1969.

[19] 聂建国，沈聚敏，余志武．考虑滑移效应的钢-混凝土组合梁变形计算的折减刚度法．土木工程学报，1995，28（6）.

附录A　型钢规格及截面特性

A1　H型钢和部分T型钢

最新国家标准《热轧H型钢和部分T型钢》GB 11263规定了H型钢和部分T型钢的尺寸、外型、质量及允许偏差、技术要求、试验方法、检测规则及质量证明书等详细要求和指标。

A1.1　分类和代号

（1）热轧H型钢共分四类，其代号如下：

宽翼缘H型钢HW（W为Wide英文字头）

中翼缘H型钢HM（M为Middle英文字头）

窄翼缘H型钢HN（N为Narrow英文字头）

薄壁H型钢HT（T为Thin英文字头）

（2）部分T型钢共分三类，其代号如下：

宽翼缘部分T型钢TW（W为Wide英文字头）

中翼缘部分T型钢TM（M为Middle英文字头）

窄翼缘部分T型钢TN（N为Narrow英文字头）

A1.2　热轧H型钢和部分T型钢截面尺寸、外形及质量

（1）尺寸及表示方法：热轧H型钢和部分T型钢的截面图示及标注符号如图A1和图A2所示。

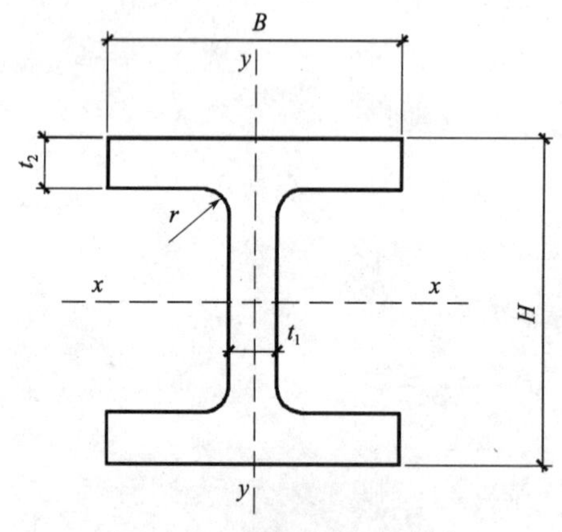

图A1　H型钢截面

H—高度；B—宽度；t_1—腹板厚度；t_2—翼板厚度；r—圆角半径

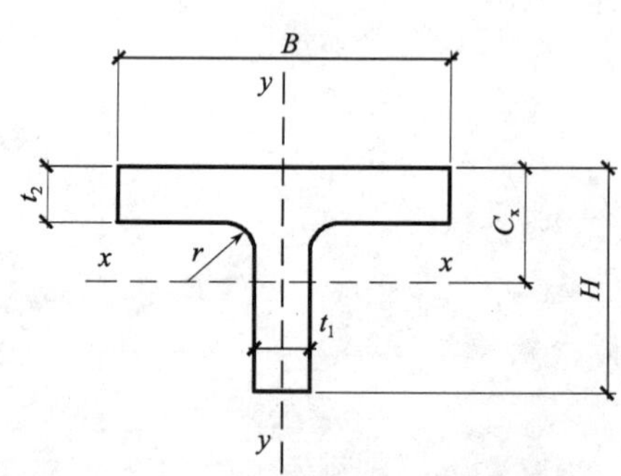

图A2　部分T型钢截面图

H—高度；B—宽度；t_1—腹板厚度；t_2—翼板厚度；r—圆角半径；C_x—重心

（2）H型钢和部分T型钢的截面尺寸、截面面积、理论质量及截面参数应分别符合表A1和表A2的规定。根据需方要求，也可由供需双方协商供应其他型号的产品。

H 型钢截面尺寸、截面面积、理论质量及截面特性　　　　表 A1

类别	型号（高度×宽度）	截面尺寸（mm）					截面面积（cm^2）	理论质量（kg/m）	惯性矩（cm^4）		惯性半径（cm）		截面模量（cm^3）	
		H	B	t_1	t_2	r			I_x	I_y	i_x	i_y	W_x	W_y
HW	100×100	100	100	6	8	8	21.59	16.9	386	134	4.23	2.49	77.1	26.7
	125×125	125	125	6.5	9	8	30.00	23.6	843	293	5.30	3.13	135	46.9
	150×150	150	150	7	10	8	39.65	31.1	1620	563	6.39	3.77	216	75.1
	175×175	175	175	7.5	11	13	51.43	40.4	2918	983	7.53	4.37	334	112
	200×200	200	200	8	12	13	63.53	49.9	4717	1601	8.62	5.02	472	160
		200	204	12	12	13	71.53	56.2	4984	1701	8.35	4.88	498	167
	250×250	244	252	11	11	13	81.31	63.8	8573	2937	10.27	6.01	703	233
		250	250	9	14	13	91.43	71.8	10689	3648	10.81	6.32	855	292
		250	255	14	14	13	109.93	81.6	11340	3875	10.45	6.11	907	304
	300×300	294	302	12	12	13	106.33	83.5	16384	5513	12.41	7.20	1115	365
		300	300	10	15	13	118.45	93.0	20010	6753	13.00	7.55	1334	450
		300	305	15	15	13	133.45	104.8	21135	7102	12.58	7.29	1409	466
	350×350	338	351	13	13	13	133.27	104.6	27352	9376	14.33	8.39	1618	534
		344	348	10	16	13	144.01	113.0	32545	11242	15.03	8.84	1892	646
		344	354	16	16	13	164.65	129.3	34581	11841	14.49	8.48	2011	669
		350	350	12	19	13	171.89	134.9	39637	13582	15.19	8.89	2265	776
		350	357	19	19	13	196.39	154.2	42138	14427	14.65	8.57	2408	808
	400×400	388	402	15	15	12	178.45	140.1	48040	16255	16.41	9.54	2476	809
		394	398	11	18	22	186.81	146.6	55597	18920	17.25	10.06	2822	951
		394	405	18	18	12	214.39	168.3	59165	19951	16.61	9.65	3003	985
		400	400	13	21	22	218.69	171.7	66455	22410	17.43	10.12	3323	1120
		400	408	21	21	22	250.69	196.8	70722	23804	16.80	9.74	3536	1167
		414	405	18	28	22	295.39	231.9	93518	31022	17.79	10.25	4518	1532
		428	407	20	35	22	360.65	283.1	12089	39357	18.31	10.45	5649	1934
		458	417	30	50	22	528.55	414.9	19093	60516	19.01	10.70	8338	2902
		*498	432	45	70	22	770.05	604.5	30473	94346	19.89	11.07	12238	4368
	*500×500	492	465	15	20	22	257.95	202.5	115559	33531	21.17	11.40	4698	1442
		502	465	15	25	22	304.45	239.0	145012	41910	21.82	11.73	5777	1803
		502	470	20	25	22	329.55	258.7	150283	43295	21.35	11.46	5987	1842
HM	150×100	148	100	6	9	8	26.35	20.7	995.3	150.3	6.15	2.39	134.5	30.1
	200×150	194	150	6	9	8	39.11	29.9	2586	506.6	8.24	3.65	266.6	67.6
	250×175	244	175	7	11	13	55.49	43.6	5908	983.5	10.32	4.21	484.3	112.4
	300×200	294	250	8	12	13	71.05	55.8	10858	1602	12.36	4.75	738.6	160.2
	350×250	340	250	9	14	13	99.53	78.1	20867	3648	14.48	6.05	1227	291.9

续表

类别	型号（高度×宽度）	截面尺寸（mm）					截面面积（cm^2）	理论质量（kg/m）	惯性矩（cm^4）		惯性半径（cm）		截面模量（cm^3）	
		H	B	t_1	t_2	r			I_x	I_y	i_x	i_y	W_x	W_y
HM	400×300	390	300	10	16	13	133.25	104.6	37363	7203	16.75	7.35	1916	480.2
	450×300	440	300	11	18	13	153.89	120.8	54067	8105	18.74	7.26	2458	540.3
	500×300	482	300	11	15	13	141.17	110.8	57212	6756	20.13	6.92	2374	450.4
		488	300	11	18	13	159.17	124.9	67916	8106	20.66	7.14	2783	540.4
	550×300	544	300	11	15	13	147.99	116.2	74874	6756	22.49	6.76	2753	450.4
		550	300	11	18	13	165.99	130.3	88470	8106	23.09	6.99	3217	540.4
	600×300	582	300	12	17	13	169.21	132.8	97287	7659	23.98	6.73	3343	510.6
		588	300	12	20	13	187.21	147.0	112827	9009	24.55	6.94	3838	600.6
		594	302	14	23	13	217.09	170.4	132179	10572	24.68	6.98	4450	700.1
HN	100×50	100	50	5	7	8	11.85	9.3	191.0	14.7	4.02	1.11	38.2	5.9
	125×60	125	60	6	8	8	16.69	13.1	407.7	29.1	4.94	1.32	65.2	9.7
	150×75	150	75	5	7	8	17.85	14.0	645.7	49.4	6.01	1.66	86.1	13.2
	175×90	175	90	5	8	8	22.90	18.0	1174	97.4	7.16	2.06	134.2	21.6
	200×100	198	99	4.5	7	8	22.69	17.8	1484	113.4	8.09	2.24	149.9	22.9
		200	100	5.5	8	8	26.67	20.9	1753	133.7	8.11	2.24	175.3	26.7
	250×125	248	124	5	8	8	31.99	25.1	3346	254.5	10.23	2.82	269.8	41.1
		250	125	6	9	8	36.97	29.0	3868	293.5	10.23	2.82	309.4	47.0
	300×150	298	149	5.5	8	13	40.80	32.0	5911	441.7	12.04	3.29	396.7	59.3
		300	150	6.5	9	13	46.78	36.7	6829	507.2	12.08	3.29	455.3	67.6
	350×175	346	174	6	9	13	52.45	41.2	10456	791.1	14.12	3.88	604.4	90.9
		350	175	7	11	13	62.91	49.4	12980	983.8	14.36	3.95	741.7	112.4
	400×150	400	150	8	13	13	70.37	55.2	17906	733.2	15.95	3.23	895.3	97.8
	400×200	396	199	7	11	13	71.41	56.1	19023	1446	16.32	4.50	960.8	145.3
		400	200	8	13	13	83.37	65.4	22775	1735	16.53	4.56	1139	173.5
	450×200	446	199	8	12	13	82.97	65.1	27146	1578	18.09	4.36	1217	158.6
		450	200	10	14	13	95.43	74.9	31973	1870	18.30	4.43	1421	187.0
	500×200	496	199	9	14	13	99.29	77.9	39628	1842	19.98	4.31	1598	185.1
		500	200	10	16	13	112.25	88.1	45685	2138	20.17	4.36	1827	213.8
		506	201	11	19	13	129.31	101.5	54478	2577	20.53	4.46	2153	256.4
	550×200	546	199	9	14	13	103.79	81.5	49245	1842	21.78	4.21	1804	185.2
		550	200	10	16	13	149.25	117.2	79515	7205	23.08	6.95	2891	480.3
	600×200	596	199	10	15	13	117.75	-92.4	64739	1975	23.45	4.10	2172	198.5
		600	200	11	17	13	131.71	103.4	73749	2273	23.66	4.15	2458	227.3
		606	201	12	20	13	149.77	117.6	86656	2716	24.05	4.26	2860	270.2

续表

类别	型号（高度×宽度）	截面尺寸（mm）					截面面积（cm^2）	理论质量（kg/m）	惯性矩（cm^4）		惯性半径（cm）		截面模量（cm^3）	
		H	B	t_1	t_2	r			I_x	I_y	i_x	i_y	W_x	W_y
HN	650×300	646	299	10	15	13	152.75	119.9	107794	6688	26.56	6.62	3337	447.4
		650	300	11	17	13	171.21	134.4	122739	7657	26.77	6.69	3777	510.5
		656	301	12	20	13	195.77	153.7	144433	9100	27.16	6.82	4403	604.6
	700×300	692	300	13	20	18	207.54	162.9	164101	9014	28.12	6.59	4743	600.9
		700	300	13	24	18	231.54	181.8	193622	10814	28.92	6.83	5532	720.9
	750×300	734	299	12	16	18	182.70	143.4	155539	7140	29.18	6.25	4238	477.6
		742	300	13	20	18	214.04	168.0	191989	9015	29.95	6.49	5175	601.0
		750	300	13	24	18	238.04	186.9	225863	10815	30.80	6.74	6023	721.0
		758	303	16	28	18	284.78	223.6	271350	13008	30.87	6.76	7160	858.6
	800×300	792	300	14	22	18	239.50	188.0	242399	9919	31.81	6.44	6121	661.3
		800	300	14	26	18	263.50	206.8	280925	11719	32.65	6.67	7023	781.3
	850×300	834	298	14	19	18	227.46	178.6	243858	8400	32.74	6.08	5848	563.8
		842	299	15	23	18	259.72	203.9	291216	10271	33.49	6.29	6917	687.0
		850	300	16	27	18	292.14	229.3	339670	12179	34.10	6.46	7992	812.0
		858	301	17	31	18	324.72	254.9	389234	14125	34.62	6.60	9073	938.5
	900×300	890	299	15	23	18	266.92	209.5	330588	10273	35.19	6.20	7429	687.1
		900	300	16	28	18	305.82	240.1	397241	12631	36.04	6.43	8828	842.1
		912	302	18	34	18	360.06	282.6	484615	15652	36.69	6.59	10628	1037
	1000×300	970	297	16	21	18	276.00	216.7	382977	9203	37.25	5.77	7896	619.7
		980	298	17	26	18	315.50	247.7	462157	11508	38.27	6.04	9432	772.3
		990	298	17	31	18	345.30	271.1	535201	13713	39.37	6.30	10812	920.3
		1000	300	19	36	18	395.10	310.2	626396	16256	39.82	6.41	12528	1084
		1008	302	21	40	18	439.26	344.8	704572	18437	40.05	6.48	13980	1221
HT	100×50	95	48	3.2	4.5	8	7.62	6.0	109.7	8.4	3.79	1.05	23.1	3.5
		97	49	4	5.5	8	9.38	7.4	141.8	10.9	3.89	1.08	29.2	4.4
	100×100	96	99	4.5	6	8	16.21	12.7	272.7	97.1	4.10	2.45	56.8	19.6
	125×60	118	58	3.2	4.5	8	9.26	7.3	202.4	14.7	4.68	1.26	34.3	5.1
		120	59	4	5.5	8	11.40	8.9	259.7	18.9	4.77	1.29	43.3	6.4
	125×125	119	123	4.5	6	8	20.12	15.8	523.6	186.2	5.10	3.04	88.0	30.3
	150×75	145	73	3.2	4.5	8	11.47	9.0	383.2	29.3	5.78	1.60	52.9	8.0
		147	74	4	5.5	8	14.13	11.1	488.0	37.3	5.88	1.62	66.4	10.1
	150×100	139	97	3.2	4.5	8	13.44	10.5	447.3	68.5	5.77	2.26	64.4	14.1
		142	99	4.5	6	8	18.28	14.3	632.7	97.2	5.88	2.31	89.1	19.6

续表

类别	型号（高度×宽度）	截面尺寸（mm）					截面面积（cm^2）	理论质量（kg/m）	惯性矩（cm^4）		惯性半径（cm）		截面模量（cm^3）	
		H	B	t_1	t_2	r			I_x	I_y	i_x	i_y	W_x	W_y
HT	150×150	144	148	5	7	8	27.77	21.8	1070	378.4	6.21	3.69	148.6	51.1
		147	149	6	8.5	8	33.68	26.4	1338	468.9	6.30	3.73	182.1	62.9
	175×90	168	88	3.2	4.5	8	13.56	10.6	619.6	51.2	6.76	1.94	73.8	11.6
		171	89	4	6	8	17.59	13.8	852.1	70.6	6.96	2.00	99.7	15.9
	175×175	167	173	5	7	13	33.32	26.2	1731	604.5	7.21	4.26	207.2	69.9
		172	175	6.5	9.5	13	44.65	35.0	2466	849.2	7.43	4.36	286.8	97.1
	200×100	193	98	3.2	4.5	8	15.26	12.0	921.0	70.7	7.77	2.15	95.4	14.4
		196	99	4	6	8	19.79	15.5	1260	97.2	7.98	2.22	128.6	19.6
	200×150	188	149	4.5	6	8	26.35	20.7	1669	331.0	7.96	3.54	177.6	44.4
	200×200	192	198	6	8	13	43.69	34.3	2984	1036	8.26	4.87	310.8	104.6
	250×125	244	124	4.5	6	8	25.87	20.3	2529	190.9	9.89	2.72	207.3	30.8
	250×175	238	173	4.5	8	13	39.12	30.7	4045	690.8	10.17	4.20	339.9	79.9
	300×150	294	148	4.5	6	13	31.90	25.0	4342	324.6	11.67	3.19	295.4	43.9
	300×200	286	198	6	8	13	49.33	38.7	7000	1036	11.91	4.58	489.5	104.6
	350×175	340	173	4.5	6	13	36.97	29.0	6823	518.3	13.58	3.74	401.3	59.9
	400×150	390	148	6	8	13	47.57	37.3	10900	433.2	15.14	3.02	559.0	58.5
	400×200	390	198	6	8	13	55.57	43.6	13819	1036	15.77	4.32	708.7	104.6

注：1. 同一型号的产品，其内侧尺寸高度一致。

2. 截面面积计算公式为：$t_1\ (H-2t_2)\ +2Bt_2+0.858r^2$。

3. “*”所示规格表示国内暂不能生产。

部分T型钢截面尺寸、截面面积、理论质量及截面特性　　表A2

类别	型号（高度×宽度）	截面尺寸（mm）					截面面积（cm^2）	理论质量（kg/m）	惯性矩（cm^4）		惯性半径（cm）		截面模量（cm^3）		重心 C_x	对应H型钢系列型号
		h	B	t_1	t_2	r			I_x	I_y	i_x	i_y	W_x	W_y		
TW	50×100	50	100	6	8	8	10.79	8.47	16.7	67.7	1.23	2.49	4.2	13.5	1.00	100×100
	62.5×125	62.5	125	6.5	9	8	15.00	11.8	35.2	147.1	1.53	3.13	6.9	23.5	1.19	125×125
	75×150	75	150	7	10	8	19.82	15.6	66.6	281.9	1.83	3.77	10.9	37.6	1.37	150×150
	87.5×175	87.5	175	7.5	11	13	25.71	20.2	115.8	494.4	2.12	4.38	16.1	56.5	1.55	175×175
	100×200	100	200	8	12	13	31.77	24.9	185.6	803.3	2.42	5.03	22.4	80.3	1.73	200×200
		100	204	12	12	13	35.77	28.1	256.3	853.6	2.68	4.89	32.4	83.7	2.09	
	125×250	125	250	9	14	13	45.72	35.9	413.0	1827	3.01	6.32	39.6	146.1	2.08	250×250
		125	255	14	14	13	51.97	40.8	589.3	1941	3.37	6.11	59.4	152.2	2.58	
	150×300	147	302	12	12	13	53.17	41.7	855.8	2760	4.01	7.20	72.2	182.8	2.85	300×300
		150	300	10	15	13	59.23	46.5	798.7	3379	3.67	7.55	63.8	225.3	2.47	
		150	305	15	15	13	66.73	52.4	1107	3554	4.07	7.30	92.6	233.1	3.04	

续表

类别	型号（高度×宽度）	截面尺寸（mm）					截面面积（cm^2）	理论质量（kg/m）	惯性矩（cm^4）		惯性半径（cm）		截面模量（cm^3）		重心 C_x	对应 H 型钢系列型号
		h	B	t_1	t_2	r			I_x	I_y	i_x	i_y	W_x	W_y		
TW	175×350	172	348	10	16	13	72.01	56.5	1231	5624	4.13	8.84	84.7	323.2	2.67	350×350
		175	350	12	19	13	85.95	67.5	1520	6794	4.21	8.89	103.9	388.2	2.87	
	200×400	194	402	15	15	22	89.23	70.0	2479	8150	5.27	9.56	157.9	405.5	3.70	400×400
		197	398	11	18	22	93.41	73.3	2052	9481	4.69	10.07	122.9	476.4	3.01	
		200	400	13	21	22	109.35	85.8	2483	1122	4.77	10.13	147.9	561.3	3.21	
		200	408	21	21	22	125.35	98.4	3654	1192	5.40	9.75	229.4	584.7	4.07	
		207	405	18	28	22	147.70	115.9	3634	1553	4.96	10.26	213.6	767.2	3.68	
		214	407	20	35	22	180.33	141.6	4393	1970	4.94	10.45	251.0	968.2	3.90	
TM	75×100	74	100	6	9	8	13.17	10.3	51.7	75.6	1.98	2.39	8.9	15.1	1.56	150×100
	100×150	97	150	6	9	8	19.05	15.0	124.4	253.7	2.56	3.65	15.8	33.8	1.80	200×150
	120×175	122	175	7	11	13	27.75	21.8	288.3	494.4	3.22	4.22	29.1	56.5	2.28	250×175
	150×200	147	200	8	12	13	35.53	27.9	570.0	803.5	4.01	4.76	48.1	80.3	2.85	300×200
	175×250	170	250	9	14	13	49.77	39.1	1016	1827	4.52	6.06	73.1	146.1	3.11	350×250
	200×300	195	300	10	16	13	66.63	52.3	1730	3605	5.10	7.36	107.7	240.3	3.43	400×300
	225×300	220	300	11	18	13	76.95	60.4	2680	4056	5.90	7.26	149.6	270.4	4.09	450×300
	250×300	241	300	11	15	13	70.59	55.4	3399	3381	6.94	6.92	178.0	225.4	5.00	500×300
	275×300	244	300	11	18	13	79.59	62.5	3615	4056	6.74	7.14	183.7	270.4	4.72	550×300
		272	300	11	15	13	70.00	58.1	4789	3381	8.04	6.76	225.4	225.4	5.96	
		275	300	11	18	13	83.00	65.2	5093	4056	7.83	6.99	232.5	270.4	5.59	
	300×300	291	300	12	17	13	84.61	66.4	6324	3832	8.65	6.73	280.0	255.5	6.51	600×300
		294	300	12	20	13	93.61	73.5	6691	4507	8.45	6.94	288.1	300.5	6.17	
		297	302	14	23	13	108.55	85.2	7917	5289	8.54	6.98	339.9	350.3	6.41	
TN	50×50	50	50	5	7	8	5.92	4.7	11.9	7.8	1.42	1.14	3.2	3.1	1.28	100×50
	62.5×60	62.5	60	6	8	8	8.34	6.6	27.5	14.9	1.81	1.34	6.0	5.0	1.64	125×60
	75×75	75	75	5	7	8	8.92	7.0	42.4	25.1	2.18	1.68	7.4	6.7	1.79	150×75
	87.5×90	87.5	90	5	8	8	11.45	9.0	70.5	49.1	2.48	2.07	10.3	10.9	1.93	175×90
	100×100	99	99	4.5	7	8	11.34	8.9	93.1	57.1	2.87	2.24	12.0	11.5	2.17	200×100
		100	100	5.5	8	8	13.33	10.5	113.9	67.2	2.92	2.25	14.8	13.4	2.31	
	125×125	124	114	5	8	8	15.99	12.6	206.7	127.6	3.59	2.82	21.2	20.6	2.66	250×125
		125	125	6	9	8	18.48	14.5	247.5	147.1	3.66	2.82	25.5	23.5	2.81	
	150×150	149	149	5.5	8	13	20.40	16.0	390.4	223.3	4.37	3.31	33.5	30.0	3.26	300×150
		150	150	6.5	9	13	23.39	18.4	460.4	256.1	4.44	3.31	39.7	34.2	3.41	
	175×175	173	174	6	9	13	26.23	20.6	674.7	398.0	5.07	3.90	49.7	45.8	3.72	350×175
		175	175	7	11	13	31.46	24.7	811.1	494.5	5.08	3.96	59.0	56.5	3.76	

续表

类别	型号（高度×宽度）	截面尺寸（mm）					截面面积（cm²）	理论质量（kg/m）	惯性矩（cm^4）		惯性半径（cm）		截面模量（cm^3）		重心 C_x	对应H型钢系列型号
		h	B	t_1	t_2	r			I_x	I_y	i_x	i_y	W_x	W_y		
TN	200×200	198	199	7	11	13	35.71	28.0	1188	725.7	5.77	4.51	76.2	72.9	4.20	400×200
		200	200	8	13	13	41.69	32.7	1392	870.3	5.78	4.57	88.4	87.0	4.26	
	225×200	223	199	8	12	13	41.49	32.6	1863	791.8	6.70	4.37	108.7	79.6	5.15	450×200
		225	200	9	14	13	47.72	37.5	2148	937.6	6.71	4.43	124.1	93.8	5.19	
	250×200	248	199	9	14	13	49.65	39.0	2820	923.8	7.54	4.31	149.8	92.8	5.97	500×200
		250	200	10	16	13	56.13	44.1	3201	1072	7.55	4.37	168.7	107.2	6.03	
		253	201	11	19	13	64.66	50.8	3666	1292	7.53	4.47	189.9	128.5	6.00	
	275×200	273	199	9	14	13	51.90	40.7	3689	924.0	8.43	4.22	180.3	92.9	6.85	550×200
		275	200	10	16	13	58.63	46.0	4182	1072	8.45	4.28	202.9	107.2	6.89	
	300×200	298	199	10	15	13	58.88	46.2	5148	990.6	9.35	4.10	235.3	99.6	7.92	600×200
		300	200	11	17	13	65.86	51.7	5779	1140	9.37	4.16	262.1	114.0	7.95	
		303	201	12	20	13	74.89	58.8	6554	1361	9.36	4.26	292.4	135.4	7.88	
	325×300	323	299	10	15	12	76.27	59.9	7230	3346	9.74	6.62	289.0	223.8	7.28	650×300
		325	300	11	17	13	85.61	67.2	8095	3832	9.72	6.69	321.1	255.4	7.29	
		328	301	12	20	13	97.89	76.8	9139	4553	9.66	6.82	357.0	302.5	7.20	
	350×300	346	300	13	20	13	103.11	80.9	1126	4510	10.45	6.61	425.3	300.6	8.12	700×300
		350	300	13	24	13	115.11	90.4	1201	5410	10.22	6.86	439.5	360.6	7.65	
	400×300	396	300	14	22	18	119.75	94.0	1766	4970	12.14	6.44	592.1	331.3	9.77	800×300
		400	300	14	26	18	131.75	103.4	1877	5870	11.94	6.67	610.8	391.3	9.27	
	450×300	445	299	15	23	18	133.46	104.8	2589	5147	13.93	6.21	790.0	344.3	11.72	900×300
		450	300	16	28	18	152.91	120.0	2922	6327	13.82	6.43	868.5	421.8	11.35	
		456	302	18	34	18	180.03	141.3	3434	7838	13.81	6.60	1002	519.0	11.34	

A1.3 工字钢与H型钢型号及截面特性参数对比

按照截面积大体相近，并且绕 x 轴的抗弯强度不低于相应工字钢的原则，计算对比了新标准中H型钢有关型号与《热轧工字钢尺寸、外形、重量及允许偏差》GB/T 706—1988 的工字钢有关型号及截面参数，列于表A3中，供使用H型钢时参考。

工字钢与H型钢型号及截面特性参数对比 **表A3**

工字钢型号	H型钢型号	工字钢与H型钢截面特性参数对比						工字钢型号	H型钢型号	工字钢与H型钢截面特性参数对比					
		横截面积	抗弯强度	抗剪强度	抗弯刚度	惯性半径				横截面积	抗弯强度	抗剪强度	抗弯刚度	惯性半径	
						i_x	i_y							i_x	i_y
I10	H125×60	1.16	1.33	1.62	1.66	1.19	0.87	I16	H175×90	0.88	0.95	0.90	1.04	1.09	1.09
I12.6	H150×75	0.99	1.11	1.15	1.32	1.16	1.03		H198×99	0.87	1.06	0.91	1.32	1.23	1.19
I14	H175×90	1.07	1.32	1.12	1.65	1.25	1.19		H200×100	1.02	1.24	1.12	1.56	1.23	1.19

续表

工字钢型号	H型钢型号	工字钢与H型钢截面特性参数对比					
		横截面积	抗弯强度	抗剪强度	抗弯刚度	惯性半径 i_x	惯性半径 i_y
I18	H200×100	0.87	0.95	0.91	1.03	1.10	1.12
	H248×124	1.04	1.46	1.04	1.97	1.39	1.41
I20a	H248×124	0.90	1.14	0.88	1.41	1.25	1.34
	H250×125	1.04	1.31	1.06	1.63	1.25	1.34
I20b	H248×124	0.81	1.08	0.88	1.34	1.29	1.36
	H250×125	0.93	1.24	0.84	1.55	1.29	1.36
I22a	H250×125	0.88	1.00	0.90	1.14	1.14	1.22
I22a	H298×149	0.97	1.28	0.95	1.74	1.34	1.42
I22b	H250×125	0.80	0.95	0.72	1.08	1.17	1.24
	H298×149	0.88	1.22	0.76	1.65	1.37	1.45
	H300×150	1.00	1.40	0.91	1.91	1.38	1.45
I25a	H298×149	0.84	0.99	0.79	1.18	1.18	1.37
	H300×150	0.96	1.13	0.94	1.36	1.19	1.37
I25b	H298×149	0.76	0.94	0.64	1.12	1.21	1.39
	H300×150	0.87	1.06	0.76	1.29	1.22	1.39
	H346×174	0.98	1.43	0.82	1.98	1.42	1.64
I28a	H346×174	0.95	1.19	0.85	1.50	1.25	1.56
I28b	H346×174	0.86	1.13	0.70	1.40	1.27	1.59
	H350×175	1.03	1.39	0.84	1.74	1.30	1.62
I32a	H350×175	0.94	1.07	0.80	1.17	1.12	1.51
I32b	H350×175	0.86	1.02	0.67	1.12	1.14	1.54
	H400×150	0.96	1.23	0.86	1.54	1.27	1.26
	H396×199	0.97	1.32	0.76	1.64	1.30	1.75
I32c	H350×175	0.79	0.97	0.58	1.07	1.16	1.56
	H400×150	0.88	1.18	0.74	1.47	1.29	1.28
	H396×199	0.89	1.26	0.66	1.56	1.32	1.78
I36a	H400×150	0.92	1.02	0.87	1.13	1.29	1.20
	H396×199	0.93	1.09	0.77	1.20	1.31	1.67
I36b	H400×150	0.84	0.97	0.73	1.08	1.13	1.22
	H396×199	0.85	1.04	0.65	1.15	1.16	1.70
	H400×200	1.00	1.24	0.76	1.37	1.17	1.73
	H446×199	0.99	1.32	0.83	1.64	1.28	1.65
I36c	H396×199	0.79	1.00	0.56	1.10	1.18	1.73
	H400×200	0.92	1.18	0.66	1.31	1.20	1.75
	H446×199	0.91	1.26	0.72	1.56	1.31	1.68
I40a	H400×200	0.97	1.05	0.77	1.05	1.04	1.65
	H446×199	0.96	1.12	0.85	1.25	1.14	1.57
I40b	H400×200	0.89	1.00	0.65	1.00	1.06	1.68
	H446×199	0.88	1.07	0.72	1.19	1.16	1.61
	H450×200	1.01	1.25	0.82	1.40	1.18	1.63
I40c	H400×200	0.82	0.96	0.57	0.96	1.08	1.71
	H446×199	0.81	1.02	0.63	1.14	1.18	1.63
	H450×200	0.93	1.19	0.72	1.34	1.20	1.66
	H496×199	0.97	1.34	0.78	1.66	1.31	1.61
I45a	H450×200	0.93	0.99	0.79	1.00	1.03	1.53
	H496×199	0.97	1.12	0.86	1.23	1.13	1.49
I45b	H450×200	0.86	0.95	0.68	0.95	1.05	1.56
	H496×199	0.89	1.07	0.74	1.17	1.15	1.52
	H500×200	1.01	1.22	0.84	1.35	1.16	1.54
I45c	H450×200	0.79	0.91	0.60	0.91	1.07	1.59
	H496×199	0.82	1.02	0.65	1.12	1.17	1.54
	H500×200	0.93	1.17	0.74	1.29	1.18	1.56
	H596×199	0.98	1.39	0.86	1.84	1.37	1.47
I50a	H500×200	0.94	0.98	0.83	0.98	1.02	1.42
	H596×199	0.99	1.17	0.98	1.39	1.19	1.34
I50b	H506×201	1.00	1.11	0.81	1.12	1.06	1.48
	H596×199	0.91	1.12	0.85	1.33	1.21	1.36
	H600×200	1.02	1.27	0.94	1.52	1.22	1.38
I50c	H500×200	0.81	0.90	0.64	0.90	1.06	1.47
	H506×201	0.93	1.06	0.72	1.08	1.08	1.51
	H596×199	0.85	1.07	0.75	1.28	1.23	1.39
	H600×200	0.95	1.21	0.83	1.46	1.24	1.40
I56a	H596×199	0.87	0.93	0.84	0.99	1.07	1.29
	H600×200	0.97	1.05	0.93	1.12	1.07	1.31
I56b	H606×201	1.02	1.17	0.90	1.26	1.11	1.37
I56c	H600×200	0.83	0.96	0.72	1.03	1.11	1.34
	H606×201	0.95	1.12	0.80	1.21	1.13	1.39
I63a	H582×300	1.09	1.12	0.87	1.03	0.97	2.03
I63b	H582×300	1.01	1.07	0.77	0.99	0.99	2.07
I63c	H582×300	0.94	1.03	0.68	0.95	1.00	2.10

A2　热轧轻型 H 型钢

《热轧轻型 H 型钢》YB/T 4113—2003 规定了热轧轻型 H 型钢的订货内容、代号、尺寸、外形、质量及允许偏差、技术要求、试验方法、检验规则及质量证明书等有关指标和要求。

热轧轻型 H 型钢的代号为 HL（L 为 Light 的英文字头）。

HL 型钢的截面图示及标注符号如图 A3 所示。

HL 型钢的截面尺寸、截面面积、理论质量及截面特性参数应符合表 A4 的规定。根据需方要求，并在合同中注明，也可供应其他型号的 HL 钢。

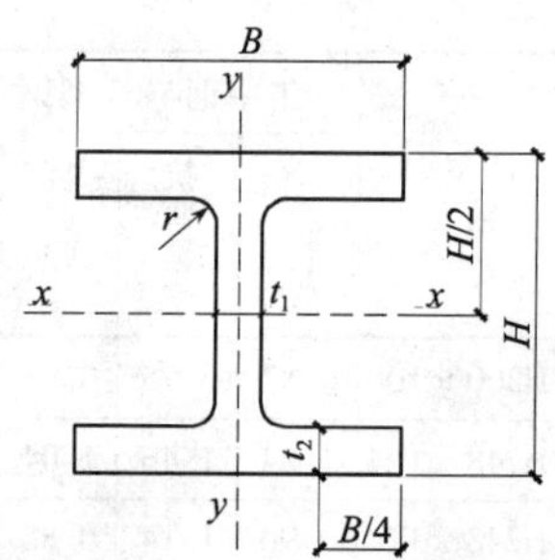

图 A3　热轧轻型 H 型钢截面
H—高度；B—宽度；t_1—腹板厚度；t_2—翼板厚度；r—圆角半径

HL 型钢截面尺寸、截面面积、理论质量及截面特性　　**表 A4**

型　号	截面尺寸（mm）					截面面积（cm^2）	理论质量（kg/m）	几何惯性矩（cm^4）		回转半径（cm）		截面模量（cm^3）	
	H	B	t_1	t_2	r			I_x	I_y	i_x	i_y	W_x	W_y
HL80×40	77	40	3	3.5	5	5.11	4.01	48.88	3.77	3.09	0.86	12.70	1.88
HL100×50	97	50	2.3	3.2	6	5.59	4.39	90.64	6.70	4.03	1.09	18.69	2.68
	97	50	3	3.5	6	6.51	5.11	100.6	7.34	3.93	1.06	20.75	2.94
	100	50	3.2	4.5	6	7.72	6.06	128.8	9.43	4.08	1.11	25.76	3.77
HL100×100	97	100	4.5	6	8	16.37	12.85	280.9	100.2	4.14	2.47	57.93	20.03
HL120×60	117	60	3.2	4.5	8	9.41	7.38	219.5	16.31	4.83	1.32	37.53	5.44
	120	60	4.5	6	8	12.61	9.90	296.4	21.79	4.85	1.31	49.40	7.26
HL120×120	117	120	3.2	4.5	8	14.81	11.62	390.5	129.7	5.14	2.96	66.75	21.62
	120	120	4.5	6	8	19.81	15.55	530.5	173.0	5.18	2.96	88.42	28.83
HL140×70	137	70	3.2	4.5	8	10.95	8.59	353.8	25.84	5.69	1.54	51.65	7.38
	140	70	4.5	6	8	14.71	11.55	477.2	34.51	5.70	1.53	68.18	9.86
HL150×75	147	75	3.2	4.5	8	11.72	9.20	437.7	31.76	6.11	1.65	59.55	8.47
	150	75	4.5	6	8	15.76	12.37	590.2	42.40	6.12	1.64	78.70	11.31
HL150×100	147	100	3.2	4.5	8	13.97	10.96	552.0	75.11	6.29	2.32	75.10	15.02
	150	100	4.5	6	8	18.76	14.73	745.8	100.2	6.31	2.31	99.44	20.04
HL150×150	147	149	6	8.5	13	34.58	27.15	1382	469.5	6.32	3.68	188.0	63.02
HL175×90	172	90	4.5	6.5	10	19.71	15.48	1004	79.31	7.14	2.01	116.7	17.62
HL175×175	172	175	6.5	9.5	13	44.65	35.05	2470	849.6	7.44	4.36	287.2	97.10
HL200×100	196	99	4.5	6	13	21.61	16.96	1421	97.65	8.11	2.13	145.0	19.73
HL200×150	191	149	5	7.5	16	33.35	26.18	2266	414.7	8.24	3.53	237.3	55.66
HL200×200	197	199	7	10.5	16	56.31	44.20	4113	1381.0	8.55	4.95	417.5	138.79
HL250×125	246	124	4.5	7	13	29.25	22.96	3134	223.1	10.35	2.76	254.8	35.98
HL250×175	241	175	6	9.5	16	48.77	38.28	5258	850.1	10.38	4.18	436.4	97.16

续表

型号	截面尺寸（mm）					截面面积（cm^2）	理论质量（kg/m）	几何惯性矩（cm^4）		回转半径（cm）		截面模量（cm^3）	
	H	B	t_1	t_2	r			I_x	I_y	i_x	i_y	W_x	W_y
HL300×150	296	148	4.5	7	16	35.61	27.95	5583	379.4	12.52	3.26	377.3	51.27
HL300×200	291	199	7	10.5	20	64.12	50.34	9958	1382.6	12.46	4.64	684.4	139.0
HL350×175	343	174	5.5	7.5	16	46.34	36.37	9529	660.0	14.34	3.77	555.6	75.87
HL400×150	396	149	7	11	16	61.16	48.01	15942	608.9	16.15	3.16	805.1	81.73
HL400×200	393	199	6	9.5	16	62.45	49.02	17260	1249.6	16.63	4.47	878.4	125.6

注：HL型钢定尺长度一般为6m、9m、12m。

A3 焊接H型钢

根据《焊接H型钢》YB 3301—2005，焊接H型钢的规定符号为HA，“H”代表H型钢，“A”为焊的汉字拼音第二位字母。焊接H型钢的截面图及标注符号如图A4所示。

焊接H型钢的尺寸、截面面积、理论质量及截面特性参数等应符合表A5的规定（焊角尺寸h_f未列入计算）。经供需双方协商，也可采用其他规格的焊接H型钢。

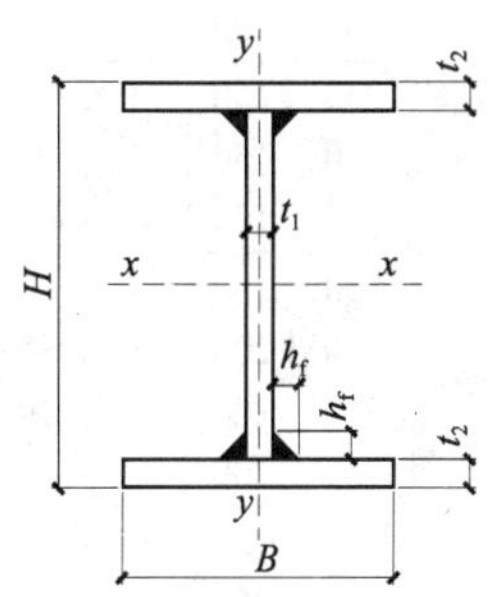

图A4 焊接H型钢截面

H—高度；B—宽度；t_1—腹板厚度；t_2—翼板厚度；r—圆角半径；h_f—焊角尺寸

焊接H型钢的尺寸、截面面积、理论质量及截面特性参数 **表A5**

型号	尺寸（mm）				截面面积（cm^2）	理论质量（kg/m）	截面特性参数						焊角尺寸 h_f（mm）
							x-x			y-y			
	H	B	t_1	t_2			I_x（cm^4）	W_x（cm^3）	i_x（cm）	I_y（cm^4）	W_y（cm^3）	i_y（cm）	
HA100×50	100	50	4	5	8.60	6.75	137	27	3.99	10	4	1.07	4
HA100×75	100	75	4	6	12.5	9.83	221	44	4.20	42	11	1.83	4
HA100×100	100	100	4	6	15.5	12.2	288	57	4.31	100	20	2.54	4
HA125×75	125	75	4	6	13.5	10.6	366	58	5.20	42	11	1.76	4
HA125×125	125	125	4	6	19.5	15.3	579	92	5.44	195	31	3.16	4
HA150×75	150	75	4	6	14.5	11.4	554	73	6.18	42	11	1.70	4
	150	75	5	8	18.7	14.7	705	94	6.14	56	14	1.73	5
HA150×100	150	100	4	6	17.5	13.8	710	94	6.36	100	20	2.39	4
	150	100	5	8	22.7	17.8	907	120	6.32	133	26	2.42	5
HA150×150	150	150	4	6	23.5	18.5	1021	136	6.59	337	44	3.78	4
	150	150	5	8	30.7	24.1	1311	174	6.53	450	60	3.82	5
	150	150	6	8	32.0	25.2	1331	177	6.44	450	60	3.75	5
HA200×100	200	100	4	6	19.5	15.3	1350	135	8.32	100	20	2.26	4
	200	100	5	8	25.2	19.8	1734	173	8.29	133	26	2.29	5

续表

型号	尺寸（mm）				截面面积（cm^2）	理论质量（kg/m）	截面特性参数						焊角尺寸 h_f（mm）
							x-x			y-y			
	H	B	t_1	t_2			I_x（cm^4）	W_x（cm^3）	i_x（cm）	I_y（cm^4）	W_y（cm^3）	i_y（cm）	
HA200×150	200	150	4	6	25.5	20.0	1915	191	8.66	337	44	3.63	4
	200	150	5	8	33.2	26.1	2472	247	8.62	450	60	3.68	5
HA200×200	200	200	5	8	41.2	32.3	3210	321	8.82	1066	106	5.08	5
	200	200	6	10	50.8	39.9	3904	390	8.76	1333	133	5.12	5
HA250×125	250	125	4	6	24.5	19.2	2682	214	10.4	195	31	2.82	4
	250	125	5	8	31.7	24.9	3463	277	10.4	260	41	2.86	5
	250	125	6	10	38.8	30.5	4210	336	10.4	325	52	2.89	5
HA250×150	250	150	4	6	27.5	21.6	3129	250	10.6	337	44	3.50	4
	250	150	5	8	35.7	28.0	4048	323	10.6	450	60	3.55	5
	250	150	6	10	43.8	34.4	4930	394	10.6	562	74	3.58	5
HA250×200	250	200	5	8	43.7	34.3	5220	417	10.9	1066	106	4.93	5
	250	200	5	10	51.5	40.4	6270	501	11.0	1333	133	5.08	5
	250	200	6	10	53.8	42.2	6371	509	10.8	1333	133	4.97	5
	250	200	6	12	61.5	48.3	7380	590	10.9	1600	160	5.10	6
HA250×250	250	250	6	10	63.8	50.1	7812	624	11.0	2604	208	6.38	5
	250	250	6	12	73.5	57.7	9080	726	11.1	3125	250	6.52	6
	250	250	8	14	87.7	68.9	10487	838	10.9	3646	291	6.44	6
HA300×200	300	200	6	8	49.0	38.5	7968	531	12.7	1067	106	4.66	5
	300	200	6	10	56.8	44.6	9510	634	12.9	1333	133	4.84	5
	300	200	6	12	64.5	50.7	11010	734	13.0	1600	160	4.98	6
	300	200	8	14	77.7	61.0	12802	853	12.8	1867	186	4.90	6
	300	200	10	16	90.8	71.3	14522	968	12.6	2135	213	4.84	6
HA300×250	300	250	6	10	66.8	52.4	11614	774	13.1	2604	208	6.24	5
	300	250	6	12	76.5	60.1	13500	900	13.2	3125	250	6.39	6
	300	250	8	14	91.7	72.0	15667	1044	13.0	3647	291	6.30	6
	300	250	10	16	106	83.8	17752	1183	12.9	4169	333	6.27	6
HA300×300	300	300	6	10	76.8	60.3	13717	914	13.3	4500	300	7.65	5
	300	300	8	12	94.0	73.9	16340	1089	13.1	5401	360	7.58	6
	300	300	8	14	105	83.0	18532	1235	13.2	6301	420	7.74	6
	300	300	10	16	122	96.4	20981	1398	13.1	7202	480	7.68	6
	300	300	10	18	134	106	23033	1535	13.1	8102	540	7.77	7
	300	300	12	20	151	119	25317	1687	12.9	9004	600	7.72	8
HA350×175	350	175	6	8	48.0	37.7	10051	574	14.4	715	81.7	3.85	5
	350	175	6	10	54.8	43.0	11914	680	14.7	893	102	4.03	5
	350	175	6	12	61.5	48.3	13732	784	14.9	1072	122	4.17	6
	350	175	8	12	68.0	53.4	14310	817	14.5	1073	122	3.97	6
	350	175	8	14	74.7	58.7	16063	917	14.6	1252	143	4.09	6
	350	175	10	16	87.8	68.9	18309	1046	14.4	1432	163	4.03	6
HA350×200	350	200	6	8	52.0	40.9	11221	641	14.6	1067	106	4.52	5
	350	200	6	10	59.8	46.9	13360	763	14.9	1333	133	4.72	5
	350	200	6	12	67.5	53.0	15447	882	15.1	1600	160	4.86	6
	350	200	8	10	66.4	52.1	13959	797	14.4	1334	133	4.48	5
	350	200	8	12	74.0	58.2	16024	915	14.7	1601	160	4.65	6

续表

型　号	尺寸（mm）				截面面积（cm^2）	理论质量（kg/m）	截面特性参数						焊角尺寸 h_f（mm）
							x-x			y-y			
	H	B	t_1	t_2			I_x（cm^4）	W_x（cm^3）	i_x（cm）	I_y（cm^4）	W_y（cm^3）	i_y（cm）	
HA350×200	350	200	8	14	81.7	64.2	18040	1030	14.8	1868	186	4.78	6
	350	200	10	16	95.8	75.2	20542	1173	14.6	2136	213	4.72	6
HA350×250	350	250	6	10	69.8	54.8	16251	928	15.2	2604	208	6.10	5
	350	250	6	12	79.5	62.5	18876	1078	15.4	3125	250	6.26	6
	350	250	8	12	86.0	67.6	19453	1111	15.0	3126	250	6.02	6
	350	250	8	14	95.7	75.2	21993	1256	15.1	3647	291	6.17	6
	350	250	10	16	111	87.8	25008	1429	15.0	4169	333	6.12	6
HA350×300	350	300	6	10	79.8	62.6	19141	1093	15.4	4500	300	7.50	5
	350	300	6	12	91.5	71.9	22304	1274	15.6	5400	360	7.68	6
	350	300	8	14	109	86.2	25947	1482	15.4	6301	420	7.60	6
	350	300	10	16	127	100	29473	1684	15.2	7203	480	7.53	6
	350	300	10	18	139	109	32369	1849	15.2	8103	540	7.63	7
HA350×350	350	350	6	12	103	81.3	25733	1470	15.8	8575	490	9.12	6
	350	350	8	14	123	97.2	29901	1708	15.5	10005	571	9.01	6
	350	350	8	16	137	108	33403	1908	15.6	11434	653	9.13	6
	350	350	10	16	143	113	33939	1939	15.4	11436	653	8.94	6
	350	350	10	18	157	124	37334	2133	15.4	12865	735	9.05	7
	350	350	12	20	177	139	41140	2350	15.2	14296	816	8.98	8
HA400×200	400	200	6	8	55.0	43.2	15125	756	16.5	1067	106	4.40	5
	400	200	6	10	62.8	49.3	17956	897	16.9	1334	133	4.60	5
	400	200	6	12	70.5	55.4	20728	1036	17.1	1600	160	4.76	6
	400	200	8	12	78.0	61.3	21614	1080	16.6	1601	160	4.53	6
	400	200	8	14	85.7	67.3	24300	1215	16.8	1868	186	4.66	6
	400	200	8	16	93.4	73.4	26929	1346	16.9	2135	213	4.78	6
	400	200	8	18	101	79.4	29500	1475	17.0	2401	240	4.87	7
	400	200	10	16	100	79.1	27759	1387	16.6	2136	213	4.62	6
	400	200	10	18	108	85.1	30304	1515	16.7	2403	240	4.71	7
	400	200	10	20	116	91.1	32794	1639	16.8	2670	267	4.79	7
HA400×250	400	250	6	10	72.8	57.1	21760	1088	17.2	2604	208	5.98	5
	400	250	6	12	82.5	64.8	25246	1262	17.4	3125	250	6.15	6
	400	250	8	14	99.7	78.3	29517	1475	17.2	3647	291	6.04	6
	400	250	8	16	109	85.9	32830	1641	17.3	4168	333	6.18	6
	400	250	8	18	119	93.5	36072	1803	17.4	4689	375	6.27	7
	400	250	10	16	116	91.7	33661	1683	17.0	4170	333	5.99	6
	400	250	10	18	126	99.2	36876	1843	17.1	4690	375	6.10	7
	400	250	10	20	136	107	40321	2001	17.1	5211	416	6.19	7
HA400×300	400	300	6	10	82.8	65.0	25563	1278	17.5	4500	300	7.37	5
	400	300	6	12	94.5	74.2	29764	1488	17.7	5400	360	7.55	6
	400	300	8	14	113	89.3	34734	1736	17.5	6301	420	7.46	6
	400	300	10	16	132	104	39562	1978	17.3	7203	480	7.38	6
	400	300	10	18	144	113	43447	2172	17.3	8103	540	7.50	7
	400	300	10	20	156	122	47248	2362	17.4	9003	600	7.59	7
	400	300	12	20	163	128	48025	2401	17.1	9006	600	7.43	8

续表

型号	尺寸（mm）				截面面积（cm^2）	理论质量（kg/m）	截面特性参数						焊角尺寸 h_f（mm）
							x-x			y-y			
	H	B	t_1	t_2			I_x（cm^4）	W_x（cm^3）	i_x（cm）	I_y（cm^4）	W_y（cm^3）	i_y（cm）	
HA400×400	400	400	8	14	141	111	45169	2258	17.8	14935	746	10.2	6
	400	400	8	18	173	136	55786	2789	17.9	19201	960	10.5	7
	400	400	10	16	164	129	51366	2568	17.6	17070	853	10.2	6
	400	400	10	18	180	142	56590	2829	17.7	19203	960	10.3	7
	400	400	10	20	196	154	61701	3085	17.7	21336	1066	10.4	7
	400	400	12	22	218	172	67451	3372	17.5	23472	1173	10.3	8
	400	400	12	25	242	190	74704	3735	17.5	26672	1333	10.4	8
	400	400	16	25	256	201	76133	3806	17.2	26681	1334	10.2	10
	400	400	20	32	323	254	93211	4660	16.9	34162	1708	10.2	12
	400	400	20	40	384	301	109568	5478	16.8	42695	2134	10.5	12
HA450×250	450	250	8	12	94.0	73.9	33937	1508	19.0	3126	250	5.76	6
	450	250	8	14	103	81.5	38288	1701	19.2	3647	291	5.95	6
	450	250	10	16	121	95.6	43774	1945	19.0	4170	333	5.87	6
	450	250	10	18	131	103	47927	2130	19.1	4691	375	5.98	7
	450	250	10	20	141	111	52001	2311	19.2	5212	416	6.07	7
	450	250	12	22	158	125	57112	2538	19.0	5735	458	6.02	8
	450	250	12	25	173	136	62910	2796	19.0	6517	521	6.13	8
HA450×300	450	300	8	12	106	83.3	39694	1764	19.3	5401	360	7.13	6
	450	300	8	14	117	92.4	44943	1997	19.5	6301	420	7.33	6
	450	300	10	16	137	108	51312	2280	19.3	7203	480	7.25	6
	450	300	10	18	149	117	56330	2503	19.4	8103	540	7.37	7
	450	300	10	20	161	126	61253	2722	19.5	9003	600	7.47	7
	450	300	12	20	169	133	62402	2773	19.2	9006	600	7.29	8
	450	300	12	22	180	142	67196	2986	19.3	9906	660	7.41	8
	450	300	12	25	198	155	74212	3298	19.3	11256	750	7.53	8
HA450×400	450	400	8	14	145	114	58255	2589	20.0	14935	746	10.1	6
	450	400	10	16	169	133	66387	2950	19.8	17070	853	10.0	6
	450	400	10	18	185	146	73136	3250	19.8	19203	960	10.1	7
	450	400	10	20	201	158	79756	3544	19.9	21337	1066	10.3	7
	450	400	12	22	224	176	87364	3882	19.7	23473	1173	10.2	8
	450	400	12	25	248	195	96816	4302	19.7	26673	1333	10.3	8
HA500×250	500	250	8	12	98.0	77.0	42918	1716	20.9	3127	250	5.64	6
	500	250	8	14	107	84.6	48356	1934	21.2	3648	291	5.83	6
	500	250	8	16	117	92.2	53701	2148	21.4	4168	333	5.96	6
	500	250	10	16	126	99.5	55410	2216	20.9	4170	333	5.75	6
	500	250	10	18	136	107	60621	2424	21.1	4691	375	5.87	7
	500	250	10	20	146	115	65744	2629	21.2	5212	416	5.97	7
	500	250	12	22	164	129	72359	2894	21.0	5736	458	5.91	8
	500	250	12	25	179	141	79685	3187	21.0	6517	521	6.03	8
HA500×300	500	300	8	12	110	86.4	50064	2002	21.3	5402	360	7.00	6
	500	300	8	14	121	95.6	56625	2265	21.6	6302	420	7.21	6
	500	300	8	16	133	105	63075	2523	21.7	7202	480	7.35	6
	500	300	10	16	142	112	64783	2591	21.3	7204	480	7.12	6
	500	300	10	18	154	121	71081	2843	21.4	8104	540	7.25	7
	500	300	10	20	166	130	77271	3090	21.5	9004	600	7.36	7
	500	300	12	22	186	147	84934	3397	21.3	9907	660	7.29	8
	500	300	12	25	204	160	93800	3752	21.4	11257	750	7.42	8

续表

型号	尺寸（mm）				截面面积（cm^2）	理论质量（kg/m）	截面特性参数						焊角尺寸 h_f（mm）
							x-x			y-y			
	H	B	t_1	t_2			I_x（cm^4）	W_x（cm^3）	i_x（cm）	I_y（cm^4）	W_y（cm^3）	i_y（cm）	
HA500×400	500	400	8	14	149	118	73163	2926	22.1	14935	746	10.0	6
	500	400	10	16	174	137	83531	3341	21.9	17070	853	9.90	6
	500	400	10	18	190	149	92000	3680	22.0	19204	960	10.0	7
	500	400	10	20	206	162	100324	4012	22.0	21337	1066	10.1	7
	500	400	12	22	230	181	110085	4403	21.8	23474	1173	10.1	8
	500	400	12	25	254	199	122029	4881	21.9	26674	1333	10.2	8
HA500×500	500	500	10	18	226	178	112919	4516	22.3	37504	1500	12.8	7
	500	500	10	20	246	193	123378	4935	22.3	41670	1666	13.0	7
	500	500	12	22	274	216	135236	5409	22.2	45840	1833	12.9	8
	500	500	12	25	304	239	150258	6010	22.2	52090	2083	13.0	8
	500	500	20	25	340	267	156333	6253	21.4	52118	2084	12.3	12
HA600×300	600	300	8	14	129	102	84603	2820	25.6	6302	420	6.98	6
	600	300	10	16	152	120	97144	3238	25.2	7205	480	6.88	6
	600	300	10	18	164	129	106435	3547	25.4	8105	540	7.02	7
	600	300	10	20	176	138	115594	3853	25.6	9005	600	7.15	7
	600	300	12	22	198	156	127488	4249	25.3	9908	660	7.07	8
	600	300	12	25	216	170	140700	4690	25.5	11258	750	7.21	8
HA600×400	600	400	8	14	157	124	108645	3621	26.3	14935	746	9.75	6
	600	400	10	16	184	145	124436	4147	26.0	17071	853	9.63	6
	600	400	10	18	200	157	136930	4564	26.1	19205	960	9.79	7
	600	400	10	20	216	170	149248	4974	26.2	21338	1066	9.93	7
	600	400	10	25	255	200	179281	5976	26.5	26671	1333	10.2	8
	600	400	12	22	242	191	164255	5475	26.0	23475	1173	9.84	8
	600	400	12	28	289	227	199468	6648	26.2	29875	1493	10.1	8
	600	400	12	30	304	239	210866	7028	26.3	32009	1600	10.2	9
	600	400	14	32	331	260	224663	7488	26.0	34147	1707	10.1	9
HA700×300	700	300	10	18	174	137	150008	4285	29.3	8105	540	6.82	7
	700	300	10	20	186	146	162718	4649	29.5	9005	600	6.95	7
	700	300	10	25	215	169	193822	5537	30.0	11256	750	7.23	8
	700	300	12	22	210	165	179979	5142	29.2	9910	660	6.86	8
	700	300	12	25	228	179	198400	5668	29.4	11260	750	7.02	8
	700	300	12	28	245	193	216484	6185	29.7	12610	840	7.17	8
	700	300	12	30	256	202	228354	6524	29.8	13510	900	7.26	9
	700	300	12	36	291	229	263084	7516	30.0	16210	1080	7.46	9
	700	300	14	32	281	221	244364	6981	29.4	14416	961	7.16	9
	700	300	16	36	316	248	271340	7752	29.3	16225	1081	7.16	10
HA700×350	700	350	10	18	192	151	170944	4884	29.8	12868	735	8.18	7
	700	350	10	20	206	162	185844	5309	30.0	14297	816	8.33	7
	700	350	10	25	240	188	222312	6351	30.4	17870	1021	8.62	8
	700	350	12	22	232	183	205270	5864	29.7	15731	898	8.23	8
	700	350	12	25	253	199	226889	6482	29.9	17874	1021	8.40	8
	700	350	12	28	273	215	248113	7088	30.1	20018	1143	8.56	8
	700	350	12	30	286	225	262044	7486	30.2	21447	1225	8.65	9
	700	350	12	36	327	257	302803	8651	30.4	25735	1470	8.87	9
	700	350	14	32	313	246	280090	8002	29.9	22883	1307	8.55	9
	700	350	16	36	352	277	311059	8887	29.7	25750	1471	8.55	10

续表

型号	尺寸（mm）				截面面积（cm^2）	理论质量（kg/m）	截面特性参数						焊角尺寸 h_f（mm）
							x-x			y-y			
	H	B	t_1	t_2			I_x（cm^4）	W_x（cm^3）	i_x（cm）	I_y（cm^4）	W_y（cm^3）	i_y（cm）	
HA700×400	700	400	10	18	210	165	191879	5482	30.2	19205	960	9.56	7
	700	400	10	20	226	177	208971	5970	30.4	21339	1066	9.71	7
	700	400	10	25	265	208	250802	7165	30.7	26672	1333	10.0	8
	700	400	12	22	254	200	230561	6587	30.1	23477	1173	9.61	8
	700	400	12	25	278	218	255379	7296	30.3	26677	1333	9.79	8
	700	400	12	28	301	237	279742	7992	30.4	29877	1493	9.96	8
	700	400	12	30	316	249	295734	8449	30.5	32010	1600	10.0	9
	700	400	12	36	363	285	342523	9786	30.7	38410	1920	10.2	9
	700	400	14	32	345	271	315815	9023	30.2	34150	1707	9.94	9
	700	400	16	36	388	305	350779	10022	30.0	38425	1921	9.95	10
HA800×300	800	300	10	18	184	145	202302	5057	33.1	8106	540	6.63	7
	800	300	10	20	196	154	219141	5478	33.4	9006	600	6.77	7
	800	300	10	25	225	177	260468	6511	34.0	11256	750	7.07	8
	800	300	12	22	222	175	243005	6075	33.0	9911	660	6.68	8
	800	300	12	25	240	188	267500	6687	33.3	11261	750	6.84	8
	800	300	12	28	257	202	291606	7290	33.6	12611	840	7.00	8
	800	300	12	30	268	211	307462	7686	33.8	13511	900	7.10	9
	800	300	12	36	303	238	354011	8850	34.1	16212	1080	7.31	9
	800	300	14	32	295	232	329792	8244	33.4	14418	961	6.99	9
	800	300	16	36	332	261	366872	9171	33.2	16228	1081	6.99	10
HA800×350	800	350	10	18	202	159	229826	5745	33.7	12869	735	7.98	7
	800	350	10	20	216	170	249568	6239	33.9	14298	817	8.13	7
	800	350	10	25	250	196	298020	7450	34.5	17871	1021	8.45	8
	800	350	12	22	244	192	276304	6907	33.6	15732	898	8.02	8
	800	350	12	25	265	208	305052	7626	33.9	17876	1021	8.21	8
	800	350	12	28	285	224	333343	8333	34.1	20020	1144	8.38	8
	800	350	12	30	298	235	351952	8798	34.3	21449	1225	8.48	9
	800	350	12	36	339	266	406583	10164	34.6	25737	1470	8.71	9
	800	350	14	32	327	257	377006	9425	33.9	22885	1307	8.36	9
	800	350	16	36	368	289	419444	10486	33.7	25753	1471	8.36	10
HA800×400	800	400	10	18	220	173	257349	6433	34.2	19206	960	9.34	7
	800	400	10	20	236	185	279994	6999	34.4	21340	1067	9.50	7
	800	400	10	25	275	216	335572	8389	34.9	26673	1333	9.84	8
	800	400	10	28	298	234	368216	9205	35.1	29873	1493	10.0	8
	800	400	12	22	266	209	309604	7740	34.1	23478	1173	9.39	8
	800	400	12	25	290	228	342604	8565	34.3	26678	1333	9.59	8
	800	400	12	28	313	246	375080	9377	34.6	29878	1493	9.77	8
	800	400	12	32	344	270	417574	10439	34.8	34145	1707	9.96	9
	800	400	12	36	375	295	459154	11478	34.9	38412	1920	10.1	9
	800	400	14	32	359	282	424219	10605	34.3	34152	1707	9.75	9
	800	400	16	36	404	318	472015	11800	34.1	38428	1921	9.75	10
HA900×350	900	350	10	20	226	177	324091	7202	37.8	14299	817	7.95	7
	900	350	12	20	243	191	334692	7437	37.1	14304	817	7.67	8
	900	350	12	22	256	202	359574	7990	37.4	15734	899	7.83	8
	900	350	12	25	277	217	396464	8810	37.8	17877	1021	8.03	8
	900	350	12	28	297	233	432837	9618	38.1	20021	1144	8.21	8
	900	350	14	32	341	268	490274	10894	37.9	22887	1307	8.19	9

续表

型　　号	尺寸（mm）				截面面积（cm^2）	理论质量（kg/m）	截面特性参数						焊角尺寸 h_f（mm）
							x-x			y-y			
	H	B	t_1	t_2			I_x（cm^4）	W_x（cm^3）	i_x（cm）	I_y（cm^4）	W_y（cm^3）	i_y（cm）	
HA900×350	900	350	14	36	367	289	536792	11928	38.2	25746	1471	8.37	9
	900	350	16	36	384	302	546253	12138	37.7	25756	1471	8.18	10
HA900×400	900	400	10	20	246	193	362818	8062	38.4	21340	1067	9.31	7
	900	400	12	20	263	207	373418	8298	37.6	21346	1067	9.00	8
	900	400	12	22	278	219	401982	8932	38.0	23479	1173	9.19	8
	900	400	12	25	302	237	444329	9873	38.3	26679	1333	9.39	8
	900	400	12	28	325	255	486082	10801	38.6	29880	1494	9.58	8
	900	400	12	30	340	268	513590	11413	38.8	32013	1600	9.70	9
	900	400	14	32	373	293	550575	12235	38.4	34154	1707	9.56	9
	900	400	14	36	403	317	604015	13422	38.7	38421	1921	9.76	9
	900	400	14	40	434	341	656432	14587	38.8	42688	2134	9.91	10
	900	400	16	36	420	330	613476	13632	38.2	38431	1921	9.56	10
	900	400	16	40	451	354	665622	14791	38.4	42698	2134	9.73	10
HA900×450	900	450	10	20	266	209	401544	8923	38.8	30382	1350	10.6	7
	900	450	12	20	283	222	412145	9158	38.1	30388	1350	10.3	8
	900	450	12	22	300	236	444389	9875	38.4	33425	1485	10.5	8
	900	450	12	25	327	257	492193	10937	38.7	37982	1688	10.7	8
	900	450	12	28	353	277	539327	11985	39.0	42538	1890	10.9	8
	900	450	12	30	370	291	570380	12675	39.2	45575	2025	11.0	9
	900	450	14	32	405	318	610876	13575	38.8	48621	2160	10.9	9
	900	450	14	36	439	345	671239	14916	39.1	54696	2430	11.1	9
	900	450	14	40	474	373	730446	16232	39.2	60771	2700	11.3	10
	900	450	16	40	491	386	739635	16436	38.8	60782	2701	11.1	10
HA1000×400	1000	400	12	20	275	216	472686	9453	41.4	21347	1067	8.81	8
	1000	400	12	22	290	228	508296	10165	41.8	23481	1174	8.99	8
	1000	400	12	25	314	246	561154	11223	42.2	26681	1334	9.21	8
	1000	400	12	28	337	265	613348	12266	42.6	29881	1494	9.41	8
	1000	400	14	30	371	292	661621	13232	42.2	32023	1601	9.29	9
	1000	400	14	32	387	304	695583	13911	42.3	34156	1707	9.39	9
	1000	400	14	36	417	328	762641	15252	42.7	38423	1921	9.59	9
	1000	400	16	40	467	367	841531	16830	42.4	42702	2135	9.56	10
HA1000×450	1000	450	12	20	295	232	520713	10414	42.0	30389	1350	10.1	8
	1000	450	12	22	312	245	560911	11218	42.4	33427	1485	10.3	8
	1000	450	12	25	339	266	620581	12411	42.7	37983	1688	10.5	8
	1000	450	12	28	365	287	679501	13590	43.1	42539	1890	10.7	8
	1000	450	14	30	401	315	732211	14644	42.7	45586	2026	10.6	9
	1000	450	14	32	419	329	770572	15411	42.8	48623	2161	10.7	9
	1000	450	14	36	453	356	846317	16926	43.2	54698	2431	10.9	9
	1000	450	16	40	507	398	933745	18674	42.9	60785	2701	10.9	10
HA1000×500	1000	500	12	20	315	247	568740	11374	42.4	41681	1667	11.5	8
	1000	500	12	22	334	263	613527	12270	42.8	45848	1833	11.7	8
	1000	500	12	25	364	286	680008	13600	43.2	52098	2083	11.9	8
	1000	500	12	28	393	309	745654	14913	43.5	58348	2333	12.1	8
	1000	500	14	30	431	339	802801	16056	43.1	62523	2500	12.0	9
	1000	500	14	32	451	354	845561	16911	43.2	66690	2667	12.1	9
	1000	500	14	36	489	385	929992	18599	43.6	75023	3000	12.3	9
	1000	500	16	40	547	430	1025958	20519	43.3	83368	3334	12.3	10

续表

型号	尺寸（mm）				截面面积（cm^2）	理论质量（kg/m）	截面特性参数						焊角尺寸 h_f（mm）
							x-x			y-y			
	H	B	t_1	t_2			I_x（cm^4）	W_x（cm^3）	i_x（cm）	I_y（cm^4）	W_y（cm^3）	i_y（cm）	
HA1100×400	1100	400	12	20	287	225	585714	10649	45.1	21349	1067	8.62	8
	1100	400	12	22	302	238	629146	11439	45.6	23482	1174	8.81	8
	1100	400	12	25	326	256	693679	12612	46.1	26682	1334	9.04	8
	1100	400	12	28	349	274	757478	13772	46.5	29882	1494	9.25	8
	1100	400	14	30	385	303	818354	14879	46.1	32025	1601	9.12	9
	1100	400	14	32	401	315	859943	15635	46.3	34159	1707	9.22	9
	1100	400	14	36	431	339	942163	17130	46.7	38425	1921	9.44	9
	1100	400	16	40	483	379	1040801	18923	46.4	42705	2135	9.40	10
HA1100×500	1100	500	12	20	327	257	702368	12770	46.3	41682	1667	11.2	8
	1100	500	12	22	346	272	756993	13763	46.7	45849	1833	11.5	8
	1100	500	12	25	376	295	838158	15239	47.2	52099	2083	11.7	8
	1100	500	12	28	405	318	918401	16698	47.6	58349	2333	12.0	8
	1100	500	14	30	445	350	990134	18002	47.1	62525	2501	11.8	9
	1100	500	14	32	465	365	1042497	18954	47.3	66692	2667	11.9	9
	1100	500	14	36	503	396	1146018	20836	47.7	75025	3001	12.2	9
	1100	500	16	40	563	442	1265627	23011	47.4	83372	3334	12.1	10
HA1200×400	1200	400	14	20	322	253	739117	12318	47.9	21361	1068	8.1	9
	1200	400	14	22	337	265	790879	13181	48.4	23494	1174	8.3	9
	1200	400	14	25	361	283	867852	14464	49.0	26694	1334	8.5	9
	1200	400	14	28	384	302	944026	15733	49.5	29894	1494	8.8	9
	1200	400	14	30	399	314	994366	16572	49.9	32028	1601	8.9	9
	1200	400	14	32	415	326	1044355	17405	50.1	34161	1708	9.0	9
	1200	400	14	36	445	350	1143281	19054	50.6	38428	1921	9.2	9
	1200	400	16	40	499	392	1264230	21070	50.3	42708	2135	9.2	10
HA1200×450	1200	450	14	20	342	269	808744	13479	48.6	30402	1351	9.4	9
	1200	450	14	22	359	282	867210	14453	49.1	33440	1486	9.6	9
	1200	450	14	25	386	303	954154	15902	49.7	37996	1688	9.9	9
	1200	450	14	28	412	324	1040195	17336	50.2	42553	1891	10.1	9
	1200	450	14	30	429	337	1097056	18284	50.5	45590	2026	10.3	9
	1200	450	14	32	447	351	1153520	19225	50.7	48628	2161	10.4	9
	1200	450	14	36	481	378	1265261	21087	51.2	54703	2431	10.6	9
	1200	450	16	36	504	396	1289182	21486	50.5	54717	2431	10.4	10
	1200	450	16	40	539	423	1398843	23314	50.9	60792	2701	10.6	10
HA1200×500	1200	500	14	20	362	284	878371	14639	49.2	41694	1667	10.7	9
	1200	500	14	22	381	300	943542	15725	49.7	45861	1834	10.9	9
	1200	500	14	25	411	323	1040456	17340	50.3	52111	2084	11.2	9
	1200	500	14	28	440	346	1136364	18939	50.8	58361	2334	11.5	9
	1200	500	14	32	479	376	1262686	21044	51.3	66694	2667	11.7	9
	1200	500	14	36	517	407	1387240	23120	51.8	75028	3001	12.0	9
	1200	500	16	36	540	424	1411161	23519	51.1	75042	3001	11.7	10
	1200	500	16	40	579	455	1533457	25557	51.4	83375	3335	11.9	10
	1200	500	16	45	627	493	1683888	28064	51.8	93792	3751	12.2	11
HA1200×600	1200	600	14	30	519	408	1405126	23418	52.0	108028	3600	14.4	9
	1200	600	16	36	612	481	1655120	27585	52.0	129642	4321	14.5	10
	1200	600	16	40	659	517	1802683	30044	52.3	144042	4801	14.7	10
	1200	600	16	45	717	563	1984195	33069	52.6	162042	5401	15.0	11

续表

型　号	尺寸（mm）				截面面积（cm^2）	理论质量（kg/m）	截面特性参数						焊角尺寸 h_f（mm）
							x-x			y-y			
	H	B	t_1	t_2			I_x（cm^4）	W_x（cm^3）	i_x（cm）	I_y（cm^4）	W_y（cm^3）	i_y（cm）	
HA1300×450	1300	450	16	25	425	334	1174947	18076	52.5	38013	1689	9.4	10
	1300	450	16	30	468	368	1343126	20663	53.5	45607	2026	9.8	10
	1300	450	16	36	520	409	1541390	23713	54.4	54720	2432	10.2	10
	1300	450	18	40	579	455	1701697	26179	54.2	60815	2702	10.2	11
	1300	450	18	45	622	489	1861130	28632	54.7	68409	3040	10.4	11
HA1300×500	1300	500	16	25	450	353	1276562	19639	53.2	52128	2085	10.7	10
	1300	500	16	30	498	391	1464116	22524	54.2	62545	2501	11.2	10
	1300	500	16	36	556	437	1685222	25926	55.0	75045	3001	11.6	10
	1300	500	18	40	619	486	1860510	28623	54.8	83398	3335	11.6	11
	1300	500	18	45	667	524	2038396	31359	55.2	93815	3752	11.8	11
HA1300×600	1300	600	16	30	558	438	1706096	26247	55.2	108045	3601	13.9	10
	1300	600	16	36	628	493	1972885	30352	56.0	129645	4321	14.3	10
	1300	600	18	40	699	549	2178137	33509	55.8	144065	4802	14.3	11
	1300	600	18	45	757	595	2392929	36814	56.2	162065	5402	14.6	11
	1300	600	20	50	840	659	2633000	40507	55.9	180089	6002	14.6	12
HA1400×450	1400	450	16	25	441	346	1391643	19880	56.1	38017	1689	9.2	10
	1400	450	16	30	484	380	1587923	22684	57.2	45611	2027	9.7	10
	1400	450	18	36	563	442	1858657	26552	57.4	54744	2433	9.8	11
	1400	450	18	40	597	469	2010115	28715	58.0	60819	2703	10.0	11
	1400	450	18	45	640	503	2196872	31383	58.5	68413	3040	10.3	11
HA1400×500	1400	500	16	25	466	366	1509820	21568	56.9	52131	2085	10.5	10
	1400	500	16	30	514	404	1728713	24695	57.9	62548	2501	11.0	10
	1400	500	18	36	599	470	2026141	28944	58.1	75069	3002	11.1	11
	1400	500	18	40	637	501	2195128	31358	58.7	83403	3336	11.4	11
	1400	500	18	45	685	538	2403501	34335	59.2	93820	3752	11.7	11
HA1400×600	1400	600	16	30	574	451	2010293	28718	59.1	108048	3601	13.7	10
	1400	600	16	36	644	506	2322074	33172	60.0	129648	4321	14.1	10
	1400	600	18	40	717	563	2565155	36645	59.8	144069	4802	14.1	11
	1400	600	18	45	775	609	2816758	40239	60.2	162070	5402	14.4	11
	1400	600	18	50	834	655	3064550	43779	60.6	180070	6002	14.6	11
HA1500×500	1500	500	18	25	511	401	1817189	24229	59.6	52157	2086	10.1	11
	1500	500	18	30	559	439	2068797	27583	60.8	62574	2502	10.5	11
	1500	500	18	36	617	484	2366148	31548	61.9	75074	3002	11.0	11
	1500	500	18	40	655	515	2561626	34155	62.5	83408	3336	11.2	11
	1500	500	20	45	732	575	2849616	37994	62.3	93852	3754	11.3	12
HA1500×550	1500	550	18	30	589	463	2230887	29745	61.5	83261	3027	11.8	11
	1500	550	18	36	653	513	2559083	34121	62.6	99899	3632	12.3	11
	1500	550	18	40	695	546	2774839	36997	63.1	110991	4036	12.6	11
	1500	550	20	45	777	610	3087857	41171	63.0	124884	4541	12.6	12
HA1500×600	1500	600	18	30	619	486	2392977	31906	62.1	108074	3602	13.2	11
	1500	600	18	36	689	541	2752019	36693	63.1	129674	4322	13.7	11
	1500	600	18	40	735	577	2988053	39840	63.7	144074	4802	14.0	11
	1500	600	20	45	822	645	3326098	44347	63.6	162102	5403	14.0	12
	1500	600	20	50	880	691	3612333	48164	64.0	180103	6003	14.3	12

续表

型号	尺寸（mm）				截面面积（cm^2）	理论质量（kg/m）	截面特性参数						焊角尺寸 h_f（mm）
							x-x			y-y			
	H	B	t_1	t_2			I_x（cm^4）	W_x（cm^3）	i_x（cm）	I_y（cm^4）	W_y（cm^3）	i_y（cm）	
HA1600×600	1600	600	18	30	637	500	2766519	34581	65.9	108079	3602	13.0	11
	1600	600	18	36	707	555	3177382	39717	67.0	129679	4322	13.5	11
	1600	600	18	40	753	592	3447731	43096	67.6	144079	4802	13.8	11
	1600	600	20	45	842	661	3839070	47988	67.5	162109	5403	13.8	12
	1600	600	20	50	900	707	4167500	52093	68.0	180109	6003	14.1	12
HA1600×650	1600	650	18	30	667	524	2951409	36892	66.5	137391	4227	14.3	11
	1600	650	18	36	743	583	3397570	42469	67.6	164854	5072	14.8	11
	1600	650	18	40	793	623	3691144	46139	68.2	183162	5635	15.1	11
	1600	650	20	45	887	696	4111173	51389	68.0	206078	6340	15.2	12
	1600	650	20	50	950	746	4467916	55848	68.5	228964	7045	15.5	12
HA1600×700	1600	700	18	30	697	547	3136299	39203	67.0	171579	4902	15.6	11
	1600	700	18	36	779	612	3617557	45221	68.1	205879	5882	16.2	11
	1600	700	18	40	833	654	3934557	49181	68.7	228746	6535	16.5	11
	1600	700	20	45	932	732	4383277	54790	68.5	257359	7353	16.6	12
	1600	700	20	50	1000	785	4768333	59604	69.0	285943	8169	16.9	12
HA1700×600	1700	600	18	30	655	514	3171921	37316	69.5	108083	3602	12.8	11
	1700	600	18	36	725	569	3638098	42801	70.8	129684	4322	13.3	11
	1700	600	18	40	771	606	3945089	46412	71.5	144084	4802	13.6	11
	1700	600	20	45	862	677	4394141	51695	71.3	162116	5403	13.7	12
	1700	600	20	50	920	722	4767666	56090	71.9	180116	6003	13.9	12
HA1700×650	1700	650	18	30	685	538	3381111	39777	70.2	137396	4227	14.1	11
	1700	650	18	36	761	597	3887337	45733	71.4	164859	5072	14.7	11
	1700	650	18	40	811	637	4220702	49655	72.1	183167	5635	15.0	11
	1700	650	20	45	907	712	4702358	55321	72.0	206084	6341	15.0	12
	1700	650	20	50	970	761	5108083	60095	72.5	228970	7045	15.3	12
HA1700×700	1700	700	18	32	742	583	3773285	44391	71.3	183017	5229	15.7	11
	1700	700	18	36	797	626	4136577	48665	72.0	205884	5882	16.0	11
	1700	700	18	40	851	669	4496315	52897	72.6	228751	6535	16.3	11
	1700	700	20	45	952	747	5010574	58947	72.5	257366	7353	16.4	12
	1700	700	20	50	1020	801	5448500	64100	73.0	285949	8169	16.7	12
HA1700×750	1700	750	18	32	774	608	3995890	47010	71.8	225084	6002	17.0	11
	1700	750	18	36	833	654	4385816	51597	72.5	253209	6752	17.4	11
	1700	750	18	40	891	700	4771929	56140	73.1	281334	7502	17.7	11
	1700	750	20	45	997	783	5318790	62574	73.0	316522	8440	17.8	12
	1700	750	20	50	1070	840	5788916	68104	73.5	351679	9378	18.1	12
HA1800×600	1800	600	18	30	673	528	3610083	40112	73.2	108088	3602	12.6	11
	1800	600	18	36	743	583	4135065	45945	74.6	129689	4322	13.2	11
	1800	600	18	40	789	620	4481027	49789	75.3	144089	4802	13.5	11
	1800	600	20	45	882	692	4992313	55470	75.2	162122	5404	13.5	12
	1800	600	20	50	940	738	5413833	60153	75.8	180123	6004	13.8	12
HA1800×650	1800	650	18	30	703	552	3845073	42723	73.9	137401	4227	13.9	11
	1800	650	18	36	779	612	4415156	49057	75.2	164864	5072	14.5	11
	1800	650	18	40	829	651	4790840	53231	76.0	183172	5636	14.8	11
	1800	650	20	45	927	728	5338892	59321	75.8	206091	6341	14.9	12
	1800	650	20	50	990	777	5796750	64408	76.5	228977	7045	15.2	12

续表

型　号	尺寸（mm）				截面面积	理论质量	截面特性参数						焊角尺寸
							x-x			y-y			
	H	B	t_1	t_2	（cm^2）	（kg/m）	I_x（cm^4）	W_x（cm^3）	i_x（cm）	I_y（cm^4）	W_y（cm^3）	i_y（cm）	h_f（mm）
	1800	700	18	32	760	597	4286071	47623	75.0	183022	5229	15.5	11
	1800	700	18	36	815	640	4695248	52169	75.9	205889	5882	15.8	11
HA1800×700	1800	700	18	40	869	683	5100653	56673	76.6	228755	6535	16.2	11
	1800	700	20	45	972	763	5685471	63171	76.4	257372	7353	16.2	12
	1800	700	20	50	1040	816	6179666	68662	77.0	285956	8170	16.5	12
	1800	750	18	32	792	622	4536164	50401	75.6	225088	6002	16.8	11
	1800	750	18	36	851	668	4975339	55281	76.4	253214	6752	17.2	11
HA1800×750	1800	750	18	40	909	714	5410467	60116	77.1	281339	7502	17.5	11
	1800	750	20	45	1017	798	6032049	67022	77.0	316529	8440	17.6	12
	1800	750	20	50	1090	856	6562583	72917	77.5	351685	9378	17.9	12
	1900	650	18	30	721	566	4344195	45728	77.6	137406	4227	13.8	11
	1900	650	18	36	797	626	4981928	52441	79.0	164868	5072	14.3	11
HA1900×650	1900	650	18	40	847	665	5402458	56867	79.8	183177	5636	14.7	11
	1900	650	20	45	947	743	6021776	63387	79.7	206098	6341	14.7	12
	1900	650	20	50	1010	793	6534916	68788	80.4	228984	7045	15.0	12
	1900	700	18	32	778	611	4836881	50914	78.8	183027	5229	15.3	11
	1900	700	18	36	833	654	5294671	55733	79.7	205893	5882	15.7	11
HA1900×700	1900	700	18	40	887	697	5748471	60510	80.5	228760	6536	16.0	11
	1900	700	20	45	992	779	6408967	67462	80.3	257379	7353	16.1	12
	1900	700	20	50	1060	832	6962833	73292	81.0	285963	8170	16.4	12
	1900	750	18	34	839	659	5362275	56445	79.9	239156	6377	16.8	11
	1900	750	18	36	869	682	5607415	59025	80.3	253218	6752	17.0	11
HA1900×750	1900	750	18	40	927	728	6094485	64152	81.0	281344	7502	17.4	11
	1900	750	20	45	1037	814	6796158	71538	80.9	316535	8440	17.4	12
	1900	750	20	50	1110	871	7390750	77797	81.5	351692	9378	17.7	12
	1900	800	18	34	873	686	5658274	59560	80.5	290227	7255	18.2	11
	1900	800	18	36	905	710	5920158	62317	80.8	307293	7682	18.4	11
HA1900×800	1900	800	18	40	967	760	6440498	67794	81.6	341427	8535	18.7	11
	1900	800	20	45	1082	849	7183350	75614	81.4	384129	9603	18.8	12
	1900	800	20	50	1160	911	7818666	82301	82.0	426796	10669	19.1	12
	2000	650	18	30	739	580	4879377	48793	81.2	137411	4228	13.6	11
	2000	650	18	36	815	640	5588551	55885	82.8	164873	5073	14.2	11
HA2000×650	2000	650	18	40	865	679	6056456	60564	83.6	183182	5636	14.5	11
	2000	650	20	45	967	759	6752010	67520	83.5	206104	6341	14.5	12
	2000	650	20	50	1030	809	7323583	73235	84.3	228990	7045	14.9	12
	2000	700	18	32	796	625	5426616	54266	82.5	183031	5229	15.1	11
	2000	700	18	36	851	668	5935746	59357	83.5	205898	5882	15.5	11
H32000×700	2000	700	18	40	905	711	6440669	64406	84.3	228765	6536	15.8	11
	2000	700	20	45	1012	794	7182064	71820	84.2	257386	7353	15.9	12
	2000	700	20	50	1080	848	7799000	77990	84.0	285969	8170	16.2	12
	2000	750	18	34	857	673	6010279	60102	83.0	239161	6377	16.7	11
	2000	750	18	36	887	696	6282942	62829	84.1	253223	6752	16.8	11
HA2000×750	2000	750	18	40	945	742	6824883	68248	84.9	281349	7502	17.2	11
	2000	750	20	45	1057	830	7612118	76121	84.8	316542	8441	17.3	12
	2000	750	20	50	1130	887	8274416	82744	85.5	351699	9378	17.6	12

续表

型号	尺寸（mm）				截面面积 (cm^2)	理论质量 (kg/m)	截面特性参数						焊角尺寸 h_f（mm）
							x-x			y-y			
	H	B	t_1	t_2			I_x (cm^4)	W_x (cm^3)	i_x (cm)	I_y (cm^4)	W_y (cm^3)	i_y (cm)	
HA2000×800	2000	800	18	34	891	700	6338850	63388	84.3	290232	7255	18.0	11
	2000	800	18	36	923	725	6630137	66301	84.7	307298	7682	18.2	11
	2000	800	20	40	1024	804	7327061	73270	84.5	341469	8536	18.2	12
	2000	800	20	45	1102	865	8042171	80421	85.4	384136	9603	18.6	12
	2000	800	20	50	1180	926	8749833	87498	86.1	426803	10670	19.0	12
HA2000×850	2000	850	18	36	959	753	6977333	69773	85.2	368573	8672	19.6	11
	2000	850	18	40	1025	805	7593309	75933	86.0	409515	9635	19.9	11
	2000	850	20	45	1147	900	8472225	84722	85.9	460729	10840	20.0	12
	2000	850	20	50	1230	966	9225249	92252	86.6	511907	12044	20.4	12
	2000	850	20	55	1313	1031	9970389	99703	87.1	563084	13249	20.7	12

注：1. 表列H型钢的板件宽厚比应根据钢材牌号和H型钢用于结构的类型验算腹板和翼缘的局部稳定，当不满足时应按GB 50017进行验算并采取相应措施（如设置加劲肋等）。
2. 特定工作条件下的焊接H型钢板件宽厚比限值，应遵守相关现行国家规范、规程的规定。
3. 焊接H型钢构件所用钢材质量等级，应根据构件特定的工作条件，遵守相关现行国家规范、规程的规定。
4. 当H型钢因防止钢材层状撕裂而采用Z向钢时，其材质应符合GB/T 5313的规定。
5. 表中理论质量未包括焊缝质量，交货时应考虑焊缝质量。

A4 冷弯型钢及双焊缝方、矩形钢管

《冷弯型钢》GB/T 6725—2002及《结构用冷弯空心型钢尺寸、外形、重量及允许偏差》GB/T 3728—2002规定了结构用冷弯空心型钢的范围、分类、代号、技术要求、尺寸、外形、质量、允许偏差及标记。

型钢按外形形状可分为圆形、方形、矩形和其他异形冷弯空心型钢。其代号为：

圆形冷弯空心型钢，简称为圆管，代号为：Y

方形冷弯空心型钢，简称为方管，代号为：F

矩形冷弯空心型钢，简称为矩管，代号为：J

异形冷弯空心型钢，简称为异形管，代号为：YI

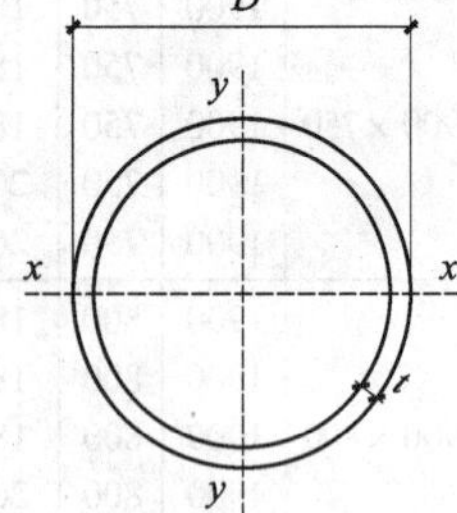

图A5 圆形冷弯空心型钢

D—外径；t—壁厚

A4.1 圆形冷弯空心型钢的截面见图A5，截面尺寸、截面面积、理论质量及截面特性应符合表A6的规定。

圆形冷弯空心型钢截面尺寸、允许偏差、截面面积、理论质量及截面特性　　表A6

外径 D(mm)	允许偏差 (mm)	壁厚 t(mm)	理论质量 M (kg/m)	截面面积 A(cm^2)	惯性矩 I(cm^4)	惯性半径 R(cm)	弹性模量 Z(cm^3)	塑性模量 S(cm^3)	扭转常数 I_t(cm^4)	扭转常数 C_t(cm^3)	单位长度表面积 A_s(mm^2)
21.3 (21.3)	±0.5	1.2	0.59	0.76	0.38	0.712	0.36	0.49	0.77	0.72	0.067
		1.5	0.73	0.93	0.46	0.702	0.43	0.59	0.92	0.86	0.067
		1.75	0.84	1.07	0.52	0.694	0.49	0.67	1.04	0.97	0.067
		2.0	0.95	1.21	0.57	0.686	0.54	0.75	1.14	1.07	0.067
		2.5	1.16	1.48	0.66	0.671	0.62	0.89	1.33	1.25	0.067
		3.0	1.35	1.72	0.74	0.655	0.70	1.01	1.48	1.39	0.067

续表

外径 D(mm)	允许偏差(mm)	壁厚 t(mm)	理论质量 M (kg/m)	截面面积 A(cm^2)	惯性矩 I(cm^4)	惯性半径 R(cm)	弹性模量 Z(cm^3)	塑性模量 S(cm^3)	扭转常数 I_t(cm^4)	扭转常数 C_t(cm^3)	单位长度表面积 A_s(mm^2)
26.8 (26.9)	±0.5	1.2	0.76	0.97	0.79	0.906	0.59	0.79	1.58	1.18	0.084
		1.5	0.94	1.19	0.96	0.896	0.71	0.96	1.91	1.43	0.084
		1.75	1.08	1.38	1.09	0.888	0.81	1.1	2.17	1.62	0.084
		2.0	1.22	1.56	1.21	0.879	0.90	1.23	2.41	1.80	0.084
		2.5	1.50	1.91	1.42	0.864	1.06	1.48	2.85	2.12	0.084
		3.0	1.76	2.24	1.61	0.848	1.20	1.71	3.23	2.41	0.084
33.5 (33.7)	±0.5	1.5	1.18	1.51	1.93	1.132	1.15	1.54	3.87	2.31	0.105
		2.0	1.55	1.98	2.46	1.116	1.47	1.99	4.93	2.94	0.105
		2.5	1.91	2.43	2.94	1.099	1.76	2.41	5.89	3.51	0.105
		3.0	2.26	2.87	3.37	1.084	2.01	2.80	6.75	4.03	0.105
		3.5	2.59	3.29	3.76	1.068	2.24	3.16	7.52	4.49	0.105
		4.0	2.91	3.71	4.11	1.053	2.45	3.50	8.21	4.90	0.105
42.3 (42.4)	±0.5	1.5	1.51	1.92	4.01	1.443	1.89	2.50	8.01	3.79	0.133
		2.0	1.99	2.53	5.15	1.427	2.44	3.25	10.31	4.87	0.133
		2.5	2.45	3.13	6.21	1.410	2.94	3.97	12.43	5.88	0.133
		3.0	2.91	3.70	7.19	1.394	3.40	4.64	14.39	6.80	0.133
		4.0	3.78	4.81	8.92	1.361	4.22	5.89	17.84	8.44	0.133
48 (48.3)	±0.5	1.5	1.72	2.19	5.93	1.645	2.47	3.24	11.86	4.94	0.151
		2.0	2.27	2.89	7.66	1.628	3.19	4.23	15.32	6.38	0.151
		2.5	2.81	3.57	9.28	1.611	3.86	5.18	18.55	7.73	0.151
		3.0	3.33	4.24	10.78	1.594	4.49	6.08	21.57	8.98	0.151
		4.0	4.34	5.53	13.49	1.562	5.62	7.77	26.98	11.24	0.151
		5.0	5.30	6.75	15.82	1.530	6.59	9.29	31.65	13.18	0.151
60 (60.3)	±0.6	2.0	2.86	3.64	15.34	2.052	5.11	6.73	30.68	10.23	0.188
		2.5	3.55	4.52	18.70	2.035	6.23	8.27	37.40	12.47	0.188
		3.0	4.22	5.37	21.88	2.018	7.29	9.76	43.76	14.58	0.188
		4.0	5.52	7.04	27.73	1.985	9.24	12.56	55.45	18.48	0.188
		5.0	6.78	8.64	32.94	1.953	10.98	15.17	65.88	21.96	0.188
75.5 (76.1)	±0.76	2.5	4.50	5.73	38.24	2.582	10.13	13.33	76.47	20.26	0.237
		3.0	5.36	6.83	44.97	2.565	11.91	15.78	89.94	23.82	0.237
		4.0	7.05	8.98	57.59	2.531	15.26	20.47	115.19	30.51	0.237
		5.0	8.69	11.07	69.15	2.499	18.32	24.89	138.29	36.63	0.237
88.5 (88.9)	±0.90	3.0	6.33	8.06	73.73	3.025	16.66	21.94	147.45	33.32	0.278
		4.0	8.34	10.62	94.99	2.991	21.46	28.58	189.97	42.93	0.278
		5.0	10.30	13.12	114.72	2.957	25.93	34.90	229.44	51.85	0.278
		6.0	12.21	15.55	133.00	2.925	30.06	40.91	266.01	60.11	0.278
114 (114.3)	±1.15	4.0	10.85	13.82	209.35	3.892	36.73	48.42	418.70	73.46	0.358
		5.0	13.44	17.12	254.81	3.858	44.70	59.45	509.61	89.41	0.358
		6.0	15.98	20.36	297.73	3.824	52.23	70.06	595.46	104.47	0.358
140 (139.7)	±1.40	4.0	13.42	17.09	395.47	4.810	56.50	74.01	790.94	112.99	0.440
		5.0	16.65	21.21	483.76	4.776	69.11	91.17	967.52	138.22	0.440
		6.0	19.83	25.26	568.03	4.742	85.15	107.81	1136.13	162.30	0.440

续表

外径 D(mm)	允许偏差 (mm)	壁厚 t(mm)	理论质量 M (kg/m)	截面面积 A(cm^2)	惯性矩 I(cm^4)	惯性半径 R(cm)	弹性模量 Z(cm^3)	塑性模量 S(cm^3)	扭转常数		单位长度表面积
									I_t(cm^4)	C_t(cm^3)	A_s(mm^2)
165 (168.3)	±1.65	4.0	15.88	20.23	655.94	5.69	79.51	103.71	1311.89	159.02	0.518
		5.0	19.73	25.13	805.94	5.66	97.58	128.04	1610.07	195.16	0.518
		6.0	25.53	29.97	948.47	5.63	114.97	151.76	1896.93	229.93	0.518
		8.0	30.97	39.46	1218.92	5.56	147.75	197.36	2437.84	295.50	0.518
219.1 (219.1)	±2.20	5.0	26.4	33.60	1928	7.57	176	229	3856	352	0.688
		6.0	31.53	40.17	2282	7.54	208	273	4564	417	0.688
		8.0	41.6	53.10	2960	7.47	270	357	5919	540	0.688
		10.0	51.6	65.70	3598	7.40	328	438	7197	657	0.688
273 (273)	±2.75	5.0	33.0	42.1	3781	9.48	277	359	7562	554	0.858
		6.0	39.5	50.3	4487	9.44	329	428	8974	657	0.858
		8.0	52.3	66.6	5852	9.37	429	562	11700	857	0.858
		10.0	64.9	82.6	7154	9.31	524	692	14310	1048	0.858
325 (323.9)	±3.25	5.0	39.5	50.3	6436	11.32	396	512	12871	792	1.02
		6.0	47.2	60.1	7651	11.28	471	611	15303	942	1.02
		8.0	62.5	79.7	10014	11.21	616	804	20028	1232	1.02
		10.0	77.7	99.0	12287	11.14	756	993	24573	1512	1.02
		12.0	92.6	118.0	14472	11.07	891	1176	28943	1781	1.02
355.6 (355.6)	±3.55	6.0	51.7	65.9	10071	12.4	566	733	20141	1133	1.12
		8.0	68.6	87.4	13200	12.3	742	967	26400	1485	1.12
		10.0	85.2	109.0	16220	12.2	912	1195	32450	1825	1.12
		12.0	101.7	130.0	19140	12.2	1076	1417	38279	2153	1.12
406.4 (406.4)	±4.10	8	78.6	100	19870	14.1	978	1270	39750	1956	1.28
		10	97.8	125	24480	14.0	1205	1572	48950	2409	1.28
		12	116.7	149	28937	14.0	1424	1867	57874	2848	1.28
457 (457)	±4.6	8	88.6	113	28450	15.9	1245	1613	56890	2490	1.44
		10	110.0	140	35090	15.8	1536	1998	70180	3071	1.44
		12	131.7	168	41556	15.7	1819	2377	83113	3637	1.44
508 (508)	±5.10	8	98.6	126	39280	17.7	1546	2000	78560	3093	1.60
		10	123.0	156	48520	17.6	1910	2480	97040	3621	1.60
		12	146.8	187	57536	17.5	2265	2953	115072	4530	1.60
610	±6.10	8	118.8	151	68552	21.3	2248	2899	137103	4495	1.92
		10	148.0	189	84847	21.2	2781	3600	169694	5564	1.92
		12.5	184.2	235	104755	21.1	3435	4463	209510	6869	1.92
		16	234.4	299	131782	21.0	4321	5647	263563	8641	1.92

注：括号内为 ISO 4019 所列规格。

A4.2 方形冷弯空心型钢的截面见图 A6，截面尺寸、截面面积、理论质量及截面特性应符合表 A7 的规定。

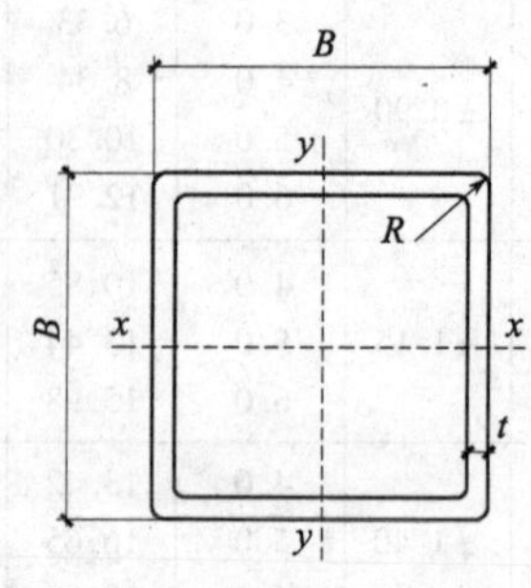

图 A6 方形冷弯空心型钢

B—边长；t—壁厚；R—外圆弧半径

方形冷弯空心型钢截面尺寸、允许偏差、截面面积、理论质量及截面特性　　表 A7

边长 B(mm)	允许偏差 (mm)	壁厚 t(mm)	理论质量 M(kg/m)	截面面积 A(cm^2)	惯性矩 $I_x = I_y$ (cm^4)	惯性半径 $r_x = r_y$ (cm)	截面模量 $W_x = W_y$ (cm^3)	扭转常数	
								I_t(cm^4)	C_t(cm^3)
20	±0.50	1.2	0.679	0.865	0.498	0.759	0.498	0.823	0.75
		1.5	0.826	1.052	0.583	0.744	0.583	0.985	0.88
		1.75	0.941	1.199	0.642	0.732	0.642	1.106	0.98
		2.0	1.050	1.340	0.692	0.720	0.692	1.215	1.06
25	±0.50	1.2	0.867	1.105	1.025	0.963	0.820	1.655	1.24
		1.5	1.061	1.352	1.216	0.948	0.973	1.998	1.47
		1.75	1.215	1.548	1.357	0.936	1.086	2.261	1.65
		2.0	1.363	1.736	1.482	0.923	1.186	2.502	1.80
30	±0.50	1.5	1.296	1.652	2.195	1.152	1.463	3.555	2.21
		1.75	1.490	1.898	2.470	1.140	1.646	4.048	2.49
		2.0	1.677	2.136	2.721	1.128	1.814	4.511	2.75
		2.5	2.032	2.589	3.154	1.103	2.102	5.347	3.20
		3.0	2.361	3.008	3.500	1.078	2.333	6.060	3.58
40	±0.50	1.5	1.767	2.525	5.489	1.561	2.744	8.728	4.13
		1.75	2.039	2.598	6.237	1.549	3.118	10.009	4.69
		2.0	2.305	2.936	6.939	1.537	3.469	11.238	5.23
		2.5	2.817	3.589	8.213	1.512	4.106	13.539	6.21
		3.0	3.303	4.208	9.320	1.488	4.660	15.628	7.07
		4.0	4.198	5.347	11.064	1.438	5.532	19.152	8.48
50	±0.50	1.5	2.238	2.852	11.065	1.969	4.426	17.395	6.65
		1.75	2.589	3.298	12.641	1.957	5.056	20.025	7.60
		2.0	2.933	3.736	14.146	1.945	5.658	22.578	8.51
		2.5	3.602	4.589	16.941	1.921	6.776	27.436	10.22
		3.0	4.245	5.408	19.463	1.897	7.785	31.972	11.77
		4.0	5.454	6.947	23.725	1.847	9.490	40.047	14.43
60	±0.60	2.0	3.560	4.540	25.120	2.350	8.380	39.810	12.60
		2.5	4.387	5.589	30.340	2.329	10.113	48.539	15.22
		3.0	5.187	6.608	35.130	2.305	11.710	56.892	17.65
		4.0	6.710	8.547	43.539	2.256	14.513	72.188	21.97
		5.0	8.129	10.356	50.468	2.207	16.822	85.560	25.61
70	±0.65	2.5	5.170	6.590	49.400	2.740	14.100	78.500	21.20
		3.0	6.129	7.808	57.522	2.714	16.434	92.188	24.74
		4.0	7.966	10.147	72.108	2.665	20.602	117.975	31.11
		5.0	9.699	12.356	84.602	2.616	24.172	141.183	36.65
80	±0.70	2.5	5.957	7.589	75.147	3.147	18.787	118.52	28.22
		3.0	7.071	9.008	87.838	3.122	21.959	139.660	33.02
		4.0	9.222	11.747	111.031	3.074	27.757	179.808	41.84
		5.0	11.269	14.356	131.414	3.025	32.853	216.628	49.68
90	±0.75	3.0	8.013	10.208	127.277	3.531	28.283	201.108	42.51
		4.0	10.478	13.347	161.907	3.482	35.979	260.088	54.17
		5.0	12.839	16.356	192.903	3.434	42.867	314.896	64.71
		6.0	15.097	19.232	220.420	3.385	48.982	365.452	74.16
100	±0.80	4.0	11.734	11.947	226.337	3.891	45.267	361.213	68.10
		5.0	14.409	18.356	271.071	3.842	54.214	438.986	81.72
		6.0	16.981	21.632	311.415	3.794	62.283	511.558	94.12

续表

边长 B(mm)	允许偏差 (mm)	壁厚 t(mm)	理论质量 M(kg/m)	截面面积 A(cm^2)	惯性矩 $I_x=I_y$ (cm^4)	惯性半径 $r_x=r_y$ (cm)	截面模量 $W_x=W_y$ (cm^3)	扭转常数	
								I_t(cm^4)	C_t(cm^3)
110	±0.90	4.0	12.99	16.548	305.94	4.300	55.625	486.47	83.63
		5.0	15.98	20.356	367.95	4.252	66.900	593.60	100.74
		6.0	18.866	24.033	424.57	4.203	77.194	694.85	116.47
120	±0.90	4.0	14.246	18.147	402.260	4.708	67.043	635.603	100.75
		5.0	17.549	22.356	485.441	4.659	80.906	776.632	121.75
		6.0	20.749	26.432	562.094	4.611	93.683	910.281	141.22
		8.0	26.840	34.191	696.639	4.513	116.106	1155.010	174.58
130	±1.00	4.0	15.502	19.748	516.97	5.117	79.534	814.72	119.48
		5.0	19.120	24.356	625.68	5.068	96.258	998.22	144.77
		6.0	22.634	28.833	726.64	5.020	111.79	1173.6	168.36
		8.0	28.921	36.842	882.86	4.895	135.82	1502.1	209.54
140	±1.10	4.0	16.758	21.347	651.598	5.524	53.085	1022.176	139.8
		5.0	20.689	26.356	790.523	5.476	112.931	1253.565	169.78
		6.0	24.517	31.232	920.359	5.428	131.479	1475.020	197.9
		8.0	31.864	40.591	1153.735	5.331	164.819	1887.605	247.69
150	±1.20	4.0	18.014	22.948	807.82	5.933	107.71	1264.8	161.73
		5.0	22.26	28.356	982.12	5.885	130.95	1554.1	196.79
		6.0	26.402	33.633	1145.9	5.837	152.79	1832.7	229.84
		8.0	33.945	43.242	1411.8	5.714	188.25	2364.1	289.03
160	±1.20	4.0	19.270	24.547	987.152	6.341	123.394	1540.134	185.25
		5.0	23.829	30.356	1202.317	6.293	150.289	1893.787	225.79
		6.0	28.285	36.032	1405.408	6.245	175.676	2234.573	264.18
		8.0	36.888	46.991	1776.496	6.148	222.062	2876.940	333.56
170	±1.30	4.0	20.526	26.148	1191.3	6.750	140.15	1855.8	210.37
		5.0	25.400	32.356	1453.3	6.702	170.97	2285.3	256.80
		6.0	30.170	38.433	1701.6	6.654	200.18	2701.0	300.91
		8.0	38.969	49.642	2118.2	6.532	249.2	3503.1	381.28
180	±1.40	4.0	21.800	27.70	1422	7.16	158	2210	237
		5.0	27.000	34.40	1737	7.11	193	2724	290
		6.0	32.100	40.80	2037	7.06	226	3223	340
		8.0	41.500	52.80	2546	6.94	283	4189	432
190	±1.50	4.0	23.00	29.30	1680	7.57	176	2607	265
		5.0	28.50	36.40	2055	7.52	216	3216	325
		6.0	33.90	43.20	2413	7.47	254	3807	381
		8.0	44.00	56.00	3208	7.35	319	4958	486
200	±1.60	4.0	24.30	30.90	1968	7.97	197	3049	295
		5.0	30.10	38.40	2410	7.93	241	3763	362
		6.0	35.80	45.60	2833	7.88	283	4459	426
		8.0	46.50	59.20	3566	7.76	357	5815	544
		10	57.00	72.60	4251	7.65	425	7072	651
220	±1.80	5.0	33.2	42.4	3238	8.74	294	5038	442
		6.0	39.6	50.4	3813	8.70	347	5976	521
		8.0	51.5	65.6	4828	8.58	439	7815	668
		10	63.2	80.6	5782	8.47	526	9533	804
		12	73.5	93.7	6487	8.32	590	11149	922

续表

边长 B(mm)	允许偏差 (mm)	壁厚 t(mm)	理论质量 M(kg/m)	截面面积 A(cm^2)	惯性矩 $I_x=I_y$ (cm^4)	惯性半径 $r_x=r_y$ (cm)	截面模量 $W_x=W_y$ (cm^3)	扭转常数	
								I_t(cm^4)	C_t(cm^3)
250	±2.00	5.0	38.0	48.4	4805	9.97	384	7443	577
		6.0	45.2	57.6	5672	9.92	454	8843	681
		8.0	59.1	75.2	7229	9.80	578	11598	878
		10	72.7	92.6	8707	9.70	697	14197	1062
		12	84.8	108	9859	9.55	789	16691	1226
280	±2.20	5.0	42.7	54.4	6810	11.2	486	10513	730
		6.0	50.9	64.8	8054	11.1	575	12504	863
		8.0	66.6	84.8	10317	11.0	737	16436	1117
		10	82.1	104.6	12479	10.9	891	20173	1356
		12	96.1	122.5	14232	10.8	1017	23804	1574
300	±2.40	6.0	54.7	69.6	9964	12.0	664	15434	997
		8.0	71.6	91.2	12801	11.8	853	20312	1293
		10	88.4	113	15519	11.7	1035	24966	1572
		12	104	132	17767	11.6	1184	29514	1829
350	±2.80	6.0	64.1	81.6	16008	14.0	915	24683	1372
		8.0	84.2	107	20618	13.9	1182	32557	1787
		10	104	133	25189	13.8	1439	40127	2182
		12	123	156	29054	13.6	1660	47598	2552
400	±3.20	8.0	96.7	123	31269	15.9	1564	48934	2362
		10	120	153	38216	15.8	1911	60431	2892
		12	141	180	44319	15.7	2216	71843	3395
		14	163	208	50414	15.6	2521	82735	3877
450	±3.60	8.0	109	139	44966	18.0	1999	70043	3016
		10	135	173	55100	17.9	2449	86629	3702
		12	160	204	64164	17.7	2851	103150	4357
		14	185	236	73210	17.6	3254	119000	4989
500	±4.00	8.0	122	155	62172	20.0	2487	96483	3750
		10	151	193	76341	19.9	3054	119470	4612
		12	179	228	89187	19.8	3568	142420	5440
		14	207	264	102010	19.7	4080	164530	6241
		16	235	299	114260	19.6	4570	186140	7013

注：表中理论质量按密度7.85kg/cm^3计算。

A4.3　矩形冷弯空心型钢的截面见图A7，截面尺寸、截面面积、理论质量及截面特性应符合表A8的规定。

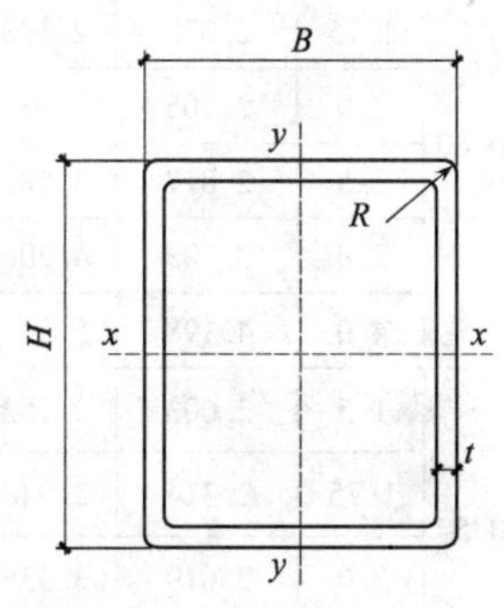

图A7　矩形冷弯空心型钢

H—长边；B—短边；t—壁厚；R—外圆弧半径

矩形冷弯空心型钢截面尺寸、允许偏差、截面面积、理论质量及截面特性　　表 A8

边长(mm)		允许偏差(mm)	壁厚 t(mm)	理论质量 M(kg/m)	截面面积 A(cm^2)	惯性矩(cm^4)		惯性半径(cm)		截面模量(cm^3)		扭转常数	
H	B					I_x	I_y	r_x	r_y	W_x	W_y	I_t(cm^4)	C_t(cm^3)
30	20	±0.50	1.5	1.06	1.35	1.59	0.84	1.08	0.788	1.06	0.84	1.83	1.40
			1.75	1.22	1.55	1.77	0.93	1.07	0.777	1.18	0.93	2.07	1.56
			2.0	1.36	1.74	1.94	1.02	1.06	0.765	1.29	1.02	2.29	1.71
			2.5	1.64	2.09	2.21	1.15	1.03	0.742	1.47	1.15	2.68	1.95
40	20	±0.50	1.5	1.30	1.65	3.27	1.10	1.41	0.815	1.63	1.10	2.74	1.91
			1.75	1.49	1.90	3.68	1.23	1.39	0.804	1.84	1.23	3.11	2.14
			2.0	1.68	2.14	4.05	1.34	1.38	0.793	2.02	1.34	3.45	2.36
			2.5	2.03	2.59	4.69	1.54	1.35	0.770	2.35	1.54	4.06	2.72
			3.0	2.36	3.01	5.21	1.68	1.32	0.748	2.60	1.68	4.57	3.00
40	25	±0.50	1.5	1.41	1.80	3.82	1.84	1.46	1.010	1.91	1.47	4.06	2.46
			1.75	1.63	2.07	4.32	2.07	1.44	0.999	2.16	1.66	4.63	2.78
			2.0	1.83	2.34	4.77	2.28	1.43	0.988	2.39	1.82	5.17	3.07
			2.5	2.23	2.84	5.57	2.64	1.40	0.965	2.79	2.11	6.15	3.59
			3.0	2.60	3.31	6.24	2.94	1.37	0.942	3.12	2.35	7.00	4.01
40	30	±0.50	1.5	1.53	1.95	4.38	2.81	1.50	1.199	2.19	1.87	5.52	3.02
			1.75	1.77	2.25	4.96	3.17	1.48	1.187	2.48	2.11	6.31	3.42
			2.0	1.99	2.54	5.49	3.51	1.47	1.176	2.75	2.34	7.07	3.79
			2.5	2.42	3.09	6.45	4.10	1.45	1.153	3.23	2.74	8.47	4.46
			3.0	2.83	3.61	7.27	4.60	1.42	1.129	3.63	3.07	9.72	5.03
50	25	±0.50	1.5	1.65	2.10	6.65	2.25	1.78	1.04	2.66	1.80	5.52	3.41
			1.75	1.90	2.42	7.55	2.54	1.76	1.024	3.02	2.03	6.32	3.54
			2.0	2.15	2.74	8.38	2.81	1.75	1.013	3.35	2.25	7.06	3.92
			2.5	2.62	2.34	9.89	3.28	1.72	0.991	3.95	2.62	8.43	4.60
			3.0	3.07	3.91	11.17	3.67	1.69	0.969	4.47	2.93	9.64	5.18
50	30	±0.50	1.5	1.767	2.252	7.535	3.415	1.829	1.231	3.014	2.276	7.587	3.83
			1.75	2.039	2.598	8.566	3.868	1.815	1.220	3.426	2.579	8.682	4.35
			2.0	2.305	2.936	9.535	4.291	1.801	1.208	3.814	2.861	9.727	4.84
			2.5	2.817	3.589	11.296	5.050	1.774	1.186	4.518	3.366	11.666	5.72
			3.0	3.303	4.206	11.827	5.696	1.745	1.163	5.130	3.797	13.401	6.49
			4.0	4.198	5.347	15.239	6.682	1.688	1.117	6.095	4.455	16.244	7.77
50	40	±0.50	1.5	2.003	2.552	9.300	6.602	1.908	1.602	3.720	3.301	12.238	5.24
			1.75	2.314	2.948	10.603	7.518	1.896	1.596	4.241	3.759	14.059	5.97
			2.0	2.619	3.336	11.840	8.348	1.883	1.585	4.736	4.192	15.817	6.673
			2.5	3.210	4.089	14.121	9.976	1.858	1.562	5.648	4.988	19.222	7.965

续表

边长（mm）		允许偏差（mm）	壁厚 t（mm）	理论质量 M（kg/m）	截面面积 A（cm²）	惯性矩（cm⁴）		惯性半径（cm）		截面模量（cm³）		扭转常数	
H	B					I_x	I_y	r_x	r_y	W_x	W_y	I_t（cm⁴）	C_t（cm³）
50	40	±0.50	3.0	3.775	4.808	16.149	11.382	1.833	1.539	6.460	5.691	22.336	9.123
			4.0	4.826	6.148	19.493	13.677	1.781	1.492	7.797	6.839	27.82	11.06
55	25	±0.50	1.5	1.767	2.252	8.453	2.460	1.937	1.045	3.074	1.968	6.273	3.458
			1.75	2.039	2.598	9.606	2.779	1.922	1.034	3.493	2.223	7.156	3.916
			2.0	2.305	2.936	10.689	3.073	1.907	1.023	3.886	2.459	7.922	4.342
55	40	±0.50	1.5	2.121	2.702	11.674	7.158	2.078	1.627	4.215	3.579	14.017	5.794
			1.75	2.452	3.123	13.329	8.158	2.065	1.616	4.847	4.079	16.175	6.614
			2.0	2.776	3.536	14.904	9.107	2.052	1.604	5.419	4.553	18.208	7.394
55	50	±0.60	1.75	2.726	3.473	15.811	13.660	2.120	1.983	5.740	5.464	23.173	8.415
			2.0	3.090	3.936	17.714	15.298	2.121	1.971	6.441	6.119	26.142	9.433
60	30	±0.60	2.0	2.620	3.337	15.046	5.078	2.123	1.234	5.015	3.385	12.57	5.881
			2.5	3.209	4.089	17.933	5.998	2.094	1.211	5.977	3.998	15.054	6.981
			3.0	3.774	4.808	20.496	6.794	2.064	1.188	6.832	4.529	17.335	7.950
			4.0	4.826	6.147	24.691	8.045	2.004	1.143	8.230	5.363	21.141	9.523
60	40	±0.60	2.0	2.934	3.737	18.412	9.831	2.220	1.622	6.137	4.915	20.702	8.116
			2.5	3.602	4.589	22.069	11.734	2.192	1.595	7.356	5.867	25.015	9.722
			3.0	1.245	5.408	25.374	13.436	2.166	1.576	8.458	6.718	29.121	11.175
			4.0	5.451	6.947	30.974	16.269	2.111	1.530	10.324	8.134	36.298	13.653
70	50	±0.60	2.0	3.562	4.537	31.475	18.758	2.634	2.033	8.993	7.503	37.454	12.196
			3.0	5.187	6.608	44.046	26.099	2.581	1.987	12.584	10.439	53.426	17.06
			4.0	6.710	8.547	54.663	32.210	2.528	1.941	15.618	12.884	67.613	21.189
			5.0	8.129	10.356	63.435	37.179	2.171	1.894	18.121	14.871	79.908	24.642
80	40	±0.70	2.0	3.561	4.536	37.355	12.120	2.869	1.674	9.339	6.361	30.881	11.004
			2.5	4.387	5.589	45.103	15.255	2.840	1.652	11.275	7.627	37.467	13.283
			3.0	5.187	6.608	52.246	17.552	2.811	1.629	13.061	8.776	43.680	15.283
			4.0	6.710	8.547	64.780	21.474	2.752	1.585	16.195	10.737	54.787	18.844
			5.0	8.129	10.356	75.080	24.567	2.692	1.540	18.770	12.283	64.110	21.744
80	60	±0.70	3.0	6.129	7.808	70.042	44.886	2.995	2.397	17.510	14.962	88.111	24.143
			4.0	7.966	10.147	87.945	56.105	2.943	2.351	21.976	18.701	112.583	30.332
			5.0	9.699	12.356	103.247	65.634	2.890	2.304	25.811	21.878	134.503	35.673
80	60	±0.70	3.0	5.658	7.208	70.487	19.610	3.127	1.649	15.663	9.805	51.193	17.339
			4.0	7.338	9.347	87.894	24.077	3.066	1.604	19.532	12.038	64.320	21.441
			5.0	8.914	11.356	102.487	27.651	3.004	1.560	22.774	13.825	75.426	24.819

续表

边长(mm)		允许偏差(mm)	壁厚 t(mm)	理论质量 M(kg/m)	截面面积 A(cm²)	惯性矩(cm⁴)		惯性半径(cm)		截面模量(cm³)		扭转常数	
H	B					I_x	I_y	r_x	r_y	W_x	W_y	I_t(cm⁴)	C_t(cm³)
90	50	±0.75	2.0	4.190	5.337	57.878	23.368	3.293	2.093	12.862	9.347	53.366	15.882
			2.5	5.172	6.589	70.263	28.236	3.266	2.070	15.614	11.294	65.299	19.235
			3.0	6.129	7.808	81.845	32.735	3.237	2.047	18.187	13.094	76.433	22.316
			4.0	7.966	10.147	102.696	40.695	3.181	2.002	22.821	16.278	97.162	27.961
			5.0	9.699	12.356	120.570	47.345	3.123	1.957	26.793	18.938	115.436	36.774
90	50	±0.75	2.0	4.346	5.536	61.75	28.957	3.340	2.287	13.733	10.58	62.724	17.601
			2.5	5.368	6.839	75.049	33.065	3.313	2.264	16.678	12.751	76.877	21.357
90	60	±0.75	3.0	6.600	8.408	93.203	49.764	3.329	2.432	20.711	16.588	104.552	27.391
			4.0	8.594	10.947	117.499	62.387	3.276	2.387	26.111	20.795	133.852	34.501
			5.0	10.484	13.356	138.653	73.218	3.222	2.311	30.811	24.406	160.273	40.712
95	50	±0.75	2.0	4.347	5.537	66.084	24.521	3.455	2.104	13.912	9.808	57.458	16.804
			2.5	5.369	6.839	80.306	29.647	3.247	2.082	16.906	11.895	70.324	20.364
100	50	±0.80	3.0	6.690	8.408	106.451	36.053	3.558	2.070	21.290	14.421	88.311	25.012
			4.0	8.594	10.947	134.124	44.938	3.500	2.026	26.824	17.975	112.409	31.35
			5.0	10.484	13.356	158.155	52.429	3.441	1.981	31.631	20.971	133.758	36.804
120	50	±0.90	2.5	6.350	8.089	143.97	36.704	4.219	2.130	23.995	14.682	96.026	26.006
			3.0	7.543	9.608	168.58	42.693	4.189	2.108	28.097	17.077	112.87	30.317
120	60	±0.90	3.0	8.013	10.208	189.113	64.398	4.304	2.511	31.581	21.466	156.029	37.138
			4.0	10.478	13.347	240.724	81.235	4.246	2.466	40.120	27.078	200.407	47.048
			5.0	12.839	16.356	286.941	95.968	4.188	2.422	47.823	31.989	240.869	55.846
			6.0	15.097	19.232	327.950	108.716	4.129	2.377	54.658	36.238	277.361	63.597
120	80	±0.90	3.0	8.955	11.408	230.189	123.430	4.491	3.289	38.364	30.857	255.128	50.799
			4.0	11.734	11.947	294.569	157.281	4.439	3.243	49.094	39.320	330.438	64.927
			5.0	14.409	18.356	353.108	187.747	4.385	3.198	58.850	46.936	400.735	77.772
			6.0	16.981	21.632	105.998	214.977	4.332	3.152	67.666	53.744	165.940	83.399
140	80	±1.00	4.0	12.990	16.547	429.582	180.407	5.095	3.301	61.368	45.101	410.713	76.478
			5.0	15.979	20.356	517.023	215.914	5.039	3.256	73.860	53.978	498.815	91.834
			6.0	18.865	24.032	569.935	247.905	4.983	3.211	85.276	61.976	580.919	105.83
150	100	±1.20	4.0	14.874	18.947	594.585	318.551	5.601	4.110	79.278	63.710	660.613	104.94
			5.0	18.334	23.356	719.164	383.988	5.549	4.054	95.888	79.797	806.733	126.81
			6.0	21.691	27.632	834.615	444.135	5.495	4.009	111.282	88.827	915.022	147.07
			8.0	28.096	35.791	1039.101	519.308	5.388	3.917	138.546	109.861	1147.710	181.85
160	60	±1.20	3	9.898	12.608	389.86	83.915	5.561	2.580	48.732	27.972	228.15	50.14
			4.5	14.498	18.469	552.08	116.66	5.468	2.513	69.01	38.886	324.96	70.085

续表

边长（mm）		允许偏差（mm）	壁厚 t（mm）	理论质量 M（kg/m）	截面面积 A（cm^2）	惯性矩（cm^4）		惯性半径（cm）		截面模量（cm^3）		扭转常数	
H	B					I_x	I_y	r_x	r_y	W_x	W_y	I_t（cm^4）	C_t（cm^3）
160	80	±1.20	4.0	14.216	18.117	597.691	203.532	5.738	3.348	71.711	50.883	493.129	88.031
			5.0	17.519	22.356	721.650	214.089	5.681	3.304	90.206	61.020	599.175	105.9
			6.0	20.749	26.433	835.936	286.832	5.623	3.259	104.192	76.208	698.881	122.27
			8.0	26.810	33.644	1036.485	343.599	5.505	3.170	129.560	85.899	876.599	149.54
180	65	±1.20	3.0	11.075	14.108	550.35	111.78	6.246	2.815	61.15	34.393	306.75	61.849
			4.5	16.264	20.719	784.13	156.47	6.152	2.748	87.125	48.144	438.91	86.993
180	100	±1.30	4.0	16.758	21.317	926.020	373.879	6.586	4.184	102.891	74.755	852.708	127.06
			5.0	20.689	26.356	1124.156	451.738	6.530	4.140	124.906	90.347	1012.589	153.88
			6.0	24.517	31.232	1309.527	523.767	6.475	4.095	145.503	104.753	1222.933	178.88
			8.0	31.861	40.391	1643.149	651.132	6.362	4.002	182.572	130.226	1554.606	222.49
200			4.0	18.014	22.941	1199.680	410.261	7.230	4.230	119.968	82.152	984.151	141.81
			5.0	22.259	28.356	1459.270	496.905	7.173	4.186	145.920	99.381	1203.878	171.94
			6.0	26.101	33.632	1703.224	576.855	7.116	4.141	170.322	115.371	1412.986	200.1
			8.0	34.376	43.791	2145.993	719.014	7.000	4.052	214.599	143.802	1798.551	249.6
200	120	±1.40	4.0	19.3	24.5	1353	618	7.43	5.02	135	103	1345	172
			5.0	23.8	30.4	1649	750	7.37	4.97	165	125	1652	210
			6.0	28.3	36.0	1929	874	7.32	4.93	193	146	1947	245
			8.0	36.5	46.4	2386	1079	7.17	4.82	239	180	2507	308
200	150	±1.50	4.0	21.2	26.9	1584	1021	7.67	6.16	158	136	1942	219
			5.0	26.2	33.4	1935	1245	7.62	6.11	193	166	2391	267
			6.0	31.1	39.6	2268	1457	7.56	6.06	227	194	2826	312
			8.0	40.2	51.2	2892	1815	7.43	5.95	283	242	3664	396
220	140	±1.50	4.0	21.8	27.7	1892	948	8.26	5.84	172	135	1987	224
			5.0	27.0	34.4	2313	1155	8.21	5.80	210	165	2447	274
			6.0	32.1	40.8	2714	1352	8.15	5.75	247	193	2891	321
			8.0	41.5	52.8	3389	1685	8.01	5.65	308	241	3746	407
250	150	±1.60	4.0	24.3	30.9	2697	1234	9.34	6.32	216	165	2665	275
			5.0	30.1	38.4	3304	1508	9.28	6.27	264	201	3285	337
			6.0	35.8	45.6	3886	1768	9.23	6.23	311	236	3886	396
			8.0	46.5	59.2	4886	2219	9.08	6.12	391	296	5050	504
260	180	±1.80	5.0	33.2	42.4	4121	2350	9.86	7.45	317	261	4695	426
			6.0	39.6	50.4	4856	2763	9.81	7.40	374	307	5566	501
			8.0	51.5	65.6	6145	3493	9.68	7.29	473	388	7267	642
			10	63.2	80.6	7363	4174	9.56	7.20	566	646	8850	772

续表

边长(mm)		允许偏差(mm)	壁厚 t(mm)	理论质量 M(kg/m)	截面面积 A(cm²)	惯性矩(cm⁴)		惯性半径(cm)		截面模量(cm³)		扭转常数	
H	B					I_x	I_y	r_x	r_y	W_x	W_y	I_t(cm⁴)	C_t(cm³)
300	200	±2.00	5.0	38.0	48.4	6241	3361	11.4	8.34	416	336	6836	552
			6.0	45.2	57.6	7370	3962	11.3	8.29	491	396	8115	651
			8.0	59.1	75.2	9389	5042	11.2	8.19	626	504	10627	838
			10	72.7	92.6	11313	6058	11.1	8.09	754	606	12987	1012
350	250	±2.20	5.0	45.8	58.4	10520	6306	13.4	10.4	601	504	12234	817
			6.0	54.7	69.6	12457	7458	13.4	10.3	712	594	14554	967
			8.0	71.6	91.2	16001	9573	13.2	10.2	914	766	19136	1253
			10	88.4	113	19407	11588	13.1	10.1	1109	927	23500	1522
400	200	±2.40	5.0	45.8	58.4	12490	4311	14.6	8.60	624	431	10519	742
			6.0	54.7	69.6	14789	5092	14.5	8.55	739	509	12069	877
			8.0	71.6	91.2	18974	6517	14.4	8.45	949	652	15820	1133
			10	88.4	113	23003	7864	14.3	8.36	1150	786	19368	1373
			12	104	132	26248	8977	14.1	8.24	1312	898	22782	1591
400	250	±2.60	5.0	49.7	63.4	14440	7056	15.1	10.6	722	565	14773	937
			6.0	59.4	75.6	17118	8352	15.0	10.5	856	668	17580	1110
			8.0	77.9	99.2	22048	10744	14.9	10.4	1102	860	23127	1440
			10	96.2	122	26806	13029	14.8	10.3	1340	1042	28423	1753
			12	113	144	30766	14926	14.6	10.2	1538	1197	33597	2042
450	250	±2.80	6.0	64.1	81.6	22724	9245	16.7	10.6	1010	740	20687	1253
			8.0	84.2	107	29336	11916	16.5	10.5	1304	953	27222	1628
			10	104	133	35737	14470	16.4	10.4	1588	1158	33473	1983
			12	123	156	41137	16663	16.2	10.3	1828	1333	39591	2314
500	300	±3.20	6.0	73.5	93.6	33012	15151	18.8	12.7	1321	1010	32420	1688
			8.0	96.7	123	42805	19624	18.6	12.6	1712	1308	42767	2202
			10	120	153	52328	23933	18.5	12.5	2093	1596	52736	2693
			12	141	180	60604	27726	18.3	12.4	2424	1848	62581	3156
550	350	±3.60	8.0	109	139	59783	30040	20.7	14.7	2174	1717	63051	2856
			10	135	173	73276	36752	20.6	14.6	2665	2100	77901	3503
			12	160	204	85249	42769	20.4	14.5	3100	2444	92646	4118
			14	185	236	97269	48731	20.3	14.4	3537	2784	106760	4710
600	400	±4.00	8.0	122	155	80670	43564	22.8	16.8	2689	2178	88672	3591
			10	151	193	99081	53429	22.7	16.7	3303	2672	109720	4413
			12	179	228	115670	62391	22.5	16.5	3856	3120	130680	5201
			14	207	264	132310	71282	21.4	16.4	4410	3564	150850	5962
			16	235	299	148210	79760	22.3	16.3	4940	3988	170510	6694

注：表中理论质量按密度 7.85kg/cm³ 计算。

A4.4　双焊缝冷弯方、矩形钢管

中国钢结构协会冷弯型钢分会行业标准《双焊缝冷弯方、矩形钢管》LW/T 02—2004 规定了用冷弯槽钢或矩形钢管的技术要求。规定的双焊缝冷弯方、矩形钢管的边长尺寸大于300mm，厚度不小于8mm。双焊缝方形钢管和双焊缝矩形钢管的代号分别为SHF、SHJ。双焊缝方形钢管和双焊缝矩形钢管的截面见图A8和图A9，截面尺寸、截面面积、理论质量及截面特性应符合表A9和表A10的规定。

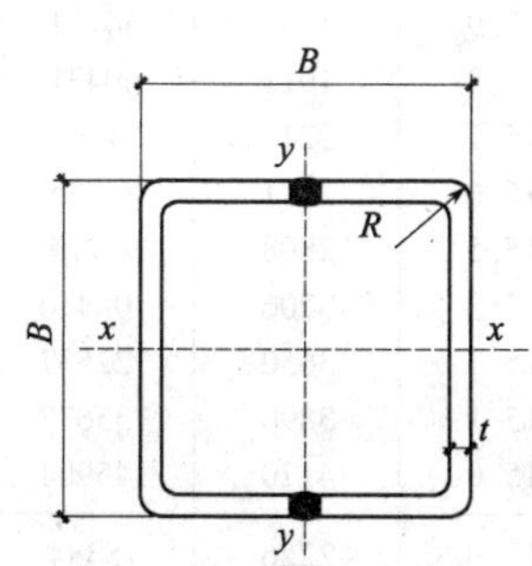

图 A8　双焊缝方形钢管

B—边长；t—壁厚；R—外圆弧半径

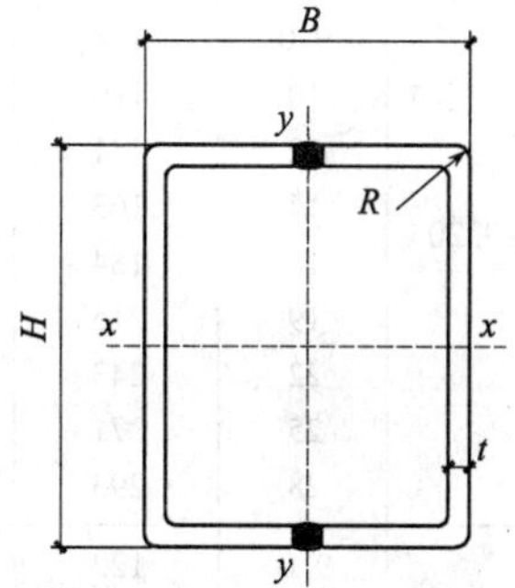

图 A9　双焊缝矩形钢管

B—边长；t—壁厚；R—外圆弧半径

双焊缝方形钢管外形尺寸、允许偏差、截面面积、理论质量及截面特性　　表 A9

边长 B (mm)	尺寸允许偏差 (mm)	壁厚 t (mm)	理论质量 M (kg/m)	截面面积 A (mm^2)	惯性矩 $I_x=I_y$ (cm^4)	回转半径 $r_x=r_y$ (mm)	截面模量 $W_x=W_y$ (cm^3)	扭转常数 I_t (cm^4)	扭转常数 C_t (cm^3)
300	±2.40	8.0	71	91	12801	11.8	853	20312	1293
		10	88	113	15519	117	1035	24966	1572
		12	104	132	17767	11.6	1184	29514	1829
		14	119	152	22017	11.5	1334	33793	2073
		16	135	171	22076	11.4	1472	37837	2299
		19	156	198	24813	11.2	1654	43491	2608
320	±2.60	8.0	76	97	15663	12.7	978	24753	1481
		10	94	120	19016	12.6	1188	30461	1804
		12	111	141	21843	12.4	1365	36066	2104
		14	127	162	24670	12.3	1541	41349	2389
		16	144	183	27276	12.2	1740	46393	2656
		19	167	213	30783	12.0	1923	53485	3022
350	±2.80	8.0	84	107	20618	13.9	1182	32557	1787
		10	104	133	25189	13.8	1439	40127	2182
		12	123	156	29054	13.6	1660	47598	2552
		14	141	180	32916	13.5	1881	54679	2905
		16	159	203	36511	13.4	2086	61481	3238
		19	185	236	41414	13.3	2367	71137	3700
		22	209	266	46699	13.2	2690	79883	4097
380	±3.00	8.0	92	117	26683	15.1	1404	41849	2122
		10	113	145	32570	15.0	1714	51645	2596
		12	133	170	37697	14.9	1984	61349	3043
		14	154	197	42818	14.8	2253	70586	3471
		16	174	222	47621	14.7	2506	79505	3878

续表

边长 B（mm）	尺寸允许偏差（mm）	壁厚 t（mm）	理论质量 M（kg/m）	截面面积 A（mm^2）	惯性矩 $I_x=I_y$（cm^4）	回转半径 $r_x=r_y$（mm）	截面模量 $W_x=W_y$（cm^3）	扭转常数	
								I_t（cm^4）	C_t（cm^3）
380	±3.00	19	203	259	54240	14.5	2854	92254	4447
		22	231	294	60175	14.3	3167	104208	4968
400	±3.20	8.0	96	123	31269	15.9	1564	48934	2362
		9.0	108	138	34785	15.9	1739	54721	2630
		10	120	153	38216	15.8	1911	60431	2892
		12	141	180	44319	15.7	2216	71843	3395
		14	163	208	50414	15.6	2521	82735	3877
		16	184	235	56153	15.5	2808	93279	4336
		19	215	274	64111	15.3	3206	108410	4982
		22	243	310	70430	15.1	3650	122537	5558
		25	271	346	79228	15.1	3890	135677	6094
		28	293	373	92072	15.0	4170	145904	6481
450	±3.60	9.0	122	156	50087	17.9	2226	78384	3363
		10	135	173	55100	17.9	2449	86629	3702
		12	160	204	64164	17.7	2851	103150	4357
		14	185	236	73210	17.6	3254	119000	4989
		16	209	267	81802	17.5	3636	134431	5595
		19	245	312	93853	17.3	4171	156736	6454
		22	279	355	104920	17.2	4663	177952	7257
		25	311	396	113800	17	5110	197900	7972
		28	337	429	127400	16.8	5520	214860	8552
		32	375	478	150700	16.6	6000	236200	9316
500	±4.0	9.0	137	174	69324	19.9	2773	108034	4185
		10	151	193	76341	19.9	3054	119470	4612
		12	179	228	89187	19.8	3568	142420	5440
		14	207	264	102010	19.7	4080	164530	6241
		16	235	299	114260	19.6	4570	186140	7013
		19	275	350	131591	19.4	5264	217540	8116
		22	310	395	160521	19.3	5800	247757	9112
		25	347	442	179114	19.2	6360	276159	10067
		32	428	546	219696	19.1	7470	336028	12030
550	±4.0	9.0	150	191	95030	22.0	3362	144718	5095
		10	166	211	105012	21.9	3703	160136	5619
		12	197	251	124638	21.8	4340	190547	6642
		14	228	290	143822	21.7	4969	220373	7632
		16	258	329	162570	21.6	5572	249594	8590
		19	302	385	176000	21.4	6390	292245	9967
		25	387	492	217000	21.0	7900	373029.9	12444
		32	479	610	258000	20.6	9380	457220.1	14986
		36	529	673	277000	20.3	10100	500279.8	16255
		40	516	733	294000	20.0	10700	539355.7	17389
600	±4.5	9.0	164	209	123883	24.0	4028	188456	6098
		10	182	232	136958	23.9	4440	298616	6729
		12	216	275	162705	23.8	5214	248438	7965
		14	250	318	187921	23.7	5980	287575	9164

续表

边长 B (mm)	尺寸允许偏差 (mm)	壁厚 t(mm)	理论质量 M(kg/m)	截面面积 A(mm²)	惯性矩 $I_x=I_y$ (cm⁴)	回转半径 $r_x=r_y$ (mm)	截面模量 $W_x=W_y$ (cm³)	扭转常数	
								I_t(cm⁴)	C_t(cm³)
600	±4.5	16	283	361	212614	23.6	6717	326005	10328
		19	332	423	232000	23.4	7730	383121	11981
		25	426	543	288000	23.0	9620	489991	15071
		32	529	674	345000	22.6	11500	603941	18262
		36	585	745	372000	22.4	12400	663315	19884
		40	639	814	397000	22.1	13200	718169	21361
650	±4.5	12	235	299	200000	25.9	6150	317767	9400
		16	308	393	258000	25.6	7940	417636	12210
		19	362	461	299000	25.5	9200	490231	14212
		25	465	593	374000	25.1	11500	628919	17948
		32	580	738	449000	24.7	13800	778589	21857
		36	642	817	487000	24.4	15000	857649	23873
		40	702	894	521000	24.1	16000	931628	25731
700	±4.5	16	333	425	325000	27.7	9300	523830	14268
		19	392	499	378000	27.5	10800	615557	16633
		25	505	643	474000	27.1	13500	791688	21075
		32	630	802	573000	26.7	16400	983565	25770
		36	698	889	623000	26.5	17800	1085980	28221
		40	764	974	669000	26.2	19100	1182728	30500
750	±4.5	16	358	457	403000	29.7	10800	646605	16486
		19	422	537	469000	29.6	12500	760524	19244
		25	544	693	591000	29.2	15700	980172	24451
		32	680	688	717000	28.8	19100	1221265	30005
		36	755	961	782000	28.5	20900	1351006	32928
		40	827	1054	842000	28.3	22400	1474466	35668
800	±4.5	16	348	489	493000	31.8	12300	787161	18863
		19	451	575	574000	31.6	14300	926557	22045
		25	583	743	725000	31.2	18100	1196246	28078
		32	730	930	884000	30.8	22100	1494092	34559
		36	811	1033	966000	30.6	24100	1655426	37994
		40	890	1134	1040000	30.3	26100	1809840	41235
850	±5.0	16	409	521	595000	33.8	14000	946698	21401
		19	481	613	694000	33.6	16300	1115081	25036
		25	622	793	879000	33.3	20700	1441786	31954
		32	781	994	1070000	32.9	25300	1804443	39432
		36	868	1105	1180000	32.6	27700	2001940	43420
		40	953	1214	1270000	32.4	29900	2191850	47202
900	±5.0	16	434	553	710000	35.9	15800	1126416	24099
		19	511	651	829000	35.7	18400	1327522	28217
		25	662	843	1050000	35.3	23400	1718666	36080
		32	831	1058	1290000	34.9	28700	2154718	44625
		36	924	1177	1420000	34.7	31500	2393246	49206
		40	1016	1294	1530000	34.4	34100	2623495	53568

续表

边长 B（mm）	尺寸允许偏差（mm）	壁厚 t（mm）	理论质量 M（kg/m）	截面面积 A（mm^2）	惯性矩 $I_x=I_y$（cm^4）	回转半径 $r_x=r_y$（mm）	截面模量 $W_x=W_y$（cm^3）	扭转常数 I_t（cm^4）	扭转常数 C_t（cm^3）
950	±5.0	19	541	689	981000	37.7	20600	1565303	31588
		25	701	893	1250000	37.4	26300	2028761	40456
		32	881	1122	1530000	37.0	32300	2547318	50138
		36	981	1249	1680000	36.7	35500	2832044	55351
		40	1078	1374	1830000	36.5	38500	3107773	60333
1000	±5.0	19	571	727	1150000	39.8	23000	1829850	35149
		25	740	943	1470000	39.4	29300	2373946	45082
		32	931	1186	1810000	39.0	36100	2984642	55970
		36	1037	1320	1990000	38.8	39700	3321035	61856
		40	1141	1454	2160000	38.5	43100	3647684	67498

注：表中理论质量按密度 7.85kg/cm³ 计算。

双焊缝矩形钢管外形尺寸、允许偏差、截面面积、理论质量及截面特性　　表 A10

边长（mm）		尺寸允许偏差（mm）	壁厚 t（mm）	理论质量 M（kg/m）	截面面积 A（cm^2）	惯性矩（cm^4）		回转半径（cm）		截面模量（cm^3）		扭转常数	
H	B					I_x	I_y	r_x	r_y	W_x	W_y	I_t（cm^4）	C_t（cm^3）
350	250	±2.20	8.0	72	91.2	16001	9573	13.2	10.2	914	766	19136	1253
			10	88	113	19407	11588	13.1	10.1	1109	927	23500	15722
			12	104	132	22196	13261	12.9	10.0	1268	1060	27749	1770
			14	119	152	25008	14921	12.8	9.9	1429	1193	31729	2003
			16	134	171	27580	16434	12.7	9.8	1575	1315	35497	2220
350	300	±2.30	8.0	78	99	18341	14506	13.6	12.1	1048	967	25633	1520
			10	96	123	22298	17623	13.5	12.0	1274	1175	31548	1852
			12	113	144	25625	20257	13.3	11.9	1464	1350	37358	2161
			14	130	166	28962	22883	13.2	11.7	1655	1526	42837	2454
			16	147	187	32046	25305	13.1	11.6	1831	1687	48072	2729
400	200	±2.40	8.0	72	91	18974	6517	14.4	8.45	949	625	15820	1133
			10	88	113	23003	7864	14.3	8.36	1150	786	19368	1373
			12	104	132	26248	8977	14.1	8.24	1312	898	22782	1591
			14	119	152	29545	10069	13.9	8.14	1477	1007	25956	1796
			16	134	171	32546	11055	13.8	8.05	1627	1105	28928	1983
400	250	±2.60	8.0	78	99	22048	10744	14.9	10.4	1102	860	23127	1440
			10	96	122	26806	13029	14.8	10.3	1340	1042	28423	1753
			12	113	144	30766	14926	14.6	10.2	1538	1197	33597	2042
			14	130	166	34762	16872	14.5	10.1	1738	1350	38460	2315
			16	146	187	38448	19628	14.3	10.0	1922	1490	43083	2570
400	300	±2.70	8.0	84	107	25152	16212	15.3	12.3	1256	1081	31179	1747
			10	104	133	30609	19726	15.2	12.2	1530	1315	38407	2132
			12	123	156	35284	22747	15.0	12.1	1764	1516	45527	2492
			14	141	180	39979	25748	14.9	12.0	1999	1717	52267	2835
			16	159	203	44350	28535	14.8	11.9	2218	1902	58731	3159

续表

边长(mm)		尺寸允许偏差(mm)	壁厚 t(mm)	理论质量 M(kg/m)	截面面积 A(cm^2)	惯性矩(cm^4)		回转半径(cm)		截面模量(cm^3)		扭转常数	
H	B					I_x	I_y	r_x	r_y	W_x	W_y	I_t(cm^4)	C_t(cm^3)
450	250	±2.80	8.0	84	107	29336	11916	16.5	10.5	1304	953	27222	1628
			10	104	133	35373	14470	16.4	10.4	1588	1158	33473	1983
			12	123	156	41137	16663	16.2	10.3	1828	1333	39591	2314
			14	141	180	46587	18824	16.1	10.2	2070	1506	45358	2627
			16	159	203	51651	20821	16.0	10.1	2295	1666	50857	2921
450	300	±3.00	8.0	91	115	33283	17958	17.0	12.4	1466	1187	37007	1973
			10	112	142	42296	22588	16.9	12.3	1786	1444	45620	2409
			12	131	167	50002	26612	16.7	12.2	2066	1671	53952	2824
			14	151	193	57469	30481	16.5	12.1	2342	1892	61989	3217
			16	171	217	64701	34199	16.4	12.0	2599	2098	69720	3588
450	350	±3.00	8.0	97	123	37151	25360	17.4	14.3	1651	1449	47354	2322
			10	120	153	45418	30971	17.3	14.2	2019	1770	58458	2842
			12	141	180	52650	35911	17.1	14.1	2340	2052	69468	3335
			14	163	208	59898	40823	17.0	14.0	2662	2333	79967	3807
			16	184	235	66727	45443	16.9	13.9	2966	2597	90121	4257
450	400	±3.20	9.0	115	147	45711	38225	17.6	16.1	2032	1911	65371	2938
			10	125	163	50259	42019	17.6	16.1	2234	2101	72219	3272
			12	151	192	58407	48837	17.4	15.9	2596	2442	85923	3846
			14	174	222	66554	55631	17.3	15.8	2958	2782	99037	4398
			16	197	251	74264	62055	17.2	15.7	3301	3103	111766	4926
500	300	±3.20	10	120	153	52328	23933	18.5	12.5	2093	1596	52736	2693
			12	141	180	60604	27726	18.3	12.4	2424	1848	62581	3156
			14	163	208	68928	31478	18.2	12.3	2757	2099	71947	3599
			16	184	235	76763	34994	18.1	12.2	3071	2333	80972	4019
500	400	±3.40	9.0	122	156	58474	41666	19.4	16.3	2339	2083	76740	3318
			10	135	173	64334	45823	19.3	16.3	2573	2291	84403	3653
			12	160	204	74895	53355	19.2	16.2	2996	2668	100471	4298
			14	185	236	85466	60848	19.0	16.1	3419	3042	115881	4919
			16	209	267	95510	67957	18.9	16.0	3820	3398	130866	5515
500	450	±3.60	9.0	129	165	63899	54464	19.7	18.2	2556	2421	91887	3751
			10	143	183	70337	59941	19.6	18.1	2813	2664	101581	4132
			12	170	216	82040	69920	19.5	18.0	3282	3108	121022	4869
			14	196	250	93736	79865	19.4	17.9	3749	3550	139716	5380
			16	222	283	104884	89340	19.3	17.8	4195	3971	157943	6264
550	400	±3.60	9.0	129	164	75273	46206	21.0	16.5	2645	2244	78554	3281
			10	143	182	83139	50982	20.9	16.5	2908	2466	97198	4029
			12	170	216	98584	60326	20.8	16.4	3420	2897	115411	4749
			14	217	277	113649	69400	20.7	16.4	3872	3282	133176	5440
			16	221	281	128341.7	78207	20.6	16.2	4328	3666	150476	6104
550	500	±3.8	10	158	202	97721	84468	21.6	20.1	3438	3274	138345	5089
			12	188	239	115954	100173	21.5	20.0	4024	3833	164533	6011
			14	217	277	133765	115496	21.4	19.9	4604	4383	190182	6901
			16	246	313	151161	130444	21.2	19.8	5158	4910	215274	1761

续表

边长(mm)		尺寸允许偏差(mm)	壁厚 t(mm)	理论质量 M(kg/m)	截面面积 A(cm^2)	惯性矩(cm^4)		回转半径(cm)		截面模量(cm^3)		扭转常数	
H	B					I_x	I_y	r_x	r_y	W_x	W_y	I_t(cm^4)	C_t(cm^3)
600	400	±4.0	9.0	136	173	92446	49646	22.7	16.7	2980	2415	99514	4003
			10	151	192	102145	54785	22.6	16.6	3379	2656	110022	4409
			12	178	227	121210	64844	22.4	16.5	3831	3103	130680	5200
			14	206	263	139837	74617	22.3	16.4	4377	3543	150850	5962
			16	233	297	158032	84109	22.2	16.3	4897	3961	170515	6694
600	450	±4.0	9.0	143	182	100305	64610	23.1	18.6	3241	2795	120387	4526
			10	158	202	110848	71341	23.0	18.5	3569	3077	133158	4989
			12	188	239	131584	84542	22.8	18.4	4176	3601	158312	5891
			14	217	277	151858	97403	22.7	18.3	4777	4117	182929	6762
			16	246	313	171677	10992	22.6	18.2	5352	4609	206992	5095
600	500	±4.5	9.0	150	191	108164	81896	23.4	20.4	3503	3191	142253	5050
			10	166	212	119552	90472	23.4	20.4	3859	3514	157398	5569
			12	197	251	141958	107319	23.2	20.2	4522	4118	187263	6582
			14	228	291	163879	123765	23.1	20.1	5178	4714	216544	7563
			16	258	329	185323	139818	23.0	20.0	5807	5285	245220	8511
			19	305	388	216608	163171	22.8	19.9	6708	6102	287058	9872
			22	348	444	246857	185672	22.6	19.7	7533	6851	327426	11163
600	550	±4.5	9.0	157	200	116024	101616	23.7	22.2	3765	3602	164980	5574
			10	174	222	128255	112302	23.6	22.1	4149	3969	182592	6149
			12	207	263	152332	133323	23.5	22.0	4868	4656	217355	7273
			14	239	305	175900	153880	23.4	21.9	5579	5335	251484	8363
			16	271	345	198969	173980	23.3	21.8	6262	5987	284958	9419
			19	320	407	232648	203288	23.2	21.7	7157	6845	333896	10940
			22	366	466	265241	231607	23.1	21.6	8036	7685	381243	12386
			25	411	523	296771	258958	23.0	21.5	8860	8473	426929	13758
700	600	±4.5	16	310	395	291953	231322	27.1	24.1	8189	7569	411392	12147
			19	362	461	337700	268237	26.8	23.9	9481	8761	484058	14118
			25	465	593	429486	342470	26.5	23.6	11830	10928	620811	17827
			32	580	738	535259	430387	26.1	23.2	14189	13104	768249	21699
			36	642	817	597921	484106	25.7	22.9	15365	14189	846052	23696
			40	702	894	664359	542511	25.5	22.7	16417	15160	918790	25535
800	600	±4.5	19	392	499	462290	300316	30.4	24.6	11397	9831	589166	16255
			25	505	643	587497	383824	30.2	24.5	14278	12307	757012	20578
			32	630	802	728720	482062	30.1	24.4	117211	14827	939321	25138
			36	698	889	809942	541441	29.9	24.2	18695	16101	1036334	27510
			40	764	974	893714	605338	29.7	24.0	20037	17255	1127741	29712
800	700	±4.5	19	422	537	520248	425837	31.1	28.2	12846	11999	753394	19150
			25	544	693	662601	543444	30.9	28.0	16156	15086	970798	24328
			32	680	866	823146	678160	30.8	27.9	17211	14827	1209295	29847
			36	755	961	915085	756799	30.6	27.6	21323	19905	1337566	32750
			40	827	1054	1009340	838813	30.4	27.3	25234	23966	1459568	35471
900	700	±5.0	19	451	575	685576	469906	34.5	28.6	15079	13258	896311	21667
			25	583	743	873377	600423	34.3	28.4	19020	16714	1156478	27580

续表

边长(mm) H	边长(mm) B	尺寸允许偏差(mm)	壁厚 t(mm)	理论质量 M(kg/m)	截面面积 A(cm²)	惯性矩(cm⁴) I_x	I_y	回转半径(cm) r_x	r_y	截面模量(cm³) W_x	W_y	扭转常数 I_t(cm⁴)	C_t(cm³)
900	700	±5.0	32	730	930	1082898	749610	34.1	28.3	24604	21417	1443290	33924
			36	811	1033	1200880	836238	33.9	28.1	26686	23893	1598371	37281
			40	890	1134	1319774	926039	33.7	27.9	29328	26458	1746581	40445
900	800	±5.0	19	481	613	759323	636163	35.2	32.2	16717	15744	1106995	24942
			25	622	793	969107	812809	35.0	32.0	21148	19911	1431150	31829
			32	781	994	1203501	1011999	34.8	31.9	26744	25300	1790849	39273
			36	868	1105	1335327	1125371	34.6	31.7	29674	28314	1986667	43242
			40	953	1214	1467801	1240594	34.4	31.5	32618	31015	2174909	47004
1000	850	±5.0	19	526	670	1016806	796282	39.0	34.5	20181	18578	1423388	29666
			25	681	868	1299576	1018815	38.7	34.3	25992	23972	1843440	37957
			32	856	1090	1614133	1268751	38.5	34.1	32283	29853	2312328	46984
			36	953	1213	1789372	1409784	38.3	33.9	35787	33171	2569171	51832
			40	1047	1334	1963528	1551702	38.1	33.7	39271	36511	2817401	56455
1000	900	±5.0	19	541	689	1062524	906816	39.3	36.2	21235	20121	1556262	31494
			25	701	893	1359003	1160565	39.0	36.0	27180	25790	2016866	40332
			32	881	1122	1689122	1444706	38.8	35.8	33782	32105	2532107	49979
			36	981	1249	1873048	1604221	38.6	35.6	37461	35649	2814947	55173
			40	1078	1347	2055741	1763854	38.4	35.4	41115	39197	3088798	60135

注：表中理论质量按密度7.85kg/cm³计算。

A5 结构用钢管

结构用钢管有热轧无缝钢管和焊接钢管两大类。焊接钢管由钢带卷焊而成，依据钢管的大小，又分为直焊和螺旋焊两种。

A5.1 结构用无缝钢管

《结构用无缝钢管》GB/T 8162—1999规定钢管分热轧和冷拔两种。冷拔钢管只限于小管径，热轧无缝钢管外径为32~630mm、壁厚为2.5~65mm。所用钢号主要为优质碳素结构钢牌号为10、20、35、45和低合金高强度结构钢Q345一类的。建筑钢结构应用的无缝钢管以20号钢（相当于Q235）为主，管径一般在180mm以上，通常长度为3~12m。结构用无缝钢管的规格及截面特性见表A11。

结构用无缝钢管的规格及截面特性　　表A11

尺寸(mm) d	t	截面面积 A(cm²)	质量(kg/m)	截面特性 I(cm⁴)	W(cm³)	i(cm)	尺寸(mm) d	t	截面面积 A(cm²)	质量(kg/m)	截面特性 I(cm⁴)	W(cm³)	i(cm)
32	2.5	2.32	1.82	2.54	1.59	1.05	38	2.5	2.79	2.19	4.41	2.32	1.26
	3.0	2.73	2.15	2.90	1.82	1.03		3.0	3.30	2.59	5.09	2.68	1.24
	3.5	3.13	2.46	3.23	2.02	1.02		3.5	3.79	2.98	5.70	3.00	1.23
	4.0	3.52	2.76	3.52	2.20	1.00		4.0	4.27	3.35	6.26	3.29	1.21

续表

尺寸(mm) d	t	截面面积 A(cm²)	质量(kg/m)	截面特性 I (cm⁴)	W (cm³)	i (cm)
42	2.5	3.10	2.44	6.07	2.89	1.40
	3.0	3.68	2.89	7.03	3.35	1.38
	3.5	4.23	3.32	7.91	3.77	1.37
	4.0	4.78	3.75	8.71	4.15	1.35
45	2.5	3.34	2.62	7.56	3.36	1.51
	3.0	3.96	3.11	8.77	3.90	1.49
	3.5	4.56	3.58	9.89	4.40	1.47
	4.0	5.15	4.04	10.93	4.86	1.46
50	2.5	3.73	2.93	10.55	4.22	1.68
	3.0	4.43	3.48	12.28	4.91	1.67
	3.5	5.11	4.01	13.90	4.56	1.65
	4.0	5.78	4.54	15.41	6.16	1.63
	4.5	6.43	5.05	16.81	6.72	1.62
	5.0	7.07	5.55	18.11	7.25	1.60
54	3.0	4.81	3.77	15.68	5.81	1.81
	3.5	5.55	4.36	17.79	6.59	1.79
	4.0	6.28	4.93	19.76	7.32	1.77
	4.5	7.00	5.49	21.61	8.00	1.76
	5.0	7.70	6.04	23.34	8.64	1.74
	5.5	8.38	6.58	24.96	9.24	1.73
	6.0	9.05	7.10	26.46	9.80	1.71
57	3.0	5.09	4.00	18.61	6.53	1.91
	3.5	5.88	4.62	21.14	7.42	1.90
	4.0	6.66	5.23	23.52	8.25	1.88
	4.5	7.42	5.83	25.76	9.04	1.86
	5.0	8.17	6.41	27.86	9.78	1.85
	5.5	8.90	6.99	29.84	10.47	1.83
	6.0	9.61	7.55	31.69	11.12	1.82
60	3.0	5.37	4.22	21.88	7.29	2.02
	3.5	6.21	4.88	24.88	8.29	2.00
	4.0	7.04	5.52	27.73	9.24	1.98
	4.5	7.85	6.16	30.41	10.14	1.97
	5.0	8.64	6.78	32.94	10.98	1.95
	5.5	9.42	7.39	35.32	11.77	1.94
	6.0	10.18	7.99	37.56	12.52	1.92
63.5	3.0	5.70	4.48	26.15	8.24	2.14
	3.5	6.60	5.18	29.79	9.38	2.12
	4.0	7.48	5.87	33.24	10.47	2.11
	4.5	8.34	6.55	36.50	11.50	2.09
	5.0	9.19	7.21	39.60	12.47	2.08
	5.5	10.02	7.87	42.52	13.39	2.06
	6.0	10.84	8.51	45.28	14.26	2.04

尺寸(mm) d	t	截面面积 A(cm²)	质量(kg/m)	截面特性 I (cm⁴)	W (cm³)	i (cm)
68	3.0	6.13	4.81	32.42	9.54	2.30
	3.5	7.09	5.57	36.99	10.88	2.28
	4.0	8.04	6.31	41.34	12.16	2.27
	4.5	8.98	7.05	45.47	13.37	2.25
	5.0	9.90	7.77	49.41	14.53	2.23
	5.5	10.80	8.48	53.14	15.63	2.22
	6.0	11.69	9.17	56.68	16.67	2.20
70	3.0	6.31	4.96	35.50	10.14	2.37
	3.5	7.31	5.74	40.53	11.58	2.35
	4.0	8.29	6.51	45.33	12.95	2.34
	4.5	9.26	7.27	49.89	14.26	2.32
	5.0	10.21	8.01	54.24	15.50	2.30
	5.5	11.14	8.75	58.38	16.68	2.29
	6.0	12.06	9.47	62.31	17.80	2.27
73	3.0	6.60	5.18	40.48	11.09	2.48
	3.5	7.64	6.00	46.26	12.67	2.46
	4.0	8.67	6.81	51.78	14.19	2.44
	4.5	9.68	7.60	57.04	15.63	2.43
	5.0	10.68	8.38	62.07	17.01	2.41
	5.5	11.66	9.16	66.87	18.32	2.39
	6.0	12.63	9.91	71.43	19.57	2.38
76	3.0	6.88	5.40	45.91	12.08	2.58
	3.5	7.97	6.26	52.50	13.82	2.57
	4.0	9.05	7.10	58.81	15.48	2.55
	4.5	10.11	7.93	64.85	17.07	2.53
	5.0	11.15	8.75	70.62	18.59	2.52
	5.5	12.18	9.56	76.14	20.04	2.50
	6.0	13.19	10.36	81.41	21.42	2.48
83	3.5	8.74	6.86	69.19	16.67	2.81
	4.0	9.93	7.79	77.64	18.71	2.80
	4.5	11.10	8.71	85.76	20.67	2.78
	5.0	12.25	9.62	93.56	22.54	2.76
	5.5	13.39	10.51	101.04	24.35	2.75
	6.0	14.51	11.39	108.22	26.08	2.73
	6.5	15.62	12.26	115.10	27.74	2.71
	7.0	16.71	13.12	121.69	29.32	2.70
89	3.5	9.40	7.38	86.05	19.34	3.03
	4.0	10.68	8.38	96.68	21.73	3.01
	4.5	11.95	9.38	106.92	24.03	2.99
	5.0	13.19	10.36	116.79	26.24	2.98
	5.5	14.43	11.33	126.29	28.38	2.96
	6.0	15.75	12.28	135.43	30.43	2.94
	6.5	16.85	13.22	144.22	32.41	2.93
	7.0	18.03	14.16	152.67	34.31	2.91

续表

尺寸(mm) d	t	截面面积 A(cm^2)	质量(kg/m)	截面特性 I(cm^4)	W(cm^3)	i(cm)
95	3.5	10.06	7.90	105.45	22.20	3.24
	4.0	11.44	8.98	118.60	24.97	3.22
	4.5	12.79	10.04	131.31	27.64	3.20
	5.0	14.14	11.10	143.58	30.23	3.19
	5.5	15.46	12.14	155.43	32.72	3.17
	6.0	16.78	13.17	166.86	35.13	3.15
	6.5	18.07	14.19	177.89	37.45	3.14
	7.0	19.35	15.19	188.51	39.69	3.12
102	3.5	10.83	8.50	131.52	23.79	3.48
	4.0	12.32	9.67	148.09	29.04	3.47
	4.5	13.78	10.82	164.14	32.18	3.45
	5.0	15.24	11.96	179.68	35.23	3.43
	5.5	16.67	13.09	194.72	38.18	3.42
	6.0	18.10	14.21	209.28	41.03	3.40
	6.5	19.50	15.31	223.35	43.79	3.38
	7.0	20.89	16.40	236.96	46.46	3.37
108	4.0	13.06	10.26	177.00	32.78	3.68
	4.5	14.62	11.49	196.35	36.36	3.66
	5.0	16.17	12.70	215.12	39.84	3.65
	5.5	17.70	13.90	233.32	43.21	3.63
	6.0	19.22	15.09	250.97	46.48	3.61
	6.5	20.72	16.27	268.08	49.64	3.60
	7.0	22.20	17.44	284.65	52.71	3.58
	7.5	23.67	18.59	300.71	55.69	3.56
	8.0	25.12	19.73	316.25	58.57	3.55
114	4.0	13.82	10.85	209.35	36.73	3.89
	4.5	15.48	12.15	232.41	40.77	3.87
	5.0	17.12	13.44	254.81	44.70	3.86
	5.5	18.75	14.72	276.58	48.52	3.84
	6.0	20.36	15.98	297.73	52.23	3.82
	6.5	21.95	17.23	318.26	55.84	3.81
	7.0	23.53	18.47	338.19	59.33	3.79
	7.5	25.09	19.70	357.58	62.73	3.77
	8.0	26.64	20.91	376.30	66.02	3.76
121	4.0	14.70	11.54	251.87	41.63	4.14
	4.5	16.47	12.93	279.83	46.25	4.12
	5.0	18.22	14.30	307.05	50.75	4.11
	5.5	19.96	15.67	333.54	55.13	4.09
	6.0	21.68	17.02	359.32	59.39	4.07
	6.5	23.38	18.35	384.40	63.54	4.05
	7.0	25.07	19.68	408.80	67.57	4.04
	7.5	26.74	20.99	432.51	71.49	4.02
	8.0	28.40	22.29	455.57	75.30	4.01

尺寸(mm) d	t	截面面积 A(cm^2)	质量(kg/m)	截面特性 I(cm^4)	W(cm^3)	i(cm)
127	4.0	15.46	12.13	292.61	46.08	4.35
	4.5	17.32	13.59	325.29	51.23	4.33
	5.0	19.16	15.04	357.14	56.24	4.32
	5.5	20.99	16.48	388.19	61.13	4.30
	6.0	22.81	17.90	418.44	65.90	4.28
	6.5	24.61	19.32	447.92	70.54	4.27
	7.0	26.39	20.72	476.63	75.06	4.25
	7.5	28.16	22.10	504.58	79.46	4.23
	8.0	29.91	23.48	531.80	83.75	4.22
133	4.0	16.21	12.73	337.53	50.76	4.56
	4.5	18.17	14.26	375.42	56.45	4.55
	5.0	20.11	15.78	412.40	62.02	4.53
	5.5	22.03	17.29	448.50	67.44	4.51
	6.0	23.94	18.79	483.72	72.74	4.50
	6.5	25.83	20.28	518.07	77.91	4.48
	7.0	27.71	21.75	551.58	82.94	4.46
	7.5	29.57	23.21	584.25	87.86	4.45
	8.0	31.42	24.66	616.11	92.65	4.43
140	4.5	19.16	15.04	440.12	62.87	4.79
	5.0	21.21	16.65	483.76	69.11	4.78
	5.5	23.24	18.24	526.40	75.20	4.76
	6.0	25.26	19.83	568.06	81.15	4.74
	6.5	27.26	21.40	608.76	86.97	4.73
	7.0	29.25	22.96	648.51	92.64	4.71
	7.5	31.22	24.51	687.32	98.19	4.69
	8.0	33.18	26.04	725.21	103.60	4.68
	9.0	37.04	29.08	798.29	114.04	4.64
	10	40.84	32.06	867.86	123.98	4.61
146	4.5	20.00	15.70	501.16	68.65	5.01
	5.0	22.15	17.39	551.10	75.49	4.99
	5.5	24.28	19.06	599.95	82.19	4.97
	6.0	26.39	20.72	647.73	88.73	4.95
	6.5	28.49	22.36	694.44	95.13	4.94
	7.0	30.57	24.00	740.12	101.39	4.92
	7.5	32.63	25.62	784.77	107.50	4.90
	8.0	34.68	27.23	828.41	113.48	4.89
	9.0	38.74	30.41	912.71	125.03	4.85
	10	42.73	33.54	993.16	136.05	4.82
152	4.5	20.85	16.37	567.61	74.69	5.22
	5.0	23.09	18.13	624.43	82.16	5.20
	5.5	25.31	19.87	680.06	89.48	5.18
	6.0	27.52	21.60	734.52	96.65	5.17
	6.5	29.71	23.32	787.82	103.66	5.15
	7.0	31.89	25.03	839.99	110.52	5.13

续表

尺寸(mm)		截面面积	质量	截面特性		
d	t	A(cm²)	(kg/m)	I (cm⁴)	W (cm³)	i (cm)
152	7.5	34.05	26.73	891.03	117.24	5.12
	8.0	36.19	28.41	940.97	123.81	5.10
	9.0	40.43	31.74	1037.59	136.53	5.07
	10	44.61	35.02	1129.99	148.68	5.03
159	4.5	21.84	17.15	652.27	82.05	5.46
	5.0	24.19	18.99	717.88	90.30	5.45
	5.5	26.52	20.82	782.18	98.39	5.43
	6.0	28.84	22.64	845.19	106.31	5.41
	6.5	31.14	24.45	906.92	114.08	5.40
	7.0	33.43	26.24	967.41	121.69	5.38
	7.5	35.70	28.02	1026.65	129.14	5.36
	8.0	37.95	29.79	1084.67	136.44	5.35
	9.0	42.41	33.29	1197.12	150.58	5.31
	10	46.81	36.75	1304.88	164.14	5.28
168	4.5	23.11	18.14	772.96	92.02	5.78
	5.0	25.60	20.10	851.14	101.33	5.77
	5.5	28.08	22.04	927.85	110.46	5.75
	6.0	30.54	23.97	1003.12	119.42	5.73
	6.5	32.98	25.89	1076.95	128.21	5.71
	7.0	35.41	27.79	1149.36	136.83	5.70
	7.5	37.82	29.69	1220.38	145.28	5.68
	8.0	40.21	31.57	1290.01	153.57	5.66
	9.0	44.96	35.29	1425.22	169.67	5.63
	10	49.64	38.97	1555.13	185.13	5.60
180	5.0	27.49	21.58	1053.17	117.02	6.19
	5.5	30.15	23.67	1148.79	127.64	6.17
	6.0	32.80	25.75	1242.72	138.08	6.16
	6.5	35.43	27.81	1335.00	148.33	6.14
	7.0	38.04	29.87	1425.63	158.40	6.12
	7.5	40.64	31.91	1514.64	168.29	6.10
	8.0	43.23	33.93	1602.04	178.00	6.09
	9.0	48.35	37.95	1772.12	196.90	6.05
	10	53.41	41.92	1936.01	215.11	6.02
	12	63.33	49.72	2245.84	249.54	5.95
194	5.0	29.69	23.31	1326.54	136.76	6.68
	5.5	32.57	25.57	1447.86	149.26	6.67
	6.0	35.44	27.82	1567.21	161.57	6.65
	6.5	38.29	30.06	1684.61	173.67	6.63
	7.0	41.12	32.28	1800.08	185.57	6.62
	7.5	43.94	34.50	1913.64	197.28	6.60
	8.0	46.75	36.70	2025.31	208.79	6.58
	9.0	52.31	41.06	2243.08	231.25	6.55
	10	57.81	45.38	2453.55	252.94	6.51
	12	68.61	53.86	2853.25	294.15	6.45

尺寸(mm)		截面面积	质量	截面特性		
d	t	A(cm²)	(kg/m)	I (cm⁴)	W (cm³)	i (cm)
203	6.0	37.13	29.15	1803.07	177.64	6.97
	6.5	40.13	31.50	1938.81	191102	6.95
	7.0	43.10	33.84	2072.43	204.18	6.93
	7.5	46.06	36.16	2203.94	217.14	6.92
	8.0	49.01	38.47	2333.37	229.89	6.90
	9.0	54.85	43.06	2586.08	254.79	6.87
	10	60.63	47.60	2830.72	278.89	6.83
	12	72.01	56.52	3296.49	324.78	6.77
	14	83.13	65.25	3732.07	367.69	6.70
	16	94.00	73.79	4138.78	407.76	6.64
219	6.0	40.15	31.52	2278.71	208.10	7.53
	6.5	43.39	34.06	2451.64	223.89	7.52
	7.0	46.62	36.60	2622.04	239.46	7.50
	7.5	49.83	39.12	2789.96	254.79	7.48
	8.0	53.03	41.63	2955.43	269.90	7.47
	9.0	59.38	46.61	3279.12	299.46	7.43
	10	65.66	51.54	3593.29	328.15	7.40
	12	78.04	61.26	4193.81	383.00	7.33
	14	90.16	70.78	4758.50	434.57	7.26
	16	102.04	80.10	5288.81	483.00	7.20
245	6.5	48.70	38.23	3465.46	282.89	8.44
	7.0	52.34	41.08	3709.06	302.78	8.42
	7.5	55.96	43.93	3949.52	322.41	8.40
	8.0	59.56	46.76	4186.87	341.79	8.38
	9.0	66.73	52.38	4652.32	379.79	8.35
	10	73.83	57.95	5105.63	416.79	8.32
	12	87.84	68.95	5976.67	487.89	8.25
	14	101.60	79.76	6801.68	555.24	8.18
	16	115.11	90.36	7582.30	618.96	8.12
273	6.5	54.42	42.72	4834.18	354.15	9.42
	7.0	58.50	45.92	5177.30	379.29	9.41
	7.5	62.56	49.11	5516.47	404.14	9.39
	8.0	66.60	52.28	5851.71	428.70	9.37
	9.0	74.64	58.60	6510.56	476.96	9.34
	10	82.62	64.86	7154.09	524.11	9.31
	12	98.39	77.24	8396.14	615.10	9.24
	14	114.91	89.42	9579.75	701.84	9.17
	16	129.18	101.41	10706.79	784.38	9.10
299	7.5	68.68	53.92	7300.02	488.30	10.31
	8.0	73.14	57.41	7747.42	518.22	10.29
	9.0	82.00	64.37	8628.09	577.13	10.26
	10	90.79	71.27	9490.15	634.79	10.22
	12	108.20	84.93	11159.52	746.46	10.16
	14	125.35	98.40	12757.61	853.35	10.09
	16	142.25	111.67	14286.48	955.62	10.02

续表

尺寸(mm) d	尺寸(mm) t	截面面积 A(cm²)	质量 (kg/m)	截面特性 I (cm⁴)	截面特性 W (cm³)	截面特性 i (cm)
325	7.5	74.81	58.73	9431.80	580.42	11.23
	8.0	79.67	62.54	10013.92	616.24	11.21
	9.0	89.35	70.14	11161.33	686.85	11.18
	10	98.96	77.68	12286.52	756.09	11.14
	12	118.00	92.63	14471.45	890.55	11.07
	14	136.78	107.38	16570.98	1019.75	11.01
	16	155.32	121.93	18587.38	1143.84	10.94
351	8.0	86.21	67.67	12684.36	722.76	12.13
	9.0	96.70	75.91	14147.55	806.13	12.10
	10	107.13	84.10	15584.62	888.01	12.06
	12	127.80	100.32	18381.63	1047.39	11.99
	14	148.22	116.35	21077.86	1201.02	11.93
	16	168.39	132.19	23675.75	1349.05	11.86
377	9	104.00	81.68	17628.57	935.20	13.02
	10	115.24	90.51	19430.86	1030.81	12.98
	11	126.42	99.29	21203.11	1124.83	12.95
	12	137.53	108.02	22945.66	1217.28	12.81
	13	148.59	116.70	24658.84	1308.16	12.88
	14	159.58	125.33	26342.98	1397.51	12.84
	15	170.50	133.91	27998.42	1485.33	12.81
	16	181.37	142.45	29625.48	1571.64	12.78
402	9	111.06	87.23	21469.37	1068.13	13.90
	10	123.09	96.67	23676.21	1177.92	13.86
	11	135.05	106.07	25848.66	1286.00	13.83
	12	146.95	115.42	27987.08	1392.39	13.80
	13	158.79	124.71	30091.82	1497.11	13.76
	14	170.56	133.96	32163.24	1600.16	13.73
	15	182.28	143.16	34201.69	1701.58	13.69
	16	193.93	152.31	36207.53	1801.37	13.66
426	9	117.84	93.00	25646.28	1204.05	14.75
	10	130.62	102.59	28294.52	1328.38	14.71
	11	143.34	112.58	30903.91	1450.89	14.68
	12	156.00	122.52	33474.84	1571.59	14.64
	13	168.59	132.41	36007.67	1690.50	14.60
	14	181.12	142.25	38502.80	1807.64	14.47
	15	193.58	152.04	40960.60	1923.03	14.54
	16	205.98	161.78	43381.44	2036.69	14.51
450	9	124.63	97.88	30332.67	1348.12	15.60
	10	138.61	108.51	33477.56	1487.89	15.56
	11	151.63	119.09	36578.87	1625.73	15.53
	12	165.04	129.62	39637.01	1761.65	15.49
	13	178.38	140.10	42652.38	1895.66	15.46
	14	191.67	150.53	45625.38	2027.79	15.42
	15	204.89	160.92	48556.41	2158.06	15.39
	16	218.04	171.25	51445.87	2286.48	15.35

尺寸(mm) d	尺寸(mm) t	截面面积 A(cm²)	质量 (kg/m)	截面特性 I (cm⁴)	截面特性 W (cm³)	截面特性 i (cm)
465	9	128.87	101.21	33533.41	1442.30	16.13
	10	142.87	112.46	37018.21	1592.18	16.09
	11	156.81	123.16	40456.34	1740.06	16.06
	12	170.69	134.06	43848.22	1885.94	16.02
	13	184.51	144.81	47194.27	2029.86	15.99
	14	198.26	155.71	50494.89	2171.82	15.95
	15	211.95	166.47	53750.51	2311.85	15.92
	16	225.58	173.22	56961.53	2449.96	15.88
480	9	133.11	104.54	36951.77	1539.66	16.66
	10	147.58	115.91	40800.14	1700.01	16.62
	11	161.99	127.23	44598.63	1858.28	16.59
	12	176.34	138.50	48347.69	2014.49	16.55
	13	190.63	149.08	52047.74	2168.66	16.52
	14	204.85	160.20	55699.21	2320.80	16.48
	15	219.02	172.01	59302.54	2470.94	16.44
	16	233.11	183.08	62858.14	2619.09	16.41
500	9	138.76	108.98	41860.49	1674.42	17.36
	10	153.86	120.84	46231.77	1849.27	17.33
	11	168.90	132.65	50548.75	2021.95	17.29
	12	183.88	144.42	54811.88	2192.48	17.26
	13	198.79	156.13	59021.61	2360.86	17.22
	14	213.65	167.80	63178.39	2527.14	17.19
	15	228.44	179.41	67282.66	2691.31	17.15
	16	243.16	190.98	71334.87	2853.39	17.12
530	9	147.23	115.64	50009.99	1887.17	18.42
	10	163.28	128.24	55251.25	2084.95	18.39
	11	179.26	140.79	60431.21	2280.42	18.35
	12	195.18	153.30	65550.35	2473.60	18.32
	13	211.04	165.75	70609.15	2664.50	18.28
	14	226.83	178.15	75608.08	2853.14	18.25
	15	242.57	190.51	80547.62	3039.53	18.22
	16	258.23	202.82	85428.24	3223.71	18.18
550	9	152.89	120.08	55992.00	2036.07	19.13
	10	169.56	133.17	61873.07	2249.93	19.10
	11	186.17	146.22	67687.94	2461.38	19.06
	12	202.72	159.22	73437.11	2670.44	19.03
	13	219.20	172.16	79121.07	2877.13	18.99
	14	235.63	185.06	84740.31	3081.47	18.96
	15	251.99	197.91	90295.34	3283.47	18.92
	16	268.28	210.71	95786.64	3483.15	18.89
560	9	155.71	122.30	59154.07	2112.65	19.48
	10	172.70	135.64	65373.70	2334.78	19.45
	11	189.62	148.93	71524.61	2554.45	19.41
	12	206.49	162.17	77607.30	2771.69	19.38

续表

尺寸(mm)		截面面积	质量	截面特性			尺寸(mm)		截面面积	质量	截面特性		
d	t	A(cm²)	(kg/m)	I (cm⁴)	W (cm³)	i (cm)	d	t	A(cm²)	(kg/m)	I (cm⁴)	W (cm³)	i (cm)
560	13	223.29	175.37	83622.29	2986.51	19.34	600	15	275.54	216.41	118036.75	3934.55	20.69
	14	240.02	188.51	89570.06	3198.93	19.31		16	293.40	230.44	125272.54	4175.75	20.66
	15	256.70	201.61	95451.14	3408.97	19.28	630	9	175.50	137.83	84679.83	2688.25	21.96
	16	273.31	214.65	101266.01	3616.64	19.24		10	194.68	152.90	93639.59	2972.69	21.92
600	9	167.02	131.17	72992.31	2433.08	20.90		11	213.80	167.92	102511.65	3254.34	21.89
	10	185.26	145.50	80696.05	2689.87	20.86		12	232.86	182.89	111296.59	3533.23	21.85
	11	203.44	159.78	88320.50	2944.02	20.83		13	251.86	197.81	119994.98	3809.36	21.82
	12	221.56	174.01	95866.21	3195.54	20.79		14	270.79	212.68	128607.39	4082.77	21.78
	13	239.61	188.19	103333.73	3444.46	20.76		15	289.67	227.50	137134.39	4353.47	21.75
	14	257.61	202.32	110723.59	3690.79	20.72		16	308.47	242.27	145576.54	4621.48	21.72

A5.2 直缝电焊钢管的规格及截面特性

直缝电焊钢管的规格及截面特性见表 A12。

直缝电焊钢管的规格及截面特性 **表 A12**

尺寸(mm)		截面面积	质量	截面特性		
d	t	A(cm²)	(kg/m)	I (cm⁴)	W (cm³)	i (cm)
32	2.0	1.88	1.48	2.13	1.33	1.06
	2.5	2.32	1.82	2.54	1.59	1.05
38	2.0	2.26	1.78	3.68	1.93	1.27
	2.5	2.79	2.19	4.41	2.32	1.26
40	2.0	2.39	1.87	4.32	2.16	1.35
	2.5	2.95	2.31	5.20	2.60	1.33
42	2.0	2.51	1.97	5.04	2.40	1.42
	2.5	3.10	2.44	6.07	2.89	1.40
45	2.0	2.70	2.12	6.26	2.78	1.52
	2.5	3.34	2.62	7.56	3.36	1.51
	3.0	3.96	3.11	8.77	3.90	1.49
51	2.0	3.08	2.42	9.26	3.63	1.73
	2.5	3.81	2.99	11.23	4.40	1.72
	3.0	4.52	3.55	13.08	5.13	1.70
	3.5	5.22	4.10	14.81	5.81	1.68
53	2.0	3.20	2.52	10.43	3.94	1.80
	2.5	3.97	3.11	12.67	4.78	1.79
	3.0	4.71	3.70	14.78	5.58	1.77
	3.5	5.44	4.27	16.75	6.32	1.75
57	2.0	3.46	2.71	13.08	4.59	1.95
	2.5	4.28	3.36	15.93	5.59	1.93
	3.0	5.09	4.00	18.61	6.53	1.91
	3.5	5.88	4.62	21.14	7.42	1.90

尺寸(mm)		截面面积	质量	截面特性		
d	t	A(cm²)	(kg/m)	I (cm⁴)	W (cm³)	i (cm)
60	2.0	3.64	2.86	15.34	5.11	2.05
	2.5	4.52	3.55	18.70	6.23	2.03
	3.0	5.37	4.22	21.88	7.29	2.02
	3.5	6.21	4.88	24.88	8.29	2.00
63.5	2.0	3.86	2.03	18.29	5.76	2.18
	2.5	4.79	3.76	22.32	7.03	2.16
	3.0	5.70	4.48	26.15	8.24	2.14
	3.5	6.60	5.18	29.79	9.38	2.12
70	2.0	4.27	3.35	24.22	7.06	2.41
	2.5	5.30	4.16	30.23	8.64	2.39
	3.0	6.31	4.96	35.50	10.14	2.37
	3.5	7.31	5.48	40.53	11.58	2.35
	4.5	9.26	7.18	49.89	14.26	2.32
76	2.0	4.65	3.65	31.85	8.38	2.62
	2.5	5.77	4.53	39.03	10.27	2.60
	3.0	6.88	5.40	45.91	12.08	2.58
	3.5	7.97	6.26	52.50	13.82	2.57
	4.0	9.05	7.10	58.81	15.48	2.55
	4.6	10.11	7.93	64.85	17.07	2.53
83	2.0	5.09	4.00	41.76	10.06	2.86
	2.5	6.32	4.96	51.26	12.35	2.85
	3.0	7.54	5.92	60.40	14.56	2.83
	3.5	8.74	6.86	69.19	16.67	2.81
	4.0	9.93	7.79	77.64	18.71	2.80
	4.5	11.10	8.71	85.76	20.67	2.78

续表

尺寸(mm)		截面面积 A(cm²)	质量(kg/m)	截面特性			尺寸(mm)		截面面积 A(cm²)	质量(kg/m)	截面特性		
d	t			I (cm⁴)	W (cm³)	i (cm)	d	t			I (cm⁴)	W (cm³)	i (cm)
89	2.0	5.47	4.29	51.75	11.63	3.08	114	5.0	17.12	13.44	254.81	44.70	3.86
	2.5	6.79	5.33	63.59	14.29	3.06	121	3.0	11.12	8.73	193.69	32.01	4.17
	3.0	8.11	6.36	75.02	16.86	3.04		3.5	12.92	10.14	223.17	36.89	4.16
	3.5	9.40	7.38	86.05	19.34	3.03		4.0	14.70	11.54	251.87	41.63	4.14
	4.0	10.68	8.38	96.68	21.73	3.01	127	3.0	11.69	9.17	224.75	35.39	4.39
	4.5	11.95	9.38	106.92	24.03	2.99		3.5	13.58	10.66	259.11	40.80	4.37
95	2.0	5.84	4.59	63.20	13.31	3.29		4.0	15.46	12.13	292.61	46.08	4.35
	2.5	7.26	5.70	77.76	16.37	3.27		4.5	17.32	13.59	325.29	51.23	4.33
	3.0	8.67	6.81	91.83	19.33	3.25		5.0	19.16	15.04	357.14	56.24	4.32
	3.5	10.06	7.90	105.45	22.20	3.24	133	3.5	14.24	11.18	298.71	44.92	4.58
102	2.0	6.28	4.93	78.57	15.41	3.54		4.0	16.21	12.73	337.53	50.76	4.56
	2.5	7.81	6.13	96.77	18.97	3.52		4.5	18.17	14.26	375.42	56.45	4.55
	3.0	9.33	7.32	114.42	22.43	3.50		5.0	20.11	15.78	412.40	62.02	4.53
	3.5	10.83	8.50	131.52	25.79	3.48	140	3.5	15.01	11.78	349.79	49.97	4.83
	4.0	12.32	9.67	148.09	29.04	3.47		4.0	17.09	13.42	395.47	56.50	4.81
	4.5	13.78	10.82	164.14	32.18	3.45		4.5	19.16	15.04	440.12	62.87	4.79
	5.0	15.24	11.96	179.68	35.23	3.43		5.0	21.21	16.65	483.76	69.11	4.78
108	3.0	9.90	7.77	136.39	25.28	3.71		5.5	23.24	18.24	526.40	75.20	4.76
	3.5	11.49	9.02	157.02	29.08	3.70	152	3.5	16.33	12.82	450.35	59.26	5.25
	4.0	13.07	10.26	176.95	32.77	3.68		4.0	18.60	14.60	509.59	67.05	5.23
114	3.0	10.46	8.21	161.24	28.29	3.93		4.5	20.85	16.37	567.61	74.69	5.22
	3.5	12.15	9.54	185.63	32.57	3.91		5.0	23.09	18.13	624.43	82.16	5.20
	4.0	13.82	10.85	209.35	36.73	3.89		5.5	25.31	19.87	680.06	89.48	5.18
	4.5	15.48	12.15	232.41	40.77	3.87							

A5.3 螺旋焊钢管的规格及截面特性

螺旋焊钢管的规格及截面特性见表A13。

螺旋焊钢管的规格及截面特性 **表A13**

尺寸(mm)		截面面积 A (cm²)	质量(kg/m)	截面特性		
d	t			I (cm⁴)	W (cm³)	i (cm)
219.1	5	33.61	26.61	1988.54	176.04	7.57
	6	40.15	31.78	2822.53	208.36	7.54
	7	46.62	36.91	2266.42	239.75	7.50
	8	53.03	41.98	2900.39	283.16	7.49
244.5	5	37.60	29.77	2699.28	220.80	8.47
	6	44.93	35.57	3199.36	261.71	8.44
	7	52.20	41.33	3686.70	301.57	8.40
	8	59.41	47.03	4611.52	340.41	8.37
273	6	50.30	39.82	4888.24	328.81	9.44
	7	58.47	46.29	5178.63	379.39	9.41
	8	66.57	52.70	5853.22	428.81	8.37
323.9	6	59.89	47.41	7574.41	467.70	11.24
	7	69.65	55.14	8754.84	540.59	11.21
	8	79.35	62.82	9912.63	612.08	11.17

续表

尺 寸（mm）		截面面积 A（cm^2）	质 量（kg/m）	截 面 特 性		
d	t			I（cm^4）	W（cm^3）	i（cm）
325	6	60.10	47.70	7653.29	470.97	11.28
	7	69.90	55.40	8846.29	544.39	11.25
	8	79.63	63.04	10016.50	616.40	11.21
355.6	6	65.87	52.23	10073.14	566.54	12.36
	7	76.62	60.68	11652.71	655.38	12.33
	8	87.32	69.08	13204.77	742.68	12.25
377	6	69.90	55.40	11079.13	587.75	13.12
	7	81.33	64.37	13932.53	739.13	13.08
	8	92.69	73.30	15795.91	837.98	13.05
	9	104.00	82.18	17628.57	935.20	13.02
406.4	6	75.44	59.75	15132.21	744.70	14.16
	7	87.79	69.45	17523.75	862.39	14.12
	8	100.09	79.10	19879.00	978.30	14.09
	9	112.31	88.70	22198.33	1092.44	14.05
	10	124.47	98.26	24482.10	1204.83	14.02
426	6	79.13	62.65	17464.62	819.94	14.85
	7	92.10	72.83	20231.72	949.85	14.82
	8	105.00	82.97	22958.81	1077.88	14.78
	9	117.84	93.05	25646.28	1206.05	14.75
	10	130.62	103.09	28294.52	1328.38	14.71
457	6	84.97	67.23	21623.66	946.33	15.95
	7	98.91	78.18	25061.79	1096.80	15.91
	8	112.79	89.08	28453.67	1245.24	15.88
	9	126.60	99.94	31799.72	1391.67	15.84
	10	140.36	110.74	35100.34	1536.12	15.81
	11	154.05	121.49	38355.96	1678.60	15.77
	12	167.68	132.19	41566.98	1819.12	15.74
478	6	88.93	70.34	24786.71	1037.10	16.69
	7	103.53	81.81	28736.12	12172.35	16.65
	8	118.06	93.23	32634.79	1365.47	16.62
	9	132.54	104.60	36483.16	1526.49	16.58
	10	146.95	115.92	40281.65	1685.43	16.55
	11	161.30	127.19	44030.71	1842.29	16.52
	12	175.59	138.41	47730.76	1997.10	16.48
529	6	98.53	77.89	33719.80	1274.85	18.49
	7	114.74	90.61	39116.42	1478.88	18.46
	8	130.88	103.29	44450.54	1680.55	18.42
	9	146.95	115.92	49722.63	1879.87	18.39
	10	162.97	128.49	54933.18	2076.87	18.35
	11	178.92	141.02	60082.67	2271.56	18.32
	12	194.81	153.50	65171.58	2463.95	18.28
	13	210.63	165.93	70200.39	2654.08	18.25
559.0	6	104.19	82.33	39861.10	1426.16	19.55
	7	121.33	95.79	46254.78	1654.91	19.52
	8	138.41	109.21	52578.45	1881.16	19.48
	9	155.43	122.57	58832.64	2104.92	19.45

续表

尺　寸（mm）		截面面积 A（cm^2）	质　量（kg/m）	截　面　特　性		
d	t			I（cm^4）	W（cm^3）	i（cm）
559.0	10	172.39	135.89	65017.85	2326.22	19.41
	11	189.28	149.16	71134.58	2545.07	19.39
	12	206.11	162.38	77183.36	2761.48	19.34
	13	222.88	175.55	83164.67	2975.48	19.31
610.0	6	113.79	89.87	51936.94	1702.85	21.36
	7	132.54	104.60	60294.82	1976.88	21.32
	8	151.22	119.27	68568.97	2248.16	21.29
	9	169.84	133.89	76759.97	2516.72	21.25
	10	188.40	148.47	84868.37	2782.57	21.22
	11	206.89	162.99	92894.73	3045.73	21.18
	12	225.33	177.47	100839.60	3306.22	21.15
	13	243.70	191.90	108703.55	3564.05	21.11
630.0	6	117.56	92.83	57268.61	1818.05	22.06
	7	136.94	108.05	66494.92	2110.95	22.03
	8	156.25	123.22	75631.80	2401.01	21.99
	9	175.50	138.33	84679.83	2688.25	21.96
	10	194.68	153.40	93639.59	2972.69	21.93
630.0	11	213.80	168.42	102511.65	3254.34	21.89
	12	232.86	183.39	111296.59	3533.23	21.85
	13	251.86	198.31	119994.98	3809.36	21.82
660.0	6	123.21	97.27	65931.44	1997.92	23.12
	7	143.53	113.23	76570.06	2320.31	23.09
	8	163.78	129.13	87110.33	2639.71	23.05
	9	183.97	144.99	97552.85	2956.15	23.02
	10	204.1	160.80	107898.23	3269.64	22.98
	11	224.16	176.56	118147.08	3580.21	22.95
	12	244.17	192.27	128300.00	3887.88	22.91
	13	264.11	207.93	138357.58	4192.65	22.88
711.0	6	132.82	104.82	82588.87	2323.18	24.93
	7	154.74	122.03	95946.79	2698.93	24.89
	8	176.59	139.20	109190.20	3071.45	24.86
	9	198.39	156.31	122319.78	3440.78	24.82
	10	220.11	173.38	135336.18	3806.93	24.79
	11	241.78	190.39	148240.04	4169.90	24.75
	12	263.38	207.36	161032.02	4529.73	24.72
	13	284.92	224.28	173712.76	4886.44	24.68
720.0	6	134.52	106.15	85792.25	2383.12	25.25
	7	156.72	123.59	99673.56	2768.71	25.21
	8	177.85	140.97	113437.40	3151.04	25.17
	9	200.93	158.31	127084.44	3530.12	25.14
	10	222.94	175.60	140615.33	3965.98	25.11
	11	244.89	192.84	154030.74	4278.63	25.07
	12	266.77	210.02	167331.32	4648.09	25.04
	13	288.60	227.16	180517.74	5014.38	25.00
762.0	7	165.95	130.84	118344.40	3106.15	26.69
	8	189.40	149.26	134717.42	3535.90	26.66

续表

尺寸（mm）		截面面积 A（cm^2）	质量（kg/m）	截面特性		
d	t			I（cm^4）	W（cm^3）	i（cm）
762.0	9	212.80	167.63	150959.68	3962.20	26.62
	10	236.13	185.95	167071.28	4385.07	26.59
	11	259.40	204.23	183053.12	4804.54	26.55
	12	282.60	222.45	198905.91	5220.63	26.52
	13	305.74	240.63	214630.33	5633.34	26.49
	14	328.82	258.76	230227.09	6042.71	26.45
813.0	7	177.16	139.64	143981.73	3541.99	28.50
	8	202.22	159.32	163942.66	4033.03	28.46
	9	227.21	178.95	183753.89	4520.39	28.43
	10	252.41	198.53	203416.16	5004.09	28.39
	11	277.01	218.06	222930.23	5484.14	28.36
	12	301.82	237.55	242296.83	5960.56	28.32
	13	326.56	256.98	261516.72	6433.38	28.29
	14	351.24	276.36	280590.63	6902.60	28.25
820.0	7	178.70	140.85	147765.60	3604.00	28.74
	8	203.97	160.70	168256.44	4103.82	28.71
	9	229.19	180.50	188594.94	4599.88	28.68
	10	254.34	200.26	208781.84	5092.24	28.64
	11	279.43	219.96	228817.91	5580.93	28.60
	12	304.45	239.62	248703.90	6065.95	28.57
	13	329.42	259.22	268440.55	6547.33	28.53
	14	354.32	278.78	288028.62	7025.09	28.50
	15	379.16	298.29	307468.86	7499.24	28.47
	16	413.93	317.75	326766.02	7969.81	28.43
914.0	8	227.59	179.25	233711.41	5114.00	32.03
	9	255.75	201.37	262061.17	5734.38	32.00
	10	283.86	223.44	290221.72	6350.58	31.96
	11	311.90	245.46	318193.90	6962.67	31.93
	12	339.87	267.44	345978.57	7570.65	31.89
	13	367.79	289.36	373576.55	8174.54	31.86
	14	395.64	311.23	400988.69	8774.37	31.82
	15	423.43	333.06	428215.82	9370.15	31.79
	16	451.16	354.84	455258.77	9961.90	31.75
920.0	8	229.09	180.44	238385.26	5182.29	32.25
	9	257.45	202.70	267307.72	5811.00	32.21
	10	285.74	224.92	296038.43	6435.62	32.17
	11	313.97	247.06	324578.25	7056.05	32.14
	12	342.13	269.21	352928.00	7672.35	32.11
	13	370.24	291.28	381088.55	8284.53	32.07
	14	398.28	313.31	409060.74	8892.62	32.00
	15	426.26	335.23	436845.40	9496.64	32.00
	16	454.17	357.20	464443.38	10096.60	31.97
1020.0	8	254.21	200.16	325709.29	6386.46	35.78
	9	285.71	229.89	365343.91	7163.61	35.75
	10	371.14	249.58	404741.91	7936.12	35.71
	11	348.51	274.22	443904.22	8704.00	35.68

续表

尺寸（mm）		截面面积A（cm^2）	质量（kg/m）	截面特性		
d	t			I（cm^4）	W（cm^3）	i（cm）
1020.0	12	379.81	298.81	482831.80	9467.29	35.64
	13	411.06	323.34	521525.58	10225.99	35.61
	14	442.24	347.83	559986.50	10980.13	35.57
	15	473.36	372.27	598215.50	11729.72	35.53
	16	504.41	396.66	636213.50	12474.77	35.50
1120.0	8	279.33	219.89	432113.97	7716.32	39.32
	9	313.97	247.09	484824.62	8657.58	39.28
	10	348.54	274.24	537249.06	9593.73	39.25
	11	383.05	301.35	589388.32	10524.79	39.21
	12	417.49	328.40	641243.45	11450.78	39.18
	13	451.88	355.40	692815.48	12371.71	39.14
	14	486.20	382.36	744105.44	13287.60	39.11
	15	520.46	409.26	795114.35	14198.47	39.07
	16	554.65	436.12	845843.26	15104.34	39.04
1220.0	10	379.94	298.90	695916.69	11408.47	42.78
	11	417.59	328.47	763623.03	12518.41	42.75
	12	455.17	357.99	830991.12	13622.81	42.71
	13	492.70	387.46	898022.09	14721.67	42.68
	14	530.16	416.88	964717.06	15815.03	42.64
	15	567.56	446.26	1031077.17	16902.90	42.61
	16	604.89	475.57	1097103.53	17985.30	42.57
1420.0	10	442.74	348.23	1001160.59	15509.30	49.85
	11	486.67	382.73	1208714.17	17024.14	49.82
	12	530.53	417.18	1315807.13	18532.49	49.78
	13	574.34	451.58	1422440.79	20034.38	49.75
	14	618.08	485.94	1528616.74	21529.81	49.71
	15	661.76	520.24	1634335.48	23018.81	49.68
	16	705.37	554.50	1739599.14	24501.40	49.64

附录B　钢结构施工质量要求

B1　焊缝外观质量标准及尺寸偏差（摘自《钢结构工程施工质量验收规范》GB 50205—2001和《建筑钢结构焊接技术规程》JGJ 81—2002）

B1.1　一级、二级、三级焊缝质量等级和缺陷分级

应符合表B1的规定。

焊缝质量等级和缺陷分级　　　**表B1**

<table>
<tr><th colspan="2">焊缝质量等级</th><th>一级</th><th>二　级</th><th>三　级</th></tr>
<tr><td rowspan="3">内部缺陷超声波探测</td><td>评定等级</td><td>Ⅱ</td><td>Ⅲ</td><td>—</td></tr>
<tr><td>检验等级</td><td>B级</td><td>B级</td><td>—</td></tr>
<tr><td>探伤比例</td><td>100%</td><td>20%</td><td>—</td></tr>
<tr><td rowspan="3">内部缺陷射线探测</td><td>评定等级</td><td>Ⅱ</td><td>Ⅲ</td><td>—</td></tr>
<tr><td>检验等级</td><td>AB级</td><td>AB级</td><td>—</td></tr>
<tr><td>探伤比例</td><td>100%</td><td>20%</td><td>—</td></tr>
<tr><td rowspan="16">外观缺陷</td><td rowspan="2">未焊满，指不满足设计要求</td><td rowspan="2">不允许</td><td>不大于$0.2t+0.02t$，且不大于1.0mm</td><td>不大于$0.2t+0.04t$，且不大于2.0mm</td></tr>
<tr><td colspan="2">每100焊缝内缺陷总长不大于25.0mm</td></tr>
<tr><td rowspan="2">根部收缩</td><td rowspan="2">不允许</td><td>不大于$0.2t+0.02t$，且不大于1.0mm</td><td>不大于$0.2t+0.04t$，且不大于2.0mm</td></tr>
<tr><td colspan="2">长　度　不　限</td></tr>
<tr><td>咬　边</td><td>不允许</td><td>不大于$0.05t$，且不大于0.5mm；连续长度不大于100mm，且焊缝两侧咬边总长不大于10%焊缝全长</td><td>不大于$0.1t$，且不大于1.0mm，长度不限</td></tr>
<tr><td>裂　纹</td><td>不允许</td><td colspan="2">不　允　许</td></tr>
<tr><td>弧坑裂纹</td><td>不允许</td><td>不允许</td><td>允许存在个别长不大于5.0mm的弧坑裂纹</td></tr>
<tr><td>电弧擦伤</td><td>不允许</td><td>不允许</td><td>允许存在个别电弧擦伤</td></tr>
<tr><td>飞　溅</td><td colspan="3">清　除　干　净</td></tr>
<tr><td rowspan="2">接头不良</td><td rowspan="2">不允许</td><td>缺口深度不大于$0.05t$，且不大于0.5mm</td><td>缺口深度不大于$0.1t$，且不大于1.0mm</td></tr>
<tr><td colspan="2">每米焊缝不得超过1处</td></tr>
<tr><td>焊　瘤</td><td colspan="3">不　允　许</td></tr>
<tr><td>表面夹渣</td><td>不允许</td><td>不允许</td><td>深不大于$0.2t$，长不大于$0.5t$；且不大于20.0mm</td></tr>
<tr><td>表面气孔</td><td>不允许</td><td>不允许</td><td>每50长度焊缝内允许直径不大于$0.4t$，且不大于3.0mm气孔2个，孔距大于等于6倍孔径</td></tr>
</table>

续表

焊缝质量等级		一级	二　　级	三　　级
外观缺陷	角焊缝厚度不足（按设计焊缝厚度计）	—	—	不大于 $0.3t+0.05t$，且不大于 2.0mm，每 100 焊缝长度内缺陷总长不大于 25.0mm
	角焊缝焊脚不对称	—	—	差值不大于 $2\text{mm}+0.2h$

注：1. 探伤比例的计数方法按以下原则确定，工厂焊缝应按每条焊缝计算百分比，且探伤长度应不小于 200mm，当焊缝长度不足 200mm 时，应对整条焊缝进行探伤。现场安装焊缝，应按同一类型、同一施焊条件的焊缝条数计算百分比，探伤长度不小于 200mm，并应不少于 1 条焊缝。

2. 设计要求全焊的一级、二级焊缝应采用超声波探伤进行内部缺陷的检查，超声波探伤不能对缺陷作出判断时，应采用射线探伤，其内部缺陷分级及探伤方法应符合《钢焊缝手工超声波探伤方法和探伤结果分级法》GB 11345 或《钢熔化焊对接接头射线照相和质量分级》GB 3323 的规定。

3. 超声波探伤用于熔透焊缝，包括 T 形接头、十字接头、角接接头等要求焊透的对接和角对接组合焊缝，其焊脚尺寸不应小于 $t/4$（图 B1*a*、*b*、*c*）。对有疲劳强度要求的，焊脚尺寸为 $t/2$（图 B1*d*），且不应大于 10mm，焊脚防雨的允许偏差为 0～4mm。同类焊抽查 10%，且不应少于 3 条。

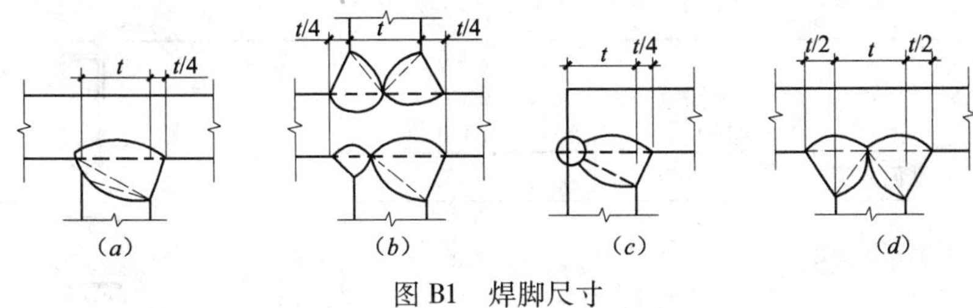

图 B1　焊脚尺寸

4. 除注明角焊外，其余均为对接和角焊缝通用。

5. 咬边如经磨削修整并平滑过渡，则只按焊缝最小允许厚度值评定。

6. t 是连接处较薄的板厚。

B1.2　部分焊透组合焊缝和角焊缝外形尺寸允许偏差

应符合表 B2 的规定。

部分焊透组合焊缝和角焊缝外形尺寸允许偏差（mm）　　　**表 B2**

序号	项　目	图　　例	允许偏差
1	焊脚尺寸 h_f	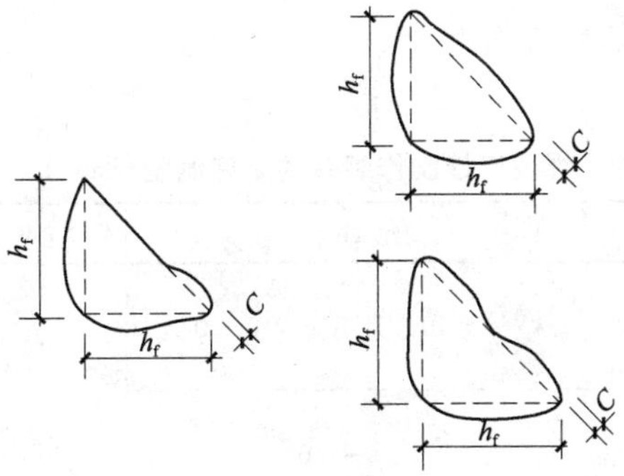	$h_f \leqslant 6$：0～1.5 $h_f > 6$：0～3.0
2	角焊缝余高 C		$h_f \leqslant 6$：0～1.5 $h_f > 6$：0～3.0

注：1. $h_f > 8.0$mm 的角焊缝其局部焊脚尺寸允许低于设计要求值 1.0mm，但总长度不得超过焊缝长度 10%。

2. 焊接 H 形梁腹板与翼缘板的焊缝两端在其 2 倍翼缘板宽度范围内，焊缝的焊脚尺寸不得低于设计值。

B1.3　对接焊缝及完全熔透组合焊缝尺寸允许偏差

应符合表 B3 的规定。

对接焊缝及完全熔透组合焊缝尺寸允许偏差（mm）　　表 B3

序号	项目	图例	允许偏差	
			一级、二级	三级
1	对接焊缝余高 C	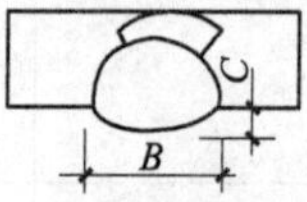	$B<20$：0～3.0 $B\geqslant20$：0～4.0	$B<20$：0～4.0 $B\geqslant20$：0～5.0
2	对接焊缝错边 d	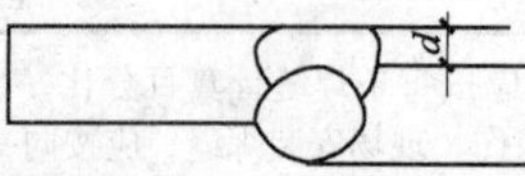	$d<0.15t$，且≤2.0	$d<0.15t$，且≤3.0

B2　钢构件组装的允许偏差

B2.1　焊接 H 型钢的允许偏差

应符合表 B4 的规定。

焊接 H 型钢的允许偏差（mm）　　表 B4

项目		允许偏差	图例
截面高度 h	$h<500$	±2.0	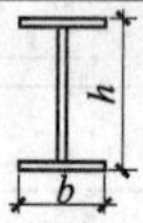
	$500<h<1000$	±3.0	
	$h>100$	±4.0	
截面宽度 b		±3.0	
腹板中心偏移 e		2.0	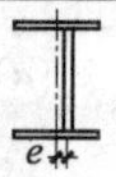
翼缘板垂直度 Δ		$b/100$ 3.0	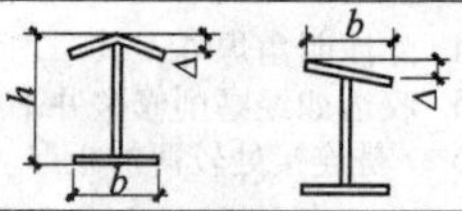
弯曲矢高		$l/1000$；∓10.0	
扭　曲		$h/250$；∓5.0	
腹板局部平面度 f	$t<14$	3.0	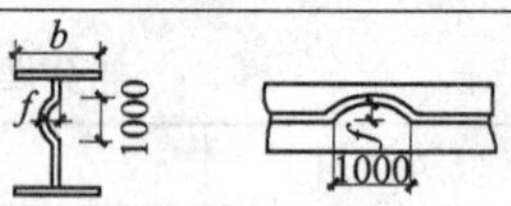
	$t>14$	2.0	

B2.2　焊缝连接制作组装的允许偏差

应符合表 B5 的规定。

焊缝连接制作组装的允许偏差（mm）　　表 B5

项目	允许偏差	图例
对口错边 Δ	$t/10$，且不应大于 3.0	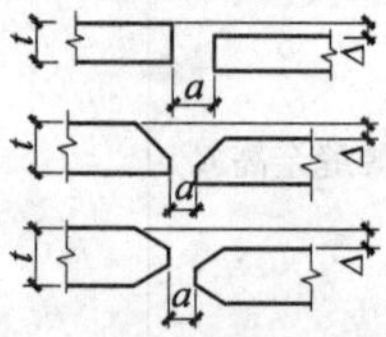
间隙 a	±1.0	
搭接长度 a	±5.0	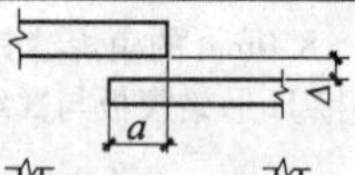
缝隙 Δ	1.5	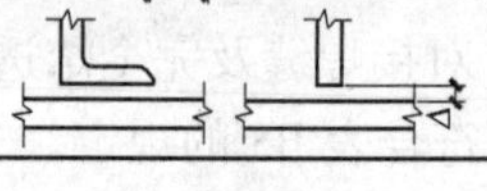

续表

项　　目		允许偏差	图　　例
高度 h		±2.0	
垂直度 Δ		b/100，且不应大于 3.0	
中心偏移 e		±2.0	
型钢错位	连接处	1.0	
	其他处	2.0	
箱形截面高度 h		±2.0	
宽度 b		±2.0	
垂直度 Δ		b/200，且不应大于 3.0	

B3　钢结构工程焊接质量标准

钢结构工程焊接质量标准应符合表 B6 的规定。

钢结构工程焊接质量标准　　表 B6

序号	检验项目				类别	单位	质量标准		检验方法及器具
							合格	优良	
1	钢材及焊接材料的规格、型号和材质				一类		必须符合设计要求和有关现行标准（规范）规定		观察和检查出厂证件及试验报告
2	焊工技能				一类		必须经考试合格		检查焊工合格证
3	无损检验				一类		必须符合设计要求和有关现行规范规定		检查检验报告和底片等
4	焊缝外观质量	焊缝外观要求			二类		焊波应均匀，不得有裂缝、夹渣、咬边、未熔合、焊瘤、烧穿、弧坑和针状气孔等缺陷，焊接区不得有飞溅残留物		观察和焊缝量规、刻度放大镜等检查
		气孔	一级		二类		不允许		观察和焊缝量规、刻度放大镜等检查
			二级				不允许		
			三级				直径不大于 1.0mm 的气孔，在 1000mm 长度范围内不得超过 5 个		
		咬边	不要求修磨	一级	二类		不允许		观察和焊缝量规、刻度放大镜等检查
				二级			深度不超过 0.5mm，累计总长度不得超过焊缝长度的 10%		
				三级			深度不超过 0.5mm，累计总长度不得超过焊缝长度的 20%		
			要求修磨	一级	二类		不允许		
				二级			不允许		

续表

<table>
<tr><th rowspan="2">序号</th><th colspan="4" rowspan="2">检验项目</th><th rowspan="2">类别</th><th rowspan="2">单位</th><th colspan="2">质量标准</th><th rowspan="2">检验方法及器具</th></tr>
<tr><th>合格</th><th>优良</th></tr>
<tr><td rowspan="9">5</td><td rowspan="9">对接焊缝外形尺寸偏差</td><td rowspan="6">焊缝余高 c</td><td rowspan="3">$b<20$</td><td>一级</td><td rowspan="6">三类</td><td rowspan="9">mm</td><td colspan="2">$1.5^{+0.5}_{-1.0}$</td><td rowspan="6">焊缝量规或尺量检查</td></tr>
<tr><td>二级</td><td colspan="2">1.5±1.0</td></tr>
<tr><td>三级</td><td colspan="2">2.0±1.5</td></tr>
<tr><td rowspan="3">$b\geqslant 20$</td><td>一级</td><td colspan="2">$2.0^{+1.0}_{-1.5}$</td></tr>
<tr><td>二级</td><td colspan="2">2.0±1.5</td></tr>
<tr><td>三级</td><td colspan="2">$2.0^{+1.5}_{-2.0}$</td></tr>
<tr><td rowspan="3">焊缝错位 d</td><td rowspan="3"></td><td>一级</td><td rowspan="3">三类</td><td colspan="2">小于0.1t（母材厚度）且不大于2.0</td><td rowspan="3">焊缝量规或尺量检查</td></tr>
<tr><td>二级</td><td colspan="2">小于0.1t（母材厚度）且不大于2.0</td></tr>
<tr><td>三级</td><td colspan="2">小于0.15t（母材厚度）且不大于3.0</td></tr>
<tr><td rowspan="4">6</td><td rowspan="4">贴角焊缝外形尺寸偏差</td><td rowspan="2">焊脚尺寸 h_f</td><td colspan="2">$h_f\leqslant 6$</td><td rowspan="4">三类</td><td rowspan="4">mm</td><td colspan="2">+1.5~0</td><td rowspan="4">焊缝量规或尺量检查</td></tr>
<tr><td colspan="2">$h_f>6$</td><td colspan="2">+3.0~0</td></tr>
<tr><td rowspan="2">焊缝余高 c</td><td colspan="2">$h_f\leqslant 6$</td><td colspan="2">+1.5~0</td></tr>
<tr><td colspan="2">$h_f>6$</td><td colspan="2">+3.0~0</td></tr>
<tr><td>7</td><td colspan="2">T形接头焊透的角焊缝外形尺寸偏差</td><td colspan="2">焊缝隙总宽 b</td><td>三类</td><td>mm</td><td colspan="2">+1.5~0</td><td>焊缝量规或尺量检查</td></tr>
</table>

B4 多层及高层钢结构中构件安装及主体结构总高度的允许偏差

多层及高层钢结构中构件安装及主体结构总高度的允许偏差见表B7、表B8。

多层及高层钢结构中构件安装的允许偏差（mm） **表B7**

项目	允许偏差	图例	检验方法
上、下柱连接处的错口Δ	3.0	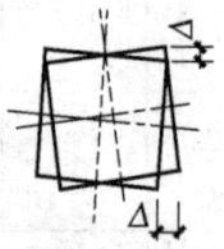	用钢尺检查
同一层柱的各柱顶高度差Δ	5.0	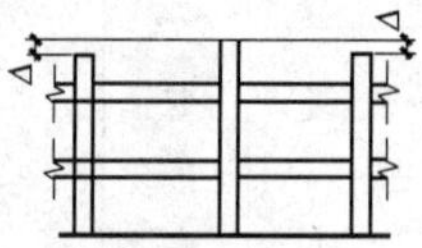	用水准仪检查
同一根梁两端顶面的高度差Δ	l/1000，且不应大于10.0	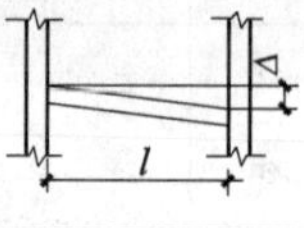	用水准仪检查

续表

项　　目	允许偏差	图　　例	检验方法
主梁与次梁表面的高度差 Δ	±2.0		用直尺和钢尺检查
压型金属板在钢梁上相邻列的错位 Δ	15.00		用直尺和钢尺检查

多层及高层钢结构主体结构总高度的允许偏差（mm）　　**表 B8**

项　　目	允许偏差	图　　例
用相对标高控制安装	$\pm\sum(\Delta_h+\Delta_s+\Delta_w)$	H
用设计标高控制安装	$H/1000$，且不应大于 30.0 $-H/1000$，且不应小于 -30.0	

注：1. Δ_h为每节柱子长度的制造允许偏差；
　　2. Δ_s为每节柱子长度受荷载后的压缩值；
　　3. Δ_w为每节柱子接头焊缝的收缩值。

附录 C　部分压型钢板型号及截面性质

C1　压型钢板断面

压型钢板断面如图 C1 所示。

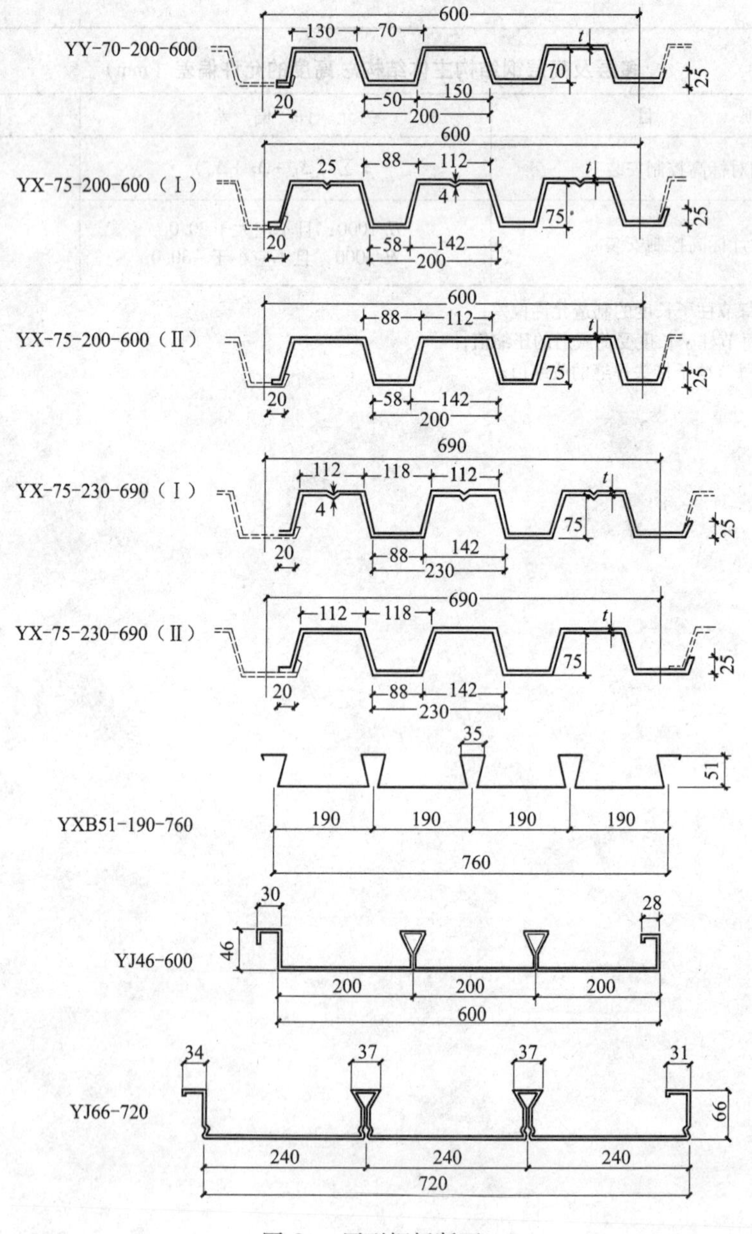

图 C1　压型钢板断面

C2　部分压型钢板截面性质

部分压型钢板截面性质见表C1、表C2。

部分压型钢板截面性质（一）　　表C1

型　　号	板厚（mm）	展开宽度（mm）	有效惯性矩（cm^4/m）	有效抵抗矩（cm^3/m）
YY-70-200-600	0.80	1000	76.8	20.5
	1.0	1000	96.0	25.7
	1.2	1000	115.0	30.6
YX75-200-600（Ⅰ）	0.8	1000	89.9	21.95
	1.0	1000	119.3	29.99
	1.2	1000	137	35.9
YX75-200-600（Ⅱ）	0.8	1000	89.9	21.95
	1.0	1000	119.3	29.99
	1.2	1000	137	35.9
YX75-230-690（Ⅰ）	0.80	1100	82	18.8
	1.0	1100	110	26.2
	1.2	1100	140	34.5
YX75-230-690（Ⅱ）	0.80	1100	82	18.8
	1.0	1100	110	26.2
	1.2	1100	140	34.5
YXB76-344-688	0.75	1000	74.05	19.49
	0.9	1000	88.54	23.30
	1.0	1000	102.6	27.00
	1.2	1000	117.20	30.84

部分压型钢板截面性质（二）　　表C2

型　　号	板厚（mm）	展开宽度（mm）	有效惯性矩（cm^4/m）	有效正截面抵抗矩（cm^3/m）	有效负截面抵抗矩（cm^3/m）
YJ46-600	0.75	1000	39.68	12.05	10.01
	0.80	1000	42.30	12.85	10.77
	0.9	1000	47.53	14.43	12.30
	1.0	1000	52.75	16.02	13.85
YJ66-720	0.75	1250	83.86	17.80	14.15
	0.80	1250	89.34	18.97	15.77
	0.9	1250	100.26	21.30	17.42
	1.0	1250	111.13	23.62	19.63
	1.2	1250	132.70	28.24	24.11
YX51-190-760	0.75	1250	32.38	22.33	8.87
	0.9	1250	38.68	28.68	10.60
	1.0	1250	42.86	29.36	11.77
	1.2	1250	51.13	35.02	14.05

注：压型钢板截面性质计算由于选取的模型不同，计算结果可能会有些不同，设计人员应对供应商给出的截面性质进行复算。

附录 D　组合楼板刚度计算

计算组合楼板的挠度时，其刚度计算方法有两种。

D1　我国常用的方法

其截面刚度可取弹性刚度，并将其换算成单质的钢截面等效刚度 B，计算简图如图 D1 所示。

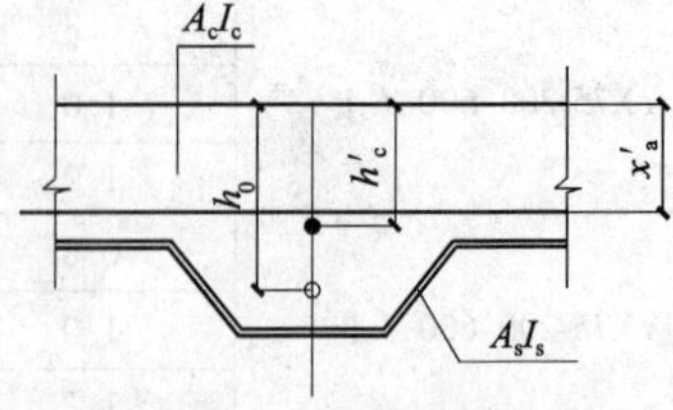

图 D1　组合楼板弹性刚度计算简图

短期荷载和长期荷载作用下的等效刚度 B_s 及 B_l 按下式计算：

$$B_s = B \tag{D-1}$$

$$B = E_s I \tag{D-2}$$

$$B_l = B/2 \tag{D-3}$$

$$I = \frac{1}{\alpha_E}\left[I_c + A_c(x'_n - h'_c)^2\right] + I_s + A_s(h_0 - x_n)^2 \tag{D-4}$$

$$x'_n = \frac{A_c h'_c + \alpha_E A_s h_0}{A_c + \alpha_E A_s} \tag{D-5}$$

式中　B、B_s、B_l——组合楼板的等效刚度、短期荷载作用下及长期荷载作用下的等效刚度，N/mm²；

E_s——压型钢板弹性模量；

I——组合楼板共同作用时的等效截面惯性矩，mm⁴；

α_E——钢材弹性模量 E_s 与混凝土弹性模量 E_c 之比，$\alpha_E = \frac{E_s}{E_c}$；

x'_n——组合楼板中和轴至受压边缘的距离，mm；

h'_c——组合楼板受压边缘至混凝土部分重心的距离，mm；

h_0——组合楼板的有效高度，mm；

A_s——压型钢板截面面积，mm²；

A_c——混凝土截面面积，mm²；

I_s、I_c——压型钢板和混凝土部分各自对自身形心的惯性矩。

D2　ASCE 标准提供的计算方法

组合楼板在使用阶段一般都允许出现裂缝，组合楼板等效惯性矩近似取为开裂截面和未开裂截面惯性矩的平均值。计算时将压型钢板按钢材与混凝土弹性模量之比换算成混凝土。计算简图如图 D2 所示。

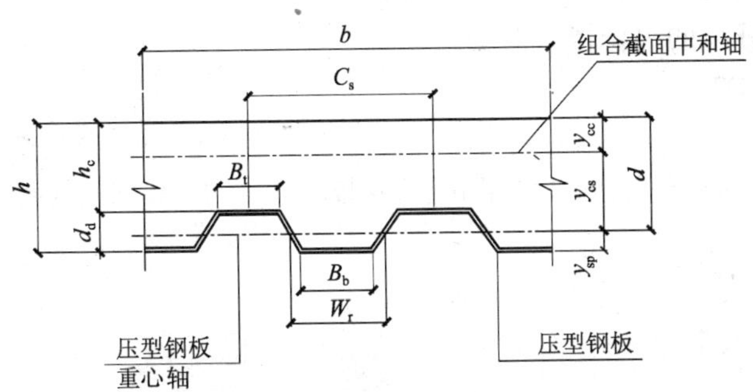

图 D2 ASCE 组合楼板刚度计算简图

D2.1 混凝土极限压应变纤维至组合截面中和轴距离的确定

从混凝土极限压应变纤维至组合截面中和轴的距离由图 D2 确定。

D2.2 开裂截面的惯性矩

当 y_{cc} 不大于钢板顶面以上混凝土高度 h_c 时，即 $y_{cc} \leqslant h_c$，则

$$y_{cc} = d\left\{ \left[2\rho\alpha_E + (\rho\alpha_E)^2 \right]^{\frac{1}{2}} - \rho\alpha_E \right\} \tag{D-6}$$

如果 $y_{cc} > h_c$ 取 $y_{cc} = h_c$

开裂的惯性矩

$$I_c = \frac{b}{3}(y_{cc})^3 + \alpha_E A_s (y_{cs})^2 + \alpha_E I_s \tag{D-7}$$

D2.3 未开裂截面的惯性矩

对于未开裂的

$$y_{cc} = \frac{0.5bh_c^2 + \alpha_E A_s d + W_r d_d (h - 0.5d_d) b/C_s}{bh_c + \alpha_E A_s + W_r d_d b/C_s} \tag{D-8}$$

惯性矩为

$$I_u = \frac{bh_c^3}{12} + bh_c (y_{cc} - 0.5h_c)^2 + \alpha_E I_{sf} + \alpha_E A_s y_{cs}^2 + \frac{W_r b d_d}{C_s}\left[\frac{d_d^2}{12} + (h - y_{cc} - 0.5d_d)^2 \right] \tag{D-9}$$

$$\alpha_E = \frac{E_s}{E_c} \tag{D-10}$$

D2.4 组合截面惯性矩

考虑变形计算的有效性，组合截面转动惯量为：

$$I_d = \frac{I_c + I_u}{2} \tag{D-11}$$

组合楼板刚度

$$B_s = E_c I_d \tag{D-12}$$

式中 I_d——组合楼板截面惯性矩；

I_c——开裂的组合楼板截面惯性矩；

I_u——未开裂的组合楼板截面惯性矩。

其他符号见图 D2。

注：根据中冶集团建筑研究总院对使用中组合楼板的实测，用 ASCE 标准提供的刚度计算挠度与实测值吻合较好[28]。

附录E　ASCE 剪切-粘结系数 m、k 确定的标准试验方法

E1　导言

试验所获得的数据用于确定组合板的强度和整体受力性能，并以此确定设计荷载值。试验应包括足比例的组合楼板及所用材料强度的测定。

E2　组合板构件试验

E2.1　试件准备

E2.1.1　一般规定

剪切-粘结破坏发生于短剪跨，弯曲破坏发生于长剪跨，根据试验目的设计荷载作用位置。

试件在制作过程中，压型钢板产生的应力和变形不应超过 AINI 规定的允许应力值，湿重混凝土自重荷载下产生的挠度不能超过 $L/180$ 和 20mm 的较小值。所用压型钢板的涂层应尽可能地模拟实际工程状况，组合板中所用的混凝土应根据《ACI 钢筋混凝土房屋建筑规范》ACI　318 的要求来配制和养护。

E2.1.2　组合楼板试件尺寸

试验构件尺寸由以下几点确定：

（1）长度。试验构件的长度应涵盖该试验板所用实际工程的所有长度。在确定的试件跨度范围内，剪跨按表 E1 确定。

厚度及剪跨限值　　表 E1

区段*	高　度 h（mm）	剪　　跨 l'_i（mm）
A	$h_{min} \geqslant 90$	>900，但 $P_e l'_f < 0.9 M_n$，按弯曲分析，取材料分项系数 $\phi = 1.0$
B	h_{max}	$l'_i > 450$，且不大于构件截面宽

注*：参见 E2.3.1 节、E2.4.2 节和图 E2。

（2）宽度。所有构件的宽度至少等于一块压型钢板的宽度，且不小于 600mm。

（3）板厚。板厚应与试验板所用实际工程板的厚度相同，并应符合相关规定（参考文献［3］附录 C）。

E2.2　试验步骤

试验应确定两个主要参数：

（1）最大加载值。

（2）破坏模式及破坏细节。

E2.2.1　试件加载

所有试件应按图 E1 加载测试。如果采用均布荷载进行加载，l'_i 应取支座到主要破坏裂缝的距离。施加荷载应按所估计的破坏荷载的 1/10 逐级加载。除了在每级荷载处读仪

表有暂停外，对试件应连续加载，并无冲击作用。加载速率不应超过混凝土中极限受压纤维的应变率，大概在 1MPa/min。

E2.2.2 测量精度

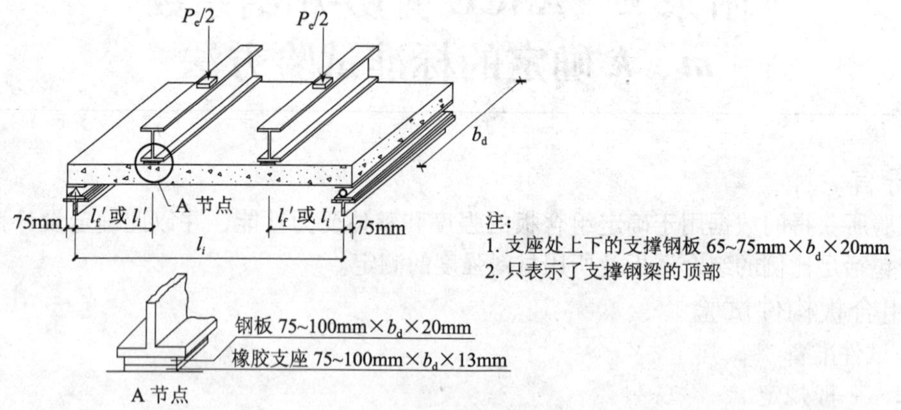

图 E1 典型的集中力加载试验

荷载量测设备的精度在 ±1% 内。在每级荷载下，跨中变形及钢板与混凝土间的端部滑移接近 0.01mm。

E2.2.3 数据记录

对每个试件应记录下列数据，并编制成资料。

（1）尺寸（国际单位制中亦采用）

b_d——组合板宽，mm；

h——板端、中点、1/4 点或加载点所测的板外边缘的厚度，测量位置应包括试件中部和边缘处；

d_d——压型钢板高，mm；

l_f——跨度或支撑的净距，mm；

l_i'——剪跨，mm；

S——剪力件间距，mm；

T——钢板厚度（不包含涂层厚度），对于格式板每部分均需测量；

h_t——破坏裂缝处的外边缘高度，mm；

l_0——板外伸出支座的距离，mm。

对于剪力件的规格，如常用的压纹类型、压纹的长、宽、高、位置、形状参数及高度、型号见参考文献［3］附录 C。

（2）材料性质

f'_{ct}——试验时试件混凝土圆柱体抗压强度，N/mm^2，见 ASTM C39；

f_{yt}——实测钢板屈服强度，N/mm^2，见 ASTM A370；

f_{ut}——实测钢板极限抗拉强度，N/mm^2，见 ASTM A370。

（3）构件自重荷载

W_{dd}——钢板自重，N；

W_{dc}——混凝土自重，包括由于钢板变形所附加的混凝土的自重，N。

（4）试件状况

1）钢材的表面涂料和条件。如果是镀锌，指明符合美国材料试验学会（ASTM）的涂层材料；如果是采用铬化处理或其他的涂层也要指明；如果是喷涂，应说明喷涂类型及涂层表面磨损或风化情况。

2）临时支撑。

3）混凝土配合比及浇筑日期。

4）焊接钢筋网片的类型和位置。

5）试验时混凝土圆柱体干密度。

（5）试验数据

在试验过程中要对主要现象进行简要的说明，包括试验时间、破坏模式及破坏细节、荷载 P_c、工程师以及技术人员的试验任务反应都应记录。

此外尚应记录：

1）跨中荷载和变形值的测量，Δ；

2）荷载和端部滑移的测量；

3）第一批裂缝出现时的荷载；

4）对于多孔式板截面，每个组合单元的厚度、行数、间距以及各单元间的固定方式。

E2.3　试验范围

E2.3.1　剪切-粘结试验

为得到有效的剪切-粘结系数 m、k 数值，需满足以下条件：

（1）应具有足够数量、包含不同规格的试件，从而满足设计要求。

（2）设计使用的每种型号的压型钢板、每种厚度的钢板都应做相应的试验，或者采用如 E2.4.2 所述的一组系列厚度。

（3）对于多孔式板，组合形成的截面钢板厚度按 E2.4.2 采用，使用范围同（2）。在系列试验的测试中，A_s 的取值，决定了承受荷载的能力，对于仅使用多孔板的体系，剪切-粘结破坏起控制作用时，A_s 值应包括多孔板的底部板件。假如两个试验结果其较小值表明剪切-粘结强度不存在小于预测值的情况，则不需要完成整个系列试验。如果验证试验的强度低于预测值，就需要完成整个试验系列，设计者应选择系列试验得到的 m、k 系数值。

（4）试验应考虑钢板表面的涂层或未涂层的影响。除非两种情况的对比试验中发现有涂层的剪切-粘结强度较低外，试验结果应取两种情况的较小值。

（5）倘若至少 2 个对比试验表明使用轻混凝土的组合楼板试件具有相对较低的剪切-粘结强度，则可以采用轻混凝土试件的试验结果来确定相同密度或较大密度混凝土试件的强度。

（6）对于表 E1 中 A、B 两区的板，每区应采用至少 2 个试件进行试验。A 区的试件具有较小的板厚或相对较大的剪跨，B 区的试件应具有较大的板厚或相对较小的剪跨。

（7）当表 E1 中任何一区只采用 2 个组合板试件时，参见 E2.4.2（2）的相关要求。

（8）对于板中截面剪力件间距变化的情况，需要对每种剪力件间距进行一系列的试验来确定 m、k 系数。

（9）不需要对所有的混凝土强度进行试验。对那些使用混凝土强度低于试验值的情况，剪切-粘结强度应按下式比例分配：

$$\frac{V_{e1}}{V_{e2}}=\left(\frac{f'_{c1}}{f'_{c2}}\right)^{1/4} \tag{E-1}$$

对于混凝土强度使用值高于测试值的情况，可以使用本标准剪切-粘结计算公式验算，但f'_c不超过10N/mm^2，试件混凝土强度不应低于17N/mm^2。

E2.3.2 弯曲试验

略。

E2.4 试验结果分析

E2.4.1 说明

对按E.2.3节要求进行试验所得到的数据进行分析，其结果满足本标准设计需要。

E2.4.2 剪切-粘结

为确定剪切-粘结强度的试验结果，按下列规定分析：

（1）E2.2.1中涉及的每个有代表性的压型钢板系列，建立图E2中所示的$\frac{V_e}{bd\sqrt{f'_{ct}}}$、$\frac{\rho d}{l'_i\sqrt{f'_{ct}}}$坐标系。利用试验数据，在每个图中可建立一条剪切-粘结线，以确定该线的斜率m_1与截距k_1。有效高度d值是根据裂缝处的板厚计算的。

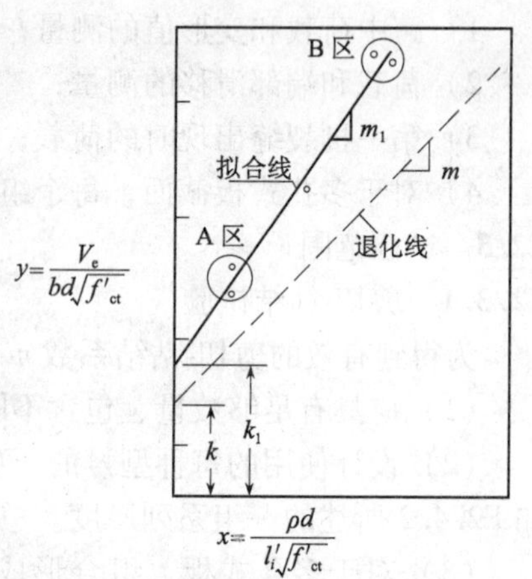

图E2 折减后的典型剪切-粘结坐标、k-m线

（2）如果在表E1中所定义的A区或B区仅做2个试件，且每个试验的$\frac{V_e}{bd\sqrt{f'_{ct}}}$值都偏离平均值多于±15%，除有不适宜的样本或其他试验要求外，可以再进行两个同样的附加试验并且用两个最低值确定剪切-粘结线。

（3）图E2中的m_1、k_1值应分别降低15%得到图中所示的折减后的剪切-粘结线的m、k值，用于本标准的剪切-粘结验算。如果试验数量不少于8个结果，则可分别降低10%。

（4）如果多于2个$\frac{\rho d}{l'_i\sqrt{f'_{ct}}}$的试验值被标绘出，就可用回归分析来确定剪切-粘结线。

（5）倘若两个钢板厚度较大板的最小试验剪切-粘结强度不低于具有相同压型钢板的较薄钢板的试验剪切-粘结强度，则可用较薄板的剪切-粘结强度确定任何相对较厚钢板的剪切-粘结强度，而不必对每个厚度的钢板都做试验。此外，如果对较厚板也进行了图E2所示试验与计算，那么厚度介于厚板与薄板之间的任何板的剪切-粘结强度都可利用插值求得，但外推是不允许的。对任意设计厚度钢板系列，应用m、k系数时，钢板厚度不得小于试验板厚度的0.076mm。钢的预期厚度将被用于本标准中的剪切-粘结验算。

（6）剪切-粘结替换分析方法。如果综合考虑潜在的对剪切-粘结破坏有影响的参数（诸如钢板截面、钢板厚度、剪跨、混凝土的自重、强度及类型、剪力件、加荷方式等）确定剪切-粘结强度也是被认可的。这种方法应包括各种因素间的非线性关系，需有足够的试验数据可以构成这种分析方法。参考文献[3]附录D给出了一种替换剪切-粘结强度分析方法。

E2.4.3　弯曲

略。

E2.4.4　钢板的设计尺寸

剪力件的设计数量和高度应根据试验由加工者确定。

E3　已有的试验数据

已有的试验数据，若这些数据是按 E2.4 节要求得到的则可用于数据分析。这些已有数据并不要求全落入表 E1 定义的 A 区、B 区，但必须经过注册专业工程师的确认。当已有的试验数据不少于一个落入 A 区、一个落入 B 区时，可以作为试验数据来满足试验所必须的数目。

E4　组合楼板性能测试

E4.1　说明

当需要通过现场荷载试验验证组合楼板体系的结构性能时，工程师应确定现有的恒载及预期的恒载和活载及变形限值。

E4.2　验收试验

验收试验应包括所有的恒载和活载，并按规定进行荷载组合。验收时，试验荷载不应小于极限荷载的 85%。试验荷载应持续不低于 24h，并且测得的变形值应在设定的限值内。